에듀윌과 함께 시작하면,
당신도 합격할 수 있습니다!

대학 졸업 후 안전관리자로 진로를 정하고
건설안전산업기사 시험을 준비하는 취준생

산업안전산업기사 자격증을 취득한 후
더 많은 기회를 얻기 위해 건설안전산업기사에 도전하는 수험생

오랜 시간 동안 건설현장에서 근로자로 일하면서
더 나은 미래를 위해 건설안전산업기사에 도전하는 주경야독 직장인

누구나 합격할 수 있습니다.
시작하겠다는 '다짐' 하나면 충분합니다.

마지막 페이지를 덮으면,

에듀윌과 함께
건설안전산업기사 합격이 시작됩니다.

꿈을 실현하는 에듀윌
Real 합격 스토리

환갑에 건설안전기사 합격!

앞으로 유망한 자격이라 생각되어 건설안전기사에 도전했습니다. 주로 주말을 이용하여 주경야독 했습니다. 어렵고 힘든 시기도 있었지만 할 수 있다는 각오와 열정으로 5개월 공부하여 합격했습니다. 내년에는 산업안전기사에도 도전할 겁니다.

직장 다니면서도 할 수 있습니다!

각 잡고 공부할 시간이 없어 출퇴근길에 에듀윌 교재를 들고 다니며 틈틈이 7개년 기출문제를 눈으로 2회독 했습니다. 4, 5과목이 공부하는데 어려웠지만 다른 과목에서 높은 점수를 받아 거뜬하게 합격했습니다. 건설안전기사는 기출문제만 공부해도 합격할 수 있어 에듀윌 교재 추천합니다.

건설안전기사에 이어서 산업안전기사, 위험물산업기사까지!

에듀윌 강의와 교재로 건설안전기사를 공부하여 한번에 합격하였습니다. 산업안전기사도 에듀윌로 선택하니 한번에 합격했습니다. 산업안전기사, 건설안전기사 외에도 자격시험을 준비하는 모든 사람들에게 에듀윌 적극 추천합니다! 저도 에듀윌로 위험물산업기사 준비할 생각입니다.

다음 합격의 주인공은 당신입니다!

더 많은 합격 비법

* 2023 대한민국 브랜드만족도 기술자격증 교육 1위(한경비즈니스)

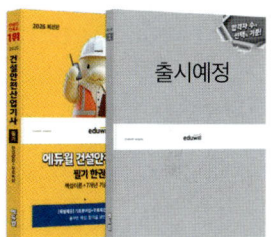

에듀윌 건설안전산업기사 필기

한 달 합격 플래너

WEEK	DAY	학습내용	완료
WEEK 01	DAY 01	건설 3과목 기초용어집 + 무료특강	☐
	DAY 02	핵심이론	☐
	DAY 03	2025년 CBT 복원문제	☐
	DAY 04	2024년 CBT 복원문제	☐
	DAY 05	2023년 CBT 복원문제	☐
	DAY 06	2022년 CBT 복원문제	☐
	DAY 07	2021년 CBT 복원문제	☐
WEEK 02	DAY 08	2020년 기출문제	☐
	DAY 09	2019년 기출문제 1회독	☐
	DAY 10	2025년 CBT 복원문제	☐
	DAY 11	2024년 CBT 복원문제	☐
	DAY 12	2023년 CBT 복원문제	☐
	DAY 13	2022년 CBT 복원문제	☐
	DAY 14	2021년 CBT 복원문제	☐
WEEK 03	DAY 15	2020년 기출문제	☐
	DAY 16	2019년 기출문제 2회독	☐
	DAY 17	2025년 CBT 복원문제	☐
	DAY 18	2024년 CBT 복원문제	☐
	DAY 19	2023년 CBT 복원문제	☐
	DAY 20	2022년 CBT 복원문제	☐
	DAY 21	2021년 CBT 복원문제	☐
WEEK 04	DAY 22	2020년 기출문제	☐
	DAY 23	2019년 기출문제 3회독	☐
	DAY 24	2025~2024년 CBT 복원문제	☐
	DAY 25	2023~2021년 CBT 복원문제	☐
	DAY 26	2020~2019년 기출문제 4회독	☐
	DAY 27	오답 복습	☐
	DAY 28	CBT 모의고사 3회분	☐

처음에는 당신이 원하는 곳으로
갈 수는 없겠지만,
당신이 지금 있는 곳에서
출발할 수는 있을 것이다.

– 작자 미상

에듀윌 건설안전산업기사

필기 한권끝장+무료특강

건설안전산업기사, 에듀윌과 함께할 이유는?

2026년 시험부터 개편되는 출제기준

2026~2030년 출제기준	2016~2025년 출제기준
• 산업재해 예방 및 안전보건교육	• 산업안전관리론
• 인간공학 및 위험성 평가 · 관리	• 인간공학 및 시스템 안전공학
• 건설재료 및 시공	• 건설시공학 • 건설재료학
• 건설공사 안전관리	• 건설안전기술

❖ 출제기준 어떻게 달라졌을까?

과목은 5과목에서 4과목으로 개편되었고, 위험성 평가, 안전보건 법규 및 기준, 유해요인 관련 등 현장 실무 중심의 내용이 강화되었습니다.

❖ 출제기준 개편에 대비할 학습방법은?

출제기준이 달라졌다고 해서 과거 기출문제가 의미를 잃는 것은 아닙니다. 안전관리의 기본 개념과 문제 유형은 크게 변하지 않기 때문에, 기출문제를 통해 기본기를 다지는 것이 여전히 가장 중요한 학습 방법입니다.

새롭게 제공되는 핵심이론+[新 출제기준] 완벽 반영

❖ 2026년 건설안전산업기사 필기, 에듀윌과 함께할 이유는?

「2026 에듀윌 건설안전산업기사 필기 한권끝장」은 새로운 출제기준 대비를 위한 이론을 함께 제공합니다. 방대한 내용을 모두 담기보다, 과거 기출에서 반복 출제된 핵심 개념만을 선별해 효율적으로 정리하였습니다. 특히 2026년부터 적용되는 출제기준 개편에 따라 새롭게 추가된 내용은 [新 출제기준]으로 표기하여 수험생이 한눈에 확인할 수 있도록 하였습니다.

따라서 기출문제 학습과 함께 본 교재의 핵심이론을 활용한다면, 핵심 개념을 빠르게 정리하면서도 변화된 시험에 완벽하게 대비할 수 있습니다.

더 효율적으로! 새로워진 압축이론과 기출문제!

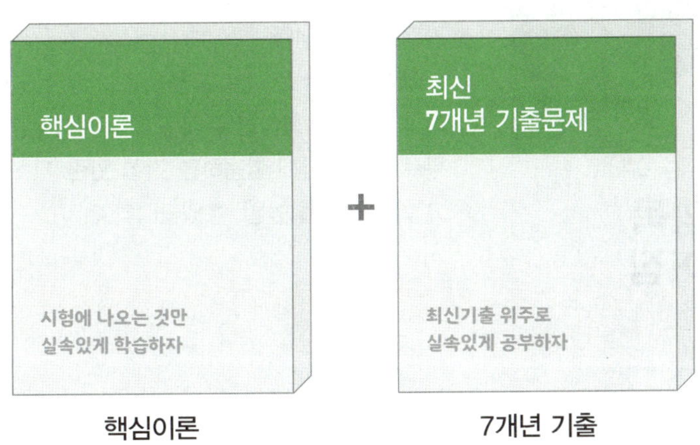

핵심이론
시험에 나오는 것만
실속있게 학습하자
최신
7개년 기출문제
최신기출 위주로
실속있게 공부하자
핵심이론
7개년 기출

「2026 에듀윌 건설안전산업기사 필기 한권끝장+무료특강」은 효율적인 학습을 위해 핵심이론과 최신 7개년 기출문제를 수록하였습니다.
특히 빈출 이론만을 압축 정리하여 학습 부담을 줄였으며, 2025년도 기출까지 반영하여 최신 출제경향을 정확하게 파악할 수 있습니다.

최신 법령 · 규칙 완벽 반영, 2026년 시험 대비 최적화

건설안전산업기사 필기시험은 산업안전보건법령을 비롯해 다양한 법령과 행정규칙, 시방서에 근거하여 출제됩니다. 「2026 에듀윌 건설안전산업기사 필기 한권끝장+무료특강」은 출간 시점을 기준으로 가장 최신의 법령과 행정규칙을 충실히 반영하였으므로, 변화된 제도와 시험 흐름에 맞춘 학습이 가능합니다. 따라서 본 교재는 2026년 시험 대비에 최적화된 수험서입니다.

기초 용어집 + 핵심이론 + 7개년 기출 = 합격

2026 에듀윌 건설안전산업기사 필기

교재 구성 & 학습 방법 안내

STEP 1 기초용어부터 학습하자

기초를 잡으면 합격이 빨라진다!

건설 3과목 기초용어집

- 건설공사 안전관리, 건설시공, 건설재료 과목에 대한 기초용어집입니다.
- 용어의 빈출도에 따라 ★~★★★로 표기하였습니다.
- 무료특강과 함께 학습하시면 효과적입니다.

건설 실무 관련 과목은 전공자가 아니면 쉽게 이해하기 힘든 용어가 많이 나옵니다.

2026년판부터는 건설 3과목 기초용어집을 교재 가장 앞에 수록하여, 가장 먼저 학습할 수 있도록 구성하였습니다.

무료특강과 함께 활용하면 건설 관련 기초 용어를 빠르게 정리하고 학습 효율을 높일 수 있습니다.

STEP 2 빈출 이론만 모아 복습하는 핵심이론

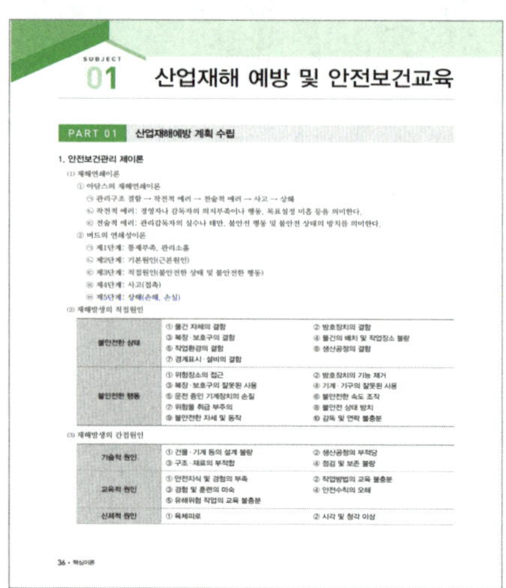
SUBJECT 01 산업재해 예방 및 안전보건교육

PART 01 산업재해예방 계획 수립

1. 안전보건관리 제이론

(1) 재해연쇄이론

① 아담스의 재해연쇄이론

㉠ 관리구조 결함 → 작전적 에러 → 전술적 에러 → 사고 → 상해

㉡ 작전적 에러: 경영자나 감독자의 의지부족이나 행동, 목표설정 미흡 등을 의미한다.

㉢ 전술적 에러: 관리감독자의 실수나 태만, 불안전 행동 및 불안전 상태의 방치를 의미한다.

② 버드의 연쇄성이론

㉠ 제1단계: 통제부족, 관리소홀

㉡ 제2단계: 기본원인(근본원인)

㉢ 제3단계: 직접원인(불안전한 상태 및 불안전한 행동)

㉣ 제4단계: 사고(접촉)

㉤ 제5단계: 상해(손해, 손실)

(2) 재해발생의 직접원인

불안전한 상태	① 물건 자체의 결함 ③ 복장·보호구의 결함 ⑤ 작업환경의 결함 ⑦ 경계표시·설비의 결함	② 방호장치의 결함 ④ 물건의 배치 및 작업장소 불량 ⑥ 생산공정의 결함
불안전한 행동	① 위험장소의 접근 ③ 복장·보호구의 잘못된 사용 ⑤ 운전 중인 기계장치의 손질 ⑦ 위험물 취급 부주의 ⑨ 불안전한 자세 및 동작	② 방호장치의 기능 제거 ④ 기계·기구의 잘못된 사용 ⑥ 불안전한 속도 조작 ⑧ 불안전 상태 방치 ⑩ 감독 및 연락 불충분

(3) 재해발생의 간접원인

기술적 원인	① 건물·기계 등의 설계 불량 ③ 구조·재료의 부적합	② 생산공정의 부적당 ④ 점검 및 보존 불량
교육적 원인	① 안전지식 및 경험의 부족 ③ 경험 및 훈련의 미숙 ⑤ 유해위험 작업의 교육 불충분	② 작업방법의 교육 불충분 ④ 안전수칙의 오해
신체적 원인	① 육체피로	② 시각 및 청각 이상

36 • 핵심이론

핵심이론으로 핵심&빈출문제 복습과 출제기준 개편에 따른 신규 이론 학습으로 보완한다면 효율적으로 합격에 다가갈 수 있습니다.

- 7개년 기출문제를 완벽 분석하여 빈출 이론만 압축 수록하였습니다.
- [新 출제기준] 표시로 개편된 출제기준이 반영된 이론을 한눈에 확인할 수 있습니다.
- 새 출제기준에 맞춘 이론 순서와 PART 구성으로 2026년 시험 대비를 완벽하게 할 수 있습니다.

STEP 3 합격을 완성하는 7개년 기출

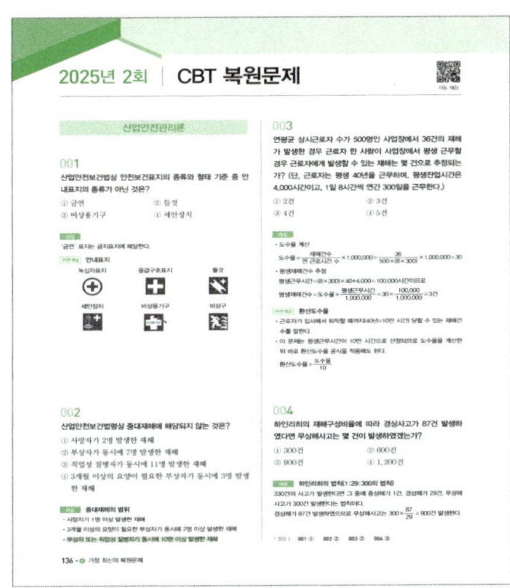
2025년 2회 | CBT 복원문제

산업안전관리론

001
산업안전보건법상 안전보건표지의 종류와 형태 기준 중 안내표지의 종류가 아닌 것은?
① 금연 ② 들것
③ 비상용기구 ④ 세안장치

002
산업안전보건법령상 중대재해에 해당되지 않는 것은?
① 사망자가 2명 발생한 재해
② 부상자가 동시에 7명 발생한 재해
③ 직업성 질병자가 동시에 11명 발생한 재해
④ 3개월 이상의 요양이 필요한 부상자가 동시에 3명 발생한 재해

003
연평균 상시근로자 수가 500명인 사업장에서 36건의 재해가 발생한 경우 근로자 한 사람이 사업장에서 평생 근무할 경우 근로자에게 발생할 수 있는 재해는 몇 건으로 추정되는가? (단, 근로자는 평생 40년을 근무하며, 평생잔업시간은 4,000시간이고, 1일 8시간씩 연간 300일을 근무한다.)
① 2건 ② 3건
③ 4건 ④ 5건

004
하인리히의 재해구성비율에 따라 경상사고가 87건 발생하였다면 무상해사고는 몇 건이 발생하였겠는가?
① 300건 ② 600건
③ 900건 ④ 1,200건

136 • 가장 최신의 복원문제

고득점으로 안전하게 합격하길 원한다면, 7개년 기출을 학습하며 기본 개념을 더욱 확고히 하고 변형 문제에도 대응할 수 있어야 합니다.

출제기준이 달라졌다고 해서 과거 기출문제가 의미를 잃는 것은 아닙니다.
안전관리의 기본 개념과 문제 유형은 크게 변하지 않기 때문에, 기출문제를 통해 기본기를 다지는 것이 여전히 중요한 학습 방법입니다.

STEP 4 학습 후, 실전에 완벽 대비! CBT 모의고사 3회 제공

건설안전산업기사 필기시험은 2020년 4회부터 CBT(Computer Based Testing) 방식으로 시행되었습니다. 에듀윌은 학습자가 새로운 시험 환경에 적응할 수 있도록 실제 시험 환경과 유사한 CBT 모의고사를 3회분 제공합니다. 아래 제시된 QR코드 또는 링크를 통해 모바일 · PC에서 언제든 응시할 수 있으며, 실제 시험과 동일한 시간 제한, 자동 채점, 성적 확인 기능을 갖춰 학습 마무리 후 실전 감각을 완벽히 점검할 수 있습니다.

CBT 모의고사 응시하기

모의고사 1회	모의고사 2회	모의고사 3회
https://eduwill.kr/Ykdp	https://eduwill.kr/tkdp	https://eduwill.kr/Mkdp

※ CBT 모의고사는 2026년 1회차 시험 한 달 전 제공됩니다. (2026년 1월 예정)
이 모의고사의 유효기간은 2027년 2월 28일까지이며, 이후 서비스 제공이 중단될 수 있습니다.

합격의 첫걸음

건설안전산업기사 시험정보

건설안전산업기사란?

건설안전산업기사 시험은 건설업에서 안전관리자로 선임되기 위한 필수조건인 안전관리자 자격을 취득하기 위한 시험이다.

건설업 안전관리자는 건설현장을 순회하며 근로자가 안전하게 작업할 수 있도록 점검하고, 사업장의 안전교육계획을 수립하는 등 건설현장에서 산업재해가 발생하는 것을 방지하기 위한 업무를 수행한다.

시험일정 & 합격자 발표시기

구분	필기시험	필기합격(예정자)발표	실기시험	최종합격자 발표일
1회	2월 ~ 3월	3월	4월 ~ 5월	6월
2회	5월	6월	7월 ~ 8월	9월
3회	8~9월	9월	11월	12월

※ 정확한 시험일정은 한국산업인력공단(Q-net) 참고

응시자격

① 기능사 등급 이상의 자격을 취득한 후 응시하려는 종목이 속하는 동일 및 유사 직무분야에 1년 이상 실무에 종사한 사람

② 관련학과의 2년제 또는 3년제 전문대학졸업자 등 또는 그 졸업예정자

③ 응시하려는 종목이 속하는 동일 및 유사 직무분야에서 2년 이상 실무에 종사한 사람

※ 정확한 경력 인정범위, 전공 등은 한국산업인력공단에 별도 문의해야 함

필기시험 세부 출제항목 및 문항 수

과목명	주요항목	문항 수
산업재해 예방 및 안전보건교육	• 산업재해예방 계획수립 • 안전보호구 관리 • 산업안전심리, 인간의 행동과학 • 안전보건교육의 내용 및 방법 • 산업안전관계법규	20문항
인간공학 및 위험성 평가 · 관리	• 안전과 인간공학 • 위험성 파악 · 결정, 위험성 감소 대책 수립 · 실행 • 근골격계질환 예방관리 • 유해요인 관리, 작업환경 관리	20문항
건설재료 및 시공	• 건설재료 일반 • 각종 건설재료의 특성, 용도, 규격에 관한 사항 • 시공일반 • 가설공사, 토공사, 기초공사 • 철근콘크리트 공사, 철골공사, 해체공사	20문항
건설공사 안전관리	• 건설공사 특성분석 • 건설공사 위험성 • 건설업, 건설현장 안전시설 관리 • 비계 · 거푸집 가시설 위험방지 • 공사 및 작업 종류별 안전	20문항

필기시험시간 & 합격기준

시험시간	총 2시간(과목당 30분)
합격기준	• 100점을 만점으로 하여 전과목 평균 60점 이상 • 평균 60점이 넘어도 한 과목이라도 40점 미만이면 과락으로 불합격

CONTENTS

차례

건설 3과목 기초용어집

핵심이론

최신 7개년 기출문제

2025년 CBT 복원문제

2024년 CBT 복원문제

2023년 CBT 복원문제

2022년 CBT 복원문제

2021년 CBT 복원문제

2020년 기출문제

2019년 기출문제

예비 안전관리자들이 모이는 곳,

에듀윌 건설안전산업기사

기초를 잡으면 합격이 빨라진다!

건설 3과목 기초용어집

- 건설공사 안전관리, 건설시공, 건설재료 과목에 대한 기초용어집입니다.
- 용어의 빈출도에 따라 ★~★★★로 표기하였습니다.
- 무료특강과 함께 학습하시면 효과적입니다.

SUBJECT 01

건설공사 안전관리

추락 (떨어짐) ★★☆	사람이나 물체가 중간 단계의 접촉없이 낙하하는 것이다. 건설재해 중 가장 많은 재해의 원인이다. 예 계단, 사다리에서 떨어짐, 지붕에서 떨어짐, 비계 등 가설구조물에서 떨어짐
붕괴 · 도괴 (무너짐) ★★☆	토사 적재물, 구조물, 건축물, 가설물 등이 전체적으로 허물어져 내리거나 주요 부분이 꺾어져 무너지는 경우이다. 예 적재물 등이 무너짐, 절취사면 등이 무너짐
전도 (넘어짐) ★★☆	사람이 미끄러져 넘어지거나 물체가 쓰러지거나 뒤집히는 것이다. 예 계단에서 넘어짐, 바닥의 돌출물 등에서 넘어짐, 쓰러지는 물체에 깔림
낙하 · 비래 (맞음) ★★☆	날아오거나 떨어진 물체에 맞는 것이다. 예 떨어진 물체에 맞음, 날아온 물체에 맞음
추락방지망 ★★★	건설현장 등의 고소작업 장소에서 추락으로 인하여 근로자에게 위험을 끼칠 우려가 있는 장소에 수평으로 설치하는 그물망 모양의 망을 말한다.
표준안전난간 ★★☆	개구부, 작업발판, 가설계단의 통로 등에서의 추락사고를 방지하기 위해 설치하는 가시설물이다. 난간기둥, 상부난간대, 중간난간대, 발끝막이판으로 구성되어 있다.
안전대부착설비 ★☆☆	안전대를 걸 수 있는 비계, 구명줄, 건립 중인 구조체, 전용철물 등의 부착설비를 말하며 안전대를 착용한 근로자가 추락할 경우 추락을 저지시키는 기능을 한다.
낙하물방지망 ★★★	건설공사 현장에서 고소작업 시 재료나 공구 등의 낙하로 인한 피해를 방지하기 위해 벽체 및 비계 외부에 설치하는 망을 말한다.
수직보호망 ★★★	건축공사 등의 현장에서 비계 등 가설구조물의 외측면에 수직으로 설치하여 작업장소에서 비래, 낙하물 등에 의한 재해를 방지하기 위해 설치하는 보호망을 말하며 추락방지용으로는 사용할 수 없다.
양중기 ★★★	동력을 사용하여 화물, 사람 등을 운반하는 기계, 설비를 말하며 크레인, 리프트, 곤돌라, 승강기로 분류할 수 있다.
크레인 ★★★	동력을 사용하여 중량물을 매달아 상하 및 좌우로 운반하는 것을 목적으로 하는 기계 또는 기계장치이며 고정식과 이동식으로 나눌 수 있다.
리프트 ★★★	동력을 사용하여 화물을 운반하는 것을 목적으로 하는 기계설비를 말하며 건설용 리프트와 간이리프트로 나눌 수 있다.

곤돌라 ★★★	와이어로프 또는 달기강선에 의하여 달기발판 또는 케이지가 전용의 승강장치에 의하여 상승 또는 하강하는 설비를 말한다.
승강기 ★★★	동력을 사용하여 운반하는 것으로 가이드레일을 따라 승강하는 운반구 또는 카에 사람이나 화물을 상하 또는 좌우로 이동운반하기 위하여 제작된 기계설비로서 탑승장을 가진 것을 말한다.
차량계 하역운반기계 ★★☆	동력원에 의하여 특정되지 아니한 장소로 스스로 이동할 수 있는 기계이다.
슬링 ★★☆	화물에 직접 접촉하거나 단말 가공 후 훅 등의 보조기구에 매달려 운반, 권상, 권하 등의 줄걸이 작업 시 사용하는 와이어로 와이어로프, 섬유로프 및 기타 벨트류를 말한다.
와이어로프 ★★★	양질의 고탄소강에서 인발한 소선을 꼬아서 가닥을 만들어 이 가닥을 심 주위에 일정한 피치로 감아서 제작된 로프이다.
건설기계 ★★☆	건설공사를 목적으로 사용하는 모든 기계의 총칭으로 기계적인 동력을 활용하여 굴착, 운반, 견인 등에 사용하는 건설기계이다.
정격하중 ★★★	양중기의 권상하중(들어 올릴 수 있는 최대하중)에서 훅, 크래브 또는 버킷 등의 달기기구의 중량에 상당하는 하중을 뺀 하중이다.
적재하중 ★★★	사람과 화물을 포함하여 작업대에 적재할 수 있는 최대의 하중이다.
철골 ★★☆	전체가 조립되고 모든 접합 부위에 시공이 완료된 후 구조체가 완성되는 것으로 대규모의 초고층 건축물부터 소규모의 저층 사무소나 공장, 창고까지 광범위하게 사용된다.
용접 ★★☆	금속의 접합부를 열로 녹여 일체가 되도록 결합시키는 것을 말하며 철골공사에서 일반적으로 많이 사용하는 방법은 융접(가열–녹인 후 이어붙이기)이다. 용접을 할 수 있는 재료는 철강 · 스테인리스강 · 내열합금 · 주철 · 알루미늄합금 등의 대부분의 금속재료 외에 세라믹 · 플라스틱 등의 비금속 재료에까지 이르고 있다.
해체 ★★☆	기존 구조물을 철거하는 공사를 말하며 이러한 해체공사 시에는 효율적이고 합리적인 해체공법의 선정과 해체공사에 따른 소음, 진동, 분진 등의 공해방지 및 안전관리를 철저히 해야 한다.
절단톱 공법 ★★☆	해체공사 시 회전날 끝에 다이아몬드 입자를 혼합 · 경화하여 제조된 절단톱으로 기둥, 보, 바닥, 벽체를 적당한 크기로 절단하여 해체하는 공법을 말한다.
발파식 해체공법 ★☆☆	구조물의 지지점마다 폭약을 설치하고 지발뇌관을 사용하여 순간적인 폭발로 파쇄물을 정확한 붕괴 방향으로 유도하여 해체하는 공법이다.
터널 ★★★	철도, 도로, 용수로, 하수도 등을 통과시키기 위한 통로이며 터널 공사 시 지형, 지질, 시공성, 터널의 길이 등을 고려하여 안전하고 경제적인 공법을 선정하여야 한다.

NATM ★★☆	NATM(New Austrian Tunneling Method)는 오스트리아에서 개발된 터널굴착공법으로 원지반 자체를 주지보재로 사용하여 스틸리브, 숏크리트, 락볼트 등의 지보공으로 이완된 지반의 하중을 지반 자체에 전달하게 하여 지반 자체의 지보능력을 최대로 발휘할 수 있도록 하는 공법이다.
용수 ★★☆	자연상태에서 터파기면, 지표면, 지하부분에서 솟아나오는 물을 말하며 터널의 굴착작업 시 용수의 발생은 굴착작업을 어렵게 할 뿐 아니라 숏크리트의 부착력을 저하시키며 리바운드량을 증가시킨다.
숏크리트 ★☆☆	컴프레셔, 펌프를 이용하여 노즐 위치까지 호스 속으로 운반한 콘크리트를 압축공기에 의해 시공면에서 뿜어서 만든 콘크리트이다.
록볼트 ★★☆	긴 볼트를 암반 중에 정착하여 지반을 일체화 또는 보강하는 목적으로 사용하는 막대모양의 부재로 터널 굴착 후 시급히 암반을 천공하여 그 속에 볼트를 삽입하고 너트를 죈 다음 접착 등에 의해 터널의 지보공으로 사용하는 볼트이다.
가설공사 ★★★	본 공사를 일시적으로 행하여지는 시설 및 설비로 공사가 완료되면 해체, 철거, 정리되는 임시적인 공사이다.
비계 ★★★	부재를 설치하거나 해체, 도장, 용접 등의 작업을 할 수 있도록 설치하는 가설물이다.
강관비계 ★★★	고소작업을 위하여 외벽을 따라 설치한 가설물을 말하며 하나하나의 강관을 현장에서 긴결철물이나 이음철물에 의하여 조립하는 비계이다.
강관틀비계 ★★★	강관 등의 금속재료를 미리 공장에서 생산하고 이것을 현장에서 사용목적에 맞게 조립, 사용하는 비계로 조립 · 해체가 신속 용이하다.
달비계 ★★★	와이어로프, 체인, 강재, 철선 등의 재료로 상부지점에 작업용 널판을 매다는 형식의 비계이다.
달대비계 ★★★	철골에 달아매어 작업발판을 만드는 형태로 비계를 상하로 이동할 수 있으며 철골공사에 많이 사용한다.
말비계 ★★★	비교적 천장 높이가 낮은 실내에서 보통 마무리 작업에 사용되는 것으로 각립비계와 안장비계로 나뉜다.
이동식비계 ★★★	작업장소 전체에 비계를 설치하기에는 비경제적이고 일시적인 작업을 할 때 비계틀을 만들어 하부에 바퀴구름장치를 달아 이동하면서 작업할 수 있는 비계를 말한다.
가설통로 ★★★	작업장으로 통하는 장소 또는 작업장 내의 근로자가 사용하기 위한 통로이며 통로의 주요부분에는 통로표시를 하고 근로자가 안전하게 통행할 수 있어야 한다.
사다리식 통로 ★★☆	경사 60도 이상의 통로형태로 75도가 가장 적당하며 움직임이 없이 견고하게 설치하여 사용하여야 한다.

경사로 ★★☆	건설현장에서 상부 또는 하부로 재료운반이나 작업원이 이동할 수 있도록 설치된 통로이다. 통로의 경사가 30도 이내일 때 사용한다.
작업발판 ★★★	근로자 및 건설자재의 지지를 위한 작업대와 자재운반 및 통행을 위한 통로를 확보하기 위하여 설치하는 것으로 추락의 위험이 있는 곳에는 표준안전난간이나 철책을 설치하여야 한다.
가설계단 ★★★	작업장에서 근로자가 사용하기 위한 계단식 통로로 근로자가 이동 시 안전하게 통행할 수 있도록 하여야 하며 계단의 각도는 35도가 적당하다.
승강로 ★★☆	작업 시에 근로자가 수직 방향으로 이동하기 위하여 설치하는 가설통로이다.
가설도로 ★★☆	공사를 목적으로 건설현장에 진입도로 및 건설현장 내에 가설하는 도로이다. 가설도로 설치 시에는 준수사항을 준수하여 장비 및 차량이 안전하게 운행할 수 있도록 하여야 한다.
가설울타리 ★★☆	공사현장과 외부를 구분 짓는 칸막이로 교통차단, 내외의 안전, 도난방지 등을 위해 공사현장 주변에 설치하는 울타리이다.
좌굴 ★★★	기둥의 길이가 그 횡단면의 치수에 비해 클 때 기둥의 양단에 압축하중이 가해졌을 경우 하중이 어느 크기에 이르면 기둥이 갑자기 휘는 현상이다.
작업대 ★★☆	비계용 강관에 설치할 수 있는 걸침고리가 용접 또는 리벳에 의하여 발판에 일체화되어 제작된 작업발판이다.
클램프 ★★☆	비계용 강관, 동바리 등을 조립 · 설치하기 위하여 강관과 강관, 형강의 체결에 사용하는 조임철물이다.
받침철물 ★★★	비계 및 동바리 기둥의 상하부에 설치하여 미끄러짐이나 침하를 방지하고 항상 수평 및 수직을 유지하도록 하는 데 사용하는 철물이다.
지반조사 ★★☆	지반을 구성하는 지층의 분포, 흙의 성질, 지하수의 상태 등을 밝혀 구조물의 설계, 시공에 필요한 기초적인 자료를 구하는 조사이다.
지하탐사법 ★☆☆	지층의 토질, 지하수의 존재, 지층의 구조 등을 조사하는 지반조사의 방법으로 지하탐사법의 종류에는 터파보기, 짚어보기, 물리적 탐사 등이 있다.
사운딩 ★★☆	원위치 시험의 일종으로 로드선단에 콘, 샘플러, 저항날개 등의 저항체를 부착하여 관입, 회전 또는 인발하여 지하층의 저항을 탐사하는 방법이다.
표준관입시험 ★★★	현 위치에서 직접적으로 흙의 다짐상태를 알아보기 위해 63.5kg의 해머를 75cm 높이에서 자유낙하시켜 샘플러를 30cm 관입시키는 데 필요한 해머의 타격횟수 N치를 구하는 시험이다.

보링 ★★☆	지층의 토질분포, 토층의 구성 등을 알기 위해 지중을 천공하여 그 안의 토사를 채취하여 조사하는 방법으로 평판재하시험, 베인테스트, 시료채취 등과 같은 다른 조사법과 병행하기도 한다.
시료채취 ★★☆	흙이 가지고 있는 물리적, 역학적 성질을 규명하기 위하여 시료를 채취하는 것으로 채취방법에는 교란의 정도에 따라 교란 시료채취와 불교란 시료채취로 나눌 수 있다.
토질시험 ★★☆	흙의 물리적 성질과 역학적 성질을 알기 위하여 주로 실내에서 행하는 시험으로 크게 물리적 시험과 역학적 시험으로 나눌 수 있다.
재하시험 ★★☆	지반, 말뚝 등에 실제의 하중을 가하여 지지력을 측정하는 시험으로 기초설계 및 말뚝설계를 하기 위하여 실시한다.
평판재하시험 ★★☆	지반의 현 위치에서 평평한 재하판을 사용하여 지반에 하중을 가하고 침하량과 하중의 관계에서 기초지반, 성토지반의 지지력이나 지반계수를 구하는 시험이다.
굴착공사 ★☆☆	사람 또는 굴착기계 등의 장비를 이용하여 공사를 하기 위해 지반을 파는 공사이다.
사면 ★★★	지표면의 경사를 말하며 자연사면과 인공사면으로 나눌 수 있다. 자연사면의 붕괴현상으로는 산사태가 있으며 인공사면의 붕괴현상으로는 사면파괴가 있다.
산사태 ★★☆	자연흙의 사면이 30도 이상의 급경사인 경우 호우나 지진 등에 의해 발생하며 중력의 작용에 의하여 흙이 낮은 곳으로 이동하는 것이다. 산사태 발생 시 흙의 이동속도가 대단히 빠르고 순간적이다.
계측 ★☆☆	계측기를 사용하여 측정, 기록, 계산하며 그 기구를 이용하여 제어하는 것이다.
지하연속벽공법 ★★★	지중에 콘크리트를 타설한 패널이나 현장타설 콘크리트 말뚝을 연속적으로 연결하여 지하벽을 만드는 공법을 말한다.
Top-Down공법 ★★★	흙막이 벽으로 설치한 벽식 지하연속벽을 본구조체의 벽체로 이용하여 기둥과 보를 정위치에 구축하고 1층 부분의 바닥을 설치한 후 지하터파기를 병행하면서 지상구조물로 축조해가는 공법이다.
히빙현상 ★★★	연약한 점토지반을 구축할 때 흙막이벽 배면 흙의 중량이 굴착저면 이하의 흙보다 중량이 클 경우 굴착저면 이하의 지지력보다 크게 되어 흙막이 배면에 있는 흙이 안으로 밀려들어 굴착저면이 부풀어오르는 현상이다.
보일링현상 ★★★	흙막이 저면의 투수성 좋은 사질지반에서 흙막이벽 배면의 지하수위가 굴착저면보다 높을 때 굴착저면 위로 모래와 지하수가 부풀어오르는 현상이다.
옹벽 ★☆☆	토사가 무너지는 것을 방지하기 위하여 설치하는 토압에 저항하는 구조물이다.

기초 ★☆☆	구조물로부터 하중을 지반에 전달시키는 부분으로 얕은 기초와 깊은 기초로 나눌 수 있다.
치환공법 ★☆☆	연약층을 제거하고 양질의 흙으로 바꿔 지반을 개량하는 공법이다.
진동다짐공법 ★★★	인위적인 외력을 가해 층의 간극비를 적게 하여 밀도를 증가시키고 투수성을 감소시켜 흙의 내부 마찰각과 지내력을 향상시키는 공법이다. ※ 간극비: 흙 입자 내 물과 공기의 부피의 비율이다. ※ 투수성: 일명 물빠짐이다. ※ 지내력: 지반 자체가 구조물 압력에 버티는 힘, 외부 힘에 대응하는 지반의 힘이다.
다짐 ★★☆	사질지반에 하중에 의한 응력이 작용할 때 간극 내 공기가 제거되면서 사질층이 수축하는 현상이다.
흙막이벽 ★★★	지반 굴착 시 붕괴 및 인접 지반의 침하 등을 방지하기 위해 설치하는 구조물이다.
띠장 ★★☆	흙막이벽에 작용하는 토압에 의한 휨모멘트와 전단력에 저항하도록 비계기둥에 수평으로 설치하는 부재이다.
버팀대 ★★☆	흙막이벽에 작용하는 수평력을 지지하기 위해 경사 또는 수평으로 설치하는 부재이다.
오픈-컷공법 ★★☆	굴착부지의 여유가 있는 경우 흙막이벽체와 지보공 없이 안정된 사면을 유지하며 굴착하는 공법으로 비교적 굴착심도가 작은 경우에 사용이 가능하다.
말뚝 ★★★	땅속에 박아 넣는 기둥으로 지지말뚝과 마찰말뚝으로 나뉜다. 지지말뚝은 말뚝의 선단이 단단한 지반까지 지지되는 것이고 마찰말뚝은 주위의 지반과 말뚝과 마찰력에 의해 하중을 지탱하는 것이다.
소단 ★★☆	사면의 안정성을 높이기 위해 사면 중간에 설치된 수평면이다.
거푸집 ★★★	콘크리트의 타설부터 콘크리트가 강도를 발현하여 자립할 시기까지 굳지 않은 콘크리트를 지지하는 가설구조물이다.
슬립폼 ★★☆	콘크리트를 부어가면서 경화 정도에 따라 거푸집을 요크로 끌어올리며 연속적으로 타설이 가능한 거푸집이다.
거푸집동바리 ★★★	거푸집 장선, 멍에를 소정의 위치에 유지시키고 수평부재가 받는 하중을 하부구조에 전달하는 수직부재이다.
측압 ★★★	콘크리트 타설 시 기둥, 벽체의 거푸집에 가해지는 수평 방향의 압력이다.
물-시멘트비 ★★★	시멘트의 중량에 대한 유효수량의 중량비로 보통 백분율 단위로 나타내며 콘크리트의 압축강도에 영향을 미치는 가장 중요한 요인이다.

슬럼프 ★★★	슬럼프콘에 굳지 않은 콘크리트를 충전하고 탈형했을 때 자중에 의해 밑으로 내려 앉는 하강량을 cm로 측정한 값이다.
재료분리 ★★★	균질하게 비벼진 콘크리트는 어느 부분의 콘크리트를 채취해도 시멘트, 골재, 물의 구성비율이 동일하나 콘크리트가 균질성을 소실하여 굵은 골재가 국부적으로 집중하거나 콘크리트가 윗면으로 모이는 현상이다.
블리딩 ★★★	콘크리트 타설 후 비교적 무거운 골재나 시멘트는 침하하고 가벼운 물이나 미세한 물질이 분리상승하여 콘크리트 표면에 떠오르는 현상이다.
레이턴스 ★★★	블리딩에 의하여 콘크리트 표면에 떠올라 침전한 미세한 물질이다.
콜드조인트 ★★☆	콘크리트 타설시간의 지연으로 응결하기 시작한 콘크리트에 이어치기를 한 경우 발생하는 줄눈이다.
콘크리트양생 ★★☆	타설 후 콘크리트가 저온, 건조, 급격한 기온 변화에 의한 유해한 영향을 받지 않도록 하고 경화 중에 진동, 충격, 무리한 하중을 받지 않도록 보호하는 것이다.
콘크리트 강도 ★★☆	굳은 콘크리트 성질로서 압축력을 받았을 때 최대응력도를 말하며 압축강도 저하는 콘크리트의 내구성을 저하시켜 콘크리트 수명을 단축시킨다.
콘크리트 중성화 ★★★	공기 중의 탄산가스의 작용을 받아 콘크리트 중의 수산화칼슘이 서서히 탄산칼슘으로 되어 콘크리트가 알칼리성을 상실하는 현상이다.
레디믹스트 콘크리트 ★☆☆	콘크리트 제조공장에서 주문자가 요구하는 품질의 콘크리트를 특수한 운반차를 이용하여 현장까지 공급하는 굳지 않는 콘크리트를 말하며 일명 레미콘이라고 한다.
한중콘크리트 ★★★	콘크리트 타설 후의 양생기간 중에 콘크리트가 동결할 염려가 있는 시기나 장소에서 사용하는 콘크리트이다.
서중콘크리트 ★★★	기온이 높아서 콘크리트 운반 중에 슬럼프 저하, 콜드조인트 발생, 콘크리트 표면수분의 급격한 증발 등의 염려가 있는 시기에 타설되는 콘크리트이다.
파이프서포트 ★★★	건설공사에서 타설된 콘크리트가 소정의 강도를 얻기까지 거푸집을 지지하기 위하여 설치하는 동바리 및 부재이다.
동바리 ★★★	바닥 거푸집의 자중, 콘크리트 중량, 작업하중을 지지하는 가설구조물이다.
멍에 ★★☆	장선과 직각 방향으로 설치하여 장선을 지지하며 거푸집 긴결재나 동바리로 하중을 전달하는 부재이다.
PC (Precast Concrete) ★★★	공기단축 등을 도모하기 위해 공장이나 건설현장 내에서 제작된 기둥, 보, 슬래브, 벽 등의 부재를 운반 후 콘크리트에 의한 충진, 기타 접합방식으로 조립하여 구조체를 만드는 공법이다.

SUBJECT 02

건설시공

건설시공 ★☆☆	설계도서에 따라 구조물을 세우기 위해 구조, 재료, 공법 등에 관한 기술과 노임, 물가 및 건설관련 법규 등의 지식을 종합적으로 운용하여 일정기간에 완성하는 활동이다.
공사입찰방식 ★★☆	입찰방식: ① 수의계약(특명입찰) ② 경쟁입찰: 지명경쟁입찰, 공개경쟁입찰 ③ 부대입찰 입찰순서: 입찰공고 → 현장설명 → 견적 → 입찰 → 개찰 → 낙찰 → 계약
계약제도 ★☆☆	직영공사: 도급업자에게 위탁하지 않고 건축주 자신이 직접 시공하는 것이다. 도급공사: 도급자가 공사를 완공하는 것을 약속하고 건축주가 공사비를 지급하는 것이다.
시공계획 우선순위 ★★★	① 현장원의 편성: 가장 우선은 현장조직원 구성 ② 공정표의 작성 ③ 실행예산 편성 ④ 하도급업체 선정⑤ 자재, 설비, 가설물의 설치계획 ⑥ 노무, 인력 및 조달계획 ⑦ 재해방지 대책
품질관리 7도구 ★★★	① 파레토도: 크기 순으로 막대그래프와 누적량을 절선그래프로 표기 ② 특성요인도: 결과에 대해 원인이 어떻게 관계되는지 생선뼈 모양으로 표기 ③ 히스토그램: 무게, 길이 등의 계량치의 데이터 분포를 판단하는 기둥그래프 ④ 산점도: 대응되는 2개의 짝으로 된 데이터를 그래프에 점으로 표기(분포도) ⑤ 체크시트: 계수치의 데이터가 어디에 집중되는가를 표기(집중도) ⑥ 그래프(관리도): 꺾은선이나 막대그래프를 이용하여 한눈에 파악 가능 ⑦ 층별: 집단을 구성하는 데이터의 특징에 따라 부분집합으로 나눈 것(부분집단도)
공정표 ★★☆	공사를 소정의 공기 내에 원활히 수행하여 완료시킬 목적으로 공사의 진행상태를 표에 나타내고 실시상황에 따라 추적하여 가는 것이다.
토공사 ★★☆	절토(터깎기), 굴토(터파기), 성토(흙 돋우기), 매토(흙 되메우기), 다지기, 잔토처리, 흙막이벽 설치, 기초파기, 흙막이공사 등을 지칭하는 것이다.

흙의 성질 ★★★	① 흙의 전단강도: 흙의 점성과 입자 간의 마찰각에 의한 힘 ② 흙의 다짐과 압밀: 짧은 시간에 외부의 힘에 다짐, 오랜 시간에 물이 빠져 조밀해지는 것 ③ 예민비: 흙이 이겨진 상태와 원래 있는 상태의 강도비 ④ 흙의 소성한계: 흙 속의 수분의 변화에 따라 액성 → 소성 → 반고체 → 고체로 변하는 것 ⑤ 흙의 투수성: 공극 사이에 물이 흐르는 정도 ⑥ 흙의 간극비, 함수비, 포화도: 토립자 중의 간극, 물의 용적
히빙 ★★★	연약한 점토질 지반에서 흙막이 뒤쪽 흙의 중량이 굴착 측의 바닥의 지지력보다 크게 되어 굴착저면이 솟아오르는 현상이다.
보일링 ★★★	지하수위가 높은 사질토 지반을 굴착 시 수두차에 의한 침투압이 생겨 흙막이 근입부분이 침식되어 지지력이 상실되며 흙막이벽이 붕괴하는 현상이다.
파이핑 ★★☆	수두차가 있는 지반에서 파이프 형태의 수맥이 생겨 사질토층의 물이 배출되는 현상이다.
굴착공법의 종류 ★☆☆	① 굴착모양에 의한 분류: 구덩이 파기, 줄기초 파기, 온통파기 ② 굴착형식에 의한 분류: Open Cut 공법, 아일랜드컷 공법, 트랜치 컷 공법, 톱다운 공법
흙막이공법 ★★★	기초파기 공사를 할 때에 기초파기 측면을 보호하여 토사의 유출과 붕괴를 방지하기 위하여 행하는 것으로 버팀대와 널말뚝으로 이루어진다.
흙막이공법 (버팀대식) ★★★	굴착하고자 하는 부지의 외곽에 말뚝을 박고 굴착하면서 무너지지 않도록 수평버팀대 또는 경사버팀대를 설치하는 것이다.
흙막이공법 (어스앵커) ★★★	버팀대 대신 흙막이 윗면에 앵커체를 형성시켜 토압을 지지하여 무너짐을 방지하는 것이다. 앵커는 인장재를 써서 지반 또는 암반 속에 정착시키는 구조이다.
지하연속벽 공법 ★★★	지하수 분출이 아주 많은 곳에 대규모의 깊은 지하층 설치 시 사용되며 종류로는 이코스공법, 소일시멘트공법, 격막벽공법, Top Down(역타공법) 등이 있다.
슬러리월 ★★☆	흙막이 공사의 단점인 공사 시 소음 및 진동에 의한 공사공해의 문제점을 보완한 공법으로 지중에 일정 폭과 깊이로 굴착하고 철근망을 연속시공하여 굴착공사의 토류벽 또는 지하구조물로 이용하는 것이다.
역타공법 ★★★	지하구조물의 시공순서를 지상에서부터 시작하여 점차 깊은 지하로 진행하여 완성하는 흙막이 공법이다. 시공비가 고가이나 공기가 대단히 단축된다.
토공기계 ★★☆	① 파워셔블: 지면보다 높은 곳을 굴착한다. ② 드래그셔블: 지면보다 낮은 지하층, 기초지반, 경질지반을 굴착한다. ③ 드래그라인: 지면보다 낮은 연약한 지반을 굴착한다.

지정 ★☆☆	건축물과 같은 구조체를 지지하기 위한 기초 슬래브의 저면보다 아랫부분을 지칭한다.
보통지정 ★★☆	① 모래지정: 건물의 무게가 가볍고, 지반이 연약하고 그 하부 2m 이내에 굳은 지층이 있을 때 전부를 파내고 모래를 넣어 물다짐을 하는 것이다. ② 자갈지정: 비교적 굳은 지반에 자갈을 크기 45mm 내외로 까는 것이다. ③ 잡석지정: 지름 10~25cm 정도 호박돌을 옆세워 깔고, 그 틈을 자갈사춤(30%)한다. ④ 밑창콘크리트: 철근배근 용이, 먹매김, 거푸집 설치, 바깥방수를 목적으로 설계기준 강도(150kg/cm2) 정도의 콘크리트를 타설하는 것이다. ⑤ 긴주춧돌 지정: 긴주춧돌을 세우고 묻는 것이다.
강재말뚝지정 ★★★	① H형말뚝과 강관말뚝이 있는데 강관말뚝이 많이 사용된다. ② 강관말뚝은 해안매립지 및 양질지반이 상당히 깊이 있을 때 이용된다. ③ 길이의 조절이 용이하고, 경량이기 때문에 운반취급이 간단하다. ④ 부식에 의한 내구성 저하가 우려된다. ⑤ 강한 타격에도 견디며, 다져진 중간지층의 관통도 가능하다. ⑥ 재료비가 고가이다. ⑦ 기성콘크리트말뚝에 비해 가볍다.
기성콘크리트 말뚝지정 ★★★	원심력을 이용하여 제조한 원심력콘크리트 기초말뚝이 대표적이다. 기성콘크리트 말뚝의 결점은 자중이 크고 견고한 지층에 박을 때 타격력에 의한 말뚝머리, 말뚝자체를 파손시킬 염려가 있으며, 안전한 이음시공이 곤란하다는 점이다.
말뚝의 시공법 ★★☆	① 프리보링공법: 천공기로 파일구멍을 선굴착 후, 말뚝을 타입하고, 모르타르를 주입한다. ② 수사식공법: 물을 고속으로 분사시키면서 타입하는 방식이다. ③ 중굴공법: 말뚝의 중공부에 삽입 후 굴착하는 것으로 개방형 말뚝에 주로 사용한다. ④ 압입공법: 유압 잭(Jack)을 이용하여 회전압입하는 방식이다. ⑤ 진동공법: 바이브로해머를 이용하여 진동압입하는 방식이다. ⑥ 타격공법(타입공법): 드롭해머, 디젤해머를 이용하여 타입하는 방식으로 진동, 소음이 크다.
토질에 따른 지반개량 공법 ★★★	① 사질토지반 개량공법: 다짐말뚝공법, 다짐모래말뚝공법, 바이브로플로테이션 공법, 폭파다짐공법, 그라우팅공법(약액주입), 전기충격공법, 웰포인트공법 ② 점성토지반 개량공법: 치환공법, 압성토공법, 생석회말뚝공법, 침투압공법, 여성토공법, 샌드드레인공법, 페이퍼드레인공법, 전기침투공법, 전기화학적 고결공법
웰포인트공법 ★★★	지중에 웰포인트라 불리우는 지름 5cm, 길이 1m 정도의 필터가 달린 흡수기를 1~2m 간격으로 설치하여 지하수를 빨아 올림으로써 지하수를 낮추는 공법이다.
샌드드레인공법 ★★★	점토가 함수량의 감소에 의하여 전단강도가 커지는 성질을 이용한 지반개량 공법이다. 점토지반에 모래를 깔고 그 위에 성토를 하여 하중을 가하면 장기간에 걸쳐 점토층 물이 샌드파일을 통하여 지상에 배수되어 지반이 압밀, 강화되는 것이다.

약액주입공법 ★★☆	지반 내에 주입관을 삽입한 후 화학약액을 지중으로 압송하여 흙입자 간의 공극을 충진하는 것이다. 특히 사질지반에 유효하다.
언더피닝공법 ★★☆	기존에 있는 건물의 가까운 곳에서 건축공사를 할 때 또는 그 하부에 또 다른 지하층을 시공할 때 기존의 구조물을 옮기는 공법이다.
콘크리트 공사 ★★☆	시멘트, 골재, 물을 이용하여 만든 복합재료를 거푸집에 넣어 모양을 만든 다음 거푸집을 제거하여 구조체를 만드는 것이다.
시멘트 ★★☆	콘크리트에서 골재를 결합시켜 단단하게 하는 역할을 하며 콘크리트 구성재료 중 가장 중요한 것이다.
골재 ★★★	① 강도는 콘크리트 중의 경화한 페이스트의 강도 이상의 것으로 한다. ② 편평하고 가는 것은 아니되고 구에 가까울수록 좋다. ③ 깬 자갈일 경우는 둔각, 실적률이 55% 이상인 것이 좋다.(강자갈: 60% 이상) ④ 흡수율은 잔골재에서 1~3%, 굵은 골재에서 0.5~1.5% 정도이다. ⑤ 잔골재 중량의 0.04% 이상의 염분(NaCl)을 포함하지 않는 것으로 한다.
골재의 함수량 ★★★	① 함수량: 골재 입자 안팎에 들어 있는 모든 물의 양 ② 흡수량: 절건상태에서 표면건조포화상태로 되기까지의 흡수된 물의 양 ③ 유효흡수량: 공기 중 건조상태인 골재의 입자가 표면건조포화상태로 되기까지 흡수한 물의 양이다. ④ 표면수량: 골재 입자의 표면에 묻어 있는 물의 양이다.
혼화재 ★★☆	시멘트 중량의 5% 이상, 25% 이하 사용(배합설계에 고려)
혼화제 ★★☆	시멘트 중량의 5% 이내, 소량(배합설계에 고려 안 함)
AE제 ★★★	콘크리트에 미세한 기포를 생성하여 콘크리트의 워커빌리티와 내구성을 향상시키는 것이다.
콘크리트의 시험 ★★☆	(아래 표 참조)
슬럼프시험 ★★☆	콘크리트의 워커빌리티를 판단하기 위해 콘시스턴시(Consistency) 판단기준의 하나인 슬럼프값을 이용한 시험이다.

콘크리트의 시험:

구분	시험 항목
경량골재	실적률, 비중, 압축강도, 단위용적중량, 함수율, 흡수율, 표면수율, 유기불순물
보통골재	입도, 비중, 실적률, 함수율, 흡수율, 표면수율, 씻기시험, 염분, 유기불순물
시멘트	안전성, 분말도, 이상응결, 강도
콘크리트	슬럼프, 압축강도, 공기량, 블리딩시험

워커빌리티 ★★☆	① 분말도가 적절한 시멘트일수록 워커빌리티가 좋다. ② 부배합의 경우가 빈배합보다 워커빌리티가 좋다. ③ 공기량을 증가시키면 워커빌리티가 좋아진다. ④ 비빔을 충분히 잘하면 워커빌리티가 좋아진다. ⑥ 둥근 강자갈을 사용하면 워커빌리티가 좋아진다. ⑦ 비빔온도가 높을수록 워커빌리티가 저하된다. ⑧ 깬자갈을 사용하면 워커빌리티가 저하된다. ⑨ 단위수량이 많아지면 워커빌리티가 저하된다.
콘크리트의 건조수축이 커지는 조건 ★★☆	① 습도가 낮을수록 ② 단위시멘트량이 많을수록 ③ 온도가 높을수록 ④ 흡수량이 많은 골재일수록 ⑤ 단위수량이 많을수록(건조수축에 가장 큰 영향을 끼치는 것)
콘크리트의 중성화 ★★★	콘크리트가 공기 중의 탄산가스 작용을 받아 콘크리트에 함유되어 있는 수산화칼슘이 탄산칼슘으로 변해가며 알칼리성을 상실해 가는 것이다.
콘크리트의 타설방법 ★★★	① 콘크리트는 먼 곳에서부터 가까운 곳으로 부어 넣는다. ② 낮은 곳에서 높은 곳으로 타설한다.(기초–기둥–벽–보–슬래브의 순서) ③ 콘크리트는 휴식시간 없이 연속적으로 부어 넣어야 한다. ④ 낙하높이(거리)는 보통 1.5m, 최대 2m 이내로 한다.(낙하높이는 작게 함) ⑤ 기둥, 벽은 다지면서 수평지게 부어넣고, 1시간에 2m 이하로 한다. ⑥ 블리딩현상을 방지하기 위해 높은 벽이나 기둥의 상부에는 된비빔, 하부는 묽은비빔을 한다. ⑦ 진동기는 철근이나 거푸집에 닿지 않도록 한다. ⑧ 보는 바닥에서 윗면까지 연속으로 부어 넣고, 양단에서 중앙으로 부어 넣는다. ⑨ 예정구획 내에서는 표면이 수평지게 연속타설을 해야 한다.
블리딩 ★★★	굳지 않은 콘크리트에서 골재, 시멘트가 침강하여 혼합수의 일부가 상승하는 현상이다.
레이턴스 ★★★	콘크리트 타설 후 블리딩 현상으로 콘크리트 표면에 물과 함께 떠오르는 물질이다.
한중콘크리트 ★★★	일평균기온이 4℃ 이하의 동결위험이 있는 기간 내에 시공하는 콘크리트이다.
서중콘크리트 ★★★	일평균기온이 25℃를 초과하거나 일최고온도가 30℃를 초과할 경우 시공하는 콘크리트이다.
매스콘크리트 ★★★	평판구조의 경우 두께가 80cm 이상, 하단이 구속된 벽체의 경우 50cm 이상에 적용되는 콘크리트로 내부 최고온도와 외기 온도차가 25℃ 이상으로 예상되는 콘크리트이다.
철근의 조립순서 ★★★	기초철근 → 기둥철근 → 대근(Hoop) → 벽철근 → 보철근 → 바닥철근 → 계단철근

철근의 정착위치 ★★★	① 기둥의 주근은 기초에 정착한다. ② 보의 주근은 기둥에 정착한다. ③ 작은 보의 주근은 큰 보에 정착한다. ④ 바닥철근은 보 또는 벽체에 정착한다. ⑤ 지중보 철근은 기초 또는 기둥에 정착한다. ⑥ 벽철근은 보, 기둥, 바닥판 또는 기초에 정착한다.
거푸집의 역할 ★★★	① 콘크리트가 응결 · 경화하는 동안 일정한 형상과 치수 유지 ② 콘크리트의 경화에 필요한 수분의 누출 방지 ③ 양생을 위한 외기의 영향 방지
갱폼 ★★☆	거푸집을 사용할 때마다 부재의 조립, 분해를 반복하지 않고 대형화, 단순화하여 한번에 설치하고 해체가 가능하게 만든 것이다.
거푸집 설계 시 수직하중 ★★★	① 고정하중: 거푸집 자체의 중량을 말한다. ② 충격하중: 콘크리트 타설 시나 중기작업 시 생기는 하중으로 산정되는 적재하중의 50%를 적용한다. ③ 작업하중: 작업 시의 근로자와 소도구의 하중을 의미한다. ④ 적재하중: 타설되는 콘크리트, 철근의 중량에 특별히 중량의 기계, 차량 및 도구가 적재되는 경우에 이러한 하중을 합한 것이다.
콘크리트의 측압 ★★★	액상의 굳지 않은 콘크리트를 타설하는 순간 거푸집 측면에 가해지는 압력이다.
철골공사 ★★☆	철골 부재를 공장에서 가공제작하고 현장에서 조립하는 공사로 대규모의 초고층 건축물에서부터 소규모의 공장, 창고까지 광범위하게 사용되는 공사방법이다.
철골 세우기용 기계 ★★☆	① 크레인: 타워크레인, 소형 지브크레인 ② 이동식 크레인: 휠크레인, 트럭크레인, 크롤러크레인 ③ 데릭: 삼각데릭, 진폴데릭, 가이데릭
앵커볼트 매입공법 ★★☆	주각부와 기둥밑판을 연결하는 부재로 철골구조의 시공정밀도가 요구되는 공법이다. 앵커볼트를 설치하고 기초상부를 마무리한 후 경화된 다음 기둥세우기 하여야 한다.
기초상부 고름질 ★★☆	기둥밑판을 완전히 수평으로 밀착시키기 위해 양질의 모르타르를 채우는 것이다.
내화피복 공법 ★★☆	철골 구조는 화재에 의한 피해가 크므로 내화구조로 하기 위하여 표면을 내화성능을 가진 재료로 감싸는 것이다.
용접검사항목 ★☆☆	금속의 접합부를 열로 녹여 일체가 되도록 결합시키는 것이다. 용접은 단시간에 고열을 수반하는 접합으로 용접재료, 방법, 기술수준에 따라 용접결함이 발생된다.

용접의 결함 ★★★	① 슬래그 섞임: 모재와 용접봉의 피복재가 섞이는 것 ② 언더컷: 모재가 녹아서 용착금속이 채워지지 않고 홈으로 남게 된 부분 ③ 오버랩: 용접금속과 모재가 융합되지 않고 겹쳐지는 것 ④ 블로우홀: 작은 틈이나 기포가 발생하는 현상 ⑤ 크랙: 용착금속과 모재에 생기는 균열 ⑥ 피트(Pit): 용접부 표면에 생기는 작은 구멍 ⑦ 크레이터: 용접 시 끝부분이 항아리 모양으로 패이는 것 ⑧ 용입불량: 용입이 충분하지 않은 상태

SUBJECT 03

건설재료

재료의 역학적 성질 ★★★	① 강도: 재료가 외력에 저항할 수 있는 힘 ② 강성: 재료가 외력을 받아도 잘 변형되지 않는 성질 ③ 탄성: 외력을 받아 변형한 재료가 외력을 제거 시 원형으로 되돌아가는 성질 ④ 소성: 외력을 제거해도 변형 그대로 남아 원형으로 되돌아오지 못하는 성질 ⑤ 인성: 재료가 외력을 받아 변형을 나타내면서도 파괴되지 않는 성질 ⑥ 취성: 재료가 외력을 받아 약간의 변형과 함께 파괴되는 성질 ⑦ 경도: 재료의 단단한 정도, 자국, 마모 등에 대한 저항성
크리프 ★★☆	물체에 일정온도 하에서 일정응력 혹은 일정하중이 작용할 때 변형이 시간과 함께 증가하는 현상이다.
목재의 조직 ★★★	① 나이테: 춘재부에서 다음 추재부까지 횡단면상에 원형모양으로 나타나는 것이다. ② 수심: 목재의 횡단면에서 대략 중심부를 수심이라 하며, 강도는 가장 약하다. ③ 심재: 수심과 가까운 중앙부로 수지 등이 고화되어 강도가 크고 내구성이 좋다. ④ 변재: 수피에 가까운 재료로 수분이 많아 부패, 변형의 우려가 있어 목재의 가치는 심재보다 못하다.
목재의 함수율과 수축 ★★★	① 생목이나 젖은 목재를 건조하면 점차 가볍게 됨과 동시에 수축한다. ② 수축의 정도는 활엽수가 침엽수보다 크다. ③ 비중이 크면 건조수축이 크다. ④ 전수축률은 생목의 길이에 대하여 백분율로 표시하며 기건까지의 수축률은 대략 전수축률의 1/2 정도이다. ⑤ 목재의 수축팽창은 어떤 목재에서도 그 함수율이 섬유포화점인 30% 이상의 범위에서는 증감이 없으나 그 이하로 될수록 직선적으로 감소한다.
목재의 방식법 중 표면처리법 ★★★	① 표면탄화법: 가장 간단한 방법으로 목재의 표면을 구워 탄화시키는 방법이다. ② 약제도포법: 페인트, 와니스, 크레오소트유, 타르, 아스팔트 등을 도포하는 방법이다.
목재의 방식법 중 약액주입법 ★★★	약재는 보통 크레오소트유를 사용하며 목재방부법 중 가장 공업적이고 효과도 완전한 방법이다. 조작 방법에 따라 상압, 가압 주입법으로 분류한다.
목재의 결함 ★★☆	① 절(옹이): 가지가 붙은 흔적이 목재 표면에 나타난 것이다. ② 파열: 목재의 갈라짐으로 심재파열, 변재파열 등이 있다. ③ 혹: 세균류에 의해서 나이테의 일부가 표면에 융기한 것이다. ④ 입피: 성장도중 나이테 또는 수피로 일부가 내부로 말려 들어간 것이다. ⑤ 지선, 송진구멍: 나이테 사이 등 수목의 일부에 수지(송진)가 선상으로 고인 것이다.
합판 ★★★	접착이 잘된 것은 원목보다 강하고 균열, 찢어짐, 변형 등에 대한 저항이 크다. 함수율 변화에 의한 신축변형이 적고 방향성이 없으며, 두께에 비해 강도도 크다.

집성목재 ★★★	큰 목재를 얻기 위해서는 긴 세월이 요구되고 결점이 없는 큰 목재를 얻기란 거의 불가능하다. 접착기술의 발달로 각 재를 집성, 접착하여 기둥, 아치, 트러스트 등의 구조재료로 사용하는 것이다.
굳지 않는 콘크리트의 성질 ★★☆	① 워커빌리티: 반죽질기 여하에 따르는 작업의 난이도 정도 및 재료분리에 저항하는 정도이다. ② 컨시스턴시: 주로 수량의 다소에 따르는 반죽의 되고 진 정도이다. ③ 플라스티시티: 거푸집에 쉽게 다져 넣을 수 있고, 거푸집을 제거하면 천천히 변하는 성질이다. ④ 피니셔빌리티: 마무리하기 쉬운 성질이다.
시멘트의 분말도 ★★☆	시멘트의 분말도는 가는 것일수록(높을수록) ① 비표면적이 커서 물에 접촉하는 면적이 크므로 수화작용이 빠르다. ② 콘크리트의 초기강도가 높고 그 후의 강도의 증진도 크다. ③ 골재와의 접착력도 크므로 내구적인 콘크리트를 만드는데 적당하다. ④ 화학성분이 같을 때 조기강도를 증진하려면 분말도에 의존할 수밖에 없다.
콘크리트의 중성화 ★★☆	콘크리트가 알칼리성을 점차 잃어가는 과정이다. 콘크리트의 pH가 11보다 낮아지면 철근에 녹이 발생하고, 철근의 약 2.5배까지 팽창한다.
중용열포틀랜드 시멘트 ★★☆	시멘트 원료 중의 석회, 알루미나, 마그네시아의 양을 적게 하고 실리카와 산화철을 많이 넣은 것으로 수화열이 낮다.
플라이애쉬 ★★☆	화력발전소 등에서 미분탄을 연소시킬 때 발생하는 폐가스에 포함된 석탄재이다.
고로슬래그 ★☆☆	용광로에서 선철을 제조할 때 부산물로 나오는 용융 상태의 고로 슬래그를 물에 급랭시킨 것을 고로 수쇄 슬래그라고 하는데, 고로 슬래브 미분말은 고로 수쇄 슬래그를 건조 분쇄해서 제조한다.
혼화재의 사용목적 ★☆☆	① 시멘트의 사용량을 절약하고 재료의 분리를 방지한다. ② 워커빌리티가 개선되고 단위수량이 감소된다. ③ 응결 및 경화의 지연 또는 촉진과 초기강도를 증진시킨다. ④ 내구성, 내동해성, 수밀성 및 화학적 저항성을 증가시킨다. ⑤ 철근의 부식방지 및 부착력을 증진시킨다. ⑥ 작업의 용이 및 양질의 콘크리트를 만든다.
시멘트의 풍화도 ★☆☆	풍화의 정도를 나타내는 척도로서는 풍화된 시멘트의 강열감량(Ignition Loss)을 측정하여 사용하는데 강도감량의 증가는 강열감량이 많을수록 대략 이에 정비례하여 강도가 저하된다.

콘크리트의 폭렬 ★☆☆	고온에 노출된 콘크리트의 표면이 박리되거나 비산되어 단면결손이 발생하는 것이다.
석재, 암석 ★★☆	토목, 건축공사에서 구조용 또는 장식용 돌쌓기, 돌붙이기, 사석, 포장 등에 널리 사용되어 왔으나 최근 콘크리트 제품의 제조기술이 급진전하여 석재보다 저렴하게 다량으로 생산되어 석재의 용도는 차츰 감소하는 경향이 있다.
화성암 ★★★	마그마가 지표 또는 지표 근처에서 냉각 고화되어 만들어진 것이다. 용도는 주로 구조용, 장식용이다. 화산암의 조암광물은 불에 대하여 비교적 강하나 자연 절리가 많아 대재를 얻기 힘들고 갈아도 광택이 잘 나지 않는다.
수성암 ★★★	지표에 노출된 암석, 화산 분출물 등 즉 기존의 쇄석 또는 수중에 용해된 암석성분이 환경변화 즉 물, 바람 등에 의해 지중, 바다, 하천, 호수 밑이나 지표에 침전, 퇴적한 후 압력이나 온도의 작용을 받아서 고화한 것이다.
변성암 ★★★	화성암이나 수성암이 지각의 변동, 지열의 작용, 액체 또는 가스의 화학작용을 받아서 지각 내부에서 조직이 변질되어 결정화한 것이다.
인조석재 (테라조 및 의석) ★★★	대리석의 쇄석과 백색 포틀랜드시멘트에 안료를 섞어 된비빔하여 콘크리트판의 편면에 치어 부은 후 바이브레이터로 다져 성형한 다음 경화된 후에 가공연마하여 대리석과 같이 미려한 광택을 갖도록 마감한 인조석이다. 대리석 이외의 종석으로 성형한 것을 의석이라고 한다.
인조석재 (수지계 인조석) ★★☆	시멘트 대신에 폴리에스테르 수지나 에폭시수지 등을 결합재로 사용하여 테라조나 의석을 만드는데 이들 수지는 열경화성이기 때문에 급속한 경화로 단기간에 높은 압축강도가 얻어지고 균열이 적으며 수밀성이 양호하고 방수성, 내마모성, 내산성이 있다. 그러나 내열성 및 내화성이 약한 단점도 있어 보완이 요구된다.
석재제품 (암면) ★★☆	현무암, 안산암, 사문암, 광재 등의 원료를 고열로 용융시켜 세공으로 분출 시키면서 고압공기로 불어 날려 면상으로 만들고 이를 냉수, 압축공기로 냉각시켜 만든 것이다. 단열, 보온, 흡음력이 우수하고 내화성도 있어 단열재, 보온재, 흡음재로 쓰인다.
석재제품 (질석) ★★☆	질석은 운모계 광석으로 800~1,000℃로 가열 팽창시켜 체적을 5~6배로 늘린 다공질 경석이다. 경량재, 보온, 방음, 결로방지 등의 목적으로 시멘트와 배합하여 사용한다.
석재제품 (펄라이트) ★★☆	진주암(Perlite), 흑요석(Obsidian) 등을 분쇄하여 입상으로 된 것을 소성, 팽창시킨 경골재로 이용 용도는 질석과 거의 같다.
금속재 ★★☆	금속재료가 건설공사 재료로서 중요한 위치를 차지한 이유는 여러 가지 있으나 그 중에서도 인장, 압축, 휨, 비틀림 등의 외력에 대하여 높은 강도를 가지고 있기 때문이다.
탄소함량에 따른 철의 분류 ★★☆	① 연철: 0.03% 이하(800~1,000℃ 내외에서 가단성이 크고 연질임) ② 탄소강: 0.03~1.70%(가단성, 주공성, 담금질 효과가 큼) ③ 주철: 1.70% 이상(주공성이 크고 취성이 큼)

강재의 열처리
★★★

구분	내용
소준 (불림)	강을 800~1,000℃로 가열하여 그 온도에서 수십 분간 보존한 후에 공기 중 냉각하면 조직이 정상화, 부서지기 쉬운 것이 강하게 된다.
소둔 (풀림)	가열한 후 이것을 노 속에서 서서히 냉각하면 인장강도는 저하하나 균질하고 연질의 것으로 된다.
소입 (담금질)	냉수, 온수 또는 기름에 급냉시키면 늘음(신율)이 감소하고, 잘 깨어지는 취성이 증가하나 강도 및 경도가 증대하여 마모가 적게 된다.
소태 (뜨임)	담금질한 강은 부서지기 쉬워서 사용에 부적당한 경우가 많다. 이것을 다시 200~600℃로 가열, 공기 중에서 냉각하면 취성이 현저하게 작아진다.

동
★★★

상온에서 전연성이 풍부하여 가공성이 우수하고 인성이 크다.
열과 전기의 양도체로서 열과 전기전도율이 좋으며, 대기 중이나 흙 속에서는 철보다 내식성이 있다. 그러나 알칼리에 약하므로 시멘트, 콘크리트에 접하는 경우에는 빨리 부식된다.

알루미늄
★★★

사용하는 금속재료 중에서 가장 가볍다.
대기 중에서는 쉽사리 부식하지 않고 담수 중에서도 침식을 받는 일이 적으나 해수 중에서는 부식하기 쉽다.

미장재료
★★☆

건축물의 바닥, 내외벽, 천장 등에 적당한 두께로 발라 마무리하는 재료이다.
미장재료는 굳는 방식에 따라 기경성과 수경성으로 구분된다.

마그네시아석회
★★☆

가소(하소)한 돌로마이트는 물을 가하면 소화(수화)할 때 발열이 완만하므로 건식소화법을 쓴다.
마그네시아석회는 일반석회보다 비중이 크고 굳으며 강도도 크며, 점성이 높아 가소성이 좋아 해초풀을 넣지 않아도 잘 발라진다.
풀을 넣지 않아 냄새, 곰팡이가 없고 변색될 염려도 없다.

석고플라스터
★★☆

소석고의 일종으로 결정수가 3% 정도 포함한 것을 말한다.
혼화재로 석회, 소석회, 돌로마이트 석회, 점토, 모래 등을 적당히 가하여 물반죽하여 바른다.
석고 플라스터는 점성이 큰 재료이므로 원칙적으로 여물이나 풀을 필요로 하지 않는다.

무수석고(킨즈시멘트)
★★☆

킨즈시멘트는 혼합석고(혼합 플라스터)보다 경도가 높고 경화되면 경석고플라스터가 된다.
킨즈시멘트는 강도가 크며, 응결, 경화에 수축이 거의 없다.

천연아스팔트
★★☆

지중에서 천연적으로 산출되는 아스팔트이다.
아스팔타이트, 암석아스팔트, 호산아스팔트, 사암아스팔트 등이 있다.

스트레이트 아스팔트
★★☆

아스팔트 성분을 될 수 있는 대로 분해, 변화되지 않도록 만든 것이다.
점성, 연성, 침투성 등은 크나 증발성분이 많고, 온도에 의한 강도, 점성, 연성의 변화가 크다.

블로운아스팔트 ★★☆	저온 증류탑에서 뜨거운 공기(230~270℃)를 불어넣어 산화, 탈수소, 중축합등의 반응을 통해 만든 것으로 직류 아스팔트보다 경질이다.
열가소성수지 ★★☆	고상의 것에 열을 가하면 연화 또는 점성이 생기고, 냉각하면 다시 고상으로 되는 성질을 가진 것으로 중합반응에 의해 만들어 진다.
열경화성수지 ★★☆	고상의 것에 열을 가해도 연화되지 않는 것으로 안전성이 크며, 축합반응에 의해 만들어진다.
강화유리 ★★☆	판유리를 720℃까지 가열 후 급냉한 것이다. 압축응력이 일반유리보다 약 4~5배 정도 크고, 파손 시 알갱이가 된다.
배강도유리 ★★☆	판유리를 600℃ 가열 후 급냉한다. 일반유리보다 약 2~3배 압축응력이 크고, 파손 시 유리이탈이 적다.
복층유리 ★★☆	둘 이상의 원판 사이에 비어 있는 중공층을 두고 고정한 유리이다. 단열효과가 증대된다.
로이유리 ★★☆	저방사 유리이다. 가시광선을 투과하고 실내의 원적외선을 반사하며 따뜻한 공기가 외부에 새어나가는 것을 최소화한다.

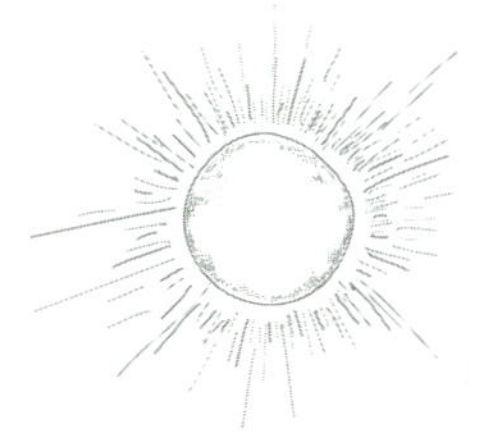

모든 시작에는
두려움과 서투름이
따르기 마련이에요.

당신이 나약해서가 아니에요.

핵심이론

시험에 나오는 것만
실속있게 학습하자

건설안전산업기사 필기시험 개편 안내 (2026년 시행)

건설안전산업기사 필기시험의 출제 기준이 2026년부터 새로운 체계로 개편됩니다.

2025년까지는 [산업안전관리론, 인간공학 및 시스템안전공학, 건설시공학, 건설재료학, 건설안전기술]의 5개 과목에서 총 100문항이 출제되었으나, 2026년부터는 [산업재해 예방 및 안전보건교육, 인간공학 및 위험성 평가 관리, 건설재료 및 건설공사 안전관리]의 4개 과목에서 총 80문항이 출제되는 방식으로 변경됩니다.

SUBJECT 01

산업재해 예방 및 안전보건교육

PART 01 산업재해예방 계획 수립

1. 안전보건관리 제이론

(1) 재해연쇄이론

① 아담스의 재해연쇄이론

㉠ 관리구조 결함 → 작전적 에러 → 전술적 에러 → 사고 → 상해

㉡ 작전적 에러: 경영자나 감독자의 의지부족이나 행동, 목표설정 미흡 등을 의미한다.

㉢ 전술적 에러: 관리감독자의 실수나 태만, 불안전 행동 및 불안전 상태의 방치를 의미한다.

② 버드의 연쇄성이론

㉠ 제1단계: 통제부족, 관리소홀

㉡ 제2단계: 기본원인(근본원인)

㉢ 제3단계: 직접원인(불안전한 상태 및 불안전한 행동)

㉣ 제4단계: 사고(접촉)

㉤ 제5단계: 상해(손해, 손실)

(2) 재해발생의 직접원인

구분	내용	
불안전한 상태	① 물건 자체의 결함 ③ 복장·보호구의 결함 ⑤ 작업환경의 결함 ⑦ 경계표시·설비의 결함	② 방호장치의 결함 ④ 물건의 배치 및 작업장소 불량 ⑥ 생산공정의 결함
불안전한 행동	① 위험장소의 접근 ③ 복장·보호구의 잘못된 사용 ⑤ 운전 중인 기계장치의 손질 ⑦ 위험물 취급 부주의 ⑨ 불안전한 자세 및 동작	② 방호장치의 기능 제거 ④ 기계·기구의 잘못된 사용 ⑥ 불안전한 속도 조작 ⑧ 불안전 상태 방치 ⑩ 감독 및 연락 불충분

(3) 재해발생의 간접원인

구분	내용	
기술적 원인	① 건물·기계 등의 설계 불량 ③ 구조·재료의 부적합	② 생산공정의 부적당 ④ 점검 및 보존 불량
교육적 원인	① 안전지식 및 경험의 부족 ③ 경험 및 훈련의 미숙 ⑤ 유해위험 작업의 교육 불충분	② 작업방법의 교육 불충분 ④ 안전수칙의 오해
신체적 원인	① 육체피로	② 시각 및 청각 이상

정신적 원인	① 판단력 부족 ③ 스트레스	② 착오
관리적 원인	① 안전관리조직 결함 ③ 작업준비 불충분 ⑤ 안전수칙 미제정	② 작업지시 부적당 ④ 인원배치(적정배치) 부적당 ⑥ 작업기준의 불명확

(4) 4M(산업재해의 기본원인)

① 인적(Man) 요인

② 기계적(Machine) 요인

③ 환경적(Media) 요인

④ 관리적(Management) 요인

2. 생산성과 경제적 안전도

(1) 직접손실비용과 간접손실비용

직접비 (법적으로 지급되는 산재보상비)		간접비 (직접비를 제외한 모든 비용)	
① 요양급여 ③ 장해급여 ⑤ 유족급여 ⑦ 장례비	② 휴업급여 ④ 간병급여 ⑥ 상병보상연금 ⑧ 직업재활급여	① 인적손실 ③ 생산손실 ⑤ 시간손실	② 물적손실 ④ 임금손실 ⑥ 기타손실 등

(2) 도수율, 빈도율(FR; Frequency Rate of Injury)

연 근로시간 합계 100만 시간당 재해발생건수이다.

$$도수율=\frac{재해건수}{연\ 근로시간\ 수}\times 1,000,000$$

(3) 강도율(SR; Severity Rate of Injury)

근로시간 합계 1,000시간당 재해로 인한 근로손실일수이다.

$$강도율=\frac{총\ 요양\ 근로손실일수}{연\ 근로시간\ 수}\times 1,000$$

(4) 연천인율

근로자 1,000명당 연간 발생하는 재해자수이다.

$$연천인율=\frac{연간재해자수}{연평균\ 근로자수}\times 1,000$$

(5) 종합재해지수(FSI; Frequency Severity Indicator)

재해 빈도의 다소와 상해 정도의 강약을 종합하여 나타내는 방식으로 직장과 기업의 성적지표로 사용한다.

$$종합재해지수(FSI)=\sqrt{도수율(FR)\times 강도율(SR)}$$

(6) 시몬즈(Simonds) 재해손실비 평가방식

① 총 재해 비용

총 재해 비용＝보험 Cost＋비보험 Cost

＝산재보험료＋A×휴업상해건수＋B×통원상해건수＋C×응급조치건수＋D×무상해사고건수

※ A, B, C, D는 상해정도별 재해에 대한 비보험 Cost의 평균액이다.

② 상해의 종류

분류	내용
휴업상해	영구부분노동불능, 일시전노동불능
통원상해	일시부분노동불능, 의사의 조치를 요하는 통원상해
응급조치상해	응급조치가 필요한 상해 또는 8시간 미만의 휴업의료조치 상해
무상해사고	의료조치를 필요로 하지 않는 경미한 상해 사고

3. 재해예방활동기법

(1) 통계에 의한 재해원인 분석방법

파레토도	사고의 유형, 기인물 등 분류항목을 큰 순서대로 도표화하는 방법
특성요인도	특성과 요인관계를 도표로 하여 어골상으로 세분하는 방법
크로스도	2개 이상의 문제 관계를 분석하는 데 사용하는 것으로, 데이터를 집계하고 표로 표시하여 요인별 결과 내역을 교차한 크로스 그림을 작성하여 분석하는 방법
관리도	재해 발생 건수 등의 추이를 파악하여 목표 관리를 행하는 데 필요한 월별 재해 발생수를 그래프화하여 관리선을 설정·관리하는 방법

(2) 재해예방의 4원칙

손실우연의 원칙	사고에 의해서 생기는 상해의 종류 및 정도는 우연적이라는 원칙
예방가능의 원칙	재해는 원칙적으로 예방이 가능하다는 원칙
원인계기의 원칙 (원인연계의 원칙)	재해의 발생은 직접원인으로만 일어나는 것이 아니라 간접원인이 연계되어 일어난다는 원칙
대책선정의 원칙	원인의 정확한 분석에 의해 가장 타당한 재해예방 대책이 선정되어야 한다는 원칙

(3) 재해사례 연구순서

① 전제조건: 재해 상황의 파악

② 제1단계: 사실의 확인

③ 제2단계: 문제점 발견

④ 제3단계: 근본적 문제점 결정

⑤ 제4단계: 대책수립

(4) 하인리히의 재해예방 5단계(사고예방의 기본원리)

단계	진행과정	필요조치
제1단계	조직 (안전관리조직)	① 경영자의 안전목표 설정 ② 안전관리자 등의 선임 ③ 안전관리조직(라인·스태프 등) 구성 ④ 안전활동 방침 및 계획수립 ⑤ 안전관리조직의 안전활동 전개

제2단계	사실의 발견 (현상파악)	① 사고 및 안전활동기록의 검토 ② 작업분석 ③ 안전점검, 검사 및 조사 ④ 사고조사 ⑤ 안전토의 및 회의 ⑥ 근로자의 건의 및 여론조사 ⑦ 관찰 및 보고서의 연구로 불안전요소 발견
제3단계	분석 · 평가 (원인규명)	① 사고보고서 및 현장조사 ② 인적 · 물적 · 환경조건의 분석 ③ 작업공정 및 작업형태의 분석 ④ 교육 및 훈련의 분석 ⑤ 안전수칙 및 안전기준의 분석 ⑥ 현장조사 결과의 분석 ⑦ 불안전요소의 분석
제4단계	시정책의 선정	① 기술적인 개선 ② 인사(배치)조정 ③ 교육 및 훈련의 개선 ④ 안전행정의 개선 ⑤ 규정 및 수칙의 개선 ⑥ 이행독려와 통제체제 강화
제5단계	시정책의 적용	① 목표설정 ② 3E(기술적, 교육적, 관리적)의 적용 ③ 실시결과 재평가 및 개선

(5) 재해발생비율

① 버드의 재해발생비율

1 : 10 : 30 : 600 = 중상 : 경상(물적, 인적 손실) : 무상해 사고(물적 손실) : 무상해, 무사고

② 하인리히의 법칙(1 : 29 : 300의 법칙)

330번의 사고가 발생한다면 그 중에 중상해가 1건, 경상해가 29건, 무상해사고가 300건 발생한다는 법칙이다.

(6) 안전점검의 종류

① 실시시기에 따른 안전점검의 종류

일상(수시)점검	매일 일의 시작이나 종료 시 또는 작업 중에 계속해서 실시하는 점검
정기(계획)점검	주기적으로 일정한 시설이나 물건, 기계 등에 대하여 점검하는 방법
특별점검	신설, 변경 내지는 고장수리 등을 할 경우에 행하는 부정기 점검
임시점검	이상징후 예견 시 임시로 실시하는 점검

② 시설물의 안전 및 유지관리에 관한 특별법령상 안전점검

정기안전점검	시설물의 상태를 판단하고 시설물이 점검 당시의 사용요건을 만족시키고 있는지 확인할 수 있는 수준의 외관조사를 실시하는 안전점검
정밀안전점검	시설물의 상태를 판단하고 시설물이 점검 당시의 사용요건을 만족시키고 있는지 확인하며 시설물 주요부재의 상태를 확인할 수 있는 수준의 외관조사 및 측정·시험장비를 이용한 조사를 실시하는 안전점검
긴급안전점검	시설물의 붕괴·전도 등으로 인한 재난 또는 재해가 발생할 우려가 있는 경우에 시설물의 물리적·기능적 결함을 신속하게 발견하기 위하여 실시하는 점검

(7) 재해조사 시 유의사항

① 사실을 수집한다.

② 목격자가 발언하는 사실 이외의 추측의 말은 참고만 한다.

③ 조사는 신속히 행하고 2차 재해의 방지를 도모한다.

④ 사람, 설비, 환경의 측면에서 재해요인을 도출한다.

⑤ 제3자의 입장에서 공정하게 조사하며 조사는 2인 이상이 한다.

⑥ 책임추궁보다 재발방지를 우선하는 기본태도를 가진다.

(8) 5C 운동(안전행동 실천운동)

① 복장단정(Correctness)

② 청소청결(Cleaning)

③ 전심전력(Concentration)

④ 정리정돈(Clearance)

⑤ 점검확인(Checking)

(9) 무재해운동의 3원칙

무의 원칙	잠재위험요인을 사전에 발견, 파악, 제거함으로써 근원적으로 산업재해를 없애는 것(사망, 휴업재해만 없으면 된다는 소극적 사고가 아니라 불휴재해는 물론 잠재 위험요인이 없어야 한다는 적극적인 자세)
선취(해결)의 원칙	궁극적인 목표인 무재해·무질병을 실현하기 위해 모든 잠재위험 요인을 행동하기 전에 발견, 파악, 제거함으로써 재해의 발생을 사전에 예방하거나 방지하는 것
(전원)참가의 원칙	잠재적 위험요인을 제거하기 위해 노사 전원이 참가하여 각자의 입장에서 적극적으로 스스로의 책무를 수행함과 동시에 문제해결 운동을 실천하는 것

4. 안전보건관리조직 구성

(1) 라인형(직계식) 조직의 특징

① 안전에 관한 명령, 지시 및 조치가 각 부문의 직계를 통하여 생산업무와 함께 시행되므로 철저하고 실시도 빠르다.

② 명령과 보고가 상하관계 뿐이므로 간단 명료하다.

③ 생산라인(Production Line)의 각급 관리감독자는 일상의 생산업무에 쫓겨 안전에 대한 전문지식이나 정보를 몸에 익힐 수 없다는 단점이 있다.

④ 100명 이하의 소규모 사업장에 적합하다.

(2) 스태프형 조직의 특징

① 근로자 100~1,000명 정도의 중규모 사업장에 적합하다.

② 스태프는 안전에 관한 계획안의 작성, 조사, 점검 결과에 의한 조언, 보고의 역할을 한다. (스스로 생산라인의 안전업무를 행할 수 없음)

③ 테일러(F. W. Taylor)의 기능형(Functional) 조직에서 발전 → 분업의 원칙을 고도로 이용 → 책임과 권한을 직능적으로 분담

(3) 라인-스태프(Line-Staff)형 조직의 특징

① 명령계통과 조언의 권고적 참여가 혼동되기 쉽다.

② 안전보건업무를 전담하는 스태프를 두고 생산라인의 부서의 장으로 하여금 안전보건을 담당하게 한다. (안전보건대책은 스태프에서 수립 → 라인을 통하여 실천)

③ 라인에는 생산과 안전에 관한 책임과 권한이 동시에 부여된다. (안전보건업무와 생산 업무의 균형 유지)

④ 근로자 1,000명 이상의 대규모 사업장에 적합하다.

⑤ 안전과 생산이 유리될 우려가 없어 운용이 적절하면 이상적인 조직이다.

(4) 안전관리자를 두어야 할 사업의 종류 및 규모

사업의 종류	상시근로자 수 또는 공사금액	안전관리자의 수
토사석 광업 식료품 제조업, 음료 제조업 목재 및 나무제품 제조업(가구 제외) 펄프, 종이 및 종이제품 제조업 코크스, 연탄 및 석유정제품 제조업 발전업 운수 및 창고업	50명 이상 500명 미만	1명 이상
	500명 이상	2명 이상
농업, 임업 및 어업 전기, 가스, 증기 및 공기조절 공급업 방송업 우편 및 통신업	50명 이상 1,000명 미만	1명 이상
	1,000명 이상	2명 이상
건설업	50억 원 이상 800억 원 미만	1명 이상
	800억 이상 1,500억 원 미만	2명 이상
	1,500억 원 이상 2,200억 원 미만	3명 이상
	2,200억 원 이상 3,000억 원 미만	4명 이상

(5) 안전관리자 등의 증원·교체임명 명령 사유

① 해당 사업장의 연간재해율이 같은 업종의 평균재해율의 2배 이상인 경우

② 중대재해가 연간 2건 이상 발생한 경우

③ 관리자가 질병이나 그 밖의 사유로 3개월 이상 직무를 수행할 수 없게 된 경우

④ 화학적 인자로 인한 직업성 질병자가 연간 3명 이상 발생한 경우

(6) 안전보건총괄책임자의 직무
① 위험성평가의 실시에 관한 사항
② 산업재해 발생 위험 시 또는 중대재해 발생 시 작업의 중지
③ 도급 시 산업재해 예방조치
④ 산업안전보건관리비의 관계수급인 간의 사용에 관한 협의·조정 및 그 집행의 감독
⑤ 안전인증대상 기계 등과 자율안전확인대상 기계 등의 사용 여부 확인

5. 산업안전보건위원회 운영

(1) 산업안전보건위원회의 심의·의결사항
① 사업장의 산업재해 예방계획의 수립에 관한 사항
② 안전보건관리규정의 작성 및 변경에 관한 사항
③ 안전보건교육에 관한 사항
④ 작업환경측정 등 작업환경의 점검 및 개선에 관한 사항
⑤ 근로자의 건강진단 등 건강관리에 관한 사항
⑥ 산업재해에 관한 통계의 기록 및 유지에 관한 사항
⑦ 중대재해의 원인 조사 및 재발 방지대책 수립에 관한 사항
⑧ 유해하거나 위험한 기계·기구·설비를 도입한 경우 안전 및 보건 관련 조치에 관한 사항
⑨ 그 밖에 해당 사업장 근로자의 안전 및 보건을 유지·증진시키기 위하여 필요한 사항

(2) 산업안전보건위원회의 구성

근로자 위원	① 근로자대표 ② 명예산업안전감독관이 위촉되어 있는 사업장의 경우 근로자대표가 지명하는 1명 이상의 명예산업안전감독관 ③ 근로자대표가 지명하는 9명 이내의 해당 사업장의 근로자
사용자 위원	① 해당 사업의 대표자 ② 안전관리자 1명(안전관리자의 업무를 안전관리전문기관에 위탁한 경우 그 기관의 해당 사업장 담당자) ③ 보건관리자 1명(보건관리자의 업무를 보건관리전문기관에 위탁한 경우 그 기관의 해당 사업장 담당자) ④ 산업보건의 ⑤ 해당 사업의 대표자가 지명하는 9명 이내의 해당 사업장 부서의 장

6. 안전보건관리규정

(1) 작성시기
안전보건관리규정을 작성하여야 할 사업의 사업주는 안전보건관리규정을 작성하여야 할 사유가 발생한 날부터 30일 이내에 안전보건관리규정의 세부내용을 포함한 안전보건관리규정을 작성하여야 한다.

(2) 안전보건관리규정을 작성하여야 할 사업의 종류

사업의 종류	상시근로자 수
① 농업, 어업 ② 소프트웨어 개발 및 공급업 ③ 컴퓨터 프로그래밍, 시스템 통합 및 관리업 ④ 영상 · 오디오물 제공 서비스업 ⑤ 정보서비스업 ⑥ 금융 및 보험업 ⑦ 임대업(부동산 제외) ⑧ 전문, 과학 및 기술 서비스업(연구개발업 제외) ⑨ 사업지원 서비스업, 사회복지 서비스업	300명 이상
위의 사업을 제외한 사업	100명 이상

PART 02 안전보호구 관리

1. 안건보건표지의 종류, 용도 및 적용

(1) 안전보건표지의 종류

5 관계자외 출입금지	허가대상물질 작업장	석면 취급/해체 작업장	금지대상물질의 취급실험실 등
	관계자외 출입금지 (허가물질 명칭) 제조/사용/보관 중 보호구/보호복 착용 흡연 및 음식물 섭취 금지	**관계자외 출입금지** 석면 취급/해체 중 보호구/보호복 착용 흡연 및 음식물 섭취 금지	**관계자외 출입금지** 발암물질 취급 중 보호구/보호복 착용 흡연 및 음식물 섭취 금지

(2) 안전보건표지의 기본모형

기본모형	규격비율	표시사항
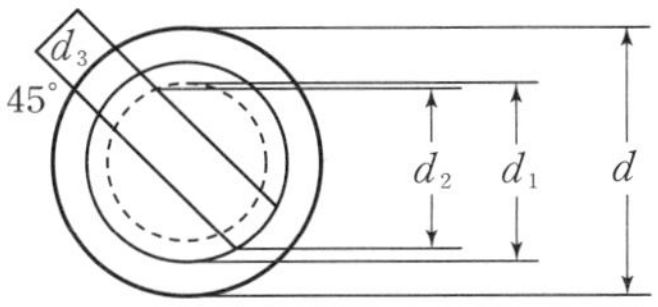	$d \geq 0.025L$ $d_1 = 0.8d$ $0.7d < d_2 < 0.8d$ $d_3 = 0.1d$	금지
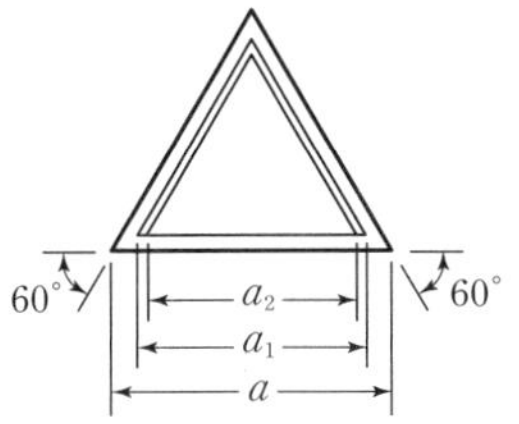	$a \geq 0.034L$ $a_1 = 0.8a$ $0.7a < a_2 < 0.8a$	경고
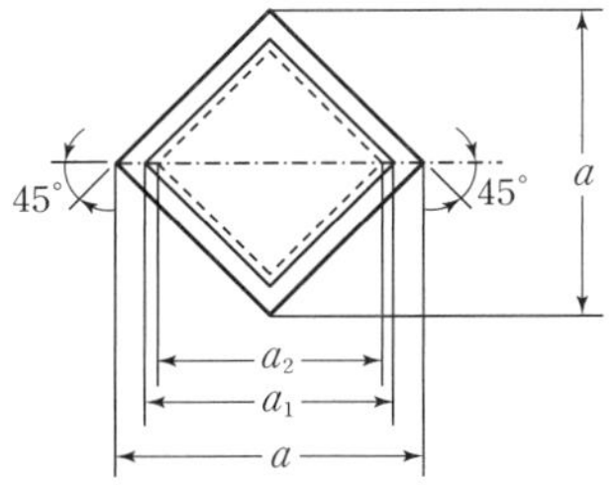	$a \geq 0.025L$ $a_1 = 0.8a$ $0.7a < a_2 < 0.8a$	
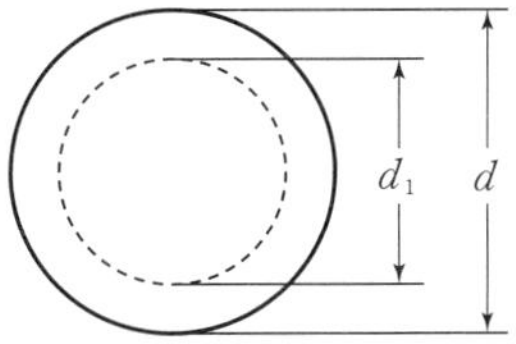	$d \geq 0.025L$ $d_1 = 0.8d$	지시

2. 안전보건표지의 색채 및 색도기준

색채	색도기준	용도	사용 예
빨간색	7.5R 4/14	금지	정지신호, 소화설비 및 그 장소, 유해행위의 금지
		경고	화학물질 취급장소에서의 유해·위험 경고
노란색	5Y 8.5/12	경고	화학물질 취급장소에서의 유해·위험 경고 이외의 위험경고, 주의표지 또는 기계방호물
파란색	2.5PB 4/10	지시	특정 행위의 지시 및 사실의 고지
녹색	2.5G 4/10	안내	비상구 및 피난소, 사람 또는 차량의 통행표지
흰색	N9.5		파란색 또는 녹색에 대한 보조색
검은색	N0.5		문자 및 빨간색 또는 노란색에 대한 보조색

1. 심리학적 요인

(1) 적응기제

① 방어적 기제(Defence Mechanism)

㉠ 자신의 불리한 입장을 보호 또는 방어하려는 기제이다.

㉡ 합리화, 동일시, 보상, 투사, 승화 등이 있다.

② 도피적 기제(Escape Mehanism)

㉠ 긴장이나 불안감을 해소하기 위해 비합리적인 행동으로 당면한 상황을 벗어나려는 기제이다.

㉡ 억압, 고립, 퇴행, 백일몽 등이 있다.

(2) 감각차단현상

① 단조로운 업무가 장시간 지속될 때 주로 발생한다.

② 작업자의 감각기능 및 판단능력이 둔화 또는 마비된다.

2. 불안과 스트레스

(1) 스트레스의 내 · 외적요인

내적요인	① 자존심의 손상 ② 현실에의 부적응 ③ 도전의 좌절과 자만심의 상충 ④ 지나친 경쟁심과 출세욕
외적요인	① 직장에서의 대인관계 갈등과 대립 ② 경제적 어려움 ③ 죽음, 질병

3. 직무분석 및 직무평가

(1) 직무분석(Job Analysis)의 방법

면접법	업무에 대한 이해도가 높은 작업자와의 면담을 통하여 직무를 분석하는 방법으로 자료의 수집에 많은 시간과 노력이 들고, 정량화된 정보를 얻기 힘들다.
관찰법	근로자의 작업수행 과정을 상세하게 관찰하는 방법으로 자료의 수집에 많은 시간과 노력이 들고, 정량화된 정보를 얻기가 힘들어 많은 시간이 소요되는 직무에는 적용이 곤란하다.
설문지법	많은 사람들로부터 짧은 시간 내에 정보를 얻을 수 있고, 양적인 정보를 얻을 수 있다.
중요사건법	직무행동 가운데 효과적인 행동과 비효과적인 행동을 구분하여 사례를 수집한 후 효과적인 행동 패턴을 추출하는 방법이다.
일지작성법	작업수행 내역을 일정한 형식으로 기록하여 이를 분석하는 방법이다.
직무수행법	직무수행자가 직접 해당 직무를 수행하며 정보를 수집하는 방법으로 실무 기반 정보 수집에 유리하나 전문성과 긴 시간이 요구된다.

4. 안전사고 요인

(1) 기인물과 가해물

① 기인물: 재해발생의 주 원인이며 재해를 가져오게 한 근원이 되는 기계, 장치, 물질 또는 환경 등(불안전한 상태)

② 가해물: 직접 사람에게 접촉하여 피해를 주는 기계, 장치, 물질 또는 환경 등

5. 산업안전심리의 요소

(1) 산업안전심리의 5요소

구분	내용
동기(Motive)	감각에 의한 자극에서 일어난 사고의 결과로서 사람의 마음을 움직이는 원동력이 된다.
기질(Temper)	감정적인 경향이나 반응과 관계되는 성격의 한 측면이다.
감정(Emotion)	어떤 행동을 할 때 생기는 주관적인 동요를 뜻한다.
습성(Habit)	일정한 생활양식으로 본능, 학습, 조건반사 등에 따라 형성된다.
습관(Custom)	성장과정을 통해 개인에게 형성된 특성 등이 무의식 중에 나타나는 규칙적인 행동이다.

(2) 인간의 의식레벨

단계	의식수준	생리적 상태
Phase 0	무의식, 실신상태	뇌발작, 수면
Phase Ⅰ	이상, 피로 및 단조로움	피로, 단조로움, 졸음
Phase Ⅱ	정상, 이완상태	휴식 시, 정례작업 시
Phase Ⅲ	정상, 명쾌	적극 활동 시
Phase Ⅳ	과긴장	패닉, 긴급방위반응

6. 착각현상

(1) 착각현상

감각적으로 물리현상을 왜곡하는 지각 오류이다.

(2) 운동의 착각현상

① 자동운동: 암실 내의 정지된 소광점을 응시하고 있으면 그 광점이 움직이는 것처럼 보이는 현상이다.

② 유도운동: 실제로 움직이지 않는 것이 어느 기준의 이동에 의하여 움직이는 것처럼 느껴지는 현상이다.

③ 가현운동: 실제로는 움직이지 않는데 움직이는 것처럼 느껴지는 심리적인 현상이다.

PART 04 인간의 행동과학

1. 인간관계

(1) 호손 실험(Hawthorne Experiment)

사원들의 태도, 감독자, 비공식 집단 등 인간관계와 관련된 요소들이 생산성에 영향을 미친다는 것을 확인한 실험이다.

2. 사회행동의 기초

(1) 매슬로우(Maslow)의 욕구이론

① 인간의 욕구는 생리적 욕구 → 안전의 욕구 → 사회적 욕구 → 존경(인정)의 욕구 → 자아실현의 욕구 순으로 발생한다.

② 인간은 가장 기본적인 욕구에서 시작하여 상위 욕구로 올라가면서 자신의 욕구를 체계적으로 충족시킨다.

3. 인간관계 메커니즘

(1) 인간관계 메커니즘

모방(Imitation)	남의 행동이나 판단을 표본으로 하여 그것과 같거나 그것에 가까운 행동 또는 판단을 취하려는 행위
투사(Projection)	자신의 불만을 해소하기 위해 남에게 뒤집어 씌우는 행위
암시(Suggestion)	다른 사람의 판단이나 행동을 무비판적으로 받아들이는 행위
동일화(Identification)	다른 사람의 행동 양식이나 태도를 자신에게 투입하거나 다른 사람에게서 자신의 행동 양식이나 태도와 비슷한 것을 발견하는 행위

(2) 맥그리거의 X, Y 이론

X 이론	① 인간의 본성은 일을 싫어하고 무관심하며 책임을 회피한다. ② 관리처방 방안으로는 경제적 보상체제 강화, 권위주의적 리더십 확립, 엄격한 관리 및 통제, 상부책임 강화 등이 필요하다.
Y 이론	① 인간의 본성은 일을 좋아하고 책임감이 강하여 자율적, 민주적으로 성과를 얻는다. ② 관리처방 방안으로는 권한을 위임하고 목표에 의한 관리와 인간관계 관리방식 등이 필요하다.

4. 재해 빈발성

(1) 재해빈발자 유형

상황성 누발자	작업이 어렵거나 설비의 결함, 심신의 근심 때문에 재해가 자주 발생되는 사람
습관성 누발자	경험에 의하여 겁을 심하게 먹거나 신경과민으로 재해가 자주 발생되는 사람
소질성 누발자	개인적 잠재요인이나 개인의 특수한 성격으로 인해 재해가 자주 발생되는 사람
미숙성 누발자	기능의 부족이나 환경에 익숙하지 않아 재해가 자주 발생되는 사람

(2) 상황성 누발자의 재해유발 원인

① 작업이 어려운 경우

② 기계설비에 결함이 있는 경우

③ 심신에 근심이 있는 경우

④ 환경 상 주의력의 집중이 곤란한 경우

5. 주의와 부주의

(1) 주의(Attention)의 특징

① 선택성: 여러 종류의 자극 중 특정한 것을 선택하여 주의가 집중된다.

② 방향성: 한 지점에 주의를 집중하면 다른 곳의 주의가 약해진다.

③ 변동성: 주의가 유지되지 않고 일정한 주기로 부주의하게 된다.

(2) 부주의 발생의 요인

구분	요인	
내적요인	① 경험 부족 및 미숙련 ③ 소질적 문제	② 의식의 우회
외적요인	① 작업순서의 부자연성 ③ 기상조건	② 작업 및 환경조건 불량 ④ 작업강도

6. 리더십의 유형

(1) 리더십의 권한

① 조직이 리더에게 부여한 권한

권한	내용
합법적 권한	군대, 정부기관 등 합법적 권력이 가지는 권한
강압적 권한	부하의 처벌, 봉급의 인상 거부 등 강압적인 힘을 갖는 권한
보상적 권한	승진, 봉급 인상 등 역할에 대한 보상을 부여하는 권한

② 지도자 자신에 의해 자발적으로 생성되는 권한

권한	내용
위임된 권한	부하 직원들이 상사를 존경하여 함께 일하고자 할 때 상사에게 부여되는 권한, 혹은 지도자 자신이 자신에게 부여한 권한
전문성의 권한	전문적 지식을 가진 리더를 부하들이 스스로 따르는 것으로 지도자 자신의 능력에 의해 생성되는 권한

(2) 관리 그리드(Managerial Grid) 이론

① 과업형(9, 1): 업무 또는 과업에 대한 관심은 크지만 인간관계에 대해서는 관심이 없는 유형이다.

② 이상형(9, 9): 과업 완수와 인간관계 모두에 있어 최대한의 노력을 기울이는 유형이다.

③ 인기형(1, 9): 인간관계에 대한 관심은 크지만 과업 완수에는 큰 관심을 두지 않는 유형이다.

④ 무관심형(1, 1): 과업 완수와 인간관계 모두에 대해 관심이 거의 없는 유형이다.

⑤ 타협형(5, 5): 과업과 인간관계 모두에 대해 중간 정도의 관심을 보이는 유형이다.

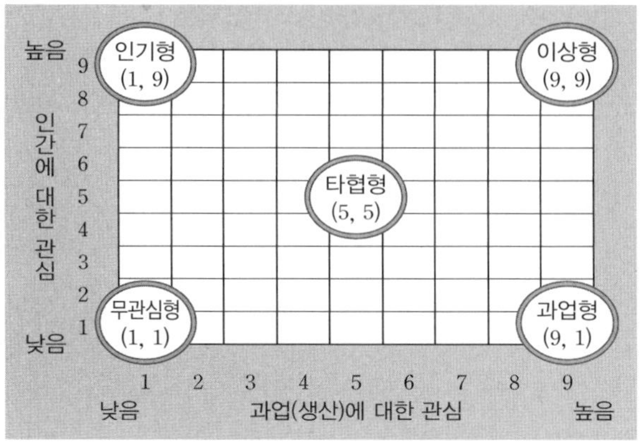

7. 리더십과 헤드십

(1) 리더십(Leadership)

① 조직 구성원들의 자발적인 추종과 동참을 이끌어내는 영향력의 행사이다.

② 권한의 근거는 개인의 인격, 역량, 신뢰 등에 기반한다.

③ 지휘의 형태는 민주적이며, 설득과 참여 중심이다.

④ 상사와 부하의 관계는 수평적이고 사회적 간격이 좁다.

⑤ 책임은 구성원 모두가 공동으로 분담한다.

(2) 헤드십(Headship)

① 선출된 지도자가 아니라 조직에 의해 임명된 지도자가 행하는 권한 행사이다.

② 권한의 근거는 공식적인 법과 규정에 의한다.

③ 지휘의 형태는 권위적이다.

④ 상사와 부하의 관계는 지배적이고 사회적 간격이 넓다.

⑤ 책임은 부하에게 있지 않고 상사에게 있다.

8. 생체리듬(바이오리듬)

구분	내용
육체적(신체적) 리듬 (P, Physical)	신체의 물리적인 상태를 나타내는 리듬으로, 청색 실선으로 표시하며 23일의 주기이다.
감성적 리듬 (S, Sensitivity)	기분이나 신경계통의 상태를 나타내는 리듬으로, 적색 점선으로 표시하며 28일의 주기이다.
지성적 리듬 (I, Intellectual)	기억력, 인지력, 판단력 등을 나타내는 리듬으로, 녹색 일점쇄선으로 표시하며 33일의 주기이다.

※ 위험일: 안정기(+)와 불안정기(−)의 교차점

PART 05 안전보건교육의 내용 및 방법

1. 교육의 개념

(1) 안드라고지(Andragogy)

① 정의: 그리스어의 'Andros(사람)'와 'Agein(이끌다)'에서 유래된 용어로 성인을 가르치는 과학 또는 기술을 의미한다.

② 안드라고지 모델에 기초한 성인 학습자의 특징

㉠ 성인들은 자기 주도적으로 학습하고자 한다.

㉡ 성인들은 과제 중심적(문제 중심적)으로 학습하고자 한다.

㉢ 성인들은 무엇을, 왜 배워야 하는지에 대해 알고자 하는 욕구를 가지고 있다.

㉣ 성인들은 학습에 대한 강력한 내·외적 동기를 가지고 있다.

2. 학습지도 이론

(1) 학습지도의 원리

개별화	학습자의 요구와 성향, 소질에 적합한 학습의 기회를 부여한다는 원리
통합	학습자의 모든 능력을 조화롭게 발달시키는 생활중심의 통합교육을 원칙으로 한다는 원리
사회화	공동학습과 같은 협동을 통해서 학습자의 사회화를 도와주는 원리
자기활동(자발성)	학습지도는 내적동기를 유발시켜야 효과적이라는 원리
직관	구체적 사물을 제시하거나 경험시킴으로써 학습효과를 거둘 수 있다는 원리
목적	학습자에게 학습목표가 분명히 인식되었을 경우 자발적이고 적극적인 학습을 기대할 수 있다는 원리

(2) 존 듀이(John Dewey)의 5단계 사고과정

① 1단계: 시사를 받는다.

② 2단계: 지식화 또는 머리로 생각한다.

③ 3단계: 가설을 설정한다.

④ 4단계: 추론한다.

⑤ 5단계: 행동에 의하여 가설을 검토한다.

(3) 체계기준의 구비조건(연구조사의 기준척도)

실제적 요건	객관적·정량적이고, 수집 또는 연구가 쉬우며, 특수한 자료수집기법이나 기기가 필요 없고, 돈이나 실험자의 수고가 적게 드는 것
적절성(타당성)	변수가 실제로 의도하는 바를 어느 정도 측정하는가를 결정하는 것
무오염성	측정하는 구조 외적인 변수의 영향을 받지 않는 것
신뢰성	시간이나 대표적 표본의 선정에 관계없이 변수 측정의 일관성이나 안정성이 있는 것
민감도	피검자 사이에서 볼 수 있는 예상 차이점에 비례하는 단위로 측정하는 것

3. 교육훈련기법

(1) 위험예지훈련 4라운드

1라운드	현상파악	위험요인을 식별하는 단계
2라운드	본질추구	위험요인·문제점 발견 및 위험의 포인트를 결정하고 지적 확인하는 단계
3라운드	대책수립	위험요인을 극복하기 위한 대안 제시 단계
4라운드	목표설정	행동목표를 설정하는 단계

(2) 브레인스토밍의 4원칙

비판금지	「좋다」 또는 「나쁘다」라고 비판하지 않는다.
자유분방	자유로운 분위기에서 편안한 마음으로 발표한다.
대량발언	내용의 질적인 수준보다 양적으로 많이 발언한다.
수정발언	타인의 발표내용을 수정하거나 개조하여 관련된 내용을 추가발표하여도 좋다.

4. 안전보건교육방법(TWI, OJT, Off JT 등)

(1) TWI(Training Within Industry for Supervisor)

① 인간관계를 개선하고 생산성을 향상시키기 위해 일선 관리감독자를 대상으로 하는 훈련이다.

② 작업지도(Job Instruction), 작업방법(개선)(Job Method), 인간관계(Job Relation), 작업안전(Job Safety)을 훈련한다.

(2) OJT(On the Job Training)의 특징

장점	① 개개인에게 적절한 지도훈련이 가능하다. ② 직장의 실정에 맞게 실제적 훈련이 가능하다. ③ 교육을 통한 훈련효과에 의해 상호 신뢰 및 이해도가 높아진다. ④ 대상자의 개인별 능력에 따라 훈련의 진도를 조정하기 쉽다. ⑤ 교육효과가 업무에 신속히 반영된다. ⑥ 훈련에 필요한 업무의 계속성이 끊어지지 않는다. ⑦ 동기부여가 쉽다.
단점	① 다수의 대상을 한 번에 통일적인 내용 및 수준으로 교육시킬 수 없다. ② 전문적인 지식 및 기능을 교육하기 힘들다. ③ 업무와 교육이 병행되므로 훈련에만 전념할 수 없다.

(3) Off JT(Off the Job Training)의 특징

장점	① 업무와 훈련이 동시에 진행되지 않으므로 훈련에만 전념하게 된다. ② 외부의 우수한 전문가를 강사로 활용할 수 있다. ③ 다수의 근로자를 대상으로 일괄적, 조직적, 체계적인 훈련이 가능하다. ④ 교재, 시설 등을 효과적으로 이용할 수 있다. ⑤ 교육생 간 혹은 타 직장의 근로자와 지식이나 경험을 교류할 수 있다.
단점	① 개인의 안전지도 방법으로는 부적당하다. ② 교육으로 인해 업무가 중단되는 손실이 발생한다.

5. 학습목적의 3요소

학습목적은 학습목표, 주제, 학습정도로 구성된다.

6. 강의법

(1) 강의법의 특징

① 전체적인 교육내용을 제시하거나, 새로운 과업 및 작업단위의 도입단계에 유효하다.

② 짧은 시간 내에 많은 내용을 다수의 대상에게 교육시킬 수 있다.

③ 교육 시간에 대한 조정이 용이하다.

④ 피드백이 부족하다.

⑤ 난해한 문제에 대하여 평이하게 설명이 가능하다.

⑥ 교육 집단 내 수준차로 인해 교육의 효과가 감소할 수 있다.

7. 토의법

(1) 토의법(Discussion Method)

① 안전교육의 방법 중 전개단계에서 가장 효과적인 수업방법이다.

② 참여자들의 대화를 통해서 교육이 진행되는 교육방식이다.

③ 현장의 관리감독자 교육을 위하여 가장 바람직한 교육방식이다.

④ 도입, 제시, 적용, 확인단계 중 적용단계에서 가장 많은 시간이 소요된다.

⑤ 알고 있는 지식을 심화시키거나 어떠한 자료에 대해 명료한 생각을 갖추는 데 적합한 교육방법이다.

⑥ 개방적인 의사소통과 협조적인 분위기 속에서 학습자의 적극적 참여가 가능하다.

⑦ 준비와 계획단계뿐만 아니라 진행 과정에서도 많은 시간이 소요된다.

⑧ 집단 활동의 기술을 개발하고 민주적 태도를 배울 수 있다.

(2) 토의법의 종류

구분	내용
포럼 (Forum)	새로운 자료나 교재를 제시하고 문제점을 피교육자로 하여금 제기하게 하거나 피교육자의 의견을 다양한 방법으로 발표하게 하여 청중과 토론자 간 의견교환으로 합의를 도출해내는 방법
패널 디스커션 (Panel Discussion)	참가자 앞에서 소수의 전문가들이 과제에 관한 견해를 발표하고 토론한 뒤 참가자 전원이 참가하여 사회자의 사회에 따라 토의하는 방법
심포지엄 (Symposium)	몇 사람의 전문가에 의하여 과제에 관한 견해를 발표한 뒤에 참가자로 하여금 의견이나 질문을 하게 하여 토의하는 방법
버즈세션 (Buzz Session)	6명씩 소집단으로 구분하고, 집단별로 각각의 사회자를 선발하여 6분씩 자유토의를 행한 후 의견을 종합하는 방법으로 6－6회의라고도 함

8. 프로그램 학습법

장점	① 학습자의 학습내용 습득여부를 즉각적으로 피드백 받을 수 있다. ② 많은 수의 학습자를 지도할 수 있다. ③ 학습속도, 지능, 학습적성 등 개인차를 충분히 고려할 수 있다. ④ 매 반응마다 피드백이 주어지기 때문에 학습자가 흥미를 갖는다.
단점	① 수강생의 사회성이 결여되기 쉽다. ② 교재개발에 많은 시간과 노력이 든다.

9. 근로자 안전보건교육

(1) 교육과정별 교육시간

<table>
<tr><th>교육과정</th><th colspan="2">교육대상</th><th>교육시간</th></tr>
<tr><td rowspan="3">정기교육</td><td colspan="2">사무직 종사 근로자</td><td>매반기 6시간 이상</td></tr>
<tr><td rowspan="2">그 밖의 근로자</td><td>판매업무에 직접 종사하는 근로자</td><td>매반기 6시간 이상</td></tr>
<tr><td>판매업무에 직접 종사하는 근로자 외의 근로자</td><td>매반기 12시간 이상</td></tr>
<tr><td rowspan="3">채용 시 교육</td><td colspan="2">일용근로자 및 근로계약기간이 1주일 이하인 기간제근로자</td><td>1시간 이상</td></tr>
<tr><td colspan="2">근로계약기간이 1주일 초과 1개월 이하인 기간제근로자</td><td>4시간 이상</td></tr>
<tr><td colspan="2">그 밖의 근로자</td><td>8시간 이상</td></tr>
<tr><td rowspan="2">작업내용 변경 시 교육</td><td colspan="2">일용근로자 및 근로계약기간이 1주일 이하인 기간제근로자</td><td>1시간 이상</td></tr>
<tr><td colspan="2">그 밖의 근로자</td><td>2시간 이상</td></tr>
<tr><td rowspan="4">특별교육</td><td colspan="2">일용근로자 및 근로계약기간이 1주일 이하인 기간제근로자
(타워크레인 신호작업 종사자 제외)</td><td>2시간 이상</td></tr>
<tr><td colspan="2">타워크레인 신호작업에 종사하는
일용근로자 및 근로계약기간이 1주일 이하인 기간제근로자</td><td>8시간 이상</td></tr>
<tr><td colspan="2" rowspan="2">그 밖의 근로자</td><td>16시간 이상</td></tr>
<tr><td>단기간 또는
간헐적 작업인 경우
2시간 이상</td></tr>
<tr><td>건설업
기초안전·보건교육</td><td colspan="2">건설 일용근로자</td><td>4시간 이상</td></tr>
</table>

(2) 안전교육의 종류

① 지식교육(시청각 교육)

② 기능교육(현장실습 교육)

㉠ 작업능력 및 기술능력을 부여하고자 실시하는 교육이다.

㉡ 개인의 반복적 시행착오에 의해서 형성된다.

㉢ 현장실습을 통한 경험 체득과 이해를 목적으로 한다.

㉣ 방호장치 기능을 습득한다.

③ 태도교육(안전작업 동작지도)

㉠ 생활지도, 작업동작지도 등을 통한 안전의 습관화를 위한 교육이다.

㉡ 안전한 방법을 알고는 있으나 시행하지 않는 사람에게 직장규율, 안전규율 등을 익히게 한다.

10. 관리감독자 안전보건교육

교육과정	교육시간
정기교육	연간 16시간 이상
채용 시 교육	8시간 이상
작업내용 변경 시 교육	2시간 이상
특별교육	16시간 이상
	단기간 또는 간헐적 작업인 경우 2시간 이상

PART 06 산업안전관계법규

1. 산업안전보건법

(1) 사업주 등의 의무

① 산업안전보건법과 법에 따른 명령으로 정하는 산업재해 예방을 위한 기준 준수

② 근로자의 신체적 피로와 정신적 스트레스 등을 줄일 수 있는 쾌적한 작업환경의 조성 및 근로조건 개선

③ 해당 사업장의 안전 및 보건에 관한 정보를 근로자에게 제공

2. 산업안전보건법 시행령

(1) 안전보건진단을 받아 안전보건개선계획을 수립할 대상

① 산업재해율이 같은 업종 평균 산업재해율의 2배 이상인 사업장

② 사업주가 필요한 안전조치 또는 보건조치를 이행하지 아니하여 중대재해가 발생한 사업장

③ 직업성 질병자가 연간 2명 이상(상시근로자 1천 명 이상 사업장의 경우 3명 이상) 발생한 사업장

④ 그 밖에 작업환경 불량, 화재·폭발 또는 누출 사고 등으로 사업장 주변까지 피해가 확산된 사업장으로서 고용노동부령으로 정하는 사업장

3. 산업안전보건법 시행규칙

(1) 중대재해의 범위

① 사망자가 1명 이상 발생한 재해

② 3개월 이상의 요양이 필요한 부상자가 동시에 2명 이상 발생한 재해

③ 부상자 또는 직업성 질병자가 동시에 10명 이상 발생한 재해

(2) 안전인증대상 기계 또는 설비

① 프레스 ② 전단기 및 절곡기 ③ 크레인

④ 리프트 ⑤ 압력용기 ⑥ 롤러기

⑦ 사출성형기 ⑧ 고소작업대 ⑨ 곤돌라

(3) 안전검사대상 유해·위험 기계·기구·설비

① 프레스 ② 전단기

③ 크레인(정격 하중이 2톤 미만인 것은 제외)

④ 리프트 ⑤ 압력용기

⑥ 곤돌라 ⑦ 국소 배기장치(이동식 제외)

⑧ 원심기(산업용만 해당) ⑨ 롤러기(밀폐형 구조 제외)

⑩ 사출성형기(형 체결력 294[kN] 미만은 제외)

⑪ 고소작업대(화물자동차 또는 특수자동차에 탑재한 고소작업대로 한정)

⑫ 컨베이어 ⑬ 산업용 로봇

(4) 안전검사의 주기

구분	주기
크레인(이동식 크레인 제외), 리프트(이삿짐운반용 리프트 제외), 곤돌라	① 설치가 끝난 날부터 3년 이내 최초 안전검사 실시 ② 최초 안전검사 실시 이후 2년마다 실시 ※ 건설현장에 사용하는 것은 최초 설치한 날부터 6개월마다 실시
이동식 크레인, 이삿짐운반용 리프트, 고소작업대	① 자동차관리법에 따른 신규등록 이후 3년 이내 최초 안전검사 실시 ② 최초 안전검사 실시 이후 2년마다 실시
프레스, 전단기, 압력용기, 국소배기장치, 원심기, 롤러기, 사출성형기, 컨베이어, 산업용 로봇	① 설치가 끝난 날부터 3년 이내 최초 안전검사 실시 ② 최초 안전검사 실시 이후 2년마다 실시 ※ 공정안전보고서를 제출하여 확인을 받은 압력용기는 4년마다 실시

4. 관련 고시 및 지침에 관한 사항

(1) 시설물의 안전 및 유지관리에 관한 특별법령상 안전등급별 정기안전점검 및 정밀안전진단 실시시기

안전등급	정기안전점검	정밀안전점검		정밀안전진단	성능평가
		건축물	그 외 시설물		
A등급	반기에 1회 이상	4년에 1회 이상	3년에 1회 이상	6년에 1회 이상	5년에 1회 이상
B·C등급		3년에 1회 이상	2년에 1회 이상	5년에 1회 이상	
D·E등급	1년에 3회 이상	2년에 1회 이상	1년에 1회 이상	4년에 1회 이상	

SUBJECT 02

인간공학 및 위험성 평가 · 관리

PART 01 안전과 인간공학

1. 인간-기계 시스템의 정의 및 유형

(1) 인간-기계 시스템(체계)

수동 체계	자신의 신체적인 힘을 동력원으로 사용하여 작업을 통제하는 인간 사용자와 결합(수공구 또는 그 밖의 보조물 사용)
기계화 체계 (반자동 체계)	운전자가 조종장치를 사용하여 통제하며 동력은 전형적으로 기계가 제공
자동화 체계	기계가 감지, 정보처리, 의사결정 등 행동을 포함한 모든 임무를 수행하고 인간은 감시, 프로그래밍, 정비유지 등의 기능을 수행

(2) 시스템의 수명주기 단계

1단계 구상(Concept)	예비위험분석(PHA) 적용
2단계 정의(Definition)	① 시스템 안전성 위험분석(SSHA) 적용 ② 생산물의 적합성을 검토하고 예비설계와 생산기술을 확인하는 단계
3단계 개발(Development)	① FMEA, HAZOP 등의 실시 ② 설계의 수용가능성을 위한 검토 단계
4단계 생산(Production)	안전교육 등 전체교육 실시
5단계 운전(Deployment)	시스템안전프로그램에 대하여 안전점검 기준에 따라 평가

2. 인간-기계 시스템의 특성

(1) 인간이 기계를 능가하는 기능

① 관찰을 통해서 일반화하여 귀납적으로 추리한다.

② 원칙을 적용하여 다양한 문제를 해결할 수 있다.

③ 완전히 새로운 해결책을 도출할 수 있다.

④ 주위의 예기치 못한 사건들을 감지하고 처리하는 임기응변 능력이 있다.

⑤ 상황에 따라 변하는 복잡한 자극 형태를 식별할 수 있다.

⑥ 다양한 경험을 토대로 하여 의사결정을 한다.

(2) 현존하는 기계가 인간을 능가하는 기능

① 자극을 연역적으로 추리한다.

② 암호화된 정보를 신속하게 처리하고, 대량으로 보관한다.

③ 인간의 정상적인 감지범위 밖에 있는 자극을 감지한다.

④ 명시된 절차에 따라 신속하고, 정량적인 정보처리가 가능하다.

⑤ 과부하 시에도 효율적으로 작동한다.

(3) 정보량

① 대안이 n개인 경우의 정보량: $\log_2 n = \log_2 \frac{1}{P(\text{확률})}$

② 여러 대안이 발생할 경우 총 정보량: Σ(개별 확률×개별 정보량)

(4) 인간-기계 시스템의 설계과정

1단계	시스템의 목표와 성능 명세 결정	목적 및 존재 이유에 대한 결정
2단계	시스템의 정의	목표 달성을 위해 필요한 기능의 결정
3단계	기본설계	기능의 할당, 작업설계, 인간성능 요건 명세, 직무분석
4단계	인터페이스 설계	작업공간, 화면설계, 표시 및 조종장치
5단계	촉진물(보조물) 설계	성능보조자료, 훈련도구 등 보조물 설계
6단계	시험 및 평가	시스템 개발과 관련된 평가와 인간적인 요소 평가

3. 인간실수의 분류

(1) 인간의 오류모형

착오(Mistake)	상황해석을 잘못하거나 목표를 잘못 이해하고 착각하여 행하는 인간의 실수로 위치, 순서, 패턴, 형상, 기억오류 등 외부적 요인에 의해 나타나는 오류
착각(Illusion)	감각적으로 물리현상을 왜곡하는 지각 오류
실수(Slip)	의도는 올바른 것이었지만, 행동이 의도한 것과는 다르게 나타나는 오류
건망증(Lapse)	일련의 과정에서 일부를 빠뜨리거나 기억의 실패에 의해 발생하는 오류
위반(Violation)	정해진 규칙을 알고 있음에도 의도적으로 따르지 않거나 무시한 경우에 발생하는 오류

(2) 휴먼에러의 분류

실행오류(Commission Error)	수행 중인 작업을 정확하게 수행하지 못해 발생한 에러
생략오류(Omission Error)	필요한 작업 또는 절차를 수행하지 않는 데 기인한 에러
불필요한 수행오류(Extraneous Error)	불필요한 작업 또는 절차를 수행함으로써 발생한 에러
순서오류(Sequential Error)	필요한 작업 또는 절차의 순서 착오로 인한 에러
시간오류(Timing Error)	필요한 작업 또는 절차의 수행을 지연한 데 기인한 에러(시간지연에러)

PART 02 위험성 파악 · 결정

1. 위험성평가의 정의 및 개요 新 출제기준

(1) 위험성평가의 정의

사업주가 사업장의 유해 · 위험요인을 파악하고 해당 유해 · 위험요인에 의한 부상 또는 질병의 발생 가능성(빈도)과 중대성(강도)을 추정, 결정하며 감소대책을 수립하여 실행하는 일련의 과정을 말한다.

(2) 위험성평가 시 근로자 참여 범위

① 유해 · 위험요인의 위험성 수준을 판단하는 기준을 마련하고, 유해 · 위험요인별로 허용 가능한 위험성 수준을 정하거나 변경하는 경우

② 해당 사업장의 유해 · 위험요인을 파악하는 경우

③ 유해 · 위험요인의 위험성이 허용 가능한 수준인지 여부를 결정하는 경우

④ 위험성 감소대책을 수립하여 실행하는 경우

⑤ 위험성 감소대책 실행 여부를 확인하는 경우

(3) 위험성평가 시 유해 · 위험요인 파악

① 사업장 순회점검에 의한 방법

② 근로자들의 상시적 제안에 의한 방법

③ 설문조사 · 인터뷰 등 청취조사에 의한 방법

④ 물질안전보건자료, 작업환경측정결과, 특수건강진단결과 등 안전보건 자료에 의한 방법

⑤ 안전보건 체크리스트에 의한 방법

(4) 위험성평가의 종류

① 최초 위험성평가: 사업이 성립된 날부터 1개월 이내

② 수시 위험성평가: 추가적인 유해 · 위험요인이 생기는 경우

③ 정기 위험성평가: 위험성평가의 결과에 대한 적정성을 1년마다 정기적으로 재검토

④ 상시 위험성평가: 상시적 위험성평가를 실시한 경우 수시평가와 정기평가 갈음

2. 위험성평가의 평가항목

(1) HAZOP에서 사용되는 가이드워드(Guide Words)

No/Not	설계 의도의 완전한 부정
Part of	성질상의 감소
As well as	성질상의 증가
More/Less	양의 증가 혹은 감소
Other than	완전한 대체
Reverse	설계 의도의 논리적인 역

(2) 차파니스의 위험평점척도법

빈도	평점	확률 및 내용
자주	6	$>10^{-2}$/day, 때때로 일어남
보통	5	$>10^{-3}$/day, 한 항목의 수명 중 수회 일어남
가끔	4	$>10^{-4}$/day, 한 항목의 수명 중 드물게 일어남
거의 발생하지 않는	3	$>10^{-5}$/day, 그리 일어날 것 같지 않음
극히 발생할 것 같지 않는	2	$>10^{-6}$/day, 발생확률이 0에 가까움
전혀 발생하지 않는	1	$>10^{-8}$/day, 물리적으로 발생 불가능

3. 시스템 위험성 분석 및 관리

(1) Fail Safe와 Fool Proof

Fail Safe	기계, 기계 부품에 파손·고장이나 기능의 불량이 발생해도 안전하게 작동할 수 있는 구조와 기능 ① 비행기 운항 중 하나의 엔진이 고장나면 다른 하나의 엔진으로 정상적인 운행 가능 ② 석유난로가 기울어졌을 때를 대비하여 자동 소화기능 내장
Fool Proof	작업자의 기계 오조작 또는 실수가 있어도 기계설비의 안전기능이 작동되어 재해를 방지하는 기능 ① 프레스의 경우 실수하여 손이 금형 사이로 들어갔을 때 슬라이드의 하강 정지 ② 승강기가 과부하되었을 때 경보가 울리고 운행 정지

(2) 화학설비의 안전성 평가 6단계

1단계	관계자료의 작성 준비
2단계	① 정성적 평가 ② 설계(공장의 입지조건, 공장 내 배치)와 운전관계에 대한 평가
3단계	① 정량적 평가 ② 취급물질, 용량, 온도, 압력 및 조작을 통한 위험도 평가
4단계	① 안전대책수립 ② 설비대책과 관리적 대책
5단계	재해 정보에 의한 재평가
6단계	FTA에 의한 재평가

(3) 정성적 평가와 정량적 평가 항목

정성적 평가	설계관계 항목	입지조건, 공장 내 배치, 건조물, 소방설비 등
	운전관계 항목	원재료, 중간제품, 공정 및 공정기기, 수송, 저장 등
정량적 평가	① 수치값으로 표현 가능한 항목 대상 ② 온도, 취급물질, 화학설비용량, 압력, 조작 등	

4. 위험분석 기법

(1) 예비위험분석(PHA; Preliminary Hazard Analysis)

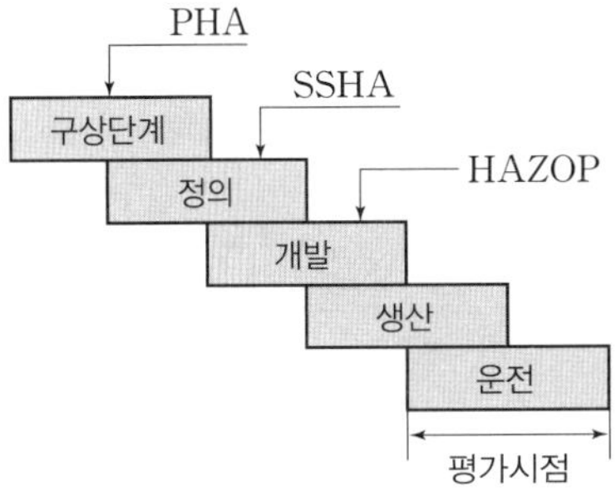

① 시스템 내의 위험요소가 얼마나 위험상태에 있는가를 평가하는 시스템 안전 프로그램에서 최초단계(시스템 구상단계)의 분석 방식(정성적)이다.

② 위험의 정도는 파국(Catastrophic), 중대(Critical), 위기－한계(Marginal), 무시가능(Negligible)의 4가지 범주로 분류할 수 있다.

PHA
SSHA
HAZOP
구상단계
정의
개발
생산
운전
평가시점

(2) THERP(Technique for Human Error Rate Prediction)

① 인간실수(과오)확률에 대한 추정과 휴먼 에러를 정량적으로 평가하기 위한 기법이다.

② 사고원인 가운데 인간의 과오로부터 기인된 원인을 분석하고 확률을 계산하여 제품의 결함을 감소시키고 인간공학적 대책을 수립하는 데 활용된다.

③ 가지처럼 갈라지는 형태의 논리구조와 나무 형태의 그래프를 이용한다.

(3) 고장형태와 영향분석법(FMEA; Failure Mode and Effect Analysis)

시스템 위험을 정성적, 귀납적으로 분석하는 기법으로, 시스템에 영향을 미치는 모든 요소의 고장을 형태별로 분석하여 그 영향을 검토하는 분석기법이다.

장점	① 양식이 간단하여 특별한 훈련 없이 비전문가도 해석이 가능하다. ② 전체 요소의 고장을 유형별로 분석할 수 있다.
단점	① 논리성이 부족하다. ② 해석영역이 물체에 한정되어 인적 원인(Human Error) 해석이 곤란하다. ③ 동시에 2가지 이상의 요소가 고장 나는 경우 분석이 곤란하다.

5. 결함수 분석

(1) 사상기호 및 논리기호

기호	명칭	설명
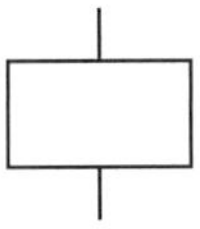	결함사상	두 가지 상태 중 하나가 고장 또는 결함으로 나타나는 비정상적인 사상(개별적인 결함사상)
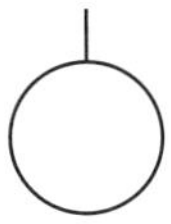	기본사상	더 이상 전개되지 않는 기본사상
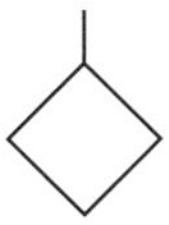	생략사상(최후사상)	정보부족, 해석기술 불충분으로 더 이상 전개할 수 없는 사상
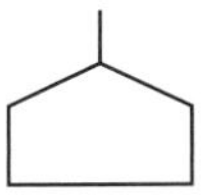	통상사상	통상 발생이 예상되는 사상

2개의 조합 A_i A_j A_k	조합 AND 게이트	3개의 입력현상 중 임의의 시간에 2개의 입력사상이 발생할 경우 출력사상이 발생하는 게이트
동시발생이 없음	배타적 OR 게이트	OR 게이트의 특별한 경우로, 2개 또는 그 이상의 입력사상이 동시에 존재하는 경우에는 출력사상이 발생하지 않는 게이트
A	부정 게이트	입력과 반대되는 현상으로 출력되는 게이트
	위험지속기호	입력사상이 발생하여 일정 시간이 지속된 후 출력사상이 발생하는 게이트
	억제 게이트	한 개의 입력사상에 의해 출력사상이 발생하며, 출력사상이 발생되기 전에 입력사상이 특정 조건을 만족하여야 함

(2) 결함수분석(FTA)에 의한 재해사례 연구순서

1단계	정상(Top)사상의 선정
2단계	사상마다 재해원인 및 요인 규명
3단계	FT(Fault Tree)도 작성
4단계	개선계획의 작성
5단계	개선안 실시계획

(3) 최소 컷셋과 최소 패스셋

① 최소 컷셋

㉠ 시스템의 위험성(약점)을 나타낸다.

㉡ 컷셋 중에 다른 컷셋을 포함하고 있는 것을 제외한 컷셋이다.

㉢ 정상사상(Top 사상)을 일으키는 최소한의 집합이다.

㉣ 시스템에서 최소 컷셋의 개수가 증가하면 위험수준이 높아진다.

㉤ 일반적으로 Fussell Algorithm을 이용한다.

② 최소 패스셋

㉠ 시스템의 신뢰성을 나타낸다.

㉡ 패스셋 중에 다른 패스셋을 포함하고 있는 것을 제외한 패스셋이다.

㉢ 정상사상(Top 사상)을 일으키지 않는 최소한의 집합이다.

㉣ 시스템에서 최소 컷셋의 개수가 증가하면 신뢰수준이 높아진다.

㉤ 일반적으로 Boolean Algorithm을 이용한다.

(4) 불대수의 법칙

① 동일법칙: A+A=A, A·A=A

② 교환법칙: AB=BA, A+B=B+A

③ 흡수법칙: A(AB)=(AA)B, A(A+B)=A

$A+AB=A\cup(A\cap B)=(A\cup A)\cap(A\cup B)=A\cap(A\cup B)=A$

④ 분배법칙: A(B+C)=AB+AC, A+(BC)=(A+B)·(A+C)

⑤ 결합법칙: A(BC)=(AB)C, A+(B+C)=(A+B)+C

⑥ 기타: $A\cdot 0=0$, $A+1=1$, $A\cdot 1=A$, $A+\overline{A}=1$, $A\cdot\overline{A}=0$

6. 신뢰도 계산

(1) 신뢰도가 R_1, R_2인 부품의 시스템 신뢰도 계산

① 병렬로 연결되어 있을 때의 신뢰도: $1-(1-R_1)\times(1-R_2)$

② 직렬로 연결되어 있을 때의 신뢰도: $R_1\times R_2$

(2) 시스템의 수명 및 신뢰성

① 병렬설계 및 디레이팅 기술로 시스템의 신뢰성을 증가시킬 수 있다.

② 병렬시스템에서는 부품들 중 최대 수명을 갖는 부품에 의해 시스템 수명이 결정된다.

③ 직렬시스템에서는 부품들 중 최소 수명을 갖는 부품에 의해 시스템 수명이 결정된다.

④ 수리가 가능한 시스템의 평균 수명(MTBF)은 평균 고장률(λ)과 반비례 관계가 성립한다.

⑤ 수리가 불가능한 구성요소로 병렬구조를 갖는 설비는 중복도가 늘어날수록 시스템 수명이 길어진다.

(3) 시스템의 수명곡선(욕조곡선)

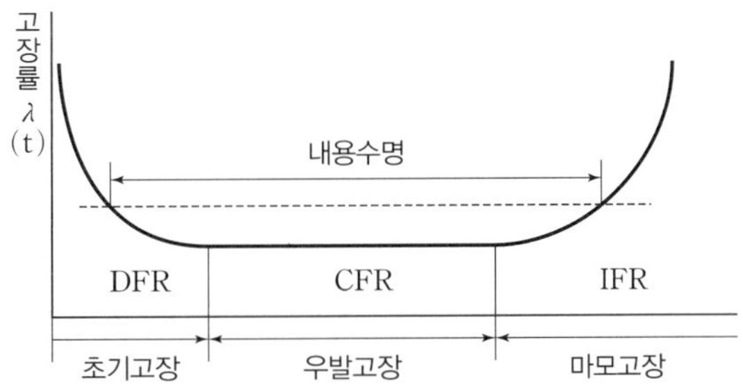

① 초기고장(감소형): 제조가 불량하거나 생산과정에서 품질관리가 안 되어서 생기는 고장이다.

㉠ 디버깅(Debugging) 기간: 초기고장의 결함을 찾아내어 고장률을 안정시키는 기간이다.

㉡ 번인(Burn-in) 기간: 초기에 장시간 움직여보고 그동안에 고장난 것을 Screening하여 제거시키는 기간이다.

② 우발고장(일정형): 실제 사용하는 상태에서 발생하는 고장으로 예측할 수 없는 랜덤의 간격으로 생기는 고장이다.

③ 마모고장(증가형): 설비 또는 장치가 수명을 다하여 생기는 고장으로 이 시기의 예방대책은 예방보전(PM)이다.

(4) n개의 요소를 갖는 지수분포를 따르는 부품의 기대수명

① 평균수명이 t인 부품 n개를 직렬로 구성하였을 때 기대수명은 $\frac{t}{n}$이다.

② 평균수명이 t인 부품 n개를 병렬로 구성하였을 때 기대수명은 $\left(1+\frac{1}{2}+\cdots+\frac{1}{n}\right)\times t$이다.

PART 03 위험성 감소대책 수립 · 실행 新 출제기준

1. 위험성 개선대책(공학적 · 관리적)의 종류

(1) 공학적 대책: 기계적 보호장치, 자동화, 설계 변경 등

(2) 관리적 대책: 작업절차 개선, 교육훈련, 작업 허가제, 안전수칙 제정 등

2. 허용 가능한 위험수준 분석

위험성 평가의 결과를 바탕으로, 위험이 허용 가능한 수준인지를 판단한다. 이때, '허용 가능한 수준'은 관련 법령, 기술기준, 과거 사고 사례 등을 참고하여 결정한다.

(1) 평과 결과가 허용 가능한 수준을 초과하면, 반드시 개선조치를 수립 · 시행하여야 한다.

(2) 일반적으로 위험도 행렬을 활용해 고위험, 중위험, 저위험으로 구분하여 관리한다.

PART 04 근골격계질환 예방 관리

1. 근골격계 부담작업의 범위

(1) 하루에 4시간 이상 집중적으로 자료입력 등을 위해 키보드 또는 마우스를 조작하는 작업

(2) 하루에 총 2시간 이상 목, 어깨, 팔꿈치, 손목 또는 손을 사용하여 같은 동작을 반복하는 작업

(3) 하루에 총 2시간 이상 머리 위에 손이 있거나, 팔꿈치가 어깨 위에 있거나, 팔꿈치를 몸통으로부터 들거나, 팔꿈치를 몸통뒤쪽에 위치하도록 하는 상태에서 이루어지는 작업

(4) 지지되지 않은 상태이거나 임의로 자세를 바꿀 수 없는 조건에서, 하루에 총 2시간 이상 목이나 허리를 구부리거나 트는 상태에서 이루어지는 작업

(5) 하루에 총 2시간 이상 쪼그리고 앉거나 무릎을 굽힌 자세에서 이루어지는 작업

(6) 하루에 총 2시간 이상 지지되지 않은 상태에서 1[kg] 이상의 물건을 한 손의 손가락으로 집어 옮기거나, 2[kg] 이상에 상응하는 힘을 가하여 한 손의 손가락으로 물건을 쥐는 작업

(7) 하루에 총 2시간 이상 지지되지 않은 상태에서 4.5[kg] 이상의 물건을 한 손으로 들거나 동일한 힘으로 쥐는 작업

(8) 하루에 10회 이상 25[kg] 이상의 물체를 드는 작업

(9) 하루에 25회 이상 10[kg] 이상의 물체를 무릎 아래에서 들거나, 어깨 위에서 들거나, 팔을 뻗은 상태에서 드는 작업

(10) 하루에 총 2시간 이상, 분당 2회 이상 4.5[kg] 이상의 물체를 드는 작업

(11) 하루에 총 2시간 이상 시간당 10회 이상 손 또는 무릎을 사용하여 반복적으로 충격을 가하는 작업

2. OWAS(Ovako Working Posture Analysis System)

(1) 작업자들의 부적절한 작업자세를 정의하고 평가하기 위해 개발한 대표적인 작업자세 평가 기법이다.

(2) 상지(팔), 하지(다리), 허리, 무게(하중)의 평가요소를 활용하는 기법이다.

3. RULA(Rapid Upper Limb Assessment) 新 출제기준

(1) 작업자의 상지(팔, 손목 등)의 불편한 자세를 분석하기 위한 평가 기법이다.

(2) 사무작업, 앉은 자세에서의 반복작업, 정밀작업에서의 위험성 평가에 활용된다.

(3) A그룹(팔, 팔꿈치), B그룹(목, 몸통, 다리)으로 나뉘며, 총점에 따라 7단계의 위험수준으로 분류된다.

4. REBA(Rapid Entire Body Assessment) 新 출제기준

(1) 전신(목, 몸통, 상지, 하지)을 포함한 전체적인 작업자세를 평가하기 위한 기법이다.

(2) 건설현장, 제조현장 등 다양한 산업현장의 작업자세 평가에 적합하다.

(3) 작업자세, 하중, 활동빈도, 힘의 크기 등을 고려하여 점수를 산정하고, 총점에 따라 작업의 위험수준 및 개선 필요성을 제시한다.

PART 05 유해요인 관리

1. 물리적 유해요인의 관리대책 수립

(1) 소음대책

① 소음원의 통제

② 소음의 격리

③ 차폐장치 및 흡음재료 사용

④ 음향처리제 사용

⑤ 적절한 배치

(2) 진동대책 新 출제기준

① 진동 발생기계의 점검 및 유지보수

② 방진재 및 방진구조물 설치

③ 방진 보호구 착용

④ 적절한 휴식시간

(3) 작업장의 조도기준

① 초정밀작업: 750[lux] 이상

② 정밀작업: 300[lux] 이상

③ 보통작업: 150[lux] 이상

④ 그 밖의 작업: 75[lux] 이상

2. 화학적 유해요인의 관리대책 수립 新 출제기준

(1) 근원적 대책

① 공정 변경(건식공정→습식공정)

② 대체물질 사용(발암물질→비발암물질)

(2) 공학적 대책
  ① 국소배기장치 설치
  ② 자동공급장치 및 원격제어장치 설치
  ③ 공기정화설비 설치
(3) 관리적 대책
  ① 위험물질 취급기준 수립 및 교육
  ② 노출기준 설정 및 작업환경측정 실시
(4) 개인보호구 착용: 방독마스크, 방진마스크, 보호복, 고무장갑 등

PART 06 작업환경 관리

1. 인체계측 및 응용원칙

최소치수를 이용한 설계	선반의 높이, 조종장치까지의 거리, 비상벨의 위치 등
최대치수를 이용한 설계	출입문의 높이, 좌석 간의 거리, 통로의 폭, 와이어로프의 사용중량, 위험구역 울타리 등
평균치를 이용한 설계	전동차의 손잡이 높이, 안내데스크 높이, 은행의 접수대 높이, 공원의 벤치 높이, 계산대 높이 등
조절식 설계	의자의 위치 및 높이, 자동차 운전석 의자의 위치와 높이 등

2. 표시장치 및 제어장치

(1) 시각적 표시장치와 청각적 표시장치의 비교

시각적 표시장치	① 수신 장소의 소음이 심한 경우 ② 정보가 공간적인 위치를 다룬 경우 ③ 정보의 내용이 복잡하고 긴 경우 ④ 직무상 수신자가 한 곳에 머무르는 경우 ⑤ 메시지를 추후 참고할 필요가 있는 경우 ⑥ 정보의 내용이 즉각적인 행동을 요구하지 않는 경우
청각적 표시장치	① 수신 장소가 너무 밝거나 암순응이 요구되는 경우 ② 정보의 내용이 시간적인 사건을 다루는 경우 ③ 정보의 내용이 간단한 경우 ④ 직무상 수신자가 자주 움직이는 경우 ⑤ 정보의 내용이 후에 재참조되지 않는 경우 ⑥ 메시지가 즉각적인 행동을 요구하는 경우

(2) 청각적 표시장치의 설계기준
  ① 신호는 배경소음의 주파수와 다른 주파수를 이용한다.
  ② 귀는 중음역에 가장 민감하므로 500~3,000[Hz]의 진동수를 사용한다.
  ③ 칸막이를 통과하는 신호는 500[Hz] 이하의 진동수를 사용한다.
  ④ 300[m] 이상 장거리용 신호는 1,000[Hz] 이하의 낮은 주파수를 사용한다.

3. 양립성

(1) 양립성(Compativility)

인간의 기대와 자극 또는 반응들이 일치하는 관계를 말한다.

(2) 양립성의 종류

공간 양립성	① 표시장치와 조종장치의 위치가 인간의 기대에 모순되지 않는 것 ② 왼쪽 표시장치의 조종장치는 왼쪽에, 오른쪽 표시장치의 조종장치는 오른쪽에 위치하는 것
양식 양립성	① 문화적 관습으로 생기는 양립성 ② 청각적 자극에 음성응답을 하게 되는 것
운동 양립성	조종장치의 조작방향에 따라 기계장치나 자동차 등이 움직이는 것
개념 양립성	① 인간의 개념과 일치하게 하는 것 ② 적색 수도전은 온수, 청색 수도전은 냉수를 의미하는 것 ③ 위험신호는 빨간색, 주의신호는 노란색, 안전신호는 파란색으로 표시하는 것

4. 신체활동의 에너지 소비

(1) 에너지대사율(RMR; Relative Metabolic Rate)

$$\text{RMR} = \frac{\text{작업대사량}}{\text{기초대사량}} = \frac{\text{작업 시 소비에너지} - \text{안정 시 소비에너지}}{\text{기초대사 시 소비에너지}}$$

작업구분	RMR	작업 종류 등
초중(超重)작업	7 이상	과격한 전신작업
중(重)작업	4~7	① 일반적인 전신작업 ② 힘·동작속도가 큰 작업
중(中)작업	2~4	힘·동작속도가 작은 작업
경(輕)작업	0~2	① 사무실 작업 ② 손가락이나 팔로 하는 가벼운 작업

(2) 작업시간에 포함되어야 할 휴식시간 산출

① 휴식시간(R) $=$ 작업시간 $\times \dfrac{E-5}{E-1.5}$

② E: 작업 시 평균 에너지 소비량[kcal/min]

5: 작업 시 분당 평균 에너지 소비량 상한[kcal/min]

1.5: 휴식 중 에너지 소비량[kcal/min]

5. 동작의 속도와 정확성

(1) Fitts의 법칙

① 인간의 조정 및 제어능력을 나타내는 법칙으로, 인간의 손이나 발을 이동시켜 조작장치를 조작하는 데 걸리는 시간을 표적까지의 거리와 표적 크기의 함수로 나타낸 이론이다.

② 표적이 작고 이동거리가 길수록 이동시간이 증가한다.

③ 자동차 브레이크 페달과 가속 페달 간의 간격, 브레이크 폭 등을 결정하는 데 사용할 수 있는 이론이다.

(2) 기타 작업 반응성과 관련된 이론

① 웨버(Weber) 법칙

㉠ 인간이 감지할 수 있는 외부의 물리적 자극변화의 최소범위는 기준이 되는 자극의 크기에 비례하는 현상을 설명한 이론이다.

㉡ 웨버(Weber)의 비 $=\frac{\Delta I}{I}$

여기서 ΔI: 변화감지역, I: 표준자극

㉢ Weber의 비가 작을수록 분별력이 좋다.

② 힉−하이만(Hick−Hyman) 법칙: 신호를 보고 어떤 장치를 조작해야 할지를 선택하기까지 걸리는 시간을 예측할 수 있다.

6. 부품배치의 원칙

(1) 중요성의 원칙: 목표달성에 중요한 정도에 따라 부품을 배치한다.

(2) 사용 빈도의 원칙: 자주 사용하는 부품을 가까이에 배치한다.

(3) 기능별 배치의 원칙: 기능이 유사한 부품끼리 배치한다.

(4) 사용 순서의 원칙: 사용 순서에 따라 부품을 배치한다.

7. 개별 작업 공간 설계지침

(1) 동작경제의 원칙

신체 사용의 원칙	① 두 손의 동작은 동시에 시작해서 동시에 끝나야 한다. ② 휴식시간을 제외하고는 양손을 같이 쉬게 해서는 안 된다. ③ 손의 동작은 유연하고 연속적이어야 한다. ④ 동작이 급작스럽게 바뀌는 직선 동작은 피해야 한다. ⑤ 두 팔의 동작은 동시에 서로 반대방향으로 대칭적으로 움직이도록 한다.
작업장 배치의 원칙	① 공구, 재료 및 제어장치는 사용하기 가까운 곳에 배치해야 한다. ② 공구나 재료는 작업동작이 원활하게 수행되도록 그 위치를 정해준다.
공구 및 설비 디자인의 원칙	① 서로 다른 공구의 기능을 결합하여 사용하도록 한다. ② 치구나 족답장치를 이용하여 양손이 다른 일을 할 수 있도록 한다.

(2) 인간공학적 의자 설계 원칙

① 요부전만을 유지한다.

② 조절식 설계원칙을 적용하도록 한다.

③ 자세와 동작에 따라 고려해야 할 인체측정 치수가 달라진다.

④ 여러 사람이 사용하는 의자의 경우 좌면 높이는 오금보다 약간 낮게(5[%] 오금높이) 유지한다.

⑤ 추간판(디스크)의 압력과 등근육의 정적부하를 줄인다.

⑥ 자세 고정을 줄인다.

8. 표준시간 및 연구 新 출제기준

(1) 표준시간의 정의: 유자격 근로자가 정상적인 작업속도로 수행할 때 소요되는 시간에 여유시간이 포함된 시간이다.

(2) 산정방법

① 표준시간=측정시간×성과율×(1+여유율)

② 여유율: 작업 지연, 피로, 불가피한 중단 등을 반영한 비율

9. Work Sampling의 원리 및 절차 新 출제기준

(1) 워크샘플링의 정의: 장시간의 작업을 불규칙 간격으로 관찰하여 작업활동의 비율을 통계적으로 추정하는 방법이다.

(2) 특징

① 많은 사람 및 장시간 관찰이 가능하다.

② 표본수가 많을수록 정확도가 증가하는 확률적 기법이다.

③ 유휴시간 비율, 설비 가동률 평가 등에 사용된다.

10. 빛과 소음의 특성

(1) 조도

① 거리의 제곱에 반비례하고, 광속에 비례한다.

② 조도는 어떤 물체나 대상면에 도달하는 빛의 양을 말한다.

③ 반사체의 반사율과는 상관없이 일정한 값을 가진다.

(2) phon 값

① 인간이 느끼는 주관적인 음의 크기를 정량적으로 표현한 값이다.

② 1,000[Hz]의 순음에서 같은 크기로 느껴지는 소리의 [dB]값을 기준으로 측정한다.

(3) sone 값

① 인간이 청각으로 느끼는 소리의 크기를 측정하는 척도이다.

② 1[sone]은 40[dB]의 1,000[Hz] 순음의 크기로 40[phon]의 값을 의미한다.

③ phon의 값이 주어질 때 $sone=2^{\frac{phon-40}{10}}$으로 구한다.

11. 열교환과정과 열압박

(1) 습구흑구온도지수(WBGT; Wet Bulb Globe Temperature)

① 옥외 WBGT[℃]=0.7×NWB+0.2×GT+0.1×NDB

② 실내 WBGT[℃]=0.7×NWB+0.3×GT

③ NWB(자연습구온도; Natural Wet Bulb Temperature)

GT(흑구온도; Globe Temperature)

NDB(건구온도; Natural Dry Bulb Temperature)

(2) 인체의 열교환

① S=(M−W)±R±C−E

② S: 인체의 열축적 또는 열손실, M: 대사량, W: 작업자가 수행한 일량

R: 복사에 의한 열교환, C: 대류에 의한 열교환, E: 증발에 의한 열손실

③ S의 부호가 (+)이면 열축적, (−)이면 열손실을 의미한다.

(3) 열압박지수(HSI; Heat Stress Index): 열평형을 유지하기 위해 증발해야 하는 땀의 양을 나타낸다.

SUBJECT

03 건설재료 및 시공

PART 01 시공일반

1. 도급의 종류

(1) 분할도급공사

종류	구분
공구별 분할도급	① 대규모 공사에서 지역별로 분리 발주하는 방식으로, 각 공구마다 일식도급 체제로 운영된다. ② 도급업자의 기회균등, 시공기술 향상, 높은 성과가 기대된다. ③ 지하철공사, 고속도로공사 및 대규모 아파트단지공사에 채택 시 효과적이다.
공정별 분할도급	① 공사의 각 과정별로 나누어서 도급을 주는 방식으로 예산배정상 구분될 때 편리하다. ② 부분·분할 발주가 가능하나 후속공사 연체의 우려가 있으며 도급자 교체가 곤란하다.
전문공종별 분할도급	① 공사 중 설비공사(전기, 설비 등)를 주체공사와 분리하여 발주하는 방식이다. ② 설비업자의 자본, 기술강화 및 전문화로 능률 향상이 기대된다.
직종별 공종별 분할도급	① 직영공사에 가까운 제도로 전문직종이나 각 공종별로 분할하여 도급을 주는 방식이다. ② 현장관리가 곤란하며 경비가 증대되나 건축주의 의도가 철저히 반영될 수 있다.

2. 도급방식

(1) 공사관리계약 방식

대리인형 (CM for Fee)	① 사업자(발주자)가 직접 시공사와 계약관계를 가지며, CM회사는 발주자의 대리인으로 공사를 관리한다. ② 발주자, 설계자, CM회사, 시공사가 하나의 팀으로 공사를 수행하나, CM회사는 설계나 시공업무를 직접 수행하지 않고 오직 발주자의 대리인으로 발주자의 이익창출을 위해 CM업무를 수행한다.
시공사 책임형 (CM at Risk)	① CM회사가 시공자의 역할을 겸하는 계약형태를 가지며, 시공 및 공사관리의 일부 또는 전부를 시행한다. ② 시공과 CM을 동시에 수행함으로써 공사비와 공사기간 등에 대한 책임과 위험을 부담한다. ③ 일반적으로 최대공사비 보증가격(GMP; Guaranteed Maximum Price)을 확정한 상태에서 계약 및 공사를 집행하게 되며 GMP를 초과하는 공사비에 대해서는 CM회사가 부담을 하고, GMP 이하에서 공사가 완료되면 이익금을 발주자와의 계약에 따라 일부 또는 전부를 CM회사에서 가지게 된다.

(2) 도급방식

구분	특징
공동도급	규모가 클 경우 2개 이상의 회사가 임의로 결합, 연대책임으로 공사를 하고, 공사완료 후 해산하는 방식이다.
단가도급	노무단가, 재료단가 또는 노무 및 재료를 합한 단가를 체적 또는 면적단가만으로 결정하여 공사를 도급주는 방식으로 긴급공사 및 단순공사에 주로 채택된다.
분할도급	도급공사에서 분할하여 직접 전문업자에게 도급을 주는 방식이다.
실비정산 보수가산식도급	건축주, 시공자, 건축사 3자 입회 하에 공사에 필요한 실비 또는 이에 대한 보수를 미리 협의하여 정하고, 이를 시공자에게 지불하는 제도이다. 설계도와 시방서가 명확하지 않거나 설계는 명확하지만 공사비 총액을 산출하기 곤란할 때 채택된다.
일식도급	공사의 전체를 한 사람의 도급자에게 주는 방식이다.
정액도급	공사비 총액을 일정한 금액으로 정하여 계약을 체결하는 도급방식이다.
턴키도급	건축을 위해 필요한 모든 요소를 포괄적으로 계약하는 방식으로 건설업자가 금융, 토지조달, 설계, 시공, 시운전, 기계·기구 설치까지 조달해 주는 것으로 일괄수주 방식이라고도 한다.

(3) 공동도급(Joint Venture Contract)의 장단점

장점	단점
① 시공의 확실성 보장 ② 위험의 분산 ③ 공사도급 경쟁완화 ④ 자본력과 신용도 증대 ⑤ 기술확충, 경험의 증대로 우량시공 가능	① 이해충돌, 책임회피 우려 ② 현장관리 및 업무혼란 우려 ③ 단일회사 도급보다 비용증가 가능성 ④ 하자책임 불분명 ⑤ 경영방식 차이에 따른 능률저하

3. 공사계획

(1) 네트워크 공정표의 장단점

장점	단점
① 각 작업 상호 간의 관련성을 표시할 수 있다. ② 공사전체의 파악이 용이하다. ③ 계획단계에서 공정상의 문제점을 도출할 수 있으므로 작업 전에 적절히 수정할 수 있다. ④ 작업수속이 과학적이며 신뢰성이 높다. ⑤ 여유있는 작업과 여유없는 작업을 구분할 수 있다.	① 네트워크기법에 대한 습득이 어렵다. ② 공정계획의 작성에 많은 시간이 소요된다. ③ 표시상의 제약 때문에 작업의 세분화 정도에 한계가 있다. ④ 공정표를 수정하기가 대단히 어렵다. ⑤ 공정표가 복잡하여 경험이 적은 사람은 이용이 곤란하다.

(2) 시공계획 순서

현장조직원의 편성 → 공정표의 작성 → 실행예산의 편성 → 하도급업체 선정 → 설비 및 자재의 설치계획(가설물 계획) → 노무 및 자재 조달계획 → 재해방지대책

4. 품질관리

(1) 품질관리(TQC)의 7대 도구

구분	내용
파레토도(영향도)	불량품, 고장, 결점 등의 발생건수를 원인과 현상별로 분류하고, 문제의 크기 순서로 나열하여 그 크기를 막대그래프로 표기하며, 크기를 순차적으로 누적하여 절선그래프로 나타낸 것
특성요인도(원인결과도)	결과에 대하여 원인이 어떻게 관계하고 있는지 한눈에 알아 볼 수 있도록 작성한 생선뼈 모양의 그림
히스토그램(분포도)	무게, 강도, 길이 등과 같이 계량치의 데이터가 어떠한 분포를 나타내고 있는지를 판단하기 위하여 작성하는 기둥그래프
산점도(분포도)	대응되는 2개의 짝으로 된 데이터를 그래프 용지 위에 점으로 나타낸 것
체크시트(집중도)	계수치의 데이터가 분류 항목 중 어디에 집중되어 있는가를 알아보기 쉽게 표로 나타낸 것
관리도	한눈에 파악되도록 꺾은선이나 막대를 이용하여 나타낸 것
층별	집단을 구성하고 있는 데이터를 특성에 따라 부분집단으로 나누는 것

PART 02 가설공사

1. 가설구조물의 특징

(1) 각각의 부재는 결합이 간단하나, 불안전한 결합이다.

(2) 임시구조물의 특성상 조립의 정밀도가 낮다.

(3) 구조계산에 따른 기준을 시공 중 무시할 수 있다.

(4) 취급이 용이하고 부재가 손상되거나 결함이 발생할 수 있으며, 결함이 있는 부재를 사용하기 쉽다.

1. 토공기계의 종류 및 선정

구분	굴착기계	특징	토질
셔블계	파워셔블	① 지반면보다 높은 곳의 굴착, 쇄석 옮겨쌓기, 토사의 처리 등에 널리 쓰인다. ② 굴착깊이: 3[m] 정도	굳은 점토, 암석, 토사
	드래그셔블 (백호우)	① 지반면보다 낮은 곳의 굴착, 지하층 및 기초굴착, 토목공사나 수중 굴착 등에 쓰인다. ② 도로건설 작업 중 경사측면 굴착에 쓰인다. ③ 파는 힘이 강력하여 경질지반 굴착에 적합하다. ④ 굴착깊이: 5~8[m] 정도	자갈, 암석이 섞인 토사, 굳은 지반
	드래그라인	① 지반면보다 낮은 곳의 굴착, 연약한 지반의 깊은 곳의 굴착 등에 쓰인다. ② 굴착깊이: 8[m] 정도	암석, 암석이 섞인 토사, 연약한 지반
	클램쉘	① 좁은 곳의 수직굴착, 자갈 등의 적재, 연약한 지반이나 수중굴착 등에 쓰인다. ② 굴착깊이: 보통 8[m], 최대 18[m] 정도	자갈, 암석, 연약한 지반
트랙터계	불도저	① 직선 송토작업, 단단한 지반과 암석작업 등에 널리 쓰인다. 배토판은 상하로만 움직인다. ② 운반거리: 최대 100[m], 적정 50~60[m]	암석, 굳은 지반

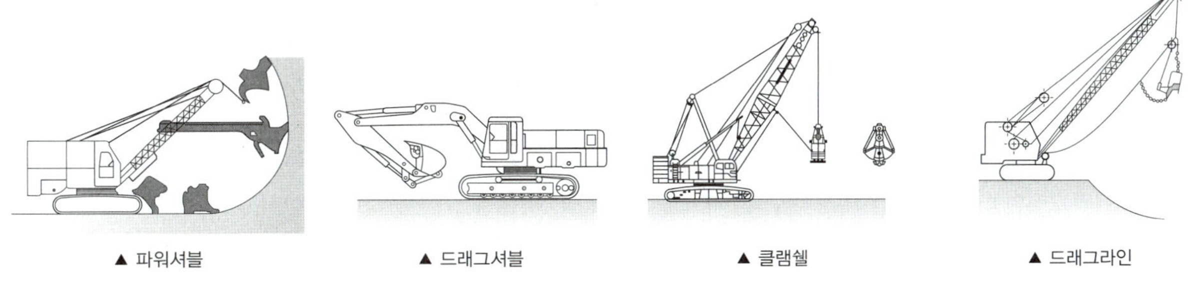

▲ 파워셔블 ▲ 드래그셔블 ▲ 클램쉘 ▲ 드래그라인

2. 배수

(1) 배수공법의 구분

① 중력배수공법: 표면배수공법, 집수정공법

② 강제배수공법: 웰포인트(Well point)공법, Deep Well 공법, 전기침투공법

3. 계측기의 용도

(1) 흙막이 가시설 계측기의 종류

구분	목적
지표침하계	흙막이벽 배면에 설치하여 지표면의 침하량 측정
지중경사계	흙막이벽 배면에 설치하여 인접지반의 수평 변위량 측정
하중계	스트러트 및 어스앵커에 설치하여 축하중 측정, 부재의 안정성 여부 판단
간극수압계	굴착 및 성토에 의한 간극수압의 변화 측정
변형률계	스트러트, 띠장 등에 부착하여 굴착 시 구조물의 변형률 측정
지하수위계	굴착에 따른 지하수위의 변동 측정
지중침하계	토류벽 배면에 설치하여 지층의 침하상태 파악, 보강 대상과 범위의 침하량 예측

(2) 베인 시험(Vane Test)

'베인'이라는 십자형 날개를 가진 봉을 땅에 관입시킨 후 회전시켜 그 저항치를 통해 진흙의 점착력을 판단하는 시험이다. 10[m] 내외의 연약한 점토 지반에 주로 사용한다.

4. 흙깎기, 흙쌓기, 운반 등 기타 토공사

(1) 동다짐 공법

무거운 추를 자유낙하시켜 충격에 의한 다짐효과로 전단강도를 높이는 지반개량 공법이다.

장점	단점
① 적용범위가 넓음 ② 깊은 심도까지 효과적 다짐 ③ 지하 지반조건에 무관 ④ 확실한 지반개량 효과	① 중량추의 이용으로 인근구조물 진동 피해 ② 소음, 진동, 분진 등 공사공해 발생 ③ 포화점토 등의 지반은 효과 반감

(2) 강제압밀공법의 종류

① 프리로딩공법: 연약지반에 흙을 쌓아 미리 압밀침하를 촉진시켜서 지반을 안정시키는 공법이다.

② 페이퍼드레인공법: 합성수지로 만들어진 카드보드(Card Board)를 땅속에 박아서 압밀을 촉진시키는 공법이다.

③ 샌드드레인공법: 지반 속에 지름이 큰 모래기둥을 조성하여 흙 속의 물을 빼내 지반을 압밀하는 공법이다.

1. 기초

(1) 지반개량 지정공사

공법	설명	종류
응결공법	지반을 약액이나 여러 방법으로 굳혀 개량하는 공법	시멘트 처리공법, 석회 처리공법, 심층혼합 처리공법
탈수공법	지반 내 물을 탈수하여 흙의 함수비를 낮추어 흙을 개량하는 공법	플라스틱 드레인공법

(2) 기초의 분류

구분	분류
기초판(슬래브)의 형식	① 푸팅기초(독립기초, 복합기초, 연속기초) ② 온통(전체)기초
지정의 형식	① 얕은 기초(전체기초, 프로팅기초, 지반개량) ② 깊은 기초(말뚝기초, 피어기초, 잠함기초)

(3) 기초 형식 및 종류

① 푸팅기초

상부 구조물을 발(Foot)의 모양으로 지반에서 확대한 모양의 기초이다.

㉠ 독립기초: 하나의 독립된 푸팅으로 단일 기둥의 하중을 지지하는 형식으로 양질지반에 건립하며, 비교적 낮은 3~4층 정도의 건물, 창고, 공장 등 긴 스팬의 건물 등에 많이 이용된다.

㉡ 연속기초: 보통 기둥간격이 짧은 경우 허용지내력도가 작아 독립푸팅으로 하는 경우에 푸팅이 너무 접근하거나 겹칠 때 사용되는 것으로 일련의 기둥 또는 벽에서의 하중을 푸팅으로 지지하는 형식의 기초이다.

㉢ 복합기초: 허용지내력도가 작은 경우에 채용되는 방식으로 2개 혹은 그 이상의 기둥의 하중을 합하여 하나의 푸팅으로 지지하는 형식의 기초이다.

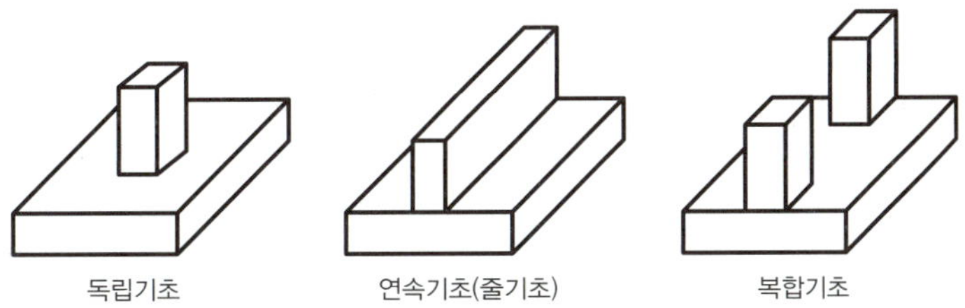

② 온통(전체)기초

지반의 국부적인 차이에 따르는 부동침하의 영향이 비교적 적으므로 일반적으로 푸팅기초에 비해 훨씬 큰 침하가 허용되며, 전체의 주하중을 하나의 기초 슬래브로 지지하는 형식의 기초이다.

(4) 지하연속벽(Slurry Wall) 공법

굴착면을 보호하기 위해 벤토나이트 등의 안정액을 사용하여 소요단면을 사전 굴착한 후 철근망을 넣어 콘크리트를 타설함으로써 지하구조물을 연속적으로 형성하는 공법이다.

장점	단점
① 지반조건에 좌우되지 않는다. ② 저소음, 저진동이다. ③ 근접건물에 영향을 주지 않는다. ④ 강성이 높아 휘어지지 않는다. ⑤ 소요내력을 정할 수 있다. ⑥ 지반보강 및 차수효과가 확실하다. ⑦ 길이 및 깊이 등 치수조정이 자유롭다	① 기술적 시공이 요구된다. ② 시공비가 많이 소요된다. ③ 굴착토의 처리문제가 발생한다. ④ 굴착 도랑의 붕괴 및 안정액(벤토나이트)의 배수가 곤란하다. ⑤ 기계 및 부대 설비가 대형이다. ⑥ 소규모 현장의 시공은 불가능하다.

(5) 언더피닝(Under Pinning) 공법

기존 구조물의 기초하부를 보강하거나, 인접하여 구조물을 증축 또는 구축하는 경우 기존 구조물을 보호하거나 구조물 하부를 보강하여 지지력 등을 증대하는 공법으로 다음과 같은 종류가 있다.

① 2중 널말뚝 공법

② 피트 또는 웰공법

③ 약액주입법

④ 현장 콘크리트말뚝공법

⑤ 강재말뚝공법

⑥ 케이슨공법

⑦ 말뚝 또는 웰의 압입공법

(6) 강재말뚝공법

① 길이의 조절이 용이하고, 경량이기 때문에 운반 및 취급이 간단하다.

② 상부구조와의 결합이 용이하고, 현장접합도 가능하다.

③ 재료비가 고가이다.

④ 부식에 의한 내구성 저하가 우려된다.

⑤ 강한 타격에도 견디며, 다져진 중간지층의 관통도 가능하다.

⑥ 지지력이 크고, 이음이 안전하고 강하므로 장척말뚝에 적당하다.

⑦ 타설할 때 중심간격은 말뚝머리 지름의 2.0배 이상, 70[cm] 이상으로 한다.

(7) 피어기초공법

① 구조물 하중을 연약한 토층을 지나 견고한 지지층에 전달하기 위하여 지반에 굴착한 구멍 속에 현장타설 콘크리트를 채워 설치하는 깊은 기초의 일종이다.

② 일반적으로 직경은 사람들이 들어가서 확인할 수 있도록 760[mm] 정도 이상이다.

(8) CIP(Cast In Place Pile) 공법

지하수가 없는 비교적 경질인 지층에서 어스 오거로 구멍을 뚫고 그 내부에 자갈과 철근을 채운 후, 미리 삽입해 둔 파이프를 통해 저면에서부터 모르타르를 채워 올라오게 하는 공법이다.

장점	단점
① 자갈·암반지반을 제외한 대부분의 지반에 적용 가능하다. ② 장비가 비교적 소형이라 협소한 공간에서도 시공이 가능하며 저소음, 저진동이다. ③ 강성이 커서 배면토의 수평변위를 억제하여 인접구조물에 영향을 최소화할 수 있다.	① 흙막이판공법에 비해 비교적 고가이다. ② 파일과 파일 사이 이음부가 취약하여 차수공이 필요하다. ③ 굴착공 저부에 슬라임이 발생할 수 있다. ④ 암반천공이 어렵다.

PART 05 철근콘크리트공사

1. 골재

(1) 골재의 함수상태

① 흡수율: 수분이 전혀 없는 골재가 수분을 흡수할 수 있는 수분량의 비이다.

$$흡수율 = \frac{표면건조포화상태\ 질량 - 절대건조상태\ 질량}{절대건조상태\ 질량} \times 100$$

② $표면수율 = \frac{습윤상태\ 질량 - 표면건조내부포화상태\ 질량}{표면건조내부포화상태\ 질량} \times 100$

③ 유효흡수량: 공기 중 건조상태에서 골재의 입자가 표면건조포화상태로 되기까지 흡수된 수량이다.

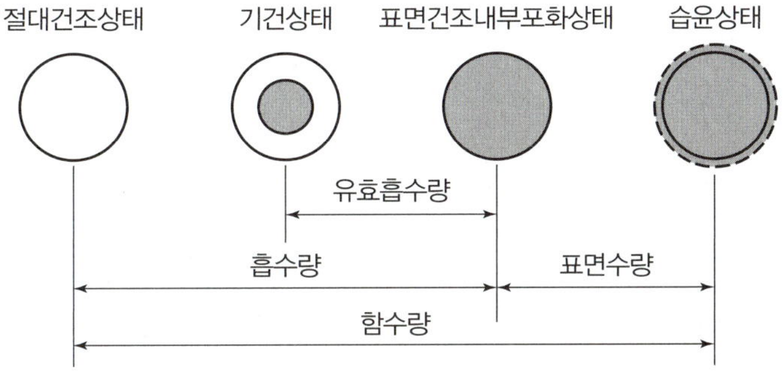

(2) 콘크리트용 골재의 구비조건

① 골재의 강도는 콘크리트 중의 경화한 페이스트의 강도 이상의 것으로 한다.

② 골재는 서로 섞이지 않아야 하고 톱밥, 흙, 쓰레기 등이 섞이지 않아야 한다.

③ 유해한 성분을 포함하지 않아야 한다.

④ 물리적, 화학적으로 안정하고 내구성이 커야 한다.

⑤ 단단하고 강하며 내마모성이 있어야 한다.

⑥ 모양이 입방체 또는 구형에 가깝고 부착이 좋은 표면조직을 가져야 한다.

⑦ 골재는 콘크리트 용적의 66~78[%]를 차지한다.

⑧ 골재는 입도가 좋은 것, 견고한 것, 내화성 및 내구성이 있는 것으로 한다.

(3) 골재의 공극률

$$공극률 = \frac{절대건조밀도[g/cm^3] \times 0.999 - 단위용적질량[g/cm^3]}{절대건조밀도[g/cm^3] \times 0.999} \times 100$$

(4) 골재의 실적률

개념	골재의 단위용적 중 골재 사이의 공극을 제외한 골재의 실질 부분의 비율을 골재의 실적률이라고 한다.
실적률이 클 경우	① 시멘트풀의 양을 줄일 수 있어 경제적이다. ② 단위 시멘트량이 적어 수화열이 적다. ③ 건조수축이 작고, 균열이 줄어든다. ④ 강도, 수밀성, 내구성, 내마모성 등이 커진다.

2. 철근의 이음, 정착길이 및 배근 간격, 피복두께

(1) 철근의 정착위치

① 기둥의 주근은 기초에 정착한다.

② 큰 보의 주근은 기둥에 정착한다.

③ 직교하는 단부 보의 밑에 기둥이 없을 때는 보 상호 간에 정착한다.

④ 작은 보의 주근은 큰 보에 정착한다.

⑤ 바닥철근은 보 또는 벽체에 정착한다.

⑥ 지중보 철근은 기초 또는 기둥에 정착한다.

⑦ 벽철근은 보, 기둥, 바닥판 또는 기초에 정착한다.

(2) 피복두께 확보의 목적

① 철근의 부식방지를 통한 구조물의 내구성 확보(물과 이산화탄소의 침투 방지)

② 골재의 유동성 확보

③ 철근과 콘크리트의 부착강도 확보

④ 화재 시 내화성 확보

(3) 보와 기둥에서의 철근 순간격

보	기둥	비고
굵은골재 최대치수의 $\frac{4}{3}$	굵은골재 최대치수의 $\frac{4}{3}$	세 수치 중 가장 큰 값
25[mm]	40[mm]	
철근공칭지름	철근공칭지름의 1.5배	

3. 철근 이음 방법

(1) 불량압접의 보정

외관검사 결과	조치 내용
철근 중심축 편심량이 규정값 초과	압접부 잘라내고 재압접
압접부 엇갈림이 규정값 초과	
형태가 심하게 불량이거나 유해하다고 인정되는 경우	
압접부 지름 또는 길이가 규정값 미만	재가열
심하게 구부러졌을 때	

(2) 철근의 겹침이음

D35를 초과하는 철근은 겹침이음을 할 수 없다. 다만, 서로 다른 크기의 철근을 압축부에서 겹침이음하는 경우 D35 이하의 철근과 D35를 초과하는 철근은 겹침이음할 수 있다.

4. 거푸집, 동바리

(1) 구조검토 시 고려하여야 할 하중

연직하중	① 거푸집, 지보공(동바리), 콘크리트, 철근, 작업원, 타설용 기계기구, 가설설비 등의 중량 및 충격하중 ② 연직하중＝고정하중＋작업하중 ＝(콘크리트 무게＋거푸집 무게)＋(충격하중＋작업하중)
횡하중	작업할 때의 진동, 충격, 시공오차 등에 기인되는 횡방향 하중 이외의 풍압, 유수압, 지진 등
콘크리트 측압	굳지 않은 콘크리트의 측압
특수하중	시공 중에 예상되는 특수한 하중(콘크리트 편심하중 등)

(2) 거푸집의 종류

① 슬라이딩 폼(Sliding Form)

㉠ 수평적 또는 수직적으로 반복된 구조물을 시공이음이 없이 균일한 형상으로 시공하기 위하여 거푸집을 연속적으로 이동시키면서 콘크리트를 타설하여 시공한다.

㉡ 주로 사일로(Silo), 전단벽 건물, 유틸리티 코어 등에 사용된다.

㉢ 특징

- 복잡한 내·외부 비계가설이 필요없다.
- 공기가 $\frac{1}{3}$ 정도 단축된다.
- 구조체가 일체로 될 수 있다.
- 요크(Yoke)로 벽거푸집을 상향 이동시킨다.
- 거푸집 조립, 제거에 소요되는 노력이 절약된다.

② 터널 폼(Tunnel Form, Steel Form)

㉠ 벽체용 거푸집과 슬래브 거푸집을 일체로 제작하여 한 번에 설치하고 해체할 수 있도록 한 거푸집이다.

㉡ 벽식 철근콘크리트 구조를 시공할 경우 벽과 바닥의 콘크리트 타설이 한번에 가능하다.

㉢ 한 구획 전체의 벽판과 바닥판을 ㄱ자형 또는 ㄷ자형으로 짜서 이동식 거푸집으로 이용된다.

㉣ 아파트, 병원 등 연속, 반복 구조물에 적용되며, 전용횟수는 약 100회이다.

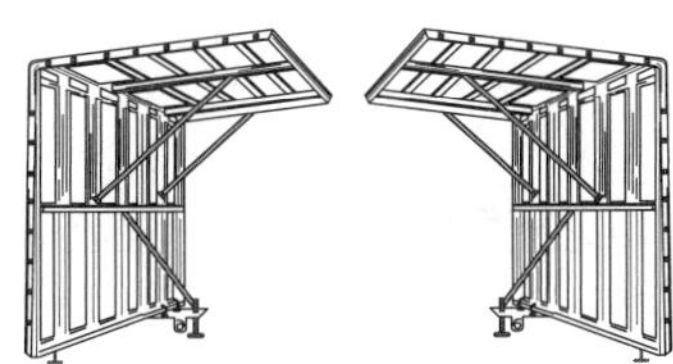

▲ 트윈쉘형 터널 폼

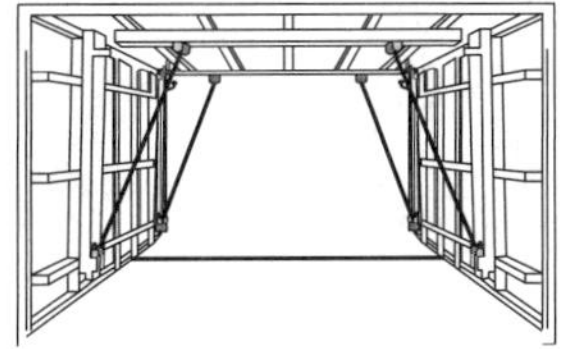

▲ 모노쉘형 터널 폼

③ 작업발판 일체형 거푸집

작업발판 일체형 거푸집이란 거푸집의 설치·해체, 철근 조립, 콘크리트 타설, 콘크리트 면처리 작업 등을 위하여 거푸집을 작업발판과 일체로 제작하여 사용하는 거푸집으로서 다음의 거푸집을 말한다.

㉠ 갱 폼(Gang Form)

㉡ 슬립 폼(Slip Form)

㉢ 클라이밍 폼(Climbing Form)

㉣ 터널 라이닝 폼(Tunnel Lining Form)

㉤ 그 밖에 거푸집과 작업발판이 일체로 제작된 거푸집 등

PART 06 철골공사

1. 녹막이칠

(1) 철골의 내화피복공법의 종류

도장공법	팽창성 내화도료 도포	
습식 공법	타설공법	강재 주위에 콘크리트, 경량콘크리트 타설
	조적공법	콘크리트블록, 경량콘크리트블록, 돌, 벽돌 등을 쌓음
	미장공법	모르타르, 펄라이트 등으로 바름
	뿜칠공법	내화 피복재를 피복
건식 공법	성형판붙임	ALC판, 석고보드, 석면시멘트판, 콘크리트판 등을 붙임
	세라믹피복	세라믹섬유블랭킷 위에 세라믹도료를 도포
합성공법	천정판, PC판 등 마감재와 동시에 피복	

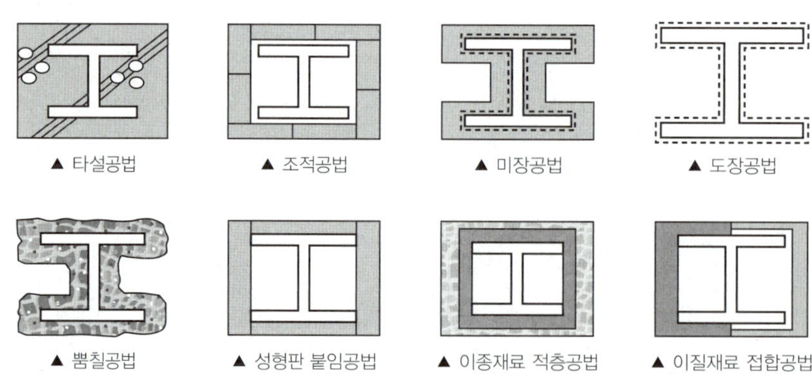
▲ 타설공법 ▲ 조적공법 ▲ 미장공법 ▲ 도장공법
▲ 뿜칠공법 ▲ 성형판 붙임공법 ▲ 이종재료 적층공법 ▲ 이질재료 접합공법

(2) 녹막이칠(페인트칠)

철골의 공장가공 공정 중 마지막 단계에서 행하는 것으로 녹막이칠을 하지 않는 부분은 다음과 같다.

① 조립에 의하여 맞닿는 면

② 고장력볼트 마찰접합부의 마찰면

③ 콘크리트에 밀착 또는 매입되는 부분

④ 폐쇄형 단면을 한 부재의 밀폐되는 면
⑤ 기계깎기로 마무리한 면
⑥ 현장용접하는 부분 및 인접하는 양측 10[cm] 이내
⑦ 회전면 등 절삭가공한 부분과 핀, 롤러 등 밀착부분

2. 접합방법

(1) 용접결함의 종류

슬래그 섞임	모재와 용접봉의 피복재 심선이 변하여 생긴 회분이 용착금속 내에 섞이는 것으로 과소전류, 운봉조작 불완전 등이 발생원인이다.
언더컷(Under Cut)	모재가 녹아서 용착금속이 채워지지 않고 홈으로 남게 된 부분으로 원인은 과대전류 또는 부적당한 용접봉 사용이다.
오버랩(Overlap)	용접금속과 모재가 융합되지 않고 겹쳐지는 것으로 원인은 약한 전류이다.
블로우홀(기공, Blow Hole)	금속이 녹아들 때 생기는 작은 틈이나 기포가 발생하는 것으로 모재에 가스(황)잔류, 아크길이 및 전류 부적당의 원인으로 발생한다.
크랙(균열, Crack)	용접 후 냉각 시에 생기는 균열을 말하며, 과대전류 및 모재불량의 원인으로 발생한다.
피트(Pit)	용접부에 생기는 녹이나 미세한 흠이다.
크레이터(Crater)	아크용접 시 끝부분이 항아리 모양으로 파이는 현상으로 과대전류 및 부적합한 운봉의 원인으로 발생한다.
용입불량	용입길이가 충분하지 않은 것으로 과소전류, 운봉속도의 부적당 등이 발생원인이다.

(2) 비파괴 검사법의 종류

종류	특징
방사선투과검사(RT)	① 투과성 방사선을 조사하여 검사한다. ② 내외부결함 검출에 효과적이다.
초음파탐상검사(UT)	① 초음파를 이용하여 검사한다. ② 내부결함 검출, 위치 · 범위 · 두께 파악에 효과적이다.
자분탐상검사(MT)	① 자분(자석가루)의 응집성을 이용하여 검사한다. ② 표면 및 표면직하결함 검출에 효과적이다.
와전류탐상검사(ET)	① 전기장을 이용하여 검사한다. ② 표면 및 표면근처 결함 검출에 효과적이다.
침투탐상검사(PT)	① 침투액을 살포하여 검사한다. ② 표면개구결함 검출에 효과적이다.

PART 07 건설재료 일반

1. 역학적 성질과 물리적 성질

역학적 성질	물리적 성질
① 응력과 하중 ② 강성 ③ 탄성과 소성 ④ 응력변형도 곡선 ⑤ 탄성계수 ⑥ 강도 ⑦ 인성과 취성 ⑧ 연성과 전성 ⑨ 경도	① 비중 ② 함수율 ③ 흡수와 투수 ④ 열적 성질 ㉠ 열전도율 ㉡ 열용량 ㉢ 열팽창과 수축 ㉣ 열에 의한 연화 ㉤ 용융 ⑤ 빛에 대한 성질 ⑥ 음에 대한 성질

2. 건설재료의 기계적 특성

(1) 경도: 재료의 단단한 정도를 나타낸다. 어떤 재료로 긁을 때 자국, 절단, 마모 등에 대한 저항성으로 금속재료에서는 그 기계적 성질을 알고자 할 때 경도를 가장 중요하게 고려한다.

(2) 연성: 재료가 탄성한계 이상의 힘을 받아도 파괴되지 않고 가늘고 길게 늘어나는 성질이다.

(3) 인성: 재료가 외력을 받아 변형을 나타내면서도 파괴되지 않고 견딜 수 있는 성질이다.

(4) 취성: 재료가 외력을 받아도 변형되지 않거나 약간의 극미한 변형만을 수반하고 파괴되는 성질이다.

PART 08 각종 건설재료의 특성, 용도, 규격에 관한 사항

1. 목재일반

(1) 목재의 함수율과 섬유포화점의 관계

① 세포벽 내에 수분이 포화되었을 경우(섬유포화점 30[%])의 강도는 절대건조 시의 강도의 30[%]에 불과하다.

② 함수율과 강도는 섬유포화점 이상에서는 변화가 없지만 섬유포화점 이하에서는 선형적으로 반비례한다.

③ 섬유포화점 이하에 있어서 함수율이 1[%] 증가함에 따라 강도의 감소율은 압축강도 6[%], 휨강도 4[%], 전단강도 3[%], 휨 탄성계수 2[%]이다.

④ 반대로 섬유포화점 이하에서 건조되면 강도는 증대되어 기건재(함수율 15[%])의 강도는 생재의 약 2배, 절건재(함수율 0[%])는 약 3배에 이른다.

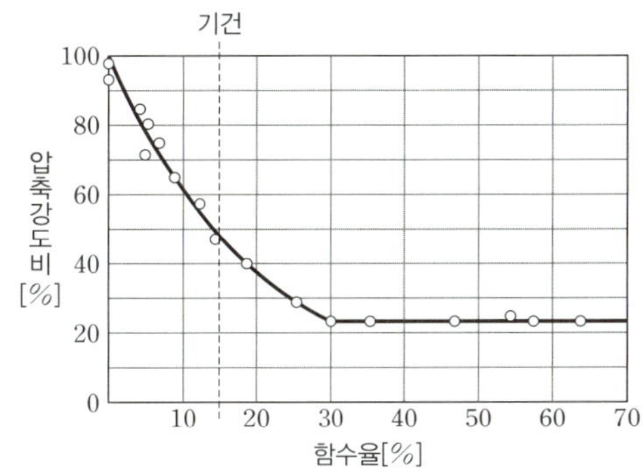

(2) 목재의 방부처리법

종류	방법
도포법	목재의 표면에 페인트, 바니쉬(Vanish), 크레오소트유(Creosote), 타르(Tar), 아스팔트(Asphalt) 등을 도포하는 방법이다.
표면탄화법	① 목재의 표면을 태워서 탄화시키는 방법이다. ② 주로 말뚝 등에 쓰이며, 영속성이 적으므로 일반적으로 방부제를 사용한다.
침지법	목재를 방부액이나 물에 담가 산소공급을 차단하는 방법이다.
약액주입법	① 약재는 보통 크레오소트유를 사용하며 목재방부법 중 가장 공업적이고 효과도 완전한 방법이다. ② 조작방법에 따라 상압, 가압주입법으로 분류한다.

2. 목재제품

파티클 보드	섬유질의 삭편(Particle), 즉 절삭편 또는 파쇄편 등을 주재료로 하여 합성 수지 접착제를 첨가하여 성형, 열압시킨 것
섬유판	목재, 짚 등의 각종 식물섬유를 판자 모양으로 접착, 제판한 인공재료
코르크판	코르크나무의 껍질에서 채취한 재료와 톱밥, 접착제 등을 혼합, 열압하여 만든 것
집성목재	① 대재를 집성, 접착하여 기둥, 아치, 트러스트 등의 구조재료로 사용하는 것 ② 판의 섬유방향을 거의 평행으로 접착시킴

3. 점토재의 일반적인 사항

(1) 점토의 성질

① 점토의 압축강도는 인장강도의 약 5배이다.

② 점토를 소성하면 용적, 비중 등의 변화가 일어나며 강도가 증대된다.

③ 세립분이 50[%] 이상으로 모래 성분이 상당히 포함되어 있다.

④ 공극률은 입자의 형상, 크기에 관계한다.

⑤ 순수한 점토일수록 비중과 강도가 크다.

⑥ 불순물이 많은 점토일수록 비중이 작고 강도가 떨어진다.

⑦ 주성분은 실리카(SiO_2)와 알루미나(AlO_3)이다.

⑧ 점토의 가소성은 점토의 질, 입자의 크기, 함수량, 비비기 정도, 시간, 온도에 영향을 많이 받는다.

⑨ 알루미나(AlO_3)가 많은 점토는 가소성이 우수하다.

⑩ 점토의 가소성은 입자가 작을수록 좋다.

⑪ 물과 결합하여 가소성을 가지고, 열과 반응하여 화학적 변화를 일으킨다.

⑫ 철산화물이 많을수록 적색을 띠고, 석회물질이 많을수록 황색을 띤다.

(2) 점토벽돌의 품질

품질	종류	
	1종	2종
흡수율[%]	10.0 이하	15.0 이하
압축강도[MPa]	24.50 이상	14.70 이상

4. 점토제품

(1) 점토제품의 종류

종류	소성온도[℃]	흡수율[%]	재료	비고
토기	790~1,000	20 이상	기와, 벽돌, 토관	최저급 원료(전답토)
도기	1,100~1,230	10	타일, 테라코타, 위생도기	다공질로 흡수성 유약 사용, 두드리면 탁음
석기	1,160~1,350	3~10	마루 타일, 클링커 타일	유약 대신 식염유 사용
자기	1,230~1,460	0~1	자기질 타일, 모자이크 타일, 위생도기	양질의 도토 또는 장석분을 원료로 함

(2) 쌓기의 일반사항

① 가로 및 세로줄눈의 너비는 도면 또는 공사시방서에 정한 바가 없을 때에는 10[mm]을 표준으로 한다. 세로줄눈은 통줄눈이 되지 않도록 하고, 수직 일직선상에 오도록 벽돌 나누기를 한다.

② 벽돌쌓기는 도면 또는 공사시방서에서 정한 바가 없을 때에는 영식쌓기 또는 화란식쌓기로 한다.

③ 가로줄눈의 바탕 모르타르는 일정한 두께로 평평히 펴 바르고, 벽돌을 내리누르듯 규준틀과 벽돌 나누기에 따라 정확히 쌓는다.

④ 벽돌은 각부를 가급적 동일한 높이로 쌓아 올라가고, 벽면의 일부 또는 국부적으로 높게 쌓지 않는다.

⑤ 하루의 쌓기 높이는 1.2[m](18켜 정도)를 표준으로 하고, 최대 1.5[m](22켜 정도) 이하로 한다.

⑥ 연속되는 벽면의 일부를 트이게 하여 나중쌓기로 할 때에는 그 부분을 층단 들여쌓기로 한다.

⑦ 벽돌벽이 블록벽과 서로 직각으로 만날 때에는 연결철물을 만들어 블록 3단마다 보강하여 쌓는다.

5. 시멘트의 종류 및 특성

(1) 시멘트의 분말도

① 분말도가 클수록 비표면적이 커서 물에 접촉하는 면적이 크므로 수화작용이 빨라서 콘크리트의 초기강도가 높고 그 후의 강도의 증진도 크며 골재와의 접착력도 크므로 내구적인 콘크리트를 만드는 데 적당하다.

② 분말도가 너무 크면 풍화되기 쉽다.

③ 화학성분이 같을 때 조기강도를 증진하려고 하면 분말도에 의존할 수밖에 없다.

④ 분말도가 너무 큰 시멘트는 블리딩(Bleeding)이 적고, 워커빌리티가 좋으나 수축이 커질 염려가 있고, 발열량이 많아 콘크리트에 균열이 발생하기 쉬우며 수밀성, 내구성의 면에서도 좋지 못하다.

(2) 고로슬래그 시멘트

① 포틀랜드시멘트 클링커와 슬래그(Slag)에 적당량의 석고를 가하여 분말로 한 것이다.

② 보통포틀랜드시멘트보다 응결이 늦고 비중이 작다.

③ 수화열이 작아서 균열발생이 적다.

④ 조기강도가 낮고 화학작용에 대한 저항성, 수밀성이 크다.

⑤ 시멘트 중의 알칼리 성분이 적어 알칼리 골재반응 억제효과가 크다.

⑥ 해수의 작용을 받는 곳이나 하수의 수로에 적합하다.

(3) 플라이애시시멘트

① 화력발전소에서 완전 연소한 미분탄의 회분(Ash)을 집진기로 채취한 미립자 및 포틀랜드시멘트와 혼합한 것이다.

② 수화열이 작고 조기강도는 작으나 장기강도는 크다.

③ 콘크리트의 워커빌리티(시공성)가 좋고 수밀성이 크며, 단위수량을 감소시킬 수 있어 매스 콘크리트, 댐 공사에 사용된다.

(4) 콘크리트의 혼화재료

① 혼화재와 혼화제

㉠ 혼화재

- 사용량이 시멘트 무게의 5[%] 정도 이상의 것
- 플라이애시, 실리카흄, 고로슬래그·규산질 미분말, 고강도형 혼화재, 증량재

㉡ 혼화제

- 사용량이 시멘트 무게의 1[%] 정도 이하의 것
- AE제(공기연행제), 감수제, 유동화제, 급결제, 지연제, 방수제, 방청제

② 플라이애시(Fly－Ash)

㉠ 화력발전소 등의 보일러에서 부산되는 석탄재로서, 연소 폐가스 중에 포함되어 집진기에 의해 회수된 미세한 입자이다.

㉡ 구상의 미립자로, 콘크리트 중에서 볼베어링 작용으로 워커빌리티를 개선시킨다.

㉢ 단위수량과 블리딩 현상을 감소시킨다.

㉣ 수화열이 작아 초기강도는 작지만 포졸란 작용에 의해 장기강도를 증가시킨다.

㉤ 포졸란반응에 의한 콘크리트 알칼리 성분인 수산화칼슘을 감소시켜서 알칼리골재 반응을 감소시킨다.

㉥ 포졸란반응으로 생성된 수화물(칼슘실리게이트, 칼슘알루미네이트)이 모세관 공극을 막아 물의 이동을 억제하여 수밀성이 향상된다.

③ AE제(공기연행제)

㉠ 정의: 콘크리트 내부에 미세한 독립기포(직경 25~250[μm])를 발생시켜 콘크리트의 작업성 및 동결융해 저항성을 향상시키는 혼화제이다.

㉡ 특징

• 볼베어링 역할로 워커빌리티 개선, 단위수량 감소
→ 블리딩 및 재료분리를 줄임, 동결융해 저항성 향상

• 공기량 1[%] 증가
→ 동일 물시멘트비의 경우 압축강도 4~6[%] 감소

• 최적 공기량 3~5[%]

• 공기량 6[%] 이상이면 압축강도 급격히 저하

• 감수율 6~8[%]

(5) 속빈 콘크리트블록의 규격(KS F 4002)

형상	치수[mm]			허용차[mm]
	길이	높이	두께(L)	
기본 블록	390	190	190 150 100	±2
이형 블록	가로근용 블록, 모서리용 블록과 같이 기본 블록과 동일한 크기인 것의 치수 및 허용차는 기본 블록에 준한다. 다만, 그 외의 경우에는 당사자 사이의 협의에 따른다.			

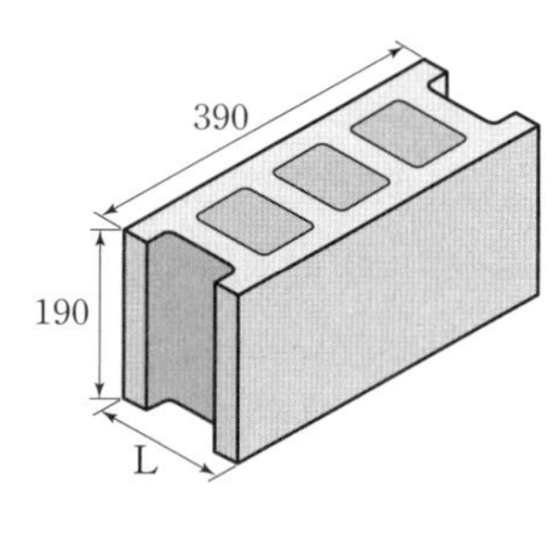

6. 콘크리트 일반사항

(1) 콘크리트 측압이 커지는 요인

① 거푸집 부재의 단면이 큰 경우

② 거푸집의 수밀성이 큰 경우

③ 거푸집의 강성이 큰 경우

④ 거푸집의 표면이 평활할 경우

⑤ 콘크리트가 묽은 경우

⑥ 철골이나 철근량이 적은 경우

⑦ 외기온도가 낮은 경우

⑧ 타설속도가 빠른 경우

⑨ 콘크리트의 다짐이 좋은 경우

⑩ 콘크리트의 슬럼프가 큰 경우

⑪ 콘크리트의 비중이 큰 경우

⑫ 습도가 높은 경우

⑬ 벽 두께가 두꺼운 경우

(2) 굳지 않은 콘크리트의 성질

워커빌리티(Workability)	반죽질기에 따른 작업의 난이도 정도 및 재료분리에 저항하는 정도를 나타내는 굳지 않은 콘크리트의 성질
펌퍼빌리티(Pumpability)	펌프에 의해 운반을 실시하는 경우 콘크리트의 압송성
플라스티시티(Plasticity)	거푸집에 쉽게 다져 넣을 수 있고, 거푸집을 제거하면 천천히 변하는 굳지 않은 콘크리트의 성질
컨시스턴시(Consistency)	주로 수량의 다소에 의한 부드러운 정도를 나타내는 것으로, 콘크리트를 타설할 때의 유동성에 영향을 미치고 일반적으로 슬럼프의 값으로 측정함
피니셔빌리티(Finishability)	굵은 골재의 최대치수, 잔골재율, 잔골재의 입도 등에 의한 마무리의 용역도를 나타냄

(3) 경량 기포콘크리트(ALC; Autoclaved Lightweight Concrete)의 특징

장점	① 내화성, 단열성이 좋다. ② 경량이고, 차음성이 좋다. ③ 시공성이 우수하다. ④ 친환경성이다.
단점	① 수분을 흡수하는 성질이 있다. ② 중성화가 빠르다. ③ 방수성이 없다.

(4) 백화현상

① 정의: 시멘트의 주성분이라고 할 수 있는 생석회와 물이 만나서 수산화칼슘을 형성하게 되는데, 이 수산화칼슘이 공기 중 이산화탄소와 반응해 탄산칼슘과 물이 생성된다. 이때 물이 증발하고 남은 탄산칼슘이 흰색 결정 형태로 표면에 침착되는데, 이를 백화현상이라 한다.

② 방지대책

㉠ 잘 구워진(소성이 잘 된) 벽돌을 사용한다.

㉡ 빗물의 침투를 방지하기 위한 비막이, 물흘림 등을 설치한다.

㉢ 표면에 파라핀 도료같은 발수제를 바르거나 실리콘을 뿜칠한다.

(5) 콘크리트 슬럼프 시험(Slump Test)

① 평평한 바닥에 강제평판을 놓는다.

② 슬럼프콘을 그 위에 올린다.

③ 믹스트럭에서 레미콘을 받아 슬럼프콘 안에 3층으로 나눠서 채운다.

④ 각 층은 약 25회씩 다짐봉으로 고르게 다진다.

⑤ 다질 때 재료분리가 나올 염려가 있을 때는 다짐수를 줄인다.

⑥ 각 층을 다질 때 다짐봉의 다짐 깊이는 그 앞 층에 거의 도달할 정도로 한다.

⑦ 슬럼프콘 상단을 고르게 한다.

⑧ 슬럼프콘을 천천히 연직으로 들어올린다.

⑨ 콘크리트의 중앙부에서 슬럼프콘 상단까지와 높이 차를 5[mm] 단위로 측정한다.

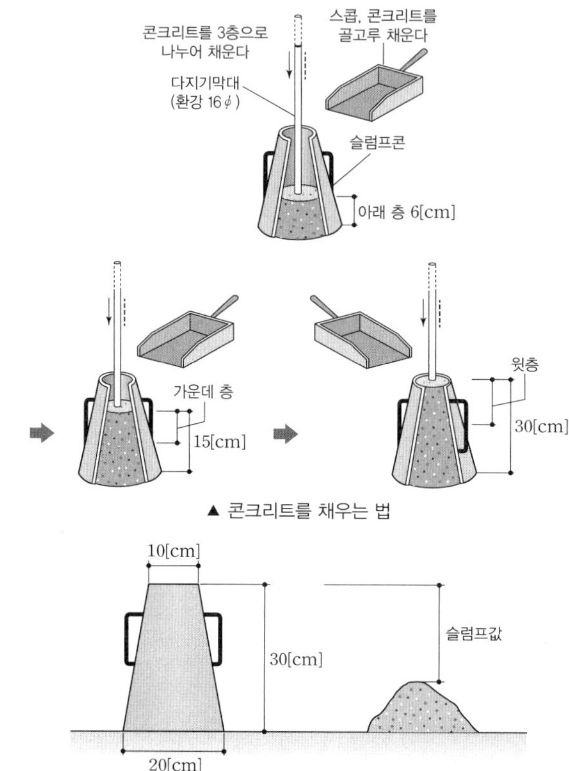

▲ 콘크리트를 채우는 법

7. 미장재의 종류 및 특성

(1) 미장재 분류

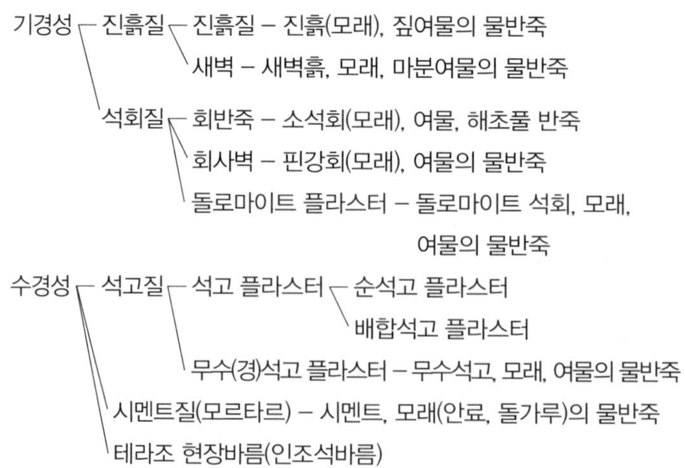

(2) 돌로마이트 플라스터(Dolomite Plaster)

① 일반석회보다 비중과 강도가 크고, 점성이 높아 가소성이 좋으므로 해초풀을 넣지 않아도 잘 발라지며, 풀을 넣지 않아 냄새, 곰팡이가 없고 변색될 염려도 없다.

② 경화가 늦고, 건조수축이 커서 균열 발생이 크고, 밑바름 두께와 그 건조도의 영향이 크며, 물에 약하다.

③ 주로 내벽에 사용하나 습기가 많은 지하실에는 부적당하다.

④ 알칼리성이며 페인트칠이 곤란하다.

(3) 회반죽의 바름 특성

① 소석회를 주원료로 모래, 여물, 해초풀을 혼합하여 사용한다.

② 여물은 건조수축에 의한 균열을 방지하기 위해 사용한다.

③ 해초풀은 점성력, 부착력을 증대한다.

④ 해초풀을 끓인 다음 1일 이상 방치하게 될 때에는 표면에 소량의 석회를 뿌려서 부패를 방지하며, 사용 시에는 표층 부분을 제거한 후 사용한다.

8. 합성수지의 종류

(1) 열가소성 수지와 열경화성 수지

① 열가소성 수지: 가열하면 연화 또는 융해하고, 냉각하면 경화된다.

② 열경화성 수지: 가열하면 경화되어 더 이상 가열·냉각해도 연화되거나 융해되지 않는다.

(2) 열가소성 수지와 열경화성 수지의 종류

열가소성 수지	열경화성 수지
염화비닐 수지	페놀 수지
초산비닐 수지	요소 수지
ABS 수지	멜라민 수지
아크릴 수지	알키드 수지
불소 수지	우레탄 수지
폴리아미드 수지	에폭시 수지
폴리프로필렌 수지	실리콘 수지
폴리스티렌 수지	푸란 수지
폴리에틸렌 수지	불포화 폴리에스테르 수지

9. 도료 및 접착제의 종류 및 특성

(1) 수성페인트의 특징

장점	① 건조시간이 빠르다. ② 냄새가 적고, 건강에 해롭지 않다. ③ 굳어버리기 전에는 물로 세척이 가능하다.
단점	① 내수성이 약해 물이 고이는 곳에 사용하기 어렵다. ② 도막의 내구성이 약하다.

(2) 합성수지계 접착제

에폭시 수지 접착제	① 내수성, 내산성, 내알칼리성, 내용제성, 전기절연성이 우수하다. ② 피막이 단단하고, 유연성이 부족하다. ③ 접착력이 강해 합성수지, 유리, 목재, 천, 콘크리트 및 항공기 기계부품 등의 금속접착제로 쓰인다.
실리콘 수지 접착제	① 알코올, 벤졸 등의 유기 용제로 60[%] 정도의 농도로 녹여 사용한다. ② 200[℃] 온도에 견디며, 전기절연성, 내수성이 매우 우수하다. ③ 가죽제품 이외의 모든 재료를 붙일 수 있다.
비닐 수지 접착제	① 용제형과 에멀션형으로 구분할 수 있다. 그중 에멀션형은 카세인의 대용품으로 널리 쓰인다. ② 값이 싸고 작업성이 좋으며 다양한 종류를 접착할 수 있는 장점이 있어 가장 많이 사용된다. ③ 목재가구 및 창호, 종이도배, 천도배, 논슬립(Non－slip) 등의 접착에 주로 사용된다. ④ 내열성과 내수성이 좋지 않아 외부용으로 부적당하다.
아크릴 수지 접착제	① 아크릴산, 메타크릴산 등의 중합체로부터 만들어지는 접착제이다. ② 금속, 타일(pvc), 아크릴자재, 플라스틱자재, 콘크리트 보수 · 방수작업에 사용된다. ③ 변색되지 않고 자국을 남기지 않으며 내수성, 내약품성, 전기절연성 등이 뛰어나다.
푸란 수지 접착제	① 내산, 내알칼리, 접착력이 좋다. ② 화학공장의 벽돌, 타일붙이기에 우수하다.
멜라민 수지 접착제	① 내수성, 내열성이 우수하다. ② 목재와의 접착성이 우수하다. ③ 금속, 고무, 유리 접착은 부적당하다.

10. 방수재료의 종류 및 특성

아스팔트 펠트	① 섬유 원지에 스트레이트 아스팔트를 침투시킨 것 ② 아스팔트방수 중간층재, 지붕, 미장, 바탕의 방습, 마룻바닥 방습, 방습 포장재, 차광과 차열, 전기 절연용으로 사용
아스팔트 루핑	① 아스팔트 펠트 뒷면에 블로운 아스팔트를 도포하고 표면의 접착을 막기 위해 활석, 운모, 석회석, 규조토 등의 가루를 뿌려 붙인 것 ② 흡수성, 투수성이 작고 유연하며 내후성, 내산성, 내열성이 큼 ③ 건축물, 상하수도, 지하철, 터널 등의 아스팔트 방수층의 주된 재료로 쓰이는 것 외에 지붕용 또는 상품이나 기계 등의 방수 및 피복용으로도 사용
아스팔트 프라이머	① 컷백 아스팔트의 한 종류로서 아스팔트와 휘발성 용제를 반씩 혼합하여 묽게 한 것 ② 콘크리트 등의 모체에 침투가 용이하여 콘크리트와 아스팔트가 부착이 잘 되므로 콘크리트 바탕에 아스팔트를 붙일 때 사용
아스팔트 컴파운드	① 블로운 아스팔트에 광물섬유, 동 · 식물섬유, 광물질 가루섬유 등을 혼입하여 신축성을 증대시킨 것 ② 방수재, 내산재, 전기절연재 등으로 사용

11. 유리

자외선투과유리	자외선을 잘 투과하는 유리로 일광욕실, 병원 등에서 사용된다.
프리즘유리	지하실, 지붕 등의 채광용으로 투과광선의 방향을 변화시키거나 집중 또는 확산시킬 목적으로 사용된다.
망입유리	두꺼운 판유리에 망 구조물을 넣어 만든 유리로, 주로 철 또는 알루미늄 망이 사용되고 충격으로 파손될 경우에도 파편이 흩어지지 않으며 화재 및 도난 방지용으로 사용된다.
로이(Low-E)유리	① 유리 표면에 금속 또는 금속산화물을 얇게 코팅함으로써 열의 이동을 최소화한 에너지 절약형 유리이다. ② 유리 표면에 은이나 금속을 코팅해서 가시광선을 투과시켜 실내를 밝게 유지하는 반면, 적외선 영역의 복사선을 차단해 겨울에는 난방열이 빠져나가지 않게 하며 여름에는 바깥의 열기를 차단하는 효과가 있다.
강화유리	① 판유리를 720[℃]까지 가열 후 급랭한다. ② 압축응력이 일반유리보다 4~5배 크다. ③ 파손 시 알갱이가 된다.
반강화유리(배강도유리)	① 판유리를 600[℃]까지 가열 후 급랭한다. ② 압축응력이 일반유리보다 2~3배 크다. ③ 파손 시 유리이탈이 적다.
접합유리	① 판유리 사이에 PVC필름 등을 삽입하여 높은 온도로 결합한다. ② 파손 시 필름에 의해 파편의 흩어짐을 방지한다.
복층유리	① 둘 이상 원판 사이에 비어있는 중공층을 두고 고정한 유리이다. ② 단열효과가 증대된다.
에칭유리	에칭(Etching)이란 산에 의해 부식되는 것을 의미하는데, 에칭유리는 유리면에 부식액의 방호막을 붙이고 그 막을 모양에 맞게 오려낸 뒤, 불화수소와 불화암모니아를 혼합한 유리부식액 등을 발라 필요한 모양을 만든 것이다.

12. 금속재료

(1) 납(Pb)

① 비중이 11.34로 비교적 크다.

② 주조, 가공성 및 단조성이 풍부하다.

③ 열전도율은 작으나, 온도 변화에 따른 신축이 크다.

④ 알칼리에 침식된다.

⑤ X－선실, 방사선 차단에 사용된다.

(2) 알루미늄(Aluminum)

① 알루미늄의 강도는 고온에서는 급격히 감소하지만 저온에서는 취성을 나타내지 않는다.

② 가공성이 좋아 압연, 압출, 박판, 용접이 가능하다.

③ 열 및 전기전도성이 크며 화학적 성질 중 내식성은 크다.

④ 대기 중에서는 쉽게 부식되지 않지만 해수 중에서는 부식된다.

⑤ 유기산류에는 안정하여 초산에는 농도에 관계없이 거의 침식되지 않지만 무기산류인 염산, 황산, 인산, 질산 등에는 상당히 빠르게 침식된다.

⑥ 알칼리에는 일반적으로 약한데 이는 알루미나 피막이 용해되기 때문이다.

⑦ 건축자재(새시, 창호, 커튼월, 커튼레일, 지붕재 등), 가구, 기계, 전선, 항공기 등에 널리 사용된다.

(3) 동

① 가공성이 우수하고 인성이 크다.

② 열 및 전기전도성이 크다.

③ 대기 중 또는 흙 속에서는 철보다 내식성이 있다.

④ 알칼리에 약하므로 시멘트, 콘크리트에 접하는 경우에는 빨리 부식된다.

(4) 청동

① 동(Cu)과 주석의 합금이다.

② 동전이나 장식품으로 사용된다.

③ 주조성, 내식성이 크고 내마모성이 우수하여 일반기계용품, 베어링, 밸브 등에 쓰인다.

(5) 아연

① 연성 및 내식성이 양호하다.

② 습기, 이산화탄소가 있을 때 표면에 탄산염이 발생한다.

(6) 금속부식대책 표면방식법

① 수분과 습기에 접촉하지 않게 한다.

② 표면을 청결하게 하고 기름칠하여 녹이 발생하지 않게 한다.

③ 서로 다른(이종) 금속은 접촉하지 않도록 한다.

④ 불균질한 철재는 풀림을 통해 균질화하여 사용하도록 한다.

SUBJECT

04 건설공사 안전관리

PART 01 건설공사 특성분석

1. 안전관리계획 수립 대상 건설공사

(1) 시설물의 안전 및 유지관리에 관한 특별법에 따른 1종시설물 및 2종시설물의 건설공사

(2) 지하 10[m] 이상을 굴착하는 건설공사

(3) 폭발물을 사용하는 건설공사로서 20[m] 안에 시설물이 있거나 100[m] 안에 사육하는 가축이 있어 해당 건설공사로 인한 영향을 받을 것이 예상되는 건설공사

(4) 10층 이상 16층 미만인 건축물의 건설공사

(5) 10층 이상인 건축물의 리모델링 또는 해체공사

(6) 주택법에 따른 수직증축형 리모델링

(7) 건설기계관리법에 따라 등록된 천공기(높이 10[m] 이상), 항타 및 항발기, 타워크레인이 사용되는 건설공사

(8) 다음의 가설구조물을 사용하는 건설공사

① 높이 31[m] 이상인 비계, 브라켓 비계

② 작업발판 일체형 거푸집 또는 높이가 5[m] 이상인 거푸집 및 동바리

③ 터널의 지보공 또는 높이가 2[m] 이상인 흙막이 지보공

④ 동력을 이용하여 움직이는 가설구조물, 높이 10[m] 이상에서 외부작업을 하기 위하여 작업발판 및 안전시설물을 일체화하여 설치하는 가설구조물, 공사현장에서 제작하여 조립·설치하는 복합형 가설구조물

⑤ 그 밖에 발주자 또는 인·허가기관의 장이 필요하다고 인정하는 가설구조물

2. 설계도서 해석의 우선순위

설계도서·법령해석·감리자의 지시 등이 서로 일치하지 아니하는 경우에 있어 계약으로 그 적용의 우선 순위를 정하지 아니한 때에는 다음의 순서를 원칙으로 한다.

(1) 공사시방서

(2) 설계도면(축척에 따른 상세도면 우선)

(3) 전문시방서

(4) 표준시방서

(5) 산출내역서

PART 02 건설공사 위험성

1. 유해위험방지계획서 제출 대상 건설공사

(1) 다음의 어느 하나에 해당하는 건축물 또는 시설 등의 건설·개조 또는 해체(건설 등) 공사

① 지상높이가 31[m] 이상인 건축물 또는 인공구조물

② 연면적 30,000[m^2] 이상인 건축물

③ 연면적 5,000[m^2] 이상의 문화 및 집회시설(전시장 및 동물원·식물원 제외), 판매시설, 운수시설(고속철도의 역사 및 집배송시설 제외), 종교시설, 의료시설 중 종합병원, 숙박시설 중 관광숙박시설, 지하도상가, 냉동·냉장 창고시설

(2) 연면적 5,000[m^2] 이상인 냉동·냉장 창고시설의 설비공사 및 단열공사

(3) 최대 지간길이가 50[m] 이상인 다리의 건설 등 공사

(4) 터널의 건설 등 공사

(5) 다목적댐, 발전용댐, 저수용량 2천만 톤 이상의 용수 전용 댐 및 지방상수도 전용 댐의 건설 등 공사

(6) 깊이 10[m] 이상인 굴착공사

PART 03 건설업

1. 건설업산업안전보건관리비의 계상 및 사용기준

(1) 사용명세서의 보존기간

건설공사도급인은 산업안전보건관리비를 사용하는 해당 건설공사의 금액이 4천만 원 이상인 때에는 매월 사용명세서를 작성하고, 건설공사 종료 후 1년 동안 보존하여야 한다.

(2) 공사종류 및 규모별 산업안전보건관리비 계상기준표

구분 / 공사종류	대상액 5억 원 미만	대상액 5억 원 이상 50억 원 미만		대상액 50억 원 이상	보건관리자 선임 대상 건설공사
		비율	기초액		
건축공사	3.11[%]	2.28[%]	4,325,000원	2.37[%]	2.64[%]
토목공사	3.15[%]	2.53[%]	3,300,000원	2.60[%]	2.73[%]
중건설공사	3.64[%]	3.05[%]	2,975,000원	3.11[%]	3.39[%]
특수건설공사	2.07[%]	1.59[%]	2,450,000원	1.64[%]	1.78[%]

1. 추락 방지용 안전시설

(1) 추락재해 방지를 위한 고소작업 감소대책

추락재해 방지를 위한 대책으로 방망 설치, 안전대 사용, 작업대 설치 등의 조치 또한 필요하나 철골기둥, 빔 및 트러스 등의 철골구조물을 일체화하거나 지상에서 조립하면 고소작업이 근원적으로 제거되어 추락재해를 감소시킬 수 있다.

(2) 추락방호망 설치기준

① 추락방호망의 설치위치는 가능하면 작업면으로부터 가까운 지점에 설치하여야 하며, 작업면으로부터 망의 설치지점까지의 수직거리는 10[m]를 초과하지 아니할 것

② 추락방호망은 수평으로 설치하고, 망의 처짐은 짧은 변 길이의 12[%] 이상이 되도록 할 것

③ 건축물 등의 바깥쪽으로 설치하는 경우 추락방호망의 내민 길이는 벽면으로부터 3[m] 이상 되도록 할 것

2. 붕괴 방지용 안전시설

(1) 굴착면의 기울기 기준

지반의 종류	기울기
모래	1 : 1.8
연암 및 풍화암	1 : 1.0
경암	1 : 0.5
그 밖의 흙	1 : 1.2

(2) 토석붕괴의 원인

구분	원인
외적 원인	① 사면, 법면의 경사 및 기울기의 증가 ② 절토 및 성토 높이의 증가 ③ 공사에 의한 진동 및 반복 하중의 증가 ④ 지표수 및 지하수의 침투에 의한 토사 중량의 증가 ⑤ 지진, 차량, 구조물의 하중작용 ⑥ 토사 및 암석의 혼합층두께
내적 원인	① 절토 사면의 토질·암질 ② 성토 사면의 토질구성 및 분포 ③ 토석의 강도 저하

(3) 사면보호공법의 종류

① 식생공: 식물을 생육시켜 그 뿌리로 사면의 표층토를 고정한다.

② 뿜어붙이기공: 콘크리트나 시멘트 모르타르를 뿜어 붙인다.

③ 블록공: 비탈면에 블록을 덮는다.

④ 돌쌓기공: 돌의 형태를 활용하여 자립구조를 형성한다.

⑤ 배수공: 지반의 강도에 영향을 주는 물을 제거한다.

⑥ 표층안정공법: 약액 또는 시멘트를 지반에 그라우팅하여 교반한다.

(4) 외압에 대한 내력이 설계에 고려되었는지 확인하여야 하는 철골구조물
① 높이 20[m] 이상의 구조물
② 구조물의 폭과 높이의 비가 1 : 4 이상인 구조물
③ 단면구조에 현저한 차이가 있는 구조물
④ 연면적당 철골량이 50[kg/m^2] 이하인 구조물
⑤ 기둥이 타이플레이트형인 구조물
⑥ 이음부가 현장용접인 구조물

3. 낙하, 비래방지용 안전시설

(1) 낙하·비래 위험 방지조치
사업주는 작업으로 인하여 물체가 떨어지거나 날아올 위험이 있는 경우 낙하물 방지망, 수직보호망 또는 방호선반의 설치, 출입금지구역의 설정, 보호구의 착용 등 위험을 방지하기 위하여 필요한 조치를 하여야 한다.
(2) 낙하물 방지망 또는 방호선반 설치 시 준수사항
① 높이 10[m] 이내마다 설치하고, 내민 길이는 벽면으로부터 2[m] 이상으로 할 것
② 수평면과의 각도는 20° 이상 30° 이하를 유지할 것
(3) 방망의 구조
① 소재: 합성섬유 또는 그 이상의 물리적 성질을 갖는 것이어야 한다.
② 그물코: 사각 또는 마름모로서 그 크기는 10[cm] 이하이어야 한다.
③ 방망의 종류: 매듭방망으로서 매듭은 원칙적으로 단매듭을 한다.
④ 테두리로프와 방망의 재봉: 테두리로프는 각 그물코를 관통시키고 서로 중복됨이 없이 재봉사로 결속한다.

PART 05 비계·거푸집 가시설 위험방지

1. 비계

(1) 강관틀비계 조립·사용 시 준수사항
① 비계기둥의 밑둥에는 밑받침철물을 사용하여야 하며 밑받침에 고저차가 있는 경우에는 조절형 밑받침철물을 사용하여 각각의 강관틀비계가 항상 수평 및 수직을 유지하도록 할 것
② 높이가 20[m]를 초과하거나 중량물의 적재를 수반하는 작업을 할 경우에는 주틀 간의 간격을 1.8[m] 이하로 할 것
③ 주틀 간에 교차 가새를 설치하고 최상층 및 5층 이내마다 수평재를 설치할 것
④ 수직방향으로 6[m], 수평방향으로 8[m] 이내마다 벽이음을 할 것
⑤ 길이가 띠장 방향으로 4[m] 이하이고 높이가 10[m]를 초과하는 경우에는 10[m] 이내마다 띠장 방향으로 버팀기둥을 설치할 것
(2) 강관비계의 구조
① 비계기둥의 간격은 띠장 방향에서는 1.85[m] 이하, 장선 방향에서는 1.5[m] 이하로 할 것
② 띠장 간격은 2[m] 이하로 할 것
③ 비계기둥의 제일 윗부분으로부터 31[m] 되는 지점 밑부분의 비계기둥은 2개의 강관으로 묶어 세울 것
④ 비계기둥 간의 적재하중은 400[kg]을 초과하지 않도록 할 것

⑤ 강관비계의 조립간격

강관비계의 종류	조립간격[m]	
	수직방향	수평방향
단관비계	5	5
틀비계(높이 5[m] 미만인 것 제외)	6	8

(3) 시스템 비계의 구조

① 수직재·수평재·가새재를 견고하게 연결하는 구조가 되도록 할 것

② 비계 밑단의 수직재와 받침철물은 밀착되도록 설치하고, 수직재와 받침철물의 연결부의 겹침길이는 받침철물 전체길이의 $\frac{1}{3}$ 이상이 되도록 할 것

③ 수평재는 수직재와 직각으로 설치하여야 하며, 체결 후 흔들림이 없도록 견고하게 설치할 것

④ 수직재와 수직재의 연결철물은 이탈되지 않도록 견고한 구조로 할 것

⑤ 벽 연결재의 설치간격은 제조사가 정한 기준에 따라 설치할 것

(4) 이동식비계 작업 시 준수사항

① 이동식비계의 바퀴에는 뜻밖의 갑작스러운 이동 또는 전도를 방지하기 위하여 브레이크·쐐기 등으로 바퀴를 고정시킨 다음 비계의 일부를 견고한 시설물에 고정하거나 아웃트리거를 설치하는 등 필요한 조치를 할 것

② 승강용사다리는 견고하게 설치할 것

③ 비계의 최상부에서 작업을 하는 경우에는 안전난간을 설치할 것

④ 작업발판은 항상 수평을 유지하고 작업발판 위에서 안전난간을 딛고 작업을 하거나 받침대 또는 사다리를 사용하여 작업하지 않도록 할 것

⑤ 작업발판의 최대적재하중은 250[kg]을 초과하지 않도록 할 것

(5) 말비계 사용 시 준수사항

① 지주부재의 하단에는 미끄럼방지장치를 하고, 근로자가 양측 끝부분에 올라서서 작업하지 않도록 할 것

② 지주부재와 수평면의 기울기를 75° 이하로 하고, 지주부재와 지주부재 사이를 고정시키는 보조부재를 설치할 것

③ 말비계의 높이가 2[m]를 초과하는 경우에는 작업발판의 폭을 40[cm] 이상으로 할 것

(6) 달비계 설치 시 준수사항

① 작업발판은 폭을 40[cm] 이상으로 하고 틈새가 없도록 할 것

② 작업발판의 재료는 뒤집히거나 떨어지지 않도록 비계의 보 등에 연결하거나 고정시킬 것

③ 비계가 흔들리거나 뒤집히는 것을 방지하기 위하여 비계의 보·작업발판 등에 버팀을 설치하는 등 필요한 조치를 할 것

(7) 철골작업 중지기준

① 풍속이 초당 10[m] 이상인 경우

② 강우량이 시간당 1[mm] 이상인 경우

③ 강설량이 시간당 1[cm] 이상인 경우

2. 작업통로 및 발판

(1) 사다리식 통로의 구조

① 견고한 구조로 할 것

② 심한 손상·부식 등이 없는 재료를 사용할 것

③ 발판의 간격은 일정하게 할 것

④ 발판과 벽과의 사이는 15[cm] 이상의 간격을 유지할 것

⑤ 폭은 30[cm] 이상으로 할 것

⑥ 사다리가 넘어지거나 미끄러지는 것을 방지하기 위한 조치를 할 것

⑦ 사다리의 상단은 걸쳐놓은 지점으로부터 60[cm] 이상 올라가도록 할 것

⑧ 사다리식 통로의 길이가 10[m] 이상인 경우에는 5[m] 이내마다 계단참을 설치할 것

⑨ 사다리식 통로의 기울기는 75° 이하로 할 것. 다만, 고정식 사다리식 통로의 기울기는 90° 이하로 하고, 그 높이가 7[m] 이상인 경우에는 다음의 구분에 따른 조치를 할 것

㉠ 등받이울이 있어도 근로자 이동에 지장이 없는 경우: 바닥으로부터 높이가 2.5[m] 되는 지점부터 등받이울을 설치할 것

㉡ 등받이울이 있으면 근로자가 이동이 곤란한 경우: 한국산업표준에서 정하는 기준에 적합한 개인용 추락 방지 시스템을 설치하고 근로자로 하여금 한국산업표준에서 정하는 기준에 적합한 전신안전대를 사용하도록 할 것

⑩ 접이식 사다리 기둥은 사용 시 접혀지거나 펼쳐지지 않도록 철물 등을 사용하여 견고하게 조치할 것

(2) 가설통로의 구조

① 견고한 구조로 할 것

② 경사는 30° 이하로 할 것. 다만, 계단을 설치하거나 높이 2[m] 미만의 가설통로로서 튼튼한 손잡이를 설치한 경우에는 그러하지 아니하다.

③ 경사가 15°를 초과하는 경우에는 미끄러지지 아니하는 구조로 할 것

④ 추락할 위험이 있는 장소에는 안전난간을 설치할 것. 다만, 작업상 부득이한 경우에는 필요한 부분만 임시로 해체할 수 있다.

⑤ 수직갱에 가설된 통로의 길이가 15[m] 이상인 경우에는 10[m] 이내마다 계단참을 설치할 것

⑥ 건설공사에 사용하는 높이 8[m] 이상인 비계다리에는 7[m] 이내마다 계단참을 설치할 것

(3) 작업발판의 구조(비계의 높이가 2[m] 이상인 작업장소)

① 발판재료는 작업할 때의 하중을 견딜 수 있도록 견고한 것으로 할 것

② 작업발판의 폭은 40[cm] 이상으로 하고, 발판재료 간의 틈은 3[cm] 이하로 할 것

③ 선박 및 보트 건조작업의 경우 선박블록 또는 엔진실 등의 좁은 작업공간에 작업발판을 설치하기 위하여 필요하면 작업발판의 폭을 30[cm] 이상으로 할 수 있고, 걸침비계의 경우 강관기둥 때문에 발판재료 간의 틈을 3[cm] 이하로 유지하기 곤란하면 5[cm] 이하로 할 수 있다.

④ 추락의 위험이 있는 장소에는 안전난간을 설치할 것. 다만, 추락위험 방지 조치를 한 경우에는 그러하지 아니하다.

⑤ 작업발판의 지지물은 하중에 의하여 파괴될 우려가 없는 것을 사용할 것

⑥ 작업발판재료는 뒤집히거나 떨어지지 않도록 둘 이상의 지지물에 연결하거나 고정시킬 것

⑦ 작업발판을 작업에 따라 이동시킬 경우에는 위험 방지에 필요한 조치를 할 것

⑷ 승강로의 설치

근로자가 수직방향으로 이동하는 철골부재에는 답단 간격이 30[cm] 이내인 고정된 승강로를 설치하여야 하며, 수평방향 철골과 수직방향 철골이 연결되는 부분에는 연결작업을 위하여 작업발판 등을 설치하여야 한다.

⑸ 계단의 강도

사업주는 계단 및 계단참을 설치하는 경우 500[kg/m^2] 이상의 하중에 견딜 수 있는 강도를 가진 구조로 설치하여야 하며, 안전율은 4 이상으로 하여야 한다.

핵심이론

3. 거푸집 및 동바리

⑴ 거푸집 조립 시의 안전조치

① 거푸집을 조립하는 경우에는 거푸집이 콘크리트 하중이나 그 밖의 외력에 견딜 수 있거나, 넘어지지 않도록 견고한 구조의 긴결재, 버팀대 또는 지지대를 설치하는 등 필요한 조치를 할 것

② 거푸집이 곡면인 경우에는 버팀대의 부착 등 그 거푸집의 부상을 방지하기 위한 조치를 할 것

⑵ 동바리 조립 시의 안전조치

① 받침목이나 깔판의 사용, 콘크리트 타설, 말뚝박기 등 동바리의 침하를 방지하기 위한 조치를 할 것

② 동바리의 상하 고정 및 미끄러짐 방지 조치를 할 것

③ 상부·하부의 동바리가 동일 수직선 상에 위치하도록 하여 깔판·받침목에 고정시킬 것

④ 개구부 상부에 동바리를 설치하는 경우에는 상부하중을 견딜 수 있는 견고한 받침대를 설치할 것

⑤ U헤드 등의 단판이 없는 동바리의 상단에 멍에 등을 올릴 경우에는 해당 상단에 U헤드 등의 단판을 설치하고, 멍에 등이 전도되거나 이탈되지 않도록 고정시킬 것

⑥ 동바리의 이음은 같은 품질의 재료를 사용할 것

⑦ 강재의 접속부 및 교차부는 볼트·클램프 등 전용철물을 사용하여 단단히 연결할 것

⑧ 거푸집의 형상에 따른 부득이한 경우를 제외하고는 깔판이나 받침목은 2단 이상 끼우지 않도록 할 것

⑨ 깔판이나 받침목을 이어서 사용하는 경우에는 그 깔판·받침목을 단단히 연결할 것

⑶ 동바리로 사용하는 파이프 서포트 조립 시 준수사항

① 파이프 서포트를 3개 이상 이어서 사용하지 않도록 할 것

② 파이프 서포트를 이어서 사용하는 경우에는 4개 이상의 볼트 또는 전용철물을 사용하여 이을 것

③ 높이가 3.5[m]를 초과하는 경우에는 높이 2[m] 이내마다 수평연결재를 2개 방향으로 만들고 수평연결재의 변위를 방지할 것

4. 흙막이

⑴ 흙막이 지보공 설치 시 정기적 점검사항

① 부재의 손상·변형·부식·변위 및 탈락의 유무와 상태

② 버팀대의 긴압의 정도

③ 부재의 접속부·부착부 및 교차부의 상태

④ 침하의 정도

(2) 보일링(Boiling)

① 정의: 사질토 지반에서 굴착저면과 흙막이 배면의 수위차이로 인해 굴착저면의 흙과 물이 함께 위로 솟아오르는 현상이다.

② 보일링의 원인

㉠ 흙막이벽이 지지력을 상실할 때

㉡ 지하수위가 높은 지반을 굴착할 때

㉢ 흙막이벽의 근입장 깊이가 부족할 때

㉣ 사질토 지반에 수위차가 있을 때

③ 보일링 방지대책

㉠ 지하수위 저하를 위한 배수조치

㉡ 지하수의 흐름 변경

㉢ 흙막이벽의 근입장 깊이 연장

㉣ 대체공법 적용[슬러리월(Slurry Wall), 시트파일(Sheet Pile) 등]

㉤ 작업을 중지하고, 지반을 복구하기 위한 압성토 시행

(3) 히빙(Heaving)

① 정의: 굴착이 진행됨에 따라 흙막이벽 뒤쪽 흙의 중량이 굴착부 바닥의 지지력 이상이 되면 흙막이벽 근입부분의 지반 이동이 발생하여 굴착부 저면이 솟아오르는 현상이다. 이 현상이 발생하면 흙막이벽의 근입부분이 파괴되면서 흙막이벽 전체가 붕괴하는 경우가 많다.

② 히빙 예방대책

㉠ 흙막이벽의 말뚝 깊이를 설계지반까지 시공

㉡ 굴착부 저면 하중 가함

㉢ 소단굴착 시공

㉣ 흙막이 배면토압 경감조치

㉤ 지하수위 저하

㉥ 그라우팅 등 보강공법 시행

PART 06 공사 및 작업 종류별 안전

1. 양중공사 시 안전수칙

(1) 양중기

① 양중기의 종류

㉠ 크레인(호이스트 포함)

㉡ 이동식 크레인

㉢ 리프트(이삿짐운반용 리프트는 적재하중이 0.1톤 이상인 것으로 한정)

㉣ 곤돌라

㉤ 승강기

② 양중기의 방호장치
  ㉠ 과부하방지장치
  ㉡ 권과방지장치
  ㉢ 비상정지장치
  ㉣ 제동장치

(2) 달기구의 안전계수
① 근로자가 탑승하는 운반구를 지지하는 달기와이어로프 및 달기체인: 10 이상
② 화물의 하중을 직접 지지하는 달기와이어로프 또는 달기체인: 5 이상
③ 훅, 샤클, 클램프, 리프팅 빔: 3 이상
④ 그 밖의 경우: 4 이상

(3) 와이어로프의 사용금지기준
① 이음매가 있는 것
② 와이어로프의 한 꼬임에서 끊어진 소선의 수가 10[%] 이상인 것
③ 지름의 감소가 공칭지름의 7[%]를 초과하는 것
④ 꼬인 것
⑤ 심하게 변형되거나 부식된 것
⑥ 열과 전기충격에 의해 손상된 것

(4) 타워크레인을 와이어로프로 지지할 때 준수사항
① 와이어로프를 고정하기 위한 전용 지지프레임을 사용할 것
② 와이어로프 설치각도는 수평면에서 60° 이내로 하되, 지지점은 4개소 이상으로 하고, 같은 각도로 설치할 것
③ 와이어로프와 그 고정부위는 충분한 강도와 장력을 갖도록 설치하고, 와이어로프를 클립·샤클(Shackle) 등의 고정기구를 사용하여 견고하게 고정시켜 풀리지 않도록 하며, 사용 중에는 충분한 강도와 장력을 유지하도록 할 것
④ 와이어로프가 가공전선에 근접하지 않도록 할 것

(5) 작업시작 전 점검사항

작업의 종류	점검사항
크레인	① 권과방지장치·브레이크·클러치 및 운전장치의 기능 ② 주행로의 상측 및 트롤리가 횡행하는 레일의 상태 ③ 와이어로프가 통하고 있는 곳의 상태
이동식 크레인	① 권과방지장치 또는 그 밖의 경보장치의 기능 ② 브레이크·클러치 및 조정장치의 기능 ③ 와이어로프가 통하고 있는 곳 및 작업장소의 지반상태
리프트	① 방호장치·브레이크 및 클러치의 기능 ② 와이어로프가 통하고 있는 곳의 상태

(6) 악천후 시 순간풍속에 따른 안전조치

순간풍속	시기	조치사항
10[m/s] 초과	–	타워크레인의 설치 · 수리 · 점검 또는 해체 작업 중지
15[m/s] 초과	–	타워크레인의 운전작업 중지
30[m/s] 초과	바람이 불어올 우려가 있는 경우	옥외 주행 크레인의 이탈방지장치 작동 등 이탈방지 조치
	바람이 불거나 중진 이상 진도의 지진	옥외 양중기의 이상 점검
35[m/s] 초과	바람이 불어올 우려가 있는 경우	① 건설용 리프트의 받침수 증가 등 붕괴방지 조치 ② 옥외용 승강기의 받침수 증가 등 붕괴방지 조치

2. 콘크리트 공사 시 안전수칙

(1) 콘크리트 타설작업 시 준수사항

① 당일의 작업을 시작하기 전에 해당 작업에 관한 거푸집 및 동바리의 변형 · 변위 및 지반의 침하 유무 등을 점검하고 이상이 있으면 보수할 것

② 작업 중에는 감시자를 배치하는 등의 방법으로 거푸집 및 동바리의 변형 · 변위 및 침하 유무 등을 확인하여야 하며, 이상이 있으면 작업을 중지하고 근로자를 대피시킬 것

③ 콘크리트 타설작업 시 거푸집 붕괴의 위험이 발생할 우려가 있으면 충분한 보강조치를 할 것

④ 설계도서 상의 콘크리트 양생기간을 준수하여 거푸집 및 동바리를 해체할 것

⑤ 콘크리트를 타설하는 경우에는 편심이 발생하지 않도록 골고루 분산하여 타설할 것

3. 운반작업 시 안전수칙

(1) 철근인력운반 시 준수사항

① 1인당 무게는 25[kg] 정도가 적절하며, 무리한 운반을 삼가하여야 한다.

② 2인 이상이 1조가 되어 어깨메기로 하여 운반하는 등 안전을 도모하여야 한다.

③ 긴 철근을 한 사람이 운반할 때는 한쪽을 어깨에 메고 한쪽 끝을 땅에 끌면서 운반하여야 한다.

④ 내려 놓을 때는 천천히 내려놓고 던지지 않아야 한다.

⑤ 공동 작업을 할 때에는 신호에 따라 작업을 하여야 한다.

(2) 취급 · 운반의 5원칙

① 직선 운반을 할 것

② 연속 운반을 할 것

③ 운반 작업을 집중화 시킬 것

④ 생산을 최고로 하는 운반을 생각할 것

⑤ 시간과 경비를 절약할 수 있는 운반 방법을 고려할 것

4. 하역작업 시 안전수칙

(1) 차량계 하역운반기계 등에 화물 적재 시 준수사항

① 하중이 한쪽으로 치우치지 않도록 적재할 것

② 구내운반차 또는 화물자동차의 경우 화물의 붕괴 또는 낙하에 의한 위험을 방지하기 위하여 화물에 로프를 거는 등 필요한 조치를 할 것

③ 운전자의 시야를 가리지 않도록 화물을 적재할 것

④ 최대적재량을 초과하지 아니할 것

(2) 하역작업장의 조치기준

① 작업장 및 통로의 위험한 부분에는 안전하게 작업할 수 있는 조명을 유지할 것

② 부두 또는 안벽의 선을 따라 통로를 설치하는 경우에는 폭을 90[cm] 이상으로 할 것

③ 육상에서의 통로 및 작업장소로서 다리 또는 선거 갑문을 넘는 보도 등의 위험한 부분에는 안전난간 또는 울타리 등을 설치할 것

최신
7개년 기출문제

최신기출 위주로
실속있게 공부하자

건설안전산업기사 필기시험 개편 안내 (2026년 시행)

건설안전산업기사 필기시험의 출제 기준이 2026년부터 새로운 체계로 개편됩니다.

2025년까지는 [산업안전관리론, 인간공학 및 시스템안전공학, 건설시공학, 건설재료학, 건설안전기술]의 5개 과목에서 총 100문항이 출제되었으나, 2026년부터는 [산업재해 예방 및 안전보건교육, 인간공학 및 위험성 평가 관리, 건설재료 및 건설공사 안전관리]의 4개 과목에서 총 80문항이 출제되는 방식으로 변경됩니다.

과목 수의 축소와 명칭 변경에도 불구하고, 과목별 세부 학습 내용은 기존 출제 범위와 큰 차이가 없습니다. CBT(Computer Based Test) 시험의 특성상 핵심 기출문제의 반복 출제 경향은 변함없이 이어질 것으로 예상됩니다. 따라서 본 교재를 통해 개편 내용에 흔들림 없이 효율적인 시험 대비를 지속해 주시기 바랍니다.

2025년 1회 | CBT 복원문제

자동 채점

산업안전관리론

001

산업안전보건법령상 일용근로자의 채용 시 교육시간으로 옳은 것은?

① 8시간 이상　② 4시간 이상
③ 2시간 이상　④ 1시간 이상

해설 **근로자 안전보건교육 교육과정별 교육시간**

교육과정	교육대상		교육시간
정기교육	사무직 종사 근로자		매반기 6시간 이상
	그 밖의 근로자	판매업무에 직접 종사하는 근로자	매반기 6시간 이상
		판매업무에 직접 종사하는 근로자 외의 근로자	매반기 12시간 이상
채용 시 교육	일용근로자 및 근로계약기간이 1주일 이하인 기간제근로자		1시간 이상
	근로계약기간이 1주일 초과 1개월 이하인 기간제근로자		4시간 이상
	그 밖의 근로자		8시간 이상
작업내용 변경 시 교육	일용근로자 및 근로계약기간이 1주일 이하인 기간제근로자		1시간 이상
	그 밖의 근로자		2시간 이상
특별교육	일용근로자 및 근로계약기간이 1주일 이하인 기간제근로자 (타워크레인 신호작업 종사자 제외)		2시간 이상
	타워크레인 신호작업에 종사하는 일용근로자 및 근로계약기간이 1주일 이하인 기간제근로자		8시간 이상
	그 밖의 근로자		16시간 이상
			단기간 또는 간헐적 작업인 경우 2시간 이상
건설업 기초안전·보건교육	건설 일용근로자		4시간 이상

002

재해누발자의 유형 중 작업이 어렵고, 기계설비에 결함이 있기 때문에 재해를 일으키는 유형은?

① 습관성 누발자　② 소질성 누발자
③ 상황성 누발자　④ 미숙성 누발자

해설 **상황성 누발자의 재해유발 원인**

- 작업이 어려운 경우
- 기계설비에 결함이 있는 경우
- 심신에 근심이 있는 경우
- 환경 상 주의력의 집중이 곤란한 경우

관련개념 **재해빈발자 유형**

상황성 누발자	작업이 어렵거나 설비의 결함, 심신의 근심 때문에 재해가 자주 발생되는 사람
습관성 누발자	경험에 의하여 겁을 심하게 먹거나 신경과민으로 재해가 자주 발생되는 사람
소질성 누발자	개인적 잠재요인이나 개인의 특수한 성격으로 인해 재해가 자주 발생되는 사람
미숙성 누발자	기능의 부족이나 환경에 익숙하지 않아 재해가 자주 발생되는 사람

| 정답 | 001 ④　002 ③

003

산업안전보건법령상 다음 안전보건표지의 종류로 옳은 것은?

① 들것　　② 세안장치
③ 비상구　　④ 좌측비상구

해설 **안내표지**

녹십자표지　　응급구호표지　　들것

세안장치　　비상용기구　　비상구

004

다음 중 학습의 목적 3요소에 해당하지 않는 것은?

① 학습대상　　② 학습정도
③ 주제　　④ 목표

해설

학습목적의 3요소는 학습목표, 주제, 학습정도이다.

005

다음 중 상해 종류에 대한 설명으로 옳은 것은?

① 찰과상: 창, 칼 등에 베인 상해
② 창상: 스치거나 문질러서 피부가 벗겨진 상해
③ 자상: 칼날 등 날카로운 물건에 찔린 상해
④ 좌상: 국부의 혈액순환의 이상으로 몸이 퉁퉁 부어 오르는 상해

해설 **상해의 분류**

분류	세부내용
골절	뼈가 부러진 상해
동상	저온물 접촉으로 인한 상해
부종	국부의 혈액순환의 이상으로 몸이 퉁퉁 부어오르는 상해
자상(찔림)	칼날 등 날카로운 물건에 찔린 상해
타박상(삐임)	타박·충돌·추락 등으로 피부표면보다는 피하조직 또는 근육부를 다친 상해
절단	신체부위가 절단된 상해
중독, 질식	음식·약물·가스 등에 의해 중독이나 질식한 상해
찰과상	스치거나 문질러서 피부표면이 벗겨진 상해
창상(베임)	창, 칼 등에 베인 상해
화상	화재 또는 고온물 접촉으로 인한 상해
뇌진탕	머리를 세게 맞았을 때 장해로 일어난 상해
익사	물 등 액체에 의해 질식한 상해
피부병	직업과 연관되어 발생 또는 악화되는 피부질환
청력장해	청력이 감퇴 또는 난청이 된 상해
시력장해	시력이 감퇴 또는 실명된 상해

| 정답 | 003 ③　004 ①　005 ③

006

안전교육 실시 4단계에서 지식을 실제의 상황에 맞추어 문제를 해결해보고 그 수법을 이해시키는 단계로 옳은 것은?

① 도입　　② 제시
③ 적용　　④ 확인

해설 **안전교육 실시(진행) 4단계**

단계		내용
1단계	도입	• 학습의 목적 및 취지와 배경 설명 • 관심과 흥미를 갖도록 동기 부여
2단계	제시	• 교육 체계와 중점 내용 제시 • 주요 단계의 설명 및 시범 • 시청각 교재의 적극적 활용
3단계	적용	• 교육내용에 대한 활용 및 응용 • 사례연구, 재해 사례 등을 발표 • 교육내용 복습
4단계	확인	• 교육 이해도 확인 • 시험 또는 과제 부과 • 향후 피교육자의 실천 사항 명시

007

팀워크에 기초하여 위험요인을 작업시작 전에 발견, 파악하고 그에 따른 대책을 강구하는 위험예지훈련에 해당하지 않는 것은?

① 감수성 훈련　　② 집중력 훈련
③ 즉흥적 훈련　　④ 문제해결 훈련

해설 **위험예지훈련**

직장 내 위험에 대한 개별적, 동시다발적인 훈련으로, 참석자의 공감을 통해 공통의 목표를 조기에 달성하고, 이를 통해 감수성, 집중력, 문제해결 능력을 높이는 데 목적이 있다.

008

제조업자는 제조물의 결함으로 인하여 생명·신체 또는 재산에 손해를 입은 자에게 그 손해를 배상하여야 하는데 이를 무엇이라 하는가? (단, 당해 제조물에 대해서만 발생한 손해는 제외한다.)

① 입증 책임　　② 담보 책임
③ 연대 책임　　④ 제조물 책임

해설 **제조물 책임**

제조물의 결함으로 인하여 생명·신체 또는 재산에 손해를 입은 자에게 그 손해를 배상하고, 결함 제품 사용 등으로 인해 피해를 입은 소비자의 손해를 배상해주는 피해구제 제도이다.

관련개념

입증 책임	소송에서 자기에게 유리한 사실을 주장하기 위하여 법원을 설득할 만한 증거를 제출하는 책임
담보 책임	민법에서 매매 계약의 당사자가 급부한 목적물이나 권리에 흠이 있을 경우에 부담하는 손해 배상과 그 밖의 책임
연대 책임	당사자만이 아니라 같은 집단 내에 다른 사람들까지도 함께 책임을 지는 것

009

다음 중 교육 대상자 수가 많고, 교육 대상자의 학습능력의 차이가 큰 경우 집단교육 방법으로서 가장 효과적인 방법은?

① 문답식 교육　　② 토의식 교육
③ 시청각 교육　　④ 상담식 교육

해설 **시청각 교육**

시청각 교육은 학습자의 시각과 청각을 동시에 자극하여 교육에 활용함으로써 다수 교육생을 대상으로 학습의 효율성을 높이기 위한 집단교육 방법이다.

| 정답 | 006 ③　007 ③　008 ④　009 ③

010

인간의 행동 특성에 관한 레윈(Lewin)의 법칙에서 각 인자에 대한 내용으로 틀린 것은?

$B = f(P \cdot E)$

① B: 행동 ② f: 함수관계
③ P: 개체 ④ E: 기술

해설 **레윈(Lewin, K.)의 법칙**
인간의 행동은 개인과 환경의 상호 함수관계에 있다는 법칙이다.
$B = f(P \cdot E)$
- B(Behavior): 인간의 행동
- f(Function): 동기부여를 포함한 함수
- P(Person): 개체(연령, 지능, 경험 등)
- E(Environment): 환경(인간관계, 작업환경 등)

011

연평균 근로자수가 500명인 사업장에서 연간 4건의 재해가 발생한 경우 이때의 도수율은? (단, 1일 근로시간 수는 8시간, 연평균 근로일수는 300일이다.)

① 0.33 ② 3.33
③ 33.33 ④ 333.33

해설

$$도수율 = \frac{재해건수}{연\ 근로시간\ 수} \times 1{,}000{,}000$$
$$= \frac{4}{500 \times (8 \times 300)} \times 1{,}000{,}000 = 3.33$$

관련개념 **도수율, 빈도율(FR; Frequency Rate of Injury)**
연 근로시간 합계 100만 시간당 재해발생건수이다.

$$도수율 = \frac{재해건수}{연\ 근로시간\ 수} \times 1{,}000{,}000$$

012

산업안전보건법령상 고용노동부장관이 산업재해 예방을 위하여 종합적인 개선조치를 할 필요가 있다고 인정할 때에 안전보건개선계획의 수립·시행을 명할 수 있는 대상 사업장이 아닌 것은?

① 사업주가 필요한 안전조치를 이행하지 아니하여 중대재해가 발생한 사업장
② 직업성 질병자가 연간 2명 이상 발생한 사업장
③ 산업재해율이 같은 업종의 규모별 평균 산업재해율보다 높은 사업장
④ 유해인자의 노출기준 미만인 사업장

해설
유해인자의 노출기준을 초과한 사업장이 대상 사업장이다.

관련개념 **안전보건개선계획 수립·시행 명령 대상 사업장**
- 산업재해율이 같은 업종 평균 산업재해율보다 높은 사업장
- 사업주가 필요한 안전조치 또는 보건조치를 이행하지 아니하여 중대재해가 발생한 사업장
- 직업성 질병자가 연간 2명 이상 발생한 사업장
- 유해인자의 노출기준을 초과한 사업장

013

다음 중 산업안전보건법령상 안전인증대상 보호구의 안전인증제품에 안전인증 표시 외에 표시하여야 할 사항과 가장 거리가 먼 것은?

① 안전인증 번호 ② 형식 또는 모델명
③ 제조번호 및 제조연월 ④ 물리적, 화학적 성능기준

해설 **보호구 안전인증제품의 표시사항**
- 형식 또는 모델명
- 규격 또는 등급 등
- 제조자명
- 제조번호 및 제조연월
- 안전인증 번호

| 정답 | 010 ④ 011 ② 012 ④ 013 ④

014

재해손실비용 중 직접비에 해당하지 않는 것은?

① 장해급여비용　　② 생산손실비용
③ 직업재활급여　　④ 장례비용

해설 직접손실비용과 간접손실비용

직접비 (법적으로 지급되는 산재보상비)		간접비 (직접비를 제외한 모든 비용)	
• 요양급여	• 휴업급여	• 인적손실	• 물적손실
• 장해급여	• 간병급여	• 생산손실	• 임금손실
• 유족급여	• 상병보상연금	• 시간손실	• 기타손실 등
• 장례비	• 직업재활급여		

015

다음 중 매슬로우(Maslow)의 욕구단계이론에 관한 설명으로 틀린 것은?

① 욕구의 발생은 서로 중첩되어 나타난다.
② 각 단계의 욕구는 "만족 또는 충족 후 진행"의 성향을 갖는다.
③ 대체적으로 인생이나 경력의 초기에는 사회적 욕구가 우세하게 나타난다.
④ 궁극적으로는 자기의 잠재력을 최대한 발휘하여 하고 싶은 일을 실현하고자 한다.

해설

매슬로우 욕구이론은 낮은 단계의 욕구가 충족되어야만 더 높은 단계의 욕구에 집중하는 경향을 설명하고 있으므로 인생이나 경력의 초기에는 기본적인 생존 필요요소 및 작업, 건강 등의 안정성을 추구하는 경향을 보인다.

관련개념 매슬로우(Maslow)의 욕구이론

- 인간의 욕구는 생리적 욕구 → 안전의 욕구 → 사회적 욕구 → 존경(인정)의 욕구 → 자아실현의 욕구 순으로 발생한다.
- 인간은 가장 기본적인 욕구에서 시작하여 상위 욕구로 올라가면서 자신의 욕구를 체계적으로 충족시킨다.

016

산업안전보건법상 지방고용노동관서의 장이 사업주에게 안전관리자나 보건관리자를 정수 이상으로 증원하게 하거나 교체하여 임명할 것을 명령할 수 있는 사유에 해당되는 것은?

① 사망재해가 연간 1건 발생한 경우
② 일반재해가 연간 2건 발생한 경우
③ 관리자가 질병의 사유로 3개월 이상 해당 직무를 수행할 수 없게 된 경우
④ 해당 사업장의 연간재해율이 같은 업종의 평균재해율의 1.5배 이상인 경우

해설 안전관리자 등의 증원·교체임명 명령 사유

- 해당 사업장의 연간재해율이 같은 업종의 평균재해율의 2배 이상인 경우
- 중대재해가 연간 2건 이상 발생한 경우
- 관리자가 질병이나 그 밖의 사유로 3개월 이상 직무를 수행할 수 없게 된 경우
- 화학적 인자로 인한 직업성 질병자가 연간 3명 이상 발생한 경우

017

인간관계 메커니즘 중 다른 사람의 행동 양식이나 태도를 투입시키거나, 다른 사람 가운데서 자기와 비슷한 것을 발견한 것을 무엇이라고 하는가?

① 투사(Projection)　　② 모방(Imitation)
③ 암시(Suggestion)　　④ 동일화(Identification)

해설 인간관계 메커니즘

구분	내용
모방 (Imitation)	남의 행동이나 판단을 표본으로 하여 그것과 같거나 그것에 가까운 행동 또는 판단을 취하려는 행위
투사 (Projection)	자신의 불만을 해소하기 위해 남에게 뒤집어 씌우는 행위
암시 (Suggestion)	다른 사람의 판단이나 행동을 무비판적으로 받아들이는 행위
동일화 (Identification)	다른 사람의 행동 양식이나 태도를 자신에게 투입하거나 다른 사람에게서 자신의 행동양식이나 태도와 비슷한 것을 발견하는 행위

| 정답 | 014 ② 015 ③ 016 ③ 017 ④

018

산업안전보건법상 산업안전보건위원회의 심의 · 의결사항이 아닌 것은?

① 산업재해 예방계획의 수립에 관한 사항
② 근로자의 건강진단 등 건강관리에 관한 사항
③ 재해자에 관한 치료 및 재해보상에 관한 사항
④ 안전보건관리규정의 작성 및 변경에 관한 사항

해설 산업안전보건위원회의 심의 · 의결사항

- 사업장의 산업재해 예방계획의 수립에 관한 사항
- 안전보건관리규정의 작성 및 변경에 관한 사항
- 안전보건교육에 관한 사항
- 작업환경측정 등 작업환경의 점검 및 개선에 관한 사항
- 근로자의 건강진단 등 건강관리에 관한 사항
- 산업재해에 관한 통계의 기록 및 유지에 관한 사항
- 중대재해의 원인 조사 및 재발 방지대책 수립에 관한 사항
- 유해하거나 위험한 기계 · 기구 · 설비를 도입한 경우 안전 및 보건 관련 조치에 관한 사항
- 그 밖에 해당 사업장 근로자의 안전 및 보건을 유지 · 증진시키기 위하여 필요한 사항

019

위험예지훈련 4라운드 기법 진행방법 중 본질추구는 몇 라운드에 해당되는가?

① 제1라운드 ② 제2라운드
③ 제3라운드 ④ 제4라운드

해설 위험예지훈련 4라운드

1라운드	현상파악	위험요인을 식별하는 단계
2라운드	본질추구	위험요인 · 문제점 발견 및 위험의 포인트를 결정하고 지적 확인하는 단계
3라운드	대책수립	위험요인을 극복하기 위한 대안 제시 단계
4라운드	목표설정	행동목표를 설정하는 단계

020

재해의 통계적 원인분석 방법 중 다음에서 설명하는 것은?

> 2개 이상의 문제 관계를 분석하는 데 사용하는 것으로, 데이터를 집계하고 표로 표시하여 요인별 결과 내역을 교차한 그림을 작성, 분석하는 방법

① 파레토도(pareto diagram)
② 특성요인도(cause and effect diagram)
③ 관리도(control diagram)
④ 크로스도(cross diagram)

해설 통계에 의한 재해원인 분석방법

파레토도	사고의 유형, 기인물 등 분류항목을 큰 순서대로 도표화하는 방법
특성요인도	특성과 요인관계를 도표로 하여 어골상으로 세분하는 방법
크로스도	2개 이상의 문제 관계를 분석하는 데 사용하는 것으로, 데이터를 집계하고 표로 표시하여 요인별 결과 내역을 교차한 크로스 그림을 작성하여 분석하는 방법
관리도	재해 발생 건수 등의 추이를 파악하여 목표 관리를 행하는 데 필요한 월별 재해 발생수를 그래프화하여 관리선을 설정 · 관리하는 방법

| 정답 | 018 ③ 019 ② 020 ④

인간공학 및 시스템안전공학

021

일반적으로 사람의 청력으로 감지할 수 있는 주파수 영역은?

① 0~20[Hz] ② 20~20,000[Hz]
③ 20,000[Hz] ④ 50,000~100,000[Hz]

해설

사람의 청력은 20~20,000[Hz]의 주파수 대역을 인식하며 이중에서도 500~3,000[Hz]의 주파수 대역을 가장 민감하게 인식하는데, 이는 인간의 목소리, 음악, 기계 소리 등 일상생활에서 흔히 듣는 소리의 주파수가 대략 500~3,000[Hz] 사이에 위치하기 때문이다.

022

건강한 남성이 8시간 동안 특정 작업을 실시하고, 분당 산소 소비량이 1.1[L/분]으로 나타났다면 8시간 총 작업시간에 포함될 휴식시간은 약 몇 분인가? (단, Murrell의 방법을 적용하며, 휴식 중 에너지소비율은 1.5[kcal/min]이다.)

① 30분 ② 54분
③ 60분 ④ 75분

해설

- 작업 시 분당 에너지소비량
  산소 1[L]당 에너지소비량은 5[kcal/L], 분당 산소소비량은 1.1[L/분]이므로 분당 에너지소비량은 $1.1\times5=5.5$[kcal/분]이다.
- 작업시간 8시간에 포함되어야 할 휴식시간 산출

$$\text{휴식시간(R)}=\text{작업시간}\times\frac{E-5}{E-1.5}=(60\times8)\times\frac{5.5-5}{5.5-1.5}=60\text{분}$$

이때, E: 작업 시 평균 에너지 소비량[kcal/분]
5: 작업 시 평균 에너지 소비량 상한[kcal/분]
1.5: 안정 시 에너지 소비량[kcal/분]

023

인간이 현존하는 기계를 능가하는 기능은? (단, 인공지능과 관련된 사항은 제외한다.)

① 소음 등 주위가 불안정한 상황에서도 효율적으로 작동한다.
② 입력신호에 대해 신속하고 일관성 있는 반응을 한다.
③ 귀납적 추리를 한다.
④ 암호화된 정보를 신속하게 대량으로 보관한다.

해설

인간이 기계를 능가하는 기능
- 관찰을 통해서 일반화하여 귀납적으로 추리한다.
- 원칙을 적용하여 다양한 문제를 해결할 수 있다.
- 완전히 새로운 해결책을 도출할 수 있다.
- 주위의 예기치 못한 사건들을 감지하고 처리하는 임기응변 능력이 있다.
- 상황에 따라 변하는 복잡한 자극 형태를 식별할 수 있다.
- 다양한 경험을 토대로 하여 의사결정을 한다.

현존하는 기계가 인간을 능가하는 기능
- 자극을 연역적으로 추리한다.
- 암호화된 정보를 신속하게 처리하고, 대량으로 보관한다.
- 인간의 정상적인 감지범위 밖에 있는 자극을 감지한다.
- 명시된 절차에 따라 신속하고, 정량적인 정보처리가 가능하다.
- 과부하 시에도 효율적으로 작동한다.

024

조종장치의 저항 중 갑작스러운 속도의 변화를 막고 부드러운 제어 동작을 유지하게 해주는 저항은?

① 점성저항 ② 관성저항
③ 마찰저항 ④ 탄성저항

해설

점성저항	유체의 흐름에 저항하는 힘
관성저항	물체의 운동 상태를 유지하려는 성질
마찰저항	두 물체가 서로 접촉하여 움직일 때 발생하는 저항
탄성저항	물체가 변형된 후 원래의 상태로 돌아오려는 성질

| 정답 | 021 ② 022 ③ 023 ③ 024 ①

025

인간-기계 시스템에 대한 평가에서 평가 척도나 기준(criteria)으로서 관심의 대상이 되는 변수는?

① 독립변수 ② 종속변수
③ 확률변수 ④ 통제변수

해설 **종속변수**

독립변수의 변화에 따라 달라지는 변수로, 인간-기계 시스템의 성능을 평가할 때 중요하게 다뤄진다. 예를 들어 작업 성능, 오류율, 반응시간 등이 종속변수로 사용된다.

관련개념

독립변수	실험 조건을 변화시키는 변수
확률변수	실험 결과의 불확실성을 나타내는 변수
통제변수	실험 결과에 영향을 미칠 수 있어서 일정하게 유지시키는 변수

026

FTA에서 사용되는 논리게이트 중 여러 개의 입력 사상이 정해진 순서에 따라 순차적으로 발생해야만 결과가 출력되는 것은?

① 억제 게이트 ② 우선적 AND 게이트
③ 배타적 OR 게이트 ④ 조합 AND 게이트

해설 **우선적 AND 게이트**

입력사상 중 어떤 사상이 다른 사상보다 앞서 일어났을 때 출력이 발생한다.

관련개념

① 억제 게이트: 입력이 발생하여 조건을 만족하면 출력이 발생한다.
③ 배타적 OR 게이트: 2개 또는 그 이상의 입력이 동시에 존재하는 경우에는 출력이 발생하지 않는다.
④ 조합 AND 게이트: 3개의 입력현상 중 임의의 시간에 2개의 입력이 발생할 경우 출력이 발생한다.

027

그림과 같은 FT도에서 정상사상 T가 발생할 확률은 얼마인가?

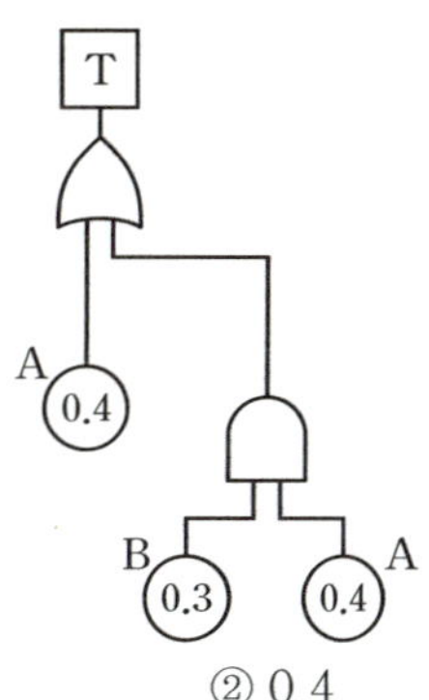

① 0.58 ② 0.4
③ 0.3 ④ 0.47

해설

FT도에 중복사상이 존재하는 경우에는 최소 컷셋의 발생확률이 정상사상 T의 발생확률이 된다.

$$T = \begin{pmatrix} A \\ A\ B \end{pmatrix} = \begin{matrix} (A) \\ (A\ B) \end{matrix}$$

컷셋은 (A), (A B)이므로 최소 컷셋은 (A)이다.

따라서 정상사상 T의 발생확률은 0.4이다.

028

다음 중 광원으로부터의 직사휘광을 처리하는 방법으로 옳지 않은 것은?

① 휘광원 주위를 밝게 한다.
② 가리개, 차양을 설치한다.
③ 광원의 휘도를 줄이고 수를 늘린다.
④ 광원을 시선에서 가까이 위치시킨다.

해설

광원이 시선에 가까울수록 직사휘광을 더 많이 유발한다. 광원과 시선의 거리를 멀리 두는 것이 휘광을 줄이는 방법이다.

| 정답 | 025 ② 026 ② 027 ② 028 ④

029

다음 중 예비위험분석(PHA)에 관한 설명으로 가장 적절한 것은?

① 시스템안전 위험분석을 수행하기 위한 예비적인 최초의 작업으로 위험요소가 얼마나 위험한지를 평가한다.
② 손실과 인명의 사상에 연결되는 높은 위험도를 가진 요소나 고장의 형태에 따른 분석법이다.
③ 각 서브시스템 및 전 시스템의 안전성이 악영향을 끼치지 않게 하기 위한 분석기법이다.
④ 원자력 발전과 같이 관리, 설계, 생산, 보존 등에 대해서 광범위하게 안전성을 확보하기 위한 기법이다.

해설

②는 CA, ③은 FHA, ④는 HAZOP에 관한 설명이다.

관련개념 **예비위험분석(PHA; Preliminary Hazard Analysis)**

시스템 내의 위험요소가 얼마나 위험상태에 있는가를 평가하는 시스템 안전 프로그램에서 최초단계(시스템 구상단계)의 분석 방식(정성적)이다.

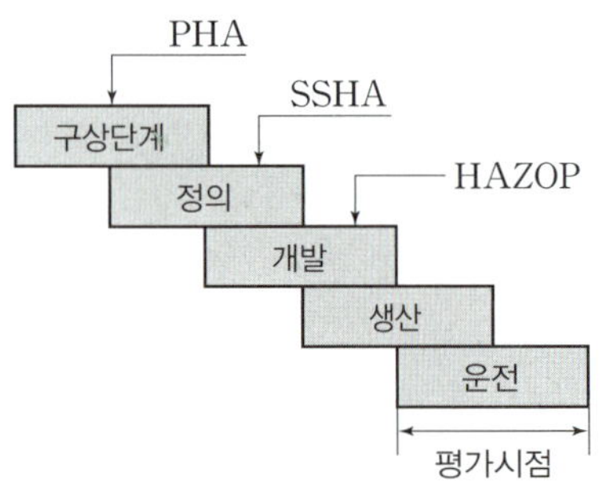

▲ 시스템 수명주기

030

다음 중 최대치 설계를 적용하기에 적절하지 않은 것은?

① 자동차 시트의 앞뒤 조절 폭
② 비상구의 높이
③ 선반의 높이
④ 고속버스 내의 의자와 의자 사이의 간격

해설

선반의 높이는 극단치를 이용한 설계 중 '최소치 설계' 원칙을 활용한다. 최소치 설계를 하면 키가 작은 사람들도 수용 가능하여 불편함을 최소화할 수 있다.

① 자동차 시트의 앞뒤 조절 폭, ② 비상구의 높이, ④ 고속버스 내의 의자와 의자 사이의 간격은 최대치 설계를 적용하여 많은 사람들을 수용할 수 있게 하여야 한다.

관련개념 **인체측정자료 응용원칙**

응용원칙	개념	예시
조절식 설계원칙	사용자의 신체적 특성에 따라 조절할 수 있도록 설계하는 원칙	자동차 의자, 조절식 의자 등
평균치 설계원칙	인체측정자료의 평균치를 기준으로 설계하는 원칙	은행 카운터나 책상, 지하철 손잡이의 높이 등
최대치 설계원칙	인체측정자료의 최대치를 기준으로 설계하는 원칙	문높이, 와이어로프의 사용중량 등
최소치 설계원칙	인체측정자료의 최소치를 기준으로 설계하는 원칙	조종장치, 선반의 높이, 비상벨의 위치 등

031

고온 작업자의 고온 스트레스로 인해 발생하는 생리적 영향이 아닌 것은?

① 피부 온도의 상승
② 발한(sweating)의 증가
③ 심박출량(cardiac output)의 증가
④ 근육에서의 젖산 감소로 인한 근육통과 근육피로 증가

해설

고온 스트레스로 인해 근육에서 젖산이 증가되며 이로 인해 근육통과 근육피로가 증가한다.

| 정답 | 029 ① 030 ③ 031 ④

032

시스템에 영향을 미치는 모든 요소의 고장을 형태별로 분석하여 그 영향을 검토하는 시스템안전 분석기법은?

① FMEA ② PHA
③ HAZOP ④ FTA

해설 **시스템 분석 기법의 종류**

고장형태와 영향분석법 (FMEA; Failure Mode and Effect Analysis)	고장을 형태별로 분석하여 그 영향을 검토하는 정성적, 귀납적 분석방법
예비위험분석 (PHA; Preliminary Hazard Analysis)	최초단계 분석으로 시스템 내의 위험요소가 어느 정도의 위험상태에 있는지를 평가하는 방법으로, 정성적 평가방법
결함위험분석 (FHA; Fault Hazard Analysis)	서브시스템의 해석에 사용되는 기법
인간과오율 추정법 (THERP; Technique for Human Error Rate Prediction)	인간의 실수를 정량적으로 평가하는 것이며 인간의 과오(실수)에 기인한 사고원인 분석 기법으로, 100만 운전시간당 과오수를 기본 과오율로 평가
결함수분석 (FTA; Fault Tree Analysis)	정량적, 연역적 분석방법으로, 기계, 설비 또는 인간-기계 시스템의 고장이나 재해의 발생요인을 FT도에 의하여 분석
치명도 분석, 위험도 분석 (CA; Criticality Analysis)	높은 위험도를 가진 요소나 고장의 형태에 따른 분석법으로, 고장을 정량적으로 분석하는 기법
위험 및 운용성 분석 (HAZOP; Hazard and Operability Analysis)	장비에 대해 잠재된 위험이나 기능 저하 등 영향을 평가하기 위하여 공정이나 설계도 등에 체계적인 검토를 행하는 것

033

인체측정치를 이용한 설계에 관한 설명으로 옳은 것은?

① 평균치를 기준으로 한 설계를 제일 먼저 고려한다.
② 자세와 동작에 따라 고려해야 할 인체측정치수가 달라진다.
③ 의자의 깊이와 너비는 작은 사람을 기준으로 설계한다.
④ 큰 사람을 기준으로 한 설계는 인체측정치의 5[%tile]을 사용한다.

해설

① 조절식 설계를 제일 먼저 고려한다.
③ 의자의 깊이와 너비는 큰 사람을 기준으로 설계한다.(작은 사람이 사용할 때는 쿠션 등을 활용한다.)
④ 큰 사람을 기준으로 한 설계는 인체측정치의 95[%tile]을 사용한다.

034

결함수분석법에 있어 정상사상(Top Event)이 발생하지 않게 하는 기본사상들의 집합을 무엇이라고 하는가?

① 컷셋(Cut Set) ② 페일셋(Fail Set)
③ 트루셋(Truth Set) ④ 패스셋(Path Set)

해설 **패스셋(Path Set)**

고장이 일어나지 않는 기본사상들의 집합으로, 시스템 신뢰성을 표시한다.

관련개념 **컷셋(Cut Set)**

시스템 고장을 유발시키는 기본사상의 집합이다. 즉, 시스템이 고장나기 위해서는 컷셋에 포함된 모든 기본사상이 동시에 발생하여야 한다.(불신뢰성)

035

페일 세이프(Fail-Safe)의 원리에 해당되지 않는 것은?

① 교대구조 ② 다경로하중구조
③ 배타설계구조 ④ 하중경감구조

해설 **Fail Safe의 종류**

중복구조	동일하거나 유사한 기능을 가진 시스템을 여러 개 배치(중복배치)하여 하나가 고장나도 다른 시스템이 작동하도록 설계하는 것이다. 예 항공기의 이중 전자 시스템
교대구조	하나의 부품이 고장날 경우 다른 부품이나 경로가 이를 대체하도록 설계하는 것이다. 예 예비전력시스템
다경로 하중구조	하중을 여러 경로로 분산시켜 특정 경로가 손상되어도 전체 구조가 안정성을 유지하는 구조로 설계하는 것이다. 예 고층 건물의 하중을 다수의 기둥과 보로 나누어 분산시켜 설계
분할(하중경감) 구조	특정 부위의 하중을 줄여 고장의 영향을 최소화하거나 고장을 지연시키도록 설계하는 것이다. 예 수문을 통해 물의 압력을 조절하여 댐에 가해지는 하중을 분산시키는 설계

| 정답 | 032 ① 033 ② 034 ④ 035 ③

036

중량물을 반복적으로 드는 작업의 부하를 평가하기 위한 방법이 NIOSH 들기지수를 적용할 때 고려되지 않는 항목은?

① 들기빈도　　② 수평이동거리
③ 손잡이 조건　　④ 허리 비틀림

해설

들기빈도는 빈도 계수, 손잡이 조건은 결합 계수, 허리 비틀림은 비대칭성 계수와 관련이 있다.
수평계수는 들기동작 시 손의 위치에서부터 양 발의 중심의 수평거리를 측정하는 것으로 수평이동거리와는 관련이 없다.

관련개념 **NIOSH 들기지수**

- NIOSH의 중량물 취급지수를 말한다.
- 물체의 무게[kg]/RWL[kg]로 구하며, RWL은 추천 중량한계(들기 편한 정도의 값)이다.
- RWL=23[kg]×HM×VM×DM×AM×FM×CM
  여기서, HM: 수평계수, VM: 수직 계수, DM: 거리 계수
  AM: 비대칭성 계수, FM: 빈도 계수, CM: 결합 계수

037

동전던지기에 앞면이 나올 확률이 0.7이고, 뒷면이 나올 확률이 0.3일 때, 앞면이 나올 사건의 정보량(A)과 뒷면이 나올 사건의 정보량(B)은 각각 얼마인가?

① A: 0.88[bit], B: 1.74[bit]
② A: 0.51[bit], B: 1.74[bit]
③ A: 0.88[bit], B: 2.25[bit]
④ A: 0.51[bit], B: 2.25[bit]

해설

- 앞면의 정보량 I(앞) $= -\log_2 0.7 = 0.51$[bit]
- 뒷면의 정보량 I(뒤) $= -\log_2 0.3 = 1.74$[bit]

관련개념 **정보량(Information Content)**

정보량 $I(x) = -\log_2 P(x)$

038

FT도에 사용되는 논리기호 중 AND 게이트에 해당하는 것은?

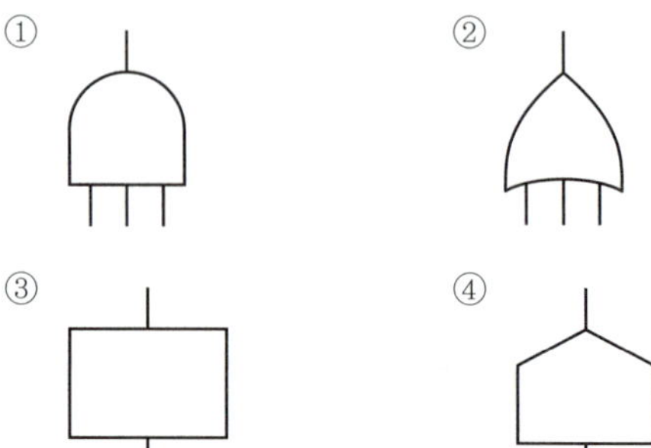

해설 **논리기호 및 사상기호**

기호	명칭	설명
	기본사상	더 이상 전개할 수 없는 사건·사고(재해의 원인)
	생략사상	관리정보가 미비하여 계속될 수 없는 특정 초기사상
	통상사상	발생이 예상되는 사상
	결함사상	한 개 이상의 입력에 의해 발생된 고장사상
	전이기호	다른 게이트와의 연결
	억제 게이트	입력이 발생하기 전 특정 조건을 만족하면 출력이 발생
	OR 게이트	입력신호 중 하나 이상이 발생하면 출력이 발생(논리합)
	AND 게이트	입력신호가 모두 발생하면 출력이 발생(논리곱)

| 정답 | 036 ② 037 ② 038 ①

039

다음 중 일반적으로 가장 신뢰도가 높은 시스템의 구조는?

① 직렬연결구조　② 병렬연결구조
③ 단일부품구조　④ 직 · 병렬 혼합구조

해설

병렬연결은 여러 부품 중 일부가 고장이 나더라도 시스템이 정상 작동하는 구조이며, 가장 신뢰도가 높은 시스템 구조이다.

040

옥내 조명에서 최적 반사율의 크기가 작은 것부터 큰 순서대로 나열된 것은?

① 벽 < 천장 < 가구 < 바닥
② 바닥 < 가구 < 천장 < 벽
③ 가구 < 바닥 < 천장 < 벽
④ 바닥 < 가구 < 벽 < 천장

해설

작업자가 가장 많이 보는 곳의 반사율을 가장 낮게 하여 눈부심을 적게 하여야 눈에 피로도가 적어진다.
따라서 옥내 추천 반사율은 낮은 것부터 바닥 < 가구 < 벽 < 천장 순서이다.

관련개념 **반사율(눈부심)을 최소화하기 위한 옥내 추천 반사율**

- 천장: 80~90[%]
- 창문, 벽: 40~60[%]
- 가구, 사용기기, 책상: 25~40[%]
- 바닥: 20~40[%]

건설시공학

041

철근이음의 종류 중 기계적 이음과 가장 거리가 먼 것은?

① 나사식 이음　② 가스압접 이음
③ 충전식 이음　④ 압착식 이음

해설

가스압접 이음은 용접이음이다.

관련개념

- 용접이음: 아크용접, 맞대기 용접, 가스압접 등
- 겹침이음: 철근의 일정 길이를 겹쳐 철선으로 연결한 이음
- 기계식 이음: 커플러를 이용한 이음법(나사식, 충전식, 압착식)

042

철근의 피복두께를 유지하는 목적이 아닌 것은?

① 부재의 소요 구조 내력 확보
② 부재의 내화성 유지
③ 콘크리트의 강도 증대
④ 부재의 내구성 유지

해설

철근의 피복두께를 유지함으로써 콘크리트의 강도를 확보할 수는 있으나, 강도 증대는 시멘트, 혼화 재료, 골재 등 배합 설계의 영향이 더 크다.

관련개념 **피복두께 확보의 목적**

- 철근의 부식방지를 통한 구조물의 내구성 확보(물과 이산화탄소의 침투 방지)
- 골재의 유동성 확보
- 철근과 콘크리트의 부착강도 확보
- 화재 시 내화성 확보

| 정답 | 039 ② 040 ④ 041 ② 042 ③

043

건설공사 입찰방식 중 공개경쟁입찰의 장점에 속하지 않는 것은?

① 유자격자는 모두 참가할 수 있는 기회를 준다.
② 제한경쟁입찰에 비해 등록사무가 간단하다.
③ 담합의 가능성을 줄인다.
④ 공사비가 절감된다.

해설 **공개경쟁입찰의 장·단점**

장점	단점
• 공사비 절감 가능 • 일반도급인에게 균등한 기회 부여 • 도급인끼리 담합 곤란	• 공사가 조잡하게 될 우려가 있음 • 입찰수속의 복잡 • 부적격자에게 낙찰될 우려가 있음

관련개념 **공개경쟁입찰**

신문, 관보, 게시판 등에 입찰규정, 공사의 종류, 입찰자의 자격 등을 공고하여 널리 입찰자를 모집하는 방식이다.

044

철골부재조립 시 구멍의 위치가 다소 다를 때 구멍을 맞추기 위한 작업은?

① 송곳뚫기(Drilling) ② 리밍(Reaming)
③ 펀칭(Punching) ④ 리벳치기(Riveting)

해설

리밍(Reaming)은 리머(Remer)를 사용하여 부재의 구멍을 맞추기 위한 작업이다.

관련개념

- 송곳뚫기(Drilling): 13[mm]를 초과하는 철판에 사용되고, 수밀성이 요구되거나 정밀 가공 시 사용한다.
- 리밍(Reaming): 리머(Reamer)를 사용하여 구멍가심을 하고, 수정 최대 편심거리는 1.5[mm] 이하이다.
- 펀칭(Punching): 13[mm] 이하의 얇은 철판이나 리벳 지름이 9[mm] 이하일 때 사용한다.
- 리벳치기(Riveting): 공장 리벳치기와 현장 리벳치기가 있다.

045

철골부재의 용접 접합 시 발생되는 용접결함의 종류가 아닌 것은?

① 비드 ② 언더컷
③ 블로우홀 ④ 오버랩

해설 **비드**

용접되는 두 금속 사이에 필러재료가 녹으면서 생성된 용융금속이 굳어져 형성된 부분이다.

관련개념 **용접결함의 종류**

종류	내용
슬래그 섞임	모재와 용접봉의 피복재 심선이 변하여 생긴 회분이 용착금속 내에 섞이는 것으로, 과소전류, 운봉조작 불량 등이 발생원인이다.
언더컷(Under Cut)	모재가 녹아서 용착금속이 채워지지 않고 홈으로 남게 된 부분으로, 원인은 과대전류 또는 부적당한 용접봉 사용이다.
오버랩(Overlap)	용접금속과 모재가 융합되지 않고 겹쳐지는 것으로, 원인은 약한 전류이다.
블로우홀(기공, Blow Hole)	금속이 녹아들 때 생기는 작은 틈이나 기포가 발생하는 것으로, 모재에 가스(황)잔류, 아크길이 및 전류 부적당의 원인으로 발생한다.
크랙(균열, Crack)	용접 후 냉각 시에 생기는 균열을 말하며, 과대전류 및 모재불량의 원인으로 발생한다.
피트(Pit)	용접부에 생기는 녹이나 미세한 흠이다.
크레이터(Crater)	아크용접 시 끝부분이 항아리 모양으로 파이는 현상으로 과대전류 및 부적합한 운봉의 원인으로 발생한다.
용입불량	용입길이가 충분하지 않은 것으로, 과소전류, 운봉속도의 부적당 등이 발생원인이다.

| 정답 | 043 ② 044 ② 045 ①

046

철골공사에서 산소아세틸렌 불꽃을 이용하여 강재의 표면에 홈을 따내는 방법은?

① Gas Gouging ② Blow Hole
③ Flux ④ Weaving

해설 **가스 가우징(Gas Gouging)**
예열 불꽃을 이용하여 국부적으로 홈을 파는 작업으로, 균열 수정 등 좁은 홈을 파는 데 적합하다.

관련개념
- 블로우홀(Blow Hole): 금속이 녹을 때 생기는 작은 틈이나 기포이다.
- 플럭스(Flux): 자동용접 시 용접봉의 피복재 역할로 쓰이는 분말상의 재료를 말한다.
- 위빙(Weaving): 서로 엇갈리게 지그재그로 용접봉을 움직이며 용접하는 방법을 말한다.

047

계획과 실제의 작업상황을 지속적으로 측정하여 최종 사업비용과 공정을 예측하는 기법은?

① CAD ② EVMS
③ PMIS ④ WBS

해설 **획득가치관리시스템(EVMS; Earned Value Management System)**
비용, 일정, 기술 측면의 목표와 기준을 설정하고 이에 대한 실제 성과를 분석 및 측정하는 관리 체계이다.

관련개념
- CAD(Computer Aided Design, 컴퓨터지원설계): 컴퓨터를 이용하여 도면을 만드는 설계 프로그램이다.
- PMIS(Project Management Information System): 사업 전반의 수행 조직을 관리, 운영하고 경영 계획 및 전략을 수립할 수 있도록 관련 정보를 신속, 정확하게 경영인에게 전달하여 합리적 경영을 유도하는 프로젝트별 경영정보체계이다.
- WBS(Work Breakdown Structure): 작업을 나누어 효율적으로 진행, 관리하기 위한 가장 기초문서로, 프로젝트에 필요한 모든 작업을 분해하여 작업단위별 소요시간, 진척률 등을 산정하는 데 사용한다.

048

기존건물에 근접하여 구조물을 구축할 때 기존건물의 균열 및 파괴를 방지할 목적으로 지하에 실시하는 보강공법은?

① BH(Boring Hole)
② 베노토(Benoto) 공법
③ 언더피닝(Under Pinning) 공법
④ 심초공법

해설 **언더피닝(Under Pinning) 공법**
기존 구조물의 기초하부를 보강하거나, 인접하여 구조물을 증축 또는 구축하는 경우 기존 구조물을 보호하거나 구조물 하부를 보강하여 지지력 등을 증대하는 공법으로 다음과 같은 종류가 있다.
- 2중 널말뚝 공법
- 피트 또는 웰공법
- 약액주입법
- 현장 콘크리트말뚝공법
- 강재말뚝공법
- 케이슨공법
- 말뚝 또는 웰의 압입공법

관련개념
- Boring Hole: 주로 시추공을 의미한다.
- 베노토 공법: 현장 타설 말뚝 공법으로 해머 그랩을 사용하여 굴착하는 부분 전체에 케이싱 튜브(외관)를 박고, 내부에 콘크리트를 채워 공벽붕괴를 방지하는 공법이다.
- 심초공법: 현장 타설 말뚝 공법을 위한 인력 터파기를 말한다.

| 정답 | 046 ① 047 ② 048 ③

049

흙막이벽 설계 시 고려하지 않아도 되는 것은?

① 히빙(Heaving) ② 보일링(Boiling)
③ 파이핑(Piping) ④ 사운딩(Sounding)

해설 **사운딩(Sounding)**
원위치 시험의 일종으로, 로드(Rod)선단에 각종 콘(Cone), 샘플러(Sampler), 저항날개(Vane) 등의 저항체를 부착하고 관입·회전·인발 등의 저항정도를 측정하여 지반의 강도, 밀도 등 토층상태를 파악할 수 있다.

관련개념 **지반의 이상현상**

히빙(Heaving)	연약한 점토지반의 굴착이 진행됨에 따라 흙막이벽 뒤쪽 흙의 중량이 굴착부 바닥의 지지력 이상이 되면 흙막이벽 근입 부분의 지반 이동이 발생하여 굴착부 저면이 솟아오르는 현상을 말한다.
보일링(Boiling)	지하수위가 높은 사질토지반을 굴착 시 굴착부와 지하수위차가 있을 경우, 수두차에 의하여 침투압이 생겨 흙막이벽 근입 부분을 침식하는 동시에, 모래가 액상화되어 솟아오르는 현상으로 흙막이벽의 근입부가 지지력을 상실하여 흙막이공의 붕괴를 초래한다.
파이핑(Piping)	흙막이배면의 틈, 균열 등으로 수두차에 의해 파이프형태의 수로가 형성되면서 지하수가 배출되는 현상이다.

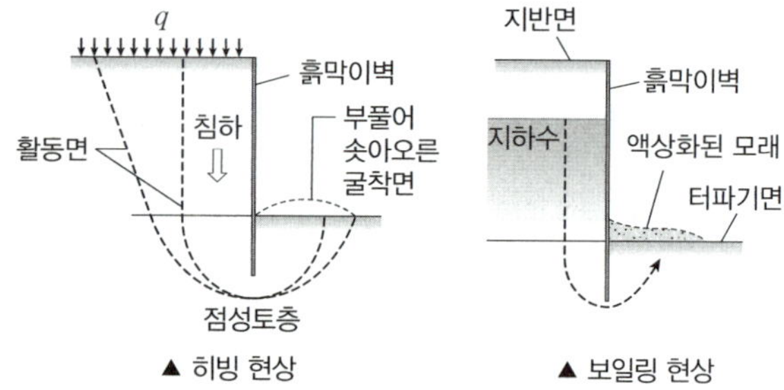

▲ 히빙 현상 ▲ 보일링 현상

050

블리딩(Bleeding)을 옳게 설명한 것은?

① 콘크리트가 굳어가는 현상
② 아직 굳지 않은 콘크리트의 이상 응결정도
③ 양생 초기 단계에서 생기는 미세한 물질
④ 현장 콘크리트 타설 중 수분이 상승하는 현상

해설 **블리딩(Bleeding) 현상**
콘크리트 타설 후 석고, 불순물 등의 미세한 물질이 물과 함께 상승하고, 골재, 시멘트 등은 침하하는 현상을 말한다.
일종의 재료분리 현상으로서 워터 게인 및 레이턴스를 유발하여 콘크리트의 품질을 저하시키는 원인이 되기도 한다.

051

흙막이 공법 중 지하연속벽(Slurry Wall) 공법에 대한 설명으로 옳지 않은 것은?

① 흙막이벽 자체의 강도, 강성이 우수하기 때문에 연약지반의 변형 및 이면침하를 최소한으로 억제할 수 있다.
② 차수성이 좋아 지하수가 많은 지반에도 사용할 수 있다.
③ 시공 시 소음, 진동이 작다.
④ 다른 흙막이벽에 비해 공사비가 적게 든다.

해설 **지하연속벽(Slurry Wall) 공법**
흙막이 공사의 단점인 소음 및 진동을 보완한 공법으로, 지중에 일정 폭과 깊이를 굴착하고 현장 철근벽체를 연속 성형하여 굴착공사의 토류벽 및 영구벽으로 사용한다.

장점	단점
• 지반조건에 좌우되지 않는다. • 저소음, 저진동이다. • 근접건물에 영향을 주지 않는다. • 강성이 높아 휘어지지 않는다. • 소요내력을 정할 수 있다. • 지반보강 및 차수효과가 확실하다. • 길이 및 깊이 등 치수조정이 자유롭다.	• 기술적 시공이 요구된다. • 시공비가 많이 소요된다. • 굴착토의 처리문제가 발생한다. • 굴착 도랑의 붕괴 및 안정액(벤토나이트)의 배수가 곤란하다. • 기계 및 부대 설비가 대형이다. • 소규모 현장의 시공은 불가능하다.

| 정답 | 049 ④ 050 ④ 051 ④

052

필릿용접(Filet Welding)의 단면상 이론 목두께에 해당하는 것은?

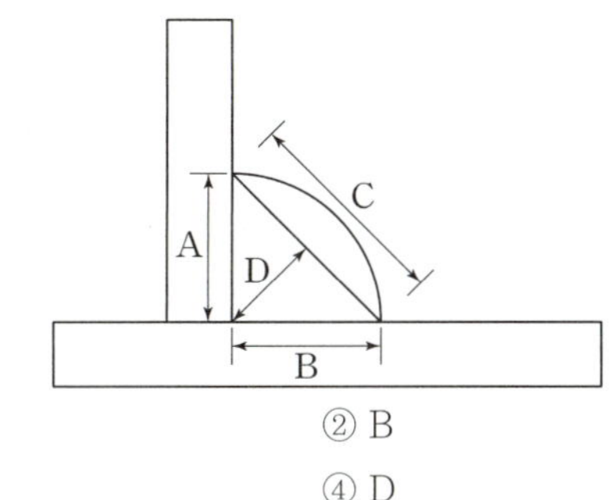

① A　　② B
③ C　　④ D

해설 맞댐용접과 모살용접

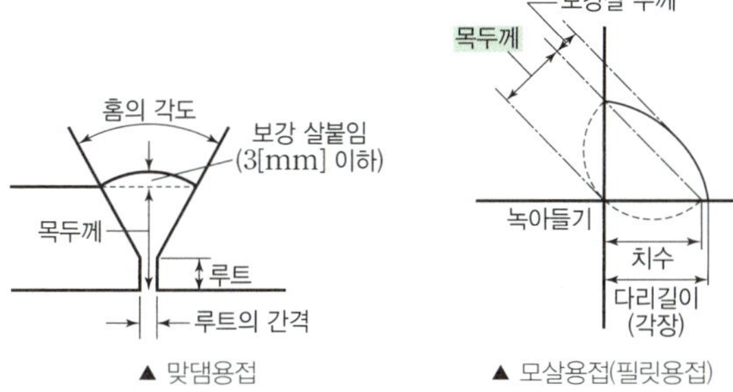

▲ 맞댐용접　　▲ 모살용접(필릿용접)

053

소규모 건축물의 구조기준에 따라 조적조로 담을 쌓을 경우 최대 높이 기준으로 옳은 것은?

① 2[m] 이하　　② 2.5[m] 이하
③ 3[m] 이하　　④ 3.5[m] 이하

해설 조적식구조인 담의 구조

- 높이는 3[m] 이하로 하여야 한다.
- 담의 두께는 190[mm] 이상으로 하여야 한다. 다만, 높이가 2[m] 이하인 담에 있어서는 90[mm] 이상으로 할 수 있다.
- 담의 길이 2[m] 이내마다 담의 벽면으로부터 그 부분의 담의 두께 이상 튀어나온 버팀벽을 설치하거나, 담의 길이 4[m] 이내마다 담의 벽면으로부터 그 부분의 담의 두께의 1.5배 이상 튀어나온 버팀벽을 설치하여야 한다.

054

민간자본 유치방식 중 간접시설을 설계, 시공한 후 소유권을 발주자에게 이양하고, 투자자는 일정기간 동안 시설물의 운영권을 행사하는 계약방식은?

① BOT(Build Operate Transfer)
② BTO(Build Transfer Operate)
③ BOO(Build Operate Own)
④ BTL(Build Transfer Lease)

해설 BTO 방식

시설의 준공(B)과 동시에 해당 시설의 소유권이 국가나 지방자치단체에 귀속(T)되고, 이후 사업시행자에게 일정기간 동안 시설관리 운영권(O)을 인정하는 방식이다.

관련개념 민자유치 방식

BOO	BOT	BTO	BLT	BTL
Build (민간건설)	Build (민간건설)	Build (민간건설)	Build (민간건설)	Build (민간건설)
Own (민간소유)	Operate (민간운영)	Transfer (소유권이전)	Lease (정부운영)	Transfer (소유권이전)
Operate (민간운영)	Transfer (소유권이전)	Operate (민간운영)	Transfer (소유권이전)	Lease (정부운영)

- Build: 민간이 자본을 들여 설계·시공
- Operate: 시설을 민간이 운영하여 투자분을 회수
- Own: 소유권을 민간이 소유
- Transfer: 소유권을 발주자에게 이양
- Lease: 운영권 임차

| 정답 | 052 ④　053 ③　054 ②

055

다음 중 거푸집 존치기간이 가장 긴 것은?

① 보 옆면　　② 기둥
③ 보 밑면　　④ 벽

해설

보의 밑면, 아치의 내면 등은 가장 길게 두어 압축강도를 확보하여야 한다.

관련개념 **거푸집 존치기간(압축강도를 시험할 경우)**

부재		콘크리트의 압축강도
기초, 보, 기둥, 벽 등의 측면		5[MPa] 이상 (내구성이 중요한 경우 10[MPa] 이상)
슬래브, 보의 밑면, 아치의 내면	단층 구조	설계기준압축강도의 $\frac{2}{3}$ 이상 또한, 최소강도 14[MPa] 이상
	다층 구조	설계기준압축강도 이상 (필러 동바리 구조를 이용할 경우는 구조계산에 의해 기간을 단축할 수 있음. 단, 이 경우라도 최소강도는 14[MPa] 이상으로 함)

056

철근콘크리트 보에 사용된 굵은골재의 최대치수가 25[mm]일 때, D22철근(동일 평면에서 평행한 철근)의 수평 순간격으로 옳은 것은? (단, 콘크리트를 공극없이 칠 수 있는 다짐방법을 사용할 경우에는 제외)

① 22.2[mm]　　② 25[mm]
③ 31.25[mm]　　④ 33.3[mm]

해설

- 굵은골재 최대치수의 $\frac{4}{3}$배 이상: 25[mm]×$\frac{4}{3}$=33.3[mm] 이상
- 25[mm] 이상
- 철근공칭지름 이상: 22[mm] 이상

위의 기준 중 가장 큰 값인 33.3[mm]를 수평 순간격으로 한다.

관련개념 **보와 기둥에서의 철근 순간격**

보	기둥	비고
굵은골재 최대치수의 $\frac{4}{3}$	굵은골재 최대치수의 $\frac{4}{3}$	세 수치 중 가장 큰 값 이상
25[mm]	40[mm]	
철근공칭지름	철근공칭지름의 1.5배	

057

철근 조립에 관한 설명으로 옳지 않은 것은?

① 철근의 피복두께를 정확히 확보하기 위해 적절한 간격으로 고임재 및 간격재를 배치한다.
② 거푸집에 접하는 고임재 및 간격재는 콘크리트 제품 또는 모르타르 제품을 사용하여야 한다.
③ 경미한 황갈색의 녹이 발생한 철근은 일반적으로 콘크리트와의 부착을 해치므로 사용해서는 안 된다.
④ 철근의 표면에는 흙, 기름 또는 이물질이 없어야 한다.

해설 **철근 조립 시 유의사항**

- 철근의 피복두께를 정확하게 확보하기 위해 적절한 간격으로 고임재 및 간격재를 배치하여야 한다. 고임재와 간격재를 선정하고 배치할 때에는 사용 개소의 조건, 이들의 고정 방법 및 철근의 중량, 작업하중 등을 고려할 필요가 있다.
- 거푸집에 접하는 고임재 및 간격재는 콘크리트 제품 또는 모르타르 제품을 사용하여야 한다.
- 철근의 표면에는 부착을 저해하는 흙, 기름 또는 이물질이 없어야 한다. 경미한 황갈색의 녹이 발생한 철근은 일반적으로 콘크리트와의 부착을 해치지 않으므로 사용할 수 있다.
- 철근은 바른 위치에 배치하고, 콘크리트를 타설할 때 움직이지 않도록 충분히 견고하게 조립하여야 한다. 이를 위하여 필요에 따라서 조립용 강재를 사용할 수 있다. 또한, 철근이 바른 위치를 확보할 수 있도록 결속선으로 결속하여야 한다.
- 철근을 조립한 다음 장기간 경과한 경우에는 콘크리트 타설 전에 다시 조립 검사를 하고 청소하여야 한다.

| 정답 | 055 ③　056 ④　057 ③

058

다음 중 터파기를 하였을 때 파낸 흙의 부피증가가 가장 큰 토질은?

① 모래 ② 호박돌
③ 점토 ④ 연암

해설

팽창률(L) 값이 클수록 터파기를 하였을 때 파낸 흙의 부피증가가 크다. 따라서 보기 중 연암의 부피증가가 가장 크다.

관련개념 **흙의 체적변화**

자연상태의 지반을 굴착하면 흙 사이에 간극이 생기게 되고, 그로 인해 흙의 체적이 팽창한다. 이러한 성질 때문에 건설공사 표준 품셈에서 흙의 종류에 따라 체적변화율을 제시하고 있다.

종류	L	C
점토	1.20~1.45	0.85~0.95
모래	1.10~1.20	0.85~0.95
호박돌	1.10~1.15	0.95~1.05
연암	1.30~1.50	1.00~1.30
경암	1.70~2.00	1.30~1.50

• $L = \dfrac{\text{흐트러진 상태의 체적}[m^3]}{\text{자연상태의 체적}[m^3]}$

• $C = \dfrac{\text{다져진 상태의 체적}[m^3]}{\text{자연상태의 체적}[m^3]}$

059

용접 시 나타나는 결함에 관한 설명으로 옳지 않은 것은?

① 위핑홀(Weeping Hole): 용접 후 냉각 시 용접부위에 공기가 포함되어 공극이 발생되는 것
② 오버랩(Overlap): 용접금속과 모재가 융합되지 않고 겹쳐지는 것
③ 언더컷(Undercut): 모재가 녹아 용착금속이 채워지지 않고 홈으로 남게 된 부분
④ 슬래그(Slag)감싸기: 용접봉의 피복재 심선과 모재가 변하여 생긴 회분이 용착금속 내에 혼입된 것

해설

위핑(Weeping)은 '눈물을 흘리는, 우는, 스며(배어)나오는' 등의 뜻으로, 위핑홀(Weeping Hole)은 외부 치장벽 아래쪽에 만드는 배수 구멍이다.

관련개념 **용접결함의 종류**

슬래그 섞임	모재와 용접봉의 피복재 심선이 변하여 생긴 회분이 용착금속 내에 섞이는 것으로, 과소전류, 운봉조작 불량 등이 발생원인이다.
언더컷(Under Cut)	모재가 녹아서 용착금속이 채워지지 않고 홈으로 남게 된 부분으로, 원인은 과대전류 또는 부적당한 용접봉 사용이다.
오버랩(Overlap)	용접금속과 모재가 융합되지 않고 겹쳐지는 것으로, 원인은 약한 전류이다.
블로우홀(기공, Blow Hole)	금속이 녹아들 때 생기는 작은 틈이나 기포가 발생하는 것으로, 모재에 가스(황)잔류, 아크길이 및 전류 부적당의 원인으로 발생한다.
크랙(균열, Crack)	용접 후 냉각 시에 생기는 균열을 말하며, 과대전류 및 모재불량의 원인으로 발생한다.
피트(Pit)	용접부에 생기는 녹이나 미세한 홈이다.
크레이터(Crater)	아크용접 시 끝부분이 항아리 모양으로 파이는 현상으로, 과대전류 및 부적합한 운봉의 원인으로 발생한다.
용입불량	용입길이가 충분하지 않은 것으로, 과소전류, 운봉속도의 부적당 등이 발생원인이다.

| 정답 | 058 ④ 059 ①

060

지반개량 공법 중 동다짐(Dynamic Compaction) 공법의 특징으로 옳지 않은 것은?

① 시공 시 지반진동에 의한 공해문제가 발생하기도 한다.
② 지반 내에 암괴 등의 장애물이 있으면 적용이 불가능하다.
③ 특별한 약품이나 자재를 필요로 하지 않는다.
④ 깊은 심도의 지반개량에 대해서는 초대형 장비가 필요하다.

해설

동다짐 공법은 암괴, 사력, 모래(준설매립토), 폐기물(쓰레기) 등 광범위한 토질에 적용이 가능하다.

관련개념 **동다짐 공법**

무거운 추를 자유낙하시켜 충격에 의한 다짐효과로 전단강도를 높이는 지반개량 공법이다.

장점	단점
• 적용범위가 넓음 • 깊은 심도까지 효과적 다짐 • 지하 지반조건에 무관 • 확실한 지반개량 효과	• 중량추의 이용으로 인근구조물 진동 피해 • 소음, 진동, 분진 등 공사공해 발생 • 포화점토 등의 지반은 효과 반감

건설재료학

061

2장 이상의 판유리 사이에 강하고 투명하면서 접착성이 강한 플라스틱 필름을 삽입하여 제작한 유리를 무엇이라 하는가?

① 접합유리　② 강화유리
③ 복층유리　④ 스팬드럴유리

해설 **유리의 종류**

종류	특징
접합유리	2매의 플로트 판유리 사이에 투명하고 강한 중간막(폴리비닐 또는 플라스틱 필름)을 150[℃] 고열로 강하게 접착시켜 제작한 것으로, 파괴가 어렵고 안정성이 높다.
강화유리	판유리를 강화로에서 약 700[℃]까지 가열시킨 후 양면에 공기를 일정하게 불어 균일하게 급랭시켜 제조한다. 표면을 급랭시키면 판유리 표면에 압축층이 형성되는데, 파괴강도가 3~5배 정도 커지고 파손 시 파편이 작아 부상이 감소한다.
복층유리	2장의 판유리에 스페이서를 사용하여 간격을 일정하게 유지시켜 주고, 유리 사이에 건조공기를 넣은 후 밀봉 접착하여 제작하여 단열성을 확보한다.
스팬드럴유리	거대한 천장, 고층 건물의 바닥 슬래브 모서리처럼 불투명한 구역의 건축 요소를 위해 판유리의 한쪽 면에 세라믹질의 도료를 코팅한 다음 고온에서 융착, 반강화시킨 불투명한 색유리로, 미려한 금속성을 가진다.

| 정답 | 060 ② 061 ①

062

다음 중 열경화성 수지가 아닌 것은?

① 폴리에스테르 수지　② 페놀 수지
③ 폴리에틸렌 수지　④ 요소 수지

해설 **열가소성 수지와 열경화성 수지**

열가소성 수지	열경화성 수지
염화비닐 수지	페놀 수지
초산비닐 수지	요소 수지
ABS 수지	멜라민 수지
아크릴 수지	알키드 수지
불소 수지	우레탄 수지
폴리아미드 수지	에폭시 수지
폴리프로필렌 수지	실리콘 수지
폴리스티렌 수지	푸란 수지
폴리에틸렌 수지	불포화 폴리에스테르 수지

관련개념 **열가소성 수지와 열경화성 수지**

열가소성 수지	• 가열하면 가소성이 되고, 상온으로 되면 원상태로 돌아가는 수지 • 성형한 것도 다시 가열하면 다른 형태로 만들 수 있는 합성수지로 주로 중합(polymerization)에 의해 만들어진 고분자화합물
열경화성 수지	• 가열하면 가소성을 나타내지만, 한번 경화한 것은 다시 가열해도 연화되지 않는 수지 • 주로 축합(condensation)에 의해 만들어진 고분자화합물

063

점토제품 제조에 관한 설명으로 옳지 않은 것은?

① 원료조합에는 필요한 경우 제점제를 첨가한다.
② 반죽과정에서는 수분이나 경도를 균질하게 한다.
③ 숙성과정에서는 반죽덩어리를 되도록 크게 뭉쳐둔다.
④ 성형은 건식, 반건식, 습식 등으로 구분한다.

해설

반죽덩어리를 크게 뭉치면 숙성되기 어려우므로 잘게 뭉쳐두어야 한다.

관련개념 **숙성과정 및 숙성의 목적**

- 숙성과정: 반죽덩어리를 작게 하여 공기와 수분을 충분히 흡수시키는 과정이다.
- 숙성의 목적: 점토입자의 분산, 공기 제거, 균질화, 성형성 향상을 목적으로 한다.

064

중용열 포틀랜드시멘트에 관한 설명으로 옳지 않은 것은?

① C3A가 많으므로 내황산염성이 작다.
② 장기강도 및 내화학성의 확보에 유리하다.
③ 수축이 작고 화학저항성이 일반적으로 크다.
④ 수화열이 작고 수화속도가 비교적 느리다.

해설

중용열 포틀랜드시멘트는 수화열을 작게 하기 위해 보통포틀랜드시멘트의 C3S와 C3A의 양을 제한하고 장기강도 증진을 위해 C2S의 양을 많게 한 것이다.

관련개념 **중용열 포틀랜드시멘트**

- 수화열을 작게 한 시멘트로 단기강도는 작으나 장기강도가 크다.
- 건조수축이 작고, 내산성·내황산염성이 크다.
- 댐, 방사선 차폐용, 지하 구조물용, 도로 포장용, 서중 콘크리트용으로 사용한다.

065

단열재료의 성질에 관한 설명 중 옳은 것은?

① 열전도율이 높을수록 단열 성능이 크다.
② 같은 두께인 경우 경량재료가 단열에 더 효과적이다.
③ 단열재는 밀도가 다르더라도 단열성능은 같다.
④ 대부분 단열재는 흡음성이 떨어진다.

해설 **단열재의 선정조건**

- 열전도율이 낮을 것
- 내화성이 있을 것
- 흡수율이 낮을 것
- 통기성이 작을 것
- 비중이 작고 시공성이 좋을 것
- 내부식성이 좋을 것
- 유독가스가 발생되지 않을 것
- 강도가 있을 것
- 균질한 품질이고 가격이 저렴할 것

| 정답 | 062 ③　063 ③　064 ①　065 ②

066

벽, 기둥 등의 모서리 부분의 미장바름을 보호하기 위한 철물은?

① 줄눈대　　② 조이너
③ 인서트　　④ 코너비드

해설
코너비드는 기둥이나 모서리를 보호하기 위해 밀착시켜 붙이는 철물이다.

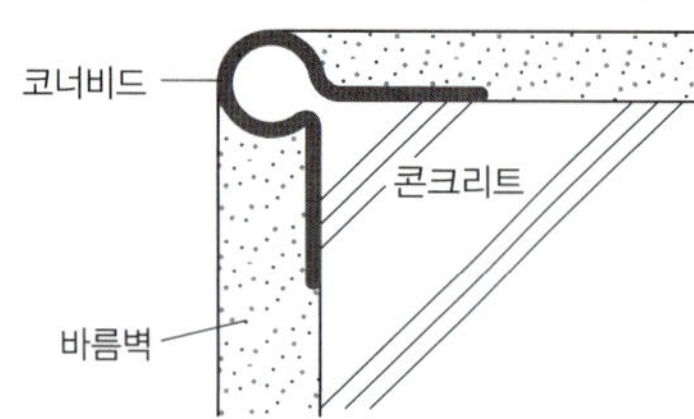

관련개념 **코너비드의 설치 목적**
- 벽체의 파손, 마모에 대한 보호
- 미장의 수직, 수평도의 기준
- 마감면의 품질 향상

067

플라이애시 시멘트에 대한 설명으로 옳은 것은?

① 수화할 때 불용성 규산칼슘 수화물을 생성한다.
② 화력발전소 등에서 완전 연소한 미분탄의 회분과 포틀랜드시멘트를 혼합한 것이다.
③ 재령 1~2시간 안에 콘크리트 압축강도가 20[MPa]에 도달할 수 있다.
④ 용광로의 선철제작 부산물을 급랭시키고 파쇄하여 시멘트와 혼합한 것이다.

해설 **플라이애시 시멘트**
화력발전소에서 완전 연소한 미분탄의 회분(Ash)을 집진기로 채취한 미립자와 포틀랜드시멘트를 혼합한 것으로, 수화열이 적고, 조기강도는 낮으나 장기강도는 높다. 또한 콘크리트 시공연도가 좋고 수밀성이 크며, 단위수량을 감소시킬 수 있어 댐공사 등에 사용된다.

068

탄소함유량이 많은 것부터 순서대로 옳게 나열한 것은?

① 연철 > 탄소강 > 주철
② 연철 > 주철 > 탄소강
③ 탄소강 > 주철 > 연철
④ 주철 > 탄소강 > 연철

해설 **탄소함유량에 따른 철의 분류**

구분	연철	탄소강	주철
함유량[%]	0.03 이하	0.03~1.70	1.70 이상

069

목재의 역학적 성질에 대한 설명으로 옳지 않은 것은?

① 목재 섬유 평행방향에 대한 인장강도가 다른 여러 강도 중 가장 크다.
② 목재의 압축강도는 옹이가 있으면 증가한다.
③ 목재를 휨부재로 사용하여 외력에 저항할 때는 압축, 인장, 전단력이 동시에 일어난다.
④ 목재의 전단강도는 섬유 간의 부착력, 섬유의 곧음, 수선의 유무 등에 의해 결정된다.

해설
옹이가 클수록 압축강도는 감소한다.

관련개념 **옹이(Knot)**
- 가지가 붙은 흔적이 목재 표면에 나타난 것으로, 생절과 사절이 있다.
- 생절은 붉은 빛깔이고 수지가 많지만 가공이 쉽고, 사절은 죽은 가지의 흔적인데 흑갈색을 나타내고 이것이 빠져나간 것을 발절, 그 부분이 썩은 것을 부절이라 한다.

| 정답 | 066 ④　067 ②　068 ④　069 ②

070

어떤 목재의 건조 전 질량이 180[g], 건조 후 전건질량이 150[g]일 때, 이 목재의 함수율은?

① 10[%] ② 20[%]
③ 30[%] ④ 40[%]

해설

$$목재의\ 함수율 = \frac{습윤상태\ 질량 - 절대건조상태\ 질량}{절대건조상태\ 질량} \times 100$$

$$= \frac{180 - 150}{150} \times 100 = 20[\%]$$

071

합판에 대한 설명으로 옳지 않은 것은?

① 단판을 섬유방향이 서로 평행하도록 홀수로 적층하면서 접착시켜 합친 판을 말한다.
② 함수율 변화에 따라 팽창·수축의 방향성이 없다.
③ 뒤틀림이나 변형이 적은 비교적 큰 면적의 평면 재료를 얻을 수 있다.
④ 균일한 강도의 재료를 얻을 수 있다.

해설

합판은 단판을 3장 이상 3, 5, 7매 등의 홀수 장으로 섬유방향이 직교하도록 접착제로 겹쳐 붙여 만든 것이다.

관련개념 **합판의 이점**

- 방향에 따른 강도의 차, 팽창수축이 적고 불규칙한 변형이 일어나지 않는다.
- 열, 음향의 전도율이 낮다.
- 내수성, 내습성이 크다.
- 못, 나무못에 접합이 간단하다.
- 같은 원목에서 많은 정목판, 목리판을 제작할 수 있고 매우 저렴한 값으로 외관이 아름다운 판자를 얻을 수 있다.
- 3×6척, 4×8척 등으로 규격화되어 있어 사용상 편리하다.

072

시멘트의 분말도에 대한 설명 중 옳지 않은 것은?

① 분말도가 클수록 수화반응이 촉진된다.
② 분말도가 클수록 초기강도는 작으나 장기강도는 크다.
③ 분말도가 클수록 시멘트 분말이 미세하다.
④ 분말도가 너무 크면 풍화되기 쉽다.

해설

분말도가 클수록 조기강도가 크다.

관련개념 **분말도가 큰 시멘트의 특징**

- 풍화되기 쉽다.
- 워커빌리티가 좋다.
- 블리딩이 감소한다.
- 조기강도가 크다.(수화반응이 빨라진다.)
- 건조수축이 크다.

073

목재의 건조특성에 관한 설명으로 옳지 않은 것은?

① 온도가 높을수록 건조속도는 빠르다.
② 풍속이 빠를수록 건조속도는 빠르다.
③ 목재의 비중이 클수록 건조속도는 빠르다.
④ 목재의 두께가 두꺼울수록 건조시간이 길어진다.

해설

목재는 비중이 클수록 건조속도가 느리다.

관련개념 **목재의 건조특성**

- 온도가 높을수록 건조속도가 빠르다.
- 풍속이 빠를수록 건조속도가 빠르다.
- 목재의 두께가 두꺼울수록 건조시간이 길어진다.

| 정답 | **070** ② **071** ① **072** ② **073** ③

074

도료의 사용 용도에 관한 설명으로 틀린 것은?

① 아스팔트 페인트: 방수, 방청, 전기절연용으로 사용
② 유성 바니쉬: 내후성이 우수하여 외부용으로 사용
③ 징크로메이트: 알루미늄판이나 아연철판의 초벌용으로 사용
④ 합성수지페인트: 콘크리트나 플라스터면에 사용

해설

유성 바니쉬는 목재의 내부 코팅 등에 사용하며 외부 사용 시 노랗게 변하는 황변현상이 발생할 수 있다.

075

오토클레이브(Autoclave)에 포화증기양생한 경량기포콘크리트의 특징으로 옳은 것은?

① 열전도율은 보통 콘크리트와 비슷하여 단열성은 약한 편이다.
② 경량이고 다공질이어서 가공 시 톱을 사용할 수 있다.
③ 내화성이 좋지 않은 편이다.
④ 흡음성과 차음성은 비교적 약한 편이다.

해설 **경량기포콘크리트(ALC; Autoclaved Lightweight Concrete)**

시멘트, 생석회 등에 발포제인 알루미늄분말과 기포안정제를 넣고 고온, 고압으로 증기양생을 거쳐 건물의 내외벽체, 바닥재 및 지붕 등에 사용되며, 최근 건축물의 고층화, 대형화, 공업화 및 경량화 추세에 따라 점차 그 사용량이 늘어나고 있다.

- 경량이고, 내화성이 좋다.
- 시공성이 우수하고, 중성화가 빠르다.
- 열전도율이 낮고, 단열성이 우수하다.
- 흡음성, 방음성이 우수하다.
- 치수정밀도가 우수하다.
- 용적변화가 적다.
- 동결융해에 대한 저항성과 내약품성이 크다.
- 백화의 발생이 적다.
- 24시간에 28일 압축강도를 달성할 수 있다.

076

다음 중 창호용 철물에 속하지 않는 것은?

① 플로어 힌지(Floor hinge)
② 지도리(Pivot)
③ 걸쇠(Latch)
④ 인서트(Insert)

해설 **인서트**

콘크리트를 타설하기 전에 건물 천장 등에 행거를 걸 곳에 미리 암나사를 묻어두는 것을 말한다.

관련개념 **창호철물**

- 플로어 힌지: 문을 설치하기 위하여 바닥에 매입하는 상자 모양의 철물로, 주로 무거운 문의 개폐용으로 사용한다.
- 피벗 힌지: 일반적으로 방화문에 많이 쓰이는 문의 상부와 하부에 같은 모양으로 설치한다. 홈과 구멍(홀)으로 구성되어 있다.
- 나이트래치: 외부에서는 열쇠, 내부에서는 작은 손잡이를 틀어 열 수 있는 실린더장치로 된 것이다.

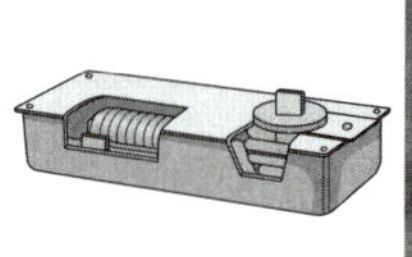
▲ 플로어 힌지

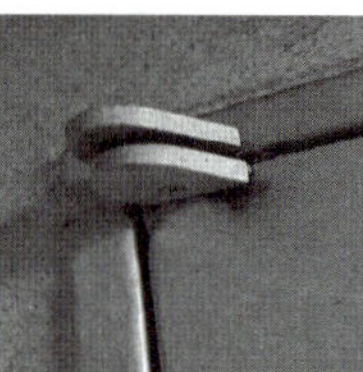
▲ 피벗 힌지

▲ 나이트래치

077

점토제품에서 SK번호가 의미하는 바로 옳은 것은?

① 점토원료를 표시
② 소성온도를 표시
③ 점토제품의 종류를 표시
④ 점토제품 제법 순서를 표시

해설

SK(Seger-Kegel) 번호는 점토제품의 소성온도를 표시하는 번호의 하나로, 번호에 따라 종류와 용도가 구별된다. 이때 SK 번호가 높을수록 고온에 견디는 강도가 크다.

| 정답 | 074 ② 075 ② 076 ④ 077 ②

078

미장바탕의 일반적인 성능조건과 가장 거리가 먼 것은?

① 미장층보다 강도가 클 것
② 미장층과 유효한 접착강도를 얻을 수 있을 것
③ 미장층보다 강성이 작을 것
④ 미장층의 경화, 건조에 지장을 주지 않을 것

해설 **미장바탕에 요구되는 일반적인 성질**

- 바름 재료가 접착하기 쉬워야 한다.
- 변형되지 않아야 한다.(강성이 있어야 한다.)
- 온·습도에 의한 팽창, 수축이 적어야 한다.
- 평탄해야 한다.(요철이 적어야 한다.)
- 내구성이 강해야 한다.
- 바름 재료에 따라 내약품성, 특히 내알칼리성이 좋아야 한다.

079

부재 혹은 구조물의 치수가 커서 시멘트의 수화열에 의한 온도상승 및 강하를 고려하여 설계·시공해야 하는 콘크리트를 무엇이라 하는가?

① 매스콘크리트 ② 한중콘크리트
③ 고강도콘크리트 ④ 수밀콘크리트

해설 **매스콘크리트**

구조물의 단면이 큰 경우(두께 800[mm] 이상, 하단이 구속된 경우 500[mm] 이상) 콘크리트의 수화열이 크게 발생되어 콘크리트의 내부와 외부의 온도 차이가 발생하면서 균열이 발생할 수 있어 고려를 요한다.

080

표면을 연마하여 고광택을 유지하도록 만든 시유타일로, 대형 타일에 많이 사용되며, 천연화강석의 색깔과 무늬가 표면에 나타나게 만들 수 있는 것은?

① 모자이크 타일 ② 징크판넬
③ 논슬립타일 ④ 폴리싱타일

해설

폴리싱(Polishing)은 잘 닦아서 부드럽게 하거나 빛나게 하는 것이다.
폴리싱타일은 표면을 연마하여 광택이 나도록 만든 타일로, 주로 대형 타일에 많이 사용한다.

| 정답 | 078 ③ 079 ① 080 ④

건설안전기술

081

부두·안벽 등 하역작업을 하는 장소에서 부두 또는 안벽의 선을 따라 통로를 설치하는 경우 그 폭을 최소 얼마 이상으로 하여야 하는가?

① 60[cm] ② 90[cm]
③ 120[cm] ④ 150[cm]

해설 **하역작업장의 조치기준**

- 작업장 및 통로의 위험한 부분에는 안전하게 작업할 수 있는 조명을 유지할 것
- 부두 또는 안벽의 선을 따라 통로를 설치하는 경우에는 폭을 90[cm] 이상으로 할 것
- 육상에서의 통로 및 작업장소로서 다리 또는 선거 갑문을 넘는 보도 등의 위험한 부분에는 안전난간 또는 울타리 등을 설치할 것

082

다음 중 유해위험방지계획서 제출 시 첨부해야 하는 서류와 가장 거리가 먼 것은?

① 건축물 각 층의 평면도
② 기계, 설비의 배치도면
③ 원재료 및 제품의 취급, 제조 등의 작업방법의 개요
④ 비상조치계획서

해설

비상조치계획은 공정안전보고서의 포함사항이다.

관련개념 **제조업 유해위험방지계획서 제출 시 첨부서류**

- 건축물 각 층의 평면도
- 기계·설비의 개요를 나타내는 서류
- 기계·설비의 배치도면
- 원재료 및 제품의 취급, 제조 등의 작업방법의 개요
- 그 밖에 고용노동부장관이 정하는 도면 및 서류

083

강풍이 불어올 때 타워크레인의 운전작업을 중지하여야 하는 순간풍속의 기준으로 옳은 것은?

① 순간풍속이 초당 10[m] 초과
② 순간풍속이 초당 15[m] 초과
③ 순간풍속이 초당 25[m] 초과
④ 순간풍속이 초당 30[m] 초과

해설 **악천후 시 순간풍속에 따른 안전조치**

순간풍속	시기	조치사항
10[m/s] 초과	–	타워크레인의 설치·수리·점검 또는 해체 작업 중지
15[m/s] 초과	–	타워크레인의 운전작업 중지
30[m/s] 초과	바람이 불어올 우려가 있는 경우	옥외 주행 크레인의 이탈방지장치 작동 등 이탈방지 조치
	바람이 불거나 중진 이상 진도의 지진	옥외 양중기의 이상 점검
35[m/s] 초과	바람이 불어올 우려가 있는 경우	• 건설용 리프트의 받침수 증가 등 붕괴 방지 조치 • 옥외용 승강기의 받침수 증가 등 무너짐 방지 조치

084

근로자가 상시 통행하는 작업통로에서 조명시설의 조도는 최소 얼마 이상인가?

① 25[lux] ② 50[lux]
③ 75[lux] ④ 150[lux]

해설 **통로의 조명**

사업주는 근로자가 안전하게 통행할 수 있도록 통로에 75[lux] 이상의 채광 또는 조명시설을 설치하여야 한다.

| 정답 | 081 ② 082 ④ 083 ② 084 ③

085

추락재해방지를 위하여 사용되는 방망의 그물코의 크기는 최대 몇 [cm] 이하이어야 하는가?

① 30[cm] ② 20[cm]
③ 10[cm] ④ 5[cm]

해설 **방망의 구조**
- 소재: 합성섬유 또는 그 이상의 물리적 성질을 갖는 것이어야 한다.
- 그물코: 사각 또는 마름모로서 그 크기는 10[cm] 이하이어야 한다.
- 방망의 종류: 매듭방망으로서 매듭은 원칙적으로 단매듭을 한다.
- 테두리로프와 방망의 재봉: 테두리로프는 각 그물코를 관통시키고 서로 중복됨이 없이 재봉사로 결속한다.

086

공사종류 및 규모별 산업안전보건관리비 계상기준표에서 공사종류의 명칭에 해당되지 않는 것은?

① 건축공사 ② 일반건설공사
③ 중건설공사 ④ 토목공사

해설 **공사종류 및 규모별 산업안전보건관리비 계상기준표**

구분 / 공사종류	대상액 5억 원 미만	대상액 5억 원 이상 50억 원 미만		대상액 50억 원 이상	보건관리자 선임대상 건설공사
		비율	기초액		
건축공사	3.11[%]	2.28[%]	4,325,000원	2.37[%]	2.64[%]
토목공사	3.15[%]	2.53[%]	3,300,000원	2.60[%]	2.73[%]
중건설공사	3.64[%]	3.05[%]	2,975,000원	3.11[%]	3.39[%]
특수건설공사	2.07[%]	1.59[%]	2,450,000원	1.64[%]	1.78[%]

087

차량계 하역운반기계에 화물을 적재할 때의 준수사항과 거리가 먼 것은?

① 하중이 한쪽으로 치우치지 않도록 적재할 것
② 구내운반차 또는 화물자동차의 경우 화물의 붕괴 또는 낙하에 의한 위험을 방지하기 위하여 화물에 로프를 거는 등 필요한 조치를 할 것
③ 운전자의 시야를 가리지 않도록 화물을 적재할 것
④ 제동장치 및 조종장치 기능의 이상 유무를 점검할 것

해설

④는 지게차에 대한 작업시작 전 점검사항에 해당된다.

관련개념 **차량계 하역운반기계 등에 화물 적재 시 준수사항**
- 하중이 한쪽으로 치우치지 않도록 적재할 것
- 구내운반차 또는 화물자동차의 경우 화물의 붕괴 또는 낙하에 의한 위험을 방지하기 위하여 화물에 로프를 거는 등 필요한 조치를 할 것
- 운전자의 시야를 가리지 않도록 화물을 적재할 것
- 최대적재량을 초과하지 아니할 것

088

말비계를 조립하여 사용하는 경우에 준수해야 하는 사항으로 옳지 않은 것은?

① 지주부재의 하단에는 미끄럼방지장치를 한다.
② 지주부재와 지주부재 사이를 고정시키는 보조부재를 설치한다.
③ 지주부재와 수평면의 기울기를 75° 이하로 한다.
④ 말비계의 높이가 2[m]를 초과하는 경우에는 작업발판의 폭을 20[cm] 이상 40[cm] 미만으로 한다.

해설 **말비계 사용 시 준수사항**
- 지주부재의 하단에는 미끄럼방지장치를 하고, 근로자가 양측 끝부분에 올라서서 작업하지 않도록 할 것
- 지주부재와 수평면의 기울기를 75° 이하로 하고, 지주부재와 지주부재 사이를 고정시키는 보조부재를 설치할 것
- 말비계의 높이가 2[m]를 초과하는 경우에는 작업발판의 폭을 40[cm] 이상으로 할 것

| 정답 | 085 ③ 086 ② 087 ④ 088 ④

089

흙막이 가시설의 버팀대(Strut)의 변형을 측정하는 계측기에 해당하는 것은?

① Water level meter
② Strain gauge
③ Piezometer
④ Load cell

해설 **흙막이 가시설 계측기의 종류**

구분	목적
지표침하계	흙막이벽 배면에 설치하여 지표면의 침하량 측정
지중경사계	흙막이벽 배면에 설치하여 인접지반의 수평 변위량 측정
하중계	스트러트 및 어스앵커에 설치하여 축하중 측정, 부재의 안정성 여부 판단
간극수압계	굴착 및 성토에 의한 간극수압의 변화 측정
변형률계	스트러트, 띠장 등에 부착하여 굴착 시 구조물의 변형률 측정
지하수위계	굴착에 따른 지하수위의 변동 측정
지중침하계	토류벽 배면에 설치하여 지층의 침하상태 파악, 보강 대상과 범위의 침하량 예측

※ Water level meter는 지하수위계, Strain gauge는 변형률계, Piezometer는 간극수압계, Load cell은 하중계이다.

090

다음 중 건설현장에 설치하는 계단에 대한 설명으로 옳지 않은 것은?

① 계단을 설치하는 경우 그 폭을 1[m] 이상으로 하여야 한다.
② 바닥면으로부터 높이 2[m] 이내의 공간에 장애물이 없도록 하여야 한다.
③ 높이 1[m] 이상인 계단의 개방된 측면에는 안전난간을 설치하여야 한다.
④ 높이가 3[m]를 초과하는 계단에 높이 3[m] 이내마다 진행방향으로 길이 1.5[m] 이상의 계단참을 설치하여야 한다.

해설 **가설계단 설치기준**

강도	• 계단 및 계단참을 설치하는 경우에는 500[kg/m^2] 이상의 하중에 견딜 수 있는 강도를 가진 구조로 설치할 것 • 안전율은 4 이상으로 할 것 • 계단 및 승강구 바닥을 구멍이 있는 재료로 만드는 경우 렌치나 그 밖의 공구 등이 낙하할 위험이 없는 구조로 할 것
폭	• 계단을 설치하는 경우 그 폭은 1[m] 이상으로 할 것 • 계단에 손잡이 외의 다른 물건 등을 설치하거나 쌓아 두어서는 아니할 것
계단참	3[m]를 초과하는 계단에는 높이 3[m] 이내마다 진행방향으로 길이 1.2[m] 이상의 계단참을 설치할 것
천장의 높이	계단을 설치하는 경우 바닥면으로부터 높이 2[m] 이내의 공간에 장애물이 없도록 할 것
난간	높이 1[m] 이상인 계단의 개방된 측면에 안전난간을 설치할 것

| 정답 | 089 ② 090 ④

091

강관비계의 비계기둥 간의 적재하중은 얼마를 초과하지 않도록 하여야 하는가?

① 300[kg] ② 400[kg]
③ 500[kg] ④ 600[kg]

해설 **강관비계의 구조**

- 비계기둥의 간격은 띠장 방향에서는 1.85[m] 이하, 장선 방향에서는 1.5[m] 이하로 할 것
- 띠장 간격은 2[m] 이하로 할 것
- 비계기둥의 제일 윗부분으로부터 31[m] 되는 지점 밑부분의 비계기둥은 2개의 강관으로 묶어 세울 것
- 비계기둥 간의 적재하중은 400[kg]을 초과하지 않도록 할 것

092

앞 뒤 두 개의 차륜이 있으며(2축 2륜) 각각의 차축이 평행으로 배치된 것으로, 찰흙, 점성토 등의 두꺼운 흙을 다짐하는 데는 적당하나 단단한 각재를 다지는 데는 부적당한 로드 롤러는?

① 머캐덤 롤러(Macadam Roller)
② 탠덤 롤러(Tandem Roller)
③ 탬핑 롤러(Tamping Roller)
④ 진동 롤러(Vibration Roller)

해설

문제는 탠덤 롤러에 대한 설명이다.

관련개념 **롤러의 종류**

- 머캐덤 롤러: 3개의 바퀴를 사용하여 쇄석층이나 아스팔트 도로의 표층을 다질 때 쓰이고 뒷바퀴 무게가 탠덤 롤러보다는 큰 형식의 롤러이다.
- 탬핑 롤러: 롤러의 표면에 돌기를 부착한 것으로, 돌기가 전 압층에 매입되어 풍화암을 파쇄하고 흙속의 간극수압을 제거하는 롤러이다.
- 진동 롤러: 자중에 의한 지반다짐에 진동기능을 부착하여 흙을 효과적으로 다지는 롤러이다.

093

동력을 사용하는 항타기 및 항발기의 무너짐 방지를 위하여 준수해야 할 기준으로 옳지 않은 것은?

① 아웃트리거·받침 등 지지구조물이 미끄러질 우려가 있는 경우에는 말뚝 또는 쐐기 등을 사용하여 해당 지지구조물을 고정시킬 것
② 상단 부분은 버팀·말뚝 또는 철골 등으로 고정하여 안정시키고, 그 하단 부분은 버팀대·버팀줄로 고정시킬 것
③ 궤도 또는 차로 이동하는 항타기 또는 항발기에 대해서는 불시에 이동하는 것을 방지하기 위하여 레일 클램프 및 쐐기 등으로 고정시킬 것
④ 연약한 지반에 설치하는 경우에는 아웃트리거·받침 등 지지구조물의 침하를 방지하기 위하여 깔판·받침목 등을 사용할 것

해설 **항타기 또는 항발기에 대하여 무너짐 방지를 위한 준수사항**

- 연약한 지반에서 설치하는 경우에는 아웃트리거·받침 등 지지구조물의 침하를 방지하기 위하여 깔판·받침목 등을 사용할 것
- 시설 또는 가설물 등에 설치하는 경우에는 그 내력을 확인하고 내력이 부족하면 그 내력을 보강할 것
- 아웃트리거·받침 등 지지구조물이 미끄러질 우려가 있는 경우에는 말뚝 또는 쐐기 등을 사용하여 해당 지지구조물을 고정시킬 것
- 궤도 또는 차로 이동하는 항타기 또는 항발기에 대해서는 불시에 이동하는 것을 방지하기 위하여 레일 클램프(rail clamp) 및 쐐기 등으로 고정시킬 것
- 상단 부분은 버팀대·버팀줄로 고정하여 안정시키고, 그 하단 부분은 견고한 버팀·말뚝 또는 철골 등으로 고정시킬 것

| 정답 | 091 ② 092 ② 093 ②

094

콘크리트 타설 시 안전에 유의해야 할 사항으로 옳지 않은 것은?

① 타설 순서는 계획에 의하여 실시한다.
② 콘크리트 다짐효과를 위하여 최대한 높은 곳에서 타설한다.
③ 콘크리트를 치는 도중에는 거푸집 및 동바리의 이상 유무를 확인하여야 한다.
④ 타설 시 공동이 발생되지 않도록 밀실하게 부어 넣는다.

해설

콘크리트 타설 시 높은 곳에서 타설할 경우 재료분리가 일어나기 쉬우므로 1.5[m] 이내의 자유낙하 높이에서 타설 후 진동기, 다짐봉, 목망치 등을 사용하여 충분히 다짐을 실시하여야 한다.

095

가설통로를 설치하는 경우 준수해야 할 기준으로 옳지 않은 것은?

① 경사는 30° 이하로 할 것
② 경사가 25°를 초과하는 경우에는 미끄러지지 아니하는 구조로 할 것
③ 건설공사에 사용하는 높이 8[m] 이상인 비계다리에는 7[m] 이내마다 계단참을 설치할 것
④ 수직갱에 가설된 통로의 길이가 15[m] 이상인 경우에는 10[m] 이내마다 계단참을 설치할 것

해설 **가설통로 설치 시 준수사항**

- 견고한 구조로 할 것
- 경사는 30° 이하로 할 것. 다만, 계단을 설치하거나 높이 2[m] 미만의 가설통로로서 튼튼한 손잡이를 설치한 경우에는 그러하지 아니하다.
- 경사가 15°를 초과하는 경우에는 미끄러지지 아니하는 구조로 할 것
- 추락할 위험이 있는 장소에는 안전난간을 설치할 것. 다만, 작업상 부득이한 경우에는 필요한 부분만 임시로 해체할 수 있다.
- 수직갱에 가설된 통로의 길이가 15[m] 이상인 경우에는 10[m] 이내마다 계단참을 설치할 것
- 건설공사에 사용하는 높이 8[m] 이상인 비계다리에는 7[m] 이내마다 계단참을 설치할 것

096

콘크리트 측압에 관한 설명 중 옳지 않은 것은?

① 슬럼프가 클수록 측압은 커진다.
② 벽 두께가 두꺼울수록 측압은 커진다.
③ 부어 넣는 속도가 빠를수록 측압은 커진다.
④ 대기 온도가 높을수록 측압은 커진다.

해설 **콘크리트 측압이 커지는 요인**

- 거푸집 부재의 단면이 큰 경우
- 거푸집의 수밀성이 큰 경우
- 거푸집의 강성이 큰 경우
- 거푸집의 표면이 평활할 경우
- 콘크리트가 묽은 경우
- 철골이나 철근량이 적은 경우
- 외기온도가 낮은 경우
- 타설속도가 빠른 경우
- 콘크리트의 다짐이 좋은 경우
- 콘크리트의 슬럼프가 큰 경우
- 콘크리트의 비중이 큰 경우
- 습도가 높은 경우
- 벽 두께가 두꺼운 경우

097

건물외부에 낙하물 방지망을 설치할 경우 벽면으로부터 돌출되는 거리의 기준은?

① 1[m] 이상
② 1.5[m] 이상
③ 1.8[m] 이상
④ 2[m] 이상

해설 **낙하물 방지망 또는 방호선반의 설치 시 준수사항**

- 높이 10[m] 이내마다 설치하고, 내민 길이는 벽면으로부터 2[m] 이상으로 할 것
- 수평면과의 각도는 20° 이상 30° 이하를 유지할 것

| 정답 | 094 ② 095 ② 096 ④ 097 ④

098

유해위험방지계획서 제출 대상 공사로 볼 수 없는 것은?

① 지상 높이가 31[m] 이상인 건축물의 건설공사
② 터널건설공사
③ 깊이 10[m] 이상인 굴착공사
④ 교량의 전체길이가 40[m] 이상인 교량공사

해설 **유해위험방지계획서 제출 대상 건설공사**

- 다음의 어느 하나에 해당하는 건축물 또는 시설 등의 건설·개조 또는 해체(건설 등) 공사
  - 지상높이가 31[m] 이상인 건축물 또는 인공구조물
  - 연면적 30,000[m^2] 이상인 건축물
  - 연면적 5,000[m^2] 이상의 문화 및 집회시설(전시장 및 동물원·식물원 제외), 판매시설, 운수시설(고속철도의 역사 및 집배송시설 제외), 종교시설, 의료시설 중 종합병원, 숙박시설 중 관광숙박시설, 지하도상가, 냉동·냉장 창고시설
- 연면적 5,000[m^2] 이상인 냉동·냉장 창고시설의 설비공사 및 단열공사
- 최대 지간길이가 50[m] 이상인 다리의 건설 등 공사
- 터널의 건설 등 공사
- 다목적댐, 발전용댐, 저수용량 2천만 톤 이상의 용수 전용 댐 및 지방상수도 전용 댐의 건설 등 공사
- 깊이 10[m] 이상인 굴착공사

099

산업안전보건법령에서 규정하고 있는 차량계 건설기계에 해당되지 않는 것은?

① 불도저 ② 콘크리트 펌프카
③ 어스드릴 ④ 타워크레인

해설

타워크레인은 산업안전보건법령상 양중기에 해당된다.

관련개념 **차량계 건설기계**

- 도저형 건설기계(불도저, 스트레이트도저, 틸트도저, 앵글도저, 버킷도저)
- 모터그레이더
- 스크레이퍼
- 굴착기
- 항타기 및 항발기
- 천공용 건설기계(어스드릴, 어스오거, 크롤러드릴, 점보드릴)
- 지반다짐용 건설기계(타이어롤러, 매커덤롤러, 탠덤롤러)
- 콘크리트 펌프카

100

연약지반에서 발생하는 히빙(Heaving) 현상에 관한 설명 중 옳지 않은 것은?

① 저면에 액상화 현상이 나타난다.
② 배면의 토사가 붕괴된다.
③ 지보공이 파괴된다.
④ 굴착저면이 솟아오른다.

해설

저면에 액상화 현상이 나타나는 것은 보일링 현상이다.

관련개념 **히빙(Heaving) 현상**

연약한 점토지반의 굴착이 진행됨에 따라 흙막이벽 뒤쪽 흙의 중량이 굴착부 바닥의 지지력 이상이 되면 흙막이벽 근입 부분의 지반 이동이 발생하여 굴착부 저면이 솟아오르는 현상을 말한다.

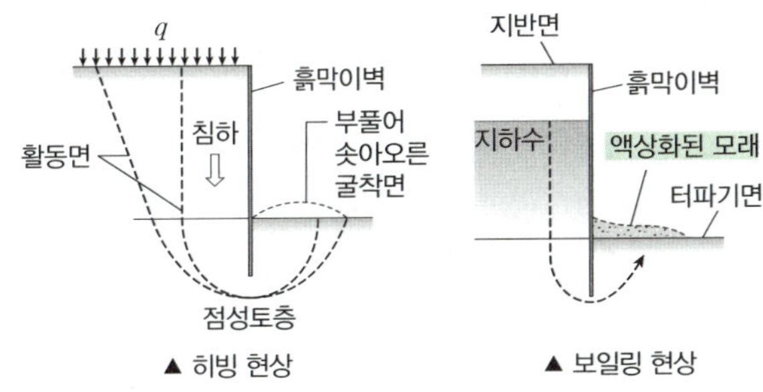

▲ 히빙 현상 ▲ 보일링 현상

| 정답 | 098 ④ 099 ④ 100 ①

2025년 2회 | CBT 복원문제

자동 채점

산업안전관리론

001

산업안전보건법상 안전보건표지의 종류와 형태 기준 중 안내표지의 종류가 아닌 것은?

① 금연　② 들것
③ 비상용기구　④ 세안장치

해설

'금연' 표지는 금지표지에 해당한다.

관련개념 안내표지

녹십자표지

응급구호표지

들것

세안장치

비상용기구

비상구

002

산업안전보건법령상 중대재해에 해당되지 않는 것은?

① 사망자가 2명 발생한 재해
② 부상자가 동시에 7명 발생한 재해
③ 직업성 질병자가 동시에 11명 발생한 재해
④ 3개월 이상의 요양이 필요한 부상자가 동시에 3명 발생한 재해

해설 중대재해의 범위

- 사망자가 1명 이상 발생한 재해
- 3개월 이상의 요양이 필요한 부상자가 동시에 2명 이상 발생한 재해
- 부상자 또는 직업성 질병자가 동시에 10명 이상 발생한 재해

003

연평균 상시근로자 수가 500명인 사업장에서 36건의 재해가 발생한 경우 근로자 한 사람이 사업장에서 평생 근무할 경우 근로자에게 발생할 수 있는 재해는 몇 건으로 추정되는가? (단, 근로자는 평생 40년을 근무하며, 평생잔업시간은 4,000시간이고, 1일 8시간씩 연간 300일을 근무한다.)

① 2건　② 3건
③ 4건　④ 5건

해설

- 도수율 계산

$$\text{도수율}=\frac{\text{재해건수}}{\text{연 근로시간 수}}\times1{,}000{,}000=\frac{36}{500\times(8\times300)}\times1{,}000{,}000=30$$

- 평생재해건수 추정

평생근무시간$=(8\times300)\times40+4{,}000=100{,}000$시간이므로

$$\text{평생재해건수}=\text{도수율}\times\frac{\text{평생근무시간}}{1{,}000{,}000}=30\times\frac{100{,}000}{1{,}000{,}000}=3\text{건}$$

관련개념 환산도수율

- 근로자가 입사해서 퇴직할 때까지(40년=10만 시간) 당할 수 있는 재해건수를 말한다.
- 이 문제는 평생근무시간이 10만 시간으로 산정되므로 도수율을 계산한 뒤 바로 환산도수율 공식을 적용해도 된다.

$$\text{환산도수율}=\frac{\text{도수율}}{10}$$

004

하인리히의 재해구성비율에 따라 경상사고가 87건 발생하였다면 무상해사고는 몇 건이 발생하였겠는가?

① 300건　② 600건
③ 900건　④ 1,200건

해설 하인리히의 법칙(1:29:300의 법칙)

330건의 사고가 발생한다면 그 중에 중상해가 1건, 경상해가 29건, 무상해사고가 300건 발생한다는 법칙이다.

경상해가 87건 발생하였으므로 무상해사고는 $300\times\frac{87}{29}=900$건 발생한다.

| 정답 | 001 ① 002 ② 003 ② 004 ③

005

산업안전보건법령상 안전보건총괄책임자의 직무가 아닌 것은?

① 위험성평가의 실시에 관한 사항
② 수급인의 산업안전보건관리비의 집행 감독
③ 자율안전확인대상 기계 등의 사용 여부 확인
④ 해당 사업장 안전교육계획의 수립

해설
해당 사업장 안전교육계획의 수립은 안전관리자의 직무이다.

관련개념 **안전보건총괄책임자의 직무**
- 위험성평가의 실시에 관한 사항
- 산업재해 발생 위험 시 또는 중대재해 발생 시 작업의 중지
- 도급 시 산업재해 예방조치
- 산업안전보건관리비의 관계수급인 간의 사용에 관한 협의·조정 및 그 집행의 감독
- 안전인증대상 기계 등과 자율안전확인대상 기계 등의 사용 여부 확인

006

산업안전보건법령상 산업안전보건위원회 사용자위원의 구성으로 틀린 것은?

① 안전관리자 1명
② 명예산업안전감독관 1명
③ 해당 사업의 대표자
④ 해당 사업의 대표자가 지명하는 9명 이내의 해당 사업장 부서의 장

해설 **산업안전보건위원회의 구성**

근로자위원	• 근로자대표 • 명예산업안전감독관이 위촉되어 있는 사업장의 경우 근로자대표가 지명하는 1명 이상의 명예산업안전감독관 • 근로자대표가 지명하는 9명 이내의 해당 사업장의 근로자
사용자위원	• 해당 사업의 대표자 • 안전관리자 1명(안전관리자의 업무를 안전관리전문기관에 위탁한 경우 그 기관의 해당 사업장 담당자) • 보건관리자 1명(보건관리자의 업무를 보건관리전문기관에 위탁한 경우 그 기관의 해당 사업장 담당자) • 산업보건의 • 해당 사업의 대표자가 지명하는 9명 이내의 해당 사업장 부서의 장

007

산업안전보건법상 직업병 유소견자가 발생하거나 다수 발생할 우려가 있는 경우에 실시하는 건강진단은?

① 특별 건강진단 ② 일반 건강진단
③ 임시 건강진단 ④ 채용시 건강진단

해설
지방고용노동관서의 장에 의하여 직업병 유소견자가 다수 발생하거나 발생할 우려로 인하여 근로자를 긴급히 보호할 목적으로 실시하는 건강진단은 임시건강진단이다.

관련개념 **건강진단의 종류**

구분	설명
일반 건강진단	고용 중인 근로자의 질병조기발견 및 업무적합성 평가
배치 건강진단	유해인자관리부서에 신규채용하거나 전환배치되는 근로자의 직업성 질환에 대한 기초건강자료 확보 및 배치적합성 평가
특수 건강진단	유해인자관리부서에 종사하는 근로자의 직업성질환 조기발견 및 업무적합성 평가
수시 건강진단	직업성 천식·피부질환 및 기타건강장해를 의심케하는 증상 또는 소견을 호소하는 근로자의 신속한 건강상태 확인 및 업무적합성 평가
임시 건강진단	지방고용노동관서의 장이 근로자의 건강을 직업성 질환으로부터 긴급히 보호하기 위하여 명령하는 경우 실시

| 정답 | 005 ④ 006 ② 007 ③

008

OJT(On the Job Training)의 특징이 아닌 것은?

① 훈련에 필요한 업무의 계속성이 끊어지지 않는다.
② 교육효과가 업무에 신속히 반영된다.
③ 다수의 근로자들을 대상으로 동시에 조직적 훈련이 가능하다.
④ 개개인에게 적절한 지도훈련이 가능하다.

해설 OJT(On the Job Training)

구분	내용
장점	• 개개인에게 적절한 지도훈련이 가능하다. • 직장의 실정에 맞게 실제적 훈련이 가능하다. • 교육을 통한 훈련효과에 의해 상호 신뢰 및 이해도가 높아진다. • 대상자의 개인별 능력에 따라 훈련의 진도를 조정하기 쉽다. • 교육효과가 업무에 신속히 반영된다. • 훈련에 필요한 업무의 계속성이 끊어지지 않는다. • 동기부여가 쉽다.
단점	• 다수의 대상을 한 번에 통일적인 내용 및 수준으로 교육시킬 수 없다. • 전문적인 지식 및 기능을 교육하기 힘들다. • 업무와 교육이 병행되므로 훈련에만 전념할 수 없다.

관련개념 Off JT(Off the Job Training)

구분	내용
장점	• 업무와 훈련이 동시에 진행되지 않으므로 훈련에만 전념하게 된다. • 외부의 우수한 전문가를 강사로 활용할 수 있다. • 다수의 근로자를 대상으로 일괄적, 조직적, 체계적인 훈련이 가능하다. • 교재, 시설 등을 효과적으로 이용할 수 있다. • 교육생 간 혹은 타 직장의 근로자와 지식이나 경험을 교류할 수 있다.
단점	• 개인의 안전지도 방법으로는 부적당하다. • 교육으로 인해 업무가 중단되는 손실이 발생한다.

009

산업안전보건법령상 안전보건표지의 종류와 형태 중 그림과 같은 경고표지는? (단, 바탕은 무색, 기본모형은 빨간색, 그림은 검은색이다.)

① 부식성물질경고　　② 폭발성물질경고
③ 산화성물질경고　　④ 인화성물질경고

해설

인화성물질경고	산화성물질경고	폭발성물질경고	급성독성물질경고	부식성물질경고

010

안전지식교육 실시 4단계에서 지식을 실제의 상황에 맞추어 문제를 해결해보고 그 수법을 이해시키는 단계로 옳은 것은?

① 도입　　② 제시
③ 적용　　④ 확인

해설 안전교육 실시(진행) 4단계

단계		내용
1단계	도입	• 학습의 목적 및 취지와 배경 설명 • 관심과 흥미를 갖도록 동기 부여
2단계	제시	• 교육 체계와 중점 내용 제시 • 주요 단계의 설명 및 시범 • 시청각 교재의 적극적 활용
3단계	적용	• 교육내용에 대한 활용 및 응용 • 사례연구, 재해 사례 등을 발표 • 교육내용 복습
4단계	확인	• 교육 이해도 확인 • 시험 또는 과제 부과 • 향후 피교육자의 실천 사항 명시

| 정답 | 008 ③　009 ④　010 ③

011

다음 중 위험예지훈련 4라운드의 순서가 올바르게 나열된 것은?

① 현상파악 → 본질추구 → 대책수립 → 목표설정
② 현상파악 → 대책수립 → 본질추구 → 목표설정
③ 현상파악 → 본질추구 → 목표설정 → 대책수립
④ 현상파악 → 목표설정 → 본질추구 → 대책수립

해설 위험예지훈련 4라운드

1라운드	현상파악	위험요인을 식별하는 단계
2라운드	본질추구	위험요인·문제점 발견 및 위험의 포인트를 결정하고 지적 확인하는 단계
3라운드	대책수립	위험요인을 극복하기 위한 대안 제시 단계
4라운드	목표설정	행동목표를 설정하는 단계

012

산업안전보건법령상 안전모의 종류(기호) 중 사용 구분에서 "물체의 낙하 또는 비래 및 추락에 의한 위험을 방지 또는 경감하고, 머리부위 감전에 의한 위험을 방지하기 위한 것"으로 옳은 것은?

① A ② AB
③ AE ④ ABE

해설 안전모의 종류

종류(기호)	사용구분
AB	물체의 낙하 또는 비래 및 추락에 의한 위험을 방지 또는 경감시키기 위한 것
AE	물체의 낙하 또는 비래에 의한 위험을 방지 또는 경감하고, 머리부위 감전에 의한 위험을 방지하기 위한 것
ABE	물체의 낙하 또는 비래 및 추락에 의한 위험을 방지 또는 경감하고, 머리부위 감전에 의한 위험을 방지하기 위한 것

013

상해의 종류별 분류에 해당하지 않는 것은?

① 골절 ② 중독
③ 동상 ④ 감전

해설 상해의 분류

분류	세부내용
골절	뼈가 부러진 상해
동상	저온물 접촉으로 인한 상해
부종	국부의 혈액순환의 이상으로 몸이 퉁퉁 부어오르는 상해
자상(찔림)	칼날 등 날카로운 물건에 찔린 상해
타박상(삐임)	타박·충돌·추락 등으로 피부표면보다는 피하조직 또는 근육부를 다친 상해
절단	신체부위가 절단된 상해
중독, 질식	음식·약물·가스 등에 의해 중독이나 질식한 상해
찰과상	스치거나 문질러서 피부표면이 벗겨진 상해
창상(베임)	창, 칼 등에 베인 상해
화상	화재 또는 고온물 접촉으로 인한 상해
뇌진탕	머리를 세게 맞았을 때 장해로 일어난 상해
익사	물 등 액체에 의해 질식한 상해
피부병	직업과 연관되어 발생 또는 악화되는 피부질환
청력장해	청력이 감퇴 또는 난청이 된 상해
시력장해	시력이 감퇴 또는 실명된 상해

014

산업안전보건법령상 상시근로자수의 산출내역에 따라 연간 국내공사 실적액이 50억 원이고 건설업 월평균임금이 250만 원이며, 노무비율은 0.06인 사업장의 상시근로자수는?

① 10인 ② 30인
③ 33인 ④ 75인

해설

$$\text{상시근로자수} = \frac{\text{연간 국내공사 실적액} \times \text{노무비율}}{\text{건설업 월평균임금} \times 12}$$

$$= \frac{50\text{억} \times 0.06}{250\text{만} \times 12} = 10\text{인}$$

| 정답 | 011 ① 012 ④ 013 ④ 014 ①

015

1,000명 이상의 대규모 기업의 효율적이며 안전스탭이 안전에 관한 업무를 수행하고, 라인의 관리감독자에게도 안전에 관한 책임과 권한이 부여되는 조직의 형태는?

① 라인 방식　② 스탭 방식
③ 라인-스탭방식　④ 인간-기계방식

해설 **라인-스태프(Line-Staff)형 조직의 특징**
- 명령계통과 조언의 권고적 참여가 혼동되기 쉽다.
- 안전보건업무를 전담하는 스태프를 두고 생산라인의 부서의 장으로 하여금 안전보건을 담당하게 한다. (안전보건대책은 스태프에서 수립→라인을 통하여 실천)
- 라인에는 생산과 안전에 관한 책임과 권한이 동시에 부여된다. (안전보건업무와 생산 업무의 균형 유지)
- 근로자 1,000명 이상의 대규모 사업장에 적합하다.
- 안전과 생산이 유리될 우려가 없어 운용이 적절하면 이상적인 조직이다.

016

산업안전보건법령상 근로자 안전·보건교육 중 채용 시의 교육 및 작업내용 변경 시의 교육 사항으로 옳은 것은?

① 물질안전보건자료에 관한 사항
② 건강증진 및 질병 예방에 관한 사항
③ 유해·위험 작업환경 관리에 관한 사항
④ 표준안전 작업방법 결정 및 지도·감독 요령에 관한 사항

해설
②는 근로자 정기교육, ③은 근로자 및 관리감독자의 정기교육, ④는 관리감독자의 정기교육, 채용 시 및 작업내용 변경 시 교육내용이다.

관련개념 **근로자 채용 시 교육 및 작업내용 변경 시 교육내용**
- 산업안전 및 사고 예방에 관한 사항
- 산업보건 및 직업병 예방에 관한 사항
- 위험성평가에 관한 사항
- 산업안전보건법령 및 산업재해보상보험 제도에 관한 사항
- 직무스트레스 예방 및 관리에 관한 사항
- 직장 내 괴롭힘, 고객의 폭언 등으로 인한 건강장해 예방 및 관리에 관한 사항
- 기계·기구의 위험성과 작업의 순서 및 동선에 관한 사항
- 작업 개시 전 점검에 관한 사항
- 정리정돈 및 청소에 관한 사항
- 사고 발생 시 긴급조치에 관한 사항
- 물질안전보건자료에 관한 사항

017

산업재해 예방의 4원칙 중 "재해발생에는 반드시 원인이 있다."라는 원칙은?

① 대책선정의 원칙　② 원인계기의 원칙
③ 손실우연의 원칙　④ 예방가능의 원칙

해설 **재해예방의 4원칙**

손실우연의 원칙	사고에 의해서 생기는 상해의 종류 및 정도는 우연적이라는 원칙
예방가능의 원칙	재해는 원칙적으로 예방이 가능하다는 원칙
원인계기의 원칙 (원인연계의 원칙)	재해의 발생은 직접원인으로만 일어나는 것이 아니라 간접원인이 연계되어 일어난다는 원칙
대책선정의 원칙	원인의 정확한 분석에 의해 가장 타당한 재해예방 대책이 선정되어야 한다는 원칙

018

근로자가 25[kg]의 제품을 운반하던 중에 발에 떨어져 신체장해등급 14급의 재해를 당하였다. 재해의 발생형태, 기인물, 가해물을 모두 올바르게 나타낸 것은?

① 기인물: 발, 가해물: 제품, 재해발생형태: 낙하
② 기인물: 발, 가해물: 발, 재해발생형태: 추락
③ 기인물: 제품, 가해물: 제품, 재해발생형태: 낙하
④ 기인물: 제품, 가해물: 발, 재해발생형태: 낙하

해설
재해발생의 주 원인(기인물)과 직접적인 피해를 준 물체(가해물) 모두 제품이다.
재해발생형태는 물체의 떨어짐(낙하)이다.

관련개념 **기인물과 가해물**
- 기인물: 재해발생의 주 원인이며 재해를 가져오게 한 근원이 되는 기계, 장치, 물질 또는 환경 등(불안전한 상태)
- 가해물: 직접 사람에게 접촉하여 피해를 주는 기계, 장치, 물질 또는 환경 등

| 정답 | 015 ③　016 ①　017 ②　018 ③

019

다음 중 산업안전보건법령상 자율안전확인대상 기계·기구에 해당하지 않는 것은?

① 연삭기 ② 곤돌라
③ 컨베이어 ④ 산업용 로봇

해설

곤돌라는 안전인증대상 기계 등에 해당한다.

관련개념 **자율안전확인대상 기계 등**

기계 또는 설비	• 연삭기 또는 연마기(휴대형 제외) • 산업용 로봇 • 혼합기 • 파쇄기 또는 분쇄기 • 식품가공용 기계(파쇄·절단·혼합·제면기만 해당) • 컨베이어 • 자동차정비용 리프트 • 공작기계(선반, 드릴기, 평삭·형삭기, 밀링만 해당) • 고정형 목재가공용 기계(둥근톱, 대패, 루타기, 띠톱, 모떼기 기계만 해당) • 인쇄기
방호 장치	• 아세틸렌 용접장치용 또는 가스집합 용접장치용 안전기 • 교류 아크용접기용 자동전격방지기 • 롤러기 급정지장치 • 연삭기 덮개 • 목재 가공용 둥근톱 반발예방장치와 날접촉예방장치 • 동력식 수동대패용 칼날접촉방지장치
보호구	• 안전모(추락 및 감전 위험방지용 안전모 제외) • 보안경(차광 및 비산물 위험방지용 보안경 제외) • 보안면(용접용 보안면 제외)

020

산업안전보건법에 따라 공정안전보고서에 포함되어야 하는 사항 중 공정안전자료의 세부내용에 해당하는 것은?

① 공정위험성 평가서
② 안전운전지침서
③ 건물·설비의 배치도
④ 도급업체 안전관리계획

해설 **공정안전보고서 중 공정안전자료의 세부내용**

- 취급·저장하고 있거나 취급·저장하려는 유해·위험물질의 종류 및 수량
- 유해·위험물질에 대한 물질안전보건자료
- 유해하거나 위험한 설비의 목록 및 사양
- 유해하거나 위험한 설비의 운전방법을 알 수 있는 공정도면
- 각종 건물·설비의 배치도
- 폭발위험장소 구분도 및 전기단선도
- 위험설비의 안전설계·제작 및 설치 관련 지침서

관련개념 **공정안전보고서의 포함사항**

- 공정안전자료
- 공정위험성 평가서
- 안전운전계획
- 비상조치계획
- 그 밖에 공정상의 안전과 관련하여 고용노동부장관이 필요하다고 인정하여 고시하는 사항

인간공학 및 시스템안전공학

021

FTA의 활용 및 기대효과가 아닌 것은?

① 시스템의 결함 진단 ② 사고원인 규명의 간편화
③ 사고원인 분석의 정량화 ④ 시스템의 결함 비용 분석

해설

FTA는 사고의 발생원인을 분석하는 기법으로, 시스템의 결함 비용은 분석 대상이 아니다.

관련개념 **FTA(Fault Tree Analysis)**

결함나무분석이라고도 하며 시스템의 결함을 원인과 결과의 관계로 표현하여 사고의 발생원인을 분석하는 기법이다.

| 정답 | 019 ② 020 ③ 021 ④

022

체계분석 및 설계에 있어서 인간공학의 가치와 가장 거리가 먼 것은?

① 성능의 향상
② 인력의 이용률의 감소
③ 사용자의 수용도 향상
④ 사고 및 오용으로부터의 손실 감소

해설 **인간공학의 가치**
- 성능의 향상
- 인력의 이용률의 증가
- 사용자의 수용도 향상
- 사고 및 오용으로부터의 손실 감소
- 훈련비용의 절감
- 생산 및 장비유지의 경제성 증대

023

다음 중 계수형 표시장치가 적합한 경우는?

① 속도의 변화량을 확인하여야 하는 속도계
② 빠르게 변하는 수치를 정확히 읽어야 하는 전력계
③ 정상, 비정상 범주를 파악하여야 하는 압력계
④ 현재 고도를 표시하는 비행기 조종용 고도계

해설

계수형(digital) 표시장치는 숫자로 표시되는 방식으로 시계, 전력계에 쓰인다.

관련개념 **시각적 표시장치**

계수형 (Digital)	정확한 수치로 표시되는 방식 예 디지털 시계
묘사형 (Descriptive)	텍스트, 그래픽, 기호, 색상 등을 활용하여 표시 예 도로 표지판, 지하철 노선도
동목형 (Moving Scale)	지침이 고정되고 눈금이 움직이는 방식 표시하고자 하는 값의 범위가 클 때 비교적 작은 눈금에 모두 표시 가능함
동침형 (Moving Pointer)	눈금이 고정되고 지침이 움직이는 방식 지침 변화 방향과 변화율 지표로 작용함

024

조정반응비율(C/R비)에 관한 설명으로 틀린 것은?

① 조종장치와 표시장치의 물리적 크기와 성질에 따라 달라진다.
② 표시장치의 이동거리를 조종장치의 이동거리로 나눈 값이다.
③ 조종반응비율이 낮다는 것은 민감도가 높다는 의미이다.
④ 최적의 조종반응비율은 조종장치의 조종시간과 표시장치의 이동시간이 교차하는 값이다.

해설 **통제표시비(C/R비, 조정반응비율)**

$$C/R비 = \frac{제어장치의\ 변위량}{표시장치의\ 변위량}$$

025

정보를 전송하기 위해 청각적 표시장치를 사용해야 효과적인 경우는?

① 전언이 복잡할 경우
② 전언이 후에 재참조 될 경우
③ 전언이 공간적인 위치를 다룰 경우
④ 전언이 즉각적인 행동을 요구할 경우

해설 **청각적 표시장치와 시각적 표시장치 사용비교**

청각적 표시장치	시각적 표시장치
전언이 간단하다.	전언이 복잡하다.
전언이 짧다.	전언이 길다.
전언이 후에 재참조 되지 않는다.	전언이 후에 재참조 된다.
전언이 시간적 사상을 다룬다.	전언이 공간적인 위치를 다룬다.
전언이 즉각적인 행동을 요구한다(긴급할 때).	전언이 즉각적인 행동을 요구하지 않는다.
수신장소가 너무 밝거나 암조응 유지 필요 시	수신장소가 너무 시끄러울 때
직무상 수신자가 자주 움직일 때	직무상 수신자가 한곳에 머무를 때
수신자의 시각계통이 과부하 상태일 때	수신자의 청각계통이 과부하 상태일 때

| 정답 | 022 ② 023 ② 024 ② 025 ④

026

작업자가 소음 작업환경에 장기간 노출되어 소음성 난청이 발병하였다면 일반적으로 청력 손실이 가장 크게 나타나는 주파수는?

① 1,000[Hz] ② 2,000[Hz]
③ 4,000[Hz] ④ 6,000[Hz]

해설
소음성 난청이 가장 두드러지게 발병하는 주파수(청력 손실이 가장 크게 나타나는 주파수)는 4,000[Hz] 정도이다.

027

동전던지기에서 앞면이 나올 확률 P(앞)=0.6이고, 뒷면이 나올 확률 P(뒤)=0.4일 때, 앞면과 뒷면이 나올 사건의 정보량을 각각 맞게 나타낸 것은?

① 앞면: 0.10[bit], 뒷면: 1.00[bit]
② 앞면: 0.74[bit], 뒷면: 1.32[bit]
③ 앞면: 0.32[bit], 뒷면: 0.74[bit]
④ 앞면: 2.00[bit], 뒷면: 1.00[bit]

해설
- 앞면의 정보량 I(앞) $= -\log_2 0.6 = 0.74$[bit]
- 뒷면의 정보량 I(뒤) $= -\log_2 0.4 = 1.32$[bit]

관련개념 **정보량(Information Content)**
정보량 $I(x) = -\log_2 P(x)$

028

인체에서 뼈의 주요 기능으로 볼 수 없는 것은?

① 대사작용 ② 신체의 지지
③ 조혈작용 ④ 장기의 보호

해설
대사작용은 인체 장기 중 간의 기능이다.

029

FTA에서 사용되는 논리기호 중 기본사상은?

①
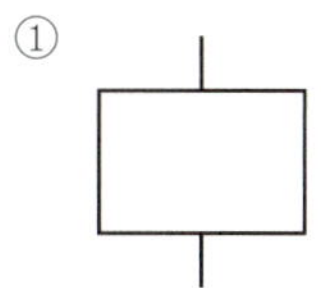
②
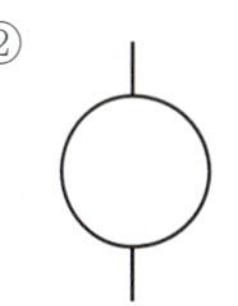
③
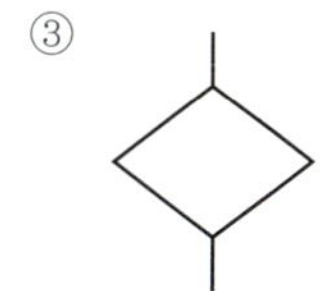
④
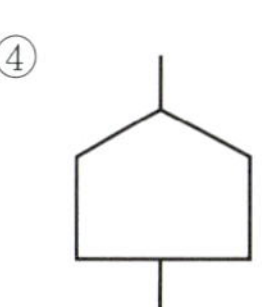

해설 **논리기호 및 사상기호**

기호	명칭	설명
	기본사상	더 이상 전개할 수 없는 사건·사고(재해의 원인)
	생략사상	관리정보가 미비하여 계속될 수 없는 특정 초기사상
	통상사상	발생이 예상되는 사상
	결함사상	한 개 이상의 입력에 의해 발생된 고장사상
	전이기호	다른 게이트와의 연결
	억제 게이트	입력이 발생하기 전 특정 조건을 만족하면 출력이 발생
	OR 게이트	입력신호 중 하나 이상이 발생하면 출력이 발생(논리합)
	AND 게이트	입력신호가 모두 발생하면 출력이 발생(논리곱)

| 정답 | 026 ③ 027 ② 028 ① 029 ②

030

다음 중 Commission error가 아닌 것은?

① 부품의 전선을 잘못 연결하였다.
② 부품끼리 잘못 조립하였다.
③ 부품 하나를 빠뜨리고 조립하였다.
④ 윤활이 필요한 부위에 윤활유를 칠하지 않았다.

해설 **휴먼에러(Human Error)의 분류**

구분	내용
심리적 분류 (Swain의 분류)	• 정상수행 ① → ② → ③ → ④ → ⑤ • Omission Error(생략에러): 필요한 작업, 절차를 수행하지 않는 오류 ① → ② ——— ④ → ⑤ • Time Error(시간에러): 필요한 작업과 절차의 수행지연으로 인한 오류 ① → ② → ③ ——— ④ → ⑤ • Commission Error(수행에러): 필요한 작업과 절차를 잘못 수행하는 오류 ① → ② → 3 → ④ → ⑤ • Sequential Error(순서에러): 필요한 작업 또는 절차의 순서 착오로 인한 오류 ① → ② → ④ → ③ → ⑤ • Qualitative Error(양적에러): 너무 적거나 많은 작업을 수행하는 오류 • Extraneous Error(불필요 수행에러): 작업과 관계없는 행동을 하는 오류 ① → ② → ③ → ① → ④ → ⑤
원인별(레벨별) 분류	• Primary Error(1차에러): 작업자 자신에 의해 발생 • Secondary Error(2차에러): 작업형태나 조건에 의해 발생 • Command Error(지시에러): 근로자가 움직일 수 없는 상태에 발생 • Third Error(3차에러)

031

청각적 신호로 정보를 전달할 때, 다른 신호와 구별하기 위해 가장 좋은 조건은?

① 주파수가 낮고, 음압은 높을 때
② 주파수가 높고, 음압도 높을 때
③ 주파수가 높고, 음압은 낮을 때
④ 주파수가 낮고, 음압도 낮을 때

해설

청각적 신호로 정보를 전달할 때, 다른 소리(배경 소음 등)와 효과적으로 구별되기 위해서는 주파수가 높을수록 일반적인 배경소음(예: 기계소음, 대화) 등과 차별화되기 쉬우며 음압이 높을수록 신호가 잘 들린다.

032

작업기억(working memory)에서 일어나는 정보코드화에 속하지 않는 것은?

① 의미 코드화　② 음성 코드화
③ 시각 코드화　④ 다차원코드화

해설 **작업기억에서 발생하는 정보코드화**

• 의미 코드화
• 음성 코드화
• 시각 코드화
• 단일차원코드화

033

인간공학적인 의자설계를 위한 일반적 원칙으로 적절하지 않은 것은?

① 척추의 허리부분은 요부 전만을 유지한다.
② 허리 강화를 위하여 쿠션을 설치하지 않는다.
③ 좌판의 앞 모서리 부분은 5[cm] 정도 낮아야 한다.
④ 좌판과 등받이 사이의 각도는 90°~105°를 유지하도록 한다.

해설

허리에 쿠션을 설치하면 허리 부위의 압력을 분산시키고 요부 전만을 유지하여 척추의 건강을 보호할 수 있다.

| 정답 | 030 ③　031 ②　032 ④　033 ②

034

소음성 난청 유소견자로 판정하는 구분을 나타내는 것은?

① A
② C
③ D1
④ D2

해설

소음성 난청은 직업병에 해당하고, 유소견자이므로 D1으로 판정한다.

관련개념 **특수건강진단 결과 구분**

건강관리 구분		내용
A(건강한 근로자)		건강관리상 사후관리가 필요 없는 자
C	C1(직업병 요관찰자)	직업성 질병으로 진전될 우려가 있어 추적조사 등 관찰이 필요한 자
	C2(일반질병 요관찰자)	일반질병으로 진전될 우려가 있어 추적조사 등 관찰이 필요한 자
D	D1(직업병 유소견자)	직업성 질병의 소견을 보여 사후관리가 필요한 자
	D2(일반질병 유소견자)	일반질병의 소견을 보여 사후관리가 필요한 자

035

다음의 FT도에서 최소 컷셋으로 옳은 것은?

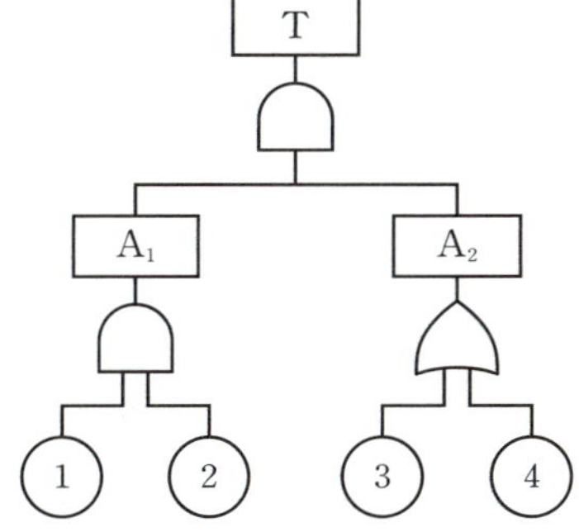

① {1,2,3,4}
② {1,2,3}, {1,2,4}
③ {1,3,4}, {2,3,4}
④ {1,3}, {1,4}, {2,3}, {2,4}

해설

$$T = A_1 \cdot A_2 = (1\ 2) \cdot \begin{pmatrix} 3 \\ 4 \end{pmatrix} = \begin{matrix} (1\ 2\ 3) \\ (1\ 2\ 4) \end{matrix}$$

컷셋은 (1 2 3), (1 2 4)이므로 최소 컷셋은 (1 2 3), (1 2 4)이다.

036

Chapanis의 위험수준에 의한 위험발생률 분석에 대한 설명으로 맞는 것은?

① 자주 발생하는(frequent) > 10^{-3}/day
② 가끔 발생하는(occasional) > 10^{-5}/day
③ 거의 발생하지 않는(remote) > 10^{-6}/day
④ 극히 발생하지 않는(impossible) > 10^{-8}/day

해설 **차파니스의 위험평점척도법**

빈도	평점	확률 및 내용
자주	6	> 10^{-2}/day, 때때로 일어남
보통	5	> 10^{-3}/day, 한 항목의 수명 중 수회 일어남
가끔	4	> 10^{-4}/day, 한 항목의 수명 중 드물게 일어남
거의 발생하지 않는	3	> 10^{-5}/day, 그리 일어날 것 같지 않음
극히 발생할 것 같지 않는	2	> 10^{-6}/day, 발생확률이 0에 가까움
전혀 발생하지 않는	1	> 10^{-8}/day, 물리적으로 발생 불가능

037

윤활관리시스템에서 준수해야 하는 4가지 원칙이 아닌 것은?

① 적정량 준수
② 다양한 윤활제의 혼합
③ 올바른 윤활법의 선택
④ 윤활기간의 올바른 준수

해설

윤활제는 기계의 종류와 다양한 조건 등에 따라 적절한 종류의 윤활제를 선택하여야 한다. 다양한 윤활제가 혼합되면 효과가 떨어지거나 위험할 수 있다.

관련개념 **윤활관리시스템의 준수원칙**

- 적정량 준수: 윤활유의 양이 적으면 마모가 발생하고, 양이 과도하면 누유의 원인이 될 수 있으므로 기계의 사용 조건에 맞게 적정량을 준수하여야 한다.
- 올바른 윤활법의 선택: 윤활유를 공급하는 방법은 기계의 구조, 사용조건, 필요한 윤활유의 종류를 파악하여 적절하게 선택하여야 한다.
- 윤활기간의 올바른 준수: 사용기간이 경과하면 윤활유는 오염이 되며, 오염이 된 윤활유를 넣으면 성능이 저하되기 때문에 주기적으로 교환이 필요하다.

| 정답 | 034 ③ 035 ② 036 ④ 037 ②

038

휴먼 에러의 배후 요소 중 작업방법, 작업순서, 작업정보, 작업환경과 가장 관련이 깊은 것은?

① Man ② Machine
③ Media ④ Management

해설 **산업재해발생의 기본원인 4M**

Man (인적 요인)	동료나 상사, 본인 이외의 사람 등의 인적요인
Machine (설비적 요인)	• 기계설비 등의 물적 조건 • 기계설비의 고장, 결함
Media (작업적 요인)	작업의 내용, 작업정보, 작업방법, 작업환경의 요인 • 인간과 기계를 연결하는 매개체 • 작업방법의 부적절
Management (관리적 요인)	안전법규의 준수, 안전기준, 지휘감독 등의 단속 및 점검 • 교육 훈련 부족 • 감독지도 불충분 • 적성배치 불충분

039

단위면적당 표면을 나타내는 빛의 양을 설명한 것으로 맞는 것은?

① 휘도 ② 조도
③ 광도 ④ 반사율

해설 **휘도(Luminance, [cd/m^2])**
눈부심의 정도이며 단위면적당 밝기의 정도를 나타낸다. 즉, 광원의 단위면적에서 단위입체각으로 발산하는 광선속(빛의 양)을 의미한다.

관련개념
- 조도(Illuminance, [lux]): 어떤 면이 받는 빛의 세기를 나타내는 값으로 단위면적에 도달하는 광선속으로 계산한다.
- 광도(Luminous Intensity, [cd], [lm/sr]): 빛의 특정 방향으로의 밝기를 나타낸다.
- 반사율(Reflectance): 빛이 어떤 표면을 비췄을 때 그 표면이 빛을 얼마나 반사하는지를 나타내는 비율이며, 백분율로 표현된다.

040

설비의 위험을 예방하기 위한 안전성 평가 단계 중 가장 마지막에 해당하는 것은?

① 재평가 ② 정성적 평가
③ 안전대책 ④ 정량적 평가

해설 **안전성 평가 6단계**

1단계	관계자료의 작성 준비
2단계	• 정성적 평가 • 설계(공장의 입지조건, 공장 내 배치)와 운전관계에 대한 평가
3단계	• 정량적 평가 • 취급물질, 용량, 온도, 압력 및 조작을 통한 위험도 평가
4단계	• 안전대책수립 • 설비대책과 관리적 대책
5단계	재해 정보에 의한 재평가
6단계	FTA에 의한 재평가

건설시공학

041

철골공사에서 현장 용접부 검사 중 용접 전 검사가 아닌 것은?

① 비파괴 검사 ② 개선 정도 검사
③ 개선면의 오염 검사 ④ 가부착 상태 검사

해설
비파괴 검사는 용접작업 후에 시행하여야 하는 검사이다.

관련개념 **용접부의 검사항목**
- 용접착수 전 검사: 모아대기법, 트임새 모양, 자세의 적부, 구속법
- 용접완료 후 검사: 외관검사, 초음파탐상시험, 방사선투과검사, 침투탐상시험, 자기분말탐상시험 등 비파괴 검사

| 정답 | 038 ③ 039 ① 040 ① 041 ①

042

콘크리트의 압축강도를 측정하기 위한 비파괴시험 방법으로서 가장 일반적으로 사용되고 있는 방법은?

① 슈미트해머시험 ② 비비시험
③ 코어시험 ④ 초음파탐상시험

해설 **슈미트해머시험(반발강도시험)**

타격에 의한 반발력으로 경화된 콘크리트의 압축강도를 측정하는 비파괴 시험이다.

관련개념

- 비비시험: 콘크리트의 워커빌리티 측정
- 코어시험: 코어 채취(파괴) 후 압축강도 측정
- 초음파탐상시험: 콘크리트의 강도, 균열심도, 내부결함 측정

043

다음 중 건설공사의 설계도서, 법령해석 등이 서로 일치하지 않는 경우 가장 우선적으로 적용되어야 할 문서는?

① 표준시방서 ② 전문시방서
③ 설계도면 ④ 공사시방서

해설

설계도서나 법령 해석 등이 서로 상충될 경우, 우선 적용되는 문서는 공사시방서이다. 공사시방서는 표준시방서를 기본으로 하되, 해당 공사의 특성과 계약조건을 반영하여 구체적으로 보완·작성한 문서로서 계약 서류에 포함된다. 따라서 일반적인 기준인 표준시방서보다 우선한다.

관련개념

구분	내용
공사시방서	표준시방서를 특정 공사의 특성에 맞게 수정한 것으로, 해당공사의 특성과 계약조건에 맞게 수정 보완된 시방서
표준시방서	국토교통부가 제정한 공사 전반의 제반 규정에 대하여 작성된 시방서
전문시방서	• 특정한 공법이나 기술에 대한 발명을 설명하는 시방서 • 표준시방서, 공사시방서보다 더 구체적이고 기술적 요구사항을 기재 • 특정공법, 재료, 시공순서 등에 대한 상세한 설명을 기재
특기시방서	설계자가 작성한 것으로, 표준시방서에 기술된 사항 외에 공사현장에서의 필요사항을 포함하는 시방서

044

공사의 진척에 따라 정해진 시기에 실비와 이 실비에 미리 계약된 비율로 곱한 금액을 보수로서 시공자에게 지불하는 실비정산식 시공계약제도는?

① 실비비율보수가산식 ② 실비한정비율보수가산식
③ 실비정액보수가산식 ④ 단가도급식

해설 **실비비율보수가산식 도급**

건축주, 시공사, 감독자가 공사에 필요한 실비 또는 이에 대한 보수를 계약된 비율로 곱해 공사금액으로 지급하는 제도이다.

관련개념 **실비정산보수가산식 도급**

- 직영, 도급제도의 장점을 살리고 단점을 제거한 방식으로 건축주, 시공자, 건축기사의 입회 하에 공사에 필요한 실비 또는 이에 대한 보수를 미리 협의하여 정하고 이를 시공자에게 지불하는 제도이다.
- 실비비율보수가산식, 실비한도비율보수가산식, 실비정액보수가산식, 실비준동률보수가산식 등이 있다.

045

강관말뚝지정의 특징에 해당되지 않는 것은?

① 강한 타격에도 견디며 다져진 중간지층의 관통도 가능하다.
② 지지력이 크고 이음이 안전하고 강하므로 장척말뚝에 적당하다.
③ 상부구조와의 결합이 용이하다.
④ 길이조절이 어려우나 재료비가 저렴한 장점이 있다.

해설 **강재말뚝**

- 길이의 조절이 용이하고, 경량이기 때문에 운반취급이 간단하다.
- 상부구조와의 결합이 용이하고, 현장접합도 가능하다.
- 재료비가 고가이다.
- 부식에 의한 내구성 저하가 우려된다.
- 강한 타격에도 견디며, 다져진 중간지층의 관통도 가능하다.
- 지지력이 크고, 이음이 안전하고 강하므로 장척말뚝에 적당하다.
- 타설할 때 중심간격은 말뚝머리 지름의 2.0배 이상, 70[cm] 이상으로 한다.

| 정답 | 042 ① 043 ④ 044 ① 045 ④

046

용접 시 나타나는 결함에 관한 설명으로 옳지 않은 것은?

① 위핑홀(weeping hole): 용접 후 냉각 시 용접부위에 공기가 포함되어 공극이 발생되는 것
② 오버랩(overlap): 용접금속과 모재가 융합되지 않고 겹쳐지는 것
③ 언더컷(undercut): 모재가 녹아 용착금속이 채워지지 않고 홈으로 남게 된 부분
④ 슬래그(slag)감싸기: 용접봉의 피복재 심선과 모재가 변하여 생긴 회분이 용착금속 내에 혼입된 것

해설

위핑(weeping)은 '눈물을 흘리는, 우는, 스며(배어)나오는' 등의 뜻으로 위핑홀(Weeping hole)은 외부 차장벽 아래쪽에 만드는 배수 구멍이다.

관련개념 **용접결함의 종류**

구분	내용
슬래그 섞임	모재와 용접봉의 피복재 심선이 변하여 생긴 회분이 용착금속 내에 섞이는 것으로 과소전류, 운봉조작 불량 등이 발생원인이다.
언더컷(Under Cut)	모재가 녹아서 용착금속이 채워지지 않고 홈으로 남게 된 부분으로 원인은 과대전류 또는 부적당한 용접봉 사용이다.
오버랩(Overlap)	용접금속과 모재가 융합되지 않고 겹쳐지는 것으로 원인은 약한 전류이다.
블로우홀(기공, Blow Hole)	금속이 녹아들 때 생기는 작은 틈이나 기포가 발생하는 것으로 모재에 가스(황)잔류, 아크길이 및 전류 부적당의 원인으로 발생한다.
크랙(균열, Crack)	용접 후 냉각 시에 생기는 균열을 말하며, 과대전류 및 모재불량의 원인으로 발생한다.
피트(Pit)	용접부에 생기는 녹이나 미세한 홈이다.
크레이터(Crater)	아크용접 시 끝부분이 항아리 모양으로 파이는 현상으로 과대전류 및 부적합한 운봉의 원인으로 발생한다.
용입불량	용입길이가 충분하지 않은 것으로 과소전류, 운봉속도의 부적당 등이 발생원인이다.

047

철근이음의 종류 중 기계적 이음과 가장 거리가 먼 것은?

① 나사식 이음　② 가스압접 이음
③ 충전식 이음　④ 압착식 이음

해설

가스압접 이음은 용접이음이다.

관련개념

- 용접이음: 아크용접, 맞대기 용접, 가스압접 등
- 겹침이음: 철근의 일정 길이를 겹쳐 철선으로 연결한 이음
- 기계식 이음: 커플러를 이용한 이음법(나사식, 충전식, 압착식)

048

지반공사 시 주변 구조물의 경사, 기울기를 측정하는 측정기기는?

① Load Cell　② Strain Gauge
③ Inclino Meter　④ Tilt Meter

해설

Tilt Meter는 지반공사 시 주변 구조물의 경사, 기울기 등을 측정하여 안정성을 파악한다.

관련개념

- Load Cell: 축하중(인장, 압축)의 변화를 측정한다.
- Strain Gauge: 부재에 부착되어 외력에 의한 부재의 변형률을 측정한다.
- Inclino Meter: 인접지반의 수평변위량과 위치, 방향 및 크기를 측정한다.

049

공정관리에 있어서 자원배당의 대상이 아닌 것은?

① 인력　② 장비
③ 자재　④ 계약

해설 **자원배당**

공사일정을 고려하여 재료, 기계, 장비 및 인원을 효과적으로 관리하는 것을 말한다. 자원배당(분배)의 대상은 인력(Manpower), 기계·장비(Machine), 자재(Material), 자금(Money)이다.

| 정답 | 046 ① 047 ② 048 ④ 049 ④

050

보일링(Boiling) 현상을 방지하기 위한 방법으로 옳지 않은 것은?

① 약액주입 등으로 굴착 지면의 지수를 한다.
② 안전율을 만족하도록 흙막이벽의 타입 깊이를 늘린다.
③ 지하수위를 저하하는 공법을 사용한다.
④ 흙막이벽의 배면 지하수위와 굴착저면과의 수위차를 크게 한다.

해설
지하수위와 굴착저면의 수위차를 작게 하여야 한다.

관련개념 **보일링(Boiling) 현상**
사질토 지반을 굴착할 때 지하수의 수위차로 인해 굴착면에서 흙과 물이 솟구쳐 오르는 현상이다.
- 원인
  - 흙막이 배면지반과 터파기면의 수위차
  - 지하수위가 높을 때
  - 흙막이 말뚝의 심도 부족
- 예방대책
  - 지하수위 저하를 위한 배수조치
  - 지하수의 흐름 변경
  - 흙막이벽의 근입장 깊이 연장
  - 대체공법 적용(슬러리월, Sheet-pile 등)
  - 작업을 중지하고, 지반을 복구하기 위한 압성토 시행

051

경량골재콘크리트 공사에 관한 사항으로 옳지 않은 것은?

① 슬럼프값은 180[mm] 이하로 한다.
② 경량골재는 배합 전 완전히 건조시켜야 한다.
③ 보와 바닥판의 콘크리트는 벽이나 기둥의 콘크리트가 충분히 안정된 후에 부어 넣어야 한다.
④ 물-시멘트의 최대값은 60[%]로 한다.

해설
경량골재는 충분히 살수하여 표면건조 내부포수상태에서 사용한다.
경량골재는 일반골재에 비하여 물을 흡수하기 쉬우므로 이를 건조한 상태로 사용하면 비비기, 운반, 타설 중에 품질변동의 위험이 있다.

052

지반조사 시 시추주상도 보고서에서 확인사항과 거리가 먼 것은?

① 지층의 확인 ② Slime의 두께 확인
③ 지하수위 확인 ④ N값의 확인

해설 **슬라임(Slime)**
굴착 시공 과정에서 발생하는 이물질의 침전물이다.
즉, 지반의 원래 성질과 관계 없이 시공 과정에서 발생한 것이므로 시추주상도에서 확인할 사항이 아니다.

관련개념 **시추주상도 보고서의 확인사항**
- 지층의 확인: 표고, 심도, 층후
- 지하수위 확인
- 지층별 N값의 확인: 사질토의 상대밀도, 점성토의 전단강도 확인
- 시료채취: 채취된 시료로 실내토질시험(흙의 물리적, 역학적 성질 확인)
- 투수계수: 시추공 내 물을 뽑아 투수계수 산정

053

굳지 않은 콘크리트의 물성 중 반죽질기의 측정방법으로 볼 수 없는 것은?

① 슬럼프 시험 ② 다짐계수시험
③ 전기전도도 시험 ④ 비비시험

해설
전기전도도 시험은 콘크리트의 내구성을 측정한다.
콘크리트에 물이나 염화물이 침투하면 알칼리성의 콘크리트는 전기저항이 작아지는 성질을 이용한다.

관련개념 **시공연도(Workability) 측정방법**
- 슬럼프시험(Slump Test)
- 흐름시험(Flow Test)
- 구관입시험(Kelly Ball Test)
- 비비시험(Vee-Bee Test)
- 리몰딩시험(Remolding Test)
- 다짐계수 측정시험(Compacting Factor Test)
- 일리바렌시험(Iribarren Test)

| 정답 | 050 ④ 051 ② 052 ② 053 ③

2025년 2회

054

철근의 일반적인 정착위치에 관한 설명 중 옳지 않은 것은?

① 지중보 철근은 기초, 기둥에 정착한다.
② 기둥하부 철근은 큰 보, 작은 보에 정착한다.
③ 벽철근은 기둥, 보, 바닥판에 정착한다.
④ 바닥철근은 보, 벽체에 정착한다.

해설 **철근의 정착위치**
- 기둥의 주근은 기초에 정착한다.
- 큰 보의 주근은 기둥에 정착한다.
- 직교하는 단부 보의 밑에 기둥이 없을 때는 보 상호 간에 정착한다.
- 작은 보의 주근은 큰 보에 정착한다.
- 바닥철근은 보 또는 벽체에 정착한다.
- 지중보 철근은 기초 또는 기둥에 정착한다.
- 벽철근은 보, 기둥, 바닥판 또는 기초에 정착한다.

055

거푸집 공사의 발전 방향으로 옳지 않은 것은?

① 소형 패널 위주의 거푸집 제작
② 설치의 단순화를 위한 유닛(Unit)화
③ 높은 전용 횟수
④ 부재의 경량화

해설

대형 패널(폼)을 조립하여 크레인 등으로 이동, 조립하는 것이 좋다.
거푸집 공사는 경량화, 단순화, 대형화, 기계화, 전용성이 강화될 수 있도록 발전하여야 한다.

056

건축시공의 현대화 방안 중 3S system과 거리가 먼 것은?

① 작업의 표준화　② 작업의 단순화
③ 작업의 전문화　④ 작업의 기계화

해설 **시공의 향후 발전방향(현대화 방안)**
- 신경영기법의 도입 및 활용
- 재료의 건식화, 공법의 건식화
- 시공의 기계화
- 가설구조물의 강재화
- 작업의 단순화, 전문화, 표준화(3S system)
- 도급기술의 근대화(입찰방식의 개선)
- 건축재료의 공업화, 양산화, 프리패브(Pre-Fab)화

057

토공사용 굴착기계 중 위치한 지면보다 낮은 우물통과 같은 협소한 장소의 흙을 퍼올리는 데 가장 적합한 장비는?

① 파워셔블　② 지브크레인
③ 스크레이퍼　④ 클램쉘

해설

클램쉘은 기계보다 낮고 좁은 곳의 흙과 자갈을 굴착하여 올리는 데 적합하여 수직굴착, 자갈 등의 적재, 연약한 지반이나 수중굴착 등에 쓰인다.

058

콘크리트 타설에 앞서 거푸집에 물뿌리기를 하는 가장 큰 이유는?

① 콘크리트에 대한 거푸집의 수분흡수를 방지하기 위하여
② 거푸집에 발생하는 측압의 감소를 위하여
③ 거푸집의 휨을 방지하기 위하여
④ 콘크리트의 초기 강도 증진을 위하여

해설

물뿌리기를 통해 거푸집을 충분히 적셔 놓으면 콘크리트의 수분 흡수를 방지하여 초기 양생을 촉진하고 강도 발현을 높일 수 있다.
건조한 거푸집은 콘크리트의 수분을 흡수하여 콘크리트의 초기 양생을 방해하고 강도 발현을 저하시킨다.

| 정답 | 054 ② 055 ① 056 ④ 057 ④ 058 ①

059

철골공사에서 용접작업 종료 후 용접부의 안전성을 확인하기 위해 실시하는 비파괴 검사의 종류에 해당되지 않는 것은?

① 방사선검사 ② 침투탐상검사
③ 반발경도검사 ④ 초음파탐상검사

해설

반발경도검사는 콘크리트의 강도시험이다.

관련개념 **비파괴 검사법의 종류**

종류	특징
방사선투과검사(RT)	• 투과성 방사선을 조사하여 검사한다. • 내외부결함 검출에 효과적이다.
초음파탐상검사(UT)	• 초음파를 이용하여 검사한다. • 내부결함 검출, 위치·범위·두께 파악에 효과적이다.
자분탐상검사(MT)	• 자분(자석가루)의 응집성을 이용하여 검사한다. • 표면 및 표면직하결함 검출에 효과적이다.
와전류탐상검사(ET)	• 전기장을 이용하여 검사한다. • 표면 및 표면근처 결함 검출에 효과적이다.
침투탐상검사(PT)	• 침투액을 살포하여 검사한다. • 표면개구결함 검출에 효과적이다.

060

거푸집 조립 시 긴결재로 사용하지 않는 것은?

① 폼타이(Form tie)
② 플랫타이(Flat tie)
③ 철재 동바리(Steel support)
④ 컬럼밴드(Column band)

해설

철재 동바리는 콘크리트의 하중을 받쳐주는 역할을 한다.

관련개념 **거푸집 긴결재**

• 폼타이(Form tie): 콘크리트를 부어 넣을 때 기둥과 보거푸집이 벌어지는 것을 막기 위한 부속재료이다.
• 플랫타이(Flat tie): 유로폼의 안쪽폼과 바깥쪽폼을 연결시키는 부속재료이다.
• 컬럼밴드: 기둥 거푸집의 외부 사각면을 긴결시키는 부속재료이다.

건설재료학

061

시멘트의 분말도가 높을수록 생기는 특성이 아닌 것은?

① 수화 작용이 빠르고 수밀성이 크다.
② 균열 발생도가 낮다.
③ 블리딩이 적어진다.
④ 초기 강도의 발생이 빠르며 강도 증진율이 높다.

해설 **시멘트의 분말도**

• 분말도가 클수록 비표면적이 커서 물에 접촉하는 면적이 크므로 수화작용이 빨라서 콘크리트의 초기강도가 높고 그 후의 강도 증진도 크다. 게다가 골재와의 접착력도 크므로 내구적인 콘크리트를 만드는 데 적당하다.
• 분말도가 너무 크면 풍화되기 쉽다.
• 화학성분이 같을 때 조기강도를 증진하려고 하면 분말도에 의존할 수밖에 없다.
• 분말도가 너무 큰 시멘트는 블리딩(Bleeding)이 적고, 워커빌리티가 좋으나 수축이 커질 염려가 있고, 발열량이 많아 콘크리트에 균열이 발생하기 쉬우며 수밀성, 내구성의 면에서도 좋지 못하다.

062

회반죽 바름의 주원료가 아닌 것은?

① 소석회 ② 점토
③ 모래 ④ 해초풀

해설 **회반죽의 바름 특성**

• 소석회를 주원료로 모래, 여물, 해초풀을 혼합하여 사용한다.
• 여물은 건조수축에 의한 균열을 방지하기 위해 사용한다.
• 해초풀은 점성력, 부착력을 증대한다.
• 해초풀을 끓인 다음 1일 이상 방치하게 될 때에는 표면에 소량의 석회를 뿌려서 부패를 방지하며, 사용 시에는 표층부분을 제거한 후 사용한다.

| 정답 | 059 ③ 060 ③ 061 ② 062 ②

063

목재의 방부제 중 독성이 적고 자극적인 냄새가 나며, 처리재는 갈색으로 가격이 저렴하여 많이 사용되는 것은?

① 크레오소트유(Creosote Oil)
② 페놀류 · 무기플루오르화물계(PF)
③ 크롬 · 구리 · 비소화합물(CCA)
④ 펜타클로로페놀(PCP)

해설 **크레오소트 오일(Creosote Oil)**
- 유성 방부제의 대표적인 것으로 방부성이 우수하고, 공급이 풍부하며 가격이 저렴하다.
- 화기 이외에는 취급상 위험이 없으며 철류의 부식이 적고 처리제의 강도가 감소하지 않는 장점이 있으나 페인트를 칠하면 침출되기 쉽고, 악취가 심해서 실내에는 사용할 수 없다.
- 흑갈색으로 외관상 좋지 못해 눈에 보이지 않는 토대, 기둥, 도리 등에 널리 이용된다.

관련개념 **목재 방부제의 종류**

구분	종류
유성방부제	크레오소트 오일, 콜타르, 아스팔트, 페인트
수용성 방부제	규산동 1[%] 용액, 염화아연 4[%] 용액, 염화제2수은 1[%] 용액, 불화소다 2[%] 용액
유용성 방부제	PCP 방부제

064

재료의 열에 관한 성질 중 '재료 표면에서의 열전달 → 재료 속에서의 열전도 → 재료 표면에서의 열전달'과 같은 열이동을 나타내는 용어는?

① 열용량 ② 열관류
③ 비열 ④ 열팽창계수

해설 **열관류율**
단위 표면적을 통해 단위시간에 고체 벽의 양쪽 유체가 단위 온도차이일 때 한쪽 유체에서 다른 쪽 유체로 전해지는 열량을 의미한다. 즉, 어떤 재료의 열전달 정도를 나타낸 값으로, 값이 작을수록 단열성이 높은 벽이라고 할 수 있다.

065

표면은 건조하나 골재 내부의 공극이 완전히 수분으로 가득 찬 상태는?

① 절대건조상태 ② 기건상태
③ 표면건조 포화상태 ④ 습윤상태

해설 **골재의 함수량(Water Content)–건습상태에 의한 분류**
- 노건조상태(Oven Dry Condition): 절대건조상태라고도 하며, 건조로에서 105±5의 온도로 일정한 무게가 될 때까지 완전건조한 상태이다.
- 공기중 건조상태(Room Dry Condition): 기건상태라고도 하며, 건조한 실내에서 무게가 일정해질 때까지 건조시킨 상태이다. 이때, 골재입자의 표면은 물론이고 내부도 일부 건조된 상태이다.
- 표면건조 포화상태(Saturated Surface Dry Condition): 골재입자의 표면에는 물기가 없고 입자 내부의 빈틈은 물로 채워진 상태이다.
- 습윤상태(Wet Condition): 골재입자의 내부가 물로 채워져 있고, 표면에도 물기가 있는 상태이다.

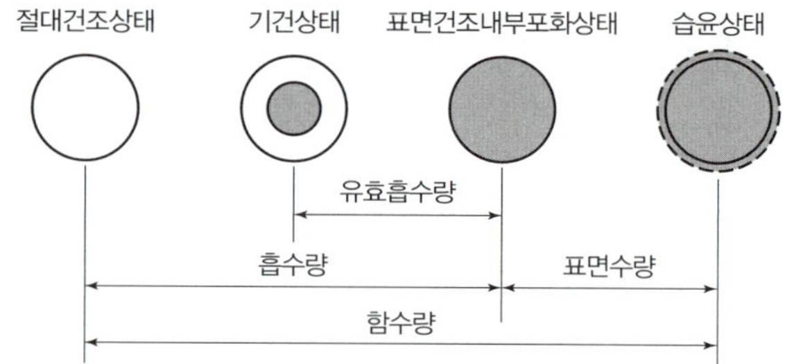

066

다음 미장재료 중 경화속도가 가장 빠른 것은?

① 시멘트 모르타르 ② 회반죽
③ 돌로마이트 플라스터 ④ 석고 플라스터

해설 **보기의 미장재료의 경화속도**
석고 플라스터 > 돌로마이트 플라스터 > 회반죽 > 시멘트 모르타르

관련개념 **석고 플라스터**
- 빠른 경화 속도, 높은 강도, 내화성 등의 장점을 가지고 있다.
- 벽체 보수, 천장 마감, 조형 작업 등에 사용된다.
- 작업 시간 단축, 빠른 공사 진행이 필요한 경우 석고 플라스터가 적합하다.

| 정답 | 063 ① 064 ② 065 ③ 066 ④

067

목재의 함수율에 관한 설명으로 옳지 않은 것은?

① 함수율이 30[%] 이상에서는 함수율의 증감에 따라 강도의 변화가 심하다.
② 기건재의 함수율은 15[%] 정도이다.
③ 목재의 진비중은 일반적으로 1.54 정도이다.
④ 목재의 함수율 30[%] 정도를 섬유포화점이라 한다.

해설

목재의 강도는 섬유포화점(함수율 30[%] 정도) 이상에서 변화가 없지만, 섬유포화점 이하에서는 선형적으로 반비례한다.

관련개념 **목재의 함수율과 섬유포화점의 관계**

섬유포화점을 경계로 하여 목재의 역학적 성질에 현저한 차이가 있다. 섬유포화점 이상에서는 변화가 없지만 섬유포화점 이하에서는 함수율의 감소에 따라 강도가 증대하고 인성이 감소한다.

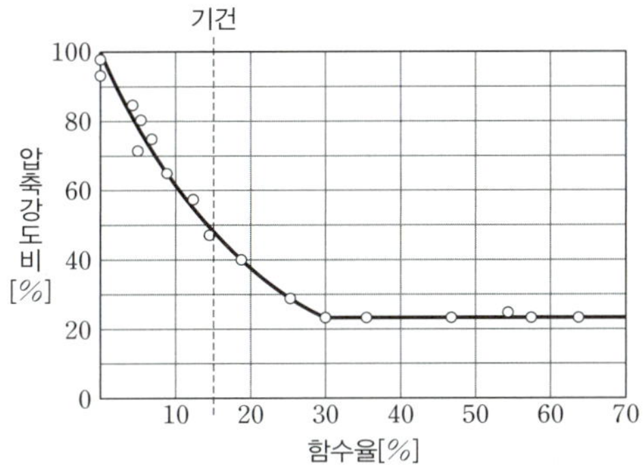

▲ 목재의 함수율에 따른 압축강도비

068

다음 금속 중 이온화 경향이 가장 큰 것은?

① Zn ② Cu
③ Ni ④ Fe

해설 **금속의 이온화 경향**

금속이 전자를 잃고 양이온으로 되려는 경향을 이온화 경향이라고 한다.
주요 원소의 이온화 경향 순서는 다음과 같다.
K > Ca > Na > Mg > Al > Zn > Fe > Ni > Sn > Pb > (H) > Cu > Hg > Ag > Pt > Au
따라서 보기 중 Zn의 이온화 경향이 가장 크다.

069

목재의 강도 중 가장 큰 것은? (단, 섬유에 평행한 가력 방향이다.)

① 인장강도 ② 휨강도
③ 압축강도 ④ 전단강도

해설 **응력의 방향이 섬유방향에 평행일 때 목재의 강도**

인장강도 > 휨강도 > 압축강도 > 전단강도

관련개념 **응력의 방향에 따른 목재의 강도**

- 목재는 섬유방향에 따라 강도나 탄성계수가 다르다. 이를 이방성이라 한다.
- 강도는 일반적으로 섬유방향에 평행하게 힘을 가한 것이 가장 크고, 이와 직각인 것이 가장 작으며, 중간의 각도(10~70°)에서는 거의 직선적으로 변한다.
- 섬유방향으로 힘을 가한 것은 직각방향으로 힘을 가한 것보다 변형률이 작고, 압축력과 인장력의 변형률은 섬유방향에 관계 없이 압축 시의 변형률이 더 크다.

070

재료의 열팽창계수에 대한 설명으로 틀린 것은?

① 온도의 변화에 따라 물체가 팽창·수축하는 비율을 말한다.
② 길이에 관한 비율인 선팽창계수와 용적에 관한 체적팽창계수가 있다.
③ 일반적으로 체적팽창계수는 선팽창계수의 3배이다.
④ 체적팽창계수의 단위는 [W/m·K]이다.

해설

체적팽창계수는 온도 1[℃]마다 변하는 분율로, 단위는 온도의 역수인 [1/℃] 또는 [1/K]를 사용한다.
[W/m·K]는 열전도율의 단위이다.

| 정답 | 067 ① 068 ① 069 ① 070 ④

071

콘크리트 표면도장에 가장 적합한 도료는?

① 염화비닐수지도료 ② 조합페인트
③ 클리어래커 ④ 알루미늄페인트

해설

염화비닐수지도료는 내약품성, 내수성, 내후성이 좋고 밀착성이 좋아 표면도장에 적합하다.
또한 아크릴 페인트, 알키드 에나멜, 규산 페인트 등이 콘크리트 표면도장에 적합하다.

관련개념

- 클리어래커: 목재면의 무늬를 살리기 위한 도장 재료이다.
- 알루미늄페인트: 알루미늄 박편을 미세한 가루로 만들어 안료로 사용한 유성 페인트이다.

072

도막방수재료의 특징으로 틀린 것은?

① 복잡한 부위의 시공성이 좋다.
② 신속한 작업 및 접착성이 좋다.
③ 바탕면의 미세한 균열에 대한 저항성이 있다.
④ 누수 시 결함 발견이 어렵고 국부적으로 보수가 어렵다.

해설

도막방수는 바탕면과 밀착되어 누수 발견이 용이하고 부분 보수가 쉽다.

해설 **도막방수**

- 콘크리트 등의 바탕면에 여러 차례 우레탄, 아크릴(에멀션), 고무아스팔트와 같은 방수재를 칠하여 두께가 일정한 방수막을 만들어 우수 등을 차단하는 방수공법을 말한다.
- 롤러, 스프레이, 붓 등으로 칠할 수 있으므로 굴곡이 심하고 구조가 복잡한 곳에 시공한다.
- 에폭시계를 제외한 대부분의 도막방수재는 신장률이 크므로 균열이 예상되는 곳이나 조인트 등에도 많이 사용된다.
- 건물외벽, 지붕, 옥상, 스포츠경기장 바닥 등에도 많이 사용된다.

073

보통포틀랜드시멘트의 품질규정(KS L 5201)에서 비카시험의 초결시간과 종결시간으로 옳은 것은?

① 30분 이상 – 6시간 이하
② 60분 이상 – 6시간 이하
③ 60분 이상 – 10시간 이하
④ 2시간 이상 – 10시간 이하

해설 **포틀랜드시멘트의 품질기준**

구분			1종	2종	3종	4종	5종
분말도	비표면적 [cm^2/g]		2,800 이상		3,300 이상	2,800 이상	
안정도	오토클레이브 팽창도[%]		0.8 이하				
	르샤틀리에 [mm]		10 이하				
응결시간	비카시험	초결[분]	60 이상		45 이상	60 이상	
		종결[시간]	10 이하				
수화열 [J/g]	7일		–	290 이하	–	250 이하	–
	28일		–	340 이하	–	290 이하	–
압축강도 [MPa]	1일		–	–	10.0 이상	–	–
	3일		12.5 이상	7.5 이상	20.0 이상	–	10.0 이상
	7일		22.5 이상	15.0 이상	32.5 이상	7.5 이상	20.0 이상
	28일		42.5 이상	32.5 이상	47.5 이상	22.5 이상	40.0 이상
	91일		–	–	–	42.5 이상	

| 정답 | 071 ① 072 ④ 073 ③

074

합성수지계 접착제가 아닌 것은?

① 비닐수지 접착제　　② 에폭시수지 접착제
③ 요소수지 접착제　　④ 카세인

해설

카세인은 동물성 접착제로, 지방질을 뺀 우유를 자연산화시키거나 황산, 염산 등을 가해 카세인(Casein)을 분리한 다음, 물로 씻어 55[℃] 정도의 온도로 건조시킨 가루에 소석회 3[%] 정도를 혼합한 천연 접착제이다.

관련개념 **접착제의 구분에 따른 종류**

구분		종류
동물성 접착제		아교, 알부민접착제(혈액알부민, 난백알부민), 카세인풀 등
식물성 접착제		콘풀, 녹말풀, 해초풀, 옻풀, 아마인유 등
수지계 접착제	고무 접착제	천연고무풀, 아라비아고무풀, 합성고무풀, 부나, 치오콜 등
	합성 수지계 접착제	페놀수지풀, 요소수지풀, 멜라민수지풀, 폴리에스테르수지풀, 비닐수지풀, 실리콘수지풀, 에폭시수지풀, 섬유소계수지풀 등

075

테라코타에 대한 설명으로 틀린 것은?

① 도토, 자토 등을 반죽하여 형틀에 넣고 성형하여 소성한 속이 빈 대형의 점토제품이다.
② 석재보다 가볍다.
③ 압축강도는 화강암과 거의 비슷하다.
④ 화강암보다 내화도가 높으며 대리석보다 풍화에 강하다.

해설

테라코타의 압축강도는 800~900[kg/cm^2]로서 화강암(1,500~1,600[kg/cm^2])의 $\frac{1}{2}$ 정도이다.

관련개념 **테라코타**

- 테라코타는 라틴어로 '구워 낸 점토'라는 뜻이다.
- 석재 조각물 대신 사용되는 장식용 점토제품으로, 버팀벽, 주두, 돌림띠 등의 장식에 사용된다.
- 화강암보다 내화력이 강하고 대리석보다 풍화에 강하므로 외장재료에 적당하다.

076

포틀랜드시멘트의 화학성분 중 가장 많은 부분을 차지하는 성분은?

① 석회(CaO)　　② 실리카(SiO_2)
③ 알루미나(Al_2O_3)　　④ 산화철(Fe_2O_3)

해설 **포틀랜드시멘트의 성분**

성분	명칭	분량[%]
주성분	실리카(SiO_2) 알루미나(Al_2O_3) 석회(CaO)	20~26 4~9 60~66
부성분	산화철(Fe_2O_3) 마그네시아(MgO) 무수황산(SO_3)	2~4 1~3 1~2.8
잡성분	불용해 성분	0.1~1
기타	황화물, 유황, 알칼리, 인의 산화물 강열감량(Ignition Loss)	소량 –

077

돌붙임공법 중에서 석재를 미리 붙여놓고 콘크리트를 타설하여 일체화시키는 방법은?

① 조적공법　　② 앵커긴결공법
③ GPC공법　　④ 강재트러스 지지공법

해설 **GPC(Granite veneer Precast Concrete)공법**

화강석 뒷면에 철근을 조립한 후 콘크리트를 타설하여 일체화시키는 방법이다.

관련개념

구분	건식공법	습식공법	GPC공법
장점	• 저층, 고층 모두 적합 • 공기단축 • 백화현상 없음 • 건물 자중 감소	• 시공용이 • 공사비 저렴 • 소형건물에 적합 • 얇은 두께의 석재 시공 가능	• 적은 재료손실 • 건식 공법에 비해 얇은 석재 시공 가능 • 백화, 얼룩짐 없음
단점	• 부재비가 많이 소요 • 고가의 재료가공 비용 • 석재 특성에 따라 채택불가 • 줄눈코킹에 의한 오염 발생	• 백화현상 우려 • 건물 자중 증대 • 공기소요(지연) • 동절기 공사 불가 • 대형건물에 부적합	• 공기소요 • 건물 중량 증대 • 소규모 공사 부적합 • 부분 보수 곤란
종류	• 앵커식 • 트러스트식 • 핀 연결식	• 전체 모르타르 주입 • 부분 모르타르 주입	건물 경량화에 따른 사양화 추세

| 정답 | 074 ④　075 ③　076 ①　077 ③

078

목재의 함수율에 관한 설명으로 옳지 않은 것은?

① 목재의 함유수분 중 자유수는 목재의 중량에는 영향을 끼치지만 목재의 물리적 성질과는 관계가 없다.
② 침엽수의 경우 심재의 함수율은 항상 변재의 함수율보다 크다.
③ 섬유포화상태의 함수율은 30[%] 정도이다.
④ 기건상태란 목재가 통상 대기의 온도, 습도와 평형된 수분을 함유한 상태를 말하며, 이때의 함수율은 15[%] 정도이다.

해설

심재의 함수율은 변재의 함수율보다 작다.

관련개념 **목재의 심재와 변재**

구분	내용
심재	• 목재 단면의 수심과 가까운 중앙부이다. • 수심과 변재 사이의 재료이다. • 세포가 죽어서 고화되고 수지, 색소, 광물질 등이 고결되어 목재의 강도가 크게 되고, 수분이 적고 단단하여 잘 부패되지 않는다. • 암갈색으로 진하게 착색된다.
변재	• 보통 백태라고 하며 목재 단면의 수심에서 볼 때 수피 쪽에 가까운 재료이다. • 양분을 저장하는 역할을 하므로 수액이 많이 포함되어 있고 유연하며 대부분의 세포가 살아있다. • 수분이 많아 부패, 변형의 우려가 크고 강도가 작아 목재로서의 가치가 심재보다 못하다.

변재
심재보다 목질이 성기고 연하며,
물과 양분을 전달하고 저장한다.
심재
변재보다 목질이 단단하고,
나무의 줄기를 지탱한다.

079

건물의 바닥 충격음을 저감시키는 방법에 대한 설명으로 틀린 것은?

① 유리면 등의 완충재를 바닥공간 사이에 넣는다.
② 부드러운 표면마감재를 사용하여 충격력을 작게 한다.
③ 바닥을 띄우는 이중바닥으로 한다.
④ 바닥슬래브의 중량을 작게 한다.

해설

충격음 저감을 위해 바닥슬래브의 중량을 크게 하여야 한다.

관련개념 **바닥 충격음 저감대책**

- 뜬 바닥(Floating Floor) 공법: 완충재를 설치하여 충격에너지를 최소화한다.
- 중량 고강성 바닥 공법: 바닥의 두께와 밀도를 증가시킨다.
- 표면 완충공법: 유연한 마감재로 충격음을 완화시킨다.
- 차음이 되도록 이중 천정을 설치한다.

080

물-시멘트비 65[%]로 콘크리트 1[m^3]를 만드는 데 필요한 물의 양으로 적당한 것은? (단, 콘크리트는 1[m^3]당 시멘트 8포대이며, 1포대는 40[kg]이다.)

① 0.1[m^3]　　② 0.2[m^3]
③ 0.3[m^3]　　④ 0.4[m^3]

해설

물-시멘트비(W/C) $= \frac{\text{물의 중량}}{\text{시멘트의 중량}} \times 100$이므로

$$\text{물의 중량} = \frac{\text{물시멘트비} \times \text{시멘트의 중량}}{100} = \frac{65 \times (40 \times 8)}{100} = 208[\text{kg}]$$

물의 밀도는 1,000[kg/m^3]이므로, 따라서 콘크리트 1[m^3]를 만드는 데 필요한 물의 양은 $\frac{208}{1,000} = 0.2$[m^3]이다.

| 정답 | 078 ② 079 ④ 080 ②

건설안전기술

081

대상액이 56억 원인 공사의 산업안전보건관리비 계상기준에 따른 산업안전보건관리비 적용 비율로 옳은 것은? (단, 해당 공사는 건축공사이다.)

① 1.64[%]
② 3.11[%]
③ 2.60[%]
④ 2.37[%]

해설 **공사종류 및 규모별 산업안전보건관리비 계상기준표**

구분 / 공사 종류	대상액 5억 원 미만	대상액 5억 원 이상 50억 원 미만		대상액 50억 원 이상	보건관리자 선임대상 건설공사
		비율	기초액		
건축공사	3.11[%]	2.28[%]	4,325,000원	2.37[%]	2.64[%]
토목공사	3.15[%]	2.53[%]	3,300,000원	2.60[%]	2.73[%]
중건설공사	3.64[%]	3.05[%]	2,975,000원	3.11[%]	3.39[%]
특수건설공사	2.07[%]	1.59[%]	2,450,000원	1.64[%]	1.78[%]

082

가설통로를 설치하는 경우 경사는 최대 몇 도[°] 이하로 하여야 하는가?

① 20
② 25
③ 30
④ 35

해설 **가설통로 설치 시 준수사항**

- 견고한 구조로 할 것
- 경사는 30° 이하로 할 것. 다만, 계단을 설치하거나 높이 2[m] 미만의 가설통로로서 튼튼한 손잡이를 설치한 경우에는 그러하지 아니하다.
- 경사가 15°를 초과하는 경우에는 미끄러지지 아니하는 구조로 할 것
- 추락할 위험이 있는 장소에는 안전난간을 설치할 것. 다만, 작업상 부득이한 경우에는 필요한 부분만 임시로 해체할 수 있다.
- 수직갱에 가설된 통로의 길이가 15[m] 이상인 경우에는 10[m] 이내마다 계단참을 설치할 것
- 건설공사에 사용하는 높이 8[m] 이상인 비계다리에는 7[m] 이내마다 계단참을 설치할 것

083

강관비계의 구조에서 비계기둥 간 최대허용하중으로 옳은 것은?

① 100[kg]
② 200[kg]
③ 300[kg]
④ 400[kg]

해설 **강관비계의 구조**

- 비계기둥의 간격은 띠장 방향에서는 1.85[m] 이하, 장선 방향에서는 1.5[m] 이하로 할 것
- 띠장 간격은 2[m] 이하로 할 것
- 비계기둥의 제일 윗부분으로부터 31[m] 되는 지점 밑부분의 비계기둥은 2개의 강관으로 묶어 세울 것
- 비계기둥 간의 적재하중은 400[kg]을 초과하지 않도록 할 것

084

달비계를 설치할 때 작업발판의 폭은 최소 얼마 이상으로 하여야 하는가?

① 30[cm]
② 40[cm]
③ 50[cm]
④ 60[cm]

해설 **달비계 설치 시 준수사항**

- 달기 강선 및 달기 강대는 심하게 손상·변형 또는 부식된 것을 사용하지 않도록 할 것
- 달기 와이어로프, 달기 체인, 달기 강선, 달기 강대는 한쪽 끝을 비계의 보 등에, 다른 한쪽 끝을 내민 보, 앵커볼트 또는 건축물의 보 등에 각각 풀리지 않도록 설치할 것
- 작업발판은 폭을 40[cm] 이상으로 하고 틈새가 없도록 할 것
- 작업발판의 재료는 뒤집히거나 떨어지지 않도록 비계의 보 등에 연결하거나 고정시킬 것
- 비계가 흔들리거나 뒤집히는 것을 방지하기 위하여 비계의 보·작업발판 등에 버팀을 설치하는 등 필요한 조치를 할 것
- 선반 비계에서는 보의 접속부 및 교차부를 철선·이음철물 등을 사용하여 확실하게 접속시키거나 단단하게 연결시킬 것

| 정답 | 081 ④ 082 ③ 083 ④ 084 ②

085

콘크리트 타설작업 시 안전에 대한 유의사항으로 옳지 않은 것은?

① 콘크리트를 치는 도중에는 지보공·거푸집 등의 이상유무를 확인한다.
② 높은 곳으로부터 콘크리트를 타설할 때는 호퍼로 받아 거푸집 내에 꽂아 넣는 슈트를 통해서 부어 넣어야 한다.
③ 진동기를 가능한 한 많이 사용할수록 거푸집에 작용하는 측압상 안전하다.
④ 콘크리트를 한 곳에만 치우쳐서 타설하지 않도록 주의한다.

해설

진동기를 많이 사용할수록 측압이 증가하고 재료분리 등을 가중하여 품질 결함의 원인이 되므로 적당히 사용하여야 한다.

관련개념 **콘크리트 타설작업 시 준수사항**

- 당일의 작업을 시작하기 전에 해당 작업에 관한 거푸집 및 동바리의 변형·변위 및 지반의 침하 유무 등을 점검하고 이상이 있으면 보수할 것
- 작업 중에는 감시자를 배치하는 등의 방법으로 거푸집 및 동바리의 변형·변위 및 침하 유무 등을 확인하여야 하며, 이상이 있으면 작업을 중지하고 근로자를 대피시킬 것
- 콘크리트 타설작업 시 거푸집 붕괴의 위험이 발생할 우려가 있으면 충분한 보강조치를 할 것
- 설계도서 상의 콘크리트 양생기간을 준수하여 거푸집 및 동바리를 해체할 것
- 콘크리트를 타설하는 경우에는 편심이 발생하지 않도록 골고루 분산하여 타설할 것

086

흙막이 계측기의 종류 중 주변 지반의 변형을 측정하는 기계는?

① Tilt Meter ② Inclino Meter
③ Strain Gauge ④ Load Cell

해설

Inclino Meter(지중수평변위계)는 인접지반의 수평변위량과 위치, 방향 및 크기를 측정하는 기계이다.

관련개념

- Tilt Meter: 주변 구조물의 경사, 기울기 등을 측정하여 안정성을 파악한다.
- Strain Gauge: 부재에 부착되어 외력에 의한 부재의 변형률을 측정한다.
- Load Cell: 축하중(인장, 압축)의 변화를 측정한다.

087

달비계에 사용하는 와이어로프의 사용금지기준으로 틀린 것은?

① 이음매가 있는 것
② 열과 전기충격에 의해 손상된 것
③ 지름의 감소가 공칭지름의 7[%]를 초과하는 것
④ 와이어로프의 한 꼬임에서 끊어진 소선의 수가 7[%] 이상인 것

해설 **와이어로프의 사용금지기준**

- 이음매가 있는 것
- 와이어로프의 한 꼬임에서 끊어진 소선의 수가 10[%] 이상인 것
- 지름의 감소가 공칭지름의 7[%]를 초과하는 것
- 꼬인 것
- 심하게 변형되거나 부식된 것
- 열과 전기충격에 의해 손상된 것

088

차량계 하역운반기계에 화물을 적재할 때의 준수사항과 거리가 먼 것은?

① 하중이 한쪽으로 치우치지 않도록 적재할 것
② 구내운반차 또는 화물자동차의 경우 화물의 붕괴 또는 낙하에 의한 위험을 방지하기 위하여 화물에 로프를 거는 등 필요한 조치를 할 것
③ 운전자의 시야를 가리지 않도록 화물을 적재할 것
④ 제동장치 및 조정장치 기능의 이상 유무를 점검할 것

해설

④는 지게차에 대한 작업시작 전 점검사항에 해당된다.

관련개념 **차량계 하역운반기계 등에 화물 적재 시 준수사항**

- 하중이 한쪽으로 치우치지 않도록 적재할 것
- 구내운반차 또는 화물자동차의 경우 화물의 붕괴 또는 낙하에 의한 위험을 방지하기 위하여 화물에 로프를 거는 등 필요한 조치를 할 것
- 운전자의 시야를 가리지 않도록 화물을 적재할 것
- 최대적재량을 초과하지 아니할 것

| 정답 | 085 ③ 086 ② 087 ④ 088 ④

089

철근콘크리트 현장타설 공법과 비교한 PC(Precast Concrete) 공법의 장점으로 볼 수 없는 것은?

① 기후의 영향을 받지 않아 동절기 시공이 가능하고, 공기를 단축할 수 있다.
② 현장작업이 감소되고, 생산성이 향상되어 인력절감이 가능하다.
③ 공사비가 매우 저렴하다.
④ 공장 제작이므로 콘크리트 양생 시 최적조건에 의한 양질의 제품생산이 가능하다.

해설
대량생산으로 공사비 절감요인이 있을 수 있으나 여건에 따라 공사비가 증가하는 경우도 발생한다.

관련개념 **PC(Precast Concrete)공법의 장단점**

구분	내용
장점	• 공장생산으로 일정품질 확보 • 공사기간 단축 • 대량생산으로 원가 절감 • 기후에 영향을 받지 않음(동절기 시공 가능)
단점	• 대형부재의 운반 어려움 • 이동 중 파손 우려 • 접합부의 품질 저하

090

철근 콘크리트 공사에서 거푸집동바리의 해체시기를 결정하는 요인으로 가장 거리가 먼 것은?

① 시방서 상의 거푸집 존치기간의 경과
② 콘크리트 강도시험 결과
③ 동절기일 경우 적산온도
④ 후속공정의 착수시기

해설
후속공정의 착수시기는 거푸집동바리의 해체시기를 결정하는 요인이 아니며, 충분히 양생되지 않은 거푸집동바리의 무리한 해체는 구조물 붕괴의 원인이 된다.

관련개념 **거푸집동바리 해체 시 검토사항**

- 콘크리트 강도시험의 결과
- 양생기한의 일정 경과
- 공사시방서에서 정하고 있는 거푸집 존치기한

091

잠함 또는 우물통의 내부에서 근로자가 굴착작업을 하는 경우의 준수사항으로 옳지 않은 것은?

① 산소 결핍 우려가 있는 경우에는 산소의 농도를 측정하는 사람을 지명하여 측정하도록 할 것
② 근로자가 안전하게 오르내리기 위한 설비를 설치할 것
③ 굴착깊이가 20[m]를 초과하는 경우에는 해당 작업장소와 외부와의 연락을 위한 통신설비 등을 설치할 것
④ 잠함 또는 우물통의 급격한 침하에 의한 위험을 방지하기 위하여 바닥으로부터 천장 또는 보까지의 높이는 2[m] 이내로 할 것

해설
잠함 또는 우물통의 내부에서 근로자가 굴착작업을 하는 경우에 바닥으로부터 천장 또는 보까지의 높이는 1.8[m] 이상으로 하여야 한다.

관련개념 **잠함 등 내부에서의 작업**

- 산소 결핍 우려가 있는 경우에는 산소의 농도를 측정하는 사람을 지명하여 측정하도록 할 것
- 근로자가 안전하게 오르내리기 위한 설비를 설치할 것
- 굴착 깊이가 20[m]를 초과하는 경우에는 해당 작업장소와 외부와의 연락을 위한 통신설비 등을 설치할 것

092

가설통로 설치 시 경사가 몇 도를 초과하면 미끄러지지 않는 구조로 설치하여야 하는가?

① 15°　② 20°
③ 25°　④ 30°

해설 **가설통로 설치 시 준수사항**

- 견고한 구조로 할 것
- 경사는 30° 이하로 할 것. 다만, 계단을 설치하거나 높이 2[m] 미만의 가설통로로서 튼튼한 손잡이를 설치한 경우에는 그러하지 아니하다.
- 경사가 15°를 초과하는 경우에는 미끄러지지 아니하는 구조로 할 것
- 추락할 위험이 있는 장소에는 안전난간을 설치할 것. 다만, 작업상 부득이한 경우에는 필요한 부분만 임시로 해체할 수 있다.
- 수직갱에 가설된 통로의 길이가 15[m] 이상인 경우에는 10[m] 이내마다 계단참을 설치할 것
- 건설공사에 사용하는 높이 8[m] 이상인 비계다리에는 7[m] 이내마다 계단참을 설치할 것

| 정답 | 089 ③　090 ④　091 ④　092 ①

093

유해위험방지계획서 제출대상 공사의 규모 기준으로 옳지 않은 것은?

① 최대 지간길이가 50[m] 이상인 교량 건설 등 공사
② 다목적댐, 발전용댐 및 저수용량 2천만 톤 이상의 용수 전용 댐의 건설 등 공사
③ 깊이 12[m] 이상인 굴착공사
④ 터널 건설 등의 공사

해설 **유해위험방지계획서 제출 대상 건설공사**

- 다음의 어느 하나에 해당하는 건축물 또는 시설 등의 건설·개조 또는 해체(건설 등) 공사
  - 지상높이가 31[m] 이상인 건축물 또는 인공구조물
  - 연면적 30,000[m^2] 이상인 건축물
  - 연면적 5,000[m^2] 이상의 문화 및 집회시설(전시장 및 동물원·식물원 제외), 판매시설, 운수시설(고속철도의 역사 및 집배송시설 제외), 종교시설, 의료시설 중 종합병원, 숙박시설 중 관광숙박시설, 지하도상가, 냉동·냉장 창고시설
- 연면적 5,000[m^2] 이상인 냉동·냉장 창고시설의 설비공사 및 단열공사
- 최대 지간길이가 50[m] 이상인 다리의 건설 등 공사
- 터널의 건설 등 공사
- 다목적댐, 발전용댐, 저수용량 2천만 톤 이상의 용수 전용 댐 및 지방상수도 전용 댐의 건설 등 공사
- 깊이 10[m] 이상인 굴착공사

094

다음 그림은 풍화암에서 토사붕괴를 예방하기 위한 기울기를 나타낸 것이다. X의 값은?

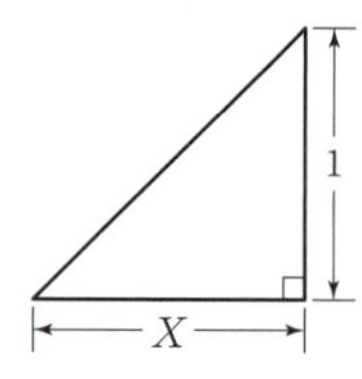

① 1.5　　② 1.0
③ 0.8　　④ 0.5

해설 **굴착면의 기울기 기준**

지반의 종류	기울기
모래	1 : 1.8
연암 및 풍화암	1 : 1.0
경암	1 : 0.5
그 밖의 흙	1 : 1.2

095

건물외부에 낙하물 방지망을 설치할 경우 벽면으로부터 돌출되는 거리의 기준은?

① 1[m] 이상　　② 1.5[m] 이상
③ 1.8[m] 이상　　④ 2[m] 이상

해설 **낙하물 방지망 또는 방호선반의 설치 시 준수사항**

- 높이 10[m] 이내마다 설치하고, 내민 길이는 벽면으로부터 2[m] 이상으로 할 것
- 수평면과의 각도는 20° 이상 30° 이하를 유지할 것

096

콘크리트를 타설할 때 거푸집에 작용하는 콘크리트 측압에 영향을 미치는 요인과 가장 거리가 먼 것은?

① 콘크리트 타설속도　　② 콘크리트 타설높이
③ 콘크리트의 강도　　④ 기온

해설 **콘크리트 측압이 커지는 요인**

- 거푸집 부재의 단면이 큰 경우
- 거푸집의 수밀성이 큰 경우
- 거푸집의 강성이 큰 경우
- 거푸집의 표면이 평활할 경우
- 콘크리트가 묽은 경우
- 철골이나 철근량이 적은 경우
- 외기온도가 낮은 경우
- 타설속도가 빠른 경우
- 콘크리트의 다짐이 좋은 경우
- 콘크리트의 슬럼프가 큰 경우
- 콘크리트의 비중이 큰 경우
- 습도가 높은 경우
- 벽 두께가 두꺼운 경우

※ 콘크리트의 타설높이가 높아질수록 측압이 커지다가 일정 높이에 도달하면 오히려 감소한다.

| 정답 | 093 ③　094 ②　095 ④　096 ③

097

포화도 80[%], 함수비 28[%], 흙 입자의 비중 2.7일 때 공극비를 구하면?

① 0.940 ② 0.945
③ 0.950 ④ 0.955

해설

$$공극비 = \frac{흙의\ 비중 \times 함수비}{포화도} = \frac{2.7 \times 28}{80} = 0.945$$

관련개념

포화도	간극 속 물의 용적비
함수비	흙 입자의 중량에 대한 물의 중량비
공극비	흙 입자의 용적에 대한 간극의 용적비

098

다음과 같은 조건에서 추락 시 로프의 지지점에서 최하단까지의 거리 h를 구하면 얼마인가?

- 로프 길이 150[cm]
- 로프 신율 30[%]
- 근로자 신장 170[cm]

① 2.8[m] ② 3.0[m]
③ 3.2[m] ④ 3.4[m]

해설

$$최하사점(h) = 로프\ 길이 + (로프\ 길이 \times 로프\ 신율) + 작업자\ 키의\ \frac{1}{2}$$
$$= 1.5 + (1.5 \times 0.3) + 0.85 = 2.8[m]$$

099

흙막이 지보공을 설치하였을 때 붕괴 등의 위험방지를 위하여 정기적으로 점검하고, 이상 발견 시 즉시 보수하여야 하는 사항이 아닌 것은?

① 침하의 정도
② 버팀대의 긴압의 정도
③ 지형 · 지질 및 지층상태
④ 부재의 손상 · 변형 · 변위 및 탈락의 유무와 상태

해설 **흙막이 지보공 설치 시 점검사항**

- 부재의 손상 · 변형 · 부식 · 변위 및 탈락의 유무와 상태
- 버팀대의 긴압의 정도
- 부재의 접속부 · 부착부 및 교차부의 상태
- 침하의 정도

100

공사진척에 따른 공정률이 다음과 같을 때 산업안전보건관리비 사용기준으로 옳은 것은? (단, 공정률은 기성공정률을 기준으로 한다.)

공정률: 70[%] 이상 90[%] 미만

① 50[%] 이상 ② 60[%] 이상
③ 70[%] 이상 ④ 80[%] 이상

해설 **공사진척에 따른 산업안전보건관리비 사용기준**

공정률	사용기준
50[%] 이상 70[%] 미만	50[%] 이상
70[%] 이상 90[%] 미만	70[%] 이상
90[%] 이상	90[%] 이상

| 정답 | **097** ② **098** ① **099** ③ **100** ③

2025년 3회 | CBT 복원문제

자동 채점

산업안전관리론

001

다음에서 설명하는 착시 현상과 관계가 깊은 것은?

> 그림에서 선 ab와 선 cd는 그 길이가 동일한 것이지만, 시각적으로는 선 ab가 선 cd보다 길어 보인다.
>
> 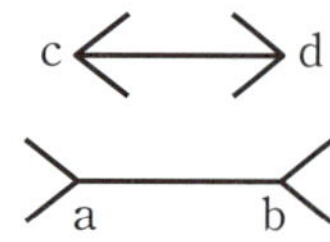
>

① 헬몰쯔의 착시　② 쾰러의 착시
③ 뮬러-라이어의 착시　④ 포겐도르프의 착시

해설 **뮬러-라이어(Müller-Lyer)의 착시**

(a)가 (b)보다 길어 보이지만 실제로는 길이가 같다.

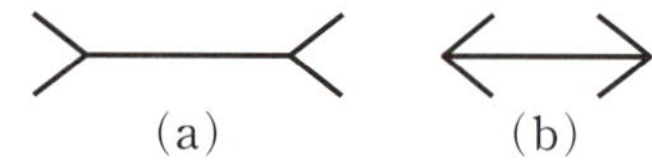

관련개념 **착시의 종류**

헬몰쯔(Helmholtz)의 착시	쾰러(Köhler)의 착시	포겐도르프(Poggendorff)의 착시
(a) (b)		(a) (c) (b)
(a)는 세로로, (b)는 가로로 길어 보인다.	평형의 호를 본 후 직선을 보면 직선은 호의 반대방향으로 굽어 보인다.	(a)와 (c)가 일직선처럼 보이지만 실제로는 (a)와 (b)가 일직선이다.

002

재해예방의 4원칙이 아닌 것은?

① 손실우연의 법칙　② 예방교육의 원칙
③ 원인계기의 원칙　④ 예방가능의 원칙

해설 **재해예방의 4원칙**

손실우연의 원칙	사고에 의해서 생기는 상해의 종류 및 정도는 우연적이라는 원칙
예방가능의 원칙	재해는 원칙적으로 예방이 가능하다는 원칙
원인계기의 원칙 (원인연계의 원칙)	재해의 발생은 직접원인으로만 일어나는 것이 아니라 간접원인이 연계되어 일어난다는 원칙
대책선정의 원칙	원인의 정확한 분석에 의해 가장 타당한 재해예방 대책이 선정되어야 한다는 원칙

003

산업안전보건법령상 안전인증대상 기계 등에 해당하지 않는 것은?

① 곤돌라
② 고소작업대
③ 활선작업용 기구
④ 교류 아크용접기용 자동전격방지기

해설

교류 아크용접기용 자동전격방지기는 자율안전확인대상 방호장치이다.

| 정답 | 001 ③　002 ②　003 ④

004

앞에 실시한 학습의 효과는 뒤에 실시하는 새로운 학습에 직접 또는 간접으로 영향을 주는 현상을 의미하는 것은?

① 통찰(Insight) ② 전이(Transference)
③ 반사(Reflex) ④ 반응(Reaction)

해설
어떤 내용을 학습한 결과가 다른 학습이나 반응에 직접 또는 간접적으로 영향을 주는 현상을 전이(Transference)라고 한다.

005

기업 내 정형교육 중 대상으로 하는 계층이 한정되어 있지 않고, 한 번 훈련을 받은 관리자는 그 부하인 감독자에 대해 지도원이 될 수 있는 교육방법은?

① TWI(Training Within Industry)
② MTP(Management Training Program)
③ CCS(Civil Communication Section)
④ ATT(American Telephone&Telegraph Co)

해설 **ATT(American Telephone&Telegraph) 교육훈련기법**
- 미국 전신전화회사(ATT)에서 개발한 교육훈련기법이다.
- 인사관계, 작업의 감독, 고객관계, 종업원의 향상, 작업계획 및 인원 배치 등을 교육한다.
- 대상 계층이 한정되지 않은 정형교육으로 하루 8시간씩 2주간 실시하는 토의식 교육이다.

006

보호구 안전인증 고시에 따른 안전화 정의 중 다음 (   ) 안에 알맞은 것은?

> 중작업용 안전화란 (㉠)[mm]의 낙하높이에서 시험했을 때 충격과 (㉡ ±0.1)[kN]의 압축하중에서 시험했을 때 압박에 대하여 보호해 줄 수 있는 선심을 부착하여, 착용자를 보호하기 위한 안전화를 말한다.

① ㉠: 250, ㉡: 4.4 ② ㉠: 500, ㉡: 10
③ ㉠: 750, ㉡: 7.4 ④ ㉠: 1,000, ㉡: 15

해설 **안전화의 종류**

구분	내용
중작업용 안전화	1,000[mm]의 낙하높이에서 시험했을 때 충격과 (15.0±0.1)[kN]의 압축하중에서 시험했을 때 압박에 대하여 보호해 줄 수 있는 선심을 부착하여, 착용자를 보호하기 위한 안전화
보통작업용 안전화	500[mm]의 낙하높이에서 시험했을 때 충격과 (10.0±0.1)[kN]의 압축하중에서 시험했을 때 압박에 대하여 보호해 줄 수 있는 선심을 부착하여, 착용자를 보호하기 위한 안전화
경작업용 안전화	250[mm]의 낙하높이에서 시험했을 때 충격과 (4.4±0.1)[kN]의 압축하중에서 시험했을 때 압박에 대하여 보호해 줄 수 있는 선심을 부착하여, 착용자를 보호하기 위한 안전화

007

테일러(F. W. Taylor)가 제창한 기능형 조직(Functional organization)에서 발전된 조직의 중규모(100인~500인) 사업장에서 적합한 안전관리 조직의 유형은?

① 라인형 ② 스태프형
③ 라인-스태프형 ④ 프로젝트형

해설 **스태프형(참모형) 조직의 특징**
- 근로자 100~1,000명 정도의 중규모 사업장에 적합하다.
- 스태프는 안전에 관한 계획안의 작성, 조사, 점검 결과에 의한 조언, 보고의 역할을 한다.(스스로 생산 라인의 안전업무를 행할 수 없음)
- 테일러(F. W. Taylor)의 기능형(Functional) 조직에서 발전 → 분업의 원칙을 고도로 이용 → 책임과 권한을 직능적으로 분담

| 정답 | 004 ② 005 ④ 006 ④ 007 ②

008

A사업장에서 무상해, 무사고 위험순간이 300건 발생하였다면 버드(Frank Bird)의 재해구성비율에 따르면 경상은 몇 건이 발생하겠는가?

① 5　　② 10
③ 15　　④ 20

해설 **버드의 재해발생비율**

1:10:30:600 = 중상:경상(물적, 인적 손실):무상해 사고(물적 손실):무상해, 무사고

따라서 무상해, 무사고 위험순간이 300건 발생하였다면

경상은 $10 \times \frac{300}{600} = 5$건 발생한다.

009

연평균 근로자수가 1,100명인 사업장에서 한 해 동안 17명의 사상자가 발생하였을 경우 연천인율은 약 얼마인가? (단, 근로자가 1일 8시간, 연간 250일을 근무하였다.)

① 7.73　　② 13.24
③ 15.45　　④ 18.55

해설 **연천인율**

근로자 1,000명당 발생한 재해자 수이다.

연천인율 $= \frac{\text{연간재해자수}}{\text{연평균 근로자수}} \times 1,000 = \frac{17}{1,100} \times 1,000 = 15.45$

010

객관적인 위험을 작업자 나름대로 판정하여 위험을 수용하고 행동에 옮기는 것은?

① Risk Assessment　　② Risk Taking
③ Risk Control　　④ Risk Playing

해설 **리스크 테이킹(Risk Taking)**

객관적인 위험을 자기 나름대로 판정해서 의사결정을 하고 행동에 옮기는 인간의 심리특성으로, 안전태도가 불량한 사람에서 높은 빈도를 보인다.

관련개념

- Risk Assessment: 위험요인을 분석하고 그 크기를 평가, 분석하는 절차이다.
- Risk Control: 리스크를 최대한 적게 하기 위해 행하는 제어방식이다.

011

다음 중 안전교육의 단계에 있어 안전한 마음가짐을 몸에 익히는 심리적인 교육방법을 무엇이라 하는가?

① 지식교육　　② 실습교육
③ 태도교육　　④ 기능교육

해설

안전교육의 단계에 있어 안전한 마음가짐을 몸에 익히는 심리적인 교육방법은 태도교육이다.

관련개념 **안전교육의 3단계**

- 지식교육–기능교육–태도교육의 3단계로 진행된다.
- 지식교육: 근로자가 지켜야 할 규정 등을 교육한다.
- 기능교육: 작업 및 기술과 관련된 작업동작, 표준화 사항 등을 교육한다.
- 태도교육: 생활지도, 작업동작지도 등 안전의 습관화를 위한 교육이다.

012

산업안전보건법령에 따른 안전인증기준에 적합한지를 확인하기 위하여 안전인증기관이 하는 심사의 종류가 아닌 것은?

① 서면심사　　② 예비심사
③ 제품심사　　④ 완성심사

해설 **안전인증 심사의 종류**

구분	내용
예비심사	기계 및 방호장치·보호구가 유해·위험기계 등인지를 확인하는 심사
서면심사	유해·위험기계 등의 종류별 또는 형식별로 설계도면 등 유해·위험기계 등의 제품기술과 관련된 문서가 안전인증기준에 적합한지에 대한 심사
기술능력 및 생산체계 심사	유해·위험기계 등의 안전성능을 지속적으로 유지·보증하기 위하여 사업장에서 갖추어야 할 기술능력과 생산체계가 안전인증기준에 적합한지에 대한 심사
제품심사	유해·위험기계 등이 서면심사 내용과 일치하는지와 유해·위험기계 등의 안전에 관한 성능이 안전인증기준에 적합한지에 대한 심사

| 정답 | 008 ① 009 ③ 010 ② 011 ③ 012 ④

013

재해사례 연구의 진행단계로 옳은 것은?

① 사실의 확인 → 재해 상황의 파악 → 문제점의 발견 → 문제점의 결정 → 대책의 수립
② 문제점의 발견 → 재해 상황의 파악 → 사실의 확인 → 문제점의 결정 → 대책의 수립
③ 재해 상황의 파악 → 사실의 확인 → 문제점의 발견 → 문제점의 결정 → 대책의 수립
④ 문제점의 발견 → 문제점의 결정 → 재해상황의 파악 → 사실의 확인 → 대책의 수립

해설 재해사례 연구순서

- 전제조건: 재해 상황의 파악
- 제1단계: 사실의 확인
- 제2단계: 문제점 발견
- 제3단계: 근본적 문제점 결정
- 제4단계: 대책수립

014

재해 발생 건수 등의 추이를 파악하여 목표관리를 행하는 데 필요한 월별 재해발생건수를 그래프화 하여 관리선을 설정 관리하는 통계분석방법은?

① 파레토도
② 특성요인도
③ 크로스도
④ 관리도

해설 통계에 의한 재해원인 분석방법

파레토도	사고의 유형, 기인물 등 분류항목을 큰 순서대로 도표화하는 방법
특성요인도	특성과 요인관계를 도표로 하여 어골상으로 세분하는 방법
크로스도	2개 이상의 문제 관계를 분석하는 데 사용하는 것으로, 데이터를 집계하고 표로 표시하여 요인별 결과 내역을 교차한 크로스 그림을 작성하여 분석하는 방법
관리도	재해 발생 건수 등의 추이를 파악하여 목표 관리를 행하는 데 필요한 월별 재해 발생수를 그래프화하여 관리선을 설정·관리하는 방법

015

산업안전보건법령에 따른 안전보건표지의 기본모형 중 다음 기본모형의 표시사항으로 옳은 것은? (단, 색도기준은 2.5PB 4/10이다.)

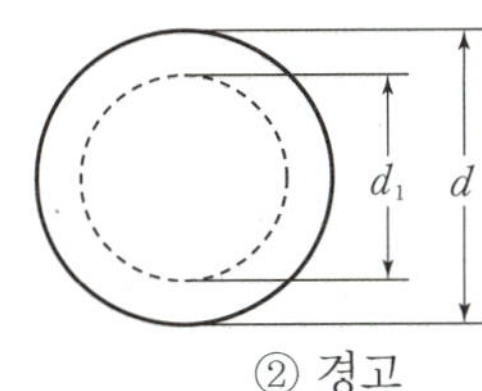

① 금지
② 경고
③ 지시
④ 안내

해설 안전보건표지의 기본모형

기본모형	규격비율	표시사항
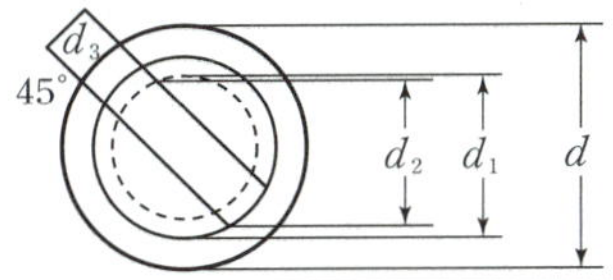	$d \geq 0.025L$ $d_1 = 0.8d$ $0.7d < d_2 < 0.8d$ $d_3 = 0.1d$	금지
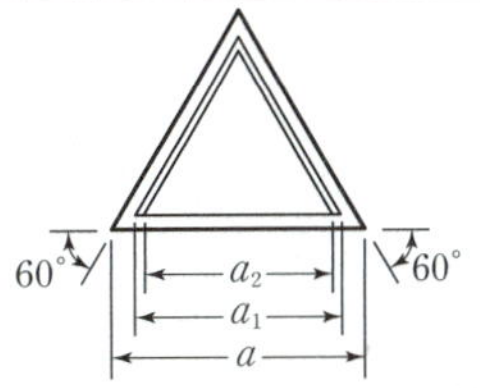	$a \geq 0.034L$ $a_1 = 0.8a$ $0.7a < a_2 < 0.8a$	경고
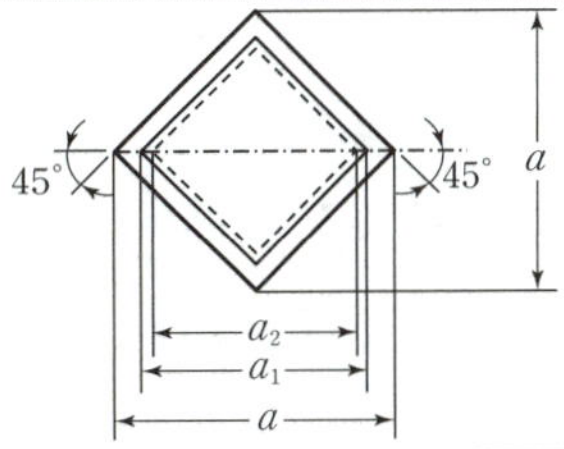	$a \geq 0.025L$ $a_1 = 0.8a$ $0.7a < a_2 < 0.8a$	경고
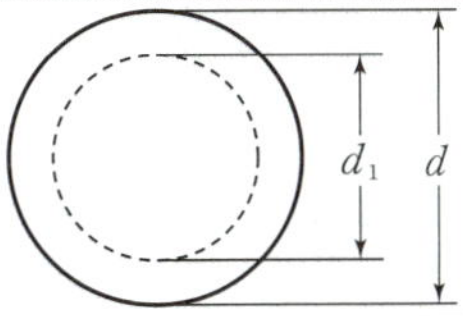	$d \geq 0.025L$ $d_1 = 0.8d$	지시

| 정답 | 013 ③ 014 ④ 015 ③

016

강도율 1.25, 도수율 10인 사업장의 평균 강도율은?

① 8 ② 10
③ 12.5 ④ 125

해설

$$\text{평균 강도율} = \frac{\text{강도율}}{\text{도수율}} \times 1{,}000 = \frac{1.25}{10} \times 1{,}000 = 125$$

관련개념 **평균 강도율**

재해 1건당 평균 근로손실일수이다.

$$\text{평균 강도율} = \frac{\text{강도율}}{\text{도수율}} \times 1{,}000$$

017

산업안전보건법상 산업안전보건위원회의 심의·의결사항이 아닌 것은?

① 산업재해 예방계획의 수립에 관한 사항
② 근로자의 건강진단 등 건강관리에 관한 사항
③ 중대재해의 원인 조사 및 재발 방지대책 수립에 관한 사항
④ 안전장치 및 보호구 구입 시 적격품 여부 확인에 관한 사항

해설

'안전장치 및 보호구 구입 시 적격품 여부 확인에 관한 사항'은 산업안전보건위원회의 심의·의결사항이 아니다.

관련개념 **산업안전보건위원회의 심의·의결사항**

- 사업장의 산업재해 예방계획의 수립에 관한 사항
- 안전보건관리규정의 작성 및 변경에 관한 사항
- 안전보건교육에 관한 사항
- 작업환경측정 등 작업환경의 점검 및 개선에 관한 사항
- 근로자의 건강진단 등 건강관리에 관한 사항
- 산업재해에 관한 통계의 기록 및 유지에 관한 사항
- 중대재해의 원인 조사 및 재발 방지대책 수립에 관한 사항
- 유해하거나 위험한 기계·기구·설비를 도입한 경우 안전 및 보건 관련 조치에 관한 사항
- 그 밖에 해당 사업장 근로자의 안전 및 보건을 유지·증진시키기 위하여 필요한 사항

018

사고예방대책의 기본원리 5단계 중 2단계의 조치사항이 아닌 것은?

① 자료수집 ② 제도적인 개선안
③ 점검, 검사 및 조사 실시 ④ 작업분석, 위험확인

해설 **하인리히의 사고예방대책 기본원리 5단계**

단계별 과정		내 용
제1단계	조직	• 경영층의 참여 • 안전관리자의 임명 • 안전의 라인 및 스태프 조직 구성 • 안전활동 방침 및 계획 수립 • 조직을 통한 안전활동
제2단계	사실의 발견	• 사고 및 안전활동 기록 검토 • 작업분석 • 안전점검 및 안전진단 • 사고조사 • 안전회의 및 토의 • 근로자의 제안 및 여론조사 • 관찰 및 보고서의 연구 등을 통하여 불안전 요소 발견
제3단계	분석평가	• 사고보고서 및 현장조사 • 사고기록 및 인적·물적 조건의 분석 • 작업공정분석 • 교육훈련분석 등을 통하여 사고의 직접원인 및 간접원인을 규명
제4단계	시정책의 선정	• 기술적 개선 • 인사조정 • 교육훈련의 개선 • 안전행정의 개선 • 규정 및 수칙, 작업표준제도의 개선 • 확인 및 통제체제 개선
제5단계	시정책의 적용	• 기술적(engineering) 대책 • 교육적(education) 대책 • 독려적(enforcement) 대책

| 정답 | 016 ④ 017 ④ 018 ②

019

재해 손실비 평가방식 중 하인리히 방식에 있어 간접비에 해당되지 않는 것은?

① 시설복구비용　　② 교육훈련비용
③ 장례비용　　④ 생산손실비용

해설

장례비용은 재해로 인한 사망자 유족에게 지급하는 비용으로 직접비(법적으로 지급되는 산재보상비)에 해당된다.

관련개념 **직접손실비용과 간접손실비용**

직접비 (법적으로 지급되는 산재보상비)		간접비 (직접비를 제외한 모든 비용)	
• 요양급여	• 휴업급여	• 인적손실	• 물적손실
• 장해급여	• 간병급여	• 생산손실	• 임금손실
• 유족급여	• 상병보상연금	• 시간손실	• 기타손실 등
• 장례비	• 직업재활급여		

020

보행 중 작업자가 바닥에 미끄러지면서 주변의 상자와 머리를 부딪침으로써 머리에 상처를 입은 경우 이 사고의 기인물은?

① 바닥　　② 상자
③ 머리　　④ 바닥과 상자

해설

재해발생의 주 원인은 바닥(기인물)이고, 직접적인 피해를 준 물체는 상자(가해물)이다.

관련개념 **기인물과 가해물**

- 기인물: 재해발생의 주 원인이며 재해를 가져오게 한 근원이 되는 기계, 장치, 물질 또는 환경 등(불안전한 상태)
- 가해물: 직접 사람에게 접촉하여 피해를 주는 기계, 장치, 물질 또는 환경 등

인간공학 및 시스템안전공학

021

동전던지기에서 앞면이 나올 확률 P(앞)=0.9이고, 뒷면이 나올 확률 P(뒤)=0.1일 때, 앞면과 뒷면이 나올 사건 각각의 정보량은?

① 앞면: 0.10[bit], 뒷면: 3.32[bit]
② 앞면: 0.15[bit], 뒷면: 3.32[bit]
③ 앞면: 0.10[bit], 뒷면: 3.52[bit]
④ 앞면: 0.15[bit], 뒷면: 3.52[bit]

해설

- 앞면의 정보량 $I(앞)=-\log_2 0.9=0.15$[bit]
- 뒷면의 정보량 $I(뒤)=-\log_2 0.1=3.32$[bit]

관련개념 **정보량(Information Content)**

정보량 $I(x)=-\log_2 P(x)$

022

주물공장 A작업자의 작업지속시간과 휴식시간을 열압박지수(HSI)를 활용하여 계산하니 각각 45분, 15분이었다. A작업자의 1일 작업량(TW)은 얼마인가? (단, 휴식시간은 포함하지 않으며, 1일 근무시간은 8시간이다.)

① 4.5시간　　② 5시간
③ 5.5시간　　④ 6시간

해설

작업지속시간이 45분, 휴식시간이 15분이므로 한 번의 작업과 휴식의 주기(사이클)는 45분+15분=60분=1시간이다. 하루 근무시간인 8시간 동안 A작업자가 일할 수 있는 사이클의 수는 8사이클이다. 각 사이클에서 작업시간은 45분이므로 8사이클 동안 작업한 총 시간은 45×8=360분=6시간이다.

| 정답 | 019 ③　020 ①　021 ②　022 ④

023

화학공장(석유화학사업장 등)에서 가동문제를 파악하는 데 널리 사용되며, 위험요소를 예측하고, 새로운 공정에 대한 가동문제를 예측하는 데 사용되는 위험성평가 방법은?

① SHA ② EVP
③ CCFA ④ HAZOP

해설 **위험성 및 운전성검토(HAZOP; Hazard and Operability Study)**
장비에 잠재된 위험이나 기능저하 등의 영향을 평가하기 위해서 공정이나 설계도 등에 체계적인 검토를 행하는 기법이다.
이 기법은 특히 화학공정에서 가동문제를 파악하고, 안전성을 높이기 위해 사용된다.

024

신체 반응의 척도 중 생리적 스트레스의 척도로 신체적 변화의 측정 대상에 해당하지 않는 것은?

① 혈압 ② 부정맥
③ 혈액성분 ④ 심박수

해설
혈액성분은 신체의 대사 상태를 반영하는 지표로, 스트레스에 의해 일시적으로 변화할 수 있지만 스트레스의 정도를 정확하게 측정하는 데에는 적합하지 않다.

관련개념 **스트레스를 측정하는 생리학적 척도**
- 심박수 변화
- 호흡속도 변화
- 근전도(EMG)변화
- 스트레스 호르몬 분비량 변화(코티솔 증가)

025

사용자의 잘못된 조작 또는 실수로 인해 기계의 고장이 발생하지 않도록 설계하는 방법은?

① FMEA ② HAZOP
③ Fail Safe ④ Fool Proof

해설 **Fool Proof**
사용자가 실수나 오류를 범하더라도 시스템이 문제없이 작동하도록 설계된 시스템이다.

관련개념 **Fail Safe**
시스템이 실패하거나 고장날 경우 안전한 상태로 전환되는 설계를 의미한다.

026

어떤 상황에서 정보 전송에 따른 표시장치를 선택하거나 설계할 때, 청각장치를 주로 사용하는 사례로 맞는 것은?

① 메시지가 길고 복잡한 경우
② 메시지를 나중에 재참조하여야 할 경우
③ 메시지가 즉각적인 행동을 요구하는 경우
④ 신호의 수용자가 한 곳에 머무르고 있는 경우

해설 **청각적 표시장치와 시각적 표시장치 비교**

청각적 표시장치	시각적 표시장치
전언이 간단하다.	전언이 복잡하다.
전언이 짧다.	전언이 길다.
전언이 후에 재참조 되지 않는다.	전언이 후에 재참조 된다.
전언이 시간적 사상을 다룬다.	전언이 공간적인 위치를 다룬다.
전언이 즉각적인 행동을 요구한다(긴급할 때).	전언이 즉각적인 행동을 요구하지 않는다.
수신장소가 너무 밝거나 암조응 유지 필요 시	수신장소가 너무 시끄러울 때
직무상 수신자가 자주 움직일 때	직무상 수신자가 한곳에 머무를 때
수신자의 시각계통이 과부하 상태일 때	수신자의 청각계통이 과부하 상태일 때

| 정답 | 023 ④ 024 ③ 025 ④ 026 ③

027

설계 강도 이상의 급격한 스트레스에 의해 발생하는 고장에 해당하는 것은?

① 초기고장 ② 우발고장
③ 마모고장 ④ 열화고장

해설 시스템의 수명곡선

시스템의 수명곡선은 제품이나 시스템의 고장률을 시간에 따라 설명하는 곡선으로, 세 가지 주요 구간으로 나뉜다.

구간	설명
초기고장(DFR)	주로 제조결함이나 초기결함으로 인한 고장으로 설계상 결함이나 제작 하자에 의해 발생하며 불충분한 작업, 부적절한 설치 등에 의해서도 발생한다.
우발고장(CFR)	고장률이 일정한 구간으로 정상적인 사용 중에 발생하는 예측 불가능한 고장이다. 제품에 가해지는 스트레스(부하)가 높거나, 사용자의 과도한 사용 및 오용 등으로 발생하며 폭발에 의한 건물 붕괴, 지진이나 충격 등에 의한 구조물 파손과 교량 파손 등이 이에 해당된다.
마모고장(IFR)	시스템의 노후화로 인해 고장이 증가하는 기간이며, 사용에 따른 마모(닳음), 부식, 산화, 피로, 노화 등으로 인해서 발생하는 고장이다.

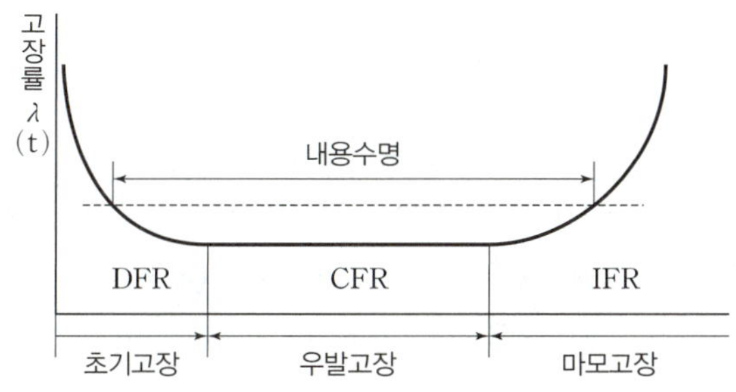

▲ 기계의 고장률(욕조곡선, Bathtub Curve)

028

수평 작업대에서 윗팔과 아래팔을 곧게 뻗어서 파악할 수 있는 작업 영역은?

① 작업공간 포락면 ② 정상작업영역
③ 편안한 작업 영역 ④ 최대작업영역

해설 작업공간

구분	설명
정상작업영역	윗팔을 자연스럽게 늘어뜨린 채 아래팔만으로 닿을 수 있는 영역을 말한다.
최대작업영역	작업자의 손과 팔이 닿을 수 있는 최대 영역을 말한다.
최소작업영역	작업자가 작업을 수행하기 위해 필요한 최소한의 영역을 말한다.
작업공간 포락면	작업자의 머리, 어깨, 팔, 손, 다리의 윤곽을 따라 그린 면이며 작업자의 실제 작업영역을 말한다.

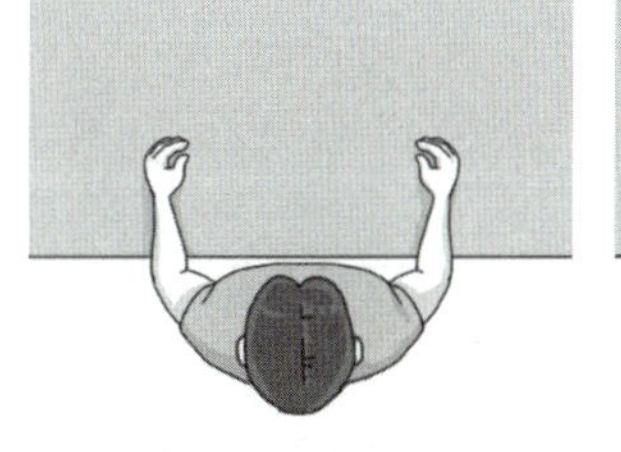
▲ 정상작업영역

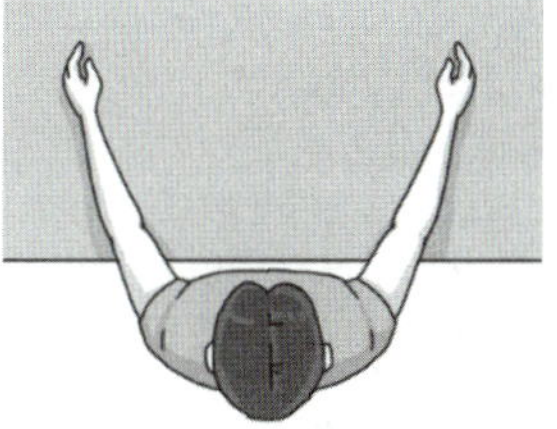
▲ 최대작업영역

029

체계분석 및 설계에 있어서 인간공학의 가치와 가장 거리가 먼 것은?

① 성능의 향상
② 인력의 이용률의 감소
③ 사용자의 수용도 향상
④ 사고 및 오용으로부터의 손실 감소

해설 인간공학의 가치

- 성능의 향상
- 인력의 이용률의 증가
- 사용자의 수용도 향상
- 사고 및 오용으로부터의 손실 감소
- 훈련비용의 절감
- 생산 및 장비유지의 경제성 증대

| 정답 | 027 ② 028 ④ 029 ②

030

항공기 위치 표시장치의 설계원칙에 있어, 다음의 설명에 해당하는 것은?

> 항공기의 경우 일반적으로 이동 부분의 영상은 고정된 눈금이나 좌표계에 나타내는 것이 바람직하다.

① 통합 ② 양립적 이동
③ 추종표시 ④ 표시의 현실성

해설

항공기의 경우 일반적으로 이동 부분의 영상은 고정된 눈금이나 좌표계에 나타내는 것이 바람직한데, 이는 인간의 기대와 일치하여(양립성) 표시될 수 있도록 위함이다.

관련개념 양립성의 종류

개념 양립성	코드나 심벌의 의미가 인간이 갖고 있는 개념과 일치하는 것
운동 양립성	조종기를 조작하거나 디스플레이 상의 정보가 움직일 때 반응 결과가 인간의 기대와 일치하는 것
공간 양립성	표시장치나 조종장치에서 물리적 형태나 공간적 배치가 인간의 기대와 일치하는 것

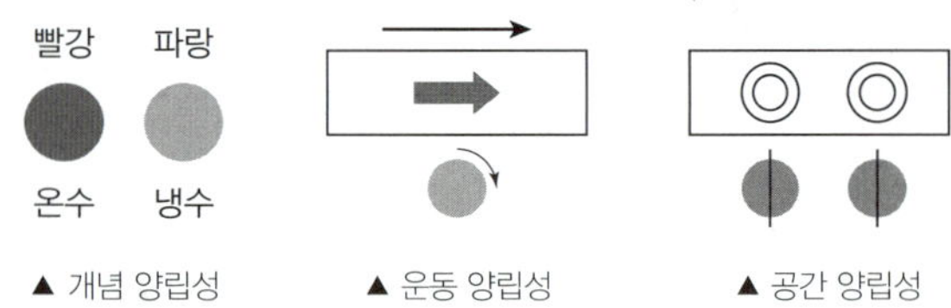

▲ 개념 양립성 ▲ 운동 양립성 ▲ 공간 양립성

031

소음을 방지하기 위한 대책으로 틀린 것은?

① 소음원 통제 ② 차폐장치 사용
③ 소음원 격리 ④ 연속소음 노출

해설

연속적으로 소음에 노출되는 것은 소음 방지 대책이 될 수 없다.
오히려 지속적인 소음 노출은 청력 손상, 집중력 저하, 스트레스 증가 등의 문제를 초래할 수 있다.

관련개념 소음원 제거 중 적극적인 대책

- 차음 장치 및 흡음재 사용
- 음향 처리제 사용
- 적절한 배치(Layout)

032

근골격계질환의 인간공학적 주요 위험요인과 가장 거리가 먼 것은?

① 과도한 힘 ② 부적절한 자세
③ 고온의 환경 ④ 단순 반복 작업

해설 근골격계질환 위험요인

- 근골격계 질환은 근육, 힘줄, 인대 등의 과도한 사용이나 부적절한 사용으로 인해 발생한다.
- 과도한 힘, 부적절한 자세, 단순 반복 작업은 근골격계 질환의 주요 위험요인으로 볼 수 있다.

033

조작자와 제어버튼 사이의 거리, 조작에 필요한 힘 등을 정할 때, 가장 일반적으로 적용되는 인체측정자료 응용원칙은?

① 조절식 설계원칙 ② 평균치 설계원칙
③ 최대치 설계원칙 ④ 최소치 설계원칙

해설

조작자(사람)와 제어버튼 사이가 멀면(최대치 설계) 조작이 불가능할 수 있기 때문에 조작자와 제어버튼 사이를 가깝게 하여 체격이 작은 사람과 힘이 약한 사람 등 모든 사람이 사용할 수 있게 최소치 설계를 기본 원칙으로 한다.

관련개념 인체측정자료 응용원칙

응용원칙	개념	예시
조절식 설계원칙	사용자의 신체적 특성에 따라 조절할 수 있도록 설계하는 원칙	자동차 의자, 조절식 의자 등
평균치 설계원칙	인체측정자료의 평균치를 기준으로 설계하는 원칙	은행 카운터 및 책상, 지하철 손잡이의 높이 등
최대치 설계원칙	인체측정자료의 최대치를 기준으로 설계하는 원칙	문 높이, 와이어로프의 사용중량 등
최소치 설계원칙	인체측정자료의 최소치를 기준으로 설계하는 원칙	조종장치, 선반의 높이, 비상벨의 위치 등

| 정답 | 030 ② 031 ④ 032 ③ 033 ④

034

다음 FT에서 G_1의 발생확률은?

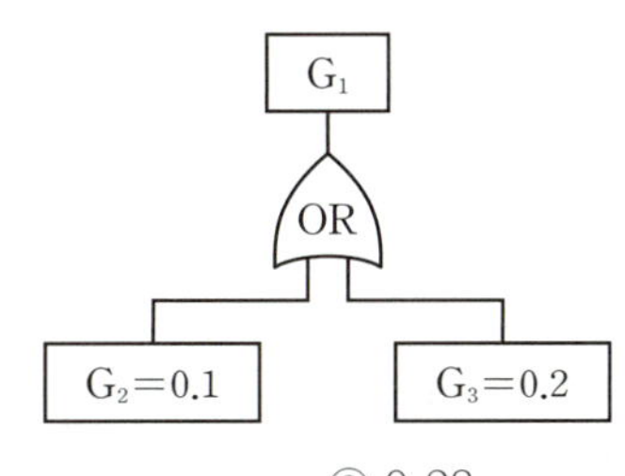

① 0.02　　② 0.28
③ 0.98　　④ 0.72

해설

G_1은 G_2, G_3의 OR 게이트이므로
G_1의 발생확률 $= 1-(1-G_2)\times(1-G_3) = 1-(1-0.1)\times(1-0.2) = 0.28$

035

인간-기계 시스템에서 기본적인 기능에 해당하지 않는 것은?

① 감각기능　　② 정보저장기능
③ 작업환경 측정 기능　　④ 정보처리 및 결정 기능

해설 인간-기계 시스템의 기본기능

감각기능	인간과 기계가 외부로부터 정보를 수집하는 기능
정보저장기능	수집한 정보를 저장하는 기능
정보처리 및 결정 기능	저장된 정보를 처리하고 의사결정을 내리는 기능
행동기능	의사결정에 따라 조작이나 행동을 수행하는 기능

관련개념 인간-기계 시스템의 기능별 종류 및 예시

구분	인간의 기능	기계의 기능
감각기능	시각, 청각, 촉각, 후각, 미각	기계적 감지장치, 전기적 감지장치, 화학적 감지장치
정보저장기능	기억	메모리 장치, 데이터베이스 장치
정보처리 및 결정기능	인지, 사고, 추론	프로그램의 알고리즘
행동기능	근육	모터, 엑추에이터 등의 장치

036

FT도 작성에 사용되는 기호에서 그 성격이 다른 하나는?

① 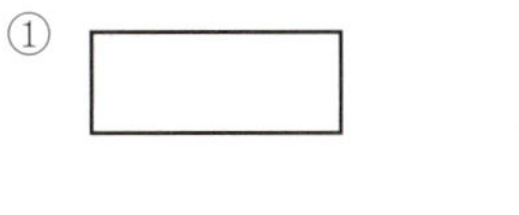
② 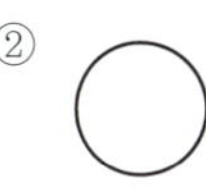
③ 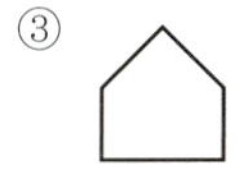
④ 

해설

①은 결함사상, ②는 기본사상, ③은 통상사상을 나타내는 사상기호이고 ④는 논리곱을 나타내는 AND 게이트로 논리기호이다.

037

거리가 있는 한 물체에 대한 약간 다른 상이 두 눈의 망막에 맺힐 때, 이것을 구별할 수 있는 능력은?

① Vernier Acuity
② Stereoscopic Acuity
③ Dynamic Visual Acuity
④ Minimum Perceptible Acuity

해설

거리가 있는 한 물체에 대한 약간 다른 상이 두 눈의 망막에 맺힐 때, 이것을 구별할 수 있는 능력은 입체시력(Stereoscopic Acuity)이다. 즉, 입체시력은 깊이의 어긋남, 먼 곳과 가까운 곳을 판단하는 능력을 말한다.

관련개념 최소 판별시력

한 쪽을 기준으로 다른 쪽 위치 이상을 구별할 수 있는 것을 말하며 두 개의 선이 어긋나 있는 것을 인식하는 능력이다.

- 배열시력(Vernier Acuity): 두 선분이나 격자 사이의 불일치를 식별하는 능력이며 하나의 평면 위에 두 개의 선이 서로 어긋나 있는 것을 인식하는 능력을 말한다.
- 동체시력(Dynamic Visual Acuity): 움직이는 물체를 인식하고 정확하게 추적하는 능력을 의미한다.
  달리는 자동차의 번호판 읽기, 축구를 하는 도중에 공을 따라가는 시선이 그 예시이다.
- 최소지각시력(Minimum Perceptible Acuity): 눈이 가장 작은 물체나 명암 차이를 감지할 수 있는 능력을 의미한다. 즉, 사람이 가장 미세한 점이나 선을 인지할 수 있는 최소의 시력을 뜻한다.

| 정답 | 034 ② 035 ③ 036 ④ 037 ②

038

인간이 느끼는 소리의 높고 낮은 정도를 나타내는 물리량은?

① 음압 ② 주파수
③ 지속시간 ④ 명료도

해설

주파수는 단위시간동안 진동하는 횟수로써 주파수에 의해 소리의 높고 낮음이 결정된다.

관련개념

- 음압: 음압은 소리의 세기를 나타내는 물리량
- 지속시간: 소리가 나는 시간의 길이를 나타내는 물리량
- 명료도: 소리의 선명하고 뚜렷한 정도를 나타내는 물리량

039

중추신경계의 피로 즉, 정신피로의 척도로 사용되는 것으로서 점멸률을 점차 증가(감소)시키면서 피실험자가 불빛이 계속 켜져 있는 것으로 느끼는 주파수를 측정하는 방법은?

① VFF ② EMG
③ EEG ④ MTM

해설 **점멸융합주파수(VFF; Visual Flicker Fusion Frequency)**

중추신경계의 피로인 정신피로의 척도로 사용되는 방법으로 점멸률을 점차 증가(감소)시키면서 피실험자가 불빛이 계속 켜져 있는 것으로 느끼는 주파수를 측정하여 피로 정도를 평가한다.

관련개념

- EMG(Electromyography): 근전도 검사이며, 근육의 전기적 활동을 기록하여 근육질환과 말초신경 질환을 진단한다.
- EEG(Electroencephalogram): 전극을 통해 뇌의 전기적 활동을 기록하는 전기생리학적 측정 방법이다.
- MTM(Methods-Time Measurement): 생산활동의 합리화를 위한 표준작업의 작업 시간과 동작을 측정하는 방법이다.

040

기능적으로 분류한 전형적인 안전성 설계기준과 거리가 먼 것은?

① 수송설비 ② 기계시스템
③ 유연생산시스템 ④ 화기 또는 폭약시스템

해설

유연생산시스템은 다양한 제품을 높은 생산성으로 제조하는 유연하고 효율적인 자동화 생산시스템을 말한다.

건설시공학

041

일반적인 공사의 시공속도에 관한 설명으로 옳지 않은 것은?

① 시공속도를 느리게 할수록 직접비는 증가된다.
② 급속공사를 강행할수록 품질은 나빠진다.
③ 시공속도는 간접비와 직접비의 합이 최소가 되도록 함이 가장 적절하다.
④ 시공속도를 빠르게 할수록 간접비는 감소된다.

해설 **공사속도에 따른 공사비의 변화**

- 시공속도는 간접공사비와 직접공사비의 합계가 최소가 되도록 하는 것이 가장 경제적이다.
- 매일 공사량은 손익분기점 이상의 공사량을 실시하여 채산성(생산성)이 있어야 한다.
- 공사속도를 빠르게 할수록 직접공사비는 증가하고, 간접공사비는 감소한다.
- 갑작스런 공사를 강행할수록 공사의 질은 조잡해진다.

| 정답 | 038 ② 039 ① 040 ③ 041 ①

042

경량골재콘크리트 공사에 관한 사항으로 옳지 않은 것은?

① 슬럼프 값은 180[mm] 이하로 한다.
② 경량골재는 배합 전 완전히 건조시켜야 한다.
③ 경량골재 콘크리트는 공기연행 콘크리트로 하는 것을 원칙으로 한다.
④ 물-결합재비의 최대값은 60[%]로 한다.

해설

경량골재는 충분히 살수하여 표면건조, 내부포수상태에서 사용한다.
경량골재는 일반골재에 비하여 물을 흡수하기 쉬우므로 이를 건조한 상태로 사용하면 비비기, 운반, 타설 중에 품질변동의 위험이 있다.

043

철근의 일반적인 정착위치에 관한 설명 중 옳지 않은 것은?

① 지중보 철근은 기초, 기둥에 정착한다.
② 기둥하부 철근은 큰 보, 작은 보에 정착한다.
③ 벽철근은 기둥, 보, 바닥판에 정착한다.
④ 바닥철근은 보, 벽체에 정착한다.

해설 **철근의 정착위치**

- 기둥의 주근은 기초에 정착한다.
- 큰 보의 주근은 기둥에 정착한다.
- 직교하는 단부 보의 밑에 기둥이 없을 때는 보 상호 간에 정착한다.
- 작은 보의 주근은 큰 보에 정착한다.
- 바닥철근은 보 또는 벽체에 정착한다.
- 지중보 철근은 기초 또는 기둥에 정착한다.
- 벽철근은 보, 기둥, 바닥판 또는 기초에 정착한다.

044

기둥 거푸집의 고정 및 측압 버팀용으로 사용하는 것은?

① 턴버클 ② 세퍼레이터
③ 플랫타이 ④ 컬럼밴드

해설 **컬럼밴드**

기둥 거푸집의 외부 사각면을 긴결시키는 부속재료로, 거푸집의 형태를 유지하고 콘크리트 타설 시 발생하는 측압을 지지한다. 다양한 크기의 기둥에 맞게 조절이 가능하다.

관련개념

- 턴버클: 너트로 된 몸체와 양쪽 나사로 되어 있어 장력이나 길이를 조정하기 위한 나선식 부속이다.
- 세퍼레이터: 거푸집 상호 간의 간격을 유지하고, 측벽두께를 유지하기 위한 부속재료이다.
- 플랫타이: 유로폼의 안쪽폼과 바깥쪽폼을 연결시키는 부속재료이다.

045

철골공사에서 현장 용접부 검사 중 용접 전 검사가 아닌 것은?

① 비파괴 검사 ② 개선 정도 검사
③ 개선면의 오염 검사 ④ 가부착 상태 검사

해설

비파괴 검사는 용접작업 후에 시행하여야 하는 검사이다.

관련개념 **용접부의 검사항목**

- 용접착수 전 검사: 모아대기법, 트임새 모양, 자세의 적부, 구속법
- 용접완료 후 검사: 외관검사, 초음파탐상시험, 방사선투과검사, 침투탐상시험, 자기분말탐상시험

| 정답 | 042 ② 043 ② 044 ④ 045 ①

046

철골부재 절단 방법 중 가장 정밀한 절단방법으로, 앵글커터(Angle Cutter) 등으로 작업하는 것은?

① 가스절단　② 전단절단
③ 톱절단　④ 전기절단

해설 **절단방법의 종류 및 특징**

- 전단절단: 대형 절단기로 눌러 절단하므로 절단면이 변형된다.
- 톱절단: 톱날을 이용하여 절단선을 따라 절단하므로 가장 정밀하게 절단된다. Angle Cutter, Hack Saw, Friction Saw 등으로 작업한다.
- 가스절단: 가스를 이용하여 절단하므로 열의 세기변화에 따라 절단면이 매끄럽지 못하고 변형된다.
- 정밀도 순서: 톱절단>전단절단>가스절단

047

지형과 지반의 상태에 따라 지하수가 펌프 사용 없이 솟아나는 자분샘물을 무엇이라 하는가?

① 히빙　② 보일링
③ 정압수　④ 피압수

해설 **피압수(Confined Ground Water)**

토사의 하중에 의해 상위토층 지하수보다 높은 수두를 가지는 지하수를 피압수라고 하며, 터파기로 인해 흙이 굴착되면서 터파기 저면에서 분출될 수 있다.

관련개념 **정압수두**

유체의 흐름에 평행인 물체의 표면에 유체가 수직으로 그 관벽을 미는 압력이다.

048

2개 이상의 기둥을 1개의 기초판으로 받치는 기초는?

① 독립기초　② 복합기초
③ 호박돌기초　④ 말뚝기초

해설 **복합기초**

허용지내력도가 작은 경우에 채택되는 방식으로, 2개 혹은 그 이상의 기둥의 하중을 합하여 하나의 푸팅으로 지지하는 형식의 기초이다.

관련개념

- 독립기초: 하나의 독립된 푸팅으로 단일 기둥의 하중을 지지하는 형식으로, 양질지반에 건립하며 비교적 낮은 3~4층 정도의 건물, 창고, 공장 등 긴 스팬의 건물 등에 많이 이용된다.
- 호박돌기초: 일종의 잡석 지정이다.
- 말뚝기초: 나무말뚝, 강재말뚝, 기성콘크리트 말뚝, 제자리 콘크리트 말뚝 등을 이용한다.

049

다음 용어에 대한 정의로 옳지 않은 것은?

① 함수비 $= \frac{\text{물의 무게}}{\text{토립자의 무게(건조중량)}} \times 100[\%]$

② 간극비 $= \frac{\text{간극의 부피}}{\text{토립자의 부피}} \times 100[\%]$

③ 포화도 $= \frac{\text{물의 부피}}{\text{간극의 부피}} \times 100[\%]$

④ 간극률 $= \frac{\text{물의 부피}}{\text{전체의 부피}} \times 100[\%]$

해설 **간극률의 정의**

간극률 $= \frac{\text{간극의 부피}}{\text{흙전체의 부피}} \times 100[\%]$

| 정답 | 046 ③　047 ④　048 ②　049 ④

050

지반보다 6[m]정도 깊은 경질지반의 기초파기에 가장 적합한 굴착기계는?

① Drag line　② Tractor shovel
③ Back hoe　④ Power shovel

해설 굴착용 기계

구분	굴착기계	특징	토질
셔블계	파워셔블	• 지반면보다 높은 곳의 굴착, 쇄석, 옮겨쌓기, 토사의 처리 등에 널리 쓰인다. • 굴착깊이: 3[m] 정도	굳은 점토, 암석, 토사
	드래그셔블(백호우)	• 지반면보다 낮은 곳의 굴착, 지하층 및 기초굴착, 토목공사나 수중굴착 등에 쓰인다. • 도로건설 작업 중 경사측면 굴착에 쓰인다. • 파는 힘이 강력하여 경질지반 굴착에 적합하다. • 굴착깊이: 5~8[m] 정도	자갈, 암석이 섞인 토사, 굳은 지반
	드래그라인	• 지반면보다 낮은 곳의 굴착, 연약한 지반의 깊은 굴착 등에 쓰인다. • 굴착깊이: 8[m] 정도	암석, 암석이 섞인 토사, 연약한 지반
	클램쉘	• 좁은 곳의 수직굴착, 자갈 등의 적재, 연약한 지반이나 수중굴착 등에 쓰인다. • 굴착깊이: 보통 8[m], 최대 18[m] 정도	자갈, 암석, 연약한 지반
트랙터계	불도저	• 직선 송토작업, 단단한 지반과 암석작업 등에 널리 쓰인다. 배토판은 상하로만 움직인다. • 운반거리: 최대 100[m], 적정 50~60[m]	암석, 굳은 지반

051

거푸집의 강도 및 강성에 대한 구조계산 시 고려할 사항과 가장 거리가 먼 것은?

① 동바리 자중　② 작업하중
③ 콘크리트 측압　④ 콘크리트 자중

해설 거푸집 설계 시 고려할 하중

구분	고려할 하중
벽, 기둥, 보 옆	• 생콘크리트 중량 • 생콘크리트 측압력
보, 슬래브 밑면	• 생콘크리트 중량 • 충격하중 • 작업하중

052

네트워크 공정표의 구성요소 중 부주공정(Semi-Critical Path)에 관한 설명으로 옳지 않은 것은?

① 여유시간이 상대적으로 적은 공정을 의미한다.
② 공정이 부분적 또는 불연속적으로 발생한다.
③ 공기단축 시 관리대상에서는 제외된다.
④ 주공정화 할 가능성이 많은 공정이다.

해설 네트워크 공정표의 공기단축

부주공정은 주공정(Critical Path)과 비교하여 여유시간이 상대적으로 적지만 완전히 없는 것은 아니다. 따라서 주공정이 변경될 경우 부주공정이 주공정이 될 가능성이 높으며, 일정 조정 시 중요한 관리대상이 된다.

| 정답 | 050 ③　051 ①　052 ③

053

공사계약서 내용에 포함되어야 할 내용과 가장 거리가 먼 것은?

① 공사내용(공사명, 공사장소)
② 재해방지대책
③ 도급금액 및 지불방법
④ 천재지변 및 그 외의 불가항력에 의한 손해부담

해설

재해방지대책은 시공계획 수립 시 포함되어야 할 사항이다.

관련개념 **공사계약서 작성내용**

- 공사내용(도면, 시방서 첨부)
- 착공시기 및 완공시기, 검사, 인도시기
- 도급금액, 지불시기 및 지불방법
- 시공 중 제3자가 입은 손해부담 사항
- 천재지변에 따른 손해부담
- 설계변경 및 공사중지 시의 도급액 변경 및 손해부담
- 물가변동에 따른 도급액 변경
- 계약에 관한 분쟁의 해결방법
- 계약자의 이행지연, 이행지연에 따른 이자, 기타 손해에 관한 사항
- 하자보수에 관한 사항

054

철골공사에 관한 설명으로 옳지 않은 것은?

① 현장용접 시 기온과 관계없이 부재를 예열하지 않는다.
② 세우기 장비는 철골구조의 형태 및 총중량을 고려한다.
③ 철골 세우기는 가조립 후 변형 바로잡기를 한다.
④ 가조립 시 최소 2개 이상 가볼트 조임한다.

해설

철골용접 변형을 예방하기 위해 모재에 미리 열을 가하여 예열을 실시하여야 하는데, 모재의 표면온도가 0[℃] 이하일 때는 적어도 20[℃] 이상 예열하여야 한다.

관련개념 **예열조건**

- 강재의 밀시트에서 계산한 탄소당량이 0.44[%]를 초과할 때
- 모재의 표면온도가 0[℃] 이하일 때
- 경도가 370 초과일 때

055

내화피복의 공법과 재료와의 연결이 옳지 않은 것은?

① 타설공법 – 콘크리트, 경량콘크리트
② 조적공법 – 콘크리트, 경량콘크리트 블록, 돌, 벽돌
③ 미장공법 – 뿜칠 플라스터, 알루미나 계열 모르타르
④ 뿜칠공법 – 뿜칠 암면, 습식 뿜칠 암면, 뿜칠 모르타르

해설 **철골 내화피복 공법의 종류**

도장공법		내화도료 도포
습식 공법	타설공법	강재 주위에 콘크리트, 경량콘크리트를 타설한다.
	조적공법	블록, 벽돌 등을 쌓는다.
	미장공법	단열 모르타르, 펄라이트 등을 시공한다.
	뿜칠공법	암면과 시멘트 등을 혼합·뿜칠한다.
건식 공법	성형판붙임공법	PC판, ALC판, 무기섬유 강화 석고보드 등을 부착한다.
	멤브레인공법	암면 흡음판을 철골에 부착한다.
합성공법	이종재료 적층	바탕에는 석면성형판, 상부에는 질석 플라스터로 마무리한다.
	이질재료 접합	외부는 PC판, 내부는 규산칼슘판으로 마감한다.

056

콘크리트 배합시 시멘트 15포대(600[kg])가 소요되고 물시멘트비가 60[%]일 때 필요한 물의 중량[kg]은?

① 360[kg]　　② 480[kg]
③ 520[kg]　　④ 640[kg]

해설

$$\text{물시멘트비(W/C)} = \frac{\text{물의 중량}}{\text{시멘트의 중량}} \times 100\text{이므로}$$

$$\text{물의 중량} = \frac{\text{물시멘트비} \times \text{시멘트의 중량}}{100} = \frac{60 \times 600}{100} = 360[\text{kg}]$$

| 정답 | 053 ② 054 ① 055 ③ 056 ①

057

지름 3~5[cm] 정도의 파이프 끝에 여과기를 달아 1~2[m] 간격으로 박고, 이를 수평으로 굵은 파이프에 연결하여 진공으로 물을 뽑아내어 지하수위를 저하시키는 공법은?

① 웰포인트 공법　② 슬러리 월 공법
③ 페이퍼 드레인 공법　④ 샌드 드레인 공법

해설 **웰포인트 공법**
지중에 웰포인트라 불리우는 지름 5[cm], 길이 1[m] 정도의 필터가 달린 흡수기를 1~2[m] 간격으로 설치하고 펌프로 지하수를 끌어 올림으로써 지하수위를 낮추는 공법이다. 연약지반의 압밀촉진 등에 이용된다.

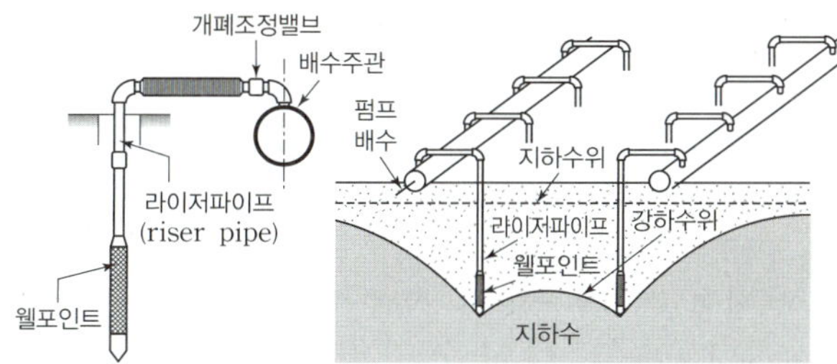

058

공업화 공법(PC 공법)에 의한 콘크리트 공사의 특징과 관련이 없는 것은?

① 프리패브 공법이기 때문에 현장에서의 공정이 단축된다.
② 기상의 영향을 덜 받는다.
③ 각 부품의 접합부가 일체화되기가 어렵다.
④ 품질의 균질성을 기대하기 어렵다.

해설
PC 공법은 공장에서 미리 제작한 콘크리트 부재를 현장에서 조립하는 방식의 건축 공법으로, 공장에서 품질관리가 되므로 품질이 균질하다.

관련개념 **PC(Precast Concrete) 공법의 장단점**

구분	내용
장점	• 공장생산으로 일정품질 확보 • 공사기간 단축 • 대량생산으로 원가 절감 • 기후의 영향을 받지 않음(동절기 시공 가능)
단점	• 대형부재의 운반 어려움 • 이동 중 파손 우려 • 접합부의 품질 저하

059

철골공사에서 철골세우기 계획을 수립할 때 철골제작공장과 협의해야 할 사항이 아닌 것은?

① 철골세우기 검사 일정 확인　② 반입 시간의 확인
③ 반입 부재수의 확인　④ 부재 반입의 순서

해설
철골세우기 공정에 맞춰 제작 → 반입 → 조립되어야 하므로 현장 반입 시 철골제작공장과 협의 사항은 아래와 같다.
• 반입 자재의 형상, 치수, 중량 등에 따른 제작
• 조립 순서에 의한 반입의 순서, 시간

060

콘크리트 블록쌓기에 대한 설명으로 틀린 것은?

① 보강근은 모르타르 또는 그라우트를 사춤하기 전에 배근하고 고정한다.
② 블록은 살두께가 작은 편을 위로 하여 쌓는다.
③ 인방블록은 창문틀의 좌우 옆 턱에 200[mm] 이상 물린다.
④ 모서리 등 기준이 되는 부분을 정확하게 쌓은 다음 수평실을 친다.

해설
콘크리트 블록쌓기 시 블록은 살두께가 큰 편을 위로 하여 쌓아야 한다.

| 정답 | 057 ① 058 ④ 059 ① 060 ②

건설재료학

061

금속의 부식을 최소화하기 위한 방법으로 옳지 않은 것은?

① 표면을 평활하게 하고 가능한 한 습한 상태를 유지할 것
② 가능한 한 이종금속을 인접 또는 접촉시켜 사용하지 말 것
③ 큰 변형을 준 것은 가능한 한 풀림하여 사용할 것
④ 부분적으로 녹이 나면 즉시 제거할 것

해설 **금속의 부식방지법(표면방식법)**

- 수분과 습기에 접촉하지 않게 한다.
- 표면을 청결하게 하고 기름칠하여 녹이 발생하지 않게 한다.
- 서로 다른 금속은 접촉하지 않도록 한다.
- 불균질한 철재는 풀림(Annealing)을 해서 균질화하여 사용하도록 한다.

062

건축재료의 역학적 성질에 속하지 않는 항목은?

① 탄성 ② 비중
③ 강성 ④ 소성

해설 **역학적 성질과 물리적 성질**

역학적 성질	물리적 성질
• 응력과 하중 • 강성 • 탄성과 소성 • 응력변형도 곡선 • 탄성계수 • 강도 • 인성과 취성 • 연성과 전성 • 경도	• 비중 • 함수율 • 흡수와 투수 • 열적 성질 – 열전도율 – 열용량 – 열팽창과 수축 – 열에 의한 연화 – 용융 • 빛에 대한 성질 • 음에 대한 성질

063

다음 시멘트 중 댐 등 단면이 큰 구조물에 적용하기 어려운 것은?

① 중용열포틀랜드 시멘트
② 고로시멘트
③ 플라이애쉬 시멘트
④ 조강포틀랜드 시멘트

해설

조강포틀랜드 시멘트는 수화열이 커서 댐 등의 큰 구조물에 부적합하다.

관련개념 **조강포틀랜드 시멘트**

- 성분 중에 CaO, Al_2O_3 등을 많이 사용하고 보통포틀랜드 시멘트보다 C_3S를 늘린 것이다.
- 분말도를 4,000~4,500[cm^2/g]가 되도록 미분쇄한다.
- 수화속도가 빨라 1종 시멘트의 7일 강도가 3일 만에 발현되어 공사기간이 단축된다.
- 긴급공사, 동절기 공사, 수중공사, 해중공사에 적용 가능하다.

064

일반적으로 목재의 강도 중 가장 작은 것은?

① 압축강도 ② 전단강도
③ 인장강도 ④ 휨강도

해설 **목재의 강도**

인장강도 > 휨강도 > 압축강도 > 전단강도

관련개념 **목재의 강도**

종류	설명
인장강도	• 목재를 양방향에서 잡아당기는 외부의 힘에 대한 저항력이다. • 목재의 섬유방향이 가장 크고, 그것의 직각방향이 가장 작다.
압축강도	목재의 양방향에서 내부로 미는 힘에 대한 저항력이다.
전단강도	목재에 전단력을 가할 때 재료에 전단파괴가 일어나는 최대응력이다.
휨강도	목재의 양 끝을 받치고 하중을 가하면 휘어지게 되는데, 이에 저항하는 힘의 크기를 말한다.

| 정답 | 061 ① 062 ② 063 ④ 064 ②

065

기건상태인 목재의 함수율은 약 얼마인가?

① 10[%] 정도 ② 15[%] 정도
③ 20[%] 정도 ④ 25[%] 정도

해설 **기건상태**

대기 중의 습도와 균형상태로, 목재의 함수율은 15[%] 정도이다.

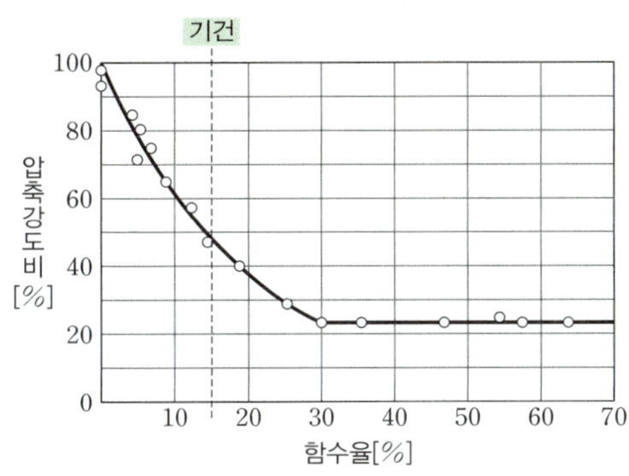

▲ 목재의 함수율에 따른 압축강도비

066

철골조 용접 공작에서 용접봉의 피복재 역할로 옳지 않은 것은?

① 함유 원소를 이온화하여 아크를 안정시킨다.
② 용착 금속에 합금 원소를 가한다.
③ 용착 금속의 산화를 촉진하여 고열을 발생시킨다.
④ 용융 금속의 탈산, 정련을 한다.

해설 **용접봉 피복재의 역할**

- 아크를 안정시킨다.
- 산화, 질화 등의 해를 방지하고, 용착금속을 보호한다.
- 용착 금속의 냉각 속도를 느리게 하여 급랭을 방지한다.
- 용착 금속의 탈산, 정련 작용을 하고, 용융점이 낮은 적당한 점성의 가벼운 슬래그를 생성한다.
- 슬래그의 제거를 쉽게(박리성) 하고, 파형이 고운 비드를 만든다.
- 스패터의 발생을 감소시킨다.
- 용착 금속에 필요한 합금 원소들을 가한다.
- 절연 작용을 한다.
- 용융 금속의 용적을 미세화하여 용착효율을 증대시킨다.

067

포틀랜드시멘트의 화학성분 중 가장 많은 부분을 차지하는 성분은?

① 석회(CaO) ② 실리카(SiO_2)
③ 알루미나(Al_2O_3) ④ 산화철(Fe_2O_3)

해설 **포틀랜드시멘트의 성분**

성분	명칭	분량[%]
주성분	실리카(SiO_2)	20~26
	알루미나(Al_2O_3)	4~9
	석회(CaO)	60~66
부성분	산화철(Fe_2O_3)	2~4
	마그네시아(MgO)	1~3
	무수황산(SO_3)	1~2.8
잡성분	불용해 성분	0.1~1
기타	황화물, 유황, 알칼리, 인의 산화물	소량
	강열감량(Ignition Loss)	–

068

돌로마이트 플라스터에 대한 설명으로 옳지 않은 것은?

① 풀이 필요하지 않아 변색, 냄새, 곰팡이가 없다.
② 소석회에 비해 점성이 낮으며, 약산성이므로 유성페인트 마감을 할 수 있다.
③ 응결시간이 길다.
④ 회반죽에 비하여 조기강도 및 최종강도가 크다.

해설 **돌로마이트 플라스터**

- 회반죽에 비해 응결이 빠르며, 강도가 크다.
- 건조수축이 커서 균열의 우려가 있고, 밑바름두께와 그 건조도의 영향이 크며, 물에 약한 결점이 있다.
- 점성이 높아 풀을 넣을 필요가 없다.
- 냄새, 곰팡이가 없고, 변색되지 않는다.

| 정답 | 065 ② 066 ③ 067 ① 068 ②

069

강의 탄소함유량이 증가함에 따른 성질 변화에 관한 설명으로 옳지 않은 것은?

① 경도가 높아진다. ② 인성이 낮아진다.
③ 연성이 낮아진다. ④ 용접성이 좋아진다.

해설

탄소강의 용접성은 탄소함량이 증가함에 따라 점차 감소한다.

관련개념 **탄소함유량에 따른 탄소강의 성질 변화**

탄소강이란 탄소함량이 0.02~2.1[%]인 강재이다.

탄소함유량이 증가할 때 0.8[%]까지는 강도, 경도, 항복점, 인장강도가 증가하고, 그 이상이 되면 경도는 높아지고, 인장강도는 감소하며, 취성이 증가한다.

070

건물의 바닥 충격음을 저감시키는 방법에 대한 설명으로 틀린 것은?

① 유리면 등의 완충재를 바닥공간 사이에 넣는다.
② 부드러운 표면마감재를 사용하여 충격력을 작게 한다.
③ 바닥을 띄우는 이중바닥으로 한다.
④ 바닥슬래브의 중량을 작게 한다.

해설

충격음 저감을 위해 바닥슬래브의 중량을 크게 하여야 한다.

관련개념 **바닥 충격음 저감대책**

- 뜬 바닥(Floating Floor) 공법: 완충재를 설치하여 충격에너지를 최소화한다.
- 중량 고강성 바닥 공법: 바닥의 두께와 밀도를 증가시킨다.
- 표면 완충공법: 유연한 마감재로 충격음을 완화시킨다.
- 차음이 되도록 이중 천정을 설치한다.

071

도료의 저장 중 또는 용기 내 방치 시 도료의 표면에 피막이 형성되는 현상의 발생 원인과 가장 관계가 먼 것은?

① 피막방지제의 부족이나 건조제가 과잉일 경우
② 용기 내에 공간이 커서 산소의 양이 많을 경우
③ 부적당한 시너로 희석하였을 경우
④ 사용잔량을 뚜껑을 열어둔 채 방치하였을 경우

해설

시너로 희석하면 형성된 피막도 제거된다.

관련개념 **피막형성 현상**

유성, 알키드 도료의 표면이 캔 용기 속의 공기로 인해 산화건조하여 도료의 표면층에 불용성의 피막이 발생하는 현상이다.

- 도료의 저장 중 피막형성 원인
  - 피막방지제의 부족 또는 건조제의 과잉
  - 캔 용기 내의 공간이 너무 많아 산소의 내장량이 많음
  - 사용하고 남은 도료를 밀봉하지 않은 채 방치
- 도료의 저장 중 생기는 현상
  - 증점(겔화, Gelling)
  - 침전(Caking)
  - 피막(Skinning)
  - 수지분 분리

072

다음 중 목재의 건조 목적이 아닌 것은?

① 전기절연성의 감소
② 목재수축에 의한 손상 방지
③ 목재강도의 증가
④ 균류에 의한 부식 방지

해설

잘 건조된 목재는 전기절연성이 우수하다.

관련개념

건조된 목재일수록 강도가 크고, 잘 건조된 목재는 저압 전기에 대해서는 불량도체라고 생각해도 무방하다. 그러나 목재의 함유 수분이 증가할수록 전기가 잘 통하며 전기저항과 함수율 간에는 일정한 관계가 성립한다.

| 정답 | 069 ④ 070 ④ 071 ③ 072 ①

073

플라스틱의 특성에 관한 설명으로 옳지 않은 것은?

① 전기절연성이 양호하다.
② 내열성 및 내후성이 강하다.
③ 착색이 자유롭고 높은 투명성을 가질 수 있다.
④ 내약품성이 있고 접착성이 우수하다.

해설
플라스틱은 열에 약하고 외기 환경, 특히 자외선의 노출시간에 따라 손상이 일어난다.

관련개념 **플라스틱 제품의 특징**
- 강도가 비교적 크다.
- 전기절연성이 우수하다.
- 열에 약하다.
- 성형하기 쉬워 대량생산이 가능하다.
- 산, 알칼리, 기름 등에 강하다.
- 내구성이 좋다.

074

다음 중 천연석에 해당되지 않는 것은?

① 트래버틴　　② 대리석
③ 화강석　　④ 테라조

해설 **테라조(Terrazzo)**
대리석의 쇄석을 종석으로 하여 백색 포틀랜드시멘트에 안료를 섞어 된비빔하여 콘크리트판의 편면에 치어 부은 후 바이브레이터로 다져 성형한 다음 경화된 후에 가공·연마하여 대리석과 같이 미려한 광택을 갖도록 마감한 인조석을 총칭한다.

관련개념 **트래버틴(Travertin)**
대리석의 일종으로 석질이 불균질하고 다공질이며, 황갈색의 반문, 아치가 있어 주로 특수 실내 장식재로 사용되며 이탈리아에서 우수한 품질의 재료가 생산된다.

075

목재 제품 중 합판에 관한 설명으로 옳지 않은 것은?

① 방향에 따른 강도차가 적다.
② 곡면가공을 하여도 균열이 생기지 않는다.
③ 여러 가지 아름다운 무늬를 얻을 수 있다.
④ 함수율 변화에 의한 신축변형이 크다.

해설 **합판의 특성**
- 강도: 교착이 잘된 것은 원목보다 강하고 균열, 찢어짐, 변형 등에 대한 저항이 크다.
- 안정도: 함수율 변화에 의한 신축변형이 적고 방향성이 없으며, 두께에 비해 강도도 크다.
- 못박기: 보통판에 비해 못의 보지력(保持力)이 크다.
- 경제성: 비교적 작은 직경의 모재에서도 넓은 판을 얻을 수 있으며 곡면가공을 하여도 균열이 생기지 않고 무늬도 일정하다.

관련개념 **합판의 이점**
- 방향에 따른 강도의 차, 팽창수축이 적고 불규칙한 변형이 일어나지 않는다.
- 열, 음향의 전도율이 낮다.
- 내수성, 내습성이 크다.
- 못, 나무못에 접합이 간단하다.
- 같은 원목에서 많은 정목판, 목리판을 제작할 수 있고 매우 저렴한 값으로 외관이 아름다운 판자를 얻을 수 있다.
- 3×6 척, 4×8 척 등으로 규격되어 있어 사용상 편리하다.

076

다음 중 골재로 사용할 수 없는 것은?

① 락울(rock wool)　　② 질석(vermiculite)
③ 펄라이트(perlite)　　④ 화산자갈(volcanic gravel)

해설
락울은 단열재료로, 골재로 사용할 수 없다.
질석, 펄라이트, 화산자갈 등은 내화품질 골재로 사용할 수 있다.

| 정답 | 073 ②　074 ④　075 ④　076 ①

077

수분 상승으로 인하여 콘크리트의 표면에 떠올라 얇은 피막으로 되어 침적한 물질은?

① 레이턴스　　② 폴리머
③ 마그네시아　　④ 포졸란

해설 **레이턴스(Laitance)**

콘크리트 타설 과정에서 물과 시멘트 입자가 혼합되어 표면에 떠오르는 약한 층이다. 보통 타설 후 경화 과정에서 발생하며, 콘크리트의 표면 품질과 구조적 성능에 영향을 미칠 수 있으므로 제거 및 관리가 필요하다.

관련개념

- 폴리머(Polymer): 분자량이 낮은 분자인 모노머(단위체)가 공유결합으로 많이 연결되어 이루어진 높은 분자량의 거대분자를 말한다.
- 포졸란(Pozzolan): 실리카질 또는 실리카질과 알루미나질의 미분말로서 그 자체에는 수경성이 없으나 미분상의 것은 물이 있는 곳에서 시멘트가 수화할 때 생기는 수산화칼슘과 상온에서 서서히 화합하여 불용성의 화합물을 만든다.

078

어떤 석재의 질량이 다음과 같을 때 이 석재의 표면건조포화상태의 비중은?

- 공시체의 건조질량: 400[g]
- 공시체의 물 속 질량: 300[g]
- 공시체의 침수 후 표면건조포화상태의 공시체의 질량: 450[g]

① 1.33　　② 1.50
③ 2.67　　④ 4.51

해설

표면건조포화상태의 비중 $= \frac{A}{B-C} = \frac{400}{450-300} = 2.67$

여기서, A: 공시체를 건조로(105±2[℃]) 속에서 무게의 변화가 없을 때까지 건조했을 때의 절대건조공기 중 중량[g]
B: 공시체를 48시간 이상 증류수나 여과수에 침수 후 표면건조포화상태의 공기 중 중량[g]
C: 공시체의 수중 중량[g]

079

점토의 물리적 성질에 관한 설명으로 옳지 않은 것은?

① 점토의 압축강도는 인장강도의 약 5배 정도이다.
② 양질 점토일수록 가소성이 좋다.
③ 순수한 점토일수록 ~~용융~~점이 높고 강도도 크다.
④ 불순 점토일수록 비중이 크다.

해설 **점토의 성질**

- 점토의 압축강도는 인장강도의 약 5배이다.
- 점토를 소성하면 용적, 비중 등의 변화가 일어나며 강도가 증대된다.
- 세립분이 50[%] 이상으로 모래 성분이 상당히 포함되어 있다.
- 공극률은 입자의 형상, 크기와 관련한다.
- 순수한 점토일수록 비중과 강도가 크다.
- 불순물이 많은 점토일수록 비중이 작고 강도가 떨어진다.
- 주성분은 실리카(SiO_2)와 알루미나(Al_2O_3)이다.
- 점토의 가소성은 점토의 질, 입자의 크기, 함수량, 비비기 정도, 시간, 온도에 영향을 많이 받는다.
- 알루미나(Al_2O_3)가 많은 점토는 가소성이 우수하다.
- 점토의 가소성은 입자가 작을수록 좋다.
- 물과 결합하여 가소성을 가지고, 열과 반응하여 화학적 변화를 일으킨다.
- 철산화물이 많을수록 적색을 띠고, 석회물질이 많을수록 황색을 띤다.

080

풍화된 시멘트를 사용했을 경우에 관한 설명으로 옳지 않은 것은?

① 응결이 늦어진다.　　② 수화열이 증가한다.
③ 비중이 작아진다.　　④ 강도가 감소된다.

해설 **풍화된 시멘트의 성질**

- 밀도가 작아진다.
- 수화열이 감소하고 응결이 늦어진다.(이상응결을 일으킨다.)
- 강도발현이 늦어지고 초기강도, 압축강도가 작다.
- 블리딩이 증가하고, 건조수축 및 균열이 크다.
- 강열감량(풍화를 나타내는 척도)이 커진다.

관련개념 **시멘트의 풍화**

시멘트를 공기 중에 방치하거나 통기성이 있는 곳에 장기저장 시 공기 중의 수분이나 이산화탄소와 반응하여 굳어지면서 품질이 저하된다.

| 정답 | 077 ① 078 ③ 079 ④ 080 ②

건설안전기술

081

철도(鐵道)의 위를 가로질러 횡단하는 콘크리트 고가교가 노후화되어 이를 해체하려고 한다. 철도의 통행을 최대한 방해하지 않고 해체하는 데 가장 적당한 해체용 기계·기구는?

① 철제해머　　② 압쇄기
③ 핸드브레이커　　④ 절단기

해설
운행 중인 전차선로의 지장을 최소화하여 인력작업 등에 의한 해체작업을 위해서는 절단기를 이용하여 작업하는 것이 효과적이다.

082

강풍 시 타워크레인의 운전작업을 중지해야 하는 순간풍속 기준은?

① 순간풍속이 초당 10[m] 초과
② 순간풍속이 초당 15[m] 초과
③ 순간풍속이 초당 20[m] 초과
④ 순간풍속이 초당 30[m] 초과

해설 **악천후 시 순간풍속에 따른 안전조치**

순간풍속	시기	조치사항
10[m/s] 초과	–	타워크레인의 설치·수리·점검 또는 해체 작업 중지
15[m/s] 초과	–	타워크레인의 운전작업 중지
30[m/s] 초과	바람이 불어올 우려가 있는 경우	옥외 주행 크레인의 이탈방지장치 작동 등 이탈방지 조치
	바람이 불거나 중진 이상 진도의 지진	옥외 양중기의 이상 점검
35[m/s] 초과	바람이 불어올 우려가 있는 경우	• 건설용 리프트의 받침수 증가 등 붕괴 방지 조치 • 옥외용 승강기의 받침수 증가 등 무너짐방지 조치

083

건설공사 현장에서 사다리식 통로 등을 설치하는 경우 준수해야 할 기준으로 옳지 않은 것은?

① 사다리의 상단은 걸쳐놓은 지점으로부터 40[cm] 이상 올라가도록 할 것
② 폭은 30[cm] 이상으로 할 것
③ 사다리식 통로의 기울기는 75° 이하로 할 것
④ 발판의 간격은 일정하게 할 것

해설 **사다리식 통로 설치 시 준수사항**

- 견고한 구조로 할 것
- 심한 손상·부식 등이 없는 재료를 사용할 것
- 발판의 간격은 일정하게 할 것
- 발판과 벽과의 사이는 15[cm] 이상의 간격을 유지할 것
- 폭은 30[cm] 이상으로 할 것
- 사다리가 넘어지거나 미끄러지는 것을 방지하기 위한 조치를 할 것
- 사다리의 상단은 걸쳐놓은 지점으로부터 60[cm] 이상 올라가도록 할 것
- 사다리식 통로의 길이가 10[m] 이상인 경우에는 5[m] 이내마다 계단참을 설치할 것
- 사다리식 통로의 기울기는 75° 이하로 할 것. 다만, 고정식 사다리식 통로의 기울기는 90° 이하로 하고, 그 높이가 7[m] 이상인 경우에는 다음의 구분에 따른 조치를 할 것
  – 등받이울이 있어도 근로자 이동에 지장이 없는 경우: 바닥으로부터 높이가 2.5[m] 되는 지점부터 등받이울을 설치할 것
  – 등받이울이 있으면 근로자가 이동이 곤란한 경우: 한국산업표준에서 정하는 기준에 적합한 개인용 추락 방지 시스템을 설치하고 근로자로 하여금 한국산업표준에서 정하는 기준에 적합한 전신안전대를 사용하도록 할 것
- 접이식 사다리 기둥은 사용 시 접혀지거나 펼쳐지지 않도록 철물 등을 사용하여 견고하게 조치할 것

| 정답 | 081 ④　082 ②　083 ①

084

강관을 사용하여 비계를 구성하는 경우의 준수사항으로 옳지 않은 것은?

① 비계기둥의 간격은 띠장 방향에서는 1.85[m] 이하로 할 것
② 비계기둥의 간격은 장선(長線) 방향에서는 1.0[m] 이하로 할 것
③ 띠장 간격은 2.0[m] 이하로 할 것
④ 비계기둥 간의 적재하중은 400[kg]을 초과하지 않도록 할 것

해설 **강관비계의 구조**

- 비계기둥의 간격은 띠장 방향에서는 1.85[m] 이하, 장선 방향에서는 1.5[m] 이하로 할 것
- 띠장 간격은 2[m] 이하로 할 것
- 비계기둥의 제일 윗부분으로부터 31[m] 되는 지점 밑부분의 비계기둥은 2개의 강관으로 묶어 세울 것
- 비계기둥 간의 적재하중은 400[kg]을 초과하지 않도록 할 것

085

이동식비계 조립 및 사용 시 준수사항으로 옳지 않은 것은?

① 비계의 최상부에서 작업을 하는 경우에는 안전난간을 설치할 것
② 승강용사다리는 견고하게 설치할 것
③ 작업발판은 항상 수평을 유지하고 작업발판 위에서 작업을 위한 거리가 부족할 경우에는 받침대 또는 사다리를 사용할 것
④ 작업발판의 최대적재하중은 250[kg]을 초과하지 않도록 할 것

해설 **이동식비계 작업 시 준수사항**

- 이동식비계의 바퀴에는 뜻밖의 갑작스러운 이동 또는 전도를 방지하기 위하여 브레이크·쐐기 등으로 바퀴를 고정시킨 다음 비계의 일부를 견고한 시설물에 고정하거나 아웃트리거를 설치하는 등 필요한 조치를 할 것
- 승강용사다리는 견고하게 설치할 것
- 비계의 최상부에서 작업을 하는 경우에는 안전난간을 설치할 것
- 작업발판은 항상 수평을 유지하고 작업발판 위에서 안전난간을 딛고 작업을 하거나 받침대 또는 사다리를 사용하여 작업하지 않도록 할 것
- 작업발판의 최대적재하중은 250[kg]을 초과하지 않도록 할 것

086

거푸집 및 동바리를 조립 또는 해체하는 작업을 하는 경우의 준수사항으로 옳지 않은 것은?

① 재료, 기구 또는 공구 등을 올리거나 내리는 경우에는 근로자로 하여금 달줄·달포대 등의 사용을 금하도록 할 것
② 낙하·충격에 의한 돌발적 재해를 방지하기 위하여 버팀목을 설치하고 거푸집 및 동바리를 인양장비에 매단 후에 작업을 하도록 하는 등 필요한 조치를 할 것
③ 비, 눈 그 밖의 기상상태의 불안정으로 날씨가 몹시 나쁜 경우에는 그 작업을 중지할 것
④ 해당 작업을 하는 구역에는 관계 근로자가 아닌 사람의 출입을 금지할 것

해설 **거푸집 및 동바리의 조립·해체 등의 작업 시 준수사항**

- 해당 작업을 하는 구역에는 관계 근로자가 아닌 사람의 출입을 금지할 것
- 비, 눈, 그 밖의 기상상태의 불안정으로 날씨가 몹시 나쁜 경우에는 그 작업을 중지할 것
- 재료, 기구 또는 공구 등을 올리거나 내리는 경우에는 근로자로 하여금 달줄·달포대 등을 사용하도록 할 것
- 낙하·충격에 의한 돌발적 재해를 방지하기 위하여 버팀목을 설치하고 거푸집 및 동바리를 인양장비에 매단 후에 작업을 하도록 하는 등 필요한 조치를 할 것

087

비탈면 붕괴 재해의 발생 원인으로 보기 어려운 것은?

① 부석의 점검을 소홀히 하였다.
② 지질조사를 충분히 하지 않았다.
③ 굴착면 상하에서 동시작업을 하였다.
④ 안식각으로 굴착하였다.

해설

안식각이란 토사 등이 흘러내리지 않는 자연 경사각으로 붕괴재해 발생의 원인으로 볼 수 없다.

| 정답 | 084 ② 085 ③ 086 ① 087 ④

088

가설통로를 설치하는 경우의 준수해야 할 기준으로 틀린 것은?

① 건설공사에 사용하는 높이 8[m] 이상인 비계다리에는 5[m] 이내마다 계단참을 설치할 것
② 수직갱에 가설된 통로의 길이가 15[m] 이상인 경우에는 10[m] 이내마다 계단참을 설치할 것
③ 경사가 15°를 초과하는 경우에는 미끄러지지 아니하는 구조로 할 것
④ 추락할 위험이 있는 장소에는 안전난간을 설치할 것

해설 **가설통로 설치 시 준수사항**
- 견고한 구조로 할 것
- 경사는 30° 이하로 할 것. 다만, 계단을 설치하거나 높이 2[m] 미만의 가설통로로서 튼튼한 손잡이를 설치한 경우에는 그러하지 아니하다.
- 경사가 15°를 초과하는 경우에는 미끄러지지 아니하는 구조로 할 것
- 추락할 위험이 있는 장소에는 안전난간을 설치할 것. 다만, 작업상 부득이한 경우에는 필요한 부분만 임시로 해체할 수 있다.
- 수직갱에 가설된 통로의 길이가 15[m] 이상인 경우에는 10[m] 이내마다 계단참을 설치할 것
- 건설공사에 사용하는 높이 8[m] 이상인 비계다리에는 7[m] 이내마다 계단참을 설치할 것

089

산업안전보건법령에서 규정하는 철골작업을 중지하여야 하는 기후조건에 해당하지 않는 것은?

① 풍속이 초당 10[m] 이상인 경우
② 강우량이 시간당 1[mm] 이상인 경우
③ 강설량이 시간당 1[cm] 이상인 경우
④ 기온이 영하 5[℃] 이하인 경우

해설 **철골작업 중지 기후조건**
- 풍속이 초당 10[m] 이상
- 강우량이 시간당 1[mm] 이상
- 강설량이 시간당 1[cm] 이상

090

차량계 건설기계를 사용하여 작업하고자 할 때 작업계획서에 포함되어야 할 사항에 해당되지 않은 것은?

① 사용하는 차량계 건설기계의 종류 및 성능
② 차량계 건설기계의 운행경로
③ 차량계 건설기계에 의한 작업방법
④ 차량계 건설기계의 유지보수방법

해설 **차량계 건설기계를 사용하는 작업 시 작업계획서 내용**
- 사용하는 차량계 건설기계의 종류 및 성능
- 차량계 건설기계의 운행경로
- 차량계 건설기계에 의한 작업방법

091

유해위험방지계획서를 고용노동부장관에게 제출하고 심사를 받아야 하는 대상 건설공사 기준으로 옳지 않은 것은?

① 최대 지간길이가 50[m] 이상인 다리의 건설등 공사
② 지상높이 25[m] 이상인 건축물 또는 인공구조물의 건설등 공사
③ 깊이 10[m] 이상인 굴착공사
④ 다목적댐, 발전용댐, 저수용량 2천만 톤 이상의 용수 전용 댐 및 지방상수도 전용댐의 건설등 공사

해설 **유해위험방지계획서 제출 대상 건설공사**
- 다음의 어느 하나에 해당하는 건축물 또는 시설 등의 건설·개조 또는 해체(건설 등) 공사
  - 지상높이가 31[m] 이상인 건축물 또는 인공구조물
  - 연면적 30,000[m^2] 이상인 건축물
  - 연면적 5,000[m^2] 이상의 문화 및 집회시설(전시장 및 동물원·식물원 제외), 판매시설, 운수시설(고속철도의 역사 및 집배송시설 제외), 종교시설, 의료시설 중 종합병원, 숙박시설 중 관광숙박시설, 지하도상가, 냉동·냉장 창고시설
- 연면적 5,000[m^2] 이상인 냉동·냉장 창고시설의 설비공사 및 단열공사
- 최대 지간길이가 50[m] 이상인 다리의 건설 등 공사
- 터널의 건설 등 공사
- 다목적댐, 발전용댐, 저수용량 2천만 톤 이상의 용수 전용 댐 및 지방상수도 전용 댐의 건설 등 공사
- 깊이 10[m] 이상인 굴착공사

| 정답 | 088 ① 089 ④ 090 ④ 091 ②

092

미리 작업장소의 지형 및 지반 상태 등에 적합한 제한속도를 정하지 않아도 되는 차량계 건설기계의 속도 기준은?

① 최대제한속도가 10[km/h] 이하
② 최대제한속도가 20[km/h] 이하
③ 최대제한속도가 30[km/h] 이하
④ 최대제한속도가 40[km/h] 이하

해설

사업주는 차량계 하역운반기계, 차량계 건설기계(최대제한속도가 10[km/h] 이하인 것은 제외)를 사용하여 작업을 하는 경우 미리 작업장소의 지형 및 지반 상태 등에 적합한 제한속도를 정하고, 운전자로 하여금 준수하도록 하여야 한다.

093

가설계단 및 계단참을 설치하는 경우 매 [m²]당 몇 [kg] 이상의 하중에 견딜 수 있는 강도를 가진 구조로 설치하여야 하는가?

① 200[kg]　　② 300[kg]
③ 400[kg]　　④ 500[kg]

해설 **가설계단 설치기준**

구분	내용
강도	• 계단 및 계단참을 설치하는 경우에는 500[kg/m²] 이상의 하중에 견딜 수 있는 강도를 가진 구조로 설치할 것 • 안전율은 4 이상으로 할 것 • 계단 및 승강구 바닥을 구멍이 있는 재료로 만드는 경우 렌치나 그 밖의 공구 등이 낙하할 위험이 없는 구조로 할 것
폭	• 계단을 설치하는 경우 그 폭은 1[m] 이상으로 할 것 • 계단에 손잡이 외의 다른 물건 등을 설치하거나 쌓아 두어서는 아니할 것
계단참	3[m]를 초과하는 계단에는 높이 3[m] 이내마다 진행방향으로 길이 1.2[m] 이상의 계단참을 설치할 것
천장의 높이	계단을 설치하는 경우 바닥면으로부터 높이 2[m] 이내의 공간에 장애물이 없도록 할 것
난간	높이 1[m] 이상인 계단의 개방된 측면에 안전난간을 설치할 것

094

추락방지용 방망 중 그물코의 크기가 5[cm]인 매듭방망 신품의 인장강도는 최소 몇 [kg] 이상이어야 하는가?

① 60　　② 110
③ 150　　④ 200

해설 **방망사의 인장강도[(　　)는 폐기기준]**

그물코의 크기[cm]	방망의 종류[kg]	
	매듭없는 방망	매듭방망
10	240(150)	200(135)
5	–	110(60)

095

건립 중 강풍에 의한 풍압 등 외압에 대한 내력이 설계에 고려되었는지 확인하여야 하는 철골구조물의 기준으로 옳지 않은 것은?

① 높이 20[m] 이상의 구조물
② 구조물의 폭과 높이의 비가 1:4 이상인 구조물
③ 이음부가 공장 제작인 구조물
④ 연면적당 철골량이 50[kg/m²] 이하인 구조물

해설 **외압에 대한 내력이 설계에 고려되었는지 확인하여야 하는 철골구조물**

• 높이 20[m] 이상의 구조물
• 구조물의 폭과 높이의 비가 1 : 4 이상인 구조물
• 단면구조에 현저한 차이가 있는 구조물
• 연면적당 철골량이 50[kg/m²] 이하인 구조물
• 기둥이 타이플레이트형인 구조물
• 이음부가 현장용접인 구조물

| 정답 | 092 ①　093 ④　094 ②　095 ③

096

흙막이 지보공을 설치하였을 때 정기적으로 점검하여 이상 발견 시 즉시 보수하여야 할 사항이 아닌 것은?

① 굴착 깊이의 정도
② 버팀대의 긴압의 정도
③ 부재의 접속부 · 부착부 및 교차부의 상태
④ 부재의 손상 · 변형 · 부식 · 변위 및 탈락의 유무와 상태

해설 **흙막이 지보공 설치 시 점검사항**
- 부재의 손상 · 변형 · 부식 · 변위 및 탈락의 유무와 상태
- 버팀대의 긴압의 정도
- 부재의 접속부 · 부착부 및 교차부의 상태
- 침하의 정도

097

차량계 하역운반기계를 사용하는 작업을 할 때 그 기계가 넘어지거나 굴러떨어짐으로써 근로자에게 위험을 미칠 우려가 있는 경우에 우선적으로 조치하여야 할 사항과 가장 거리가 먼 것은?

① 해당 기계에 대한 유도자 배치
② 지반의 부동침하 방지 조치
③ 갓길 붕괴 방지 조치
④ 경보 장치 설치

해설
전도, 전락에 의한 근로자 위험방지를 위해 유도자 배치, 지반 부동침하방지, 갓길의 붕괴방지, 도로폭의 유지 등을 하여야 한다.

098

공정율이 65[%]인 건설현장의 경우 공사진척에 따른 산업안전보건관리비의 최소 사용기준으로 옳은 것은?

① 40[%] 이상　　② 50[%] 이상
③ 60[%] 이상　　④ 70[%] 이상

해설 **공사진척에 따른 산업안전보건관리비 사용기준**

공정률	사용기준
50[%] 이상 70[%] 미만	50[%] 이상
70[%] 이상 90[%] 미만	70[%] 이상
90[%] 이상	90[%] 이상

099

터널 지보공을 설치한 경우에 수시로 점검하여 이상을 발견 시 즉시 보강하거나 보수해야 할 사항이 아닌 것은?

① 부재의 손상 · 변형 · 부식 · 변위 · 탈락의 유무 및 상태
② 부재의 긴압의 정도
③ 부재의 접속부 및 교차부의 상태
④ 계측기 설치상태

해설 **터널지보공의 수시 점검사항**
- 부재의 손상 · 변형 · 부식 · 변위 탈락의 유무 및 상태
- 부재의 긴압 정도
- 부재의 접속부 및 교차부의 상태
- 기둥침하의 유무 및 상태

100

다음 중 방망에 표시해야 할 사항이 아닌 것은?

① 방망의 신축성　　② 제조자명
③ 제조연월　　④ 재봉치수

해설 **방망의 표시사항**
- 제조자명
- 제조연월
- 재봉치수
- 그물코
- 신품인 때의 방망의 강도

| 정답 | 096 ①　097 ④　098 ②　099 ④　100 ①

2024년 1회 | CBT 복원문제

산업안전관리론

001

재해예방의 4원칙이 아닌 것은?

① 손실필연의 원칙 ② 원인계기의 원칙
③ 예방가능의 원칙 ④ 대책선정의 원칙

해설 재해예방의 4원칙

손실우연의 원칙	사고에 의해서 생기는 상해의 종류 및 정도는 우연적이라는 원칙
예방가능의 원칙	재해는 원칙적으로 예방이 가능하다는 원칙
원인계기의 원칙 (원인연계의 원칙)	재해의 발생은 직접원인으로만 일어나는 것이 아니라 간접원인이 연계되어 일어난다는 원칙
대책선정의 원칙	원인의 정확한 분석에 의해 가장 타당한 재해예방 대책이 선정되어야 한다는 원칙

002

안전대의 완성품 및 각 부품의 동하중 시험 성능기준 중 충격흡수장치의 최대전달충격력은 몇 [kN] 이하이어야 하는가?

① 6 ② 7.84
③ 11.28 ④ 5

해설

'충격흡수장치'란 추락 시 신체에 가해지는 충격하중을 완화시키는 기능을 갖는 죔줄에 연결되는 부품을 말한다.

동하중 시험 시 충격흡수장치의 최대전달충격력은 6.0[kN] 이하이어야 한다.

관련개념 최대전달충격력

동하중 시험 시 시험몸통 또는 시험추가 추락하였을 때 로드셀에 의해 측정된 최고 하중을 말한다.

003

재해발생의 주요원인 중 불안전한 행동이 아닌 것은?

① 권한 없이 행한 조작 ② 보호구 미착용
③ 안전장치의 기능 제거 ④ 숙련도 부족

해설

숙련도 부족은 재해발생의 간접원인 중 교육적 원인에 해당한다.

관련개념 재해의 직접원인

불안전한 상태	• 물건 자체의 결함 • 방호장치의 결함 • 복장·보호구의 결함 • 물건의 배치 및 작업장소 불량 • 작업환경의 결함 • 생산공정의 결함 • 경계표시·설비의 결함
불안전한 행동	• 위험장소의 접근 • 방호장치의 기능 제거 • 복장·보호구의 잘못된 사용 • 기계·기구의 잘못된 사용 • 운전 중인 기계장치의 손질 • 불안전한 속도 조작 • 위험물 취급 부주의 • 불안전 상태 방치 • 불안전한 자세 및 동작 • 감독 및 연락 불충분

| 정답 | 001 ① 002 ① 003 ④

004

산업안전보건법령상 안전보건표지의 종류 중 지시표지의 종류가 아닌 것은?

① 보안경착용　　② 안전장갑착용
③ 방진마스크착용　　④ 방열복착용

해설

지시표지 중 방열복에 관한 내용은 없다.

관련개념 **지시표지**

보안경착용 방독마스크착용 방진마스크착용 보안면착용 안전모착용

귀마개착용 안전화착용 안전장갑착용 안전복착용

005

산업안전보건법령상 안전인증대상 기계 등에 해당하지 않는 것은?

① 곤돌라
② 고소작업대
③ 활선작업용 기구
④ 교류 아크용접기용 자동전격방지기

해설

교류 아크용접기용 자동전격방지기는 자율안전확인대상 방호장치이다.

006

안전보건관리조직 중 라인·스태프(Line·Staff)의 복합형 조직의 특징으로 옳은 것은?

① 명령계통과 조언의 권고적 참여가 혼동되기 쉽다.
② 생산부분은 안전에 대한 책임과 권한이 없다.
③ 안전에 대한 정보가 불충분하다.
④ 안전과 생산을 별도로 취급하기 쉽다.

해설

②, ④는 스태프형 조직의 특징이고, ③은 라인형 조직의 특징이다.

관련개념 **라인·스태프(Line·Staff)형 조직의 특징**

- 명령계통과 조언의 권고적 참여가 혼동되기 쉽다.
- 안전보건업무를 전담하는 스태프를 두고 생산라인의 부서의 장으로 하여금 안전보건을 담당하게 한다. (안전보건대책은 스태프에서 수립 → 라인을 통하여 실천)
- 라인에는 생산과 안전에 관한 책임과 권한이 동시에 부여된다. (안전보건업무와 생산 업무의 균형 유지)
- 근로자 1,000명 이상의 대규모 사업장에 적합하다.
- 안전과 생산이 유리될 우려가 없어 운용이 적절하면 이상적인 조직이다.

007

아담스(Adams)의 재해 발생과정 이론의 단계별 순서로 옳은 것은?

① 관리구조 결함 → 전술적 에러 → 작전적 에러 → 사고 → 재해
② 관리구조 결함 → 작전적 에러 → 전술적 에러 → 사고 → 재해
③ 전술적 에러 → 관리구조 결함 → 작전적 에러 → 사고 → 재해
④ 작전적 에러 → 관리구조 결함 → 전술적 에러 → 사고 → 재해

해설 **아담스의 재해연쇄이론**

- 관리구조 결함 → 작전적 에러 → 전술적 에러 → 사고 → 상해
- 작전적 에러: 경영자나 감독자의 의지부족이나 행동, 목표설정 미흡 등을 의미한다.
- 전술적 에러: 관리감독자의 실수나 태만, 불안전 행동 및 불안전 상태의 방치를 의미한다.

| 정답 | 004 ④　005 ④　006 ①　007 ②

008

산업안전보건법령상 건설현장에서 사용하는 크레인의 안전검사의 주기로 옳은 것은?

① 최초로 설치한 날부터 1개월마다 실시
② 최초로 설치한 날부터 3개월마다 실시
③ 최초로 설치한 날부터 6개월마다 실시
④ 최초로 설치한 날부터 1년마다 실시

해설 **안전검사의 주기**

구분	주기
크레인(이동식 크레인 제외), 리프트(이삿짐운반용 리프트 제외), 곤돌라	• 설치가 끝난 날부터 3년 이내 최초 안전검사 실시 • 최초 안전검사 실시 이후 2년마다 실시 ※ 건설현장에 사용되는 것은 최초 설치한 날부터 6개월마다 실시
이동식 크레인, 이삿짐운반용 리프트, 고소작업대	• 자동차관리법에 따른 신규등록 이후 3년 이내 최초 안전검사 실시 • 최초 안전검사 실시 이후 2년마다 실시
프레스, 전단기, 압력용기, 국소배기장치, 원심기, 롤러기, 사출성형기, 컨베이어, 산업용 로봇	• 설치가 끝난 날부터 3년 이내 최초 안전검사 실시 • 최초 안전검사 실시 이후 2년마다 실시 ※ 공정안전보고서를 제출하여 확인을 받은 압력용기는 4년마다 실시

009

재해손실비의 평가방식 중 시몬즈(Simonds) 방식에서 비보험 코스트의 산정 항목에 해당하지 않는 것은?

① 사망사고건수　② 무상해사고건수
③ 통원상해건수　④ 응급조치건수

해설 **시몬즈(Simonds) 재해손실비 평가방식**

총 재해 비용=보험 Cost+비보험 Cost
=산재보험료+A×휴업상해건수+B×통원상해건수
+C×응급조치건수+D×무상해사고건수

※ A, B, C, D는 상해정도별 재해에 대한 비보험 Cost의 평균액이다.

관련개념 **상해의 종류**

분류	내용
휴업상해	영구부분노동불능, 일시전노동불능
통원상해	일시부분노동불능, 의사의 조치를 요하는 통원상해
응급조치상해	응급조치가 필요한 상해 또는 8시간 미만의 휴업의료조치 상해
무상해사고	의료조치를 필요로 하지 않는 경미한 상해 사고

010

사고예방대책의 기본원리 5단계 중 2단계의 조치사항이 아닌 것은?

① 자료수집　② 제도적인 개선안
③ 점검, 검사 및 조사 실시　④ 작업분석, 위험확인

해설 **하인리히의 사고예방대책 기본원리 5단계**

단계별 과정		내 용
제1단계	조직	• 경영층의 참여 • 안전관리자의 임명 • 안전의 라인 및 스태프 조직 구성 • 안전활동 방침 및 계획 수립 • 조직을 통한 안전활동
제2단계	사실의 발견	• 사고 및 안전활동 기록 검토 • 작업분석 • 안전점검 및 안전진단 • 사고조사 • 안전회의 및 토의 • 근로자의 제안 및 여론조사 • 관찰 및 보고서의 연구 등을 통하여 불안전 요소 발견
제3단계	분석평가	• 사고보고서 및 현장조사 • 사고기록 및 인적·물적 조건의 분석 • 작업공정분석 • 교육훈련분석 등을 통하여 사고의 직접원인 및 간접원인을 규명
제4단계	시정책의 선정	• 기술적 개선 • 인사조정 • 교육훈련의 개선 • 안전행정의 개선 • 규정 및 수칙, 작업표준제도의 개선 • 확인 및 통제체제 개선
제5단계	시정책의 적용	• 기술적(engineering) 대책 • 교육적(education) 대책 • 독려적(enforcement) 대책

| 정답 | 008 ③　009 ①　010 ②

011

산업안전보건법령상 건설업 중 고용노동부령으로 정하는 자격을 갖춘 자의 의견을 들은 후 유해위험방지계획서를 작성하여 고용노동부장관에게 제출하여야 하는 대상 사업장의 기준 중 다음 ( ) 안에 알맞은 것은?

연면적 ( )[m^2] 이상의 냉동·냉장 창고시설의 설비공사 및 단열공사

① 3,000 ② 5,000
③ 7,000 ④ 10,000

해설 **유해위험방지계획서 제출 대상 건설공사**

- 다음의 어느 하나에 해당하는 건축물 또는 시설 등의 건설·개조 또는 해체(건설 등) 공사
  - 지상높이가 31[m] 이상인 건축물 또는 인공구조물
  - 연면적 30,000[m^2] 이상인 건축물
  - 연면적 5,000[m^2] 이상의 문화 및 집회시설(전시장 및 동물원·식물원 제외), 판매시설, 운수시설(고속철도의 역사 및 집배송시설 제외), 종교시설, 의료시설 중 종합병원, 숙박시설 중 관광숙박시설, 지하도상가, 냉동·냉장 창고시설
- 연면적 5,000[m^2] 이상인 냉동·냉장 창고시설의 설비공사 및 단열공사
- 최대 지간길이가 50[m] 이상인 다리의 건설 등 공사
- 터널의 건설 등 공사
- 다목적댐, 발전용댐, 저수용량 2천만 톤 이상의 용수 전용 댐 및 지방상수도 전용 댐의 건설 등 공사
- 깊이 10[m] 이상인 굴착공사

012

시설물의 안전 및 유지관리에 관한 특별법상 국토교통부장관은 시설물이 안전하게 유지관리 될 수 있도록 하기 위하여 몇 년마다 시설물의 안전 및 유지관리에 관한 기본계획을 수립·시행하여야 하는가?

① 1년 ② 2년
③ 3년 ④ 5년

해설

국토교통부장관은 시설물이 안전하게 유지관리될 수 있도록 하기 위하여 5년마다 시설물의 안전 및 유지관리에 관한 기본계획을 수립·시행하여야 한다.

013

산업안전보건법상 산업안전보건위원회의 심의·의결사항이 아닌 것은?

① 산업재해 예방계획의 수립에 관한 사항
② 근로자의 건강진단 등 건강관리에 관한 사항
③ 중대재해의 원인 조사 및 재발 방지대책 수립에 관한 사항
④ 안전장치 및 보호구 구입 시 적격품 여부 확인에 관한 사항

해설

'안전장치 및 보호구 구입 시 적격품 여부 확인에 관한 사항'은 산업안전보건위원회의 심의·의결사항이 아니다.

관련개념 **산업안전보건위원회의 심의·의결사항**

- 사업장의 산업재해 예방계획의 수립에 관한 사항
- 안전보건관리규정의 작성 및 변경에 관한 사항
- 안전보건교육에 관한 사항
- 작업환경측정 등 작업환경의 점검 및 개선에 관한 사항
- 근로자의 건강진단 등 건강관리에 관한 사항
- 산업재해에 관한 통계의 기록 및 유지에 관한 사항
- 중대재해의 원인 조사 및 재발 방지대책 수립에 관한 사항
- 유해하거나 위험한 기계·기구·설비를 도입한 경우 안전 및 보건 관련 조치에 관한 사항
- 그 밖에 해당 사업장 근로자의 안전 및 보건을 유지·증진시키기 위하여 필요한 사항

014

재해발생의 간접원인 중 2차 원인이 아닌 것은?

① 안전교육적 원인 ② 신체적 원인
③ 학교교육적 원인 ④ 정신적 원인

해설 **재해발생의 간접원인**

구분		
기초원인	• 관리적 원인 • 학교교육적 원인	• 사회적 원인 • 역사적 원인
2차 원인	• 기술적 원인 • 안전교육적 원인	• 신체적 원인 • 정신적 원인

| 정답 | 011 ② 012 ④ 013 ④ 014 ③

2024년 1회

015

산업안전보건법령상 안전보건관리규정을 작성하여야 할 사업의 사업주는 안전보건관리규정을 작성하여야 할 사유가 발생한 날부터 며칠 이내에 안전보건관리규정의 세부 내용을 포함한 안전보건관리규정을 작성하여야 하는가?

① 7일 ② 14일
③ 30일 ④ 60일

해설

안전보건관리규정을 작성하여야 할 사업의 사업주는 안전보건관리규정을 작성해야 할 사유가 발생한 날부터 30일 이내에 안전보건관리규정의 세부 내용을 포함한 안전보건관리규정을 작성해야 한다.

016

강도율 1.25, 도수율 10인 사업장의 평균 강도율은?

① 8 ② 10
③ 12.5 ④ 125

해설

$$평균\ 강도율 = \frac{강도율}{도수율} \times 1{,}000 = \frac{1.25}{10} \times 1{,}000 = 125$$

관련개념 **평균 강도율**

재해 1건당 평균 근로손실일수이다.

$$평균\ 강도율 = \frac{강도율}{도수율} \times 1{,}000$$

017

안전관리에 있어 5C 운동(안전행동 실천운동)이 아닌 것은?

① 정리정돈 ② 통제관리
③ 청소청결 ④ 전심전력

해설 **5C 운동(안전행동 실천운동)**

- 복장단정(Correctness)
- 청소청결(Cleaning)
- 전심전력(Concentration)
- 정리정돈(Clearance)
- 점검확인(Checking)

018

재해의 원인분석방법 중 통계적 원인분석 방법으로 사고의 유형, 기인물 등 분류항목을 큰 순서대로 도표화하는 것은?

① 특성요인도 ② 크로스도
③ 파레토도 ④ 관리도

해설 **통계에 의한 재해원인 분석방법**

구분	내용
파레토도	사고의 유형, 기인물 등 분류항목을 큰 순서대로 도표화하는 방법
특성요인도	특성과 요인관계를 도표로 하여 어골상으로 세분하는 방법
크로스도	2개 이상의 문제 관계를 분석하는 데 사용하는 것으로, 데이터를 집계하고 표로 표시하여 요인별 결과 내역을 교차한 크로스 그림을 작성하여 분석하는 방법
관리도	재해 발생 건수 등의 추이를 파악하여 목표 관리를 행하는 데 필요한 월별 재해 발생수를 그래프화하여 관리선을 설정·관리하는 방법

019

산업안전보건법상 안전보건표지의 종류와 형태 기준 중 안내표지의 종류가 아닌 것은?

① 금연 ② 들것
③ 비상용기구 ④ 세안장치

해설

'금연' 표지는 금지표지에 해당한다.

관련개념 **안내표지**

녹십자표지

응급구호표지

들것

세안장치

비상용기구

비상구

| 정답 | 015 ③ 016 ④ 017 ② 018 ③ 019 ①

020

산업안전보건법령상 안전관리자가 수행하여야 할 업무가 아닌 것은? (단, 그 밖에 안전에 관한 사항으로서 고용노동부장관이 정하는 사항은 제외한다.)

① 사업장 순회점검, 지도 및 조치 건의
② 해당 사업장 안전교육계획의 수립 및 안전교육 실시에 관한 보좌 및 지도·조언
③ 산업재해 발생의 원인 조사·분석 및 재발 방지를 위한 기술적 보좌 및 지도·조언
④ 해당 작업의 작업장 정리·정돈 및 통로 확보에 대한 확인·감독

해설

'해당 작업의 작업장 정리·정돈 및 통로 확보에 대한 확인·감독'은 관리감독자의 업무이다.

관련개념 **안전관리자의 업무**

- 산업안전보건위원회 또는 노사협의체에서 심의·의결한 업무와 해당 사업장의 안전보건관리규정 및 취업규칙에서 정한 업무
- 위험성평가에 관한 보좌 및 지도·조언
- 안전인증대상기계 등과 자율안전확인대상기계 등 구입 시 적격품의 선정에 관한 보좌 및 지도·조언
- 해당 사업장 안전교육계획의 수립 및 안전교육 실시에 관한 보좌 및 지도·조언
- 사업장 순회점검, 지도 및 조치 건의
- 산업재해 발생의 원인 조사·분석 및 재발 방지를 위한 기술적 보좌 및 지도·조언
- 산업재해에 관한 통계의 유지·관리·분석을 위한 보좌 및 지도·조언
- 법 또는 법에 따른 명령으로 정한 안전에 관한 사항의 이행에 관한 보좌 및 지도·조언
- 업무 수행 내용의 기록·유지
- 그 밖에 안전에 관한 사항으로서 고용노동부장관이 정하는 사항

인간공학 및 시스템안전공학

021

소음을 방지하기 위한 대책으로 틀린 것은?

① 소음원 통제　② 차폐장치 사용
③ 소음원 격리　④ 연속 소음 노출

해설

연속 소음 노출은 소음 방지를 위한 대책으로 볼 수 없다.

관련개념 **소음의 공학적 관리**

- 소음원의 제거
- 소음원의 격리
- 소음원의 통제

022

산업안전보건법령상 95[dB(A)]의 소음에 대한 허용노출기준시간은? (단, 충격소음은 제외한다.)

① 1시간　② 2시간
③ 4시간　④ 8시간

해설 **연속소음에 대한 노출기준**

1일 노출시간[시간]	소음강도[dB(A)]
8	90
4	95
2	100
1	105
0.5	110
0.25	115

| 정답 | 020 ④　021 ④　022 ③

023

다음 중 음성통신 시스템의 구성 요소에서 우수한 화자(speaker)의 조건으로 틀린 것은?

① 큰 소리로 말한다.
② 음절 지속시간이 길다.
③ 말할 때 기본 음성주파수의 변화가 적다.
④ 전체 발음시간이 길고, 쉬는 시간이 짧다.

해설

말할 때 기본 음성주파수의 변화가 적으면 단조롭게 들려 전달력이 떨어진다.

024

항공기 위치 표시장치의 설계원칙에 있어, 다음의 설명에 해당하는 것은?

> 항공기의 경우 일반적으로 이동 부분의 영상은 고정된 눈금이나 좌표계에 나타내는 것이 바람직하다.

① 통합 ② 양립적 이동
③ 추종표시 ④ 표시의 현실성

해설

항공기의 경우 일반적으로 이동 부분의 영상은 고정된 눈금이나 좌표계에 나타내는 것이 바람직한데, 이는 인간의 기대와 일치하여(양립성) 표시될 수 있도록 하기 위함이다.

관련개념 **양립성의 종류**

개념 양립성	코드나 심벌의 의미가 인간이 갖고 있는 개념과 일치하는 것
운동 양립성	조종기를 조작하거나 디스플레이 상의 정보가 움직일 때 반응 결과가 인간의 기대와 일치하는 것
공간 양립성	표시장치나 조종장치에서 물리적 형태나 공간적인 배치가 인간의 기대와 일치하는 것

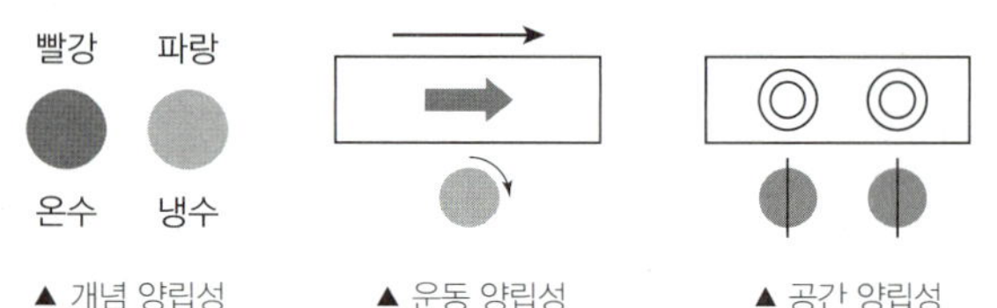

▲ 개념 양립성 ▲ 운동 양립성 ▲ 공간 양립성

025

기계설비의 본질 안전화를 개선시키기 위하여 검토하여야 할 사항으로 가장 적절한 것은?

① 재료, 제품, 공구 등을 놓아둘 수 있는 충분한 공간의 확보
② 작업자의 실수나 잘못이 있어도 사고가 발생하지 않도록 기계설비 설계
③ 안전한 통로를 설정하고, 작업장소와 통로를 명확히 구분
④ 작업의 흐름에 따라 기계설비를 배치시켜 운반작업 최소화

해설 **본질 안전화**

기계설비 자체를 설계 단계에서부터 안전하게 만드는 것으로, 작업 중 사고 발생 가능성을 근본적으로 제거하거나 최소화하는 것을 의미한다.
작업자의 실수나 잘못이 있어도 사고가 발생하지 않도록 풀 프루프(Fool-proof) 방식의 기계설비 설계를 하는 것은 본질 안전화를 위한 방법 중 하나이다.

026

FT도에서 정상사상 G_1의 발생확률은? (단, $G_2=0.1$, $G_3=0.2$, $G_4=0.3$의 발생확률을 갖는다.)

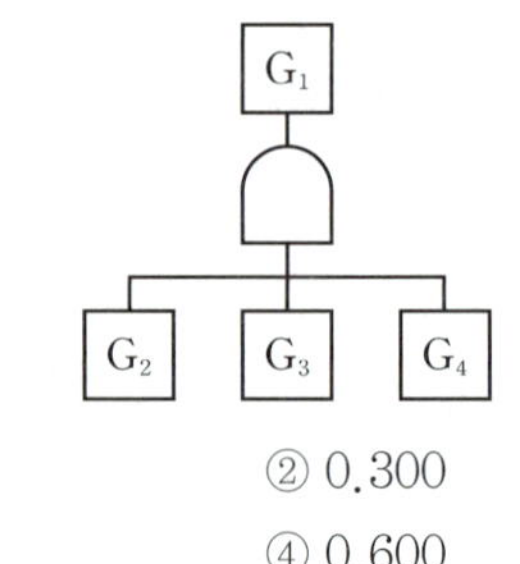

① 0.006 ② 0.300
③ 0.496 ④ 0.600

해설

G_1은 G_2, G_3, G_4의 AND 게이트이므로
G_1의 발생확률 $= G_2 \times G_3 \times G_4 = 0.1 \times 0.2 \times 0.3 = 0.006$

| 정답 | 023 ③ 024 ② 025 ② 026 ①

027

인체 측정치의 응용 원칙과 거리가 먼 것은?

① 극단치를 고려한 설계
② 조절 범위를 고려한 설계
③ 평균치를 기준으로 한 설계
④ 기능적 치수를 이용한 설계

해설 **인체 측정치 응용 원칙**

- 조절식 설계
- 극단치 설계
- 평균치 설계

028

산업현장에서 사용하는 생산설비의 경우 안전장치가 부착되어 있으나 생산성을 위해 제거하고 사용하는 경우가 있다. 이러한 경우를 대비하여 설계 시 안전장치를 제거하면 작동이 안 되는 구조를 채택하고 있다. 이러한 구조는 무엇인가?

① Fail Safe ② Fool Proof
③ Lock Out ④ Tamper Proof

해설 **Tamper Proof(간섭 방지)**

기계가 작동할 때 간섭이나 고의로 안전을 위한 방호장치를 제거하는 등의 부정한 조작과 임의적인 변경을 방지하는 장치이다.

관련개념 **사고 예방 설계**

- Fail Safe(페일 세이프): 시스템에 고장(Fail, 페일)이 발생할 경우 사고로 연결되지 않게끔 항상 안전하게 작동되도록 하는 장치이다.
- Fool Proof(풀 프루프): 작업자의 실수가 있더라도 사고로 연결되지 않도록 항상 안전하게 작동하는 장치로, 표준 작업이나 기계 위험성을 이해하지 못한 사람(Fool)이 실수를 해도 다치지 않도록 하는 장치이다.
- Lock Out(록 아웃): 기계 및 장비를 청소하거나 정비하는 등의 작업 시 운전을 정지하고 기계를 사용하거나 불시 가동할 수 없도록 잠금장치와 표지판을 설치하는 것을 말한다.

029

안전성의 관점에서 시스템을 분석 평가하는 접근방법과 거리가 먼 것은?

① "이런 일은 금지한다."의 개인판단에 따른 주관적인 방법
② "어떻게 하면 무슨 일이 발생할 것인가?"의 연역적인 방법
③ "어떤 일을 하면 안 된다."라는 점검표를 사용하는 직관적인 방법
④ "어떤 일이 발생하였을 때 어떻게 처리하여야 안전한가?"의 귀납적인 방법

해설

시스템 분석 평가 시 개인적 의견과 주관적 사견은 과학적 증거가 불충분하여 평가분석 방법으로 적용할 수 없다.

030

인간에 의한 제어 정도에 따른 인간-기계 시스템의 유형에 해당하지 않는 것은?

① 기계화 시스템 ② 자동화 시스템
③ 수동 시스템 ④ 감시제어 시스템

해설 **인간-기계 체계의 종류**

구분	내용
수동체계	인간의 힘이나 기술에 의해 작동되는 체계로, 인간이 기계를 조작하는 방식으로 작동된다. 예 망치 등 수공구
기계화 체계	인간의 노동력을 기계로 대체한 체계로, 기계가 인간의 지시에 따라 작업을 수행하는 방식으로 작동된다. 예 자동차
자동체계	인간의 개입 없이 스스로 작업을 수행하는 체계로, 인간이 설계하고 제작한 기계가 작업을 수행하는 방식으로 작동된다. 예 자동로봇(끄고 키는 것은 사람이 컨트롤)

| 정답 | 027 ④ 028 ④ 029 ① 030 ④

031

설비의 성능저하 또는 고장에 의한 정지 때문에 수리하는 설비보전 방법은?

① 예지보전(Predictive Maintenance)
② 개량보전(Corrective Maintenance)
③ 보전예방(Maintenance Prevention)
④ 사후보전(Break-down Maintenance)

해설 **보전의 종류**

종류	개념	예
예지보전 (Predictive Maintenance)	기계 설비의 고장을 미리 예측하여 유지보수하는 방식	온도, 소음 등 데이터를 분석하여 고장 전 정비
개량보전 (Corrective Maintenance)	고장난 설비를 수리, 계량하여 고장을 복구하는 방식	기존 부품을 더 내구성 있는 부품으로 교체
보전예방 (Maintenance Prevention)	설비의 설계, 제작 단계에서 고장의 원인을 근본적으로 제거하는 방식	유지보수가 적게 필요한 설비로 설계
사후보전 (Break-down Maintenance)	설비가 고장난 후에 이를 수리하거나 교체하는 방식	기계 부품의 마모로 멈췄을 때 새로운 부품으로 교체

032

자연습구온도가 20[℃]이고, 흑구온도가 30[℃]일 때, 실내의 습구흑구온도지수(WBGT; Wet-Bulb Globe Temperature)는 얼마인가?

① 20[℃]　　② 23[℃]
③ 25[℃]　　④ 30[℃]

해설 **옥내(실내)의 습구흑구온도지수(WBGT)**

WBGT = 0.7×자연습구온도 + 0.3×흑구온도
= 0.7×20 + 0.3×30 = 23[℃]

관련개념 **옥외(실외)의 습구흑구온도지수(WBGT)**

WBGT = 0.7×자연습구온도(NWB) + 0.2×흑구온도(GT) + 0.1×건구온도(DT)

033

다음 중 인체측정과 작업공간 설계에 관한 용어의 설명으로 틀린 것은?

① 정상작업영역: 상완을 자연스럽게 수직으로 늘어뜨린 채 손목을 움직여 닿을 수 있는 영역을 말한다.
② 최대작업영역: 전완과 상완을 곧게 펴서 파악할 수 있는 영역을 말한다.
③ 정적 인체치수: 마틴식 인체 측정기를 사용하여 측정한다.
④ 동적 인체치수: 신체의 움직임에 따른 활동범위 등을 측정한다.

해설 **작업공간**

구분	설명
정상작업영역	윗팔을 자연스럽게 늘어뜨린 채 아래팔만으로 닿을 수 있는 영역을 말한다.
최대작업영역	작업자의 손과 팔이 닿을 수 있는 최대 영역을 말한다.
최소작업영역	작업자가 작업을 수행하기 위해 필요한 최소한의 영역을 말한다.
작업공간 포락면	작업자의 머리, 어깨, 팔, 손, 다리의 윤곽을 따라 그린 면이며 작업자의 실제 작업영역을 말한다.

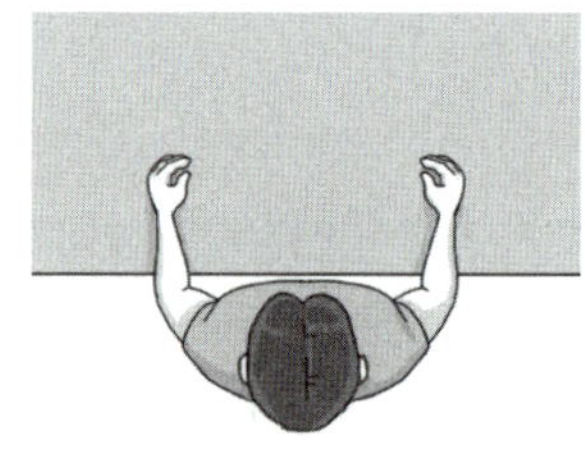
▲ 정상작업영역

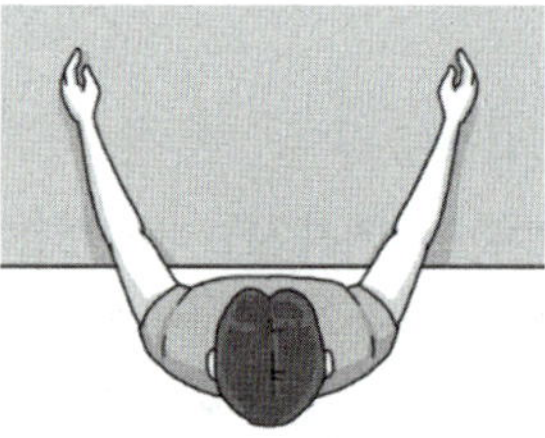
▲ 최대작업영역

| 정답 | 031 ④　032 ②　033 ①

034

시각적 표시장치를 사용하는 것이 청각적 표시장치를 사용하는 것보다 좋은 경우는?

① 메시지가 후에 참고되지 않을 때
② 메시지가 공간적인 위치를 다룰 때
③ 메시지가 시간적인 사건을 다룰 때
④ 사람의 일이 연속적인 움직임을 요구할 때

해설 **청각적 표시장치와 시각적 표시장치 사용비교**

청각적 표시장치	시각적 표시장치
전언이 간단하다.	전언이 복잡하다.
전언이 짧다.	전언이 길다.
전언이 후에 재참조 되지 않는다.	전언이 후에 재참조 된다.
전언이 시간적 사상을 다룬다.	전언이 공간적인 위치를 다룬다.
전언이 즉각적인 행동을 요구한다(긴급할 때).	전언이 즉각적인 행동을 요구하지 않는다.
수신장소가 너무 밝거나 암조응 유지 필요 시	수신장소가 너무 시끄러울 때
직무상 수신자가 자주 움직일 때	직무상 수신자가 한곳에 머무를 때
수신자의 시각계통이 과부하 상태일 때	수신자의 청각계통이 과부하 상태일 때

035

조도가 400[lux]인 위치에 놓인 흰색 종이 위에 짙은 회색의 글자가 쓰여져 있다. 종이의 반사율이 80[%]이고, 글자의 반사율은 40[%]라 할 때 종이와 글자의 대비는 얼마인가?

① −100[%] ② −50[%]
③ 50[%] ④ 100[%]

해설

- 배경(종이)의 반사된 빛의 밝기 = 400×0.8 = 320[lux]
- 글자의 반사된 빛의 밝기 = 400×0.4 = 160[lux]
- 대비 $= \frac{\text{글자의 밝기}}{\text{배경의 밝기}} \times 100 = \frac{160}{320} \times 100 = 50[\%]$

036

체계분석 및 설계에 있어서 인간공학의 가치와 가장 거리가 먼 것은?

① 성능의 향상
② 인력의 이용률의 감소
③ 사용자의 수용도 향상
④ 사고 및 오용으로부터의 손실 감소

해설 **인간공학의 가치**

- 성능의 향상
- 인력의 이용률의 증가
- 사용자의 수용도 향상
- 사고 및 오용으로부터의 손실 감소
- 훈련비용의 절감
- 생산 및 장비유지의 경제성 증대

037

FTA에서 패스셋(Path Set) 및 최소패스셋(Minimal Path Set)에 관한 내용으로 틀린 것은?

① 패스셋은 포함된 모든 사상이 일어나지 않았을 때 정상사상이 발생하지 않는 기본사상의 집합이다.
② 최소패스셋은 시스템의 신뢰성을 표시한다.
③ 패스셋에서 구한 정상사상의 발생확률이 그 시스템의 위험도이다.
④ 최소패스셋은 어떤 고장이나 실수를 일으키지 않으면 재해가 일어나지 않는가를 나타내는 것이다.

해설 **패스셋(Path Set)**

고장이 일어나지 않는 기본사상들의 집합으로, 패스셋에서 구한 정상사상의 발생확률은 그 시스템의 신뢰도를 의미한다.

| 정답 | 034 ② 035 ③ 036 ② 037 ③

2024년 1회

038

다음 중 부품배치의 원칙에 해당하지 않는 것은?

① 중요성의 원칙　② 사용빈도의 원칙
③ 사용순서의 원칙　④ 작업공간의 원칙

해설 **부품배치의 원칙(공간배치의 원칙)**

중요성의 원칙	작업장에서 가장 중요한 구성요소(작업물품)를 작업자의 손이 닿기 쉬운 곳에 배치하는 원칙으로, 작업자의 안전과 효율성을 높인다.
사용빈도의 원칙	작업자가 자주 사용하는 구성요소를 작업자의 손이 닿기 쉬운 곳에 배치하는 원칙으로, 작업자의 작업시간을 단축시킨다. 예 자주 사용하는 드라이버를 손이 닿기 쉬운 곳에 배치한다.
기능별 배치(기능성)의 원칙	구성요소(작업물품)를 기능별로 분류하여 배치하는 원칙이다. 예 기능이 비슷한 가위와 칼을 묶고, 펜과 연필을 묶어서 기능별로 분류하여 사용한다.
사용순서의 원칙	사용순서에 맞게 순차적으로 부품을 배치하는 원칙으로, 시간의 효율성을 높이고 착오를 최소화할 수 있다.

039

휘도(Luminance)의 척도 단위(Unit)가 아닌 것은?

① [fc]　② [fL]
③ [mL]　④ [cd/m^2]

해설

[fc]는 조도(밝기의 정도)의 단위이다.

관련개념 **휘도(Luminance, [cd/m^2])**

휘도는 눈부심의 정도이며 단위면적당 밝기의 정도를 나타낸다. 즉, 광원의 단위면적에서 단위입체각으로 발산하는 광선속(빛의 양)을 의미한다.

040

다음의 연산표에 해당하는 논리연산은?

입력		출력
X_1	X_2	
0	0	0
0	1	1
1	0	1
1	1	0

① XOR　② AND
③ NOT　④ OR

해설

- XOR: 두 개의 입력(X_1, X_2)이 서로 다를 때 1 출력
- AND: 두 개의 입력(X_1, X_2)이 모두 1일 때 1 출력
- NOT: 입력과 반대로 출력(출력값이 1이면 0으로, 0이면 1로)
- OR: 두 개의 입력(X_1, X_2) 중 하나가 1일 때 1 출력

관련개념 **논리연산블록**

논리연산(Logical Operation, Logical Connective)은 19세기 중반 영국의 수학자 조지 불(George Boole)이 고안하고 형식화한 대수 체계이다. 고안자의 이름을 따 불 대수(Boolean Algebra)라고도 한다.
수리논리학이나 컴퓨터과학에서는 두 개의 상태인 참(1, T, True)과 거짓(0, F, False)을 사용하는 연산이다.

모드	입력	출력결과
AND(논리곱)	A, B	A와 B가 모두 참이면 참이고, 그렇지 않으면 거짓
OR(논리합)	A, B	A 또는 B가(혹은 둘 다) 참이면 참이고, A와 B 모두 거짓이면 거짓
XOR (배타적 논리합)	A, B	A와 B 중 하나가 참이면 참이고, A와 B 모두 참이거나 거짓이면 거짓
NOT(논리부정)	A	A가 거짓이면 참이고, A가 참이면 거짓

| 정답 | 038 ④　039 ①　040 ①

건설시공학

041

공정관리에 있어서 자원배당의 대상이 아닌 것은?

① 인력　② 장비
③ 자재　④ 계약

해설 **자원배당**
공사일정을 고려하여 재료, 기계, 장비 및 인원을 효과적으로 관리하는 것을 말한다. 자원배당(분배)의 대상은 인력(Manpower), 기계·장비(Machine), 자재(Material), 자금(Money)이다.

042

공정계획 및 관리에 있어 작업의 집약화와 가장 관계가 먼 것은?

① 부분공사로서 이미 자료화 되어 있는 작업군
② 투입되는 자원의 종류가 다른 작업군
③ 관리 외의 작업군
④ 현시점에서 관리상의 중요도가 적은 작업군

해설
관리 외 작업군, 중요도가 적은 작업군 등은 작업의 집약화를 통해 효율성을 향상시킬 수 있지만, 투입되는 자원의 종류가 다른 직업군은 집약화하기 적당하지 않다.

관련개념 **작업의 집약화**
작업을 수행하는 데 필요한 자원을 통합하여 최소화하는 것을 말한다.

043

공정계획에서 공정표 작성 시 주의사항으로 옳지 않은 것은?

① 기초공사는 옥외 작업이기 때문에 기후에 좌우되기 쉽고 공정 변경이 많다.
② 노무, 재료, 시공기기는 적절하게 준비할 수 있도록 계획한다.
③ 공기를 단축하기 위하여 다른 공사와 중복하여 시공할 수 없다.
④ 마감공사는 기후에 좌우되는 것이 적으나 공정단계가 많으므로 충분한 공기(工期)가 필요하다.

해설 **공정계획 수립 시 유의사항**
- 기초공사는 옥외작업이므로 공정의 변경이 많고, 기후에 좌우되기 쉬우므로 지연되는 점을 감안한다.
- 골조공사는 기후에 좌우되기도 하나 비교적 공정이 적으므로 공기를 단축하기 쉽다는 점을 감안한다.
- 마감공사는 기후에 좌우되는 것은 적으나 공정이 많으므로 충분한 공기를 잡아둘 필요가 있다.
- 공기를 단축하기 위하여 다른 공사를 중복하여 시공할 수 있다는 점을 감안한다.
- 재료, 노무, 시공기계는 충분히 준비하도록 계획한다.

2024년 1회

| 정답 | 041 ④　042 ②　043 ③

044

자연 함수비가 어떤 상태에 있을 때 점토지반이 가장 안전한가?

① 소성한계 ② 소성과 수축한계 사이
③ 액성한계 ④ 수축한계

해설

수축한계 점토지반은 흙이 더 이상 수축하지 않는 함수비이므로 안전하다.

관련개념 **아터버그 한계**

- 소성한계(PL): 점토지반이 액체 상태로 변하기 시작하는 함수비로, 이 이상이 되면 붕괴 위험이 있다.
- 액성한계(LL): 점토지반이 완전히 액체 상태가 되어 안정성을 잃고 흐르기 시작한다.
- 소성과 수축한계(SL) 사이: 점토지반의 강도가 약하고, 침하 발생 가능성이 높아진다.

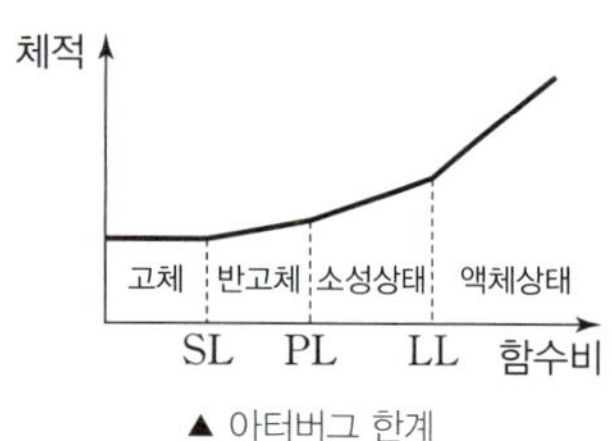

▲ 아터버그 한계

045

토질시험 항목 중 흙속에 수분이 있어 끈기가 있는 상태의 정도를 알아내기 위해 실시하는 시험항목은?

① 함수비 시험 ② 흙의 비중시험
③ 흙의 액성한계시험 ④ 흙의 소성한계시험

해설 **흙의 액성한계시험**

흙이 액체 상태로 변하는 최소 수분 함량을 측정하는 시험이다.

관련개념

- 함수비 시험: 토양의 건조 상태를 측정하는 시험
- 흙의 비중시험: 토양의 입자 밀도를 측정하는 시험
- 흙의 소성한계시험: 흙이 끈적끈적한 성질을 잃는 최대 수분 함량을 측정하는 시험

046

보일링(Boiling) 현상을 방지하기 위한 방법으로 옳지 않은 것은?

① 약액주입 등으로 굴착 지면의 지수를 한다.
② 안전율을 만족하도록 흙막이 벽의 타입 깊이를 늘린다.
③ 지하수위를 저하하는 공법을 사용한다.
④ 흙막이벽의 배면 지하수위와 굴착저면과의 수위차를 크게 한다.

해설

지하수위와 굴착저면의 수위차를 작게 하여야 한다.

관련개념 **보일링(Boiling) 현상**

사질토 지반을 굴착할 때 지하수의 수위차로 인해 굴착면에서 흙과 물이 솟구쳐 오르는 현상이다.

- 원인
  - 흙막이 배면지반과 터파기면의 수위차
  - 지하수위가 높을 때
  - 흙막이 말뚝의 심도 부족
- 예방대책
  - 지하수위 저하를 위한 배수조치
  - 지하수의 흐름 변경
  - 흙막이벽의 근입장 깊이 연장
  - 대체공법 적용(슬러리월, Sheet-pile 등)
  - 작업을 중지하고, 지반을 복구하기 위한 압성토 시행

047

거푸집 공사의 발전 방향으로 옳지 않은 것은?

① 소형 패널 위주의 거푸집 제작
② 설치의 단순화를 위한 유닛(Unit)화
③ 높은 전용 횟수
④ 부재의 경량화

해설

대형 패널(폼)을 조립하여 크레인 등으로 이동, 조립하는 것이 좋다.
거푸집 공사는 경량화, 단순화, 대형화, 기계화, 전용성이 강화될 수 있도록 발전하여야 한다.

| 정답 | 044 ④ 045 ③ 046 ④ 047 ①

048

말뚝 설치공법을 타입공법과 매입공법으로 구분할 때 다음 중 타입공법에 해당하는 것은?

① 진동 공법　　② 중굴 공법
③ 선굴착 공법　　④ 워터제트 공법(Water Jet)

해설

중굴 공법과 선굴착 공법은 매입공법, 워터제트 공법은 압입공법에 해당한다.

관련개념

- 타입공법: 말뚝머리를 해머로 타격하여 지지층에 말뚝을 관입시키는 방법으로, 유압해머, 드롭해머, 디젤해머, 진동해머 등이 있다.
- 매입공법: 지반을 파내고 매설하는 방식이다.
- 압입공법: 유압 잭(Jack)을 이용하여 회전압입하는 방식이다.

049

토공사용 굴착기계 중 위치한 지면보다 낮은 우물통과 같은 협소한 장소의 흙을 퍼올리는 데 가장 적합한 장비는?

① 파워셔블　　② 지브 크레인
③ 스크레이퍼　　④ 클램쉘

해설

클램쉘은 기계보다 낮고 좁은 곳의 흙과 자갈을 굴착하여 올리는 데 적합하여 수직굴착, 자갈 등의 적재, 연약한 지반이나 수중굴착 등에 쓰인다.

관련개념

- 파워셔블: 버킷을 앞으로 떠 올려서 흙을 굴착하는 기계로서 굴착기가 위치한 지면보다 높은 곳을 굴착하는 데 적합하다.
- 스크레이퍼: 자주식 또는 피견인식에 의해 흙, 모래의 굴착, 절토 및 운반 작업에 사용된다.
- 지브 크레인: 작업장 기둥 또는 벽에 암(Arm)을 달아 움직이는 크레인으로, 무거운 하중을 수직 및 수평으로 들어 올리고 이동하도록 설계되었다.

050

주로 이음이 필요한 지중보 등에서 특수 리브라스(Rib Lath)와 목재 프레임을 부속철물로 고정하고 콘크리트를 타설함으로써 거푸집 해체작업이 필요 없는 공법은?

① 터널 폼　　② 메탈라스 폼
③ 슬라이딩 폼　　④ 플라잉 폼

해설 **메탈라스 폼**

메탈라스는 얇은 철판에 금을 내어서 당겨 늘인 철망으로, 철망 사이로 콘크리트에 포함된 수분이 자연스럽게 흘러내리므로 거푸집 해체작업이 필요하지 않다.

관련개념

구분	내용
터널 폼 (Tunnel Form, Steel Form)	• 벽식 철근콘크리트구조를 시공할 경우 벽과 바닥의 콘크리트 타설을 한 번에 가능하게 하기 위하여 벽체용 거푸집과 슬래브 거푸집을 일체로 제작하여 한 번에 설치하고 해체할 수 있도록 한 거푸집이다. • 한 구획 전체의 벽판과 바닥판을 ㄱ자형 또는 ㄷ자형으로 짜서 이동식 거푸집으로 이용되며, 아파트, 병실 등 연속, 반복구조물에 적용된다.
슬라이딩 폼 (Sliding Form, Slip Form)	수평적 또는 수직적으로 반복된 구조물을 시공이음이 없이 균일한 형상으로 시공하기 위하여 거푸집을 연속적으로 이동시키면서 콘크리트를 타설하여 시공하는 것이다.
플라잉 폼 (Flying Form, Table Form)	• 거푸집, 멍에, 장선 등을 일체로 제작하여 수평, 수직 이동이 가능하고, 전용성 및 시공정밀도가 우수하며, 외력에 대한 안전성이 크다. • 바닥 거푸집의 설치, 해체, 인양 및 재설치 과정을 장비를 이용해 시공하기 때문에 인건비를 낮출 수 있다.

| 정답 | 048 ①　049 ④　050 ②

051

정지 및 배토기계에 해당하지 않는 것은?

① 불도저 ② 파워셔블
③ 모터그레이더 ④ 스크레이퍼

해설

파워셔블은 굴착용 기계이다.

관련개념 **정지용 기계**

기계		특징	동작형식
모터 그레이더		상하 경사가 가능하고 방향전환을 할 수 있는 정지판을 장치하고 있다. 토공기계의 대패라고도 하며, 지면을 절삭하여 평활하게 다듬으므로 하수구 파기, 제방작업, 제설작업 등에 쓰인다.	중간식
불도저	앵글 도저	블레이드를 좌우로 20°~30° 정도 각을 세울 수 있어 토사를 한쪽 방향으로 밀어내는 형식의 도저로, 주로 산허리 등을 깎아 내리는 데 유효하다.	전면식
	틸트 도저	수평면을 기준으로 블레이드를 좌우로 15[cm] 정도 기울일 수 있어 V형 측구 등을 굴착하는 도저이다. 동결된 땅, 배수로 작업 등에 쓰인다.	
캐리올 스크레이퍼		도저보다 운반거리가 길고 앞바퀴와 뒷바퀴 사이에 짐을 싣는 박스를 갖고 있어 굴착·적하·운반·살포·흙다짐 등 일련의 작업을 동시에 할 수 있다.	견인식

052

순수형 CM의 공사단계별 기본업무 중 시공단계의 업무가 아닌 것은?

① 품질검사
② 작업변화 승인 및 계약 변경
③ 기록문서의 제출
④ 시공사와 발주자 간 분쟁 해결

해설

'기록문서의 제출'은 입찰 및 계약단계에서 수행되어야 한다.

관련개념 **순수형 CM의 공사단계**

단계		업무
1단계	기획	• 프로젝트 목표 및 예산 설정 • 사업 타당성 검토 • 발주 방식 결정 • CM업체 선정
2단계	설계	• 기본설계 및 실시설계 수행 • 공사비 및 일정 검토 • VE(Value Engineering) 및 시공성 검토 • 인허가 및 법규 검토
3단계	입찰 및 계약	• 시공업체 선정 방식 결정 (일괄입찰, 분리발주 등) • 입찰서류 작성 및 공고 • 입찰 평가 및 계약 체결
4단계	시공	• 공정 및 품질 관리 • 안전 및 환경 관리 • 예산 및 원가 관리 • 문제 발생 시 대응 및 조정
5단계	준공 및 인수	• 준공검사 및 품질점검 • 하자보수 계획 수립 • 건축물 인수 및 사용승인

053

바닥판, 보의 거푸집 설계 시 고려하는 계산용 하중과 가장 거리가 먼 것은?

① 굳지 않은 콘크리트중량 ② 거푸집의 자중
③ 작업하중 ④ 충격하중

해설

고정하중(철근 콘크리트하중 + 거푸집의 하중) 중 거푸집의 무게(하중)는 0.4[kN] 정도로 다른 하중의 10[%]도 되지 않아 작업하중(장비하중, 자재 및 공구 등의 시공하중, 충격하중)과 비교하여 상대적으로 중요도가 떨어진다.

| 정답 | 051 ② 052 ③ 053 ②

054

철근 콘크리트 공사에서 철근의 최소 피복두께를 확보하는 이유로 볼 수 없는 것은?

① 콘크리트 산화막에 의한 철근의 부식 방지
② 콘크리트의 조기 강도 증진
③ 철근과 콘크리트의 부착응력 확보
④ 화재, 염해, 중성화 등으로부터의 보호

해설 **피복두께 확보의 목적**

- 철근의 부식방지를 통한 구조물의 내구성 확보(물과 이산화탄소의 침투 방지)
- 골재의 유동성 확보
- 철근과 콘크리트의 부착강도 확보
- 화재 시 내화성 확보

055

콘크리트 타설에 앞서 거푸집에 물뿌리기를 하는 가장 큰 이유는?

① 콘크리트에 대한 거푸집의 수분흡수를 방지하기 위하여
② 거푸집에 발생하는 측압의 감소를 위하여
③ 거푸집의 휨을 방지하기 위하여
④ 콘크리트의 초기 강도 증진을 위하여

해설

물뿌리기를 통해 거푸집을 충분히 적셔 놓으면 콘크리트의 수분 흡수를 방지하여 초기 양생을 촉진하고 강도 발현을 높일 수 있다.
건조한 거푸집은 콘크리트의 수분을 흡수하여 콘크리트의 초기 양생을 방해하고 강도 발현을 저하시킨다.

056

수입을 수반한 공공 프로젝트에 있어서 자금을 조달하고, 설계·엔지니어링, 시공전부를 도급받아 시설물을 완성하고, 그 시설을 10~30년 동안 운영하는 것으로 운영수입으로부터 투자자금을 회수한 후 발주자에게 그 시설을 인도하는 방식은?

① BOT(Build–Operate–Transfer) 방식
② Partnering 방식
③ Project Management 방식
④ Design Build 방식

해설 **BOT(Build–Operate–Transfer) 방식**

시설의 준공(B) 후 일정기간 동안 사업시행자에게 시설 소유권(O)이 인정되고, 그 기간이 만료되면 소유권은 국가 또는 지방자치단체에 귀속(T)되는 방식이다.

관련개념

구분	내용
파트너링(Partnering) 방식	발주자와 수급자의 상호신뢰를 바탕으로 팀을 구성하여 프로젝트의 성공과 상호이익 확보를 위하여 공동으로 프로젝트를 집행, 관리하는 새로운 공사계약방식이다.
PM(Project Management) 방식	건설의 기획단계에서부터 결과물 인도까지의 모든 활동의 계획, 관리, 통제에 필요한 사항을 종합적으로 관리하는 방식이다. 이는 발주자 요구에 맞춘 효과적 사업관리 방식이라고 할 수 있다.
Design Build 방식	설계와 시공의 서비스를 통합하여 발주처가 단일 주체와 계약을 체결하는 발주방식이다.

| 정답 | 054 ② 055 ① 056 ①

2024년 1회

057

공사계약 방식 중 계약기간 및 예산에 따른 계약에서 계약의 이행에 수 년을 요하는 경우 체결하는 계약은?

① 단년도 계약 ② 개산 계약
③ 장기계속 계약 ④ 총액 계약

해설 **계약이행방식**

방식	내용
장기계속 계약	성질상 수년간 계속하여 존속할 필요가 있거나 이행에 수년이 필요한 경우 총액으로 입찰하여 각 회계연도 예산의 범위에서 낙찰된 금액의 일부에 대하여 연차별로 체결하는 계약(총 낙찰금액 명기)
단년도 계약	당해 연도 세출예산에 계상되는 예산을 재원으로 계약하는 통상적인 계약
총액 계약	계약목적물 전체에 대하여 총액으로 체결하는 계약
개산 계약	미리 계약금액을 정할 수 없을 때 개산가격으로 체결하는 계약

058

거푸집 조립 시 긴결재로 사용하지 않는 것은?

① 폼타이(Form tie)
② 플랫타이(Flat tie)
③ 철재 동바리(Steel support)
④ 컬럼밴드(Column band)

해설

철재 동바리는 콘크리트의 하중을 받쳐주는 역할을 한다.

관련개념 **거푸집 긴결재**

- 폼타이(Form tie): 콘크리트를 부어 넣을 때 기둥과 보거푸집이 벌어지는 것을 막기 위한 부속재료이다.
- 플랫타이(Flat tie): 유로폼의 안쪽폼과 바깥쪽폼을 연결시키는 부속재료이다.
- 컬럼밴드: 기둥 거푸집의 외부 사각면을 긴결시키는 부속재료이다.

059

배치도에 나타난 건물의 위치를 대지에 표시하여 대지경계선과 도로경계선 등을 확인하기 위한 것은?

① 수평규준틀 ② 줄쳐보기
③ 기준점 ④ 수직규준틀

해설 **줄쳐보기**

배치도에 나타난 건물의 위치를 대지에 표시하여 대지경계선과 도로경계선 등을 확인하기 위한 것으로, 건물과 도로, 건물 상호간격, 인접대지경계선 등의 관계를 명확히 하고 이것을 기초로 수평기준틀의 위치를 정한다.

관련개념

수평규준틀	건물 각부의 위치, 높이, 기초의 너비 등을 정확히 결정하기 위한 것으로, 이동, 변형이 없게 견고히 설치하여야 하며, 벽에서 1~2[m] 떨어지게 설치한다. 규준대는 상부가 수평이 되도록 규준말뚝을 박고 여기에 중심선, 기둥 크기, 기초폭 등을 표시한다.
수직규준틀	벽돌, 블록, 돌쌓기 등의 고저 및 수직면을 규준으로 설치하는 것으로, 수직규준틀은 휘거나 뒤틀릴 우려가 없는 6[cm] 정도 폭의 각재를 이용하고, 여기에 벽돌, 블럭의 줄눈위치, 문, 창문틀의 위치 등을 표시한다.
기준점(수준점)	공사하는 높이, 위치의 기준으로, 측량좌표 및 수준측량(Level)에 의해 정해진다.

| 정답 | 057 ③ 058 ③ 059 ②

060

철골공사에서 용접작업 종료 후 용접부의 안전성을 확인하기 위해 실시하는 비파괴 검사의 종류에 해당되지 않는 것은?

① 방사선검사　② 침투탐상검사
③ 반발경도검사　④ 초음파탐상검사

해설

반발경도검사는 콘크리트의 강도시험이다.

관련개념 **비파괴 검사법의 종류**

종류	특징
방사선투과검사(RT)	• 투과성 방사선을 조사하여 검사한다. • 내외부결함 검출에 효과적이다.
초음파탐상검사(UT)	• 초음파를 이용하여 검사한다. • 내부결함 검출, 위치·범위·두께 파악에 효과적이다.
자분탐상검사(MT)	• 자분(자석가루)의 응집성을 이용하여 검사한다. • 표면 및 표면직하결함 검출에 효과적이다.
와전류탐상검사(ET)	• 전기장을 이용하여 검사한다. • 표면 및 표면근처 결함 검출에 효과적이다.
침투탐상검사(PT)	• 침투액을 살포하여 검사한다. • 표면개구결함 검출에 효과적이다.

건설재료학

061

재료의 열에 관한 성질 중 '재료 표면에서의 열전달 → 재료 속에서의 열전도 → 재료 표면에서의 열전달'과 같은 열이동을 나타내는 용어는?

① 열용량　② 열관류
③ 비열　④ 열팽창계수

해설 **열관류율**

단위 표면적을 통해 단위시간에 고체 벽의 양쪽 유체가 단위 온도차이일 때 한쪽 유체에서 다른 쪽 유체로 전해지는 열량을 의미한다. 즉, 어떤 재료의 열전달 정도를 나타낸 값으로, 값이 작을수록 단열성이 높은 벽이라고 할 수 있다.

062

목재의 강도 중 가장 큰 것은? (단, 섬유에 평행한 가력 방향이다.)

① 인장강도　② 휨강도
③ 압축강도　④ 전단강도

해설 **응력의 방향이 섬유방향에 평행일 때 목재의 강도**

인장강도 > 휨강도 > 압축강도 > 전단강도

관련개념 **응력의 방향에 따른 목재의 강도**

- 목재는 섬유방향에 따라 강도나 탄성계수가 다르다. 이를 이방성이라 한다.
- 강도는 일반적으로 섬유방향에 평행하게 힘을 가한 것이 가장 크고, 이와 직각인 것이 가장 작으며, 중간의 각도(10~70°)에서는 거의 직선적으로 변한다.
- 섬유방향으로 힘을 가한 것은 직각방향으로 힘을 가한 것보다 변형률이 작고, 압축력과 인장력의 변형률은 섬유방향에 관계 없이 압축 시의 변형률이 더 크다.

| 정답 | 060 ③　061 ②　062 ①

063

금속, 유리, 플라스틱, 목재, 도자기, 고무 등의 접착에 우수한 성질을 나타내며 특히 알루미늄과 같은 경금속 접착에 사용되는 접착제는?

① 에폭시수지 접착제　　② 아크릴수지 접착제
③ 알키드수지 접착제　　④ 폴리에스테르수지 접착제

해설 **수지 접착제**

에폭시수지 접착제	• 접착력이 강하고, 내수성, 내산성, 내알칼리성, 내용제성, 내한성, 내열성이 크다. • 유리, 목재, 천, 콘크리트 및 항공기 기계부품 등의 금속접착제로 쓰인다.
아크릴수지 접착제	• 차아구리레이트와 과산화물을 주성분으로 한다. • 금속접착이 우수하고, 자동차 등 기계, 전기·전자분야에 많이 사용된다.
알키드수지 접착제	다양한 기재의 접착력과 물, 기름, 각종 화학물질에 대한 저항성이 우수하다.
폴리에스테르 수지 접착제	• 불포화 폴리에스테르에 경화제, 촉진제 등을 넣어 만든 것으로, 경화가 빠르고 접착력도 우수하며 경화수축도 작다. • 목재, 석재 등에 사용되지만 목재에서는 함수상태, 수지성분 등에 의해 성능 저하가 생기는 경우도 있다.

064

9[cm]×9[cm]×210[cm] 목재의 건조 전 질량이 7.83[kg]이고 건조 후 질량이 6.8[kg]이었다면 이 목재의 대략적인 함수율은? (단, 절대건조상태가 될 때까지 건조한다.)

① 15[%]　　② 20[%]
③ 25[%]　　④ 30[%]

해설

$$\text{목재의 함수율} = \frac{\text{습윤상태 질량} - \text{절대건조상태 질량}}{\text{절대건조상태 질량}} \times 100$$

$$= \frac{7.83 - 6.8}{6.8} \times 100 = 15[\%]$$

065

경량 콘크리트 제작에 사용되는 골재와 거리가 먼 것은?

① 펄라이트　　② 화산암
③ 중정석　　④ 팽창질석

해설

중정석은 비중이 4 이상으로, 중량 콘크리트의 배합에 사용된다.

관련개념

• 중량골재: 자철광, 중정석, 갈철광 등
• 경량골재: 팽창성 혈암, 슬래그, 펄라이트, 화산암, 팽창질석 등

066

강의 열처리란 금속재료에 필요한 성질을 주기 위하여 가열 또는 냉각하는 조작을 말하는데 다음 중 강의 열처리 방법에 해당하지 않는 것은?

① 늘림　　② 불림
③ 풀림　　④ 뜨임질

해설 **강의 열처리 방법**

강을 가열한 후 다시 냉각시키면 내부 결정의 변화에 의하여 원강과 다른 성상을 나타내게 되는데 이를 열처리라고 한다.

불림(소준)	강을 800~1,000[℃]로 가열하여 그 온도에서 수십 분간 보존한 후에 공기 중에서 서서히 냉각하면 조직이 정상화되고 부서지기 쉬운 것이 강하게 된다.
풀림(소둔)	불림의 경우와 같이 가열한 후 이것을 노 속에서 서서히 냉각하면 인장강도는 저하하나 균질하고 연질의 것으로 된다.
담금질(소입)	풀림 때처럼 서서히 냉각하는 대신에 냉수, 온수 또는 기름에 적시어 급랭시키면 늘음(신율)이 감소하고, 잘 깨어지는 취성이 증가하나 강도 및 경도가 증대하여 마모가 적게 된다.
뜨임(소태)	담금질한 강은 부서지기 쉬워서 사용에 부적당한 경우가 많다. 이것을 다시 200~600[℃]로 가열하여 수십 분 후 공기 중에서 냉각하면 취성(취도)이 현저하게 작아진다.

| 정답 | 063 ① 064 ① 065 ③ 066 ①

067

콘크리트용 골재에 관한 설명 중 옳지 않은 것은?

① 골재는 시멘트 페이스트와의 부착이 강한 표면 구조를 가져야 한다.
② 부순 골재는 실적률이 크고 콘크리트에 사용될 때 워커빌리티가 좋아진다.
③ 골재의 강도는 경화 시멘트 페이스트의 강도 이상이어야 한다.
④ 골재는 비중이 작은 것일수록 공극과 내부균열이 많다.

해설
부순 골재는 자연골재에 비해 모난 모양이 많아 실적률도 작고 시공연도가 좋지 않다.

관련개념 **콘크리트용 골재(KS F 2527)**
부순 골재를 사용할 경우 굵은 골재는 실적률이 55[%] 이상, 잔골재는 53[%] 이상이 되어야 한다.

068

콘크리트의 워커빌리티 측정법이 아닌 것은?

① 슬럼프시험 ② 다짐계수시험
③ 비비시험 ④ 슈미트해머시험

해설
슈미트해머시험은 경화된 콘크리트의 압축강도를 타격에 의한 반발력으로 측정하는 비파괴 시험이다.

관련개념 **시공연도(Workability) 측정방법**
- 슬럼프시험(Slump Test)
- 흐름시험(Flow Test)
- 구관입시험(Kelly Ball Test)
- 비비시험(Vee–Bee Test)
- 리몰딩시험(Remoulding Test)
- 다짐계수 측정시험(Compacting Factor Test)
- 일리바렌시험(Iribarren Test)

069

물을 가한 후 24시간 이내에 보통포틀랜드 시멘트의 4주 강도 정도가 발현되며, 내화성이 풍부한 시멘트는?

① 팽창 시멘트 ② 중용열 시멘트
③ 고로 시멘트 ④ 알루미나 시멘트

해설
알루미나 시멘트는 초조강성이므로 24시간 내에 보통포틀랜드 시멘트의 28일 강도를 나타내고, 초기강도와 수화열이 커서 동절기 공사에 적합하다.

관련개념
- 팽창 시멘트: 경화 중 콘크리트에 팽창을 일으키게 하여 건조수축을 보상하거나 상쇄하는 이상의 큰 팽창을 주는 시멘트이다. 팽창 성능을 이용하여 프리스트레스(Prestress)를 도입시킨다.
- 중용열 포틀랜드시멘트
  - 수화열을 작게 한 시멘트로 단기강도는 작으나 장기강도가 크다.
  - 건조수축이 작고, 내산성·내황산염성이 크다.
  - 댐, 방사선 차폐용, 지하 구조물용, 도로 포장용, 서중 콘크리트용으로 사용한다.
- 고로 시멘트: 고로 슬래그 분말을 혼합한 시멘트로, 수화열이 비교적 작다. 조기강도가 작고, 장기강도는 보통포틀랜드 시멘트와 비슷하거나 약간 크며, 건조수축이 다소 큰 편이다.

070

다음 미장재료 중 경화속도가 가장 빠른 것은?

① 시멘트 모르타르 ② 회반죽
③ 돌로마이트 플라스터 ④ 석고 플라스터

해설 **보기의 미장재료의 경화속도**
석고 플라스터 > 돌로마이트 플라스터 > 회반죽 > 시멘트 모르타르

관련개념 **석고 플라스터**
- 빠른 경화 속도, 높은 강도, 내화성 등의 장점을 가지고 있다.
- 벽체 보수, 천장 마감, 조형 작업 등에 사용된다.
- 작업 시간 단축, 빠른 공사 진행이 필요한 경우 석고 플라스터가 적합하다.

| 정답 | 067 ② 068 ④ 069 ④ 070 ④

071

목재의 성질에 관한 설명으로 틀린 것은?

① 비중이 큰 목재는 일반적으로 강도가 크다.
② 가공은 쉽지만 부패하기 쉽다.
③ 열전도율이 커서 보온재료로 사용이 불가능하다.
④ 섬유 방향에 따라서 전기전도율은 다르다.

해설

목재의 열전도율은 작은 편이라 단열재, 보온재로 사용된다.

관련개념 **목재의 열적 성질**

- 목재의 열전도율은 함수율과 비중이 증가할수록 커진다.
  - 건조목재: 세포 내 많은 공기를 갖고 있어 열전도율이 작다.
  - 생목재: 세포 내 전도성 물질인 물이 많아 열전도율이 크다.
- 목재의 열전도율은 섬유에 평행한 방향의 경우에는 엇결 방향의 1.5배, 섬유 직각방향의 2배 정도 크다.
- 목재는 금속이나 콘크리트에 비하여 열전도율이 극히 작다. 다공질의 목재, 가벼운 목재일수록 열전도율이 낮아 보온재로 쓰이기도 한다.
- 가벼운 목재는 건조목재로, 착화되기 쉽다.

072

보통포틀랜드시멘트의 품질규정(KS L 5201)에서 비카시험의 초결시간과 종결시간으로 옳은 것은?

① 30분 이상 – 6시간 이하
② 60분 이상 – 6시간 이하
③ 60분 이상 – 10시간 이하
④ 2시간 이상 – 10시간 이하

해설 **포틀랜드시멘트의 품질기준**

구분			1종	2종	3종	4종	5종
분말도	비표면적 [cm^2/g]		2,800 이상		3,300 이상	2,800 이상	
안정도	오토클레이브 팽창도[%]		0.8 이하				
	르샤틀리에 [mm]		10 이하				
응결 시간	비카 시험	초결[분]	60 이상		45 이상	60 이상	
		종결[시간]	10 이하				
수화열 [J/g]	7일		–	290 이하	–	250 이하	–
	28일		–	340 이하	–	290 이하	–
압축 강도 [MPa]	1일		–	–	10.0 이상	–	–
	3일		12.5 이상	7.5 이상	20.0 이상	–	10.0 이상
	7일		22.5 이상	15.0 이상	32.5 이상	7.5 이상	20.0 이상
	28일		42.5 이상	32.5 이상	47.5 이상	22.5 이상	40.0 이상
	91일		–	–	–	42.5 이상	

| 정답 | 071 ③ 072 ③

073

콘크리트의 건조수축에 대한 설명으로 옳은 것은?

① 단위수량이 증가하면 건조수축량이 감소한다.
② 부재치수가 클수록 건조수축량이 적다.
③ 골재 중에 포함한 미립분이나 점토는 건조수축을 감소시킨다.
④ 습윤양생기간은 건조수축에 큰 영향을 준다.

해설 **콘크리트의 건조수축에 영향을 주는 요인**

- 시멘트량이 많을수록 건조수축이 크다.
- 분말도가 높을수록 건조수축이 크다.
- 단위수량이 많을수록 건조수축이 크다.
- 골재의 최대 치수가 클수록, 골재의 강성이 클수록, 골재량이 많을수록 건조수축은 작아진다.
- 철근량이 많을수록 건조수축이 작다.
- 온도가 높을수록 건조수축이 크다.
- 부재의 치수가 클수록 수축이 작아진다.

074

다음 석재 중 외장용으로 가장 부적합한 것은?

① 대리석 ② 화강석
③ 안산암 ④ 점판암

해설 **대리석(Marble)**

석회암의 변질에 의해 형성된 결정질 석회암을 총칭하며, 주성분은 탄산석회이다.

장점	단점
• 견고하고 내수성이 있다. • 색채와 반점이 아름다우며 연마하면 광택이 난다. • 실내 장식재, 조각재로 사용한다.	• 내구성이 약하다. • 내화력이 약하다. • 산과 염기에 약하다. • 내마모성이 부족하다. • 풍화되기 쉽다. • 외장용으로 적합하지 않다.

075

도막방수재료의 특징으로 틀린 것은?

① 복잡한 부위의 시공성이 좋다.
② 신속한 작업 및 접착성이 좋다.
③ 바탕면의 미세한 균열에 대한 저항성이 있다.
④ 누수 시 결함 발견이 어렵고 국부적으로 보수가 어렵다.

해설

도막방수는 바탕면과 밀착되어 누수 발견이 용이하고 부분 보수가 쉽다.

관련개념 **도막방수**

- 콘크리트 등의 바탕면에 여러 차례 우레탄, 아크릴(에멀션), 고무아스팔트와 같은 방수재를 칠하여 두께가 일정한 방수막을 만들어 우수 등을 차단하는 방수공법을 말한다.
- 롤러, 스프레이, 붓 등으로 칠할 수 있으므로 굴곡이 심하고 구조가 복잡한 곳에 시공한다.
- 에폭시계를 제외한 대부분의 도막방수재는 신장률이 크므로 균열이 예상되는 곳이나 조인트 등에도 많이 사용된다.
- 건물외벽, 지붕, 옥상, 스포츠경기장 바닥 등에도 많이 사용된다.

076

다음 금속 중 이온화 경향이 가장 큰 것은?

① Zn ② Cu
③ Ni ④ Fe

해설 **금속의 이온화 경향**

금속이 전자를 잃고 양이온으로 되려는 경향을 이온화 경향이라고 한다.
주요 원소의 이온화 경향 순서는 다음과 같다.
K > Ca > Na > Mg > Al > Zn > Fe > Ni > Sn > Pb > (H) > Cu > Hg > Ag > Pt > Au
따라서 보기 중 Zn의 이온화 경향이 가장 크다.

| 정답 | 073 ② 074 ① 075 ④ 076 ①

077

테라코타에 대한 설명으로 틀린 것은?

① 도토, 자토 등을 반죽하여 형틀에 넣고 성형하여 소성한 속이 빈 대형의 점토제품이다.
② 석재보다 가볍다.
③ 압축강도는 화강암과 거의 비슷하다.
④ 화강암보다 내화도가 높으며 대리석보다 풍화에 강하다.

해설

테라코타의 압축강도는 800~900[kg/cm^2]로서 화강암(1,500~1,600[kg/cm^2])의 $\frac{1}{2}$ 정도이다.

관련개념 **테라코타**

- 테라코타는 라틴어로 '구워 낸 점토'라는 뜻이다.
- 석재 조각물 대신 사용되는 장식용 점토제품으로, 버팀벽, 주두, 돌림띠 등의 장식에 사용된다.
- 화강암보다 내화력이 강하고 대리석보다 풍화에 강하므로 외장재료에 적당하다.

078

연강판에 일정한 간격으로 그물눈을 내고 늘여 철망모양으로 만든 것으로, 천장 · 벽 등의 모르타르바름 바탕용으로 사용되는 재료로 옳은 것은?

① 메탈라스(Metal Lath)
② 와이어메시(Wire Mesh)
③ 인서트(Insert)
④ 코너비드(Corner Bead)

해설 **메탈라스(Metal Lath)**

얇은 철판에 금(Line)을 내어서 당겨 늘인 철망으로, 벽, 천장 등에 붙여 모르타르의 부착을 용이하게 하고, 균열 등을 작게 한다.

관련개념

- 와이어메시(Wire Mesh): 철선을 직교해서 용접한 것이다.
- 와이어라스(Wire Lath): 철선을 꼬아서 그물망처럼 만든 철망이다.
- 인서트(Insert): 콘크리트 바닥판 밑에 반자틀이나 기타 구조물을 달아매고자 콘크리트 타설 전에 미리 묻어 놓는 고정물이다.
- 코너비드(Corner Bead): 외벽의 꺾임부분의 파손을 방지하기 위해 얇은 철물로 보강한 것이다.

079

내부에 몇 개의 구멍을 가진 벽돌로, 단열, 방음을 위해 방음벽, 단열벽 등에 사용되며, 경량으로 칸막이벽에도 사용되는 것은?

① 중공벽돌　　② 이형벽돌
③ 규석벽돌　　④ 샤모트벽돌

해설 **중공벽돌**

여러 개의 구멍으로 가볍고, 방음 · 단열 성능이 좋으며 장식적 특성은 있으나 강도 및 친수성의 약점이 있다.

관련개념

이형벽돌	• 보통벽돌보다 형상, 치수가 규격에 정한 바와 다른 특이한 벽돌로, 원형창 주위 원형 벽체를 쌓는 데 쓰이는 원형벽돌이다. • 그 형상에 따라 둥근 모벽돌, 팔모벽돌 등이 있다.
규석벽돌	• 이산화규소를 주성분으로 하는 내화벽돌이다. • 약 600[℃]까지는 열팽창률이 크지만 그 이상에서는 거의 팽창하지 않고 안정하다. • 약 1,650[℃]까지 열간 하중 하에서의 강도는 크다. • 유리 용융, 가마의 천장, 전기로 뚜껑, 열풍로 등에 사용된다.
샤모트벽돌	내화벽돌로 이용된다.

| 정답 | 077 ③　078 ①　079 ①

080

적외선을 반사하는 도막을 코팅하여 방사율을 낮춘 고단열 유리로 일반적으로 복층유리로 제조되는 것은?

① 로이(Low−E)유리　　② 망입유리
③ 강화유리　　④ 배강도유리

해설 로이(Low−E)유리
유리창의 단열 성능을 향상시키기 위하여 유리의 표면에 단열에 강한 금속 재질을 코팅시켜서 단열 성능을 끌어올린 에너지 절약형 유리이다.

관련개념 유리의 종류

종류	특징
망입유리	유리 내부에 금속철망(철, 놋쇠, 알루미늄)을 봉입하고 압축 성형한 유리로, 방범용 및 방화용으로 방화문 등에 사용한다.
강화유리	판유리를 강화로에서 약 700[℃]까지 가열시킨 후 양면에 공기를 일정하게 불어 균일하게 급랭시켜 제조한다. 표면을 급랭시키면 판유리 표면에 압축층이 형성되는데, 파괴강도가 3~5배 정도 커지고 파손 시 파편이 작아 부상이 감소한다.
배강도유리	일반 유리를 연화점(600[℃]) 이하로 가열한 후 찬 공기로 강화유리보다 서서히 냉각하여 제조한다. 일반 유리보다 강도가 2~3배 정도 높고 파손 시 유리 이탈 위험이 적어 고층부를 비롯한 외부에서 쓰이며 일반 주택, 아파트 건물에서 가장 많이 쓰인다.

건설안전기술

081

동바리로 사용하는 파이프 서포트는 최대 몇 개 이상 이어서 사용하지 않아야 하는가?

① 2개　　② 3개
③ 4개　　④ 5개

해설 동바리로 사용하는 파이프 서포트 조립 시 준수사항
- 파이프 서포트를 3개 이상 이어서 사용하지 않도록 할 것
- 파이프 서포트를 이어서 사용하는 경우에는 4개 이상의 볼트 또는 전용 철물을 사용하여 이을 것
- 높이가 3.5[m]를 초과하는 경우에는 높이 2[m] 이내마다 수평연결재를 2개 방향으로 만들고 수평연결재의 변위를 방지할 것

082

다음 설명에 해당하는 안전대와 관련된 용어로 옳은 것은? (단, 보호구 안전인증 고시 기준)

> 신체지지의 목적으로 전신에 착용하는 띠 모양의 것으로서 상체 등 신체 일부분만 지지하는 것은 제외한다.

① 안전그네　　② 벨트
③ 죔줄　　④ 버클

해설 안전그네
신체지지의 목적으로 전신에 착용하는 띠 모양의 것으로서 상체 등 신체 일부분만 지지하는 것은 제외한다.

관련개념
- 벨트: 신체지지의 목적으로 허리에 착용하는 띠 모양의 부품을 말한다.
- 죔줄: 벨트 또는 안전그네를 구명줄 또는 구조물 등 그 밖의 걸이설비와 연결하기 위한 줄모양의 부품을 말한다.
- 버클: 벨트 또는 안전그네를 신체에 착용하기 위해 그 끝에 부착한 금속 장치를 말한다.

| 정답 | 080 ①　081 ②　082 ①

2024년 1회

083

말비계를 조립하여 사용할 때의 준수사항으로 옳지 않은 것은?

① 지주부재의 하단에는 미끄럼방지장치를 한다.

② 지주부재와 수평면의 기울기는 75° 이하로 한다.

③ 말비계의 높이가 2[m]를 초과할 경우에는 작업발판의 폭을 30[cm] 이상으로 한다.

④ 지주부재와 지주부재 사이를 고정시키는 보조부재를 설치한다.

해설 말비계 사용 시 준수사항

- 지주부재의 하단에는 미끄럼방지장치를 하고, 근로자가 양측 끝부분에 올라서서 작업하지 않도록 할 것
- 지주부재와 수평면의 기울기를 75° 이하로 하고, 지주부재와 지주부재 사이를 고정시키는 보조부재를 설치할 것
- 말비계의 높이가 2[m]를 초과하는 경우에는 작업발판의 폭을 40[cm] 이상으로 할 것

084

사업주는 리프트의 설치·조립·수리·점검 또는 해체 작업을 하는 경우 작업을 지휘하는 자를 선임하여야 한다. 이때 작업을 지휘하는 자가 이행하여야 할 사항으로 가장 거리가 먼 것은?

① 작업방법과 근로자의 배치를 결정하고 해당 작업을 지휘하는 일

② 재료의 결함 유무 또는 기구 및 공구의 기능을 점검하고 불량품을 제거하는 일

③ 운전방법 또는 고장 났을 때의 처치방법 등을 근로자에게 주지시키는 일

④ 작업 중 안전대 등 보호구의 착용 상황을 감시하는 일

해설 리프트 조립 및 해체 작업 시 지휘자 이행사항

- 작업방법과 근로자의 배치를 결정하고 해당 작업을 지휘하는 일
- 재료의 결함 유무 또는 기구 및 공구의 기능을 점검하고 불량품을 제거하는 일
- 작업 중 안전대 등 보호구의 착용 상황을 감시하는 일

085

항타기 또는 항발기의 사용 시 준수사항으로 옳지 않은 것은?

① 해머의 운동에 의하여 증기호스 또는 공기호스와 해머의 접속부가 파손되거나 벗겨지는 것을 방지하기 위하여 그 접속부가 아닌 부위를 선정하여 공기호스를 해머에 고정시킬 것

② 증기나 공기를 차단하는 장치를 작업지휘자가 쉽게 조작할 수 있는 위치에 설치할 것

③ 항타기나 항발기의 권상장치의 드럼에 권상용 와이어로프가 꼬인 경우에는 와이어로프에 하중을 걸어서는 아니할 것

④ 항타기나 항발기의 권상장치에 하중을 건 상태로 정지하여 두는 경우에는 쐐기장치 또는 역회전방지용 브레이크를 사용하여 제동하는 등 확실하게 정지시켜 둘 것

해설 압축공기를 동력원으로 하는 항타기 또는 항발기 사용 시 준수사항

- 해머의 운동에 의하여 증기호스 또는 공기호스와 해머의 접속부가 파손되거나 벗겨지는 것을 방지하기 위하여 그 접속부가 아닌 부위를 선정하여 공기호스를 해머에 고정시킨다.
- 공기를 차단하는 장치를 해머의 운전자가 쉽게 조작할 수 있는 위치에 설치한다.
- 항타기나 항발기의 권상장치의 드럼에 권상용 와이어로프가 꼬인 경우에는 와이어로프에 하중을 걸어서는 아니 된다.
- 항타기나 항발기의 권상장치에 하중을 건 상태로 정지하여 두는 경우에는 쐐기장치 또는 역회전방지용 브레이크를 사용하여 제동하는 등 확실하게 정지시켜 두어야 한다.

| 정답 | 083 ③ 084 ③ 085 ②

086

물이 결빙되는 위치로 지속적으로 유입되는 조건에서 온도가 하강함에 따라 토중수가 얼어 생성된 결빙 크기가 계속 커져 지표면이 부풀어 오르는 현상은?

① 압밀침하(consolidation settlement)
② 연화(frost boil)
③ 동상(frost heave)
④ 지반경화(hardening)

해설 **동상현상**

온도가 하강하여 물이 결빙되는 위치로부터 토중수가 얼어 부피가 9[%] 정도 증가함에 따라 표면이 부풀어 오르는 현상이다.

관련개념

압밀침하	물로 포화된 점토를 다지면 압축하중으로 지반이 침하하는데, 이로 인하여 간극 수압이 높아져 물이 배출되면서 흙의 간극이 감소하여 침하하는 현상이다.
연화현상	동결된 지반이 온도상승에 의해 녹기 시작하고 고인물이 적절히 배수되지 않아 함수비가 증가하면서 얼기 전보다 지반이 약하고 강도가 떨어지는 현상이다.

087

최고 51[m] 높이의 강관비계를 세우려고 한다. 지상에서 몇 [m]까지의 비계기둥을 2개로 묶어 세워야 하는가?

① 10[m] ② 20[m]
③ 31[m] ④ 51[m]

해설

강관비계 설치 시 비계기둥의 제일 윗부분으로부터 31[m] 되는 지점 밑부분의 비계기둥은 2개의 강관으로 묶어 세워야 하므로 51−31 = 20[m] 지점 밑부분은 2개의 강관으로 묶어 세워야 한다.

관련개념 **강관비계의 구조**

- 비계기둥의 간격은 띠장 방향에서는 1.85[m] 이하, 장선 방향에서는 1.5[m] 이하로 할 것
- 띠장 간격은 2[m] 이하로 할 것
- 비계기둥의 제일 윗부분으로부터 31[m] 되는 지점 밑부분의 비계기둥은 2개의 강관으로 묶어 세울 것
- 비계기둥 간의 적재하중은 400[kg]을 초과하지 않도록 할 것

088

대상액 50억 원 이상의 공사종류에 따른 산업안전보건관리비 계상기준으로 옳지 않은 것은?

① 건축공사: 2.37[%]
② 토목공사: 2.60[%]
③ 중건설공사: 3.11[%]
④ 특수건설공사: 1.46[%]

해설 **공사종류 및 규모별 산업안전보건관리비 계상기준표**

구분 / 공사종류	대상액 5억 원 미만	대상액 5억 원 이상 50억 원 미만		대상액 50억 원 이상	보건관리자 선임대상 건설공사
		비율	기초액		
건축공사	3.11[%]	2.28[%]	4,325,000원	2.37[%]	2.64[%]
토목공사	3.15[%]	2.53[%]	3,300,000원	2.60[%]	2.73[%]
중건설공사	3.64[%]	3.05[%]	2,975,000원	3.11[%]	3.39[%]
특수건설공사	2.07[%]	1.59[%]	2,450,000원	1.64[%]	1.78[%]

089

달비계용 달기 체인의 사용금지기준으로 옳지 않은 것은?

① 달기 체인의 길이가 달기 체인이 제조된 때의 길이의 3[%]를 초과한 것
② 링의 단면지름이 달기 체인이 제조된 때의 해당 링의 지름의 10[%]를 초과하여 감소한 것
③ 균열이 있는 것
④ 심하게 변형된 것

해설 **달비계용 달기 체인의 사용금지기준**

- 달기 체인의 길이가 달기 체인이 제조된 때의 길이의 5[%]를 초과한 것
- 링의 단면지름이 달기 체인이 제조된 때의 해당 링의 지름의 10[%]를 초과하여 감소한 것
- 균열이 있거나 심하게 변형된 것

| 정답 | 086 ③ 087 ② 088 ④ 089 ①

090

위험성평가에 활용하는 안전보건정보에 해당되지 않는 것은?

① 사업장 근로자수와 금년 퇴직자수
② 작업표준, 작업절차 등에 관한 정보
③ 기계 · 기구, 설비 등의 사양서
④ 물질안전보건자료(MSDS)

해설

근로자수와 퇴직자수에 대한 정보는 사업장의 위험요인을 발굴하기 위한 지표의 가치와는 무관하다.

091

강관틀비계를 조립하여 사용하는 경우 준수해야 하는 사항으로 옳지 않은 것은?

① 길이가 띠장 방향으로 4[m] 이하이고 높이가 10[m]를 초과하는 경우에는 10[m] 이내마다 띠장 방향으로 버팀기둥을 설치할 것
② 높이가 20[m]를 초과하거나 중량물의 적재를 수반하는 작업을 할 경우에는 주틀 간의 간격을 1.8[m] 이하로 할 것
③ 주틀 간에 교차 가새를 설치하고 최상층 및 10층 이내마다 수평재를 설치할 것
④ 수직방향으로 6[m], 수평방향으로 8[m] 이내마다 벽이음을 할 것

해설 **강관틀비계 조립 · 사용 시 준수사항**

- 비계기둥의 밑둥에는 밑받침철물을 사용하여야 하며 밑받침에 고저차가 있는 경우에는 조절형 밑받침철물을 사용하여 각각의 강관틀비계가 항상 수평 및 수직을 유지하도록 할 것
- 높이가 20[m]를 초과하거나 중량물의 적재를 수반하는 작업을 할 경우에는 주틀 간의 간격을 1.8[m] 이하로 할 것
- 주틀 간에 교차 가새를 설치하고 최상층 및 5층 이내마다 수평재를 설치할 것
- 수직방향으로 6[m], 수평방향으로 8[m] 이내마다 벽이음을 할 것
- 길이가 띠장 방향으로 4[m] 이하이고 높이가 10[m]를 초과하는 경우에는 10[m] 이내마다 띠장 방향으로 버팀기둥을 설치할 것

092

말비계를 조립하여 사용하는 경우에 지주부재와 수평면의 기울기는 최대 몇 도 이하로 하여야 하는가?

① 30°　　② 45°
③ 60°　　④ 75°

해설 **말비계 사용 시 준수사항**

- 지주부재의 하단에는 미끄럼방지장치를 하고, 근로자가 양측 끝부분에 올라서서 작업하지 않도록 할 것
- 지주부재와 수평면의 기울기를 75° 이하로 하고, 지주부재와 지주부재 사이를 고정시키는 보조부재를 설치할 것
- 말비계의 높이가 2[m]를 초과하는 경우에는 작업발판의 폭을 40[cm] 이상으로 할 것

093

가설통로의 설치 기준으로 옳지 않은 것은?

① 추락할 위험이 있는 장소에는 안전난간을 설치할 것
② 경사가 10°를 초과하는 경우에는 미끄러지지 아니하는 구조로 할 것
③ 경사는 30° 이하로 할 것
④ 건설공사에 사용하는 높이 8[m] 이상인 비계다리에는 7[m] 이내마다 계단참을 설치할 것

해설 **가설통로 설치 시 준수사항**

- 견고한 구조로 할 것
- 경사는 30° 이하로 할 것. 다만, 계단을 설치하거나 높이 2[m] 미만의 가설통로로서 튼튼한 손잡이를 설치한 경우에는 그러하지 아니하다.
- 경사가 15°를 초과하는 경우에는 미끄러지지 아니하는 구조로 할 것
- 추락할 위험이 있는 장소에는 안전난간을 설치할 것. 다만, 작업상 부득이한 경우에는 필요한 부분만 임시로 해체할 수 있다.
- 수직갱에 가설된 통로의 길이가 15[m] 이상인 경우에는 10[m] 이내마다 계단참을 설치할 것
- 건설공사에 사용하는 높이 8[m] 이상인 비계다리에는 7[m] 이내마다 계단참을 설치할 것

| 정답 | 090 ① 091 ③ 092 ④ 093 ②

094

강풍이 불어올 때 타워크레인의 운전작업을 중지하여야 하는 순간풍속의 기준으로 옳은 것은?

① 순간풍속이 초당 10[m] 초과
② 순간풍속이 초당 15[m] 초과
③ 순간풍속이 초당 25[m] 초과
④ 순간풍속이 초당 30[m] 초과

해설 악천후 시 순간풍속에 따른 안전조치

순간풍속	시기	조치사항
10[m/s] 초과	–	타워크레인의 설치·수리·점검 또는 해체 작업 중지
15[m/s] 초과	–	타워크레인의 운전작업 중지
30[m/s] 초과	바람이 불어올 우려가 있는 경우	옥외 주행 크레인의 이탈방지장치 작동 등 이탈방지 조치
	바람이 불거나 중진 이상 진도의 지진	옥외 양중기의 이상 점검
35[m/s] 초과	바람이 불어올 우려가 있는 경우	• 건설용 리프트의 받침수 증가 등 붕괴 방지 조치 • 옥외용 승강기의 받침수 증가 등 무너짐 방지 조치

095

차량계 건설기계를 사용하여 작업할 때에 그 기계가 넘어지거나 굴러떨어짐으로써 근로자가 위험해질 우려가 있는 경우에 조치하여야 할 사항과 거리가 먼 것은?

① 갓길의 붕괴 방지 ② 작업반경 유지
③ 지반의 부동침하 방지 ④ 도로 폭의 유지

해설

사업주는 차량계 건설기계를 사용하는 작업을 할 때에 그 기계가 넘어지거나 굴러떨어짐으로써 근로자가 위험해질 우려가 있는 경우에는 유도하는 사람을 배치하고 지반의 부동침하 방지, 갓길의 붕괴 방지 및 도로 폭의 유지 등 필요한 조치를 하여야 한다.

096

연약지반에서 발생하는 히빙(Heaving) 현상에 관한 설명 중 옳지 않은 것은?

① 저면에 액상화 현상이 나타난다.
② 배면의 토사가 붕괴된다.
③ 지보공이 파괴된다.
④ 굴착저면이 솟아오른다.

해설

저면에 액상화 현상이 나타나는 것은 보일링 현상이다.

관련개념 히빙(Heaving) 현상

연약한 점토지반의 굴착이 진행됨에 따라 흙막이벽 뒤쪽 흙의 중량이 굴착부 바닥의 지지력 이상이 되면 흙막이벽 근입 부분의 지반 이동이 발생하여 굴착부 저면이 솟아오르는 현상을 말한다.

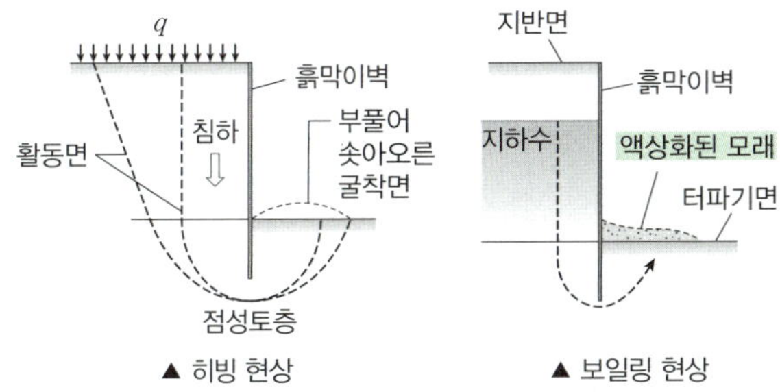

▲ 히빙 현상 ▲ 보일링 현상

097

토류벽의 붕괴예방에 관한 조치 중 옳지 않은 것은?

① 웰 포인트(well point)공법 등에 의해 수위를 저하시킨다.
② 근입깊이를 가급적 짧게 한다.
③ 어스앵커(earth anchor)시공을 한다.
④ 토류벽 인접지반에 중량물 적치를 피한다.

해설

토류벽의 붕괴를 예방하기 위해서는 말뚝의 근입깊이를 설계 지반까지 깊게 시공하여야 한다.

| 정답 | 094 ② 095 ② 096 ① 097 ②

098

산업안전보건법령에서 규정하고 있는 차량계 건설기계에 해당되지 않는 것은?

① 불도저 ② 어스드릴
③ 타워크레인 ④ 콘크리트 펌프카

해설

타워크레인은 산업안전보건법령상 양중기에 해당된다.

관련개념 **차량계 건설기계**

- 도저형 건설기계(불도저, 스트레이트도저, 틸트도저, 앵글도저, 버킷도저)
- 모터그레이더
- 스크레이퍼
- 굴착기
- 항타기 및 항발기
- 천공용 건설기계(어스드릴, 어스오거, 크롤러드릴, 점보드릴)
- 지반다짐용 건설기계(타이어롤러, 매커덤롤러, 탠덤롤러)
- 콘크리트 펌프카

099

관리감독자의 유해·위험 방지 업무에서 높이 5[m] 이상의 비계를 조립·해체하거나 변경하는 작업과 관련된 직무수행 내용과 가장 거리가 먼 것은?

① 재료의 결함 유무를 점검하고 불량품을 제거하는 일
② 기구·공구·안전대 및 안전모 등의 기능을 점검하고 불량품을 제거하는 일
③ 작업방법 및 근로자 배치를 결정하고 작업 진행 상태를 감시하는 일
④ 작업에 종사하는 근로자의 보안경 및 안전장갑의 착용 상황을 감시하는 일

해설

'작업에 종사하는 근로자의 보안경 및 안전장갑의 착용 상황을 감시하는 일'은 아세틸렌 용접장치 및 가스집합용접장치의 취급작업 시 관리감독자의 직무수행 내용에 해당한다.

관련개념 **높이 5[m] 이상의 비계를 조립·해체하거나 변경하는 작업 시 관리감독자의 직무수행 내용**

- 재료의 결함 유무를 점검하고 불량품을 제거하는 일
- 기구·공구·안전대 및 안전모 등의 기능을 점검하고 불량품을 제거하는 일
- 작업방법 및 근로자 배치를 결정하고 작업 진행 상태를 감시하는 일
- 안전대와 안전모 등의 착용 상황을 감시하는 일

100

가설계단 및 계단참을 설치하는 경우 매 [m^2]당 몇 [kg] 이상의 하중에 견딜 수 있는 강도를 가진 구조로 설치하여야 하는가?

① 200[kg] ② 300[kg]
③ 400[kg] ④ 500[kg]

해설 **가설계단 설치기준**

구분	내용
강도	• 계단 및 계단참을 설치하는 경우에는 500[kg/m^2] 이상의 하중에 견딜 수 있는 강도를 가진 구조로 설치할 것 • 안전율은 4 이상으로 할 것 • 계단 및 승강구 바닥을 구멍이 있는 재료로 만드는 경우 렌치나 그 밖의 공구 등이 낙하할 위험이 없는 구조로 할 것
폭	• 계단을 설치하는 경우 그 폭은 1[m] 이상으로 할 것 • 계단에 손잡이 외의 다른 물건 등을 설치하거나 쌓아 두어서는 아니할 것
계단참	3[m]를 초과하는 계단에는 높이 3[m] 이내마다 진행방향으로 길이 1.2[m] 이상의 계단참을 설치할 것
천장의 높이	계단을 설치하는 경우 바닥면으로부터 높이 2[m] 이내의 공간에 장애물이 없도록 할 것
난간	높이 1[m] 이상인 계단의 개방된 측면에 안전난간을 설치할 것

| 정답 | 098 ③ 099 ④ 100 ④

2024년 2회 | CBT 복원문제

자동 채점

산업안전관리론

001

산업안전보건법령에 따른 안전보건표지의 종류별 해당 색채 기준 중 틀린 것은?

① 금연: 바탕은 흰색, 기본 모형은 검은색, 관련부호 및 그림은 빨간색
② 인화성물질 경고: 바탕은 무색, 기본모형은 빨간색(검은색도 가능)
③ 보안경 착용: 바탕은 파란색, 관련 그림은 흰색
④ 고압전기 경고: 바탕은 노란색, 기본모형, 관련 부호 및 그림은 검은색

해설 **안전보건표지의 종류별 색채**

분류	색채
금지표지	바탕은 흰색, 기본모형은 빨간색, 관련 부호 및 그림은 검은색
경고표지	바탕은 노란색, 기본모형, 관련 부호 및 그림은 검은색. 다만, 인화성물질 경고, 산화성물질 경고, 폭발성물질 경고, 급성독성물질 경고, 부식성물질 경고 및 발암성·변이원성·생식독성·전신독성·호흡기 과민성물질 경고의 경우 바탕은 무색, 기본모형은 빨간색(검은색도 가능)
지시표지	바탕은 파란색, 관련 그림은 흰색
안내표지	바탕은 흰색, 기본모형 및 관련 부호는 녹색 또는 바탕은 녹색, 관련 부호 및 그림은 흰색
출입금지표지	바탕은 흰색, 글자는 흑색. 다만, 'OOO제조/사용/보관 중', '석면취급/해체 중', '발암물질 취급 중' 글자는 적색

※ '금연' 표지는 금지표지이다.

002

재해 발생 건수 등의 추이를 파악하여 목표관리를 행하는 데 필요한 월별 재해발생건수를 그래프화하여 관리선을 설정·관리하는 통계분석방법은?

① 파레토도 ② 특성요인도
③ 크로스도 ④ 관리도

해설 **통계에 의한 재해원인 분석방법**

파레토도	사고의 유형, 기인물 등 분류항목을 큰 순서대로 도표화하는 방법
특성요인도	특성과 요인관계를 도표로 하여 어골상으로 세분하는 방법
크로스도	2개 이상의 문제 관계를 분석하는 데 사용하는 것으로, 데이터를 집계하고 표로 표시하여 요인별 결과 내역을 교차한 크로스 그림을 작성하여 분석하는 방법
관리도	재해 발생 건수 등의 추이를 파악하여 목표관리를 행하는 데 필요한 월별 재해발생수를 그래프화하여 관리선을 설정·관리하는 방법

003

A 사업장에서는 산업재해로 인한 인적·물적손실을 줄이기 위하여 안전행동 실천운동(5C운동)을 실시하고자 한다. 5C 운동에 해당하지 않는 것은?

① Control ② Correctness
③ Cleaning ④ Checking

해설 **5C 운동(안전행동 실천운동)**

- 복장단정(Correctness)
- 청소청결(Cleaning)
- 전심전력(Concentration)
- 정리정돈(Clearance)
- 점검확인(Checking)

| 정답 | 001 ① 002 ④ 003 ①

004

산업안전보건법령에 따른 안전보건표지 중 금지표지의 종류에 해당하지 않는 것은?

① 접근금지　　② 차량통행금지
③ 사용금지　　④ 탑승금지

해설 **금지표지**

출입금지

보행금지

차량통행금지

사용금지

탑승금지

금연
화기금지
물체이동금지

005

건설기술진흥법령에 따른 건설사고조사위원회의 구성 기준 중 다음 (　　) 안에 알맞은 것은?

> 건설사고조사위원회는 위원장 1명을 포함한 (　　)명 이내의 위원으로 구성한다.

① 12　　② 11
③ 10　　④ 9

해설 **건설사고조사위원회의 구성 및 운영**

- 건설사고조사위원회는 위원장 1명을 포함한 12명 이내의 위원으로 구성한다.
- 건설사고조사위원회 위원은 다음의 어느 하나에 해당하는 사람 중에서 해당 건설사고조사위원회를 구성·운영하는 국토교통부장관, 발주청 또는 인·허가기관의 장이 임명하거나 위촉한다.
  - 건설공사 업무와 관련된 공무원
  - 건설공사 업무와 관련된 단체 및 연구기관 등의 임직원
  - 건설공사 업무에 관한 학식과 경험이 풍부한 사람
- 위원의 임기는 2년으로 하며, 위원의 사임 등으로 새로 위촉된 위원의 임기는 전임위원 임기의 남은 기간으로 한다.

006

산업안전보건법령에 따른 건설업 중 유해위험방지계획서를 작성하여 고용노동부장관에게 제출하여야 하는 공사의 기준 중 틀린 것은?

① 연면적 5,000[m^2] 이상의 냉동·냉장 창고시설의 설비공사 및 단열공사
② 깊이 10[m] 이상인 굴착공사
③ 저수용량 2,000만 톤 이상의 용수 전용 댐 공사
④ 최대 지간길이가 31[m] 이상인 교량 건설 공사

해설 **유해위험방지계획서 제출 대상 건설공사**

- 다음의 어느 하나에 해당하는 건축물 또는 시설 등의 건설·개조 또는 해체(건설 등) 공사
  - 지상높이가 31[m] 이상인 건축물 또는 인공구조물
  - 연면적 30,000[m^2] 이상인 건축물
  - 연면적 5,000[m^2] 이상의 문화 및 집회시설(전시장 및 동물원·식물원 제외), 판매시설, 운수시설(고속철도의 역사 및 집배송시설 제외), 종교시설, 의료시설 중 종합병원, 숙박시설 중 관광숙박시설, 지하도상가, 냉동·냉장 창고시설
- 연면적 5,000[m^2] 이상인 냉동·냉장 창고시설의 설비공사 및 단열공사
- 최대 지간길이가 50[m] 이상인 다리의 건설 등 공사
- 터널의 건설 등 공사
- 다목적댐, 발전용댐, 저수용량 2천만 톤 이상의 용수 전용 댐 및 지방상수도 전용 댐의 건설 등 공사
- 깊이 10[m] 이상인 굴착공사

| 정답 | 004 ①　005 ①　006 ④

007

재해의 간접원인 중 기초원인에 해당하는 것은?

① 불안전한 상태　　② 관리적 원인
③ 신체적 원인　　④ 불안전한 행동

해설

'불안전한 상태' 및 '불안전한 행동'은 재해의 직접원인(1차 원인)에 해당하며, '신체적 원인'은 간접원인 중 2차 원인에 해당한다.

관련개념 **재해발생의 간접원인**

기초원인	• 관리적 원인 • 학교교육적 원인	• 사회적 원인 • 역사적 원인
2차 원인	• 기술적 원인 • 안전교육적 원인	• 신체적 원인 • 정신적 원인

008

T.B.M 활동의 5단계 추진법의 진행순서로 옳은 것은?

① 도입 → 위험예지훈련 → 작업지시 → 점검정비 → 확인
② 도입 → 점검정비 → 작업지시 → 위험예지훈련 → 확인
③ 도입 → 확인 → 위험예지훈련 → 작업지시 → 점검정비
④ 도입 → 작업지시 → 위험예지훈련 → 점검정비 → 확인

해설 **TBM 5단계 진행순서**

1단계	도입	직장체조, 상호인사, 목표제창
2단계	점검정비	건강, 복장, 공구, 보호구, 안전장치, 사용기기 등 점검정비
3단계	작업지시	당일 작업에 대한 설명 및 지시를 받고 복창하여 확인
4단계	위험예측	당일 작업의 위험을 예측하고 대책 토의, 원 포인트 위험예지훈련
5단계	확인	대책을 수립하고 팀의 목표 확인, 원포인트 지적 확인, 터치 앤 콜

관련개념 **TBM(Tool Box Meeting)**

직장에서 행하는 안전미팅으로서 사고의 직접 원인(불안전한 상태 및 불안전한 행동) 중 주로 불안전한 행동을 근절시키기 위하여 5~6인 소집단으로 편성하여 작업장 내에서 적당한 장소를 정하여 실시하는 단시간 미팅을 말한다.

009

산업안전보건법령에 따른 안전보건총괄책임자 지정 대상사업 기준 중 다음 (　　) 안에 알맞은 것은? (단, 선박 및 보트 건조업, 1차 금속 제조업 및 토사석 광업의 경우이다.)

> 관계수급인에게 고용된 근로자를 포함한 상시근로자가 (㉠)명 이상인 사업 및 관계수급인의 공사금액을 포함한 해당 공사의 총공사금액이 (㉡)억 원 이상인 건설업

① ㉠: 50, ㉡: 10　　② ㉠: 50, ㉡: 20
③ ㉠: 100, ㉡: 10　　④ ㉠: 100, ㉡: 20

해설 **안전보건총괄책임자 지정 대상사업**

- 관계수급인에게 고용된 근로자를 포함한 상시근로자가 100명(선박 및 보트 건조업, 1차 금속 제조업 및 토사석 광업의 경우에는 50명) 이상인 사업
- 관계수급인의 공사금액을 포함한 해당 공사의 총 공사금액이 20억 원 이상인 건설업

010

산업안전보건법령에 따른 안전 및 보건에 관한 노사협의체의 사용자위원 구성기준 중 틀린 것은?

① 전체 사업의 대표자
② 안전관리자 1명
③ 공사금액이 20억 원 이상인 공사의 관계수급인의 각 대표자
④ 근로자대표가 지명하는 명예산업안전감독관 1명

해설 **노사협의체의 구성**

근로자 위원	• 도급 또는 하도급 사업을 포함한 전체 사업의 근로자대표 • 근로자대표가 지명하는 명예산업안전감독관 1명. 다만, 명예산업안전감독관이 위촉되어 있지 않은 경우에는 근로자대표가 지명하는 해당 사업장 근로자 1명 • 공사금액이 20억 원 이상인 공사의 관계수급인의 각 근로자대표
사용자 위원	• 도급 또는 하도급 사업을 포함한 전체 사업의 대표자 • 안전관리자 1명 • 보건관리자 1명 • 공사금액이 20억 원 이상인 공사의 관계수급인의 각 대표자

| 정답 | 007 ②　008 ②　009 ②　010 ④

2024년 2회

011

연평균 상시근로자 수가 500명인 사업장에서 36건의 재해가 발생한 경우 근로자 한 사람이 사업장에서 평생 근무할 경우 근로자에게 발생할 수 있는 재해는 몇 건으로 추정되는가? (단, 근로자는 평생 40년을 근무하며, 평생잔업시간은 4,000시간이고, 1일 8시간씩 연간 300일을 근무한다.)

① 2건　② 3건
③ 4건　④ 5건

해설

- 도수율 계산

$$도수율=\frac{재해건수}{연\ 근로시간\ 수}\times 1{,}000{,}000=\frac{36}{500\times(8\times 300)}\times 1{,}000{,}000=30$$

- 평생재해건수 추정

평생근무시간=(8×300)×40+4,000=100,000시간이므로

$$평생재해건수=도수율\times\frac{평생근무시간}{1{,}000{,}000}=30\times\frac{100{,}000}{1{,}000{,}000}=3건$$

관련개념 **환산도수율**

- 근로자가 입사해서 퇴직할 때까지(40년=10만 시간) 당할 수 있는 재해건수를 말한다.
- 이 문제는 평생근무시간이 10만 시간으로 산정되므로 도수율을 계산한 뒤 바로 환산도수율 공식을 적용해도 된다.

$$환산도수율=\frac{도수율}{10}$$

012

보호구 안전인증 고시에 따른 안전블록이 부착된 안전대의 구조기준 중 안전블록의 줄이 와이어로프인 경우 최소지름은 몇 [mm] 이상이어야 하는가?

① 2　② 4
③ 8　④ 10

해설 **안전블록이 부착된 안전대의 구조**

- 안전블록을 부착하여 사용하는 안전대는 신체지지의 방법으로 안전그네만을 사용할 것
- 안전블록은 정격 사용 길이가 명시될 것
- 안전블록의 줄은 합성섬유로프, 웨빙, 와이어로프이어야 하며, 와이어로프인 경우 최소지름이 4[mm] 이상일 것

013

산업안전보건법령에 따른 안전보건표지의 기본모형 중 다음 기본모형의 표시사항으로 옳은 것은? (단, 색도기준은 2.5PB 4/10이다.)

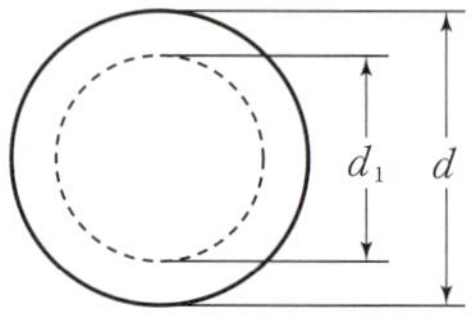

① 금지　② 경고
③ 지시　④ 안내

해설 **안전보건표지의 기본모형**

기본모형	규격비율	표시사항
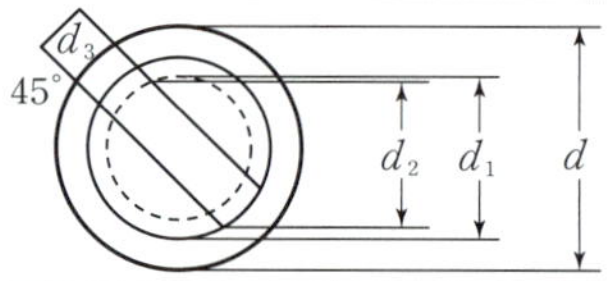	$d\geq 0.025L$ $d_1=0.8d$ $0.7d<d_2<0.8d$ $d_3=0.1d$	금지
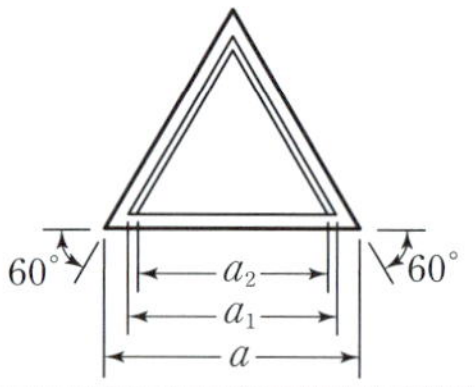	$a\geq 0.034L$ $a_1=0.8a$ $0.7a<a_2<0.8a$	경고
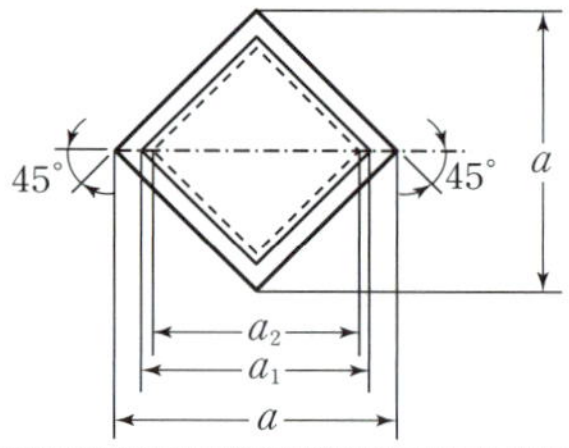	$a\geq 0.025L$ $a_1=0.8a$ $0.7a<a_2<0.8a$	경고
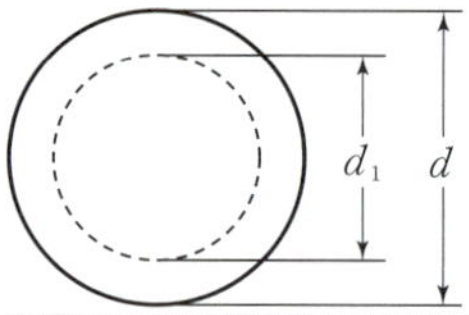	$d\geq 0.025L$ $d_1=0.8d$	지시

| 정답 | 011 ② 012 ② 013 ③

014

아담스(Edward Adams)의 사고 연쇄이론의 단계로 옳은 것은?

① 사회적 환경 및 유전적 요소 → 개인적 결함 → 불안전 행동 및 상태 → 사고 → 상해
② 통제의 부족 → 기본원인 → 직접원인 → 사고 → 상해
③ 관리구조 결함 → 작전적 에러 → 전술적 에러 → 사고 → 상해
④ 안전정책과 결정 → 불안전 행동 및 상태 → 물질에너지 기준이탈 → 사고 → 상해

해설 **사고의 연쇄이론**
- 하인리히 사고연쇄성 이론
  사회적 환경 및 유전적 요소 → 개인적 결함 → 불안전 행동 및 상태 → 사고 → 상해
- 버드의 신도미노 이론
  통제의 부족 → 기본원인 → 직접원인 → 사고 → 상해
- 아담스 사고 연쇄이론
  관리구조 결함 → 작전적 에러 → 전술적 에러 → 사고 → 상해
- 자베타키스 도미노 연쇄이론
  안전정책과 결정 → 불안전 행동 및 상태 → 물질에너지 기준이탈 → 사고 → 상해

015

산업안전보건기준에 관한 규칙에 따른 이동식 크레인을 사용하여 작업을 할 때 작업시작 전 점검사항이 아닌 것은?

① 권과방지장치나 그 밖의 경보장치의 기능
② 브레이크·클러치 및 조정장치의 기능
③ 주행로의 상측 및 트롤리가 횡행하는 레일의 상태
④ 와이어로프가 통하고 있는 곳 및 작업장소의 지반상태

해설
③은 크레인의 작업시작 전 점검사항이다.

016

산업안전보건법령에 따른 안전보건관리규정을 작성하여야 할 사업의 사업주는 안전보건관리규정을 작성하여야 할 사유가 발생한 날부터 며칠 이내에 작성하여야 하는가?

① 15일 ② 30일
③ 50일 ④ 60일

해설
안전보건관리규정을 작성하여야 할 사업의 사업주는 안전보건관리규정을 작성해야 할 사유가 발생한 날부터 30일 이내에 안전보건관리규정의 세부 내용을 포함한 안전보건관리규정을 작성해야 한다.

017

시설물의 안전 및 유지관리에 관한 특별법령에 따른 안전등급별 정기안전점검 및 정밀안전진단의 실시시기 기준 중 다음 (　　) 안에 알맞은 것은?

안전등급	정기안전점검	정밀안전진단
A등급	(㉠) 이상	(㉡)년에 1회 이상

① ㉠: 반기에 1회, ㉡: 6 ② ㉠: 반기에 1회, ㉡: 4
③ ㉠: 1년에 3회, ㉡: 6 ④ ㉠: 1년에 3회, ㉡: 4

해설 **안전점검, 정밀안전진단 및 성능평가의 실시시기**

안전등급	정기안전점검	정밀안전점검		정밀안전진단	성능평가
		건축물	그 외 시설물		
A등급	반기에 1회 이상	4년에 1회 이상	3년에 1회 이상	6년에 1회 이상	5년에 1회 이상
B·C 등급		3년에 1회 이상	2년에 1회 이상	5년에 1회 이상	
D·E 등급	1년에 3회 이상	2년에 1회 이상	1년에 1회 이상	4년에 1회 이상	

| 정답 | 014 ③ 015 ③ 016 ② 017 ①

018

산업안전보건법령에 따른 안전인증기준에 적합한지를 확인하기 위하여 안전인증기관이 하는 심사의 종류가 아닌 것은?

① 서면심사 ② 예비심사
③ 제품심사 ④ 완성심사

해설 안전인증 심사의 종류

예비심사	기계 및 방호장치·보호구가 유해·위험기계 등인지를 확인하는 심사
서면심사	유해·위험기계 등의 종류별 또는 형식별로 설계도면 등 유해·위험기계 등의 제품기술과 관련된 문서가 안전인증기준에 적합한지에 대한 심사
기술능력 및 생산체계 심사	유해·위험기계 등의 안전성능을 지속적으로 유지·보증하기 위하여 사업장에서 갖추어야 할 기술능력과 생산체계가 안전인증기준에 적합한지에 대한 심사
제품심사	유해·위험기계 등이 서면심사 내용과 일치하는지와 유해·위험기계 등의 안전에 관한 성능이 안전인증기준에 적합한지에 대한 심사

019

재해사례 연구의 진행단계로 옳은 것은?

① 사실의 확인 → 재해 상황의 파악 → 문제점의 발견 → 문제점의 결정 → 대책의 수립
② 문제점의 발견 → 재해 상황의 파악 → 사실의 확인 → 문제점의 결정 → 대책의 수립
③ 재해 상황의 파악 → 사실의 확인 → 문제점의 발견 → 문제점의 결정 → 대책의 수립
④ 문제점의 발견 → 문제점의 결정 → 재해상황의 파악 → 사실의 확인 → 대책의 수립

해설 재해사례 연구순서

- 전제조건: 재해 상황의 파악
- 제1단계: 사실의 확인
- 제2단계: 문제점 발견
- 제3단계: 근본적 문제점 결정
- 제4단계: 대책수립

020

산업안전보건법령에 따른 지방고용노동관서의 장이 사업주에게 안전관리자·보건관리자 또는 안전보건관리담당자를 정수 이상으로 증원하게 하거나 교체하여 임명할 것을 명할 수 있는 기준 중 다음 (   ) 안에 알맞은 것은?

> – 해당 사업장의 연간재해율이 같은 업종의 평균재해율의 (㉠)배 이상인 경우
> – 중대재해가 연간 (㉡)건 이상 발생한 경우
> – 관리자가 질병이나 그 밖의 사유로 (㉢)개월 이상 직무를 수행할 수 없게 된 경우

① ㉠: 3, ㉡: 3, ㉢: 2 ② ㉠: 3, ㉡: 3, ㉢: 3
③ ㉠: 2, ㉡: 3, ㉢: 2 ④ ㉠: 2, ㉡: 2, ㉢: 3

해설 안전관리자 등의 증원·교체임명 명령 사유

- 해당 사업장의 연간재해율이 같은 업종의 평균재해율의 2배 이상인 경우
- 중대재해가 연간 2건 이상 발생한 경우
- 관리자가 질병이나 그 밖의 사유로 3개월 이상 직무를 수행할 수 없게 된 경우
- 화학적 인자로 인한 직업성 질병자가 연간 3명 이상 발생한 경우

| 정답 | 018 ④ 019 ③ 020 ④

인간공학 및 시스템안전공학

021

선형 조정장치를 16[cm] 옮겼을 때, 선형표시장치가 4[cm] 움직였다면, C/R비는 얼마인가?

① 0.2　　② 2.5
③ 4.0　　④ 5.3

해설

통제표시비(C/R비) $= \frac{16}{4} = 4$

관련개념 **통제표시비(C/R비)**

통제표시비 $= \frac{\text{제어장치의 변위량}}{\text{표시장치의 변위량}}$

022

휘도(Luminance)의 척도 단위(Unit)가 아닌 것은?

① [fc]　　② [fL]
③ [mL]　　④ [cd/m^2]

해설

[fc]는 조도(밝기의 정도)의 단위이다.

관련개념 **휘도(Luminance, [cd/m^2])**

휘도는 눈부심의 정도이며 단위면적당 밝기의 정도를 나타낸다. 즉, 광원의 단위면적에서 단위입체각으로 발산하는 광선속(빛의 양)을 의미한다.

023

인적오류와 그에 따른 위험성을 예측하고 개선하기 위한 시스템 위험분석기법은?

① FMEA　　② MORT
③ FHA　　④ THERP

해설 **시스템 분석 기법의 종류**

기법	설명
고장형태와 영향분석법 (FMEA; Failure Mode and Effect Analysis)	고장을 형태별로 분석하여 그 영향을 검토하는 정성적, 귀납적 분석방법
예비위험분석 (PHA; Preliminary Hazard Analysis)	최초단계 분석으로, 시스템 내의 위험요소가 어느 정도의 위험상태에 있는지를 평가하는 방법으로 정성적 평가방법
결함위험분석 (FHA; Fault Hazard Analysis)	서브시스템의 해석에 사용되는 기법
인간과오율 추정법 (THERP; Technique for Human Error Rate Prediction)	인간의 실수를 정량적으로 평가하는 것이며 인간의 과오(실수)에 기인한 사고원인 분석 기법으로, 100만 운전시간당 과오수를 기본 과오율로 평가
결함수분석 (FTA; Fault Tree Analysis)	정량적, 연역적 분석방법으로, 기계, 설비 또는 인간-기계 시스템의 고장이나 재해의 발생요인을 FT도에 의하여 분석
치명도 분석, 위험도 분석 (CA; Criticality Analysis)	높은 위험도를 가진 요소나 고장의 형태에 따른 분석법으로, 고장을 정량적으로 분석하는 기법
위험 및 운용성 분석 (HAZOP; Hazard and Operability Analysis)	장비에 대해 잠재된 위험이나 기능 저하 등 영향을 평가하기 위하여 공정이나 설계도 등에 체계적인 검토를 행하는 것

2024년 2회

| 정답 | 021 ③　022 ①　023 ④

024

정량적 표시장치 중 정확한 정보전달 측면에서 가장 우수한 장치는?

① 디지털 표시장치
② 지침고정형 표시장치
③ 원형 지침이동형 표시장치
④ 수직형 지침이동형 표시장치

해설

정확한 값을 읽어야 하는 경우 디지털(계수형) 표시장치가 가장 유리하다.

025

시스템의 위험분석기법에 해당하지 않는 것은?

① RULA ② ETA
③ FMEA ④ MORT

해설 **RULA(Rapid Upper Limb Assessment) 기법**

영국 맨체스터 대학교에서 개발된 RULA 기법은 주로 작업자의 상지(팔, 손목, 어깨 등) 및 목의 작업 자세를 평가하기 위해 작업자세, 힘의 크기, 반복성을 점수화하여 근골격계 질환의 위험도를 분석하는 방법이다.

026

다음 중 인체계측 치수의 성격이 다른 것은?

① 팔 뻗침 ② 눈 높이
③ 앉은 키 ④ 엉덩이 너비

해설

팔 뻗침은 동적 인체계측 치수에 속하며 눈 높이, 앉은 키, 엉덩이 너비는 정적 인체계측 치수에 속한다.

027

인간공학적 부품배치의 원칙에 해당하지 않은 것은?

① 신뢰성의 원칙 ② 사용순서의 원칙
③ 중요성의 원칙 ④ 사용빈도의 원칙

해설 **부품배치의 원칙(공간배치의 원칙)**

중요도의 원칙	작업장에서 가장 중요한 구성요소(작업물품)를 작업자의 손이 닿기 쉬운 곳에 배치하는 원칙으로, 작업자의 안전과 효율성을 높인다.
사용빈도의 원칙	작업자가 자주 사용하는 구성요소를 작업자의 손이 닿기 쉬운 곳에 배치하는 원칙으로, 작업자의 작업시간을 단축시킨다. 예 자주 사용하는 드라이버를 손에 닿기 쉬운 곳에 배치한다.
기능별 배치(기능성)의 원칙	구성요소(작업물품)를 기능별로 분류하여 배치하는 원칙이다. 예 기능이 비슷한 가위와 칼을 묶고, 펜과 연필을 묶어서 기능별로 분류하여 사용한다.
사용순서의 원칙	사용순서에 맞게 순차적으로 부품을 배치하는 원칙으로, 시간의 효율성을 높이고 착오를 최소화할 수 있다.

| 정답 | 024 ① 025 ① 026 ① 027 ①

028

FT도의 기호 중 전이기호에 해당하는 것은?

①
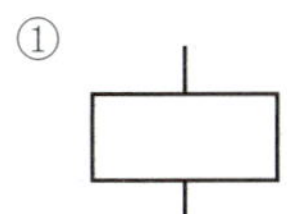

②
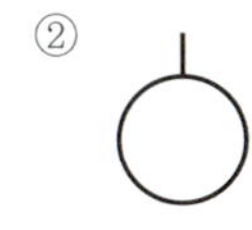

③
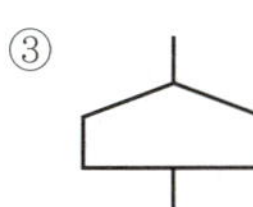

④
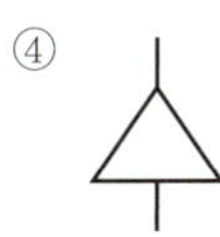

해설 **논리기호 및 사상기호**

기호	명칭	설명
	기본사상	더 이상 전개할 수 없는 사건·사고(재해의 원인)
	생략사상	관리정보가 미비하여 계속될 수 없는 특정 초기사상
	통상사상	발생이 예상되는 사상
	결함사상	한 개 이상의 입력에 의해 발생된 고장사상
	전이기호	다른 게이트와의 연결
	억제 게이트	입력이 발생하기 전 특정 조건을 만족하면 출력이 발생
	OR 게이트	입력신호 중 하나 이상이 발생하면 출력이 발생(논리합)
	AND 게이트	입력신호가 모두 발생하면 출력이 발생(논리곱)

029

주변 환경이 알맞은 온도에서 더운 환경으로 바뀔 때 인체의 적응 현상으로 틀린 것은?

① 발한이 시작된다.
② 직장 온도가 올라간다.
③ 피부 온도가 올라간다.
④ 피부를 경유하는 혈액량이 증가한다.

해설
더운 환경으로 바뀔 때 직장의 온도는 내려간다.

030

시스템 안전을 위한 업무 수행 요건이 아닌 것은?

① 안전활동의 계획 및 관리
② 다른 시스템 프로그램과 분리 및 배제
③ 시스템 안전에 필요한 사람의 동일성 식별
④ 시스템 안전에 대한 프로그램 해석 및 평가

해설 **시스템 안전을 위한 업무 수행 요건**
- 안전활동의 계획 및 관리
- 시스템 안전에 필요한 사람의 동일성 식별
- 시스템 안전에 대한 프로그램 해석 및 평가

| 정답 | 028 ④ 029 ② 030 ②

031

컷셋(Cut Sets)과 최소 패스셋(Minimal Path Sets)을 정의한 것으로 맞는 것은?

① 컷셋은 시스템 고장을 유발시키는 필요 최소한의 고장들의 집합이며, 최소 패스셋은 시스템의 신뢰성을 표시한다.
② 컷셋은 시스템 고장을 유발시키는 기본 고장들의 집합이며, 최소 패스셋은 시스템의 불신뢰도를 표시한다.
③ 컷셋은 그 속에 포함되어 있는 모든 기본 사상이 일어났을 때 톱 사상을 일으키는 기본사상의 집합이며, 최소 패스셋은 시스템의 신뢰성을 표시한다.
④ 컷셋은 그 속에 포함되어 있는 모든 기본사상이 일어났을 때 톱 사상을 일으키는 기본사상의 집합이며, 최소 패스셋은 시스템의 성공을 유발하는 기본사상의 집합이다.

해설 **컷셋(Cut Sets)과 최소 패스셋(Minimal Path Sets)**
- 컷셋: 시스템 고장을 유발시키는 기본사상의 집합이다. 즉, 시스템이 고장나기 위해서는 컷셋에 포함된 모든 기본사상이 동시에 고장나야 한다.
- 최소 패스셋: 시스템이 정상적으로 작동하기 위해 필요한 최소한의 기본사상의 집합이다. 즉, 시스템이 정상적으로 작동하기 위해서는 최소 패스셋에 포함된 모든 기본사상이 정상적으로 작동하여야 한다.(신뢰성)

032

인간-기계 시스템에서 인간 실수가 발생하는 원인 중 출력착오에 해당하는 것은?

① 감각의 착오　② 입력의 착오
③ 정보처리의 착오　④ 신체적 반응의 착오

해설 **착오의 메커니즘**
- 입력착오: 감각 혹은 지각 입력의 착오
- 처리착오: 중재 혹은 정보처리의 착오
- 출력착오: 신체적 반응 및 인간제어의 착오

033

시스템의 평가척도 중 시스템의 목표를 잘 반영하는가를 나타내는 척도는?

① 신뢰성　② 타당성
③ 민감도　④ 무오염성

해설 **시스템의 평가척도**

척도	내용
신뢰성(Reliability)	측정 결과가 일관되게 나타나는 정도를 평가하는 척도
타당성(Validity)	측정 도구나 평가 방식이 시스템의 목표를 얼마나 잘 반영하고 있는지를 나타내는 척도
민감도(Sensitivity)	시스템의 변화나 입력 요인의 변화에 얼마나 민감하게 반응하는지를 나타내는 척도
무오염성(Non-contamination)	평가 결과가 외부 요인에 의해 왜곡되지 않고, 순수하게 측정 대상의 특성을 반영하는 척도

034

근골격계질환의 인간공학적 주요 위험요인과 가장 거리가 먼 것은?

① 과도한 힘　② 부적절한 자세
③ 고온의 환경　④ 단순 반복 작업

해설 **근골격계질환 위험요인**
- 근골격계 질환은 근육, 힘줄, 인대 등의 과도한 사용이나 부적절한 사용으로 인해 발생하는 질환이다.
- 과도한 힘, 부적절한 자세, 단순 반복 작업은 근골격계 질환의 주요 위험요인으로 볼 수 있다.

| 정답 | 031 ③　032 ④　033 ②　034 ③

035

표시장치의 지침을 움직이기 위한 회전형 노브(knob)의 반지름을 1[cm]에서 2[cm]로 바꾸었을 때 조정반응(C/R)비율의 변화에 대한 설명으로 옳은 것은?

① 4배 감소　② 2배 감소
③ 2배 증가　④ 4배 증가

해설 **통제표시비(C/R비)**

$$통제표시비 = \frac{제어장치의\ 변위량}{표시장치의\ 변위량} = \frac{2\pi \times 조종구의\ 반경 \times \frac{이동각도}{360}}{표시장치의\ 변위량}$$

C/R비와 조종구의 반지름(반경)은 비례하므로 반지름이 2배 증가하면 C/R비도 2배 증가한다.

036

신체 반응의 척도 중 생리적 스트레스의 척도로 신체적 변화의 측정 대상에 해당하지 않는 것은?

① 혈압　② 부정맥
③ 혈액성분　④ 심박수

해설

혈액성분은 신체의 대사 상태를 반영하는 지표로, 스트레스에 의해 일시적으로 변화할 수 있지만 스트레스의 정도를 정확하게 측정하는 데에는 적합하지 않다.

관련개념 **스트레스를 측정하는 생리학적 척도**

- 심박수 변화
- 호흡속도 변화
- 근전도(EMG) 변화
- 스트레스 호르몬 분비량 변화(코티솔 증가)

037

동전던지기에서 앞면이 나올 확률 P(앞) = 0.75이고, 뒷면이 나올 확률 P(뒤) = 0.25일 때, 앞면과 뒷면이 나올 사건의 정보량을 각각 올바르게 나타낸 것은?

① 앞면: 0.12[bit], 뒷면: 0.4[bit]
② 앞면: 0.42[bit], 뒷면: 2.0[bit]
③ 앞면: 0.1[bit], 뒷면: 1.0[bit]
④ 앞면: 0.12[bit], 뒷면: 2.0[bit]

해설

- 앞면의 정보량 $I(앞) = -\log_2 0.75 = 0.42$[bit]
- 뒷면의 정보량 $I(뒤) = -\log_2 0.25 = 2$[bit]

관련개념 **정보량(Information Content)**

정보량 $I(x) = -\log_2 P(x)$

038

10시간 설비 가동 시 설비고장으로 1시간 정지하였다면 설비고장강도율은 얼마인가?

① 0.1[%]　② 9[%]
③ 10[%]　④ 11[%]

해설

$$설비고장강도율 = \frac{고장정지시간}{부하시간} \times 100 = \frac{1}{10} \times 100 = 10[\%]$$

관련개념 **설비고장강도율**

설비가 고장으로 인해 정지한 시간의 비율이다.

$$설비고장강도율[\%] = \frac{고장정지시간}{부하시간} \times 100$$

| 정답 | 035 ③　036 ③　037 ②　038 ③

039

산업안전 분야에서의 인간공학을 위한 제반 언급사항으로 관계가 먼 것은?

① 안전관리자와의 의사소통 원활화
② 인간과오 방지를 위한 구체적 대책
③ 인간행동 특성자료의 정량화 및 축적
④ 인간-기계체의 설계 개선을 위한 기금의 축적

해설

설계 개선을 위해서는 기금의 축적이 아닌 인간공학적 설계를 위한 투자를 하여야 한다.

관련개념 **인간공학을 위한 제반 언급사항**

- 안전관리자와의 의사소통 원활화
- 인간과오 방지를 위한 구체적 대책
- 인간행동 특성자료의 정량화 및 축적

040

FTA의 활용 및 기대효과가 아닌 것은?

① 시스템의 결함 진단 ② 사고원인 규명의 간편화
③ 사고원인 분석의 정량화 ④ 시스템의 결함 비용 분석

해설

FTA는 사고의 발생원인을 분석하는 기법으로, 시스템의 결함 비용은 분석 대상이 아니다.

관련개념 **FTA(Fault Tree Analysis)**

결함나무분석이라고도 하며 시스템의 결함을 원인과 결과의 관계로 표현하여 사고의 발생원인을 분석하는 기법이다.

건설시공학

041

경량골재콘크리트 공사에 관한 사항으로 옳지 않은 것은?

① 슬럼프값은 180[mm] 이하로 한다.
② 경량골재는 배합 전 완전히 건조시켜야 한다.
③ 보와 바닥판의 콘크리트는 벽이나 기둥의 콘크리트가 충분히 안정된 후에 부어 넣어야 한다.
④ 물-시멘트의 최대값은 60[%]로 한다.

해설

경량골재는 충분히 살수하여 표면건조 내부포수상태에서 사용한다.
경량골재는 일반골재에 비하여 물을 흡수하기 쉬우므로 이를 건조한 상태로 사용하면 비비기, 운반, 타설 중에 품질변동의 위험이 있다.

042

철골공사에서 현장 용접부 검사 중 용접 전 검사가 아닌 것은?

① 비파괴 검사 ② 개선 정도 검사
③ 개선면의 오염 검사 ④ 가부착 상태 검사

해설

비파괴 검사는 용접작업 후에 시행하여야 하는 검사이다.

관련개념 **용접부의 검사항목**

- 용접착수 전 검사: 모아대기법, 트임새 모양, 자세의 적부, 구속법
- 용접완료 후 검사: 외관검사, 초음파탐상시험, 방사선투과검사, 침투탐상시험, 자기분말탐상시험 등 비파괴 검사

| 정답 | 039 ④ 040 ④ 041 ② 042 ①

043

다음 중 철골공사의 용접결함이 아닌 것은?

① 오버랩　② 언더컷
③ 블로홀　④ 비드

해설
용접비드는 용접부에 형성된 용융금속이 굳어질 때 형성되는 부분이다.

관련개념 **용접결함의 종류**

슬래그 섞임	모재와 용접봉의 피복재 심선이 변하여 생긴 회분이 용착금속 내에 섞이는 것으로, 과소전류, 운봉조작 불량 등이 발생원인이다.
언더컷(Under Cut)	모재가 녹아서 용착금속이 채워지지 않고 홈으로 남게 된 부분으로, 원인은 과대전류 또는 부적당한 용접봉 사용이다.
오버랩(Overlap)	용접금속과 모재가 융합되지 않고 겹쳐지는 것으로, 원인은 약한 전류이다.
블로우홀 (기공, Blow Hole)	금속이 녹아들 때 생기는 작은 틈이나 기포가 발생하는 것으로, 모재에 가스(황)잔류, 아크길이 및 전류 부적당의 원인으로 발생한다.
크랙(균열, Crack)	용접 후 냉각 시에 생기는 균열을 말하며, 과대전류 및 모재불량의 원인으로 발생한다.
피트(Pit)	용접부에 생기는 녹이나 미세한 홈이다.
크레이터(Crater)	아크용접 시 끝부분이 항아리 모양으로 파이는 현상으로, 과대전류 및 부적합한 운봉의 원인으로 발생한다.
용입불량	용입길이가 충분하지 않은 것으로, 과소전류, 운봉속도의 부적당 등이 발생원인이다.

044

철골공사에서 용접접합의 장점과 거리가 먼 것은?

① 강재량을 절약할 수 있다.
② 소음을 방지할 수 있다.
③ 일체성 및 수밀성을 확보할 수 있다.
④ 접합부의 품질검사가 매우 간단하다.

해설 **용접접합의 장단점**

장점	단점
• 소음, 진동이 작다. • 강재가 절약된다. • 수밀성이 높고, 일체성이 확보된다. • 접합부의 강성이 크고, 응력의 전달이 확실하다.	• 용접부분의 검사가 곤란하고 비용과 시간이 소요된다. • 용접공 개인의 능력의존도가 크다. • 용접열에 의한 변형이 우려된다. • 강재의 재질상태에 따라 응력집중현상이 크다.

045

다음 (　　) 안에 들어갈 내용을 순서대로 연결한 것은?

> 표준관입시험은 (　　)지반의 밀실도를 측정할 때 사용되는 방법이며, 표준 샘플러를 관입량 (　　)[cm]에 박는 데 요하는 타격횟수 N을 구한다. 이때 추는 (　　)[kg], 낙하고는 (　　)[cm]로 한다.

① 점토질 – 20 – 43.5 – 36
② 사질 – 20 – 43.5 – 36
③ 사질 – 30 – 63.5 – 76
④ 점토질 – 30 – 63.5 – 76

해설 **표준관입시험**
중량 63.5[kg] 해머를 76[cm]에서 낙하하여 30[cm] 길이의 샘플러를 관입하는 데 필요한 타격횟수를 측정하여 지반의 강도를 측정하는 시험으로, 사질토지반에 주로 적용된다.

| 정답 | 043 ④　044 ④　045 ③

2024년 2회

046

무량판구조 또는 평판구조에서 2방향 장선 구조가 가능토록 제작된 시스템 거푸집은?

① 플라잉 폼(Flying Form)
② 슬라이딩 폼(Sliding Form)
③ 와플 폼(Waffle Form)
④ 터널 폼(Tunnel Form)

해설 **와플 폼(Waffle Form)**
무량판구조와 평판구조에서 특수 상자모양의 기성재 거푸집으로 사용되며, 2방향 장선 바닥판 구조가 가능하고, 격자 천정 형식을 만들 때 사용된다.

관련개념

플라잉 폼 (Flying Form, Table Form)	• 거푸집, 멍에, 장선 등을 일체로 제작하여 수평, 수직 이동이 가능하고, 전용성 및 시공정밀도가 우수하며, 외력에 대한 안전성이 크다. • 바닥 거푸집의 설치, 해체, 인양 및 재설치 과정을 장비를 이용해 시공하기 때문에 인건비를 낮출 수 있다.
슬라이딩 폼 (Sliding Form, Slip Form)	• 수평적 또는 수직적으로 반복된 구조물을 시공이음 없이 균일한 형상으로 시공하기 위하여 거푸집을 연속적으로 이동시키면서 콘크리트를 타설하여 시공하는 것이다. • 주로 사일로(Silo), 전단벽 건물, 유틸리티 코어 등에 사용된다.
터널 폼 (Tunnel Form, Steel Form)	• 벽식 철근콘크리트구조를 시공할 경우 벽과 바닥의 콘크리트 타설을 한 번에 가능하게 하기 위하여 벽체용 거푸집과 슬래브 거푸집을 일체로 제작하여 한 번에 설치하고 해체할 수 있도록 한 거푸집이다. • 한 구획 전체의 벽판과 바닥판을 ㄱ자형 또는 ㄷ자형으로 짜서 이동식 거푸집으로 이용되며, 아파트, 병실 등 연속, 반복 구조물에 적용된다.

047

철골부재 절단 방법 중 가장 정밀한 절단방법으로, 앵글커터(Angle Cutter) 등으로 작업하는 것은?

① 가스절단 ② 전단절단
③ 톱절단 ④ 전기절단

해설 **절단방법의 종류 및 특징**
• 전단절단: 대형 절단기로 눌러 절단하므로 절단면이 변형된다.
• 톱절단: 톱날을 이용하여 절단선을 따라 절단하므로 가장 정밀하게 절단된다. Angle Cutter, Hack Saw, Friction Saw 등으로 작업한다.
• 가스절단: 가스를 이용하여 절단하므로 열의 세기변화에 따라 절단면이 매끄럽지 못하고 변형된다.
• 정밀도 순서: 톱절단 > 전단절단 > 가스절단

048

지반조사 시 시추주상도 보고서에서 확인사항과 거리가 먼 것은?

① 지층의 확인 ② Slime의 두께 확인
③ 지하수위 확인 ④ N값의 확인

해설 **슬라임(Slime)**
굴착 시공 과정에서 발생하는 이물질의 침전물이다.
즉, 지반의 원래 성질과 관계 없이 시공 과정에서 발생한 것이므로 시추주상도에서 확인할 사항이 아니다.

관련개념 **시추주상도 보고서의 확인사항**
• 지층의 확인: 표고, 심도, 층후
• 지하수위 확인
• 지층별 N치의 확인: 사질토의 상대밀도, 점성토의 전단강도 확인
• 시료채취: 채취된 시료로 실내토질시험(흙의 물리적, 역학적 성질 확인)
• 투수계수: 시추공 내 물을 뽑아 투수계수 산정

049

다음 중 지내력시험에 대한 설명으로 옳은 것은?

① 재하판의 크기는 75[cm]×75[cm]의 정방형판을 사용한다.
② 단기허용지내력도는 총 침하량이 2[mm]에 달했을 때까지의 하중을 적용한다.
③ 장기하중에 대한 허용지내력은 단기하중허용지내력의 1/2이다.
④ 매 회의 재하는 5[ton] 이하 또는 예정파괴하중의 $\frac{1}{5}$ 이하로 한다.

해설
① 재하판은 두께 25[mm] 이상, 지름이 30[cm], 40[cm], 75[cm]의 강제원판 또는 사각철판을 사용한다.
② 허용지내력은 최대시험하중에서 총 침하량이 20[mm] 지날 때를 말한다.
④ 하중재하는 5회 이상으로 나누어 매 회 1[ton] 이하, 예정파괴하중의 $\frac{1}{5}$ 이하로 한다.

관련개념 **지내력**
지반이 건축물의 하중을 받고 견디는 힘을 말한다.

| 정답 | 046 ③ 047 ③ 048 ② 049 ③

050

콘크리트의 압축강도를 측정하기 위한 비파괴시험 방법으로서 가장 일반적으로 사용되고 있는 방법은?

① 슈미트해머시험 ② 비비시험
③ 코어시험 ④ 초음파탐상시험

해설 **슈미트해머시험(반발강도시험)**

타격에 의한 반발력으로 경화된 콘크리트의 압축강도를 측정하는 비파괴시험이다.

관련개념

- 비비시험: 콘크리트의 워커빌리티 측정
- 코어시험: 코어 채취(파괴) 후 압축강도 측정
- 초음파탐상시험: 콘크리트의 강도, 균열심도, 내부결함 측정

051

수밀콘크리트 제작 방법에 관한 사항 중 옳지 않은 것은?

① 틈새가 없는 질이 우수한 거푸집을 사용한다.
② 가급적 물·시멘트비를 크게 한다.
③ 이음치기를 하지 않는 것이 좋다.
④ 양생을 충분히 하는 것이 좋다.

해설 **수밀콘크리트(Watertight Concrete)**

수밀콘크리트는 자체 밀도가 높고 흡수성이 작아서 방수성을 높이기 위하여 사용한다.

- 물-시멘트비는 50[%] 이하로 하고 된비빔, 진동다짐을 원칙으로 한다.
- 표면활성제인 AE제 또는 감수제를 사용한다.
- 투수의 원인인 시멘트 페이스트량을 적게 하고 굵은 골재량도 적게 한다.
- 3분 이상 혼합하고 슬럼프값은 18[cm] 이하(보통 15[cm] 이하)로 한다.
- 콘크리트 이음은 가급적 피한다.
- 시공 후 2주 이상 습윤상태를 유지하여 건조균열을 방지한다.
- 골재는 둥글고 양호한 것을 사용한다.
- 혼화제를 사용하며, 이때 공기량은 4[%] 정도 이하가 되게 한다.
- 배합은 콘크리트의 소요품질이 얻어지는 범위 내에서 단위 굵은 골재량을 가급적 크게 한다.
- 배합은 콘크리트의 소요품질이 얻어지는 범위 내에서 단위수량 및 물-시멘트비를 가급적 작게 한다.

052

자갈지정에 관한 설명 중 옳지 않은 것은?

① 자갈을 깔고 난 후 바이브로 래머 등으로 다진다.
② 연약한 점토지반에서 사용되는 공법이다.
③ 지정은 두께 5~10[cm] 정도로 자갈깔기를 한다.
④ 잘 다진 자갈 위에 밑창 콘크리트를 타설한다.

해설 **자갈지정**

- 비교적 굳은 지반에 자갈을 4~6[cm] 두께로 깔고 충분히 다지는 것이다.
- 연약한 점토지반에서 사용해서는 안 된다.
- 크기 45[mm] 내외의 자갈이나 막자갈 또는 모래가 절반 섞인 자갈을 깐다.

2024년 2회

053

거푸집 설치와 관련하여 다음 설명에 해당하는 것으로 옳은 것은?

보, 슬래브 및 트러스 등에서 그의 정상적 위치 또는 형상으로부터 처짐을 고려하여 상향으로 들어올리는 것 또는 들어올린 크기

① 폼타이 ② 캠버
③ 동바리 ④ 턴버클

해설 **캠버(Camber)**

보, 슬래브 등의 수평부재가 하중에 의해 처지는 것을 고려하여 미리 상향으로 들어올리기 위해 사용하는 부속재료이다.

관련개념 **거푸집에 사용되는 부속재료**

- 세퍼레이터(Separator, 격리재): 거푸집 상호 간의 간격을 유지하고, 측벽 두께를 유지하기 위한 부속재료이다.
- 스페이서(Spacer, 간격재): 거푸집과 철근의 간격을 유지하기 위한 부속재료이다.
- 폼타이(Form Tie, 긴장재): 콘크리트를 부어 넣을 때 기둥과 보거푸집이 벌어지는 것을 막기 위한 부속재료로, 컬럼밴드(Column Band), 플랫타이(Flat Tie)도 긴장재의 일종이다.
- 박리제: 거푸집과 콘크리트를 떼어내기 쉽게 바르는 물질로, 중유, 아마인유, 동식물유 등을 사용한다.

| 정답 | 050 ① 051 ② 052 ② 053 ②

054

철골공사에서 기둥 축소량(Column Shortening)에 대한 설명으로 옳지 않은 것은?

① 방지대책으로 전체 건물의 층을 몇 절로 등분하여 변위 차이를 최소화한다.
② 철골기둥의 높이 증가와 하중의 증가로 인해 수직하중이 증대되어 발생되는 기둥의 수축량이다.
③ 기둥축소에 따른 영향으로 슬래브, 보와 같은 수평부재의 초기 위치가 변화된다.
④ 방지대책으로 가조립 후 곧바로 본조립을 실시한다.

해설
가조립 후 변위 차이가 발생하면 본조립을 실시하여야 한다.

055

다음 중 경량콘크리트의 특징이 아닌 것은?

① 자중이 적고 건물중량이 경감된다.
② 강도가 작다.
③ 건조수축이 적다.
④ 내화성이 크고 열전도율이 적으며 방음효과가 크다.

해설
경량콘크리트는 건조수축이 큰 편이다.

관련개념 **경량콘크리트의 시공 시 주의사항**
- 흡수율이 크므로 건조한 상태에서 사용 시 품질변동이 발생할 수 있어 프리웨팅 골재를 사용한다.
- 재료분리를 주의한다.
- 공기량은 일반콘크리트보다 1[%] 정도 크게, 슬럼프는 50~180[mm] 정도로 한다.
- 구조용 콘크리트로는 부적합하다.
- 초기보양을 철저히 하고, 급격한 건조를 방지한다.

056

모르타르 혹은 콘크리트를 호스를 사용하여 압축공기로 시공면에 뿜는 공법은?

① 프리팩트 공법　② 진공탈수 공법
③ 숏크리트 공법　④ 슬립폼 공법

해설 **뿜어붙이기 콘크리트(Shotcrete, 숏크리트) 공법**
모르타르 혹은 콘크리트를 압축공기로 시공면에 뿜는 공법으로, 주로 터널공사에 많이 쓰인다.

관련개념
- 프리팩트 공법: 소정의 위치에 구멍을 뚫고 콘크리트 또는 주위의 흙을 이용하여 만드는 제자리 말뚝(PIP, CIP, MIP) 공법이다.
- 진공탈수 공법: 콘크리트 구조물의 성능과 내구성을 향상시키기 위해 고안된 혁신적인 공법으로, 콘크리트 표면의 과도한 수분을 제거하여 물-시멘트비를 낮추고 재료의 밀도를 높이는 데 초점을 둔 공법이다.
- 슬립폼 공법: 반복된 구조물을 시공이음 없이 균일한 형상으로 시공하기 위하여 거푸집을 연속적으로 이동시키면서 콘크리트를 타설하는 공법으로, 슬라이딩 폼(Sliding Form) 공법이라고도 한다.

057

건축시공의 현대화 방안 중 3S system과 거리가 먼 것은?

① 작업의 표준화　② 작업의 단순화
③ 작업의 전문화　④ 작업의 기계화

해설 **시공의 향후 발전방향(현대화 방안)**
- 신경영기법의 도입 및 활용
- 재료의 건식화, 공법의 건식화
- 시공의 기계화
- 가설구조물의 강재화
- 작업의 단순화, 전문화, 표준화(3S system)
- 도급기술의 근대화(입찰방식의 개선)
- 건축재료의 공업화, 양산화, 프리패브(Pre-Fab)화

| 정답 | 054 ④　055 ③　056 ③　057 ④

058

철골부재 양중장비 중 고층건물에 가장 적합한 것은?

① 가이데릭(Guy Derrick)
② 타워크레인(Tower Crane)
③ 트럭크레인(Truck Crane)
④ 진폴(Gin Pole)

해설 **세우기용 기계(양중기)**

타워크레인 (Tower Crane)	• 고층건물의 시공에 적당하며, 작업능률은 데릭의 2배 정도이다. • 각 부재가 무겁고 이동일수가 많은 건물에 유리하다.
트럭크레인 (Truck Crane)	트럭에 래티스로 조립한 붐(Boom)을 가진 크레인으로, 이동이 용이하고 작업능률이 높다.
가이데릭 (Guy Derrick)	붐의 회전범위는 360°이며, 일반적인 용량은 5~10[ton] 정도이다.
스티프레그데릭 (Stiff Leg Derrick)	가이데릭에 비해 수평이동이 가능하므로 층수가 낮은 긴 평면의 건물에 유리하고, 붐의 회전범위는 270°이다.
진폴 (Gin Pole)	옥탑 등의 돌출부에 사용되며 소규모 철골공사에 사용된다.
크롤러크레인 (Crawler Crane)	트럭의 주행부가 무한궤도로 되어 있는 것으로, 각 부재가 무겁고 이동일수가 많은 건물에 유리하다.

059

철근의 일반적인 정착위치에 관한 설명 중 옳지 않은 것은?

① 지중보 철근은 기초, 기둥에 정착한다.
② 기둥하부 철근은 큰 보, 작은 보에 정착한다.
③ 벽철근은 기둥, 보, 바닥판에 정착한다.
④ 바닥철근은 보, 벽체에 정착한다.

해설 **철근의 정착위치**

• 기둥의 주근은 기초에 정착한다.
• 큰 보의 주근은 기둥에 정착한다.
• 직교하는 단부 보의 밑에 기둥이 없을 때는 보 상호 간에 정착한다.
• 작은 보의 주근은 큰 보에 정착한다.
• 바닥철근은 보 또는 벽체에 정착한다.
• 지중보 철근은 기초 또는 기둥에 정착한다.
• 벽철근은 보, 기둥, 바닥판 또는 기초에 정착한다.

060

굳지 않은 콘크리트의 물성 중 반죽질기의 측정방법으로 볼 수 없는 것은?

① 슬럼프 시험 ② 다짐계수시험
③ 전기전도도 시험 ④ 비비시험

해설

전기전도도 시험은 콘크리트의 내구성을 측정한다.
콘크리트에 물이나 염화물이 침투하면 알칼리성의 콘크리트는 전기저항이 작아지는 성질을 이용한다.

관련개념 **시공연도(Workability) 측정방법**

• 슬럼프시험(Slump Test)
• 흐름시험(Flow Test)
• 구관입시험(Kelly Ball Test)
• 비비시험(Vee-Bee Test)
• 리몰딩시험(Remoulding Test)
• 다짐계수 측정시험(Compacting Factor Test)
• 일리바렌시험(Iribarren Test)

2024년 2회

| 정답 | 058 ② 059 ② 060 ③

건설재료학

061

시멘트의 분말도가 높을수록 생기는 특성이 아닌 것은?

① 수화 작용이 빠르고 수밀성이 크다.
② 균열 발생도가 낮다.
③ 블리딩이 적어진다.
④ 초기 강도의 발생이 빠르며 강도 증진율이 높다.

해설 **시멘트의 분말도**

- 분말도가 클수록 비표면적이 커서 물에 접촉하는 면적이 크므로 수화작용이 빨라서 콘크리트의 초기강도가 높고 그 후의 강도 증진도 크다. 게다가 골재와의 접착력도 크므로 내구적인 콘크리트를 만드는 데 적당하다.
- 분말도가 너무 크면 풍화되기 쉽다.
- 화학성분이 같을 때 조기강도를 증진하려고 하면 분말도에 의존할 수밖에 없다.
- 분말도가 너무 큰 시멘트는 블리딩(Bleeding)이 적고, 워커빌리티가 좋으나 수축이 커질 염려가 있고, 발열량이 많아 콘크리트에 균열이 발생하기 쉬우며 수밀성, 내구성의 면에서도 좋지 못하다.

062

돌로마이트 플라스터에 대한 설명으로 옳지 않은 것은?

① 풀이 필요하지 않아 변색, 냄새, 곰팡이가 없다.
② 소석회에 비해 점성이 낮으며, 약산성이므로 유성페인트 마감을 할 수 있다.
③ 응결시간이 길다.
④ 회반죽에 비하여 조기강도 및 최종강도가 크다.

해설 **돌로마이트 플라스터**

- 회반죽에 비해 응결이 빠르며, 강도가 크다.
- 건조수축이 커서 균열의 우려가 있고, 밑바름두께와 그 건조도의 영향이 크며, 물에 약한 결점이 있다.
- 점성이 높아 풀을 넣을 필요가 없다.
- 냄새, 곰팡이가 없고, 변색되지 않는다.

063

오토클레이브(Autoclave)에 포화증기양생한 경량기포콘크리트의 특징으로 옳은 것은?

① 열전도율은 보통 콘크리트와 비슷하여 단열성은 약한 편이다.
② 경량이고 다공질이어서 가공 시 톱을 사용할 수 있다.
③ 내화성이 좋지 않은 편이다.
④ 흡음성과 차음성은 비교적 약한 편이다.

해설 **경량기포콘크리트(ALC; Autoclaved Lightweight Concrete)**

시멘트, 생석회 등에 발포제인 알루미늄분말과 기포안정제 등을 넣고 고온, 고압으로 증기양생을 거쳐 건물의 내외벽체, 바닥재 및 지붕 등에 사용된다. 최근 건축물의 고층화, 대형화, 공업화 및 경량화 추세에 따라 점차 그 사용량이 늘어나고 있다.

- 경량성이고, 내화성이 좋다.
- 시공성이 우수하고, 중성화가 빠르다.
- 열전도율이 낮고, 단열성이 우수하다.
- 흡음성, 방음성이 우수하다.
- 치수정밀도가 우수하다.
- 용적변화가 적다.
- 동결융해에 대한 저항성이 크며 내약품성이 증대된다.
- 백화의 발생이 적다.
- 24시간에 28일 압축강도를 달성할 수 있다.

064

내화벽돌에서 SK 29, 33, 42 등의 번호는 구체적으로 무엇을 나타내는가?

① 소성 점토의 성분 표시　② 제품 종류의 표시
③ 내화도의 표시　④ 흡수도의 표시

해설

SK(Seger–Kegel) 번호는 소성온도(내화도)를 나타내는 것으로, 번호가 높을수록 고온에 견디는 강도가 크다.

| 정답 | 061 ② 062 ② 063 ② 064 ③

065

목재 및 기타 식물의 섬유질 소편에 합성수지접착제를 도포하여 가열압착성형한 판상제품은?

① 합판 ② 파티클 보드
③ 집성목재 ④ 파키트리 보드

해설 **파티클 보드(Particle Board)**
원목으로 목재를 생산하고 남은 폐잔재를 부수어 작은 조각으로 만들고, 접착제를 섞어 고온·고압으로 압착시켜 만든 가공재이다.

관련개념 **목재 가공품**

합판	단판을 3장 이상 3, 5, 7매 등의 홀수 장으로 섬유방향이 직교하도록 접착제로 겹쳐 붙여 만든 것
집성목재	결점을 분산시켜 대재를 집성, 접착한 것으로, 기둥, 아치, 트러스트 등의 구조재료로 사용
파키트리 보드	경목재판을 9~15[mm], 나비 60[mm], 길이는 나비의 3~5배로 가공한 것으로, 제혀쪽매로 하고 표면은 상대패로 마감한 판재

066

강화유리의 검사항목과 거리가 먼 것은?

① 파쇄시험 ② 쇼트백시험
③ 내충격성시험 ④ 촉진노출시험

해설 **강화유리의 검사항목(KS L 2002)**
치수, 겉모양, 만곡, 낙구충격 파괴강도, 파편의 상태, 쇼트백 충격특성

관련개념 **촉진노출시험(Accelerated Exposure Test)**
재료나 제품이 실제 환경에 노출될 경우 겪게 될 열화(부식, 변색 등)를 인위적으로 가속하여 시험하는 방법이다.

067

강의 탄소함유량이 증가함에 따른 성질 변화에 관한 설명으로 옳지 않은 것은?

① 경도가 높아진다. ② 인성이 낮아진다.
③ 연성이 낮아진다. ④ 용접성이 좋아진다.

해설
탄소강의 용접성은 탄소함량이 증가함에 따라 점차 감소한다.

관련개념 **탄소함유량에 따른 탄소강의 성질 변화**
탄소강이란 탄소함량이 0.02~2.1[%]인 강재이다.
탄소함유량이 증가할 때 0.8[%]까지는 강도, 경도, 항복점, 인장강도가 증가하고, 그 이상이 되면 경도는 높아지고, 인장강도는 감소하며, 취성이 증가한다.

068

도료 중 주로 목재면의 투명도장에 쓰이고 오일 니스에 비하여 도막이 얇으나 견고하며, 담색으로서 우아한 광택이 있고 내부용으로 쓰이는 것은?

① 클리어 래커(clear lacquer)
② 에나멜 래커(enamel lacquer)
③ 에나멜 페인트(enamel paint)
④ 하이 솔리드 래커(high solid lacquer)

해설 **래커**
셀룰로오스유도체를 기본적인 재료로 하여 여기에 수지, 가소제, 안료, 용제를 첨가한 도료이다.

클리어 래커	• 안료를 섞지 않은 초산셀룰로오스가 주성분인 휘발성 용제이다. • 내후성, 내수성이 다소 부족하여 외부보다는 내부용으로 사용된다. • 목재면의 무늬를 살리기 위한 도장재료로 적당하다.
에나멜 래커	• 불투명 도료로써 클리어 래커에 안료를 첨가한 것이다. • 내후성에 따라 외부용과 내부용으로 나누어진다.
하이 솔리드 래커	• 에나멜 래커의 장점과 합성 수지 에나멜의 장점을 취한 도료이다. • 자동차 등의 외장에 쓰인다.

| 정답 | 065 ② 066 ④ 067 ④ 068 ①

069

플라스틱 재료의 일반적인 성질에 대한 설명으로 옳지 않은 것은?

① 플라스틱의 강도는 목재보다 크며 인장강도가 압축강도보다 매우 크다.
② 플라스틱은 상호 간 접착이 잘되며, 금속, 콘크리트, 목재, 유리 등 다른 재료에도 부착이 잘된다.
③ 플라스틱은 일반적으로 전기절연성이 양호하다.
④ 플라스틱은 열에 의한 팽창 및 수축이 크다.

해설 **플라스틱 재료 강도의 크기**
휨강도 > 압축강도 > 인장강도

070

골재의 입도 분포를 측정하기 위한 시험으로 옳은 것은?

① 플로우시험 ② 블레인시험
③ 체가름시험 ④ 비카트침시험

해설 **골재의 입도**
- 골재의 입도는 골재의 크고 작은 알이 혼합되어 있는 정도이다.
- 굵은골재와 작은골재가 적당히 섞여 있는 것이 공극이 적고 우수하다.
- 같은 크기의 입자가 고르게 분포되어 있는 것은 좋지 못하다.
- 골재의 입도 분포를 알기 위해 체가름시험을 한다.

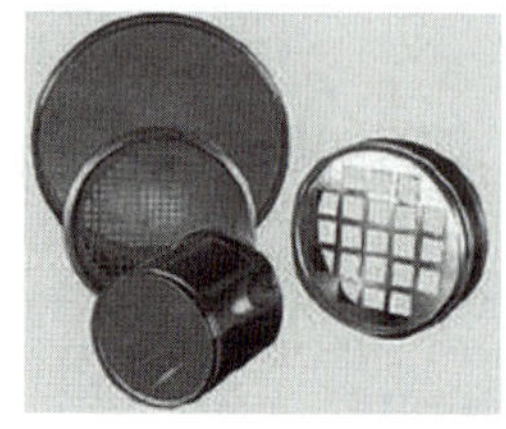

▲ 체가름시험 도구

관련개념
- 플로우시험: 고유동 콘크리트의 유동성, 재료분리 저항성을 측정한다.
- 블레인시험: 시멘트의 분말도를 측정한다.
- 비카트침시험: 시멘트의 초결, 종결시험이다.

071

표면을 연마하여 고광택을 유지하도록 만든 시유타일로, 대형 타일에 많이 사용되며, 천연화강석의 색깔과 무늬가 표면에 나타나게 만들 수 있는 것은?

① 모자이크타일 ② 징크판넬
③ 논슬립타일 ④ 폴리싱타일

해설
폴리싱(Polishing)은 잘 닦아서 부드럽게 하거나 빛나게 하는 것이다.
폴리싱타일은 표면을 연마하여 광택이 나도록 만든 타일로써 주로 대형 타일에 많이 사용한다.

072

감람석이 변질된 것으로, 암녹색 바탕에 아름다운 무늬를 갖고 있으나 풍화성이 있어 실내장식용으로 사용되는 것은?

① 현무암 ② 사문암
③ 안산암 ④ 응회암

해설 **사문암**
- 감람암 등의 초염기성암이 열수변성을 받아 만들어진 것으로, 대부분 진한 녹색 무늬가 있어 외관은 아름다우나 강도가 약하다.
- 풍화되면서 흡수, 팽창하므로 터널의 지압이나 옹벽 붕괴의 원인이 될 때가 많다.
- 초록색으로 된 것은 연마하여 장식용으로 쓰이고, 붙임돌이나 바닥 포장 등에 사용된다.

관련개념

구분	내용
현무암	용암이 굳어 형성된 화산암의 일종이다.
안산암	• 산출양이 가장 많고, 성질은 화강암과 비슷하며 빛깔이 좋지 않고, 광택이 나지 않는다. • 가공성이 떨어지지만 내화력은 화강암보다 크고, 강도와 내구성이 커 구조재, 판석, 비석, 장식재 등 특수 장식재나 경량골재, 내화재로 쓰인다.
응회암	• 화산재, 화산모래, 화산자갈 등이 굳어진 것이다. • 다공질이며, 내화성이 있는 경량골재나 특수장식재로 쓰인다.

| 정답 | 069 ① 070 ③ 071 ④ 072 ②

073

다음 중 석재의 용도로 옳지 않은 것은?

① 화강석 – 외장재　② 대리석 – 내장재
③ 점판암 – 구조재　④ 석회암 – 콘크리트원료

해설
점판암은 얇은 조각으로 잘 잘려지므로 기와나 석판 등 지붕재료로 주로 사용된다.

관련개념 **점판암**
- 슬레이트라고도 하며, 점토가 압력을 받아 응결한 것을 이판암이라 하고 이것이 더욱 큰 압력을 받아 변질, 경화된 것이 점판암이다.
- 편리를 나타내고, 편리를 따라 박판상으로 쪼개진다.
- 엄밀히 말하면 변성암에 속하지만, 재결정 작용이 매우 약하여 세립인 채로 있어 퇴적암으로 분류하기도 한다.

074

회반죽에 여물을 넣는 가장 주된 이유는?

① 균열을 방지하기 위하여
② 점성을 높이기 위하여
③ 경화를 촉진하기 위하여
④ 내수성을 높이기 위하여

해설 **회반죽의 바름 특성**
- 소석회를 주원료로 모래, 여물, 해초풀을 혼합하여 사용한다.
- 여물은 건조수축에 의한 균열을 방지하기 위해 사용한다.
- 해초풀은 점성력, 부착력을 증대한다.
- 해초풀을 끓인 다음 1일 이상 방치하게 될 때에는 표면에 소량의 석회를 뿌려서 부패를 방지하며, 사용 시에는 표층부분을 제거한 후 사용한다.

075

건설용 재료로서 콘크리트가 가지는 장점이 아닌 것은?

① 압축강도와 인장강도가 모두 크다.
② 내구성 및 내화성이 좋다.
③ 자유로운 형태를 구현할 수 있다.
④ 재료의 확보가 용이하다.

해설
콘크리트의 인장강도는 압축강도에 비해 상당히 작으며, 대개 압축강도의 $\frac{1}{10}$~$\frac{1}{13}$ 정도이다.

관련개념 **콘크리트의 장단점**

장점	단점
• 구조물의 형상과 치수에 제약을 받지 않고 자유롭게 만들 수 있다. • 복잡한 여러 조각의 구조물을 하나로 만들 수 있다. • 구조물을 경제적으로 만들 수 있다. • 내구성, 내화성, 내진성이 좋다. • 재료의 확보 및 운반이 용이하다. • 시공 시 특별한 숙련공이 필요 없다. • 유지관리비가 저렴하다. • 최소의 처짐을 갖는 단단한 부재를 만들 수 있다.	• 비강도(자중에 대한 강도)가 작다. • 여러 가지 이유로 균열이 발생하기 쉽다. • 부분적인 파손이 일어나기 쉽다. • 시공관리, 검사가 어렵다. • 개조, 보강, 해체가 어렵다. • 시공 기간이 길다. • 압축강도에 비해 인장강도, 휨강도가 작다. • 거푸집, 동바리 등의 사용으로 공사비가 많이 든다. • 탄산가스 등에 침식되기 쉽다.

076

다음 중 염화비닐 수지의 용도로 가장 적합하지 않은 것은?

① 파이프　② 타일
③ 도료　④ 유리 대용품

해설
유리의 대용품으로 사용되는 것은 아크릴 수지이다.

| 정답 | 073 ③　074 ①　075 ①　076 ④

2024년 2회

077

목재의 유용성 방부제로서 무색제품이며 방부제 위에 페인트칠도 가능한 것은?

① 크레오소트오일　② P.C.P
③ 아스팔트　④ 콜타르

해설

크레오소트오일, 아스팔트, 콜타르는 유성방부제로, 흑갈색 외관을 가져 페인트 도색이 불가하다.

관련개념 **PCP(Penta-Chloro-Phenol)**

유용성 방부제로, 방부력이 우수하고 열이나 약제에도 안정하며 거의 무색이므로 그 위에 보통의 페인트를 칠할 수도 있다.

078

목재의 건조특성에 관한 설명으로 옳지 않은 것은?

① 온도가 높을수록 건조속도는 빠르다.
② 풍속이 빠를수록 건조속도는 빠르다.
③ 목재의 비중이 클수록 건조속도는 빠르다.
④ 목재의 두께가 두꺼울수록 건조시간이 길어진다.

해설

목재는 비중이 클수록 건조속도가 느리다.

관련개념 **목재의 건조특성**

- 온도가 높을수록 건조속도가 빠르다.
- 풍속이 빠를수록 건조속도가 빠르다.
- 목재의 두께가 두꺼울수록 건조시간이 길어진다.

079

어떤 재료의 초기 탄성변형량이 2.0[cm]이고, 크리프(Creep) 변형량이 4.0[cm]라면 이 재료의 크리프 계수는 얼마인가?

① 0.5　② 1.0
③ 2.0　④ 4.0

해설

$$\text{크리프 계수} = \frac{\text{크리프변형량}}{\text{탄성변형량}} = \frac{4.0}{2.0} = 2.0$$

관련개념 **크리프(Creep)**

일정한 하중이 지속적으로 가해질 때, 시간이 지남에 따라 재료가 변형되는 현상이다.

080

콘크리트에 관한 설명으로 옳지 않은 것은?

① 콘크리트의 강도는 대체로 물시멘트비에 의해 결정된다.
② 콘크리트는 장기간 화재를 당해도 결정수를 방출할 뿐이므로 강도상 영향은 없다.
③ 콘크리트는 알칼리성이므로 철근콘크리트의 경우 철근을 방청하는 큰 장점이 있다.
④ 콘크리트는 온도가 내려가면 경화가 늦으므로 동절기에 타설할 경우에는 충분히 양생하여야 한다.

해설

콘크리트는 고온을 받으면(화재 시) 강도 및 탄성계수가 저하하고 또 철근과 콘크리트의 부착력도 약해져 구조물 붕괴의 원인이 된다.

관련개념 **콘크리트 화재의 화학적 피해**

온도	피해
100[℃] 이상	자유공극수의 방출
100~200[℃]	물리적 흡착수 방출(수화물의 수축 시작)
300[℃]	화학적 변질
400[℃]	화학적 결합수 방축
500[℃]	수산화칼슘이 열분해되어 50[%]까지 강도 저하

| 정답 | 077 ② 078 ③ 079 ③ 080 ②

건설안전기술

081

로드(Road) · 유압잭(Jack) 등을 이용하여 거푸집을 연속적으로 이동시키면서 콘크리트를 타설할 때 사용되는 것으로 Silo 공사 등에 적합한 거푸집은?

① 메탈 폼　② 슬라이딩 폼
③ 워플 폼　④ 페코빔

해설 **슬라이딩 폼(Sliding Form, Slip Form)**
- 수평적 또는 수직적으로 반복된 구조물을 시공이음 없이 균일한 형상으로 시공하기 위하여 거푸집을 연속적으로 이동시키면서 콘크리트를 타설하여 시공하는 것이다.
- 주로 사일로(Silo), 전단벽 건물, 유틸리티 코어 등에 사용된다.

082

가설통로의 구조에 관한 기준으로 옳지 않은 것은?

① 경사가 15°를 초과하는 경우에는 미끄러지지 아니하는 구조로 할 것
② 경사는 20° 이하로 할 것
③ 추락할 위험이 있는 장소에는 안전난간을 설치할 것
④ 수직갱에 가설된 통로의 길이가 15[m] 이상인 경우에는 10[m] 이내마다 계단참을 설치할 것

해설 **가설통로 설치 시 준수사항**
- 견고한 구조로 할 것
- 경사는 30° 이하로 할 것. 다만, 계단을 설치하거나 높이 2[m] 미만의 가설통로로서 튼튼한 손잡이를 설치한 경우에는 그러하지 아니하다.
- 경사가 15°를 초과하는 경우에는 미끄러지지 아니하는 구조로 할 것
- 추락할 위험이 있는 장소에는 안전난간을 설치할 것. 다만, 작업상 부득이한 경우에는 필요한 부분만 임시로 해체할 수 있다.
- 수직갱에 가설된 통로의 길이가 15[m] 이상인 경우에는 10[m] 이내마다 계단참을 설치할 것
- 건설공사에 사용하는 높이 8[m] 이상인 비계다리에는 7[m] 이내마다 계단참을 설치할 것

083

타워크레인을 자립고(自立高) 이상의 높이로 설치할 때 지지벽체가 없어 와이어로프로 지지하는 경우의 준수사항으로 옳지 않은 것은?

① 와이어로프를 고정하기 위한 전용 지지프레임을 사용할 것
② 와이어로프 설치각도는 수평면에서 60° 이내로 하되, 지지점은 4개소 이상으로 하고, 같은 각도로 설치할 것
③ 와이어로프와 그 고정부위는 충분한 장력을 갖도록 설치하되, 와이어로프를 클립 · 샤클(Shackle) 등의 기구를 사용하여 고정하지 않도록 유의할 것
④ 와이어로프가 가공전선(架空電線)에 근접하지 않도록 할 것

해설 **타워크레인을 와이어로프로 지지할 때 준수사항**
- 와이어로프를 고정하기 위한 전용 지지프레임을 사용할 것
- 와이어로프 설치각도는 수평면에서 60° 이내로 하되, 지지점은 4개소 이상으로 하고, 같은 각도로 설치할 것
- 와이어로프와 그 고정부위는 충분한 강도와 장력을 갖도록 설치하고, 와이어로프를 클립 · 샤클(Shackle) 등의 고정기구를 사용하여 견고하게 고정시켜 풀리지 않도록 하며, 사용 중에는 충분한 강도와 장력을 유지하도록 할 것
- 와이어로프가 가공전선에 근접하지 않도록 할 것

084

흙속의 전단응력을 증대시키는 원인이 아닌 것은?

① 굴착에 의한 흙의 일부 제거
② 지진, 폭파에 의한 진동
③ 함수비의 감소에 따른 흙의 단위체적 중량의 감소
④ 외력의 작용

해설

흙속의 전단응력(특정한 면을 따라 평행하게 작용하는 응력)의 증대는 함수비 감소에 따른 흙의 단위체적 중량의 감소와는 무관하다.

| 정답 | 081 ② 082 ② 083 ③ 084 ③

085

차량계 하역운반기계를 사용하여 작업을 할 때에 그 기계가 넘어지거나 굴러떨어짐으로써 근로자에게 위험을 미칠 우려가 있는 경우 취해야 할 조치와 거리가 먼 것은?

① 갓길의 붕괴 방지
② 지반의 부동침하 방지
③ 유도자 배치
④ 브레이크 및 클러치 등의 기능 점검

해설
사업주는 차량계 하역운반기계 등을 사용하는 작업을 할 때에 그 기계가 넘어지거나 굴러떨어짐으로써 근로자에게 위험을 미칠 우려가 있는 경우에는 그 기계를 유도하는 사람을 배치하고 지반의 부동침하 및 갓길 붕괴를 방지하기 위한 조치를 하여야 한다.

086

동바리로 사용하는 파이프 서포트에서 높이 2[m] 이내마다 수평연결재를 2개 방향으로 연결해야 하는 경우에 해당하는 파이프 서포트 설치높이 기준은?

① 높이 2[m] 초과 시
② 높이 2.5[m] 초과 시
③ 높이 3[m] 초과 시
④ 높이 3.5[m] 초과 시

해설 **동바리로 사용하는 파이프 서포트 조립 시 준수사항**
- 파이프 서포트를 3개 이상 이어서 사용하지 않도록 할 것
- 파이프 서포트를 이어서 사용하는 경우에는 4개 이상의 볼트 또는 전용 철물을 사용하여 이을 것
- 높이가 3.5[m]를 초과하는 경우에는 높이 2[m] 이내마다 수평연결재를 2개 방향으로 만들고 수평연결재의 변위를 방지할 것

087

양 끝이 힌지(Hinge)인 기둥에 수직하중을 가하면 기둥이 수평방향으로 휘게 되는 현상은?

① 피로파괴
② 폭열현상
③ 좌굴현상
④ 전단파괴

해설
문제는 좌굴현상에 대한 설명이다.

관련개념
- 피로파괴: 재료에 외부의 힘이 지속적으로 발생하여 파괴되는 현상이다.
- 폭열현상: 화재 등으로 인해 콘크리트 내부에 수증기가 가열되어 방출되지 못하고 폭발하는 현상이다.
- 전단파괴: 재료에 발생하는 응력이 과도한 변형을 일으키며 파괴되는 현상이다.

088

화물 취급작업과 관련한 위험방지를 위해 조치하여야 할 사항으로 옳지 않은 것은?

① 작업장 및 통로의 위험한 부분에는 안전하게 작업할 수 있는 조명을 유지할 것
② 차량 등에서 화물을 내리는 작업을 하는 경우에 해당 작업에 종사하는 근로자에게 쌓여 있는 화물 중간에서 화물을 빼내도록 하지 말 것
③ 육상에서의 통로 및 작업장소로서 다리 또는 선거 갑문을 넘는 보도 등의 위험한 부분에는 안전난간 또는 울타리 등을 설치할 것
④ 부두 또는 안벽의 선을 따라 통로를 설치하는 경우에는 폭을 50[cm] 이상으로 할 것

해설
부두 또는 안벽의 선을 따라 통로를 설치하는 경우 폭을 90[cm] 이상으로 하여야 한다.

| 정답 | 085 ④ 086 ④ 087 ③ 088 ④

089

흙막이 계측기의 종류 중 주변 지반의 변형을 측정하는 기계는?

① Tilt Meter ② Inclino Meter
③ Strain Gauge ④ Load Cell

해설

Inclino Meter(지중수평변위계)는 인접지반의 수평변위량과 위치, 방향 및 크기를 측정하는 기계이다.

관련개념

- Tilt Meter: 주변 구조물의 경사, 기울기 등을 측정하여 안전성을 파악한다.
- Strain Gauge: 스트러트 부재나 콘크리트 부재의 응력변화를 측정한다.
- Load Cell: 축하중의 변화상태를 측정한다.

090

흙막이 지보공의 안전조치로 옳지 않은 것은?

① 굴착배면에 배수로 미설치
② 지하매설물에 대한 조사 실시
③ 조립도의 작성 및 작업순서 준수
④ 흙막이 지보공에 대한 조사 및 점검 철저

해설

굴착배면에 배수로 미설치 시 우수 및 표면수 유입으로 흙막이 붕괴의 원인이 된다.

091

연약 점토지반 개량에 있어 적합하지 않은 공법은?

① 샌드드레인(Sand drain) 공법
② 생석회 말뚝(Chemico pile) 공법
③ 페이퍼드레인(Paper drain) 공법
④ 바이브로 플로테이션(Vibro flotation) 공법

해설

바이브로 플로테이션 공법은 사질지반에 적합하다.

관련개념 **연약 점토지반 개량 공법**

- 생석회 말뚝 공법
- 페이퍼드레인 공법
- 샌드드레인 공법
- 폭파 치환공법
- 압밀(재하)공법
- 여성토 공법

092

가설통로를 설치하는 경우 경사는 최대 몇 도[°] 이하로 하여야 하는가?

① 20 ② 25
③ 30 ④ 35

해설 **가설통로 설치 시 준수사항**

- 견고한 구조로 할 것
- 경사는 30° 이하로 할 것. 다만, 계단을 설치하거나 높이 2[m] 미만의 가설통로로서 튼튼한 손잡이를 설치한 경우에는 그러하지 아니하다.
- 경사가 15°를 초과하는 경우에는 미끄러지지 아니하는 구조로 할 것
- 추락할 위험이 있는 장소에는 안전난간을 설치할 것. 다만, 작업상 부득이한 경우에는 필요한 부분만 임시로 해체할 수 있다.
- 수직갱에 가설된 통로의 길이가 15[m] 이상인 경우에는 10[m] 이내마다 계단참을 설치할 것
- 건설공사에 사용하는 높이 8[m] 이상인 비계다리에는 7[m] 이내마다 계단참을 설치할 것

| 정답 | 089 ② 090 ① 091 ④ 092 ③

093

철골건립준비를 할 때 준수하여야 할 사항과 가장 거리가 먼 것은?

① 지상 작업장에서 건립준비 및 기계기구를 배치할 경우에는 낙하물의 위험이 없는 평탄한 장소를 선정하여 정비하고 경사지에서는 작업대나 임시발판 등을 설치하는 등 안전하게 한 후 작업하여야 한다.

② 건립작업에 다소 지장이 있다하더라도 수목은 제거하여서는 안 된다.

③ 사용 전에 기계기구에 대한 정비 및 보수를 철저히 실시하여야 한다.

④ 기계에 부착된 앵커 등 고정장치와 기초구조 등을 확인하여야 한다.

해설

건립작업에 지장이 되는 수목은 제거하거나 이설하여야 한다.

094

건축물의 해체공사에 대한 설명으로 틀린 것은?

① 압쇄기와 대형 브레이커(Breaker)는 파워셔블 등에 설치하여 사용한다.

② 철제 해머(Hammer)는 크레인 등에 설치하여 사용한다.

③ 핸드 브레이커(Hand breaker) 사용 시 수직보다는 경사를 주어 파쇄하는 것이 좋다.

④ 절단톱의 회전날에는 접촉방지커버를 설치하여야 한다.

해설

핸드 브레이커 사용 시 끌의 부러짐을 방지하기 위해 작업자세는 아래 수직 방향으로 유지한다.

095

건설업 산업안전보건관리비 중 계상비용에 해당되지 않는 것은?

① 외부비계, 작업발판 등의 가설구조물 설치 소요비

② 근로자 건강관리비

③ 건설재해예방 기술지도비

④ 개인보호구 및 안전장구 구입비

해설

외부비계, 작업발판 등의 설치 소요비용은 본 공사의 공사 목적물 구축을 위한 비용이므로 산업안전보건관리비로 사용할 수 없다.

※「건설업 산업안전보건관리비 계상 및 사용기준」이 개정됨에 따라 '안전관리비의 항목별 사용 불가내역'은 삭제되었습니다.

096

차량계 하역운반기계 등에 화물을 적재하는 경우에 준수해야 할 사항으로 옳지 않은 것은?

① 하중이 한쪽으로 치우치도록 하여 공간상 효율적으로 적재할 것

② 구내운반차 또는 화물자동차의 경우 화물의 붕괴 또는 낙하에 의한 위험을 방지하기 위하여 화물에 로프를 거는 등 필요한 조치를 할 것

③ 운전자의 시야를 가리지 않도록 화물을 적재할 것

④ 화물을 적재하는 경우 최대적재량을 초과하지 않을 것

해설 **차량계 하역운반기계 등에 화물 적재 시 준수사항**

- 하중이 한쪽으로 치우치지 않도록 적재할 것
- 구내운반차 또는 화물자동차의 경우 화물의 붕괴 또는 낙하에 의한 위험을 방지하기 위하여 화물에 로프를 거는 등 필요한 조치를 할 것
- 운전자의 시야를 가리지 않도록 화물을 적재할 것
- 최대적재량을 초과하지 아니할 것

| 정답 | 093 ② 094 ③ 095 ① 096 ①

097

거푸집 및 동바리를 조립 또는 해체하는 작업을 하는 경우의 준수사항으로 옳지 않은 것은?

① 재료, 기구 또는 공구 등을 올리거나 내리는 경우에는 근로자로 하여금 달줄·달포대 등의 사용을 금하도록 할 것
② 낙하·충격에 의한 돌발적 재해를 방지하기 위하여 버팀목을 설치하고 거푸집 및 동바리를 인양장비에 매단 후에 작업을 하도록 하는 등 필요한 조치를 할 것
③ 비, 눈 그 밖의 기상상태의 불안정으로 날씨가 몹시 나쁜 경우에는 그 작업을 중지할 것
④ 해당 작업을 하는 구역에는 관계 근로자가 아닌 사람의 출입을 금지할 것

해설 **거푸집 및 동바리의 조립·해체 등의 작업 시 준수사항**
- 해당 작업을 하는 구역에는 관계 근로자가 아닌 사람의 출입을 금지할 것
- 비, 눈, 그 밖의 기상상태의 불안정으로 날씨가 몹시 나쁜 경우에는 그 작업을 중지할 것
- 재료, 기구 또는 공구 등을 올리거나 내리는 경우에는 근로자로 하여금 달줄·달포대 등을 사용하도록 할 것
- 낙하·충격에 의한 돌발적 재해를 방지하기 위하여 버팀목을 설치하고 거푸집 및 동바리를 인양장비에 매단 후에 작업을 하도록 하는 등 필요한 조치를 할 것

098

해체공사에 있어서 발생되는 진동공해에 대한 설명으로 틀린 것은?

① 진동수의 범위는 1~90[Hz]이다.
② 일반적으로 연직진동이 수평진동보다 작다.
③ 진동의 전파거리는 예외적인 것을 제외하면 진동원에서부터 100[m] 이내이다.
④ 지표에 있어 진동의 크기는 일반적으로 지진의 진도계급이라고 하는 미진에서 강진의 범위에 있다.

해설

해체공사 시 발생되는 연직진동은 수평진동보다 크다.

099

유해위험방지계획서 첨부서류에 해당되지 않는 것은?

① 안전관리를 위한 교육자료
② 안전관리 조직표
③ 건설물, 사용 기계설비 등의 배치를 나타내는 도면
④ 재해 발생 위험시 연락 및 대피방법

해설 **건설공사 유해위험방지계획서 제출 시 첨부서류**
- 공사 개요서
- 공사현장의 주변 현황 및 주변과의 관계를 나타내는 도면(매설물 현황 포함)
- 전체 공정표
- 산업안전보건관리비 사용계획서
- 안전관리 조직표
- 재해 발생 위험 시 연락 및 대피방법

100

건설업의 산업안전건관리비 사용항목에 해당되지 않는 것은?

① 안전시설비 등　　② 근로자 건강관리비 등
③ 운반기계 수리비　　④ 안전진단비 등

해설

운반기계 수리비는 산업안전보건관리비로 사용할 수 없다.

관련개념 **산업안전보건관리비 항목별 사용내역**
- 안전관리자·보건관리자의 임금 등
- 안전시설비 등
- 보호구 등
- 안전보건진단비 등
- 안전보건교육비 등
- 근로자 건강장해예방비 등
- 건설재해예방전문지도기관의 지도에 대한 대가로 자기공사자가 지급하는 비용
- 본사 전담조직에 소속된 근로자의 임금 및 업무수행 출장비 전액(총액의 5[%] 이내)
- 산업안전보건위원회 또는 노사협의체등에서 사용하기로 결정한 사항을 이행하기 위한 비용(총액의 15[%] 이내)

| 정답 | 097 ① 098 ② 099 ① 100 ③

2024년 3회 | CBT 복원문제

자동 채점

산업안전관리론

001

다음 중 안전교육의 단계에 있어 안전한 마음가짐을 몸에 익히는 심리적인 교육방법을 무엇이라 하는가?

① 지식교육　　② 실습교육
③ 태도교육　　④ 기능교육

해설

안전교육의 단계에 있어 안전한 마음가짐을 몸에 익히는 심리적인 교육방법은 태도교육이다.

관련개념 **안전교육의 3단계**

- 지식교육–기능교육–태도교육의 3단계로 진행된다.
- 지식교육: 근로자가 지켜야 할 규정 등을 교육한다.
- 기능교육: 작업 및 기술과 관련된 작업동작, 표준화 사항 등을 교육한다.
- 태도교육: 생활지도, 작업동작지도 등 안전의 습관화를 위한 교육이다.

002

다음중 인간의 실수 및 과오와 직접적인 관계가 가장 먼 것은?

① 주의의 부족
② 능력의 부족
③ 관리의 부적당
④ 환경조건의 부적당

해설

'관리의 부적당'은 인간의 실수 및 과오의 요인과 간접적인 관계이다.

003

산업안전보건법령상 내전압용 절연장갑의 성능기준에 있어 절연장갑의 등급과 최대사용전압이 옳게 연결된 것은? (단, 전압은 교류로 실효값을 의미한다.)

① 00등급: 500[V]　　② 0등급: 1,500[V]
③ 1등급: 11,250[V]　　④ 2등급: 25,500[V]

해설 **내전압용 절연장갑 등급표**

등급	최대사용전압		등급별 색상
	교류([V], 실효값)	직류[V]	
00	500	750	갈색
0	1,000	1,500	빨간색
1	7,500	11,250	흰색
2	17,000	25,500	노란색
3	26,500	39,750	녹색
4	36,000	54,000	등색

004

산업안전보건법령상 사업주가 안전관리자를 선임한 경우, 선임한 날부터 며칠 이내에 고용노동부장관에게 증명할 수 있는 서류를 제출하여야 하는가?

① 7일　　② 14일
③ 30일　　④ 60일

해설

사업주는 안전관리자를 선임하거나 안전관리자의 업무를 안전관리전문기관에 위탁한 경우에는 선임하거나 위탁한 날부터 14일 이내에 고용노동부장관에게 그 사실을 증명할 수 있는 서류를 제출하여야 한다.

| 정답 | 001 ③　002 ③　003 ①　004 ②

005

다음 중 인간의 욕구를 5단계로 구분한 이론을 제시한 사람은?

① 매슬로우(Maslow)
② 허즈버그(Herzberg)
③ 하인리히(Heinrich)
④ 맥그리거(Mcgregor)

해설 매슬로우(Maslow)의 욕구이론
- 인간의 욕구는 생리적 욕구 → 안전의 욕구 → 사회적 욕구 → 존경(인정)의 욕구 → 자아실현의 욕구 순으로 발생한다.
- 인간은 가장 기본적인 욕구에서 시작하여 상위 욕구로 올라가면서 자신의 욕구를 체계적으로 충족시킨다.

관련개념
- 허즈버그: 위생－동기 이론
- 하인리히: 재해예방의 4원칙, 재해구성비(1:4 원칙), 도미노이론
- 맥그리거: X－Y이론

006

다음 설명에 가장 적합한 조직의 형태는?

> – 과제중심의 조직
> – 특정 과제를 수행하기 위해 필요한 자원과 재능을 여러 부서로부터 임시로 집중시켜 문제를 해결하고, 완료 후 다시 본래의 부서로 복귀하는 형태
> – 시간적 유한성을 가진 일시적이고 잠정적인 조직

① 스태프(Staff)형 조직
② 라인(Line)식 조직
③ 기능(Function)식 조직
④ 프로젝트(Project) 조직

해설 프로젝트 조직
- 특정 프로젝트를 수행하기 위해서 일시적으로 구성되는 조직이다.
- 목적지향적이며 목적달성을 위해 기존의 조직보다 유연하고 효율적으로 운영 가능하다.

007

통계적 재해원인 분석방법 중 특성과 요인관계를 도표로 하여 어골상으로 세분화한 것으로 옳은 것은?

① 관리도　② Cross도
③ 특성요인도　④ 파레토(Pareto)도

해설 통계에 의한 재해원인 분석방법

구분	내용
파레토도	사고의 유형, 기인물 등 분류항목을 큰 순서대로 도표화하는 방법
특성요인도	특성과 요인관계를 도표로 하여 어골상으로 세분하는 방법
크로스도	2개 이상의 문제 관계를 분석하는 데 사용하는 것으로, 데이터를 집계하고 표로 표시하여 요인별 결과 내역을 교차한 크로스 그림을 작성하여 분석하는 방법
관리도	재해 발생 건수 등의 추이를 파악하여 목표 관리를 행하는 데 필요한 월별 재해 발생수를 그래프화하여 관리선을 설정·관리하는 방법

008

근로자수가 400명, 주당 45시간씩 연간 50주를 근무하였고, 연간재해건수는 210건으로 근로손실일수가 800일이었다. 이 사업장의 강도율은 약 얼마인가? (단, 근로자의 출근율은 95[%]로 계산한다.)

① 0.42　② 0.52
③ 0.88　④ 0.94

해설

$$강도율=\frac{총\ 요양\ 근로손실일수}{연\ 근로시간\ 수}\times 1{,}000$$

$$=\frac{800}{400\times(45\times 50\times 0.95)}\times 1{,}000=0.94$$

관련개념 **강도율(SR; Severity Rate of Injury)**

근로시간 합계 1,000시간당 재해로 인한 근로손실일수이다.

$$강도율=\frac{총\ 요양\ 근로손실일수}{연\ 근로시간\ 수}\times 1{,}000$$

| 정답 | 005 ① 006 ④ 007 ③ 008 ④

2024년 3회

009

다음 중 재해조사를 할 때의 유의사항으로 가장 적절한 것은?

① 재발방지 목적보다 책임소재 파악을 우선으로 하는 기본적 태도를 갖는다.
② 목격자 등이 증언하는 사실 이외의 추측하는 말도 신뢰성 있게 받아들인다.
③ 2차 재해예방과 위험성에 대한 보호구를 착용한다.
④ 조사자의 전문성을 고려하여 단독으로 조사하며, 사고정황을 주관적으로 추정한다.

해설 재해조사 시 유의사항

- 사실을 수집한다.
- 목격자가 발언하는 사실 이외의 추측의 말은 참고만 한다.
- 조사는 신속히 행하고 2차 재해의 방지를 도모한다.
- 사람, 설비, 환경의 측면에서 재해요인을 도출한다.
- 제3자의 입장에서 공정하게 조사하며 조사는 2인 이상이 한다.
- 책임추궁보다 재발방지를 우선하는 기본태도를 가진다.

010

재해손실비 평가방식 중 시몬즈(Simonds)방식에서 재해의 종류에 관한 설명으로 옳지 않은 것은?

① 무상해사고는 의료조치를 필요로 하지 않은 상해사고를 말한다.
② 휴업상해는 영구 일부 노동불능 및 일시 전노동 불능 상해를 말한다.
③ 응급조치상해는 응급조치 또는 8시간 이상의 휴업의료조치 상해를 말한다.
④ 통원상해는 일시 일부 노동불능 및 의사의 통원 조치를 요하는 상해를 말한다.

해설 상해의 종류

분류	내용
휴업상해	영구 부분 노동불능, 일시 전노동 불능
통원상해	일시 부분 노동불능, 의사의 조치를 요하는 통원상해
응급조치상해	응급조치가 필요한 상해 또는 8시간 미만의 휴업의료조치 상해
무상해사고	의료조치를 필요로 하지 않는 경미한 상해사고

011

위험예지훈련에 대한 설명으로 옳지 않은 것은?

① 직장이나 작업의 상황 속 잠재 위험요인을 도출한다.
② 행동하기에 앞서 위험요소를 예측하는 것을 습관화하는 훈련이다.
③ 위험의 포인트나 중점실시사항을 지적 확인한다.
④ 직장 내에서 최대 인원의 단위로 토의하고 생각하며 이해한다.

해설

위험예지훈련은 가급적 소수인원으로 편성하여 짧은 시간 내 위험요소를 발견, 파악한 후 해결능력을 향상시키는 훈련을 말한다.

관련개념 위험예지훈련

직장 내 위험에 대한 개별적, 동시다발적인 훈련으로, 참석자의 공감을 통해 공통의 목표를 조기에 달성하고, 이를 통해 감수성, 집중력, 문제해결 능력을 높이는 데 목적이 있다.

012

산업안전보건법령상 건설업의 도급인 사업주가 작업장을 순회 점검하여야 하는 주기로 올바른 것은?

① 1일에 1회 이상 ② 2일에 1회 이상
③ 3일에 1회 이상 ④ 7일에 1회 이상

해설 도급인의 작업장 순회점검 주기

사업의 종류	주기
• 건설업 • 제조업 • 토사석 광업 • 서적, 잡지 및 기타 인쇄물 출판업 • 음악 및 기타 오디오물 출판업 • 금속 및 비금속 원료 재생업	2일에 1회 이상
위의 사업을 제외한 사업	1주일에 1회 이상

| 정답 | 009 ③ 010 ③ 011 ④ 012 ②

013

산업안전보건법령상 안전보건관리규정에 포함해야 할 내용이 아닌 것은?

① 안전보건교육에 관한 사항
② 사고 조사 및 대책 수립에 관한 사항
③ 안전 및 보건에 관한 관리조직과 그 직무에 관한 사항
④ 산업재해보상보험에 관한 사항

해설 **안전보건관리규정의 포함사항**

- 안전 및 보건에 관한 관리조직과 그 직무에 관한 사항
- 안전보건교육에 관한 사항
- 작업장의 안전 및 보건 관리에 관한 사항
- 사고 조사 및 대책 수립에 관한 사항
- 그 밖에 안전 및 보건에 관한 사항

014

산업안전보건법령상 안전인증대상 방호장치에 해당하는 것은?

① 교류 아크용접기용 자동전격방지기
② 동력식 수동대패용 칼날 접촉 방지장치
③ 절연용 방호구 및 활선작업용 기구
④ 아세틸렌 용접장치용 또는 가스집합 용접장치용 안전기

해설

①, ②, ④는 자율안전확인대상 방호장치이다.

관련개념 **안전인증대상 방호장치**

- 프레스 및 전단기 방호장치
- 양중기용 과부하방지장치
- 보일러 압력방출용 안전밸브
- 압력용기 압력방출용 안전밸브
- 압력용기 압력방출용 파열판
- 절연용 방호구 및 활선작업용 기구
- 방폭구조 전기기계·기구 및 부품

015

다음에서 설명하는 무재해운동 추진기법으로 옳은 것은?

> 작업현장에서 그때 그 장소의 상황에 즉응하여 실시하는 위험예지활동으로서 즉시즉응법이라고도 한다.

① TBM(Tool Box Meeting)
② 삼각 위험예지훈련
③ 자문자답카드 위험예지훈련
④ 터치 앤드 콜(Touch and Call)

해설 **TBM(Tool Box Meeting)**

사고의 직접 원인(불안전한 상태 및 불안전한 행동) 중에서 주로 불안전한 행동을 근절시키기 위하여 5~6인 소집단으로 편성하여 작업장 내에서 실시하는 단시간 미팅을 말한다.

관련개념

구분	내용
삼각 위험예지훈련	쓰는 것이나 말하는 것이 미숙한 작업자를 대상으로 실시하는 기법으로, 현상파악과 위험의 포인트를 △형으로 표시하여 팀의 합의를 이끌어내는 기법
자문자답카드 위험예지훈련 (ECR; Error Cause Removal)	카드에 있는 체크리스트를 큰 소리로 자문자답하면서 위험요인을 발견하고 파악하여 행동목표를 정하는 기법 아이디어 제안 → 조장이 접수 → 무재해 추진위원회에 조치 → 제안자 표창
터치 앤드 콜	위험요소에 대한 강한 인식과 더불어 사고예방을 위해 서로 피부를 맞대고 구호를 제창하는 기법으로, 진한 동료애를 느끼고 안전에 동참하는 참여정신을 높일 수 있음

| 정답 | 013 ④ 014 ③ 015 ①

016

산업안전보건기준에 관한 규칙에 따른 크레인, 이동식 크레인, 리프트(간이리프트 포함)를 사용하여 작업을 할 때 작업 시작 전에 공통적으로 점검해야 하는 사항은?

① 바퀴의 이상 유무
② 전선 및 접속부 상태
③ 브레이크 및 클러치의 기능
④ 작업면의 기울기 또는 요철 유무

해설 작업시작 전 점검사항

작업의 종류	점검사항
크레인	• 권과방지장치 · 브레이크 · 클러치 및 운전장치의 기능 • 주행로의 상측 및 트롤리가 횡행하는 레일의 상태 • 와이어로프가 통하고 있는 곳의 상태
이동식 크레인	• 권과방지장치 또는 그 밖의 경보장치의 기능 • 브레이크 · 클러치 및 조정장치의 기능 • 와이어로프가 통하고 있는 곳 및 작업장소의 지반 상태
리프트	• 방호장치 · 브레이크 및 클러치의 기능 • 와이어로프가 통하고 있는 곳의 상태

017

안전보건표지의 종류 중 응급구호표지의 분류로 옳은 것은?

① 경고표지 ② 지시표지
③ 금지표지 ④ 안내표지

해설

'응급구호표지'는 안내표지에 해당한다.

관련개념 안내표지

녹십자표지

응급구호표지

들것

세안장치

비상용기구

비상구

018

재해손실비의 산정방식 중 버드(Frank Bird) 방식의 구성비율로 옳은 것은? (단, 구성은 보험비:비보험 재산비용:기타 재산비용이다.)

① 1:5~50:1~3 ② 1:1~3:7~15
③ 1:1~10:1~5 ④ 1:2~10:5~50

해설 버드의 재해손실비 산정방식

직접비(1)	간접비(5)	
보험비(1)	비보험 재산손실비용(5~50)	비보험 기타손실비용(1~3)
상해사고와 관련되는 의료비 또는 보상비	쉽게 측정(보험 미가입) • 건물 손실 • 기구 및 장비손실 • 재료손실 • 조업중단 및 지연	측정 곤란(보험 미가입) • 대체 인력 채용 및 교육비 • 시장점유율 감소 • 직원들의 사기 저하 등

019

재해손실 산정 방법 중 하인리히 방식에 있어 직접비에 해당하지 않는 것은?

① 장해급여 ② 직업재활급여
③ 장례비 ④ 신규채용 교육훈련비

해설 직접손실비용과 간접손실비용

직접비 (법적으로 지급되는 산재보상비)		간접비 (직접비를 제외한 모든 비용)	
• 요양급여	• 휴업급여	• 인적손실	• 물적손실
• 장해급여	• 간병급여	• 생산손실	• 임금손실
• 유족급여	• 상병보상연금	• 시간손실	• 기타손실 등
• 장례비	• 직업재활급여		

| 정답 | 016 ③ 017 ④ 018 ① 019 ④

020

산업안전보건법령상 건설업 중 고용노동부령으로 정하는 자격을 갖춘 자의 의견을 들은 후 유해위험방지계획서를 작성하여 고용노동부장관에게 제출하여야 하는 대상 사업장의 기준 중 다음 (　　) 안에 알맞은 것은?

연면적 (　　　)[m^2] 이상의 냉동·냉장 창고시설의 설비공사 및 단열공사

① 3,000　　② 5,000
③ 7,000　　④ 10,000

해설 **유해위험방지계획서 제출 대상 건설공사**

- 다음의 어느 하나에 해당하는 건축물 또는 시설 등의 건설·개조 또는 해체(건설 등) 공사
  - 지상높이가 31[m] 이상인 건축물 또는 인공구조물
  - 연면적 30,000[m^2] 이상인 건축물
  - 연면적 5,000[m^2] 이상의 문화 및 집회시설(전시장 및 동물원·식물원 제외), 판매시설, 운수시설(고속철도의 역사 및 집배송시설 제외), 종교시설, 의료시설 중 종합병원, 숙박시설 중 관광숙박시설, 지하도상가, 냉동·냉장 창고시설
- 연면적 5,000[m^2] 이상인 냉동·냉장 창고시설의 설비공사 및 단열공사
- 최대 지간길이가 50[m] 이상인 다리의 건설 등 공사
- 터널의 건설 등 공사
- 다목적댐, 발전용댐, 저수용량 2천만 톤 이상의 용수 전용 댐 및 지방상수도 전용 댐의 건설 등 공사
- 깊이 10[m] 이상인 굴착공사

인간공학 및 시스템안전공학

021

음량 수준이 50[phon]일 때 sone 값은?

① 2　　② 5
③ 10　　④ 100

해설

$$sone = 2^{\frac{phon-40}{10}} = 2^{\frac{50-40}{10}} = 2$$

관련개념 **phon과 sone**

- phon: 소리의 주관적 강도를 나타내는 단위로, 특정 주파수에서의 소리의 강도를 나타낸다.
- sone: 사람의 청각에 의해 느껴지는 소리의 상대적인 강도를 나타낸다.

022

체계분석 및 설계에 있어서 인간공학적 노력의 효능을 산정하는 척도의 기준에 포함되지 않는 것은?

① 성능의 향상
② 훈련비용의 절감
③ 인력 이용률의 저하
④ 생산 및 보전의 경제성 향상

해설

인간공학의 가치는 인력 이용률의 증가이다.

관련개념 **인간공학의 가치**

- 성능의 향상
- 인력 이용률의 증가
- 사용자의 수용도 향상
- 사고 및 오용으로부터의 손실 감소
- 훈련비용의 절감
- 생산 및 장비유지의 경제성 증대

| 정답 | 020 ② 021 ① 022 ③

023

시스템의 정의에 포함되는 조건 중 틀린 것은?

① 제약된 조건 없이 수행
② 요소의 집합에 의한 구성
③ 시스템 상호 간에 관계를 유지
④ 어떤 목적을 위하여 작용하는 집합체

해설
시스템은 제약 조건을 가지고 일을 수행한다.

024

인간의 기대하는 바와 자극 또는 반응들이 일치하는 관계를 무엇이라 하는가?

① 관련성 ② 반응성
③ 양립성 ④ 자극성

해설 **양립성**
인간의 기대와 일치하는 바를 말한다.

관련개념 **양립성의 종류**

개념 양립성	코드나 심벌의 의미가 인간이 갖고 있는 개념과 일치하는 것
운동 양립성	조종기를 조작하거나 디스플레이 상의 정보가 움직일 때 반응 결과가 인간의 기대와 일치하는 것
공간 양립성	표시장치나 조종장치에서 물리적 형태나 공간적인 배치가 인간의 기대와 일치하는 것

▲ 개념 양립성

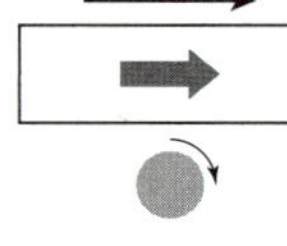
▲ 운동 양립성

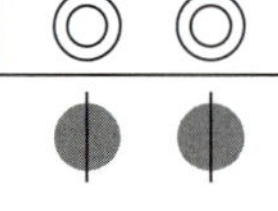
▲ 공간 양립성

025

다음 중 시스템 안전성 평가의 순서를 가장 올바르게 나열한 것은?

① 자료의 정리 → 정량적 평가 → 정성적 평가 → 대책수립 → 재평가
② 자료의 정리 → 정성적 평가 → 정량적 평가 → 재평가 → 대책수립
③ 자료의 정리 → 정량적 평가 → 정성적 평가 → 재평가 → 대책수립
④ 자료의 정리 → 정성적 평가 → 정량적 평가 → 대책수립 → 재평가

해설 **안전성 평가 6단계**

1단계	관계자료의 작성 준비
2단계	• 정성적 평가 • 설계(공장의 입지조건, 공장 내 배치)와 운전관계에 대한 평가
3단계	• 정량적 평가 • 취급물질, 용량, 온도, 압력 및 조작을 통한 위험도 평가
4단계	• 안전대책수립 • 설비대책과 관리적 대책
5단계	재해 정보에 의한 재평가
6단계	FTA에 의한 재평가

026

조정반응비율(C/R비)에 관한 설명으로 틀린 것은?

① 조종장치와 표시장치의 물리적 크기와 성질에 따라 달라진다.
② 표시장치의 이동거리를 조종장치의 이동거리로 나눈 값이다.
③ 조종반응비율이 낮다는 것은 민감도가 높다는 의미이다.
④ 최적의 조종반응비율은 조종장치의 조종시간과 표시장치의 이동시간이 교차하는 값이다.

해설 **통제표시비(C/R비, 조정반응비율)**

$$\text{C/R비} = \frac{\text{제어장치의 변위량}}{\text{표시장치의 변위량}}$$

| 정답 | 023 ① 024 ③ 025 ④ 026 ②

027

청각적 표시장치 지침에 관한 지침에 관한 설명으로 틀린 것은?

① 신호는 최소한 0.5~1초 동안 지속한다.
② 신호는 배경소음과 다른 주파수를 이용한다.
③ 소음은 양쪽 귀에, 신호는 한쪽 귀에 들리게 한다.
④ 300[m] 이상 멀리 보내는 신호는 2,000[Hz] 이상의 주파수를 사용한다.

해설 **경계 및 경보신호 설계지침**

- 귀는 중음역에 민감하므로 500~3,000[Hz]의 진동수를 사용한다.
- 장애물 및 칸막이 통과 시에는 500[Hz] 이하의 진동수를 사용한다.
- 300[m] 이상의 장거리용 신호는 1,000[Hz] 이하의 진동수를 사용한다.
- 주의를 끌기 위해서는 변조된 신호를 사용한다.
- 배경 소음의 진동수와 구별되는 신호를 사용한다.
- 경보(알림)효과를 높이기 위해서 개시 시작이 짧은 고감도 신호를 사용한다.
- 가능하면 확성기, 경적 등과 같은 별도의 통신계통을 활용한다.

028

FTA에서 어떤 고장이나 실수를 일으키지 않으면 정상사상(Top Event)은 일어나지 않는다고 하는 것으로 시스템의 신뢰성을 표시하는 것은?

① Cut Set ② Minimal Cut Set
③ Free Event ④ Minimal Path Set

해설 **Minimal Path Set(최소 패스셋)**

시스템이 정상적으로 작동하기 위해 필요한 최소한의 기본사상 집합이다. 즉, 최소 패스셋에 포함된 모든 기본사상들이 정상적으로 작동하면 시스템도 정상적으로 작동한다.

029

그림과 같은 시스템에서 전체 시스템의 신뢰도는 얼마인가? (단, 네모 안의 숫자는 각 부품의 신뢰도이다.)

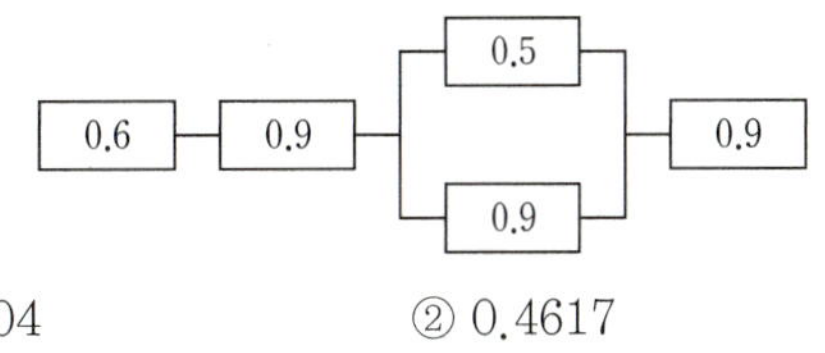

① 0.4104 ② 0.4617
③ 0.6314 ④ 0.6804

해설

신뢰도 = $0.6 \times 0.9 \times (1-(1-0.5) \times (1-0.9)) \times 0.9 = 0.4617$

관련개념 **신뢰도가 R_1, R_2인 부품의 시스템 신뢰도**

- 직렬로 연결되어 있을 때: $R_1 \times R_2$
- 병렬로 연결되어 있을 때: $1-(1-R_1) \times (1-R_2)$

030

설비의 보전과 가동에 있어 시스템의 고장과 고장 사이의 시간 간격을 의미하는 용어는?

① MTTR ② MDT
③ MTBF ④ MTBR

해설 **평균수명(MTBF; Mean Time Between Failures)**

연속적인 고장 사이의 평균시간을 의미한다.

관련개념

- MTTR: 고장 발생 후 수리를 완료하는 데 걸리는 평균시간을 의미한다.
- MDT: 시스템 고장으로 인해 운영이 중단된 전체 평균시간을 의미한다.
- MTBR: 수리와 수리 사이의 평균시간을 의미한다.

| 정답 | 027 ④ 028 ④ 029 ② 030 ③

2024년 3회

031

인간-기계시스템 설계과정의 주요 6단계를 올바른 순서로 나열한 것은?

> ⓐ 기본설계
> ⓑ 시스템 정의
> ⓒ 목표 및 성능 명세 결정
> ⓓ 인간-기계 인터페이스(human-machine interface) 설계
> ⓔ 매뉴얼 및 성능보조자료 작성
> ⓕ 시험 및 평가

① ⓒ → ⓑ → ⓐ → ⓓ → ⓔ → ⓕ

② ⓐ → ⓑ → ⓒ → ⓓ → ⓔ → ⓕ

③ ⓑ → ⓒ → ⓐ → ⓔ → ⓓ → ⓕ

④ ⓒ → ⓐ → ⓑ → ⓔ → ⓓ → ⓕ

해설 **인간-기계시스템 설계과정 6단계**
- 1단계: 목표 및 성능 명세 결정
- 2단계: 체계의 정의
- 3단계: 기본설계(작업설계/직무분석/기능할당)
- 4단계: 인터페이스 설계(계면 설계)
- 5단계: 보조물(편의수단) 설계
- 6단계: 시험 및 평가

032

반경 10[cm]의 조종구(ball control)를 30° 움직였을 때, 표시장치가 2[cm] 이동하였다면 통제표시비(C/R비)는 약 얼마인가?

① 1.3　　② 2.6

③ 5.2　　④ 7.8

해설

$$\text{통제표시비(C/R비)} = \frac{(2\pi \times 10) \times \frac{30}{360}}{2} = 2.6$$

관련개념 **통제표시비(C/R비)**

$$\text{통제표시비} = \frac{\text{제어장치의 변위량}}{\text{표시장치의 변위량}} = \frac{2\pi \times \text{조종구의 반경} \times \frac{\text{이동각도}}{360}}{\text{표시장치의 변위량}}$$

033

에너지대사율(Relative Metabolic Rate)에 관한 설명으로 틀린 것은?

① 작업대사량은 작업 시 소비에너지와 안정 시 소비에너지의 차로 나타낸다.

② RMR은 작업대사량을 기초대사량으로 나눈 값이다.

③ 산소소비량을 측정할 때 더글라스백(Douglas Bag)을 이용한다.

④ 기초대사량은 의자에 앉아서 호흡하는 동안에 측정한 산소소비량으로 구한다.

해설

기초대사량은 생명 유지에 필요한 최소한의 에너지 소비량을 의미하므로 금식 상태일 때 누워서 완전히 안정된 경우에 측정된 산소소비량으로 계산한다.

034

건습지수로서 습구온도와 건구온도의 가중평균치를 나타내는 Oxford지수의 공식으로 맞는 것은?

① WD = 0.65WB + 0.35DB

② WD = 0.75WB + 0.25DB

③ WD = 0.85WB + 0.15DB

④ WD = 0.95WB + 0.05DB

해설 **Oxford지수**

열 스트레스 정도를 예측하며, 습구온도와 건구온도의 가중평균치를 나타내는 지수이다.

WD = 0.85WB + 0.15DB

(WD: Oxford지수, WB: 습구온도, DB: 건구온도)

관련개념
- Oxford지수는 습도와 온도를 종합적으로 고려하여 열 스트레스의 정도를 평가하는 데 사용된다.
- Oxford지수가 높을수록 열 스트레스의 정도가 높아지며 Oxford지수가 25 이상이면 열 스트레스가 심한 것으로 간주된다.

| 정답 | 031 ① 032 ② 033 ④ 034 ③

035

인간의 눈에서 빛이 가장 먼저 접촉하는 부분은?

① 각막 ② 망막
③ 초자체 ④ 수정체

해설

- 각막: 인간의 눈에서 빛이 가장 먼저 접촉하는 부분
- 망막: 눈에 들어온 빛을 감지해 신경을 통해서 뇌에 전달하는 부분으로, 카메라의 필름과 같은 역할을 한다.

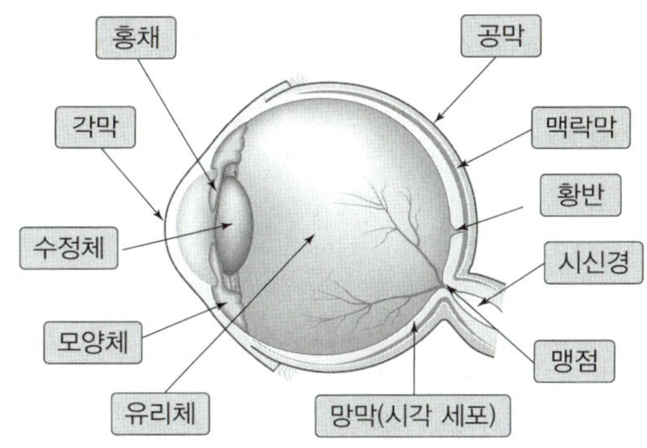

036

작업자가 소음 작업환경에 장기간 노출되어 소음성 난청이 발병하였다면 일반적으로 청력 손실이 가장 크게 나타나는 주파수는?

① 1,000[Hz] ② 2,000[Hz]
③ 4,000[Hz] ④ 6,000[Hz]

해설

소음성 난청이 가장 두드러지게 발병하는 주파수(청력 손실이 가장 크게 나타나는 주파수)는 4,000[Hz] 정도이다.

037

FT도에 사용되는 기호 중 "전이기호"를 나타내는 기호는?

①
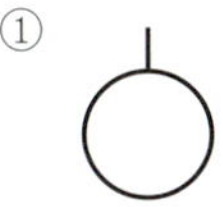
②
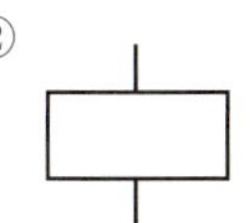
③
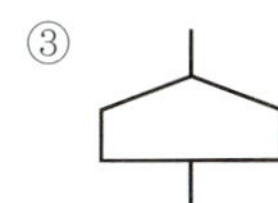
④
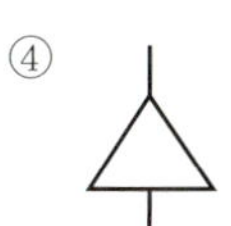

해설 **논리기호 및 사상기호**

기호	명칭	설명
	기본사상	더 이상 전개할 수 없는 사건·사고(재해의 원인)
	생략사상	관리정보가 미비하여 계속될 수 없는 특정 초기사상
	통상사상	발생이 예상되는 사상
	결함사상	한 개 이상의 입력에 의해 발생된 고장사상
	전이기호	다른 게이트와의 연결
	억제 게이트	입력이 발생하기 전 특정 조건을 만족하면 출력이 발생
	OR 게이트	입력신호 중 하나 이상이 발생하면 출력이 발생(논리합)
	AND 게이트	입력신호가 모두 발생하면 출력이 발생(논리곱)

| 정답 | 035 ① 036 ③ 037 ④

038

관측하고자 하는 측정값을 가장 정확하게 읽을 수 있는 표시장치는?

① 계수형　② 동침형
③ 동목형　④ 묘사형

해설

정확한 값을 읽어야 하는 경우 계수형 표시장치가 가장 유리하다.

관련개념 **시각적 표시장치**

계수형 (Digital)	정확한 수치로 표시되는 방식 예 디지털 시계
묘사형 (Descriptive)	텍스트, 그래픽, 기호, 색상 등을 활용하여 표시 예 도로 표지판, 지하철 노선도
동목형 (Moving Scale)	지침이 고정되고 눈금이 움직이는 방식 표시하고자 하는 값의 범위가 클 때 비교적 작은 눈금에 모두 표시 가능함
동침형 (Moving Pointer)	눈금이 고정되고 지침이 움직이는 방식 지침의 변화 방향과 변화율이 지표로 작용함

039

FMEA의 위험성 분류 중 "카테고리 2"에 해당되는 것은?

① 영향 없음　② 활동의 지연
③ 사명 수행의 실패　④ 생명 또는 가옥의 상실

해설 **FMEA의 위험성 분류**

Category 1	생명 또는 가옥의 상실
Category 2	사명 수행의 실패
Category 3	활동의 지연
Category 4	영향 없음

040

결함수분석법에서 일정 조합 안에 포함되어 있는 기본사상들이 모두 발생하지 않으면 틀림없이 정상사상(Top Event)이 발생되지 않는 조합을 무엇이라고 하는가?

① 컷셋(Cut Set)
② 패스셋(Path Set)
③ 결함수셋(Fault Tree Set)
④ 불대수(Boolean Algebra)

해설 **패스셋(Path Set)**

시스템이 정상적으로 작동하기 위해 필요한 기본사상들의 집합으로, 시스템 신뢰성을 표시한다.

관련개념

- 컷셋(Cut Set): 시스템 고장을 유발시키는 기본사상의 집합이다. 즉, 시스템이 고장나기 위해서는 컷셋에 포함된 모든 기본사상이 동시에 고장나야 한다.(불신뢰성)
- 결함수셋(Fault Tree Set): 시스템에서 발생할 수 있는 고장의 원인과 그에 대한 결과를 시각적으로 나타내는 기법이며, 시스템이 고장날 수 있는 경로를 분석하고 각 고장 원인이 시스템에 미치는 영향을 평가한다.
- 불대수(Boolean Algebra): 논리 연산을 수학적으로 표현하고 분석하는 대수적 시스템으로, 0과 1의 이진값만을 사용하여 연산을 수행한다.

| 정답 | 038 ① 039 ③ 040 ②

건설시공학

041

한중콘크리트 공사에 콘크리트의 물-결합재비는 원칙적으로 얼마 이하이어야 하는가?

① 50[%] ② 55[%]
③ 60[%] ④ 65[%]

해설

한중콘크리트의 물결합재비는 60[%] 이하로 하여야 하는데, 물 사용량을 제한하여 동결을 방지하기 위함이다.

관련개념 **한중콘크리트**

한중콘크리트는 일평균기온 4[℃] 이하의 동결위험이 있는 기간 내에 시공하는 콘크리트 시공법이다. 보통 이어붓기 후 28일 간의 예상평균기온이 약 3[℃] 이하인 경우에 적용하며, 초기 양생기간 내에 약 50[kg/cm^2] 정도의 강도가 얻어지도록 한다.

계획배합 및 부어넣기 시 유의할 사항은 다음과 같다.

- 물-시멘트비는 60[%] 이하로 한다.
- 물의 사용량은 적게 하고, AE제 또는 AE감수제 등의 표면활성제를 사용한다.
- 콘크리트면은 주위를 둘러막고, 최소 2일 이상은 0[℃]를 유지하고 5[℃] 이상으로 채난보온한다.
- 가열한 재료를 사용하는 경우, 시멘트 투입 직전 믹서 내의 골재와 물의 온도가 40[℃]를 넘어서는 안 된다.
- 부어넣기 할 때의 콘크리트 온도는 10~20[℃]가 되도록 한다.
- 재료 가열온도는 60[℃] 이하로 하고 골재는 직접 불에 닿지 않도록 주의하여야 한다. (단, 시멘트는 절대로 가열해서는 안 된다.)
- 조강시멘트, 알루미나시멘트를 사용한다.

042

혼화재(混化材)에 관한 설명으로 옳지 않은 것은?

① 시멘트량의 1[%] 정도 이하로 배합설계에서 그 자체의 용적을 무시한다.
② 종류로는 플라이애시, 고로슬래그, 실리카흄 등이 있다.
③ 포졸란 반응이 있는 것은 플라이애시, 고로슬래그, 규산백토 등이 있다.
④ 인공산으로는 플라이애시, 고로슬래그, 소성점토 등이 있다.

해설

①은 혼화제에 대한 설명이다.

관련개념 **혼화재와 혼화제**

- 혼화재: 사용량이 시멘트 무게의 5[%] 정도 이상의 것
  - 플라이애시, 실리카흄, 고로슬래그·규산질 미분말, 고강도형 혼화재, 증량재
- 혼화제: 사용량이 시멘트 무게의 1[%] 정도 이하의 것
  - AE제(공기연행제), 감수제, 유동화제, 급결제, 지연제, 방수제, 방청제

043

강재면에 강필로 볼트구멍 위치와 절단 개소 등을 그리는 일은?

① 원척도 ② 본뜨기
③ 금매김 ④ 변형바로잡기

해설 **위치잡기(금매김)**

절단 위치, 개소, 구멍 위치 등을 강필로 그린다.

관련개념 **철골의 공장 가공순서**

원척도작성 → 본뜨기(형뜨기) → 변형바로잡기 → 위치잡기(금매김) → 절단 및 구멍뚫기 → 가조임(가조립) → 리벳치기 및 용접 → 검사 → 녹막이칠 → 현장반입(운반)

| 정답 | 041 ③ 042 ① 043 ③

044

콘크리트에 사용하는 AE제의 특징이 아닌 것은?

① 내구성, 수밀성 증대　　② 블리딩현상 증가
③ 단위수량 감소　　④ 건조수축 감소

해설 **AE제의 사용목적**

- 내동해성(동결융해 저항성) 증가
- 시공연도(Workability)의 증진
- 내구성, 수밀성 증대
- 응결시간의 조절
- 단위수량 감소효과(AE제, AE감수제 병용 시 10~15[%] 감소효과 기대)
- 재료분리 저항성 및 블리딩(Bleeding)현상 감소
- 수밀성 개선(쇄석콘크리트 사용 시 더욱 효과적임)

045

기성콘크리트 말뚝시공에 관한 설명으로 옳지 않은 것은?

① 말뚝중심간격은 2.5D 이상 또한 750[mm] 이상으로 한다.
② 적재 장소는 시공장소와 가깝고 배수가 양호하고 지반이 견고한 곳이어야 한다.
③ 2단 이하로 저장하고 말뚝받침대는 동일선상에 위치하여야 파손이 적다.
④ 시공순서는 주변 다짐효과를 높이기 위하여 주변부에서 중앙부로 박는다.

해설

말뚝시공은 중앙부에서 주변부로 박는다.
주변부에서 중앙부로 박으면 중앙부는 지반이 다져져서 박을 수 없다.

046

연약한 점성토지반을 굴착할 때 주로 발생하며 흙막이 바깥에 있는 흙이 안으로 밀려들어와 흙막이가 파괴되는 현상은?

① 파이핑(Piping)　　② 보일링(Boiling)
③ 히빙(Heaving)　　④ 캠버(Camber)

해설 **히빙(Heaving)**

연약한 점토지반의 굴착이 진행됨에 따라 흙막이벽 뒤쪽 흙의 중량이 굴착부 바닥의 지지력 이상이 되면 흙막이벽 근입 부분의 지반 이동이 발생하여 굴착부 저면이 솟아오르는 현상을 말한다.

관련개념

- 보일링(Boiling): 지하수위가 높은 사질토지반을 굴착 시 굴착부와 지하수위차가 있을 경우, 수두차에 의하여 침투압이 생겨 흙막이벽 근입부분을 침식하는 동시에 모래가 액상화되어 솟아오르는 현상으로, 흙막이벽의 근입부가 지지력을 상실하여 흙막이공의 붕괴를 초래한다.
- 파이핑(Piping): 흙막이배면의 틈, 균열 등으로 수두차에 의해 파이프형태의 수로가 형성되면서 지하수가 배출되는 현상이다.

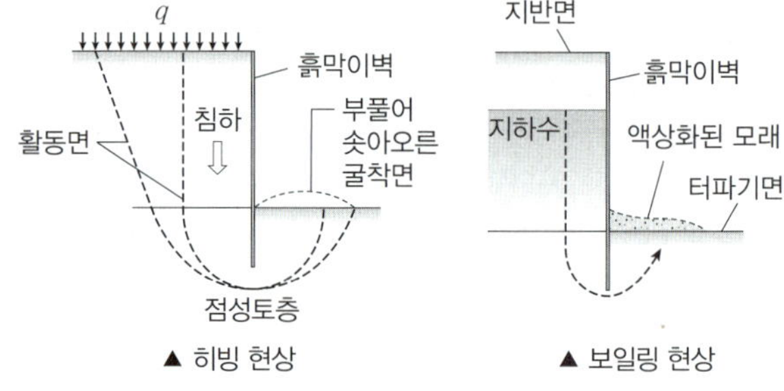

▲ 히빙 현상　　▲ 보일링 현상

| 정답 | 044 ② 045 ④ 046 ③

047

거푸집 공사 중 콘크리트의 측압에 관한 설명으로 옳지 않은 것은?

① 치어붓기 속도가 빠를수록 측압이 크다.
② 묽은 콘크리트일수록 측압이 작다.
③ 거푸집의 수평단면이 작을수록 측압이 작다.
④ 철골 또는 철근량이 많을수록 측압은 작아진다.

해설 **콘크리트 측압이 커지는 요인**

- 거푸집 부재의 단면이 큰 경우
- 거푸집의 수밀성이 큰 경우
- 거푸집의 강성이 큰 경우
- 거푸집의 표면이 평활할 경우
- 콘크리트가 묽은 경우
- 철골이나 철근량이 적은 경우
- 외기온도가 낮은 경우
- 타설속도가 빠른 경우
- 콘크리트의 다짐이 좋은 경우
- 콘크리트의 슬럼프가 큰 경우
- 콘크리트의 비중이 큰 경우
- 습도가 높은 경우
- 벽 두께가 두꺼운 경우

048

건설공사 완료 후 보수 및 재시공을 보증하기 위하여 공사발주처 등에 예치하는 공사금액의 명칭은?

① 입찰보증금　② 계약보증금
③ 지체보증금　④ 하자보증금

해설

문제는 하자보증금에 대한 설명이다.

관련개념

입찰보증금	입찰에 참가하려는 자는 원칙적으로 5[%] 이상의 입찰보증금을 내야 한다.
계약보증금	계약을 이행하기 위해 계약금액의 10[%] 이상을 보증금으로 내야 한다.
지체보상금	공사기간 내에 공사를 완공하지 못한 경우 건설사가 건축주에게 지급하기로 하는 손해배상의 예정금액이다.

049

거푸집 공사에서 거푸집 검사 시 받침기둥(지주의 안전하중) 검사와 가장 거리가 먼 것은?

① 서포트의 수직 여부 및 간격
② 폼타이 등 조임철물의 재질
③ 서포트의 편심, 처짐 및 나사의 느슨함 정도
④ 수평연결대 설치 여부

해설

폼타이는 내외측 폼을 연결하여 콘크리트를 부어 넣을 때 기둥과 보 거푸집이 벌어지는 것을 막기 위한 부속재료이므로 받침기둥 검사와는 거리가 멀다.

050

모래의 부피증가계수(L)가 15[%]이고, 굴토량이 261[m^3]라면 잔토처리량은?

① 300[m^3]　② 250[m^3]
③ 231[m^3]　④ 200[m^3]

해설 **토량 계산**

잔토처리량 = 굴토량 + (굴토량 × 부피증가율)
= 261 + (261 × 0.15) = 300[m^3]

| 정답 | 047 ② 048 ④ 049 ② 050 ①

051

토공상의 굴착기계 용도에 관한 설명으로 옳지 않은 것은?

① 백호는 기계보다 낮은 곳을 굴착하는 데 사용한다.
② 파워셔블은 기계보다 높은 곳을 굴착하는 데 사용한다.
③ 드래그라인은 기계보다 낮은 곳의 흙을 긁어모으는 데 사용한다.
④ 클램쉘은 기계보다 높은 곳의 흙과 자갈을 긁어내리는 데 사용한다.

해설

클램쉘은 기계보다 낮은 곳의 흙과 자갈을 굴착하여 올리는 데 적합하다.

052

무량판구조에 사용되는 특수상자모양의 기성재 거푸집은?

① 터널 폼 ② 유로 폼
③ 슬라이딩 폼 ④ 워플 폼

해설 **워플 폼**

장선슬래브의 장선(Joist)을 직교하여 만든 우물반자 형태의 기성제 거푸집이다. 장스팬의 구조물, 무량판 및 평판구조로 할 때 쓰이는 상자형 거푸집이다.

관련개념

슬라이딩 폼 (Sliding Form, Slip Form)	수평적 또는 수직적으로 반복된 구조물을 시공이음이 없이 균일한 형상으로 시공하기 위하여 거푸집을 연속적으로 이동시키면서 콘크리트를 타설하여 시공하는 것
터널 폼 (Tunnel Form, Steel Form)	• 벽식 철근콘크리트구조를 시공할 경우 벽과 바닥의 콘크리트 타설을 한 번에 가능하게 하기 위해 벽체용 거푸집과 슬래브 거푸집을 일체로 제작하여 한 번에 설치하고 해체할 수 있도록 한 거푸집이다. • 한 구획 전체의 벽판과 바닥판을 ㄱ자형 또는 ㄷ자형으로 짜서 이동식 거푸집으로 이용되며, 아파트, 병실 등 연속, 반복구조물에 적용된다.
유로 폼 (Euro Form, Panel Form)	• 가장 초보적인 단계의 시스템 거푸집으로서 모듈화된 패널을 사용한다. • 경량 형강과 합판을 사용하여 벽판이나 바닥판용 거푸집을 제작한 것으로, 현장에서 못을 쓰지 않고 간단히 조립할 수 있다. • 건물의 평면형상이 규격화되어 표준형태의 거푸집을 변형시키지 않고 조립함으로써 현장제작에 소요되는 인력을 줄여 생산성을 향상시키고 자재의 전용횟수를 증대시키는 목적으로 사용되는 거푸집이다.

053

철근콘크리트공사에서의 철근이음에 관한 설명으로 옳지 않은 것은?

① 철근의 이음위치는 되도록 응력이 큰 곳을 피한다.
② 일반적으로 이음을 할 때는 한 곳에서 철근 수의 반 이상을 이어야 한다.
③ 철근이음에는 겹침이음, 용접이음, 기계적 이음 등이 있다.
④ 철근이음은 힘의 전달이 연속적이고, 응력집중 등 부작용이 생기지 않아야 한다.

해설 **철근의 이음위치**

- 철근의 이음은 한 곳에서 철근 수의 반 이상을 이어서는 안 된다.
- 철근의 이음위치는 인장력이 큰 곳은 피한다.
- 기둥의 주근이음은 기둥높이의 $\frac{2}{3}$ 이내, 보통 $\frac{1}{3}$ 지점에 이음을 둔다.
- 인접한 주근의 이음새 간격은 1.5d 또는 2.5[cm] 이상으로 한다.
- 이음이 한 곳에 집중되지 않도록 이음위치를 엇갈리게 분산시킨다.
- 보의 주근이음에서 하부근은 단부에, 상부근은 중앙에, 굽힘근은 굽힘부에 이음위치를 둔다.

054

공사에 필요한 표준시방서의 내용에 포함되지 않은 사항은?

① 재료에 관한 사항 ② 공법에 관한 사항
③ 공사비에 관한 사항 ④ 검사 및 시험에 관한 사항

해설

공사비에 관한 사항은 계약서에 포함되어야 한다.

관련개념 **시방서 작성(기재)내용**

- 각 부위별 시공방법: 준비사항, 시공정밀도, 사용장비, 공법의 주의사항 등
- 각 부위별 사용재료: 품질, 종류, 수량, 저장법, 검사, 시험방법 등
- 시방서의 적용, 범위 및 공통 주의사항
- 공사 전체의 개요
- 기타 보충사항 및 특기사항

| 정답 | 051 ④ 052 ④ 053 ② 054 ③

055

공사계약서 내용에 포함되어야 할 내용과 가장 거리가 먼 것은?

① 공사내용(공사명, 공사장소)
② 재해방지대책
③ 도급금액 및 지불방법
④ 천재지변 및 그 외의 불가항력에 의한 손해부담

해설

재해방지대책은 시공계획 수립 시 포함되어야 할 사항이다.

관련개념 **공사계약서 작성내용**

- 공사내용(도면, 시방서 첨부)
- 착공시기 및 완공시기, 검사, 인도시기
- 도급금액, 지불시기 및 지불방법
- 시공 중 제3자가 입은 손해부담 사항
- 천재지변에 따른 손해부담
- 설계변경 및 공사중지 시의 도급액 변경 및 손해부담
- 물가변동에 따른 도급액 변경
- 계약에 관한 분쟁의 해결방법
- 계약자의 이행지연, 이행지연에 따른 이자, 기타 손해에 관한 사항
- 하자보수에 관한 사항

056

철근가공에 관한 설명으로 옳지 않은 것은?

① 대지의 여유가 없어도 정밀도 확보를 위해 현장가공을 우선적으로 고려한다.
② 철근 가공은 현장가공과 공장가공으로 나눌 수 있다.
③ 공장가공은 현장가공에 비해 절단손실을 줄일 수 있다.
④ 공장가공은 현장가공보다 운반비가 높은 경우가 많다.

해설

현장이 좁아 철근의 보관과 가공을 할 수 없을 땐 공장가공을 우선으로 고려한다.

057

건축생산 조직에 관한 설명으로 옳은 것은?

① CM은 시공자가 직접 공사의 타당성조사, 설계, 시공, 사용 등을 포함하는 건설공사 전 과정을 조정하는 것이다.
② EC화는 종래의 단순한 시공업과 비교하여 건설사업 전반에 걸쳐 종합, 기획, 관리하는 업무 영역의 확대를 말한다.
③ 발주자와 직접 공사계약을 하는 업자를 하도급자라고 한다.
④ 감리자란 시공자의 위탁을 받아 공사의 시공과정을 검사·승인하는 자를 말한다.

해설

① CM(Construction Management) 방식(건설사업관리방식)은 건설의 전 과정에서 프로젝트를 보다 효율적이고 경제적으로 수행하기 위하여 각 부분의 전문가들로 구성하여 통합된 관리기술(기획, 설계, 시공, 유지관리)을 건축주에게 서비스하는 방식을 말한다.
③ 발주자와 직접 공사계약을 하는 자는 도급자이다.
④ 감리자는 발주자의 위탁을 받아 공사와 시공과정을 관리하는 자를 말한다.

058

L.W(Labiles Wasserglass)공법에 관한 설명으로 옳지 않은 것은?

① 물유리용액과 시멘트 현탁액을 혼합하면 규산수화물을 생성하여 겔(gel)화하는 특성을 이용한 공법이다.
② 지반강화와 차수목적을 얻기 위한 약액주입공법의 일종이다.
③ 미세공극의 지반에서도 그 효과가 확실하여 널리 쓰인다.
④ 배합비 조절로 겔타임 조절이 가능하다.

해설

자갈층, 모래층에 전면침투가 가능하나, 0.6[mm] 이하의 세사층에는 주입이 곤란하다.

| 정답 | 055 ② 056 ① 057 ② 058 ③

059

네트워크 공정표의 구성요소 중 부주공정(Semi-Critical Path)에 관한 설명으로 옳지 않은 것은?

① 여유시간이 상대적으로 적은 공정을 의미한다.
② 공정이 부분적 또는 불연속적으로 발생한다.
③ 공기단축 시 관리대상에서는 제외된다.
④ 주공정화 할 가능성이 많은 공정이다.

해설 **네트워크 공정표의 공기단축**
부주공정은 주공정(Critical Path)과 비교하여 여유시간이 상대적으로 적지만 완전히 없는 것은 아니다. 따라서 주공정이 변경될 경우 부주공정이 주공정이 될 가능성이 높으며, 일정 조정 시 중요한 관리대상이 된다.

060

철골공사에 관한 설명으로 옳지 않은 것은?

① 현장용접 시 기온과 관계없이 부재를 예열하지 않는다.
② 세우기 장비는 철골구조의 형태 및 총중량을 고려한다.
③ 철골 세우기는 가조립 후 변형 바로잡기를 한다.
④ 가조립 시 최소 2개 이상 가볼트 조임한다.

해설
철골용접 변형을 예방하기 위해 모재에 미리 열을 가하여 예열을 실시하여야 하는데, 모재의 표면온도가 0[℃] 이하일 때는 적어도 20[℃] 이상 예열하여야 한다.

관련개념 **예열조건**
- 강재의 밀시트에서 계산한 탄소당량이 0.44[%]를 초과할 때
- 모재의 표면온도가 0[℃] 이하일 때
- 경도가 370 초과일 때

건설재료학

061

플라스틱의 특성에 관한 설명으로 옳지 않은 것은?

① 전기절연성이 양호하다.
② 내열성 및 내후성이 강하다.
③ 착색이 자유롭고 높은 투명성을 가질 수 있다.
④ 내약품성이 있고 접착성이 우수하다.

해설
플라스틱은 열에 약하고 외기 환경, 특히 자외선의 노출시간에 따라 손상이 일어난다.

관련개념 **플라스틱 제품의 특징**
- 강도가 비교적 크다.
- 전기절연성이 우수하다.
- 열에 약하다.
- 성형하기 쉬워 대량생산이 가능하다.
- 산, 알칼리, 기름 등에 강하다.
- 내구성이 좋다.

062

콘크리트의 인장강도는 압축강도의 대략 얼마 정도인가?

① 2배　　② 1배
③ 1/10　　④ 1/30

해설
콘크리트의 인장강도는 압축강도에 비해 상당히 작으며, 대개 압축강도의 $\frac{1}{10} \sim \frac{1}{13}$ 정도이다.

참고로 콘크리트의 휨강도의 경우 $\frac{1}{5} \sim \frac{1}{7}$ 정도이다.

| 정답 | 059 ③　060 ①　061 ②　062 ③

063

수분 상승으로 인하여 콘크리트의 표면에 떠올라 얇은 피막으로 되어 침적한 물질은?

① 레이턴스 ② 폴리머
③ 마그네시아 ④ 포졸란

해설 **레이턴스(Laitance)**
콘크리트의 물과 함께 가벼운 비중을 가진 미세입자(석고 등 미세골재)들이 함께 떠오르게 되는데, 블리딩된 물은 증발하지만 고체는 증발하지 않아 미세한 막을 형성한다. 이를 레이턴스라 한다.

관련개념
- 폴리머(Polymer): 분자량이 낮은 분자인 모노머(단위체)가 공유결합으로 많이 연결되어 이루어진 높은 분자량의 거대분자를 말한다.
- 포졸란(Pozzolan): 실리카질과 알루미나질의 미분말로서 그 자체에는 수경성이 없으나 미분상의 것은 물이 있는 곳에서 시멘트가 수화할 때 생기는 수산화칼슘과 상온에서 서서히 반응하여 불용성의 화합물을 만든다.

064

보통벽돌에 관한 설명으로 옳지 않은 것은?

① 일반적으로 잘 구워진 것일수록 치수가 작아지고 색이 옅어지며, 두드리면 탁음이 난다.
② 건축용 점토소성벽돌의 적색은 원료의 산화철성분에서 기인한다.
③ 보통벽돌의 기본치수는 190×90×57[mm]이다.
④ 진흙을 빚어 소성하여 만든 벽돌로서 점토벽돌이라고도 한다.

해설
일반적으로 잘 구워진 벽돌은 두드리면 금속음이 난다.

065

금성성형 가공제품 중 천장, 벽 등의 모르타르바름 바탕용으로 사용되는 것은?

① 인서트 ② 메탈라스
③ 와이어클리퍼 ④ 와이어로프

해설 **메탈라스**
얇은 철판에 금(Line)을 내어서 당겨 늘인 철망으로, 벽, 천장 등에 붙여 모르타르의 부착을 용이하게 하고 균열 등을 작게 한다.

관련개념
- 인서트: 콘크리트 구조물에 미리 삽입되어 후속 공정에서 고정 지점으로 활용되는 금속 지지물이다.
- 와이어클리퍼: 와이어로프 등을 체결하는 공구이다.

066

다음 중 천연석에 해당되지 않는 것은?

① 트래버틴 ② 대리석
③ 화강석 ④ 테라조

해설 **테라조(Terrazzo)**
대리석의 쇄석을 종석으로 하여 백색 포틀랜드시멘트에 안료를 섞어 된비빔하여 콘크리트판의 편면에 치어 부은 후 바이브레이터로 다져 성형한 다음 경화된 후에 가공·연마하여 대리석과 같이 미려한 광택을 갖도록 마감한 인조석을 총칭한다.

관련개념 **트래버틴(Travertin)**
대리석의 일종으로 석질이 불균질하고 다공질이며 황갈색의 반문, 아치가 있어 주로 특수 실내 장식재로 사용된다. 이탈리아에서 우수한 품질의 재료가 생산된다.

| 정답 | 063 ① 064 ① 065 ② 066 ④

067

다음 단열재료 중 가장 높은 온도에서 사용할 수 있는 것은?

① 세라믹 파이버 ② 암면
③ 석면 ④ 글라스울

해설 **단열재료의 사용가능 최고온도**

- 세라믹 파이버: 1,260~1,430[℃]
- 규산칼슘판: 650~1,000[℃]
- 펄라이트판: 800[℃]
- 암면: 600[℃]
- 석면: 550[℃]
- 글라스울: 300~400[℃]

068

고온소성의 무수석고를 특별히 화학처리한 것으로, 킨즈시멘트라고도 하는 것은?

① 혼합석고 플라스터 ② 보드용석고 플라스터
③ 경석고 플라스터 ④ 돌로마이트 플라스터

해설 **경석고 플라스터(킨즈시멘트)**

무수석고($CaSO_4$)에 백반 등의 촉진제를 배합한 것으로, 혼합석고 플라스터보다 경도가 높다.

관련개념

- 혼합석고 플라스터: 천연석고의 원석을 소성한 소석고에 소석회와 돌로마이트를 혼합한 것이다.
- 보드용석고 플라스터: 혼합석고 플라스터에 석고분을 많게 하여 접착력, 강도를 크게 한 것으로, 석고보드의 바탕을 바를 때 많이 사용한다.
- 돌로마이트 플라스터: 마그네시아 석회에 모래, 여물을 섞어 반죽한 바름벽 재료로, 일반석회보다 비중과 강도가 크며 점성이 높아 가소성이 좋으므로 해초풀을 넣지 않아도 잘 발라진다. 풀을 넣지 않아 냄새, 곰팡이가 없고 변색될 염려도 없다.

069

시멘트의 안정성 시험에 해당하는 것은?

① 슬럼프 시험 ② 브레인법
③ 길모아 시험 ④ 오토클레이브 팽창도 시험

해설

오토클레이브 팽창도 시험은 시멘트의 안전성 시험으로, 시멘트가 경화 중에 용적이 팽창하는 정도를 나타낸다.

① 슬럼프 시험: 콘크리트의 시공연도(Workability) 시험
② 브레인법: 분말도 시험

관련개념 **시멘트의 시험**

- 비중시험: 르 샤틀리에 비중병(Le Chatelier's Pyconmeter)을 이용한 시험 방법이다.

$$\text{시멘트비중} = \frac{\text{시멘트중량[g]}}{\text{비중병의 눈금자[cc]}}$$

- 분말도 시험(Fineness Test)
  - 체가름법: 습식, 건식, 브레인(Blaine)법이 있다.
  - 응결시험: 비카 바늘을 이용한다.
  - 비표면적 측정법
- 강도시험: 휨시험, 압축시험 등이 있다.

070

다음 중 20[℃] 기건상태에서 단열성이 가장 우수한 것은?

① 화강암 ② 판유리
③ 알루미늄 ④ ALC

해설

ALC(Autoclave Lightweight Concrete, 경량기포 콘크리트)의 열전도율은 0.10[kcal/m·h·℃]로 일반 콘크리트에 비해 10배의 단열성이 있다.

| 정답 | 067 ① 068 ③ 069 ④ 070 ④

071

다음 중 골재로 사용할 수 없는 것은?

① 락울(rock wool) ② 질석(vermiculite)
③ 펄라이트(perlite) ④ 화산자갈(volcanic gravel)

해설

락울은 단열재료로, 골재로 사용할 수 없다.
질석, 펄라이트, 화산자갈 등은 내화품질 골재로 사용할 수 있다.

072

어떤 목재의 건조 전 질량이 200[g], 건조 후 전건질량이 150[g]일 때, 이 목재의 함수율은?

① 10[%] ② 25[%]
③ 33.3[%] ④ 66.7[%]

해설

$$목재의\ 함수율 = \frac{습윤상태\ 질량 - 절대건조상태\ 질량}{절대건조상태\ 질량} \times 100$$

$$= \frac{200 - 150}{150} \times 100 = 33.3[\%]$$

073

공기 중의 탄산가스와 화학반응을 일으켜 경화하는 미장재료는?

① 경석고 플라스터 ② 시멘트 모르타르
③ 돌로마이트 플라스터 ④ 혼합석고 플라스터

해설 **경화 방식에 따른 미장재 분류**

- 수경성 미장재료: 물과 작용하여 경화한다.
  예) 석고 플라스터, 무수석고(경석고) 플라스터, 시멘트 모르타르
- 기경성 미장재료: 공기 중에서 경화한다.
  예) 회반죽, 돌로마이트 플라스터

074

합판에 관한 설명으로 옳은 것은?

① 곡면가공 시 균열이 발생하기 때문에 곡면가공이 불가능하다.
② 함수율 변화에 따른 팽창·수축의 방향성이 크다.
③ 표면가공법으로 흡음효과를 낼 수 있다.
④ 내수성이 매우 작기 때문에 내장용으로만 사용된다.

해설 **합판의 장점**

- 곡면가공이 용이하다.
- 단판을 3장 이상 3, 5, 7매 등의 홀수 장으로 섬유방향이 직교하도록 접착제로 겹쳐 붙여 만든다.
- 비교적 작은 직경의 모재에서도 넓은 판을 얻을 수 있으며 곡면가공을 하여도 균열이 생기지 않고 무늬도 일정하다.

075

대리석의 성질과 용도에 관한 설명으로 옳은 것은?

① 석질이 치밀하고, 판석으로서 지붕 외벽 등에 사용되며 비석, 숫돌로도 이용된다.
② 조적재, 기초석재 등으로 주로 쓰인다.
③ 내화도는 높으나 조잡하여 경량골재, 내화재 등에 사용한다.
④ 열, 산에는 약하지만 외관이 미려하므로 장식용으로 사용된다.

해설

① 대리석은 옥외용으로 부적합하며, 벼루, 숫돌, 기와, 구들장 등의 재료가 되는 것은 점판암이다.
② 구조재(기초석, 조적석재, 석축재)로 쓰이는 것은 응회암이다. 응회암 중 색깔이 좋은 것은 실내외 장식재로도 사용된다.
③ 다공질이며 가벼워 경량골재, 내화재로 사용되는 것은 응회암이다.

| 정답 | 071 ① 072 ③ 073 ③ 074 ③ 075 ④

076

굳지 않은 콘크리트의 성질을 나타낸 용어에 관한 설명으로 옳지 않은 것은?

① 컨시스턴시(Consistency) – 콘크리트에 사용되는 물의 양에 의한 콘크리트 반죽의 질기
② 워커빌리티(Workability) – 콘크리트의 부어넣기 작업 시의 작업 난이도 및 재료분리에 대한 저항성
③ 피니셔빌리티(Finishability) – 굵은골재의 최대치수, 잔골재율, 잔골재의 입도 등에 따른 마무리 작업의 난이도
④ 플라스티시티(Plasticity) – 콘크리트를 펌핑하여 부어넣는 위치까지 이동시킬 때의 펌핑성

해설 **굳지 않은 콘크리트의 성질**

워커빌리티(Workability)	반죽질기에 따른 작업의 난이도 정도 및 재료분리에 저항하는 정도를 나타내는 굳지 않은 콘크리트의 성질
펌퍼빌리티(Pumpability)	펌프에 의해 운반을 실시하는 경우 콘크리트의 압송성
플라스티시티(Plasticity)	거푸집에 쉽게 다져 넣을 수 있고, 거푸집을 제거하면 천천히 변하는 굳지 않은 콘크리트의 성질
컨시스턴시(Consistency)	주로 수량의 다소에 의한 부드러운 정도를 나타냄. 콘크리트를 타설할 때의 유동성에 영향을 미치고 일반적으로 슬럼프의 값으로 측정
피니셔빌리티(Finishability)	굵은 골재의 최대치수, 잔골재율, 잔골재의 입도 등에 의한 마무리의 용역도를 나타냄

077

마루판으로 사용할 때 적합하지 않은 것은?

① 코펜하겐 리브 ② 플로어링 보드
③ 파키트 블록 ④ 파키트 패널

해설 **코펜하겐 리브**

장식적이고 흡음효과가 있는 벽면을 구성하기 위하여, 단면 모양을 알파벳 'S'자로 모양을 낸 리브(Rib)이다. 주로 공연장, 연회관 등의 방음벽체로 사용된다.

078

에폭시 도장에 관한 설명으로 옳지 않은 것은?

① 내마모성이 우수하고 수축, 팽창이 거의 없다.
② 내약품성, 내수성, 접착력이 우수하다.
③ 자외선에 특히 강하여 외부에 주로 사용한다.
④ Non-Slip 효과가 있다.

해설

에폭시 도장은 자외선(UV)에 약하여 직사광선에 장시간 노출되면 변색되거나 성능이 저하될 수 있다. 외부에 사용하는 경우 UV차단 코팅이 추가로 필요하다.

| 정답 | 076 ④ 077 ① 078 ③

079

알루미늄의 용도로 가장 적합하지 않은 것은?

① 창호철물　② 콘크리트에 면하는 마감재
③ 새시　④ 라디에이터

해설

알루미늄은 알칼리에 약하므로 콘크리트의 수산화칼슘과 접하게 되면 부식된다.

관련개념 **알루미늄(Aluminium)**

- 알루미늄의 강도는 고온에서 급격히 감소하지만 저온에서는 취성을 나타내지 않는다.
- 가공성이 좋아 압연, 압출, 박판, 용접이 가능하다.
- 열 및 전기전도성이 크며 화학적 성질 중 내식성은 크다.
- 대기 중에서 쉽게 부식되지 않지만 해수 중에서는 쉽게 부식된다.
- 유기산류에는 안정하여 초산에는 농도에 관계없이 거의 침식되지 않지만 무기산류인 염산, 황산, 인산, 질산 등에는 상당히 빠르게 침식된다.
- 알칼리에는 일반적으로 약한데, 이는 알루미나 피막이 용해되기 때문이다.
- 건축자재(새시, 창호, 커튼월, 커튼레일, 지붕재 등), 가구, 기계, 전선, 항공기 등에 널리 사용된다.

080

풍화된 시멘트를 사용했을 경우에 관한 설명으로 옳지 않은 것은?

① 응결이 늦어진다.　② 수화열이 증가한다.
③ 비중이 작아진다.　④ 강도가 감소된다.

해설 **풍화된 시멘트의 성질**

- 밀도가 작아진다.
- 수화열이 감소하고 응결이 늦어진다.(이상응결을 일으킨다.)
- 강도발현이 늦어지고 초기강도, 압축강도가 작다.
- 블리딩이 증가하고, 건조수축 및 균열이 크다.
- 강열감량(풍화를 나타내는 척도)이 커진다.

관련개념 **시멘트의 풍화**

시멘트를 공기 중에 방치하거나 통기성이 있는 곳에 장기저장 시 공기 중의 수분이나 이산화탄소와 반응하여 굳어지면서 품질이 저하된다.

건설안전기술

081

강관을 사용하여 비계를 구성하는 경우 준수해야 할 사항으로 옳지 않은 것은?

① 비계기둥의 간격은 띠장 방향에서는 1.85[m] 이하, 장선 방향에서는 1.5[m] 이하로 할 것
② 띠장 간격은 2[m] 이하로 할 것
③ 비계기둥의 제일 윗부분으로부터 31[m] 되는 지점 밑부분의 비계기둥은 3개의 강관으로 묶어 세울 것
④ 비계기둥 간의 적재하중은 400[kg]을 초과하지 않도록 할 것

해설 **강관비계의 구조**

- 비계기둥의 간격은 띠장 방향에서는 1.85[m] 이하, 장선 방향에서는 1.5[m] 이하로 할 것
- 띠장 간격은 2[m] 이하로 할 것
- 비계기둥의 제일 윗부분으로부터 31[m] 되는 지점 밑부분의 비계기둥은 2개의 강관으로 묶어 세울 것
- 비계기둥 간의 적재하중은 400[kg]을 초과하지 않도록 할 것

082

미리 작업장소의 지형 및 지반 상태 등에 적합한 제한속도를 정하지 않아도 되는 차량계 건설기계의 속도 기준은?

① 최대제한속도가 10[km/h] 이하
② 최대제한속도가 20[km/h] 이하
③ 최대제한속도가 30[km/h] 이하
④ 최대제한속도가 40[km/h] 이하

해설

사업주는 차량계 하역운반기계, 차량계 건설기계(최대제한속도가 10[km/h] 이하인 것은 제외)를 사용하여 작업을 하는 경우 미리 작업장소의 지형 및 지반 상태 등에 적합한 제한속도를 정하고, 운전자로 하여금 준수하도록 하여야 한다.

| 정답 | 079 ②　080 ②　081 ③　082 ①

2024년 3회

083

이동식비계 조립 및 사용 시 준수사항으로 옳지 않은 것은?

① 비계의 최상부에서 작업을 하는 경우에는 안전난간을 설치할 것
② 승강용사다리는 견고하게 설치할 것
③ 작업발판은 항상 수평을 유지하고 작업발판 위에서 작업을 위한 거리가 부족할 경우에는 받침대 또는 사다리를 사용할 것
④ 작업발판의 최대적재하중은 250[kg]을 초과하지 않도록 할 것

해설 **이동식비계 작업 시 준수사항**

- 이동식비계의 바퀴에는 뜻밖의 갑작스러운 이동 또는 전도를 방지하기 위하여 브레이크·쐐기 등으로 바퀴를 고정시킨 다음 비계의 일부를 견고한 시설물에 고정하거나 아웃트리거를 설치하는 등 필요한 조치를 할 것
- 승강용사다리는 견고하게 설치할 것
- 비계의 최상부에서 작업을 하는 경우에는 안전난간을 설치할 것
- 작업발판은 항상 수평을 유지하고 작업발판 위에서 안전난간을 딛고 작업을 하거나 받침대 또는 사다리를 사용하여 작업하지 않도록 할 것
- 작업발판의 최대적재하중은 250[kg]을 초과하지 않도록 할 것

084

강관비계의 구조에서 비계기둥 간 최대허용하중으로 옳은 것은?

① 100[kg]　② 200[kg]
③ 300[kg]　④ 400[kg]

해설 **강관비계의 구조**

- 비계기둥의 간격은 띠장 방향에서는 1.85[m] 이하, 장선 방향에서는 1.5[m] 이하로 할 것
- 띠장 간격은 2[m] 이하로 할 것
- 비계기둥의 제일 윗부분으로부터 31[m] 되는 지점 밑부분의 비계기둥은 2개의 강관으로 묶어 세울 것
- 비계기둥 간의 적재하중은 400[kg]을 초과하지 않도록 할 것

085

건립 중 강풍에 의한 풍압 등 외압에 대한 내력이 설계에 고려되었는지 확인하여야 하는 철골구조물이 아닌 것은?

① 단면이 일정한 구조물
② 기둥이 타이플레이트형인 구조물
③ 이음부가 현장용접인 구조물
④ 구조물의 폭과 높이의 비가 1:4 이상인 구조물

해설 **외압에 대한 내력이 설계에 고려되었는지 확인하여야 하는 철골구조물**

- 높이 20[m] 이상의 구조물
- 구조물의 폭과 높이의 비가 1 : 4 이상인 구조물
- 단면구조에 현저한 차이가 있는 구조물
- 연면적당 철골량이 50[kg/m^2] 이하인 구조물
- 기둥이 타이플레이트형인 구조물
- 이음부가 현장용접인 구조물

086

공사용 가설도로를 설치하는 경우 준수해야 할 사항으로 옳지 않은 것은?

① 도로는 장비와 차량이 안전하게 운행할 수 있도록 견고하게 설치한다.
② 도로는 배수에 관계없이 평탄하게 설치한다.
③ 도로와 작업장이 접하여 있을 경우에는 울타리 등을 설치한다.
④ 차량의 속도제한 표지를 부착한다.

해설 **공사용 가설도로 설치 시 준수사항**

- 도로는 장비와 차량이 안전하게 운행할 수 있도록 견고하게 설치할 것
- 도로와 작업장이 접하여 있을 경우에는 울타리 등을 설치할 것
- 도로는 배수를 위하여 경사지게 설치하거나 배수시설을 설치할 것
- 차량의 속도제한 표지를 부착할 것

| 정답 | 083 ③　084 ④　085 ①　086 ②

087

거푸집 및 동바리를 조립하는 경우에 준수하여야 할 사항으로 옳지 않은 것은?

① 거푸집이 곡면의 경우에는 버팀대의 부착 등 그 거푸집의 부상(浮上)을 방지하기 위한 조치를 할 것
② 동바리의 이음은 같은 품질의 재료를 사용할 것
③ 동바리로 사용하는 파이프 서포트는 높이 2[m] 이내마다 수평연결재를 4개 방향으로 만들고 수평연결재의 변위를 방지할 것
④ 동바리 사용하는 파이프 서포트는 3개 이상 이어서 사용하지 않도록 할 것

해설 동바리로 사용하는 파이프 서포트 조립 시 준수사항
- 파이프 서포트를 3개 이상 이어서 사용하지 않도록 할 것
- 파이프 서포트를 이어서 사용하는 경우에는 4개 이상의 볼트 또는 전용철물을 사용하여 이을 것
- 높이가 3.5[m]를 초과하는 경우에는 높이 2[m] 이내마다 수평연결재를 2개 방향으로 만들고 수평연결재의 변위를 방지할 것

관련개념 거푸집 조립 시의 안전조치
- 거푸집을 조립하는 경우에는 거푸집이 콘크리트 하중이나 그 밖의 외력에 견딜 수 있거나, 넘어지지 않도록 견고한 구조의 긴결재, 버팀대 또는 지지대를 설치하는 등 필요한 조치를 할 것
- 거푸집이 곡면인 경우에는 버팀대의 부착 등 그 거푸집의 부상을 방지하기 위한 조치를 할 것

088

인력운반 작업에 대한 안전 준수사항으로 옳지 않은 것은?

① 보조기구를 효과적으로 사용한다.
② 긴 물건은 뒤쪽을 높이고 원통인 물건은 굴려서 운반한다.
③ 물건을 들어올릴 때에는 팔과 무릎을 이용하며 척추는 곧게 한다.
④ 무거운 물건은 공동작업으로 실시한다.

해설 중량물 취급 시 안전작업방법
- 물건을 들어 올릴 때는 팔과 무릎을 사용하고 척추는 곧은 자세로 할 것
- 무거운 물건은 공동작업으로 실시하고 보조기구를 사용할 것
- 길이가 긴 물건은 앞쪽을 높여 운반할 것
- 화물에 최대한 접근하여 중심을 낮게 할 것
- 단독 작업은 무게를 30[kg] 이하로 하고, 장시간 작업은 작업자 체중의 40[%] 한도 내에서 취급할 것

089

굴착작업을 하는 경우 근로자의 위험을 방지하기 위하여 작업장의 지형·지반 및 지층상태 등에 대하여 실시하여야 하는 사전조사 내용으로 옳지 않은 것은?

① 형상·지질 및 지층의 상태
② 균열·함수(含水)·용수 및 동결의 유무 또는 상태
③ 지상의 배수 상태
④ 매설물 등의 유무 또는 상태

해설 굴착작업 전 사전조사 내용
- 형상·지질 및 지층의 상태
- 균열·함수·용수 및 동결의 유무 또는 상태
- 매설물 등의 유무 또는 상태
- 지반의 지하수위 상태

090

건설업 산업안전보건관리비 중 안전시설비로 사용할 수 있는 항목에 해당하는 것은?

① 보호구의 구입·수리·관리 등에 소요되는 비용
② 산업재해 예방을 위한 안전난간
③ 유해위험방지계획서의 작성 등에 소요되는 비용
④ 감염병의 확산 방지를 위한 마스크, 손소독제

해설
①은 보호구, ③은 안전보건진단비, ④는 근로자 건강장해예방비에 해당한다.

관련개념 안전시설비 등
- 산업재해 예방을 위한 안전난간, 추락방호망, 안전대 부착설비, 방호장치 등 안전시설의 구입·임대 및 설치 등을 위해 소요되는 비용
- "스마트안전장비 지원사업" 및 스마트 안전장비 구입·임대 비용(총액의 20[%] 이내)
- 용접 작업 등 화재 위험작업 시 사용하는 소화기의 구입·임대비용

| 정답 | 087 ③ 088 ② 089 ③ 090 ②

091

철골작업을 할 때 악천후에는 작업을 중지하도록 하여야 하는데 그 기준으로 옳은 것은?

① 강설량이 분당 1[cm] 이상인 경우
② 강우량이 시간당 1[cm] 이상인 경우
③ 풍속이 초당 10[m] 이상인 경우
④ 기온이 28[℃] 이상인 경우

해설 **철골작업 중지기준**
- 풍속이 초당 10[m] 이상인 경우
- 강우량이 시간당 1[mm] 이상인 경우
- 강설량이 시간당 1[cm] 이상인 경우

092

작업으로 인하여 물체가 떨어지거나 날아올 위험이 있는 경우 그 위험을 방지하기 위하여 필요한 조치사항으로 거리가 먼 것은?

① 낙하물방지망의 설치　② 출입금지구역의 설정
③ 보호구의 착용　④ 작업지휘자 선정

해설
사업주는 작업으로 인하여 물체가 떨어지거나 날아올 위험이 있는 경우 낙하물방지망, 수직보호망 또는 방호선반의 설치, 출입금지구역의 설정, 보호구의 착용 등 위험을 방지하기 위하여 필요한 조치를 하여야 한다.

093

차량계 건설기계 작업 시 그 기계가 넘어지거나 굴러 떨어짐으로써 근로자가 위험해질 우려가 있는 경우에 필요한 조치사항으로 거리가 먼 것은?

① 변속기능의 유지　② 갓길의 붕괴 방지
③ 도로 폭의 유지　④ 지반의 부동침하 방지

해설
사업주는 차량계 건설기계를 사용하는 작업을 할 때에 그 기계가 넘어지거나 굴러 떨어짐으로써 근로자가 위험해질 우려가 있는 경우에는 유도하는 사람을 배치하고 지반의 부동침하 방지, 갓길의 붕괴 방지 및 도로 폭의 유지 등 필요한 조치를 하여야 한다.

094

터널 등의 건설작업을 하는 경우에 낙반 등에 의하여 근로자가 위험해질 우려가 있는 경우에 필요한 조치와 가장 거리가 먼 것은?

① 터널지보공을 설치한다.
② 록볼트를 설치한다.
③ 환기, 조명시설을 설치한다.
④ 부석을 제거한다.

해설
환기, 조명시설의 설치는 터널 내 작업환경을 개선하기 위한 조치이다.

관련개념 **낙반 등에 의한 위험의 방지**
사업주는 터널 등의 건설작업을 하는 경우에 낙반 등에 의하여 근로자가 위험해질 우려가 있는 경우에 터널지보공 및 록볼트의 설치, 부석의 제거 등 위험을 방지하기 위하여 필요한 조치를 하여야 한다.

095

52[m] 높이로 강관비계를 세우려면 지상에서 몇 [m]까지 2개의 강관으로 묶어 세워야 하는가?

① 16[m]　② 18[m]
③ 21[m]　④ 31[m]

해설
강관비계 설치 시 비계기둥의 제일 윗부분으로부터 31[m] 되는 지점 밑부분의 비계기둥은 2개의 강관으로 묶어 세워야 하므로 52 − 31 = 21[m] 지점 밑부분은 2개의 강관으로 묶어 세워야 한다.

관련개념 **강관비계의 구조**
- 비계기둥의 간격은 띠장 방향에서는 1.85[m] 이하, 장선 방향에서는 1.5[m] 이하로 할 것
- 띠장 간격은 2[m] 이하로 할 것
- 비계기둥의 제일 윗부분으로부터 31[m] 되는 지점 밑부분의 비계기둥은 2개의 강관으로 묶어 세울 것
- 비계기둥 간의 적재하중은 400[kg]을 초과하지 않도록 할 것

| 정답 | 091 ③　092 ④　093 ①　094 ③　095 ③

096

보호구 자율안전확인 고시에 따른 안전모의 시험항목에 해당되지 않는 것은?

① 턱끈풀림시험 ② 내관통성시험
③ 충격흡수성시험 ④ 절연시험

해설 **안전모의 시험성능기준(보호구 자율안전확인 고시)**

항목	시험성능기준
내관통성	안전모는 관통거리가 11.1[mm] 이하이어야 한다.
충격흡수성	최고전달충격력이 4,450[N]을 초과해서는 안 되며, 모체와 착장체의 기능이 상실되지 않아야 한다.
난연성	모체가 불꽃을 내며 5초 이상 연소되지 않아야 한다.
턱끈풀림	150[N] 이상 250[N] 이하에서 턱끈이 풀려야 한다.

097

흙막이 지보공을 조립하는 경우 미리 조립도를 작성하여야 하는데 이 조립도에 명시되어야 할 사항과 가장 거리가 먼 것은?

① 부재의 배치 ② 부재의 치수
③ 부재의 긴압 정도 ④ 설치방법과 순서

해설

흙막이 지보공 조립도에는 흙막이판·말뚝·버팀대 및 띠장 등 부재의 배치·치수·재질 및 설치방법과 순서가 명시되어야 한다.

098

다음 보기의 (　　) 안에 알맞은 내용은?

> 동바리로 사용하는 파이프 서포트의 높이가 (　　　)[m]를 초과하는 경우에는 높이 2[m] 이내마다 수평연결재를 2개 방향으로 만들고 수평연결재의 변위를 방지할 것

① 3 ② 3.5
③ 4 ④ 4.5

해설 **동바리로 사용하는 파이프 서포트 조립 시 준수사항**

- 파이프 서포트를 3개 이상 이어서 사용하지 않도록 할 것
- 파이프 서포트를 이어서 사용하는 경우에는 4개 이상의 볼트 또는 전용철물을 사용하여 이을 것
- 높이가 3.5[m]를 초과하는 경우에는 높이 2[m] 이내마다 수평연결재를 2개 방향으로 만들고 수평연결재의 변위를 방지할 것

099

터널붕괴를 방지하기 위한 지보공에 대한 점검사항과 가장 거리가 먼 것은?

① 부재의 긴압 정도
② 부재의 손상·변형·부식·변위 탈락의 유무 및 상태
③ 기둥침하의 유무 및 상태
④ 경보장치의 작동상태

해설 **터널지보공의 수시 점검사항**

- 부재의 손상·변형·부식·변위 탈락의 유무 및 상태
- 부재의 긴압 정도
- 부재의 접속부 및 교차부의 상태
- 기둥침하의 유무 및 상태

100

경암을 다음 그림과 같이 굴착하고자 한다. 굴착면의 기울기에 따른 L의 길이로 옳은 것은?

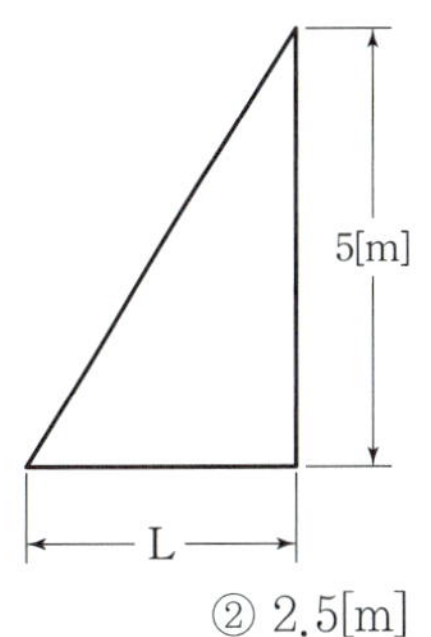

① 2[m] ② 2.5[m]
③ 5[m] ④ 10[m]

해설

경암의 굴착면의 기울기는 1:0.5로, 굴착 높이가 1인 경우 수평면의 폭이 0.5인 것을 의미하므로 높이가 5[m]인 경우 수평면의 폭(L)은 2.5[m]이다.

관련개념 **굴착면의 기울기 기준**

지반의 종류	기울기
모래	1 : 1.8
연암 및 풍화암	1 : 1.0
경암	1 : 0.5
그 밖의 흙	1 : 1.2

| 정답 | 096 ④ 097 ③ 098 ② 099 ④ 100 ②

2023년 1회 | CBT 복원문제

자동 채점

산업안전관리론

001

재해의 간접원인 중 기초원인에 해당하는 것은?

① 불안전한 상태　　② 관리적 원인
③ 신체적 원인　　④ 불안전한 행동

해설

'불안전한 상태' 및 '불안전한 행동'은 재해의 직접원인(1차 원인)에 해당하며, '신체적 원인'은 간접원인 중 2차 원인에 해당한다.

관련개념 **재해발생의 간접원인**

기초원인	• 관리적 원인 • 학교교육적 원인	• 사회적 원인 • 역사적 원인
2차 원인	• 기술적 원인 • 안전교육적 원인	• 신체적 원인 • 정신적 원인

002

안전점검의 종류 중 주기적으로 일정한 기간을 정하여 일정한 시설이나, 물건, 기계 등에 대하여 점검하는 방법을 무엇이라 하는가?

① 정기점검　　② 일상점검
③ 특별점검　　④ 임시점검

해설 **안전점검의 종류**

일상(수시)점검	매일 일의 시작이나 종료 시 또는 작업 중에 계속해서 실시하는 점검
정기(계획)점검	주기적으로 일정한 시설이나 물건, 기계 등에 대하여 점검하는 방법
특별점검	신설, 변경 내지는 고장수리 등을 할 경우에 행하는 부정기 점검
임시점검	이상징후 예견 시 임시로 실시하는 점검

003

산업안전보건법령상 건설업의 경우 공사금액이 얼마 이상인 사업장에 산업안전보건위원회를 설치·운영하여야 하는가?

① 80억 원　　② 120억 원
③ 150억 원　　④ 700억 원

해설

건설업의 경우 공사금액이 120억 원 이상(토목공사업의 경우 150억 원 이상)일 때 산업안전보건위원회를 설치하여야 한다.

004

직계식 안전조직의 특징이 아닌 것은?

① 명령과 보고가 간단 명료하다.
② 안전정보의 수집이 빠르고 전문적이다.
③ 각종 지시 및 조치사항이 신속하게 이루어진다.
④ 안전업무가 생산현장 라인을 통하여 시행된다.

해설

②는 스태프형 조직의 대표적 특징이다.

관련개념 **라인식(직계식) 조직의 특징**

- 안전에 관한 명령, 지시 및 조치가 각 부문의 직계를 통하여 생산업무와 함께 시행되므로 철저하고 실시도 빠르다.
- 명령과 보고가 상하관계뿐이므로 간단 명료하다.
- 생산라인(Production Line)의 각급 관리감독자는 일상의 생산업무에 쫓겨 안전에 대한 전문지식이나 정보를 몸에 익힐 수 없다는 단점이 있다.
- 100명 이하의 소규모 사업장에 적합하다.

| 정답 | 001 ② 002 ① 003 ② 004 ②

005

재해사례연구법(Accident Analysis and Control Method)에서 활용하는 안전관리 열쇠 중 작업에 관계되는 것이 아닌 것은?

① 적성배치 ② 작업순서
③ 이상 시 조치 ④ 작업방법 개선

해설

적성배치는 인사관리에 해당된다.

006

방독마스크의 선정 방법으로 적합하지 않은 것은?

① 전면형은 되도록 시야가 좁을 것
② 착용자 자신이 스스로 안면과 방독마스크 안면부와의 밀착성 여부를 수시로 확인할 수 있을 것
③ 머리끈은 적당한 길이 및 탄력성을 갖고 길이를 쉽게 조절할 수 있을 것
④ 정화통 내부의 흡착제는 견고하게 충진되고 충격에 의해 외부로 노출되지 않을 것

해설

방독마스크의 선정 시 전면형은 되도록 시야가 넓어야 한다.

007

산업안전보건법상 산업재해가 발생한 때에 사업주가 기록·보존하여야 하는 사항이 아닌 것은?

① 사업장의 개요 및 근로자의 인적사항
② 재해 발생의 일시 및 장소
③ 재해 발생의 원인 및 과정
④ 재해원인 수사요청 기록 및 근무상황일지

해설 **산업재해 발생 시 기록·보존하여야 할 사항**

- 사업장의 개요 및 근로자의 인적사항
- 재해 발생의 일시 및 장소
- 재해 발생의 원인 및 과정
- 재해 재발방지 계획

008

산업안전보건법상 조립·해체 작업장 입구에 설치하여야 할 출입금지 표지의 색채로 가장 적당한 것은?

① 바탕: 노란색, 기본모형: 검은색, 관련부호: 검은색, 그림: 검은색
② 바탕: 흰색, 기본모형: 빨간색, 관련부호: 검은색, 그림: 검은색
③ 바탕: 흰색, 기본모형: 녹색, 관련부호: 녹색, 그림: 검은색
④ 바탕: 파란색, 기본모형: 빨간색, 관련부호: 흰색, 그림: 검은색

해설

'출입금지' 표지는 금지표지 중 하나로 바탕은 흰색, 기본모형은 빨간색, 관련부호 및 그림은 검은색이다.

| 정답 | 005 ① 006 ① 007 ④ 008 ②

2023년 1회

009

안전보건개선계획서의 수립 · 시행 명령을 받은 사업주는 그 명령을 받은 날부터 안전보건개선계획서를 작성하여 며칠 이내에 관할 지방고용노동관서의 장에게 제출해야 하는가?

① 15일　② 30일
③ 60일　④ 90일

해설
안전보건개선계획서를 제출하여야 하는 사업주는 안전보건개선계획서 수립 · 시행 명령을 받은 날부터 60일 이내에 관할 지방고용노동관서의 장에게 해당 계획서를 제출(전자문서로 제출하는 것 포함)하여야 한다.

010

산업재해 발생 시 정확한 사고원인 파악을 위해 재해조사를 직접 실시하는 자가 아닌 것은?

① 사업주　② 현장관리감독자
③ 안전관리자　④ 노동조합 간부

해설
재해조사를 직접 실시하는 자는 안전보건관리책임자, 안전관리자, 보건관리자, 관리감독자, 노동조합 관계자 등이다. 이들은 조사 실시 후 사업주에게 보고하고 이를 고용지방노동관서에 보고하여야 한다.

011

건설업 산업안전보건관리비 계상에 관한 관련 규정은 산업안전보건법의 건설공사 중 총공사금액이 얼마 이상인 공사에 적용하는가?

① 2,000만 원　② 4,000만 원
③ 1억 원　④ 100억 원

해설
건설업 산업안전보건관리비 계상 및 사용기준은 산업안전보건법의 건설공사 중 총 공사금액 2천만 원 이상인 공사에 적용한다.

012

평균 근로자수가 1,000명인 사업장의 도수율이 10.25이고 강도율이 7.25이었을 때 이 사업장의 종합재해지수는?

① 7.62　② 8.62
③ 9.62　④ 10.62

해설
종합재해지수 $= \sqrt{\text{도수율} \times \text{강도율}} = \sqrt{10.25 \times 7.25} = 8.62$

관련개념 **종합재해지수(FSI; Frequency Severity Indicator)**
도수율과 강도율을 종합적으로 평가하여 재해발생빈도와 재해로 인한 손실시간을 고려한 지표로써 종합적인 안전관리 성과를 측정하는 지표로 활용되며 이 지수가 높으면 해당 사업장의 재해 발생율이 높고 그에 따른 근로손실 시간도 크다는 것을 의미한다.

| 정답 | 009 ③　010 ①　011 ①　012 ②

013

산업안전보건법령상 안전인증대상 방호장치에 해당하는 것은?

① 교류 아크용접기용 자동전격방지기
② 동력식 수동대패용 칼날 접촉 방지장치
③ 절연용 방호구 및 활선작업용 기구
④ 아세틸렌 용접장치용 또는 가스집합 용접장치용 안전기

해설

①, ②, ④는 자율안전확인대상 방호장치이다.

관련개념 **안전인증대상 방호장치**

- 프레스 및 전단기 방호장치
- 양중기용 과부하방지장치
- 보일러 압력방출용 안전밸브
- 압력용기 압력방출용 안전밸브
- 압력용기 압력방출용 파열판
- 절연용 방호구 및 활선작업용 기구
- 방폭구조 전기기계·기구 및 부품

014

하인리히(H.W.Heinrich)의 재해발생과 관련한 도미노 이론에 포함되지 않는 단계는?

① 사고　② 개인적 결함
③ 제어의 부족　④ 사회적 환경 및 유전적 요소

해설 **하인리히의 도미노 이론(사고발생의 연쇄성)**

재해가 발생하기 전 여러 단계의 사건이 순차적으로 발생한다는 이론으로 다음과 같이 전개된다.

- 1단계: 사회적 환경과 유전적 요소(선천적 결함)
- 2단계: 개인적 결함
- 3단계: 불안전 상태 및 불안전 행동
- 4단계: 사고
- 5단계: 재해

015

사업장의 안전보건관리계획 수립 시 기본적인 고려요소로 가장 적절한 것은?

① 대기업의 경우 표준계획서를 작성하여 모든 사업장에 동일하게 적용시킨다.
② 계획의 실시 중에는 변동이 없어야 한다.
③ 계획의 목표는 점진적인 높은 수준으로 한다.
④ 사고발생 후의 수습대책에 중점을 둔다.

해설

① 대기업의 경우라 할지라도 사업장의 상황 및 조건을 검토하여 적용한다.
② 계획의 실시 중이라도 수시 개정이 필요하다.
④ 수습대책보단 사고예방계획을 수립하여야 한다.

관련개념 **안전보건관리계획 수립 시 유의사항**

- 사업장의 실태에 맞도록 독자적인 방법으로 수립하되, 실현가능성이 있도록 하여야 한다.
- 직장 단위로 구체적인 내용으로 작성하여야 한다.
- 계획의 목표는 점진적으로 높은 수준이 되도록 하여야 한다.

016

재해손실비의 평가방식 중 시몬즈 방식에서 비보험 코스트에 반영되는 항목에 해당하지 않는 것은?

① 휴업상해건수　② 통원상해건수
③ 응급조치건수　④ 무손실사고건수

해설 **시몬즈(Simonds) 재해손실비 평가방식**

총 재해비용=보험 Cost+비보험 Cost
=산재보험료+A×휴업상해건수+B×통원상해건수
+C×응급조치건수+D×무상해사고건수

※ A, B, C, D는 상해정도별 재해에 대한 비보험 Cost의 평균액이다.

관련개념 **상해의 종류**

분류	내용
휴업상해	영구부분노동불능, 일시전노동불능
통원상해	일시부분노동불능, 의사의 조치를 요하는 통원상해
응급조치상해	응급조치가 필요한 상해 또는 8시간 미만의 휴업의료조치 상해
무상해사고	의료조치를 필요로 하지 않는 경미한 상해 사고

| 정답 | 013 ③　014 ③　015 ③　016 ④

017

근로자수가 400명, 주당 45시간씩 연간 50주를 근무하였고, 연간재해건수는 210건으로 근로손실일수가 800일이었다. 이 사업장의 강도율은 약 얼마인가? (단, 근로자의 출근율은 95[%]로 계산한다.)

① 0.42 ② 0.52
③ 0.88 ④ 0.94

해설

$$강도율 = \frac{총\ 요양\ 근로손실일수}{연\ 근로시간\ 수} \times 1{,}000$$

$$= \frac{800}{400 \times (45 \times 50) \times 0.95} \times 1{,}000 = 0.94$$

관련개념 **강도율(SR; Severity Rate of Injury)**

근로시간 합계 1,000시간당 재해로 인한 근로손실일수이다.

$$강도율 = \frac{총\ 요양\ 근로손실일수}{연\ 근로시간\ 수} \times 1{,}000$$

018

산업안전보건법령상 중대재해에 해당되지 않는 것은?

① 사망자가 2명 발생한 재해
② 부상자가 동시에 7명 발생한 재해
③ 직업성 질병자가 동시에 11명 발생한 재해
④ 3개월 이상의 요양이 필요한 부상자가 동시에 3명 발생한 재해

해설 **중대재해의 범위**

- 사망자가 1명 이상 발생한 재해
- 3개월 이상의 요양이 필요한 부상자가 동시에 2명 이상 발생한 재해
- 부상자 또는 직업성 질병자가 동시에 10명 이상 발생한 재해

019

안전관리는 PDCA 사이클의 4단계를 거쳐 지속적인 관리를 수행하여야 하는데 다음 중 PDCA 사이클의 4단계를 잘못 나타낸 것은?

① P: Plan ② D: Do
③ C: Check ④ A: Analysis

해설 **PDCA 사이클의 4단계**

P(계획): Plan → D(실시): Do → C(검토): Check → A(조치): Action

020

무재해운동 추진기법으로 볼 수 없는 것은?

① 위험예지훈련 ② 지적확인
③ 터치 앤 콜 ④ 직무위급도 분석

해설

'직무위급도 분석'은 인간실수확률 추정기법에 해당된다.

| 정답 | 017 ④ 018 ② 019 ④ 020 ④

인간공학 및 시스템안전공학

021

고열환경에서 심한 육체노동 후에 탈수와 체내 염분농도 부족으로 근육의 수축이 격렬하게 일어나는 장해는?

① 열경련(Heat Cramp)
② 열사병(Heat Stroke)
③ 열쇠약(Heat Prostration)
④ 열피로(Heat Exhaustion)

해설 **온열질환**

구분	내용
열사병 (Heat Stroke)	체온을 조절하는 신경계(체온조절 중추)가 열 자극을 견디지 못해 그 기능을 상실한 질환이며, 치사율이 높아 온열 질환 중 가장 위험한 질환이다.
열경련 (Heat Cramp)	땀을 많이 흘릴 경우 땀에 포함된 수분과 염분이 과도하게 손실되어 탈수와 체내 염분농도 부족으로 근육의 수축이 격렬하게 일어나는 장해이다. 특히 고온 환경에서 강한 노동이나 운동을 할 때 발생한다.
열피로 (Heat Exhaustion)	체온 상승과 과도한 땀으로 인한 체내 수분 및 염분 부족으로 발생한다.
열쇠약 (Heat Prostration)	고열환경에서 장시간 노출로 인해 나타나는 체온 과부하 상태로 체력이 약화되고 극심한 피로를 느끼는 증상이다.

022

사람의 감각기관 중 반응속도가 가장 느린 것은?

① 청각　② 시각
③ 미각　④ 촉각

해설 **인간의 감각기관의 자극에 대한 반응속도**

청각(0.17초) > 촉각(0.18초) > 시각(0.2초) > 미각(0.29초)

023

동작경제의 원칙에 해당하지 않는 것은?

① 가능하다면 낙하식 운반방법을 사용한다.
② 양손을 동시에 반대 방향으로 움직인다.
③ 자연스러운 리듬이 생기지 않도록 동작을 배치한다.
④ 양손으로 동시에 작업을 시작하고 동시에 끝낸다.

해설

자연스러운 리듬이 생기도록 동작을 배치한다.

관련개념 **동작경제의 원칙의 활용 이유**

작업장과 작업방법을 개선하여 경제적인 동작으로 작업을 수행함으로써 작업자의 피로감소 및 작업능률 향상을 도모한다.

024

정보를 유리나 차양판에 중첩시켜 나타내는 표시장치는?

① CRT　② LCD
③ HUD　④ LED

해설 **HUD(Head-Up Display)**

운전자가 도로를 주시하면서 중요한 정보를 투사할 수 있도록 앞유리나 차양판에 화면을 표시하는 시스템이다.

관련개념

- CRT(Cathode Ray Tube): CRT는 오래된 디스플레이 기술로 텔레비전이나 컴퓨터 모니터에서 사용되었지만 HUD와 같은 중첩 투사 시스템에는 사용되지 않는다.
- LCD(Liquid Crystal Display): LCD는 평면 디스플레이 기술로 HUD처럼 투사되는 디스플레이 방식과는 다르다.
- LED(Light Emitting Diode): LED는 전자 디스플레이 기술의 일부로 다양한 표시장치에서 사용되지만 HUD의 기술적 특성과는 다르다.

| 정답 | 021 ① 022 ③ 023 ③ 024 ③

025

표와 관련된 시스템위험분석 기법으로 가장 적합한 것은?

프로그램: 시스템:

#1 구성요소 명칭	#2 구성요소 위험방식	#3 시스템 작동방식	#4 서브시스템 에서 위험영향	#5 서브시스템, 대표적 시스템 위험영향
#6 환경적요인	#7 위험영향을 받을 수 있는 2차 요인	#8 위험수준	#9 위험관리	

① 예비위험분석(PHA) ② 결함위험분석(FHA)
③ 운용위험분석(OHA) ④ 사상수분석(ETA)

해설 **결함위험분석(FHA; Fault Hazard Analysis)**
복잡한 전체시스템을 여러 개의 서브시스템으로 나누어 제작할 때 서브시스템이 다른 서브시스템이나 전체시스템에 미치는 영향을 분석하는 방법이다.

026

인간-기계 시스템 평가에 사용되는 인간기준 척도 중에서 유형이 다른 것은?

① 심박수 ② 안락감
③ 산소소비량 ④ 뇌전위(EEG)

해설
심박수, 산소소비량, 뇌전위(EEG)는 생리적 척도이고, 안락감은 심리적 척도이다.

027

FT도상에서 정상사상 T의 발생확률은? (단, 기본사상 ①, ②의 발생확률은 각각 1×10^{-2}과 2×10^{-2}이다.)

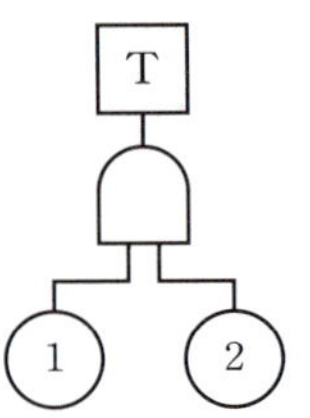

① 2×10^{-2} ② 2×10^{-4}
③ 2.98×10^{-2} ④ 2.98×10^{-4}

해설
T는 ①, ②의 AND 게이트이므로
T의 발생확률 = ①×② = $(1\times10^{-2})\times(2\times10^{-2}) = 2\times10^{-4}$

028

청각신호의 위치를 식별할 때 사용하는 척도는?

① AI(Articulation Index)
② JND(Just Noticeable Difference)
③ MAMA(Minimum Audible Movement Angle)
④ PNC(Preferred Noise Criteria)

해설
MAMA(Minimum Audible Movement Angle)는 청각신호의 위치를 식별하기 위해 사용하는 척도이다.

관련개념
- AI(Articulation Index): 청취 환경에서 음성 전달도를 평가하는 척도이다.
- JND(Just Noticeable Difference): 자극 간의 차이를 감지할 수 있는 최소 변화량을 나타낸다.
- PNC(Preferred Noise Criteria): 실내 소음 환경에서 쾌적한 소음수준을 나타내는 기준이다.

| 정답 | 025 ② 026 ② 027 ② 028 ③

029

톱사상 T를 일으키는 컷셋에 해당하는 것은?

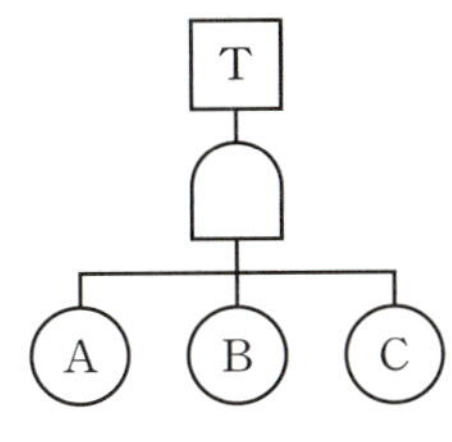

① {A} ② {A, B}
③ {B, C} ④ {A, B, C}

해설

FT도에서 컷셋을 구하기 위해서는 AND 게이트는 가로로, OR 게이트는 세로로 나타낸다.

T = A·B·C

따라서 톱사상 T를 일으키는 컷셋은 (A B C)이다.

030

인체의 피부와 허파로부터 하루에 600[g]의 수분이 증발될 때 열손실율은 약 얼마인가? (단, 37[℃]의 물 1[g]을 증발시키는 데 필요한 에너지는 2,410[J/g]이다.)

① 약 15[W] ② 약 17[W]
③ 약 19[W] ④ 약 21[W]

해설

하루 열손실량 = 600×2,410 = 1,446,000[J]

$$\text{열손실율} = \frac{\text{열손실량[J]}}{\text{시간[s]}} = \frac{1,446,000}{24\times60\times60} = 17[W]$$

031

사후보전에 필요한 수리시간의 평균치를 나타내는 것은?

① MTTF ② MTBF
③ MDT ④ MTTR

해설 **평균수리시간(MTTR; Mean Time To Repair)**

고장 발생 후 수리를 완료하는 데 걸리는 평균시간을 의미한다.

관련개념

- MTTF: 시스템이 고장 없이 작동하는 평균시간을 의미한다.
- MTBF: 연속적인 고장 사이의 평균시간을 의미한다.
- MDT: 시스템 고장으로 인해 운영이 중단된 전체 평균시간을 의미한다.

032

정보 전달용 표시장치에서 청각적 표현이 좋은 경우가 아닌 것은?

① 메시지 복잡하다.
② 시각장치가 지나치게 많다.
③ 즉각적인 행동이 요구된다.
④ 메시지가 그 때의 사건을 다룬다.

해설 **청각적 표시장치와 시각적 표시장치 사용비교**

청각적 표시장치	시각적 표시장치
전언이 간단하다.	전언이 복잡하다.
전언이 짧다.	전언이 길다.
전언이 후에 재참조 되지 않는다.	전언이 후에 재참조 된다.
전언이 시간적 사상을 다룬다.	전언이 공간적인 위치를 다룬다.
전언이 즉각적인 행동을 요구한다(긴급할 때).	전언이 즉각적인 행동을 요구하지 않는다.
수신장소가 너무 밝거나 암조응 유지 필요 시	수신장소가 너무 시끄러울 때
직무상 수신자가 자주 움직일 때	직무상 수신자가 한곳에 머물 때
수신자의 시각계통이 과부하 상태일 때	수신자의 청각계통이 과부하 상태일 때

| 정답 | 029 ④ 030 ② 031 ④ 032 ①

033

보전효과 측정을 위해 사용하는 설비고장 강도율의 식으로 맞는 것은?

① 부하시간 ÷ 설비가동시간
② 총 수리시간 ÷ 설비가동시간
③ 설비고장건수 ÷ 설비가동시간
④ 설비고장정지시간 ÷ 설비가동시간

해설 **설비고장 강도율**
설비가 고장으로 인해 정지한 시간의 비율이다.

$$\text{설비고장 강도율[\%]} = \frac{\text{고장정지시간}}{\text{부하시간(가동시간)}} \times 100$$

034

휘도(luminance)가 10[cd/m^2]이고, 조도(illuminance)가 100[lux]일 때 반사율(reflectance)[%]은?

① 0.1π ② 10π
③ 100π ④ 1,000π

해설

$$\text{반사율} = \frac{\text{광도}}{\text{조도}} \times 100 = \frac{\text{휘도} \times \pi}{\text{조도}} \times 100 = \frac{10\pi}{100} \times 100 = 10\pi[\%]$$

035

안전가치분석의 특징으로 틀린 것은?

① 기능위주로 분석한다.
② 왜 비용이 드는가를 분석한다.
③ 특정 위험의 분석을 위주로 한다.
④ 그룹 활동은 전원의 중지를 모은다.

해설
안전가치분석은 특정 위험의 분석보다는 비용 절감 및 안전 기능 개선을 목표로 한다.

036

산업안전보건법에 따라 상시 작업에 종사하는 장소에서 보통작업을 하고자 할 때 작업면의 최소 조도[lux]로 맞는 것은? (단, 작업장은 일반적인 작업장소이며, 감광재료를 취급하지 않는 장소이다.)

① 75 ② 150
③ 300 ④ 750

해설 **산업안전보건법령상 작업장의 조도기준**
- 초정밀작업: 750[lux] 이상
- 정밀작업: 300[lux] 이상
- 보통작업: 150[lux] 이상
- 그 밖의 작업: 75[lux] 이상

037

단일 차원의 시각적 암호 중 구성암호, 영문자암호, 숫자암호에 대하여 암호로서의 성능이 가장 좋은 것부터 배열한 것은?

① 숫자암호 – 영문자암호 – 구성암호
② 구성암호 – 숫자암호 – 영문자암호
③ 영문자암호 – 숫자암호 – 구성암호
④ 영문자암호 – 구성암호 – 숫자암호

해설
단일 차원의 시각적 암호에서 암호로서의 성능은 인지속도나 오류율 등을 기준으로 평가한다.
일반적으로 숫자암호가 가장 빠르고 정확하게 인식되며, 영문자암호가 그 다음으로 인식하기 쉬운 암호이다. 반면, 구성암호는 복잡하고 다양한 요소를 포함하여 인식속도나 정확도가 상대적으로 떨어진다.
즉, 암호로서의 성능이 좋은 순서는 숫자암호 및 색상암호 > 영문자암호 > 기하학적 형상 > 구성암호이다.

| 정답 | 033 ④ 034 ② 035 ③ 036 ② 037 ①

038

정보처리기능 중 정보보관에 해당되는 것과 가장 관계가 없는 것은?

① 감지 ② 정보처리
③ 출력 ④ 행동기능

해설

'출력'은 처리된 정보를 외부로 전달하는 과정으로 정보의 보관과는 직접적인 관계가 없다.

관련개념 **정보처리기능(정보보관)**

관련 기능	내용
감지(정보수용)	외부 자극을 감지하는 과정
정보처리 및 의사결정	수집된 정보를 처리하고 해석하는 과정
행동기능(신체제어 및 통신)	보관된 정보를 바탕으로 실제로 행동을 취하는 과정

039

인체 측정치 중 기능적 인체치수에 해당되는 것은?

① 표준자세
② 특정작업에 국한
③ 움직이지 않는 피측정자
④ 각 지체는 독립적으로 움직임

해설 **기능적 인체치수**

특정작업을 수행하는 동안의 인체치수를 측정하는 것으로, 작업 활동에 필요한 자세와 움직임을 고려한다. 작업 시 도달거리나 손의 움직임 범위 등이 포함되며 그 예로는 조립작업 시 손이 닿는 작업 범위, 운전 중 페달에 도달할 수 있는 발의 범위 등이 있다.

040

시스템 안전 분석기법 중 인적 오류와 그로 인한 위험성의 예측과 개선을 위한 기법은 무엇인가?

① FTA ② ETBA
③ THERP ④ MORT

해설 **시스템 분석 기법의 종류**

고장형태와 영향분석법 (FMEA; Failure Mode and Effect Analysis)	고장을 형태별로 분석하여 그 영향을 검토하는 정성적, 귀납적 분석방법
예비위험분석 (PHA; Preliminary Hazard Analysis)	최초단계 분석으로 시스템 내의 위험요소가 어느 정도의 위험상태에 있는지를 평가하는 방법으로 정성적 평가방법
결함위험분석 (FHA; Fault Hazard Analysis)	서브시스템의 해석에 사용되는 기법
인간과오율 추정법 (THERP; Technique for Human Error Rate Prediction)	인간의 실수를 정량적으로 평가하는 것이며 인간의 과오(실수)에 기인한 사고원인 분석 기법으로 100만 운전시간당 과오수를 기본 과오율로 평가
결함수분석 (FTA; Fault Tree Analysis)	정량적, 연역적 분석방법으로 기계, 설비 또는 인간-기계 시스템의 고장이나 재해의 발생요인을 FT도에 의하여 분석
치명도 분석, 위험도 분석 (CA; Criticality Analysis)	높은 위험도를 가진 요소나 고장의 형태에 따른 분석법으로 고장을 정량적으로 분석하는 기법
위험 및 운용성 분석 (HAZOP; Hazard and Operability Analysis)	장비에 대해 잠재된 위험이나 기능 저하 등 영향을 평가하기 위하여 공정이나 설계도 등에 체계적인 검토를 행하는 것

| 정답 | 038 ③ 039 ② 040 ③

건설시공학

041

건축 목공사의 시공계획을 수립함에 있어서 필요치 않은 것은?

① 가설물 계획　　② 시공계획도의 작성
③ 현치도 작성　　④ 공정표 작성

해설

원척도, 현치도 및 시공도 작성은 본공사 수행 시 필요한 사항이다.

관련개념 **현치도**

1:1 비율의 실제 크기로 그려진 도면으로 목구조 분야나 지붕설계에서 많이 활용된다.

042

공사의 진척에 따라 정해진 시기에 실비와 이 실비에 미리 계약된 비율로 곱한 금액을 보수로서 시공자에게 지불하는 실비정산식 시공계약제도는?

① 실비비율보수가산식　　② 실비한정비율보수가산식
③ 실비정액보수가산식　　④ 단가도급식

해설 **실비비율보수가산식 도급**

건축주, 시공사, 감독자가 공사에 필요한 실비 또는 이에 대한 보수를 계약된 비율로 곱해 공사금액으로 지급하는 제도이다.

관련개념 **실비정산보수가산식 도급**

- 직영, 도급제도의 장점을 살리고 단점을 제거한 방식으로 건축주, 시공자, 건축기사의 입회 하에 공사에 필요한 실비 또는 이에 대한 보수를 미리 협의하여 정하고 이를 시공자에게 지불하는 제도이다.
- 실비비율보수가산식, 실비한도비율보수가산식, 실비정액보수가산식, 실비준동률보수가산식 등이 있다.

043

콘크리트 타설 시 다짐에 대한 설명으로 옳지 않은 것은?

① 내부진동기는 슬럼프가 15[cm] 이하일 때 사용하는 것이 좋다.
② 슬럼프가 클수록 오래 다지도록 한다.
③ 진동기를 인발할 때에는 진동을 주면서 천천히 뽑아 콘크리트에 구멍을 남기지 않도록 한다.
④ 콘크리트 다짐 시 철근에 진동을 주지 않는다.

해설

큰 슬럼프의 묽은 콘크리트에 진동다짐을 오래하면 재료분리의 원인이 된다.

관련개념 **다짐 및 진동기 사용 시 유의사항**

- 철근, 매설물과 콘크리트를 밀착시키고 기포를 방지하며 균질한 콘크리트를 만들기 위하여 다지기를 한다.
- 슬럼프 15[cm] 이하의 된비빔 콘크리트에 사용함을 원칙으로 한다.
- 1회 부어넣는 깊이는 30~60[cm]를 표준으로 하고, 진동봉의 길이는 60~80[cm] 이하로 한다.
- 진동기의 운행(삽입)간격은 60[cm] 이하로 한다.
- 진동시간은 페이스트가 윗면에 떠오를 정도의 시간인 30~40초가 적당하다.(최소: 15초, 최대: 1분)
- 진동기는 콘크리트에 구멍이 남지 않도록 서서히 꽂고 서서히 뽑는다.
- 굳기 시작한 콘크리트에는 진동기를 사용하지 않는다.
- 진동기는 수직으로 꽂고 전층에 약간 들어갈 정도로 꽂는다.
- 철근, 거푸집에는 직접 닿지 않도록 한다.
- 예비진동기는 주진동기 3대에 1대 꼴로 준비한다.

044

당해 공사의 특수한 조건에 따라 표준시방서에 대하여 추가, 변경, 삭제를 규정한 시방서는?

① 특기시방서　　② 안내시방서
③ 자료시방서　　④ 성능시방서

해설 **특기시방서**

공사의 특징에 따라 표준시방서의 적용범위 및 표준시방서에는 없는 사항과 표준시방서에서 특기시방하도록 되어 있는 사항 등을 규정한 시방서로서 공사시방서의 일부이다.

관련개념 **안내시방서**

공사시방서를 작성할 때 지침이나 참고가 되는 시방서이다.

| 정답 | 041 ③　042 ①　043 ②　044 ①

045

현대 건축시공의 변화에 따른 특징과 거리가 먼 것은?

① 인공지능 빌딩의 출현
② 건설 시공법의 습식화
③ 도심지 지하 심층화에 따른 신기술 발달
④ 건축 구성재 및 부품의 PC화·규격화

해설 시공의 향후 발전방향(현대화 방안)

- 신경영기법의 도입 및 활용
- 재료의 건식화, 공법의 건식화
- 시공의 기계화
- 가설구조물의 강재화
- 작업의 단순화, 전문화, 표준화(3S system)
- 도급기술의 근대화(입찰방식의 개선)
- 건축재료의 공업화, 양산화, 프리패브(Pre-Fab)화

046

다음 금속커튼월 공사의 작업흐름 중 (　　) 안에 가장 적합한 것은?

> 기준먹매김 – (　　　) – 커튼월 설치 및 보양 – 부속재료의 설치 – 유리 설치

① 자재정리 ② 구체 부착철물의 설치
③ seal 공사 ④ 표면마감

해설 금속커튼월 공사(KCS 41 54 02) – 금속 커튼월의 설치

㉠ 기준 먹매김
㉡ 구체 부착철물의 설치
㉢ 부속재료의 설치
㉣ 양중, 포장, 적재 및 보호조치
㉤ 실링재 작업
㉥ 현장에서의 표면마감
㉦ 보양 및 청소

047

기성콘크리트말뚝을 타설할 때 그 중심간격의 기준으로 옳은 것은?

① 말뚝머리 지름의 2.5배 이상 또한 600[mm] 이상
② 말뚝머리 지름의 2.5배 이상 또한 750[mm] 이상
③ 말뚝머리 지름의 3.0배 이상 또한 600[mm] 이상
④ 말뚝머리 지름의 3.0배 이상 또한 750[mm] 이상

해설 말뚝의 중심간격(다음 중 큰 값으로 결정)

구분	중심간격
나무말뚝	• 말뚝머리직경의 2.5배 이상 • 600[mm] 이상
기성콘크리트 말뚝	• 말뚝머리 지름의 2.5배 이상 • 750[mm] 이상
강재말뚝	• 말뚝머리직경 또는 폭의 2.5배(폐단강단말뚝: 2.5배) 이상 • 750[mm] 이상
현장타설 콘크리트말뚝	• 말뚝머리직경의 2.5배 이상 • 말뚝머리직경에 1,000[mm]를 더한 값 이상

048

기초굴착 방법 중 굴착공에 철근망을 삽입하고 콘크리트를 타설하여 말뚝을 형성하는 공법이며, 안정액으로 벤토나이트 용액을 사용하고 표층부에서만 케이싱을 사용하는 것은?

① 리버스 서큘레이션 공법 ② 베노토공법
③ 심초공법 ④ 어스드릴공법

해설 어스드릴공법

회전식 드릴링 버켓을 이용하여 지반을 굴착하고 철근망을 삽입하여 콘크리트를 타설하는 공법이다. 표층부에 가이드파이프를 설치하고 굴착공의 공벽유지는 벤토나이트 용액을 이용한다.

관련개념 어스드릴공법의 특징

- 저소음, 저진동 공법이다.
- 비교적 소형으로 기계 설치가 간단하며 이동이 쉽다.
- 안정액 관리가 어렵고, 굴착 시 연약층에 대한 공벽유지가 어렵다.
- 굴착공의 연직도 유지가 곤란하나, 경사시공이 가능하다.
- 토사층, 풍화암층에 적용하는 경우가 일반적이며, 연질지반에 적합하다.
- 지중에 12[cm] 이상의 전석, 호박돌층이 있는 경우 시공이 곤란하다.
- 견고한 암반 굴착이 어렵다.
- 말뚝 직경은 보통 800~1,200[mm]이다.
- 기존구조물에 근접시공이 가능하다.

| 정답 | 045 ② 046 ② 047 ② 048 ④

049

철근공사의 철근트러스 입체화 공법의 특징이 아닌 것은?

① 현장조립의 거푸집공사를 공장제 기성품으로 대체
② 구조적 안정성 확보
③ 가설작업장의 면적 증가
④ Support 감소, 지보공수량 감소로 작업의 안전성

해설

철근트러스 입체화 공법을 적용하면 현장의 철근가공·조립, 거푸집 제작·조립·해체 작업을 위한 가설작업장이 축소된다.

050

Under Pinning 공법을 적용하기에 부적합한 경우는?

① 인접 지상구조물의 철거 시
② 지하구조물 밑에 지중구조물을 설치할 때
③ 기존구조물에 근접한 굴착 시 구조물의 침하나 경사를 미연에 방지할 경우
④ 기존구조물의 지지력 부족으로 건물에 침하나 경사가 생겼을 때 이것을 복원하는 경우

해설

인접구조물의 철거 시에는 언더피닝을 통한 기초보강이 불필요하다.

관련개념 **언더피닝(Under Pinning) 공법**

기존건물 가까이에 건축공사를 할 때 기존(인접)건물의 지반과 기초를 보강하는 공법이다.

051

프리스트레스하지 않는 부재의 현장치기 콘크리트에서 다음과 같은 조건을 가진 부재의 최소 피복두께로서 옳은 것은?

– 옥외의 공기나 흙에 직접 접하지 않는 콘크리트
– 보, 기둥

① 30[mm]　　② 40[mm]
③ 50[mm]　　④ 60[mm]

해설 **콘크리트의 피복두께**

구조부분의 종류		피복두께[mm]
수중에서 치는 콘크리트		100
흙에 접하여 콘크리트를 친 후 영구히 흙에 묻혀 있는 콘크리트		75
흙에 접하거나 옥외의 공기에 직접 노출되는 콘크리트	D19 이상의 철근	50
	D16 이하의 철근, 지름 [16mm] 이하의 철선	40
옥외의 공기나 흙에 직접 접하지 않는 콘크리트	슬래브, 벽체, 장선	D35 초과하는 철근: 40
		D35 이하인 철근: 20
	보, 기둥	40
	쉘, 절판부재	20

| 정답 | 049 ③　050 ①　051 ②

052

흙막이벽 설계 시 고려하지 않아도 되는 것은?

① 히빙(Heaving)　② 보일링(Boiling)
③ 파이핑(Piping)　④ 사운딩(Sounding)

해설 사운딩(Sounding)

원위치 시험의 일종으로 로드(Rod)선단에 각종 콘(Cone), 샘플러(Sampler), 저항날개(Vane) 등의 저항체를 부착하여 관입·회전·인발 등에 저항정도를 측정하여 지반의 강도, 밀도 등의 토층상태를 파악할 수 있다.

관련개념 지반의 이상현상

히빙(Heaving)	연약한 점토지반의 굴착이 진행됨에 따라 흙막이벽 뒤쪽 흙의 중량이 굴착부 바닥의 지지력 이상이 되면 흙막이벽 근입부분의 지반 이동이 발생하여 굴착부 저면이 솟아오르는 현상을 말한다.
보일링(Boiling)	지하수위가 높은 사질토지반을 굴착 시 굴착부와 지하수위 차가 있을 경우, 수두차에 의하여 침투압이 생겨 흙막이벽 근입부분을 침식하는 동시에, 모래가 액상화되어 솟아오르는 현상으로 흙막이벽의 근입부가 지지력을 상실하여 흙막이공의 붕괴를 초래한다.
파이핑(Piping)	흙막이배면의 틈, 균열 등으로 수두차에 의해 파이프형태의 수로가 형성되면서 지하수가 배출되는 현상이다.

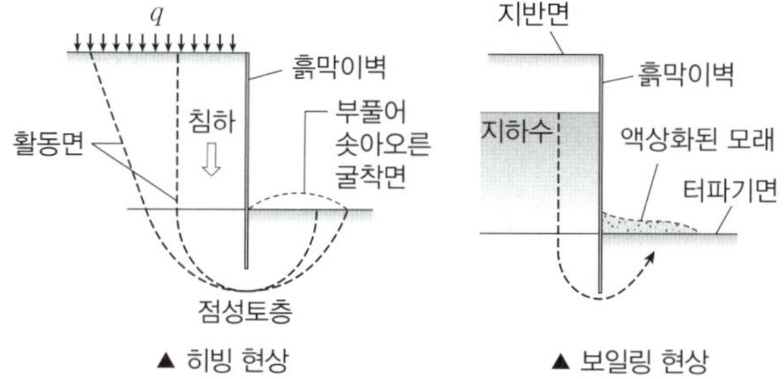

▲ 히빙 현상　▲ 보일링 현상

053

콘크리트 타설 시 물과 다른 재료와의 비중 차이로 콘크리트 표면에 물과 함께 유리석회, 유기불순물 등이 떠오르는 현상을 무엇이라 하는가?

① 블리딩　② 컨시스턴시
③ 레이턴스　④ 워커빌리티

해설 블리딩 현상

콘크리트 타설 후 석고, 불순물 등의 미세한 물질이 물과 함께 상승하고, 골재, 시멘트 등은 침하하는 현상을 말한다.

일종의 재료분리 현상으로서 워터 게인 및 레이턴스를 유발하여 콘크리트의 품질을 저하시키는 원인이 되기도 한다.

관련개념

- 컨시스턴시(Consistency): 수량의 다소에 의한 콘크리트의 부드러운 정도를 나타내는 것으로, 콘크리트를 타설할 때의 유동성에 영향을 미치고 슬럼프의 값으로 측정한다.
- 레이턴스(Laitance): 콘크리트의 가벼운 물과 함께 가벼운 비중을 가진 미세입자(석고 등 미세골재) 들이 함께 떠오르게 되어 블리딩된 물은 증발하지만 고체는 증발하지 않아 미세한 막을 형성하게 된다. 이를 레이턴스라 한다.
- 워커빌리티(Workability): 반죽질기에 따른 작업의 난이도 정도 및 재료분리에 저항하는 정도를 나타내는 굳지 않은 콘크리트의 성질을 나타낸다.

2023년 1회

| 정답 | 052 ④　053 ①

054

콘크리트 재료적 성질에 기인하는 콘크리트 균열의 원인이 아닌 것은?

① 알칼리 골재반응 ② 콘크리트의 중성화
③ 시멘트의 수화열 ④ 혼화재료의 불균일한 분산

해설

혼화재료의 불균일한 분산은 시공적 원인이다.

관련개념 **콘크리트의 균열의 원인**

구분	내용
재료적 원인	• 시멘트의 이상응결, 이상팽창, 풍화 • 콘크리트의 침하 및 블리딩, 경화에 의한 건조수축 균열, 중성화 • 시멘트의 수화열 • 골재 중의 점토, 먼지 등 불순물 • 알칼리 골재반응
시공적 원인	• 혼화재료의 불균일 분산 • 급속 타설 및 다짐 불충분 • 조립의 견고함 부족 • 철근의 피복 감소 • 압송 시 시멘트량의 증가
구조(내적, 외적) 원인	• 하중 증가 • 부재 손상 • 부동침하(지반침하) • 구조체의 내력 부족 • 설계하중 오류
환경적 원인	• 염분의 침입 • 외기온도 변동 • 동결·융해의 반복

055

그림과 같은 독립기초의 흙파기량으로 적당한 것은?

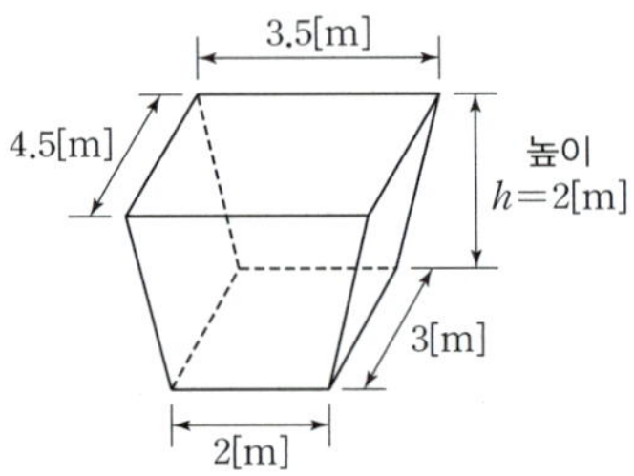

① $19.5[m^3]$ ② $21.0[m^3]$
③ $23.7[m^3]$ ④ $25.4[m^3]$

해설 **독립기초 터파기 공식**

$$\text{터파기량} = \frac{h}{6}\{(2a+a')b+(2a'+a)b'\}$$

$$= \frac{2}{6}\{(2\times4.5+3)\times3.5+(2\times3+4.5)\times2\} = 21.0[m^3]$$

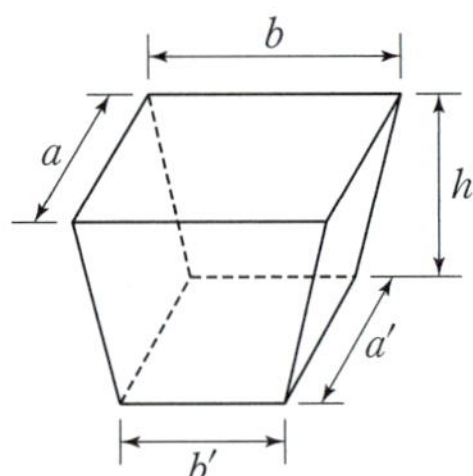

056

흙막이 벽은 보통 버팀대로 지지되어 있으나 그 대신 어스앵커를 사용하기도 하는데 어스앵커의 PC강선에 가하는 힘의 종류는?

① 인장력 ② 압축력
③ 비틀림 ④ 전단력

해설

PC강선을 유압식 인장기로 당겨서 정착부와 PC강선의 인장력을 흙막이 벽체에 전달한다.

| 정답 | 054 ④ 055 ② 056 ①

057

철근의 이음방법 중 용접이음의 종류가 아닌 것은?

① 아크(Arc)용접　② 플러시버트(Flush Butt)용접
③ Cad Welding　④ 가스(Gas)압접

해설

발열용접(Cad Welding)은 금속 간의 접합을 위해 고온의 화학반응을 이용하는 접합 방식이다. 따라서, 일반적인 용접이음과는 구분된다.

관련개념 **용접이음의 종류**

- 아크용접: 아크열을 이용하는 용접법으로, 용접봉과 철근 사이에 전류를 가하여 용접봉의 선단을 녹여 용접시킨다.
- 맞댄용접이음(플러시버트용접): 철근의 끝을 서로 맞대어 용접하는 것으로서 철근간격이 아주 좁거나 기존 철근에 접합할 때 많이 쓰인다.
- 가스압점이음: 아세틸렌가스의 중성염으로 철근의 맞댄 부분 주위에서 가열하여 용접하는 방법이다.

058

섬유재 거푸집에 관한 설명으로 옳지 않은 것은?

① 탈수효과로 표면강도가 약간 감소한다.
② 경화시간이 단축된다.
③ 동결융해 저항성이 향상된다.
④ 통기효과로 인한 블리딩 감소 및 잉여수의 배출로 미관이 좋아진다.

해설

섬유재 거푸집은 잉여수를 조기제거(흡수 또는 배수)시킴으로써 물-시멘트비를 줄이고 표면강도를 증가시키며 경화시간을 단축할 수 있다.
또한, 동결융해에 대한 저항성이 커지고, 수밀성이 향상되며 표면에 물곰보 발생을 줄임으로써 미관이 향상될 수 있다.

059

철골공사에서 녹막이칠을 해야 하는 부분은?

① 고력볼트 마찰접합부의 마찰면
② 조립상 표면접합이 되는 면
③ 콘크리트에 매설되는 부분
④ 개방형 단면을 한 부재

해설

개방된 곳은 녹발생을 방지하여야 한다.

관련개념 **녹막이칠을 하지 않는 부분**

- 조립에 의하여 맞닿는 면
- 고장력볼트 마찰접합부의 마찰면
- 콘크리트에 밀착 또는 매입되는 부분
- 폐쇄형 단면을 한 부재의 밀폐되는 면
- 기계깎기로 마무리한 면
- 현장용접하는 부분 및 인접하는 양측 10[cm] 이내
- 회전면 등 절삭가공한 부분과 핀, 롤러 등 밀착부분

060

기초의 종류 중 기초슬래브의 형식에 따른 분류가 아닌 것은?

① 독립기초　② 연속기초
③ 복합기초　④ 직접기초

해설

기초의 깊이에 따라 직접기초(얕은기초)와 깊은기초로 분류한다.

관련개념 **기초슬래브 형식에 따른 분류**

분류	내용
독립기초	단일기둥을 하나의 기초로 지지하는 방식
복합기초	2개 이상의 기둥을 하나의 기초로 연결하는 방식
줄기초(연속기초)	연속된 기초판이 벽, 기둥을 지지하는 방식
매트(온통, 전면)기초	건물 하부의 면적 전체를 기초판으로 지지하는 방식

| 정답 | 057 ③　058 ①　059 ④　060 ④

건설재료학

061

표준관입시험에 관한 설명으로 옳은 것은?

① 해머의 무게는 73.5[kg]이다.
② 해머의 낙하 높이는 100[cm]이다.
③ 점토지반에서 실시하여도 높은 신뢰성을 얻을 수 있다.
④ N값이 클수록 밀실한 토질이다.

해설 **표준관입시험**
중량 63.5[kg] 해머를 76[cm]에서 낙하하여 30[cm] 길이의 샘플러를 관입하는 데 필요한 타격횟수를 측정하여 지반의 강도를 측정하는 시험으로 사질토지반에 주로 적용된다.

062

450[m³]의 콘크리트를 타설할 경우 강도시험용 1회의 공시체는 몇 [m³]마다 제작하는가? (단, KS 기준)

① 30[m³]　② 50[m³]
③ 100[m³]　④ 150[m³]

해설 **레디믹스트 콘크리트(KS F 4009)**
콘크리트의 강도시험 횟수는 450[m³]를 1로트로 하여 150[m³]당 1회의 비율로 한다. 1회의 시험 결과는 임의의 1개 운반차로부터 채취한 시료로 3개의 공시체를 제작하여 시험한 평균값으로 한다.

063

토질시험 중 흙 속에 수분이 거의 없고 바삭바삭한 상태의 정도를 알아보기 위한 것은?

① 함수비시험　② 소성한계시험
③ 액성한계시험　④ 압밀시험

해설
소성한계는 소성상태와 반고체상태의 경계가 되는 함수비로 이 함수비를 알아보기 위한 시험이 소성한계시험이다.

관련개념 **소성상태**
외부로부터 힘이 가해졌을 때 물체가 변형되어 원래 상태로 돌아가지 못하는 성질이다. 소성한계 이하로 수분량이 감소하면 흙은 더 이상 가소성을 보이지 않는다.

064

금속 중 연(鉛)에 관한 설명으로 옳지 않은 것은?

① X선 차단효과가 큰 금속이다.
② 산, 알카리에 침식되지 않는다.
③ 공기 중에서 탄산연($PbCO_3$) 등이 표면에 생겨 내부를 보호한다.
④ 인장강도가 극히 작은 금속이다.

해설 **연(납, Pb)**
- 비중이 11.34로 비교적 크다.
- 주조, 가공성 및 단조성이 풍부하다.
- 열전도율은 작으나, 온도 변화에 따른 신축이 크다.
- 산, 알칼리에 침식된다.
- X-선실, 방사선 차단에 사용된다.

| 정답 | 061 ④　062 ④　063 ②　064 ②

065

매스콘크리트의 타설 및 양생에 대한 설명 중 옳은 것은?

① 외기온이 영하로 내려가도 자체의 수화열만으로 충분히 양생가능하므로 별도의 양생조치가 불필요하다.
② 내부 수화열에 의한 콘크리트의 온도 상승 및 하강 시 온도응력으로 인한 균열발생 가능성이 있다.
③ 부재의 단면크기가 작기 때문에 건조수축에 의한 균열 발생 가능성이 가장 크다.
④ 매트기초의 경우 수화발열량이 커서 콘크리트 온도가 높으므로, 표면온도를 낮추기 위한 방안이 필요하다.

해설

① 매스콘크리트는 단면이 커서 수화반응에 의한 수화열이 크기는 하나 콘크리트 내부와 외부의 온도 차이가 25[℃] 이상 발생 시 온도균열이 발생하여 양생관리가 필요하다.
③ 부재단면이 비교적 큰 콘크리트 구조물을 매스콘크리트 구조물이라 한다.
④ 콘크리트 내부는 수화열에 의해 온도가 높으므로 표면온도를 낮추면 온도 차이에 의한 균열발생 위험이 크다.

066

다음 중 토질시험 항목에 해당하지 않는 것은?

① 소성 한계시험 ② 3축 압축시험
③ 할렬 인장시험 ④ 비중 시험

해설 **할렬 시험**

콘크리트의 인장강도를 측정하기 위하여 실시하는 시험으로, 간접인장시험이라고도 한다.

067

목재의 강도에 관한 설명 중 옳지 않은 것은?

① 목재의 제강도 중 섬유 평행방향의 인장강도가 가장 크다.
② 목재를 기둥으로 사용할 때 일반적으로 목재는 섬유의 평행방향으로 압축력을 받는다.
③ 함수율이 섬유포화점 이상으로 클 경우 함수율 변동에 따른 강도변화가 크다.
④ 목재의 인장강도 시험 시 죽은 옹이의 면적을 뺀 것을 재단면으로 가정한다.

해설

섬유포화점 이상에서 함수율이 증가하여도 강도는 변화가 없다.

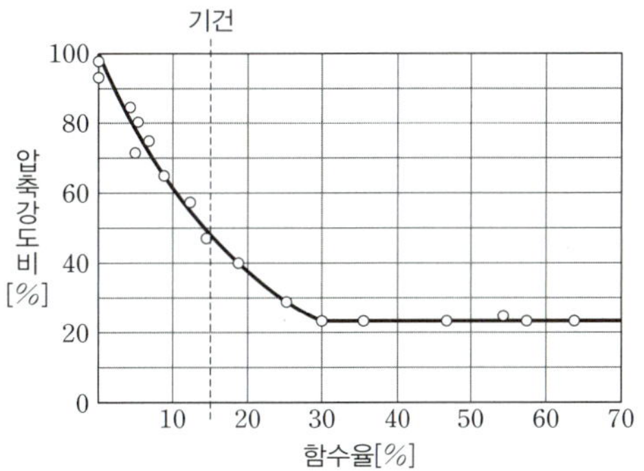

068

점토제품의 원료와 그 역할이 올바르게 연결된 것은?

① 규석, 모래 – 점성 조절
② 장석, 석회석 – 균열 방지
③ 샤모트(Chamotte) – 내화성 증대
④ 식염, 붕사 – 용융성 조절

해설 **점토제품의 원료와 역할**

원료	역할
규석, 모래	제품의 점성을 조절하고, 강도를 높이며 수축을 저감시킨다.
장석, 석회석	제품의 용융성을 조절하고, 유약을 형성한다.
식염, 붕사	제품의 유약을 녹이고 광택을 내는 역할을 한다.

관련개념 **샤모트(Chamotte)**

점토를 한 번 소성하여 분쇄한 가루이다.
점토에 배합할 경우 소성수축률을 줄이는 역할을 한다.

| 정답 | 065 ② 066 ③ 067 ③ 068 ①

069

목재의 부패 조건에 관한 설명 중 옳지 않은 것은?

① 대부분의 부패균은 약 20~40[℃] 사이에서 가장 활동이 왕성하다.

② 목재의 증기 건조법은 살균효과도 있다.

③ 부패균의 활동은 습도 약 90[%] 이상에서 가장 활발하고 약 20[%] 이하로 건조시키면 번식이 중단된다.

④ 수중에 잠겨진 목재는 습도가 높기 때문에 부패균의 발육이 왕성하다.

해설

물속에 잠겨진 목재는 온도와 습도가 적정해도 공기가 없기 때문에 썩지 않는다.

관련개념 **목재의 부패 조건**

- 부패균의 활동은 25~35[℃] 사이에서 가장 왕성하고, 4[℃] 이하, 55[℃] 이상에서는 거의 번식하지 못한다.
- 함수율이 20[%] 이상이 되면 균이 발육하기 시작하여 40~50[%]에서 가장 왕성하고, 15[%] 이하로 건조하면 번식을 멈춘다.
- 부패균 생장에 공기가 필요하므로 공기를 차단하면 부패하지 않는다.

070

습기가 있는 콘크리트나 모르타르에 알루미늄 새시를 직접 닿지 않도록 해야 하는데 그 이유로 가장 적합한 것은?

① 연질이며 강도가 낮아서

② 내수성이 약해서

③ 산, 알칼리, 해수 등에 쉽게 침식되어서

④ 열팽창율이 달라서

해설

알루미늄은 산, 알칼리, 해수 등에 쉽게 침식된다. 따라서 알루미늄 및 알루미늄 합금의 복합 피막처리가 필요하다.

071

콘크리트 표면도장에 가장 적합한 도료는?

① 염화비닐수지도료 ② 조합페인트

③ 클리어래커 ④ 알루미늄페인트

해설

염화비닐수지도료는 내약품성, 내수성, 내후성이 좋고 밀착성이 좋아 표면도장에 적합하다.

또한 아크릴 페인트, 알키드 에나멜, 규산 페인트 등이 콘크리트 표면도장에 적합하다.

관련개념

- 클리어래커: 목재면의 무늬를 살리기 위한 도장 재료이다.
- 알루미늄페인트: 알루미늄 박편을 미세한 가루로 만들어 안료로 사용한 유성 페인트이다.

072

혼화재료 중 사용량이 비교적 많아서 그 자체의 부피가 콘크리트 비비기 용적에 계산되는 혼화재에 해당되지 않는 것은?

① 플라이애시 ② 팽창제

③ 고성능 AE 감수제 ④ 고로슬래그 미분말

해설 **혼화재와 혼화제**

- 혼화재: 사용량이 시멘트 무게의 5[%] 정도 이상의 것
  - 플라이애시, 실리카흄, 고로슬래그·규산질 미분말, 고강도형 혼화재, 증량재
- 혼화제: 사용량이 시멘트 무게의 1[%] 정도 이하의 것
  - AE제(공기연행제), 감수제, 유동화제, 급결제, 지연제, 방수제, 방청제

| 정답 | 069 ④ 070 ③ 071 ① 072 ③

073

다음 중 실(Seal)재가 아닌 것은?

① 코킹재 ② 퍼티
③ 개스킷 ④ 트래버틴

해설 **트래버틴(Travertin)**

대리석의 일종으로 석질이 불균질하고 다공질이며, 황갈색의 반문, 아치가 있어 주로 특수 실내 장식재로 사용된다. 이탈리아에서 우수한 품질의 제품이 생산된다.

074

다음 중 열경화성 수지가 아닌 것은?

① 요소 수지 ② 폴리에틸렌 수지
③ 실리콘 수지 ④ 알키드 수지

해설 **열가소성 수지와 열경화성 수지**

열가소성 수지	열경화성 수지
염화비닐 수지	페놀 수지
초산비닐 수지	요소 수지
ABS 수지	멜라민 수지
아크릴 수지	알키드 수지
불소 수지	우레탄 수지
폴리아미드 수지	에폭시 수지
폴리프로필렌 수지	실리콘 수지
폴리스티렌 수지	푸란 수지
폴리에틸렌 수지	불포화 폴리에스테르 수지

관련개념 **열가소성 수지와 열경화성 수지**

열가소성 수지	• 가열하면 가소성이 되고, 상온으로 되면 원상태로 돌아가는 수지 • 성형한 것도 다시 가열하면 다른 형태로 만들 수 있는 합성수지로 주로 중합(polymerization)에 의해 만들어진 고분자화합물
열경화성 수지	• 가열하면 가소성을 나타내지만, 한번 경화한 것은 다시 가열해도 연화되지 않는 수지 • 주로 축합(condensation)에 의해 만들어진 고분자화합물

075

합성수지계 접착제가 아닌 것은?

① 비닐수지 접착제 ② 에폭시수지 접착제
③ 요소수지 접착제 ④ 카세인

해설

카세인은 동물성 접착제로, 지방질을 뺀 우유를 자연산화시키거나 황산, 염산 등을 가해 카세인(Casein)을 분리한 다음, 물로 씻어 55[℃] 정도의 온도로 건조시킨 가루에 소석회 3[%] 정도를 혼합한 천연 접착제이다.

관련개념 **접착제의 구분에 따른 종류**

구분		종류
동물성 접착제		아교, 알부민접착제(혈액알부민, 난백알부민), 카세인풀 등
식물성 접착제		콘풀, 녹말풀, 해초풀, 옻풀, 아마인유 등
수지계 접착제	고무 접착제	천연고무풀, 아라비아고무풀, 합성고무풀, 부나, 치오콜 등
	합성 수지계 접착제	페놀수지풀, 요소수지풀, 멜라민수지풀, 폴리에스테르수지풀, 비닐수지풀, 실리콘수지풀, 에폭시수지풀, 섬유소계수지풀 등

076

점토제품 제조에 관한 설명으로 옳지 않은 것은?

① 원료조합에는 필요한 경우 제점제를 첨가한다.
② 반죽과정에서는 수분이나 경도를 균질하게 한다.
③ 숙성과정에서는 반죽덩어리를 되도록 크게 뭉쳐 둔다.
④ 성형은 건식, 반건식, 습식 등으로 구분한다.

해설

반죽덩어리를 크게 뭉치면 숙성되기 어려우므로 잘게 뭉쳐두어야 한다.

관련개념 **숙성과정 및 숙성의 목적**

- 숙성과정: 반죽덩어리를 작게 하여 공기와 수분을 충분히 흡수시키는 과정이다.
- 숙성의 목적: 점토입자의 분산, 공기 제거, 균질화, 성형성 향상을 목적으로 한다.

| 정답 | 073 ④ 074 ② 075 ④ 076 ③

077

철근콘크리트에 사용하는 굵은 골재의 최대치수를 정하는 가장 중요한 이유는?

① 재료분리현상을 막기 위해서
② 콘크리트가 철근 사이를 자유롭게 통과할 수 있도록 하기 위해서
③ 균질한 콘크리트를 만들기 위해서
④ 사용골재를 줄이기 위해서

해설

철근콘크리트에 사용하는 굵은 골재의 최대치수를 정하는 가장 중요하고 본질적인 이유는 굵은 골재의 최대치수가 너무 크면 콘크리트가 철근 사이를 자유롭게 통과하지 못하여 충전 불량을 초래할 수 있기 때문이다.

관련개념 **골재의 최대치수**

전체 골재량의 90[%] 이상을 통과시키는 체의 통칭치수를 말하며, 골재는 이론적으로 입자가 크면 클수록 빈틈이 작아져 시멘트와 물의 사용량을 줄일 수 있으나 골재가 너무 크면 골재의 혼합(비비기)과 다지기가 어렵고, 재료분리가 많아지며 거푸집이나 철근 사이에 골재가 걸리고 취급이 어려워지기 때문에 골재의 크기는 콘크리트 단면의 치수, 철근간격 등에 의해 제한된다.

078

다음 중 열 및 전기 전도율이 가장 큰 금속은?

① 알루미늄　② 크롬
③ 니켈　④ 구리

해설 **열전도율 순서**

은 > 구리 > 금 > 알루미늄 > 마그네슘 > 아연 > 니켈 > 철 > 납 > 크롬 > 안티몬

관련개념 **전기 전도율**

도체의 단위 길이당 전류의 흐름을 나타내는 값으로 단위는 [S/m](Siemens per meter)이다. 전기 전도율이 높을수록 전류가 더 잘 흐른다.

079

P.S.콘크리트 부재 제작 시 프리스트레스(Prestress)를 도입시키기 위해 개발된 시멘트는?

① 제트 시멘트　② 알루미나 시멘트
③ 인산 시멘트　④ 팽창 시멘트

해설 **팽창 시멘트**

경화 중 콘크리트에 팽창을 일으키게 하여 콘크리트의 건조수축을 상쇄하는 이상의 큰 팽창을 주는 시멘트이다. 팽창 성능을 이용하여 프리스트레스(Prestress)를 도입시킨다.

관련개념

- 제트 시멘트: 초속경 시멘트로 1시간 내에 강도가 발현된다.
- 알루미나 시멘트: 초조강성으로 24시간 내에 보통포틀랜드시멘트의 28일 강도를 나타내는 것으로, 초기강도와 수화열이 커서 동절기 공사에 적합하다.
- 인산 시멘트: 치과용 인산아연 시멘트이다.

080

굳지 않은 콘크리트에 실시하는 시험이 아닌 것은?

① 슬럼프 시험　② 플로우 시험
③ 슈미트해머시험　④ 리몰딩 시험

해설

슈미트해머시험은 경화된 콘크리트에 타격에 의한 반발력으로 압축강도를 측정하는 비파괴 시험이다.

관련개념 **굳지 않은 콘크리트의 시험**

종류	목적
슬럼프 시험 플로우시험 캘리볼 관입시험 리몰딩 시험 비비시험	• 콘크리트의 컨시스턴시(워커빌리티) 판정 • 시공용이성, 유동성, 소성, 비분리성, 치어붓기의 난이도, 마감성 등을 판단
블리딩 시험	콘크리트 타설 후 석고, 불순물 등의 미세한 물질이 물과 함께 상승하고, 시멘트 등은 침하하는 현상(블리딩 현상)으로 재료분리의 경향성을 판정
공기량 시험	콘크리트의 내구성 확인

| 정답 | 077 ② 078 ④ 079 ④ 080 ③

건설안전기술

081

토사붕괴에 따른 재해를 방지하기 위한 흙막이 지보공 설비가 아닌 것은?

① 흙막이판 ② 말뚝
③ 턴버클 ④ 띠장

해설
턴버클은 너트로 된 몸체와 양쪽 나사로 되어 있어 장력이나 길이를 조정하기 위한 나선식 부속이다.

관련개념
흙막이 지보공 조립도에는 흙막이판·말뚝·버팀대 및 띠장 등 부재의 배치·치수·재질 및 설치방법과 순서가 명시되어야 한다.

082

달비계에 사용하는 와이어로프의 사용금지기준으로 틀린 것은?

① 이음매가 있는 것
② 열과 전기충격에 의해 손상된 것
③ 지름의 감소가 공칭지름의 7[%]를 초과하는 것
④ 와이어로프의 한 꼬임에서 끊어진 소선의 수가 7[%] 이상인 것

해설 **와이어로프의 사용금지기준**
- 이음매가 있는 것
- 와이어로프의 한 꼬임에서 끊어진 소선의 수가 10[%] 이상인 것
- 지름의 감소가 공칭지름의 7[%]를 초과하는 것
- 꼬인 것
- 심하게 변형되거나 부식된 것
- 열과 전기충격에 의해 손상된 것

083

거푸집의 존치기간 결정요인과 가장 거리가 먼 것은?

① 시멘트의 종류 ② 구조물 부위
③ 기온 ④ 골재의 입도

해설
거푸집 존치를 위한 결정적 요인에는 시멘트의 종류, 온도, 구조물의 부위, 타설면적의 크기 등이 있다.

084

다음 중 양중기에 해당되지 않는 것은?

① 어스드릴 ② 크레인
③ 리프트 ④ 곤돌라

해설
어스드릴은 천공용 건설기계이다.

관련개념 **산업안전보건법령상 양중기의 종류**
- 크레인(호이스트 포함)
- 이동식 크레인
- 리프트(이삿짐운반용 리프트는 적재하중이 0.1톤 이상인 것으로 한정)
- 곤돌라
- 승강기

085

흙막이 공법 선정 시 고려사항으로 틀린 것은?

① 흙막이 해체를 고려
② 안전하고 경제적인 공법 선택
③ 차수성이 낮은 공법 선택
④ 지반성상에 적합한 공법 선택

해설
흙막이 공법 선정 시에는 차수성이 높은 공법을 선정하여 시공하여야 한다.

| 정답 | 081 ③ 082 ④ 083 ④ 084 ① 085 ③

2023년 1회

086

안전난간대에 폭목(toe board)을 대는 이유는?

① 작업자의 손을 보호하기 위하여
② 작업자의 작업능률을 높이기 위하여
③ 안전난간대의 강도를 높이기 위하여
④ 공구 등 물체가 작업발판에서 지상으로 낙하되지 않도록 하기 위하여

해설

폭목(발끝막이판)은 바닥면 등으로부터 10[cm] 이상의 높이를 유지하여 설치하여 공구 등의 물체가 작업발판에서 지상으로 낙하되지 않도록 하기 위함이다.

087

강풍 시 타워크레인의 운전작업을 중지해야 하는 순간풍속 기준은?

① 순간풍속이 초당 10[m] 초과
② 순간풍속이 초당 15[m] 초과
③ 순간풍속이 초당 20[m] 초과
④ 순간풍속이 초당 30[m] 초과

해설 **악천후 시 순간풍속에 따른 안전조치**

순간풍속	시기	조치사항
10[m/s] 초과	–	타워크레인의 설치·수리·점검 또는 해체 작업 중지
15[m/s] 초과	–	타워크레인의 운전작업 중지
30[m/s] 초과	바람이 불어올 우려가 있는 경우	옥외 주행 크레인의 이탈방지장치 작동 등 이탈방지 조치
	바람이 불거나 중진 이상 진도의 지진	옥외 양중기의 이상 점검
35[m/s] 초과	바람이 불어올 우려가 있는 경우	• 건설용 리프트의 받침수 증가 등 붕괴 방지 조치 • 옥외용 승강기의 받침수 증가 등 무너짐방지 조치

088

다음 중 방망에 표시해야 할 사항이 아닌 것은?

① 제조자명 ② 제조연월
③ 재봉치수 ④ 방망의 신축성

해설 **방망의 표시사항**

- 제조자명
- 제조연월
- 재봉치수
- 그물코
- 신품인 때의 방망의 강도

089

히빙(Heaving)현상 방지대책으로 틀린 것은?

① 소단굴착을 실시하여 소단부 흙의 중량이 바닥을 누르게 한다.
② 흙막이 벽체 배면의 지반을 개량하여 흙의 전단강도를 높인다.
③ 부풀어 솟아오르는 바닥면의 토사를 제거한다.
④ 흙막이 벽체의 근입깊이를 깊게 한다.

해설 **히빙 예방대책**

- 흙막이벽의 말뚝 깊이를 설계지반까지 시공
- 굴착부 상부 하중 제거
- 소단굴착 시공
- 흙막이 배면토압 경감조치
- 그라우팅 등 보강공법 시행
- 굴착 주변에 웰포인트 공법 병행
- 굴착부 저면에 인공중력 가중
- 지반 개량(흙의 전단강도 높이기)

| 정답 | 086 ④ 087 ② 088 ④ 089 ③

090

건설현장에 설치하는 사다리식 통로의 설치기준으로 옳지 않은 것은?

① 발판과 벽과의 사이는 15[cm] 이상의 간격을 유지할 것
② 발판의 간격은 일정하게 할 것
③ 사다리의 상단은 걸쳐놓은 지점으로부터 60[cm] 이상 올라가도록 할 것
④ 사다리식 통로의 길이가 10[m] 이상인 경우에는 3[m] 이내마다 계단참을 설치할 것

해설 **사다리식 통로 설치 시 준수사항**

- 견고한 구조로 할 것
- 심한 손상·부식 등이 없는 재료를 사용할 것
- 발판의 간격은 일정하게 할 것
- 발판과 벽과의 사이는 15[cm] 이상의 간격을 유지할 것
- 폭은 30[cm] 이상으로 할 것
- 사다리가 넘어지거나 미끄러지는 것을 방지하기 위한 조치를 할 것
- 사다리의 상단은 걸쳐놓은 지점으로부터 60[cm] 이상 올라가도록 할 것
- 사다리식 통로의 길이가 10[m] 이상인 경우에는 5[m] 이내마다 계단참을 설치할 것
- 사다리식 통로의 기울기는 75° 이하로 할 것. 다만, 고정식 사다리식 통로의 기울기는 90° 이하로 하고, 그 높이가 7[m] 이상인 경우에는 다음의 구분에 따른 조치를 할 것
  - 등받이울이 있어도 근로자 이동에 지장이 없는 경우: 바닥으로부터 높이가 2.5[m] 되는 지점부터 등받이울을 설치할 것
  - 등받이울이 있으면 근로자가 이동이 곤란한 경우: 한국산업표준에서 정하는 기준에 적합한 개인용 추락 방지 시스템을 설치하고 근로자로 하여금 한국산업표준에서 정하는 기준에 적합한 전신안전대를 사용하도록 할 것
- 접이식 사다리 기둥은 사용 시 접혀지거나 펼쳐지지 않도록 철물 등을 사용하여 견고하게 조치할 것

091

장비가 위치한 지면보다 낮은 장소를 굴착하는 데 적합한 장비는?

① 백호우 ② 파워셔블
③ 트럭크레인 ④ 진폴

해설

- 장비보다 높은 지면의 굴착에 적합한 기계: 파워셔블
- 장비보다 낮은 지면의 굴착에 적합한 기계: 백호우, 클램쉘, 드래그라인, 불도저

092

설치·이전하는 경우 안전인증을 받아야 하는 기계·기구에 해당되지 않는 것은?

① 크레인 ② 리프트
③ 곤돌라 ④ 고소작업대

해설

설치·이전 시 안전인증을 받아야 하는 기계는 크레인, 리프트, 곤돌라이다. 고소작업대는 주요 구조 부분 변경 시 안전인증을 받아야 하는 기계 및 설비이다.

| 정답 | 090 ④ 091 ① 092 ④

093

공정율이 65[%]인 건설현장의 경우 공사진척에 따른 산업안전보건관리비의 최소 사용기준으로 옳은 것은?

① 40[%] 이상 ② 50[%] 이상
③ 60[%] 이상 ④ 70[%] 이상

해설 **공사진척에 따른 산업안전보건관리비 사용기준**

공정률	사용기준
50[%] 이상 70[%] 미만	50[%] 이상
70[%] 이상 90[%] 미만	70[%] 이상
90[%] 이상	90[%] 이상

094

항타기 또는 항발기의 권상용 와이어로프의 사용금지기준에 해당하지 않는 것은?

① 이음매가 없는 것
② 지름의 감소가 공칭지름의 7[%]를 초과하는 것
③ 꼬인 것
④ 열과 전기충격에 의해 손상된 것

해설 **와이어로프의 사용금지기준**

- 이음매가 있는 것
- 와이어로프의 한 꼬임에서 끊어진 소선의 수가 10[%] 이상인 것
- 지름의 감소가 공칭지름의 7[%]를 초과하는 것
- 꼬인 것
- 심하게 변형되거나 부식된 것
- 열과 전기충격에 의해 손상된 것

095

철골작업 시 기상조건에 따라 안전상 작업을 중지하여야 하는 경우에 해당되는 기준으로 옳은 것은?

① 강우량이 시간당 5[mm] 이상인 경우
② 강우량이 시간당 10[mm] 이상인 경우
③ 풍속이 초당 10[m] 이상인 경우
④ 강설량이 시간당 20[mm] 이상인 경우

해설 **철골작업 중지기준**

- 풍속이 초당 10[m] 이상인 경우
- 강우량이 시간당 1[mm] 이상인 경우
- 강설량이 시간당 1[cm] 이상인 경우

096

다음은 고소작업대를 설치하는 경우에 대한 내용이다. (　　) 안에 알맞은 숫자는?

> 작업대를 와이어로프 또는 체인으로 올리거나 내릴 경우에는 와이어로프 또는 체인이 끊어져 작업대가 떨어지지 아니하는 구조이어야 하며, 와이어로프 또는 체인의 안전율은 (　　) 이상일 것

① 10 ② 8
③ 5 ④ 3

해설

고소작업대 설치 시 작업대를 와이어로프 또는 체인으로 올리거나 내릴 경우에는 와이어로프 또는 체인이 끊어져 작업대가 떨어지지 아니하는 구조이어야 하며, 와이어로프 또는 체인의 안전율은 5 이상이어야 한다.

| 정답 | 093 ② 094 ① 095 ③ 096 ③

097

추락방지용 방망 중 그물코의 크기가 5[cm]인 매듭방망 신품의 인장강도는 최소 몇 [kg] 이상이어야 하는가?

① 60　　② 110
③ 150　　④ 200

해설 **방망사의 인장강도[(　　)는 폐기기준]**

그물코의 크기[cm]	방망의 종류[kg]	
	매듭없는 방망	매듭방망
10	240(150)	200(135)
5	–	110(60)

098

흙막이공의 파괴 원인 중 하나인 보일링(Boiling) 현상에 관한 설명으로 틀린 것은?

① 지하수위가 높은 지반을 굴착할 때 주로 발생한다.
② 연약 사질토 지반에서 주로 발생한다.
③ 시트파일(Sheet pile) 등의 저면에 분사현상이 발생한다.
④ 연약 점토지반에서 굴착면의 융기로 발생한다.

해설
연약 점토지반에서 굴착면의 융기로 발생하는 현상은 히빙 현상이다.

관련개념 **보일링(Boiling) 현상**
사질토 지반을 굴착할 때 지하수의 수위차로 인해 굴착면의 흙과 물이 솟구쳐 오르는 현상이다.

- 원인
  - 흙막이 배면지반 터파기면의 수위차
  - 지하수위가 높을 때
  - 흙막이 말뚝의 심도 부족
- 예방대책
  - 지하수위 저하를 위한 배수조치
  - 지하수의 흐름 변경
  - 흙막이벽의 근입장 깊이 연장
  - 대체공법 적용(슬러리월, Sheet-pile 등)
  - 작업을 중지하고, 지반을 복구하기 위한 압성토 시행

099

비계에서 벽 고정을 하고 기둥과 기둥을 수평재나 가새로 연결하는 가장 큰 이유는?

① 작업자의 추락재해를 방지하기 위해
② 좌굴을 방지하기 위해
③ 인장파괴를 방지하기 위해
④ 해체를 용이하게 하기 위해

해설
가새는 비계기둥의 상부와 다른 비계기둥 하부를 대각선으로 잇는 부재로 지진, 태풍 등의 수평외력에 견디고 변형되지 않도록 하며, 수직방향으로 휘는 좌굴을 방지하기 위해 설치한다.

2023년 1회

100

차량계 건설기계 작업 시 기계가 넘어지거나 굴러떨어짐으로써 근로자의 위험을 방지하기 위한 유의사항과 거리가 먼 것은?

① 변속기능의 유지　　② 갓길의 붕괴 방지
③ 도로의 폭 유지　　④ 지반의 부동침하 방지

해설
사업주는 차량계 건설기계를 사용하는 작업을 할 때에 그 기계가 넘어지거나 굴러떨어짐으로써 근로자가 위험해질 우려가 있는 경우에는 유도하는 사람을 배치하고 지반의 부동침하 방지, 갓길의 붕괴 방지 및 도로 폭의 유지 등 필요한 조치를 하여야 한다.

| 정답 | 097 ② 098 ④ 099 ② 100 ①

2023년 2회 | CBT 복원문제

자동 채점

산업안전관리론

001

다음 중 안전교육의 3단계에서 생활지도, 작업동작지도 등을 통한 안전의 습관화를 위한 교육을 무엇이라 하는가?

① 지식교육 ② 기능교육
③ 인성교육 ④ 태도교육

해설 **태도교육(안전교육의 제3단계)**
- 생활지도, 작업동작지도 등을 통한 안전의 습관화를 위한 교육이다.
- 안전한 방법을 알고는 있으나 시행하지 않는 사람에게 직장규율, 안전규율 등을 익히게 한다.

관련개념 **안전교육의 3단계**
- 지식교육–기능교육–태도교육의 3단계로 진행된다.
- 지식교육: 근로자가 지켜야 할 규정 등을 교육한다.
- 기능교육: 작업 및 기술과 관련된 동작, 표준화 사항 등을 교육한다.
- 태도교육: 생활지도, 작업동작지도 등 안전의 습관화를 위한 교육이다.

002

강의계획에 있어 학습목적의 3요소가 아닌 것은?

① 대상 ② 주제
③ 목표 ④ 학습정도

해설 **학습목적의 3요소**
- 목표: 학습을 통해 달성하여야 하는 지표
- 주제: 학습하고자 하는 과목
- 학습정도: 학습의 범위 및 내용

003

다음 중 적성배치 시 작업자의 특성과 가장 관계가 적은 것은?

① 작업조건 ② 연령
③ 태도 ④ 업무능력

해설 **적성배치의 조건**
- 작업의 특성: 작업조건, 작업의 종류, 현장조건, 작업기간 등
- 작업자의 특성: 연령, 태도, 업무능력, 자격, 체력 등

004

안전모의 성능시험에 해당하지 않는 것은?

① 내수성시험 ② 내전압성시험
③ 난연성시험 ④ 압박시험

해설 **안전모의 시험성능기준**

항목	시험성능기준
내관통성	AE, ABE종 안전모는 관통거리가 9.5[mm] 이하이고, AB종 안전모는 관통거리가 11.1[mm] 이하이어야 한다.
충격흡수성	최고전달충격력이 4,450[N]를 초과해서는 안 되며, 모체와 착장체의 기능이 상실되지 않아야 한다.
내전압성	AE, ABE종 안전모는 교류 20[kV]에서 1분간 절연파괴 없이 견뎌야 하고, 이때 누설되는 충전전류는 10[mA] 이하이어야 한다.
내수성	AE, ABE종 안전모는 질량증가율이 1[%] 미만이어야 한다.
난연성	모체가 불꽃을 내며 5초 이상 연소되지 않아야 한다.
턱끈풀림	150[N] 이상 250[N] 이하에서 턱끈이 풀려야 한다.

| 정답 | 001 ④ 002 ① 003 ① 004 ④

005

다음에서 설명하는 법칙은 무엇인가?

> 어떤 공장에서 330회의 전도사고가 일어났을 때, 그 가운데 300회는 무상해사고, 29회는 경상, 중상 또는 사망 1회의 비율로 사고가 발생한다.

① 버드 법칙　② 하인리히 법칙
③ 더글라스 법칙　④ 자베타키스 법칙

해설 **하인리히의 법칙(1:29:300의 법칙)**
330건의 사고가 발생한다면 그 중에 중상해가 1건, 경상해가 29건, 무상해사고가 300건 발생한다는 법칙이다.

006

산업안전보건법상 안전보건총괄책임자의 직무에 해당되지 않는 것은?

① 중대재해 발생 시 작업의 중지
② 도급 시 산업재해 예방조치
③ 해당 사업장 안전교육계획의 수립 및 실시
④ 산업안전보건관리비의 관계수급인 간의 사용에 관한 협의·조정 및 그 집행의 감독

해설
해당 사업장 안전교육계획의 수립 및 실시는 안전관리자의 직무이다.

관련개념 **안전보건총괄책임자의 직무**
- 위험성평가의 실시에 관한 사항
- 산업재해 발생 위험 시 또는 중대재해 발생 시 작업의 중지
- 도급 시 산업재해 예방조치
- 산업안전보건관리비의 관계수급인 간의 사용에 관한 협의·조정 및 그 집행의 감독
- 안전인증대상 기계 등과 자율안전확인대상 기계 등의 사용 여부 확인

007

무재해 운동의 3원칙 중 잠재적인 위험요인을 발견·해결하기 위하여 전원이 협력하여 각자의 위치에서 의욕적으로 문제해결을 실천하는 것을 의미하는 것은?

① 무의 원칙　② 선취의 원칙
③ 실천의 원칙　④ 참가의 원칙

해설 **무재해운동의 3원칙**

구분	내용
무의 원칙	잠재위험요인을 사전에 발견, 파악, 제거함으로써 근원적으로 산업재해를 없애는 것(사망, 휴업재해만 없으면 된다는 소극적 사고가 아니라 불휴재해는 물론 잠재위험요인이 없어야 한다는 적극적인 자세)
선취(해결)의 원칙	궁극적 목표인 무재해·무질병을 실현하기 위해 모든 잠재위험 요인을 행동하기 전에 발견, 파악, 제거함으로써 재해의 발생을 사전에 예방하거나 방지하는 것
(전원)참가의 원칙	잠재적 위험요인을 제거하기 위해 노사 전원이 참가하여 각자의 입장에서 적극적으로 스스로의 책무를 수행함과 동시에 문제해결 운동을 실천하는 것

008

산업안전보건법령상 안전보건관리규정을 작성해야 할 사업의 사업주는 안전보건관리규정을 작성하여야 할 사유가 발생한 날부터 며칠 이내에 작성해야 하는가?

① 15　② 30
③ 60　④ 90

해설
안전보건관리규정을 작성하여야 할 사업의 사업주는 안전보건관리규정을 작성하여야 할 사유가 발생한 날부터 30일 이내에 안전보건관리규정의 세부내용을 포함한 안전보건관리규정을 작성하여야 한다.

| 정답 | 005 ② 006 ③ 007 ④ 008 ②

009

적응기제 중 방어적 기제에 해당하는 것은?

① 고립 ② 퇴행
③ 합리화 ④ 억압

해설

고립, 퇴행, 억압 등은 도피기제에 해당한다.

관련개념 **적응기제**

신체적 욕구나 성격적 욕구가 외적·내적 원인에 의해 저지되어 욕구불만의 상태에서 불쾌와 불만족이 높아지고 긴장되어 이 긴장을 해소하려는 기제이다. 적응기제의 종류에는 방어기제, 도피기제, 공격기제 등이 있다.

적응기제	내용
방어기제	욕구불만 등의 약점을 숨기기 위하여 자신을 방어하기 위한 기제로, 합리화, 동일시, 보상, 투사, 승화 등이 있다.
도피기제	긴장 또는 불안감을 해소하기 위해 현실 상황을 벗어나려는 기제로, 억압, 공격, 고립, 퇴행, 백일몽 등이 있다.
공격기제	극한의 한계상황 등을 공격함으로써 긴장감을 해소하려는 기제이다.

010

산업안전보건법상 공기압축기를 가동하는 때의 작업시작 전 점검사항의 점검내용에 해당하지 않는 것은?

① 윤활유의 상태
② 압력방출장치의 기능
③ 회전부의 덮개 또는 울
④ 비상정지장치 기능의 이상 유무

해설

'비상정지장치 기능의 이상 유무'는 컨베이어 등을 사용하여 작업을 할 때 작업시작 전 점검사항이다.

관련개념 **공기압축기를 가동할 때 작업시작 전 점검사항**

- 공기저장 압력용기의 외관 상태
- 드레인밸브의 조작 및 배수
- 압력방출장치의 기능
- 언로드밸브의 기능
- 윤활유의 상태
- 회전부의 덮개 또는 울
- 그 밖의 연결 부위의 이상 유무

011

산업안전보건법상 안전보건표지 중 지시표지의 보조색은?

① 파란색 ② 흰색
③ 녹색 ④ 노란색

해설

안전보건표지 중 지시표지의 색채는 파란색이고, 파란색에 대한 보조색은 흰색이다.

관련개념 **안전보건표지의 색도기준 및 용도**

색채	색도기준	용도	사용 예
빨간색	7.5R 4/14	금지	정지신호, 소화설비 및 그 장소, 유해행위의 금지
		경고	화학물질 취급장소에서의 유해·위험 경고
노란색	5Y 8.5/12	경고	화학물질 취급장소에서의 유해·위험 경고 이외의 위험경고, 주의표지 또는 기계방호물
파란색	2.5PB 4/10	지시	특정 행위의 지시 및 사실의 고지
녹색	2.5G 4/10	안내	비상구 및 피난소, 사람 또는 차량의 통행표지
흰색	N9.5		파란색 또는 녹색에 대한 보조색
검은색	N0.5		문자 및 빨간색 또는 노란색에 대한 보조색

012

산업스트레스 요인 중 직무특성과 관련된 요인으로 볼 수 없는 것은?

① 작업속도 ② 조직구조
③ 근무시간 ④ 업무의 반복성

해설

조직구조는 직무특성과 무관하다.

관련개념 **직무특성과 관련된 산업스트레스 요인**

- 작업속도
- 근무시간
- 업무의 반복성
- 교대작업(2교대, 3교대) 등

| 정답 | 009 ③ 010 ④ 011 ② 012 ②

013

산업안전보건법령상 고용노동부장관이 안전보건진단을 명할 수 있는 사업장이 아닌 것은?

① 2년간 사업장의 연간 산업재해율이 같은 업종의 규모별 평균 산업재해율보다 낮은 사업장
② 사업주가 필요한 안전·보건조치를 이행하지 아니하여 중대재해가 발생한 사업장
③ 직업성 질병자가 연간 2명 이상(상시근로자 1천명 이상 사업장의 경우 3명 이상) 발생한 사업장
④ 작업환경 불량, 화재·폭발 또는 누출 사고 등으로 사업장 주변까지 피해가 확산된 사업장으로서 고용노동부령으로 정하는 사업장

해설 안전보건진단을 받아 안전보건개선계획을 수립할 대상

- 산업재해율이 같은 업종 평균 산업재해율의 2배 이상인 사업장
- 사업주가 필요한 안전조치 또는 보건조치를 이행하지 아니하여 중대재해가 발생한 사업장
- 직업성 질병자가 연간 2명 이상(상시근로자 1천 명 이상 사업장의 경우 3명 이상) 발생한 사업장
- 그 밖에 작업환경 불량, 화재·폭발 또는 누출 사고 등으로 사업장 주변까지 피해가 확산된 사업장으로서 고용노동부령으로 정하는 사업장

014

알더퍼의 ERG이론 중 생존욕구에 해당되는 매슬로우의 욕구단계는?

① 생리적 욕구　　② 자아실현의 욕구
③ 존경의 욕구　　④ 사회적 욕구

해설 알더퍼의 ERG이론 및 매슬로우의 욕구위계이론의 비교

알더퍼 ERG 이론	매슬로우 욕구위계이론
존재욕구(E)	생리적 욕구
	안전의 욕구
관계욕구(R)	사회적 욕구
성장욕구(G)	존경(인정)의 욕구
	자아실현의 욕구

015

건설기술진흥법상 안전관리계획을 수립해야 하는 건설공사에 해당하지 않는 것은?

① 높이가 21[m]인 비계를 사용하는 건설공사
② 지하 15[m]를 굴착하는 건설공사
③ 15층 건축물의 리모델링
④ 항타기 및 항발기가 사용되는 건설공사

해설 건설기술 진흥법령상 안전관리계획 수립 대상 건설공사

- 시설물의 안전 및 유지관리에 관한 특별법에 따른 1종시설물 및 2종시설물의 건설공사
- 지하 10[m] 이상을 굴착하는 건설공사
- 폭발물을 사용하는 건설공사로서 20[m] 안에 시설물이 있거나 100[m] 안에 사육하는 가축이 있어 해당 건설공사로 인한 영향을 받을 것이 예상되는 건설공사
- 10층 이상 16층 미만인 건축물의 건설공사
- 10층 이상인 건축물의 리모델링 또는 해체공사
- 주택법에 따른 수직증축형 리모델링
- 건설기계관리법에 따라 등록된 천공기(높이 10[m] 이상), 항타 및 항발기, 타워크레인이 사용되는 건설공사
- 다음의 가설구조물을 사용하는 건설공사
  - 높이 31[m] 이상인 비계, 브라켓 비계
  - 작업발판 일체형 거푸집 또는 높이가 5[m] 이상인 거푸집 및 동바리
  - 터널의 지보공 또는 높이가 2[m] 이상인 흙막이 지보공
  - 동력을 이용하여 움직이는 가설구조물, 높이 10[m] 이상에서 외부작업을 하기 위하여 작업발판 및 안전시설물을 일체화하여 설치하는 가설구조물, 공사현장에서 제작하여 조립·설치하는 복합형 가설구조물
  - 그 밖에 발주자 또는 인·허가기관의 장이 필요하다고 인정하는 가설구조물

| 정답 | 013 ① 014 ① 015 ①

016

에너지 접촉형태로 분류한 사고유형 중 에너지가 폭주하여 일어나는 유형에 해당하는 것은?

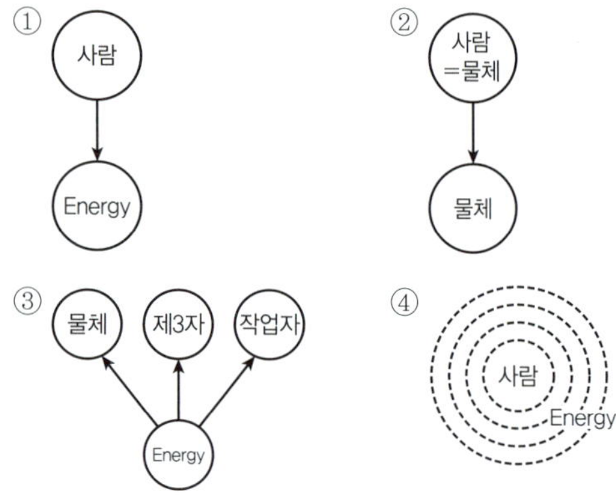

해설

① 에너지의 활동영역에 사람이 침범한 유형이다.
② 사람과 물체, 물체와 물체가 충돌한 유형이다.
③ 에너지가 폭주하여 사고가 일어나는 유형이다.
④ 대기 중의 에너지에 사람이 노출된 유형이다.

017

재해예방의 4원칙에 해당하지 않는 것은?

① 예방가능의 원칙　② 원인계기의 원칙
③ 손실필연의 원칙　④ 대책선정의 원칙

해설 **재해예방의 4원칙**

손실우연의 원칙	사고에 의해서 생기는 상해의 종류 및 정도는 우연적이라는 원칙
예방가능의 원칙	재해는 원칙적으로 예방이 가능하다는 원칙
원인계기의 원칙 (원인연계의 원칙)	재해의 발생은 직접원인으로만 일어나는 것이 아니라 간접원인이 연계되어 일어난다는 원칙
대책선정의 원칙	원인의 정확한 분석에 의해 가장 타당한 재해예방 대책이 선정되어야 한다는 원칙

018

무재해운동 추진기법 중 다음에서 설명하는 것은?

> 작업현장에서 그때 그 장소의 상황에 즉응하여 실시하는 위험예지활동으로서 즉시즉응법이라고도 한다.

① TBM(Tool Box Meeting)
② 원 포인트 위험예지훈련
③ 삼각 위험예지훈련
④ 터치 앤드 콜(Touch and Call)

해설 **TBM(Tool Box Meeting)**

직장에서 행하는 안전미팅으로서 사고의 직접 원인(불안전한 상태 및 불안전한 행동) 중 주로 불안전한 행동을 근절시키기 위하여 5~6인 소집단으로 작업장 내에서 실시하는 단시간 미팅을 말한다.

관련개념

원 포인트 위험예지훈련	위험예지훈련 4R 중에서 1R를 제외한 2R, 3R, 4R를 원 포인트로 요약하여 실시하는 기법으로 2~3분 내에 실시하는 현장 활동용 훈련
삼각 위험예지훈련	쓰는 것이나 말하는 것이 미숙한 작업자를 대상으로 실시하는 기법으로 현상파악과 위험의 포인트를 △형으로 표시하여 팀의 합의를 이끌어내는 기법
터치 앤드 콜	위험요소에 대한 강한 인식과 더불어 사고예방을 위해 서로 피부를 맞대고 구호를 제창하는 기법으로 진한 동료애를 느끼고 안전에 동참하는 참여정신을 높일 수 있음

| 정답 | 016 ③　017 ③　018 ①

019

산업안전보건법령상 지방고용노동관서의 장이 사업주에게 안전관리자나 보건관리자를 정수 이상으로 증원하게 하거나 교체하여 임명할 것을 명령할 수 있는 사유에 해당되는 것은?

① 사망재해가 연간 1건 발생한 경우
② 일반재해가 연간 2건 발생한 경우
③ 관리자가 질병의 사유로 3개월 이상 해당 직무를 수행할 수 없게 된 경우
④ 해당 사업장의 연간재해율이 같은 업종의 평균재해율의 1.5배 이상인 경우

해설 **안전관리자 등의 증원·교체임명 명령 사유**

- 해당 사업장의 연간재해율이 같은 업종의 평균재해율의 2배 이상인 경우
- 중대재해가 연간 2건 이상 발생한 경우
- 관리자가 질병이나 그 밖의 사유로 3개월 이상 직무를 수행할 수 없게 된 경우
- 화학적 인자로 인한 직업성 질병자가 연간 3명 이상 발생한 경우

020

1년간 연 근로시간이 240,000시간의 공장에서 3건의 휴업재해가 발생하여 219일의 휴업일수를 기록한 경우의 강도율은? (단, 연간 근로일수는 300일이다.)

① 750　　② 75
③ 0.75　　④ 0.075

해설

$$강도율 = \frac{총\ 요양\ 근로손실일수}{연\ 근로시간\ 수} \times 1{,}000 = \frac{219 \times \frac{300}{365}}{240{,}000} \times 1{,}000 = 0.75$$

※ 휴업일수가 발생한 경우 휴업일수$\times\frac{연\ 근로일수}{300}$로 근로손실일수를 산정한다.

관련개념 **강도율(SR; Severity Rate of Injury)**

근로시간 합계 1,000시간당 재해로 인한 근로손실일수이다.

$$강도율 = \frac{총\ 요양\ 근로손실일수}{연\ 근로시간\ 수} \times 1{,}000$$

인간공학 및 시스템안전공학

021

종이의 반사율이 50[%]이고, 종이상의 글자 반사율이 10[%]일 때 종이에 의한 글자의 대비는 얼마인가?

① 10[%]　　② 40[%]
③ 60[%]　　④ 80[%]

해설

$$대비 = \frac{기준\ 물체의\ 밝기 - 비교\ 물체의\ 밝기}{기준\ 물체의\ 밝기} \times 100$$

$$= \frac{50-10}{50} \times 100 = 80[\%]$$

022

시스템의 성능 저하가 인원의 부상이나 시스템 전체에 중대한 손해를 입히지 않고 제어가 가능한 상태의 위험 강도는?

① 범주 1: 파국적　　② 범주 2: 위기적
③ 범주 3: 한계적　　④ 범주 4: 무시

해설 **위험도 기준(MIL-STD-882B)에 따른 심각도 분류**

구분	설명
범주Ⅰ 파국	인원의 사망 또는 중상, 완전한 시스템의 손상 발생
범주Ⅱ 중대(위기)	인원의 상해 또는 주요 시스템의 생존을 위해 즉시 시정조치 필요
범주Ⅲ 한계	시스템의 성능 저하나 인원의 상해, 시스템의 중대한 손상 없이 배제 또는 제거 가능
범주Ⅳ 무시 가능	인원의 손상이나 시스템의 성능에 손상이 일어나지 않음

| 정답 | 019 ③　020 ③　021 ④　022 ③

2023년 2회

023

다음 중 시스템 내의 위험요소가 어떤 상태에 있는가를 정성적으로 분석 · 평가하는 가장 첫 번째 단계에 실시하는 위험분석기법은?

① 결함수분석　　② 예비위험분석
③ 결함위험분석　　④ 운용위험분석

해설 **예비위험분석(PHA; Preliminary Hazard Analysis)**
시스템 내의 위험요소가 얼마나 위험상태에 있는가를 평가하는 시스템 안전 프로그램에서 최초단계(시스템 구상단계)의 분석 방식(정성적)이다.

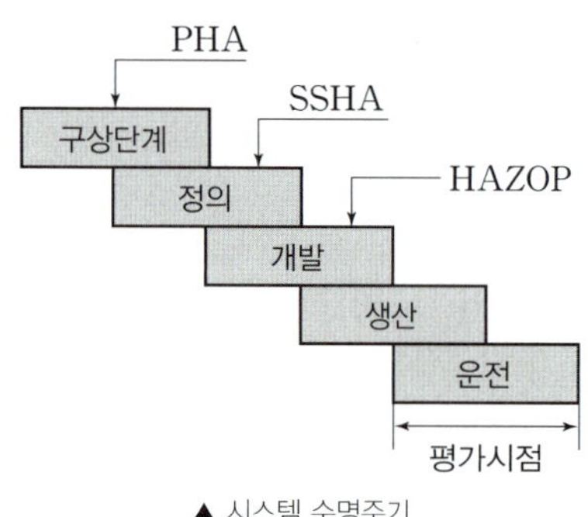

▲ 시스템 수명주기

024

다음 중 FTA 분석을 위한 기본적인 가정에 해당하지 않는 것은?

① 중복사상은 없어야 한다.
② 기본사상들의 발생은 독립적이다.
③ 모든 기본사상은 정상사상과 관련되어 있다.
④ 기본사상의 조건부 발생확률은 이미 알고 있다.

해설
FTA에서는 기본사상들의 발생확률이나 관계를 처음부터 알 수 없으며 분석을 통해 이를 추정하거나 파악한다.

관련개념 **결함수분석법(FTA)**
보통 시스템의 장애나 결함을 분석하는 방법으로, 시스템의 비정상적인 상태를 정의하고 그에 따른 고장 확률을 계산한다.

025

눈의 피로를 줄이기 위해 VDT 화면과 종이 문서 간의 밝기의 비는 최대 얼마를 넘지 않도록 하는가?

① 1 : 20　　② 1 : 50
③ 1 : 10　　④ 1 : 30

해설
VDT 화면과 종이 문서 간의 밝기의 비가 너무 크면 눈의 피로가 증가하므로 최대 1:10을 넘지 않도록 하는 것이 좋다.
1:10의 비는 VDT 화면의 밝기가 종이 문서의 밝기보다 10배 밝다는 것을 의미한다.

026

다음 중 귀의 구조에서 고막에 가해지는 미세한 압력의 변화를 증폭하는 곳은?

① 외이(Outer Ear)　　② 중이(Middle Ear)
③ 내이(Inner Ear)　　④ 달팽이관(Cochlea)

해설 **귀의 구조**

구조	역할
외이(Outer Ear)	소리를 모아서 중이로 전달하는 역할을 한다.
중이(Middle Ear)	고막과 연결된 부분으로 고막에 가해지는 미세한 압력 변화를 증폭하는 역할을 한다.
내이(Inner Ear)	소리를 신경 신호로 변환하여 뇌로 전달하는 역할을 한다.
달팽이관(Cochlea)	내이에 위치하며, 소리를 신경 신호로 변환하는 역할을 한다.

| 정답 | 023 ② 024 ④ 025 ③ 026 ②

027

어떤 공장에서 10,000시간 동안 15,000개의 부품을 생산하였을 때 설비고장으로 인하여 15개의 불량품이 발생하였다면 평균고장간격(MTBF)은 얼마인가?

① 1×10^6시간　② 2×10^6시간
③ 1×10^7시간　④ 2×10^7시간

해설

MTBF(Mean Time Between Failures)는 장비나 제품이 고장나는 평균고장간격을 의미한다.

$$MTBF = \frac{1}{고장률} = \frac{총가동시간}{고장횟수} = \frac{15,000 \times 10,000}{15} = 1 \times 10^7 시간$$

028

다음 중 단순반복 작업으로 인한 질환의 발생 부위가 다른 것은?

① 요부염좌　② 수완진동증후군
③ 수근관증후군　④ 결절종

해설

요부염좌는 허리 부위의 인대나 근육에 손상이 발생하는 질환이다.
수완진동증후군, 수근관증후군, 결절종은 손, 손목 등에 발생하는 질환이다.

029

심장의 박동주기 동안 심근의 전기적 신호를 피부에 부착한 전극들로부터 측정하는 것으로 심장이 수축과 확장을 할 때, 일어나는 전기적 변동을 기록한 것은?

① 뇌전도계　② 근전도계
③ 심전도계　④ 안전도계

해설 **심전도계**

심장의 박동주기 동안 심근의 전기적 신호를 피부에 부착한 전극들로부터 측정하여 기록한다.

030

크기가 다른 복수의 조종장치를 촉감으로 구별할 수 있도록 설계할 때 구별이 가능한 최소의 직경 차이와 최소의 두께 차이로 가장 적합한 것은?

① 직경 차이: 0.95[cm], 두께 차이: 0.95[cm]
② 직경 차이: 1.3[cm], 두께 차이: 0.95[cm]
③ 직경 차이: 0.95[cm], 두께 차이: 1.3[cm]
④ 직경 차이: 1.3[cm], 두께 차이: 1.3[cm]

해설

조종장치를 촉감으로 구별할 수 있도록 설계할 때, 직경 차이와 두께 차이의 최소값은 촉각이 잘 구별할 수 있는 범위 내에서 설계되어야 한다. 약 1[cm] 내외가 최소한으로 구별 가능한 범위로 알려져 있으며, 일반적으로 직경 차이는 1.3[cm] 이상, 두께 차이는 0.95[cm] 이상의 차이를 두고 설계할 때 구별이 가능하다.

| 정답 | 027 ③　028 ①　029 ③　030 ②

031

동전던지기에서 앞면이 나올 확률 P(앞) = 0.9이고, 뒷면이 나올 확률 P(뒤) = 0.1일 때, 앞면과 뒷면이 나올 사건 각각의 정보량은?

① 앞면: 0.10[bit], 뒷면: 3.32[bit]
② 앞면: 0.15[bit], 뒷면: 3.32[bit]
③ 앞면: 0.10[bit], 뒷면: 3.52[bit]
④ 앞면: 0.15[bit], 뒷면: 3.52[bit]

해설

- 앞면의 정보량 I(앞) = $-\log_2 0.9$ = 0.15[bit]
- 뒷면의 정보량 I(뒤) = $-\log_2 0.1$ = 3.32[bit]

관련개념 **정보량(Information Content)**

정보량 $I(x) = -\log_2 P(x)$

032

결함수분석법에 관한 설명으로 틀린 것은?

① 잠재위험을 효율적으로 분석한다.
② 연역적 방법으로 원인을 규명한다.
③ 정성적 평가보다 정량적 평가를 먼저 실시한다.
④ 복잡하고 대형화된 시스템의 분석에 사용한다.

해설

결함수분석법(FTA)은 정성적 평가를 통해 사고 시나리오를 도출하고, 이후 필요할 경우 정량적 평가로 가능성을 계산하거나 영향을 분석한다.

033

부품을 작동하는 성능이 체계의 목표달성에 긴요한 정도를 고려하여 우선순위를 설정하는 원칙은?

① 중요도의 원칙　② 사용빈도의 원칙
③ 기능성의 원칙　④ 사용순서의 원칙

해설 **부품배치의 원칙(공간배치의 원칙)**

중요도의 원칙	작업장에서 가장 중요한 구성요소(작업물품)를 작업자의 손이 닿기 쉬운 곳에 배치하는 원칙으로 작업자의 안전과 효율성을 높인다.
사용빈도의 원칙	작업자가 자주 사용하는 구성요소를 작업자의 손이 닿기 쉬운 곳에 배치하는 원칙으로 작업자의 작업시간을 단축시킨다. 예 자주 사용하는 드라이버를 손에 닿기 쉬운 곳에 배치한다.
기능별(기능성)의 원칙	구성요소(작업물품)를 기능별로 분류하여 배치하는 원칙이다. 예 기능이 비슷한 가위와 칼을 묶고, 펜과 연필을 묶어서 기능별로 분류하여 사용한다.
사용순서의 원칙	사용순서에 맞게 순차적으로 부품을 배치하는 원칙으로, 시간의 효율성을 높이고 착오를 최소화할 수 있다.

034

감지되는 모든 우발상황에 대하여 적절한 행동을 취하게 완전히 프로그램화되어 있으며, 인간은 주로 감시, 프로그램, 정비유지 등의 기능을 수행하는 인간–기계 체계는?

① 수동 체계　② 자동화 체계
③ 반자동화 체계　④ 기계화 체계

해설 **인간–기계 시스템(체계)**

수동 체계	자신의 신체적인 힘을 동력원으로 사용하여 작업을 통제하는 인간 사용자와 결합(수공구 또는 그 밖의 보조물 사용)
기계화 체계(반자동 체계)	운전자가 조종장치를 사용하여 통제하며 동력은 전형적으로 기계가 제공
자동화 체계	기계가 감지, 정보처리, 의사결정 등 행동을 포함한 모든 임무를 수행하고 인간은 감시, 프로그래밍, 정비유지 등의 기능을 수행

| 정답 | 031 ② 032 ③ 033 ① 034 ②

035

위험조정을 위해 필요한 방법으로 틀린 것은?

① 위험보류(Retention) ② 위험감축(Reduction)
③ 위험회피(Avoidance) ④ 위험확인(Confirmation)

해설

위험확인(Confirmation)은 위험을 식별하거나 확인하는 것으로, 위험조정을 위한 방법에 포함되지 않는다.

관련개념 **위험조정 기술 4가지**

- 회피(Avoidance)
- 경감, 감축(Reduction)
- 보류(Retention)
- 전가(Transfer)

036

FTA에서 사용하는 논리기호 중 3개 이상의 입력현상 중 2개가 발생할 경우 출력이 되는 것은?

① 조합 AND 게이트 ② 배타적 OR 게이트
③ 우선적 AND 게이트 ④ 위험지속 AND 게이트

해설 **조합 AND 게이트**

3개의 입력현상 중 임의의 시간에 2개의 입력사상이 발생할 경우 출력이 생기는 게이트이다.

관련개념

② 배타적 OR 게이트: 2개 또는 그 이상의 입력이 동시에 존재하는 경우에는 출력이 발생하지 않는다.
③ 우선적 AND 게이트: 입력사상 중 어떤 사상이 다른 사상보다 앞서 일어났을 때 출력이 발생한다.

037

다음의 FT도에서 사상 A의 발생 확률 값은?

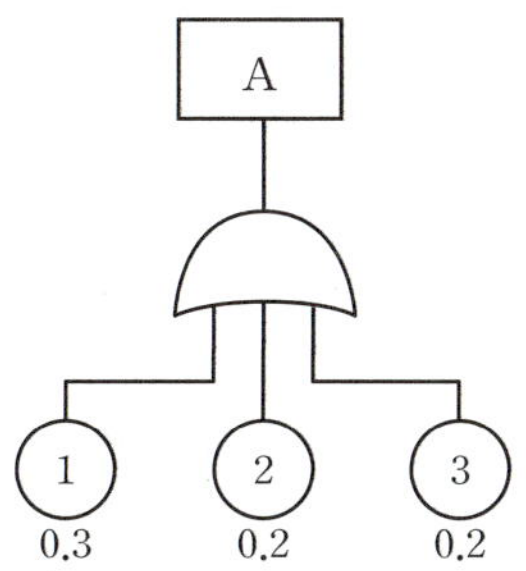

① 게이트 기호가 OR이므로 0.012
② 게이트 기호가 AND이므로 0.012
③ 게이트 기호가 OR이므로 0.552
④ 게이트 기호가 AND이므로 0.552

해설

사상 1, 2, 3은 OR 게이트로 연결되어 있으므로
정상사상 A의 발생 확률 $=1-(1-0.3)\times(1-0.2)\times(1-0.2)=0.552$

| 정답 | 035 ④ 036 ① 037 ③

038

원자력 산업과 같이 이미 상당한 안전이 확보되어 있는 장소에서 관리, 설계, 생산, 보전 등 광범위하고 고도의 안전달성을 목적으로 하는 시스템 해석법은?

① ETA ② MORT
③ FHA ④ FMECA

해설 MORT(Management Oversight and Risk Tree)

ERDA에서 개발한 시스템 안전 프로그램으로, 관리, 설계, 생산, 보전 등 넓은 범위의 안전성을 검토하기 위한 기법이다.

관련개념 시스템 분석 기법의 종류

고장형태와 영향분석법 (FMEA; Failure Mode and Effect Analysis)	고장을 형태별로 분석하여 그 영향을 검토하는 정성적, 귀납적 분석방법
예비위험분석 (PHA; Preliminary Hazard Analysis)	최초단계 분석으로 시스템 내의 위험요소가 어느 정도의 위험상태에 있는지를 평가하는 방법으로 정성적 평가방법
결함위험분석 (FHA; Fault Hazard Analysis)	서브시스템의 해석에 사용되는 기법
인간과오율 추정법 (THERP; Technique for Human Error Rate Prediction)	인간의 실수를 정량적으로 평가하는 것이며 인간의 과오(실수)에 기인한 사고원인 분석 기법으로 100만 운전시간당 과오수를 기본 과오율로 평가
결함수분석 (FTA; Falut Tree Analysis)	정량적, 연역적 분석방법으로 기계, 설비 또는 인간-기계 시스템의 고장이나 재해의 발생요인을 FT도에 의하여 분석
치명도 분석, 위험도 분석 (CA; Criticality Analysis)	높은 위험도를 가진 요소나 고장의 형태에 따른 분석법으로 고장을 정량적으로 분석하는 기법
위험 및 운용성 분석 (HAZOP; Hazard and Operability Analysis)	장비에 대해 잠재된 위험이나 기능 저하 등 영향을 평가하기 위하여 공정이나 설계도 등에 체계적인 검토를 행하는 것

039

물품을 일정시간 가동시켜 결함을 찾아내고 제거하여 고장율을 안정시키는 기간은?

① 우발고장 기간 ② 말기고장 기간
③ 초기고장 기간 ④ 마모고장 기간

해설 시스템의 수명곡선(욕조곡선)

시스템의 수명곡선(욕조곡선)은 제품이나 시스템의 고장률을 시간에 따라 설명하는 곡선으로, 세 가지 주요 구간으로 나뉜다.

구간	설명
초기고장(DFR)	주로 제조결함이나 초기결함으로 인한 고장으로 설계상 결함이나 제작 하자에 의해 발생하며 불충분한 작업, 부적절한 설치 등에 의해서도 발생한다.
우발고장(CFR)	고장률이 일정한 구간으로, 정상적인 사용 중에 발생하는 예측 불가능한 고장이다. 제품에 가해지는 스트레스(부하)가 높거나, 사용자의 과도한 사용 및 오용 등으로 발생하며 폭발에 의한 건물 붕괴, 지진이나 충격 등에 의한 구조물 파손과 교량 파손 등이 이에 해당된다.
마모고장(IFR)	시스템의 노후화로 인해 고장이 증가하는 기간이며, 사용에 따른 마모(닳음), 부식, 산화, 피로, 노화 등으로 인해서 발생하는 고장이다.

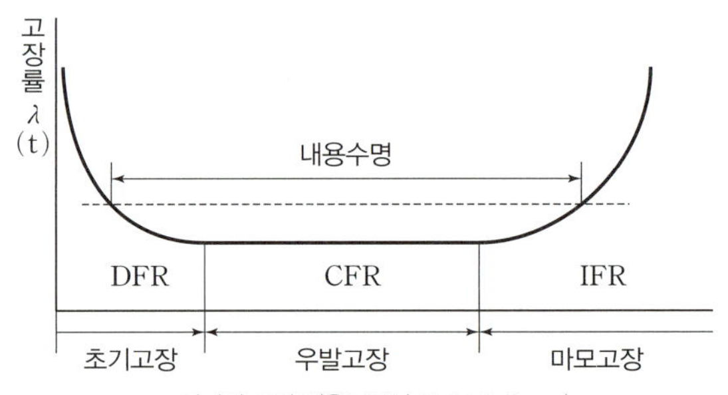

▲기계의 고장률(욕조곡선, Bathtub Curve)

040

일반적으로 사람의 청력으로 감지할 수 있는 주파수 영역은?

① 0~20[Hz] ② 20~20,000[Hz]
③ 20,000~50,000[Hz] ④ 50,000~100,000[Hz]

해설

인간의 가청주파수 범위는 20~20,000[Hz]이다. 인간이 못 듣는 범위는 20,000[Hz] 이상이며, 이를 초음파라고 한다.

| 정답 | 038 ② 039 ③ 040 ②

건설시공학

041

건설도급회사의 공사실적 및 기술능력에 적합한 3~7개 정도의 시공회사를 선택한 후 그 시공회사로 하여금 입찰에 참여시키는 방법은?

① 특명입찰　　② 공개경쟁입찰
③ 지명경쟁입찰　　④ 제한경쟁입찰

해설 **지명경쟁입찰**

건축주가 도급자의 재산, 경력, 장비, 기술, 신용 등을 상세히 조사하여 해당 공사에 가장 적합하다고 인정되는 3~7개 정도의 회사를 지명하여 경쟁입찰하는 방식이다.

관련개념

특명입찰(수의계약)	해당 공사에 가장 적합한 도급자를 1인만 선정하여 입찰하는 방식이다.
공개경쟁입찰	신문, 관보, 게시판 등에 입찰규정, 공사의 종류, 입찰자의 자격 등을 공고하여 널리 입찰자를 모집한다.
제한경쟁입찰	입찰 참가자격을 사전 심사하여 적격자만을 입찰에 참가하게 하거나 시공능력, 실적, 기술보유상황, 법인등기부상 본점소재지(지역) 여부 등으로 입찰 참가자격을 제한하여 입찰자를 모집한다.

042

다음 중 시방서에 기재하는 사항이 아닌 것은?

① 재료, 장비, 설비의 유형과 품질
② 조립, 설치, 세우기의 방법
③ 도면의 도해적 표현
④ 시험 및 코드 요건

해설

설계도면의 작성 시 도면의 이해를 위한 주요 서술 또는 기호, 그림 등을 기재한다.

043

탑다운(Top-Down) 공법에 관한 설명으로 옳지 않은 것은?

① 1층 바닥을 조기에 완성하여 작업장 등으로 사용할 수 있다.
② 지하·지상을 동시에 시공하여 공기단축이 가능하다.
③ 소음·진동이 심하고 주변구조물의 침하 우려가 크다.
④ 기둥·벽 등 수직부재의 구조이음에 기술적 어려움이 있다.

해설 Top Down공법 (역타공법)

- 지하구조물의 시공순서를 지상에서부터 시작하여 점차 깊은 지하로 진행하여 완성하는 구체 흙막이공법으로, 시공비가 고가이나 공기가 대단히 단축된다.
- 탑다운 공법은 도심지 또는 공사여건이 열악하거나 어스앵커공법, 오픈컷공법 등의 적용이 어려운 곳에서 채택된다.
- 탑다운 공법의 특징
  - 1층 바닥을 조기에 완성하여 작업장 등으로 사용할 수 있다.
  - 지하·지상을 동시에 시공하여 공기단축이 가능하다.
  - 소음, 진동 및 주변구조물 침하의 우려가 적다.
  - 전천후 시공이 가능하다.
  - 시공비가 고가이다.
  - 수직부재 이음부 처리가 곤란하다.

2023년 2회

| 정답 | 041 ③　042 ③　043 ③

044

거푸집 해체작업 시 주의사항 중 옳지 않은 것은?

① 지주를 바꾸어 세우는 동안에는 그 상부작업을 제한하여 하중을 적게 한다.
② 높은 곳에 위치한 거푸집은 제거하지 않고 미장공사를 실시한다.
③ 제거한 거푸집은 재사용을 위해 묻어 있는 콘크리트를 제거한다.
④ 진동, 충격 등을 주지 않고 콘크리트가 손상되지 않도록 순서에 맞게 거푸집을 제거한다.

해설

높은 곳에 위치한 거푸집을 제거하지 않으면 후속작업(미장공사) 시 낙하 충격에 의한 돌발적인 재해발생위험이 크다.

관련개념 **거푸집의 해체작업 시 준수사항**

- 거푸집 및 지보공(동바리)의 해체는 순서에 의하여 실시하여야 하며 안전담당자를 배치하여야 한다.
- 거푸집 및 지보공(동바리)은 콘크리트 자중 및 시공 중에 가해지는 기타 하중에 충분히 견딜 만한 강도를 가질 때까지는 해체하지 아니하여야 한다.
- 거푸집을 해체할 때에는 다음에 정하는 사항을 유념하여 작업하여야 한다.
  - 해체작업을 할 때에는 안전모 등 안전 보호장구를 착용하도록 하여야 한다.
  - 거푸집 해체작업장 주위에는 관계자를 제외하고는 출입을 금지시켜야 한다.
  - 상하 동시 작업은 원칙적으로 금지하며 부득이한 경우에는 긴밀히 연락을 취하며 작업을 하여야 한다.
  - 거푸집 해체 때 구조체에 무리한 충격이나 큰 힘에 의한 지렛대 사용은 금지하여야 한다.
  - 보 또는 슬라브 거푸집을 제거할 때에는 거푸집의 낙하 충격으로 인한 작업원의 돌발적 재해를 방지하여야 한다.
  - 해체된 거푸집이나 각목 등에 박혀있는 못 또는 날카로운 돌출물은 즉시 제거하여야 한다.
  - 해체된 거푸집이나 각목은 재사용 가능한 것과 보수하여야 할 것을 선별, 분리하여 적치하고 정리정돈을 하여야 한다.

045

현장용접 시 발생하는 화재에 대한 예방조치와 가장 거리가 먼 것은?

① 용접기의 완전한 접지(earth)를 한다.
② 용접부분 부근의 가연물이나 인화물을 치운다.
③ 착의, 장갑, 구두 등을 건조상태로 한다.
④ 불꽃이 비산하는 장소에 주의한다.

해설

건조상태는 화재발생위험이 더 크다.

관련개념 **건설현장 용접·용단 작업 시 안전지침**

- 용접·용단 작업 근로자에게는 내열성능이 있는 장갑, 보호복, 안전모, 보안경 등의 보호구를 지급, 착용하도록 한다.
- 용접·용단 불꽃, 충격마찰, 스파크, 정전기 등 점화원이 있는 장소에서는 인화성, 가연성 물질을 충분히 격리시킨다.
- 같은 높이의 작업장소에서는 불티의 수평 비산 가능거리인 11[m] 이상 격리될 수 있도록 조치한다.

046

콘크리트를 양생하는 데 있어서 양생분(養生粉)을 뿌리는 목적으로 옳은 것은?

① 빗물의 침입을 막기 위해서
② 표면의 양생분을 경화시키기 위해서
③ 표면에 떠 있는 물을 양생분으로 제거하기 위해서
④ 혼합수(混合水)의 증발을 막기 위해서

해설

콘크리트를 습윤양생할 수 없거나 장기간 양생해야 할 경우 콘크리트 노출 표면에 비닐 혹은 유제 등의 양생분을 뿌려 방수막을 형성하여 수분 증발을 방지한다.

| 정답 | 044 ② 045 ③ 046 ④

047

다음 흙막이 공법 중 지하연속벽 공법이 아닌 것은?

① 이코스공법 ② 웰포인트공법
③ 오거파일공법 ④ 슬러리월공법

해설

웰포인트공법은 연약지반의 개량공법으로, 펌프로 지하수를 끌어올려 탈수하는 공법이다.

관련개념 **지하연속벽(Slurry Wall Method)의 종류**

명칭	내용
이코스공법 (Icos Method)	일정한 액압이 있는 벤토나이트 용액을 굴착하는 갱내에 넣어 외부와 균형을 유지하게 하고, 또 주위에 내수성의 지층을 만드는 복합작용을 하게 함으로써 공벽의 붕괴를 방지하며, 지중에 깊은 구멍을 뚫고 그 내부에 콘크리트를 채운다.
소일시멘트공법 (Soil Cement Wall Method)	현장에서 파낸 흙과 시멘트를 섞어 지중에 주입하여 연속벽체를 형성한 후 굴착하는 공법이다.
격막벽공법 (Diaphragm Wall Method)	벤토나이트 안정액을 사용하여 지반을 굴착하고 철근망을 삽입한 후 콘크리트를 타설하여 지중에 철근콘크리트 연속벽체를 형성하는 공법이다.

048

철근의 가스압접이음에 대한 설명으로 옳지 않은 것은?

① 접합 전에 압접면을 그라인더로 평탄하게 가공해야 한다.
② 이음공법 중 접합강도가 아주 큰 편이며 성분원소의 조직변화가 적다.
③ 철근의 항복점 또는 재질이 다른 경우에도 적용가능하다.
④ 이음위치는 인장력이 가장 적은 곳에서 하고 한곳에 집중해서는 안 된다.

해설

종류가 같은 철근으로만 압접하여야 한다.

관련개념 **철근의 가스압접이음**

- 압접 가능한 강도비교: SD40+SD40, SD40+SD35, SD30+SD30, SD30+SD35
- 압접 불가능한 강도비교: SD40+SD30
- 지름의 차가 7[mm] 이하인 철근만 압접 가능하다.
- 철근의 가공은 압접 후 소정의 상태, 치수가 되도록 직각으로 정확하게 절단 가공한다.
- 화구는 철근지름에 적합한 8구 이상의 것을 사용하여야 한다.
- 가압기는 철근단면에 300[kg/cm^2] 이상의 압력을 가할 수 있어야 한다.
- 압접위치는 한곳에 집중하지 않도록 어긋나게 하여야 한다.

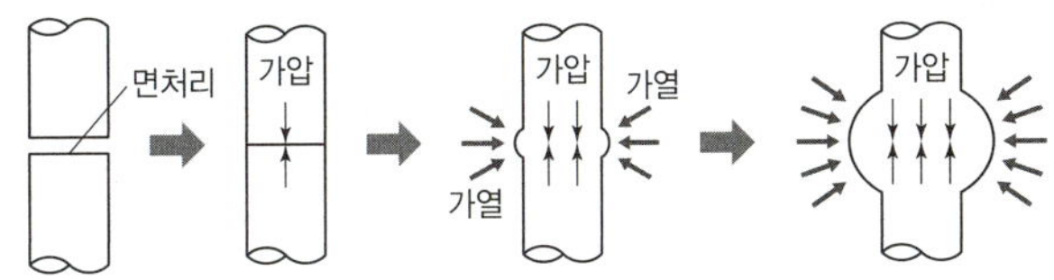

| 정답 | 047 ② 048 ③

049

벽돌벽 두께 1.0B, 벽높이 2.5[m], 길이 8[m]인 벽면에 소요되는 점토벽돌의 매수는 얼마인가? (단, 규격은 190×90×57[mm], 할증은 3[%]로 하며, 소수점 이하 결과는 올림하여 정수매로 표기한다.)

① 2,980매　② 3,070매
③ 3,278매　④ 3,542매

해설 **점토벽돌의 매수**

표준품셈=쌓을 면적×규격쌓기[매]×할증
=(2.5×8)×149×1.03=3,070매

([m^2]당)

구분	단위	수량(벽두께)		
		0.5B	1.0B	1.5B
벽돌(190×90×57)	매	75	149	224

050

철골공사에서 베이스 플레이트 설치 기준에 관한 설명으로 옳지 않은 것은?

① 이동식 공법에 사용하는 모르타르는 무수축 모르타르로 한다.
② 앵커볼트 설치 시 베이스플레이트 위치의 콘크리트는 설계도면 레벨보다 30[mm]~50[mm] 낮게 타설한다.
③ 베이스플레이트 설치 후 그라우팅 처리한다.
④ 베이스 모르타르의 양생은 철골 설치 전 1일 정도면 충분하다.

해설

중앙부 모르타르를 선행바름하고, 소요레벨이 된 된비빔을 발라 3일 이상 충분히 양생시켜야 한다.

051

지반보다 높은 곳의 굴착에 적합하며, 굴착은 디퍼(Dipper)가 행하는 토공사용기계로 적합한 것은?

① 불도저(Bulldozer)
② 클램쉘(Clamshell)
③ 스크레이퍼(Scraper)
④ 파워셔블(Power Shovel)

해설 **파워셔블(Power Shovel)**

버킷을 앞으로 떠 올려서 흙을 굴착하는 기계로서 굴착기가 위치한 지면보다 높은 곳은 굴착하는 데 적합하고 비교적 단단한 토질의 굴착도 가능하다. 또한 운반기계에 적재하기에도 편리하다.

관련개념 **굴착용 기계**

구분	굴착기계	특징	토질
셔블계	파워셔블	• 지반면보다 높은 곳의 굴착, 쇄석, 옮겨쌓기, 토사의 처리 등에 널리 쓰인다. • 굴착깊이: 3[m] 정도	굳은 점토, 암석, 토사
	드래그셔블(백호우)	• 지반면보다 낮은 곳의 굴착, 지하층 및 기초굴착, 토목공사나 수중굴착 등에 쓰인다. • 도로건설 작업 중 경사측면 굴착에 쓰인다. • 파는 힘이 강력하여 경질지반 굴착에 적합하다. • 굴착깊이: 5~8[m] 정도	자갈, 암석이 섞인 토사, 굳은 지반
	드래그라인	• 지반면보다 낮은 곳의 굴착, 연약한 지반의 깊은 굴착 등에 쓰인다. • 굴착깊이: 8[m] 정도	암석, 암석이 섞인 토사, 연약한 지반
	클램쉘	• 좁은 곳의 수직굴착, 자갈 등의 적재, 연약한 지반이나 수중굴착 등에 쓰인다. • 굴착깊이: 보통 8[m], 최대 18[m] 정도	자갈, 암석, 연약한 지반
트랙터계	불도저	• 직선 송토작업, 단단한 지반과 암석작업 등에 널리 쓰인다. 배토판은 상하로만 움직인다. • 운반거리: 최대 100[m], 적정 50~60[m]	암석, 굳은 지반

| 정답 | 049 ② 050 ④ 051 ④

052

지하 합벽거푸집에서 측압에 대비하여 버팀대를 삼각형으로 일체화한 공법은?

① 1회용 리브라스 거푸집
② 와플 거푸집(Waffle Form)
③ 무폼타이 거푸집 (Tie-Less Formwork)
④ 단열 거푸집

해설 **무폼타이 거푸집**

벽체 양면에 거푸집 설치가 곤란한 경우 한 면에만 거푸집을 설치하여 폼타이 없이 거푸집에 작용하는 콘크리트 측압을 지지하도록 한 거푸집이다.

관련개념

- 리브라스 거푸집: 거푸집 제작 시 설치와 해체의 불편함이 없는 매립식 거푸집으로, 곡선부의 조립 등을 원활히 해결하며 콘크리트의 잉여수 배출로 인하여 높은 콘크리트 강도를 얻을 수 있다.
- 단열 거푸집: 거푸집 설치, 해체 없이 거푸집·단열재·앵커타공 등 3가지 공정을 한 번에 해결할 수 있는 신개념 단열재이다.

053

지정공사 시 사용되는 모래의 장기허용 압축강도의 범위로 옳은 것은?

① 장기허용 압축강도 10~20[ton/m^2]
② 장기허용 압축강도 20~40[ton/m^2]
③ 장기허용 압축강도 40~60[ton/m^2]
④ 장기허용 압축강도 60~80[ton/m^2]

해설

모래지정의 장기허용 압축강도는 20~40[ton/m^2]이다.

관련개념 **모래지정**

- 건물의 무게가 비교적 가볍고 지반이 연약하며, 2[m] 이내 굳은 층이 있어 말뚝을 박을 필요가 없을 때 사용된다.
- 모래를 30[cm]마다 물다짐한다.
- 방축널 설치 시 제거하지 않는다.

054

다음 모살용접(Fillet Welding)의 단면상 이론 목두께에 해당하는 것은?

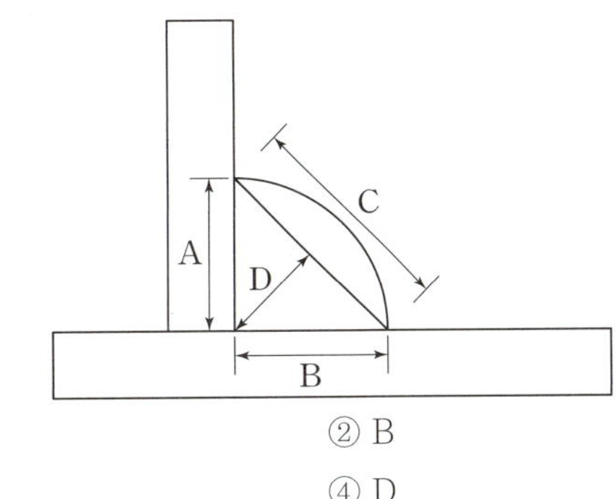

① A
② B
③ C
④ D

해설

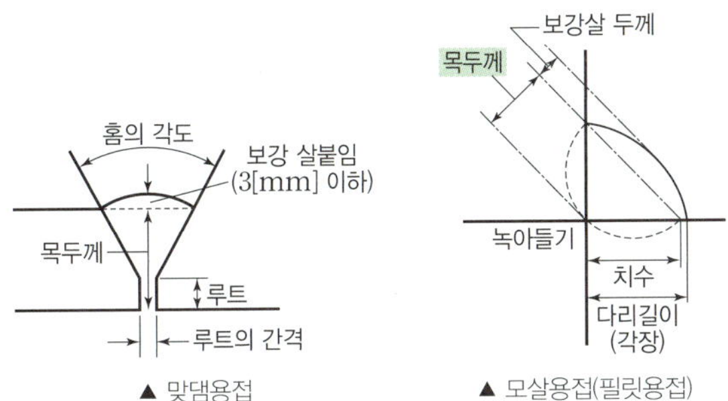

▲ 맞댐용접 ▲ 모살용접(필릿용접)

| 정답 | 052 ③ 053 ② 054 ④

055

철근콘크리트 공사에 있어서 철근이 D19, 굵은 골재의 최대 치수는 25[mm]일 때 철근과 철근의 순간격으로 옳은 것은?

① 37.5[mm] 이상　② 33.3[mm] 이상
③ 29.5[mm] 이상　④ 27.8[mm] 이상

해설

- 굵은골재 최대치수의 $\frac{4}{3}$배 이상: 25[mm]×$\frac{4}{3}$=33.3[mm] 이상
- 25[mm] 이상
- 철근공칭지름 이상: 19[mm] 이상

위의 기준 중 가장 큰 값인 33.3[mm]를 수평 순간격으로 한다.

관련개념 **보와 기둥에서의 철근 순간격**

보	기둥	비고
굵은골재 최대치수의 $\frac{4}{3}$	굵은골재 최대치수의 $\frac{4}{3}$	세 수치 중 가장 큰 값 이상
25[mm]	40[mm]	
철근공칭지름	철근공칭지름의 1.5배	

056

철근을 피복하는 이유와 가장 거리가 먼 것은?

① 철근의 순간격 유지
② 철근의 좌굴방지
③ 철근과 콘크리트의 부착응력 확보
④ 화재, 중성화 등으로부터 철근 보호

해설

철근의 순간격은 철근과 철근 사이의 간격으로, 재료분리 및 집중응력을 방지하기 위해 유지하여야 한다.

관련개념 **피복두께 확보의 목적**

- 철근의 부식방지를 통한 구조물의 내구성 확보(물과 이산화탄소의 침투 방지)
- 골재의 유동성 확보
- 철근과 콘크리트의 부착강도 확보
- 화재 시 내화성 확보

057

건설공사의 입찰 및 계약의 순서로 옳은 것은?

① 입찰통지 → 입찰 → 개찰 → 낙찰 → 현장설명 → 계약
② 입찰통지 → 현장설명 → 입찰 → 개찰 → 낙찰 → 계약
③ 입찰통지 → 입찰 → 현장설명 → 개찰 → 낙찰 → 계약
④ 현장설명 → 입찰통지 → 입찰 → 개찰 → 낙찰 → 계약

해설 **입찰순서**

입찰공고 → 현장설명(질의응답) → 견적 → 입찰 → 개찰 → 낙찰 → 계약

058

토공사용 장비에 해당되지 않는 것은?

① 로더(loader)　② 파워셔블(power shovel)
③ 가이데릭(guy derrick)　④ 클렘쉘(clamshell)

해설

가이데릭은 철골세우기용 건설기계이다.

관련개념 **토공사용 장비**

구분	종류
적재기계	로더(크롤러, 휠) 등
굴착기계	파워셔블, 드래그셔블(백호우), 드래그라인, 클램쉘, 불도저 등
정지용기계	모터 그레이더, 불도저, 캐리올 스크레이퍼 등
다짐용기계	래머, 탬퍼, 매커덤롤러, 탠덤롤러, 임팩트롤러, 진동롤러 등

| 정답 | 055 ② 056 ① 057 ② 058 ③

059

갱 폼(Gang Form)에 관한 설명으로 옳지 않은 것은?

① 타워크레인, 이동식 크레인 같은 양중장비가 필요하다.
② 벽과 바닥의 콘크리트 타설을 한 번에 가능하게 하기 위하여 벽체 및 슬래브 거푸집을 일체로 제작한다.
③ 공사초기 제작기간이 길고 투자비가 큰 편이다.
④ 경제적인 전용횟수는 30~40회 정도이다.

해설

②는 터널 폼(Tunnel Form)에 관한 설명이다.

관련개념 **갱 폼(Gang Form)**

- 거푸집을 사용할 때마다 작은 부재의 조립, 분해를 반복하지 않고 대형화, 단순화하여 한 번에 설치하고 해체한다.
- 갱 폼은 주로 콘도미니엄, 병원, 사무소 같은 벽식구조 건물에 사용된다.
- 옹벽이나 외벽의 두꺼운 벽체 및 피어기초 등에 사용한다.
- 특징
  - 갱 폼은 크게 거푸집판과 보강재가 일체로 된 기본 패널, 작업을 위한 작업발판대 및 수직도 조정과 횡력을 지지하는 빗버팀대로 구성되어 있다.
  - 80~100회 정도 사용이 가능하지만 경제적인 전용횟수는 30~40회 정도이다.
  - 중량이 커서 타워크레인, 모빌크레인 같은 장비가 필요하다.
  - 현장제작이 가능하다.
  - 안전성이 크다.
  - 공기단축이 가능하고, 인건비가 절약된다.
  - 가설비계공사가 필요없다.
  - 세부적인 가공이 어렵고, 제작시간이 많이 소요된다.
  - 초기투자비가 증대된다.

060

다음 중 철골구조의 내화피복공법이 아닌 것은?

① 락울(Rockwool)뿜칠공법
② 성형판붙임공법
③ 콘크리트 타설공법
④ 메탈라스(Metal Lath) 공법

해설

메탈라스는 얇은 철판에 금(Line)을 내어서 당겨 늘인 철망으로, 벽, 천장 등에 붙여 모르타르의 부착을 용이하게 하고 균열 등을 작게 한다.

관련개념 **철골 내화피복 공법의 종류**

도장공법		내화도료 도표
습식 공법	타설공법	강재 주위에 콘크리트, 경량콘크리트를 타설한다.
	조적공법	블록, 벽돌 등을 쌓는다.
	미장공법	단열 모르타르, 펄라이트 등을 시공한다.
	뿜칠공법	암면과 시멘트 등을 혼합·뿜칠한다.
건식 공법	성형판붙임공법	PC판, ALC판, 무기섬유 강화 석고보드 등을 부착한다.
	멤브레인공법	암면 흡음판을 철골에 부착한다.
합성공법	이종재료 적층	바탕에는 석면성형판, 상부에는 질석 플라스터로 마무리한다.
	이질재료 접합	외부는 PC판, 내부는 규산칼슘판으로 마감한다.

| 정답 | 059 ② 060 ④

건설재료학

061

시멘트의 응결시험 방법으로 옳은 것은?

① 비카 시험　　② 오토클레이브 시험
③ 블레인 시험　　④ 비비 시험

해설

시멘트의 응결시험 방법으로는 비카 시험, 길모어 침에 의한 시험 등이 있다.

관련개념

- 블레인 시험: 시멘트의 분말도 시험
- 오토클레이브 팽창도 시험: 시멘트의 안정성 시험
- 르 샤틀리에 비중병을 이용한 시험: 시멘트의 비중 시험

062

바닥강화재의 사용목적과 가장 거리가 먼 것은?

① 내마모성 증진　　② 내화학성 증진
③ 분진방지성 증진　　④ 내수성 증진

해설 **바닥강화재**

시멘트계 바닥 바탕의 내마모성, 내화학성, 분진방지성 등을 위한 증진재료로, 주로 지하주차장, 차량 통로, 물류창고의 바닥 및 외부계단 등의 주요통로 및 보행도로 등에 사용된다.

관련개념 **내수성**

물에 묻어도 젖지 않고 잘 견디는 성질이다.

063

흙을 이김에 따라 약해지는 정도를 표시한 것은?

① 간극비　　② 함수비
③ 포화도　　④ 예민비

해설 **예민비**

흙의 함수율을 변화시키지 않고 이기면 약해지는 성질이 있는데 그 정도를 나타낸 수치이다.

$$예민비 = \frac{자연시료의\ 압축강도}{이긴시료의\ 압축강도}$$

관련개념

- $간극비 = \frac{간극(물,\ 공기)의\ 부피}{토립자(흙입자)의\ 부피}$
- $함수비 = \frac{물의\ 중량}{토립자(흙입자)의\ 중량}$
- $포화도[\%] = \frac{물의\ 부피}{토립자(흙입자)의\ 부피} \times 100$

064

건축용 단열재 중 무기질이 아닌 것은?

① 암면　　② 유리섬유
③ 세라믹파이버　　④ 셀룰로즈파이버

해설 **무기질 단열재와 유기질 단열재**

구분	종류
무기질 단열재	규조토, 유리면, 암면, 세라믹파이버, 펄라이트판, 석면, 탄산마그네슘분말, 마그네시아 분말, 규산칼슘, 펄라이트, 경량기포 콘크리트 등
유기질 단열재	셀룰로즈섬유판, 연질섬유판, 폴리스틸렌, 경질우레탄폼, 펠트, 거품고무, 탄화코르크, 면, 발포합성수지질 등

| 정답 | 061 ① 062 ④ 063 ④ 064 ④

065

연약한 점토질 지반에서 진흙의 점착력을 판별하는 토질시험은?

① 표준관입시험 ② 지내력시험
③ 슈미트해머시험 ④ 베인테스트

해설 베인테스트

연약한 점토지반의 점착력을 판별하기 위해 실시하는 시험이다.
'베인'이라는 십자형 날개를 가진 봉을 땅에 관입시킨 후 회전시켜 그 저항치를 통해 진흙의 점착력을 판단한다. 10[m] 내외의 연약한 지반에 주로 사용한다.

관련개념

표준관입시험	중량 63.5[kg] 해머를 76[cm]에서 낙하하여 30[cm] 길이의 샘플러를 관입하는 데 필요한 타격횟수를 측정하여 지반의 강도를 측정하는 시험
지내력시험	기초구조를 결정하기 위한 시험방법으로, 1톤 이하, 예상 파괴하중의 $\frac{1}{5}$의 하중을 가하는 시험
슈미트해머시험	경화된 콘크리트에 타격에 의한 반발력으로 압축강도를 측정하는 비파괴시험

066

점토 벽돌(KS L 4201)의 성능 시험방법과 관련된 항목이 아닌 것은?

① 겉모양 ② 압축강도
③ 내충격성 ④ 흡수율

해설 점토벽돌의 시험 항목(KS L 4201)

- 겉모양
- 치수
- 흡수율
- 압축강도

067

점토제품에서 SK번호란 무엇을 뜻하는가?

① 소성온도를 표시
② 점토원료를 표시
③ 점토제품의 종류를 표시
④ 점토제품 제법 순서를 표시

해설

SK(Seger–Kegel) 번호는 점토제품의 소성온도를 표시하는 번호의 하나로, 번호에 따라 종류와 용도가 구별된다. 이때 SK 번호가 높을수록 고온에 견디는 강도가 크다.

068

콘크리트 배합을 결정하는 데 있어서 직접적으로 관계가 없는 것은?

① 물시멘트비 ② 골재의 강도
③ 단위시멘트량 ④ 슬럼프값

해설 콘크리트 배합을 결정하는 요인

- 물시멘트비: 강도, 내구성, 작업성에 영향을 미치는 요인으로 가장 중요하다.
- 단위시멘트량: 강도, 내구성, 단가에 영향을 미친다.
- 슬럼프값: 작업성에 영향을 미친다.
- 골재의 최대지수: 강도, 내구성, 작업성에 영향을 미친다.
- 골재의 입도분포: 강도, 내구성, 작업성에 영향을 미친다.

| 정답 | 065 ④ 066 ③ 067 ① 068 ②

2023년 2회

069

시멘트의 저장과 관련된 기준으로 옳지 않은 것은?

① 3개월 이하 단기간 저장한 시멘트는 굳은 덩어리가 있더라도 사용이 가능하다.
② 시멘트를 쌓아올리는 높이는 13포대 이하로 하는 것이 바람직하다.
③ 시멘트의 온도는 일반적으로 50[℃] 정도 이하를 사용하는 것이 좋다.
④ 시멘트는 방습적인 구조로 된 사일로 또는 창고에 품종별로 구분하여 저장하여야 한다.

해설 **시멘트의 저장**

시멘트는 풍화하기 쉬우므로 그 저장에 있어서 각별히 주의하여야 한다. 저장으로 인하여 시멘트는 그 강도가 감소하는데, 저장이 잘 되었다 하더라도 6개월 이상 저장했거나 습기를 받았을 염려가 있는 시멘트는 사용 전 반드시 검사를 하여야 한다. 실험결과에 의하면 대략 3개월 저장에서 콘크리트의 강도가 30~40[%]나 저하한다고 한다.

- 시멘트는 종류별로 구분하여 방수, 방습적인 창고 또는 시멘트 사일로(Silo) 등에 비, 바람, 습기 등으로 풍화되지 않도록 저장하고, 입하된 순서대로 사용하는 것이 좋다.
- 시멘트는 지상 30[cm] 이상 높여진 마루에 검사하기 쉽도록 정리, 정돈하여 쌓고, 13포대(40[kg/포]) 이하, 오래 저장할 때에는 7포대 이하로 벽에 직접 닿지 않게 쌓는다.
- 저장 중에 풍화에 의해 굳어진 덩어리 시멘트는 공사에 사용하지 말고, 다른 것과 섞이지 않게 구분하여 저장하거나 장외로 반출한다.
- 3개월 이상 창고에 저장한 포대 시멘트나 습기를 받을 우려가 있다고 생각되는 시멘트는 사용하기 전에 시험을 하여야 한다.
- 공사 중 한때 시멘트를 노천에 놓을 때에는 맑은 날씨라도 밤에는 방수포로 피복하는 것을 잊어서는 안 된다.

070

목재의 절대건조비중이 0.8일 때 이 목재의 공극률은?

① 약 42[%] ② 약 48[%]
③ 약 52[%] ④ 약 58[%]

해설 **공극률**

$$v=\left(1-\frac{\text{절대건조비중}}{1.54}\right)\times 100=\left(1-\frac{0.8}{1.54}\right)\times 100=48[\%]$$

관련개념 **비중과 역학적 성질의 관계**

- 목재의 진비중은 수종에 관계없이 1.54 정도이다.
- 비중과 강도는 비례한다.
- 목재의 비중은 보통 기건비중으로 나타낸다.

071

다음 중 목재의 건조목적이 아닌 것은?

① 전기절연성의 감소
② 목재수축에 의한 손상 방지
③ 목재강도의 증가
④ 균류에 의한 부식 방지

해설

잘 건조된 목재는 전기 절연성이 우수하다.

관련개념

건조된 목재일수록 강도가 크고, 잘 건조된 목재는 저압 전기에 대해서는 불량도체라고 생각해도 무방하다. 그러나 목재의 함유 수분이 증가할수록 전기가 잘 통하며 전기저항과 함수율 간에는 일정한 관계가 성립한다.

072

혼화재료 중 사용량이 비교적 많아서 그 자체의 부피가 콘크리트 비비기 용적에 계산되는 혼화재에 해당되지 않는 것은?

① 플라이애시 ② 팽창제
③ 고성능 AE 감수제 ④ 고로슬래그 미분말

해설 **혼화재와 혼화제**

- 혼화재: 사용량이 시멘트 무게의 5[%] 정도 이상의 것
  - 플라이애시, 실리카흄, 고로슬래그·규산질 미분말, 고강도형 혼화재, 증량재
- 혼화제: 사용량이 시멘트 무게의 1[%] 정도 이하의 것
  - AE제(공기연행제), 감수제, 유동화제, 급결제, 지연제, 방수제, 방청제

| 정답 | 069 ① 070 ② 071 ① 072 ③

073

건축물의 창호나 조인트의 충전재로서 사용되는 실(seal)재에 대한 설명 중 옳지 않은 것은?

① 퍼티: 탄산칼슘, 연백, 아연화 등의 충전재를 각종 건성유로 반죽한 것을 말한다.
② 유성 코킹재: 석면, 탄산칼슘 등의 충전재와 천연유지 등을 혼합한 것을 말하며 접착성, 가소성이 풍부하다.
③ 2액형 실링재: 휘발성분이 거의 없어 충전 후의 체적변화가 적고 온도변화에 따른 안정성도 우수하다.
④ 아스팔트성 코킹재: 전색재로서 유지나 수지 대신에 블로운 아스팔트를 사용한 것으로 고온에 강하다.

해설 **아스팔트성 코킹재**

블로운 아스팔트를 전색제로, 탄산칼슘 등을 충전재로 하여 균일하게 만든 재료로, 값은 싸나 흑색이고 고온에서 녹아내리기 쉬우므로 주로 평지붕의 비막이공사 등에 사용된다.

관련개념 **실(Seal)재**

- 퍼티: 백악(미세한 분말로 된 탄산칼슘)과 끓인 아마유로 만든 접합제이다.
- 유성 코킹재: 천연 혹은 합성된 유지, 수지와 석면, 탄산칼슘 등을 혼합하여 만든 것으로, 새시 주위의 균열 보수, 줄눈 등의 틈을 메우는 데 사용된다.
- 2액형 실링재: 휘발성분을 거의 포함하지 않으므로 충전 후의 체적수축이 적고, −30[℃]~90[℃] 사이의 온도 변화에도 안정된 탄력성을 유지한다. 내수성, 내약품성, 내유성, 밀착성이 우수하고 실링재로서의 성능을 갖는 시간은 5[℃]~35[℃]에서 5~14일 후이다. 메탈 커튼월, 대리석, 유리공사 등의 줄눈 등에 광범위하게 사용된다.

074

건축용 코킹재료의 일반적인 특징에 관한 설명으로 옳지 않은 것은?

① 수축률이 크다.
② 내부의 점성이 지속된다.
③ 내산·내알칼리성이 있다.
④ 각종 재료에 접착이 잘 된다.

해설 **코킹(Caulking)**

- 창호, 판넬 등 재료의 이음새, 균열 따위의 틈을 메우는 것으로 수축률이 크면 틈 메우기에 하자가 생긴다.
- 건축용 코킹재는 건축물의 줄눈, 새시의 충전과 균열의 보수 등에 사용된다.
- 시공에 알맞은 작업성이 있어야 하고, 이와 접하는 철, 알루미늄 등을 손상시키지 않아야 한다.

075

매스콘크리트의 균열을 방지 또는 감소시키기 위한 대책으로 옳은 것은?

① 중용열 포틀랜드시멘트를 사용한다.
② 수밀하게 타설하기 위해 슬럼프값은 될 수 있는 한 크게 한다.
③ 혼화제로서 조기 강도발현을 위해 응결경화촉진제를 사용한다.
④ 골재치수를 작게 함으로써 시멘트량을 증가시켜 고강도화를 꾀한다.

해설

매스콘크리트의 균열을 방지 또는 감소시키기 위해 중용열 포틀랜드시멘트를 사용하여 수화열을 감소시켜야 한다.
② 단위시멘트량, 단위수량, 슬럼프값은 가능한 한 작게 하여야 한다.
③ 응결경화촉진제를 쓰면 수화열이 더욱 커진다.
④ 시멘트량이 증가되면 수화열이 커져서 균열이 발생한다.

| 정답 | 073 ④ 074 ① 075 ①

076

시멘트의 분말도에 관한 설명으로 옳지 않은 것은?

① 시멘트 분말도의 측정은 블레인 시험으로 행한다.
② 비표면적이 클수록 초기강도의 발현이 빠르다.
③ 분말도가 지나치게 크면 풍화되기 쉽다.
④ 분말도가 큰 시멘트일수록 수화열이 낮다.

해설

시멘트의 분말도가 크면 수화반응이 빨라져 수화열이 높다.

관련개념 **시멘트의 분말도**

- 분말도가 클수록 비표면적이 커서 물에 접촉하는 면적이 크므로 수화작용이 빨라 콘크리트의 초기강도가 높고, 그 후의 강도 증진도 크며 골재와의 접착력도 크므로 내구적인 콘크리트를 만드는 데 적당하다.
- 분말도가 너무 크면 풍화되기 쉽다.
- 화학성분이 같을 때 조기강도를 증진하려고 하면 분말도에 의존할 수밖에 없다.
- 분말도가 너무 큰 시멘트는 블리딩(Bleeding)이 적고, 워커빌리티가 좋으나 수축이 커질 염려가 있고, 발열량이 많아 콘크리트에 균열이 발생하기 쉬우며 수밀성, 내구성의 면에서도 좋지 못하다.

077

건축재료의 요구성능 중 마감재료에서 필요성이 가장 적은 항목은?

① 화학적 성능 ② 역학적 성능
③ 내구성능 ④ 방화·내화성능

해설

역학적, 구조적 기능은 구조재가 가져야 할 기능으로 미장재료는 역학적 기능의 필요성이 구조재보다 적다.

관련개념 **미장재료의 기능**

미장재료는 건축물의 바닥, 내외벽, 천장 등에 적당한 두께로 발라 마무리하는 재료를 말하며, 미장재료의 근본적인 사용목적은 마감면을 아름답게 꾸미기 위한 것이지만, 바탕재료에 내화, 방수, 차음, 단열 등의 성질을 추가시키기도 하며, 넓은 면적, 복잡한 모양에도 시공할 수 있는 장점이 있으나 보통 물을 사용하므로 공사기간이 길어지고, 균열, 박리 등의 결함을 가지기 쉽다.

078

내화벽돌의 내화도의 범위로 가장 적절한 것은?

① 500~1,000[℃] ② 1,500~2,000[℃]
③ 2,500~3,000[℃] ④ 3,500~4,000[℃]

해설 **내화벽돌**

- 높은 온도에서 용해하거나 변형이 일어나지 않는 무기재료로 된 벽돌로, 내화도, 열충격성과 강도가 크다.
- 내화벽돌의 주원료는 규사, 납석, 흑연, 고알루미나, 돌로마이트 등이 있다.
- 보일러·용광로·유리용해로·시멘트소성가마·가열로·비철금속제련로 등 높은 온도의 열처리장소에 사용된다.
- 내화온도는 1,500~2,000[℃]이다.

079

콘크리트의 중성화에 관한 설명으로 옳지 않은 것은?

① 콘크리트의 중의 수산화석회가 탄산가스에 의해서 중화되는 현상이다.
② 물시멘트비가 크면 클수록 중성화의 진행속도는 빠르다.
③ 중성화되면 콘크리트는 알칼리성이 된다.
④ 중성화되면 콘크리트 내 철근은 녹이 슬기 쉽다.

해설 **중성화**

경화된 콘크리트는 표면으로부터 공기 중 이산화탄소의 작용을 받아 서서히 수산화칼슘이 탄산칼슘으로 변하여 알칼리성이 약해지고 중성 또는 약산성에 가까워진다.

$Ca(OH)_2 + CO_2 \rightarrow CaCO_3 + H_2O$

이 반응은 콘크리트를 축소시키고, 중성화가 진행되어 철근 위치까지 물이나 공기가 침투하면 철근은 산화철이 되어 녹이 생긴다. 이로 인해 철근 부피가 팽창하여 균열이 발생하고 콘크리트는 파괴된다.

| 정답 | 076 ④ 077 ② 078 ② 079 ③

080

목재에서 흡착수만이 최대한도로 존재하고 있는 상태인 섬유포화점의 함수율은 중량비로 몇 [%] 정도인가?

① 15[%] 정도　　② 20[%] 정도
③ 30[%] 정도　　④ 40[%] 정도

해설
목재의 강도는 섬유포화점(함수율 30[%] 정도) 이상에서 변화가 없지만, 섬유포화점 이하에서는 선형적으로 반비례한다.

관련개념 **목재의 함수율과 섬유포화점의 관계**
섬유포화점을 경계로 하여 목재의 역학적 성질에 현저한 차이가 있다. 섬유포화점 이상에서는 변화가 없지만 섬유포화점 이하에서는 함수율의 감소에 따라 강도가 증대하고 인성이 감소한다.

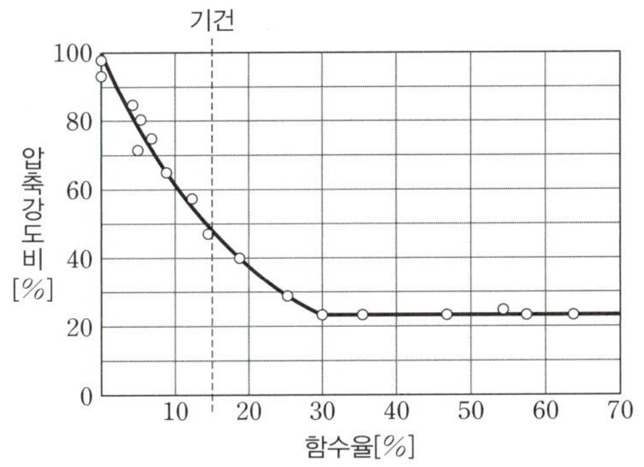

▲ 목재의 함수율에 따른 압축강도비

건설안전기술

081

콘크리트 타설 시 거푸집 측압에 대한 설명 중 틀린 것은?

① 타설속도가 빠를수록 측압이 커진다.
② 거푸집의 투수성이 낮을수록 측압은 커진다.
③ 타설높이가 높을수록 측압이 커진다.
④ 콘크리트의 온도가 높을수록 측압이 커진다.

해설 **콘크리트 측압이 커지는 요인**
- 거푸집 부재의 단면이 큰 경우
- 거푸집의 수밀성이 큰 경우
- 거푸집의 강성이 큰 경우
- 거푸집의 표면이 평활할 경우
- 콘크리트가 묽은 경우
- 철골이나 철근량이 적은 경우
- 외기온도가 낮은 경우
- 타설속도가 빠른 경우
- 콘크리트의 다짐이 좋은 경우
- 콘크리트의 슬럼프가 큰 경우
- 콘크리트의 비중이 큰 경우
- 습도가 높은 경우
- 벽 두께가 두꺼운 경우

관련개념 **콘크리트 측압**
- 벽, 보, 기둥 옆의 거푸집에 콘크리트를 타설함에 따라 생기는 수평방향의 압력을 말한다.
- 콘크리트의 측압은 온도, 부어넣는 속도, 타설높이 등에 비례한다.
- 측압은 콘크리트의 윗면에서의 거리와 단위용적중량의 곱으로 표시한다.

| 정답 | 080 ③　081 ④

082

건설업 산업안전보건관리비 중 안전시설비로 사용할 수 없는 것은?

① 안전통로
② 비계에 추가 설치하는 추락방지용 안전난간
③ 사다리 전도방지장치
④ 통로의 낙하물 방호선반

해설

안전통로는 공사 목적물 시공을 위한 임시 시설물이므로 산업안전보건관리비로 사용이 불가하다.

※ 「건설업 산업안전보건관리비 계상 및 사용기준」이 개정됨에 따라 '안전관리비의 항목별 사용 불가내역'은 삭제되었습니다.

083

철륜 표면에 다수의 돌기를 붙여 접지면적을 작게 하여 접지압을 증가시킨 롤러로서 고함수비 점성토 지반의 다짐작업에 적합한 롤러는?

① 탠덤롤러 ② 로드롤러
③ 타이어롤러 ④ 탬핑롤러

해설 **탬핑롤러(Tamping Roller)**

롤러의 표면에 돌기를 부착한 것으로, 돌기가 전압층에 매입되어 풍화암을 파쇄하여 흙 속의 간극수압을 제거하는 롤러이다. 점토질에 적당하고, 유효깊이가 크다.

관련개념

- 탠덤롤러: 2륜 형식으로 포장 마무리 등에 적합하다.
- 타이어롤러: 고무타이어로 접지압을 조절하여 도로공사에 적합하다.

084

지반조사 중 예비조사 단계에서 흙막이 구조물의 종류에 맞는 형식을 선정하기 위한 조사항목과 거리가 먼 것은?

① 흙막이 벽 축조 여부판단 및 굴착에 따른 안정성이 충분히 확보될 수 있는지 여부
② 인근 지반의 지반조사자료나 시공자료의 수집
③ 기상조건변동에 따른 영향 검토
④ 주변의 환경(하천, 지표지질, 도로, 교통 등)

해설

①은 시공단계 중 검토하여야 하는 항목이다.

085

철골작업을 중지하여야 하는 기준으로 옳은 것은?

① 1시간당 강설량이 1[cm] 이상인 경우
② 풍속이 초당 15[m] 이상인 경우
③ 진도 3 이상의 지진이 발생한 경우
④ 1시간당 강우량이 1[cm] 이상인 경우

해설 **철골작업 중지기준**

- 풍속이 초당 10[m] 이상인 경우
- 강우량이 시간당 1[mm] 이상인 경우
- 강설량이 시간당 1[cm] 이상인 경우

| 정답 | 082 ① 083 ④ 084 ① 085 ①

086

강관틀비계의 벽이음에 대한 조립간격 기준으로 옳은 것은? (단, 높이가 5[m] 미만인 경우 제외)

① 수직방향 5[m], 수평방향 5[m] 이내
② 수직방향 6[m], 수평방향 6[m] 이내
③ 수직방향 6[m], 수평방향 8[m] 이내
④ 수직방향 8[m], 수평방향 6[m] 이내

해설 **강관비계의 조립간격**

강관비계의 종류	조립간격[m]	
	수직방향	수평방향
단관비계	5	5
틀비계(높이 5[m] 미만인 것 제외)	6	8

087

다음은 타워크레인을 와이어로프로 지지하는 경우의 준수해야 할 기준이다. ( ) 안에 들어갈 알맞은 내용을 순서대로 옳게 나타낸 것은?

> 와이어로프 설치각도는 수평면에서 ( )° 이내로 하되, 지지점은 ( )개소 이상으로 하고 같은 각도로 설치할 것

① 45, 4　② 45, 5
③ 60, 4　④ 60, 5

해설 **타워크레인을 와이어로프로 지지할 때 준수사항**

- 와이어로프를 고정하기 위한 전용 지지프레임을 사용할 것
- 와이어로프 설치각도는 수평면에서 60° 이내로 하되, 지지점은 4개소 이상으로 하고, 같은 각도로 설치할 것
- 와이어로프와 그 고정부위는 충분한 강도와 장력을 갖도록 설치하고, 와이어로프를 클립·샤클(Shackle) 등의 고정기구를 사용하여 견고하게 고정시켜 풀리지 않도록 하며, 사용 중에는 충분한 강도와 장력을 유지하도록 할 것
- 와이어로프가 가공전선에 근접하지 않도록 할 것

088

인력운반 작업에 대한 안전 준수사항으로 가장 거리가 먼 것은?

① 보조기구를 효과적으로 사용한다.
② 물건을 들어올릴 때는 팔과 무릎을 이용하며 척추는 곧게 한다.
③ 긴 물건은 뒤쪽으로 높이고 원통인 물건은 굴려서 운반한다.
④ 무거운 물건은 공동작업으로 실시한다.

해설

긴 물건 운반 시 앞쪽을 높여서 운반한다.

관련개념 **인력 운반하역 시 준수사항**

- 하물의 운반은 수평거리 운반을 원칙으로 하며, 여러 번 들어 움직이거나 중계 운반, 반복운반을 하여서는 아니 된다.
- 운반 시의 시선은 진행방향을 향하고 뒷걸음 운반을 하여서는 아니 된다.
- 어깨높이보다 높은 위치에서 하물을 들고 운반하여서는 아니 된다.
- 쌓여 있는 하물을 운반할 때에는 중간 또는 하부에서 뽑아내어서는 아니 된다.

089

훅걸이용 와이어로프 등이 훅으로부터 벗겨지는 것을 방지하기 위한 장치는?

① 해지장치　② 권과방지장치
③ 과부하방지장치　④ 턴버클

해설

문제는 해지장치에 대한 설명이다.

| 정답 | 086 ③　087 ③　088 ③　089 ①

090

거푸집의 조립 순서로 옳은 것은?

① 기둥 → 보받이 내력벽 → 큰보 → 작은보 → 바닥 → 외벽 → 내벽
② 기둥 → 보받이 내력벽 → 작은보 → 큰보 → 바닥 → 내벽 → 외벽
③ 기둥 → 보받이 내력벽 → 내벽 → 외벽 → 큰보 → 작은보 → 바닥
④ 기둥 → 보받이 내력벽 → 큰보 → 작은보 → 바닥 → 내벽 → 외벽

해설
거푸집 조립 및 타설은 '주구조부 → 수직부 → 수평부 → 벽체' 순으로 진행되므로 조립은 '기둥 → 보받이 내력벽 → 큰보 → 작은보 → 바닥 → 내벽 → 외벽' 순으로 진행되어야 한다.

091

건설업 유해위험방지계획서 제출 시 첨부서류에 해당되지 않는 것은?

① 공사 개요서
② 산업안전보건관리비 사용계획
③ 재해 발생 위험 시 연락 및 대피방법
④ 특수공사계획

해설 **건설공사 유해위험방지계획서 제출 시 첨부서류**
- 공사 개요서
- 공사현장의 주변 현황 및 주변과의 관계를 나타내는 도면(매설물 현황 포함)
- 전체 공정표
- 산업안전보건관리비 사용계획서
- 안전관리 조직표
- 재해 발생 위험 시 연락 및 대피방법

092

추락재해 방지를 위한 방망의 그물코 규격 기준으로 옳은 것은?

① 사각 또는 마름모로서 크기가 5[cm] 이하
② 사각 또는 마름모로서 크기가 10[cm] 이하
③ 사각 또는 마름모로서 크기가 15[cm] 이하
④ 사각 또는 마름모로서 크기가 20[cm] 이하

해설 **방망의 구조**
- 소재: 합성섬유 또는 그 이상의 물리적 성질을 갖는 것이어야 한다.
- 그물코: 사각 또는 마름모로서 그 크기는 10[cm] 이하이어야 한다.
- 방망의 종류: 매듭방망으로서 매듭은 원칙적으로 단매듭을 한다.
- 테두리로프와 방망의 재봉: 테두리로프는 각 그물코를 관통시키고 서로 중복됨이 없이 재봉사로 결속한다.

093

사면보호공법 중 구조물에 의한 보호공법에 해당되지 않는 것은?

① 현장타설 콘크리트 격자공 ② 식생공
③ 블럭공 ④ 돌쌓기공

해설 **식생구멍공**
식물을 생육시켜 그 뿌리로 사면의 표층토를 고정하여 빗물에 의한 침식, 동상, 이완 등을 방지하고, 녹화에 의한 경관조성을 목적으로 하는 사면보호공법이다.

관련개념 **사면보호공법의 종류**
- 뿜어붙이기공: 콘크리트나 시멘트 모르타르를 뿜어 붙인다.
- 블록공: 비탈면에 블록을 덮는다.
- 돌쌓기공: 돌의 형태를 활용하여 자립구조를 형성한다.
- 배수공: 지반의 강도에 영향을 주는 물을 제거한다.
- 표층안정공법: 약액 또는 시멘트를 지반에 그라우팅하여 교반한다.

| 정답 | 090 ④ 091 ④ 092 ② 093 ②

094

건립 중 강풍에 의한 풍압 등 외압에 대한 내력이 설계에 고려되었는지 확인하여야 하는 철골구조물에 해당하지 않는 것은?

① 이음부가 현장용접인 건물
② 높이 15[m]인 건물
③ 기둥이 타이플레이트(tie plate)형인 구조물
④ 구조물의 폭과 높이의 비가 1:5인 건물

해설 **외압에 대한 내력이 설계에 고려되었는지 확인하여야 하는 철골구조물**

- 높이 20[m] 이상의 구조물
- 구조물의 폭과 높이의 비가 1 : 4 이상인 구조물
- 단면구조에 현저한 차이가 있는 구조물
- 연면적당 철골량이 50[kg/m^2] 이하인 구조물
- 기둥이 타이플레이트형인 구조물
- 이음부가 현장용접인 구조물

095

달비계의 와이어로프의 사용금지기준에 해당하지 않는 것은?

① 와이어로프의 한 꼬임에서 끊어진 소선의 수가 10[%] 이상인 것
② 지름의 감소가 공칭지름의 7[%]를 초과하는 것
③ 심하게 변형되거나 부식된 것
④ 균열이 있는 것

해설 **와이어로프의 사용금지기준**

- 이음매가 있는 것
- 와이어로프의 한 꼬임에서 끊어진 소선의 수가 10[%] 이상인 것
- 지름의 감소가 공칭지름의 7[%]를 초과하는 것
- 꼬인 것
- 심하게 변형되거나 부식된 것
- 열과 전기충격에 의해 손상된 것

096

안전계수가 4이고 2,000[kg/cm^2]의 인장강도를 갖는 강선의 최대허용응력은?

① 500[kg/cm^2] ② 1,000[kg/cm^2]
③ 1,500[kg/cm^2] ④ 2,000[kg/cm^2]

해설

최대허용응력 $= \frac{\text{인장강도}}{\text{안전계수}} = \frac{2{,}000}{4} = 500$[kg/cm^2]

097

가설통로를 설치하는 경우의 준수해야 할 기준으로 틀린 것은?

① 건설공사에 사용하는 높이 8[m] 이상인 비계다리에는 5[m] 이내마다 계단참을 설치할 것
② 수직갱에 가설된 통로의 길이가 15[m] 이상인 경우에는 10[m] 이내마다 계단참을 설치할 것
③ 경사가 15°를 초과하는 경우에는 미끄러지지 아니하는 구조로 할 것
④ 추락할 위험이 있는 장소에는 안전난간을 설치할 것

해설 **가설통로 설치 시 준수사항**

- 견고한 구조로 할 것
- 경사는 30° 이하로 할 것. 다만, 계단을 설치하거나 높이 2[m] 미만의 가설통로로서 튼튼한 손잡이를 설치한 경우에는 그러하지 아니하다.
- 경사가 15°를 초과하는 경우에는 미끄러지지 아니하는 구조로 할 것
- 추락할 위험이 있는 장소에는 안전난간을 설치할 것. 다만, 작업상 부득이한 경우에는 필요한 부분만 임시로 해체할 수 있다.
- 수직갱에 가설된 통로의 길이가 15[m] 이상인 경우에는 10[m] 이내마다 계단참을 설치할 것
- 건설공사에 사용하는 높이 8[m] 이상인 비계다리에는 7[m] 이내마다 계단참을 설치할 것

| 정답 | 094 ② 095 ④ 096 ① 097 ①

2023년 2회

098

토공기계 중 클램쉘(clam shell)의 용도에 대해 가장 잘 설명한 것은?

① 단단한 지반에 작업하기 쉽고 작업속도가 빠르며 특히 암반굴착에 적합하다.
② 수면 하의 자갈, 실트 혹은 모래를 굴착하고 준설선에 많이 사용된다.
③ 상당히 넓고 얕은 범위의 점토질 지반 굴착에 적합하다.
④ 기계위치보다 높은 곳의 굴착, 비탈면 절취에 적합하다.

해설
클램쉘은 기계보다 낮고 좁은 곳의 흙과 자갈을 굴착하는 데 적합하여 수직굴착, 자갈 등의 적재, 연약한 지반이나 수중굴착 등에 쓰인다.

099

다음 중 토사붕괴의 내적 원인인 것은?

① 절토 및 성토 높이 증가
② 사면, 법면의 기울기 증가
③ 토석의 강도저하
④ 공사에 의한 진동 및 반복 하중 증가

해설 **토석붕괴의 원인**

구분	원인
외적 원인	• 사면, 법면의 경사 및 기울기의 증가 • 절토 및 성토 높이의 증가 • 공사에 의한 진동 및 반복 하중의 증가 • 지표수 및 지하수의 침투에 의한 토사 중량의 증가 • 지진, 차량, 구조물의 하중작용 • 토사 및 암석의 혼합층두께
내적 원인	• 절토 사면의 토질·암질 • 성토 사면의 토질구성 및 분포 • 토석의 강도 저하

100

다음은 달비계 또는 높이 5[m] 이상의 비계를 조립·해체하거나 변경하는 작업을 하는 경우의 준수사항이다. ( ) 안에 알맞은 숫자는?

> 비계재료의 연결·해체작업을 하는 경우에는 폭 ( )[cm] 이상의 발판을 설치하고 근로자로 하여금 안전대를 사용하도록 하는 등 추락을 방지하기 위한 조치를 할 것

① 15　　② 20
③ 25　　④ 30

해설 **비계의 조립·해체·변경 시 준수사항(달비계 또는 높이 5[m] 이상인 경우)**

- 근로자가 관리감독자의 지휘에 따라 작업하도록 할 것
- 조립·해체 또는 변경의 시기·범위 및 절차를 그 작업에 종사하는 근로자에게 주지시킬 것
- 조립·해체 또는 변경 작업구역에는 해당 작업에 종사하는 근로자가 아닌 사람의 출입을 금지하고 그 내용을 보기 쉬운 장소에 게시할 것
- 비, 눈, 그 밖에 기상상태의 불안정으로 날씨가 몹시 나쁜 경우 그 작업을 중지시킬 것
- 비계재료의 연결·해체작업을 하는 경우에는 폭 20[cm] 이상의 발판을 설치하고 근로자로 하여금 안전대를 사용하도록 하는 등 추락을 방지하기 위한 조치를 할 것
- 재료·기구 또는 공구 등을 올리거나 내리는 경우에는 근로자가 달줄 또는 달포대 등을 사용하게 할 것

| 정답 | 098 ② 099 ③ 100 ②

2023년 4회 | CBT 복원문제

자동 채점

산업안전관리론

001

산업안전보건법령상 안전보건표지의 종류 중 금지표지에 해당하지 않는 것은?

① 탑승금지 ② 금연
③ 사용금지 ④ 접촉금지

해설 **금지표지**

출입금지 
보행금지 
차량통행금지 
사용금지 
탑승금지 
금연
화기금지
물체이동금지 

002

무재해운동을 추진하기 위해 중요한 세 개의 기둥에 해당하지 않는 것은?

① 본질추구
② 소집단 자주활동의 활성화
③ 최고경영자의 경영자세
④ 관리감독자(Line)의 적극적 추진

해설 **무재해운동 추진의 3대 기둥**

- 최고경영자의 엄격한 안전경영자세: 사업주
- 안전관리의 라인화: 관리감독자
- 직장 내 자주 안전활동의 활발화: 근로자

003

산업안전보건법령상 안전검사대상 유해·위험 기계 등의 기준 중 틀린 것은?

① 롤러기(밀폐형 구조는 제외)
② 국소 배기장치(이동식은 제외)
③ 사출성형기(형 체결력 294[kN] 미만은 제외)
④ 크레인(정격 하중이 2톤 이상인 것은 제외)

해설 **안전검사대상 유해·위험 기계·기구·설비**

- 프레스
- 전단기
- 크레인(정격 하중이 2톤 미만인 것 제외)
- 리프트
- 압력용기
- 곤돌라
- 국소 배기장치(이동식 제외)
- 원심기(산업용만 해당)
- 롤러기(밀폐형 구조 제외)
- 사출성형기(형 체결력 294[kN] 미만은 제외)
- 고소작업대(화물자동차 또는 특수자동차에 탑재한 고소작업대로 한정)
- 컨베이어
- 산업용 로봇

| 정답 | 001 ④ 002 ① 003 ④

004

산업안전보건법상 산업안전보건위원회의 심의·의결사항이 아닌 것은?

① 산업재해 예방계획의 수립에 관한 사항
② 근로자의 건강진단 등 건강관리에 관한 사항
③ 재해자에 관한 치료 및 재해보상에 관한 사항
④ 안전보건관리규정의 작성 및 변경에 관한 사항

해설 산업안전보건위원회의 심의·의결사항
- 사업장의 산업재해 예방계획의 수립에 관한 사항
- 안전보건관리규정의 작성 및 변경에 관한 사항
- 안전보건교육에 관한 사항
- 작업환경측정 등 작업환경의 점검 및 개선에 관한 사항
- 근로자의 건강진단 등 건강관리에 관한 사항
- 산업재해에 관한 통계의 기록 및 유지에 관한 사항
- 중대재해의 원인 조사 및 재발 방지대책 수립에 관한 사항
- 유해하거나 위험한 기계·기구·설비를 도입한 경우 안전 및 보건 관련 조치에 관한 사항
- 그 밖에 해당 사업장 근로자의 안전 및 보건을 유지·증진시키기 위하여 필요한 사항

005

산업안전보건법상 사업주의 의무에 해당하는 것은?

① 산업안전·보건정책의 수립·집행·조정 및 통제
② 사업장에 대한 재해 예방 지원 및 지도
③ 산업재해에 관한 조사 및 통계의 유지·관리
④ 해당 사업장의 안전 보건에 관한 정보를 근로자에게 제공

해설 산업안전보건법상 사업주 등의 의무
- 산업안전보건법과 법에서 정하는 명령으로 정하는 산업재해 예방을 위한 기준 준수
- 근로자의 신체적 피로와 정신적 스트레스 등을 줄일 수 있는 쾌적한 작업환경의 조성 및 근로조건 개선
- 해당 사업장의 안전 및 보건에 관한 정보를 근로자에게 제공

006

객관적인 위험을 작업자 나름대로 판정하여 위험을 수용하고 행동에 옮기는 것은?

① Risk Assessment ② Risk Taking
③ Risk Control ④ Risk Playing

해설 리스크 테이킹(Risk Taking)
객관적인 위험을 자기 나름대로 판정해서 의사결정을 하고 행동에 옮기는 인간의 심리특성으로, 안전태도가 불량한 사람에서 높은 빈도를 보인다.

관련개념
- Risk Assessment: 위험요인을 분석하고 그 크기를 평가, 분석하는 절차이다.
- Risk Control: 리스크를 최대한 적게 하기 위해 행하는 제어방식이다.

007

시설물의 안전관리에 관한 특별법상 안전점검 실시의 구분에 해당하지 않는 것은?

① 정기점검 ② 정밀점검
③ 긴급점검 ④ 임시점검

해설 시설물의 안전 및 유지관리에 관한 특별법령상 안전점검

구분	내용
정기 안전점검	시설물의 상태를 판단하고 시설물이 점검 당시의 사용요건을 만족시키고 있는지 확인할 수 있는 수준의 외관조사를 실시하는 안전점검
정밀 안전점검	시설물의 상태를 판단하고 시설물이 점검 당시의 사용요건을 만족시키고 있는지 확인하며 시설물 주요부재의 상태를 확인할 수 있는 수준의 외관조사 및 측정·시험장비를 이용한 조사를 실시하는 안전점검
긴급 안전점검	시설물의 붕괴·전도 등으로 인한 재난 또는 재해가 발생할 우려가 있는 경우에 시설물의 물리적·기능적 결함을 신속하게 발견하기 위하여 실시하는 점검

| 정답 | 004 ③ 005 ④ 006 ② 007 ④

008

A사업장에서 무상해, 무사고 위험순간이 300건 발생하였다면 버드(Frank Bird)의 재해구성비율에 따르면 경상은 몇 건이 발생하겠는가?

① 5 ② 10
③ 15 ④ 20

해설 **버드의 재해발생비율**

1:10:30:600 = 중상:경상(물적, 인적 손실):무상해 사고(물적 손실):무상해, 무사고

따라서 무상해, 무사고 위험순간이 300건 발생하였다면

경상은 $10 \times \frac{300}{600} = 5$건 발생한다.

009

재해발생의 원인 중 간접원인에 해당되지 않는 것은?

① 기술적 원인 ② 불안전한 상태
③ 관리적인 원인 ④ 교육적 원인

해설

'불안전한 상태'는 재해의 직접원인에 해당한다.

관련개념 **재해발생의 간접원인**

구분		
기술적 원인	• 건물·기계 등의 설계 불량 • 구조·재료의 부적합	• 생산공정의 부적당 • 점검 및 보존 불량
교육적 원인	• 안전지식 및 경험의 부족 • 경험 훈련의 미숙 • 유해위험 작업의 교육 불충분	• 작업방법의 교육 불충분 • 안전수칙의 오해
신체적 원인	• 육체피로	• 시각 및 청각 이상
정신적 원인	• 판단력 부족	• 착오
관리적 원인	• 안전관리조직 결함 • 작업준비 불충분 • 안전수칙 미제정	• 작업지시 부적당 • 인원배치(적정배치) 부적당 • 작업기준의 불명확

010

산업안전보건법령상 안전관리자의 업무가 아닌 것은?

① 해당 사업장 안전교육계획의 수립 및 안전교육 실시에 관한 보좌 및 지도·조언
② 사업장 순회점검, 지도 및 조치 건의
③ 법 또는 법에 따른 명령으로 정한 안전에 관한 사항의 이행에 관한 보좌 및 지도·조언
④ 작업장 내에서 사용되는 전체 환기장치 및 국소 배기장치 등에 관한 설비의 점검과 작업방법의 공학적 개선에 관한 보좌 및 지도·조언

해설

④는 산업안전보건법령상 보건관리자의 업무에 해당한다.

관련개념 **안전관리자의 업무**

- 산업안전보건위원회 또는 노사협의체에서 심의·의결한 업무와 해당 사업장의 안전보건관리규정 및 취업규칙에서 정한 업무
- 위험성평가에 관한 보좌 및 지도·조언
- 안전인증대상 기계 등과 자율안전확인대상 기계 등 구입 시 적격품의 선정에 관한 보좌 및 지도·조언
- 해당 사업장 안전교육계획의 수립 및 안전교육 실시에 관한 보좌 및 지도·조언
- 사업장 순회점검, 지도 및 조치 건의
- 산업재해 발생의 원인 조사·분석 및 재발 방지를 위한 기술적 보좌 및 지도·조언
- 산업재해에 관한 통계의 유지·관리·분석을 위한 보좌 및 지도·조언
- 법 또는 법에 따른 명령으로 정한 안전에 관한 사항의 이행에 관한 보좌 및 지도·조언
- 업무 수행 내용의 기록·유지
- 그 밖에 안전에 관한 사항으로서 고용노동부장관이 정하는 사항

| 정답 | 008 ① 009 ② 010 ④

011

보행 중 작업자가 바닥에 미끄러지면서 주변의 상자와 머리를 부딪침으로서 머리에 상처를 입은 경우 이 사고의 기인물은?

① 바닥　　② 상자
③ 머리　　④ 바닥과 상자

해설
재해발생의 주 원인은 바닥(기인물)이고, 직접적인 피해를 준 물체는 상자(가해물)이다.

관련개념 **기인물과 가해물**
- 기인물: 재해발생의 주 원인이며 재해를 가져오게 한 근원이 되는 기계, 장치, 물질 또는 환경 등(불안전한 상태)
- 가해물: 직접 사람에게 접촉하여 피해를 주는 기계, 장치, 물질 또는 환경 등

012

재해 손실비 평가방식 중 하인리히 방식에 있어 간접비에 해당되지 않는 것은?

① 시설복구비용　　② 교육훈련비용
③ 장례비용　　④ 생산손실비용

해설
장례비용은 재해로 인한 사망자 유족에게 지급하는 비용으로 직접비(법적으로 지급되는 산재보상비)에 해당된다.

관련개념 **직접손실비용과 간접손실비용**

직접비 (법적으로 지급되는 산재보상비)		간접비 (직접비를 제외한 모든 비용)	
• 요양급여	• 휴업급여	• 인적손실	• 물적손실
• 장해급여	• 간병급여	• 생산손실	• 임금손실
• 유족급여	• 상병보상연금	• 시간손실	• 기타손실 등
• 장례비	• 직업재활급여		

013

추락 및 감전 위험방지용 안전모의 성능기준 중 일반구조 기준으로 틀린 것은?

① 턱끈의 폭은 10[mm] 이상일 것
② 안전모의 수평간격은 1[mm] 이내일 것
③ 안전모는 모체, 착장체 및 턱끈을 가질 것
④ 안전모의 착용높이는 85[mm] 이상이고 외부수직거리는 80[mm] 미만일 것

해설 **안전모의 일반구조**
- 안전모는 모체, 착장체 및 턱끈을 가질 것
- 착장체의 머리고정대는 착용자의 머리부위에 적합하도록 조절할 수 있을 것
- 착장체의 구조는 착용자의 머리에 균등한 힘이 분배되도록 할 것
- 모체, 착장체 등 안전모의 부품은 착용자에게 상해를 줄 수 있는 날카로운 모서리 등이 없을 것
- 턱끈은 사용 중 탈락되지 않도록 확실히 고정되는 구조일 것
- 안전모의 착용높이는 85[mm] 이상이고 외부수직거리는 80[mm] 미만일 것
- 안전모의 내부수직거리는 25[mm] 이상 50[mm] 미만일 것
- 안전모의 수평간격은 5[mm] 이상일 것
- 머리받침끈이 섬유인 경우에는 각각의 폭이 15[mm] 이상이어야 하며, 교차지점 중심으로부터 방사되는 끈폭의 총합은 72[mm] 이상일 것
- 턱끈의 폭은 10[mm] 이상일 것

| 정답 | 011 ① 012 ③ 013 ②

014

산업안전보건법령상 산업안전보건위원회 사용자위원의 구성기준으로 틀린 것은? (단, 상시 근로자 100명 이상을 사용하는 사업장이다.)

① 안전관리자 1명
② 명예산업안전감독관 1명
③ 해당 사업의 대표자
④ 해당 사업의 대표자가 지명하는 9명 이내의 해당 사업장 부서의 장

해설 산업안전보건위원회의 구성

구분	내용
근로자 위원	• 근로자대표 • 명예산업안전감독관이 위촉되어 있는 사업장의 경우 근로자대표가 지명하는 1명 이상의 명예산업안전감독관 • 근로자대표가 지명하는 9명 이내의 해당 사업장의 근로자
사용자 위원	• 해당 사업의 대표자 • 안전관리자 1명(안전관리자의 업무를 안전관리전문기관에 위탁한 경우 그 기관의 해당 사업장 담당자) • 보건관리자 1명(보건관리자의 업무를 보건관리전문기관에 위탁한 경우 그 기관의 해당 사업장 담당자) • 산업보건의 • 해당 사업의 대표자가 지명하는 9명 이내의 해당 사업장 부서의 장

015

위험예지훈련 4라운드 기법 진행방법 중 본질추구는 몇 라운드에 해당되는가?

① 제1라운드 ② 제2라운드
③ 제3라운드 ④ 제4라운드

해설 위험예지훈련 4라운드

라운드	단계	내용
1라운드	현상파악	위험요인을 식별하는 단계
2라운드	본질추구	위험요인 · 문제점 발견 및 위험의 포인트를 결정하고 지적 확인하는 단계
3라운드	대책수립	위험요인을 극복하기 위한 대안 제시 단계
4라운드	목표설정	행동목표를 설정하는 단계

016

산업안전보건법령상 사업주가 산업재해가 발생하였을 때에 기록 · 보존하여야 하는 사항이 아닌 것은?

① 피해상황
② 재해 발생의 일시 및 장소
③ 재해 발생의 원인 및 과정
④ 재해 재발방지 계획

해설 산업재해 발생 시 기록 · 보존하여야 할 사항

• 사업장의 개요 및 근로자의 인적사항
• 재해 발생의 일시 및 장소
• 재해 발생의 원인 및 과정
• 재해 재발방지 계획

017

연평균 근로자수가 1,100명인 사업장에서 한 해 동안 17명의 사상자가 발생하였을 경우 연천인율은 약 얼마인가? (단, 근로자가 1일 8시간, 연간 250일을 근무하였다.)

① 7.73 ② 13.24
③ 15.45 ④ 18.55

해설 연천인율

근로자 1,000명당 발생한 재해자 수이다.

$$연천인율 = \frac{연간재해자수}{연평균\ 근로자수} \times 1{,}000 = \frac{17}{1{,}100} \times 1{,}000 = 15.45$$

| 정답 | 014 ② 015 ② 016 ① 017 ③

018

산업안전보건법령상 안전보건표지 속의 그림 또는 부호의 크기는 안전보건표지의 크기와 비례하여야 하며, 안전보건표지 전체 규격의 최소 몇 [%] 이상이어야 하는가?

① 10　　② 20
③ 30　　④ 40

해설
안전보건표지 속의 그림 또는 부호의 크기는 안전보건표지의 크기와 비례하여야 하며, 안전보건표지 전체 규격의 30[%] 이상이 되어야 한다.

019

테일러(F. W. Taylor)가 제창한 기능형 조직(Functional organization)에서 발전된 조직의 중규모(100인~500인) 사업장에서 적합한 안전관리 조직의 유형은?

① 라인형　　② 스태프형
③ 라인-스태프형　　④ 프로젝트형

해설 **스태프형(참모형) 조직의 특징**
- 근로자 100~1,000명 정도의 중규모 사업장에 적합하다.
- 스태프는 안전에 관한 계획안의 작성, 조사, 점검 결과에 의한 조언, 보고의 역할을 한다.(스스로 생산 라인의 안전업무를 행할 수 없음)
- 테일러(F. W. Taylor)의 기능형(Functional) 조직에서 발전 → 분업의 원칙을 고도로 이용 → 책임과 권한을 직능적으로 분담

020

재해의 통계적 원인분석 방법 중 다음에서 설명하는 것은?

> 2개 이상의 문제 관계를 분석하는 데 사용하는 것으로 데이터를 집계하고, 표로 표시하여 요인별 결과 내역을 교차한 그림을 작성, 분석하는 방법

① 파레토도(pareto diagram)
② 특성요인도(cause and effect diagram)
③ 관리도(control diagram)
④ 크로스도(cross diagram)

해설 **통계에 의한 재해원인 분석방법**

구분	내용
파레토도	사고의 유형, 기인물 등 분류항목을 큰 순서대로 도표화하는 방법
특성요인도	특성과 요인관계를 도표로 하여 어골상으로 세분하는 방법
크로스도	2개 이상의 문제 관계를 분석하는 데 사용하는 것으로, 데이터를 집계하고 표로 표시하여 요인별 결과 내역을 교차한 크로스 그림을 작성하여 분석하는 방법
관리도	재해 발생 건수 등의 추이를 파악하여 목표 관리를 행하는 데 필요한 월별 재해 발생수를 그래프화하여 관리선을 설정·관리하는 방법

| 정답 | 018 ③　019 ②　020 ④

인간공학 및 시스템안전공학

021

서서하는 작업의 작업대 높이에 대한 설명으로 틀린 것은?

① 경작업의 경우 팔꿈치 높이보다 5~10[cm] 낮게 한다.
② 중작업의 경우 팔꿈치 높이보다 10~20[cm] 낮게 한다.
③ 정밀작업의 경우 팔꿈치 높이보다 약간 높게 한다.
④ 부피가 큰 작업물을 취급하는 경우 최대치 설계를 기본으로 한다.

해설
부피가 큰 작업물을 취급하는 경우 작업자가 편안하게 작업할 수 있도록 작업대의 높이를 적절하게 조정하는 것이 좋다.

022

다음 중 인간-기계 인터페이스(human-machine interface)의 조화성과 가장 거리가 먼 것은?

① 인지적 조화성 ② 신체적 조화성
③ 통계적 조화성 ④ 감성적 조화성

해설
통계적 조화성은 인간-기계 인터페이스의 조화성에 해당하지 않는다.

관련개념 **인간-기계 조화성 3가지**
- 신체적 조화성
- 지적(인지적) 조화성
- 감성적 조화성

023

다음 중 작업장에서 구성요소를 배치하는 인간공학적 원칙과 가장 거리가 먼 것은?

① 선입선출의 원칙 ② 사용빈도의 원칙
③ 중요도의 원칙 ④ 기능성의 원칙

해설
선입선출의 원칙은 가장 먼저 입고된 물건이 가장 먼저 출고되는 것을 말하며 창고나 물류센터에서 물건을 보관하는 데 사용되는 원칙이다. 작업장에서 구성요소를 배치하는 것과는 관련이 없다.

관련개념 **구성요소를 배치하는 인간공학적 원칙**

중요도의 원칙	작업장에서 가장 중요한 구성요소(작업 물품)를 작업자의 손이 닿기 쉬운 곳에 배치하는 원칙이다. 이는 작업자의 안전과 효율성을 높이기 위함이다.
기능성의 원칙	구성요소를 기능별로 분류하여 배치하는 원칙이다. 이는 작업자의 작업을 편리하게 하기 위함이다. 예 기능이 비슷한 가위와 칼을 묶고, 펜과 연필을 묶어서 분류
사용빈도의 원칙	작업자가 자주 사용하여 빈도 높은 구성요소를 작업자의 손이 닿기 쉬운 곳에 배치하는 원칙이다. 이는 작업자의 작업시간을 단축하기 위함이다. 예 자주 사용하는 드라이버를 손이 닿기 쉬운 곳에 배치

024

소음을 측정하는 단위는?

① 데시벨[dB] ② 지멘스[S]
③ 루멘[lumen] ④ 거스트[Gust]

해설
② 지멘스[S]: 전기 전도도의 단위
③ 루멘[lumen]: 빛의 밝기를 측정하는 단위
④ 거스트[Gust]: 기상학에서 사용하는 '돌풍'을 의미

| 정답 | 021 ④ 022 ③ 023 ① 024 ①

025

FTA에서 사용되는 논리게이트 중 여러 개의 입력사상이 정해진 순서에 따라 순차적으로 발생해야만 결과가 출력되는 것은?

① 억제 게이트 ② 우선적 AND 게이트
③ 배타적 OR 게이트 ④ 조합 AND 게이트

해설 **우선적 AND 게이트**

입력사상 중 어떤 사상이 다른 사상보다 앞서 일어났을 때 출력이 발생한다.

관련개념

① 억제 게이트: 입력이 발생하여 조건을 만족하면 출력이 발생한다.
③ 배타적 OR 게이트: 2개 또는 그 이상의 입력이 동시에 존재하는 경우에는 출력이 발생하지 않는다.
④ 조합 AND 게이트: 3개의 입력현상 중 임의의 시간에 2개의 입력사상이 발생할 경우 출력이 발생한다.

026

다음 중 시각적 표시장치에 있어 성격이 다른 것은?

① 디지털 온도계
② 자동차 속도계기판
③ 교통신호등의 좌회전 신호
④ 은행의 대기인원 표시등

해설

교통신호등의 좌회전 신호는 색상(주로 초록색, 빨간색)이나 심벌(화살표)을 이용해 운전자에게 신호를 보내는 장치이다.
디지털 온도계, 자동차 속도계기판, 은행의 대기인원 표시등은 특정 정보를 수치로 제공하는 장치이다.

027

신기술, 신공법을 도입함에 있어서 설계, 제조, 사용의 전 과정에 걸쳐서 위험성의 여부를 사전에 검토하는 관리기술은?

① 예비위험 분석 ② 위험성 평가
③ 안전분석 ④ 안전성 평가

해설 **안전성 평가**

신기술, 신공법을 도입함에 있어서 설계, 제조, 사용의 전 과정에 걸쳐서 위험성의 여부를 사전에 검토하는 관리기술이다. 안전성 증진을 위한 기술적, 관리적 개선사항을 도출하는 것이 안전성 평가의 목적이다.

관련개념 **안전성 평가 6단계**

단계	내용
1단계	관계자료의 작성 준비
2단계	• 정성적 평가 • 설계(공장의 입지조건, 공장 내 배치)와 운전관계에 대한 평가
3단계	• 정량적 평가 • 취급물질, 용량, 온도, 압력 및 조작을 통한 위험도 평가
4단계	• 안전대책수립 • 설비대책과 관리적 대책
5단계	재해 정보에 의한 재평가
6단계	FTA에 의한 재평가

028

인간공학의 주된 연구 목적과 가장 거리가 먼 것은?

① 제품품질 향상 ② 작업의 안정성 향상
③ 작업환경의 쾌적성 향상 ④ 기계조작의 능률성 향상

해설 **인간공학(Human Factors Engineering, Ergonomics)의 목표**

인간의 특성과 한계를 이해하고 이를 바탕으로 작업환경, 제품, 시스템을 설계하거나 변경(Design for human)하는 것으로, 인간을 작업에 맞추는 것이 아니라 작업과 환경을 인간에 맞추는 것이 인간공학의 기본 철학이다. 인간공학의 주된 연구 목적은 인간의 상호작용을 최적화하여 작업의 효율성과 안전성, 작업환경의 쾌적성을 향상시키고, 기계조작의 능률성을 향상하여 작업자의 신체적·정신적 부담을 줄이는 것이다.

| 정답 | 025 ② 026 ③ 027 ④ 028 ①

029

인체의 동작 유형 중 굽혔던 팔꿈치를 펴는 동작을 나타내는 용어는?

① 내전(Adduction)　② 회내(Pronation)
③ 굴곡(Flexion)　④ 신전(Extension)

해설 **인체동작의 유형과 범위**

유형	범위	예시
내전 (Adduction)	사지 또는 부위를 신체의 중심 쪽으로 이동하는 동작	팔을 몸통 쪽으로 모으는 동작
외전 (Abduction)	신체의 중심선에서 멀어지도록 사지 또는 부위를 이동시키는 동작	팔을 옆으로 들어 올리는 동작
굴곡 (Flexion)	관절이 굽혀지면서 뼈 사이의 각도가 줄어드는 동작	손을 머리 위로 들어 올리는 동작
신전 (Extension)	관절이 펴지면서 뼈 사이의 각도가 증가하는 동작	뒤로 손을 뻗어 물건을 잡는 동작
회전 (Rotation)	뼈가 고정된 축을 중심으로 회전하는 동작	몸통이나 머리를 좌우로 돌리는 동작
회내 (Pronation)	뼈의 움직임에 따라 뼈와 근육이 움직이는 것	팔을 늘어뜨리고 팔꿈치를 직각으로 굽혀서 손바닥면이 바닥을 향하게 하는 동작
선회 (Circumduction)	신체의 특정 관절이 원뿔 모양의 움직임을 만들어내는 복합적인 운동	팔을 원을 그리며 움직이는 동작, 손목이나 발목을 돌리는 스트레칭 동작 등

030

부품검사 작업자가 한 로트당 5,000개를 검사하여 400개의 부적합품을 검출하였다. 실제 로트당 1,000개의 부적합품이 있었다고 가정할 때, 휴먼에러확률(HEP)은?

① 0.12　② 0.22
③ 0.32　④ 0.42

해설

$$\text{휴먼에러확률(HEP)} = \frac{\text{인간실수의 수}}{\text{전체 기회 수}} = \frac{1{,}000-400}{5{,}000} = 0.12$$

031

시스템을 성공적으로 작동시키는 경로의 집합을 시스템 신뢰도 측면에서는 무엇이라 하는가?

① Cut Set　② True Set
③ Path Set　④ Module Set

해설 **패스셋(Path Set)**

고장이 일어나지 않는 기본사상들의 집합으로, 시스템 신뢰성을 표시한다.

| 정답 | 029 ④　030 ①　031 ③

032

가청 주파수 내에서 사람의 귀가 가장 민감하게 반응하는 주파수 대역은?

① 20[Hz]~20,000[Hz]　② 50[Hz]~15,000[Hz]
③ 100[Hz]~10,000[Hz]　④ 500[Hz]~3,000[Hz]

해설

사람의 청력은 20~20,000[Hz]의 주파수 대역을 인식하며 이중에서도 500~3,000[Hz]의 주파수 대역을 가장 민감하게 인식하는데, 이는 인간의 목소리, 음악, 기계 소리 등 일상생활에서 흔히 듣는 소리의 주파수가 대략 500~3,000[Hz] 사이에 위치하기 때문이다.

033

FT도에서 정상사상 A의 발생확률은? (단, 기본사상 ①과 ②의 발생확률은 각각 2×10^{-3}/h, 3×10^{-2}/h이다.)

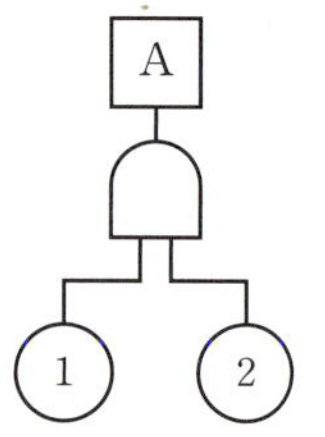

① 5×10^{-5}/h　② 6×10^{-5}/h
③ 5×10^{-6}/h　④ 6×10^{-6}/h

해설

A는 ①, ②의 AND 게이트이므로
A의 발생확률 = $(2\times10^{-3}/h)\times(3\times10^{-2}/h) = 6\times10^{-5}/h$

034

실내면의 추천 반사율이 낮은 것에서부터 높은 순으로 올바르게 배열된 것은?

① 바닥 < 가구 < 벽 < 천장　② 바닥 < 벽 < 가구 < 천장
③ 천장 < 가구 < 벽 < 바닥　④ 천장 < 벽 < 가구 < 바닥

해설

추천반사율은 빛이 반사되는 정도를 나타내며, 이는 작업 환경의 시각적 편안함과 효율성에 중요한 영향을 미친다. 작업장 내부에서 추천반사율이 가장 낮아야 하는 곳은 바닥이고, 벽과 천장은 주로 빛을 반사하여 작업공간을 밝게 유지하는 역할을 하므로 반사율이 높은 것이 좋다.

관련개념 **눈부심을 최소화하기 위한 옥내 추천 반사율**
- 천장: 80~90[%]
- 창문, 벽: 40~60[%]
- 가구, 사용기기, 책상: 25~40[%]
- 바닥: 20~40[%]

035

인간-기계 체계에서 시스템 활동의 흐름과정을 탐지 분석하는 방법이 아닌 것은?

① 가동분석　② 운반공정분석
③ 신뢰도분석　④ 사무공정분석

해설

신뢰도분석은 시스템 구성 요소의 고장확률, 안정성, 성능을 평가하는 분석 방법으로 인간-기계 체계에서 시스템 활동의 흐름과정을 탐지 분석하는 것과는 거리가 멀다.

| 정답 | 032 ④　033 ②　034 ①　035 ③

036

반사율이 80[%]인 종이에 인쇄된 글자의 반사율이 20[%]라 하면, 대비는 몇 [%]인가?

① −75[%] ② −33[%]
③ 25[%] ④ 75[%]

해설

$$대비 = \frac{기준\ 물체의\ 밝기 - 비교\ 물체의\ 밝기}{기준\ 물체의\ 밝기} \times 100$$

$$= \frac{80-20}{80} \times 100 = 75[\%]$$

037

광원으로부터의 직사 휘광을 줄이기 위한 처리방법으로 틀린 것은?

① 가리개 및 차양을 사용한다.
② 광원을 시선에서 멀리 위치시킨다.
③ 광원의 휘도를 줄이고 수를 늘린다.
④ 휘광원의 주위를 밝게 하여 광도비를 높인다.

해설

휘광원의 주위를 밝게 하여 광도비를 높이면 오히려 직사 휘광을 더 받게 되므로 적절한 처리방법이 아니다.

038

fail-safe의 종류가 아닌 것은?

① 중복구조 ② 상하 경감구조
③ 교대구조 ④ 다경로 하중 구조

해설 **상하 경감구조**

상하 경감구조는 지진 등의 자연재해나 인적인 실수 등으로 인해 건물이 무너지는 것을 방지하기 위해 건물의 상부와 하부를 연결하는 감축장치를 설치하는 것으로, fail-safe의 종류가 아니라 안전성을 높이기 위한 구조적인 방법 중 하나이다.

관련개념 **Fail Safe의 종류**

구분	내용
중복구조	동일하거나 유사한 기능을 가진 시스템을 여러 개 배치(중복 배치)하여 하나가 고장나도 다른 시스템이 작동하도록 설계하는 것이다. 예 항공기의 이중 전자 시스템
교대구조	하나의 부품이 고장날 경우 다른 부품이나 경로가 이를 대체하도록 설계하는 것이다. 예 예비전력시스템
다경로 하중 구조	하중을 여러 경로로 분산시켜 특정 경로가 손상되어도 전체 구조가 안정성을 유지하는 구조로 설계하는 것이다. 예 고층 건물의 하중을 다수의 기둥과 보로 나누어 분산시켜 설계
분할구조	특정 부의의 하중을 줄여 고장의 영향을 최소화하거나 고장을 지연시키도록 설계하는 것이다. 예 수문을 통해 물의 압력을 조절하여 댐에 가해지는 하중을 분산시키는 설계

| 정답 | 036 ④ 037 ④ 038 ②

039

조종장치의 촉각적 암호화를 위하여 고려하는 특성이 아닌 것은?

① 형상 ② 무게
③ 크기 ④ 표면 촉감

해설
촉각적 암호화는 조종장치의 형상, 크기, 표면 촉감 등을 이용하여 조종자에게만 알 수 있는 코드를 만드는 방식이며 조종장치의 무게는 이에 해당되지 않는다.

040

인체계측자료를 응용하여 제품을 설계하고자 할 때, 제품과 적용기준으로 틀린 것은?

① 공구 – 평균치 설계기준
② 출입문 – 최대 집단치 설계기준
③ 안내 데스크 – 평균치 설계기준
④ 선반 높이 – 최대 집단치 설계기준

해설
사용자와 선반 사이가 멀면 선반에 물건을 놓는 게 불가능할 수 있기 때문에 사용자가 선반에 손이 닿기 쉽게 하도록 최소치 설계기준을 따른다.

관련개념 **인체측정자료 응용원칙**

응용원칙	개념	예시
조절식 설계원칙	사용자의 신체적 특성에 따라 조절할 수 있도록 설계하는 원칙	자동차 의자, 조절식 의자 등
평균치 설계원칙	인체측정자료의 평균치를 기준으로 설계하는 원칙	은행 카운터나 책상, 지하철 손잡이의 높이 등
최대치 설계원칙	인체측정자료의 최대치를 기준으로 설계하는 원칙	문높이, 와이어로프의 사용중량 등
최소치 설계원칙	인체측정자료의 최소치를 기준으로 설계하는 원칙	조종장치, 선반의 높이, 비상벨의 위치 등

건설시공학

041

일반적인 공사의 시공속도에 관한 설명으로 옳지 않은 것은?

① 시공속도를 느리게 할수록 직접비는 증가된다.
② 급속공사를 강행할수록 품질은 나빠진다.
③ 시공속도는 간접비와 직접비의 합이 최소가 되도록 함이 가장 적절하다.
④ 시공속도를 빠르게 할수록 간접비는 감소된다.

해설 **공사속도에 따른 공사비의 변화**

- 시공속도는 간접공사비와 직접공사비의 합계가 최소가 되도록 하는 것이 가장 경제적이다.
- 매일 공사량은 손익분기점 이상의 공사량을 실시하여 채산성(생산성)이 있어야 한다.
- 공사속도를 빠르게 할수록 직접공사비는 증가하고, 간접공사비는 감소한다.
- 갑작스런 공사를 강행할수록 공사의 질은 조잡해진다.

042

다음 중 시스템 거푸집이 아닌 것은?

① 터널 폼 ② 슬립 폼
③ 유로 폼 ④ 슬라이딩 폼

해설
시스템 거푸집은 특정 목적에 맞춰 제작, 사용하는 거푸집이다. 유로 폼은 유럽연합(EU)의 규격에 맞게 제작된 거푸집으로, 특정 목적에 맞춰 제작된 것이 아니므로 시스템 거푸집이라 보기 어렵다.

| 정답 | 039 ② 040 ④ 041 ① 042 ③

043

직영공사에 관한 설명으로 옳은 것은?

① 직영으로 운영하므로 공사비가 감소된다.
② 의사소통이 원활하므로 공사기간이 단축된다.
③ 특수한 상황에 비교적 신속하게 대처할 수 있다.
④ 입찰이나 계약 등 복잡한 수속이 필요하다.

해설 **직영공사를 채택하는 경우**

- 소주택 등(공사가 간단하고 시공과정이 용이할 때)
- 공사 진행 중 설계변경이 빈번한 공사
- 재해의 응급복구 등 부득이한 공사
- 풍부한 노동력을 보유하고 재료의 구입이 편리한 공사
- 군기밀상 부득이한 공사
- 확실한 견적이 곤란한 경우의 공사

관련개념 **직영공사의 장·단점**

장점	단점
• 확실한 공사 수행 • 입찰 및 계약의 간편 • 덤핑 등 피해경감 • 감독이 필요 없음	• 예산의 차질, 공사비 증대 • 재료의 낭비, 장비의 비효율성 • 공사기일 연장 • 시공관리 능력부족

044

입찰의 절차에 있어 입찰공고에 포함되는 주요 항목이 아닌 것은?

① 계약에 관한 분쟁의 해결방법
② 입찰의 일시와 장소
③ 개략적인 공사의 특성, 유형 및 규모
④ 발주자와 설계자의 명칭과 주소

해설

계약에 관한 사항은 입찰 후에 결정할 사항이다.

관련개념 **입찰순서**

입찰공고 → 현장설명(질의응답) → 견적 → 입찰 → 개찰 → 낙찰 → 계약

045

공업화 공법(PC 공법)에 의한 콘크리트 공사의 특징과 관련이 없는 것은?

① 프리패브 공법이기 때문에 현장에서의 공정이 단축된다.
② 기상의 영향을 덜 받는다.
③ 각 부품의 접합부가 일체화되기가 어렵다.
④ 품질의 균질성을 기대하기 어렵다.

해설

PC 공법은 공장에서 미리 제작한 콘크리트 부재를 현장에서 조립하는 방식의 건축 공법으로, 공장에서 품질관리가 되므로 품질이 균질하다.

관련개념 **PC(Precast Concrete) 공법의 장단점**

구분	내용
장점	• 공장생산으로 일정품질 확보 • 공사기간 단축 • 대량생산으로 원가 절감 • 기후의 영향을 받지 않음(동절기 시공 가능)
단점	• 대형부재의 운반 어려움 • 이동 중 파손 우려 • 접합부의 품질 저하

046

기둥 거푸집의 고정 및 측압 버팀용으로 사용하는 것은?

① 턴버클 ② 세퍼레이터
③ 플랫타이 ④ 컬럼밴드

해설 **컬럼밴드**

기둥 거푸집의 외부 사각면을 긴결시키는 부속재료로, 거푸집의 형태를 유지하고 콘크리트 타설 시 발생하는 측압을 지지한다. 다양한 크기의 기둥에 맞게 조절이 가능하다.

관련개념

- 턴버클: 너트로 된 몸체와 양쪽 나사로 되어 있어 장력이나 길이를 조정하기 위한 나선식 부속이다.
- 세퍼레이터: 거푸집 상호 간의 간격을 유지하고, 측벽두께를 유지하기 위한 부속재료이다.
- 플랫타이: 유로폼의 안쪽폼과 바깥쪽폼을 연결시키는 부속재료이다.

| 정답 | 043 ③ 044 ① 045 ④ 046 ④

047

다음 조건에 따른 백호우의 단위시간당 추정 굴착량으로 옳은 것은?

> 버켓용량 0.5[m³], 사이클타임 20초, 작업효율 0.9, 굴착계수 0.7, 굴착토의 용적변화계수 1.25

① 94.5[m³] ② 80.5[m³]
③ 76.3[m³] ④ 70.9[m³]

해설 굴착토량 산출식

셔블계 굴착기의 시간당 굴착토량 산정식은 다음과 같다.

$$V=Q\times\frac{3,600}{C_m}\times E\times K\times f=0.5\times\frac{3,600}{20}\times0.9\times0.7\times1.25=70.9[m^3]$$

여기서, V: 굴착토량[m³]
Q: 버켓용량[m³]
C_m: 사이클타임[sec]
E: 작업효율
K: 굴착계수
f: 용적변화계수

048

철골구조의 조립 및 설치와 관계 없는 것은?

① 토크렌치(Torque Wrench)
② 타워크레인(Tower Crane)
③ 임팩트 렌치(Impact Wrench)
④ 트렌치 컷(Trench Cut)

해설 트렌치 컷(Trench Cut) 공법

- 아일랜드 컷 공법의 역순으로 흙을 파내는 공법으로, 구조물 위치 전체를 동시에 파내지 않고 측벽이나 주열선 부분만을 먼저 파낸 후 그 부분의 기초와 지하구조체를 축조한 다음 중앙부의 나머지 부분을 파내며 그 부분의 기초와 지하구조체를 축조한다. 마지막으로 중앙부의 나머지 부분을 파내어 지하구조물을 완성하는 방식이다.
- 이 공법은 히빙현상이 예상될 때, 지반이 극히 연약하여 온통파기를 할 수 없을 때 매우 효과적이다.
- 널말뚝을 2중으로 박아야 하고, 공사시간이 길어지는 단점이 있다.

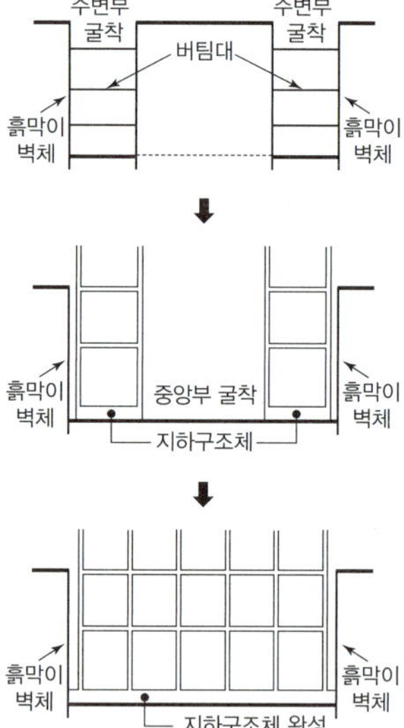

| 정답 | 047 ④ 048 ④

049

철골 공사에서 각 용접부의 명칭에 관한 설명으로 옳지 않은 것은?

① 앤드 탭(End Tab): 모재 양쪽에 모재와 같은 개선 형상을 가진 판
② 뒷댐재: 루트 간격 아래에 판을 부착한 것
③ 스캘럽: 용접선의 교차를 피하기 위하여 부채꼴과 같이 오목, 들어가게 파 놓은 것
④ 스패터: 모살 용접이 각진 부분에서 끝날 경우 각진 부분에서 그치지 않고 연속적으로 그 각을 돌아가며 용접하는 것

해설 **스패터(Spatter)**
용접 중 접촉 불량 등의 이유로 용접봉 등의 용융금속이 모재에 튀어 붙은 작은 덩어리이다.

050

지름 3~5[cm] 정도의 파이프 끝에 여과기를 달아 1~2[m] 간격으로 박고, 이를 수평으로 굵은 파이프에 연결하여 진공으로 물을 뽑아내어 지하수위를 저하시키는 공법은?

① 웰포인트 공법　② 슬러리 월 공법
③ 페이퍼 드레인 공법　④ 샌드 드레인 공법

해설 **웰포인트 공법**
지중에 웰포인트라 불리우는 지름 5[cm], 길이 1[m] 정도의 필터가 달린 흡수기를 1~2[m] 간격으로 설치하고 펌프로 지하수를 끌어 올림으로써 지하수위를 낮추는 공법이다. 연약지반의 압밀촉진 등에 이용된다.

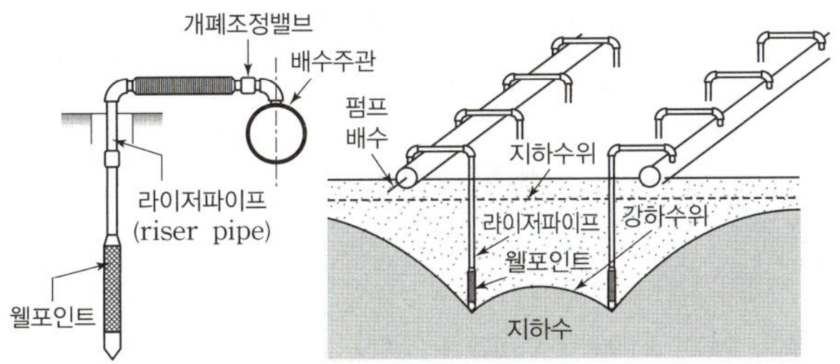

051

서중콘크리트 타설 시 슬럼프 저하나 수분의 급격한 증발 등의 우려가 있다. 이러한 문제점을 해결하기 위한 재료상 대책으로 옳은 것은?

① 단위수량을 증가시킨다.
② 고온의 시멘트를 사용한다.
③ 콘크리트의 운반 및 부어넣는 시간을 되도록 길게 한다.
④ 혼화재료는 AE 감수제 지연형을 사용한다.

해설
① 단위수량을 증가시키면 물시멘트비가 커지고 강도손실이 발생한다.
② 고온의 시멘트를 사용하면 혼합수와 반응하여 수화열이 급격하게 발생하며 내부균열이 발생한다.
③ 콘크리트의 운반, 다짐시간을 길게 하면 수분손실에 의해 시공연도가 불량해진다.

관련개념 **서중콘크리트 특징**
- 비빔온도는 30[℃] 이하, 타설온도는 35[℃] 이하로 한다.
- 슬럼프 저하 등 워커빌리티의 변화가 생기기 쉽다.
- 동일 슬럼프를 얻기 위한 단위수량이 많아진다.
- 골재와 거푸집에 물축이기를 하고, 노출면은 덮어 주어야 한다.
- 가능한 한 시멘트량을 적게 하고, AE 감수제 지연형을 사용한다.
- 조기강도의 발현은 빠르지만 장기강도의 증진이 작다.
- 소요 슬럼프는 18[cm] 이하로 하며, 물은 얼음을 사용하기도 한다.
- 표면수의 급격한 증발이나 온도에 따른 균열이 발생한다.
- 콜드 조인트가 발생하기 쉽다.

052

지형과 지반의 상태에 따라 지하수가 펌프 사용 없이 솟아나는 자분샘물을 무엇이라 하는가?

① 히빙　② 보일링
③ 정압수　④ 피압수

해설 **피압수(Confined Ground Water)**
토사의 하중에 의해 상위토층 지하수보다 높은 수두를 가지는 지하수를 피압수라고 하며, 터파기로 인해 흙이 굴착되면서 터파기 저면에서 분출될 수 있다.

관련개념 **정압수두**
유체의 흐름에 평행인 물체의 표면에 유체가 수직으로 그 관벽을 미는 압력이다.

| 정답 | 049 ④　050 ①　051 ④　052 ④

053

지반의 토질시험 과정에서의 보링 구멍을 이용하여 +자형 날개를 지반에 박고 이것을 회전시켜 점토의 점착력을 판별하는 토질 시험방법은?

① 표준관입시험 ② 베인전단시험
③ 지내력시험 ④ 압밀시험

해설 **베인테스트**

연약한 점토지반의 점착력을 판별하기 위해 실시하는 시험이다.
'베인'이라는 십자형 날개를 가진 봉을 땅에 관입시킨 후 회전시켜 그 저항치를 통해 진흙의 점착력을 판단한다. 10[m] 내외의 연약한 지반에 주로 사용한다.

관련개념

표준관입시험	중량 63.5[kg] 해머를 76[cm]에서 낙하하여 30[cm] 길이의 샘플러를 관입하는 데 필요한 타격횟수를 측정하여 지반의 강도를 측정하는 시험
지내력시험	기초구조를 결정하기 위한 시험방법으로 1톤 이하, 예상 파괴하중의 $\frac{1}{5}$의 하중을 가하는 시험
압밀시험	흙이 외부하중에 의해 점차적으로 압축되며 흙의 간극(공기), 간극수(물)를 배출시키는 시험

054

콘크리트 공사에서 거푸집 설계 시 고려사항으로 가장 거리가 먼 것은?

① 콘크리트의 측압
② 콘크리트 타설 시의 하중
③ 콘크리트 타설 시의 충격과 진동
④ 콘크리트의 강도

해설

거푸집은 콘크리트가 경화되기 전의 하중을 지지하는 구조물이므로 경화된 후의 콘크리트 강도는 거푸집 설계와 연관이 없다.

관련개념 **거푸집 설계 시 고려할 하중**

구분	고려할 하중
벽, 기둥, 보 옆	• 생콘크리트 중량 • 생콘크리트 측압
보, 슬래브 밑면	• 생콘크리트 중량 • 충격하중 • 작업하중

055

철골구조의 용접결함에 대한 검사방법이 아닌 것은?

① 자연전극 전위법 ② 육안검사
③ 염색침투탐상검사 ④ 초음파탐상검사

해설

자연전극 전위법은 철근 콘크리트에 매입되어 있는 철근의 부식 가능성을 측정하는 검사이다.

관련개념 **파괴유무에 따른 용접부 검사방법**

- 파괴시험법: 인장시험, 굽힘시험, 경도시험, 충격시험, 피로시험 등
- 비파괴시험법: 육안검사, 방사선투과검사, 초음파탐상검사, 침투탐상검사, 자분탐상검사, 와류검사 등

056

2개 이상의 기둥을 1개의 기초판으로 받치는 기초는?

① 독립기초 ② 복합기초
③ 호박돌기초 ④ 말뚝기초

해설 **복합기초**

허용지내력도가 작은 경우에 채용되는 방식으로, 2개 혹은 그 이상의 기둥의 하중을 합하여 하나의 푸팅으로 지지하는 형식의 기초이다.

관련개념

- 독립기초: 하나의 독립된 푸팅으로 단일 기둥의 하중을 지지하는 형식으로, 양질지반에 건립하며, 비교적 낮은 3~4층 정도의 건물, 창고, 공장 등 긴 스팬의 건물 등에 많이 이용된다.
- 호박돌기초: 일종의 잡석 지정이다.
- 말뚝기초: 나무말뚝, 강재말뚝, 기성콘크리트 말뚝, 제자리 콘크리트 말뚝 등을 이용한다.

| 정답 | 053 ② 054 ④ 055 ① 056 ②

057

콘크리트 비파괴검사 중에서 강도를 추정하는 측정 방법과 거리가 먼 것은?

① 슈미트 해머법 ② 초음파 속도법
③ 인발법 ④ 방사선 투과법

해설
방사선 투과법은 X선, γ선을 이용하여 철근의 위치, 크기 또는 내부 결함을 조사하는 시험이다.

관련개념 **콘크리트 비파괴검사 중 강도추정시험**
- 슈미트 해머법(타격법, 반발경도법): 콘크리트 표면을 타격하여 반발계수 계측으로 강도를 추정한다.
- 초음파법(음속법): 콘크리트 속을 전파하는 초음파의 속도에서 동적특성이나 강도를 추정한다.
- 인발법: 철근을 종류별로 배치하고 콘크리트를 타설하여 잡아당겨 철근의 강도를 추정한다.
- 진동법: 콘크리트에 진동을 주어 콘크리트의 탄성계수를 측정한다.

058

콘크리트 보양에 관한 설명으로 옳지 않은 것은?

① 경화온도를 높이기 위하여 직사일광에 노출시킨다.
② 수화작용이 충분히 일어나도록 항상 습윤상태를 유지한다.
③ 콘크리트를 부어넣은 후 1일간은 원칙적으로 그 위를 보행해서는 안 된다.
④ 평균기온이 연속적으로 2일 이상 5[℃] 미만인 경우, 담당원 또는 책임기술자의 지시에 따라 가열보온양생을 고려하여야 한다.

해설
직사광선은 수분을 빠르게 증발시켜 콘크리트의 수화작용을 방해하고 소성수축균열을 유발한다.

관련개념 **콘크리트 양생(보양) 시 주의사항**
- 콘크리트를 부어 넣은 후 5일(조강포틀랜드시멘트: 3일, 초조강포틀랜드시멘트: 2일) 이상은 살수 등을 행하여 습윤상태로 유지한다.
- 급격한 건조, 직사일광, 비, 눈에 대하여 적당한 양생(시트덮기, 모래, 면포 등으로 표면을 덮는 등)을 행한다.
- 콘크리트의 온도를 5[℃] 이상으로 유지한다.
- 진동, 하중 등 유해한 영향을 주지 않아야 한다.

059

철골공사의 용접작업 시 맞댄용접의 앞벌림 모양과 관련이 없는 것은?

① I자형 ② U자형
③ Z자형 ④ H자형

해설 **용접 시 맞댄용접의 앞벌림 모양**

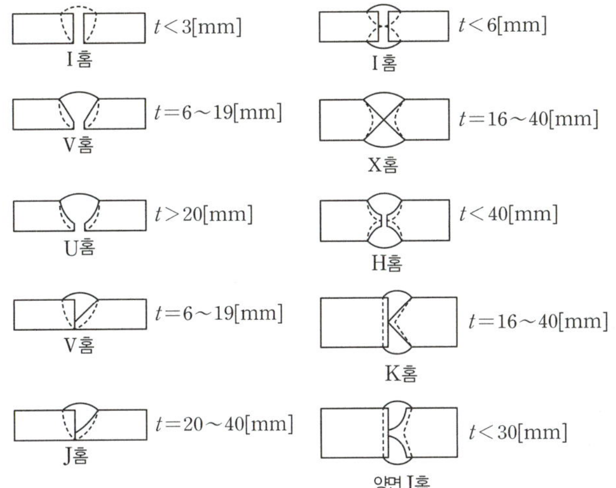

2023년 4회

060

다음 용어에 대한 정의로 틀린 것은?

① 함수비 $= \dfrac{\text{물의 무게}}{\text{토립자의 무게(건조중량)}} \times 100[\%]$

② 간극비 $= \dfrac{\text{간극의 부피}}{\text{토립자의 부피}}$

③ 포화도 $= \dfrac{\text{물의 부피}}{\text{간극의 부피}} \times 100[\%]$

④ 간극률 $= \dfrac{\text{물의 부피}}{\text{전체의 부피}} \times 100[\%]$

해설
간극률 $= \dfrac{\text{간극의 부피}}{\text{흙전체의 부피}} \times 100[\%]$

| 정답 | 057 ④ 058 ① 059 ③ 060 ④

건설재료학

061

합성수지에 대한 설명 중 틀린 것은?

① 요소수지: 내수합판의 접착제로 널리 사용되며 도료, 마감재, 장식재로 쓰인다.
② 에폭시수지: 내수성, 내약품성, 전기절연성이 우수하여 건축 분야에 널리 사용된다.
③ 실리콘수지: 발수성이 좋지 않으며, 기포성 제품으로 가공하여 보온재나 쿠션재로 사용된다.
④ 아크릴수지: 투명도가 높아 채광판, 도어판, 칸막이벽 등에 쓰인다.

해설
실리콘수지는 발수성이 우수하며, 기포성 제품이다.

관련개념 **실리콘수지**
내열성, 전기절연성, 내화학성이 우수하여 극한의 환경에서도 안전성을 유지한다. 특히 내수성이 우수하고, 유리섬유판, 텍스, 피혁류 등 모든 접착이 가능하며 방수제로도 쓰인다.

062

과소품(過燒品) 벽돌의 특징으로 틀린 것은?

① 강도가 약하다. ② 형태가 고르지 못하다.
③ 균열이 많이 보인다. ④ 색채가 고르지 못하다.

해설 **과소품 벽돌**
지나친 고온으로 구워 강도가 매우 크고, 흡수율이 매우 적다. 또한 형태 및 색채가 고르지 않은 편이다.

063

KS L 5201에 따른 1종 보통 포틀랜드시멘트의 28일 압축강도 기준으로 옳은 것은?

① 10[MPa] 이상 ② 12.5[MPa] 이상
③ 22.5[MPa] 이상 ④ 42.5[MPa] 이상

해설 **포틀랜드시멘트의 품질기준**

구분			1종	2종	3종	4종	5종
분말도	비표면적 [cm^2/g]		2,800 이상		3,300 이상	2,800 이상	
안정도	오토클레이브 팽창도[%]		0.8 이하				
	르샤틀리에 [mm]		10 이하				
응결 시간	비카 시험	초결[분]	60 이상		45 이상	60 이상	
		종결[시간]	10 이하				
수화열 [J/g]	7일		–	290 이하	–	250 이하	–
	28일		–	340 이하	–	290 이하	–
압축 강도 [MPa]	1일		–	–	10.0 이상	–	–
	3일		12.5 이상	7.5 이상	20.0 이상	–	10.0 이상
	7일		22.5 이상	15.0 이상	32.5 이상	7.5 이상	20.0 이상
	28일		42.5 이상	32.5 이상	47.5 이상	22.5 이상	40.0 이상
	91일		–	–	–	42.5 이상	–

| 정답 | 061 ③ 062 ① 063 ④

064

물–시멘트비 65[%]로 콘크리트 1[m^3]를 만드는 데 필요한 물의 양으로 적당한 것은? (단, 콘크리트는 1[m^3]당 시멘트 8포대이며, 1포대는 40[kg]이다.)

① 0.1[m^3]　② 0.2[m^3]
③ 0.3[m^3]　④ 0.4[m^3]

해설

물시멘트비(W/C) = $\frac{\text{물의 중량}}{\text{시멘트의 중량}} \times 100$이므로

물의 중량 = $\frac{\text{물시멘트비} \times \text{시멘트의 중량}}{100}$

$= \frac{65 \times (40 \times 8)}{100} = 208$[kg]

물의 밀도는 1,000[kg/m^3]이므로, 따라서 콘크리트 1[m^3]를 만드는 데 필요한 물의 양은 $\frac{208}{1,000} = 0.2$[m^3]이다.

065

재료의 열팽창계수에 대한 설명으로 틀린 것은?

① 온도의 변화에 따라 물체가 팽창·수축하는 비율을 말한다.
② 길이에 관한 비율인 선팽창계수와 용적에 관한 체적팽창계수가 있다.
③ 일반적으로 체적팽창계수는 선팽창계수의 3배이다.
④ 체적팽창계수의 단위는 [W/m·K]이다.

해설

체적팽창계수는 온도 1[℃]마다 변하는 분율로, 단위는 온도의 역수인 [1/℃] 또는 [1/K]를 사용한다.
[W/m·K]는 열전도율의 단위이다.

066

기건상태인 목재의 함수율은 약 얼마인가?

① 10[%] 정도　② 15[%] 정도
③ 20[%] 정도　④ 25[%] 정도

해설 **기건상태**

대기 중의 습도와 균형상태로, 목재의 함수율은 15[%] 정도이다.

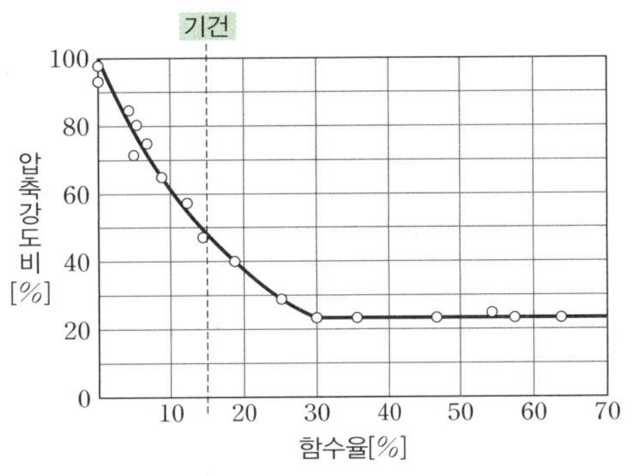

▲ 목재의 함수율에 따른 압축강도비

067

다음은 시멘트를 조기강도가 큰 것으로부터 작은 순서대로 열거한 것이다. 옳은 것은?

① 알루미나 시멘트–고로 시멘트–보통 포틀랜드 시멘트
② 보통 포틀랜드 시멘트–고로 시멘트–알루미나 시멘트
③ 알루미나 시멘트–보통 포틀랜드 시멘트–고로 시멘트
④ 보통 포틀랜드 시멘트–알루미나 시멘트–고로 시멘트

해설 **시멘트별 조기강도**

- 알루미나 시멘트: (보통 포틀랜드 시멘트 기준)24시간에 28일 강도 발현
- 보통 포틀랜드 시멘트: 기준
- 고로 슬래그 시멘트: 조기강도는 보통 포틀랜드 시멘트보다 작음(3~6개월 이후 장기강도는 비슷하거나 큼)

| 정답 | **064** ② **065** ④ **066** ② **067** ③

068

수화속도를 지연시켜 수화열을 작게 한 시멘트로, 건조수축이 작고 내황산염성이 크며, 건축용 매스콘크리트 등에 사용되는 시멘트는?

① 중용열 포틀랜드시멘트 ② 조강 포틀랜드시멘트
③ 초조강 포틀랜드시멘트 ④ 백색 포틀랜드시멘트

해설 중용열 포틀랜드시멘트

- 수화열을 작게 한 시멘트로 단기강도는 작으나 장기강도가 크다.
- 건조수축이 작고, 내산성·내황산염성이 크다.
- 댐, 방사선 차폐용, 지하 구조물용, 도로 포장용, 서중 콘크리트용으로 사용한다.

069

건물의 바닥 충격음을 저감시키는 방법에 대한 설명으로 틀린 것은?

① 유리면 등의 완충재를 바닥공간 사이에 넣는다.
② 부드러운 표면마감재를 사용하여 충격력을 작게 한다.
③ 바닥을 띄우는 이중바닥으로 한다.
④ 바닥슬래브의 중량을 작게 한다.

해설

충격음 저감을 위해 바닥슬래브의 중량을 크게 하여야 한다.

관련개념 바닥 충격음 저감대책

- 뜬 바닥(Floating Floor) 공법: 완충재를 설치하여 충격에너지를 최소화한다.
- 중량 고강성 바닥 공법: 바닥의 두께와 밀도를 증가시킨다.
- 표면 완충공법: 유연한 마감재로 충격음을 완화시킨다.
- 차음이 되도록 이중 천정을 설치한다.

070

포틀랜드시멘트의 화학성분 중 가장 많은 부분을 차지하는 성분은?

① 석회(CaO) ② 실리카(SiO_2)
③ 알루미나(Al_2O_3) ④ 산화철(Fe_2O_3)

해설 포틀랜드시멘트의 성분

성분	명칭	분량[%]
주성분	실리카(SiO_2)	20~26
	알루미나(Al_2O_3)	4~9
	석회(CaO)	60~66
부성분	산화철(Fe_2O_3)	2~4
	마그네시아(MgO)	1~3
	무수황산(SO_3)	1~2.8
잡성분	불용해 성분	0.1~1
기타	황화물, 유황, 알칼리, 인의 산화물	소량
	강열감량(Ignition Loss)	–

| 정답 | 068 ① 069 ④ 070 ①

071

콘크리트 혼화재료 중 플라이애시(Fly Ash)에 관한 설명으로 틀린 것은?

① 콘크리트의 워커빌리티(Workability)를 좋게 한다.
② 주성분은 탄소(C)이다.
③ 콘크리트의 수밀성을 향상시킨다.
④ 콘크리트의 수화초기 시 발열량을 감소시킨다.

해설
플라이애시는 석탄 발전소에서 발생하는 연소재로, 주성분은 실리카(SiO_2)와 알루미나(Al_2O_3)이다.

관련개념 **플라이애시(Fly Ash)**
콘크리트의 워커빌리티를 좋게 하고 사용수량을 감소시켜 준다. 내부온도 상승에 의한 균열발생을 억제하는 데 유효하며 수밀성을 크게 개선한다. 댐(Dam) 콘크리트, 프리팩트(Prepacked) 콘크리트 등에 증량제로 쓰이지만 그 품질에 대하여 충분한 시험을 하여야 한다.

072

강을 제조할 때 사용하는 제강법의 종류가 아닌 것은?

① 평로 제강법　② 전기로 제강법
③ 반사로 제강법　④ 도가니 제강법

해설 **제강법의 4가지 종류**
• 평로 제강법
• 전로 제강법
• 전기로 제강법
• 도가니 제강법

073

콘크리트의 블리딩 현상에 의한 성능저하와 가장 거리가 먼 것은?

① 골재와 페이스트의 부착력 저하
② 철근과 페이스트의 부착력 저하
③ 콘크리트의 수밀성 저하
④ 콘크리트의 응결성 저하

해설
블리딩 현상은 재료분리 현상으로, 응결성과는 관계가 없다.

관련개념 **블리딩 현상**
콘크리트 타설 후 석고, 불순물 등의 미세한 물질은 물과 함께 상승하고, 골재, 시멘트 등은 침하하는 현상을 말한다.
일종의 재료분리 현상으로서 워터 게인 및 레이턴스를 유발하여 콘크리트의 품질을 저하시키는 원인이 되기도 한다.

074

도료의 저장 중 또는 용기 내 방치 시 도료의 표면에 피막이 형성되는 현상의 발생 원인과 가장 관계가 먼 것은?

① 피막방지제의 부족이나 건조제가 과잉일 경우
② 용기 내에 공간이 커서 산소의 양이 많을 경우
③ 부적당한 시너로 희석하였을 경우
④ 사용잔량을 뚜껑을 열어둔 채 방치하였을 경우

해설
시너로 희석하면 형성된 피막도 제거된다.

관련개념 **피막형성 현상**
유성, 알키드 도료의 표면이 캔 용기 속의 공기로 인해 산화건조하여 도료의 표면층에 불용성의 피막이 발생하는 현상이다.
• 도료의 저장 중 피막형성 원인
  – 피막방지제의 부족 또는 건조제의 과잉
  – 캔 용기 내의 공간이 너무 많아 산소의 내장량이 많음
  – 사용하고 남은 도료를 밀봉하지 않은 채 방치
• 도료의 저장 중 생기는 현상
  – 증점(겔화, Gelling)
  – 침전(Caking)
  – 피막(Skinning)
  – 수지분 분리

| 정답 | 071 ② 072 ③ 073 ④ 074 ③

2023년 4회

075

다음 제품의 품질시험으로 옳지 않은 것은?

① 기와: 흡수율과 인장강도 ② 타일: 흡수율
③ 벽돌: 흡수율과 압축강도 ④ 내화벽돌: 내화도

해설

점토기와의 품질기준(KS F 3510)에서 명시하는 품질시험은 겉모양, 치수, 흡수율, 휨파괴하중, 내동해성으로, 인장강도에 대한 기준은 없다.

076

콘크리트 공기량에 관한 설명으로 옳지 않은 것은?

① AE 콘크리트의 공기량은 보통 3~6[%]를 표준으로 한다.
② 콘크리트를 진동시키면 공기량이 감소한다.
③ 콘크리트의 온도가 높으면 공기량이 줄어든다.
④ 비빔시간이 길면 길수록 공기량은 증가한다.

해설 **AE(Air Entrained) 콘크리트**

- 시공연도가 좋아지고, 단위수량을 감소시킬 수 있다.
- 공기량은 3~6[%]로 하고, 보통콘크리트는 4[%], 경량콘크리트는 6[%]가 표준이다. (허용오차는 ±0.5[%])
- 공기량 1[%] 증가에 압축강도는 3~5[%] 정도 저하된다.
- 모래비율이 많을수록 공기량은 증가한다.
- 진동을 주고 온도가 높으면 공기량이 감소한다.
- 손비빔보다 기계비빔이 공기량 발생이 많다.
- 공기량은 잔골재의 미립분이 많을수록 증가한다.
- 공기량은 빈배합 슬럼프값(18[cm]까지)이 클수록 증가한다.
- 공기량이 증가할수록 시공연도는 개선된다.
- 비빔시간 2~3분까지는 공기량이 증가하고, 그 이상은 감소한다.
- 표면이 매끈하여 제물치장에 효과적이다.
- 단열성, 내동해성 및 내구성은 증가하나 부착강도와 압축강도는 감소한다.
- 강재와의 부착력이 감소한다.

077

콘크리트의 성질을 개선하기 위해 사용하는 각종 혼화제의 작용에 포함되지 않는 것은?

① 기포작용 ② 분산작용
③ 건조작용 ④ 습윤작용

해설 **콘크리트 혼화제의 작용**

- 기포작용: 콘크리트 속에 미세한 공기를 발생시켜 그 기포가 볼 베어링(Ball-bearing) 작용을 일으켜 시공성을 개선하고 동결융해에 대한 저항성을 가진다.
- 분산작용: 시멘트 입자의 표면에 흡착되어 서로 밀어내는 분산작용으로 유동성이 좋아진다.
- 습윤작용: 콘크리트로부터 탈수를 막고, 시멘트 입자 간의 습윤한 상태를 유지하여 적정한 수화반응을 돕는다.

078

평판성형되어 유리대체재로서 사용되는 것으로 유기질 유리라고 불리우는 것은?

① 아크릴 수지 ② 페놀 수지
③ 폴리에틸렌 수지 ④ 요소 수지

해설 **아크릴 수지**

- 열가소성 수지로 유기질 유리라고도 한다.
- 무색투명한 판은 광선 및 자외선의 투과성이 크고, 내약품성, 전기절연성이 크며, 내충격강도는 무기재료보다 10배 정도 더 크다.
- 항공기나 자동차의 방풍유리, 조명기구, 렌즈 등으로 쓰인다.

관련개념

페놀 수지	• 높은 열저항성과 화학적 안정성을 가지고 있다. • 매우 단단하고, 유연하지 않아 탄소섬유 등과 함께 사용한다. • 접착성능이 낮은 편이다.
폴리에틸렌 수지	PE제품, PE필름, 파이프, 섬유 등에 사용한다.
요소 수지	• 주된 용도는 합판(MDF)의 접착제이다.(80[%] 정도) • 성형하여 제품으로 만들어 사용하기도 하는데, 색상을 넣기 쉬워 많은 종류의 잡화를 만들 수 있다.

| 정답 | 075 ① 076 ④ 077 ③ 078 ①

079

석재에 관한 설명으로 옳지 않은 것은?

① 석회암은 석질이 치밀하나 내화성이 부족하다.
② 현무암은 석질이 치밀하여 토대석, 석축에 쓰인다.
③ 테라조는 대리석을 종석으로 한 인조석의 일종이다.
④ 화강암은 석회, 시멘트의 원료로 사용된다.

해설

시멘트의 주원료는 석회질 원료(석회암, 고로슬래그)와 점토질 원료이며 여기에 규산질 원료, 산화철 원료를 가하고 다시 완결제(석고)를 혼합한다.

관련개념 **화강암(Granite)**

- 구조재로 쓰이고 바탕색과 반점이 미려하여 외관이 수려하므로 내외장재로 쓰인다.
- 압축강도, 내마모성이 우수하다.
- 통행량이 많은 건축물의 출입문 주위나 복도, 계단 등에 많이 쓰인다.

080

다음 중 목재의 건조 목적이 아닌 것은?

① 전기절연성의 감소
② 목재수축에 의한 손상 방지
③ 목재강도의 증가
④ 균류에 의한 부식 방지

해설

잘 건조된 목재는 전기절연성이 우수하다.

관련개념

건조된 목재일수록 강도가 크고, 잘 건조된 목재는 저압 전기에 대해서는 불량도체라고 생각해도 무방하다. 그러나 목재의 함유 수분이 증가할수록 전기가 잘 통하며 전기저항과 함수율 간에는 일정한 관계가 성립한다.

건설안전기술

081

다음 설명에서 제시된 산업안전보건법에서 말하는 대통령령으로 정하는 공사에 해당하지 않는 것은?

> 건설업 중 대통령령으로 정하는 공사를 착공하려는 사업주는 유해위험방지계획서를 작성할 때 건설안전 분야의 자격 등 고용노동부령으로 정하는 자격을 갖춘 자의 의견을 들어야 한다.

① 지상높이가 31[m]인 건축물의 건설 · 개조 또는 해체
② 최대 지간길이가 50[m]인 교량건설 등의 공사
③ 깊이가 8[m]인 굴착공사
④ 터널 건설공사

해설 **유해위험방지계획서 제출 대상 건설공사**

- 다음의 어느 하나에 해당하는 건축물 또는 시설 등의 건설 · 개조 또는 해체(건설 등) 공사
  - 지상높이가 31[m] 이상인 건축물 또는 인공구조물
  - 연면적 30,000[m^2] 이상인 건축물
  - 연면적 5,000[m^2] 이상의 문화 및 집회시설(전시장 및 동물원 · 식물원 제외), 판매시설, 운수시설(고속철도의 역사 및 집배송시설 제외), 종교시설, 의료시설 중 종합병원, 숙박시설 중 관광숙박시설, 지하도상가, 냉동 · 냉장 창고시설
- 연면적 5,000[m^2] 이상인 냉동 · 냉장창고시설의 설비공사 및 단열공사
- 최대 지간길이가 50[m] 이상인 다리의 건설 등 공사
- 터널의 건설 등 공사
- 다목적댐, 발전용댐, 저수용량 2천만 톤 이상의 용수 전용 댐 및 지방상수도 전용 댐의 건설 등 공사
- 깊이 10[m] 이상인 굴착공사

| 정답 | 079 ④ 080 ① 081 ③

2023년 4회

082

근로자의 추락 등의 위험을 방지하기 위한 안전난간의 설치 기준으로 옳지 않은 것은?

① 상부 난간대와 중간 난간대는 난간 길이 전체에 걸쳐 바닥면 등과 평행을 유지할 것
② 발끝막이판은 바닥면 등으로부터 20[cm] 이하의 높이를 유지할 것
③ 난간대는 지름 2.7[cm] 이상의 금속제 파이프나 그 이상의 강도가 있는 재료일 것
④ 안전난간은 구조적으로 가장 취약한 지점에서 가장 취약한 방향으로 작용하는 100[kg] 이상의 하중에 견딜 수 있는 튼튼한 구조일 것

해설 **안전난간의 구조 및 설치기준**

- 상부 난간대, 중간 난간대, 발끝막이판, 난간기둥으로 구성할 것
- 상부 난간대는 바닥면·발판 또는 경사로의 표면(바닥면 등)으로부터 90[cm] 이상 지점에 설치하고, 상부 난간대를 120[cm] 이하에 설치하는 경우에는 중간 난간대는 상부 난간대와 바닥면 등의 중간에 설치하여야 하며, 120[cm] 이상 지점에 설치하는 경우에는 중간 난간대를 2단 이상으로 균등하게 설치하고 난간의 상하 간격은 60[cm] 이하가 되도록 할 것
- 발끝막이판은 바닥면 등으로부터 10[cm] 이상의 높이를 유지할 것
- 난간기둥은 상부 난간대와 중간 난간대를 견고하게 떠받칠 수 있도록 적정한 간격을 유지할 것
- 상부 난간대와 중간 난간대는 난간 길이 전체에 걸쳐 바닥면 등과 평행을 유지할 것
- 난간대는 지름 2.7[cm] 이상의 금속제 파이프나 그 이상의 강도가 있는 재료일 것
- 안전난간은 구조적으로 가장 취약한 지점에서 가장 취약한 방향으로 작용하는 100[kg] 이상의 하중에 견딜 수 있는 튼튼한 구조일 것

083

차량계 하역운반기계를 사용하는 작업에 있어 고려되어야 할 사항과 가장 거리가 먼 것은?

① 작업지휘자의 배치　② 유도자의 배치
③ 갓길 붕괴 방지 조치　④ 안전관리자의 선임

해설

사업주는 차량계 하역운반기계 등을 사용하는 작업을 할 때에 그 기계가 넘어지거나 굴러떨어짐으로써 근로자에게 위험을 미칠 우려가 있는 경우에는 그 기계를 유도하는 사람을 배치하고 지반의 부동침하 방지 및 갓길 붕괴를 방지하기 위한 조치를 하여야 한다.

관련개념 **작업지휘자의 지정**

다음의 작업에서 작업계획서를 작성한 경우 작업지휘자를 지정하여 작업계획서에 따라 작업을 지휘하도록 하여야 한다.

- 차량계 하역운반기계 등을 사용하는 작업(화물자동차를 사용하는 도로상의 주행작업 제외)
- 굴착면의 높이가 2[m] 이상이 되는 지반의 굴착작업
- 교량(상부구조가 금속 또는 콘크리트로 구성되는 교량으로서 그 높이가 5[m] 이상이거나 교량의 최대 지간길이가 30[m] 이상인 교량으로 한정)의 설치·해체 또는 변경 작업
- 구축물 등의 해체작업
- 중량물의 취급작업

084

가설구조물에서 많이 발생하는 중대재해의 유형으로 가장 거리가 먼 것은?

① 무너짐 재해
② 낙하물에 의한 재해
③ 굴착기계와의 접촉에 의한 재해
④ 추락 재해

해설

굴착기계와의 접촉에 의한 재해는 주로 토공작업 및 양중작업 등 건설기계 사용 중 발생하는 재해 형태이다.

| 정답 | 082 ②　083 ④　084 ③

085

토석붕괴 방지방법에 대한 설명으로 옳지 않은 것은?

① 말뚝(강관, H형강, 철근콘크리트)을 박아 지반을 강화시킨다.
② 활동의 가능성이 있는 토석을 제거한다.
③ 지표수가 침투되지 않도록 배수시키고 지하수위 저하를 위해 수평보링을 하여 배수시킨다.
④ 활동에 의한 붕괴를 방지하기 위해 비탈면, 법면의 상단을 다진다.

해설
활동에 의한 붕괴를 방지하기 위해서는 비탈면의 경사각을 줄이고 법면 상단의 상재하중을 최소화하여야 한다.
다짐 등 진동발생 시 토석붕괴는 가중된다.

086

터널작업에 있어서 자동경보장치가 설치된 경우에 이 자동경보장치에 대하여 당일의 작업시작 전 점검하여야 할 사항이 아닌 것은?

① 계기의 이상 유무
② 검지부의 이상 유무
③ 경보장치의 작동상태
④ 환기 또는 조명시설의 이상 유무

해설 **터널작업 시 작업시작 전 자동경보장치 점검사항**
- 계기의 이상 유무
- 검지부의 이상 유무
- 경보장치의 작동상태

087

콘크리트 타설작업의 안전대책으로 옳지 않은 것은?

① 작업시작 전 거푸집 및 동바리의 변형, 변위 및 지반 침하 유무를 점검한다.
② 작업 중 감시자를 배치하여 거푸집 및 동바리의 변형, 변위 유무를 확인한다.
③ 타설은 한쪽부터 순차적으로 타설하여 붕괴 재해를 방지하여야 한다.
④ 설계도서 상 콘크리트 양생기간을 준수하여 거푸집 및 동바리를 해체한다.

해설 **콘크리트 타설작업 시 준수사항**
- 당일의 작업을 시작하기 전에 해당 작업에 관한 거푸집 및 동바리의 변형·변위 및 지반의 침하 유무 등을 점검하고 이상이 있으면 보수할 것
- 작업 중에는 감시자를 배치하는 등의 방법으로 거푸집 및 동바리의 변형·변위 및 침하 유무 등을 확인하여야 하며, 이상이 있으면 작업을 중지하고 근로자를 대피시킬 것
- 콘크리트 타설작업 시 거푸집 붕괴의 위험이 발생할 우려가 있으면 충분한 보강조치를 할 것
- 설계도서 상의 콘크리트 양생기간을 준수하여 거푸집 및 동바리를 해체할 것
- 콘크리트를 타설하는 경우에는 편심이 발생하지 않도록 골고루 분산하여 타설할 것

088

외줄비계·쌍줄비계 또는 돌출비계는 벽이음 및 버팀을 설치하여야 하는데 강관비계 중 단관비계로 설치할 때의 조립간격으로 옳은 것은? (단, 수직방향, 수평방향의 순서임)

① 4[m], 4[m]　② 5[m], 5[m]
③ 5.5[m], 7.5[m]　④ 6[m], 8[m]

해설 **강관비계의 조립간격**

강관비계의 종류	조립간격[m]	
	수직방향	수평방향
단관비계	5	5
틀비계(높이 5[m] 미만인 것 제외)	6	8

| 정답 | 085 ④　086 ④　087 ③　088 ②

089

다음 토공기계 중 굴착기계와 가장 관계있는 것은?

① Clam Shell　　② Road Roller
③ Shovel Loader　　④ Belt Conveyer

해설

Road Roller는 다짐기계, Shovel Loader 및 Belt Conveyer는 운반기계이다.

관련개념 **굴착용 기계**

구분	굴착기계	특징	토질
셔블계	파워셔블	• 지반면보다 높은 곳의 굴착, 쇄석, 옮겨쌓기, 토사의 처리 등에 널리 쓰인다. • 굴착깊이: 3[m] 정도	굳은 점토, 암석, 토사
	드래그셔블(백호우)	• 지반면보다 낮은 곳의 굴착, 지하층 및 기초굴착, 토목공사나 수중굴착 등에 쓰인다. • 도로건설 작업 중 경사측면 굴착에 쓰인다. • 파는 힘이 강력하여 경질지반 굴착에 적합하다. • 굴착깊이: 5~8[m] 정도	자갈, 암석이 섞인 토사, 굳은 지반
	드래그라인	• 지반면보다 낮은 곳의 굴착, 연약한 지반의 깊은 굴착 등에 쓰인다. • 굴착깊이: 8[m] 정도	암석, 암석이 섞인 토사, 연약한 지반
	클램쉘	• 좁은 곳의 수직굴착, 자갈 등의 적재, 연약한 지반이나 수중굴착 등에 쓰인다. • 굴착깊이: 보통 8[m], 최대 18[m] 정도	자갈, 암석, 연약한 지반
트랙터계	불도저	• 직선 송토작업, 단단한 지반과 암석작업 등에 널리 쓰인다. 배토판은 상하로만 움직인다. • 운반거리: 최대 100[m], 적정 50~60[m]	암석, 굳은 지반

090

굴착기계의 운행 시 안전대책으로 옳지 않은 것은?

① 버킷에 사람의 탑승을 허용해서는 안 된다.
② 운전반경 내에 사람이 있을 때 회전은 10[rpm] 이하의 느린 속도로 하여야 한다.
③ 장비의 주차 시 경사지나 굴착작업장으로부터 충분히 이격시켜 주차한다.
④ 전선이나 구조물 등에 인접하여 붐을 선회해야 될 작업에는 사전에 회전반경, 높이제한 등 방호조치를 강구한다.

해설

운전반경 내에 사람이 있을 때에는 운전작업을 중지하여야 한다.

091

점토질 지반의 침하 및 압밀 재해를 막기 위하여 실시하는 지반개량 탈수공법으로 적당하지 않은 것은?

① 샌드드레인 공법　　② 생석회 공법
③ 진동 공법　　④ 페이퍼드레인 공법

해설 **점토지반 개량공법**

• 생석회말뚝 공법
• 페이퍼드레인 공법
• 샌드드레인 공법
• 폭파치환 공법
• 압밀(재하) 공법
• 여성토 공법
• 생석회 공법

| 정답 | 089 ① 090 ② 091 ③

092

사급자재비가 30억, 직접노무비가 35억, 관급자재비가 20억 원인 빌딩 신축공사를 할 경우 계상해야 할 산업안전보건관리비는 얼마인가? (단, 공사종류는 건축공사이다.)

① 122,000,000원　② 184,860,000원
③ 153,850,000원　④ 201,450,000원

해설

발주자가 재료를 제공하거나 일부 물품이 완제품의 형태로 제작·납품되는 경우에는 해당 재료비 또는 완제품 가액을 대상액에 포함하여 산출한 산업안전보건관리비와 해당 재료비 또는 완제품 가액을 대상액에서 제외하고 산출한 산업안전보건관리비의 1.2배에 해당하는 값을 비교하여 그 중 작은 값 이상의 금액으로 계상한다.

- 관급자재비 포함
  산업안전보건관리비 = (30억 + 35억 + 20억) × 0.0237 = 201,450,000원
- 관급자재비 미포함
  산업안전보건관리비 = (30억 + 35억) × 0.0237 × 1.2 = 184,860,000원
  따라서 둘 중 더 작은 값인 184,860,000원으로 계상한다.

관련개념 **공사종류 및 규모별 산업안전보건관리비 계상기준표**

구분 공사종류	대상액 5억 원 미만	대상액 5억 원 이상 50억 원 미만		대상액 50억 원 이상	보건관리자 선임대상 건설공사
		비율	기초액		
건축공사	3.11[%]	2.28[%]	4,325,000원	2.37[%]	2.64[%]
토목공사	3.15[%]	2.53[%]	3,300,000원	2.60[%]	2.73[%]
중건설공사	3.64[%]	3.05[%]	2,975,000원	3.11[%]	3.39[%]
특수건설공사	2.07[%]	1.59[%]	2,450,000원	1.64[%]	1.78[%]

093

다음 중 건설재해대책의 사면보호공법에 해당하지 않는 것은?

① 쉴드공　② 식생공
③ 뿜어 붙이기공　④ 블록공

해설

쉴드공법은 터널굴착 공법에 해당한다.

관련개념 **사면보호공법의 종류**

- 식생구멍공: 비탈면에 식물을 생육시켜 그 뿌리로 사면의 표층토를 고정한다.
- 뿜어 붙이기공: 콘크리트나 시멘트 모르타르를 뿜어 붙인다.
- 블록공: 비탈면에 블록을 덮는다.
- 돌쌓기공: 돌의 형태를 활용하여 자립구조를 형성한다.
- 배수공: 지반의 강도에 영향을 주는 물을 제거한다.
- 표층안정공법: 약액 또는 시멘트를 지반에 그라우팅하여 교반한다.

094

건물외부에 낙하물 방지망을 설치할 경우 수평면과의 가장 적절한 각도는?

① 5° 이상 10° 이하　② 10° 이상 15° 이하
③ 15° 이상 20° 이하　④ 20° 이상 30° 이하

해설 **낙하물 방지망 또는 방호선반의 설치 시 준수사항**

- 높이 10[m] 이내마다 설치하고, 내민 길이는 벽면으로부터 2[m] 이상으로 할 것
- 수평면과의 각도는 20° 이상 30° 이하를 유지할 것

| 정답 | 092 ②　093 ①　094 ④

095

흙막이벽의 근입깊이를 깊게 하고, 전면의 굴착부분을 남겨 두어 흙의 중량으로 대항하게 하거나, 굴착예정부분의 일부를 미리 굴착하여 기초콘크리트를 타설하는 등의 대책과 가장 관계 깊은 것은?

① 히빙 현상이 있을 때 ② 파이핑 현상이 있을 때
③ 지하수위가 높을 때 ④ 굴착 깊이가 깊을 때

해설 **히빙(Heaving) 현상**
연약한 점토지반의 굴착이 진행됨에 따라 흙막이벽 뒤쪽 흙의 중량이 굴착부 바닥의 지지력 이상이 되면 흙막이벽 근입 부분의 지반 이동이 발생하여 굴착부 저면이 솟아오르는 현상을 말한다.

관련개념 **히빙 현상의 원인과 예방대책**

원인	• 흙막이 배면부와 굴착면의 토압차 • 굴착지반의 강성 부족 • 흙막이 배면부 과하중 • 흙막이 말뚝의 심도 부족
예방대책	• 흙막이벽의 말뚝 깊이를 설계지반까지 시공 • 굴착부 상부 하중 제거 • 소단굴착 시공 • 흙막이 배면토압 경감조치 • 그라우팅 등 보강공법 시행 • 굴착 주변에 웰포인트 공법 병행 • 굴착부 저면에 인공중력 가중 • 지반 개량(흙의 전단강도 높이기)

096

유해위험방지계획서 제출 시 첨부서류에 해당하지 않는 것은?

① 교통처리계획
② 안전관리 조직표
③ 공사 개요서
④ 공사현장의 주변 현황 및 주변과의 관계를 나타내는 도면

해설 **건설공사 유해위험방지계획서 제출 시 첨부서류**
• 공사 개요서
• 공사현장의 주변 현황 및 주변과의 관계를 나타내는 도면(매설물 현황 포함)
• 전체 공정표
• 산업안전보건관리비 사용계획서
• 안전관리 조직표
• 재해 발생 위험 시 연락 및 대피방법

097

철골작업을 중지하여야 하는 조건에 해당되지 않는 것은?

① 풍속이 초당 10[m] 이상인 경우
② 지진이 진도 4 이상의 경우
③ 강우량이 시간당 1[mm] 이상의 경우
④ 강설량이 시간당 1[cm] 이상의 경우

해설
철골작업을 중지하여야 하는 제한기준 중 지진에 대한 기준은 없다.

관련개념 **철골작업 중지기준**
• 풍속이 초당 10[m] 이상인 경우
• 강우량이 시간당 1[mm] 이상인 경우
• 강설량이 시간당 1[cm] 이상인 경우

| 정답 | 095 ① 096 ① 097 ②

098

굴착공사에서 굴착깊이가 5[m], 굴착저면의 폭이 5[m]인 경우 양단면 굴착 시 굴착부 상단면의 폭은 얼마인가? (단, 굴착면의 기울기는 1:1로 한다.)

① 2.5[m] ② 5[m]
③ 10[m] ④ 15[m]

해설
굴착면의 기울기가 1:1인 경우 상부 양단면은 각 5[m]이므로 상단폭은 5+5+5=15[m]이다.

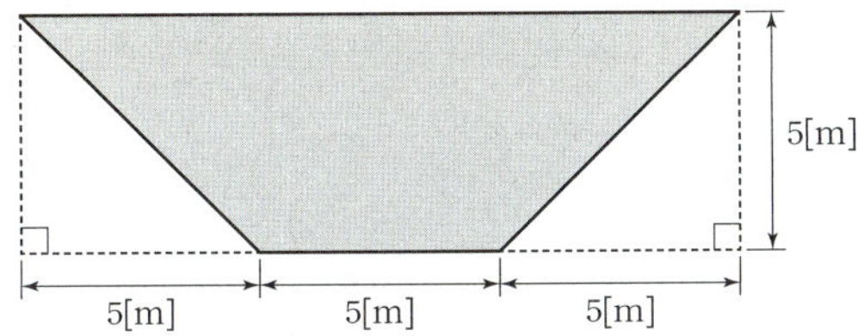

099

크레인을 사용하여 작업을 하는 때 작업시작 전 점검사항이 아닌 것은?

① 권과방지장치·브레이크·클러치 및 운전장치의 기능
② 방호장치의 이상유무
③ 와이어로프가 통하고 있는 곳의 상태
④ 주행로의 상측 및 트롤리가 횡행하는 레일의 상태

해설 **크레인의 작업시작 전 점검사항**
- 권과방지장치·브레이크·클러치 및 운전장치의 기능
- 주행로의 상측 및 트롤리가 횡행하는 레일의 상태
- 와이어로프가 통하고 있는 곳의 상태

100

구축물에 안전진단 등 안전성 평가를 실시하여 근로자에게 미칠 위험성을 미리 제거하여야 하는 경우가 아닌 것은?

① 구축물 등의 인근에서 굴착·항타작업 등으로 침하·균열 등이 발생하여 붕괴의 위험이 예상될 경우
② 구축물 등이 그 자체의 무게·적설·풍압 또는 그 밖에 부가되는 하중 등으로 붕괴 등의 위험이 있을 경우
③ 화재 등으로 구축물 등의 내력(耐力)이 심하게 저하되었을 경우
④ 구축물 등의 구조체가 과도하게 안전측으로 설계가 되었을 경우

해설
구축물 등의 구조체가 과도하게 안전측으로 설계가 되었을 경우에는 별도의 위험성을 미리 제거할 필요는 없다.

관련개념 **구축물 등의 안전성 평가**
사업주는 구축물 등이 다음의 어느 하나에 해당하는 경우에는 구축물 등에 대한 구조검토, 안전진단 등의 안전성 평가를 하여 근로자에게 미칠 위험성을 미리 제거하여야 한다.
- 구축물 등의 인근에서 굴착·항타작업 등으로 침하·균열 등이 발생하여 붕괴의 위험이 예상될 경우
- 구축물 등에 지진, 동해, 부동침하 등으로 균열·비틀림 등이 발생하였을 경우
- 구축물 등이 그 자체의 무게·적설·풍압 또는 그 밖에 부가되는 하중 등으로 붕괴 등의 위험이 있을 경우
- 화재 등으로 구축물 등의 내력이 심하게 저하되었을 경우
- 오랜 기간 사용하지 아니하던 구축물 등을 재사용하게 되어 안전성을 검토하여야 하는 경우
- 구축물 등의 주요구조부에 대한 설계 및 시공 방법의 전부 또는 일부를 변경하는 경우
- 그 밖의 잠재위험이 예상될 경우

| 정답 | 098 ④ 099 ② 100 ④

2022년 1회 | CBT 복원문제

자동 채점

산업안전관리론

001

100인 이하의 소규모 사업장에 적합한 안전보건관리 조직의 형태는?

① 라인(Line)형
② 스태프(Staff)형
③ 라운드(Round)형
④ 라인-스태프(Line-Staff)의 복합형

해설 **라인식(직계식) 조직의 특징**

- 안전에 관한 명령, 지시 및 조치가 각 부문의 직계를 통하여 생산업무와 함께 시행되므로 철저하고 실시도 빠르다.
- 명령과 보고가 상하관계뿐이므로 간단 명료하다.
- 생산라인(Production Line)의 각급 관리감독자는 일상의 생산업무에 쫓겨 안전에 대한 전문지식이나 정보를 몸에 익힐 수 없다는 단점이 있다.
- 100명 이하의 소규모 사업장에 적합하다.

002

물체의 낙하 또는 비래에 의한 위험을 방지 또는 경감하고, 머리부위 감전에 의한 위험을 방지하기 위한 안전모의 종류(기호)로 옳은 것은?

① A ② AE
③ AB ④ ABE

해설 **안전모의 종류**

종류(기호)	사용구분
AB	물체의 낙하 또는 비래 및 추락에 의한 위험을 방지 또는 경감시키기 위한 것
AE	물체의 낙하 또는 비래에 의한 위험을 방지 또는 경감하고, 머리부위 감전에 의한 위험을 방지하기 위한 것
ABE	물체의 낙하 또는 비래 및 추락에 의한 위험을 방지 또는 경감하고, 머리부위 감전에 의한 위험을 방지하기 위한 것

003

산업안전보건법령상 안전보건관리규정의 작성 대상 사업의 사업주는 안전보건관리규정을 작성하여야 할 사유가 발생한 날부터 며칠 이내에 안전보건관리규정의 세부 내용을 포함한 안전보건관리규정을 작성하여야 하는가?

① 10 ② 15
③ 20 ④ 30

해설

안전보건관리규정을 작성하여야 할 사업의 사업주는 안전보건관리규정을 작성하여야 할 사유가 발생한 날부터 30일 이내에 안전보건관리규정의 세부내용을 포함한 안전보건관리규정을 작성하여야 한다.

004

재해사례연구의 진행단계로 옳은 것은?

① 재해 상황의 파악 → 사실의 확인 → 문제점의 발견 → 근본적 문제점의 결정 → 대책수립
② 재해 상황의 파악 → 문제점의 발견 → 근본적 문제점의 결정 → 사실의 확인 → 대책수립
③ 문제점의 발견 → 재해 상황의 파악 → 근본적 문제점의 결정 → 사실의 확인 → 대책수립
④ 문제점의 발견 → 재해 상황의 파악 → 사실의 확인 → 근본적 문제점의 결정 → 대책수립

해설 **재해사례 연구순서**

- 전제조건: 재해 상황의 파악
- 제1단계: 사실의 확인
- 제2단계: 문제점 발견
- 제3단계: 근본적 문제점 결정
- 제4단계: 대책수립

| 정답 | 001 ① 002 ② 003 ④ 004 ①

005

재해예방의 4원칙에 대한 설명으로 틀린 것은?

① 재해발생에는 반드시 손실을 수반한다.
② 재해의 발생은 반드시 그 원인이 존재한다.
③ 재해예방을 위한 가능한 안전대책은 반드시 존재한다.
④ 재해는 원칙적으로 원인만 제거되면 예방이 가능하다.

해설 재해예방의 4원칙

손실우연의 원칙	사고에 의해서 생기는 상해의 종류 및 정도는 우연적이라는 원칙
예방가능의 원칙	재해는 원칙적으로 예방이 가능하다는 원칙
원인계기의 원칙 (원인연계의 원칙)	재해의 발생은 직접원인으로만 일어나는 것이 아니라 간접원인이 연계되어 일어난다는 원칙
대책선정의 원칙	원인의 정확한 분석에 의해 가장 타당한 재해예방 대책이 선정되어야 한다는 원칙

006

산업안전보건법상 산업안전보건위원회의 심의 · 의결사항이 아닌 것은?

① 안전보건관리규정의 작성 및 변경에 관한 사항
② 작업환경측정 등 작업환경의 점검 및 개선에 관한 사항
③ 사업장 경영체계 구성 및 운영에 관한 사항
④ 유해하거나 위험한 기계 · 기구 · 설비를 도입한 경우 안전 및 보건 관련 조치에 관한 사항

해설 산업안전보건위원회의 심의 · 의결사항

- 사업장의 산업재해 예방계획의 수립에 관한 사항
- 안전보건관리규정의 작성 및 변경에 관한 사항
- 안전보건교육에 관한 사항
- 작업환경측정 등 작업환경의 점검 및 개선에 관한 사항
- 근로자의 건강진단 등 건강관리에 관한 사항
- 산업재해에 관한 통계의 기록 및 유지에 관한 사항
- 중대재해의 원인 조사 및 재발 방지대책 수립에 관한 사항
- 유해하거나 위험한 기계 · 기구 · 설비를 도입한 경우 안전 및 보건 관련 조치에 관한 사항
- 그 밖에 해당 사업장 근로자의 안전 및 보건을 유지 · 증진시키기 위하여 필요한 사항

007

산업안전보건법령상 고용노동부장관이 사업주에게 안전보건진단을 받아 안전보건개선계획을 수립 · 제출하도록 명할 수 있는 사업장의 기준 중 틀린 것은?

① 작업환경 불량, 화재 · 폭발 또는 누출 사고 등으로 사업장 주변까지 피해가 확산된 사업장으로서 고용노동부령으로 정하는 사업장
② 산업재해율이 같은 업종 평균 산업재해율의 2배 이상인 사업장
③ 사업주가 필요한 안전조치 또는 보건조치를 이행하지 아니하여 중대재해가 발생한 사업장
④ 직업성 질병자가 연간 3명 이상(상시근로자 1천명 이상 사업장의 경우 4명 이상) 발생한 사업장

해설 안전보건진단을 받아 안전보건개선계획을 수립할 대상

- 산업재해율이 같은 업종 평균 산업재해율의 2배 이상인 사업장
- 사업주가 필요한 안전조치 또는 보건조치를 이행하지 아니하여 중대재해가 발생한 사업장
- 직업성 질병자가 연간 2명 이상(상시근로자 1천명 이상 사업장의 경우 3명 이상) 발생한 사업장
- 그 밖에 작업환경 불량, 화재 · 폭발 또는 누출 사고 등으로 사업장 주변까지 피해가 확산된 사업장으로서 고용노동부령으로 정하는 사업장

008

버드의 재해구성 비율 이론에 따라 중상이 5건 발생한 경우 경상이 발생할 건수는?

① 150　② 145
③ 100　④ 50

해설 버드의 재해발생비율

1 : 10 : 30 : 600 = 중상 : 경상(물적, 인적 손실) : 무상해사고(물적 손실) : 무상해, 무사고
따라서 중상이 5건 발생하였다면 경상은 10×5 = 50건 발생한다.

| 정답 | 005 ① 006 ③ 007 ④ 008 ④

009

산업안전보건법령상 안전검사대상 유해 · 위험 기계 등이 아닌 것은?

① 압력용기
② 원심기(산업용)
③ 국소 배기장치(이동식)
④ 크레인(정격 하중이 2톤 이상인 것)

해설 **안전검사대상 유해 · 위험 기계 · 기구 · 설비**

- 프레스
- 전단기
- 크레인(정격 하중이 2톤 미만인 것 제외)
- 리프트
- 압력용기
- 곤돌라
- 국소 배기장치(이동식 제외)
- 원심기(산업용만 해당)
- 롤러기(밀폐형 구조 제외)
- 사출성형기(형 체결력 294[kN] 미만은 제외)
- 고소작업대(화물자동차 또는 특수자동차에 탑재한 고소작업대로 한정)
- 컨베이어
- 산업용 로봇

010

위험예지훈련의 4라운드 기법에서 문제점을 발견하고 중요 문제를 결정하는 단계는?

① 현상파악 ② 본질추구
③ 목표설정 ④ 대책수립

해설 **위험예지훈련 4라운드**

1라운드	현상파악	위험요인을 식별하는 단계
2라운드	본질추구	위험요인 · 문제점 발견 및 위험의 포인트를 결정하고 지적 확인하는 단계
3라운드	대책수립	위험요인을 극복하기 위한 대안 제시 단계
4라운드	목표설정	행동목표를 설정하는 단계

011

점검시기에 따른 안전점검의 종류가 아닌 것은?

① 정기점검 ② 수시점검
③ 임시점검 ④ 특수점검

해설

특수점검은 점검시기에 따른 안전점검의 종류에 해당되지 않는다.

관련개념 **점검시기에 따른 안전점검의 종류**

일상(수시)점검	매일 일의 시작이나 종료 시 또는 작업 중에 계속해서 실시하는 점검
정기(계획)점검	주기적으로 일정한 시설이나 물건, 기계 등에 대하여 점검하는 방법
특별점검	신설, 변경 내지는 고장수리 등을 할 경우에 행하는 부정기 점검
임시점검	이상징후 예견 시 임시로 실시하는 점검

012

연평균 200명의 근로자가 작업하는 사업장에서 연간 8건의 재해가 발생하여 사망이 1명, 50일의 요양이 필요한 인원이 1명 있었다면 이때의 강도율은? (단, 1인당 연간근로시간은 2,400시간으로 한다.)

① 13.61 ② 15.71
③ 17.61 ④ 19.71

해설

$$\text{강도율} = \frac{\text{총 요양 근로손실일수}}{\text{연 근로시간 수}} \times 1{,}000$$

$$= \frac{7{,}500 + 50 \times \frac{300}{365}}{200 \times 2{,}400} \times 1{,}000 = 15.71$$

※ 근로손실일수 산정 방법

- 사망은 1건당 7,500일로 근로손실일수를 산정한다.
- 휴업일수가 발생한 경우 휴업일수$\times\frac{\text{연 근로일수}}{365}$로 근로손실일수를 산정한다. 이 문제의 경우 연 근로일수는 제시되어 있지 않으나 연간 근로시간이 2,400시간이므로 1일 8시간, 연 300일로 근로일수를 산정할 수 있다.

관련개념 **강도율(SR; Severity Rate of Injury)**

근로시간 합계 1,000시간당 재해로 인한 근로손실일수이다.

$$\text{강도율} = \frac{\text{총 요양 근로손실일수}}{\text{연 근로시간 수}} \times 1{,}000$$

| 정답 | 009 ③ 010 ② 011 ④ 012 ②

013

하인리히의 재해손실비의 평가방식에 있어서 간접비에 해당하지 않는 것은?

① 사망 시 장례비용
② 신규직원 섭외비용
③ 재해로 인한 본인의 시간손실비용
④ 시설복구로 소비된 재산손실비용

해설

장례비용은 재해로 인한 사망자 유족에게 지급하는 비용으로 직접비(법적으로 지급되는 산재보상비)에 해당된다.

관련개념 **직접손실비용과 간접손실비용**

직접비 (법적으로 지급되는 산재보상비)		간접비 (직접비를 제외한 모든 비용)	
• 요양급여	• 휴업급여	• 인적손실	• 물적손실
• 장해급여	• 간병급여	• 생산손실	• 임금손실
• 유족급여	• 상병보상연금	• 시간손실	• 기타손실 등
• 장례비	• 직업재활급여		

014

산업안전보건법령상 다음 그림에 해당하는 안전보건표지의 명칭으로 옳은 것은?

① 접근금지　② 이동금지
③ 보행금지　④ 출입금지

해설 **금지표지**

출입금지　보행금지　차량통행금지　사용금지　탑승금지

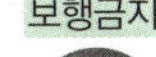

금연　화기금지　물체이동금지

015

산업안전보건법령상 안전관리자가 수행하여야 할 업무가 아닌 것은?

① 노사협의체에서 심의 · 의결한 업무
② 해당 사업장 안전교육계획의 수립 및 안전교육 실시에 관한 보좌 및 지도 · 조언
③ 산업재해에 관한 통계의 유지 · 관리 · 분석을 위한 보좌 및 지도 · 조언
④ 지휘 · 감독하는 작업과 관련된 기계 · 기구 또는 설비의 안전 · 보건 점검 및 이상 유무의 확인

해설

④는 산업안전보건법령상 관리감독자의 업무에 해당한다.

관련개념 **안전관리자의 업무**

- 산업안전보건위원회 또는 노사협의체에서 심의 · 의결한 업무와 해당 사업장의 안전보건관리규정 및 취업규칙에서 정한 업무
- 위험성평가에 관한 보좌 및 지도 · 조언
- 안전인증대상 기계 등과 자율안전확인대상 기계 등 구입 시 적격품의 선정에 관한 보좌 및 지도 · 조언
- 해당 사업장 안전교육계획의 수립 및 안전교육 실시에 관한 보좌 및 지도 · 조언
- 사업장 순회점검, 지도 및 조치 건의
- 산업재해 발생의 원인 조사 · 분석 및 재발 방지를 위한 기술적 보좌 및 지도 · 조언
- 산업재해에 관한 통계의 유지 · 관리 · 분석을 위한 보좌 및 지도 · 조언
- 법 또는 법에 따른 명령으로 정한 안전에 관한 사항의 이행에 관한 보좌 및 지도 · 조언
- 업무 수행 내용의 기록 · 유지
- 그 밖에 안전에 관한 사항으로서 고용노동부장관이 정하는 사항

| 정답 | 013 ①　014 ③　015 ④

016

안전보건관리계획의 초안 작성자로 가장 적합한 사람은?

① 경영자 ② 관리감독자
③ 안전스태프 ④ 근로자대표

해설

안전보건관리계획의 초안 작성자는 안전스태프이다.
관리감독자는 위험요인을 발견하여 안전스태프에게 전달하며, 경영자는 위험요인을 개선 명령하고, 근로자대표는 이에 적극 협조하여야 한다.

017

호흡용 보호구와 각각의 사용환경에 대한 연결이 옳지 않은 것은?

① 송기마스크 – 산소결핍장소의 분진 및 유독가스
② 공기호흡기 – 산소결핍장소의 분진 및 유독가스
③ 방독마스크 – 산소결핍장소의 유독가스
④ 방진마스크 – 산소비결핍장소의 분진

해설

방독마스크는 산소농도가 18[%] 이상인 장소에서 사용하여야 한다.
산소결핍이란 공기 중의 산소농도가 18[%] 미만인 상태를 말한다.

관련개념 **방독마스크의 일반구조**

- 착용 시 이상한 압박감이나 고통을 주지 않을 것
- 착용자의 얼굴과 방독마스크의 내면 사이의 공간이 너무 크지 않을 것
- 전면형은 호흡 시에 투시부가 흐려지지 않을 것
- 격리식 및 직결식 방독마스크에 있어서는 정화통 · 흡기밸브 · 배기밸브 및 머리끈을 쉽게 교환할 수 있고, 착용자 자신이 스스로 안면과 방독마스크 안면부와의 밀착성 여부를 수시로 확인할 수 있을 것
- 흡기밸브는 미약한 호흡에 대하여 확실하고 예민하게 작동할 것
- 머리끈은 적당한 길이 및 탄력성을 갖고 길이를 쉽게 조절할 수 있을 것

018

사고예방대책의 기본원리 5단계중 3단계의 분석 · 평가 내용에 해당되는 것은?

① 위험 확인
② 현장 조사
③ 사고 및 활동 기록 검토
④ 기술의 개선 및 인사조정

해설

①, ③은 2단계(사실의 발견), ④는 4단계(시정책의 선정)에서 적용한다.

관련개념 **하인리히의 사고예방대책 기본원리 5단계**

단계별 과정		내용
제1단계	조직	• 경영층의 참여 • 안전관리자의 임명 • 안전의 라인 및 스태프 조직 구성 • 안전활동 방침 및 계획 수립 • 조직을 통한 안전활동
제2단계	사실의 발견	• 사고 및 안전활동 기록 검토 • 작업분석 • 안전점검 및 안전진단 • 사고조사 • 안전회의 및 토의 • 근로자의 제안 및 여론조사 • 관찰 및 보고서의 연구 등을 통하여 불안전 요소 발견
제3단계	분석 · 평가	• 사고보고서 및 현장조사 • 사고기록 및 인적 · 물적 조건의 분석 • 작업공정분석 • 교육훈련분석 등을 통하여 사고의 직접원인 및 간접원인을 규명
제4단계	시정책의 선정	• 기술적 개선 • 인사조정 • 교육훈련의 개선 • 안전행정의 개선 • 규정 및 수칙 작업표준제도의 개선 • 확인 및 통제체제 개선
제5단계	시정책의 적용	• 기술적(engineering) 대책 • 교육적(education) 대책 • 독려적(enforcement) 대책

| 정답 | 016 ③ 017 ③ 018 ②

019

안전보건표지의 색채 중 파란색을 사용해야 하는 경우는?

① 주의표지 ② 정지신호
③ 특정행위의 지시 ④ 차량 통행표지

해설 **안전보건표지의 색도기준 및 용도**

색채	색도기준	용도	사용 예
빨간색	7.5R 4/14	금지	정지신호, 소화설비 및 그 장소, 유해행위의 금지
		경고	화학물질 취급장소에서의 유해·위험 경고
노란색	5Y 8.5/12	경고	화학물질 취급장소에서의 유해·위험 경고 이외의 위험경고, 주의표지 또는 기계방호물
파란색	2.5PB 4/10	지시	특정 행위의 지시 및 사실의 고지
녹색	2.5G 4/10	안내	비상구 및 피난소, 사람 또는 차량의 통행표지
흰색	N9.5		파란색 또는 녹색에 대한 보조색
검은색	N0.5		문자 및 빨간색 또는 노란색에 대한 보조색

020

작업으로 인하여 물체가 떨어지거나 날아올 위험이 있는 경우에 사업주의 일반적인 조치사항이 아닌 것은?

① 격벽설치 ② 출입금지구역의 설정
③ 방호선반의 설치 ④ 낙하물 방지망 설치

해설

사업주는 작업으로 인하여 물체가 떨어지거나 날아올 위험이 있는 경우 낙하물 방지망, 수직보호망 또는 방호선반의 설치, 출입금지구역의 설정, 보호구의 착용 등 위험을 방지하기 위하여 필요한 조치를 하여야 한다.

인간공학 및 시스템안전공학

021

다음 중 작업장에서 발생하는 소음에 대한 대책으로 가장 먼저 고려하여야 할 적극적인 방법은?

① 소음원의 격리 ② 소음원의 제거
③ 귀마개 등 보호구의 착용 ④ 덮개 등 방호장치의 설치

해설

소음원의 제거는 소음을 유발하는 기계나 장비를 제거하거나 대체하여 근본적으로 소음을 없애는 방법이며, 이는 소음 문제를 가장 효과적으로 해결할 수 있는 적극적인 방법이다.

반면, 보호구의 착용은 가장 소극적인 대책인데, 보호구의 착용은 근본적인 소음저감대책이 아닐뿐더러 소음 감소 효과가 제한적이고 작업자의 착용법에 따라 저감 효과가 달라질 수 있다.

022

다음 중 입식작업을 위한 작업대의 높이를 결정하는 데 있어 고려하여야 할 사항과 가장 관계가 적은 것은?

① 작업자의 신장 ② 작업의 빈도
③ 작업물의 크기 ④ 작업물의 무게

해설

작업의 빈도는 작업자의 피로도를 결정하는 요인이며, 높이를 결정하는 요인은 아니다.

관련개념 **작업대의 높이 결정 시 고려사항**

- 작업자의 신장
- 작업물의 크기
- 작업의 종류
- 작업자의 건강 상태
- 작업장의 환경

| 정답 | 019 ③ 020 ① 021 ② 022 ②

023

시스템안전분석기법 중 FMEA에 관한 설명으로 옳은 것은?

① 원자력 발전 및 화학설비 등에 적용하기 위해 개발되었고 전문가와 브레인스토밍 팀을 구성하여 분석한다.
② 휴먼에러와 휴먼에러에 의한 영향을 예견하기 위해 사용되며 HAZOP과 함께 사용할 수 있다.
③ 그래픽 모델을 사용하여 분석과정을 가시화시키는 분석방법이며 논리기호를 사용한다.
④ 시스템을 구성요소로 나누어 고장의 가능성을 정하고 그 영향을 결정하여 분석하는 방법이다.

해설

①은 HAZOP, ②는 THERP, ③은 FTA에 대한 설명이다.

관련개념 **고장형태와 영향분석법(FMEA; Failure Mode and Effect Analysis)**

고장을 형태별로 분석하여 그 영향을 검토하는 정성적, 귀납적 분성방법이다.

024

다음 설명 중 (　　) 안의 내용을 올바르게 나열한 것은?

> 40[phon]은 (㉠)[sone]을 나타내며, 이는 (㉡)[dB]의 (㉢)[Hz] 순음의 크기를 나타낸다.

① ㉠: 1, ㉡: 40, ㉢: 1,000　② ㉠: 1, ㉡: 32, ㉢: 1,000
③ ㉠: 2, ㉡: 40, ㉢: 2,000　④ ㉠: 2, ㉡: 32, ㉢: 2,000

해설

1[sone]은 1,000[Hz]에서 40[dB]의 소리를 기준으로 정의된다. 40[phon]은 1[sone]을 나타내며, 이는 40[dB], 1,000[Hz] 순음의 크기를 나타낸다.

관련개념 **phon과 sone**

- phon: 소리의 주관적 강도를 나타내는 단위로, 특정 주파수에서의 소리의 강도를 나타낸다.
- sone: 사람의 청각에 의해 느껴지는 소리의 상대적인 강도를 나타낸다.

025

작업자가 평균 1,000시간 작업을 수행하면서 4회의 실수를 한다면, 이 사람이 10시간 근무했을 경우의 신뢰도는 약 얼마인가?

① 0.04　② 0.018
③ 0.67　④ 0.96

해설

인간오류확률 $= \frac{4}{1,000} = 0.004$이므로

신뢰도 $= 1 -$ 인간오류확률 $= 1 - 0.004 = 0.996$

시간당 0.996의 신뢰도의 시스템에서 10시간 동안의 신뢰도는

$0.996^{10} = 0.96$이다.

026

다음 중 시각적 표시장치에 관한 설명으로 옳은 것은?

① 정량적 표시장치는 연속적으로 변하는 변수의 근사값, 변화경향 등을 나타냈을 때 사용한다.
② 계기가 고정되어 있고, 지침이 움직이는 표시장치를 동목형(moving scale) 장치라고 한다.
③ 계수형(digital) 장치는 수치를 정확하게 읽어야 할 경우에 사용한다.
④ 정량적 표시장치의 눈금은 2 또는 3의 배수로 배열을 사용하는 것이 좋다.

해설

① 정성적 표시장치는 연속적으로 변하는 변수의 근사값, 변화경향 등을 나타낼 때 사용한다.
② 계기가 고정되어 있고, 지침이 움직이는 표시장치를 동침형 장치라고 한다.
④ 정량적 표시장치의 눈금은 10 또는 5의 배수로 배열을 사용하는 것이 좋다.

| 정답 | 023 ④　024 ①　025 ④　026 ③

027

정보를 전송하기 위해 표시장치를 선택하고자 할 때 다음 중 시각적 표시장치보다 청각적 표시장치를 사용하는 것이 효과적인 경우는?

① 정보의 내용이 복잡한 경우
② 수신자가 한 곳에 머물러 있는 경우
③ 정보의 내용이 후에 재참조되는 경우
④ 정보의 내용이 즉각적인 행동을 요구하는 경우

해설 **청각적 표시장치와 시각적 표시장치 사용비교**

청각적 표시장치	시각적 표시장치
전언이 간단하다.	전언이 복잡하다.
전언이 짧다.	전언이 길다.
전언이 후에 재참조 되지 않는다.	전언이 후에 재참조 된다.
전언이 시간적 사상을 다룬다.	전언이 공간적인 위치를 다룬다.
전언이 즉각적인 행동을 요구한다(긴급할 때).	전언이 즉각적인 행동을 요구하지 않는다.
수신장소가 너무 밝거나 암조응 유지 필요 시	수신장소가 너무 시끄러울 때
직무상 수신자가 자주 움직일 때	직무상 수신자가 한곳에 머물 때
수신자의 시각계통이 과부하 상태일 때	수신자의 청각계통이 과부하 상태일 때

028

다음 중 설비보전관리에서 설비이력카드, MTBF 분석표, 고장원인대책표와 관련이 깊은 관리는?

① 보전기록관리
② 보전자재관리
③ 보전작업관리
④ 예방보전관리

해설 **보전기록관리**

신뢰성과 보전성 개선을 목적으로 하는 관리로써 설비이력카드, MTBF 분석표, 고장원인대책표가 대표적인 보전기록자료이다.

관련개념 **보전기록자료**

구분	설명
설비이력카드	설비의 상태, 보수 이력, 교체 내역 등을 기록하는 자료
MTBF 분석표	평균 고장 간격(Mean Time Between Failures)을 분석하여 설비의 신뢰성을 높이는 데 쓰이는 자료
고장원인대책표	고장의 원인과 이를 해결하기 위한 대책을 기록한 자료

029

다음 중 FT도에서의 컷셋(Cut Set)에 관한 설명으로 틀린 것은?

① 시스템의 약점을 표현한 것이다.
② 정상사상(Top Event)을 발생시키는 조합이다.
③ 시스템이 고장나지 않도록 하는 사상의 조합이다.
④ 패스셋(Path Set)과는 반대되는 개념이다.

해설 **컷셋(Cut Sets)**

시스템의 고장을 유발시키는 사상들의 집합이다. 즉, 시스템이 고장나기 위해서는 컷셋에 포함된 모든 기본사상이 동시에 고장나야 한다.

030

건강한 남성이 8시간 동안 특정 작업을 실시하고, 분당산소소비량이 1.3[L/분]으로 나타났다면 8시간 총 작업시간에 포함될 휴식시간은 약 몇 분인가? (단, Murrell의 방법을 적용하며, 휴식 중 에너지소비율은 1.5[kcal/min]이다.)

① 96분
② 144분
③ 172분
④ 192분

해설

- 작업 시 분당 에너지소비량
  산소 1[L]당 에너지소비량은 5[kcal/L], 분당 산소소비량은 1.3[L/분]이므로 분당 에너지소비량은 1.3×5=6.5[kcal/분]이다.
- 작업시간 8시간에 포함되어야 할 휴식시간 산출

$$휴식시간(R)=작업시간\times\frac{E-5}{E-1.5}=(60\times8)\times\frac{6.5-5}{6.5-1.5}=144분$$

이때, E: 작업 시 평균 에너지 소비량[kcal/분]
5: 작업 시 평균 에너지 소비량 상한[kcal/분]
1.5: 안정 시 에너지 소비량[kcal/분]

| 정답 | 027 ④ 028 ① 029 ③ 030 ②

031

작업장 내의 색채조절이 적합하지 못한 경우에 나타나는 상황이 아닌 것은?

① 안전표지가 너무 많아 눈에 거슬린다.
② 현란한 색배합으로 물체 식별이 어렵다.
③ 무채색으로만 구성되어 중압감을 느낀다.
④ 다양한 색채를 사용하면 작업의 집중도가 높아진다.

해설

지나치게 다양한 색채는 시각적 혼란을 초래하고 작업자의 집중도를 떨어뜨릴 수 있다. 적절한 색채조합이 집중도를 높이는 데 유리하다.

032

청각적 표시장치에서 300[m] 이상의 장거리용 경보기에 사용하는 진동수로 가장 적절한 것은?

① 800[Hz] 전후　　② 2,200[Hz] 전후
③ 3,500[Hz] 전후　　④ 4,000[Hz] 전후

해설 **경계 및 경보신호 설계지침**

- 귀는 중음역에 민감하므로 500~3,000[Hz]의 진동수를 사용한다.
- 장애물 및 칸막이 통과 시에는 500[Hz] 이하의 진동수를 사용한다.
- 300[m] 이상의 장거리용 신호는 1,000[Hz] 이하의 진동수를 사용한다.
- 주의를 끌기 위해서는 변조된 신호를 사용한다.
- 배경 소음의 진동수와 구별되는 신호를 사용한다.
- 경보(알림)효과를 높이기 위해서 개시 시작이 짧은 고강도 신호를 사용한다.
- 가능하면 확성기, 경적등과 같은 별도의 통신계통을 활용한다.

033

지게차 인장벨트의 수명은 평균이 100,000시간, 표준편차가 500시간인 정규분포를 따른다. 이 인장벨트의 수명이 101,000시간 이상일 확률은 약 얼마인가? (단, P(Z≤1)=0.8413, P(Z≤2)=0.9772, P(Z≤3)=0.9987이다.)

① 1.60[%]　　② 2.28[%]
③ 3.28[%]　　④ 4.28[%]

해설

101,000시간 이상인 경우

$$Z값=\frac{확률변수-평균값}{표준편차}=\frac{101,000-100,000}{500}=2$$

표준정규분포에서 P(Z≤2)=0.9772이므로
수명이 101,000시간 이상일 확률=1−0.9772=0.0228=2.28[%]

관련개념 **정규분포와 Z값**

- 정규분포: 평균을 중심으로 대칭적인 분포를 말한다.
- Z값: 평균으로부터의 거리를 표준편차로 나눈 값이다.

034

반복되는 사건이 많이 있는 경우에 FTA의 최소 컷셋을 구하는 알고리즘이 아닌 것은?

① Fussel Algorithm
② Boolean Algorithm
③ Monte Carlo Algorithm
④ Limnios & Ziani Algorithm

해설

Monte Carlo Algorithm은 최소한의 컷셋을 구하기 위해 충분한 반복 횟수가 필요하기 때문에 반복되는 사건이 많이 있는 경우 효율적이지 않은 알고리즘이다.

관련개념

Fussel Algorithm	순환 탐색을 사용하여 최소 컷셋을 구하는 알고리즘
Boolean Algorithm	불대수를 사용하여 최소 컷셋을 구하는 알고리즘
Monte Carlo Algorithm	확률적 근사법을 사용하여 최소 컷셋을 구하는 알고리즘
Limnios & Ziani Algorithm	선형계획법을 사용하여 최소 컷셋을 구하는 알고리즘

| 정답 | 031 ④　032 ①　033 ②　034 ③

035

산업안전보건법령에서 규정하는 근골격계 부담작업의 범위에 해당하지 않는 것은?

① 단기간작업 또는 간헐적인 작업
② 하루에 10회 이상 25[kg] 이상의 물체를 드는 작업
③ 하루에 총 2시간 이상 쪼그리고 앉거나 무릎을 굽힌 자세에서 이루어지는 작업
④ 하루에 4시간 이상 집중적으로 자료입력 등을 위해 키보드 또는 마우스를 조작하는 작업

해설

단기간이나 간헐적으로 수행되는 작업은 근골격계 부담작업에 포함되지 않는다. 근골격계 부담작업은 주로 반복적, 지속적으로 수행되는 작업을 대상으로 한다.

036

인체계측 자료에서 주로 사용하는 변수가 아닌 것은?

① 평균　　② 5 백분위수
③ 최빈값　　④ 95 백분위수

해설

최빈값은 데이터에서 가장 빈번하게 나타나는 값으로 인체계측에서는 자주 사용되지 않는다.
최소치 설계 시 하위 백분위 기준 1, 5, 10[%tile], 최대치 설계 시 상위 백분위 기준 90, 95, 99[%tile] 기준을 적용한다.

관련개념 **인체측정자료 응용원칙**

응용원칙	개념	예시
조절식 설계원칙	사용자의 신체적 특성에 따라 조절할 수 있도록 설계하는 원칙	자동차 의자, 조절식 의자 등
평균치 설계원칙	인체측정자료의 평균치를 기준으로 설계하는 원칙	은행 카운터나 책상, 지하철 손잡이의 높이 등
최대치 설계원칙	인체측정자료의 최대치를 기준으로 설계하는 원칙	문높이, 와이어로프의 사용중량 등
최소치 설계원칙	인체측정자료의 최소치를 기준으로 설계하는 원칙	조종장치, 선반의 높이, 비상벨의 위치 등

037

인간의 가청주파수 범위는?

① 2~10,000[Hz]　　② 20~20,000[Hz]
③ 200~30,000[Hz]　　④ 200~40,000[Hz]

해설

인간의 가청주파수 범위는 20~20,000[Hz]이다. 인간이 못 듣는 범위는 20,000[Hz] 이상이며, 이를 초음파라고 한다.

038

FT도에 사용되는 다음 기호의 명칭으로 맞는 것은?

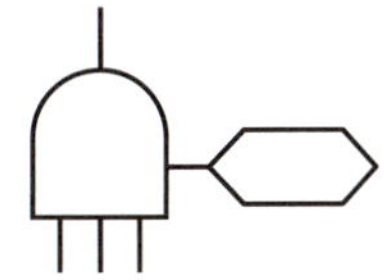

① 억제 게이트　　② 부정 게이트
③ 배타적 OR 게이트　　④ 우선적 AND 게이트

해설

① 억제 게이트

② 부정 게이트

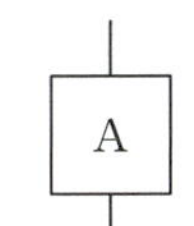

③ 배타적 OR 게이트

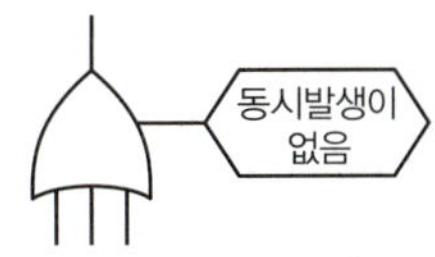

| 정답 | 035 ① 036 ③ 037 ② 038 ④

2022년 1회

039

어떤 작업자의 배기량을 측정하였더니, 10분간 200[L]이었고, 배기량을 분석한 결과 O_2: 16[%], CO_2: 4[%]였다. 분당 산소 소비량은 약 얼마인가?

① 1.05[L/분] ② 2.05[L/분]
③ 3.05[L/분] ④ 4.05[L/분]

해설

- 분당 배기량 $= \frac{200}{10} = 20$[L/분]
- 분당 흡기량 $= \frac{100 - O_2[\%] - CO_2[\%]}{79[\%]} \times$ 분당 배기량
  $= \frac{100 - 16 - 4}{79} \times 20 = 20.25$[L/분]
- 산소 소비량 = 분당 흡기량 × 0.21 − 분당 배기량 × 0.16
  $= 20.25 \times 0.21 - 20 \times 0.16 = 1.05$[L/분]

040

인간공학에 관련된 설명으로 틀린 것은?

① 편리성, 쾌적성, 효율성을 높일 수 있다.
② 사고를 방지하고 안전성과 능률성을 높일 수 있다.
③ 인간의 특성과 한계점을 고려하여 제품을 설계한다.
④ 생산성을 높이기 위해 인간을 작업 특성에 맞추는 것이다.

해설 **인간공학**

- 인간의 특성과 한계를 공학적으로 분석, 평가하여 이를 복잡한 체계의 설계에 응용하고 효율을 최대로 활용할 수 있도록 하는 학문분야이다.
- 인간이 사용하는 물건, 설비, 환경의 설계에 인간의 생리적, 심리적인 면의 특성이나 한계점을 고려함으로써 인간–기계 시스템의 안전성과 편리성, 효율성을 높이는 학문분야이다.
- 인간의 능력과 한계의 개인차를 고려하여 시스템의 설계에 반영한다.
- 인간공학의 목표는 시스템의 기능적 효과, 효율 및 인간 가치를 향상시키는 것이다.

건설시공학

041

건설현장 개설 후 공사착공을 위한 공사계획 수립 시 가장 먼저 해야 할 사항은?

① 현장투입직원조직 편성
② 공정표작성
③ 실행예산의 편성 및 통제계획
④ 하도급업체 선정

해설 **시공계획 순서**

현장조직원의 편성 → 공정표의 작성 → 실행예산의 편성 → 하도급업체 선정 → 설비 및 자재의 설치계획(가설물 계획) → 노무 및 자재 조달계획 → 재해방지대책

042

설계·시공 일괄계약제도에 관한 설명으로 옳지 않은 것은?

① 단계별 시공의 적용으로 전체 공사기간의 단축이 가능하다.
② 설계와 시공의 책임 소재가 일원화된다.
③ 발주자의 의도가 충분히 반영될 수 있다.
④ 계약체결 시 총 비용이 결정되지 않으므로 공사비용이 상승할 우려가 있다.

해설

건설업자가 모든 요소를 계약하는 방식으로 발주자의 의도를 반영하기 곤란하다.

관련개념 **설계·시공 일괄계약제도(턴키도급)**

건축을 위해 필요한 모든 요소를 포괄적으로 계약하는 방식으로, 건설업자가 금융, 토지조달, 설계, 시공, 시운전, 기계·기구 설치까지 조달해주어 일괄수주방식이라고도 한다.

| 정답 | 039 ① 040 ④ 041 ① 042 ③

043

공사계획에 있어서 공법 선택 시 고려할 사항과 가장 거리가 먼 것은?

① 공구분할의 결정
② 품질 확보
③ 공기 준수
④ 작업의 안전성 확보와 제3자 재해의 방지

해설

공구분할의 결정은 공사 전체적인 계획(시공계획)과 관련된 사항으로, 특정 공법을 선택하는 것과는 직접적인 연관이 적다.

044

거푸집 설치와 관련하여 다음 설명에 해당하는 것으로 옳은 것은?

> 보, 슬래브 및 트러스 등에서 그것의 정상적 위치 또는 형상으로부터 처짐을 고려하여 상향으로 들어올리는 것 또는 들어올린 크기

① 폼타이　　② 캠버
③ 동바리　　④ 턴버클

해설 **캠버(Camber)**

보, 슬래브 등의 수평부재가 하중에 의해 처지는 것을 고려하여 미리 상향으로 들어올리기 위해 사용하는 부속재료이다.

관련개념 **거푸집에 사용되는 부속재료**

- 세퍼레이터(Separator, 격리재): 거푸집 상호 간의 간격을 유지하고, 측벽 두께를 유지하기 위한 부속재료이다.
- 스페이서(Spacer, 간격재): 거푸집과 철근의 간격을 유지하기 위한 부속재료이다.
- 폼타이(Form Tie, 긴장재): 콘크리트를 부어 넣을 때 기둥과 보거푸집이 벌어지는 것을 막기 위한 부속재료로 컬럼밴드(Column Band), 플랫타이(Flat Tie)도 긴장재의 일종이다.
- 박리제: 거푸집과 콘크리트를 떼어내기 쉽게 바르는 물질로 중유, 아마인유, 동식물유 등을 사용한다.

045

철골공사에서 용접접합의 장점과 거리가 먼 것은?

① 강재량을 절약할 수 있다.
② 소음을 방지할 수 있다.
③ 일체성 및 수밀성을 확보할 수 있다.
④ 접합부의 품질검사가 매우 간단하다.

해설 **용접접합의 장단점**

장점	단점
• 소음, 진동이 작다. • 강재가 절약된다. • 수밀성이 높고, 일체성이 확보된다. • 접합부의 강성이 크고, 응력의 전달이 확실하다.	• 용접부분의 검사가 곤란하고 비용과 시간이 소요된다. • 용접공 개인의 능력의존도가 크다. • 용접열에 의한 변형이 우려된다. • 강재의 재질상태에 따라 응력집중현상이 크다.

046

거푸집 공사에 적용되는 슬라이딩 폼 공법에 관한 설명으로 옳지 않은 것은?

① 형상 및 치수가 정확하며 시공오차가 적다.
② 마감작업이 동시에 진행되므로 공정이 단순화된다.
③ 1일 5~10[m] 정도 수직시공이 가능하다.
④ 일반적으로 돌출물이 있는 건축물에 많이 적용된다.

해설 **슬라이딩 폼(Sliding Form, Slip Form)**

- 수평적 또는 수직적으로 반복된 구조물을 시공이음 없이 균일한 형상으로 시공하기 위하여 거푸집을 연속적으로 이동시키면서 콘크리트를 타설하여 시공하는 것이다.
- 주로 사일로(Silo), 전단벽 건물, 유틸리티 코어 등에 사용된다.
- 특징
  - 복잡한 내·외부 비계 가설이 필요없다.
  - 공기가 $\frac{1}{3}$ 정도 단축된다.
  - 구조체가 일체로 될 수 있다.
  - 요크(York)로 벽 거푸집을 상향 이동시킨다.
  - 거푸집 조립, 제거에 소요되는 노력이 절약된다.

| 정답 | 043 ① 044 ② 045 ④ 046 ④

047

기성콘크리트 말뚝의 특징에 관한 설명으로 옳지 않은 것은?

① 말뚝이음 부위에 대한 신뢰성이 떨어진다.
② 재료의 균질성이 부족하다.
③ 자재하중이 크므로 운반과 시공에 각별한 주의가 필요하다.
④ 시공과정상의 항타로 인하여 자재균열의 우려가 높다.

해설 **기성콘크리트 말뚝지정의 특징**

- 재료가 균일하다.
- 15[m] 이상의 장척물이 필요한 경우에는 이어서 사용한다.
- 기성콘크리트 말뚝의 길이는 최대 12[m], 보통 6~10[m] 정도이다.
- 말뚝의 길이는 바깥지름의 45배 이하로 하고, 타설할 때 중심간격은 바깥지름의 2.5배 이상, 75[cm] 이상으로 한다.
- 자중이 크고 견고한 지층에 항타 시 타격력에 의해 말뚝머리, 말뚝자체를 파손시킬 염려가 있다.
- 안전한 이음시공이 곤란하다.

048

조적공사의 백화현상을 방지하기 위한 대책으로 옳지 않은 것은?

① 석회를 혼합한 줄눈 모르타르를 활용하여 바른다.
② 흡수율이 낮은 벽돌을 사용한다.
③ 쌓기용 모르타르에 파라핀 도료와 같은 혼화제를 사용한다.
④ 돌림대, 차양 등을 설치하여 빗물이 벽체에 직접 흘러내리지 않게 한다.

해설

줄눈 모르타르에 석회를 혼합하면 백화현상을 유발하는 주요 원인이 되므로, 백화를 방지하려면 저알칼리성 모르타르를 사용하거나 방수제 및 방수 모르타르를 사용하는 것이 좋다.

관련개념 **백화현상**

시멘트 속의 수용성 성분 중 주로 알칼리와 수산화칼슘이 물에 녹아, 물의 증발에 의해 이것이 표면부근에 나타나거나 공기 중의 이산화탄소와 반응하여 탄산염으로 석출하는 현상을 백화(Efflorescence)라 한다.

049

다음과 같이 정상 및 특급공기와 공비가 주어질 경우 비용구배(Cost Slope)는?

정상		특급	
공기	공비	공기	공비
20일	120,000원	15일	180,000원

① 9,000[원/일]
② 12,000[원/일]
③ 15,000[원/일]
④ 18,000[원/일]

해설

$$\text{비용구배} = \frac{\text{특급공비} - \text{정상공비}}{\text{정상공기} - \text{특급공기}} = \frac{180{,}000 - 120{,}000}{20 - 15} = 12{,}000[\text{원/일}]$$

관련개념 **비용구배(Cost Slope)**

작업일수 1일 단축 시 증가하는 비용을 말한다.

$$\text{비용구배} = \frac{\text{특급비용} - \text{정상비용}}{\text{정상공기} - \text{특급공기}}$$

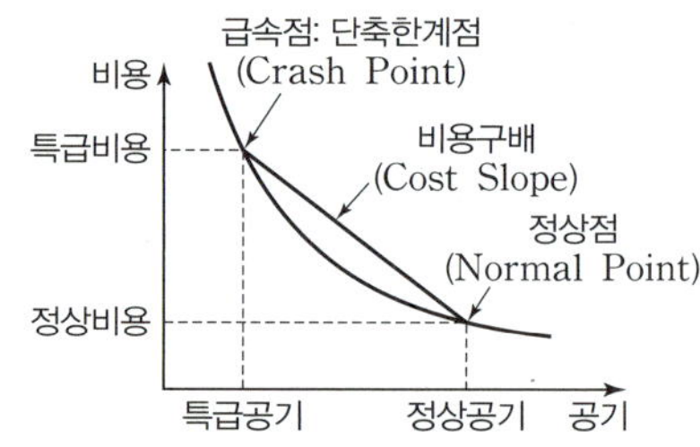

| 정답 | 047 ② 048 ① 049 ②

050

프리스트레스하지 않는 부재의 현장치기콘크리트에서 다음과 같은 조건을 가진 부재의 최소 피복두께로서 옳은 것은?

> – 옥외의 공기나 흙에 직접 접하지 않는 콘크리트
> – 보, 기둥

① 30[mm]　② 40[mm]
③ 50[mm]　④ 60[mm]

해설 **콘크리트의 피복두께**

구조부분의 종류		피복두께[mm]
수중에서 치는 콘크리트		100
흙에 접하여 콘크리트를 친 후 영구히 흙에 묻혀 있는 콘크리트		75
흙에 접하거나 옥외의 공기에 직접 노출되는 콘크리트	D19 이상의 철근	50
	D16 이하의 철근, 지름 16[mm] 이하의 철선	40
옥외의 공기나 흙에 직접 접하지 않는 콘크리트	슬래브, 벽체, 장선	D35 초과하는 철근: 40
		D35 이하인 철근: 20
	보, 기둥	40
	쉘, 절판부재	20

051

철근콘크리트구조 시공 시 콘크리트 이어붓기 위치에 관한 설명으로 옳지 않은 것은?

① 기둥이음은 기둥의 중간에서 수평으로 한다.
② 아치의 이음은 아치축에 직각으로 설치한다.
③ 보, 바닥판이음은 그 스팬의 중앙 부근에서 수직으로 한다.
④ 벽은 개구부 등 끊기 좋은 위치에서 수직 또는 수평으로 한다.

해설

기둥은 보, 바닥판, 기초의 윗면에서 수평으로 이어 붓는다.

관련개념 **콘크리트의 이어붓기**

- 이어치기면은 블리딩(Bleeding) 현상에 의해서 생긴 레이턴스(Laitance)를 솔(Wire Brush) 등으로 깨끗이 청소한다.
- 시멘트풀 또는 부배합 모르타르를 이음자리에 바른다.
- 큰 전단력에 저항하기 위해 촉 또는 홈을 둔다.
- 이음위치는 강도에 영향이 적고 이음길이가 짧으며, 시공순서에 무리가 없는 곳에 둔다.
  – 기둥: 보, 바닥판, 기초의 윗면에서 수평으로 둔다.
  – 보, 슬래브: 전단력이 작게 작용하는 스팬의 중앙($\frac{1}{2}$ 지점)에 수직으로 둔다.
  – 아치: 아치축에 직각으로 둔다.
  – 벽: 개구부, 문틀 등 끊기 좋은 곳에 수직 또는 수평으로 둔다.
  – 캔틸레버: 보, 슬래브 모두 이어치지 않는 것을 원칙으로 한다.

| 정답 | 050 ② 051 ①

052

공동도급(Joint Venture Contract)의 이점이 아닌 것은?

① 융자력의 증대
② 위험부담의 분산
③ 기술의 확충, 강화 및 경험의 증대
④ 이윤의 증대

해설
공동도급방식을 사용하면 공사비용이 증가되어 이윤이 감소할 수 있다.

관련개념 **공동도급(Joint Venture Contract)의 장단점**

장점	단점
• 시공의 확실성 보장 • 위험의 분산 • 공사도급 경쟁완화 • 자본력과 신용도 증대 • 기술확충, 경험의 증대로 우량시공 가능	• 이해충돌, 책임회피 우려 • 현장관리 및 업무혼란 우려 • 단일회사 도급보다 비용증가 가능성 • 하자책임 불분명 • 경영방식 차이에 따른 능률저하

053

기성콘크리트말뚝을 타설할 때 그 중심간격의 기준으로 옳은 것은?

① 말뚝머리지름의 2.5배 이상 또한 600[mm] 이상
② 말뚝머리지름의 2.5배 이상 또한 750[mm] 이상
③ 말뚝머리지름의 3.0배 이상 또한 600[mm] 이상
④ 말뚝머리지름의 3.0배 이상 또한 750[mm] 이상

해설 **말뚝의 중심간격(다음 중 큰 값으로 결정)**

나무말뚝	• 말뚝머리직경의 2.5배 이상 • 600[mm] 이상
기성콘크리트 말뚝	• 말뚝머리지름의 2.5배 이상 • 750[mm] 이상
강재말뚝	• 말뚝머리직경 또는 폭의 2.5배(폐단강단말뚝: 2.5배) 이상 • 750[mm] 이상
현장타설콘크리트말뚝	• 말뚝머리직경의 2.5배 이상 • 말뚝머리직경에 1,000[mm]를 더한 값 이상

054

탑다운(Top-Down) 공법에 관한 설명으로 옳지 않은 것은?

① 1층 바닥을 조기에 완성하여 작업장 등으로 사용할 수 있다.
② 지하·지상을 동시에 시공하여 공기단축이 가능하다.
③ 소음·진동이 심하고 주변구조물의 침하 우려가 크다.
④ 기둥·벽 등 수직부재의 구조이음에 기술적 어려움이 있다.

해설 **Top Down공법(역타공법)**

• 지하구조물의 시공순서를 지상에서부터 시작하여 점차 깊은 지하로 진행하는 구체 흙막이공법으로, 시공비가 고가이나 공기가 대단히 단축된다.
• 탑다운공법은 도심지 또는 공사 여건이 열악하거나 어스앵커공법, 오픈컷공법 등의 적용이 어려운 곳에서 채택된다.
• 탑다운공법의 특징
  - 1층 바닥을 조기에 완성하여 작업장 등으로 사용할 수 있다.
  - 지하·지상을 동시에 시공하여 공기단축이 가능하다.
  - 소음, 진동 및 주변구조물 침하의 우려가 적다.
  - 전천후 시공이 가능하다.
  - 시공비가 고가이다.
  - 수직부재 이음부 처리가 곤란하다.

055

Under Pinning 공법을 적용하기에 부적합한 경우는?

① 인접 지상구조물의 철거 시
② 지하구조물 밑에 지중구조물을 설치할 때
③ 기존구조물에 근접한 굴착 시 구조물의 침하나 경사를 미연에 방지할 경우
④ 기존구조물의 지지력 부족으로 건물에 침하나 경사가 생겼을 때 이것을 복원하는 경우

해설
인접구조물의 철거 시에는 언더피닝을 통한 기초보강이 불필요하다.

관련개념 **언더피닝(Under Pinning) 공법**
기존건물 가까이에 건축공사를 할 때 기존(인접)건물의 지반과 기초를 보강하는 방법이다.

| 정답 | 052 ④ 053 ② 054 ③ 055 ①

056

웰포인트 공법에 관한 설명으로 옳지 않은 것은?

① 지하수위를 낮추는 공법이다.
② 1~3[m]의 간격으로 파이프를 지중에 박는다.
③ 주로 사질지반에 이용하면 유효하다.
④ 기초파기에 히빙 현상을 방지하기 위해 사용한다.

해설

웰포인트 공법은 펌프로 지하수를 끌어올리는 방법으로, 보일링 현상을 방지할 수 있다.

관련개념 **웰포인트 공법**

지중에 웰포인트라 불리우는 지름 5[cm], 길이 1[m] 정도의 필터가 달린 흡수기를 1~2[m] 간격으로 설치하고 펌프로 지하수를 끌어 올림으로써 지하수위를 낮추는 공법이다.

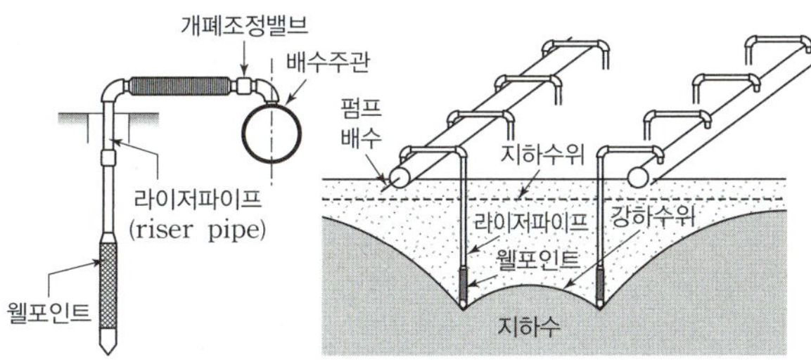

057

콘크리트 비파괴검사 중에서 강도를 추정하는 측정 방법과 거리가 먼 것은?

① 슈미트 해머법
② 초음파 속도법
③ 인발법
④ 방사선 투과법

해설

방사선 투과법은 X선, γ선을 이용하여 철근의 위치, 크기 또는 내부 결함을 조사하는 시험이다.

관련개념 **콘크리트 비파괴검사 중 강도추정시험**

- 슈미트 해머법(타격법, 반발경도법): 콘크리트 표면을 타격하여 반발계수 계측으로 강도를 추정한다.
- 초음파법(음속법): 콘크리트 속을 전파하는 초음파의 속도에서 동적특성이나 강도를 추정한다.
- 인발법: 철근을 종류별로 배치한 후 콘크리트 타설, 경화 후 잡아당겨 철근의 부착력을 측정하여 강도를 추정한다.
- 진동법: 콘크리트에 진동을 주어 공명, 진동으로 콘크리트의 탄성계수를 측정한다.

058

철골 용접접합에 대한 용어설명 중 옳지 않은 것은?

① 모살용접: 목두께의 방향이 모재의 면과 45° 또는 거의 45°의 각을 이루는 용접
② 슬래그(Slag): 용접부에 잔류하는 산화물 등의 비금속 물질이 용접금속 속에 녹아 있는 것
③ 블로우홀(Blow Hole): 비드(Bead)의 가장자리에서 모재가 깊이 먹어 들어간 모양으로 된 것
④ 오버랩(Overlap): 용접금속이 모재에 융착되지 않고 단순히 겹쳐있는 용접

해설

비드의 가장자리에서 모재가 깊이 먹어 들어간 모양으로 된 것은 언더컷(Under Cut)에 대한 설명이다.

관련개념 **용접결함의 종류**

종류	설명
슬래그 섞임	모재와 용접봉의 피복재 심선이 변하여 생긴 회분이 용착금속 내에 섞이는 것으로 과소전류, 운봉조작 불량 등이 발생원인이다.
언더컷(Under Cut)	모재가 녹아서 용착금속이 채워지지 않고 홈으로 남게 된 부분으로 원인은 과대전류 또는 부적당한 용접봉 사용이다.
오버랩(Overlap)	용접금속과 모재가 융합되지 않고 겹쳐지는 것으로 원인은 약한 전류이다.
블로우홀 (기공, Blow Hole)	금속이 녹아들 때 생기는 작은 틈이나 기포가 발생하는 것으로 모재에 가스(황)잔류, 아크길이 및 전류 부적당의 원인으로 발생한다.
크랙(균열, Crack)	용접 후 냉각 시에 생기는 균열을 말하며, 과대전류 및 모재불량의 원인으로 발생한다.
피트(Pit)	용접부에 생기는 녹이나 미세한 홈이다.
크레이터(Crater)	아크용접 시 끝부분이 항아리 모양으로 파이는 현상으로 과대전류 및 부적합한 운봉의 원인으로 발생한다.
용입불량	용입길이가 충분하지 않은 것으로 과소전류, 운봉속도의 부적당 등이 발생원인이다.

| 정답 | 056 ④ 057 ④ 058 ③

059

흙막이벽 설계 시 고려하지 않아도 되는 것은?

① 히빙(Heaving)　　② 보일링(Boiling)
③ 파이핑(Piping)　　④ 사운딩(Sounding)

해설

사운딩은 토질시험방법이다.

관련개념 지반의 이상현상

히빙(Heaving)	연약한 점토지반의 굴착이 진행됨에 따라 흙막이벽 뒤쪽 흙의 중량이 굴착부 바닥의 지지력 이상이 되면 흙막이벽 근입부분의 지반 이동이 발생하여 굴착부 저면이 솟아오르는 현상을 말한다.
보일링(Boiling)	지하수위가 높은 사질토지반을 굴착 시 굴착부와 지하수위 차가 있을 경우, 수두차에 의하여 침투압이 생겨 흙막이벽 근입부분을 침식하는 동시에, 모래가 액상화되어 솟아오르는 현상으로 흙막이벽의 근입부가 지지력을 상실하여 흙막이공의 붕괴를 초래한다.
파이핑(Piping)	흙막이배면의 틈, 균열 등으로 수두차에 의해 파이프형태의 수로가 형성되면서 지하수가 배출되는 현상이다.

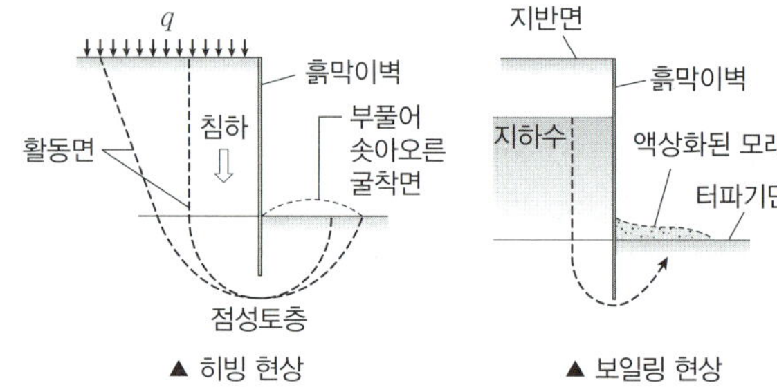

▲ 히빙 현상　　▲ 보일링 현상

060

민간자본 유치방식 중 사회간접시설을 설계, 시공한 후 소유권을 발주자에게 이양하고, 투자자는 일정기간 동안 시설물의 운영권을 행사하는 계약방식은?

① BOT(Build Operate Transfer)
② BTO(Build Transfer Operate)
③ BOO(Build Operate Own)
④ BTL(Build Transfer Lease)

해설 BTO 방식

시설의 준공(B)과 동시에 해당 시설의 소유권이 국가나 지방자치단체에 귀속(T)되고, 이후 사업시행자에게 일정기간 동안 시설관리 운영권(O)을 인정하는 방식이다.

관련개념 민자유치 방식

BOO	BOT	BTO	BLT	BTL
Build (민간건설)	Build (민간건설)	Build (민간건설)	Build (민간건설)	Build (민간건설)
Own (민간소유)	Operate (민간운영)	Transfer (소유권이전)	Lease (정부운영)	Transfer (소유권이전)
Operate (민간운영)	Transfer (소유권이전)	Operate (민간운영)	Transfer (소유권이전)	Lease (정부운영)

- Build: 민간이 자본을 들여 설계 시공
- Operate: 시설을 민간이 운영하여 투자분을 회수
- Own: 소유권을 민간이 소유
- Transfer: 소유권을 발주자에게 이양
- Lease: 운영권 임차

| 정답 | 059 ④　060 ②

건설재료학

061

콘크리트의 배합설계 시 표준이 되는 골재의 상태는?

① 절대건조상태 ② 기건상태
③ 표면건조 내부포화상태 ④ 습윤상태

해설 **표면건조 내부포화상태**
골재입자의 표면에 물기가 없고 입자 내부의 빈틈은 물로 채워진 상태이다. 콘크리트 배합설계에 있어서 기준이 된다.

관련개념 **시방배합과 현장배합**

시방배합	현장배합
• 시방서 또는 책임기술자에 의해 표시된 배합 • 재료조건 – 표면건조 포화상태의 골재 – 잔골재는 5[mm] 미만 – 굵은골재는 5[mm] 이상	• 현장의 여건과 재료의 상태를 고려하여 시방배합을 현장상태로 적합하게 보정한 배합 • 현장여건 및 재료의 상태 – 현장 골재를 5[mm]체로 구분하기 곤란하면 잔골재 중 5[mm] 잔류량, 굵은골재 중 5[mm] 통과량 – 표면수량 및 흡수량 보정

062

토질시험 중 흙 속에 수분이 거의 없고 바삭바삭한 상태의 정도를 알아보기 위한 것은?

① 함수비시험 ② 소성한계시험
③ 액성한계시험 ④ 압밀시험

해설
소성한계는 소성상태와 반고체상태의 경계가 되는 함수비로 이 함수비를 알아보기 위한 시험이 소성한계시험이다.

관련개념 **소성상태**
외부로부터 힘이 가해졌을 때 물체가 변형되어 원래 상태로 돌아가지 못하는 성질이다. 소성한계 이하로 수분량이 감소하면 흙은 더 이상 가소성을 보이지 않는다.

063

도막방수에 사용되지 않는 재료는?

① 염화비닐 도막재 ② 아크릴고무 도막재
③ 고무아스팔트 도막재 ④ 우레탄고무 도막재

해설 **도막방수**
• 콘크리트 등의 바탕면에 여러 차례 우레탄, 아크릴(에멀션), 고무아스팔트와 같은 방수재를 칠하여 두께가 일정한 방수막을 만들어 우수 등을 차단하는 방수공법을 말한다.
• 롤러, 스프레이, 붓 등으로 칠할 수 있으므로 굴곡이 심하고 구조가 복잡한 곳에 시공한다.
• 에폭시계를 제외한 대부분의 도막방수재는 신장률이 크므로 균열이 예상되는 곳이나 조인트 등에도 많이 사용된다.
• 건물외벽, 지붕, 옥상, 스포츠경기장 바닥 등에도 많이 사용된다.

| 정답 | 061 ③ 062 ② 063 ①

064

콘크리트의 압축강도를 시험하지 않을 경우 거푸집널의 해체시기로 옳은 것은? (단, 기타 조건은 아래와 같음)

- 평균기온: 20[℃] 이상
- 보통포틀랜드시멘트 사용
- 대상: 기초, 보, 기둥 및 벽의 측면

① 2일　② 3일
③ 4일　④ 6일

해설 **콘크리트의 압축강도를 시험하지 않을 경우 거푸집널의 해체시기(기초, 보, 기둥 및 벽의 측면)**

시멘트의 종류 / 평균기온	조강 포틀랜드 시멘트	보통포틀랜드시멘트 고로슬래그시멘트 (1종) 포틀랜드포졸란시멘트 (1종) 플라이애시시멘트 (1종)	고로슬래그시멘트 (2종) 포틀랜드포졸란시멘트 (2종) 플라이애시시멘트 (2종)
20[℃] 이상	2일	4일	5일
20[℃] 미만 10[℃] 이상	3일	6일	8일

065

콘크리트에 관한 설명으로 옳지 않은 것은?

① 진동다짐한 콘크리트의 경우가 그렇지 않은 경우의 콘크리트보다 강도가 커진다.
② 공기연행제는 콘크리트의 시공연도를 좋게 한다.
③ 물시멘트비가 커지면 콘크리트의 강도가 커진다.
④ 양생온도가 높을수록 콘크리트의 강도발현이 촉진되고 초기강도는 커진다.

해설

물시멘트비가 커지면 물이 많이 섞였다는 것을 의미하므로 강도가 저하된다.

066

철골조 용접 공작에서 용접봉의 피복재 역할로 옳지 않은 것은?

① 함유 원소를 이온화하여 아크를 안정시킨다.
② 용착 금속에 합금 원소를 가한다.
③ 용착 금속의 산화를 촉진하여 고열을 발생시킨다.
④ 용융 금속의 탈산, 정련을 한다.

해설 **용접봉 피복재의 역할**

- 아크를 안정시킨다.
- 산화, 질화 등의 해를 방지하고, 용착금속을 보호한다.
- 용착 금속의 냉각 속도를 느리게 하여 급랭을 방지한다.
- 용착 금속의 탈산, 정련 작용을 하고, 용융점이 낮은 적당한 점성의 가벼운 슬래그를 생성한다.
- 슬래그의 제거를 쉽게(박리성) 하고, 파형이 고운 비드를 만든다.
- 스패터의 발생을 감소시킨다.
- 용착 금속에 필요한 합금 원소들을 가한다.
- 절연 작용을 한다.
- 용융 금속의 용적을 미세화하여 용착효율을 증대시킨다.

067

경질섬유판(Hard Fiber Board)에 관한 설명으로 옳은 것은?

① 밀도가 0.3[g/cm^3] 정도이다.
② 소프트 텍스라고도 불리며 수장판으로 사용된다.
③ 소판이나 소각재의 부산물 등을 이용하여 접착, 접합에 의해 소요 형상의 인공목재를 제조할 수 있다.
④ 펄프를 접착제로 제판하여 양면을 열압 건조시킨 것이다.

해설

① 연질섬유판의 밀도가 0.3[g/cm^3] 이하이다.
② 연질섬유판에 대한 설명이다.
③ 파티클 보드에 대한 설명이다.

관련개념 **경질섬유판**

- 목재의 삭편을 파쇄하여 섬유화한 것에 수용성 레졸형 페놀수지를 가하여 가열·가압하고 판상으로 성형한 것이다.
- 주로 식물성 섬유로 만들었으며 비중이 0.8~1 정도이다.

| 정답 | 064 ③　065 ③　066 ③　067 ④

068

콘크리트에 사용되는 혼화재인 플라이애시에 관한 설명으로 옳지 않은 것은?

① 단위수량이 커져 블리딩 현상이 증가한다.
② 초기 재령에서 콘크리트 강도를 저하시킨다.
③ 수화 초기의 발열량을 감소시킨다.
④ 콘크리트의 수밀성을 향상시킨다.

해설

플라이애시는 워커빌리티를 좋게 하고 단위수량을 감소시켜 블리딩 현상을 감소시킨다.

관련개념 **플라이애시(Fly Ash)**

콘크리트의 워커빌리티를 좋게 하고 사용수량을 감소시킨다.
내부온도상승에 의한 균열발생을 억제하는 데 유효하며 수밀성을 크게 개선한다.
건축에는 별로 쓰이지 않고 댐(Dam) 콘크리트, 프리팩트(Prepacked) 콘크리트 등에 증량제로 쓰이지만 그 품질에 대한 충분한 시험을 하여야 한다.

069

점토제품으로 소성온도가 가장 높은 것은?

① 도기　　② 토기
③ 자기　　④ 석기

해설 **점토제품의 종류**

종류	소성온도[℃]	흡수율[%]	재료	비고
토기	790~1,000	20 이상	기와, 벽돌, 토관	최저급 원료(전답토)
도기	1,100~1,230	10	타일, 테라코타, 위생도기	다공질로 흡수성 유약 사용, 두드리면 탁음
석기	1,160~1,350	3~10	마루, 타일, 클링커 타일	유약 대신 식염유 사용
자기	1,230~1,460	0~1	자기질 타일, 모자이크 타일, 위생도기	양질의 도토 또는 장석분을 원료로 함

070

각 창호철물에 관한 설명으로 옳지 않은 것은?

① 피벗힌지(Pivot Hinge): 경첩 대신 축을 사용하여 여닫이문을 회전시킨다.
② 나이트래치(Night Latch): 외부에서는 열쇠, 내부에서는 작은 손잡이를 틀어 열 수 있는 실린더장치로 된 것이다.
③ 크레센트(Crescent): 여닫이문의 상하단에 붙여 경첩과 같은 역할을 한다.
④ 래버토리 힌지(Lavatory Hinge): 스프링 힌지의 일종으로 공중용 화장실 등에 사용된다.

해설

크레센트는 창문잠금고리로 미닫이문에 적합하다.

관련개념 **창호철물**

▲ 피벗힌지

▲ 나이트래치

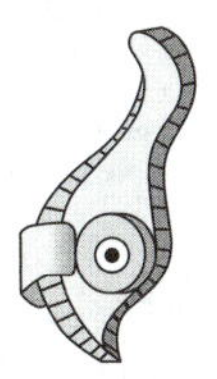
▲ 크레센트

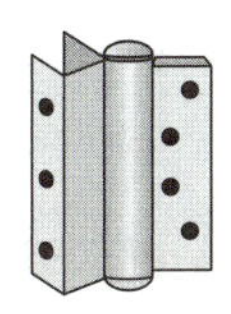
▲ 래버토리 힌지

| 정답 | 068 ① 069 ③ 070 ③

2022년 1회

071

콘크리트의 탄산화에 관한 설명으로 옳지 않은 것은?

① 탄산가스의 농도, 온도, 습도 등 외부환경조건도 탄산화 속도에 영향을 준다.
② 물-시멘트비가 클수록 탄산화의 진행속도가 빠르다.
③ 탄산화된 부분은 페놀프탈레인액을 분무해도 착색되지 않는다.
④ 일반적으로 보통 콘크리트가 경량골재 콘크리트보다 탄산화 속도가 빠르다.

해설

일반적으로 혼합시멘트의 혼합비율이 높은 것과 경량 콘크리트는 중성화(탄산화) 속도가 빠르다.

관련개념 **중성화 속도**

- 물-시멘트비가 작은 콘크리트일수록 중성화 속도가 늦다.
- 온도가 낮을수록, 습도가 높을수록, 탄산가스의 농도가 작을수록 중성화 속도가 늦다.
- 중성화의 깊이는 시멘트의 품질, 골재의 품질 등에 의해 영향을 받는다.
- 경량골재, 혼합시멘트(플라이애시, 포졸란, 고로슬래그 시멘트 등)는 중성화가 빠르다.

072

강화유리에 관한 설명으로 옳지 않은 것은?

① 유리 표면에 강한 압축응력층을 만들어 파괴강도를 증가시킨 것이다.
② 강도는 플로트 판유리에 비해 3~5배 정도이다.
③ 주로 출입문이나 계단 난간, 안전성이 요구되는 칸막이 등에 사용된다.
④ 깨어질 때는 판유리 전체가 파편으로 잘게 부서지지 않는다.

해설

일반유리는 깨질 때 넓게 비산하지만 강화유리는 판유리 전체가 잘게 부서져서 폭포수처럼 쏟아진다.

관련개념 **강화유리**

판유리를 강화로에서 약 700[℃]까지 가열시킨 후 양면에 공기를 일정하게 불어 균일하게 급랭시켜 제조한 것으로, 표면을 급랭시키면 판유리 표면에 압축층이 형성되어 파괴강도가 증가된다.

073

경량콘크리트(Lightweight Concrete)에 관한 설명으로 옳지 않은 것은?

① 기건비중은 2.0 이하, 단위중량은 1,400~2,000[kg/m^3] 정도이다.
② 열전도율이 보통 콘크리트와 유사하여 동일한 단열성능을 갖는다.
③ 물과 접하는 지하실 등의 공사에는 부적합하다.
④ 경량이어서 인력에 의한 취급이 용이하고, 가공도 쉽다.

해설

경량콘크리트는 열전도율이 낮아 단열성능이 우수하다.

관련개념 **경량콘크리트의 장단점**

장점	단점
• 경량성: 건축물의 자중을 줄여 구조 안전성 증대 • 단열성: 열전도율이 낮아 단열성능 우수 • 방음성: 소리를 흡수하여 방음효과 우수 • 내화성: 고온에도 안정적, 화재에 강함	• 흡수성: 다공질로 수분 흡수, 습기에 약함 • 강도: 콘크리트에 비해 작은 강도 • 비용: 경량골재, 혼화재 사용으로 비용 증대 • 곰팡이, 박테리아 등 발생

| 정답 | 071 ④ 072 ④ 073 ②

074

수밀성, 기밀성 확보를 위하여 유리와 새시의 접합부, 패널의 접합부 등에 사용되는 재료로서 내후성이 우수하고 부착이 용이한 특징이 있으며, 형상이 H형, Y형, ㄷ형으로 나누어지는 것은?

① 유리퍼티(Glass Putty)
② 2액형 실링재(Two-Part Liquid Sealing Compound)
③ 개스킷(Gasket)
④ 아스팔트코킹(Asphalt Caulking Materials)

해설 **개스킷(Gasket)**

두 개의 연결된 면 사이에서 누출을 방지하기 위해 사용하는 밀봉재로, 금속이나 그 밖의 재료가 서로 접촉할 경우 접촉면에서 내부의 가스나 물 등이 밖으로 새지 않도록 끼워 넣는 패킹(Packing)으로 고무, 비석면, 금속 등으로 구성된 부품이다.

관련개념 **개스킷 재질의 요구조건**

- 양호한 탄성을 가지고 복원성이 좋으며, 기계적 강도를 가지고 압축변형률이 적어야 한다.
- 내압의 변동, 열팽창, 열전도성, 화학변화 등 제반 조건에 적합해야 한다.
- 인체 및 환경 등에 영향을 주지 않아야 한다.(석면 재질 사용 금지 등)

075

다음은 특정 콘크리트의 절대용적배합을 나타낸 것이다. 이 콘크리트의 물시멘트비는? (단, 시멘트의 밀도는 3.15[g/cm^3]이다.)

– 단위수량[kg/m^3]: 180
– 절대용적[L/m^3]: 시멘트 95, 모래 305, 자갈 380

① 50[%] ② 55[%]
③ 60[%] ④ 65[%]

해설

- 체적 1[m^3]에 대한 물의 양(중량) = 180[kg]
- 체적 1[m^3]에 대한 시멘트의 양(중량)

$$=95{,}000[\text{cm}^3/\text{m}^3]\times\frac{3.15\times10^{-3}[\text{kg}]}{[\text{cm}^3]}=299.25[\text{kg}]$$

- 물시멘트비(W/C) $=\frac{\text{물의 중량}}{\text{시멘트의 중량}}\times100=\frac{180}{299.25}\times100=60[\%]$

076

점토에 관한 설명으로 옳지 않은 것은?

① 습윤상태에서 가소성이 좋다.
② 압축강도는 인장강도의 약 5배 정도이다.
③ 점토를 소성하면 용적, 비중 등의 변화가 일어나며 강도가 현저히 증대된다.
④ 점토의 소성온도는 점토의 성분이나 제품의 종류에 상관없이 같다.

해설

점토의 소성온도는 점토의 성분이나 종류에 따라 다르다.

관련개념 **점토의 성질**

- 점토의 압축강도는 인장강도의 약 5배이다.
- 점토를 소성하면 용적, 비중 등의 변화가 일어나며 강도가 증대된다.
- 세립분이 50[%] 이상으로 모래 성분이 상당히 포함되어 있다.
- 공극률은 입자의 형상, 크기에 관계한다.
- 순수한 점토일수록 비중과 강도가 크다.
- 불순물이 많은 점토일수록 비중이 작고 강도가 떨어진다.
- 주성분은 실리카(SiO_2)와 알루미나(Al_2O_3)이다.
- 점토의 가소성은 점토의 질, 입자의 크기, 함수량, 비비기 정도, 시간, 온도에 영향을 많이 받는다.
- 알루미나(Al_2O_3)가 많은 점토는 가소성이 우수하다.
- 점토의 가소성은 입자가 작을수록 좋다.
- 물과 결합하여 가소성을 가지고, 열과 반응하여 화학적 변화를 일으킨다.
- 철산화물이 많을수록 적색을 띠고, 석회물질이 많을수록 황색을 띤다.

| 정답 | 074 ③ 075 ③ 076 ④

077

석고보드의 특성에 관한 설명으로 옳지 않은 것은?

① 흡수로 인해 강도가 현저하게 저하된다.
② 신축변형이 커서 균열의 위험이 크다.
③ 부식이 안 되고 충해를 받지 않는다.
④ 단열성이 높다.

해설 **석고보드**

소석고를 주원료로 하여 톱밥·섬유·펄라이트 등을 혼합하고, 경우에 따라서는 발포제를 첨가하고 물로 반죽하여 두 장의 시트 사이에 부어서 판상으로 굳힌 것이다.

단열성	열전도율이 0.14[kcal/m²]로 낮고, 공기를 차단한다.
차음성	복합재료로 동 중량의 다른 자재에 비해 소음 차단효과가 우수하다.
방화성	자체 중량에 12[%]의 결정수가 함유되어 초기화재 억제효과가 있다.
방충성	바퀴벌레, 쥐, 개미 등이 싫어하는 황산칼슘이 주성분으로 해충의 서식을 막고, 곰팡이를 억제한다.
치수안정성	온도 변화에 대한 안정성이 있고 뒤틀림, 처짐, 신축변형이 없다.

078

목재의 내화성에 관한 설명 중 옳지 않은 것은?

① 목재의 발화 온도는 450[℃] 이상이다.
② 목재의 밀도가 작을수록 착화가 어렵다.
③ 수산화나트륨 도포도 목재의 방화에 효과적이다.
④ 목재의 대단면화는 안전한 목재 방화법이다.

해설

목재의 밀도가 작을수록 착화되기 쉽다.

관련개념 **목재의 성질(내화성)**

- 가열하면 100[℃] 이상에서는 수분이 완전 증발하여 함수량의 감소로 강도는 증대하나, 무게와 용적은 줄어든다.
- 160[℃] 이상이 되면 가열 분해되어 CO, H_2, CH_4 등의 소량의 가연성 가스와 목초산, 아세톤이 유출된다.
- 270[℃] 이상이 되면 급격히 가연성 가스의 발생이 많아진다.

079

목재의 열적 성질에 관한 설명 중 옳지 않은 것은?

① 겉보기비중이 작은 목재일수록 열전도율은 작다.
② 섬유에 평행한 방향의 열전도율이 섬유 직각방향의 열전도율보다 작다.
③ 목재는 불에 타는 단점이 있으나 열전도율이 낮아 여러 가지 용도로 사용되고 있다.
④ 가벼운 목재일수록 착화되기 쉽다.

해설 **목재의 열적 성질**

- 목재의 열전도율은 함수율과 비중이 증가할수록 커진다.
  - 건조목재: 세포 내 많은 공기를 갖고 있어 열전도율이 작다.
  - 생목재: 세포 내 전도성 물질인 물이 많아 열전도율이 크다.
- 목재의 열전도율은 섬유에 평행한 방향의 경우에는 엇결 방향의 1.5배, 섬유 직각방향의 2배 정도 크다.
- 목재는 금속이나 콘크리트에 비하여 열전도율이 극히 작다. 다공질의 목재, 가벼운 목재일수록 열전도율이 낮아 보온재로 쓰이기도 한다.
- 가벼운 목재는 건조목재로 착화되기 쉽다.

080

콘크리트의 워커빌리티에 영향을 주는 인자에 관한 설명으로 옳지 않은 것은?

① 단위수량이 많을수록 콘크리트의 컨시스턴시는 커진다.
② 일반적으로 부배합의 경우는 빈배합의 경우보다 콘크리트의 플라스티시티가 증가하므로 워커빌리티가 좋다고 할 수 있다.
③ AE제나 감수제에 의해 콘크리트 중에 연행된 미세한 공기는 볼베어링 작용을 통해 콘크리트의 워커빌리티를 개선한다.
④ 둥근형상의 강자갈의 경우보다 편평하고 세장한 입형의 골재를 사용할 경우 워커빌리티가 개선된다.

해설

편평하고 세장한 입형의 골재는 워커빌리티를 감소시킨다.

| 정답 | 077 ② 078 ② 079 ② 080 ④

건설안전기술

081

산업안전보건기준에 관한 규칙에서 규정한 양중기의 종류에 해당하지 않는 것은?

① 이동식 크레인
② 승강기
③ 리프트(Lift)
④ 하이랜드(High land)

해설
'하이랜드'는 굴절식 지게차 형태의 건설장비 명칭이다.

관련개념 **산업안전보건법령에서 규정하는 양중기의 종류**
- 크레인(호이스트 포함)
- 이동식 크레인
- 리프트(이삿짐운반용 리프트는 0.1톤 이상인 것으로 한정)
- 곤돌라
- 승강기

082

터널 출입구 부근 지반의 붕괴 또는 토사 등의 낙하에 의하여 근로자가 위험해질 우려가 있을 경우에 위험을 방지하기 위해 필요한 조치에 해당하는 것은?

① 물의 분사　　② 보링에 의한 가스제거
③ 흙막이 지보공 설치　　④ 감시인의 배치

해설
터널 등의 건설작업을 할 때에 터널 등의 출입구 부근의 지반의 붕괴나 토사 등의 낙하에 의하여 근로자가 위험해질 우려가 있는 경우에는 흙막이 지보공이나 방호망을 설치하는 등 위험을 방지하기 위하여 필요한 조치를 하여야 한다.

083

중량물 운반 시 크레인에 매달아 올릴 수 있는 최대하중으로부터 달아올리기 기구의 중량에 상당하는 하중을 제외한 하중을 무엇이라 하는가?

① 정격하중　　② 적재하중
③ 임계하중　　④ 작업하중

해설 **정격하중**
크레인의 권상하중(들어 올릴 수 있는 최대하중)에서 훅, 크랩 또는 버킷 등 달기기구의 중량을 뺀 하중을 말한다.

084

콘크리트 타설 시 거푸집의 측압에 영향을 미치는 인자들에 관한 설명으로 옳지 않은 것은?

① 슬럼프가 클수록 작다.
② 타설속도가 빠를수록 크다.
③ 거푸집 속의 콘크리트 온도가 낮을수록 크다.
④ 콘크리트의 타설높이가 높을수록 크다.

해설 **콘크리트 측압이 커지는 요인**
- 거푸집 부재의 단면이 큰 경우
- 거푸집의 수밀성이 큰 경우
- 거푸집의 강성이 큰 경우
- 거푸집의 표면이 평활할 경우
- 콘크리트가 묽은 경우
- 철골이나 철근량이 적은 경우
- 외기온도가 낮은 경우
- 타설속도가 빠른 경우
- 콘크리트의 다짐이 좋은 경우
- 콘크리트의 슬럼프가 큰 경우
- 콘크리트의 비중이 큰 경우
- 습도가 높은 경우
- 벽 두께가 두꺼운 경우

| 정답 | 081 ④　082 ③　083 ①　084 ①

085

흙막이 지보공을 설치하였을 때 정기적으로 점검하여 이상 발견 시 즉시 보수하여야 할 사항이 아닌 것은?

① 굴착 깊이의 정도
② 버팀대의 긴압의 정도
③ 부재의 접속부·부착부 및 교차부의 상태
④ 부재의 손상·변형·부식·변위 및 탈락의 유무와 상태

해설 **흙막이 지보공 설치 시 점검사항**

- 부재의 손상·변형·부식·변위 및 탈락의 유무와 상태
- 버팀대의 긴압의 정도
- 부재의 접속부·부착부 및 교차부의 상태
- 침하의 정도

086

다음은 동바리 등을 조립하는 경우의 준수사항이다. (　　) 안에 알맞은 내용을 순서대로 옳게 나열한 것은?

> 동바리로 사용하는 파이프서포트에 대하여는 다음의 정하는 바에 의할 것
> "높이가 3.5[m]를 초과하는 경우에는 높이 (　　) 이내마다 수평연결재를 (　　) 방향으로 만들고 수평연결재의 변위를 방지할 것"

① 1[m], 1개　　② 1[m], 2개
③ 2[m], 1개　　④ 2[m], 2개

해설 **동바리로 사용하는 파이프 서포트 조립 시 준수사항**

- 파이프 서포트를 3개 이상 이어서 사용하지 않도록 할 것
- 파이프 서포트를 이어서 사용하는 경우에는 4개 이상의 볼트 또는 전용 철물을 사용하여 이을 것
- 높이가 3.5[m]를 초과하는 경우에는 높이 2[m] 이내마다 수평연결재를 2개 방향으로 만들고 수평연결재의 변위를 방지할 것

087

그물코의 크기가 10[cm]인 매듭 없는 방망사 신품의 인장강도는 최소 얼마 이상이어야 하는가?

① 240[kg]　　② 320[kg]
③ 400[kg]　　④ 500[kg]

해설 **방망사의 인장강도[(　　)는 폐기기준]**

그물코의 크기[cm]	방망의 종류[kg]	
	매듭 없는 방망	매듭방망
10	240(150)	200(135)
5	–	110(60)

088

유해위험방지계획서를 제출하려고 할 때 그 첨부서류와 가장 거리가 먼 것은?

① 공사 개요서
② 산업안전보건관리비 작성요령
③ 전체 공정표
④ 재해 발생 위험 시 연락 및 대피방법

해설 **건설공사 유해위험방지계획서 제출 시 첨부서류**

- 공사 개요서
- 공사현장의 주변 현황 및 주변과의 관계를 나타내는 도면(매설물 현황 포함)
- 전체 공정표
- 산업안전보건관리비 사용계획서
- 안전관리 조직표
- 재해 발생 위험 시 연락 및 대피방법

| 정답 |　085 ①　086 ④　087 ①　088 ②

089

흙막이 공법을 흙막이 지지방식에 의한 분류와 구조방식에 의한 분류로 나눌 때 다음 중 지지방식에 의한 분류에 해당하는 것은?

① 수평 버팀대식 흙막이 공법
② H-Pile 공법
③ 지하연속벽 공법
④ Top Down Method 공법

해설 **흙막이 공법의 분류**

지지방식에 의한 분류	구조방식에 의한 분류
• Open-Cut 공법 • 자립 공법 • 타이로드 공법 • 수평 버팀대 공법 • 어스앵커 공법	• H-Pile 공법 • 널말뚝 공법 • 벽식 지하연속벽 공법 • 주열식 지하연속벽 공법 • 역타(탑다운) 공법

090

항타기 및 항발기에 관한 설명으로 옳지 않은 것은?

① 무너짐 방지를 위하여 시설 또는 가설물 등에 설치하는 경우에는 그 내력을 확인하고 내력이 부족하면 그 내력을 보강해야 한다.
② 연약한 지반에 설치하는 경우에는 아웃트리거·받침 등 지지구조물의 침하를 방지하기 위하여 깔판·받침목 등을 사용해야 한다.
③ 상단 부분은 버팀대·버팀줄로 고정하여 안정시키고, 그 하단 부분은 견고한 버팀·말뚝 또는 철골 등으로 고정시켜야 한다.
④ 궤도 또는 차로 이동하는 항타기 또는 항발기에 대해서는 원활한 이동을 위하여 레일 클램프(Rail Clamp) 및 쐐기 등으로 고정하지 아니하여야 한다.

해설
사업주는 궤도 또는 차로 이동하는 항타기 또는 항발기에 대해서는 불시에 이동하는 것을 방지하기 위하여 레일 클램프(Rail Clamp) 및 쐐기 등으로 고정시켜야 한다.

091

크레인의 운전실 또는 운전대를 통하는 통로의 끝과 건설물 등의 벽체의 간격은 최대 얼마 이하로 하여야 하는가?

① 0.2[m]　　② 0.3[m]
③ 0.4[m]　　④ 0.5[m]

해설 **건설물 등의 벽체와 통로의 간격**
사업주는 다음의 간격을 0.3[m] 이하로 하여야 한다.
- 크레인의 운전실 또는 운전대를 통하는 통로의 끝과 건설물 등의 벽체의 간격
- 크레인 거더(Girder)의 통로 끝과 크레인 거더의 간격
- 크레인 거더의 통로로 통하는 통로의 끝과 건설물 등의 벽체의 간격

092

산업안전보건관리비 계상 및 사용기준에 따른 공사종류별 계상기준으로 옳은 것은? (단, 중건설공사이고, 대상액이 5억 원 미만인 경우)

① 3.11[%]　　② 3.64[%]
③ 3.15[%]　　④ 2.07[%]

해설 **공사종류 및 규모별 산업안전보건관리비 계상기준표**

구분 공사종류	대상액 5억 원 미만	대상액 5억 원 이상 50억 원 미만		대상액 50억 원 이상	보건관리자 선임대상 건설공사
		비율	기초액		
건축공사	3.11[%]	2.28[%]	4,325,000원	2.37[%]	2.64[%]
토목공사	3.15[%]	2.53[%]	3,300,000원	2.60[%]	2.73[%]
중건설공사	3.64[%]	3.05[%]	2,975,000원	3.11[%]	3.39[%]
특수건설공사	2.07[%]	1.59[%]	2,450,000원	1.64[%]	1.78[%]

| 정답 | 089 ① 090 ④ 091 ② 092 ②

2022년 1회

093

흙의 투수계수에 영향을 주는 인자에 관한 설명으로 옳지 않은 것은?

① 공극비: 공극비가 클수록 투수계수는 작다.
② 포화도: 포화도가 클수록 투수계수는 크다.
③ 유체의 점성계수: 점성계수가 클수록 투수계수는 작다.
④ 유체의 밀도: 유체의 밀도가 클수록 투수계수는 크다.

해설 **투수계수에 영향을 주는 인자**

- 포화도가 클수록 투수계수도 커진다.
- 공극비가 클수록 투수계수도 커진다.
- 점성계수가 클수록 투수계수는 작아진다.
- 유체의 밀도가 클수록 투수계수는 커진다.

관련개념

- 투수계수: 재료의 투수성을 판단하는 측정값
- 포화도: 토양 중 물이 차지하는 부피
- 공극비: 토양 중 공극의 부피 비율

094

풍화암의 굴착면 붕괴에 따른 재해를 예방하기 위한 굴착면의 적정한 기울기 기준은?

① 1 : 1.8　　② 1 : 1.0
③ 1 : 0.5　　④ 1 : 0.3

해설 **굴착면의 기울기 기준**

지반의 종류	기울기
모래	1 : 1.8
연암 및 풍화암	1 : 1.0
경암	1 : 0.5
그 밖의 흙	1 : 1.2

095

크레인 등 건설장비의 가공전선로 접근 시 안전대책으로 거리가 먼 것은?

① 안전 이격거리를 유지하고 작업한다.
② 장비의 조립, 준비 시부터 가공전선로에 대한 감전 방지 수단을 강구한다.
③ 장비 사용 현장의 장애물, 위험물 등을 점검 후 작업계획을 수립한다.
④ 장비를 가공전선로 밑에 보관한다.

해설

가공전선로 밑에 건설장비를 보관하면 감전의 우려가 있으므로 위험하다.

096

다음은 강관을 사용하여 비계를 구성하는 경우에 대한 내용이다. 다음 (　　) 안에 들어갈 내용으로 옳은 것은?

> 비계기둥의 간격은 띠장 방향에서는 (　　), 장선 방향에서는 1.5[m] 이하로 할 것

① 1.2[m]　　② 1.5[m]
③ 1.85[m]　　④ 2.0[m]

해설 **강관비계의 구조**

- 비계기둥의 간격은 띠장 방향에서는 1.85[m] 이하, 장선 방향에서는 1.5[m] 이하로 할 것
- 띠장 간격은 2[m] 이하로 할 것
- 비계기둥의 제일 윗부분으로부터 31[m] 되는 지점 밑부분의 비계기둥은 2개의 강관으로 묶어 세울 것
- 비계기둥 간의 적재하중은 400[kg]을 초과하지 않도록 할 것

| 정답 | 093 ①　094 ②　095 ④　096 ③

097

달비계를 설치할 때 작업발판의 폭은 최소 얼마 이상으로 하여야 하는가?

① 30[cm] ② 40[cm]
③ 50[cm] ④ 60[cm]

해설 **달비계 설치 시 준수사항**

- 달기 강선 및 달기 강대는 심하게 손상·변형 또는 부식된 것을 사용하지 않도록 할 것
- 달기 와이어로프, 달기 체인, 달기 강선, 달기 강대는 한쪽 끝을 비계의 보 등에, 다른 한쪽 끝을 내민 보, 앵커볼트 또는 건축물의 보 등에 각각 풀리지 않도록 설치할 것
- 작업발판은 폭을 40[cm] 이상으로 하고 틈새가 없도록 할 것
- 작업발판의 재료는 뒤집히거나 떨어지지 않도록 비계의 보 등에 연결하거나 고정시킬 것
- 비계가 흔들리거나 뒤집히는 것을 방지하기 위하여 비계의 보·작업발판 등에 버팀을 설치하는 등 필요한 조치를 할 것
- 선반 비계에서는 보의 접속부 및 교차부를 철선·이음철물 등을 사용하여 확실하게 접속시키거나 단단하게 연결시킬 것

098

굴착과 싣기를 동시에 할 수 있는 토공기계가 아닌 것은?

① Power shovel ② Tractor shovel
③ Back hoe ④ Motor grader

해설 **모터 그레이더(Motor Grader)**

땅을 파거나 바위 등을 뚫는 굴착, 흙을 쌓는 성토, 땅을 고르게 다듬는 정지 등의 작업을 위한 건설기계로서 토사, 자갈 등을 펴거나 고르는 데 주로 이용되고 도로, 활주로, 제방 등 토목공사에 주로 사용된다.

099

지반조사의 목적에 해당되지 않는 것은?

① 토질의 성질 파악
② 지층의 분포 파악
③ 지하수위 및 피압수 파악
④ 구조물의 편심에 의한 적절한 침하 유도

해설

구조물의 편심을 유도하여 지반을 침하시켜서는 안 된다.

100

작업발판 및 통로의 끝이나 개구부로서 근로자가 추락할 위험이 있는 장소에서 난간 등의 설치가 매우 곤란하거나 작업의 필요상 임시로 난간 등을 해체하여야 하는 경우에 설치하여야 하는 것은?

① 구명구 ② 수직보호망
③ 추락방호망 ④ 석면포

해설

난간 등을 설치하는 것이 매우 곤란하거나 작업의 필요상 임시로 난간 등을 해체하여야 하는 경우 기준에 맞는 추락방호망을 설치하여야 한다.

관련개념 **추락방호망 설치기준**

- 추락방호망의 설치위치는 가능하면 작업면으로부터 가까운 지점에 설치하여야 하며, 작업면으로부터 망의 설치지점까지의 수직거리는 10[m]를 초과하지 아니할 것
- 추락방호망은 수평으로 설치하고, 망의 처짐은 짧은 변 길이의 12[%] 이상이 되도록 할 것
- 건축물 등의 바깥쪽으로 설치하는 경우 추락방호망의 내민 길이는 벽면으로부터 3[m] 이상 되도록 할 것

| 정답 | 097 ② 098 ④ 099 ④ 100 ③

2022년 2회 | CBT 복원문제

자동 채점

산업안전관리론

001

산업안전보건법령상 안전 · 보건에 관한 노사협의체의 근로자위원 구성기준 중 틀린 것은?

① 근로자대표가 지명하는 안전관리자 1명
② 근로자대표가 지명하는 명예산업안전감독관 1명
③ 도급 또는 하도급 사업을 포함한 전체 사업의 근로자대표
④ 공사금액이 20억 원 이상인 공사의 관계수급인의 각 근로자대표

해설 노사협의체의 구성

근로자 위원	• 도급 또는 하도급 사업을 포함한 전체 사업의 근로자대표 • 근로자대표가 지명하는 명예산업안전감독관 1명. 다만, 명예산업안전감독관이 위촉되어 있지 않은 경우에는 근로자대표가 지명하는 해당 사업장 근로자 1명 • 공사금액이 20억 원 이상인 공사의 관계수급인의 각 근로자대표
사용자 위원	• 도급 또는 하도급 사업을 포함한 전체 사업의 대표자 • 안전관리자 1명 • 보건관리자 1명 • 공사금액이 20억 원 이상인 공사의 관계수급인의 각 대표자

002

재해예방의 4원칙이 아닌 것은?

① 손실우연의 법칙 ② 예방교육의 원칙
③ 원인계기의 원칙 ④ 예방가능의 원칙

해설 재해예방의 4원칙

손실우연의 원칙	사고에 의해서 생기는 상해의 종류 및 정도는 우연적이라는 원칙
예방가능의 원칙	재해는 원칙적으로 예방이 가능하다는 원칙
원인계기의 원칙 (원인연계의 원칙)	재해의 발생은 직접원인으로만 일어나는 것이 아니라 간접원인이 연계되어 일어난다는 원칙
대책선정의 원칙	원인의 정확한 분석에 의해 가장 타당한 재해예방 대책이 선정되어야 한다는 원칙

003

산업안전보건법령상 안전보건총괄책임자의 직무가 아닌 것은?

① 위험성평가의 실시에 관한 사항
② 수급인의 산업안전보건관리비의 집행 감독
③ 자율안전확인대상 기계 등의 사용 여부 확인
④ 해당 사업장 안전교육계획의 수립

해설

해당 사업장 안전교육계획의 수립은 안전관리자의 직무이다.

관련개념 안전보건총괄책임자의 직무

• 위험성평가의 실시에 관한 사항
• 산업재해 발생 위험 시 또는 중대재해 발생 시 작업의 중지
• 도급 시 산업재해 예방조치
• 산업안전보건관리비의 관계수급인 간의 사용에 관한 협의 · 조정 및 그 집행의 감독
• 안전인증대상 기계 등과 자율안전확인대상 기계 등의 사용 여부 확인

| 정답 | 001 ① 002 ② 003 ④

004

다음 중 안전조직을 구성할 때의 고려할 사항으로 가장 적합한 것은?

① 회사의 특성과 규모에 부합된 조직으로 설계한다.
② 기업의 규모와 관계없이 생산조직과 분리된 조직이 되도록 한다.
③ 조직 구성원의 책임과 권한에 대하여 서로 중첩되도록 한다.
④ 안전에 관한 지시나 명령이 작업현장에 전달되기 전에는 스태프의 기능이 반드시 축소해야 한다.

해설
조직은 기업의 특성과 규모 등을 고려하여 안전조직을 구성하고 명확한 권한과 책임이 수반되어야 한다.

관련개념 **안전조직의 구비조건**
- 회사의 특성과 규모에 부합되게 조직화 될 것
- 조직의 기능이 충분히 발휘될 수 있는 제도적 체계를 갖출 것
- 조직을 구성하는 관리자의 책임과 권한을 분명히 할 것
- 생산라인과 밀착된 조직이 될 것

005

강도율의 근로손실일수 산정기준에 대한 설명으로 옳은 것은?

① 사망, 영구 전노동 불능의 근로손실일수는 7,500일이다.
② 사망, 영구 전노동 불능상태 신체장해등급은 1~2등급이다.
③ 영구 일부 노동불능 신체장해등급은 3~14등급이다.
④ 일시 전노동 불능은 휴업일수에 280/365을 곱한다.

해설 **근로손실일수 산정기준**
- 사망 및 영구 전노동 불능(신체장해등급 1~3급): 7,500일
- 영구 일부노동 불능은 4~14등급으로 신체장해등급별 근로손실일수를 다음과 같이 적용한다.

구분	신체장해등급										
	4	5	6	7	8	9	10	11	12	13	14
근로손실일수[일]	5,500	4,000	3,000	2,200	1,500	1,000	600	400	200	100	50

006

산업안전보건법령상 산업안전보건관리비 사용명세서의 공사종료 후 보존기간은?

① 6개월간 ② 1년간
③ 2년간 ④ 3년간

해설
건설공사도급인은 산업안전보건관리비를 사용하는 해당 건설공사의 금액이 4천만 원 이상인 때에는 매월 사용명세서를 작성하고, 건설공사 종료 후 1년 동안 보존하여야 한다.

007

다음 중 상해의 종류에 해당하지 않는 것은?

① 찰과상 ② 타박상
③ 중독·질식 ④ 이상온도노출

해설
'이상온도노출'은 재해발생형태에 해당한다.

관련개념 **상해의 분류**

분류	세부내용
골절	뼈가 부러진 상해
동상	저온물 접촉으로 인한 상해
부종	국부의 혈액순환의 이상으로 몸이 퉁퉁 부어오르는 상해
자상(찔림)	칼날 등 날카로운 물건에 찔린 상해
타박상(삐임)	타박·충돌·추락 등으로 피부표면보다는 피하조직 또는 근육부를 다친 상해
절단	신체부위가 절단된 상해
중독, 질식	음식·약물·가스 등에 의해 중독이나 질식한 상해
찰과상	스치거나 문질러서 피부표면이 벗겨진 상해
창상(베임)	창, 칼 등에 베인 상해
화상	화재 또는 고온물 접촉으로 인한 상해
뇌진탕	머리를 세게 맞았을 때 장해로 일어난 상해
익사	물 등 액체에 의해 질식한 상해
피부병	직업과 연관되어 발생 또는 악화되는 피부질환
청력장해	청력이 감퇴 또는 난청이 된 상해
시력장해	시력이 감퇴 또는 실명된 상해

| 정답 | 004 ① 005 ① 006 ② 007 ④

008

다음 중 방진마스크의 일반적인 구조로 적합하지 않은 것은?

① 배기밸브는 방진마스크의 내부와 외부의 압력이 같은 경우 항상 열려 있도록 할 것
② 흡기밸브는 미약한 호흡에 대하여 확실하고 예민하게 작동하도록 할 것
③ 안면부여과식 마스크는 여과재를 안면에 밀착시킬 수 있어야 할 것
④ 머리끈은 적당한 길이 및 탄력성을 갖고 길이를 쉽게 조절할 수 있을 것

해설 **방진마스크 각부의 구조**

- 방진마스크는 쉽게 착용되어야 하고 착용하였을 때 안면부가 안면에 밀착되어 공기가 새지 않을 것
- 흡기밸브는 미약한 호흡에 대하여 확실하고 예민하게 작동하도록 할 것
- 배기밸브는 방진마스크의 내부와 외부의 압력이 같을 경우 항상 닫혀 있도록 할 것. 또한, 약한 호흡 시에도 확실하고 예민하게 작동하여야 하며 외부의 힘에 의하여 손상되지 않도록 덮개 등으로 보호되어 있을 것
- 연결관(격리식에 한함)은 신축성이 좋아야 하고 여러 모양의 구부러진 상태에서도 통기에 지장이 없을 것. 또한, 턱이나 팔의 압박이 있는 경우에도 통기에 지장이 없어야 하며 목의 운동에 지장을 주지 않을 정도의 길이를 가질 것
- 머리끈은 적당한 길이 및 탄력성을 갖고 길이를 쉽게 조절할 수 있을 것

관련개념 **방진마스크의 일반구조**

- 착용 시 이상한 압박감이나 고통을 주지 않을 것
- 전면형은 호흡 시에 투시부가 흐려지지 않을 것
- 분리식 마스크에 있어서는 여과재, 흡기밸브, 배기밸브 및 머리끈을 쉽게 교환할 수 있고 착용자 자신이 안면과 분리식 마스크의 안면부와의 밀착성 여부를 수시로 확인할 수 있어야 할 것
- 안면부여과식 마스크는 여과재로 된 안면부가 사용기간 중 심하게 변형되지 않을 것
- 안면부여과식 마스크는 여과재를 안면에 밀착시킬 수 있어야 할 것

009

다음 중 산업안전보건법령상 산업안전보건위원회의 심의 또는 의결사항에 해당하지 않는 것은?

① 산업재해 예방계획의 수립에 관한 사항
② 근로자의 건강진단 등 건강관리에 관한 사항
③ 안전장치 및 보호구 구입 시 적격품 여부 확인에 관한 사항
④ 중대재해의 원인 조사 및 재발 방지대책 수립에 관한 사항

해설

'안전장치 및 보호구 구입 시 적격품 여부 확인에 관한 사항'은 안전보건관리책임자가 총괄하여 관리하는 업무이다.

관련개념 **산업안전보건위원회의 심의·의결사항**

- 사업장의 산업재해 예방계획의 수립에 관한 사항
- 안전보건관리규정의 작성 및 변경에 관한 사항
- 안전보건교육에 관한 사항
- 작업환경측정 등 작업환경의 점검 및 개선에 관한 사항
- 근로자의 건강진단 등 건강관리에 관한 사항
- 산업재해에 관한 통계의 기록 및 유지에 관한 사항
- 중대재해의 원인 조사 및 재발 방지대책 수립에 관한 사항
- 유해하거나 위험한 기계·기구·설비를 도입한 경우 안전 및 보건 관련 조치에 관한 사항
- 그 밖에 해당 사업장 근로자의 안전 및 보건을 유지·증진시키기 위하여 필요한 사항

010

다음 중 산업안전보건법령상의 양중기의 종류에 해당하지 않는 것은?

① 호이스트 ② 이동식 크레인
③ 곤돌라 ④ 컨베이어

해설

컨베이어는 정해진 구역 내 화물 등을 일정하게 운반하는 기계장치이다.

관련개념 **산업안전보건법령에서 규정하는 양중기의 종류**

- 크레인(호이스트 포함)
- 이동식 크레인
- 리프트(이삿짐운반용 리프트는 0.1톤 이상인 것으로 한정)
- 곤돌라
- 승강기

| 정답 | 008 ① 009 ③ 010 ④

011

안전보건관리조직에 있어 100명 미만의 조직에 적합하며, 안전에 관한 지시나 조치가 철저하고 빠르게 전달되나 전문적인 지식과 기술이 부족한 조직의 형태는?

① 라인·스태프형 ② 스태프형
③ 라인형 ④ 관리형

해설 **라인형(직계식) 조직의 특징**

- 안전에 관한 명령, 지시 및 조치가 각 부문의 직계를 통하여 생산업무와 함께 시행되므로 철저하고 실시도 빠르다.
- 명령과 보고가 상하관계뿐이므로 간단 명료하다.
- 생산라인(Production Line)의 각급 관리감독자는 일상의 생산업무에 쫓겨 안전에 대한 전문지식이나 정보를 몸에 익힐 수 없다는 단점이 있다.
- 100명 이하의 소규모 사업장에 적합하다.

012

산업안전보건법령상 안전보건진단을 받아 안전보건개선계획을 수립 · 제출하도록 명할 수 있는 사업장이 아닌 것은?

① 근로자가 안전수칙을 준수하지 않아 중대재해가 발생한 사업장
② 산업재해율이 같은 업종 평균 산업재해율의 2배 이상인 사업장
③ 작업환경 불량, 화재·폭발 또는 누출 사고 등으로 사업장 주변까지 피해가 확산된 사업장으로서 고용노동부령으로 정하는 사업장
④ 직업성 질병자가 연간 2명 이상(상시근로자 1천 명 이상 사업장의 경우 3명 이상) 발생한 사업장

해설 **안전보건진단을 받아 안전보건개선계획을 수립할 대상**

- 산업재해율이 같은 업종 평균 산업재해율의 2배 이상인 사업장
- 사업주가 필요한 안전조치 또는 보건조치를 이행하지 아니하여 중대재해가 발생한 사업장
- 직업성 질병자가 연간 2명 이상(상시근로자 1천 명 이상 사업장의 경우 3명 이상) 발생한 사업장
- 그 밖에 작업환경 불량, 화재·폭발 또는 누출 사고 등으로 사업장 주변까지 피해가 확산된 사업장으로서 고용노동부령으로 정하는 사업장

013

산소가 결핍되어 있는 장소에서 사용하는 마스크는?

① 방진 마스크 ② 송기 마스크
③ 방독 마스크 ④ 특급 방진 마스크

해설 **마스크의 용도**

구분	용도
방진 마스크	분진, 미스트 또는 흄이 호흡기를 통하여 인체에 유입되는 것을 방지하기 위하여 사용한다.
방독 마스크	유해가스, 증기 등이 호흡기를 통하여 인체에 유입되는 것을 방지하기 위하여 사용한다.
송기 마스크	산소결핍으로 인한 위험을 방지하기 위하여 사용한다.

014

재해발생의 간접원인 중 교육적 원인이 아닌 것은?

① 안전수칙의 오해 ② 경험훈련의 미숙
③ 안전지식의 부족 ④ 작업지시 부적당

해설

'작업지시 부적당'은 간접원인 중 관리적 원인에 해당한다.

관련개념 **재해발생의 간접원인**

구분		
기술적 원인	• 건물·기계 등의 설계 불량 • 구조·재료의 부적합	• 생산공정의 부적당 • 점검 및 보존 불량
교육적 원인	• 안전지식 및 경험의 부족 • 경험훈련의 미숙 • 유해위험 작업의 교육 불충분	• 작업방법의 교육 불충분 • 안전수칙의 오해
신체적 원인	• 육체피로	• 시각 및 청각 이상
정신적 원인	• 판단력 부족	• 착오
관리적 원인	• 안전관리조직 결함 • 작업준비 불충분 • 안전수칙 미제정	• 작업지시 부적당 • 인원배치(적정배치) 부적당 • 작업기준의 불명확

| 정답 | 011 ③ 012 ① 013 ② 014 ④

2022년 2회

015

산업안전보건법령상 공사금액이 얼마 이상인 건설업 사업장에서 산업안전보건위원회를 설치·운영하여야 하는가?

① 80억 원 ② 120억 원
③ 250억 원 ④ 700억 원

해설

건설업의 경우 공사금액이 120억 원 이상(토목공사업의 경우 150억 원 이상)일 때 산업안전보건위원회를 설치하여야 한다.

016

재해의 원인 중 물적 원인(불안전한 상태)에 해당하지 않는 것은?

① 보호구 미착용 ② 방호장치의 결함
③ 조명 및 환기불량 ④ 불량한 정리 정돈

해설 **재해의 직접원인**

구분	내용
불안전한 상태	• 물건 자체의 결함 • 방호장치의 결함 • 복장·보호구의 결함 • 물건의 배치 및 작업장소 불량 • 작업환경의 결함 • 생산공정의 결함 • 경계표시·설비의 결함
불안전한 행동	• 위험장소의 접근 • 방호장치의 기능 제거 • 복장·보호구의 잘못된 사용 • 기계·기구의 잘못된 사용 • 운전 중인 기계장치의 손질 • 불안전한 속도 조작 • 위험물 취급 부주의 • 불안전 상태 방치 • 불안전한 자세 및 동작 • 감독 및 연락 불충분

017

산업안전보건법령상 자율안전확인대상 기계 등에 포함되지 않은 것은?

① 곤돌라 ② 연삭기
③ 컨베이어 ④ 자동차정비용 리프트

해설

곤돌라는 안전인증대상 기계 등에 해당한다.

관련개념 **자율안전확인대상 기계 등**

구분	내용
기계 또는 설비	• 연삭기 또는 연마기(휴대형 제외) • 산업용 로봇 • 혼합기 • 파쇄기 또는 분쇄기 • 식품가공용 기계(파쇄·절단·혼합·제면기만 해당) • 컨베이어 • 자동차정비용 리프트 • 공작기계(선반, 드릴기, 평삭·형삭기, 밀링만 해당) • 고정형 목재가공용 기계(둥근톱, 대패, 루타기, 띠톱, 모떼기 기계만 해당) • 인쇄기
방호장치	• 아세틸렌 용접장치용 또는 가스집합 용접장치용 안전기 • 교류 아크용접기용 자동전격방지기 • 롤러기 급정지장치 • 연삭기 덮개 • 목재 가공용 둥근톱 반발예방장치와 날접촉예방장치 • 동력식 수동대패용 칼날접촉방지장치
보호구	• 안전모(추락 및 감전 위험방지용 안전모 제외) • 보안경(차광 및 비산물 위험방지용 보안경 제외) • 보안면(용접용 보안면 제외)

| 정답 | 015 ② 016 ① 017 ①

018

사고예방대책의 기본원리 5단계 중 제2단계의 사실의 발견에 관한 사항에 해당되지 않는 것은?

① 사고조사
② 안전회의 및 토의
③ 교육과 훈련의 분석
④ 사고 및 안전활동 기록의 검토

해설

'교육과 훈련의 분석'은 제3단계 분석·평가를 통한 원인규명 단계에 해당된다.

관련개념 **하인리히의 사고예방대책 기본원리 5단계**

단계별 과정		내용
제1단계	조직	• 경영층의 참여 • 안전관리자의 임명 • 안전의 라인 및 스태프 조직 구성 • 안전활동 방침 및 계획 수립 • 조직을 통한 안전활동
제2단계	사실의 발견	• 사고 및 안전활동 기록 검토 • 작업분석 • 안전점검 및 안전진단 • 사고조사 • 안전회의 및 토의 • 근로자의 제안 및 여론조사 • 관찰 및 보고서의 연구 등을 통하여 불안전 요소 발견
제3단계	분석·평가	• 사고보고서 및 현장조사 • 사고기록 및 인적·물적 조건의 분석 • 작업공정분석 • 교육훈련분석 등을 통하여 사고의 직접원인 및 간접원인을 규명
제4단계	시정책의 선정	• 기술적 개선 • 인사조정 • 교육훈련의 개선 • 안전행정의 개선 • 규정 및 수칙 작업표준제도의 개선 • 확인 및 통제체제 개선
제5단계	시정책의 적용	• 기술적(engineering) 대책 • 교육적(education) 대책 • 독려적(enforcement) 대책

019

산업안전보건법령상 안전검사대상 유해·위험 기계 등에 포함되지 않는 것은?

① 리프트　② 전단기
③ 압력용기　④ 밀폐형 구조 롤러기

해설 **안전검사대상 유해·위험 기계·기구·설비**

• 프레스
• 전단기
• 크레인(정격 하중이 2톤 미만인 것 제외)
• 리프트
• 압력용기
• 곤돌라
• 국소 배기장치(이동식 제외)
• 원심기(산업용만 해당)
• 롤러기(밀폐형 구조 제외)
• 사출성형기(형 체결력 294[kN] 미만은 제외)
• 고소작업대(화물자동차 또는 특수자동차에 탑재한 고소작업대로 한정)
• 컨베이어
• 산업용 로봇

020

하인리히의 재해손실비용 평가방식에서 총재해손실비용을 직접비와 간접비로 구분하였을 때 그 비율로 옳은 것은?

① 3 : 2　② 4 : 1
③ 1 : 4　④ 2 : 3

해설

하인리히의 재해손실비 평가방식은 직접비 : 간접비의 비율을 1 : 4로 산정한다.

관련개념 **직접손실비용과 간접손실비용**

직접비 (법적으로 지급되는 산재보상비)		간접비 (직접비를 제외한 모든 비용)	
• 요양급여	• 휴업급여	• 인적손실	• 물적손실
• 장해급여	• 간병급여	• 생산손실	• 임금손실
• 유족급여	• 상병보상연금	• 시간손실	• 기타손실 등
• 장례비	• 직업재활급여		

| 정답 | 018 ③　019 ④　020 ③

인간공학 및 시스템안전공학

021

1[cd]의 점광원에서 1[m] 떨어진 곳에서의 조도가 3[lux] 이었다. 동일한 조건에서 5[m] 떨어진 곳에서의 조도는 약 몇 [lux]인가?

① 0.12 ② 0.22
③ 0.36 ④ 0.56

해설

조도는 거리의 제곱에 반비례하므로 5[m] 떨어진 곳의 조도를 x라 하면

$3:x=\frac{1}{1^2}:\frac{1}{5^2}$

$x=\frac{3}{5^2}=0.12[\text{lux}]$

022

다음 중 반복되는 사건이 많이 있는 경우에 FTA의 최소 컷셋을 구하는 알고리즘과 관계가 가장 적은 것은?

① MOCUS Algorithm
② Boolean Algorithm
③ Monte Carlo Algorithm
④ Limnios & Ziani Algorithm

해설

Monte Carlo Algorithm은 최소한의 컷셋을 구하기 위해 충분한 반복 횟수가 필요하기 때문에 반복되는 사건이 많이 있는 경우 효율적이지 않은 알고리즘이다.

관련개념

MOCUS Algorithm	Boolean Algorithm을 변형한 것으로 최소 컷셋을 구하는 데 자주 사용되는 알고리즘
Boolean Algorithm	불대수를 사용하여 최소 컷셋을 구하는 알고리즘
Monte Carlo Algorithm	확률적 근사법을 사용하여 최소 컷셋을 구하는 알고리즘
Limnios & Ziani Algorithm	선형계획법을 사용하여 최소 컷셋을 구하는 알고리즘

023

다음 중 통제표시비를 설계할 때 고려해야 할 5가지 요소가 아닌 것은?

① 공차 ② 조작시간
③ 일치성 ④ 목측거리

해설 **통제표시비 설계 시 고려사항**

- 계기의 크기
- 공차
- 목측거리(목시거리)
- 조작시간
- 방향성

024

다음 중 인체측정 특성의 최대치수를 기준으로 설계해야 하는 대상이 아닌 것은?

① 출입문 크기 ② 통로의 크기
③ 그네의 하중 ④ 선반의 높이

해설

선반의 높이는 키가 작은 사람도 사용하기 편리하게 만들어야 하므로 최소치 설계원칙에 따른다.

관련개념 **인체측정자료 응용원칙**

응용원칙	개념	예시
조절식 설계원칙	사용자의 신체적 특성에 따라 조절할 수 있도록 설계하는 원칙	자동차 의자, 조절식 의자 등
평균치 설계원칙	인체측정자료의 평균치를 기준으로 설계하는 원칙	은행 카운터나 책상, 지하철 손잡이의 높이 등
최대치 설계원칙	인체측정자료의 최대치를 기준으로 설계하는 원칙	문높이, 와이어로프의 사용 중량 등
최소치 설계원칙	인체측정자료의 최소치를 기준으로 설계하는 원칙	조종장치, 선반의 높이, 비상벨의 위치 등

| 정답 | 021 ① 022 ③ 023 ③ 024 ④

025

다음 중 FT도 작성에 사용하는 기호에서 그 성격이 다른 하나는?

①

②
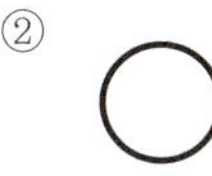

③
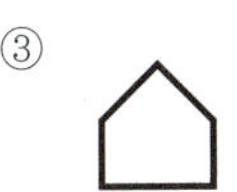

④

해설

①은 결함사상, ②는 기본사상, ③은 통상사상을 나타내는 사상기호이고, ④는 논리곱을 나타내는 AND 게이트로 논리기호이다.

관련개념 **논리기호 및 사상기호**

기호	명칭	설명
	기본사상	더 이상 전개할 수 없는 사건·사고(재해의 원인)
	생략사상	관리정보가 미비하여 계속될 수 없는 특정 초기사상
	통상사상	발생이 예상되는 사상
	결함사상	한 개 이상의 입력에 의해 발생된 고장사상
	전이기호	다른 게이트와의 연결
	억제 게이트	입력이 발생하기 전 특정 조건을 만족하면 출력이 발생
	OR 게이트	입력신호 중 하나 이상이 발생하면 출력이 발생(논리합)
	AND 게이트	입력신호가 모두 발생하면 출력이 발생(논리곱)

026

산업안전보건법령에서 정한 물리적 인자의 분류기준에 있어서 소음은 소음성난청을 유발할 수 있는 몇 [dB(A)] 이상의 시끄러운 소리로 규정하고 있는가?

① 70　② 85
③ 100　④ 115

해설

산업안전보건법령상 물리적 인자의 분류기준 중 소음은 소음성난청을 유발할 수 있는 85[dB(A)] 이상의 시끄러운 소리로 규정하고 있다.

027

다음 중 주로 어깨, 팔목, 손목, 목 등 상지의 작업자세로 인한 작업부하를 평가하기 위하여 영국에서 개발된 방법은?

① RULA 기법
② OWAS 기법
③ NIOSH의 들기작업 지침
④ Grag 에너지소비량 예측 모델

해설 **RULA(Rapid Upper Limb Assessment) 기법**

영국 맨체스터 대학교에서 개발된 RULA 기법은 주로 작업자의 상지(팔, 손목, 어깨 등) 및 목의 작업자세를 평가하여 작업자세, 힘의 크기, 반복성을 점수화하고 근골격계 질환의 위험도를 분석하는 방법이다.

관련개념

- OWAS 기법: 핀란드 Ovako Steel 회사에서 1970년대에 개발되었으며, 작업자의 전반적인 자세(서기, 구부리기, 앉기 등)를 평가하는 방법이다.
- NIOSH의 들기작업 지침(NIOSH Lifting Equation): 미국 NIOSH에서 개발되었으며, 물건을 드는 작업의 안전성을 평가하기 위한 지침이다.
- Grag 에너지소비량 예측 모델: 작업 중 에너지 소비량을 예측하는 방법이다.

| 정답 | 025 ④　026 ②　027 ①

028

다음 중 인간-기계 시스템의 종류와 가장 관계가 먼 것은?

① 기계 시스템　　② 생태 시스템
③ 수동 시스템　　④ 자동 시스템

해설　인간-기계 시스템(체계)

수동 체계	자신의 신체적인 힘을 동력원으로 사용하여 작업을 통제하는 인간 사용자와 결합(수공구 또는 그 밖의 보조물 사용)
기계화 체계 (반자동 체계)	운전자가 조종장치를 사용하여 통제하며 동력은 전형적으로 기계가 제공
자동화 체계	기계가 감지, 정보처리, 의사결정 등 행동을 포함한 모든 임무를 수행하고 인간은 감시, 프로그래밍, 정비유지 등의 기능을 수행

029

다음 중 MIL-STD-882A에서 분류한 위험 강도의 범주에 해당하지 않는 것은?

① 위기(Critical)　　② 무시(Negligible)
③ 경계(Precautionary)　　④ 파국(Catastrophic)

해설　위험도 기준(MIL-STD-882A)에 따른 심각도 분류

구분	설명
Catastrophic(파국)	시스템의 완전한 손실이나 사망을 초래할 수 있는 수준의 위험
Critical(위기)	주요 시스템 손상, 심각한 부상 또는 질병을 초래할 수 있는 수준의 위험
Marginal(한계)	경미한 부상이나 시스템 성능 저하를 초래할 수 있는 수준의 위험
Negligible(무시 가능)	무시할 만한 수준의 위험으로, 시스템 성능에 거의 영향을 미치지 않는 위험

030

다음 중 신뢰도가 R인 요소 n개가 직렬로 구성된 시스템의 신뢰도를 나타낸 것은?

① $\prod_{i=1}^{n} R_i$　　② $1-\prod_{i=1}^{n} R_i$
③ $1-\prod_{i=1}^{n}(1-R_i)$　　④ $\prod_{i=1}^{n}(1-R_i)$

해설

직렬로 구성된 시스템은 모든 요소가 순차적으로 연결되어 있는 구조로, 시스템의 신뢰도는 각 요소의 신뢰도를 모두 곱한 값과 같다.

따라서 n개의 요소가 직렬로 구성된 시스템의 신뢰도는 $\prod_{i=1}^{n} R_i = R_1 \times R_2 \times \cdots \times R_n$이다.

031

안전제어장치 중 사출기에 설치되어 도어가 열려 있는 경우에는 사출기가 동작되지 않도록 하는 것을 무엇이라 하는가?

① 비상제어장치　　② 인터록장치
③ 인트라록장치　　④ 트랜스록장치

해설　인터록장치(Interlock Device)

기계나 장치의 안전성을 확보하기 위해 특정 조건이 충족되지 않으면 동작하지 않도록 설계된 안전제어장치이다.

관련개념　비상제어장치

비상 상황에서 장치를 즉시 멈추게 하는 장치이다.

| 정답 |　028 ②　029 ③　030 ①　031 ②

032

종이의 반사율이 50[%]이고, 종이상의 글자 반사율이 10[%]일 때 종이에 의한 글자의 대비는 얼마인가?

① 10[%] ② 40[%]
③ 60[%] ④ 80[%]

해설

$$대비=\frac{기준\ 물체의\ 밝기-비교\ 물체의\ 밝기}{기준\ 물체의\ 밝기}\times 100$$

$$=\frac{50-10}{50}\times 100=80[\%]$$

033

위험처리 방법에 관한 설명으로 틀린 것은?

① 위험처리 대책 수립 시 비용문제는 제외된다.
② 재정적으로 처리하는 방법에는 보류와 전가 방법이 있다.
③ 위험의 제어 방법에는 회피, 손실제어, 위험분리, 책임 전가 등이 있다.
④ 위험처리 방법에는 위험을 제어하는 방법과 재정적으로 처리하는 방법이 있다.

해설 **위험처리의 방법**

구분	설명
위험수용 (Acceptance)	해당 위험의 잠재 손실 비용을 감수하고 특별한 대응 조치를 취하지 않는 것을 의미한다. 비용면으로 효율적인 대책이 없거나 위험 수준이 사업에 미치는 영향이 적을 때 선택하는 방법이다. 예 소규모 손실에 대한 자가 부담
위험감소 (Mitigation)	위험을 감소시킬 수 있는 방법으로 위험을 줄이기 위한 대책을 도입한다. 기술적, 절차적, 인적 자원의 활용으로 많은 비용이 소요되기 때문에 실제 위험감소의 실질적 이익을 평가하고 비용분석을 실시하는 방법이다. 예 방재 시스템 도입, 안전 교육 시행
위험회피 (Risk Avoidance)	위험을 피하기 위해 위험이 내포된 사업이나 활동을 중단하거나 시작하지 않는 방법이며 높은 수준의 손실 가능성이 있을 때 선택한다. 예 높은 위험 지역에서의 공사 취소
위험전가 (Risk Transfer)	위험을 제3자에게 이전하거나 할당하는 방법으로 보험이나 외주계약 등으로 이루어진다. 예 화재 보험 가입, 위험이 높은 업무 외주 처리

034

다음 그림은 C/R비와 시간과의 관계를 나타낸 그림이다. ㉠~㉣에 들어갈 내용이 맞는 것은?

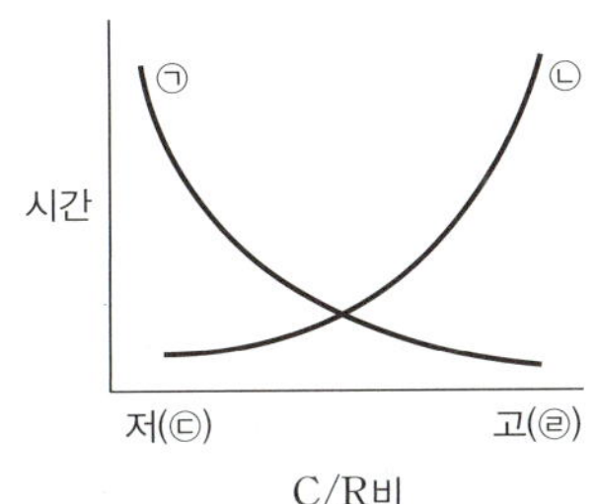

① ㉠: 이동시간 ㉡: 조정시간 ㉢: 민감 ㉣: 둔감
② ㉠: 이동시간 ㉡: 조정시간 ㉢: 둔감 ㉣: 민감
③ ㉠: 조정시간 ㉡: 이동시간 ㉢: 민감 ㉣: 둔감
④ ㉠: 조정시간 ㉡: 이동시간 ㉢: 둔감 ㉣: 민감

해설

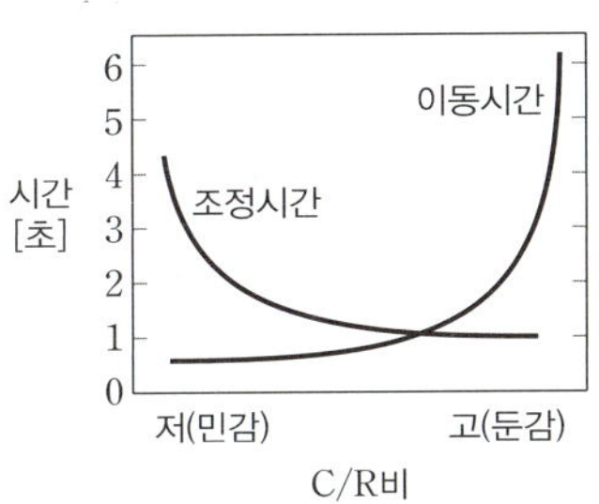

035

인터페이스 설계 시 고려해야 하는 인간과 기계와의 조화성에 해당되지 않는 것은?

① 지적 조화성 ② 신체적 조화성
③ 감성적 조화성 ④ 심미적 조화성

해설

심미적 조화성은 아름다운 디자인과 관련된 조화성으로 사용자의 만족도를 높이는 데 기여할 수 있지만 인터페이스 사용성이나 효율성에는 직접적인 영향을 미치지 않는다.

관련개념 **인간–기계 조화성 3가지**

- 신체적 조화성
- 지적(인지적) 조화성
- 감성적 조화성

| 정답 | 032 ④ 033 ① 034 ③ 035 ④

036

모든 시스템 안전 프로그램 중 최초 단계의 분석으로 시스템 내의 위험요소가 어떤 상태에 있는지를 정성적으로 평가하는 방법은?

① CA ② FHA
③ PHA ④ FMEA

해설 **예비위험분석(PHA; Preliminary Hazard Analysis)**
시스템 내의 위험요소가 얼마나 위험상태에 있는가를 평가하는 시스템 안전 프로그램에서 최초단계(시스템 구상단계)의 분석 방식(정성적)이다.

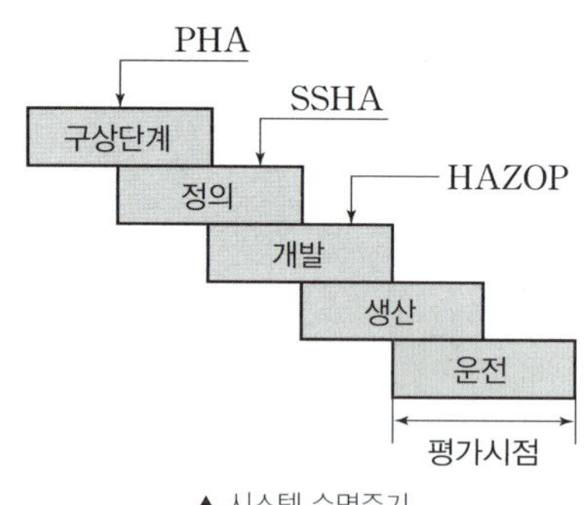

▲ 시스템 수명주기

037

FTA에 의한 재해사례 연구의 순서를 올바르게 나열한 것은?

A. 목표사상 선정
B. FT도 작성
C. 사상마다 재해원인 규명
D. 개선계획 작성

① A → B → C → D ② A → C → B → D
③ B → C → A → D ④ B → A → C → D

해설 **FTA에 의한 재해사례 연구순서 4단계**
- 제1단계: TOP 사상(목표사상)의 선정
- 제2단계: 사상의 재해원인 규명
- 제3단계: FT도 작성
- 제4단계: 개선계획 작성

038

기능식 생산에서 유연생산 시스템 설비의 가장 적합한 배치는?

① 합류(Y)형 배치 ② 유자(U)형 배치
③ 일자(－)형 배치 ④ 복수라인(=)형 배치

해설 **설비의 배치**

형태	특징
합류(Y)형 배치	여러 생산 라인이 하나로 합류하는 형태로 대량 생산이나 특정 공정 집중 시 적합하다.
U자형 배치	라인의 출구와 입구가 같은 위치에 있어서 이동거리의 최소화 및 작업자 수를 자유롭게 증가 또는 감소시킬 수 있는 유연성을 가지고 있다.
일자(－)형 배치	단순 직선배치로 대량 생산에 적합하지만 복잡한 작업에는 한계가 있다.
복수라인(=)형 배치	여러 생산 라인을 병렬로 배치한 형태로 대량 생산에 유리하다.

039

설비나 공법 등에서 나타날 위험에 대하여 정성적 또는 정량적인 평가를 행하고 그 평가에 따른 대책을 강구하는 것은?

① 설비보전 ② 동작분석
③ 안전계획 ④ 안전성 평가

해설 **안전성 평가**
설비나 공법 등에서 발생할 수 있는 위험을 정성적 또는 정량적으로 평가하고, 그 평가 결과에 따라 적절한 대책을 마련하는 과정을 의미한다.

관련개념
- 설비보전: 설비의 유지보수와 관련된 활동이다.
- 동작분석: 작업이나 시스템의 동작을 분석하는 과정이다.
- 안전계획: 안전을 확보하기 위한 계획을 수립하는 단계이다.

| 정답 | 036 ③ 037 ② 038 ② 039 ④

040

인간-기계 체계에서 인간의 과오에 기인된 원인 확률을 분석하여 위험성의 예측과 개선을 위한 평가 기법은?

① PHA ② FMEA
③ THERP ④ MORT

해설 시스템 분석 기법의 종류

고장형태와 영향분석법 (FMEA; Failure Mode and Effect Analysis)	고장을 형태별로 분석하여 그 영향을 검토하는 정성적, 귀납적 분석방법
예비위험분석 (PHA; Preliminary Hazard Analysis)	최초단계 분석으로 시스템 내의 위험요소가 어느 정도의 위험상태에 있는지를 평가하는 방법으로 정성적 평가방법
결함위험분석 (FHA; Fault Hazard Analysis)	서브시스템의 해석에 사용되는 기법
인간과오율 추정법 (THERP; Technique for Human Error Rate Prediction)	인간의 실수를 정량적으로 평가하는 것이며 인간의 과오(실수)에 기인한 사고원인 분석 기법으로 100만 운전시간당 과오수를 기본 과오율로 평가
결함수분석 (FTA; Fault Tree Analysis)	정량적, 연역적 분석방법으로 기계, 설비 또는 인간-기계 시스템의 고장이나 재해의 발생요인을 FT도에 의하여 분석
치명도 분석, 위험도 분석 (CA; Criticality Analysis)	높은 위험도를 가진 요소나 고장의 형태에 따른 분석법으로 고장을 정량적으로 분석하는 기법
위험 및 운용성 분석 (HAZOP; Hazard and Operability Analysis)	장비에 대해 잠재된 위험이나 기능 저하 등 영향을 평가하기 위하여 공정이나 설계도 등에 체계적인 검토를 행하는 것

건설시공학

041

대규모공사에서 지역별로 공사를 분리하여 발주하는 방식이며 공사기일단축, 시공기술향상 및 공사의 높은 성과를 기대할 수 있어 유리한 도급방법은?

① 전문공종별 분할도급
② 공정별 분할도급
③ 공구별 분할도급
④ 직종별 공종별 분할도급

해설 분할도급공사

종류	구분
공구별 분할도급	• 대규모 공사에서 지역별로 분리 발주하는 방식으로, 각 공구마다 일식도급 체제로 운영된다. • 도급업자의 기회균등, 시공기술 향상, 높은 성과가 기대된다. • 지하철공사, 고속도로공사 및 대규모 아파트단지공사에 채택 시 효과적이다.
공정별 분할도급	• 공사의 각 과정별로 나누어서 도급을 주는 방식으로, 예산배정상 구분될 때 편리하다. • 부분·분할 발주가 가능하나 후속공사 연체의 우려가 있으며 도급자 교체가 곤란하다.
전문공종별 분할도급	• 공사 중 설비공사(전기, 설비 등)를 주체공사와 분리하여 발주하는 방식이다. • 설비업자의 자본, 기술강화 및 전문화로 능률 향상이 기대된다.
직종별 공종별 분할도급	• 직영공사에 가까운 제도로 전문직종이나 각 공종별로 분할하여 도급을 주는 방식이다. • 현장관리가 곤란하며 경비가 증대되나 건축주의 의도가 철저히 반영될 수 있다.

| 정답 | 040 ③ 041 ③

2022년 2회

042

콘크리트 타설 후 블리딩 현상으로 콘크리트 표면에 물과 함께 떠오르는 미세한 물질은 무엇인가?

① 피이닝(Peening)
② 블로우 홀(Blow hole)
③ 레이턴스(Laitance)
④ 버블쉬트(Bubble sheet)

해설 **레이턴스(Laitance)**
콘크리트의 물과 함께 가벼운 비중을 가진 미세입자(석고 등 미세골재)들이 함께 떠오르게 되는데, 블리딩된 물은 증발하지만 고체는 증발하지 않아 미세한 막을 형성한다. 이를 레이턴스라 한다.

043

철골조와 목조건축에서는 지붕대들보를 올릴 때 행하는 의식이며, 철근콘크리트조에서는 최상층의 거푸집 혹은 철근 배근 시 또는 콘크리트를 타설한 후 행하는 식은?

① 상량식(上梁式)　② 착공식(着工式)
③ 정초식(定礎式)　④ 준공식(竣工式)

해설 **상량식**
집을 짓는 데 있어 마지막 보를 얹을 때, 무재해 등 건축주의 바람, 희망을 적어 고사를 지내는 의식이다.

관련개념
- 착공식: 건설현장에서 설계에 필요한 허가와 승인을 받은 후 실제 작업이 시작되는 시점이다.
- 정초식: 건물의 기초 공사를 마친 후에 기초의 모퉁이에 정초·주춧돌·머릿돌을 설치해 공사 착수를 기념하는 행사
- 준공식: 건설공사의 마지막 단계로서, 안전성과 법적 요건을 충족하고 건축물의 사용 및 관리가 시작되는 시점이다.

044

입찰방식에 관한 설명으로 옳지 않은 것은?

① 공개경쟁입찰은 관보, 신문, 게시판등에 입찰공고를 하여야 한다.
② 지명경쟁입찰은 경쟁입찰에 의하지 않고 그 공사에 특히 적당하다고 판단되는 1개의 회사를 선정하여 발주하는 방식이다.
③ 제한경쟁입찰은 양질의 공사를 위하여 업체자격에 대한 조건을 만족하는 업체라면 입찰에 참가하는 방식이다.
④ 부대입찰은 발주자가 입찰참가자에게 하도급할 공종, 하도급 금액 등에 대한 사항을 미리 기재하게 하여 입찰시 입찰서류에 첨부하여 입찰하는 제도이다.

해설 **지명경쟁입찰**
건축주가 도급자의 재산, 경력, 장비, 기술, 신용 등을 상세히 조사하여 해당 공사에 가장 적합하다고 인정되는 3~7개 정도의 회사를 지명하여 경쟁입찰하는 방식이다.

관련개념 **지명경쟁입찰의 장단점**

장점	단점
• 양질의 공사기대 및 시공상의 신뢰성 • 부적격업자 사전제거 가능	• 담합의 우려가 있음 • 공사비가 공개입찰에 비하여 상승

045

다음 중 사운딩 시험방법과 가장 거리가 먼 것은?

① 표준관입시험　② 공내재하시험
③ 콘관입시험　④ 베인전단시험

해설 **사운딩시험의 종류**
표준관입시험(SPT), 콘관입시험(CPT), 베인테스트, 스웨덴식 사운딩 시험 등

관련개념 **사운딩(Sounding)**
원위치 시험의 일종으로 로드(Rod)선단에 각종 콘(Cone), 샘플러(Sampler), 저항날개(Vane) 등의 저항체를 부착하여 관입·회전·인발 등에 저항정도를 측정하여 지반의 강도, 밀도 등의 토층상태를 파악할 수 있다.

| 정답 | 042 ③　043 ①　044 ②　045 ②

046

철골 내화피복공법의 종류와 사용되는 재료가 올바르게 연결되지 않은 것은?

① 타설공법-경량콘크리트
② 뿜칠공법-암면 흡음판
③ 조적공법-경량콘크리트 블록
④ 성형판붙임공법-ALC판

해설 **철골 내화피복 공법의 종류**

도장공법		내화도료 도포
습식 공법	타설공법	강재 주위에 콘크리트, 경량콘크리트를 타설한다.
	조적공법	블록, 벽돌 등을 쌓는다.
	미장공법	단열 모르타르, 펄라이트 등을 시공한다.
	뿜칠공법	암면과 시멘트 등을 혼합·뿜칠한다.
건식 공법	성형판붙임공법	PC판, ALC판, 무기섬유 강화 석고보드 등을 부착한다.
	멤브레인공법	암면 흡음판을 철골에 부착한다.
합성공법	이종재료 적층	바탕에는 석면성형판, 상부에는 질석 플라스터로 마무리한다.
	이질재료 접합	외부는 PC판, 내부는 규산칼슘판으로 마감한다.

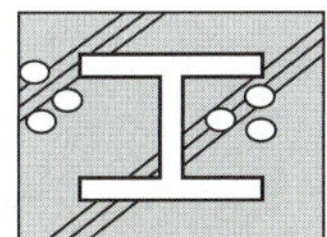
▲ 타설공법

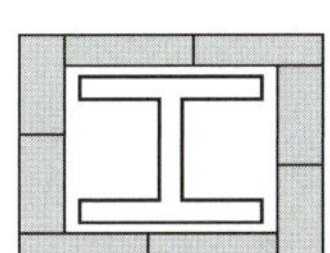
▲ 조적공법

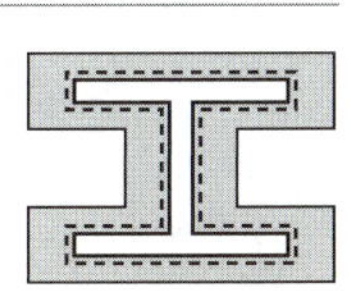
▲ 미장공법

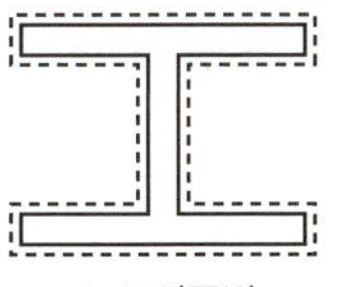
▲ 도장공법

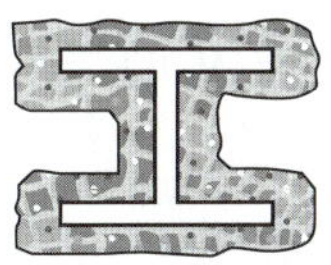
▲ 뿜칠공법

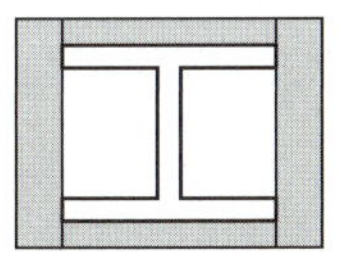
▲ 성형판 붙임공법

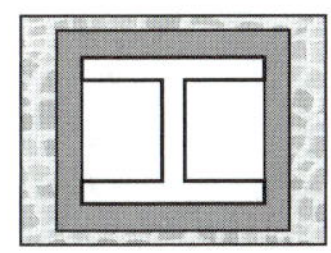
▲ 이종재료 적층공법

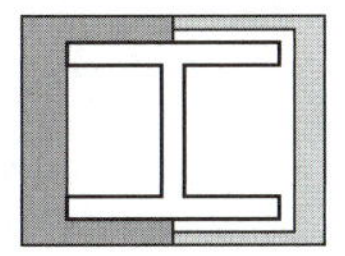
▲ 이질재료 접합공법

047

다음 중 인더피닝 공법이 아닌 것은?

① 2중널말뚝 공법
② 강재말뚝공법
③ 웰포인트 공법
④ 모르타르 및 약액 주입법

해설

웰포인트 공법은 연약지반의 개량공법으로 펌프로 지하수를 끌어올려 탈수하는 공법이다.

관련개념 **언더피닝(Under Pinning) 공법**

기존건물 가까이에 건축공사를 할 때 기존(인접)건물의 지반과 기초를 보강하는 공법으로 다음과 같은 종류가 있다.

- 이중방축공법
- 피트 또는 웰공법
- 차단벽공법
- 현장 콘크리트말뚝공법
- 강재말뚝공법
- 케이슨공법
- 말뚝 또는 웰의 압입공법
- 2중널말뚝 공법
- 지반안정공법(시멘트 모르타르, 화학약액 주입)

048

초고층 건물의 콘크리트 타설 시 가장 많이 이용되고 있는 방식은?

① 자유낙하에 의한 방식
② 피스톤으로 압송하는 방식
③ 튜브 속의 콘크리트를 짜내는 방식
④ 물의 압력에 의한 방식

해설

초고층 건물의 콘크리트 타설 시 고압펌프를 이용하여 콘크리트를 압송하는 방식이 가장 많이 이용되고 있다.

관련개념 **콘크리트 펌프의 종류**

종류	설명
콘크리트 기계식	피스톤을 이용하여 압송하는 방식으로 장치는 간단하나 청소가 곤란하고 막힘 위험이 있다.
유압식	콘크리트를 유압으로 압송하는 방식으로 기계식 대비 압력이 크다는 단점이 있다.
스퀴즈 펌프식	후퍼를 쥐어짜듯 회전하면서 압송하는 방식으로 압송에는 좋으나 거리가 짧다.

| 정답 | 046 ② 047 ③ 048 ②

049

건설현장의 두께가 두꺼운 철골구조물 용접결함확인을 위한 비파괴검사 중 모재의 결함 및 두께측정이 가능한 것은?

① 방사선투과검사(Radiographic Test)
② 초음파탐상검사(Ultrasonic Test)
③ 자기탐상검사(Magnetic Particle Test)
④ 액체침투탐상검사(Liquid Penetration Test)

해설 **비파괴검사법의 종류**

종류	특징
방사선투과검사(RT)	• 투과성 방사선을 조사하여 검사한다. • 내외부결함 검출에 효과적이다.
초음파탐상검사(UT)	• 초음파를 이용하여 검사한다. • 내부결함 검출, 위치·범위·두께 파악에 효과적이다.
자분탐상검사(MT)	• 자분(자석가루)의 응집성을 이용하여 검사한다. • 표면 및 표면직하결함 검출에 효과적이다.
와전류탐상검사(ET)	• 전기장을 이용하여 검사한다. • 표면 및 표면근처 결함 검출에 효과적이다.
침투탐상검사(PT)	• 침투액을 살포하여 검사한다. • 표면개구결함 검출에 효과적이다.

050

레디믹스트 콘크리트 중 믹싱플랜트에서 어느 정도 비빈 것을 트럭믹서에 실어 운반 도중 완전히 비벼 만드는 것은?

① 제너럴믹스트 콘크리트 ② 센트럴믹스트 콘크리트
③ 쉬링크믹스트 콘크리트 ④ 트랜싯믹스트 콘크리트

해설 **레미콘의 종류**

종류	설명
Transit Mixed Concrete	재료만 공급받아 운반 도중에 비벼지는 것
Central Mixed Concrete	믹싱플랜트에서 완전히 비벼진 것을 운반하는 것
Shirink Mixed Concrete	믹싱플랜트에서 어느 정도 비빈 것을 운반하는 것

051

철골 부재가공 시 절단면의 상태가 가장 양호하게 되는 절단방법은?

① 전단절단 ② 가스절단
③ 전기아 절단 ④ 톱절단

해설 **절단방법의 종류 및 특징**

- 전단절단: 대형 절단기로 눌러 절단하므로 절단면이 변형된다.
- 톱절단: 톱날을 이용하여 절단선을 따라 절단하므로 가장 정밀하게 절단된다.
- 가스절단: 가스를 이용하여 절단하므로 열의 세기변화에 따라 절단면이 매끄럽지 못하고 변형된다.
- 정밀도 순서: 톱절단〉전단절단〉가스절단

052

철근콘크리트 구조용으로 쓰이는 것으로 보기 어려운 것은?

① 피아노선(Piano Wire)
② 원형철근(Round Bar)
③ 이형철근(Deformed Bar)
④ 메탈라스(Metal Lath)

해설

메탈라스는 얇은 철판에 금(Line)을 내어서 당겨 늘인 철망으로 벽, 천장 등에 붙여 모르타르의 부착을 용이하게 하고, 균열 등을 작게 한다.

관련개념 **철근콘크리트 구조용 철근의 종류**

- 원형철근
- 이형철근
- 고장력 이형철근
- 철선, 피아노선 및 경강선
- 각 강

| 정답 | 049 ② 050 ③ 051 ④ 052 ④

053

철근콘크리트공사에서 일반적으로 거푸집 존치기간이 가장 긴 부분은?

① 보 옆　② 기둥
③ 외벽　④ 바닥판 밑

해설 거푸집 존치기간(압축강도를 시험 할 경우)

부재		콘크리트의 압축강도
기초, 보, 기둥, 벽 등의 측면		5[MPa] 이상 (내구성이 중요한 경우 10[MPa] 이상)
슬래브 보의 밑면, 아치의 내면	단층구조	설계기준압축강도의 $\frac{2}{3}$ 이상 또한, 최소강도 14[MPa] 이상
	다층구조	설계기준압축강도 이상 (필러 동바리 구조를 이용할 경우는 구조계산에 의해 기간을 단축할 수 있음. 단, 이 경우라도 최소강도는 14[MPa] 이상으로 함)

054

강말뚝(H형강, 강관말뚝)에 관한 설명 중 옳지 않은 것은?

① 깊은 지지층까지 도달시킬 수 있다.
② 휨강성이 크고 수평하중과 충격력에 대한 저항이 크다.
③ 부식에 대한 내구성이 뛰어나다.
④ 재질이 균일하고 절단과 이음이 쉽다.

해설 강관말뚝의 특징

- 부식에 의해 내구성이 저하된다.
- 길이 조절이 쉽고, 경량이기 때문에 운반 및 취급이 용이하다.
- 상부 구조와 결합이 용이하고, 현장 접합이 가능하다.
- 재료비가 고가이다.
- 강한 타격에 잘 견디고, 다져진 중간 지층의 관통도 가능하다.

055

철골공사에서 철골세우기 계획을 수립할 때 철골제작공장과 협의해야 할 사항이 아닌 것은?

① 철골세우기 검사 일정 확인　② 반입 시간의 확인
③ 반입 부재수의 확인　④ 부재 반입의 순서

해설

철골세우기 공정에 맞춰 제작 → 반입 → 조립되어야 하므로 현장 반입 시 철골제작공장과 협의 사항은 아래와 같다.

- 반입 자재의 형상, 치수, 중량 등에 따른 제작
- 조립 순서에 의한 반입의 순서, 시간

2022년 2회

056

공정계획에 관한 설명으로 옳지 않은 것은?

① 지정된 공사기간 안에 완성시키기 위한 통제수단이다.
② 사업성과 원가관리와는 관계가 없다.
③ 공정표의 종류는 횡선식공정표, 네트워크 공정표 등이 있다.
④ 우기와 혹한기 명절 등은 공정계획 시 반영한다.

해설

공기지연 시 관리비, 지체보상금, 돌관공사비 등의 원가상승 요인이 발생할 수 있으므로 공정계획 시 공정관리, 원가관리가 중요하다.

| 정답 | 053 ④　054 ③　055 ①　056 ②

057

다음 중 철골공사와 관계가 없는 것은?

① 가이데릭(Gay derrick)
② 고력 볼트(High tension bolt)
③ 맞댐 용접(Butt welding)
④ 래머(Rammer)

해설

래머(Rammer)는 토양 다짐기로, 진동을 이용하여 좁은 곳, 구석 등을 다지는 데 사용한다.

058

흙막이 벽에 사용되는 계측장비의 연결이 옳은 것은?

① 두부변형 · 침하 – 트랜싯
② 측압 · 수동토압 – 변형계
③ 응력 – 경사계
④ 중간부 변형 – 레벨

해설

트랜싯(Transit)은 2지점 간의 수평각을 측정하는 데 사용되는 측량기구로 흙막이 두부의 변형과 침하정도를 측정할 수 있다.

관련개념 **흙막이 계측기기의 종류**

측정항목	계측기기	내용
측압, 수동토압	토압계	주변 지반의 하중으로 인한 토압변화 측정
응력	하중계	스트러트, 어스앵커 등의 축하중변화 측정
변형률	변형계	흙막이 구조물의 각 부재와 인접구조물의 변형률 측정

059

철골공사 중 고력볼트접합에 관한 설명으로 옳지 않은 것은?

① 고력볼트 세트의 구성은 고력볼트 1개, 너트 1개 및 와셔 2개로 구성한다.
② 접합방식의 종류는 마찰접합, 지압접합, 인장접합이 있다.
③ 볼트의 호칭지름에 의한 분류는 D16, D20, D22, D24로 한다.
④ 조임은 토크관리법과 너트회전법에 따른다.

해설

볼트의 호칭지름에 의한 분류는 M16, M20, M22로 한다.

관련개념

고장력볼트는 볼트의 기계적 성질에 따라 F8T, F10T, F11T로 분류한다.

| 정답 | 057 ④ 058 ① 059 ③

060

건축물의 창호나 조인트의 충전재로서 사용되는 실(Seal)재에 대한 설명 중 옳지 않은 것은?

① 퍼티: 탄산칼슘, 연백, 아연화 등의 충전재를 각종 건성유로 반죽한 것을 말한다.
② 유성 코킹재: 석면, 탄산칼슘 등의 충전재와 천연유지 등을 혼합한 것을 말하며 접착성, 가소성이 풍부하다.
③ 2액형 실링재: 휘발성분이 거의 없어 충전 후의 체적변화가 적고 온도변화에 따른 안정성도 우수하다.
④ 아스팔트성 코킹재: 전색재로서 유지나 수지 대신에 블로운 아스팔트를 사용한 것으로 고온에 강하다.

해설 **아스팔트성 코킹재**
블로운 아스팔트를 전색재로, 탄산칼슘 등을 충전재로 하여 균일하게 만든 재료로, 값은 싸나 흑색이고 고온에서 녹아내리기 쉬우므로 주로 평지붕의 비막이공사 등에 사용된다.

관련개념 **실(Seal)재**
- 퍼티: 백악(미세한 분말로 된 탄산칼슘)과 끓인 아마유로 만든 접합제이다.
- 유성 코킹재: 천연 혹은 합성된 유지, 수지와 석면, 탄산칼슘 등을 혼합하여 만든 것으로, 새시 주위의 균열 보수, 줄눈 등의 틈을 메우는 데 사용된다.
- 2액형 실링재: 휘발성분을 거의 포함하지 않으므로 충전 후의 체적수축이 적고, −30[℃]~90[℃] 사이의 온도 변화에도 안정된 탄력성을 유지한다. 내수성, 내약품성, 내유성, 밀착성이 우수하고 실링재로서의 성능을 갖는 시간은 5[℃]~35[℃]에서 5~14일 후이다. 메탈 커튼월, 대리석, 유리공사 등의 줄눈 등에 광범위하게 사용된다.

건설재료학

061

점토제품 시공 후 발생하는 백화에 관한 설명으로 옳지 않은 것은?

① 타일 등의 시유소성한 제품은 시멘트 중의 경화체가 백화의 주된 요인이 된다.
② 작업성이 나쁠수록 모르타르의 수밀성이 저하되어 투수성이 커지게 되고, 투수성이 커지면 백화 발생이 커지게 된다.
③ 점토제품의 흡수율이 크면 모르타르 중의 함유수를 흡수하여 백화 발생을 억제한다.
④ 물시멘트비가 크게 되면 잉여수가 증대되고, 이 잉여수가 증발할 때 가용 성분의 용출을 발생시켜 백화 발생의 원인이 된다.

해설
백화현상은 물의 침투에 의해 가속되므로 흡수율이 크면 백화 발생이 커진다.

관련개념 **백화현상**
시멘트 속의 수용성 성분 중 주로 알칼리와 수산화칼슘이 물에 녹아, 물의 증발에 의해 이것이 표면부근에 나타나거나 공기 중의 이산화탄소와 반응하여 탄산염으로 석출하는 현상을 백화(Efflorescence)라 한다.

062

목재의 섬유방향 강도에 대한 일반적인 대소관계를 옳게 표기한 것은?

① 압축강도 〉 휨강도 〉 인장강도 〉 전단강도
② 전단강도 〉 인장강도 〉 압축강도 〉 휨강도
③ 인장강도 〉 휨강도 〉 압축강도 〉 전단강도
④ 휨강도 〉 압축강도 〉 인장강도 〉 전단강도

해설 **응력의 방향이 섬유방향에 평행일 때 목재의 강도**
인장강도 > 휨강도 > 압축강도 > 전단강도

| 정답 | 060 ④ 061 ③ 062 ③

2022년 2회

063

목재의 결점에 해당되지 않는 것은?

① 옹이　　② 수심
③ 껍질박이　　④ 지선

해설

목재의 횡단면에서 중심부를 수심이라고 한다.

관련개념 **목재의 결점**

구분	내용
옹이	• 가지가 붙은 흔적이 목재 표면에 나타난 것으로 생절과 사절이 있다. • 생절은 붉은 빛깔이고 수지가 많지만 가공이 쉽고, 사절은 죽은 가지의 흔적인데 흑갈색을 나타내고 이것이 빠져나간 것을 발절, 그 부분이 썩은 것을 부절이라 한다.
껍질박이 (입피)	• 성장 도중 수목의 세로방향으로 나이테 또는 수피의 일부가 내부에 말려 들어간 것이다. • 목재 사용상 지장을 주므로 심한 것은 사용을 금한다.
지선	• 나이테 사이 등 수목의 일부에 수지(송진)가 선상으로 고여있는 것이다. • 목질부에서 수지가 흘러나오는 선이 생겨 건조 후에도 계속 진이 나오기 때문에 가공 및 목재 사용에 극히 곤란하므로 그 부분을 제거하여 사용한다.
혹(Wen)	세균류에 의해서 나이테의 일부가 표면에 융기한 것이다.
파열	건조 시 목재의 갈라짐(Crack)을 말한다.
만곡 (비틀림)	• 외부의 작용으로 수목이 뒤틀려 자란 것으로 섬유가 수간에 대해서 비틀어져 생성된다. • 제재목보다 통나무로 사용하는 것이 좋다.

064

경량콘크리트의 골재로서 슬래그(slag)를 사용하기 전 물축임하는 이유로 가장 적당한 것은?

① 시멘트 모르타르와의 접착력을 좋게 하기 위해
② 유기 불순물이나 진흙을 씻어 내기 위해
③ 콘크리트의 자체 무게를 줄이기 위해
④ 시멘트가 수화하는 데 필요한 수량을 확보하기 위해

해설

표면건조 내부포화 상태에서 사용하여 급격한 건조의 방지와 수화작용을 돕기 위해 경량콘크리트의 골재에 물축임을 한다.

관련개념 **경량콘크리트**

비중 2.0 이하의 콘크리트로서 경량골재(화산석, 석탄석, 질석, 펄라이트)를 사용하여 중량을 가볍게 함으로써 단열, 방음 등의 효과를 가지게 한 것이다.

• 단열, 방음, 내화성능이 좋다.(열전도율이 작다.)
• 흡수량, 건조수축이 크다.(동해에 약하다.)
• 건물중량을 경감함으로써 고층건축에 적합하다.

065

450[m³]의 콘크리트를 타설할 경우 강도시험용 1회의 공시체는 몇 [m³]마다 제작하는가? (단, KS 기준)

① 30[m³]　　② 50[m³]
③ 100[m³]　　④ 150[m³]

해설 **레디믹스트 콘크리트(KS F 4009)**

콘크리트의 강도시험 횟수는 450[m³]를 1로트로 하여 150[m³]당 1회의 비율로 한다. 1회의 시험 결과는 임의의 1개 운반차로부터 채취한 시료로 3개의 공시체를 제작하여 시험한 평균값으로 한다.

| 정답 | 063 ② 　064 ④ 　065 ④

066

건성유에 연백 또는 안료를 더하여 만든 것으로 주로 유성페인트의 바탕만들기에 사용되는 퍼티는?

① 하드오일 퍼티 ② 오일 퍼티
③ 페인트 퍼티 ④ 캐슈수지 퍼티

해설 **페인트 퍼티**
건축물이나 가구 표면의 결함을 보수하고 평탄하게 만드는 재료이다. 도장 작업 전 균열 보수, 요철 제거, 밀착력 향상 등의 효과를 얻을 수 있다.

067

타일의 소지(素地) 중 규산을 화학성분으로 한 석영·수정 등의 광물로서 도자기 속에 넣으면 점성을 제거하는 효과가 있으며, 소지 속에서 미분화하는 것은?

① 고령토 ② 점토
③ 규석 ④ 납석

해설 **규석(실리카, SiO_2)**
- 규석은 유약과 소지의 기초가 되는 물질로 유리질 형성의 기본이 되며 소지도 변화시킨다.
- 유약을 녹여서 유리로 코팅을 시키는 역할을 하는데, 규석 단독으로는 1,715[℃]에서 매우 견고하고 안정된 유리가 된다.
- 유약에서는 융점을 낮추기 위해 융제를 사용하여야 한다.
- 알루미나와 같이 쓰면 날씨에 대해 매우 강하고 견고한 유리질을 얻을 수 있다.
- 흙(Clay)의 형태나 장석 또는 규석 자체로 유약에 넣어진다. 유약의 융점을 높이려 할 때 규석이나 플린트를 첨가하는 것이 가장 기본적인 방법이다.
- 플린트 혹은 석영(Qurtz)이라고도 하며 사암, 석영모래, 자갈 등에서 얻는다.

068

깬자갈을 사용한 콘크리트가 동일한 시공연도의 보통 콘크리트보다 유리한 점은?

① 시멘트 페이스트와의 부착력 증가
② 수밀성 증가
③ 내구성 증가
④ 단위수량 감소

해설
깬자갈(쇄석)을 사용하면 접촉 단면적이 커져서 부착력이 증가한다.

069

품질관리(TQC)를 위한 7가지 도구 중에서 불량수, 결점수 등 셀 수 있는 데이터가 분류항목별로 어디에 집중되어 있는가를 알기 쉽도록 나타낸 그림은?

① 히스토그램 ② 파레토도
③ 체크시트 ④ 산포도

해설 **품질관리(TQC)의 7대 도구**

구분	내용
파레토도 (영향도)	불량품, 고장, 결점 등의 발생건수를 원인과 현상별로 분류하고, 문제의 크기 순서로 나열하여 그 크기를 막대그래프로 표기하며, 크기를 순차적으로 누적하여 절선그래프로 나타낸 것
특성요인도 (원인결과도)	결과에 대하여 원인이 어떻게 관계하고 있는지 한눈에 알아 볼 수 있도록 작성한 생선뼈 모양의 그림
히스토그램 (분포도)	무게, 강도, 길이 등과 같이 계량치의 데이터가 어떠한 분포를 나타내고 있는지를 판단하기 위하여 작성하는 기둥그래프
산점도 (분포도)	대응되는 2개의 짝으로 된 데이터를 그래프 용지 위에 점으로 나타낸 것
체크시트 (집중도)	계수치의 데이터가 분류 항목 중 어디에 집중되어 있는가를 알아보기 쉽게 표로 나타낸 것
관리도	한눈에 파악되도록 꺾은선이나 막대를 이용하여 나타낸 것
층별	집단을 구성하고 있는 데이터를 특성에 따라 부분집단으로 나누는 것

| 정답 | 066 ③ 067 ③ 068 ① 069 ③

070

표면건조포화상태의 잔골재 500[g]을 건조시켜 기건상태에서 측정한 결과 460[g], 절대건조상태에서 측정한 결과가 440[g]이었다. 흡수율[%]은?

① 8[%]　　② 8.7[%]
③ 12[%]　　④ 13.6[%]

해설 **흡수율**

수분이 전혀 없는 골재가 수분을 흡수할 수 있는 수분량의 비이다.

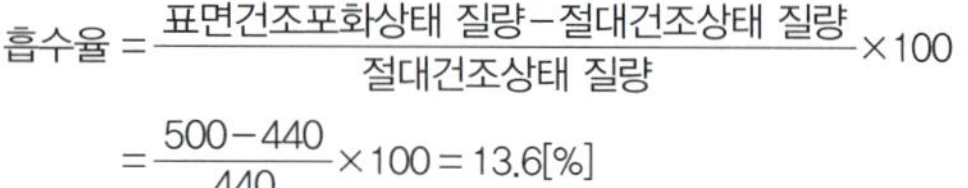

$$흡수율 = \frac{표면건조포화상태\ 질량 - 절대건조상태\ 질량}{절대건조상태\ 질량} \times 100$$

$$= \frac{500-440}{440} \times 100 = 13.6[\%]$$

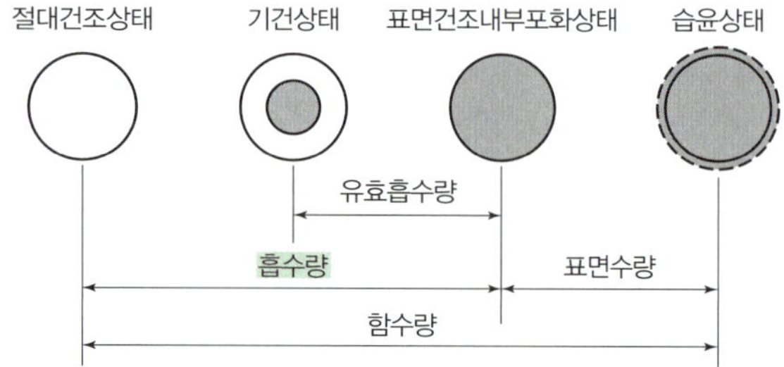

071

다음 유리 중 결로 현상의 발생이 가장 적은 것은?

① 보통유리　　② 후판유리
③ 복층유리　　④ 형판유리

해설 **복층유리**

2장의 판유리에 스페이서를 사용하여 간격을 일정하게 유지시키고, 유리 사이에 건조공기를 넣은 후 밀봉 접착하여 단열성을 확보한다.

072

강(鋼)과 비교한 알루미늄의 특징에 대한 내용 중 옳지 않은 것은?

① 강도가 작다.　　② 전기 전도율이 높다.
③ 열팽창률이 작다.　　④ 비중이 작다.

해설

알루미늄은 강과 비교하여 열팽창률(열팽창계수)이 크다.

관련개념 **알루미늄의 장단점**

장점	단점
• 비중이 2.77로 철의 $\frac{1}{3}$ 수준이다. • 비중에 비해 강도가 크다. • 연성과 전성이 풍부하다. • 열 및 전기전도율이 높다. • 내식성이 크다.(공기 중 산화알루미늄 피막 형성)	• 강도 및 탄성계수가 낮다.(강의 $\frac{1}{2}$ ~ $\frac{1}{3}$ 수준) • 알칼리에 닿으면 부식된다.(콘크리트 접촉 시 부식) • 열팽창계수가 크다.(철과 콘크리트의 약 2배) • 용융점이 640[℃] 정도로 낮다. • 염분 및 산에 부식된다.

073

플라스틱 재료에 관한 설명으로 옳지 않은 것은?

① 실리콘수지는 내열성, 내한성이 우수한 수지로 콘크리트의 발수성 방수도료에 적당하다.
② 불포화 폴리에스테르수지는 유리섬유로 보강하여 사용되는 경우가 많다.
③ 아크릴수지는 투명도가 높아 유기유리로 불린다.
④ 멜라민수지는 내수, 내약품성은 우수하나 표면경도가 낮다.

해설

멜라민수지는 표면경도가 높고, 내열성, 내약품성, 내수성 및 내전압성이 뛰어나기 때문에 접착제, 도료, 성형재료, 화장판 및 섬유, 종이가공 등에서 최근 몇 년 동안 견실한 수요증가가 있었다.

| 정답 | 070 ④　072 ③　072 ③　073 ④

074

서중콘크리트 타설 시 슬럼프 저하나 수분의 급격한 증발 등의 우려가 있다. 이러한 문제점을 해결하기 위한 재료상 대책으로 옳은 것은?

① 단위수량을 증가시킨다.
② 고온의 시멘트를 사용한다.
③ 콘크리트의 운반 및 부어넣는 시간을 되도록 길게 한다.
④ 혼화재료는 AE 감수제 지연형을 사용한다.

해설

① 단위수량을 증가시키면 물시멘트비가 커지고 강도손실이 발생한다.
② 고온의 시멘트를 사용하면 혼합수와의 수화열이 급격하게 발생하여 내부균열이 발생한다.
③ 콘크리트의 운반, 다짐시간을 길게 하면 수분손실에 의해 시공연도가 불량해진다.

관련개념 **서중콘크리트 특징**

- 비빔온도는 30[℃] 이하, 타설온도는 35[℃] 이하로 한다.
- 슬럼프 저하 등 워커빌리티의 변화가 생기기 쉽다.
- 동일 슬럼프를 얻기 위한 단위수량이 많아진다.
- 골재와 거푸집에 물축이기를 하고, 노출면은 덮어 주어야 한다.
- 가능한 한 시멘트량을 적게 하고, AE 감수제 지연형을 사용한다.
- 조기강도의 발현은 빠르지만 장기강도의 증진이 작다.
- 소요 슬럼프는 18[cm] 이하로 하며, 물은 얼음을 사용하기도 한다.
- 표면수의 급격한 증발이나 온도에 따른 균열이 발생한다.
- 콜드 조인트가 발생하기 쉽다.

075

굳지 않은 콘크리트에 실시하는 시험이 아닌 것은?

① 슬럼프 시험 ② 플로우 시험
③ 슈미트해머 시험 ④ 리몰딩 시험

해설

슈미트해머 시험은 경화된 콘크리트에 타격에 의한 반발력으로 압축강도를 측정하는 비파괴시험이다.

관련개념 **굳지 않은 콘크리트의 시험**

종류	목적
슬럼프 시험 플로우 시험 캘리볼 관입시험 리몰딩 시험 비비시험	• 콘크리트의 컨시스턴시(워커빌리티) 판정 • 시공용이성, 유동성, 소성, 비분리성, 치어붓기의 난이도, 마감성 등을 판단
블리딩 시험	콘크리트 타설 후 석고, 불순물 등의 미세한 물질은 상승하고, 시멘트 등은 침하하는 현상(블리딩 현상)으로 재료분리의 경향성을 판정
공기량 시험	콘크리트의 내구성 확인

076

경량형강에 대한 설명으로 옳지 않은 것은?

① 단면이 작은 얇은 강판을 냉간성형하여 만든 것이다.
② 조립 또는 도장 및 가공 등의 목적으로 축판에 구멍을 뚫어서는 안 된다.
③ 가설구조물 등에 많이 사용된다.
④ 휨내력은 우수하나 판 두께가 얇아 국부좌굴이나 녹막이 등에 주의할 필요가 있다.

해설

경량철골공사 시 경량형강을 절단, 가공, 용접, 볼팅하여 구조체를 만든다.

| 정답 | 074 ④ 075 ③ 076 ②

077

수성페인트에 합성수지와 유화제를 섞은 페인트는?

① 에멀션 페인트　　② 조합 페인트
③ 견련 페인트　　④ 방청 페인트

해설 **에멀션 페인트**

- 수성페인트에 유화제와 합성수지를 혼합한 것이다.
- 문틀, 문짝 등 주로 내부에 사용한다.
- 외부도장 시 햇빛에 약하고 내구성이 떨어지나 건조가 빠른 편이다.
- 발수성은 유성페인트와 수성페인트의 중간 정도이다.

관련개념

- 조합 페인트: 보일유에 건조제, 희석제를 배합시킨 액상의 용해 페인트로, 외부 및 철구조물에 사용한다. 내구성은 좋으나 건조가 느린 편이다.
- 견련 페인트: 색소에 보일유와 같은 기름을 조금 넣어 만든 페인트이다.

078

금속재료의 일반적 성질에 대한 설명으로 옳지 않은 것은?

① 강도와 탄성계수가 크다.
② 경도 및 내마모성이 크다.
③ 열전도율이 작고 부식성이 크다.
④ 비중이 큰 편이다.

해설

금속재료는 열전도율과 부식성이 큰 편이다.

관련개념 **금속재료의 장점과 단점**

장점	• 열전도율이 크다. • 경도, 강도, 내마모성이 크다. • 금속 특유의 광택이 있다.
단점	• 비중이 크다. • 부식성이 크다. • 색채가 단조롭다. • 가공하는 데 비용이 많이 든다.

079

마루판 재료 중 파키트리 보드를 3~5장씩 상호 접합하여 각판으로 만들어 방습처리 한 것으로 모르타르나 철물을 사용하여 콘크리트 마루 바닥용으로 사용되는 것은?

① 파키트리 패널　　② 파키트리 블록
③ 플로링 보드　　④ 플로링 블록

해설 **바닥깔기(Flooring, 마루판) 재료**

참나무, 미송, 라왕 등 견고하고 무늬가 아름다운 목재를 판재로 공장생산한 것을 말한다.

플로링 보드	표면을 곱게 대패질 마감하고, 양측면을 제혀쪽매로 마감한 것이다.
플로링 블록	플로링 보드를 3~5장씩 붙여서 길이와 나비가 길게 4면을 제혀쪽매로 만든 정사각형 블록이다.
파키트리 보드	경질목판을 9~15[mm], 나비 16[mm], 길이는 나비의 3~5배로 한 것이다.
파키트리 패널	두께 15[mm]의 파키트리 보드를 4매씩 조립하여 만든 24[cm] 각판이다.
파키트리 블록	파키트리 보드를 3~5장씩 조합하여 18[cm]이나 30[cm] 각판으로 만들어 방습처리한 것이다.

080

녹방지용 안료와 관계 없는 것은?

① 연단　　② 징크로메이트
③ 크롬산아연　　④ 탄산칼슘

해설

탄산칼슘은 녹방지와 관계없다.

관련개념 **철골의 녹막이칠 도료**

- 광명단 – 납 도료
- 징크로메이트 – 아연도료
- 알루미늄 – 알루미늄 도료
- 콜타르 – 역청질 도료

| 정답 | 077 ① 078 ③ 079 ② 080 ④

건설안전기술

081

콘크리트 타설 시 거푸집 측압에 대한 설명으로 옳지 않은 것은?

① 기온이 높을수록 측압은 크다.
② 타설속도가 빠를수록 측압은 크다.
③ 슬럼프가 클수록 측압은 크다.
④ 다짐이 과할수록 측압은 크다.

해설 **콘크리트 측압이 커지는 요인**

- 거푸집 부재의 단면이 큰 경우
- 거푸집의 수밀성이 큰 경우
- 거푸집의 강성이 큰 경우
- 거푸집의 표면이 평활할 경우
- 콘크리트가 묽은 경우
- 철골이나 철근량이 적은 경우
- 외기온도가 낮은 경우
- 타설속도가 빠른 경우
- 콘크리트의 다짐이 좋은 경우
- 콘크리트의 슬럼프가 큰 경우
- 콘크리트의 비중이 큰 경우
- 습도가 높은 경우
- 벽 두께가 두꺼운 경우

082

단관비계를 조립하는 경우 벽이음 및 버팀을 설치할 때의 수평방향 조립간격 기준으로 옳은 것은?

① 3[m] ② 5[m]
③ 6[m] ④ 8[m]

해설 **강관비계의 조립간격**

강관비계의 종류	조립간격[m]	
	수직방향	수평방향
단관비계	5	5
틀비계(높이 5[m] 미만인 것 제외)	6	8

083

모래질지반에서 포화돼가는 모래에 충격을 가하면 모래가 약간 수축하여 정(+)의 공급수압이 발생하며, 이로 인하여 유효응력이 감소하여 전단강도가 떨어져 순간침하가 발생하는 현상은?

① 동상현상 ② 연화현상
③ 액상화현상 ④ 리칭현상

해설 **액상화현상**

모래지반이 물로 포화되어 있을 때 지진이나 기타 외부의 충격으로 인해 일시적으로 전단강도를 잃어버리는 현상이다.

관련개념

동상현상	온도가 하강하여 물이 결빙되는 위치로부터 토층수가 얼어 부피가 9[%] 정도 증대됨에 따라 표면이 부풀어 오르는 현상이다.
연화현상	동결된 지반이 온도상승에 의해 녹기 시작하고 고인물이 적절히 배수되지 않아 함수비가 증가하면서 얼기 전보다 지반이 약하고 강도가 떨어지는 현상이다.
리칭현상	바닷물에 퇴적된 점토의 염분이 빠져나가면서 강도가 저하되는 현상이다.

084

재해사고를 방지하기 위하여 크레인에 설치된 방호장치와 거리가 먼 것은?

① 공기정화장치 ② 비상정지장치
③ 제동장치 ④ 권과방지장치

해설 **양중기의 방호장치**

- 과부하방지장치
- 권과방지장치
- 비상정지장치
- 제동장치

| 정답 | 081 ① 082 ② 083 ③ 084 ①

085

지표면에서 소정의 위치까지 파내려간 후 구조물을 축조하고 되메운 후 지표면을 원상태로 복구시키는 공법은?

① NATM 공법　　② 개착식 터널공법
③ TBM 공법　　④ 침매공법

해설 **개착식 터널공법**
지표면에서 설계 바닥까지 굴착 후 구조물을 축조하여 되메움 작업으로 지표면을 원상태로 복구하는 공법이다.

관련개념

NATM (New Austrian Tunneling Method)	암반 자체를 주요 지보재로 활용하여 터널을 굴진하는 공법으로 가장 대중적인 터널굴착 방법이다.
TBM (Tunnel Boring Machine)	터널 단면 크기의 대형 회전체를 전면에 부착하여 굴착기를 땅속에서 수평으로 회전시켜 암반을 압력으로 파쇄시키는 터널굴착 공법이다.
침매공법	육상에서 만든 구조물을 수면 아래로 가라앉혀 연결하는 공법이다.

086

건립 중 강풍에 의한 풍압 등 외압에 대한 내력이 설계에 고려되었는지 확인하여야 하는 철골구조물의 기준으로 옳지 않은 것은?

① 높이 20[m] 이상의 구조물
② 구조물의 폭과 높이의 비가 1:4 이상인 구조물
③ 이음부가 공장 제작인 구조물
④ 연면적당 철골량이 50[kg/m^2] 이하인 구조물

해설 **외압에 대한 내력이 설계에 고려되었는지 확인하여야 하는 철골구조물**

- 높이 20[m] 이상의 구조물
- 구조물의 폭과 높이의 비가 1 : 4 이상인 구조물
- 단면구조에 현저한 차이가 있는 구조물
- 연면적당 철골량이 50[kg/m^2] 이하인 구조물
- 기둥이 타이플레이트형인 구조물
- 이음부가 현장용접인 구조물

087

산업안전보건기준에 관한 규칙에 따른 암반 중 연암 굴착 시 굴착면의 기울기 기준으로 옳은 것은?

① 1 : 1.2　　② 1 : 1.8
③ 1 : 1.0　　④ 1 : 0.5

해설 **굴착면의 기울기 기준**

지반의 종류	기울기
모래	1 : 1.8
연암 및 풍화암	1 : 1.0
경암	1 : 0.5
그 밖의 흙	1 : 1.2

088

토질시험 중 액체 상태의 흙이 건조되어 가면서 액성, 소성, 반고체, 고체 상태의 경계선과 관련된 시험의 명칭은?

① 아터버그 한계시험　　② 압밀 시험
③ 삼축압축 시험　　④ 투수 시험

해설 **아터버그 한계시험**
함수비의 변화에 따라 흙의 액성, 소성, 반고체, 고체 상태의 경계를 측정하는 함수비 시험을 말한다.

관련개념 **아터버그 한계**
세립도가 함수비의 변화에 따라 액성, 소성, 반고체, 고체 상태의 경계가 되는 한계지점을 말한다. 각 상태의 경계는 수축한계(SL), 소성한계(PL), 액성한계(LL)로 구분한다.

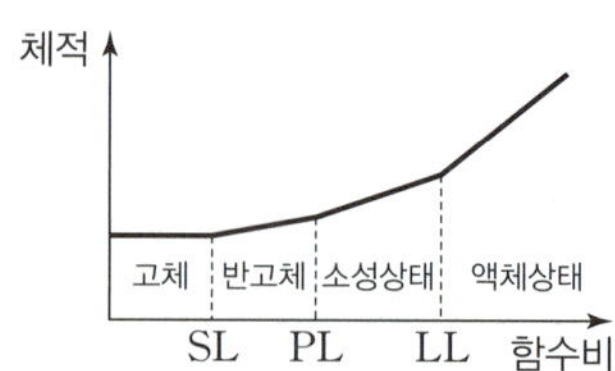

| 정답 | 085 ② 086 ③ 087 ③ 088 ①

089

철골보 인양 시 준수해야 할 사항으로 옳지 않은 것은?

① 인양 와이어로프의 매달기 각도는 양변 60°를 기준으로 한다.
② 클램프로 부재를 체결할 때는 클램프의 정격용량 이상 매달지 않아야 한다.
③ 클램프는 부재를 수평으로 하는 한 곳의 위치에만 사용하여야 한다.
④ 인양 와이어로프는 후크의 중심에 걸어야 한다.

해설

클램프는 부재를 수평으로 하는 두 곳의 위치에 사용하여야 하며 부재 양단 방향은 등간격이어야 한다.

090

흙막이 가시설 공사 시 사용되는 각 계측기의 설치목적으로 옳지 않은 것은?

① 지표침하계 – 지표면 침하량 측정
② 수위계 – 지반 내 지하수위의 변화 측정
③ 하중계 – 상부 적재하중 변화 측정
④ 지중경사계 – 지중의 수평 변위량 측정

해설 **흙막이 가시설 계측기의 종류**

구분	목적
지표침하계	흙막이벽 배면에 설치하여 지표면의 침하량 측정
지중경사계	흙막이벽 배면에 설치하여 인접지반의 수평 변위량 측정
하중계	스트러트 및 어스앵커에 설치하여 축하중 측정, 부재의 안정성 여부 판단
간극수압계	굴착 및 성토에 의한 간극수압의 변화 측정
변형률계	스트러트, 띠장 등에 부착하여 굴착 시 구조물의 변형률 측정
지하수위계	굴착에 따른 지하수위의 변동 측정
지중침하계	토류벽 배면에 설치하여 지층의 침하상태 파악, 보강 대상과 범위의 침하량 예측

091

구조물 해체방법으로 사용되는 공법이 아닌 것은?

① 압쇄공법　② 잭공법
③ 절단공법　④ 진공공법

해설 **구조물 해체공법**

공법	설명
압쇄공법	압쇄기 등을 셔블에 설치하고 유압을 조작하여 콘크리트 등에 강력한 압축력을 가하며 파쇄하는 공법이다.
절단공법	회전기구의 절단톱 등을 이용하여 기둥, 보, 바닥, 벽체 등을 적당한 크기로 절단하며 해체하는 공법이다.
잭공법	압쇄공법과 유사하게 유압력에 의한 잭의 압력으로 구조물을 파쇄하는 공법이다.

092

다음 기계 중 양중기에 포함되지 않는 것은?

① 리프트　② 곤돌라
③ 크레인　④ 트롤리 컨베이어

해설 **산업안전보건법령상 양중기의 종류**

- 크레인(호이스트 포함)
- 이동식 크레인
- 리프트(이삿짐운반용 리프트는 적재하중이 0.1톤 이상인 것으로 한정)
- 곤돌라
- 승강기

| 정답 | 089 ③　090 ③　091 ④　092 ④

2022년 2회

093

시스템 동바리를 조립하는 경우 수직재와 받침철물 연결부의 겹침길이 기준으로 옳은 것은?

① 받침철물 전체길이의 1/2 이상
② 받침철물 전체길이의 1/3 이상
③ 받침철물 전체길이의 1/4 이상
④ 받침철물 전체길이의 1/5 이상

해설 **시스템 동바리의 조립 시 준수사항**

- 수평재는 수직재와 직각으로 설치하여야 하며, 흔들리지 않도록 견고하게 설치할 것
- 연결철물을 사용하여 수직재를 견고하게 연결하고, 연결부위가 탈락 또는 꺾어지지 않도록 할 것
- 수직 및 수평하중에 대해 동바리의 구조적 안전성이 확보되도록 조립도에 따라 수직재 및 수평재에는 가새재를 견고하게 설치할 것
- 동바리 최상단과 최하단의 수직재와 받침철물은 서로 밀착되도록 설치하고 수직재와 받침철물의 연결부의 겹침길이는 받침철물 전체길이의 $\frac{1}{3}$ 이상 되도록 할 것

관련개념 **시스템 동바리**

규격화·부품화된 수직재, 수평재 및 가새재 등의 부재를 현장에서 조립하여 거푸집을 지지하는 지주 형식의 동바리를 말한다.

094

신품의 추락방지망 중 그물코의 크기가 10[cm]인 매듭방망의 인장강도 기준으로 옳은 것은?

① 90[kg] 이상　② 200[kg] 이상
③ 360[kg] 이상　④ 400[kg] 이상

해설 **방망사의 인장강도[(　　)는 폐기기준]**

그물코의 크기[cm]	방망의 종류[kg]	
	매듭없는 방망	매듭방망
10	240(150)	200(135)
5	–	110(60)

095

기계가 위치한 지면보다 높은 장소의 땅을 굴착하는 데 적합하며 산지에서의 토공사 및 암반으로부터의 점토질까지 굴착 할 수 있는 건설장비의 명칭은?

① 파워셔블　② 불도저
③ 파일드라이버　④ 크레인

해설 **파워셔블(Power Shovel)**

버킷을 앞으로 떠 올려서 흙을 굴착하는 기계로서 굴착기가 위치한 지면보다 높은 데를 굴착하는 데 적합하고 비교적 단단한 토질의 굴착도 가능하다. 또한 운반기에 적재하는 데도 편리하다.

096

콘크리트 타설작업을 하는 경우에 준수해야 할 사항으로 옳지 않은 것은?

① 당일의 작업을 시작하기 전에 해당 작업에 관한 거푸집 및 동바리의 변형, 변위 및 지반의 침하 유무 등을 점검하고 이상이 있으면 보수할 것
② 작업 중에는 감시자를 배치하는 등의 방법으로 거푸집 및 동바리의 변형, 변위 및 침하 유무 등을 확인하여야 하며, 이상이 있으면 작업을 빠른 시간에 우선 완료하고 근로자를 대피시킬 것
③ 콘크리트 타설작업 시 거푸집 붕괴의 위험이 발생할 우려가 있으면 충분한 보강조치를 할 것
④ 콘크리트를 타설하는 경우에는 편심이 발생하지 않도록 골고루 분산하여 타설할 것

해설 **콘크리트 타설작업 시 준수사항**

- 당일의 작업을 시작하기 전에 해당 작업에 관한 거푸집 및 동바리의 변형·변위 및 지반의 침하 유무 등을 점검하고 이상이 있으면 보수할 것
- 작업 중에는 감시자를 배치하는 등의 방법으로 거푸집 및 동바리의 변형·변위 및 침하 유무 등을 확인하여야 하며, 이상이 있으면 작업을 중지하고 근로자를 대피시킬 것
- 콘크리트 타설작업 시 거푸집 붕괴의 위험이 발생할 우려가 있으면 충분한 보강조치를 할 것
- 설계도서 상의 콘크리트 양생기간을 준수하여 거푸집 및 동바리를 해체할 것
- 콘크리트를 타설하는 경우에는 편심이 발생하지 않도록 골고루 분산하여 타설할 것

| 정답 | 093 ② 094 ② 095 ① 096 ②

097

철골작업 시 철골부재에서 근로자가 수직방향으로 이동하는 경우에 설치하여야 하는 고정된 승강로의 최소 답단 간격은 얼마 이내인가?

① 20[cm]　② 25[cm]
③ 30[cm]　④ 40[cm]

해설
근로자가 수직방향으로 이동하는 철골부재에는 답단 간격이 30[cm] 이내인 고정된 승강로를 설치하여야 하며, 수평방향 철골과 수직방향 철골이 연결되는 부분에는 연결작업을 위하여 작업발판 등을 설치하여야 한다.

098

유해위험방지계획서를 제출해야 할 대상 공사로 옳지 않은 것은?

① 터널 건설 등의 공사
② 최대 지간길이가 50[m] 이상인 교량건설 등 공사
③ 다목적댐, 발전용댐 및 저수용량 2천만 톤 이상의 용수 전용 댐, 지방상수도 전용 댐 건설 등의 공사
④ 깊이가 5[m] 이상인 굴착공사

해설 **유해위험방지계획서 제출 대상 건설공사**
- 다음의 어느 하나에 해당하는 건축물 또는 시설 등의 건설 · 개조 또는 해체(건설 등) 공사
  - 지상높이가 31[m] 이상인 건축물 또는 인공구조물
  - 연면적 30,000[m^2] 이상인 건축물
  - 연면적 5,000[m^2] 이상의 문화 및 집회시설(전시장 및 동물원 · 식물원 제외), 판매시설, 운수시설(고속철도의 역사 및 집배송시설 제외), 종교시설, 의료시설 중 종합병원, 숙박시설 중 관광숙박시설, 지하도상가, 냉동 · 냉장 창고시설
- 연면적 5,000[m^2] 이상인 냉동 · 냉장 창고시설의 설비공사 및 단열공사
- 최대 지간길이가 50[m] 이상인 다리의 건설 등 공사
- 터널의 건설 등 공사
- 다목적댐, 발전용댐, 저수용량 2천만 톤 이상의 용수 전용 댐 및 지방상수도 전용 댐의 건설 등 공사
- 깊이 10[m] 이상인 굴착공사

099

차량계 건설기계를 사용하여 작업하고자 할 때 작업계획서에 포함되어야 할 사항에 해당되지 않은 것은?

① 사용하는 차량계 건설기계의 종류 및 성능
② 차량계 건설기계의 운행경로
③ 차량계 건설기계에 의한 작업방법
④ 차량계 건설기계의 유지보수방법

해설 **차량계 건설기계를 사용하는 작업 시 작업계획서 내용**
- 사용하는 차량계 건설기계의 종류 및 성능
- 차량계 건설기계의 운행경로
- 차량계 건설기계에 의한 작업방법

2022년 2회

100

산업안전보건관리비의 효율적인 집행을 위하여 고용노동부 장관이 정할 수 있는 기준에 해당되지 않는 것은?

① 안전, 보건에 관한 협의체 구성 및 운영
② 건설공사의 진척 정도에 따른 사용비율 등 기준
③ 사업의 규모별 · 종류별 계상 기준
④ 산업안전보건관리비의 사용에 필요한 사항

해설 **산업안전보건관리비의 효율적인 집행을 위하여 고용노동부 장관이 정할 수 있는 기준**
- 사업의 규모별 · 종류별 계상 기준
- 건설공사의 진척 정도에 따른 사용비율 등 기준
- 그 밖에 산업안전보건관리비의 사용에 필요한 사항

| 정답 | 097 ③　098 ④　099 ④　100 ①

2022년 4회 | CBT 복원문제

자동 채점

산업안전관리론

001

산업안전보건법령상 안전보건표지 중 금지표지의 종류에 해당하지 않는 것은?

① 접근금지 ② 차량통행금지
③ 사용금지 ④ 탑승금지

해설 **금지표지**

출입금지

보행금지

차량통행금지

사용금지

탑승금지

금연

화기금지

물체이동금지

002

전년도 A건설기업의 재해발생으로 인한 산업재해보상보험금의 보상비용이 5천만 원이었다. 하인리히 방식을 적용하여 재해손실비용을 산정할 경우 총 재해손실비용은 얼마이겠는가?

① 2억 원 ② 2억 5천만 원
③ 3억 원 ④ 3억 5천만 원

해설

하인리히의 재해손실비 평가방식은 직접비 : 간접비의 비율을 1 : 4로 산정한다.

총재해코스트 = 직접비 + 간접비
= 직접비 + 직접비의 4배
= 직접비의 5배
= 5천만 원×5 = 2억 5천만 원

003

다음 중 위험예지훈련의 기법으로 활용하는 브레인스토밍(Brain Storming)에 관한 설명으로 틀린 것은?

① 발언은 누구나 자유분방하게 하도록 한다.
② 타인의 아이디어는 수정하여 발언할 수 없다.
③ 가능한 한 무엇이든 많이 발언하도록 한다.
④ 발표된 의견에 대하여는 서로 비판을 하지 않도록 한다.

해설 **브레인스토밍의 4원칙**

비판금지	「좋다」 또는 「나쁘다」라고 비판하지 않는다.
자유분방	자유로운 분위기에서 편안한 마음으로 발표한다.
대량발언	내용의 질적인 수준보다 양적으로 많이 발언한다.
수정발언	타인의 발표내용을 수정하거나 개조하여 관련된 내용을 추가 발표하여도 좋다.

004

다음과 같은 재해가 발생하였을 경우 재해의 원인분석으로 옳은 것은?

> 건설현장에서 근로자가 비계에서 마감작업을 하던 중 바닥으로 떨어져 사망하였다.

① 기인물 : 비계, 가해물 : 마감작업, 사고유형 : 맞음
② 기인물 : 바닥, 가해물 : 비계, 사고유형 : 떨어짐
③ 기인물 : 비계, 가해물 : 바닥, 사고유형 : 맞음
④ 기인물 : 비계, 가해물 : 바닥, 사고유형 : 떨어짐

해설

재해발생의 주 원인은 비계(기인물)이고, 직접적인 피해를 준 환경은 바닥(가해물)이다. 그리고 사고유형은 떨어짐(높이가 있는 곳에서 사람이 떨어짐)이다.

관련개념 **기인물과 가해물**

- 기인물 : 재해발생의 주 원인이며 재해를 가져오게 한 근원이 되는 기계, 장치, 물질 또는 환경 등(불안전한 상태)
- 가해물 : 직접 사람에게 접촉하여 피해를 주는 기계, 장치, 물질 또는 환경 등

| 정답 | 001 ① 002 ② 003 ② 004 ④

005

사고예방대책의 기본 원리 중 "시정책의 선정"에 관한 사항으로 적절하지 않은 것은?

① 기술적 개선
② 사고조사 및 점검
③ 안전관리 행정 업무의 개선
④ 기술 교육을 위한 훈련의 개선

해설

'사고조사 및 점검'은 2단계 '사실의 발견'에 해당된다.

관련개념 **하인리히의 사고예방대책 기본원리 5단계**

단계별 과정		내용
제1단계	조직	• 경영층의 참여 • 안전관리자의 임명 • 안전의 라인 및 스태프 조직 구성 • 안전활동 방침 및 계획 수립 • 조직을 통한 안전활동
제2단계	사실의 발견	• 사고 및 안전활동 기록 검토 • 작업분석 • 안전점검 및 안전진단 • 사고조사 • 안전회의 및 토의 • 근로자의 제안 및 여론조사 • 관찰 및 보고서의 연구 등을 통하여 불안전 요소 발견
제3단계	분석·평가	• 사고보고서 및 현장조사 • 사고기록 및 인적·물적 조건의 분석 • 작업공정분석 • 교육훈련분석 등을 통하여 사고의 직접원인 및 간접원인을 규명
제4단계	시정책의 선정	• 기술적 개선 • 인사조정 • 교육훈련의 개선 • 안전행정의 개선 • 규정 및 수칙 작업표준제도의 개선 • 확인 및 통제체제 개선
제5단계	시정책의 적용	• 기술적(engineering) 대책 • 교육적(education) 대책 • 독려적(enforcement) 대책

006

버드(Bird)의 신 연쇄성 이론의 재해발생과정 중 직접원인의 징후로 불안전한 행동과 불안전한 상태는 몇 단계인가?

① 1단계 ② 2단계
③ 3단계 ④ 4단계

해설 **버드의 연쇄성이론**

• 제1단계: 통제부족, 관리소홀
• 제2단계: 기본원인(근본원인)
• 제3단계: 직접원인(불안전한 상태 및 불안전한 행동)
• 제4단계: 사고(접촉)
• 제5단계: 상해(손해, 손실)

007

산업안전보건법령상 안전검사대상 유해위험 기계 등이 아닌 것은?

① 리프트 ② 전단기
③ 압력용기 ④ 밀폐형 구조 롤러기

해설 **안전검사대상 유해·위험 기계·기구·설비**

• 프레스
• 전단기
• 크레인(정격 하중이 2톤 미만인 것 제외)
• 리프트
• 압력용기
• 곤돌라
• 국소 배기장치(이동식 제외)
• 원심기(산업용만 해당)
• 롤러기(밀폐형 구조 제외)
• 사출성형기(형 체결력 294[kN] 미만은 제외)
• 고소작업대(화물자동차 또는 특수자동차에 탑재한 고소작업대로 한정)
• 컨베이어
• 산업용 로봇

| 정답 | 005 ② 006 ③ 007 ④

008

건설기술진흥법령상 건설사고조사위원회는 위원장 1명을 포함한 몇 명 이내의 위원으로 구성하는가?

① 12명 ② 11명
③ 10명 ④ 9명

해설 **건설사고조사위원회의 구성 및 운영**

- 건설사고조사위원회는 위원장 1명을 포함한 12명 이내의 위원으로 구성한다.
- 건설사고조사위원회 위원은 다음의 어느 하나에 해당하는 사람 중에서 해당 건설사고조사위원회를 구성·운영하는 국토교통부장관, 발주청 또는 인·허가기관의 장이 임명하거나 위촉한다.
  - 건설공사 업무와 관련된 공무원
  - 건설공사 업무와 관련된 단체 및 연구기관 등의 임직원
  - 건설공사 업무에 관한 학식과 경험이 풍부한 사람
- 위원의 임기는 2년으로 하며, 위원의 사임 등으로 새로 위촉된 위원의 임기는 전임위원 임기의 남은 기간으로 한다.

009

맥그리거의 X, Y이론 중 X이론의 관리처방에 해당되는 것은?

① 자체평가제도의 활성화
② 분권화와 권한의 위임
③ 권위주의적 리더십의 확립
④ 조직구조의 평면화

해설 **맥그리거 X, Y이론**

X 이론	• 인간의 본성은 일을 싫어하고 무관심하며 책임을 회피한다. • 관리처방 방안으로는 경제적 보상체제 강화, 권위주의적 리더십 확립, 엄격한 관리 및 통제, 상부책임 강화 등이 필요하다.
Y 이론	• 인간의 본성은 일을 좋아하고 책임감이 강하여 자율적, 민주적으로 성과를 얻는다. • 관리처방 방안으로 권한을 위임하고 목표에 의한 관리와 인간관계 관리방식 등이 필요하다.

010

산업안전보건법령상 재해발생 원인 중 설비적 요인이 아닌 것은?

① 기계·설비의 설계상 결함
② 방호장치의 불량
③ 작업표준화의 부족
④ 작업환경 조건의 불량

해설 **산업안전보건법령상 재해발생 원인**

- 인적 요인: 무의식 행동, 착오, 피로, 연령, 커뮤니케이션 등
- 설비적 요인: 기계·설비의 설계상 결함, 방호장치의 불량, 작업표준화의 부족, 점검·정비의 부족 등
- 작업·환경적 요인: 작업정보의 부적절, 작업자세·동작의 결함, 작업방법의 부적절, 작업환경 조건의 불량 등
- 관리적 요인: 관리조직의 결함, 규정·매뉴얼의 불비·불철저, 안전교육의 부족, 지도감독의 부족 등

011

다음 중 재해의 발생 원인을 간접적인 면에서 분류한 것과 가장 관계가 먼 것은?

① 기술적 원인 ② 인적 원인
③ 교육적 원인 ④ 작업관리상 원인

해설

'인적 원인'은 재해발생의 직접원인에 해당한다.

관련개념 **재해발생의 간접원인**

기술적 원인	• 건물·기계 등의 설계 불량 • 구조·재료의 부적합	• 생산공정의 부적당 • 점검 및 보존 불량
교육적 원인	• 안전지식 및 경험의 부족 • 경험 훈련의 미숙 • 유해위험 작업의 교육 불충분	• 작업방법의 교육 불충분 • 안전수칙의 오해
신체적 원인	• 육체피로	• 시각 및 청각 이상
정신적 원인	• 판단력 부족	• 착오
관리적 원인	• 안전관리조직 결함 • 작업준비 불충분 • 안전수칙 미제정	• 작업지시 부적당 • 인원배치(적정배치) 부적당 • 작업기준의 불명확

| 정답 | 008 ① 009 ③ 010 ④ 011 ②

012

산업안전보건법령상 사업주는 사업장의 안전 · 보건을 유지하기 위하여 안전보건관리규정을 작성하여 게시 또는 비치하고 이를 근로자에게 알려야 하는데 이 규정 내에 반드시 포함되어야 할 사항과 가장 거리가 먼 것은?

① 산업재해 사례 및 보상에 관한 사항
② 안전 · 보건 관리조직과 그 직무에 관한 사항
③ 사고 조사 및 대책 수립에 관한 사항
④ 작업장 보건 관리에 관한 사항

해설 **안전보건관리규정의 포함사항**

- 안전 및 보건에 관한 관리조직과 그 직무에 관한 사항
- 안전보건교육에 관한 사항
- 작업장의 안전 및 보건 관리에 관한 사항
- 사고 조사 및 대책 수립에 관한 사항
- 그 밖에 안전 및 보건에 관한 사항

013

다음 중 일반적으로 산업재해의 통계적 원인 · 분석 시 활용되는 기법과 가장 거리가 먼 것은?

① 관리도(Control Chart)
② 파레토도(Pareto Diagram)
③ 특성요인도(Characteristic Diagram)
④ FMEA(Failure Mode&Effect Analysis)

해설 **FMEA(Failure Mode&Effect Analysis)**

제품개발 및 공정 프로세스 상에서 발생 가능한 고장과 이러한 고장으로 인해 야기될 수 있는 영향을 분석하여 문제의 원인을 식별하고 제품과 공정의 신뢰성과 안전성을 향상시키는 품질관리 도구이다.

관련개념 **통계에 의한 재해원인 분석방법**

파레토도	사고의 유형, 기인물 등 분류항목을 큰 순서대로 도표화하는 방법
특성요인도	특성과 요인관계를 도표로 하여 어골상으로 세분하는 방법
관리도	재해 발생 건수 등의 추이를 파악하여 목표 관리를 행하는 데 필요한 월별 재해 발생수를 그래프화하여 관리선을 설정 · 관리하는 방법

014

다음 중 웨버(D. A. Weaver)의 사고발생 도미노이론에서 "작전적 에러"를 찾아내기 위한 질문의 유형과 가장 거리가 먼 것은?

① what ② why
③ where ④ whether

해설

웨버(D. A. Weaver)는 사고발생 도미노이론에서 작전적 에러를 찾기 위해 What – Why – Whether Process를 도표화하여 제시하였다.

015

다음 중 시설물의 안전 및 유지관리에 관한 특별법상 안전점검의 종류에 해당하지 않는 것은?

① 정기점검 ② 정밀점검
③ 임시점검 ④ 긴급점검

해설 **시설물의 안전 및 유지관리에 관한 특별법령상 안전점검**

정기 안전점검	시설물의 상태를 판단하고 시설물이 점검 당시의 사용요건을 만족시키고 있는지 확인할 수 있는 수준의 외관조사를 실시하는 안전점검
정밀 안전점검	시설물의 상태를 판단하고 시설물이 점검 당시의 사용요건을 만족시키고 있는지 확인하며 시설물 주요부재의 상태를 확인할 수 있는 수준의 외관조사 및 측정 · 시험장비를 이용한 조사를 실시하는 안전점검
긴급 안전점검	시설물의 붕괴 · 전도 등으로 인한 재난 또는 재해가 발생할 우려가 있는 경우에 시설물의 물리적 · 기능적 결함을 신속하게 발견하기 위하여 실시하는 점검

| 정답 | 012 ① 013 ④ 014 ③ 015 ③

016

다음 중 산업안전보건법령상 건설현장에서 사용하는 크레인의 안전검사의 주기로 옳은 것은?

① 최초로 설치한 날부터 1개월마다 실시
② 최초로 설치한 날부터 3개월마다 실시
③ 최초로 설치한 날부터 6개월마다 실시
④ 최초로 설치한 날부터 1년마다 실시

해설 안전검사의 주기

구분	주기
크레인(이동식 크레인 제외), 리프트(이삿짐운반용 리프트 제외), 곤돌라	• 설치가 끝난 날부터 3년 이내 최초 안전검사 실시 • 최초 안전검사 실시 이후 2년마다 실시 ※ 건설현장에 사용되는 것은 최초 설치한 날부터 6개월마다 실시
이동식 크레인, 이삿짐운반용 리프트, 고소작업대	• 자동차관리법에 따른 신규등록 이후 3년 이내 최초 안전검사 실시 • 최초 안전검사 실시 이후 2년마다 실시
프레스, 전단기, 압력용기, 국소배기장치, 원심기, 롤러기, 사출성형기, 컨베이어, 산업용 로봇	• 설치가 끝난 날부터 3년 이내 최초 안전검사 실시 • 최초 안전검사 실시 이후 2년마다 실시 ※ 공정안전보고서를 제출하여 확인을 받은 압력용기는 4년마다 실시

017

다음 중 재해조사 시 유의사항과 가장 거리가 먼 것은?

① 사실만을 수집한다.
② 목격자의 증언 사실 이외의 추측의 말은 참고로만 한다.
③ 타인의 의견은 혼란을 초래하므로 사고조사는 1인으로 한다.
④ 조사는 신속하게 행하고, 긴급 조치하여 2차 재해의 방지를 도모한다.

해설 재해조사 시 유의사항

- 사실을 수집한다.
- 목격자가 발언하는 사실 이외의 추측의 말은 참고만 한다.
- 조사는 신속히 행하고 2차 재해의 방지를 도모한다.
- 사람, 설비, 환경의 측면에서 재해요인을 도출한다.
- 제3자의 입장에서 공정하게 조사하며 조사는 2인 이상이 한다.
- 책임추궁보다 재발방지를 우선하는 기본 태도를 가진다.

018

정해진 기준에 따라 측정 · 검사를 행하고 정해진 조건 하에서 운전시험을 실시하여 그 기계의 전체적인 기능을 판단하고자 하는 점검을 무슨 점검이라 하는가?

① 외관점검 ② 작동점검
③ 기능점검 ④ 종합점검

해설 종합점검

외관점검, 작동점검 등을 포함하여 제반 기기의 구성 전반이 기준에 적합한지를 종합적으로 점검하는 것이다.

관련개념

구분	내용
외관점검	기기의 외관상 문제가 있는지 확인하는 점검방법
작동점검	장치를 정해진 순서에 따라 작동시키고 동작상황의 양부를 확인하는 점검
기능점검	간단한 조작을 통해 기기의 정상 작동여부를 확인하는 점검

019

위험예지훈련 4라운드(Round) 중 목표설정 단계의 내용으로 가장 적당한 것은?

① 위험 요인을 찾아내고, 가장 위험한 것을 합의하여 결정한다.
② 가장 우수한 대책에 대하여 합의하고, 행동계획을 결정한다.
③ 브레인스토밍을 실시하여 어떤 위험이 존재하는가를 파악한다.
④ 가장 위험한 요인에 대하여 브레인스토밍 등을 통하여 대책을 세운다.

해설 위험예지훈련 4라운드

라운드	단계	내용
1라운드	현상파악	위험요인을 식별하는 단계
2라운드	본질추구	위험요인·문제점 발견 및 위험의 포인트를 결정하고 지적 확인하는 단계
3라운드	대책수립	위험요인을 극복하기 위한 대안 제시 단계
4라운드	목표설정	행동목표를 설정하는 단계

| 정답 | 016 ③ 017 ③ 018 ④ 019 ②

020

산업안전보건법령상 고용노동부장관은 산업재해를 예방하기 위하여 대통령령이 정하는 사업장의 산업재해 발생건수, 재해율 등을 공표하도록 하였는데 이에 관한 공표 대상 사업장의 기준으로 틀린 것은?

① 연간 산업재해율이 규모별 같은 업종의 평균재해율 이상인 모든 사업장
② 관련 법상 중대산업사고가 발생한 사업장
③ 관련 법상 산업재해의 발생에 관한 보고를 최근 3년 이내 2회 이상 하지 아니한 사업장
④ 산업재해로 연간 사망자가 2명 이상 발생한 사업장

해설 **산업재해 발생건수 공표 대상 사업장**

- 산업재해로 인한 사망자가 연간 2명 이상 발생한 사업장
- 사망만인율이 규모별 같은 업종의 평균 사망만인율 이상인 사업장
- 중대산업사고가 발생한 사업장
- 산업재해 발생 사실을 은폐한 사업장
- 산업재해의 발생에 관한 보고를 최근 3년 이내 2회 이상 하지 않은 사업장

인간공학 및 시스템안전공학

021

조종장치를 3[cm] 움직였을 때 표시장치의 지침이 5[cm] 움직였다면 C/R비는?

① 0.25　② 0.6
③ 1.5　④ 1.7

해설

통제표시비(C/R비) $= \frac{3}{5} = 0.6$

관련개념 **통제표시비(C/R비)**

통제표시비 $= \frac{\text{제어장치의 변위량}}{\text{표시장치의 변위량}}$

022

FT도에서 입력현상이 발생하여 어떤 일정 시간이 지속된 후 출력이 발생하는 것을 나타내는 게이트나 기호로 옳은 것은?

① 위험 지속 기호　② 조합 AND 게이트
③ 시간 단축 기호　④ 억제 게이트

해설

명칭	설명
위험 지속 기호	입력신호가 발생하고 일정시간이 지속된 후에 출력이 발생
조합 AND 게이트	3개의 입력현상 중 임의의 시간에 2개의 입력사상이 발생할 경우 출력이 발생
억제 게이트	입력이 발생하기 전 특정 조건을 만족하면 출력이 발생

| 정답 | 020 ① 021 ② 022 ①

023

시스템에 영향을 미치는 모든 요소의 고장을 형태별로 분석하여 그 영향을 검토하는 시스템안전 분석기법은?

① FMEA ② PHA
③ HAZOP ④ FTA

해설 시스템 분석 기법의 종류

고장형태와 영향분석법 (FMEA; Failure Mode and Effect Analysis)	고장을 형태별로 분석하여 그 영향을 검토하는 정성적, 귀납적 분석방법
예비위험분석 (PHA; Preliminary Hazard Analysis)	최초단계 분석으로 시스템 내의 위험요소가 어느 정도의 위험상태에 있는지를 평가하는 방법으로 정성적 평가방법
결함위험분석 (FHA; Fault Hazard Analysis)	서브시스템의 해석에 사용되는 기법
인간과오율 추정법 (THERP; Technique for Human Error Rate Prediction)	인간의 실수를 정량적으로 평가하는 것이며 인간의 과오(실수)에 기인한 사고원인 분석 기법으로 100만 운전시간당 과오수를 기본 과오율로 평가
결함수분석 (FTA; Fault Tree Analysis)	정량적, 연역적 분석방법으로 기계, 설비 또는 인간-기계 시스템의 고장이나 재해의 발생요인을 FT도에 의하여 분석
치명도 분석, 위험도 분석 (CA; Criticality Analysis)	높은 위험도를 가진 요소나 고장의 형태에 따른 분석법으로 고장을 정량적으로 분석하는 기법
위험 및 운용성 분석 (HAZOP; Hazard and Operability Analysis)	장비에 대해 잠재된 위험이나 기능 저하 등 영향을 평가하기 위하여 공정이나 설계도 등에 체계적인 검토를 행하는 것

024

40세 이후 노화에 의한 인체의 시지각 능력 변화로 틀린 것은?

① 근시력 저하
② 휘광에 대한 민감도 저하
③ 망막에 이르는 조명량 감소
④ 수정체 변색

해설 노화에 의한 시지각 능력 변화

- 휘광에 의한 민감도 증가
- 수정체가 두꺼워지고 혼탁해지면서 휘광(빛 번짐)에 대한 민감도 증가
- 야간운전 시 헤드라이트에 눈부심을 더 강하게 느낌

025

근골격계 질환을 예방하기 위한 관리적 대책으로 옳은 것은?

① 작업공간 배치 ② 작업재료 변경
③ 작업순환 배치 ④ 작업공구 설계

해설

근골격계 질환은 반복적인 동작, 힘의 사용, 부자연스러운 작업자세 등으로 인해 발생할 수 있는데, 이를 없애기 위해서는 작업을 순환하여 근육이 쉬게 하여야 한다.

관련개념 근골격계 질환

근육(근)과 뼈(골) 계통의 조직이 손상되어 신체에 나타나는 건강장해로, 어깨나 허리에 통증, 뜨거운 느낌이나 무감각, 찌릿찌릿한 느낌이 발생하며 예방하지 않을 시 요통, 염좌, 회전건판파열 등으로 진행될 수 있다.

026

인체측정치 응용원칙 중 가장 우선적으로 고려해야 하는 원칙은?

① 조절식 설계 ② 최대치 설계
③ 최소치 설계 ④ 평균치 설계

해설

인간공학적으로 다양한 사용자를 포괄하기 위해 제품이나 작업 환경을 조절 가능하도록 설계하는 것이 이상적이다. 그러므로 사용자의 신체 치수가 다르더라도 모두 적합하게 사용할 수 있도록 조절식 설계가 가장 우선적으로 고려되는 것이 좋다.

관련개념 인체측정자료 응용원칙

응용원칙	개념	예시
조절식 설계원칙	사용자의 신체적 특성에 따라 조절할 수 있도록 설계하는 원칙	자동차 의자, 조절식 의자 등
평균치 설계원칙	인체측정자료의 평균치를 기준으로 설계하는 원칙	은행 카운터나 책상, 지하철 손잡이의 높이 등
최대치 설계원칙	인체측정자료의 최대치를 기준으로 설계하는 원칙	문높이, 와이어로프의 사용중량 등
최소치 설계원칙	인체측정자료의 최소치를 기준으로 설계하는 원칙	조종장치, 선반의 높이, 비상벨의 위치 등

| 정답 | 023 ① 024 ② 025 ③ 026 ①

027

다음 중 음성 인식에서 이해도가 가장 좋은 것은?

① 음소 ② 음절
③ 단어 ④ 문장

해설
문장은 전체적인 의미와 문맥을 포함하고 있어, 음성 인식 시스템이 텍스트로 변환할 때 문장 단위로 처리하는 것이 효과적이고 이해도가 가장 좋다.

028

시스템 수명주기에서 FMEA가 적용되는 단계는?

① 개발단계 ② 구상단계
③ 생산단계 ④ 운전단계

해설 FMEA(Failure Mode & Effects Analysis)
고장을 형태별로 분석하여 그 영향을 검토하는 정성적, 귀납적 방법으로 개발단계에서 적용된다.

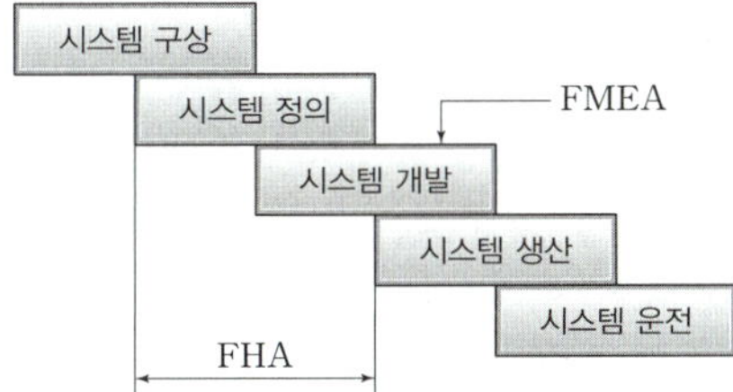

029

일반적으로 연구조사에 사용되는 기준 중 기준척도의 신뢰성이 의미하는 것은?

① 보편성 ② 적절성
③ 반복성 ④ 객관성

해설 반복성
측정 도구가 동일한 조건에서 여러 번 측정할 때 일관되게 결과가 도출되는 것을 말한다. 같은 사람이 동일한 방법으로 여러 번 설문조사를 한다면 그 결과가 대체로 비슷하게 나와야 반복성이 높다고 할 수 있다.
이 개념은 실험이나 연구 결과의 신뢰성을 높이기 위한 중요한 요소로, 연구에서 반복성이 보장되면 측정도구의 우연에 의한 영향을 최소화하고 신뢰할 수 있는 데이터를 제공할 수 있다.

030

의자의 등받이 설계에 관한 설명으로 가장 적절하지 않은 것은?

① 등받이 폭은 최소 30.5[cm]가 되게 한다.
② 등받이 높이는 최소 50[cm]가 되게 한다.
③ 의자의 좌판과 등받이 각도는 90~105°를 유지한다.
④ 요부받침의 높이는 25~35[cm]로 하고 폭은 30.5[cm]로 한다.

해설
요부받침의 높이는 15.2~22.9[cm], 폭은 30.5[cm], 등받이로부터 두께는 5[cm] 정도가 적절하다.

031

안전 설계방법 중 페일세이프 설계(Fail-Safe Design)에 대한 설명으로 가장 적절한 것은?

① 오류가 전혀 발생하지 않도록 설계
② 오류가 발생하기 어렵게 설계
③ 오류의 위험을 표시하는 설계
④ 오류가 발생하였더라도 피해를 최소화하는 설계

해설 Fail Safe(페일 세이프)
시스템에 고장(Fail, 페일)이 발생할 경우 사고로 연결되지 않도록 항상 안전하게 작동되도록 하는 장치이다.

| 정답 | 027 ④ 028 ① 029 ③ 030 ④ 031 ④

032

작업기억과 관련된 설명으로 틀린 것은?

① 단기기억이라고도 한다.
② 오랜 기간 정보를 기억하는 것이다.
③ 작업기억 내의 정보는 시간이 흐름에 따라 쇠퇴할 수 있다.
④ 리허설(Rehearsal)은 정보를 작업기억 내에 유지하는 유일한 방법이다.

해설 **작업기억**

인간의 정보처리 기능 중 하나로 현재 진행 중인 작업에 필요한 정보를 일시적으로 저장하고 처리하는 역할을 한다.

033

일반적인 인간-기계 시스템의 형태 중 인간이 사용자나 동력원으로 기능하는 것은?

① 수동체계 ② 기계화체계
③ 자동체계 ④ 반자동체계

해설 **인간-기계 체계의 종류**

수동체계	인간의 힘이나 기술에 의해 작동되는 체계로 인간이 기계를 조작하는 방식으로 작동된다. 예 망치 등 수공구
기계화 체계	인간의 노동력을 기계로 대체한 체계로 기계가 인간의 지시에 따라 작업을 수행하는 방식으로 작동된다. 예 자동차
자동체계	인간의 개입 없이 스스로 작업을 수행하는 체계로 인간이 설계하고 제작한 기계가 작업을 수행하는 방식으로 작동된다. 예 자동로봇(끄고 키는 것은 사람이 컨트롤)

034

FT 작성 시 논리게이트에 속하지 않는 것은 무엇인가?

① OR 게이트 ② 억제 게이트
③ AND게이트 ④ 동등 게이트

해설

동등 게이트는 FT 분석에서 일반적으로 사용되지 않는 논리게이트이다.

관련개념 **논리기호**

기호	명칭	설명
	억제 게이트	입력이 발생하기 전 특정 조건을 만족하면 출력이 발생
	OR 게이트	입력신호 중 하나 이상이 발생하면 출력이 발생(논리합)
	AND 게이트	입력신호가 모두 발생하면 출력이 발생(논리곱)

035

FT도에 의한 컷셋(cut set)이 다음과 같이 구해졌을 때 최소 컷셋(minimal cut set)으로 맞는 것은?

- (X_1, X_3)
- (X_1, X_2, X_3)
- (X_1, X_3, X_4)

① (X_1, X_3) ② (X_1, X_2, X_3)
③ (X_1, X_3, X_4) ④ (X_1, X_2, X_3, X_4)

해설

최소 컷셋은 시스템의 고장을 일으키는 가장 작은 집합을 의미하므로 컷셋 중에서 공통인 것을 고르면 된다.
3개의 컷셋 모두 (X_1, X_3)가 있으므로 최소 컷셋은 (X_1, X_3)이다.

| 정답 | 032 ② 033 ① 034 ④ 035 ①

036

어떤 전자기기의 수명은 지수분포를 따르며, 그 평균수명이 1,000시간이라고 할 때, 500시간 동안 고장 없이 작동할 확률은 약 얼마인가?

① 0.1353　　② 0.3935
③ 0.6065　　④ 0.8647

해설

신뢰도 $R(t)=e^{-\frac{t}{t_0}}=e^{-\frac{500}{1,000}}=0.6065$
여기서, t: 가동시간, t_0: 평균수명

037

1에서 15까지 수의 집합에서 무작위로 선택할 때, 어떤 숫자가 나올지 알려주는 경우의 정보량은 약 몇 [bit]인가?

① 2.91[bit]　　② 3.91[bit]
③ 4.51[bit]　　④ 4.91[bit]

해설

정보량 = $\log_2$(경우의 수) = $\log_2 15$ = 3.91[bit]

038

한 사무실에서 타자기의 소리 때문에 말소리가 묻히는 현상을 무엇이라 하는가?

① dB(A)　　② CAS
③ phon　　④ Masking

해설 **은폐효과(Masking)**

한 소리가 다른 소리에 의해 가려져서 들리지 않게 되는 현상을 의미한다.

관련개념

- [dB(A)]: 소리의 강도를 측정하는 단위인 데시벨[dB]을 사용하면서, 인간의 귀가 느끼는 주파수에 대한 민감도를 고려한 조정 값이다.
  A-가중치(A-weighting)를 사용하며 저주파와 고주파의 영향을 줄여 측정한 소리 강도이다.
- CAS: 음성 인식 관련 기술에서 쓰이는 용어이긴 하나 소음 관련 용어로는 사용되지 않는다.
- [phon]: 소리의 주관적 강도를 나타내는 단위로, 특정 주파수에서의 소리의 강도를 나타낸다.

039

체계분석 및 설계에 있어서 인간공학의 가치와 가장 거리가 먼 것은?

① 성능의 향상　　② 훈련비용의 증가
③ 사용자의 수용도 향상　　④ 생산 및 보전의 경제성 증대

해설 **인간공학의 가치**

- 성능의 향상
- 인력의 이용률의 증가
- 사용자의 수용도 향상
- 사고 및 오용으로부터의 손실 감소
- 훈련비용의 절감
- 인력이용률의 증가
- 생산 및 장비유지의 경제성 증대

040

FTA의 용도와 거리가 먼 것은?

① 고장의 원인을 연역적으로 찾을 수 있다.
② 시스템의 전체적인 구조를 그림으로 나타낼 수 있다.
③ 시스템에서 고장이 발생할 수 있는 부분을 쉽게 찾을 수 있다.
④ 구체적인 초기사건에 대하여 상향식(Bottom-up) 접근방식으로 재해경로를 분석하는 정량적 기법이다.

해설

FTA는 하향식(Top-down) 접근방식으로 재해경로를 분석하는 정량적 기법이다.

관련개념 **결함수분석법(FTA)**

정량적, 연역적 분석방법으로 기계, 설비 또는 인간-기계 시스템의 고장이나 재해의 발생요인을 FT도(트리) 형태로 분석하는 방법이다. 트리의 가장 상단에서 아래 방향으로 분석한다.

| 정답 | 036 ③　037 ②　038 ④　039 ②　040 ④

건설시공학

041

공사 관리기법 중 VE(Value Engineering) 가치향상의 방법으로 옳지 않은 것은?

① 기능은 올리고 비용은 내린다.
② 기능은 많이 내리고 비용은 조금 내린다.
③ 기능은 많이 올리고 비용은 약간 올린다.
④ 기능은 일정하게 하고 비용은 내린다.

해설 **가치공학(VE)의 가치향상 유형**

구분		내용
F(↑)C(↓)	가치혁신형	비용을 감소하고 기능을 향상 (가장 이상형)
F(↑)C(↑)	기능강조형	비용이 증가하더라도 기본성능 및 발주자의 요구사항 등 2차 기능 향상 강조
F(–)C(↓)	원가절감형	기능은 유지하고 비용은 최소화
F(↑)C(–)	기능향상형	비용은 유지하고 기능을 향상

관련개념 **가치공학(VE)**

최고의 품질과 최저의 비용으로 공사를 관리하는 원가절감의 기법이다. 즉, 각 공사의 기능을 철저히 분석하여 최저비용으로 공사를 수행하기 위한 수단을 찾고자 하는 과학적이고 체계적인 공사방법이다.

$$V(Value)=\frac{F(Function)}{C(cost)}$$

042

공사에 필요한 특기시방서에 기재하지 않아도 되는 사항은?

① 인도 시 검사 및 인도시기 ② 각 부위별 시공방법
③ 각 부위별 사용재료 ④ 사용재료의 품질

해설

인도 시 검사 및 인도시기는 계약서의 작성내용이다.

관련개념 **시방서 작성(기재)내용**

- 각 부위별 시공방법: 준비사항, 시공정밀도, 사용장비, 공법의 주의사항 등
- 각 부위별 사용재료: 품질, 종류, 수량, 저장법, 검사, 시험방법 등
- 시방서의 적용, 범위 및 공통 주의사항
- 공사 전체의 개요
- 기타 보충사항 및 특기사항

043

지하연속벽(Slurry Wall) 공법에 관한 설명으로 옳지 않은 것은?

① 도심지 공사에서 탑다운 공법과 같이 병행할 수 있다.
② 단면강성이 높고 지수성이 뛰어나다.
③ 벽 두께를 자유로이 설계하기 어렵다.
④ 공사비가 비교적 높고 공기가 불리한 편이다.

해설

지하연속벽 공법에서는 벽 두께를 자유롭게 설계할 수 있다.

관련개념 **지하연속벽(Slurry Wall) 공법**

흙막이 공사의 단점인 소음 및 진동을 보완한 공법으로, 지중에 일정 폭과 깊이를 굴착하고 현장 철근벽체를 연속 성형하여 굴착공사의 토류벽 및 영구벽으로 사용한다.

장점	단점
• 지반조건에 좌우되지 않는다. • 저소음, 저진동이다. • 근접건물에 영향을 주지 않는다. • 강성이 높아 휘어지지 않는다. • 소요내력을 정할 수 있다. • 지반보강 및 차수효과가 확실하다. • 길이 및 깊이 등 치수조정이 자유롭다.	• 기술적 시공이 요구된다. • 시공비가 많이 소요된다. • 굴착토의 처리문제가 발생한다. • 굴착 도랑의 붕괴 및 안정액(벤토나이트)의 배수가 곤란하다. • 기계 및 부대 설비가 대형이다. • 소규모 현장의 시공은 불가능하다.

| 정답 | 041 ② 042 ① 043 ③

044

지반조사 방법 중 보링에 관한 설명으로 옳지 않은 것은?

① 보링은 지질이나 지층의 상태를 비교적 깊은 곳까지도 정확하게 확인할 수 있다.
② 충격식 보링은 토사를 분쇄하지 않고 연속적으로 채취할 수 있으므로 가장 정확한 방법이다.
③ 회전식 보링은 불교란 시료 채취, 암석 채취 등에 많이 쓰인다.
④ 수세식 보링은 30[m]까지의 연질층에 주로 쓰인다.

해설 **충격식 보링(Percussion Boring)**

와이어로프 끝에 비트(Bit)를 달아 60~70[cm] 정도 움직여 구멍 밑에 낙하 충격을 주어 파쇄된 토사를 베일러(Bailer)로 퍼내어 지층상태를 판단하는 방법이다.

관련개념 **보링의 종류**

종류	설명
오거 보링 (Auger Boring)	나선형으로 된 송곳(Auger)을 인력으로 지중에 박아 지층을 알아보는 방법이다.
수세식 보링 (Wash Boring)	선단에 충격을 주어 이중관을 박고 물(Wash)을 뿜어내어 흙과 같이 배출하는 방법이다.
회전식 보링 (Rotary Type Boring)	비트(Bit)를 약 40~150[rpm]의 속도로 회전시키고, 펌프를 이용하여 흙을 지상으로 퍼내 지층상태를 판단하는 것으로 보링 중 가장 정확한 방법이다.

045

토량 6,000[m^3]을 8톤 트럭으로 운반할 때 필요한 트럭 대수는? (단, 8톤 트럭 1대의 적재량은 6[m^3]이고 트럭은 5회 운행한다.)

① 120대 ② 150대
③ 180대 ④ 200대

해설

- 트럭 1대의 총 운반 용량 = 6×5 = 30[m^3]
- 필요한 트럭 대수 = 6,000÷30 = 200대

※ 할증은 원 지반 토공 시 고려하므로 이 문제는 할증 고려 없이 운반할 총 토량을 6,000[m^3]로 계산한다.

046

지하실 방수공법 중 바깥방수의 단점으로 옳지 않은 것은?

① 하자보수가 용이하다.
② 바탕처리를 따로 만들어야 한다.
③ 안방수에 비해 비용이 고가이다.
④ 시공방법이 복잡하여 공기가 많이 소요된다.

해설 **안방수와 바깥방수**

구분	안방수	바깥방수
적용	수압이 적은 곳	수압에 관계 없음
시공시기	자유롭게 선택	본공사에 선행
방수방법	바탕을 만들 필요 없음	바탕을 별도로 만들어야 함
수압처리	수압에 견디기 어려움	내수압적
시공성	간단	어려움
공사비	저렴	고가
본공사진행	무관	방수완료 전에 본공사 진행 어려움
공사절차	간단	많은 절차 필요
보호층	필요	무방
하자보수	간단	상당히 어려움

047

지정 및 기초공사 용어에 관한 설명으로 옳지 않은 것은?

① 드레인 재료: 지반개량을 목적으로 간극수 유출을 촉진하는 수로로서의 역할을 하는 재료
② 슬라임: 지반을 천공할 때 천공벽 또는 공저에 모인 침전물
③ 히빙: 굴착면 저면이 부풀어 오르는 현상
④ 원위치 시험: 현지의 지반과 유사한 지반에서 행하는 시험

해설

원위치 시험은 현지의 지반과 유사한 곳이 아니라 현장 위치에서 시행하는 시험이다.

| 정답 | 044 ② 045 ④ 046 ① 047 ④

2022년 4회

048

갱 폼(Gang Form)의 특징으로 옳지 않은 것은?

① 조립, 분해 없이 설치와 탈형만 함에 따라 인력절감이 가능하다.
② 콘크리트 이음부위(Joint) 감소로 마감이 단순해지고 비용이 절감된다.
③ 경량으로 취급이 용이하다.
④ 제작장소 및 해체 후 보관장소가 필요하다.

해설 **갱 폼(Gang Form)**

- 거푸집을 사용할 때마다 작은 부재의 조립, 분해를 반복하지 않고 대형화, 단순화하여 한 번에 설치하고 해체한다.
- 갱 폼은 주로 콘도미니엄, 병원, 사무소 같은 벽식구조 건물에 사용된다.
- 옹벽이나 외벽의 두꺼운 벽체 및 피어기초 등에 사용한다.
- 특징
  - 갱 폼은 크게 거푸집판과 보강재가 일체로 된 기본 패널, 작업을 위한 작업발판대 및 수직도 조정과 횡력을 지지하는 빗버팀대로 구성되어 있다.
  - 80～100회 정도 사용이 가능하지만 경제적인 전용횟수는 30～40회 정도이다.
  - 중량이 커서 타워크레인, 모빌크레인 같은 장비가 필요하다.
  - 현장제작이 가능하다.
  - 안전성이 크다.
  - 공기단축이 가능하고, 인건비가 절약된다.
  - 가설비계공사가 필요없다.
  - 세부적인 가공이 어렵고, 제작시간이 많이 소요된다.
  - 초기투자비가 증대된다.

049

현장타설 콘크리트말뚝 중 외관과 내관의 2중관을 소정의 위치까지 박은 다음, 내관은 빼내고 관 내에 콘크리트를 부어 넣고 내관을 넣어 다지며 외관을 서서히 빼 올리면서 콘크리트 구근을 만드는 말뚝은?

① 페데스탈 파일 ② 시트 파일
③ P.I.P 파일 ④ C.I.P 파일

해설 **콘크리트말뚝의 종류**

종류	설명
컴프레솔 말뚝 (Compressol Pile)	지중에 1.0～2.5[ton] 정도의 세 가지 추를 낙하시켜서 구멍을 파고 그 속에 콘크리트를 주입시키는 것이다.
페데스탈 말뚝 (Pedestal Pile)	지중에 2중철관(내관, 외관)을 때려 박은 후 내관을 빼내어 콘크리트를 부어넣고 다시 내관을 집어넣어 다져 구근을 만든다. 그 공간에 콘크리트를 채우고 난 후 외관을 빼내는 것이다.
멀티페데스탈 말뚝 (Multipedestal Pile)	페데스탈 말뚝과 방법은 같으나 말뚝 하부에 쇠신을 때려 박는 것이다.
심플렉스 말뚝 (Simplex Pile)	지중에 철관을 때려 박고, 내부에 콘크리트를 채우고 난 후 철관을 뽑아내는 것이다.
프랭키 말뚝 (Franky Pile)	콘크리트를 된비빔으로 하여 케이싱 속에 채워 놓고 해머로 타격하여 지지층에 도달하면 케이싱을 약간씩 들어 올리면서 타격을 하여 구근과 울퉁불퉁한 말뚝을 형성하는 것이다.
프리팩트 말뚝 (Prepact Pile)	커다란 스크류(Screw)를 사용하여 구멍을 뚫고 모르타르 주입용 철관을 밑창까지 넣은 후 그 주위 공간에 자갈을 채우고, 철관을 통해 모르타르를 압입시켜 콘크리트 기둥 모양의 말뚝을 만드는 것이다.
레이몬드 말뚝 (Raymond Pile)	강판으로 만든 외관 속에 코어(Core)를 넣고 박은 후 코어만을 빼내고 외관은 지중에 남겨두어 그 속에 콘크리트를 다져 넣는 것이다.

| 정답 | 048 ③ 049 ①

050

순환수와 함께 지반을 굴착하고 배출시키면서 공 내에 철근망을 삽입, 콘크리트를 타설하여 말뚝기초를 형성하는 현장 타설 말뚝공법은?

① S.I.P(Soil cement Injected Pile)
② D.R.A(Double Rod Auger)
③ R.C.D(Reverse Circulation Drill)
④ S.I.G(Super Injection Grouting)

해설 **리버스서큘레이션공법(RCD)**

역순환공법으로 굴착구멍 내에 지하수위보다 2[m] 이상 높게 물을 채워 굴착벽면에 2[ton/m^2] 이상의 정수압을 가해 벽면붕괴를 방지하며 굴착한 후 형성시킨 말뚝을 이용한 공법이다.

관련개념

공법	굴착기구	배토방법	공벽보호	공내수
베노토	해머그랩	굴착기구	케이싱 튜브	없음
어스드릴	회전버킷	굴착기구	벤토나이트	벤토나이트 용액
RCD	회전비트	순환수	정수압 (수두압)	자연수

051

소규모 건축물의 구조기준에 따라 조적조로 담을 쌓을 경우 최대 높이 기준으로 옳은 것은?

① 2[m] 이하　② 2.5[m] 이하
③ 3[m] 이하　④ 3.5[m] 이하

해설 **조적식구조인 담의 구조**

- 높이는 3[m] 이하로 하여야 한다.
- 담의 두께는 190[mm] 이상으로 하여야 한다. 다만, 높이가 2[m] 이하인 담에 있어서는 90[mm] 이상으로 할 수 있다.
- 담의 길이 2[m] 이내마다 담의 벽면으로부터 그 부분의 담의 두께 이상 튀어나온 버팀벽을 설치하거나, 담의 길이 4[m] 이내마다 담의 벽면으로부터 그 부분의 담의 두께의 1.5배 이상 튀어나온 버팀벽을 설치하여야 한다.

052

모재표면 위에 플럭스를 살포하여, 플럭스 속에 용접봉을 꽂아 넣는 자동 아크용접은?

① 일렉트로 슬래그(Electro slag) 용접
② 서브머지드 아크(Submerged arc) 용접
③ 피복 아크 용접
④ CO_2 아크 용접

해설 **서브머지드 아크 용접**

용접 그룹 위에 미리 쌓아 올린 모래 모양의 플럭스에 용접 와이어를 박아 넣어 자동적 또는 연속적으로 아크 용접을 하는 방법이다.

관련개념

일렉트로 슬래그 용접	와이어와 용융 슬래그 사이에 흐르는 전류의 저항열을 이용한 용접방법
피복 아크 용접	직류 아크, 교류아크, 수동용접, 반자동 아크용접, 서브머지드 아크용접 등
CO_2 용접	CO_2와 O_2 혼합가스를 보호가스로 하여 행하는 용접

053

철골세우기용 기계설비가 아닌 것은?

① 가이데릭　② 스티프레그데릭
③ 진폴　④ 드래그라인

해설

드래그라인은 지반면보다 낮은 곳의 굴착, 연약한 지반의 깊은 굴착 등에 쓰인다.

관련개념 **철골세우기용 건설기계**

- 크레인: 타워크레인, 지브크레인
- 이동식 크레인: 휠크레인, 트럭크레인, 크롤러크레인
- 데릭: 삼각데릭(스티프레그데릭), 진폴데릭, 가이데릭

| 정답 | 050 ③　051 ③　052 ②　053 ④

054

경량철골공사에서 녹막이도장에 관한 설명으로 옳지 않은 것은?

① 경량 철골구조물에 이용되는 강재는 판두께가 얇아서 녹막이 조치가 불필요하다.
② 강재는 물의 고임에 의해 부식될 수 있기 때문에 부재배치에 충분히 주의하고, 필요에 따라 물구멍을 설치하는 등 부재를 건조상태로 유지한다.
③ 녹막이도장의 도막은 노화, 타격 등에 의한 화학적, 기계적 열화에 따라 재도장을 할 수 있다.
④ 재도장이 곤란한 건축물 및 녹이 발생하기 쉬운 환경에 있는 건축물의 녹막이는 녹막이 용융아연도금을 활용한다.

해설 **경량철골공사의 녹막이도장**

- 경량 철골구조물에 이용되는 강재는 판두께가 얇아서 녹에 따른 구조내력의 저하가 현저하기 때문에 반드시 녹막이조치를 하여야 한다.
- 강재는 물의 고임에 의해 부식하기 쉽기 때문에 부재배치에 충분히 주의하고, 필요에 따라 물구멍을 설치하는 등 부재를 건조상태로 유지하도록 한다.
- 녹막이도장의 도막은 노화, 타격 등에 의해 화학적, 기계적으로 열화되기 때문에 구조물이 항상 건전한 상태로 유지되도록 재도장 등의 도장계획을 세운다.
- 재도장이 곤란한 건축물 및 녹이 발생하기 쉬운 환경에 있는 건축물의 녹막이는 녹막이 용융아연도금이 필요하다.

055

그림과 같은 줄기초 파기에서 파낸 흙을 한 번에 운반하고자 할 때 4[ton] 트럭 약 몇 대가 필요한가? (단, 파낸 흙의 부피 증가율은 20[%], 파낸 흙의 단위중량은 1.8[ton/m³]이다.)

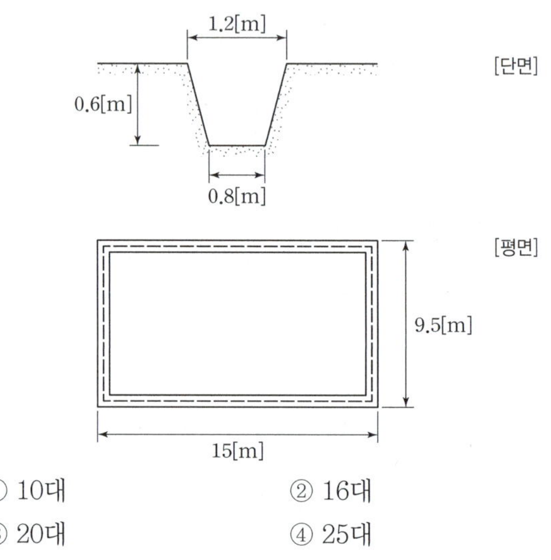

① 10대
② 16대
③ 20대
④ 25대

해설 **줄기초 파기**

터파기량 $= \dfrac{H\times(a+b)}{2}\times$줄기초 길이$\times$부피 증가율

$= \dfrac{0.6\times(0.8+1.2)}{2}\times(15+9.5+15+9.5)\times1.2$

$= 35.28[m^3]$

흙의 중량 $= 35.28\times1.8 = 63.50$[ton]

한 번에 운반할 수 있는 양이 4[ton]이므로

필요한 트럭 수 $= 63.5\div4 = 16$대

| 정답 | 054 ① 055 ②

056

특수콘크리트에 관한 설명 중 옳지 않은 것은?

① 한중콘크리트는 동해를 받지 않도록 시멘트를 가열하여 사용한다.
② 경량콘크리트는 자중이 적고, 단열효과가 우수하다.
③ 중량콘크리트는 방사선 차폐용으로 사용된다.
④ 매스콘크리트는 수화열이 적은 시멘트를 사용한다.

해설 **한중콘크리트**

한중콘크리트는 일평균기온 4[℃] 이하의 동결위험이 있는 기간 내에 시공하는 콘크리트이다. 보통 이어붓기 후 28일 간의 예상평균기온이 약 3[℃] 이하인 경우에 적용하며, 초기 양생기간 내에 약 50[kg/cm^2] 정도의 강도가 얻어지도록 한다.

계획배합 및 부어넣기 시 유의할 사항은 다음과 같다.

- 물-시멘트비는 60[%] 이하로 한다.
- 물의 사용량은 적게 하고, AE제 또는 AE감수제 등의 표면활성제를 사용한다.
- 콘크리트면은 주위를 둘러막고, 최소 2일 이상은 0[℃]를 유지하고, 5[℃] 이상으로 채난보온한다.
- 가열한 재료를 사용하는 경우, 시멘트 투입 직전 믹서 내의 골재와 물의 온도가 40[℃]를 넘어서는 안 된다.(믹서투입순서: 골재 → 물 → 시멘트)
- 부어넣기 할 때의 콘크리트 온도는 10~20[℃]가 되도록 한다.
- 재료 가열온도는 60[℃] 이하로 하고 골재는 직접 불에 닿지 않도록 주의하여야 한다. (단, 시멘트는 절대로 가열해서는 안 된다.)
- 조강시멘트, 알루미나시멘트를 사용한다.

057

철근콘크리트 공사 중 거푸집 해체를 위한 검사가 아닌 것은?

① 각종 배관슬리브, 매설물, 인서트, 단열재 등 부착 여부
② 수직, 수평부재의 존치기간 준수 여부
③ 소요의 강도 확보 이전에 지주의 교환 여부
④ 거푸집 해체용 압축강도 확인시험 실시 여부

해설

각종 슬리브, 매설물, 인서트, 단열재 등의 부착 여부는 콘크리트 타설 전 검사내용이다.

058

철근콘크리트공사의 염해 방지대책으로 옳지 않은 것은?

① 철근피복두께를 충분히 확보한다.
② 콘크리트 중의 염소이온을 적게 한다.
③ 수밀콘크리트를 만들고 콜드조인트가 없게 시공한다.
④ 물시멘트비(W/C)가 높은 콘크리트를 타설한다.

해설

물시멘트비를 크게 하면 수밀성 등이 작게 되어 염해에 의한 열화가 촉진된다.

관련개념 **철근콘크리트공사의 염해 방지대책**

염분관리 철저		• 0.3[kg/m^3] 이하, 승인 시 0.6[kg/m^3] 이하 • 상수도, 물의 경우: 염화물 이온량 250[mg/L] 이하
철근 부식 방지법		방청제, 도금강재, 방식성 강재
시공 관리	재료	• 시멘트: 중용열 PC • 골재: 염분함량 허용치 내 • 물: 청정수 사용 • 혼화재: 방청제 사용
	배합	• W/C 비 작게, Slump 감소 • Gmax 크게, S/A감소
	시공	• 밀실한 콘크리트 시공 • Cold Joint 방지 • 피복 두께 유지 • 콘크리트 양생 철저

| 정답 | 056 ① 057 ① 058 ④

059

착공단계에서의 공사계획을 수립할 때 우선 고려하지 않아도 되는 것은?

① 현장 직원의 조직편성 ② 예정 공정표의 작성
③ 시공상세도의 작성 ④ 실행예산편성

해설

시공상세도 작성은 본공사 시행 시 필요한 사항이다.

관련개념 **착공단계에서 고려하여야 할 사항**

- 현장원의 편성
- 공정표의 작성
- 실행예산의 편성
- 하도급업체의 선정
- 설비 및 자재의 설치계획(가설물의 계획)
- 노무수배 및 조달계획
- 재해방지의 대책

060

AE제의 사용목적과 가장 거리가 먼 것은?

① 초기강도 및 경화속도의 증진
② 동결융해 저항성의 증대
③ 워커빌리티 개선으로 시공이 용이
④ 내구성 및 수밀성의 증대

해설 **AE제(공기연행제)**

콘크리트 내부에 미세한 독립기포(직경 25~250[μm])를 발생시켜 콘크리트의 작업성 및 동결융해 저항성을 향상시키는 혼화제로, AE제를 사용하면 초기강도가 약간 낮아지고 경화속도가 다소 늦어질 수 있지만 장기적으로 내구성이 향상되는 효과가 있다.

관련개념 **AE제(공기연행제)의 특징**

- 볼베어링 역할로 워커빌리티 개선, 단위수량 감소
  → 블리딩 및 재료분리를 줄임, 동결융해 저항성 향상
- 공기량 1[%] 증가
  → 동일 물시멘트비의 경우 압축강도 4~6[%] 감소
- 최적 공기량 3~5[%]
- 공기량 6[%] 이상이면 압축강도 급격히 저하
- 감수율 6~8[%]

건설재료학

061

보통 포틀랜드시멘트와 비교한 고로시멘트의 특징으로 옳지 않은 것은?

① 장기강도가 크다.
② 해수나 하수 등에 대한 저항성이 우수하다.
③ 미분말로서 초기강도 발현이 용이하다.
④ 초기 수화열이 낮다.

해설 **고로슬래그 시멘트의 특징**

- 수화열이 비교적 작다.
- 조기강도는 보통 포틀랜드시멘트보다 작으나 3~6개월 후 장기강도는 비슷하거나 약간 크다.
- 내열성이 크고, 수밀성이 좋다.
- 콘크리트 블리딩이 적다.
- 화학적인 저항성이 크다.
- 건조수축이 다소 크다.
- 주로 댐, 하천, 항만 등의 구조물에 사용되며, 해수, 폐수 오수로 공장 등에 사용된다.

062

일반적으로 목재의 강도 중 가장 작은 것은?

① 압축강도 ② 전단강도
③ 인장강도 ④ 휨강도

해설 **목재의 강도**

인장강도 > 휨강도 > 압축강도 > 전단강도

관련개념 **목재의 강도**

종류	설명
인장강도	• 목재를 양방향에서 잡아당기는 외부의 힘에 대한 저항력이다. • 목재의 섬유방향이 가장 크고, 그것의 직각방향이 가장 작다.
압축강도	목재의 양방향에서 내부로 미는 힘에 대한 저항력이다.
전단강도	목재에 전단력을 가할 때 재료에 전단파괴가 일어나는 최대응력이다.
휨강도	목재의 양 끝을 받치고 하중을 가하면 휘어지게 되는데, 이에 저항하는 힘의 크기를 말한다.

| 정답 | 059 ③ 060 ① 061 ③ 062 ②

063

목재 제품 중 합판에 관한 설명으로 옳지 않은 것은?

① 방향에 따른 강도차가 적다.
② 곡면가공을 하여도 균열이 생기지 않는다.
③ 여러 가지 아름다운 무늬를 얻을 수 있다.
④ 함수율 변화에 의한 신축변형이 크다.

해설 **합판의 특성**

- 강도: 교착이 잘된 것은 원목보다 강하고 균열, 찢어짐, 변형 등에 대한 저항이 크다.
- 안정도: 함수율 변화에 의한 신축변형이 적고 방향성이 없으며, 두께에 비해 강도도 크다.
- 못박기: 보통판에 비해 못의 보지력(保持力)이 크다.
- 경제성: 비교적 작은 직경의 모재에서도 넓은 판을 얻을 수 있으며 곡면가공을 하여도 균열이 생기지 않고 무늬도 일정하다.

관련개념 **합판의 이점**

- 방향에 따른 강도의 차, 팽창수축이 적고 불규칙한 변형이 일어나지 않는다.
- 열, 음향의 전도율이 낮다.
- 내수성, 내습성이 크다.
- 못, 나무못에 접합이 간단하다.
- 같은 원목에서 많은 정목판, 목리판을 제작할 수 있고 매우 저렴한 값으로 외관이 아름다운 판자를 얻을 수 있다.
- 3×6 척, 4×8 척 등으로 규격되어 있어 사용상 편리하다.

064

프리즘(Prism)판 유리는 어느 용도에 가장 적합한가?

① 지하실 채광용 ② 방도용
③ 흡음용 ④ 방화용

해설 **프리즘 유리(Prism Glass, Top Light Glass, Pavement Glass)**

투시광선의 방향을 변화시키거나 집중 또는 확산시킬 목적으로 제작한 것으로, 지하실이나 지붕의 채광용으로 쓰인다.

065

비닐벽지에 관한 설명으로 옳지 않은 것은?

① 시공이 용이하다.
② 오염이 되더라도 청소가 용이하다.
③ 통기성 부족으로 결로의 우려가 있다.
④ 타 벽지에 비해 경제적으로 가격이 비싸다.

해설

비닐벽지는 다른 벽지에 비해 가격이 저렴하다.

관련개념 **벽지의 종류**

구분	내용
합지벽지 (종이벽지)	• 가격이 저렴하고, 종이이기 때문에 친환경적이다. • 셀프 시공이 가능하다. • 색상과 디자인이 실크벽지에 비해 떨어진다. • 변색이 쉽고 오염에 약하다. • 엠보싱 효과가 약해 도배시공 시 바닥면에 요철이 나타난다.
실크벽지	• 종이 위에 PVC층을 발포하여 만든 자재이다. • 오염이 적고, 유지관리가 용이하다. • 색상과 디자인이 다양하다. • 통기성과 흡수성이 부족하다. • 휘발성 유기화합물 방출량(TVOC)이 높다.
천연벽지	• 편백나무, 쑥, 녹차 등 식물에서 추출한 천연소재를 이용하여 만든 벽지이다. • 탈취, 항균작용을 하며, 음이온이 발생한다. • 건강에 해가 없다. • 가격이 고가이며, 전문시공자가 필요하다.(시공 인건비가 비싸다.)
뮤럴벽지	• 한 벽면 전체에 그림이 들어가 있는 벽지이다. • 색감이 부드럽고, 고급스럽다. • 시공벽면 사이즈에 맞추어 주문제작이 가능하고 다양한 연출이 가능하다. • 주문제작에 의한 시간이 소요된다. • 가격이 고가이며, 전문시공자가 필요하다.
비닐벽지	• 종이벽지에 비해 젖지 않고, 찢어지지 않는다. (내구성이 좋다.) • 발포벽지, 염화비닐벽지, 비닐라미네이트 벽지, 염화비닐칩 벽지, 비닐레저 벽지, 비닐와이핑 벽지 등이 있다.
방염벽지	• 벽지 위에 방염처리를 한 특수벽지이다. • 화재발생 시 불에 잘 타지 않고, 가스배출을 억제한다.
단열벽지	폼블록 벽지

| 정답 | 063 ④ 064 ① 065 ④

066

단열재의 특성에서 전열의 3요소가 아닌 것은?

① 전도　　② 대류
③ 복사　　④ 결로

해설 **전열의 3요소**

요소	내용
전도	분자의 진동으로 열이 전해지는 현상으로, 대류만큼 멀리 이동하지는 않는다.
대류	분자가 열을 가진 상태에서 이동하는 현상으로, 유체 분자의 움직임이 활발해 유체의 열 이동에 있어서 중요한 역할을 한다.
복사	물체의 표면으로부터 광파와 같은 성질의 파장이 주위로 방출되는 현상으로 분자의 존재를 필요로 하지 않는다.

067

수경성 미장재료를 시공할 때 주의사항이 아닌 것은?

① 적절한 통풍을 필요로 한다.
② 물을 공급하여 양생한다.
③ 습기가 있는 장소에서 시공이 유리하다.
④ 경화 시 직사일광 건조를 피한다.

해설

수경성 미장재료를 시공할 때에는 시공 중 및 시공 후 다량의 통풍으로 인해 급격히 건조되지 않도록 개구부 밀폐 등 적정하게 보양이 필요하다.

068

시멘트 혼화재료 중 연행공기를 발생시켜 볼베어링 효과가 나타나도록 하는 것은?

① 포졸란　　② 플라이애시
③ AE제　　④ 경화 촉진제

해설 **AE제(공기연행제)**

콘크리트 내부에 미세한 독립기포(직경 25~250[μm])를 발생시켜 콘크리트의 작업성 및 동결융해 저항성을 향상시키는 혼화제이다.

관련개념 **AE제(공기연행제)의 특징**

- 볼베어링 역할로 워커빌리티 개선, 단위수량 감소
  → 블리딩 및 재료분리를 줄임, 동결융해 저항성 향상
- 공기량 1[%] 증가
  → 동일 물시멘트비의 경우 압축강도 4~6[%] 감소
- 최적 공기량 3~5[%]
- 공기량 6[%] 이상이면 압축강도 급격히 저하
- 감수율 6~8[%]

069

미장재료의 경화에 대한 설명 중 옳지 않은 것은?

① 회반죽은 공기 중의 탄산가스와의 화학반응으로 경화한다.
② 이수석고($CaSO_4 \cdot 2H_2O$)는 물을 첨가해도 경화하지 않는다.
③ 돌로마이트 플라스터는 물과의 화학반응으로 경화한다.
④ 시멘트 모르타르는 물과의 화학반응으로 경화한다.

해설

돌로마이트 플라스터는 기경성 재료로 공기 중에 있는 이산화탄소(CO_2)와 결합하여 경화한다.

관련개념 **돌로마이트 플라스터**

- 회반죽에 비해 응결이 빠르며, 강도가 크다.
- 건조수축이 커서 균열의 우려가 있고, 밑바름두께와 그 건조도의 영향이 크며, 물에 약한 결점이 있다.
- 점성이 높아 풀을 넣을 필요가 없다.
- 냄새, 곰팡이가 없고, 변색되지 않는다.

| 정답 | 066 ④　067 ①　068 ③　069 ③

070

점토의 종류와 제품과의 관계를 나타낸 것 중 옳지 않은 것은?

① 토기 – 벽돌 ② 자기 – 기와
③ 도기 – 내장타일 ④ 석기 – 외장타일

해설 **점토제품의 종류**

종류	소성온도[℃]	흡수율[%]	재료	비고
토기	790~1,000	20 이상	기와, 벽돌, 토관	최저급 원료(전답토)
도기	1,100~1,230	10	타일, 테라코타, 위생도기	다공질로 흡수성 유약 사용, 두드리면 탁음
석기	1,160~1,350	3~10	마루, 타일, 클링커 타일	유약 대신 식염유 사용
자기	1,230~1,460	0~1	자기질 타일, 모자이크 타일, 위생도기	양질의 도토 또는 장석분을 원료로 함

071

다음 중 방청도료와 가장 거리가 먼 것은?

① 알루미늄 페인트 ② 역청질 페인트
③ 워시 프라이머 ④ 오일 서페이스

해설 **방청도료의 종류**

광명단 페인트, 방청산화철 페인트, 알루미늄 페인트, 역청질 페인트, 워시 프라이머, 에폭시 프라이머, 우레탄 프라이머, 징크, 크롬산 아연 페인트, 규산염 페인트, 염화고무 등

관련개념 **서페이스(Surface)**

프라이머나 퍼티 위에 칠하여 최종적으로 요철을 조정하고 상벌 칠의 마무리가 좋게 되도록 도장하는 것을 말한다.

072

건물의 외장용 도료로 가장 적합하지 않은 것은?

① 유성페인트 ② 수성페인트
③ 페놀수지 도료 ④ 유성바니시

해설

유성바니시는 니스라고도 부르며 건조가 느리고 내후성이 작아서 건물의 외장용 도료로는 적합하지 않다.
유성바니시는 투명도료로서 내부용 목재의 도료로 주로 사용된다.

073

염화비닐과 질산비닐을 주원료로 하여 석면, 펄프 등을 충전제로 하고 안료를 혼합하여 롤러로 성형 가공한 것으로 폭 90[cm], 두께 2.5[mm] 이하의 두루마리형으로 되어 있는 것은?

① 염화비닐 타일 ② 아스팔트 타일
③ 폴리스티렌 타일 ④ 비닐 시트

해설

비닐 시트(비닐 장판)는 모노륨, 골드륨 등으로 시판되는 바닥재이다.

관련개념

아스팔트 타일	아스팔트와 석면을 주재료로 하여 만든 암색 타일이었으나, 쿠마론·인덴 수지의 출현으로 밝은 색상의 타일이 시판되고 있다.
염화비닐 타일	염화비닐에 가소제를 넣어 연질로 만들고, 석분, 석면, 코르크 가루 등과 안료를 혼합한 뒤 가열함과 동시에 롤러로 압연 성형하여 제조한 것이다.
폴리스티렌 타일	폴리스티렌 수지에 진충제와 안료를 섞어 열압 성형한 모자이크 타일로, 형이 많고 색채가 아름답다.

| 정답 | 070 ② 071 ④ 072 ④ 073 ④

074

콘크리트용 골재의 요구성능에 관한 설명으로 옳지 않은 것은?

① 골재의 강도는 경화한 시멘트페이스트 강도보다 클 것
② 골재의 표면은 매끄러울 것
③ 골재의 입형이 둥글고 입도가 고를 것
④ 먼지 또는 유기불순물을 포함하지 않을 것

해설

골재의 표면은 거칠어서 부착성능이 좋은 표면조직을 가져야 한다.

관련개념 **콘크리트용 골재의 요구성능**

- 깨끗하고, 유해물을 유해량 이상으로 포함하지 않아야 한다.
- 물리적, 화학적으로 안정하고 내구성이 커야 한다.
- 단단하고 강하며 내마모성이 있어야 한다.
- 모양이 입방체 또는 구형에 가깝고, 부착이 좋은 표면조직을 가져야 한다.
- 입도가 좋고, 소요의 중량을 가져야 한다.
- 내화적인 콘크리트를 만들 때 그에 적합한 성질을 가져야 한다.

075

각종 석재에 대한 설명으로 옳지 않은 것은?

① 대리석은 강도가 매우 높지만 내화성이 낮고 풍화되기 쉬우며 산에 약하기 때문에 실외용으로 적합하지 않다.
② 점판암은 박판으로 채취할 수 있으므로 슬레이트로서 지붕 등에 사용된다.
③ 화강암은 견고하고 대형재를 생산할 수 있으며 외장재로 사용이 가능하다.
④ 응회암은 화성암의 일종으로 내화벽 또는 구조재 등에 쓰인다.

해설

응회암은 화산에서 분출된 화산재, 모래, 자갈 등이 굳어진 것으로 다공질이다. 응회암은 구조재로는 적합하지 못하고 경량골재, 내화재, 모양에 따라 특수 장식재로 쓰인다.

076

보통포틀랜드시멘트의 비중에 관한 설명으로 옳지 않은 것은?

① 동일한 시멘트의 경우에 풍화한 것일수록 비중이 작아진다.
② 일반적으로 3.15 정도이다.
③ 르샤틀리에의 비중병으로 측정된다.
④ 소성온도와 상관없이 일정하며, 제조 직후의 값이 가장 작다.

해설

시멘트의 비중은 소성온도에 따라 다르고, 풍화 정도의 척도가 된다.

관련개념 **비중이 작아지는 조건**

- 저장기간이 길어질 때
- 대기 중의 수분이나 탄산가스를 흡수하여 풍화할 때
- 클링커의 불충분한 소성
- 혼합물이나 혼화재료를 함유할 때

077

목재의 방부제 처리법 중 가장 침투깊이가 깊어 방부효과가 크고 내구성이 양호한 것은?

① 침지법　　② 도포법
③ 가압주입법　　④ 상압주입법

해설

주입법은 방부제의 침투 깊이가 깊고 균일하며, 흡수량도 많아 효과가 매우 크다. 그중에서도 상압주입보다는 압력용기에서 고압하여 방부제를 주입하는 가압주입법의 방부효과가 크다.

관련개념

- 도포법: 가장 간단한 방부처리방법으로, 솔 등으로 도포하는 방법이다. 방부가 용이하고 목재가공 후에도 도포가 가능하다.
- 침지법: 상온의 크레오소트 오일에 목재를 침지하는 방법이다.

| 정답 | 074 ② 075 ④ 076 ④ 077 ③

078

수밀콘크리트의 배합에 관한 설명으로 옳지 않은 것은?

① 배합은 콘크리트의 소요품질이 얻어지는 범위 내에서 단위수량 및 물결합재비를 가급적 작게 한다.
② 콘크리트의 소요 슬럼프는 가급적 크게 하고 210[mm] 이하가 되도록 한다.
③ 콘크리트의 워커빌리티를 개선시키기 위해 공기연행제, 공기연행감수제 또는 고성능 공기연행감수제를 사용하는 경우라도 공기량은 4[%] 이하가 되게 한다.
④ 물결합재비는 50[%] 이하를 표준으로 한다.

해설 **수밀콘크리트(Watertight Concrete)**

수밀콘크리트는 자체 밀도가 높고 흡수성이 작아서 방수성을 높이기 위하여 사용한다.

- 물–시멘트비는 50[%] 이하로 하고 된비빔, 진동다짐을 원칙으로 한다.
- 표면활성제인 AE제 또는 감수제를 사용한다.
- 투수의 원인인 시멘트 페이스트량을 적게 하고 굵은 골재량도 적게 한다.
- 3분 이상 혼합하고 슬럼프값은 18[cm] 이하(보통 15[cm] 이하)로 한다.
- 콘크리트 이음은 가급적 피한다.
- 시공 후 2주 이상 습윤상태를 유지하여 건조균열을 방지한다.
- 골재는 둥글고 양호한 것을 사용한다.
- 혼화제를 사용하며, 이때 공기량은 4[%] 정도 이하가 되게 한다.
- 배합은 콘크리트의 소요품질이 얻어지는 범위 내에서 단위 굵은 골재량을 가급적 크게 한다.
- 배합은 콘크리트의 소요품질이 얻어지는 범위 내에서 단위수량 및 물–시멘트비를 가급적 작게 한다.

079

흡음재료의 특성에 대한 설명으로 옳은 것은?

① 유공판재료는 재료 내부의 공기진동으로 고음역의 흡음효과를 발휘한다.
② 판상재료는 뒷면의 공기층에 강제진동으로 흡음효과를 발휘한다.
③ 다공질재료는 적당한 크기나 모양의 관통구멍을 일정 간격으로 설치하여 흡음효과를 발휘한다.
④ 유공판재료는 연질섬유판, 흡음텍스가 있다.

해설 **판상재료**

합판, 석고보드, 석면, 시멘트판 등의 배후에 공기층을 두고 패널로 그 주변만을 고정하면 음의 주파수가 계의 공명 주파수와 일치할 때 공명 진동하여 내부 마찰이나 지지부에서의 손실 등에 의해 흡음된다. 보통 저음의 흡음재로 사용된다.

관련개념

- 다공질재료: 무수히 많은 구멍이나 틈이 있는 것으로 유리면, 암면, 목모판, 코르크판, 글래스울, 발포수지재, 목모시멘트판, 뿜칠흡음재 등이 있다.
- 유공판재료: 인위적으로 재료에 구멍을 내어 소리를 흡수하는 것으로 재료로는 유공판, 단일공명기, 흡음재 등이 있다.

080

다음 접착제 중에서 내수성이 가장 강한 것은?

① 아교 ② 카세인
③ 실리콘수지 ④ 혈액알부민

해설

접착제 중 아교, 카세인, 혈액알부민 등은 내수성이 좋지 않은 편이다.

관련개념 **내수성의 크기**

실리콘 > 에폭시 > 페놀 > 멜라민 > 요소 > 아교

| 정답 | 078 ② 079 ② 080 ③

건설안전기술

081

다음은 산업안전보건법령에 따른 달비계를 설치하는 경우에 준수해야 할 사항이다. ( ) 안에 들어갈 내용으로 옳은 것은?

> 작업발판은 폭을 ( ) 이상으로 하고 틈새가 없도록 할 것

① 15[cm] ② 20[cm]
③ 40[cm] ④ 60[cm]

해설 **달비계 설치 시 준수사항**

- 달기 강선 및 달기 강대는 심하게 손상·변형 또는 부식된 것을 사용하지 않도록 할 것
- 달기 와이어로프, 달기 체인, 달기 강선, 달기 강대는 한쪽 끝을 비계의 보 등에, 다른 쪽 끝을 내민 보, 앵커볼트 또는 건축물의 보 등에 각각 풀리지 않도록 설치할 것
- 작업발판의 폭을 40[cm] 이상으로 하고 틈새가 없도록 할 것
- 작업발판의 재료는 뒤집히거나 떨어지지 않도록 비계의 보 등에 연결하거나 고정시킬 것
- 비계가 흔들리거나 뒤집히는 것을 방지하기 위하여 비계의 보·작업발판 등에 버팀을 설치하는 등 필요한 조치를 할 것
- 선반 비계에서는 보의 접속부 및 교차부를 철선·이음철물 등을 사용하여 확실하게 접속시키거나 단단하게 연결시킬 것

082

아파트의 외벽 도장 작업 시 추락방지를 위해 주로 수직 구명줄에 부착하여 사용하는 보호장구로 옳은 것은?

① 1개 걸이 전용 ② 추락방지대
③ 2개 걸이 전용 ④ U자 걸이 전용

해설 **추락방지대(떨어짐방지대)**

일명 '코브라 벨트'라고도 칭하며 수직 구명줄에 부착하여 주 로프 파단 시 근로자의 추락을 예방하기 위한 보호구이다.

083

개착식 흙막이벽의 계측내용에 해당되지 않는 것은?

① 경사측정 ② 지하수위 측정
③ 변형률 측정 ④ 내공변위 측정

해설

내공변위 측정은 터널 내 변위여부를 측정하기 위한 터널공사의 계측내용에 해당된다.

관련개념 **흙막이 가시설 계측기의 종류**

구분	목적
지표침하계	흙막이벽 배면에 설치하여 지표면의 침하량 측정
지중경사계	흙막이벽 배면에 설치하여 인접지반의 수평 변위량 측정
하중계	스트러트 및 어스앵커에 설치하여 축하중 측정, 부재의 안정성 여부 판단
간극수압계	굴착 및 성토에 의한 간극수압의 변화 측정
변형률계	스트러트, 띠장 등에 부착하여 굴착 시 구조물의 변형률 측정
지하수위계	굴착에 따른 지하수위의 변동 측정
지중침하계	토류벽 배면에 설치하여 지층의 침하상태 파악, 보강 대상과 범위의 침하량 예측

084

다음은 산업안전보건법령에 따른 작업장에서의 투하설비 등에 관한 사항이다. ( ) 안에 들어갈 내용으로 옳은 것은?

> 사업주는 높이 ( )[m] 이상인 장소로부터 물체를 투하하는 때에는 적당한 투하설비를 설치하거나 감시인을 배치하는 등 위험방지를 위하여 필요한 조치를 하여야 한다.

① 3[m] ② 5[m]
③ 10[m] ④ 31[m]

해설 **투하설비 등**

사업주는 높이가 3[m] 이상인 장소로부터 물체를 투하하는 경우 적당한 투하설비를 설치하거나 감시인을 배치하는 등 위험을 방지하기 위하여 필요한 조치를 하여야 한다.

| 정답 | 081 ③ 082 ② 083 ④ 084 ①

085

로프길이 2[m]의 안전대를 착용한 근로자가 추락으로 인한 부상을 당하지 않기 위한 지면으로부터 안전대 고정점까지의 높이(H)의 기준으로 옳은 것은? (단, 로프의 신율은 30[%], 근로자의 신장은 180[cm]이다.)

① H>1.5[m] ② H>2.5[m]
③ H>3.5[m] ④ H>4.5[m]

해설

최하사점(h) = 로프 길이 + (로프 길이×로프 신율) + 작업자 키의 $\frac{1}{2}$

= 2 + (2×0.3) + 0.9 = 3.5[m]

따라서 H>h이므로 H>3.5[m]이다.

086

추락의 위험이 있는 개구부에 대한 방호조치와 거리가 먼 것은?

① 안전난간, 울타리, 수직형 추락방망 등으로 방호조치를 한다.
② 충분한 강도를 가진 구조의 덮개를 뒤집히거나 떨어지지 않도록 설치한다.
③ 어두운 장소에서도 식별이 가능한 개구부 주의 표지를 부착한다.
④ 폭 30[cm] 이상의 발판을 설치한다.

해설

발판의 설치는 개구부에서의 추락을 방지하기 위한 방호조치와 거리가 멀다.

관련개념 **개구부 등의 방호조치**

사업주는 작업발판 및 통로의 끝이나 개구부로서 근로자가 추락할 위험이 있는 장소에는 안전난간, 울타리, 수직형 추락방망 또는 덮개 등의 방호조치를 충분한 강도를 가진 구조로 튼튼하게 설치하여야 하며, 덮개를 설치하는 경우에는 뒤집히거나 떨어지지 않도록 설치하여야 한다.

이 경우 어두운 장소에서도 알아볼 수 있도록 개구부임을 표시하여야 한다.

087

철골 건립기계 선정 시 사전 검토사항과 가장 거리가 먼 것은?

① 입지조건 ② 인양물 종류
③ 건물형태 ④ 작업반경

해설 **건립기계 선정 시 검토사항**

- 입지조건
- 소음의 영향
- 인양하중
- 건물의 형태
- 작업반경

088

강관비계(외줄 · 쌍줄 및 돌출비계)의 벽이음 및 버팀 설치에 관한 기준으로 옳은 것은?

① 인장재와 압축재와의 간격은 70[cm] 이내로 할 것
② 단관비계의 수직방향 조립간격은 7[m] 이하로 할 것
③ 틀비계의 수평방향 조립간격은 10[m] 이하로 할 것
④ 강관 · 통나무 등의 재료를 사용하여 견고한 것으로 할 것

해설

강관비계(외줄 · 쌍줄 및 돌출비계)의 벽이음 및 버팀 설치 시 강관 및 목재 등을 사용하여 견고히 고정하여야 한다.

관련개념 **벽이음 및 버팀 설치기준(외줄 · 쌍줄 · 돌출비계)**

- 강관비계의 조립 간격은 다음의 기준에 적합하도록 할 것

강관비계의 종류	조립간격[m]	
	수직방향	수평방향
단관비계	5	5
틀비계(높이 5[m] 미만인 것 제외)	6	8

- 강관 · 통나무 등의 재료를 사용하여 견고한 것으로 할 것
- 인장재와 압축재로 구성된 경우 인장재와 압축재의 간격을 1[m] 이내로 할 것

| 정답 | 085 ③ 086 ④ 087 ② 088 ④

089

표준관입시험에서 30[cm] 관입에 필요한 타격회수(N)가 50 이상일 때 모래의 상대밀도는 어떤 상태인가?

① 몹시 느슨하다. ② 느슨하다.
③ 보통이다. ④ 대단히 조밀하다.

해설 **지반 상태에 따른 표준관입시험 타격횟수**

모래 지반		점토 지반	
N값	상대밀도	N값	상대밀도
0~4	매우 느슨	0~2	매우 연약
4~10	느슨	2~4	연약
10~30	보통	4~8	보통
30~50	조밀	8~15	견고
50 이상	매우 조밀	15~30	매우 견고

090

건립 중 강풍에 의한 풍압 등 외압에 대한 내력이 설계에 고려되었는지 확인하여야 하는 철골구조물이 아닌 것은?

① 높이 20[m] 이상인 구조물
② 폭과 높이의 비가 1:4 이상인 구조물
③ 연면적당 철골량이 60[kg/m^2] 이상인 구조물
④ 이음부가 현장용접인 구조물

해설 **외압에 대한 내력이 설계에 고려되었는지 확인하여야 하는 철골구조물**

- 높이 20[m] 이상의 구조물
- 구조물의 폭과 높이의 비가 1 : 4 이상인 구조물
- 단면구조에 현저한 차이가 있는 구조물
- 연면적당 철골량이 50[kg/m^2] 이하인 구조물
- 기둥이 타이플레이트형인 구조물
- 이음부가 현장용접인 구조물

091

작업으로 인하여 물체가 떨어지거나 날아올 위험이 있는 경우 필요한 조치와 가장 거리가 먼 것은?

① 투하설비 설치 ② 낙하물 방지망 설치
③ 수직보호망 설치 ④ 출입금지구역 설정

해설

사업주는 작업으로 인하여 물체가 떨어지거나 날아올 위험이 있는 경우 낙하물 방지망, 수직보호망 또는 방호선반의 설치, 출입금지구역의 설정, 보호구의 착용 등 위험을 방지하기 위하여 필요한 조치를 하여야 한다.

092

인접구조물보다 깊은 위치에 근접하여 지하구조물을 건설할 경우에 인접건물의 기초 등을 보호하기 위해 실시하는 기초 보강공법은?

① 어스앵커공법 ② 언더피닝공법
③ C.I.P 공법 ④ 지하연속벽공법

해설 **언더피닝(Under Pinning)공법**

기존건물 가까이에 건축공사를 할 때 기존(인접)건물의 지반과 기초를 보강하는 방법이다.

| 정답 | 089 ④ 090 ③ 091 ① 092 ②

093

양중기에 사용하는 와이어로프 중 화물의 하중을 직접 지지하는 달기와이어로프 또는 달기체인의 안전계수 기준은?

① 3 이상 ② 4 이상
③ 5 이상 ④ 10 이상

해설 **달기구의 안전계수**

- 근로자가 탑승하는 운반구를 지지하는 달기와이어로프 및 달기체인: 10 이상
- 화물의 하중을 직접 지지하는 달기와이어로프 또는 달기체인: 5 이상
- 훅, 샤클, 클램프, 리프팅 빔: 3 이상
- 그 밖의 경우: 4 이상

094

그물코 크기가 가로, 세로 각각 10[cm]인 매듭방망사의 신품에 대해 등속 인장시험을 하였을 경우 그 강도가 최소 얼마 이상이어야 하는가?

① 150[kg] ② 200[kg]
③ 220[kg] ④ 240[kg]

해설 **방망사의 인장강도[( )는 폐기기준]**

그물코의 크기[cm]	방망의 종류[kg]	
	매듭없는 방망	매듭방망
10	240(150)	200(135)
5	–	110(60)

095

차량계 건설기계가 넘어지거나 굴러 떨어짐 등을 방지하기 위한 조치와 거리가 먼 것은?

① 차체에 견고한 헤드가드를 갖춘다.
② 지반의 부동침하를 방지한다.
③ 갓길의 붕괴를 방지한다.
④ 충분한 도로의 폭을 유지한다.

해설

사업주는 차량계 건설기계를 사용하는 작업을 할 때에 그 기계가 넘어지거나 굴러 떨어짐으로써 근로자가 위험해질 우려가 있는 경우에는 유도하는 사람을 배치하고 지반의 부동침하 방지, 갓길의 붕괴 방지 및 도로 폭의 유지 등 필요한 조치를 하여야 한다.

096

항타기 및 항발기의 권상용 와이어로프의 사용금지기준에 해당되지 않는 것은?

① 와이어로프의 한 꼬임에서 끊어진 소선의 수가 8[%]인 것
② 지름의 감소가 공칭지름의 7[%]를 초과하는 것
③ 심하게 변형되거나 부식된 것
④ 이음매가 있는 것

해설 **와이어로프의 사용금지기준**

- 이음매가 있는 것
- 와이어로프의 한 꼬임에서 끊어진 소선의 수가 10[%] 이상인 것
- 지름의 감소가 공칭지름의 7[%]를 초과하는 것
- 꼬인 것
- 심하게 변형되거나 부식된 것
- 열과 전기충격에 의해 손상된 것

| 정답 | 093 ③ 094 ② 095 ① 096 ①

2022년 4회

097

이동식비계를 조립하여 사용할 때 작업발판의 최대적재하중은 몇 [kg]인가?

① 200 ② 250
③ 300 ④ 350

해설
이동식비계 작업발판의 최대적재하중은 250[kg]을 초과하지 않아야 한다.

관련개념 **이동식비계 작업 시 준수사항**

- 이동식비계의 바퀴에는 뜻밖의 갑작스러운 이동 또는 전도를 방지하기 위하여 브레이크·쐐기 등으로 바퀴를 고정시킨 다음 비계의 일부를 견고한 시설물에 고정하거나 아웃트리거를 설치하는 등 필요한 조치를 할 것
- 승강용사다리는 견고하게 설치할 것
- 비계의 최상부에서 작업을 하는 경우에는 안전난간을 설치할 것
- 작업발판은 항상 수평을 유지하고 작업발판 위에서 안전난간을 딛고 작업을 하거나 받침대 또는 사다리를 사용하여 작업하지 않도록 할 것
- 작업발판의 최대적재하중은 250[kg]을 초과하지 않도록 할 것

098

다음은 강관비계의 구조에 관한 사항이다. (　　) 안에 들어갈 내용을 순서대로 옳게 나열한 것은?

> 띠장 간격은 (　　) 이하로 하고, 비계기둥의 제일 윗부분으로부터 31[m] 되는 지점 밑부분의 비계기둥은 (　　)의 강관으로 묶어 세울 것

① 1.5[m], 2개 ② 1.5[m], 3개
③ 2.0[m], 2개 ④ 2.0[m], 3개

해설 **강관비계의 구조**

- 비계기둥의 간격은 띠장 방향에서는 1.85[m] 이하, 장선 방향에서는 1.5[m] 이하로 할 것
- 띠장 간격은 2[m] 이하로 할 것
- 비계기둥의 제일 윗부분으로부터 31[m] 되는 지점 밑부분의 비계기둥은 2개의 강관으로 묶어 세울 것
- 비계기둥 간의 적재하중은 400[kg]을 초과하지 않도록 할 것

099

운반작업 시 주의사항으로 옳지 않은 것은?

① 단독으로 긴 물건을 어깨에 메고 운반할 때에는 뒤쪽을 위로 올린 상태로 운반한다.
② 운반 시의 시선은 진행방향을 향하고 뒷걸음 운반을 하여서는 안 된다.
③ 무거운 물건을 운반할 때 무게 중심이 높은 하물은 인력으로 운반하지 않는다.
④ 어깨 높이보다 높은 위치에서 하물을 들고 운반하여서는 안 된다.

해설
길이가 긴 장척물을 운반할 때에는 하물 앞부분 끝을 근로자 신장보다 약간 높게 하여 모서리, 곡선 등에 충돌하지 않도록 주의하여야 한다.

100

가설통로의 설치에 관한 기준으로 옳지 않은 것은?

① 일반적으로 경사는 30° 이하로 한다.
② 건설공사에 사용하는 높이 8[m] 이상의 비계다리에는 7[m] 이내마다 계단참을 설치하여야 한다.
③ 작업상 부득이한 때에는 필요한 부분에 한하여 안전난간을 임시로 해체할 수 있다.
④ 수직갱에 가설된 통로의 길이가 10[m] 이상인 때에는 5[m] 이내마다 계단참을 설치하여야 한다.

해설 **가설통로 설치 시 준수사항**

- 견고한 구조로 할 것
- 경사는 30° 이하로 할 것. 다만, 계단을 설치하거나 높이 2[m] 미만의 가설통로로서 튼튼한 손잡이를 설치한 경우에는 그러하지 아니하다.
- 경사가 15°를 초과하는 경우에는 미끄러지지 아니하는 구조로 할 것
- 추락할 위험이 있는 장소에는 안전난간을 설치할 것. 다만, 작업상 부득이한 경우에는 필요한 부분만 임시로 해체할 수 있다.
- 수직갱에 가설된 통로의 길이가 15[m] 이상인 경우에는 10[m] 이내마다 계단참을 설치할 것
- 건설공사에 사용하는 높이 8[m] 이상인 비계다리에는 7[m] 이내마다 계단참을 설치할 것

| 정답 | 097 ② 098 ③ 099 ① 100 ④

내를 건너서 숲으로
고개를 넘어서 마을로

어제도 가고 오늘도 갈
나의 길 새로운 길

– 윤동주, '새로운 길'

2021년 1회 | CBT 복원문제

자동 채점

산업안전관리론

001

산업안전보건법령상 안전보건표지 중 색채와 색도기준의 연결이 옳은 것은?

① 흰색: N0.5　　② 녹색: 5G 5.5/6
③ 빨간색: 5R 4/12　　④ 파란색: 2.5PB 4/10

해설 **안전보건표지의 색도기준 및 용도**

색채	색도기준	용도	사용 예
빨간색	7.5R 4/14	금지	정지신호, 소화설비 및 그 장소, 유해행위의 금지
		경고	화학물질 취급장소에서의 유해·위험 경고
노란색	5Y 8.5/12	경고	화학물질 취급장소에서의 유해·위험 경고 이외의 위험경고, 주의표지 또는 기계방호물
파란색	2.5PB 4/10	지시	특정 행위의 지시 및 사실의 고지
녹색	2.5G 4/10	안내	비상구 및 피난소, 사람 또는 차량의 통행표지
흰색	N9.5		파란색 또는 녹색에 대한 보조색
검은색	N0.5		문자 및 빨간색 또는 노란색에 대한 보조색

002

위험예지훈련 4R 방식 중 위험 포인트를 결정하여 지적 확인하는 단계로 옳은 것은?

① 1단계(현상파악)　　② 2단계(본질추구)
③ 3단계(대책수립)　　④ 4단계(목표설정)

해설 **위험예지훈련 4라운드**

1라운드	현상파악	위험요인을 식별하는 단계
2라운드	본질추구	위험요인·문제점 발견 및 위험의 포인트를 결정하고 지적 확인하는 단계
3라운드	대책수립	위험요인을 극복하기 위한 대안 제시 단계
4라운드	목표설정	행동목표를 설정하는 단계

003

버드(Frank Bird)의 새로운 도미노 이론으로 연결이 옳은 것은?

① 제어의 부족 → 기본원인 → 직접원인 → 사고 → 상해
② 관리구조 → 작전적 에러 → 전술적 에러 → 사고 → 상해
③ 유전과 환경 → 인간의 결함 → 불안전한 행동 및 상태 → 재해 → 상해
④ 유전적 요인 및 사회적 환경 → 개인적 결함 → 불안전한 행동 및 상태 → 사고 → 상해

해설 **버드의 연쇄성이론**

- 제1단계: 통제부족, 관리소홀
- 제2단계: 기본원인(근본원인)
- 제3단계: 직접원인(불안전한 상태 및 불안전한 행동)
- 제4단계: 사고(접촉)
- 제5단계: 상해(손해, 손실)

004

산업안전보건기준에 관한 규칙에 따른 고소작업대를 사용하여 작업을 할 때 작업시작 전 점검사항에 해당하지 않는 것은?

① 작업면의 기울기 또는 요철 유무
② 아웃트리거 또는 바퀴의 이상 유무
③ 충전장치를 포함한 홀더 등의 결합상태의 이상 유무
④ 비상정지장치 및 비상하강 방지장치 기능의 이상 유무

해설

③은 구내운반차의 작업시작 전 점검사항이다.

관련개념 **고소작업대의 작업시작 전 점검사항**

- 비상정지장치 및 비상하강 방지장치 기능의 이상 유무
- 과부하방지장치의 작동 유무(와이어로프 또는 체인구동방식의 경우)
- 아웃트리거 또는 바퀴의 이상 유무
- 작업면의 기울기 또는 요철 유무
- 활선작업용 장치의 경우 홈·균열·파손 등 그 밖의 손상 유무

| 정답 | 001 ④　002 ②　003 ①　004 ③

005

산업재해의 발생빈도를 나타내는 것으로 연간 총 근로시간 합계 100만 시간당 재해발생 건수에 해당하는 것은?

① 도수율 ② 강도율
③ 연천인율 ④ 종합재해지수

해설 **도수율, 빈도율(FR; Frequency Rate of Injury)**
연 근로시간 합계 100만 시간당 재해발생 건수이다.

관련개념
강도율(SR; Severity Rate of Injury)
근로시간 합계 1,000시간당 재해로 인한 근로손실일수이다.
연천인율
근로자 1,000명당 연간 발생하는 재해자수이다.
종합재해지수(FSI; Frequency Severity Indicator)
재해 빈도의 다소와 상해 정도의 강약을 종합하여 나타내는 방식으로 직장과 기업의 성적지표로 사용한다.

006

다음 중 재해사례의 연구의 진행단계에 있어 제3단계인 "근본적 문제점의 결정에 관한 사항"으로 가장 적합한 것은?

① 사례 연구의 전제조건으로서 발생일시 및 장소 등 재해 상황의 주된 항목에 관해서 파악한다.
② 파악된 사실로부터 판단하여 관계법규, 사내규정 등을 적용하여 문제점을 발견한다.
③ 재해가 발생할 때까지의 경과 중 재해와 관계가 있는 사실 및 재해요인으로 알려진 사실을 객관적으로 확인한다.
④ 재해의 중심이 된 문제점에 관하여 어떤 관리적 책임의 결함이 있는지를 여러 가지 안전보건의 키(key)에 대하여 분석한다.

해설
①은 '재해 상황의 파악', ②는 '문제점 발견', ③은 '사실의 확인' 단계에 해당한다.

관련개념 **재해사례 연구순서**
- 전제조건: 재해 상황의 파악
- 제1단계: 사실의 확인
- 제2단계: 문제점 발견
- 제3단계: 근본적 문제점 결정
- 제4단계: 대책수립

007

재해예방의 4원칙에 해당하지 않는 것은?

① 예방가능의 원칙 ② 손실우연의 원칙
③ 원인계기의 원칙 ④ 선취해결의 원칙

해설 **재해예방의 4원칙**

손실우연의 원칙	사고에 의해서 생기는 상해의 종류 및 정도는 우연적이라는 원칙
예방가능의 원칙	재해는 원칙적으로 예방이 가능하다는 원칙
원인계기의 원칙 (원인연계의 원칙)	재해의 발생은 직접원인으로만 일어나는 것이 아니라 간접원인이 연계되어 일어난다는 원칙
대책선정의 원칙	원인의 정확한 분석에 의해 가장 타당한 재해예방 대책이 선정되어야 한다는 원칙

008

다음 중 산업안전보건법에서 정의한 용어에 대한 설명으로 틀린 것은?

① "사업주"란 근로자를 사용하여 사업을 하는 자를 말한다.
② "근로자대표"란 근로자와 사업주로 조직된 노동조합이 있는 경우에는 그 노동조합을, 근로자와 사업주로 조직된 노동조합이 없는 경우에는 사업주가 지정한 근로자를 대표하는 자를 말한다.
③ "작업환경측정"이란 작업환경 실태를 파악하기 위하여 해당 근로자 또는 작업장에 대하여 사업주가 유해인자에 대한 측정계획을 수립한 후 시료(試料)를 채취하고 분석·평가하는 것을 말한다.
④ "산업재해"란 노무를 제공하는 사람이 업무에 관계되는 건설물·설비·원재료·가스·증기·분진 등에 의하거나 작업 또는 그 밖의 업무로 인하여 사망 또는 부상하거나 질병에 걸리는 것을 말한다.

해설
"근로자대표"란 근로자의 과반수로 조직된 노동조합이 있는 경우에는 그 노동조합을, 과반수로 조직된 노동조합이 없는 경우에는 근로자의 과반수를 대표하는 자를 말한다.

| 정답 | 005 ① 006 ④ 007 ④ 008 ②

009

안전관리의 수준을 평가할 때 사고가 일어나는 시점을 전후하여 평가를 한다. 다음 중 사고가 일어나기 전의 수준을 평가하는 사전 평가활동에 해당하는 것은?

① 재해율 통계 ② 안전활동률 관리
③ 재해손실 비용 산정 ④ Safe-T-Score 산정

해설

재해율 통계 및 재해손실 비용 산정, Safe-T-Score 산정 등은 사후평가 방식에 해당된다.

관련개념 **안전활동률**

사고가 일어나기 전의 수준을 평가하는 사전 평가활동을 안전활동률이라 하며 100만 시간당 안전활동의 건수를 말한다.

$$\text{안전활동률} = \frac{\text{안전활동건수}}{\text{연 근로시간 수} \times \text{평균근로자수}} \times 1{,}000{,}000$$

010

하인리히(H. W. Heinrich)의 사고 발생 연쇄성 이론에서 "직접원인"은 아담스(E. Adams)의 사고 발생 연쇄성 이론의 무엇과 일치하는가?

① 작전적 에러 ② 전술적 에러
③ 유전적 요소 ④ 사회적 환경

해설 **하인리히-아담스 사고 연쇄성 이론 비교**

구분	하인리히	아담스
1단계	사회적 환경과 유전적 요소	관리구조 결함
2단계	개인적 결함	작전적 에러
3단계	불안전 상태 및 행동	전술적 에러
4단계	사고	사고
5단계	재해	상해

하인리히의 도미노 이론(사고발생의 연쇄성)에서 직접원인은 '불안전 상태 및 행동'으로 이는 아담스의 재해연쇄이론에서 '전술적 에러'에 해당한다.

011

다음 중 시설물의 안전관리에 관한 특별법령상 제시된 등급별 정기점검의 실시 시기로 틀린 것은?

① A 등급인 경우 반기에 1회 이상이다.
② B 등급인 경우 반기에 1회 이상이다.
③ C 등급인 경우 1년에 3회 이상이다.
④ D 등급인 경우 1년에 3회 이상이다.

해설 **안전점검, 정밀안전진단 및 성능평가의 실시시기**

안전등급	정기안전점검	정밀안전점검		정밀안전진단	성능평가
		건축물	건축물 외 시설물		
A등급	반기에 1회 이상	4년에 1회 이상	3년에 1회 이상	6년에 1회 이상	5년에 1회 이상
B·C 등급	반기에 1회 이상	3년에 1회 이상	2년에 1회 이상	5년에 1회 이상	5년에 1회 이상
D·E 등급	1년에 3회 이상	2년에 1회 이상	1년에 1회 이상	4년에 1회 이상	5년에 1회 이상

012

다음 중 안전관리조직의 구비조건으로 가장 적합하지 않은 것은?

① 생산라인이나 현장과는 엄격히 분리된 조직이어야 한다.
② 회사의 특성과 규모에 부합되게 조직되어야 한다.
③ 조직을 구성하는 관리자의 책임과 권한이 분명해야 한다.
④ 조직의 기능을 충분히 발휘할 수 있도록 제도적 체계가 갖추어져야 한다.

해설

안전관리조직은 생산라인이나 현장과 밀착되어야 운영의 효율성을 극대화 할 수 있다.

관련개념 **안전관리조직의 구비조건**

- 회사의 특성과 규모에 부합되게 조직화 될 것
- 조직의 기능이 충분히 발휘될 수 있는 제도적 체계를 갖출 것
- 조직을 구성하는 관리자의 책임과 권한을 분명히 할 것
- 생산라인과 밀착된 조직이 될 것

| 정답 | 009 ② 010 ② 011 ③ 012 ①

013

다음 중 산업현장에서 산업재해가 발생하였을 때의 조치사항을 가장 올바른 순서대로 나열한 것은?

㉠ 현장보존	㉡ 피해자의 구조
㉢ 2차 재해방지	㉣ 피재기계의 정지
㉤ 관계자에게 통보	㉥ 피해자의 응급조치

① ㉡ → ㉢ → ㉤ → ㉣ → ㉥ → ㉠
② ㉣ → ㉡ → ㉥ → ㉤ → ㉢ → ㉠
③ ㉣ → ㉤ → ㉢ → ㉡ → ㉥ → ㉠
④ ㉤ → ㉢ → ㉣ → ㉡ → ㉥ → ㉠

해설 **재해발생 시 긴급처리 순서**

- 1단계: 피재기계의 정지 및 피해확산방지
- 2단계: 피해자 응급조치(재해자의 구조)
- 3단계: 관계자에게 통보
- 4단계: 2차 재해방지
- 5단계: 현장보존

014

위험예지훈련 진행방법 중 "대책수립"은 몇 라운드에 해당되는가?

① 제1라운드　② 제2라운드
③ 제3라운드　④ 제4라운드

해설 **위험예지훈련 4라운드**

1라운드	현상파악	위험요인을 식별하는 단계
2라운드	본질추구	위험요인·문제점 발견 및 위험의 포인트를 결정하고 지적 확인하는 단계
3라운드	대책수립	위험요인을 극복하기 위한 대안 제시 단계
4라운드	목표설정	행동목표를 설정하는 단계

015

다음 중 재해방지를 위한 대책선정 시 안전대책에 해당하지 않는 것은?

① 경제적 대책　② 기술적 대책
③ 교육적 대책　④ 관리적 대책

해설

재해방지를 위한 대책선정 시 교육적, 기술적, 관리적 대책에 근거하여 안전대책을 수립한다.

관련개념 **하베이(J·H. Harvey)의 안전관리 이론**

- 안전사고를 예방하기 위해서는 3E의 조치가 균형을 이루어 안전관리에 적용되어야 한다고 주장했다.
- 3E
  - 안전교육(Education)
  - 안전기술(Engineering)
  - 안전관리(Enforcement): 강제, 관리, 규제, 감독 필요

016

다음 중 안전보건관리규정의 작성 시 유의사항으로 틀린 것은?

① 규정된 기준은 법정기준을 상회하여서는 안 된다.
② 관리자의 직무와 권한에 대한 부분은 명확하게 한다.
③ 작성 또는 개정 시 현장의 의견을 충분히 반영시킨다.
④ 정상 및 이상 시의 사고발생에 대한 조치사항을 포함시킨다.

해설

안전보건관리규정에 포함된 안전보건기준은 법령을 상회하도록 작성, 운영하여야 한다.

관련개념 **안전보건관리규정의 포함사항**

- 안전 및 보건에 관한 관리조직과 그 직무에 관한 사항
- 안전보건교육에 관한 사항
- 작업장의 안전 및 보건 관리에 관한 사항
- 사고 조사 및 대책 수립에 관한 사항
- 그 밖에 안전 및 보건에 관한 사항

| 정답 | 013 ② 014 ③ 015 ① 016 ①

017

재해의 발생원인을 기술적 원인, 관리적 원인, 교육적 원인으로 구분할 때 다음 중 기술적 원인과 가장 거리가 먼 것은?

① 생산 공정의 부적절
② 구조, 재료의 부적합
③ 안전장치의 기능 제거
④ 건설, 설비의 설계 불량

해설

'안전장치의 기능 제거'는 안전수칙의 오해 등 교육적 부족으로 인해 발생되는 간접원인에 해당된다.

관련개념 **재해의 발생원인(간접원인)**

기술적 원인	• 건물 · 기계 등의 설계불량 • 구조 · 재료의 부적합	• 생산공정의 부적당 • 점검 및 보존 불량
교육적 원인	• 안전지식 및 경험의 부족 • 경험 훈련의 미숙 • 유해위험 작업의 교육 불충분	• 작업방법의 교육 불충분 • 안전수칙의 오해
관리적 원인	• 안전관리조직 결함 • 작업준비 불충분 • 안전수칙 미제정	• 작업지시 부적당 • 인원배치(적정배치) 부적당 • 작업기준의 불명확

018

다음 중 산업안전보건법령상 안전인증대상의 안전화 종류에 해당하지 않는 것은?

① 경화안전화　　② 발등안전화
③ 정전기안전화　　④ 화학물질용안전화

해설 **안전인증대상 안전화의 종류 및 구분**

종류	성능구분
가죽제 안전화	물체의 낙하, 충격 또는 날카로운 물체에 의한 찔림 위험으로부터 발을 보호하기 위한 것
고무제 안전화	물체의 낙하, 충격 또는 날카로운 물체에 의한 찔림 위험으로부터 발을 보호하고 내수성을 겸한 것
정전기 안전화	물체의 낙하, 충격 또는 날카로운 물체에 의한 찔림 위험으로부터 발을 보호하고 아울러 정전기의 인체대전을 방지하기 위한 것
발등 안전화	물체의 낙하, 충격 또는 날카로운 물체에 의한 찔림 위험으로부터 발 및 발등을 보호하기 위한 것
절연화	물체의 낙하, 충격 또는 날카로운 물체에 의한 찔림 위험으로부터 발을 보호하고 아울러 저압의 전기에 의한 감전을 방지하기 위한 것
절연장화	고압에 의한 감전을 방지 및 방수를 겸한 것
화학물질용 안전화	물체의 낙하, 충격 또는 날카로운 물체에 의한 찔림 위험으로부터 발을 보호하고 화학물질로부터 유해위험을 방지하기 위한 것

019

재해 코스트 계산방식에 있어 시몬즈를 사용할 경우 비보험 코스트의 항목으로 틀린 사항은? (단, A, B, C, D는 장애 정도별 비보험 코스트의 평균치를 의미한다.)

① A×휴업상해건수　　② B×통원상해건수
③ C×응급조치건수　　④ D×중상해건수

해설

시몬즈 방식의 재해 코스트에서 중상해는 비보험 코스트로 고려하지 않는다.

관련개념 **시몬즈의 재해 코스트**

재해 코스트 = 보험비용 + 비보험비용
　= 보험비용 + (A×휴업상해건수 + B×통원상해건수
　+ C×응급조치건수 + D×무상해사고건수)

| 정답 | 017 ③　018 ①　019 ④

020

다음과 같은 재해의 원인분석을 올바르게 나열한 것은?

> 근로자가 운반 작업을 하던 도중에 2층 계단에서 미끄러져 계단을 굴러 떨어져 바닥에 머리를 다쳤다.

① 가해물: 계단, 기인물: 바닥, 재해형태: 떨어짐
② 가해물: 바닥, 기인물: 계단, 재해형태: 맞음
③ 가해물: 짐, 기인물: 계단, 재해형태: 맞음
④ 가해물: 바닥, 기인물: 계단, 재해형태: 넘어짐

해설

재해발생의 주 원인은 계단(기인물)이고, 직접적인 피해를 준 물체는 바닥(가해물)이다. 사고 유형은 넘어짐(경사면, 층계 등에서 구르거나 넘어짐)이다.

관련개념 **기인물과 가해물**

- 기인물: 재해발생의 주 원인이며 재해를 가져오게 한 근원이 되는 기계, 장치, 물질 또는 환경 등(불안전한 상태)
- 가해물: 직접 사람에게 접촉하여 피해를 주는 기계, 장치, 물질 또는 환경 등

인간공학 및 시스템안전공학

021

세발자전거에서 각 바퀴의 신뢰도가 0.9일 때 이 자전거의 신뢰도는 얼마인가?

① 0.729 ② 0.810
③ 0.891 ④ 0.999

해설

세발자전거가 정상적으로 작동하려면 모든 바퀴가 정상적으로 작동하여야 한다.

자전거의 신뢰도 $=0.9\times0.9\times0.9=0.729$

022

다음 중 위험을 통제하는 데 있어 취해야 할 첫 단계 조사는?

① 작업원을 선발하여 훈련한다.
② 덮개나 격리 등으로 위험을 방호한다.
③ 설계 및 공정계획 시에 위험을 제거하도록 한다.
④ 점검과 필요한 안전보호구를 사용하도록 한다.

해설

위험을 사전에 예방하는 첫 번째 단계는 설계 및 공정계획 단계에서 위험 요소를 식별하고 제거하는 것이다.

| 정답 | 020 ④ 021 ① 022 ③

023

다음 중 음(音)의 크기를 나타내는 단위로만 나열된 것은?

① [dB], [nit]　　② [phon], [lb]
③ [dB], [psi]　　④ [phon], [dB]

해설

[phon]은 인간이 느끼는 주관적인 소리의 크기를, [dB]은 물리적인 음압 레벨을 측정하는 단위이다.

관련개념

- [lb](파운드): 무게를 나타내는 단위이다.
- [nit]: 밝기를 측정하는 단위이다.
- [psi]: 압력을 나타내는 단위이다.

024

System 요소 간의 Link 중 인간 커뮤니케이션 Link에 해당되지 않는 것은?

① 방향성 Link　　② 통신계 Link
③ 시각 Link　　④ 컨트롤 Link

해설 **컨트롤 Link**

시스템 내에서 제어기능을 수행하는 링크로, 일반적으로 정보의 흐름을 조정하거나 관리하는 역할을 하며 인간 커뮤니케이션과는 거리가 멀다.

관련개념 **인간 커뮤니케이션 Link**

구분	내용
방향성 Link	커뮤니케이션에서 메시지나 정보의 전달방향을 나타내는 링크로, 인간 커뮤니케이션에서 중요한 요소이다.
통신계 Link	실제로 정보를 전달하는 네트워크나 시스템을 의미하며, 인간 사이의 커뮤니케이션을 위한 정보교환에 사용된다.
시각 Link	인간 커뮤니케이션에서 시각적 요소인 표정, 제스처, 글씨 등을 통해 이루어지는 커뮤니케이션으로, 인간의 인지적 측면과 관련이 있다.

025

1[cd]의 점광원에서 1[m] 떨어진 곳에서의 조도가 3[lux]이었다. 동일한 조건에서 5[m] 떨어진 곳에서의 조도는 약 몇 [lux]인가?

① 0.12　　② 0.22
③ 0.36　　④ 0.56

해설

조도는 거리의 제곱에 반비례하므로 5[m] 떨어진 곳의 조도를 x라 하면

$3:x=\frac{1}{1^2}:\frac{1}{5^2}$

$x=\frac{3}{5^2}=0.12$[lux]

| 정답 | 023 ④　024 ④　025 ①

026

FT도에서 사용되는 다음 기호의 의미로 옳은 것은?

① 결함사상 ② 기본사상
③ 통상사상 ④ 제외사상

해설 **논리기호 및 사상기호**

기호	명칭	설명
	기본사상	더 이상 전개할 수 없는 사건·사고(재해의 원인)
	생략사상	관리정보가 미비하여 계속될 수 없는 특정 초기사상
	통상사상	발생이 예상되는 사상
	결함사상	한 개 이상의 입력에 의해 발생된 고장사상
	전이기호	다른 게이트와의 연결
	억제 게이트	입력이 발생하기 전 특정 조건을 만족하면 출력이 발생
	OR 게이트	입력신호 중 하나 이상이 발생하면 출력이 발생(논리합)
	AND 게이트	입력신호가 모두 발생하면 출력이 발생(논리곱)

027

조종장치의 저항 중 갑작스런 속도의 변화를 막고 부드러운 제어동작을 유지하게 해주는 저항을 무엇이라 하는가?

① 점성저항 ② 관성저항
③ 마찰저항 ④ 탄성저항

해설 **저항의 종류**

점성저항	유체의 흐름에 저항하는 힘
관성저항	물체의 운동 상태를 유지하려는 성질
마찰저항	두 물체가 서로 접촉하여 움직일 때 발생하는 저항
탄성저항	물체가 변형된 후 원래의 상태로 돌아오려는 성질

028

다음 중 일반적인 수공구의 설계원칙으로 볼 수 없는 것은?

① 손목을 곧게 유지한다.
② 반복적인 손가락 동작을 피한다.
③ 사용이 용이한 검지만을 주로 사용한다.
④ 손잡이는 접촉면적을 가능하면 크게 한다.

해설

수공구는 손 전체의 사용을 고려하여 설계하여야 하며, 한 손가락에만 부담을 주는 설계는 비효율적이다.

관련개념 **수공구의 설계원칙**

- 손목은 곧게 유지되도록 설계한다.
- 손잡이는 접촉면을 가능하면 크게 한다.
- 반복적인 손가락 동작을 피하도록 설계한다.
- 조직에 가해지는 압력을 피하도록 설계한다.
- 정밀 작업용 수공구의 손잡이는 직경 5~12[mm]가 적당하다.
- 공구의 무게를 줄이고 사용 시 무게 균형이 유지되도록 한다.
- 힘을 요하는 수공구의 손잡이는 직경 50~60[mm]가 적당하다.
- 일반적으로 손잡이의 길이는 95[%] 남성의 손 폭을 기준으로 한다.
- 동력공구 손잡이는 두 손가락 이상으로 작동하도록 한다.

| 정답 | 026 ② 027 ① 028 ③

029

다음 중 위험 및 운전성 분석(HAZOP) 수행에 가장 좋은 시점은 어느 단계인가?

① 구상단계 ② 생산단계
③ 설치단계 ④ 개발단계

해설
개발단계는 설계 및 시스템 구성이 완료되기 전에 위험 요소를 미리 확인하고 운전성을 분석할 수 있는 적절한 시점으로 HAZOP 수행에 가장 좋은 시점이다.

관련개념 **시스템 수명주기**

단계	설명
구상단계	시스템의 필요성과 목표를 결정하는 단계
정의단계	시스템의 기능과 성능을 구체화하는 단계
개발단계	시스템이 구체적으로 설계되고, 기술적인 세부 사항이 결정되는 단계
생산단계	시스템을 개발하고 제조하는 단계
운전단계	시스템을 운영하고 유지하는 단계

030

성인이 하루에 섭취하는 음식물의 열량 중 일부는 생명을 유지하기 위한 신체기능에 소비되고, 나머지는 일을 한다거나 여가를 즐기는 데 사용될 수 있다. 이 중 생명을 유지하기 위한 최소한의 대사량을 무엇이라 하는가?

① BMR ② RMR
③ GSR ④ EMG

해설 BMR(Basal Metabolic Rate)
기초대사율을 의미하며 휴식 상태에서 아무 활동도 하지 않을 때 신체가 생명을 유지하기 위해 소모하는 최소한의 에너지양을 나타낸다. 생명 유지에 필요한 기본적인 기능들(심장박동, 호흡, 체온 유지 등)을 수행하는 데 필요한 열량이다.

관련개념
- RMR(Resting Metabolic Rate): 휴식대사율로 사람이 편안하게 쉬고 있을 때 신체가 소모하는 에너지의 양을 나타낸다.
- GSR(Galvanic Skin Response): 피부 전도 반응을 측정하는 방법으로 생리학적 반응을 나타낸다. 감정적 반응이나 스트레스와 관련이 있다.
- EMG(Electromyography): 근전도 검사로 근육의 활동을 측정하는 방법이다.

031

다음 중 신체와 환경 간의 열교환 과정을 가장 올바르게 나타낸 식은? (단, W는 일, M은 대사, S는 열 축적, R은 복사, C는 대류, E는 증발, Clo는 의복의 단열률이다.)

① $W = (M + S) \pm R \pm C - E$
② $S = (M - W) \pm R \pm C - E$
③ $W = Clo \times (M - S) \pm R \pm C - E$
④ $S = Clo \times (M - W) \pm R \pm C - E$

해설
신체와 환경 간의 열교환 과정에서 인체는 대사(M)를 통해 열을 생성하고, 일(W)을 통해 방출한다. 또한 의복의 단열률(Clo)과 환경 온도에 따라 열복사(R)와 대류(C)를 통해 열을 전달하며, 증발(E)을 통해 열을 방출한다.
따라서 열함량 변화는 $S=(M-W)\pm R\pm C-E$이다.

032

녹색과 적색의 두 신호가 있는 신호등에서 1시간 동안 적색과 녹색이 각각 30분씩 켜진다면 이 신호등의 정보량은?

① 0.5[bit] ② 1[bit]
③ 2[bit] ④ 4[bit]

해설
녹색과 적색의 신호가 켜질 확률은 각각 $\frac{30}{60}=\frac{1}{2}$이다.
신호등의 정보량
= 녹색 신호가 켜질 확률×녹색 신호의 정보량
+ 적색 신호가 켜질 확률×적색 신호의 정보량
$=\frac{1}{2}\times(-\log_2\frac{1}{2})+\frac{1}{2}\times(-\log_2\frac{1}{2})=1[\text{bit}]$

관련개념 **정보량(Information Content)**
정보량 $I(x)=-\log_2 P(x)$

| 정답 | 029 ④ 030 ① 031 ② 032 ②

033

다음의 FT도에서 최소 컷셋으로 옳은 것은?

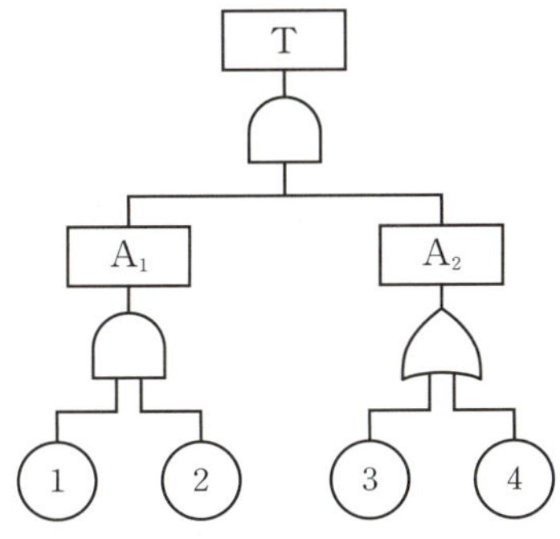

① {1,2,3,4}
② {1,2,3}, {1,2,4}
③ {1,3,4}, {2,3,4}
④ {1,3}, {1,4}, {2,3}, {2,4}

해설

$$T = A_1 \cdot A_2 = (1\ 2) \cdot \begin{pmatrix} 3 \\ 4 \end{pmatrix} = \begin{matrix} (1\ 2\ 3) \\ (1\ 2\ 4) \end{matrix}$$

컷셋은 (1 2 3), (1 2 4)이므로 최소 컷셋은 (1 2 3), (1 2 4)이다.

034

인간이 현존하는 기계를 능가하는 기능으로 거리가 먼 것은?

① 완전히 새로운 해결책을 도출할 수 있다.
② 원칙을 적용하여 다양한 문제를 해결할 수 있다.
③ 여러 개의 프로그램된 활동을 동시에 수행할 수 있다.
④ 상황에 따라 변하는 복잡한 자극 형태를 식별할 수 있다.

해설

인간이 기계를 능가하는 기능

- 관찰을 통해서 일반화하여 귀납적으로 추리한다.
- 원칙을 적용하여 다양한 문제를 해결할 수 있다.
- 완전히 새로운 해결책을 도출할 수 있다.
- 주위의 예기치 못한 사건들을 감지하고 처리하는 임기응변 능력이 있다.
- 상황에 따라 변하는 복잡한 자극 형태를 식별할 수 있다.
- 다양한 경험을 토대로 하여 의사결정을 한다.

현존하는 기계가 인간을 능가하는 기능

- 자극을 연역적으로 추리한다.
- 암호화된 정보를 신속하게 처리하고, 대량으로 보관한다.
- 인간의 정상적인 감지범위 밖에 있는 자극을 감지한다.
- 명시된 절차에 따라 신속하고, 정량적인 정보처리가 가능하다.
- 과부하 시에도 효율적으로 작동한다.
- 여러 개의 프로그램된 활동을 동시에 수행할 수 있다.

035

일반적으로 의자설계의 원칙에서 고려해야 할 사항과 거리가 먼 것은?

① 체중분포에 관한 사항
② 상반신의 안정에 관한 사항
③ 개인차의 반영에 관한 사항
④ 의자 좌판의 높이에 관한 사항

해설

개인차의 반영에 관한 사항은 조절식 의자 설계에서 해당되며, 평균치를 고려한 설계를 하여야 하는 일반적인 의자의 고려사항으로는 거리가 멀다.

036

과전압이 걸리면 전기를 차단하는 차단기, 퓨즈 등을 설치하여 오류가 재해로 이어지지 않도록 사고를 예방하는 설계 원칙은?

① 에러복구 설계
② 풀－프루프(Fool－Proof) 설계
③ 페일－세이프(Fail－Safe) 설계
④ 템퍼－프루프(Tamper－Proof) 설계

해설 **Fail Safe(페일 세이프)**

시스템에 고장(fail, 페일)이 발생할 경우 사고로 연결되지 않도록 항상 안전하게 작동하는 장치이다.

관련개념 **사고 예방 설계**

- 에러복구 설계: 시스템이 오류를 감지하고 자동으로 복구할 수 있도록 하는 방식의 설계이다.
- Fool Proof(풀 프루프): 작업자의 실수가 있더라도 사고로 연결되지 않도록 항상 안전하게 작동하는 장치로, 표준 작업이나 기계 위험성을 이해하지 못한 사람(fool)이 실수를 해도 다치지 않는 장치이다.
- Tamper Proof(간섭 방지): 기계가 작동할 때 간섭이나 고의로 안전을 위한 방호장치를 제거하는 등의 부정한 조작과 임의적인 변경을 방지하는 장치이다.

| 정답 | 033 ② 034 ③ 035 ③ 036 ③

037

실효온도(ET)의 결정요소가 아닌 것은?

① 온도　② 습도
③ 대류　④ 복사

해설

실효온도의 주요 결정요소는 온도, 습도, 대류이다.
복사는 실효온도를 결정하는 주요 요소로 포함되지 않는다.

관련개념 **실효온도(ET; Effective Temperature)**

실제 온도와 습도를 조합하여 사람의 체감 온도를 계산하는 지수로, 사람에게 미치는 열적 스트레스를 평가하는 데 사용된다.

038

인적 오류로 인한 사고를 예방하기 위한 대책 중 성격이 다른 것은?

① 작업의 모의훈련　② 정보의 피드백 개선
③ 설비의 위험요인 개선　④ 적합한 인체측정치 적용

해설

작업의 모의훈련은 작업 환경에서 발생할 수 있는 상황을 미리 시뮬레이션하고 훈련하여 실제 상황에서의 오류를 줄이는 방법으로 인간의 행동과 관련된 대책이다.
②, ③, ④는 설비를 대상으로 하는 대책이다.

039

결함수 분석의 컷셋(Cut Set)과 패스셋(Path Set)에 관한 설명으로 틀린 것은?

① 최소 컷셋은 시스템의 위험성을 나타낸다.
② 최소 패스셋은 시스템의 신뢰도를 나타낸다.
③ 최소 패스셋은 정상사상을 일으키는 최소한의 사상 집합을 의미한다.
④ 최소 컷셋은 반복사상이 없는 경우 일반적으로 퍼셀(Fussell) 알고리즘을 이용하여 구한다.

해설 **최소 컷셋과 최소 패스셋**

- 최소 컷셋: 시스템의 고장을 일으킬 수 있는 가장 작은 사상 집합을 의미한다. 즉, 시스템의 고장을 발생시킬 수 있는 최소한의 결함 조합이다.(위험성)
- 최소 패스셋: 시스템이 정상적으로 작동하기 위해 필요한 최소한의 사상 집합이다. 즉, 시스템이 정상적으로 작동하기 위해서는 최소 패스셋에 포함된 모든 기본사상이 정상적으로 작동하여야 한다.(신뢰성)

040

청각신호의 수신과 관련된 인간의 기능으로 볼 수 없는 것은?

① 검출(Detection)
② 순응(Adaptation)
③ 위치 판별(Directional Judgement)
④ 절대적 식별(Absolute Judgement)

해설

순응(Adaptation)은 감각기관이 자극에 익숙해지고 적응되는 과정을 말하며, 청각신호의 수신과 직접적으로 관련된 기능은 아니다.

관련개념

- 검출(Detection): 음향을 인지하고 확인하는 과정이다.
- 위치 판별(Directional Judgement): 소리가 나는 방향을 판단하는 청각 기능이다.
- 절대적 식별(Absolute Judgement): 소리를 절대적으로 인식하고 구분하는 능력이다.

| 정답 | 037 ④　038 ①　039 ③　040 ②

건설시공학

041

콘크리트는 신속하게 운반하여 즉시 타설하고, 충분히 다져야 하는데 비비기로부터 타설이 끝날 때까지의 시간은 원칙적으로 얼마를 넘어서면 안 되는가? (단, 외기온도가 25[℃] 이상일 경우이다.)

① 1.5시간　　② 2시간
③ 2.5시간　　④ 3시간

해설
콘크리트는 신속하게 운반하여 즉시 타설하고, 충분히 다져야 한다. 비비기로부터 타설이 끝날 때까지의 시간은 원칙적으로 외기온도가 25[℃] 이상일 때는 1.5시간, 25[℃] 미만일 때에는 2시간을 넘어서는 안 된다. 다만, 양질의 지연제 등을 사용하여 응결을 지연시키는 등의 특별한 조치를 강구한 경우에는 콘크리트의 품질변동이 없는 범위 내에서 책임기술자의 승인을 받아 이 시간제한을 변경할 수 있다.

042

거푸집 공사에서 사용되는 격리재(Separator)에 대한 설명으로 옳은 것은?

① 철근과 거푸집의 간격을 유지한다.
② 철근과 철근의 간격을 유지한다.
③ 골재와 거푸집과의 간격을 유지한다.
④ 거푸집 상호 간의 간격을 유지한다.

해설 **거푸집에 사용되는 부속재료**
- 세퍼레이터(Separator, 격리재): 거푸집 상호 간의 간격을 유지하고, 측벽 두께를 유지하기 위한 부속재료이다.
- 스페이서(Spacer, 간격재): 거푸집과 철근의 간격을 유지하기 위한 부속재료이다.
- 폼타이(Form Tie, 긴장재): 콘크리트를 부어 넣을 때 기둥과 보거푸집이 벌어지는 것을 막기 위한 부속재료로 컬럼밴드(Column Band), 플랫타이(Flat Tie)도 긴장재의 일종이다.
- 박리제: 거푸집과 콘크리트를 떼어내기 쉽게 바르는 물질로 중유, 아마인유, 동식물유 등을 사용한다.

043

콘크리트 타설에 관한 설명으로 옳은 것은?

① 콘크리트 타설은 바닥판 → 보 → 계단 → 벽체 → 기둥의 순서로 한다.
② 콘크리트 타설은 운반거리가 먼 곳부터 시작한다.
③ 콘크리트 타설할 때에는 다짐이 잘 되도록 타설높이를 최대한 높게 한다.
④ 콘크리트 타설 준비 시 콘크리트가 닿았을 때 흡수할 우려가 있는 곳은 미리 건조시켜 두어야 한다.

해설 **콘크리트 타설 시 유의사항**
- 콘크리트는 먼 곳에서 가까운 곳으로 부어 넣는다.
- 낮은 곳에서 높은 곳으로 타설한다.(기초–기둥–벽–보–슬래브의 순서)
- 콘크리트는 휴식시간 없이 연속적으로 부어 넣어야 한다.
- 낙하높이는 보통 1.5[m], 최대 2[m] 이내로 한다.(낙하높이는 작게 한다.)
- 기둥, 벽은 다지면서 수평으로 부어넣고, 1시간에 2[m] 이하로 한다.
- 블리딩 현상을 방지하기 위하여 높은 벽이나 기둥의 상부에는 된비빔, 하부는 묽은비빔으로 타설한다.
- 진동기는 철근이나 거푸집에 닿지 않도록 하고, 붓기를 끝낸 콘크리트는 진동을 주지 말아야 한다.
- 보는 바닥에서 윗면까지 연속으로 부어 넣고, 양단에서 중앙으로 부어 넣는다.

044

강재면에 강필로 볼트구멍 위치와 절단 개소 등을 그리는 일은?

① 원척도　　② 본뜨기
③ 금매김　　④ 변형바로잡기

해설 **위치잡기(금매김)**
절단위치, 개소, 구멍위치 등을 강필로 그린다.

관련개념 **철골의 공장 가공순서**
원척도 작성 → 본뜨기(형뜨기) → 변형바로잡기 → 위치잡기(금매김) → 절단 및 구멍뚫기 → 가조임(가조립) → 리벳치기 및 용접 → 검사 → 녹막이칠 → 현장반입(운반)

| 정답 | 041 ① 042 ④ 043 ② 044 ③

045

철골공사에서 용접접합의 장점과 거리가 먼 것은?

① 강재량을 절약할 수 있다.
② 소음을 방지할 수 있다.
③ 일체성 및 수밀성을 확보할 수 있다.
④ 접합부의 품질검사가 매우 간단하다.

해설 용접접합의 장단점

장점	단점
• 소음, 진동이 작다. • 강재가 절약된다. • 수밀성이 높고, 일체성이 확보된다. • 접합부의 강성이 크고, 응력의 전달이 확실하다.	• 용접부분의 검사가 곤란하고 비용과 시간이 소요된다. • 용접공 개인의 능력의존도가 크다. • 용접열에 의한 변형이 우려된다. • 강재의 재질상태에 따라 응력집중현상이 크다.

046

기성콘크리트 말뚝시공에 관한 설명으로 옳지 않은 것은?

① 말뚝중심간격은 2.5D 이상 또한 750[mm] 이상으로 한다.
② 적재 장소는 시공장소와 가깝고 배수가 양호하고 지반이 견고한 곳이어야 한다.
③ 2단 이하로 저장하고 말뚝받침대는 동일선상에 위치하여야 파손이 적다.
④ 시공순서는 주변 다짐효과를 높이기 위하여 주변부에서 중앙부로 박는다.

해설

말뚝시공은 중앙부에서 주변부로 박는다.
주변부에서 중앙부로 박으면 중앙부는 지반이 다져져서 박을 수 없다.

047

건설공사 완료 후 보수 및 재시공을 보증하기 위하여 공사발주처 등에 예치하는 공사금액의 명칭은?

① 입찰보증금　　② 계약보증금
③ 지체보증금　　④ 하자보증금

해설

문제는 하자보증금에 대한 설명이다.

관련개념

입찰보증금	입찰에 참가하려는 자는 원칙적으로 5[%] 이상의 입찰보증금을 내야 한다.
계약보증금	계약을 이행하기 위해 계약금액의 10[%] 이상의 보증금을 내야 한다.
지체보상금	공사기간 내에 공사를 완공하지 못한 경우 건설사가 건축주에게 지급하기로 하는 손해배상의 예정금액이다.

048

지하수위 저하공법 중 강제배수공법이 아닌 것은?

① 전기침투공법　　② 웰포인트 공법
③ 표면배수공법　　④ 진공 Deep Well 공법

해설 강제배수와 중력배수

• 강제배수: 인위적인 적극적 조치 – 웰포인트 공법, 진공 Deep Well 공법, 전기침투공법
• 중력배수: 굴착저면의 물을 집수정이라고 부르는 집수장소에 자연유입시켜 수중펌프 등으로 배수시키는 공법 – 집수정 배수공법, 명거배수(표면배수)공법, 암거배수공법, Deep Well 공법

| 정답 | 045 ④　046 ④　047 ④　048 ③

049

거푸집 공사에서 거푸집 검사 시 받침기둥(지주의 안전하중) 검사와 가장 거리가 먼 것은?

① 서포트의 수직 여부 및 간격
② 폼타이 등 조임철물의 재질
③ 서포트의 편심, 처짐 및 나사의 느슨함 정도
④ 수평연결대 설치 여부

해설

폼타이는 내외측 폼을 연결하여 콘크리트를 부어 넣을 때 기둥과 보거푸집이 벌어지는 것을 막기 위한 부속재료이므로 받침기둥 검사와 가장 거리가 멀다.

050

네트워크 공정표의 구성요소 중 부주공정(Semi-Critical Path)에 관한 설명으로 옳지 않은 것은?

① 여유시간이 상대적으로 적은 공정을 의미한다.
② 공정이 부분적 또는 불연속적으로 발생한다.
③ 공기단축 시 관리대상에서는 제외된다.
④ 주공정화 할 가능성이 많은 공정이다.

해설 **네트워크 공정표의 공기단축**

부주공정은 주공정(Critical Path)과 비교하여 여유시간이 상대적으로 적지만 완전히 없는 것은 아니다. 따라서 주공정이 변경될 경우 부주공정이 주공정이 될 가능성이 높으며, 일정 조정 시 중요한 관리대상이 된다.

051

토공상의 굴착기계 용도에 관한 설명으로 옳지 않은 것은?

① 백호는 기계보다 낮은 곳을 굴착하는 데 사용한다.
② 파워쇼벨은 기계보다 높은 곳을 굴착하는 데 사용한다.
③ 드래그라인은 기계보다 낮은 곳의 흙을 긁어모으는 데 사용한다.
④ 클램쉘은 기계보다 높은 곳의 흙과 자갈을 긁어내리는 데 사용한다.

해설

클램쉘은 기계보다 낮은 곳의 흙과 자갈을 굴착하여 올리는 데 적합하다.

2021년 1회

052

석공사에서 건식공법 시공에 대한 설명으로 옳지 않은 것은?

① 하지철물의 부식문제와 내부단열재 설치문제 등이 나타날 수 있다.
② 긴결 철물과 채움 모르타르로 붙여 대는 것으로 외벽 공사 시 빗물이 스며들어 들뜸, 백화현상 등 발생하지 않도록 한다.
③ 실런트(Sealant) 유성분에 의한 석재면의 오염문제는 비오염성 실런트로 대체하거나, Open Joint공법으로 대체하기도 한다.
④ 강재트러스, 트러스지지공법 등 건식공법은 시공정밀도가 우수하고, 작업능률이 개선되며, 공기단축이 가능하다.

해설

건식공법은 일반적으로 모르타르를 사용하지 않으므로 백화현상 등이 발생하지 않는 것이 장점이다.

| 정답 | 049 ② 050 ③ 051 ④ 052 ②

053

조적공사의 백화현상을 방지하기 위한 대책으로 옳지 않은 것은?

① 석회를 혼합한 줄눈 모르타르를 활용하여 바른다.
② 흡수율이 낮은 벽돌을 사용한다.
③ 쌓기용 모르타르에 파라핀 도료와 같은 혼화제를 사용한다.
④ 돌림대, 차양 등을 설치하여 빗물이 벽체에 직접 흘러내리지 않게 한다.

해설

석회는 물과 반응하여 수산화칼슘을 형성하고, 이는 공기 중의 이산화탄소와 반응하여 백화의 주 원인인 탄산칼슘을 생성한다.

관련개념 **백화현상**

시멘트 속의 수용성 성분 중 주로 알칼리와 수산화칼슘이 물에 녹아, 물의 증발에 의해 이것이 표면부근에 나타나거나 공기 중의 이산화탄소와 반응하여 탄산염으로 석출하는 현상을 백화(Efflorescence)라 한다.

054

무량판구조에 사용되는 특수상자모양의 기성재 거푸집은?

① 터널 폼
② 유로 폼
③ 슬라이딩 폼
④ 워플 폼

해설 **워플 폼**

장선슬래브의 장선(Joist)을 직교하여 만든 우물반자 형태의 기성제 거푸집이다. 장스팬의 구조물, 무량판 및 평판구조로 할 때 쓰이는 상자형 거푸집이다.

관련개념

구분	내용
슬라이딩 폼 (Sliding Form, Slip Form)	수평적 또는 수직적으로 반복된 구조물을 시공이음이 없이 균일한 형상으로 시공하기 위하여 거푸집을 연속적으로 이동시키면서 콘크리트를 타설하여 시공한다.
터널 폼 (Tunnel Form, Steel Form)	• 벽식 철근콘크리트구조를 시공할 경우 벽과 바닥의 콘크리트 타설을 한 번에 가능하게 하기 위하여 벽체용 거푸집과 슬래브 거푸집을 일체로 제작하여 한 번에 설치하고 해체할 수 있도록 한 거푸집이다. • 한 구획 전체의 벽판과 바닥판을 ㄱ자형 또는 ㄷ자형으로 짜서 이동식 거푸집으로 이용되며, 아파트, 병실 등 연속, 반복구조물에 적용된다.
유로 폼 (Euro Form, Panel Form)	• 가장 초보적인 단계의 시스템 거푸집으로서 모듈화된 패널을 사용한다. • 경량 형강과 합판을 사용하여 벽판이나 바닥판용 거푸집을 제작한 것으로 현장에서 못을 쓰지 않고 간단히 조립할 수 있다. • 건물의 평면형상이 규격화되어 표준형태의 거푸집을 변형시키지 않고 조립함으로써 현장제작에 소요되는 인력을 줄여 생산성을 향상시키고 자재의 전용횟수를 증대시키는 목적으로 사용되는 거푸집이다.

| 정답 | 053 ① 054 ④

055

철근콘크리트공사에서의 철근이음에 관한 설명으로 옳지 않은 것은?

① 철근의 이음위치는 되도록 응력이 큰 곳을 피한다.
② 일반적으로 이음을 할 때는 한 곳에서 철근 수의 반 이상을 이어야 한다.
③ 철근이음에는 겹침이음, 용접이음, 기계적 이음 등이 있다.
④ 철근이음은 힘의 전달이 연속적이고, 응력집중 등 부작용이 생기지 않아야 한다.

해설 **철근의 이음위치**

- 철근의 이음을 한 곳에서 철근 수의 반 이상을 이어서는 안 된다.
- 철근의 이음위치는 인장력이 큰 곳은 피한다.
- 기둥의 주근이음은 기둥높이의 $\frac{2}{3}$ 이내, 보통 $\frac{1}{3}$ 지점에 이음을 둔다.
- 인접한 주근의 이음새 간격은 1.5d 또는 2.5[cm] 이상으로 한다.
- 이음이 한 곳에 집중되지 않도록 이음위치를 엇갈리게 분산시킨다.
- 보의 주근이음에서는 하부근은 단부에, 상부근은 중앙에, 굽힘근은 굽힘부에 이음위치를 둔다.

056

기초공사 시 활용되는 현장타설 콘크리트 말뚝공법에 해당되지 않는 것은?

① 어스드릴(Earth Drill)공법
② 베노토 말뚝(Benoto Pile)공법
③ 리버스서큘레이션(Reverse Circulation Pile)공법
④ 프리보링(Preboring)공법

해설 **현장타설 콘크리트 말뚝공법**

- 어스드릴(Earth Drill)공법
- 베노토 말뚝(Benoto Pile)공법
- 리버스서큘레이션(RCP)공법

관련개념 **프리보링 공법**

오거 등으로 굴착하고 말뚝을 삽입한 후 선단부와 주변부에 고정액을 주입하는 공법으로 소음과 진동을 경감시켜 도심지에 적합하다.

057

건축생산 조직에 관한 설명으로 옳은 것은?

① CM은 시공자가 직접 공사의 타당성조사, 설계, 시공, 사용 등을 포함하는 건설공사 전 과정을 조정하는 것이다.
② EC화는 종래의 단순한 시공업과 비교하여 건설사업 전반에 걸쳐 종합, 기획, 관리하는 업무 영역의 확대를 말한다.
③ 발주자와 직접 공사계약을 하는 업자를 하도급자라고 한다.
④ 감리자란 시공자의 위탁을 받아 공사의 시공과정을 검사·승인하는 자를 말한다.

해설

① CM(Construction Managememt) 방식(건설사업관리방식)은 건설의 전 과정에서 프로젝트를 보다 효율적이고 경제적으로 수행하기 위하여 각 부분의 전문가들로 구성하여 통합된 관리기술(기획, 설계, 시공, 유지관리)을 건축주에게 서비스하는 방식을 말한다.
③ 발주자와 직접공사계약을 하는 자는 도급자이다.
④ 감리자는 발주자의 위탁을 받아 공사와 시공과정을 관리하는 자를 말한다.

058

지질조사를 하는 지역의 지층순서를 결정하는 데 이용하는 토질주상도에 나타내지 않아도 되는 항목은?

① 보링방법 ② 지하수위
③ N값 ④ 지내력

해설

지내력은 평판재하 시험의 항목이다.

관련개념 **토질주상도의 구성내용**

- 공사명, 위치, 조사일자, 공번
- 지반표고
- 지하수위
- 보링방법
- N값

| 정답 | 055 ② 056 ④ 057 ② 058 ④

059

철근가공에 관한 설명으로 옳지 않은 것은?

① 대지의 여유가 없어도 정밀도 확보를 위해 현장가공을 우선적으로 고려한다.
② 철근가공은 현장가공과 공장가공으로 나눌 수 있다.
③ 공장가공은 현장가공에 비해 절단손실을 줄일 수 있다.
④ 공장가공은 현장가공보다 운반비가 높은 경우가 많다.

해설

현장이 좁아 철근의 보관과 가공을 할 수 없을 땐 공장가공을 우선으로 고려한다.

060

조적조 백화(efflorescence)현상의 방지법으로 옳지 않는 것은?

① 물-시멘트비를 증가시킨다.
② 흡수율이 작은 소성이 잘 된 벽돌을 사용한다.
③ 줄눈 모르타르에 방수제를 혼합한다.
④ 벽면의 돌출 부분에 차양, 루버 등을 설치한다.

해설 **백화현상 방지대책**

- 단위수량을 최소화한다.
- 고성능 AE 감수제 등 적절한 혼화제를 사용하여 수밀성을 확보한다.
- 콘크리트 타설 시 다짐을 철저히 한다.(공극을 최소화하여 치밀성 확보)
- 적절한 피막으로 외부 수분의 침투를 방지한다.(방수제 도막, 우수 유입 등 차단)

관련개념 **백화현상 발생원인**

- 주원인은 물-시멘트비와 공극이 클 때 발생한다.
- 시공이 조잡하여 공극이 클 때 발생한다.
- 물-시멘트비, 단위수량이 크면 블리딩 양이 커지고, 백화현상도 심화된다.

건설재료학

061

목재의 방부처리법 중 압력용기 속에 목재를 넣어 처리하는 방법으로 가장 신속하고 효과적인 방법은?

① 가압주입법 ② 생리적 주입법
③ 표면탄화법 ④ 침지법

해설

문제는 가압주입법에 대한 설명이다.

관련개념 **목재의 방부처리법**

종류		방법
표면 처리법	표면 탄화법	• 가장 간단한 방법으로, 목재 표면을 3~10[mm] 정도 구워 탄화시키는 방법이다. • 탄소는 가장 안정된 원소로 벌레나 균에 의한 침해가 적고, 탄화한 부분에서 흡습하여 내부에 습기의 침입을 방지하여 방식한다. • 주로 말뚝 등에 쓰이며, 영속성이 낮으므로 일반적으로 방부제를 사용한다.
	약제 도포법	• 페인트, 바니쉬(Vanish), 크레오소트(Creosote), 타르(Tar), 아스팔트(Asphalt) 등을 도포하여 외부로부터 침입하는 습기, 균류, 충류를 막는 방법이다. • 크레오소트유를 사용할 때에는 80~90[℃] 정도로 가열하여 침투가 용이하게 한다. 이 방법에 의하면 침투 깊이는 5~6[mm]를 넘지 못한다.
약액주입법		• 약재는 보통 크레오소트유를 사용하며 목재방부법 중 가장 공업적이고 효과도 완전한 방법이다. • 조작방법에 따라 상압, 가압주입법으로 분류한다.

| 정답 | 059 ① 060 ① 061 ①

062

도료의 저장 중 또는 용기 내 방치 시 도료의 표면에 피막이 형성되는 현상의 발생원인과 가장 관계가 먼 것은?

① 피막방지제의 부족이나 건조제가 과잉일 경우
② 용기 내의 공간이 커서 산소의 양이 많을 경우
③ 부적당한 시너로 희석하였을 경우
④ 사용잔량을 뚜껑을 열어둔 채 방치하였을 경우

해설
시너로 희석하면 형성된 피막도 제거된다.

관련개념 **피막형성 현상**
유성, 알키드 도료의 표면이 캔 용기 속의 공기로 산화건조하여 도료의 표면층에 불용성의 피막이 발생하는 현상이다.

- 도료의 저장 중 피막형성 원인
  - 피막 방지제의 부족 또는 건조제의 과잉
  - 캔 용기 내의 공간이 너무 많아 산소의 내장량이 많음
  - 사용하고 남은 도료를 밀봉하지 않은 채 방치
- 도료의 저장 중 생기는 현상
  - 증점(겔화, Gelling)
  - 침전(Caking)
  - 피막(Skinning)
  - 수지분 분리

063

콘크리트의 인장강도는 압축강도의 대략 얼마 정도인가?

① 2배　　② 1배
③ 1/10　　④ 1/30

해설
콘크리트의 인장강도는 압축강도에 비해 상당히 작으며, 대개 $\frac{1}{10}$~$\frac{1}{13}$ 정도이다.

참고로 콘크리트 휨강도의 경우 $\frac{1}{5}$~$\frac{1}{7}$ 정도이다.

064

점토소성제품 중 흡수성이 극히 작고 경도와 강도가 가장 크며, 소성온도는 1,250~1,430[℃]로써 고급타일이나 위생도기를 만드는 데 사용되는 것은?

① 토기　　② 석기
③ 도기　　④ 자기

해설 **점토제품의 종류**

종류	소성온도[℃]	흡수율[%]	재료	비고
토기	790~1,000	20 이상	기와, 벽돌, 토관	최저급 원료(전답토)
도기	1,100~1,230	10	타일, 테라코타, 위생도기	다공질로 흡수성 유약 사용, 두드리면 탁음
석기	1,160~1,350	3~10	마루, 타일, 클링커 타일	유약 대신 식염유 사용
자기	1,230~1,460	0~1	자기질 타일, 모자이크 타일, 위생도기	양질의 도토 또는 장석분을 원료로 함

065

보통벽돌에 관한 설명으로 옳지 않은 것은?

① 일반적으로 잘 구워진 것일수록 치수가 작아지고 색이 옅어지며, 두드리면 탁음이 난다.
② 건축용 점토소성벽돌의 적색은 원료의 산화철성분에서 기인한다.
③ 보통벽돌의 기본치수는 190×90×57[mm]이다.
④ 진흙을 빚어 소성하여 만든 벽돌로서 점토벽돌이라고도 한다.

해설
일반적으로 잘 구워진 벽돌은 두드리면 금속음이 난다.

| 정답 | 062 ③　063 ③　064 ④　065 ①

2021년 1회

066

아스팔트계 방수재료에 대한 설명 중 틀린 것은?

① 아스팔트 프라이머는 블로운 아스팔트를 용제에 녹인 것으로 액상을 하고 있다.
② 아스팔트 펠트는 유기천연섬유 또는 석면섬유를 결합한 원지에 연질의 블로운 아스팔트를 침투시킨 것이다.
③ 아스팔트 루핑은 아스팔트 펠트의 양면에 블로운 아스팔트를 가열·용융시켜 피복한 것이다.
④ 아스팔트 컴파운드는 블로운 아스팔트의 성능을 개량하기 위해 동식물성 유지와 광물질 분말을 혼입한 것이다.

해설 **아스팔트 방수 공사 재료**

아스팔트 펠트	• 섬유 원지에 스트레이트 아스팔트를 침투시킨 것 • 아스팔트방수 중간층재, 지붕, 미장, 바탕의 방습, 마룻바닥 방습, 방습 포장재, 차광과 차열, 전기 절연용으로 사용
아스팔트 루핑	• 아스팔트 펠트 뒷면에 블로운 아스팔트를 도포하고 표면의 접착을 막기 위해 활석, 운모, 석회석, 규조토 등의 가루를 뿌려 붙인 것 • 흡수성, 투수성이 작고 유연하며 내후성, 내산성, 내열성이 큼 • 건축물, 상하수도, 지하철, 터널 등의 아스팔트 방수층의 주된 재료로 쓰이는 것 외에 지붕용 또는 상품이나 기계 등의 방수 및 피복용으로도 사용
아스팔트 프라이머	• 컷백 아스팔트의 한 종류로서 아스팔트와 휘발성 용제를 반씩 혼합하여 묽게 한 것 • 콘크리트 등의 모체에 침투가 용이하여 콘크리트와 아스팔트가 부착이 잘 되므로 콘크리트 바탕에 아스팔트를 붙일 때 사용
아스팔트 컴파운드	• 블로운 아스팔트에 광물섬유, 동·식물섬유, 광물질 가루섬유 등을 혼입하여 신축성을 증대시킨 것 • 방수재, 내산재, 전기절연재 등으로 사용

067

돌로마이트에 화강석 부스러기, 색모래, 안료 등을 섞어 정벌바름하고 충분히 굳지 않은 때에 표면에 거친 솔, 얼레빗 같은 것으로 긁어 거친 면으로 마무리한 것은?

① 리신바름　　② 라프코트
③ 섬유벽바름　　④ 회반죽바름

해설 **리신바름(Lysine Coat)**

돌로마이트에 화강석 부스러기, 모래, 안료 따위를 섞어 정벌바름하고 충분히 굳지 않은 상태에서 표면에 거친 솔을 이용하여 거칠게 마무리 짓는 바름 방법이다.

068

시멘트의 안정성 시험에 해당하는 것은?

① 슬럼프 시험　　② 브레인법
③ 길모아 시험　　④ 오토클레이브 팽창도 시험

해설

오토클레이브 팽창도 시험은 시멘트의 안정성 시험으로 시멘트가 경화 중에 용적이 팽창하는 정도를 나타낸다.
① 슬럼프 시험: 콘크리트의 시공연도(Workability) 시험
② 브레인법: 분말도 시험

관련개념 **시멘트의 시험**

• 비중시험: 르 샤틀리에 비중병(Le Chatelier's pycnometer)를 이용한 시험 방법이다.

$$\text{시멘트 비중} = \frac{\text{시멘트 중량[g]}}{\text{비중병의 눈금차[cc]}}$$

• 분말도 시험(Fineness Test)
 – 체가름법: 습식, 건식, 브레인(Blaine)법이 있다.
 – 응결시험: 비카 바늘을 이용한다.
 – 비표면적 측정법: 최근에 주로 사용된다.
• 강도시험: 휨시험, 압축시험 등이 있다.

| 정답 | 066 ② 067 ① 068 ④

069

다음 중 20[℃] 기건상태에서 단열성이 가장 우수한 것은?

① 화강암 ② 판유리
③ 알루미늄 ④ ALC

해설

ALC(Autoclave Light－Weight Concrete, 경량기포 콘크리트)의 열전도율은 0.10[kcal/m·h·℃]로 일반 콘크리트에 비해 10배의 단열성이 있다.

070

어떤 목재의 건조 전 질량이 200[g], 건조 후 전건질량이 150[g]일 때, 이 목재의 함수율은?

① 10[%] ② 25[%]
③ 33.3[%] ④ 66.7[%]

해설

$$\text{목재의 함수율} = \frac{\text{습윤상태 질량} - \text{절대건조상태 질량}}{\text{절대건조상태 질량}} \times 100$$

$$= \frac{200 - 150}{150} \times 100 = 33.3[\%]$$

071

합판에 관한 설명으로 옳은 것은?

① 곡면가공 시 균열이 발생하기 때문에 곡면가공이 불가능하다.
② 함수율 변화에 따른 팽창·수축의 방향성이 크다.
③ 표면가공법으로 흡음효과를 낼 수 있다.
④ 내수성이 매우 작기 때문에 내장용으로만 사용된다.

해설 **합판의 장점**

- 곡면 가공이 용이하다.
- 함수율 변화에 따른 신축변형이 적고 방향성이 없다.
- 비교적 작은 직경의 모재에서도 넓은 판을 얻을 수 있으며 곡면가공을 하여도 균열이 생기지 않고 무늬도 일정하다.

072

공기 중의 탄산가스와 화학반응을 일으켜 경화하는 미장재료는?

① 경석고 플라스터 ② 시멘트 모르타르
③ 돌로마이트 플라스터 ④ 혼합석고 플라스터

해설 **경화 방식에 따른 미장재 분류**

- 수경성 미장재료: 물과 작용하여 경화한다.
  예) 석고 플라스터, 무수석고(경석고) 플라스터, 시멘트 모르타르
- 기경성 미장재료: 공기 중에서 경화한다.
  예) 회반죽, 돌로마이트 플라스터

| 정답 | 069 ④ 070 ③ 071 ③ 072 ③

2021년 1회

073

알루미늄의 용도로 가장 적합하지 않은 것은?

① 창호철물　　② 콘크리트에 면하는 마감재
③ 새시　　④ 라디에이터

해설

알루미늄은 콘크리트의 알칼리 성분인 수산화칼슘과 접촉하면 부식한다.

관련개념 **알루미늄(Aluminium)**

- 알루미늄의 강도는 고온에서 급격히 감소하지만 저온에서는 취성을 나타내지 않는다.
- 가공성이 좋아 압연, 압출, 박판, 용접이 가능하다.
- 열 및 전기전도성이 크다.
- 대기 중에서는 쉽게 부식되지 않지만 해수 중에서는 쉽게 부식된다.
- 유기산류에는 안정하여 초산에는 농도에 관계없이 거의 침식되지 않지만 무기산류인 염산, 황산, 인산, 질산 등에는 상당히 빠르게 침식된다.
- 알칼리에는 일반적으로 약한데, 이는 알루미나 피막이 용해되기 때문이다.
- 건축자재(새시, 창호, 커튼월, 커튼레일, 지붕재 등), 가구, 기계, 전선, 항공기 등에 널리 사용된다.

074

마루판으로 사용할 때 적합하지 않은 것은?

① 코펜하겐 리브　　② 플로어링 보드
③ 파키트 블록　　④ 파키트 패널

해설 **코펜하겐 리브**

장식적이고 흡음효과가 있는 벽면을 구성하기 위하여, 단면 모양을 알파벳 'S'자로 모양을 낸 리브(Rib)이다. 주로 공연장, 연회관 등의 방음벽체로 사용된다.

075

에폭시 도장에 관한 설명으로 옳지 않은 것은?

① 내마모성이 우수하고 수축, 팽창이 거의 없다.
② 내약품성, 내수성, 접착력이 우수하다.
③ 자외선에 특히 강하여 외부에 주로 사용한다.
④ Non-Slip 효과가 있다.

해설

에폭시 도장은 자외선(UV)에 약하여, 직사광선에 장시간 노출되면 변색되거나 성능이 저하될 수 있다. 외부에 사용하는 경우 UV차단 코팅이 추가로 필요하다.

076

다음 석재 중 변성암에 속하지 않는 석재는?

① 트래버틴　　② 대리석
③ 펄라이트　　④ 사문석

해설 **변성암의 종류**

편마암, 편암, 대리석, 트래버틴, 석면, 사문석 등

관련개념 **펄라이트**

- 진주암(Perlite), 흑요석(Obsidian) 등을 분쇄하여 입상으로 된 것을 소성 팽창시킨 경골재이다.
- 보온, 방음, 결로방지 등의 목적으로 시멘트와 배합하여 콘크리트 블록류, 모르타르, 콘크리트판, 벽돌 등을 제조하는 데 사용되며 질석과 사용용도가 거의 비슷하다.

| 정답 | 073 ② 074 ① 075 ③ 076 ③

077

다음 중 열경화성 수지에 속하지 않는 것은?

① 에폭시 수지　　② 페놀 수지
③ 아크릴 수지　　④ 요소 수지

해설 열가소성 수지와 열경화성 수지

열가소성 수지	열경화성 수지
염화비닐 수지	페놀 수지
초산비닐 수지	요소 수지
ABS 수지	멜라민 수지
아크릴 수지	알키드 수지
불소 수지	우레탄 수지
폴리아미드 수지	에폭시 수지
폴리프로필렌 수지	실리콘 수지
폴리스티렌 수지	푸란 수지
폴리에틸렌 수지	불포화 폴리에스테르 수지

관련개념 열가소성 수지와 열경화성 수지

구분	내용
열가소성 수지	• 가열하면 가소성이 되고, 상온으로 되면 원상태로 돌아가는 수지 • 성형한 것도 다시 가열하면 다른 형태로 만들 수 있는 합성수지로 주로 중합(polymerization)에 의해 만들어진 고분자화합물
열경화성 수지	• 가열하면 가소성을 나타내지만, 한번 경화한 것은 다시 가열해도 연화되지 않는 수지 • 주로 축합(condensation)에 의해 만들어진 고분자화합물

078

건축재료의 화학조성에 의한 분류 중, 무기재료에 포함되지 않는 것은?

① 콘크리트　　② 철강
③ 목재　　④ 석재

해설 유기재료와 무기재료

구분	내용
유기재료	목재, 섬유, 역청 재료, 플라스틱 등
무기재료	• 금속재료: 철금속, 비철금속 • 비금속재료: 석재, 점토제품, 시멘트, 콘크리트, 유리, 석회 등

관련개념 유기물과 무기물

구분	내용
유기물	• 동, 식물 등의 생명체를 이루고 있는 물질로 탄소(C)를 포함하는 물질 • 가열하면 연기를 발생시키며 검게 타버리는 물질
무기물	• 생활기능이 없는 물질로 탄소(C)를 포함하지 않은 물질 • 가열해도 타지 않고 특별한 변화가 없다.

※ 예외: 탄소를 포함하나 무기물인 경우
이산화탄소(CO_2), 탄산(H_2CO_3), 시안화물(시안화칼륨(KCN)), 탄산염(탄산나트륨(Na_2CO_3))

079

미장바탕의 일반적인 성능조건과 가장 관계가 먼 것은?

① 미장층보다는 강도가 클 것
② 미장층과 유효한 접착강도를 얻을 수 있을 것
③ 미장층보다 강성이 작을 것
④ 미장층의 경화, 건조에 지장을 주지 않을 것

해설 미장바탕에 요구되는 일반적인 성질

- 바름 재료가 접착하기 쉬워야 한다.
- 변형하지 않아야 한다.(강성이 있어야 한다.)
- 온·습도에 의한 팽창, 수축이 적어야 한다.
- 평탄해야 한다.(요철이 적어야 한다.)
- 내구성이 강해야 한다.
- 바름 재료에 따라 내약품성, 특히 내알칼리성이 강해야 한다.

080

콘크리트용 골재에 대한 설명으로 틀린 것은?

① 입형과 입도가 좋은 골재는 실적률이 작고 동일 슬럼프를 얻기 위한 단위수량이 크다.
② 골재의 입도를 수치적으로 나타내는 지표로서는 조립률이 이용된다.
③ 실적률이 큰 골재를 사용하면 시멘트 페이스트량이 적게 든다.
④ 콘크리트용 골재의 입형은 편평, 세장하지 않은 것이 좋다.

해설

입형과 입도가 좋은 골재는 실적률이 크고, 동일한 슬럼프를 얻기 위한 골재의 양(단위수량)이 적다.

관련개념 콘크리트용 골재의 요구성능

- 깨끗하고, 유해물을 유해량 이상으로 포함하지 않아야 한다.
- 물리적, 화학적으로 안정하고 내구성이 커야 한다.
- 단단하고 강하며 내마모성이 있어야 한다.
- 모양이 입방체 또는 구형에 가깝고, 부착이 좋은 표면조직을 가져야 한다.
- 입도가 좋고, 소요의 중량을 가져야 한다.
- 내화적인 콘크리트를 만들 때 그에 적합한 성질을 가져야 한다.

| 정답 | 077 ③　078 ③　079 ③　080 ①

2021년 1회

건설안전기술

081

건축공사로서 대상액이 5억 원 이상 50억 원 미만인 경우에 산업안전보건관리비의 비율(가) 및 기초액(나)으로 옳은 것은?

① (가): 2.28[%], (나): 4,325,000원
② (가): 2.53[%], (나): 3,300,000원
③ (가): 3.05[%], (나): 2,975,000원
④ (가): 1.59[%], (나): 2,450,000원

해설 공사종류 및 규모별 산업안전보건관리비 계상기준표

구분 / 공사종류	대상액 5억 원 미만	대상액 5억 원 이상 50억 원 미만		대상액 50억 원 이상	보건관리자 선임대상 건설공사
		비율	기초액		
건축공사	3.11[%]	2.28[%]	4,325,000원	2.37[%]	2.64[%]
토목공사	3.15[%]	2.53[%]	3,300,000원	2.60[%]	2.73[%]
중건설공사	3.64[%]	3.05[%]	2,975,000원	3.11[%]	3.39[%]
특수건설공사	2.07[%]	1.59[%]	2,450,000원	1.64[%]	1.78[%]

082

추락방지용 방망의 그물코의 크기가 10[cm]인 신품 매듭방망사의 인장강도는 몇 [kg] 이상이어야 하는가?

① 80　　② 90
③ 150　　④ 200

해설 방망사의 인장강도[(　　)는 폐기기준]

그물코의 크기[cm]	방망의 종류[kg]	
	매듭없는 방망	매듭방망
10	240(150)	200(135)
5	–	110(60)

083

달비계의 구조에서 달비계 작업발판의 폭은 최소 얼마 이상이어야 하는가?

① 30[cm]　　② 40[cm]
③ 50[cm]　　④ 60[cm]

해설 달비계 설치 시 준수사항

- 달기 강선 및 달기 강대는 심하게 손상 · 변형 또는 부식된 것을 사용하지 않도록 할 것
- 달기 와이어로프, 달기 체인, 달기 강선, 달기 강대는 한쪽 끝을 비계의 보 등에, 다른 한쪽 끝을 내민 보, 앵커볼트 또는 건축물의 보 등에 각각 풀리지 않도록 설치할 것
- 작업발판의 폭을 40[cm] 이상으로 하고 틈새가 없도록 할 것
- 작업발판의 재료는 뒤집히거나 떨어지지 않도록 비계의 보 등에 연결하거나 고정시킬 것
- 비계가 흔들리거나 뒤집히는 것을 방지하기 위하여 비계의 보 · 작업발판 등에 버팀을 설치하는 등 필요한 조치를 할 것
- 선반 비계에서는 보의 접속부 및 교차부를 철선 · 이음철물 등을 사용하여 확실하게 접속시키거나 단단하게 연결시킬 것

084

다음중 굴착기의 전부장치에 속하지 않는 것은?

① 마스트(Mast)　　② 붐(Boom)
③ 암(Arm)　　④ 버킷(Bucket)

해설

마스트는 지게차 전면부에 부착된 장치로 하물의 높이 등을 조절하는 장치이다.

관련개념 굴착기의 구조

굴착기는 상부회전장치, 하부주행장치, 전부장치로 이루어진다.
그 중 전부장치는 다음의 것들로 구성된다.

- 유압에 의해 작동하는 붐(Boom): 사람의 어깨에 해당
- 암(Arm): 사람의 팔에 해당
- 버킷(Bucket): 사람의 손에 해당

| 정답 | 081 ① 082 ④ 083 ② 084 ①

085

건설업 중 교량건설 공사의 경우 유해위험방지계획서를 제출하여야 하는 기준으로 옳은 것은?

① 최대 지간길이가 40[m] 이상인 교량건설 등 공사
② 최대 지간길이가 50[m] 이상인 교량건설 등 공사
③ 최대 지간길이가 60[m] 이상인 교량건설 등 공사
④ 최대 지간길이가 70[m] 이상인 교량건설 등 공사

해설 유해위험방지계획서 제출 대상 건설공사

- 다음의 어느 하나에 해당하는 건축물 또는 시설 등의 건설·개조 또는 해체(건설 등) 공사
  - 지상높이가 31[m] 이상인 건축물 또는 인공구조물
  - 연면적 30,000[m^2] 이상인 건축물
  - 연면적 5,000[m^2] 이상의 문화 및 집회시설(전시장 및 동물원·식물원 제외), 판매시설, 운수시설(고속철도의 역사 및 집배송시설 제외), 종교시설, 의료시설 중 종합병원, 숙박시설 중 관광숙박시설, 지하도상가, 냉동·냉장 창고시설
- 연면적 5,000[m^2] 이상인 냉동·냉장 창고시설의 설비공사 및 단열공사
- 최대 지간길이가 50[m] 이상인 다리의 건설 등 공사
- 터널의 건설 등 공사
- 다목적댐, 발전용댐, 저수용량 2천만 톤 이상의 용수 전용 댐 및 지방상수도 전용 댐의 건설 등 공사
- 깊이 10[m] 이상인 굴착공사

086

다음 중 방망에 표시해야 할 사항이 아닌 것은?

① 방망의 신축성 ② 제조자명
③ 제조연월 ④ 재봉치수

해설 방망의 표시사항

- 제조자명
- 제조연월
- 재봉치수
- 그물코
- 신품인 때의 방망의 강도

087

산업안전보건법령에 따른 거푸집 및 동바리를 조립하는 경우의 준수사항으로 옳지 않은 것은?

① 개구부 상부에 동바리를 설치하는 경우에는 상부하중을 견딜 수 있는 견고한 받침대를 설치할 것
② 동바리의 이음은 같은 품질의 재료를 사용할 것
③ 강재의 접속부 및 교차부는 철선을 사용하여 단단히 연결할 것
④ 거푸집이 곡면인 경우에는 버팀대의 부착 등 그 거푸집의 부상(浮上)을 방지하기 위한 조치를 할 것

해설 동바리 조립 시의 안전조치

- 받침목이나 깔판의 사용, 콘크리트 타설, 말뚝박기 등 동바리의 침하를 방지하기 위한 조치를 할 것
- 동바리의 상하 고정 및 미끄러짐 방지 조치를 할 것
- 상부·하부의 동바리가 동일 수직선 상에 위치하도록 하여 깔판·받침목에 고정시킬 것
- 개구부 상부에 동바리를 설치하는 경우에는 상부하중을 견딜 수 있는 견고한 받침대를 설치할 것
- U헤드 등의 단판이 없는 동바리의 상단에 멍에 등을 올릴 경우에는 해당 상단에 U헤드 등의 단판을 설치하고, 멍에 등이 전도되거나 이탈되지 않도록 고정시킬 것
- 동바리의 이음은 같은 품질의 재료를 사용할 것
- 강재의 접속부 및 교차부는 볼트·클램프 등 전용철물을 사용하여 단단히 연결할 것
- 거푸집의 형상에 따른 부득이한 경우를 제외하고는 깔판이나 받침목은 2단 이상 끼우지 않도록 할 것
- 깔판이나 받침목을 이어서 사용하는 경우에는 그 깔판·받침목을 단단히 연결할 것

관련개념 거푸집 조립 시의 안전조치

- 거푸집을 조립하는 경우에는 거푸집이 콘크리트 하중이나 그 밖의 외력에 견딜 수 있거나, 넘어지지 않도록 견고한 구조의 긴결재, 버팀대 또는 지지대를 설치하는 등 필요한 조치를 할 것
- 거푸집이 곡면인 경우에는 버팀대의 부착 등 그 거푸집의 부상을 방지하기 위한 조치를 할 것

| 정답 | 085 ② 086 ① 087 ③

088

철골 건립준비를 할 때 준수하여야 할 사항과 가장 거리가 먼 것은?

① 지상 작업장에서 건립준비 및 기계기구를 배치할 경우에는 낙하물의 위험이 없는 평탄한 장소를 선정하여 정비하고 경사지에는 작업대나 임시발판 등을 설치하는 등 안전하게 한 후 작업하여야 한다.
② 건립작업에 다소 지장이 있다하더라도 수목은 제거하여서는 안된다.
③ 사용 전에 기계기구에 대한 정비 및 보수를 철저히 실시하여야 한다.
④ 기계에 부착된 앵커 등 고정장치와 기초구조 등을 확인하여야 한다.

해설

건립작업에 지장이 되는 수목은 제거하거나 이설하여야 한다.

089

승강기 강선의 과다감기를 방지하는 장치는?

① 비상정지장치 ② 권과방지장치
③ 해지장치 ④ 과부하방지장치

해설 **권과방지장치**

중량물을 인양하는 와이어로프 또는 체인 등이 과도하게 감겨서 훅 등이 지브에 부딪혀 파손·낙하되는 것을 방지하기 위해 일정한도 이상으로 중량물을 감아올리면 그 이상 감겨지지 않게 자동으로 정지하도록 하는 장치를 말한다.
크레인, 리프트, 승강기 등에 설치하여야 한다.

090

PC자재의 현장 야적에 대한 설명으로 옳지 않은 것은?

① 오물로 인한 부재의 변질을 방지한다.
② 벽 부재는 변형을 방지하기 위해 수평으로 포개어 쌓아 놓는다.
③ 부재의 제조번호, 기호 등을 식별하기 쉽게 야적한다.
④ 받침대를 설치하여 휨, 균열 등이 생기지 않게 한다.

해설 **PC 운반 및 야적 시 안전대책**

- PC부재가 파손되지 않도록 주의한다.
- PC부재가 오염되거나 이동, 변형되지 않도록 받침목을 설치한다.
- PC부재는 형상의 변형이 없도록 수직으로 설치한다.

관련개념 **PC 조립, 설치 시 사전 검토사항**

- 부재의 종류
- 부재의 무게, 부피
- 작업가능 반경
- 인양장비의 용량 및 속도
- 주변 지형 및 입지조건

091

흙막이 지보공을 설치하였을 때 정기적으로 점검하여야 할 사항과 거리가 먼 것은?

① 경보장치의 작동상태
② 부재의 손상·변형·부식·변위 및 탈락의 유무와 상태
③ 버팀대의 긴압(緊壓)의 정도
④ 부재의 접속부·부착부 및 교차부의 상태

해설 **흙막이 지보공 설치 시 점검사항**

- 부재의 손상·변형·부식·변위 및 탈락의 유무와 상태
- 버팀대의 긴압의 정도
- 부재의 접속부·부착부 및 교차부의 상태
- 침하의 정도

| 정답 | 088 ② 089 ② 090 ② 091 ①

092

건설현장에서 높이 5[m] 이상인 콘크리트 교량의 설치작업을 하는 경우 재해예방을 위해 준수해야 할 사항으로 옳지 않은 것은?

① 작업을 하는 구역에는 관계 근로자가 아닌 사람의 출입을 금지할 것
② 재료, 기구 또는 공구 등을 올리거나 내릴 경우에는 근로자로 하여금 크레인을 이용하도록 하고 달줄, 달포대 등의 사용을 금하도록 할 것
③ 중량물 부재를 크레인 등으로 인양하는 경우에는 부재에 인양용 고리를 견고하게 설치하고, 인양용 로프는 부재에 두 군데 이상 결속하여 인양하여야 하며, 중량물이 안전하게 거치되기 전까지는 걸이로프를 해체시키지 아니할 것
④ 자재나 부재의 낙하·전도 또는 붕괴 등에 의하여 근로자에게 위험을 미칠 우려가 있을 경우에는 출입금지구역의 설정, 자재 또는 가설시설의 좌굴(坐屈) 또는 변형 방지를 위한 보강재 부착 등의 조치를 할 것

해설

교량의 설치작업 시 재료, 기구 또는 공구 등을 올리거나 내릴 경우에는 근로자로 하여금 달줄, 달포대 등을 사용하도록 하여야 한다.

093

강풍이 불어올 때 타워크레인의 운전작업을 중지하여야 하는 순간풍속의 기준으로 옳은 것은?

① 순간풍속이 초당 10[m] 초과
② 순간풍속이 초당 15[m] 초과
③ 순간풍속이 초당 25[m] 초과
④ 순간풍속이 초당 30[m] 초과

해설 **악천후 시 순간풍속에 따른 안전조치**

순간풍속	시기	조치사항
10[m/s] 초과	–	타워크레인의 설치·수리·점검 또는 해체 작업 중지
15[m/s] 초과	–	타워크레인의 운전작업 중지
30[m/s] 초과	바람이 불어올 우려가 있는 경우	옥외 주행 크레인의 이탈방지장치 작동 등 이탈방지 조치
	바람이 불거나 중진 이상 진도의 지진	옥외 양중기의 이상 점검
35[m/s] 초과	바람이 불어올 우려가 있는 경우	• 건설용 리프트의 받침수 증가 등 붕괴 방지 조치 • 옥외용 승강기의 받침수 증가 등 무너짐방지 조치

094

부두·안벽 등 하역작업을 하는 장소에서 부두 또는 안벽의 선을 따라 통로를 설치하는 경우에는 폭을 최소 얼마 이상으로 해야 하는가?

① 70[cm]　　② 80[cm]
③ 90[cm]　　④ 100[cm]

해설 **하역작업장의 조치기준**

- 작업장 및 통로의 위험한 부분에는 안전하게 작업할 수 있는 조명을 유지할 것
- 부두 또는 안벽의 선을 따라 통로를 설치하는 경우에는 폭을 90[cm] 이상으로 할 것
- 육상에서의 통로 및 작업장소로서 다리 또는 선거 갑문을 넘는 보도 등의 위험한 부분에는 안전난간 또는 울타리 등을 설치할 것

| 정답 | 092 ② 093 ② 094 ③

2021년 1회

095

건설현장에 설치하는 사다리식 통로의 설치기준으로 옳지 않은 것은?

① 발판과 벽과의 사이는 15[cm] 이상의 간격을 유지할 것
② 발판의 간격은 일정하게 할 것
③ 사다리의 상단은 걸쳐놓은 지점으로부터 60[cm] 이상 올라가도록 할 것
④ 사다리식 통로의 길이가 10[m] 이상인 경우에는 3[m] 이내마다 계단참을 설치할 것

해설 **사다리식 통로 설치 시 준수사항**

- 견고한 구조로 할 것
- 심한 손상·부식 등이 없는 재료를 사용할 것
- 발판의 간격은 일정하게 할 것
- 발판과 벽과의 사이는 15[cm] 이상의 간격을 유지할 것
- 폭은 30[cm] 이상으로 할 것
- 사다리가 넘어지거나 미끄러지는 것을 방지하기 위한 조치를 할 것
- 사다리의 상단은 걸쳐놓은 지점으로부터 60[cm] 이상 올라가도록 할 것
- 사다리식 통로의 길이가 10[m] 이상인 경우에는 5[m] 이내마다 계단참을 설치할 것
- 사다리식 통로의 기울기는 75° 이하로 할 것. 다만, 고정식 사다리식 통로의 기울기는 90° 이하로 하고, 그 높이가 7[m] 이상인 경우에는 다음의 구분에 따른 조치를 할 것
  - 등받이울이 있어도 근로자 이동에 지장이 없는 경우: 바닥으로부터 높이가 2.5[m] 되는 지점부터 등받이울을 설치할 것
  - 등받이울이 있으면 근로자가 이동이 곤란한 경우: 한국산업표준에서 정하는 기준에 적합한 개인용 추락 방지 시스템을 설치하고 근로자로 하여금 한국산업표준에서 정하는 기준에 적합한 전신안전대를 사용하도록 할 것
- 접이식 사다리 기둥은 사용 시 접혀지거나 펼쳐지지 않도록 철물 등을 사용하여 견고하게 조치할 것

096

중량물을 운반할 때의 바른 자세로 옳은 것은?

① 허리를 구부리고 양손으로 들어 올린다.
② 중량은 보통 체중의 60[%]가 적당하다.
③ 물건은 최대한 몸에서 멀리 떼어서 들어 올린다.
④ 길이가 긴 물건은 앞쪽을 높게 하여 운반한다.

해설 **중량물 취급 시 안전작업방법**

- 물건을 들어 올릴 때는 팔과 무릎을 사용하고 척추는 곧은 자세로 할 것
- 무거운 물건은 공동작업으로 실시하고 보조기구를 사용할 것
- 길이가 긴 물건은 앞쪽을 높여 운반할 것
- 화물에 최대한 접근하여 중심을 낮게 할 것
- 단독 작업은 무게를 30[kg] 이하로 하고, 장시간 작업은 작업자 체중의 40[%] 한도 내에서 취급할 것

097

타워 크레인(Tower Crane)을 선정하기 위한 사전 검토사항으로서 가장 거리가 먼 것은?

① 붐의 모양　　② 인양능력
③ 작업반경　　④ 붐의 높이

해설

타워 크레인 선정을 위한 사전 검토 시 장비의 인양능력, 장비의 작업반경, 붐의 높이 등을 고려하여야 한다.

| 정답 | 095 ④　096 ④　097 ①

098

사다리식 통로 등을 설치하는 경우 고정식 사다리식 통로의 기울기는 최대 몇 도 이하로 하여야 하는가?

① 60도　　② 75도
③ 80도　　④ 90도

해설 **사다리식 통로 설치 시 준수사항**

- 견고한 구조로 할 것
- 심한 손상·부식 등이 없는 재료를 사용할 것
- 발판의 간격은 일정하게 할 것
- 발판과 벽과의 사이는 15[cm] 이상의 간격을 유지할 것
- 폭은 30[cm] 이상으로 할 것
- 사다리가 넘어지거나 미끄러지는 것을 방지하기 위한 조치를 할 것
- 사다리의 상단은 걸쳐놓은 지점으로부터 60[cm] 이상 올라가도록 할 것
- 사다리식 통로의 길이가 10[m] 이상인 경우에는 5[m] 이내마다 계단참을 설치할 것
- 사다리식 통로의 기울기는 75° 이하로 할 것. 다만, 고정식 사다리식 통로의 기울기는 90° 이하로 하고, 그 높이가 7[m] 이상인 경우에는 다음의 구분에 따른 조치를 할 것
  - 등받이울이 있어도 근로자 이동에 지장이 없는 경우: 바닥으로부터 높이가 2.5[m] 되는 지점부터 등받이울을 설치할 것
  - 등받이울이 있으면 근로자가 이동이 곤란한 경우: 한국산업표준에서 정하는 기준에 적합한 개인용 추락 방지 시스템을 설치하고 근로자로 하여금 한국산업표준에서 정하는 기준에 적합한 전신안전대를 사용하도록 할 것
- 접이식 사다리 기둥은 사용 시 접혀지거나 펼쳐지지 않도록 철물 등을 사용하여 견고하게 조치할 것

099

건설현장에서 근로자의 추락재해를 예방하기 위한 안전난간을 설치하는 경우 그 구성요소와 거리가 먼 것은?

① 상부 난간대　　② 중간 난간대
③ 사다리　　④ 발끝막이판

해설

안전난간은 상부 난간대, 중간 난간대, 발끝막이판 및 난간기둥으로 구성하여야 한다.
사다리는 작업장 내 높은 곳과 낮은 곳을 연결하는 승강설비이므로 추락을 예방하기 위한 안전난간과는 무관하다.

100

사질지반 굴착 시, 굴착부와 지하수위차가 있을 때 수두차에 의하여 삼투압이 생겨 흙막이벽 근입부분을 침식하는 동시에 모래가 액상화되어 솟아오르는 현상은?

① 동상현상　　② 연화현상
③ 보일링현상　　④ 히빙현상

해설 **보일링(Boiling)현상**

지하수위가 높은 사질토지반을 굴착 시 굴착부와 지하수위차가 있을 경우, 수두차에 의하여 침투압이 생겨 흙막이벽 근입부분을 침식하는 동시에, 모래가 액상화되어 솟아오르는 현상으로 흙막이벽의 근입부가 지지력을 상실하여 흙막이공의 붕괴를 초래한다.

관련개념

동상현상	온도가 하강하여 물이 결빙되는 위치로부터 토층수가 얼어 부피가 9[%] 정도 증대됨에 따라 표면이 부풀어 오르는 현상이다.
연화현상	동결된 지반이 온도상승에 의해 녹기 시작하고 고인물이 적절히 배수되지 않아 함수비가 증가하면서 얼기 전보다 지반이 약하고 강도가 떨어지는 현상이다.

| 정답 | 098 ④　099 ③　100 ③

2021년 2회 | CBT 복원문제

자동 채점

산업안전관리론

001

부하의 행동에 영향을 주는 리더십 중 조언, 설명, 보상조건 등의 제시를 통한 적극적인 방법은?

① 강요　② 모범
③ 제언　④ 설득

해설

설득은 부하의 행동에 영향을 주는 리더십 중 조언, 설명, 보상조건 등의 제시를 통한 적극적인 방법이다.

관련개념

강요	상벌 등을 통해 심리적 압박을 가하는 방법
모범	리더 스스로 선행을 통해 구성원의 자발적 행동을 불러일으키는 방법
제언	리더가 의견을 제시하여 구성원에게 이를 행하도록 하는 방법

002

500명의 상시 근로자가 있는 사업장에서 1년간 발생한 근로손실일수가 1,200일이고, 이 사업장의 도수율이 9일 때, 종합재해지수(FSI)는 얼마인가? (단, 근로자는 1일 8시간씩 연간 300일을 근무하였다.)

① 2.0　② 2.5
③ 2.7　④ 3.0

해설

$$강도율 = \frac{총\ 요양\ 근로손실일수}{연\ 근로시간\ 수} \times 1{,}000$$

$$= \frac{1{,}200}{500 \times (8 \times 300)} \times 1{,}000 = 1이므로$$

$$종합재해지수 = \sqrt{도수율 \times 강도율} = \sqrt{9 \times 1} = 3.0$$

관련개념 **종합재해지수(FSI; Frequency Severity Indicator)**

도수율과 강도율을 종합적으로 평가하여 재해발생빈도와 재해로 인한 손실시간을 고려한 지표로써 종합적인 안전관리 성과를 측정하는 지표로 활용되며 이 지수가 높으면 해당 사업장의 재해 발생율이 높고 그에 따른 근로손실시간도 크다는 것을 의미한다.

003

한 사람, 한 사람이 스스로 위험요인을 발견, 파악하여 단시간에 행동목표를 정하여 지적확인을 하며, 특히 비정상적인 작업의 안전을 확보하기 위한 위험예지 훈련은?

① 삼각 위험예지훈련
② 1인 위험예지훈련
③ 원 포인트 위험예지훈련
④ 자문자답카드 위험예지훈련

해설

삼각 위험예지훈련	쓰는 것이나 말하는 것이 미숙한 작업자를 대상으로 실시하는 기법으로 현상파악과 위험의 포인트를 △형으로 표시하여 팀의 합의를 이끌어내는 기법
1인 위험예지훈련	각자(1인)가 삼각 및 원 포인트 위험예지훈련을 실시
원 포인트 위험예지훈련	위험예지훈련 4R 중에서 1R를 제외한 2R, 3R, 4R를 원 포인트로 요약하여 실시하는 기법으로 2~3분 내에 실시하는 현장 활동용 훈련
자문자답카드 위험예지훈련 (ECR; Error Cause Removal)	• 카드에 있는 체크리스트를 큰 소리로 자문자답하면서 위험요인을 발견하고 파악하여 행동목표를 정하는 기법 • 아이디어 제안 → 조장이 접수 → 무재해 추진위원회에 조치 → 제안자 표창

004

산업안전보건법상 안전검사를 받아야 하는 자는 안전검사 신청서를 검사 주기 만료일 며칠 전에 안전검사기관에 제출해야 하는가? (단, 전자문서에 의한 제출을 포함한다.)

① 15일　② 30일
③ 45일　④ 60일

해설

안전검사를 받아야 하는 자는 안전검사 신청서를 검사 주기 만료일 30일 전에 안전검사기관에 제출(전자문서로 제출하는 것을 포함)하여야 한다.

| 정답 | 001 ④　002 ④　003 ④　004 ②

005

하베이(Harvey)가 제창한 3E 대책은 하인리히(Heinrich)의 사고예방대책의 기본원리 5단계 중 어느 단계와 연관이 되는가?

① 조직 ② 사실의 발견
③ 분석 및 평가 ④ 시정책의 적용

해설 하인리히의 사고예방대책 기본원리 5단계

단계별 과정		내용
제1단계	조직	• 경영층의 참여 • 안전관리자의 임명 • 안전의 라인 및 스태프 조직 구성 • 안전활동 방침 및 계획 수립 • 조직을 통한 안전활동
제2단계	사실의 발견	• 사고 및 안전활동 기록 검토 • 작업분석 • 안전점검 및 안전진단 • 사고조사 • 안전회의 및 토의 • 근로자의 제안 및 여론조사 • 관찰 및 보고서의 연구 등을 통하여 불안전 요소 발견
제3단계	분석평가	• 사고보고서 및 현장조사 • 사고기록 및 인적·물적 조건의 분석 • 작업공정분석 • 교육훈련분석 등을 통하여 사고의 직접원인 및 간접원인을 규명
제4단계	시정책의 선정	• 기술적 개선 • 인사조정 • 교육훈련의 개선 • 안전행정의 개선 • 규정 및 수칙, 작업표준제도의 개선 • 확인 및 통제체제 개선
제5단계	시정책의 적용	• 기술적(engineering) 대책 • 교육적(education) 대책 • 독려적(enforcement) 대책

006

점검시기에 의한 구분에 있어 안전점검의 종류가 아닌 것은?

① 집중점검 ② 수시점검
③ 특별점검 ④ 계획점검

해설

집중점검은 점검시기에 따른 안전점검의 종류에 해당되지 않는다.

관련개념 점검시기에 따른 안전점검의 종류

구분	내용
일상(수시)점검	매일 일의 시작이나 종료 시 또는 작업 중에 계속해서 실시하는 점검
정기(계획)점검	주기적으로 일정한 시설이나 물건, 기계 등에 대하여 점검하는 방법
특별점검	신설, 변경 내지는 고장수리 등을 할 경우에 행하는 부정기 점검
임시점검	이상징후 예견 시 임시로 실시하는 점검

007

재해사례연구법 중 사실의 확인 단계에서 사용하기 가장 적절한 분석기법은?

① 클로즈분석도 ② 특성요인도
③ 관리도 ④ 파레토도

해설

특성요인도를 통해 원인과 결과를 체계적으로 분석할 수 있고 다양한 요인 간의 관계를 시각적으로 정리 가능하므로 사실의 확인 단계에서 사용하기 적절하다.

| 정답 | 005 ④ 006 ① 007 ②

008

산업안전보건법상 고용노동부장관이 사업장의 산업재해 발생건수, 재해율 또는 그 순위 등을 공표할 수 있는 사업장이 아닌 것은?

① 중대산업사고가 발생한 사업장
② 산업재해의 발생에 관한 보고를 최근 2년 이내 1회 이상 하지 않은 사업장
③ 사망만인율이 규모별 같은 업종의 평균 사망만인율 이상인 사업장 중 상위 10[%] 이내에 해당되는 사업장
④ 산업재해로 연간 사망재해자가 2명 이상 발생한 사업장으로서 사망만인율이 규모별 같은 업종의 평균 사망만인율 이상인 사업장

해설 **산업재해 발생건수 공표대상 사업장**

- 산업재해로 인한 사망자가 연간 2명 이상 발생한 사업장
- 사망만인율이 규모별 같은 업종의 평균 사망만인율 이상인 사업장
- 중대산업사고가 발생한 사업장
- 산업재해 발생 사실을 은폐한 사업장
- 산업재해의 발생에 관한 보고를 최근 3년 이내 2회 이상 하지 않은 사업장

009

시설물의 안전 및 유지관리에 관한 특별법상 안전점검의 구분에 해당하지 않는 것은?

① 특별점검 ② 정기점검
③ 정밀점검 ④ 긴급점검

해설

시설물의 안전 및 유지관리에 관한 특별법상 안전점검은 정기안전점검, 정밀안전점검, 긴급안전점검으로 구분된다.

관련개념 **시설물의 안전 및 유지관리에 관한 특별법상 안전점검**

종류	정의
정기안전점검	시설물의 상태를 판단하고 시설물이 점검 당시의 사용요건을 만족시키고 있는지 확인할 수 있는 수준의 외관조사를 실시하는 안전점검
정밀안전점검	시설물의 상태를 판단하고 시설물이 점검 당시의 사용요건을 만족시키고 있는지 확인하며 시설물 주요부재의 상태를 확인할 수 있는 수준의 외관조사 및 측정·시험장비를 이용한 조사를 실시하는 안전점검
긴급안전점검	시설물의 붕괴·전도 등으로 인한 재난 또는 재해가 발생할 우려가 있는 경우에 시설물의 물리적·기능적 결함을 신속하게 발견하기 위하여 실시하는 점검

010

재해예방의 4원칙과 거리가 먼 것은?

① 예방가능의 원칙 ② 필연발생의 원칙
③ 손실우연의 원칙 ④ 대책선정의 원칙

해설 **재해예방의 4원칙**

손실우연의 원칙	사고에 의해서 생기는 상해의 종류 및 정도는 우연적이라는 원칙
예방가능의 원칙	재해는 원칙적으로 예방이 가능하다는 원칙
원인계기의 원칙 (원인연계의 원칙)	재해의 발생은 직접원인으로만 일어나는 것이 아니라 간접원인이 연계되어 일어난다는 원칙
대책선정의 원칙	원인의 정확한 분석에 의해 가장 타당한 재해예방 대책이 선정되어야 한다는 원칙

011

근로자가 벽돌을 손수레에 운반 중 벽돌이 떨어져 발을 다쳤다. 이 때 기인물과 가해물로 옳은 것은?

① 손수레, 손수레 ② 손수레, 벽돌
③ 벽돌, 벽돌 ④ 벽돌, 손수레

해설

재해 발생의 주 원인은 벽돌(기인물)이고, 직접적인 피해를 준 물체도 벽돌(가해물)이다.

관련개념 **기인물과 가해물**

- 기인물: 재해발생의 주 원인이며 재해를 가져오게 한 근원이 되는 기계, 장치, 물질 또는 환경 등(불안전한 상태)
- 가해물: 직접 사람에게 접촉하여 피해를 주는 기계, 장치, 물질 또는 환경 등

| 정답 | 008 ② 009 ① 010 ② 011 ③

012

안전관리 조직의 형태 중 참모형 안전조직의 특징으로 가장 거리가 먼 것은?

① 안전을 전담하는 부서가 있다.
② 100명 이하의 기업에 적합하다.
③ 생산 부분은 안전에 대한 책임과 권한이 없다.
④ 생산라인과의 견해 차이로 안전지시가 용이하지 않으며, 안전과 생산을 별개로 취급하기 쉽다.

해설

100명 이하의 소규모 사업장에 적합한 안전조직은 라인형(직계식) 조직이다.

관련개념 **스태프형(참모형) 조직의 특징**

- 근로자 100~1,000명 정도의 중규모 사업장에 적합하다.
- 스태프는 안전에 관한 계획안의 작성, 조사, 점검 결과에 의한 조언, 보고의 역할을 한다.(스스로 생산 라인의 안전업무를 행할 수 없음)
- 생산라인과의 견해 차이로 안전지시가 용이하지 않으며, 안전과 생산을 별개로 취급하기 쉽다.

013

산업안전보건법상 안전보건개선계획의 수립, 시행 명령을 받은 사업주는 고용노동부장관이 정하는 바에 따라 안전보건개선계획서를 작성하여 그 명령을 받은 날부터 며칠 이내에 관할 지방고용노동관서의 장에게 제출해야 하는가?

① 15일 ② 30일
③ 45일 ④ 60일

해설

안전보건개선계획서를 제출하여야 하는 사업주는 안전보건개선계획서 수립·시행 명령을 받은 날부터 60일 이내에 관할 지방고용노동관서의 장에게 해당 계획서를 제출(전자문서로 제출하는 것 포함)하여야 한다.

014

재해 손실비의 평가방식 중 시몬즈(Simonds)방식에서 재해의 종류에 관한 설명으로 틀린 것은?

① 무상해사고는 의료조치를 필요로 하지 않는 상해 사고를 말한다.
② 휴업상해는 영구 일부 노동불능 및 일시 전노동 불능 상해를 말한다.
③ 응급조치상해는 응급조치 또는 8시간 이상의 휴업의료 조치 상해를 말한다.
④ 통원상해는 일시 일부 노동불능 및 의사의 통원 조치를 요하는 상해를 말한다.

해설 **시몬즈방식에서 인정하는 상해의 종류**

분류	내용
휴업상해	영구 부분 노동불능, 일시 전노동 불능
통원상해	일시 부분 노동불능, 의사의 조치를 요하는 통원상해
응급조치상해	응급조치가 필요한 상해 또는 8시간 미만의 휴업의료조치 상해
무상해사고	의료조치를 필요로 하지 않는 경미한 상해 사고

| 정답 | 012 ② 013 ④ 014 ③

2021년 2회

015

산업안전보건법령상 안전보건진단을 받아 안전보건개선계획을 수립·제출하도록 명할 수 있는 사업장이 아닌 것은?

① 직업병에 걸린 사람이 연간 2명 이상(상시근로자 1천 명 이상 사업장의 경우 3명 이상) 발생한 사업장
② 산업재해율이 같은 업종 평균 산업재해율의 2배 이상인 사업장
③ 작업환경 불량, 화재·폭발 또는 누출 사고 등으로 사업장 주변까지 피해가 확산된 사업장으로서 고용노동부령으로 정하는 사업장
④ 근로자가 안전수칙을 준수하지 않아 16주 이상의 치료를 요하는 재해가 발생한 사업장

해설 **안전보건진단을 받아 안전보건개선계획을 수립할 대상**

- 산업재해율이 같은 업종 평균 산업재해율의 2배 이상인 사업장
- 사업주가 필요한 안전조치 또는 보건조치를 이행하지 아니하여 중대재해가 발생한 사업장
- 직업성 질병자가 연간 2명 이상(상시근로자 1천 명 이상 사업장의 경우 3명 이상) 발생한 사업장
- 그 밖에 작업환경 불량, 화재·폭발 또는 누출 사고 등으로 사업장 주변까지 피해가 확산된 사업장으로서 고용노동부령으로 정하는 사업장

016

재해사례연구의 주된 목적 중 틀린 것은?

① 재해요인을 체계적으로 규명하여 이에 대한 대책을 세우기 위함
② 재해요인을 조사하여 책임 소재를 명확히 하기 위함
③ 재해 방지의 원칙을 습득해서 이것을 일상 안전보건활동에 실천하기 위함
④ 참가자의 안전보건활동에 관한 견해나 생각을 깊게 하고, 태도를 바꾸게 하기 위함

해설

재해사례 연구의 주된 목적은 재해발생의 근본원인을 파악하여 동종 및 유사재해를 예방하기 위함이다.

017

사고의 용어 중 Near Accident에 대한 설명으로 옳은 것은?

① 사고가 일어나더라도 손실을 수반하지 않는 경우
② 사고가 일어날 경우 인적재해가 발생하는 경우
③ 사고가 일어날 경우 물적재해가 발생하는 경우
④ 사고가 일어나더라도 일정 비용 이하의 손실만 수반하는 경우

해설

Near Accident란 사고가 일어나더라도 손실을 수반하지 않는(위험순간사고, 아차사고) 사고를 의미한다.

018

작업자가 불안전한 작업대에서 작업 중 추락하여 지면에 머리가 부딪혀 다친 경우의 기인물과 가해물로 옳은 것은?

① 기인물 – 지면, 가해물 – 작업대
② 기인물 – 지면, 가해물 – 지면
③ 기인물 – 작업대, 가해물 – 작업대
④ 기인물 – 작업대, 가해물 – 지면

해설

재해발생의 주 원인은 작업대(기인물)이고, 직접적인 피해를 준 물체는 지면(가해물)이다.

관련개념 **기인물과 가해물**

- 기인물: 재해발생의 주 원인이며 재해를 가져오게 한 근원이 되는 기계, 장치, 물질 또는 환경 등(불안전한 상태)
- 가해물: 직접 사람에게 접촉하여 피해를 주는 기계, 장치, 물질 또는 환경 등

| 정답 | 015 ④ 016 ② 017 ① 018 ④

019

인간의 의식수준 5단계 중 의식수준의 저하로 인한 피로와 단조로움의 생리적 상태가 일어나는 단계는?

① Phase Ⅰ　　② Phase Ⅱ
③ Phase Ⅲ　　④ Phase Ⅳ

해설 **인간의 의식레벨**

단계	의식수준	생리적 상태
Phase 0	무의식, 실신상태	뇌발작, 수면
Phase Ⅰ	이상, 피로 및 단조로움	피로, 단조로움, 졸음
Phase Ⅱ	정상, 이완상태	휴식 시, 정례작업 시
Phase Ⅲ	정상, 명쾌	적극 활동 시
Phase Ⅳ	과긴장	패닉, 긴급방위반응

020

버드(Bird)에 의한 재해발생비율 1:10:30:600 중 10에 해당되는 내용은?

① 중상 및 폐질　　② 물적만의 사고
③ 인적만의 사고　　④ 물적, 인적 사고

해설 **버드의 재해발생비율**

1:10:30:600=중상:경상(물적, 인적 손실):무상해 사고(물적 손실):무상해, 무사고

따라서 10에 해당되는 사고는 물적, 인적 사고이다.

인간공학 및 시스템안전공학

021

인간 오류의 분류에 있어 원인에 의한 분류 중 작업의 조건이나 작업의 형태 중에서 다른 문제가 생겨 그 때문에 필요한 사항을 실행할 수 없는 오류(Error)를 무엇이라 하는가?

① Secondary Error　　② Primary Error
③ Command Error　　④ Commission Error

해설 **휴먼에러(Human Error)의 분류**

분류	내용
심리적 분류 (Swain의 분류)	• 정상수행 1 → 2 → 3 → 4 → 5 • Omission Error(생략에러): 필요한 작업, 절차를 수행하지 않는 오류 1 → 2 ——— 4 → 5 • Time Error(시간에러): 필요한 작업과 절차의 수행지연으로 인한 오류 1 → 2 → 3 ——— 4 → 5 • Commission Error(수행에러): 필요한 작업과 절차를 잘못 수행하는 오류 1 → 2 → 3 → 4 → 5 • Sequential Error(순서에러): 필요한 작업 또는 절차의 순서착오로 인한 오류 1 → 2 → 4 → 3 → 5 • Qualitative Error(양적에러): 너무 적거나 많은 작업을 수행하는 오류 • Extraneous Error(불필요 수행에러): 작업과 관계없는 행동을 하는 오류 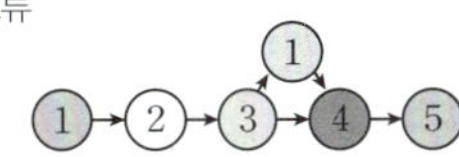
원인별(레벨별) 분류	• Primary Error(1차에러): 작업자 자신에 의해 발생 • Secondary Error(2차에러): 작업형태나 조건에 의해 발생 • Command Error(지시에러): 근로자가 움직일 수 없는 상태에 발생 • Third Error(3차에러)

| 정답 | 019 ① 020 ④ 021 ①

2021년 2회

022

다음 중 불대수(Boolean algebra)의 관계식으로 옳은 것은?

① $A(A \cdot B) = B$ ② $A + B = A \cdot B$
③ $A + A \cdot B = A \cdot B$ ④ $(A + B)(A + C) = A + B \cdot C$

해설
① $A(A \cdot B) = (A \cdot A)B = A \cdot B$
② $A + B \neq A \cdot B$
③ $A + A \cdot B = A(1 + B) = A$
④ $(A + B)(A + C) = (A + B)A + (A + B)C = A + A \cdot B + A \cdot C + B \cdot C$
$= A(1 + B + C) + B \cdot C = A + B \cdot C$

관련개념 **불대수의 법칙**
- 동일법칙: $A+A = A$, $A \cdot A = A$
- 교환법칙: $AB = BA$, $A+B = B+A$
- 흡수법칙: $A(AB) = (AA)B$, $A(A+B) = A$
  $A + AB = A \cup (A \cap B) = (A \cup A) \cap (A \cup B) = A \cap (A \cup B) = A$
- 분배법칙: $A(B + C) = AB + AC$, $A + (BC) = (A + B) \cdot (A + C)$
- 결합법칙: $A(BC) = (AB)C$, $A + (B + C) = (A + B) + C$
- 기타: $A \cdot 0 = 0$, $A + 1 = 1$, $A \cdot 1 = A$, $A + \overline{A} = 1$, $A \cdot \overline{A} = 0$

023

다음 중 인간공학에 관련된 설명으로 옳지 않은 것은?

① 인간의 특성과 한계점을 고려하여 제품을 변경한다.
② 생산성을 높이기 위해 인간의 특성을 작업에 맞추는 것이다.
③ 사고를 방지하고 안전성과 능률성을 높일 수 있다.
④ 편리성, 쾌적성, 효율성을 높일 수 있다.

해설 **인간공학**
- 인간의 특성과 한계 능력을 공학적으로 분석, 평가하여 이를 복잡한 체계의 설계에 응용하고 효율을 최대로 활용할 수 있도록 하는 학문분야이다.
- 인간이 사용하는 물건, 설비, 환경의 설계에 인간의 생리적, 심리적인 면에서의 특성이나 한계점을 고려함으로써 인간-기계 시스템의 안전성과 편리성, 효율성을 높이는 학문분야이다.
- 인간의 능력과 한계의 개인차를 고려하여 시스템의 설계에 반영한다.
- 인간공학의 목표는 시스템의 기능적 효과, 효율 및 인간 가치를 향상시키는 것이다.

024

다음과 같이 ①~④의 기본사상을 가진 FT도에서 minimal cut set으로 옳은 것은?

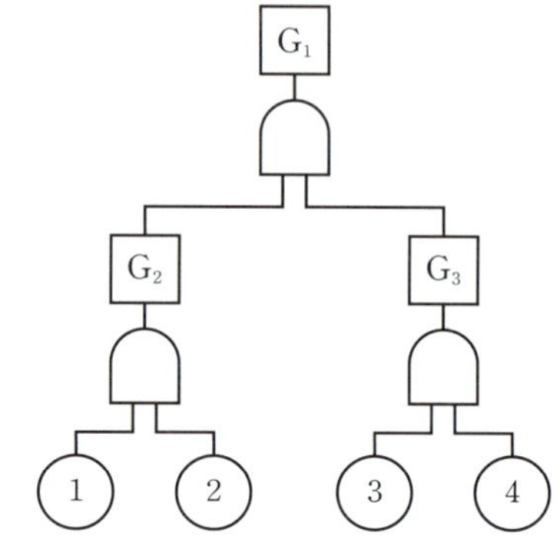

① {①, ②, ③, ④} ② {①, ③, ④}
③ {①, ②} ④ {③, ④}

해설
$G_1 = G_2 \cdot G_3 = (1\ 2) \cdot (3\ 4) = (1\ 2\ 3\ 4)$
컷셋은 (1 2 3 4)이므로 미니멀 컷셋은 (1 2 3 4)이다.

025

다음 중 조도의 단위에 해당하는 것은?

① [fL] ② [diopter]
③ [lumen/m^2] ④ [lumen]

해설 **조도**
어떤 면이 받는 빛의 세기를 나타내는 값으로 단위면적에 도달하는 광선속 [lumen/m^2]으로 계산한다.

관련개념
- [fL](foot-Lambert): 휘도의 단위이다.
- [diopter]: 렌즈의 굴절력을 나타내는 단위이다.
- [lumen]: 광속(빛의 총량)의 단위이다.

| 정답 | 022 ④ 023 ② 024 ① 025 ③

026

일반적으로 스트레스로 인한 신체반응의 척도 가운데 정신적 작업의 스트레인 척도와 가장 거리가 먼 것은?

① 뇌전도　② 부정맥 지수
③ 근전도　④ 심박수의 변화

해설 **생리적 척도**

- 정신작업의 생리적 척도: EEG(뇌전도), 심박수, 부정맥 지수, 점멸융합주파수
- 육체작업의 생리적 척도: EMG(근전도), 맥박수, 산소소비량, 폐활량

027

2개 공정의 소음수준 측정 결과 1공정은 100[dB]에서 2시간, 2공정은 90[dB]에서 1시간 소요될 때 총 소음량(TND)과 소음설계의 적합성을 올바르게 나열한 것은? (단, 우리나라는 90[dB]에 8시간 노출될 때를 허용기준으로 하며, 5[dB] 증가할 때 허용시간은 1/2로 감소되는 법칙을 적용한다.)

① TND=0.83, 적합　② TND=0.93, 적합
③ TND=1.03, 적합　④ TND=1.13, 부적합

해설

- 총 소음량 계산

  총 소음량(TND) $= \frac{C_1}{T_1} + \frac{C_2}{T_2} + \cdots + \frac{C_n}{T_n} = \frac{2}{2} + \frac{1}{8} = 1.13$

  여기서, $C_1, C_2, \cdots, C_n$: 각 소음에 대한 노출시간[시간]

  $T_1, T_2, \cdots, T_n$: 소음강도에 따른 노출기준[시간]

- 적합성 판단

  TND≤1.0이면 적합, TND>1.0이면 부적합이므로 문제의 소음설계는 부적합하다.

※ 소음의 노출기준, 연속소음에 대한 노출기준

1일 노출시간[시간]	소음강도[dB(A)]
8	90
4	95
2	100
1	105
0.5	110
0.25	115

028

다음 중 시스템 안전의 최종분석 단계에서 위험을 고려하는 결정인자가 아닌 것은?

① 효율성　② 피해가능성
③ 비용산정　④ 시스템의 고장모드

해설

시스템 안전의 최종분석 단계에서 위험을 고려하는 결정인자는 피해가능성, 효율성, 피해정도, 비용산정이다.
시스템 고장모드는 위험분석 단계에서 다루는 요소이다.

029

시스템이 저장되고 이동되고, 실행됨에 따라 발생하는 작동시스템의 기능이나 과업, 활동으로부터 발생되는 위험에 초점을 맞추어 진행하는 위험분석방법은?

① FHA　② OHA
③ PHA　④ SHA

해설 **운용위험분석(OHA; Operating Hazard Analysis)**

시스템의 저장, 이동, 실행 등 운영 중에 발생하는 위험에 초점을 맞춘 위험분석방법이다.

관련개념 **시스템위험분석(SHA; System Hazard Analysis)**

시스템 수준에서 발생할 수 있는 포괄적인 위험을 식별하고 평가하는 방법이며 시스템 설계 전반에 걸친 위험평가에 사용된다.

| 정답 | 026 ③　027 ④　028 ④　029 ②

2021년 2회

030

결함수(FT) 기호의 정의로 틀린 것은?

① 1차 사상은 외적인 원인에 의해 발생하는 사상이다.
② 결함사상은 시스템 분석에 있어 좀 더 발전시켜야 하는 사상이다.
③ 기본사상은 고장원인이 분석되었기 때문에 더 이상 분석할 필요가 없는 사상이다.
④ 정상적인 사상은 두 가지 상태가 규정된 시간 내에 일어날 것으로 기대 및 예정되는 사상이다.

해설

1차 사상은 내부 결함으로 인해 발생하는 사상이다.

031

다음 중 인체계측에 관한 설명으로 틀린 것은?

① 의자, 피복과 같이 신체모양과 치수와 관련성이 높은 설비의 설계에 중요하게 반영된다.
② 일반적으로 몸의 측정 치수는 구조적 치수(structural dimension)와 기능적 치수(functional dimension)로 나눌 수 있다.
③ 인체계측치의 활용 시에는 문화적 차이를 고려하여야 한다.
④ 인체계측치를 활용한 설계는 인간의 안락에는 영향을 미치지만 성능수행과는 관련성이 없다.

해설

인체계측치를 활용한 설계는 인간의 안락뿐만 아니라 작업 효율성, 생산성, 안전성 등 성능수행에도 큰 영향을 미친다.

032

인간 성능에 관한 척도와 가장 거리가 먼 것은?

① 빈도수 척도 ② 지속성 척도
③ 자연성 척도 ④ 시스템 척도

해설

시스템 척도(System Scale)는 시스템 자체의 성능과 효율성을 평가하는 척도로 인간성능과는 가장 거리가 멀다.

관련개념 **인간 성능에 관한 척도**

빈도수 척도 (Frequency Scale)	작업 수행이나 특정 행동의 발생 빈도를 측정하는 척도이다.
지속성 척도 (Duration Scale)	작업이나 행동이 지속되는 시간을 측정하는 척도로, 작업 능력과 피로도 등을 평가하는 데 활용된다.
자연성 척도 (Naturalness Scale)	작업이나 행동이 얼마나 자연스럽게 이루어지는지를 평가하며, 인간의 편안함과 효율성과 관련이 있다.

033

결함수 분석의 최소 컷셋과 가장 관련이 없는 것은?

① Boolean Algebra ② Fussell Algorithm
③ Generic Algorithm ④ Limnios & Ziani Algorithm

해설

Generic Algorithm은 최적화 문제 해결에 사용되는 알고리즘으로 결함수 분석이나 최소 컷셋 도출과는 직접적인 관련이 없다.

관련개념

Boolean Algebra	최소 컷셋을 구할 때 결함수의 논리식을 단순화하기 위해 사용되는 수학적 도구
Fussell Algorithm	최소 컷셋을 효율적으로 도출하기 위해 사용되는 알고리즘
Limnios & Ziani Algorithm	최소 컷셋과 관련된 분석 및 계산을 위한 알고리즘

| 정답 | 030 ① 031 ④ 032 ④ 033 ③

034

에너지 대사율(RMR)에 의한 작업강도에서 경작업이란 작업 강도가 얼마인 작업을 의미하는가?

① 1~2　② 2~4
③ 4~7　④ 7~9

해설 **에너지대사율(RMR; Relative Metabolic Rate)**

$$RMR = \frac{작업대사량}{기초대사량} = \frac{작업\ 시\ 소비에너지 - 안정\ 시\ 소비에너지}{기초대사\ 시\ 소비에너지}$$

작업구분	RMR	작업 종류 등
초중(超重)작업	7 이상	과격한 전신작업
중(重)작업	4~7	• 일반적인 전신작업 • 힘·동작속도가 큰 작업
중(中)작업	2~4	힘·동작속도가 작은 작업
경(輕)작업	0~2	• 사무실 작업 • 손가락이나 팔로 하는 가벼운 작업

035

작업장 인공조명 설계 시 고려사항으로 가장 거리가 먼 것은?

① 조도는 작업상 충분할 것
② 광색은 붉은색에 가까울 것
③ 취급이 간단하고 경제적일 것
④ 유해가스를 발생하지 않고, 폭발성이 없을 것

해설
광색을 붉은색으로 하면 눈의 피로도가 높아지고 사고의 위험성을 증가시킬 수 있다. 작업조명으로는 보통 중립적인 색온도(주백색, 주광색 등)가 선호된다.

036

레버를 10° 움직이면 표시장치는 1[cm] 이동하는 조종장치가 있다. 레버의 길이가 20[cm]라고 하면 이 조종장치의 통제표시비(C/D비)는 약 얼마인가?

① 1.27　② 2.38
③ 3.49　④ 4.51

해설

$$통제표시비(C/D비) = \frac{2\pi \times 20 \times \frac{10}{360}}{1} = 3.49$$

관련개념 **통제표시비(C/D비, C/R비)**

$$통제표시비 = \frac{제어장치의\ 변위량}{표시장치의\ 변위량} = \frac{2\pi \times 레버의\ 길이 \times \frac{움직인\ 각도}{360}}{표시장치의\ 변위량}$$

037

시스템 안전계획의 수립 및 작성 시 반드시 기술하여야 하는 것으로 거리가 가장 먼 것은?

① 안전성 관리 조직
② 시스템의 신뢰성 분석 비용
③ 작성되고 보존하여야 할 기록의 종류
④ 시스템 사고의 식별 및 평가를 위한 분석법

해설
시스템의 신뢰성 분석 비용은 구체적인 비용 산정에 대한 내용으로, 시스템 안전계획에서 반드시 기술해야 하는 사항과는 가장 거리가 멀다.

038

목과 어깨 부위의 근골격계 질환 발생과 관련하여 인과관계가 가장 적은 것은?

① 진동　② 반복작업
③ 과도한 힘　④ 작업자세

해설
진동은 근골격계 질환과 관련이 있지만, 목과 어깨 부위의 질환 발생에는 인과관계가 상대적으로 낮다.

| 정답 | 034 ①　035 ②　036 ③　037 ②　038 ①

039

의자 좌판의 높이를 설계하기 위한 것으로 가장 적합한 인체 계측자료의 응용원칙은?

① 최소 집단치를 위한 설계
② 최대 집단치를 위한 설계
③ 평균치를 기준으로 한 설계
④ 최대 빈도치를 기준으로 한 설계

해설

최소 집단치를 위한 설계를 하면 키가 작은 사람들도 수용 가능하여 불편함을 최소화 할 수 있다.

관련개념 **인체측정자료 응용원칙**

응용원칙	개념	예시
조절식 설계원칙	사용자의 신체적 특성에 따라 조절할 수 있도록 설계하는 원칙	자동차 의자, 조절식 의자 등
평균치 설계원칙	인체측정자료의 평균치를 기준으로 설계하는 원칙	은행 카운터나 책상, 지하철 손잡이의 높이 등
최대치 설계원칙	인체측정자료의 최대치를 기준으로 설계하는 원칙	문높이, 와이어로프의 사용중량 등
최소치 설계원칙	인체측정자료의 최소치를 기준으로 설계하는 원칙	조종장치, 선반의 높이, 비상벨의 위치 등

040

어떤 물체나 표면에 도달하는 빛의 단위면적당 밀도를 무엇이라 하는가?

① 광량
② 광도
③ 조도
④ 반사율

해설 **조도**

어떤 면이 받는 빛의 세기를 나타내는 값으로 단위면적에 도달하는 광선속[lumen/m^2]으로 계산한다.

관련개념

- 광량[lumen]: 빛의 총량을 의미한다.
- 광도[cd]: 특정 방향으로의 밝기를 나타낸다.
- 반사율(Reflectance): 빛이 어떤 표면을 비췄을 때 그 표면이 빛을 얼마나 반사하는지를 나타내는 비율이며, 백분율로 표현된다.

건설시공학

041

지름 3~5[cm] 정도의 파이프 끝에 여과기를 달아 1~2[m] 간격으로 박고, 이를 수평으로 굵은 파이프에 연결하여 진공으로 물을 뽑아내어 지하수위를 저하시키는 공법은?

① 웰포인트 공법
② 슬러리 월 공법
③ 페이퍼 드레인 공법
④ 샌드 드레인 공법

해설 **웰포인트 공법**

지중에 웰포인트라 불리우는 지름 5[cm], 길이 1[m] 정도의 필터가 달린 흡수기를 1~2[m] 간격으로 설치하고 펌프로 지하수를 끌어 올림으로써 지하수위를 낮추는 공법이다. 연약지반의 압밀촉진 등에 이용된다.

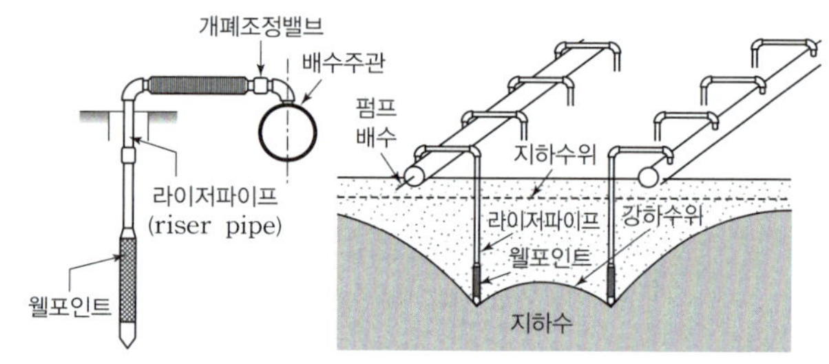

| 정답 | 039 ① 040 ③ 041 ①

042

철골조와 목조건축에서는 지붕대들보를 올릴 때 행하는 의식이며, 철근콘크리트조에서는 최상층의 거푸집 혹은 철근 배근 시 또는 콘크리트를 타설한 후 행하는 식은?

① 상량식(上梁式)　　② 착공식(着工式)
③ 정초식(定礎式)　　④ 준공식(竣工式)

해설　상량식

집을 짓는 데 있어 마지막 보를 얹을 때, 무재해 등 건축주의 바람, 희망을 적어 고사를 지내는 의식이다.

관련개념

- 착공식: 건설현장에서 설계에 필요한 허가와 승인을 받은 후 실제 작업이 시작되는 시점이다.
- 정초식: 건물의 기초 공사를 마친 후에 기초의 모퉁이에 정초·주춧돌·머릿돌을 설치해 공사 착수를 기념하는 행사이다.
- 준공식: 건설공사의 마지막 단계로서, 안전성과 법적 요건을 충족하고 건축물의 사용 및 관리가 시작되는 시점이다.

043

공업화 공법(PC 공법)에 의한 콘크리트 공사의 특징과 관련이 없는 것은?

① 프리패브 공법이기 때문에 현장에서의 공정이 단축된다.
② 기상의 영향을 덜 받는다.
③ 각 부품의 접합부가 일체화되기가 어렵다.
④ 품질의 균질성을 기대하기 어렵다.

해설

PC 공법은 공장에서 미리 제작한 콘크리트 부재를 현장에서 조립하는 방식의 건축 공법으로 공장에서 품질관리가 되므로 품질관리가 용이하다.

관련개념　**PC(Precast Concrete) 공법의 장단점**

장점	• 공장생산으로 일정품질 확보 • 공사기간 단축 • 대량생산으로 원가 절감 • 기후의 영향을 받지 않음(동절기 시공 가능)
단점	• 대형부재의 운반 어려움 • 이동 중 파손 우려 • 접합부에 품질 저하

044

철근의 이음방식이 아닌 것은?

① 용접 이음　　② 겹침 이음
③ 갈고리 이음　　④ 기계적 이음

해설　철근이음의 종류

종류	설명
용접 이음	철근의 접합부를 전기, 가스, 화학반응 등의 에너지를 이용하여 녹여 접합한다.
겹침 이음	소정의 철근 길이만큼 겹쳐서 이음한다.
기계적 이음	커플러 등을 이용하여 연결하는 것으로 나사식(커플러) 이음, 슬리브 압착 이음, 슬리브 충진 이음 등이 있다.
가스 압접 이음	주로 기둥철근에서 수직으로 가스의 화염을 이용하여 압력을 가하여 접한다.

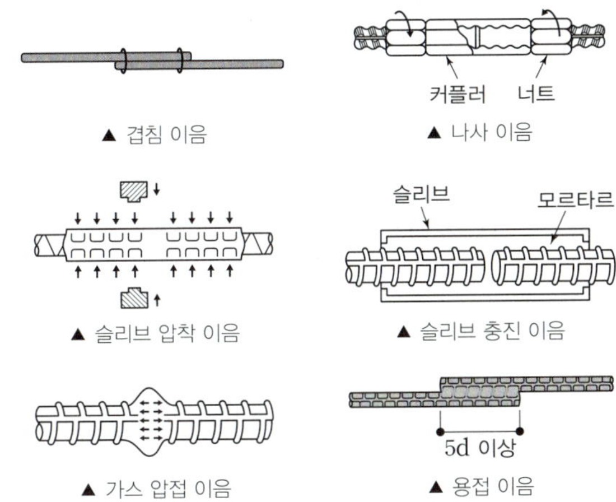

▲ 겹침 이음　▲ 나사 이음
▲ 슬리브 압착 이음　▲ 슬리브 충진 이음
▲ 가스 압접 이음　▲ 용접 이음

045

다음 중 철근공사의 배근순서로 옳은 것은?

① 벽 → 기둥 → 슬래브 → 보
② 슬래브 → 보 → 벽 → 기둥
③ 벽 → 기둥 → 보 → 슬래브
④ 기둥 → 벽 → 보 → 슬래브

해설　철근의 조립순서

철근조립 및 배근순서는 대체로 거푸집 조립순서에 따라 행하여진다.

기초철근 → 기둥철근 → 벽철근 → 보철근 → 바닥(슬래브)철근 → 계단철근

| 정답 |　042 ①　043 ④　044 ③　045 ④

046

철골구조의 내화피복에 대한 설명으로 틀린 것은?

① 조적공법은 용접철망을 부착하여 경량모르타르, 펄라이트 모르타르와 플라스터 등을 바름하는 공법이다.
② 뿜칠공법은 철골표면에 접착제를 혼합한 내화피복재를 뿜어서 내화피복을 한다.
③ 성형판 공법은 내화단열성이 우수한 각종 성형판을 철골 주위에 접착제와 철물 등을 설치하고 그 위에 붙이는 공법으로 주로 기둥과 보의 내화피복에 사용된다.
④ 타설공법은 아직 굳지 않은 경량콘크리트나 기포모르타르 등을 강재주위에 거푸집을 설치하여 타설한 후 경화시켜 철골을 내화피복하는 공법이다.

해설 **철골 내화피복 공법의 종류**

도장공법		내화도료 도포
습식 공법	타설공법	강재 주위에 콘크리트, 경량콘크리트를 타설한다.
	조적공법	블록, 벽돌 등을 쌓는다.
	미장공법	단열 모르타르, 펄라이트 등을 시공한다.
	뿜칠공법	암면과 시멘트 등을 혼합·뿜칠한다.
건식 공법	성형판붙임공법	PC판, ALC판, 무기섬유 강화 석고보드 등을 부착한다.
	멤브레인공법	암면 흡음판을 철골에 부착한다.
합성공법	이종재료 적층	바탕에는 석면성형판, 상부에는 질석 플라스터로 마무리한다.
	이질재료 접합	외부는 PC판, 내부는 규산칼슘판으로 마감한다.

047

거푸집 공사의 발전 방향으로 옳지 않은 것은?

① 소형 패널 위주의 거푸집 제작
② 설치의 단순화를 위한 유닛(Unit)화
③ 높은 전용 횟수
④ 부재의 경량화

해설

대형 패널(폼)을 조립하여 크레인 등으로 이동, 조립하는 것이 좋다.
거푸집 공사는 경량화, 단순화, 대형화, 기계화, 전용성이 강화될 수 있도록 발전하여야 한다.

048

주로 이음이 필요한 지중보 등에서 특수 리브라스(Rib Lath)와 목재 프레임을 부속철물로 고정하고 콘크리트를 타설함으로써 거푸집 해체작업이 필요 없는 공법은?

① 터널 폼 ② 메탈라스 폼
③ 슬라이딩 폼 ④ 플라잉 폼

해설 **메탈라스 폼**

메탈라스의 얇은 철판에 금을 내어서 당겨 늘인 철망 사이로 콘크리트에 포함된 수분이 자연스럽게 흘러내리므로 거푸집 해체작업이 필요하지 않다.

관련개념

터널 폼 (Tunnel Form, Steel Form)	• 벽식 철근콘크리트구조를 시공할 경우 벽과 바닥의 콘크리트 타설을 한 번에 가능하게 하기 위하여 벽체용 거푸집과 슬래브 거푸집을 일체로 제작하여 한 번에 설치하고 해체할 수 있도록 한 거푸집이다. • 한 구획 전체의 벽판과 바닥판을 ㄱ자형 또는 ㄷ자형으로 짜서 이동식 거푸집으로 이용되며, 아파트, 병실 등 연속, 반복구조물에 적용된다.
슬라이딩 폼 (Sliding Form, Slip Form)	수평적 또는 수직적으로 반복된 구조물을 시공이음이 없이 균일한 형상으로 시공하기 위하여 거푸집을 연속적으로 이동시키면서 콘크리트를 타설하여 시공하는 것이다.
플라잉 폼 (Flying Form, Table Form)	• 거푸집, 멍에, 장선 등을 일체로 제작하여 수평, 수직 이동이 가능하고, 전용성 및 시공정밀도가 우수하며, 외력에 대한 안전성이 크다. • 바닥 거푸집의 설치, 해체, 인양 및 재설치 과정을 장비를 이용해 시공하기 때문에 인건비를 낮출 수 있다.

| 정답 | 046 ① 047 ① 048 ②

049

콘크리트 타설작업의 기본원칙 중 옳은 것은?

① 타설구획 내의 가까운 곳부터 타설한다.
② 타설구획 내의 콘크리트는 휴식시간을 가지면서 타설한다.
③ 낙하높이는 가능한 한 크게 한다.
④ 타설위치에 가까운 곳까지 펌프, 버킷 등으로 운반하여 타설한다.

해설 **콘크리트 타설 시 유의사항**

- 콘크리트는 먼 곳에서 가까운 곳으로 부어 넣는다.
- 낮은 곳에서 높은 곳으로 타설한다.(기초–기둥–벽–보–슬래브의 순서)
- 콘크리트는 휴식시간 없이 연속적으로 부어 넣어야 한다.
- 낙하높이는 보통 1.5[m], 최대 2[m] 이내로 한다.(낙하높이는 작게 한다.)
- 기둥, 벽은 다지면서 수평으로 부어넣고, 1시간에 2[m] 이하로 한다.
- 블리딩 현상을 방지하기 위하여 높은 벽이나 기둥의 상부에는 된비빔, 하부는 묽은비빔으로 타설한다.
- 진동기는 철근이나 거푸집에 닿지 않도록 하고, 붓기를 끝낸 콘크리트는 진동을 주지 말아야 한다.
- 보는 바닥에서 윗면까지 연속으로 부어 넣고, 양단에서 중앙으로 부어 넣는다.

050

철골용접이음 후 용접부의 내부결함 검출을 위하여 실시하는 검사로써 빠르고 경제적이어서 현장에서 주로 사용하는 초음파를 이용한 비파괴 검사법은?

① MT(Magnetic particle Testing)
② UT(Ultrasonic Testing)
③ RT(Radiography Testing)
④ PT(Liquid Penetrant Testing)

해설

초음파탐상검사(UT)는 넓은 면을 동시에 검사하므로 검사속도가 빠르고 경제적인 동시에 휴대가 간편하여 현장에서 주로 사용한다.

관련개념 **비파괴 검사법의 종류**

종류	특징
방사선투과검사(RT)	• 투과성 방사선을 조사하여 검사한다. • 내외부결함 검출에 효과적이다.
초음파탐상검사(UT)	• 초음파를 이용하여 검사한다. • 내부결함 검출, 결함 위치·범위·두께 파악에 효과적이다.
자분탐상검사(MT)	• 자분(자석가루)의 응집성을 이용하여 검사한다. • 표면 및 표면직하결함 검출에 효과적이다.
와전류탐상검사(ET)	• 전기장을 이용하여 검사한다. • 표면 및 표면근처 결함 검출에 효과적이다.
침투탐상검사(PT)	• 침투액을 살포하여 검사한다. • 표면개구결함 검출에 효과적이다.

051

말뚝 설치공법을 타입공법과 매입공법으로 구분할 때 다음 중 타입공법에 해당하는 것은?

① 진동 공법　② 중굴 공법
③ 선굴착 공법　④ 워터제트 공법(Water Jet)

해설

중굴 공법과 선굴착 공법은 매입공법, 워터제트 공법은 절삭(절단) 및 천공 공법에 해당한다.

관련개념

- 타입공법: 말뚝머리를 해머로 타격하여 지지층에 말뚝을 관입시키는 방법으로 유압해머, 드롭해머, 디젤해머, 진동해머 등이 있다.
- 매입공법: 지반을 파내고 매설하는 방식이다.
- 압입공법: 유압 잭(Jack)을 이용하여 회전압입하는 방식이다.

| 정답 | 049 ④　050 ②　051 ①

052

흙막이 붕괴원인 중 히빙(Heaving)파괴가 일어나는 주원인은?

① 흙막이벽의 재료차이
② 지하수의 부력차이
③ 지하수위의 깊이차이
④ 흙막이벽 내외부 흙의 중량차이

해설 히빙(Heaving)

연약한 점토지반의 굴착이 진행됨에 따라 흙막이벽 뒤쪽 흙의 중량이 굴착부 바닥의 지지력 이상이 되면 흙막이벽 근입 부분의 지반 이동이 발생하여 굴착부 저면이 솟아오르는 현상을 말한다.

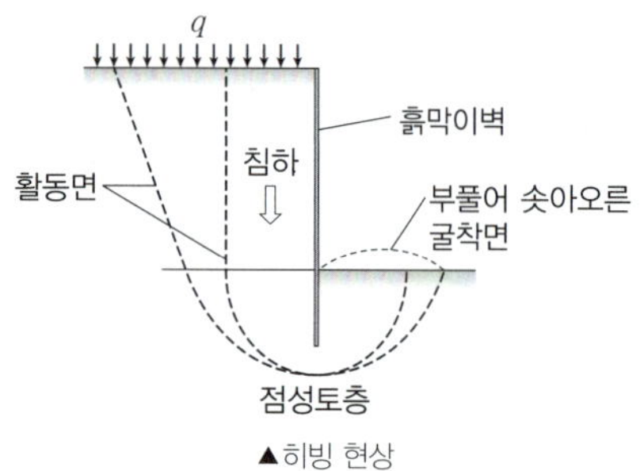

▲히빙 현상

053

콘크리트 구조물의 보수·보강법 중 구조 보강공법에 해당되지 않는 것은?

① 표면처리공법 ② 주입공법
③ 강재보강공법 ④ 단면증대공법

해설 보수·보강의 의미와 공법의 종류

- 콘크리트 구조물의 보수(Repair): 더 이상 열화되지 않도록 우수, 공기 등을 차단한다.
  - 표면처리공법: 균열을 따라 콘크리트 표면에 피막층을 형성하는 공법으로 광범위한 콘크리트 표면 전체를 피복하는 방법
  - 균열부 표면처리공법
  - 전면처리공법
- 콘크리트 구조물의 보강(Rehabilitation): 구조물의 응력을 회복하기 위한 공법이다.
  - 충전공법(주입공법)
  - 강재에 의한 보의 보강공법
  - 외부 프리스트레싱 방법
  - 짜깁기법: 활동성이 있는 균열에 대한 보수를 하는 공법으로 Polymer 함침에 의한 콘크리트 보수 단면을 증대시키는 방법
  - 단면증대공법

054

다음 건설기계 중 이동식 양중장비에 해당하는 것은?

① 타워 크레인 ② 크롤러 크레인
③ 러핑형 타워 크레인 ④ 지브 크레인

해설 크레인의 종류

- 이동식 크레인: 트럭 크레인, 크롤러 크레인
- 고정식 크레인
  - 타워 크레인: 일반적으로 기초 지반에 콘크리트로 고정한다.
  - 지브 크레인: 작업장 기둥 또는 벽에 암(Arm)을 달아 움직이는 크레인으로 무거운 하중을 수직 및 수평으로 들어 올리고 이동하도록 설계되었다.

| 정답 | 052 ④ 053 ① 054 ②

055

2개 이상의 기둥을 1개의 기초판으로 받치는 기초는?

① 독립기초 ② 복합기초
③ 호박돌기초 ④ 말뚝기초

해설 **복합기초**
허용지내력도가 작은 경우에 채택되는 방식으로, 2개 혹은 그 이상의 기둥의 하중을 합하여 하나의 푸팅으로 지지하는 형식의 기초이다.

관련개념
- 독립기초: 하나의 독립된 푸팅으로 단일 기둥의 하중을 지지하는 형식으로, 양질지반에 건립하며 비교적 낮은 3~4층 정도의 건물, 창고, 공장 등 긴 스팬의 건물 등에 많이 이용된다.
- 호박돌기초: 일종의 잡석 지정이다.
- 말뚝기초: 나무말뚝, 강재말뚝, 기성콘크리트 말뚝, 제자리 콘크리트 말뚝 등을 이용한다.

056

흙막이 지지공법 중 수평버팀대공법의 장·단점에 대한 내용으로 틀린 것은?

① 토질에 대해 영향을 적게 받는다.
② 가설구조물이 적어 중장비작업이나 토량제거작업의 능률이 좋다.
③ 인근 대지로 공사범위가 넘어가지 않는다.
④ 강재를 전용함에 따라 재료비가 비교적 적게 든다.

해설
수평버팀대공법은 가설구조물이 많아 중장비가 들어가기 곤란하여 작업능률이 좋지 않다.

관련개념 **수평버팀대공법의 장단점**

장점	단점
• 비교적 공기가 짧게 소요된다. • 공법이 단순하고 간단하다. • 온통파기를 하고 메움 토량이 적다. • 대지 전체에 건물을 지을 수 있다.	• 버팀부재들의 맞춤부분 변형 및 수축에 의한 변형이 발생한다. • 기계굴착 시 버팀대에 의해 제한을 받아 불편하다. • 지하구조체의 작업이 불편하다. • 지하층의 형상이 복잡할 때, 지반의 고저차이가 클 때에는 관리에 주의가 필요하다. • 건축면적이 넓으면 보조부재의 증가로 공사비가 증대된다.

057

콘크리트 블록쌓기에 대한 설명으로 틀린 것은?

① 보강근은 모르타르 또는 그라우트를 사춤하기 전에 배근하고 고정한다.
② 블록은 살두께가 작은 편을 위로 하여 쌓는다.
③ 인방블록은 창문틀의 좌우 옆 턱에 200[mm] 이상 물린다.
④ 모서리 등 기준이 되는 부분을 정확하게 쌓은 다음 수평실을 친다.

해설
콘크리트 블록쌓기 시 블록은 살두께가 큰 편을 위로 하여 쌓아야 한다.

058

석공사에서 대리석 붙이기에 관한 내용으로 틀린 것은?

① 대리석은 실내보다는 주로 외장용으로 많이 사용한다.
② 대리석 붙이기 연결철물은 10#~20#의 황동쇠선을 사용한다.
③ 대리석 붙이기 최하단은 충격에 쉽게 파손되므로 충진재를 넣는다.
④ 대리석은 시멘트 모르타르로 붙이면 알칼리성분에 의하여 변색·오염될 수 있다.

해설 **대리석(Marble)**
석회암의 변질에 의해 형성된 결정질 석회암을 총칭하며, 주성분은 탄산석회이다.

장점	단점
• 견고하고 내수성이 있다. • 색채와 반점이 아름다우며 연마하면 광택이 난다. • 실내 장식재, 조각재로 사용한다.	• 내구성이 약하다. • 내화력이 약하다. • 산과 염기에 약하다. • 내마모성이 부족하다. • 풍화되기 쉽다. • 외장용으로 적합하지 않다.

관련개념 **대리석 공사 시 준수사항(건축공사표준시방서)**
- 연결철물로 강연선을 사용하지 않는다.(스테인레스 또는 황동제품 사용)
- 철근·철물은 방청처리한다.
- 맨 밑켜의 밑면에 된비빔 모르타르를 채운 후 대리석의 상부에 연결철물이나 꺾쇠를 걸어 구조체와 연결한다.
- 청소 시 원칙적으로 산류는 사용하지 않는다.

| 정답 | 055 ② 056 ② 057 ② 058 ①

059

토공사용 굴착기계 중 위치한 지면보다 낮은 우물통과 같은 협소한 장소의 흙을 퍼올리는 데 가장 적합한 장비는?

① 파워셔블　② 지브크레인
③ 스크레이퍼　④ 클램쉘

해설
클램쉘은 기계보다 낮고 좁은 곳의 흙과 자갈을 굴착하여 올리는 데 적합하여 수직굴착, 자갈 등의 적재, 연약한 지반이나 수중굴착 등에 쓰인다.

060

공정계획에서 공정표 작성 시 주의사항으로 옳지 않은 것은?

① 기초공사는 옥외 작업이기 때문에 기후에 좌우되기 쉽고 공정 변경이 많다.
② 노무, 재료, 시공기기는 적절하게 준비할 수 있도록 계획한다.
③ 공기를 단축하기 위하여 다른 공사와 중복하여 시공할 수 없다.
④ 마감공사는 기후에 좌우되는 것이 적으나 공정단계가 많으므로 충분한 공기(工期)가 필요하다.

해설 **공정계획 수립 시 유의사항**
- 기초공사는 옥외작업이므로 공정의 변경이 많고, 기후에 좌우되기 쉬우므로 지연되는 점을 감안한다.
- 골조공사는 기후에 좌우되기도 하나 비교적 공정이 적으므로 공기를 단축하기 쉽다는 점을 감안한다.
- 마감공사는 기후에 좌우되는 것은 적으나 공정이 많으므로 충분한 공기를 잡아둘 필요가 있다.
- 공기를 단축하기 위하여 다른 공사를 중복하여 시공할 수 있다는 점을 감안한다.
- 재료, 노무, 시공기계는 충분히 준비하도록 계획한다.

건설재료학

061

목재의 수분·습기의 변화에 따른 팽창수축을 감소시키는 방법으로 틀린 것은?

① 사용하기 전에 충분히 건조시켜 균일한 함수율이 된 것을 사용할 것
② 가능한 한 곧은결 목재를 사용할 것
③ 가능한 한 저온처리된 목재를 사용할 것
④ 파라핀·크레오소트 등을 침투시켜 사용할 것

해설 **목재의 수축·팽창을 줄이는 방법**
- 사용하기 전에 충분히 건조시켜 균일한 함수율이 된 것을 사용할 것
- 변형의 크기, 방향을 고려하여 이들의 영향을 가능한 한 적게 받도록 배치할 것
- 가능한 한 곧은결 목재를 사용할 것
- 고온처리 된 목재를 사용할 것
- 목재의 표면에 니스, 기름, 에나멜, 셀락 등을 칠하거나 또는 파라핀, 크레오소트 등을 침투시켜 공기 중의 습도변화에 의한 흡습을 지연, 경감시킬 것

062

에폭시수지 접착제에 대한 설명으로 틀린 것은?

① 금속, 석재, 도자기의 접착에 사용이 가능하다.
② 급경성이며 내화학성이 크다.
③ 접착력이 크고 내수성이 우수하다.
④ 내알칼리성이 적어 콘크리트에는 사용이 어렵다.

해설 **에폭시수지 접착제**
- 열과 습기에 아주 강하고, 거의 모든 물체를 붙일 수 있다.
- 콘크리트의 균열 보수에도 쓰이며, 금속의 접착에 사용된다.
- 강철, 구리, 플라스틱, 목재, 고무 등의 접착제로 쓰인다.

| 정답 | 059 ④　060 ③　061 ③　062 ④

063

시멘트에 물을 가하여 혼합하여 만들어진 시멘트 페이스트가 시간경과에 따라 유동성을 잃고 응고하는 현상을 무엇이라 하는가?

① 응결 ② 풍화
③ 건조수축 ④ 경화

해설 응결

시멘트에 적량의 물을 가하여 비비면 처음에는 풀과 같은 상태(Cement Paste)가 되는데, 시간이 경과함에 따라 화학작용을 일으켜서 차츰 유동성을 잃고 마침내 고결한다.

관련개념

- 풍화: 저장 중인 시멘트가 공기 중의 수분을 흡수하여 경미한 수화작용을 일으켜 그로 인해 생긴 수산화칼슘이 공기 중의 이산화탄소와 결합하여 탄산칼슘을 만들고 굳어지는 작용이다. 시멘트가 신선할수록, 분말도가 높을수록 풍화가 잘 일어난다.
- 건조수축 : 콘크리트의 경화 후 잉여수가 증발하면서 수축이 발생하는 현상이다.
- 경화: 응결을 마친 시멘트는 더욱 조직이 치밀해져 강도가 증진되는데, 이를 경화라 한다.

064

수직면으로 도장하였을 경우 도장직후에 도막이 흘러내리는 현상의 발생 원인과 가장 거리가 먼 것은?

① 얇게 도장하였을 때
② 지나친 희석으로 점도가 낮을 때
③ 저온으로 건조시간이 길 때
④ airless 도장 시 팁이 크거나 2차압이 낮아 분무가 잘 안 되었을 때

해설 도막의 흘러내림 원인

- 도장 두께가 너무 두꺼운 경우
- 도료의 점도가 너무 낮은 경우
- 도료의 건조속도가 너무 느린 경우
- 도장 방법이 부적절한 경우

065

미장공사에서 코너비드가 사용되는 곳은?

① 계단 손잡이 ② 기둥의 모서리
③ 거푸집 가장자리 ④ 화장실 칸막이

해설

코너비드는 기둥이나 모서리를 보호하기 위해 밀착시켜 붙이는 철물이다.

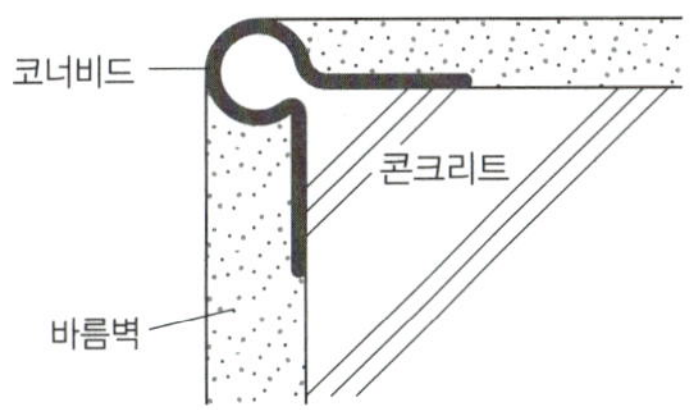

관련개념 계단 손잡이(Handrail)

공동주택(기숙사 제외)·제1종 근린생활시설·제2종 근린생활시설·문화 및 집회시설·종교시설·판매시설·운수시설·의료시설·노유자시설·업무시설·숙박시설·위락시설 또는 관광휴게시설의 용도에 쓰이는 건축물의 주계단·피난계단 또는 특별피난계단에 설치하는 난간 및 바닥은 아동의 이용에 안전하고 노약자 및 신체장애인의 이용에 편리한 구조로 하여야 하며, 양쪽에 벽 등이 있어 난간이 없는 경우에는 손잡이를 설치하여야 한다.(피난방화규칙)

066

보의 이음부분에 볼트와 함께 보강철물로 사용되는 것으로 두 부재 사이의 전단력에 저항하는 목구조용 철물은?

① 꺾쇠 ② 띠쇠
③ 듀벨 ④ 감잡이쇠

해설 듀벨

목재이음 시 목재와 목재 사이에 끼워 전단에 대한 저항을 목적으로 하는 철물이다.

관련개념

- 꺾쇠: ㅅ자보와 중도리 연결부에 사용한다.(스테이플러심과 같은 역할)
- 띠쇠: 플레이트 철물 같은 것으로 맞춤부를 보강하는 철물이다.
- 감잡이쇠: 평보에 달아맬 때 사용한다.

| 정답 | 063 ① 064 ① 065 ② 066 ③

067

수장용 집성재(KS F 3118)의 품질기준 항목이 아닌 것은?

① 접착력　　② 난연성
③ 함수율　　④ 굽음, 뒤틀림

해설 **수장용 집성재의 품질기준 항목**
- 접착력
- 함수율
- 폼알데하이드 방출량
- 굽음, 비틀림
- 옹이
- 수심
- 수지구
- 무결점 재면

관련개념 **수장용 집성재**
집성재 중에서 집성판을 제외하고 일반용도로 사용하는 것을 말한다. 목재의 미관을 살린 것 또는 구조물 등의 내부 수장용으로 사용하는 집성재는 원목가구, 마루, 시스템 창호, 문틀, 의자, 피아노 부품 등 다양한 곳에 치장 목적으로 사용된다.

068

어떤 석재의 질량이 다음과 같을 때 이 석재의 표면건조포화상태의 비중은?

- 공시체의 건조질량: 400[g]
- 공시체의 물 속 질량: 300[g]
- 공시체의 침수 후 표면건조포화상태의 공시체의 질량: 450[g]

① 1.33　　② 1.50
③ 2.67　　④ 4.51

해설

표면건조포화상태의 비중 $=\frac{A}{B-C}=\frac{400}{450-300}=2.67$

여기서, A: 공시체를 건조로(105±2[℃]) 속에서 무게의 변화가 없을 때까지 건조했을 때의 절대건조공기 중 중량[g]
B: 공시체를 48시간 이상 증류수나 여과수에 침수 후 표면건조포화상태의 공기 중 중량[g]
C: 공시체의 수중 중량[g]

069

알루미나시멘트의 특징에 관한 설명으로 옳지 않은 것은?

① 초기강도가 크다.
② 해수에 대한 화학적 저항성이 크다.
③ 응결, 경화시에 발열량이 크다.
④ 내화 콘크리트용으로는 사용이 불가능하다.

해설

알루미나시멘트는 초기강도와 수화열이 커서 내화용, 긴급공사, 한중 콘크리트에 적합하다.

관련개념 **알루미나시멘트**
- 알루민산칼슘을 주성분으로 하는 조강성이 큰 시멘트로서 긴급공사용으로 사용된다.
- 응결 시 발열이 심하여 영하 10[℃]에서도 사용이 가능하다.
- 적갈색 또는 흑갈색을 나타낸다.
- 값이 고가이다.
- 재령 24시간 만에 보통포틀랜드시멘트의 28일 강도를 나타낸다.
- 저온에서도 강도가 크게 나타난다.
- 내화성이 크다.
- 발열량이 크므로 물-시멘트비를 작게(약 40[%] 정도)하여 저온에서 충분히 양생하지 않으면 장기강도가 상당히 작아진다.
- 수화한 알루미나시멘트는 알칼리성이 약하기 때문에 철근이 부식된다.

070

콘크리트 제조에 사용되는 일반적인 구성재료가 아닌 것은?

① 혼화재료　　② 시멘트
③ 염화물　　④ 골재

해설

콘크리트의 염화물은 철근의 부식팽창을 일으키는 염해를 일으킴으로 제한하고 있다.
콘크리트에 염소이온(Cl^-), 염화물 등이 침투하면 철근을 부식시키고, 부피의 팽창으로 균열을 발생시킨다.

| 정답 | 067 ② 068 ③ 069 ④ 070 ③

071

점토의 물리적 성질에 관한 설명으로 옳지 않은 것은?

① 점토의 압축강도는 인장강도의 약 5배 정도이다.
② 양질 점토일수록 가소성이 좋다.
③ 순수한 점토일수록 용융점이 높고 강도도 크다.
④ 불순 점토일수록 비중이 크다.

해설 **점토의 성질**

- 점토의 압축강도는 인장강도의 약 5배이다.
- 점토를 소성하면 용적, 비중 등의 변화가 일어나며 강도가 증대된다.
- 세립분이 50[%] 이상으로 모래 성분이 상당히 포함되어 있다.
- 공극률은 입자의 형상, 크기와 관련한다.
- 순수한 점토일수록 비중과 강도가 크다.
- 불순물이 많은 점토일수록 비중이 작고 강도가 떨어진다.
- 주성분은 실리카(SiO_2)와 알루미나(Al_2O_3)이다.
- 점토의 가소성은 점토의 질, 입자의 크기, 함수량, 비비기 정도, 시간, 온도에 영향을 많이 받는다.
- 알루미나(Al_2O_3)가 많은 점토는 가소성이 우수하다.
- 점토의 가소성은 입자가 작을수록 좋다.
- 물과 결합하여 가소성을 가지고, 열과 반응하여 화학적 변화를 일으킨다.
- 철산화물이 많을수록 적색을 띠고, 석회물질이 많을수록 황색을 띤다.

072

돌로마이트 플라스터는 대기 중의 무엇과 화합하여 경화하는가?

① 이산화탄소(CO_2) ② 물(H_2O)
③ 산소(O_2) ④ 수소(H_2)

해설

돌로마이트 플라스터는 기경성 재료로 공기 중에 있는 이산화탄소(CO_2)와 결합하여 경화한다.

073

목재가 건조과정에서 방향에 따른 수축률의 차이로 나이테에 직각방향으로 갈라지는 결함은?

① 변색 ② 뒤틀림
③ 할렬 ④ 수지낭

해설 **할렬(Crack)**

건조응력이 횡인장강도보다 클 때, 섬유방향으로 터지는 현상을 말한다. 횡단면할렬, 표면할렬, 내부할렬 등이 있다.

관련개념

- 변색: 미생물(주로 진한 색을 가지는 곰팡이류)에 의해 흑색, 갈색, 또는 적색으로 변색되어 외관의 손상과 목재의 상품성이 떨어진다.
- 뒤틀림: 목재 재질의 이방성과 수축에 의해 발생한다.
- 수지낭: 침엽수가 고체상이나 액체상의 송진을 지니는 것으로써 연륜을 따라 길게 뻗어 있는 목재 내부의 개구부를 말한다.

074

다음 시멘트 중 댐 등 단면이 큰 구조물에 적용하기 어려운 것은?

① 중용열포틀랜드 시멘트 ② 고로시멘트
③ 플라이애쉬 시멘트 ④ 조강포틀랜드 시멘트

해설

조강포틀랜드 시멘트는 수화열이 커서 댐 등의 큰 구조물에 부적합하다.

관련개념 **조강포틀랜드 시멘트**

- 성분 중에 CaO, Al_2O_3 등을 많이 사용하고 보통포틀랜드 시멘트보다 C_3S를 늘린 것이다.
- 분말도를 4,000~4,500[cm^2/g]가 되도록 미분쇄한다.
- 수화속도가 빨라 1종 시멘트의 7일 강도가 3일 만에 발현되어 공사기간이 단축된다.
- 긴급공사, 동절기 공사, 수중공사, 해중공사에 적용 가능하다.

| 정답 | 071 ④ 072 ① 073 ③ 074 ④

075

금속부식에 대한 대책으로 틀린 것은?

① 가능한 한 이종 금속은 이를 인접, 접속시켜 사용하지 않을 것
② 균질한 것을 선택하고 사용할 때 큰 변형을 주지 않도록 할 것
③ 큰 변형을 준 것은 가능한 한 풀림하여 사용할 것
④ 표면을 거칠게 하고 가능한 한 습윤상태로 유지할 것

해설 **금속부식대책(표면방식법)**

- 수분과 습기에 접촉하지 않게 한다.
- 표면을 청결하게 하고 기름칠하여 녹이 발생하지 않게 한다.
- 서로 다른 금속은 접촉하지 않도록 한다.
- 불균질한 철재는 풀림을 통해 균질화하여 사용하도록 한다.

076

건축재료의 역학적 성질에 속하지 않는 항목은?

① 탄성 ② 비중
③ 강성 ④ 소성

해설 **역학적 성질과 물리적 성질**

역학적 성질	물리적 성질
• 응력과 하중 • 강성 • 탄성과 소성 • 응력변형도 곡선 • 탄성계수 • 강도 • 인성과 취성 • 연성과 전성 • 경도	• 비중 • 함수율 • 흡수와 투수 • 열적 성질 – 열전도율 – 열용량 – 열팽창과 수축 – 열에 의한 연화 – 용융 • 빛에 대한 성질 • 음에 대한 성질

077

목재의 방부제 중 독성이 적고 자극적인 냄새가 나며, 처리재는 갈색으로 가격이 저렴하여 많이 사용되는 것은?

① 크레오소트유(Creosote Oil)
② 페놀류 · 무기플루오르화물계(PF)
③ 크롬 · 구리 · 비소화합물(CCA)
④ 펜타클로로페놀(PCP)

해설 **크레오소트 오일(Creosote Oil)**

- 유성 방부제의 대표적인 것으로 방부성이 우수하고, 공급이 풍부하며 가격이 저렴하다.
- 화기 이외에는 취급상 위험이 없으며 철류의 부식이 적고 처리제의 강도가 감소하지 않는 장점이 있으나 페인트를 칠하면 침출되기 쉽고, 악취가 심해서 실내에는 사용할 수 없다.
- 흑갈색으로 외관상 좋지 못해 눈에 보이지 않는 토대, 기둥, 도리 등에 널리 이용된다.

관련개념 **목재 방부제의 종류**

구분	종류
유성방부제	크레오소트 오일, 콜타르, 아스팔트, 페인트
수용성 방부제	규산동 1[%] 용액, 염화아연 4[%] 용액, 염화제2수은 1[%] 용액, 불화소다 2[%] 용액
유용성 방부제	PCP 방부제

078

석회석을 900~1,200[℃]로 소성하면 생성되는 것은?

① 돌로마이트 석회 ② 생석회
③ 회반죽 ④ 소석회

해설

석회를 900~1,300[℃]로 가열하면 생석회가 되고 이 과정을 하소라 한다.

| 정답 | 075 ④ 076 ② 077 ① 078 ②

079

미장공법, 뿜칠공법을 통한 강구조부재의 내화피복 시공 시 시공면적 얼마당 1개소 단위로 핀 등을 이용하여 두께를 확인하여야 하는가?

① 2[m²]
② 3[m²]
③ 4[m²]
④ 5[m²]

해설 **국가건설기준(내화피복 검사 및 보수)**

검사항목, 방법 등은 해당 공사시방서에 따른다. 해당 공사시방서에 정한 바가 없는 경우에는 아래에 따른다.

- 미장공법, 뿜칠공법
  - 시공 시에는 시공면적 5[m²]당 1개소 단위로 핀 등을 이용하여 두께를 확인하면서 시공한다.
  - 뿜칠공법의 경우 시공 후 두께나 비중은 코어를 채취하여 측정한다. 측정빈도는 각 층마다 또는 바닥면적 1,500[m²]마다 각 부위별 1회를 원칙으로 하고, 1회에 5개로 한다. 그러나 연면적이 1,500[m²] 미만의 건물에 대해서는 2회 이상으로 한다.
- 조적공법, 붙임공법, 멤브레인공법: 재료반입 시 재료의 두께 및 비중을 확인한다. 그 빈도는 각 층마다 바닥면적 1,500[m²]마다 각 부위별 1회로 하며, 1회에 3개로 한다. 그러나 연면적이 1,500[m²] 미만의 건물에 대해서는 2회 이상으로 한다.

080

목재의 강도 중에서 가장 작은 것은?

① 섬유방향의 인장강도
② 섬유방향의 압축강도
③ 섬유 직각방향의 인장강도
④ 섬유방향의 휨강도

해설 **응력의 방향에 따른 목재의 강도**

- 목재는 섬유방향에 따라 강도나 탄성계수가 다른데 이를 이방성이라 한다.
- 강도는 일반적으로 섬유방향에 평행하게 힘을 가한 것이 가장 크고, 이와 직각인 것이 가장 작으며, 중간의 각도(10~70°)에서는 거의 직선적으로 변한다.
- 섬유방향으로 힘을 가한 것은 직각방향으로 힘을 가한 것보다 변형률이 작고, 압축력과 인장력의 변형률은 섬유방향에 관계 없이 압축 시의 변형률이 더 크다.

건설안전기술

081

건설공사 시공단계에 있어서 안전관리의 문제점에 해당되는 것은?

① 발주자의 조사, 설계 발주능력 미흡
② 용역자의 조사, 설계능력 부실
③ 발주자의 감독, 소홀
④ 사용자의 시설 운영관리 능력 부족

해설

발주자, 용역자의 조사, 설계 발주능력 미흡은 시공 전 단계의 안전관리 문제점이며 사용자의 시설 운영관리 능력 부족은 시공 후 단계의 안전관리 문제점에 해당한다.

082

크레인을 사용하여 작업을 할 때 작업시작 전에 점검하여야 하는 사항에 해당하지 않는 것은?

① 권과방지장치 · 브레이크 · 클러치 및 운전장치의 기능
② 주행로의 상측 및 트롤리가 횡행하는 레일의 상태
③ 와이어로프가 통하고 있는 곳의 상태
④ 압력방출장치의 기능

해설

④는 공기압축기에 대한 작업시작 전 점검사항이다.

| 정답 | 079 ④ 080 ③ 081 ③ 082 ④

083

다음 중 차량계 건설기계에 속하지 않는 것은?

① 불도저 ② 스크레이퍼
③ 타워크레인 ④ 항타기

해설

타워크레인은 산업안전보건법령상 양중기에 해당한다.

관련개념 **차량계 건설기계**

- 도저형 건설기계(불도저, 스트레이트도저, 틸트도저, 앵글도저, 버킷도저)
- 모터그레이더
- 스크레이퍼
- 굴착기
- 항타기 및 항발기
- 천공용 건설기계(어스드릴, 어스오거, 크롤러드릴, 점보드릴)
- 지반다짐용 건설기계(타이어롤러, 매커덤롤러, 탠덤롤러)
- 콘크리트 펌프카

084

산업안전보건기준에 관한 규칙에 따른 굴착면의 기울기 기준으로 옳지 않은 것은?

① 모래 – 1:1.8 ② 경암 – 1:0.3
③ 풍화암 – 1:1.0 ④ 연암 – 1:1.0

해설 **굴착면의 기울기 기준**

지반의 종류	기울기
모래	1 : 1.8
연암 및 풍화암	1 : 1.0
경암	1 : 0.5
그 밖의 흙	1 : 1.2

085

강관틀비계를 조립하여 사용하는 경우 준수해야 할 기준으로 옳지 않은 것은?

① 비계기둥의 밑둥에는 밑받침철물을 사용하여야 하며 밑받침에 고저차(高低差)가 있는 경우에는 조절형 밑받침철물을 사용하여 각각의 강관틀비계가 항상 수평 및 수직을 유지하도록 할 것
② 높이가 20[m]를 초과하거나 중량물의 적재를 수반하는 작업을 할 경우에는 주틀 간의 간격을 1.8[m] 이하로 할 것
③ 주틀 간에 교차 가새를 설치하고 최상층 및 5층 이내마다 수평재를 설치할 것
④ 수직방향으로 5[m], 수평방향으로 5[m] 이내마다 벽이음을 할 것

해설 **강관틀비계 조립·사용 시 준수사항**

- 비계기둥의 밑둥에는 밑받침철물을 사용하여야 하며 밑받침에 고저차가 있는 경우에는 조절형 밑받침철물을 사용하여 각각의 강관틀비계가 항상 수평 및 수직을 유지하도록 할 것
- 높이가 20[m]를 초과하거나 중량물의 적재를 수반하는 작업을 할 경우에는 주틀 간의 간격을 1.8[m] 이하로 할 것
- 주틀 간에 교차 가새를 설치하고 최상층 및 5층 이내마다 수평재를 설치할 것
- 수직방향으로 6[m], 수평방향으로 8[m] 이내마다 벽이음을 할 것
- 길이가 띠장 방향으로 4[m] 이하이고 높이가 10[m]를 초과하는 경우에는 10[m] 이내마다 띠장 방향으로 버팀기둥을 설치할 것

086

압쇄기를 사용하여 건물해체 시 그 순서로 가장 타당한 것은?

A: 보 B: 기둥 C: 슬래브 D: 벽체

① A → B → C → D ② A → C → B → D
③ C → A → D → B ④ D → C → B → A

해설

건물 해체 순서는 시공 시의 역순에 의해 진행되므로 슬래브 → 보 → 벽체 → 기둥의 순서로 해체작업을 진행하여야 한다.

| 정답 | 083 ③ 084 ② 085 ④ 086 ③

087

터널 지보공을 조립하거나 변경하는 경우에 조치하여야 하는 사항으로 옳지 않은 것은?

① 목재의 터널 지보공은 그 터널 지보공의 각 부재에 작용하는 긴압 정도를 체크하여 그 정도가 최대한 차이 나도록 할 것
② 강(鋼)아치 지보공의 조립은 연결볼트 및 띠장 등을 사용하여 주재 상호간을 튼튼하게 연결할 것
③ 기둥에는 침하를 방지하기 위하여 받침목을 사용하는 등의 조치를 할 것
④ 주재(主材)를 구성하는 1세트의 부재는 동일 평면 내에 배치할 것

해설 **터널 지보공 조립·변경·해체 시 조치사항**

- 주재를 구성하는 1세트의 부재는 동일 평면 내에 배치할 것
- 목재의 터널 지보공은 그 터널 지보공의 각 부재의 긴압 정도가 균등하게 되도록 할 것
- 기둥에는 침하를 방지하기 위하여 받침목을 사용하는 등의 조치를 할 것
- 강아치 지보공 및 목재지주식 지보공 외의 터널 지보공에 대해서는 터널 등의 출입구 부분에 받침대를 설치할 것
- 하중이 걸려 있는 터널 지보공의 부재를 해체하는 경우에는 해당 부재에 걸려있는 하중을 터널 거푸집 및 동바리가 받도록 조치를 한 후에 그 부재를 해체할 것

관련개념 **강아치 지보공의 조립 시 준수사항**

- 조립간격은 조립도에 따를 것
- 주재가 아치작용을 충분히 할 수 있도록 쐐기를 박는 등 필요한 조치를 할 것
- 연결볼트 및 띠장 등을 사용하여 주재 상호간을 튼튼하게 연결할 것
- 터널 등의 출입구 부분에는 받침대를 설치할 것
- 낙하물이 근로자에게 위험을 미칠 우려가 있는 경우에는 널판 등을 설치할 것

088

안전대의 종류는 사용구분에 따라 벨트식과 안전그네식으로 구분되는데, 이 중 안전그네식에만 적용하는 것은?

① 추락방지대, 안전블록
② 1개 걸이용, U자 걸이용
③ 1개 걸이용, 추락방지대
④ U자 걸이용, 안전블록

해설 **안전대의 종류**

종류	사용구분
벨트식, 안전그네식	U자 걸이용
	1개 걸이용
안전그네식	안전블록
	추락방지대

089

차량계 하역운반기계를 사용하여 작업을 할 때에 그 기계가 넘어지거나 굴러떨어짐으로써 근로자의 위험을 방지하기 위해 취해야 할 조치와 거리가 먼 것은?

① 갓길의 붕괴방지
② 지반의 침하방지
③ 유도자 배치
④ 브레이크 및 클러치 등의 기능 점검

해설

④는 리프트의 작업시작 전 점검사항이다.

| 정답 | 087 ① 088 ① 089 ④

090

유해위험방지계획서 제출 대상 공사로 볼 수 없는 것은?

① 지상 높이가 31[m] 이상인 건축물의 건설공사
② 터널건설공사
③ 깊이 10[m] 이상인 굴착공사
④ 교량의 전체길이가 40[m] 이상인 교량공사

해설 **유해위험방지계획서 제출 대상 건설공사**

- 다음의 어느 하나에 해당하는 건축물 또는 시설 등의 건설·개조 또는 해체(건설 등) 공사
  - 지상높이가 31[m] 이상인 건축물 또는 인공구조물
  - 연면적 30,000[m^2] 이상인 건축물
  - 연면적 5,000[m^2] 이상의 문화 및 집회시설(전시장 및 동물원·식물원 제외), 판매시설, 운수시설(고속철도의 역사 및 집배송시설 제외), 종교시설, 의료시설 중 종합병원, 숙박시설 중 관광숙박시설, 지하도상가, 냉동·냉장 창고시설
- 연면적 5,000[m^2] 이상인 냉동·냉장 창고시설의 설비공사 및 단열공사
- 최대 지간길이가 50[m] 이상인 다리의 건설 등 공사
- 터널의 건설 등 공사
- 다목적댐, 발전용댐, 저수용량 2천만 톤 이상의 용수 전용 댐 및 지방상수도 전용 댐의 건설 등 공사
- 깊이 10[m] 이상인 굴착공사

091

철골기둥, 빔 및 트러스 등의 철골구조물을 일체화 또는 지상에서 조립하는 이유로 가장 타당한 것은?

① 고소작업의 감소 ② 화기사용의 감소
③ 구조체 강성 증가 ④ 운반물량의 감소

해설

철골기둥, 빔 및 트러스 등의 철골구조물을 일체화하거나 지상에서 조립 시 고소작업이 감소하여 추락 등에 의한 재해를 감소시킬 수 있다.

092

건설업 산업안전보건관리비 계상 및 사용기준에 따른 사용항목 중 개인보호구 등 항목에서 산업안전보건관리비로 사용이 가능한 경우는?

① 안전·보건관리자가 선임되지 않은 현장에서 안전·보건업무를 담당하는 현장관계자용 무전기, 카메라, 컴퓨터, 프린터 등 업무용 기기
② 혹한·혹서에 장기간 노출로 인해 건강장해를 일으킬 우려가 있는 경우 특정 근로자에게 지급되는 기능성 보호장구
③ 근로자에게 일률적으로 지급하는 보냉·보온장구
④ 감리원이나 외부에서 방문하는 인사에게 지급하는 보호구

해설

혹한·혹서에 장기간 노출로 인해 건강장해를 일으킬 우려가 있는 경우 특정 근로자에게 지급되는 기능성 보호 장구 등은 산업안전보건관리비 항목으로 사용이 가능하다.

※「건설업 산업안전보건관리비 계상 및 사용기준」이 개정됨에 따라 '안전관리비의 항목별 사용 불가내역'은 삭제되었습니다.

093

본 터널(Main Tunnel)을 시공하기 전에 터널에서 약간 떨어진 곳에 지질조사, 환기, 배수, 운반 등의 상태를 알아보기 위하여 설치하는 터널은?

① 파일럿(Pilot) 터널 ② 프리패브(Prefab) 터널
③ 사이드(Side) 터널 ④ 쉴드(Shield) 터널

해설 **파일럿(Pilot) 터널**

본 터널(Main Tunnel)을 시공하기 전에 터널에서 약간 떨어진 곳에서 지질조사, 환기, 배수, 운반 등의 상태를 알아보기 위하여 설치하는 터널이다.

| 정답 | 090 ④ 091 ① 092 ② 093 ①

094

지반에서 나타나는 보일링(Boiling) 현상의 직접적인 원인으로 볼 수 있는 것은?

① 굴착부와 배면부의 지하수위의 높이차
② 굴착부와 배면부의 흙의 중량차
③ 굴착부와 배면부의 흙의 함수비차
④ 굴착부와 배면부의 흙의 토압차

해설 **보일링(Boiling) 현상**
지하수위가 높은 사질토지반 굴착 시 굴착부와 지하수위차가 있을 경우, 수두차에 의하여 침투압이 생겨 흙막이벽 근입부분을 침식하는 동시에, 모래가 액상화되어 솟아오르는 현상으로 흙막이벽의 근입부가 지지력을 상실하여 흙막이공의 붕괴를 초래한다.

095

산업안전보건관리비사용과 관련하여 다음 중 산업안전보건법령에 따른 재해예방전문지도기관의 지도를 받아야 하는 경우는? (단, 재해예방전문지도기관의 지도를 필요로 하는 산업안전보건법령상 공사금액기준을 만족한 것으로 가정한다.)

① 공사기간이 3개월인 공사
② 육지와 연결되지 아니한 섬 지역(제주특별자치도 제외)에서 이루어지는 공사
③ 안전관리자의 자격을 가진 사람을 선임하여 안전관리자의 업무만을 전담하도록 하는 공사
④ 유해위험방지계획서를 제출하여야 하는 공사

해설 **건설재해예방전문지도기관과 지도계약을 체결할 필요가 없는 건설공사**
- 공사기간이 1개월 미만인 공사
- 육지와 연결되지 않은 섬 지역(제주특별자치도 제외)에서 이루어지는 공사
- 안전관리자의 자격을 가진 사람을 선임하여 안전관리자의 업무만을 전담하도록 하는 공사
- 유해위험방지계획서를 제출하여야 하는 공사

096

콘크리트의 측압에 관한 설명으로 옳은 것은?

① 거푸집 수밀성이 크면 측압은 작다.
② 철근의 양이 적으면 측압은 작다.
③ 외기의 온도가 낮을수록 측압은 크다.
④ 부어넣기 속도가 빠르면 측압은 작아진다.

해설 **콘크리트 측압이 커지는 요인**
- 거푸집 부재의 단면이 큰 경우
- 거푸집의 수밀성이 큰 경우
- 거푸집의 강성이 큰 경우
- 거푸집의 표면이 평활할 경우
- 콘크리트가 묽은 경우
- 철골이나 철근량이 적은 경우
- 외기온도가 낮은 경우
- 타설속도가 빠른 경우
- 콘크리트의 다짐이 좋은 경우
- 콘크리트의 슬럼프가 큰 경우
- 콘크리트의 비중이 큰 경우
- 습도가 높은 경우
- 벽 두께가 두꺼운 경우

097

취급·운반의 원칙으로 옳지 않은 것은?

① 곡선 운반을 할 것
② 운반 작업을 집중하여 시킬 것
③ 생산을 최고로 하는 운반을 생각할 것
④ 연속 운반을 할 것

해설 **취급·운반의 원칙**
- 직선 운반을 할 것
- 연속 운반을 할 것
- 운반 작업을 집중화시킬 것
- 생산을 최고로 하는 운반을 생각할 것
- 시간과 경비를 절약할 수 있는 운반 방법을 고려할 것

| 정답 | 094 ① 095 ① 096 ③ 097 ①

098

콘크리트 타설작업 시 안전에 대한 유의사항으로 옳지 않은 것은?

① 콘크리트를 치는 도중에는 지보공·거푸집 등의 이상유무를 확인한다.
② 높은 곳으로부터 콘크리트를 타설할 때는 호퍼로 받아 거푸집 내에 꽂아 넣는 슈트를 통해서 부어 넣어야 한다.
③ 진동기를 가능한 한 많이 사용할수록 거푸집에 작용하는 측압상 안전하다.
④ 콘크리트를 한 곳에만 치우쳐서 타설하지 않도록 주의한다.

해설

진동기를 많이 사용할수록 측압이 증가하고 재료분리 등을 가중하여 품질결함의 원인이 되므로 적당히 사용하여야 한다.

관련개념 **콘크리트 타설작업 시 준수사항**

- 당일의 작업을 시작하기 전에 해당 작업에 관한 거푸집 및 동바리의 변형·변위 및 지반의 침하 유무 등을 점검하고 이상이 있으면 보수할 것
- 작업 중에는 감시자를 배치하는 등의 방법으로 거푸집 및 동바리의 변형·변위 및 침하 유무 등을 확인하여야 하며, 이상이 있으면 작업을 중지하고 근로자를 대피시킬 것
- 콘크리트 타설작업 시 거푸집 붕괴의 위험이 발생할 우려가 있으면 충분한 보강조치를 할 것
- 설계도서 상의 콘크리트 양생기간을 준수하여 거푸집 및 동바리를 해체할 것
- 콘크리트를 타설하는 경우에는 편심이 발생하지 않도록 골고루 분산하여 타설할 것

099

부두·안벽 등 하역작업을 하는 장소에서 부두 또는 안벽의 선을 따라 통로를 설치하는 경우에는 그 폭을 최소 얼마 이상으로 하여야 하는가?

① 80[cm] ② 90[cm]
③ 100[cm] ④ 100[cm]

해설 **하역작업장의 조치기준**

- 작업장 및 통로의 위험한 부분에는 안전하게 작업할 수 있는 조명을 유지할 것
- 부두 또는 안벽의 선을 따라 통로를 설치하는 경우에는 폭을 90[cm] 이상으로 할 것
- 육상에서의 통로 및 작업장소로서 다리 또는 선거 갑문을 넘는 보도 등의 위험한 부분에는 안전난간 또는 울타리 등을 설치할 것

100

흙의 간극비를 나타낸 식으로 옳은 것은?

① $\frac{\text{공기}+\text{물의 체적}}{\text{흙}+\text{물의 체적}}$ ② $\frac{\text{공기}+\text{물의 체적}}{\text{흙의 체적}}$

③ $\frac{\text{물의 체적}}{\text{물}+\text{흙의 체적}}$ ④ $\frac{\text{공기}+\text{물의 체적}}{\text{공기}+\text{흙}+\text{물의 체적}}$

해설

흙 속의 토립자를 제외하고 공기와 물이 차지하는 부피를 간극이라 하며, 간극비는 흙입자의 체적에 대한 간극체적의 비를 말한다.

$$\text{간극비}=\frac{\text{공기}+\text{물의 체적}}{\text{흙의 체적}}$$

| 정답 | 098 ③ 099 ② 100 ②

2021년 4회 | CBT 복원문제

자동 채점

산업안전관리론

001

다음 중 산업안전보건법령에 따라 건설업 중 유해위험방지계획서를 작성하여 고용노동부 장관에게 제출하여야 하는 공사에 해당하지 않는 것은?

① 터널 건설공사
② 깊이 10[m] 이상인 굴착공사
③ 최대 지간길이가 31[m] 이상인 교량건설 공사
④ 다목적댐, 발전용댐 및 저수용량 2천만 톤 이상의 용수 전용 댐, 지방상수도 전용 댐 건설공사

해설 **유해위험방지계획서 제출 대상 건설공사**

- 다음의 어느 하나에 해당하는 건축물 또는 시설 등의 건설·개조 또는 해체(건설 등) 공사
  - 지상높이가 31[m] 이상인 건축물 또는 인공구조물
  - 연면적 30,000[m^2] 이상인 건축물
  - 연면적 5,000[m^2] 이상의 문화 및 집회시설(전시장 및 동물원·식물원 제외), 판매시설, 운수시설(고속철도의 역사 및 집배송시설 제외), 종교시설, 의료시설 중 종합병원, 숙박시설 중 관광숙박시설, 지하도상가, 냉동·냉장 창고시설
- 연면적 5,000[m^2] 이상인 냉동·냉장 창고시설의 설비공사 및 단열공사
- 최대 지간길이가 50[m] 이상인 다리의 건설 등 공사
- 터널의 건설 등 공사
- 다목적댐, 발전용댐, 저수용량 2천만 톤 이상의 용수 전용 댐 및 지방상수도 전용 댐의 건설 등 공사
- 깊이 10[m] 이상인 굴착공사

002

산업안전보건법령상 산업안전보건위원회의 구성에 있어 사용자 위원에 해당되지 않는 것은?

① 안전관리자
② 명예산업안전감독관
③ 해당 사업의 대표자가 지명한 9인 이내의 해당 사업장 부서의 장
④ 보건관리자의 업무를 위탁한 경우 대행기관의 해당 사업장 담당자

해설 **산업안전보건위원회의 구성**

근로자 위원	• 근로자 대표 • 명예산업안전감독관이 위촉되어 있는 사업장의 경우 근로자대표가 지명하는 1명 이상의 명예산업안전감독관 • 근로자 대표가 지명하는 9명 이내의 해당 사업장의 근로자
사용자 위원	• 해당 사업의 대표자 • 안전관리자 1명(안전관리자의 업무를 안전관리전문기관에 위탁한 경우 그 기관의 해당 사업장 담당자) • 보건관리자 1명(보건관리자의 업무를 보건관리전문기관에 위탁한 경우 그 기관의 해당 사업장 담당자) • 산업보건의 • 해당 사업의 대표자가 지명하는 9명 이내의 해당 사업장 부서의 장

003

산업안전보건법령상 안전보건관리규정을 작성해야 하는 사업의 사업주는 안전보건관리규정을 작성해야 할 사유가 발생한 날부터 며칠 이내에 작성해야 하는가?

① 15일 ② 30일
③ 60일 ④ 90일

해설

안전보건관리규정을 작성하여야 할 사업의 사업주는 안전보건관리규정을 작성하여야 할 사유가 발생한 날부터 30일 이내에 안전보건관리규정의 세부내용을 포함한 안전보건관리규정을 작성하여야 한다.

| 정답 | 001 ③ 002 ② 003 ②

2021년 4회

004

다음 중 일상점검내용을 작업 전, 작업 중, 작업 종료로 구분할 때 "작업 중 점검 내용"으로 볼 수 없는 것은?

① 품질의 이상유무　② 안전수칙의 준수여부
③ 이상소음의 발생유무　④ 방호장치의 작동여부

해설

방호장치의 작동여부 점검은 작업 전 수행하여야 할 점검사항에 해당된다.

관련개념 **안전점검의 종류**

일상(수시)점검	매일 일의 시작이나 종료 시 또는 작업 중에 계속해서 실시하는 점검
정기(계획)점검	주기적으로 일정한 시설이나 물건, 기계 등에 대하여 점검하는 방법
특별점검	신설, 변경 내지는 고장수리 등을 할 경우에 행하는 부정기점검
임시점검	이상징후 예견 시 임시로 실시하는 점검

005

산업안전보건법령상의 안전보건표지 중 지시표지의 종류가 아닌 것은?

① 안전대 착용　② 귀마개 착용
③ 안전복 착용　④ 안전장갑 착용

해설

지시표지 중 안전대에 관한 내용은 없다.

관련개념 **지시표지**

보안경착용　방독마스크착용　방진마스크착용　보안면착용　안전모착용

귀마개착용　안전화착용　안전장갑착용　안전복착용

006

산업안전보건법령상 안전검사대상 유해·위험 기계·기구에 해당하지 않는 것은?

① 리프트　② 압력용기
③ 곤돌라　④ 교류아크 용접기

해설 **안전검사대상 유해·위험 기계·기구·설비**

- 프레스
- 전단기
- 크레인(정격 하중이 2톤 미만인 것 제외)
- 리프트
- 압력용기
- 곤돌라
- 국소 배기장치(이동식 제외)
- 원심기(산업용만 해당)
- 롤러기(밀폐형 구조 제외)
- 사출성형기(형 체결력 294[kN] 미만은 제외)
- 고소작업대(화물자동차 또는 특수자동차에 탑재한 고소작업대로 한정)
- 컨베이어
- 산업용 로봇

| 정답 | 004 ④　005 ①　006 ④

007

산업재해의 발생형태에 따른 분류 중 단순연쇄형에 해당하는 것은? (단, ○ 는 재해발생의 각종 요소를 나타낸다.)

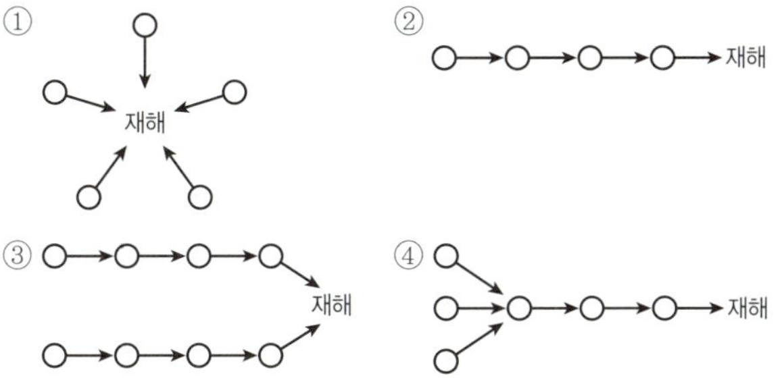

해설 **산업재해 발생형태**

집중형 (단순자극형)	• 상호자극에 의해 순간적으로 재해가 발생하는 형태이다. • 재해발생 장소 및 그 시기에 일시적으로 요인이 집중된다.
연쇄형	• 하나의 사고 요인이 또 다른 요인을 발생시키면서 재해가 발생하는 형태이다. • 단순연쇄형, 복합연쇄형이 있다.
복합형	집중형과 연쇄형이 복합적으로 구성되어 재해가 발생하는 형태이다.

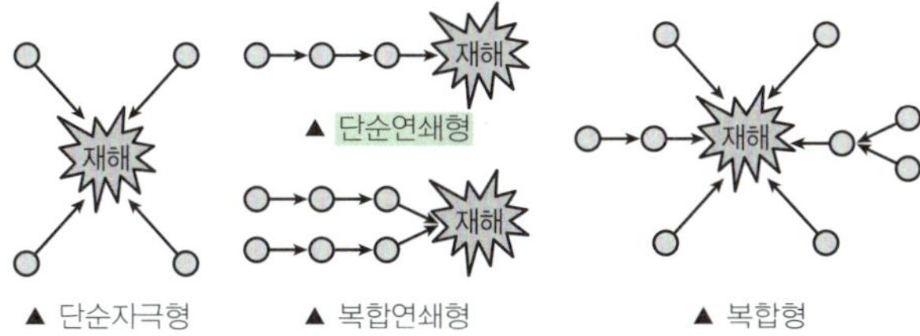

▲ 단순자극형 ▲ 단순연쇄형 ▲ 복합연쇄형 ▲ 복합형

008

연 평균 근로자수가 500명인 사업장에 1년간 3명의 사상자가 발생한 경우 이 작업장의 연천인율은?

① 4 ② 5
③ 6 ④ 7

해설 **연천인율**

근로자 1,000명당 발생한 재해자 수이다.

$$\text{연천인율} = \frac{\text{연간재해자수}}{\text{연평균 근로자수}} \times 1{,}000 = \frac{3}{500} \times 1{,}000 = 6$$

009

산업안전보건법령상 해당 사업장의 연간 재해율이 같은 업종의 평균재해율의 2배 이상의 경우 사업주에게 관리자를 정수 이상으로 증원하게 하거나 교체하여 임명할 것을 명할 수 있는 자는?

① 시, 도지사 ② 고용노동부장관
③ 국토교통부장관 ④ 지방고용노동관서의 장

해설

지방고용노동관서의 장은 사업주에게 안전관리자를 정수 이상으로 증원하게 하거나 교체하여 임명할 것을 명할 수 있다.

관련개념 **안전관리자 등의 증원·교체임명 명령 사유**

- 해당 사업장의 연간재해율이 같은 업종의 평균재해율의 2배 이상인 경우
- 중대재해가 연간 2건 이상 발생한 경우
- 관리자가 질병이나 그 밖의 사유로 3개월 이상 직무를 수행할 수 없게 된 경우
- 화학적 인자로 인한 직업성 질병자가 연간 3명 이상 발생한 경우

010

중대재해 발생사실을 알게 된 경우 지체없이 관할 지방고용노동관서의 장에게 보고해야 하는 사항이 아닌 것은? (단, 천재지변 등 부득이한 사유가 발생한 경우는 제외한다.)

① 발생개요 ② 피해 상황
③ 조치 및 전망 ④ 재해손실비용

해설 **중대재해 발생 시 보고**

사업주는 중대재해가 발생한 사실을 알게 된 경우에는 지체 없이 다음의 사항을 사업장 소재지를 관할하는 지방고용노동관서의 장에게 전화·팩스 또는 그 밖의 적절한 방법으로 보고하여야 한다.

- 발생개요 및 피해 상황
- 조치 및 전망
- 그 밖의 중요한 사항

| 정답 | 007 ② 008 ③ 009 ④ 010 ④

011

사고예방대책의 기본원리 5단계 중 제2단계는?

① 안전조직 ② 사실의 발견
③ 분석 · 평가 ④ 시정책 적용

해설 **하인리히의 사고예방대책 기본원리 5단계**

단계별 과정		내 용
제1단계	조직	• 경영층의 참여 • 안전관리자의 임명 • 안전의 라인 및 스태프 조직 구성 • 안전활동 방침 및 계획 수립 • 조직을 통한 안전활동
제2단계	사실의 발견	• 사고 및 안전활동 기록 검토 • 작업분석 • 안전점검 및 안전진단 • 사고조사 • 안전회의 및 토의 • 근로자의 제안 및 여론조사 • 관찰 및 보고서의 연구 등을 통하여 불안전 요소 발견
제3단계	분석 · 평가	• 사고보고서 및 현장조사 • 사고기록 및 인적 · 물적 조건의 분석 • 작업공정분석 • 교육훈련분석 등을 통하여 사고의 직접원인 및 간접원인을 규명
제4단계	시정책의 선정	• 기술적 개선 • 인사조정 • 교육훈련의 개선 • 안전행정의 개선 • 규정 및 수칙 작업표준제도의 개선 • 확인 및 통제체제 개선
제5단계	시정책의 적용	• 기술적(engineering) 대책 • 교육적(education) 대책 • 독려적(enforcement) 대책

012

산업안전보건법령상 안전인증대상 기계 · 기구 등에 해당하지 않는 것은?

① 크레인 ② 곤돌라
③ 컨베이어 ④ 사출성형기

해설 **안전인증대상 기계 또는 설비**

• 프레스
• 크레인
• 압력용기
• 사출성형기
• 곤돌라
• 전단기 및 절곡기
• 리프트
• 롤러기
• 고소작업대

013

산업안전보건법령상 시스템 통합 및 관리업의 경우 안전보건관리규정을 작성해야 할 사업의 규모로 옳은 것은?

① 상시 근로자 10명 이상을 사용하는 사업장
② 상시 근로자 50명 이상을 사용하는 사업장
③ 상시 근로자 100명 이상을 사용하는 사업장
④ 상시 근로자 300명 이상을 사용하는 사업장

해설 **안전보건관리규정을 작성해야 할 사업의 종류**

사업의 종류	상시 근로자 수
• 농업, 어업 • 소프트웨어 개발 및 공급업 • 컴퓨터 프로그래밍, 시스템 통합 및 관리업 • 영상 · 오디오물 제공 서비스업 • 정보서비스업 • 금융 및 보험업 • 임대업; 부동산 제외 • 전문, 과학 및 기술 서비스업(연구개발업 제외) • 사업지원 서비스업, 사회복지 서비스업	300명 이상
위의 사업을 제외한 사업	100명 이상

| 정답 | 011 ② 012 ③ 013 ④

014

산업안전보건법령상 근로자 안전보건교육 기준 중 다음 (　　) 안에 알맞은 것은?

교육과정	교육대상	교육시간
채용 시 교육	일용근로자 및 근로계약기간이 1주일 이하인 기간제근로자	(㉠)시간 이상
	근로계약기간이 1주일 초과 1개월 이하인 기간제근로자	4시간 이상
	그 밖의 근로자	(㉡)시간 이상

① ㉠: 1, ㉡: 8　　② ㉠: 2, ㉡: 8
③ ㉠: 1, ㉡: 2　　④ ㉠: 3, ㉡: 6

해설 근로자 안전보건교육 교육과정별 교육시간

교육과정	교육대상		교육시간
정기교육	사무직 종사 근로자		매반기 6시간 이상
	그 밖의 근로자	판매업무에 직접 종사하는 근로자	매반기 6시간 이상
		판매업무에 직접 종사하는 근로자 외의 근로자	매반기 12시간 이상
채용 시 교육	일용근로자 및 근로계약기간이 1주일 이하인 기간제근로자		1시간 이상
	근로계약기간이 1주일 초과 1개월 이하인 기간제근로자		4시간 이상
	그 밖의 근로자		8시간 이상
작업내용 변경 시 교육	일용근로자 및 근로계약기간이 1주일 이하인 기간제근로자		1시간 이상
	그 밖의 근로자		2시간 이상
특별교육	일용근로자 및 근로계약기간이 1주일 이하인 기간제근로자 (타워크레인 신호작업 종사자 제외)		2시간 이상
	타워크레인 신호작업에 종사하는 일용근로자 및 근로계약기간이 1주일 이하인 기간제근로자		8시간 이상
	그 밖의 근로자		16시간 이상
			단기간 또는 간헐적 작업인 경우 2시간 이상
건설업 기초안전·보건교육	건설 일용근로자		4시간 이상

015

산업안전보건기준에 관한 규칙에 따른 근로자가 상시 작업하는 장소의 작업면의 최소 조도기준으로 옳은 것은? (단, 갱내 작업장과 감광재료를 취급하는 작업장은 제외한다.)

① 초정밀작업: 1,000[lux] 이상
② 정밀작업: 500[lux] 이상
③ 보통작업: 150[lux] 이상
④ 그 밖의 작업: 50[lux] 이상

해설 산업안전보건법령상 작업장의 조도기준

- 초정밀작업: 750[lux] 이상
- 정밀작업: 300[lux] 이상
- 보통작업: 150[lux] 이상
- 그 밖의 작업: 75[lux] 이상

016

안전관리조직의 형태 중 라인·스태프형에 대한 설명으로 옳은 것은?

① 1,000명 이상의 대규모 사업장에 적합하다.
② 명령과 보고가 상하관계로 간단명료하다.
③ 안전에 대한 전문적인 지식이나 정보가 불충분하다.
④ 생산부분은 안전에 대한 책임과 권한이 없다.

해설

②, ③은 라인형 조직, ④는 스태프형 조직의 특징이다

관련개념 라인·스태프형 조직의 특징

- 라인형과 스태프형의 장점을 절충한 이상적인 조직이다.
- 안전보건업무를 전담하는 스태프를 두고 생산라인의 부서의 장으로 하여금 안전보건을 담당하게 한다. (안전보건대책: 스태프에서 수립 → 라인을 통하여 실천)
- 라인에는 생산과 안전에 관한 책임과 권한이 동시에 부여된다. (안전보건업무와 생산 업무의 균형 유지)
- 근로자 1,000명 이상의 대규모 사업장에 적합하다.
- 우리나라 산업안전보건법상의 조직형태이다.
- 안전과 생산이 유리될 우려가 없어 운용이 적절하면 이상적인 조직이다.

| 정답 | 014 ① 015 ③ 016 ①

017

재해손실비 중 직접비가 아닌 것은?

① 휴업보상비 ② 요양보상비
③ 장례비 ④ 영업 손실비

해설 **직접손실비용과 간접손실비용**

직접비 (법적으로 지급되는 산재보상비)		간접비 (직접비를 제외한 모든 비용)	
• 요양급여	• 휴업급여	• 인적손실	• 물적손실
• 장해급여	• 간병급여	• 생산손실	• 임금손실
• 유족급여	• 상병보상연금	• 시간손실	• 기타손실 등
• 장례비	• 직업재활급여		

018

방독마스크 정화통의 종류와 외부 측면 색상의 연결이 옳은 것은?

① 유기화합물용 – 노란색 ② 할로겐용 – 회색
③ 아황산용 – 녹색 ④ 암모니아용 – 갈색

해설 **정화통 외부 측면의 표시색**

유기화합물용	갈색
할로겐용, 황화수소용, 시안화수소용	회색
아황산용	노란색
암모니아용	녹색
복합용 및 겸용	• 복합용: 해당가스 색 모두 표시(2층 분리) • 겸용: 백색과 해당가스 색 모두 표시(2층 분리)

019

재해발생의 주요 원인 중 불안전한 행동에 해당하지 않는 것은?

① 불안전한 속도 조작
② 안전장치 기능 제거
③ 보호구 미착용 후 작업
④ 결함 있는 기계설비 및 장비

해설 **재해의 직접원인**

불안전한 상태	• 물건 자체의 결함 • 방호장치의 결함 • 복장·보호구의 결함 • 물건의 배치 및 작업장소 불량 • 작업환경의 결함 • 생산공정의 결함 • 경계표시·설비의 결함
불안전한 행동	• 위험장소의 접근 • 방호장치의 기능 제거 • 복장·보호구의 잘못된 사용 • 기계·기구의 잘못된 사용 • 운전 중인 기계장치의 손질 • 불안전한 속도 조작 • 위험물 취급 부주의 • 불안전 상태 방치 • 불안전한 자세 및 동작 • 감독 및 연락 불충분

020

매슬로우의 욕구 5단계 이론 중 2단계에 해당하는 것은?

① 생리적 욕구 ② 사회적(애정적) 욕구
③ 안전에 대한 욕구 ④ 존경과 긍지에 대한 욕구

해설 **매슬로우(Maslow)의 욕구이론**

- 인간의 욕구는 생리적 욕구 → 안전의 욕구 → 사회적 욕구 → 존경(인정)의 욕구 → 자아실현의 욕구 순으로 발생한다.
- 인간은 가장 기본적인 욕구에서 시작하여 상위 욕구로 올라가면서 자신의 욕구를 체계적으로 충족시킨다.

| 정답 | 017 ④ 018 ② 019 ④ 020 ③

인간공학 및 시스템안전공학

021

품질 검사 작업자가 한 로트에서 검사 오류를 범할 확률이 0.1이고, 이 작업자가 하루에 5개의 로트를 검사한다면, 5개 로트에서 에러를 범하지 않을 확률은?

① 90[%] ② 75[%]
③ 59[%] ④ 40[%]

해설

한 로트에서의 오류를 범하지 않을 확률이 1 − 0.1 = 0.9이므로
5개의 로트에서 에러를 범하지 않을 확률 = 0.9^5 = 0.59 = 59[%]이다.

022

다음 중 통제표시비(control/display ratio)를 설계할 때 고려하는 요소에 관한 설명으로 틀린 것은?

① 계기의 조절시간이 짧게 소요되도록 계기의 크기(size)는 항상 작게 설계한다.
② 짧은 주행 시간 내에 공차의 인정범위를 초과하지 않는 계기를 마련한다.
③ 목시거리가 길면 길수록 조절의 정확도는 떨어진다.
④ 통제표시비가 낮다는 것은 민감한 장치라는 것을 의미한다.

해설

계기의 크기를 작게만 설계하면 조작이 어렵고 정확도와 편리성이 떨어질 수 있다.

023

다음 중 망막의 원추세포가 가장 낮은 민감성을 보이는 파장의 색은?

① 적색 ② 회색
③ 청색 ④ 녹색

해설

원추세포는 3원색(빨간색, 초록색, 파란색)을 감지하는 세 종류의 세포가 있다.

관련개념 **원추세포의 종류**

종류	설명
L 원추세포(ρ세포)	적원추세포로 불린다. L은 Long − wavelength로 긴 파장을 뜻하며 빨간색인 564[nm] 파장에 가장 민감하다.
M 원추세포(Γ세포)	녹원추세포로 불린다. M은 Medium − wavelength로 중간 파장을 뜻하며 초록색인 534[nm]의 파장에 가장 민감하다.
S 원추세포(β세포)	청원추세포로 불린다. S는 Short − wavelength로 짧은 파장을 뜻하며, 파란색인 420[nm]의 파장에 가장 민감하다.

024

다음 중 작업방법의 개선원칙(ECRS)에 해당되지 않는 것은?

① 교육(Education) ② 결합(Combine)
③ 재배치(Rearrange) ④ 단순화(Simplify)

해설 **작업방법 개선원칙(ECRS) 4가지**

Eliminate(제거)	불필요한 작업이나 과정을 제거한다.
Combine(결합)	두 가지 이상의 작업을 결합한다.
Rearrange(재배치)	작업의 순서나 위치를 재배치한다.
Simplify(단순화)	작업을 더 간단하고 쉽게 만든다.

| 정답 | 021 ③ 022 ① 023 ② 024 ①

2021년 4회

025

다음 중 시스템 안전성 평가 기법에 관한 설명으로 틀린 것은?

① 가능성을 정량적으로 다룰 수 있다.
② 시각적 표현에 의해 정보전달이 용이하다.
③ 원인, 결과 및 모든 사상들의 관계가 명확해진다.
④ 연역적 추리를 통해 결함사상을 빠짐없이 도출하나, 귀납적 추리로는 불가능하다.

해설 시스템 안전성 평가 기법

시스템에서 발생 가능한 위험이나 결함을 분석하고 이를 예방하기 위한 체계적인 방법이며 주요 기법으로는 FTA(Fault Tree Analysis)와 FMEA(Failure Mode and Effects Analysis) 등이 있으며, 이들은 연역적 또는 귀납적 추리를 사용한다.

- 연역적 추리: FTA와 같은 기법에서 사용되며, 주요 결함(Top Event)을 정의한 뒤 이를 유발할 수 있는 원인들을 체계적으로 분석한다.
- 귀납적 추리: FMEA와 같은 기법에서 사용되며, 각각의 구성 요소에서 발생할 수 있는 결함을 분석하여 시스템 전반에 미치는 영향을 평가한다.

026

다음 중 얼음과 드라이아이스 등을 취급하는 작업에 대한 대책으로 적절하지 않은 것은?

① 더운 물과 더운 음식을 섭취한다.
② 가능한 한 식염을 많이 섭취한다.
③ 혈액순환을 위해 틈틈이 운동을 한다.
④ 오랫동안 한 장소에 고정하여 작업하지 않는다.

해설

차가운 환경에서는 체온 유지와 직접적으로 연관된 조치가 필요하며, 과도한 식염 섭취는 건강에 해롭다.

027

다음 중 시스템의 수명곡선(욕조곡선)에서 우발고장 기간에 발생하는 고장의 원인으로 볼 수 없는 것은?

① 사용자의 과오 때문에
② 안전계수가 낮기 때문에
③ 부적절한 설치나 시동 때문에
④ 최선의 검사방법으로도 탐지되지 않는 결함 때문에

해설 시스템의 수명곡선(욕조곡선)

시스템의 수명곡선(욕조곡선)은 제품이나 시스템의 고장률을 시간에 따라 설명하는 곡선으로, 세 가지 주요 구간으로 나뉜다.

구간	설명
초기고장(DFR)	주로 제조결함이나 초기결함으로 인한 고장으로 설계상 결함이나 제작 하자에 의해 발생하며 불충분한 작업, 부적절한 설치 등에 의해서도 발생한다.
우발고장(CFR)	고장률이 일정한 구간으로 정상적인 사용 중에 발생하는 예측 불가능한 고장이다. 제품에 가해지는 스트레스(부하)가 높거나, 사용자의 과도한 사용 및 오용 등으로 발생하며 폭발에 의한 건물 붕괴, 지진이나 충격 등에 의한 구조물 파손과 교량 파손 등이 이에 해당된다.
마모고장(IFR)	시스템의 노후화로 인해 고장이 증가하는 기간이며, 사용에 따른 마모(닳음), 부식, 산화, 피로, 노화 등으로 인해서 발생하는 고장이다.

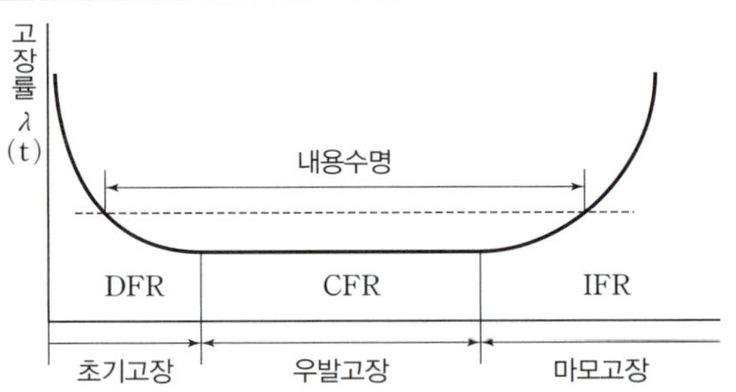

▲ 기계의 고장률(욕조곡선, Bathtub Curve)

| 정답 | 025 ④ 026 ② 027 ③

028

정보를 전송하기 위한 표시장치 중 시각장치보다 청각장치를 사용해야 더 좋은 경우는?

① 메시지가 나중에 재참조되는 경우
② 직무상 수신자가 자주 움직이는 경우
③ 메시지가 공간적인 위치를 다루는 경우
④ 수신자가 청각계통이 과부하상태인 경우

해설 **청각적 표시장치와 시각적 표시장치 사용비교**

청각적 표시장치	시각적 표시장치
전언이 간단하다.	전언이 복잡하다.
전언이 짧다.	전언이 길다.
전언이 후에 재참조 되지 않는다.	전언이 후에 재참조 된다.
전언이 시간적 사상을 다룬다.	전언이 공간적인 위치를 다룬다.
전언이 즉각적인 행동을 요구한다(긴급할 때).	전언이 즉각적인 행동을 요구하지 않는다.
수신장소가 너무 밝거나 암조응 유지 필요 시	수신장소가 너무 시끄러울 때
직무상 수신자가 자주 움직일 때	직무상 수신자가 한곳에 머물 때
수신자의 시각계통이 과부하 상태일 때	수신자의 청각계통이 과부하 상태일 때

029

인간공학의 중요한 연구과제인 계면(Interface)설계에 있어서 다음 중 계면에 해당되지 않는 것은?

① 작업공간 ② 표시장치
③ 조종장치 ④ 조명시설

해설

계면(Interface)은 인간과 기계 사이의 상호작용 지점을 의미한다. 조명시설은 작업 환경을 밝히고 시야를 확보하는 데 사용되며, 인터페이스 설계가 아닌 작업환경의 지원요소이다.

030

FT도에 사용되는 기호 중 "시스템의 정상적인 가동상태에서 일어날 것이 기대되는 사상"을 나타내는 것은?

① 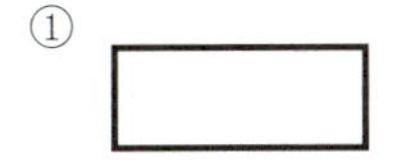
② 
③ 
④ 

해설 **논리기호 및 사상기호**

기호	명칭	설명
	기본사상	더 이상 전개할 수 없는 사건·사고(재해의 원인)
	생략사상	관리정보가 미비하여 계속될 수 없는 특정 초기사상
	통상사상	발생이 예상되는 사상
	결함사상	한 개 이상의 입력에 의해 발생된 고장사상
	전이기호	다른 게이트와의 연결
	억제 게이트	입력이 발생하기 전 특정 조건을 만족하면 출력이 발생
	OR 게이트	입력신호 중 하나 이상이 발생하면 출력이 발생(논리합)
	AND 게이트	입력신호가 모두 발생하면 출력이 발생(논리곱)

| 정답 | 028 ② 029 ④ 030 ③

031

촉각적 표시장치에서 기본 정보 수용기로 주로 사용되는 것은?

① 귀　　② 눈
③ 코　　④ 손

해설 감각기관별 수용 정보

감각기관	수용 정보	예
귀	청각적 정보	알람소리, 음악 등
눈	시각적 정보	그래픽, 디스플레이 등
코	후각적 정보	냄새
손	촉각적 정보	점자, 진동, 물체의 질감 등

032

FT도 작성에 사용되는 기호에서 그 성격이 다른 하나는?

①
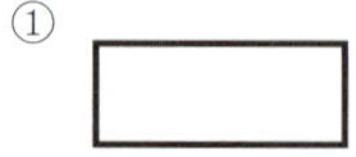

②

③
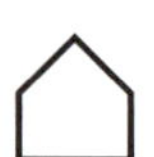

④

해설

①은 결함사상, ②는 기본사상, ③은 통상사상을 나타내는 사상기호이고, ④는 논리곱을 나타내는 AND 게이트로 논리기호이다.

033

소음이 심한 기계로부터 1.5[m] 떨어진 곳의 음압수준이 100[dB]라면 이 기계로부터 5[m] 떨어진 곳의 음압수준은 약 얼마인가?

① 85[dB]　　② 90[dB]
③ 96[dB]　　④ 102[dB]

해설 두 거리에 따른 음의 변화

$$dB_2 = dB_1 - 20\log\frac{d_2}{d_1} = 100 - 20\log\frac{5}{1.5} = 90[dB]$$

034

동작경제의 원칙이 아닌 것은?

① 동작의 범위는 최대로 할 것
② 동작은 연속된 곡선운동으로 할 것
③ 양손은 좌우 대칭적으로 움직일 것
④ 양손은 동시에 시작하고 동시에 끝내도록 할 것

해설

동작의 범위를 최대로 하는 것은 에너지를 낭비하고 작업 효율성을 떨어뜨릴 수 있으므로 동작경제의 원칙에 맞지 않는다.
동작경제의 원칙은 작업 효율성과 피로를 줄이는 데 중점을 둔 원칙이며 동작의 범위를 최소화하고 불필요한 동작을 제거하는 것이 중요하다.

| 정답 | 031 ④　032 ④　033 ②　034 ①

035

화학설비에 대한 안전성 평가 5단계 중 정성적 평가의 실시 단계는?

① 제1단계　　② 제2단계
③ 제3단계　　④ 제4단계

해설 **안전성 평가 6단계**

1단계	관계자료의 작성 준비
2단계	• 정성적 평가 • 설계(공장의 입지조건, 공장 내 배치)와 운전관계에 대한 평가
3단계	• 정량적 평가 • 취급물질, 용량, 온도, 압력 및 조작을 통한 위험도 평가
4단계	• 안전대책수립 • 설비대책과 관리적 대책
5단계	재해 정보에 의한 재평가
6단계	FTA에 의한 재평가

※ 5단계로 나타낼 때에는 5단계와 6단계를 하나의 단계인 '재해 정보 및 FTA에 의한 재평가'로 나타낼 수 있다.

036

시스템 설계자가 통상적으로 하는 평가방법 중 거리가 먼 것은?

① 기능 평가　　② 성능 평가
③ 도입 평가　　④ 신뢰성 평가

해설 **도입 평가**

시스템을 도입하기 전에 그 타당성을 검토하는 과정으로, 일반적으로 경영진, 기획담당자, 프로젝트 관리자가 주도하는 경우가 많다.

관련개념 **시스템 설계자의 평가**

항목	내용
기능 평가	• 시스템이 설계된 기능을 제대로 수행하는지 확인 • 설계자에게 필수적인 과정
성능 평가	• 시스템이 얼마나 효율적이고 최적의 상태로 작동하는지 확인 • 속도, 처리량, 반응 시간 등을 포함
신뢰성 평가	• 시스템이 일정 기간 동안 오류 없이 작동할 수 있는지 평가 • 설계 단계에서 중요한 부분

037

건구온도 38[℃], 습구온도 32[℃]일 때의 Oxford지수는 몇 [℃]인가?

① 30.2　　② 32.9
③ 35.3　　④ 37.1

해설

Oxford지수 = 0.85×습구온도 + 0.15×건구온도
= 0.85×32 + 0.15×38 = 32.9[℃]

관련개념 **Oxford지수**

열 스트레스 정도를 예측하며, 습구온도와 건구온도의 가중 평균치를 나타내는 지수이다.

WD = 0.85WB + 0.15DB

(WD: Oxford지수, WB: 습구온도, DB: 건구온도)

038

아날로그(Analog) 표시장치의 선택 시 고려해야 할 사항으로 가장 적절한 것은?

① 눈금의 증가는 시계 반대방향이 적합하다.
② 일반적으로 고정눈금에서 지침이 움직이는 것이 좋다.
③ 온도계나 고도계에 사용되는 눈금이나 지침은 수평표시가 바람직하다.
④ 이동요소의 수동조절이 필요할 때에는 지침보다 눈금을 조절할 수 있어야 한다.

해설

① 눈금의 증가는 시계 방향이 적합하다.
③ 온도계나 고도계에 사용되는 눈금이나 지침은 수직표시가 바람직하다.
④ 이동요소의 수동조절이 필요할 때에는 눈금은 고정하고 지침을 조절할 수 있어야 한다.

| 정답 | 035 ② 036 ③ 037 ② 038 ②

039

인간–기계 시스템에서의 기본적인 기능으로 볼 수 없는 것은?

① 행동기능　　② 정보의 수용
③ 정보의 저장　　④ 정보의 설계

해설

정보의 설계는 인간－기계 시스템의 구현 단계에서 필요한 작업일 뿐 시스템의 기본적인 기능에는 포함되지 않는다.

관련개념 **인간–기계 시스템의 기능별 종류 및 예시**

구분	인간의 기능	기계의 기능
감각기능	시각, 청각, 촉각, 후각, 미각	기계적 감지장치, 전기적 감지장치, 화학적 감지장치
정보저장기능	기억	메모리 장치, 데이터베이스 장치
정보처리 및 결정기능	인지, 사고, 추론	프로그램의 알고리즘
행동기능	근육	모터, 엑추에이터 등의 장치

040

어떤 장치의 이상을 알려주는 경보기가 있어서 그것이 울리면 일정 시간 이내에 장치를 정지하고 상태를 점검하여 필요한 조치를 하게 된다. 그런데 담당 작업자가 정지 조작을 잘못하여 장치에 고장이 발생하였다. 이때 작업자가 조작을 잘못한 실수를 무엇이라고 하는가?

① Primary Error　　② Command Error
③ Omission Error　　④ Secondary Error

해설 **휴먼에러(Human Error)의 분류**

심리적 분류 (Swain의 분류)	• 정상수행  ①→②→③→④→⑤ • Omission Error(생략에러): 필요한 작업, 절차를 수행하지 않는 오류  ①→②———→④→⑤ • Time Error(시간에러): 필요한 작업과 절차의 수행지연으로 인한 오류 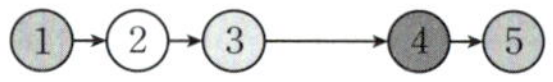 ①→②→③———→④→⑤ • Commission Error(수행에러): 필요한 작업과 절차를 잘못 수행하는 오류 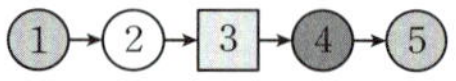 ①→②→3→④→⑤ • Sequential Error(순서에러): 필요한 작업 또는 절차의 순서 착오로 인한 오류  ①→②→④→③→⑤ • Qualitative Error(양적에러): 너무 적거나 많은 작업을 수행하는 오류 • Extraneous Error(불필요 수행에러): 작업과 관계없는 행동을 하는 오류 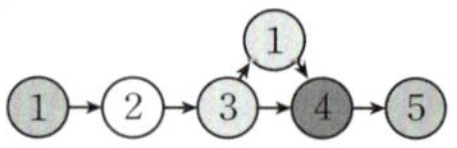 ①→②→③→①→④→⑤
원인별(레벨별) 분류	• Primary Error(1차에러): 작업자 자신에 의해 발생 • Secondary Error(2차에러): 작업형태나 조건에 의해 발생 • Command Error(지시에러): 근로자가 움직일 수 없는 상태에 발생 • Third Error(3차에러)

| 정답 | 039 ④　040 ①

건설시공학

041

토공사용 기계로서 흙을 깎으면서 동시에 기체 내에 담아 운반하고 깔기작업을 겸할 수 있으며, 작업거리는 100~1,500[m] 정도의 중장거리용으로 쓰이는 것은?

① 파워셔블 ② 트렌처
③ 캐리올 스크레이퍼 ④ 그레이더

해설 **정지용 기계**

기계		특징	동작형식
모터 그레이더		상하 경사가 가능하고 방향전환을 할 수 있는 정지판을 장치하고 있다. 토공기계의 대패라고도 하며, 지면을 절삭하여 평활하게 다듬는 것으로 하수구 파기, 제방작업, 제설작업 등에 쓰인다.	중간식
불도저	앵글 도저	블레이드를 좌우로 20°~30° 정도로 각을 세울 수 있어 토사를 한쪽 방향으로 밀어내는 형식의 도저로, 주로 산허리 등을 깎아 내리는 데 유효하다.	전면식
	틸트 도저	수평면을 기준으로 블레이드를 좌우로 15[cm] 정도 기울일 수 있어 V형 측구 등을 굴착하는 도저로 동결된 땅, 배수로 작업 등에 쓰인다.	
캐리올 스크레이퍼		도저보다 운반거리가 길고 앞바퀴와 뒷바퀴 사이에 짐을 싣는 박스를 갖고 있어 굴착·적하·운반·살포·흙다짐 등 일련의 작업을 동시에 할 수 있다.	견인식

042

흙의 휴식각에 대한 설명으로 틀린 것은?

① 터파기의 경사는 휴식각의 2배 정도로 한다.
② 습윤 상태에서 휴식각은 모래 30~45°, 흙 25~45° 정도이다.
③ 흙의 흘러내림이 자연 정지될 때 흙의 경사면과 수평면이 이루는 각도를 말한다.
④ 흙의 휴식각은 흙의 마찰력, 응집력 등에 관계되나 함수량과는 관계없이 동일하다.

해설 **흙의 안식각(휴식각)**

- 흙의 흘러내림이 자연적으로 정지될 때 흙의 수평면과 경사면이 이루는 각도를 말한다.
- 터파기 경사각은 안식각의 2배 정도로 한다.
- 부착력, 마찰력, 응집력에 의하여 생기고 밀실도, 함수량에 따라 다르다.
- 습윤상태의 안식각

지반	진흙	일반흙	모래
안식각	20~35°	25~45°	30~45°

043

용접작업에서 용접봉을 용접방향에 대하여 서로 엇갈리게 움직여서 용가금속을 용착시키는 운봉방법은?

① 단속용접 ② 개선
③ 레그 ④ 위빙

해설 **위빙**

서로 엇갈리게 지그재그로 용접봉을 움직이며 용접하는 방법을 말한다.

관련개념

- 단속용접: 용접을 일정 길이마다 끊어서 공간을 두고 다시 용접하는 방법으로, 전체를 용접할 필요가 없고 입열에 의한 변형량을 줄일 수 있다.
- 개선: 용접을 하기 전에 용접부를 가공하여 최적의 용접 조건을 만드는 작업이다.
- 레그: 필렛 용접의 다리 부분을 말한다.

| 정답 | 041 ③ 042 ④ 043 ④

044

철근콘크리트 공사에서 가스압접을 하는 이점에 해당되지 않는 것은?

① 철근조립부가 단순하게 정리되어 콘크리트 타설이 용이하다.
② 불량부분의 검사가 용이하다.
③ 겹침이음이 없어 경제적이다.
④ 철근의 조직변화가 적다.

해설 **가스압접의 장단점**

장점	단점
• 철근조립부가 단순하게 정리되어 콘크리트 타설이 용이하다. • 공사비가 저렴하다. • 시공시간이 짧고(3~4분), 충분한 강도가 보장된다. • 잔토막도 유용하게 사용되어서 경제적이다.	• 용접부 불량부분의 검사가 어렵다. • 풍우, 강설, 저온 시 작업을 중단하여야 된다. • 숙련공이 필요하다. • 철근공, 용접공의 동시작업으로 혼돈이 야기될 우려가 있다. • 화재의 우려가 있다.

045

철근공사의 철근트러스 입체화 공법의 특징이 아닌 것은?

① 현장조립의 거푸집공사를 공장제 기성품으로 대체
② 구조적 안정성 확보
③ 가설작업장의 면적 증가
④ Support 감소, 지보공수량 감소로 작업의 안전성

해설

철근트러스 입체화 공법을 적용하면 현장의 철근가공·조립, 거푸집 제작·조립·해체 작업을 위한 가설작업장이 축소된다.

046

철근단면을 맞대고 산소-아세틸렌염으로 가열하여 접합단면을 녹이지 않고 적열상태에서 부풀려 가압, 접합하는 철근 이음방식은?

① 나사방식이음　② 겹침이음
③ 가스압접이음　④ 파워셔블

해설 **가스압접이음**

2개의 철근 단부를 맞대어 놓고 산소-아세틸렌가스 불꽃으로 약 1,300[℃]로 가열하여 압접하는 방식이다.

관련개념

• 나사방식이음: 철근을 나사와 같이 이음 커플러에 돌려 끼워 이음하는 방식이다.
• 겹침이음: 철근의 일정길이를 겹쳐 철선으로 연결하는 방식이다.

047

기초공사에서 잡석지정을 하는 목적에 해당되지 않는 것은?

① 구조물의 안정을 유지하게 한다.
② 이완된 지표면을 다진다.
③ 철근의 피복두께를 확보한다.
④ 기초 및 바닥의 배수를 원활하게 한다.

해설 **잡석지정의 목적**

• 구조물의 안정 유지
• 이완된 지표면의 다짐
• 기초 또는 바닥 밑의 방습 및 배수
• 콘크리트 두께 절약에 따른 양 절약

| 정답 | 044 ② 045 ③ 046 ③ 047 ③

048

철근콘크리트 구조에서 철근의 정착위치로 틀린 것은?

① 기둥의 주근은 기초에 정착한다.
② 작은 보의 주근은 기둥에 정착한다.
③ 지중보의 주근은 기초에 정착한다.
④ 벽체의 주근은 기둥 또는 큰 보에 정착한다.

해설 **철근의 정착위치**
- 기둥의 주근은 기초에 정착한다.
- 큰 보의 주근은 기둥에 정착한다.
- 직교하는 단부 보의 밑에 기둥이 없을 때는 보 상호 간에 정착한다.
- 작은 보의 주근은 큰 보에 정착한다.
- 바닥철근은 보 또는 벽체에 정착한다.
- 지중보 철근은 기초 또는 기둥에 정착한다.
- 벽철근은 보, 기둥, 바닥판 또는 기초에 정착한다.

049

입찰방식에 관한 설명으로 옳지 않은 것은?

① 공개경쟁입찰은 관보, 신문, 게시판 등에 입찰공고를 하여야 한다.
② 지명경쟁입찰은 경쟁입찰에 의하지 않고 그 공사에 특히 적당하다고 판단되는 1개의 회사를 선정하여 발주하는 방식이다.
③ 제한경쟁입찰은 양질의 공사를 위하여 업체자격에 대한 조건을 만족하는 업체라면 입찰에 참가하는 방식이다.
④ 부대입찰은 발주자가 입찰참가자에게 하도급할 공종, 하도급 금액 등에 대한 사항을 미리 기재하게 하여 입찰 시 입찰서류에 첨부하여 입찰하는 제도이다.

해설 **지명경쟁입찰**
건축주가 도급자의 재산, 경력, 장비, 기술, 신용 등을 상세히 조사하여 해당 공사에 가장 적합하다고 인정되는 3~7개 정도의 회사를 지명하여 경쟁입찰하는 방식이다.

관련개념 **지명경쟁입찰의 장단점**

장점	단점
• 양질의 공사기대 및 시공상의 신뢰성 향상 • 부적격업자 사전제거 가능	• 담합의 우려가 있음 • 공사비가 공개입찰에 비하여 상승

050

콘크리트의 경화 후 거푸집 제거 작업 시 주의사항 중 옳지 않은 것은?

① 진동, 충격 등을 주지 않고 콘크리트가 손상되지 않도록 순서대로 제거한다.
② 지주를 바꾸어 세울 동안에는 상부의 작업을 제한하여 적재하중을 적게 하고, 집중하중을 받는 부분의 지주는 그대로 둔다.
③ 제거한 거푸집은 재사용할 수 있도록 적당한 장소에 정리하여 둔다.
④ 구조물의 손상을 고려하여 남은 거푸집 쪽널은 그대로 두고 미장공사를 한다.

해설
거푸집 해체 시 거푸집 쪽널을 그대로 두면 추후 낙하로 인한 재해 위험이 있다.

051

철골세우기용 기계설비가 아닌 것은?

① 가이데릭 ② 스티프레그데릭
③ 진폴 ④ 드래그라인

해설
드래그라인은 셔블계 굴착기의 일종으로 기계보다 낮은 지반을 굴착할 때 사용한다.

관련개념 **철골세우기용 건설기계**
- 크레인: 타워크레인, 지브크레인
- 이동식 크레인: 휠크레인, 트럭크레인, 크롤러크레인
- 데릭: 삼각데릭(스티프레그데릭), 진폴데릭, 가이데릭

| 정답 | 048 ② 049 ② 050 ④ 051 ④

052

지하수위 저하공법 중 강제배수공법이 아닌 것은?

① 표면배수공법 ② 전기침투공법
③ Well Point 공법 ④ 진공 Deep Well 공법

해설 강제배수와 중력배수

- 강제배수: 인위적인 적극적 조치(웰포인트 공법, 진공 Deep Well 공법, 전기침투공법)
- 중력배수: 굴착저면의 물을 집수정이라고 부르는 장소에 자연유입시켜 수중펌프 등으로 배수시키는 공법(집수정 배수공법, 명거배수(표면배수)공법, 암거배수공법, Deep Well 공법)

053

지하연속법 공법에 관한 설명으로 옳지 않은 것은?

① 흙막이벽의 강성이 적어 보강재를 필요로 한다.
② 지수벽의 기능도 갖고 있다.
③ 인접건물의 경계선까지 시공이 가능하다.
④ 암반을 포함한 대부분의 지반에 시공이 가능하다.

해설 지하연속벽(Slurry Wall) 공법

흙막이 공사의 단점인 소음 및 진동을 보완한 공법으로, 지중에 일정 폭과 깊이를 굴착하고 현장 철근벽체를 연속 성형하여 굴착공사의 토류벽 및 영구벽으로 사용한다.

장점	단점
• 지반조건에 좌우되지 않는다.	• 기술적 시공이 요구된다.
• 저소음, 저진동이다.	• 시공비가 많이 소요된다.
• 근접건물에 영향을 주지 않는다.	• 굴착토의 처리문제가 발생한다.
• 강성이 높아 휘어지지 않는다.	• 굴착 도랑의 붕괴 및 안정액(벤토나이트)의 배수가 곤란하다.
• 소요내력을 정할 수 있다.	• 기계 및 부대 설비가 대형이다.
• 지반보강 및 차수효과가 확실하다.	• 소규모 현장의 시공은 불가능하다.
• 길이 및 깊이 등 치수조정이 자유롭다.	

054

프리플레이스트 콘크리트 말뚝으로 구멍을 뚫어 주입관과 굵은 골재를 채워 넣고 관을 통하여 모르타르를 주입하는 공법은?

① MIP 파일(Mixed In Place Pile)
② CIP 파일(Cast In Place Pile)
③ PIP 파일(Packed In Place Pile)
④ NIP 파일(Nail In Place Pile)

해설 CIP말뚝(Cast In Place Prepact Pile) 공법

지하수가 없는 비교적 경질인 지층에서 어스 오거로 구멍을 뚫고 그 내부에 자갈과 철근을 채운 후, 미리 삽입해 둔 파이프를 통해 저면에서부터 모르타르를 채워 올라오게 하는 공법이다.

관련개념

- PIP말뚝(Packed In Place Prepact Pile) 공법: 어스 오거로 소정의 깊이까지 뚫은 다음, 흙과 오거를 함께 끌어 올리면서 그 밑 공간은 파이프 선단을 통하여 유출되는 모르타르로 채움과 동시에 흙과 치환하여 모르타르 말뚝을 형성하는 공법이다.
- MIP말뚝(Mixed In Place Prepact Pile) 공법: 파이프 회전봉의 선단에 커터(Cutter)를 장치하여 흙을 뒤섞으며 지중으로 파들어간 다음, 다시 회전시켜 빼내면서 모르타르가 회전봉 선단에서 분출 시 소일 콘크리트말뚝(Soil Concrete Pile)을 형성하는 공법으로 연약지반에서도 시공이 가능하다.

055

V.E(Value Engineerining)에서 원가절감을 실현할 수 있는 대상 선정이 잘못 된 것은?

① 수량이 많은 것
② 반복효과가 큰 것
③ 장시간 사용으로 숙달되어 개선효과가 큰 것
④ 내용이 간단한 것

해설

내용이 간단하면 원가절감 대상도 간단하여 원가절감 대상으로 선정하기 부적합하다.

| 정답 | 052 ① 053 ① 054 ② 055 ④

056

콘크리트의 양생에 관한 설명 중 틀린 것은?

① 콘크리트 표면의 건조에 의한 내부콘크리트 중의 수분 증발 방지를 위해 습윤양생을 실시한다.
② 동해를 방지하기 위해 5[℃] 이상을 유지한다.
③ 거푸집판이 건조될 우려가 있는 경우에라도 살수는 금하여야 한다.
④ 응결 중 진동 등의 외력을 방지해야 한다.

해설 **콘크리트 양생 시 주의사항**

- 콘크리트를 부어 넣은 후 5일(조강포틀랜드시멘트: 3일, 초조강포틀랜드시멘트: 2일) 이상은 살수 등을 행하여 습윤상태로 유지한다.
- 급격한 건조, 직사일광, 비, 눈에 대하여 적당한 양생(시트덮기, 모래, 면포 등으로 표면을 덮는 등)을 행한다.
- 콘크리트의 온도를 5[℃] 이상으로 유지한다.
- 진동, 하중 등 유해한 영향을 주지 않아야 한다.

057

보기는 지하연속벽(Slurry Wall)공법의 시공내용이다. 그 순서를 옳게 나열한 것은?

A. 트레미관을 통한 콘크리트 타설
B. 굴착
C. 철근망의 조립 및 삽입
D. Guide Wall 설치
E. End Pipe 설치

① A → B → C → E → D ② D → B → E → C → A
③ B → D → E → C → A ④ B → D → C → E → A

해설 **지하연속벽 공법**

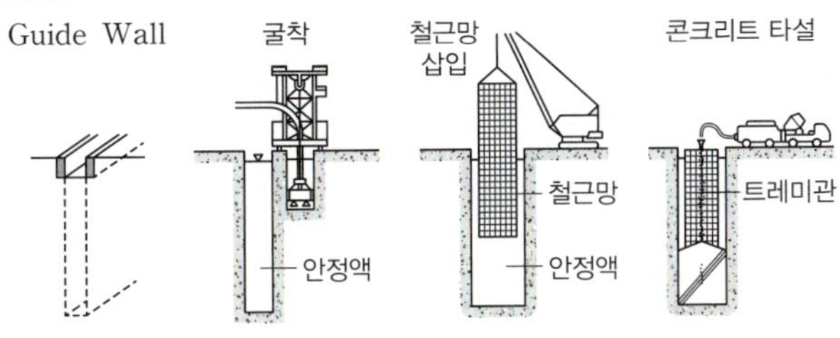

058

거푸집 측압에 영향을 주는 요인과 거리가 먼 것은?

① 기온 ② 콘크리트 강도
③ 콘크리트의 슬럼프 ④ 콘크리트 타설 높이

해설

콘크리트의 강도는 거푸집의 측압과 관계 없다.

관련개념 **콘크리트 측압이 커지는 요인**

- 거푸집 부재의 단면이 큰 경우
- 거푸집의 수밀성이 큰 경우
- 거푸집의 강성이 큰 경우
- 거푸집의 표면이 평활할 경우
- 콘크리트가 묽은 경우
- 철골이나 철근량이 적은 경우
- 외기온도가 낮은 경우
- 타설속도가 빠른 경우
- 콘크리트의 다짐이 좋은 경우
- 콘크리트의 슬럼프가 큰 경우
- 콘크리트의 비중이 큰 경우
- 습도가 높은 경우
- 벽 두께가 두꺼운 경우

059

철골공사에서 철골세우기 계획을 수립할 때 철골제작공장과 협의해야 할 사항이 아닌 것은?

① 철골세우기 검사 일정 확인 ② 반입 시간의 확인
③ 반입 부재수의 확인 ④ 부재 반입의 순서

해설

철골세우기 공정에 맞춰 제작 → 반입 → 조립되어야 하므로 현장 반입 시 철골제작공장과 협의 사항은 아래와 같다.

- 반입 자재의 형상, 치수, 중량 등에 따른 제작
- 조립 순서에 의한 반입의 순서, 시간

| 정답 | 056 ③ 057 ② 058 ② 059 ①

060

철근 이음의 종류 중 기계적 이음의 검사 항목에 해당되지 않는 것은?

① 위치　② 초음파탐상검사
③ 인장시험　④ 외관 검사

해설 **철근이음의 검사**

종류	항목	시험·검사 방법
겹침이음	위치	육안 관찰 및 자에 의한 측정
	이음길이	
가스압접 이음	위치	외관 관찰, 필요에 따라 자, 버니어캘리퍼스 등에 의한 측정
	외관 검사	
	초음파 탐상검사	KS B 0839
	인장시험	KS B 0554
기계적 이음	위치	육안 관찰, 필요에 따라 자, 버니어캘리퍼스 등에 의한 측정
	외관 검사	
	인장시험	제조회사의 시험 성적서에 의한 확인 또는 별도 인장시험
	잔류 변형량	KCI-ST103
용접 이음	외관 검사	육안 관찰 및 자에 의한 측정
	용접부의 결함	KS B 0816 또는 KS B 0845 또는 KS B 0896 또는 KS D 0213
	인장시험	KS B 0802 또는 KS B ISO 17660-1

건설재료학

061

다음 도료 중 방청도료에 해당하지 않는 것은?

① 광명단 도료　② 다채무늬 도료
③ 알루미늄 도료　④ 징크로메이트 도료

해설 **방청도료의 종류**

광명단 페인트, 방청산화철 페인트, 알루미늄 페인트, 역청질 페인트, 워시 프라이머, 에폭시 프라이머, 우레탄 프라이머, 징크, 크롬산 아연 페인트, 규산염 페인트, 염화고무 등

062

유리섬유를 불규칙하게 혼입하고 상온 가압하여 성형한 판으로 설비재 내외수장재로 쓰이는 것은?

① 멜라민 치장판　② 폴리에스테르 강화판
③ 아크릴 평판　④ 염화비닐판

해설 **폴리에스테르 강화판**

유리섬유를 불규칙하게 혼입한 후에 상온에서 가압·성형을 한 판으로 알칼리 이외의 화약 약품에는 저항성이 있고 경질이므로 설비재 내외의 수장재로 쓰인다.

관련개념

- 아크릴 평판: 폴리메틸메타크릴레이트와 같은 아크릴 수지를 사용해서 만든 판으로 투명하고 경도가 높으며 내구성이 우수하다는 특징이 있다. 유리의 대체재로 쓰이기도 한다.
- 멜라민 치장판: 두꺼운 종이에 페놀 수지를 침투시켜 부착한 바탕에 색종이나 나무 무늬판 따위를 붙이고, 멜라민 수지를 침투시킨 종이를 씌운 후 압력을 가하여 성형한 판으로 경도가 크나 내열·내수성이 부족하여 광택성 내장재와 가구재로 사용된다.
- 염화비닐판: 열가소성플라스틱의 하나로 염화비닐수지라고도 한다. 강하고, 색을 내기 쉽고, 단단하거나 유연하고, 잘 마모되지 않으나 열에는 약하다. 인조 가죽, 레코드판, 포장재, 파이프, 전기절연체, 바닥재 등에 사용된다.

| 정답 | 060 ② 061 ② 062 ②

063

목재에 관한 설명으로 옳지 않은 것은?

① 석재나 금속에 비하여 손쉽게 가공할 수 있다.
② 다른 재료에 비하여 열전도율이 매우 크다.
③ 건조한 것은 타기 쉬우며 건조가 불충분한 것은 썩기 쉽다.
④ 건조재는 전기의 불량도체이지만 함수율이 커질수록 전기전도율이 증가한다.

해설 목재의 장점과 단점

장점	단점
• 무게가 가벼워서 취급과 운반이 쉽고 가공이 용이하다. • 외관이 아름답고 감촉이 좋아 사람에게 친근감을 준다. • 비중에 비하여 강도, 탄성이 크다.(비강도는 강보다 크다.) • 열전도율 및 전기전도율, 음의 전도성이 적어서 보온, 방서, 방한, 방음의 효과가 있으며 충격이나 진동 등을 잘 흡수한다. • 온도에 따른 팽창계수가 비교적 적어서 온도에 의한 신축이 작으며, 흡습조절 능력이 우수하다. • 내구성은 석재나 콘크리트보다는 떨어지나 방식처리를 하면 상당한 내구성을 갖는다. • 산이나 알칼리에 대한 저항성이 크다.	• 내구성이 작다. • 부패하기 쉽고, 충해를 받기 쉽다. • 내화성이 작다.(가연성으로 목재의 약점 중 가장 치명적이다.) • 흡수 및 흡습성이 크고 건습(함수량의 증감)에 따른 신축변형(팽창, 수축, 비틀림, 갈라짐)이 심하다. • 재질이나 강도가 고르지 못하며 특히 섬유방향 전단강도가 약하고 경도가 작다. • 공기 중에서 부식성(특히 건습이 반복되는 곳)이 크다. • 치수에 제한을 받고 강재와 같이 큰 재료를 얻기 힘들다.

064

표준관입시험에 관한 설명으로 옳은 것은?

① 해머의 무게는 73.5[kg]이다.
② 해머의 낙하 높이는 100[cm]이다.
③ 점토지반에서 실시하여도 높은 신뢰성을 얻을 수 있다.
④ N값이 클수록 밀실한 토질이다.

해설 표준관입시험

중량 63.5[kg] 해머를 76[cm]에서 낙하하여 30[cm] 길이의 샘플러를 관입하는 데 필요한 타격횟수를 측정하여 지반의 강도를 측정하는 시험으로 사질토지반에 주로 적용한다.

065

역청재료의 침입도 시험에서 중량 100[g]의 표준침이 5초 동안에 10[mm] 관입했다면 이 재료의 침입도는?

① 1 ② 10
③ 100 ④ 1,000

해설 역청재료의 침입도 계산

$$\text{침입도} = \frac{\text{5초 동안 관입깊이}}{0.1[\text{mm}]} = \frac{10[\text{mm}]}{0.1[\text{mm}]} = 100$$

관련개념 침입도

• 물질의 점조도나 경도 등을 나타내는 척도의 일종으로, 어떤 물질 속에 일정한 모양의 침(바늘)이 일정온도에서, 일정시간에 관입되는 깊이이다.
• 아스팔트의 침입도는 25[℃], 100[g], 5초가 표준으로, 바늘이 관입한 깊이를 0.1[mm] 단위로 표기한다.
• 스트레이트 아스팔트의 침입도는 0~300 정도이고, 블로운 아스팔트의 침입도는 0~40 정도이다.

066

화재 시 유리가 파손되는 원인과 관계가 적은 것은?

① 열팽창 계수가 크기 때문이다.
② 급가열 시 부분적 면내(面內) 온도차가 커지기 때문이다.
③ 용융온도(용융온도)가 낮아 녹기 때문이다.
④ 열전도율이 작기 때문이다.

해설

유리의 용융온도는 약 700[℃]로 화재 시 파손되기 보다는 녹는다.
유리는 열에 취약하여 온도 차이가 60[℃] 이상이 되면 파손된다.

| 정답 | 063 ② 064 ④ 065 ③ 066 ③

067

알루미늄창호의 특징에 관한 설명으로 옳지 않은 것은?

① 알칼리성에 강하다.
② 비중이 철의 1/3 정도이다.
③ 이종 금속과 접촉하면 부식된다.
④ 강성이 적고 열에 의한 팽창·수축이 크다.

해설 **알루미늄의 장단점**

장점	단점
• 비중이 2.77로 철의 $\frac{1}{3}$ 수준이다. • 비중에 비해 강도가 크다. • 연성과 전성이 풍부하다. • 열 및 전기전도율이 높다. • 내식성이 크다.(공기 중 산화알루미늄 피막 형성)	• 강도 및 탄성계수가 낮다.(강의 $\frac{1}{2}$ ~ $\frac{1}{3}$ 수준) • 알칼리에 닿으면 부식된다.(콘크리트 접촉 시 부식) • 열팽창계수가 크다.(철과 콘크리트의 약 2배) • 용융점이 640[℃] 정도로 낮다. • 염분 및 산에 부식된다.

068

철근콘크리트 1[m^3]의 무게는 대략 얼마 정도인가?

① 1[ton]　② 2[ton]
③ 2.4[ton]　④ 3[ton]

해설

경화한 콘크리트의 단위중량은 보통 콘크리트 기준 2,300~2,400[kg/m^3] 정도이다.

관련개념 **단위용적당 콘크리트의 중량(Unit mass of Concrete)**

• 인공경량 골재 사용 콘크리트: 1,500~2,000[kg/m^3]
• 보통 콘크리트: 2,300~2,400[kg/m^3]
• 철광석 철부스러기 등 중량 콘크리트: 3,500~5,000[kg/m^3]

069

돌로마이트 플라스터(dolomite plaster)에 관한 설명으로 옳지 않은 것은?

① 점성이 커서 풀이 필요 없다.
② 수경성 미장재료에 해당된다.
③ 회반죽에 비해 조기강도가 크다.
④ 냄새, 곰팡이가 없어 변색될 염려가 없다.

해설

돌로마이트 플라스터는 기경성 재료로, 공기 중에 있는 이산화탄소(CO_2)와 결합하여 경화한다.

관련개념 **돌로마이트 플라스터**

• 회반죽에 비해 응결이 빠르며, 강도가 크다.
• 건조수축이 커서 균열의 우려가 있고, 밑바름두께와 그 건조도의 영향이 크며, 물에 약한 결점이 있다.
• 점성이 높아 풀을 넣을 필요가 없다.
• 냄새, 곰팡이가 없고, 변색되지 않는다.

070

일반적으로 단열재에 습기나 물기가 침투하면 어떤 현상이 발생하는가?

① 열전도율이 높아져 단열성능이 좋아진다.
③ 열전도율이 높아져 단열성능이 나빠진다.
③ 열전도율이 낮아져 단열성능이 좋아진다.
④ 열전도율이 낮아져 단열성능이 나빠진다.

해설

단열재에 물이 침투되면 열전도율이 높아져 단열성능이 나빠진다.

| 정답 | 067 ① 068 ③ 069 ② 070 ②

071

점토 제품 중 흡수성이 가장 작은 것은?

① 도기류　　② 토기류
③ 자기류　　④ 석기류

해설 **점토제품의 종류**

종류	소성온도[℃]	흡수율[%]	재료	비고
토기	790~1,000	20 이상	기와, 벽돌, 토관	최저급 원료(전답토)
도기	1,100~1,230	10	타일, 테라코타, 위생도기	다공질로 흡수성 유약 사용, 두드리면 탁음
석기	1,160~1,350	3~10	마루, 타일, 클링커 타일	유약 대신 식염유 사용
자기	1,230~1,460	0~1	자기질 타일, 모자이크 타일, 위생도기	양질의 도토 또는 장석분을 원료로 함

072

콘크리트의 건조수축 시 발생하는 균열을 보완, 개선하기 위하여 콘크리트 속에 다량의 거품을 넣거나 기포를 발생시키기 위해 첨가하는 혼화재는?

① 고로슬래그　　② 플라이애시
③ 실리카 흄　　④ 팽창재

해설 **팽창재(에트링가이트)**

석회의 팽창 작용 등에 의하여 모르타르 또는 콘크리트를 경화 중에 팽창시켜 콘크리트 부재의 건조수축을 감소시키고, 균열발생을 막을 목적이나, 화학적 프리스트레스의 도입에 사용된다.

관련개념

- 고로슬래그: 수화열을 감소시키며, 장기강도를 증진시키고 화학적 저항성을 향상시킨다.
- 플라이애시(Fly Ash): 콘크리트의 워커빌리티를 좋게 하고 사용수량을 감소시켜 준다. 내부온도상승에 의한 균열발생을 억제하는 데 유효하며 수밀성을 크게 개선한다.
- 실리카 흄: 수밀성과 강도를 증진시키고 화학적 저항성을 향상시키며 블리딩을 감소시킨다.

073

미장재료인 회반죽을 혼합할 때 소석회와 사용되는 것은?

① 카세인　　② 아교
③ 목섬유　　④ 해초풀

해설 **회반죽의 바름 특성**

- 소석회를 주원료로 모래, 여물, 해초풀을 혼합하여 사용한다.
- 여물은 건조수축에 의한 균열을 방지하기 위해 사용한다.
- 해초풀은 점성력, 부착력을 증대한다.
- 해초풀을 끓인 다음 1일 이상 방치하게 될 때에는 표면에 소량의 석회를 뿌려서 부패를 방지하며, 사용 시에는 표층부분을 제거한 후 사용한다.

| 정답 | 071 ③　072 ④　073 ④

2021년 4회

074

목재의 결점 중 벌채 시의 충격이나 그 밖의 생리적 원인으로 인하여 세로축에 직각으로 섬유가 절단된 형태를 의미하는 것은?

① 수지낭　　② 미숙재
③ 컴프레션페일러　　④ 옹이

해설 **컴프레션페일러**
목재의 결점 중 충격으로 인해 직각으로 섬유가 절단된 형태를 말한다.

관련개념 **목재의 결점**
목재의 결점은 생리적인 원인과 기후 변화, 곤충, 균류의 침투 등에 의해 발생하거나 인위적인 원인에 의해 발생한다. 목재의 결점은 전체의 품질을 저하시키고, 가공, 마무리 작업에 불리한 영향을 미치게 된다. 목재의 주요 결점은 다음과 같다.

결점	특징
옹이(Knot)	옹이를 포함한 부재에 외력이 작용하면 옹이와 그 주변에 응력집중이 생기고 탄성이 저하된다. 옹이는 그 수나 크기, 위치에 따라 강도에 영향을 미치며 압축강도, 전단강도보다는 인장강도에 큰 영향을 미친다.
갈라짐(Crack)	불균일한 건조 및 수축에 의해서 발생한다. • 심재성형파열: 목재 마구리면에서 심재부에 나이테와 직각방향으로 생긴 균열이다. • 변재성형파열: 변재부의 나이테와 직각방향으로 생기는 균열이다. • 원형파열: 벌목마구리면에서 나이테 방향으로 둥글게 생긴 균열이다.
입피	껍질박이로 수목이 성장도중 수목의 세로 방향에 생긴 죽은 수피의 일부가 말려 들어간 것으로 사용에 지장을 준다.
지선	목질부의 수지가 흘러나오는 선이 생겨 건조 후에도 수지가 마르지 않고 사용 중에도 계속 진이 나오는 현상이다. 그 부분을 제거하거나 절단하여 사용한다.

075

방사선 차단성이 가장 큰 금속은?

① 납　　② 알루미늄
③ 동　　④ 주철

해설
방사선을 차단하는 데 사용되는 주요 재료는 납, 철, 콘크리트(밀도가 높아 방사선을 흡수 또는 반사시킴) 등이 있다.
특히 납은 방사선 차단효과가 높아 의료기기, 실험실, 원자력시설에 많이 사용된다.

076

인조석 및 석재가공제품에 관한 설명으로 옳지 않은 것은?

① 테라조는 대리석, 사문암 등의 종석을 백색시멘트나 수지로 결합시키고 가공하여 생산한다.
② 에보나이트는 주로 가구용 테이블 상판, 실내벽면 등에 사용된다.
③ 초경량 스톤패널은 로비(lobby) 및 엘리베이터의 내장재 등으로 사용된다.
④ 페블스톤은 조약돌의 질감을 내지만 백화현상의 우려가 있다.

해설
페블스톤은 천연석(자갈타일)으로, 제작 시 백화현상의 우려가 없어 건축물의 벽체 및 바닥, 기둥, 욕실, 사우나, 수영장, 워터파크, 주차장 출입구 등 내·외부에 모두 사용이 가능하다.

| 정답 | 074 ③　075 ①　076 ④

077

시멘트를 저장할 때의 주의사항 중 옳지 않은 것은?

① 쌓을 때 너무 압축력을 받지 않게 13포대 이내로 한다.
② 통풍을 좋게 한다.
③ 3개월 이상 된 것은 재시험하여 사용한다.
④ 저장소는 방습구조로 한다.

해설

시멘트는 바람(통풍), 습기에 의해 풍화되므로 방수, 방습을 확보할 수 있는 창고, 사일로(Silo) 등에 보관한다.

관련개념 **시멘트의 저장**

시멘트는 풍화하기 쉬우므로 그 저장에 있어서 각별히 주의하여야 한다.

- 시멘트는 종류별로 구분하여 방수, 방습적인 창고 또는 시멘트 사일로(Silo) 등에 비, 바람, 습기 등으로 풍화되지 않도록 저장하고, 입하된 순서대로 사용하는 것이 좋다.
- 시멘트는 지상 30[cm] 이상 높여진 마루에 검사하기 쉽도록 정리, 정돈하여 쌓고, 13포대(40[kg/포]) 이하, 오래 저장할 때에는 7포대 이하로 벽에 직접 닿지 않게 쌓는다.
- 저장 중에 풍화에 의해 굳어진 덩어리 시멘트는 공사에 사용하지 말고, 다른 것과 섞이지 않게 구분하여 저장하거나 장외로 반출한다.
- 3개월 이상 창고에 저장한 포대 시멘트나 습기를 받을 우려가 있다고 생각되는 시멘트는 사용하기 전에 시험을 하여야 한다.
- 공사 중 한때 시멘트를 노천에 놓을 때에는 맑은 날씨라도 밤에는 방수포로 피복할 것을 잊어서는 안 된다.

078

화재 시 개구부에서의 연소(筵蔬)를 방지하는 효과가 있는 유리는?

① 망입유리 ② 접합유리
③ 열선흡수유리 ④ 열선반사유리

해설 **망입유리**

유리 내부에 금속철망(철, 놋쇠, 알루미늄)을 봉입하고 압축 성형한 유리로, 방범용 및 방화용으로 방화문 등에 사용한다.

관련개념 **유리의 종류**

종류	특징
접합유리	2매의 플로트 판유리 사이에 투명하고 강한 중간막(폴리비닐 or 플라스틱 필름)을 150[℃] 고열로 강하게 접착시켜 제작한 것으로 파괴되기 어렵고 안정성이 높다.
자외선 흡수유리	세륨(Cerium), 티타늄(Titanium), 바나듐(Vanadium)을 함유시킨 담청색의 투명유리로 자외선 화학작용을 피해야 할 곳, 의류의 진열창, 식품, 약품창고의 창유리 등으로 사용한다.
열선반사 유리	플로트 판유리의 표면에 반사율이 높은 금속산화물 막을 코팅한 것으로 태양 반사에너지의 40~60[%] 정도를 투과하기 때문에 냉방부하를 경감시킨다.

| 정답 | 077 ② 078 ①

079

다음 중 방송국의 음향효과에 효과적으로 사용할 수 있는 것은?

① 플로팅 보드　　② 파키트리 패널
③ 파키트리 블록　　④ 코펜하겐 리브

해설 **코펜하겐 리브**
장식적이고 흡음효과가 있는 벽면을 구성하기 위하여, 단면 모양을 알파벳 'S'자로 모양을 낸 리브(Rib)이다. 주로 공연장, 연회관 등의 방음벽체로 사용된다.

관련개념 **바닥깔기(Flooring, 마루판) 재료**
참나무, 미송, 라왕 등 견고하고 무늬가 아름다운 목질부를 가진 목재를 판재로 공장생산한 것을 말한다.

플로링 보드	표면을 곱게 대패질 마감하고, 양측면을 제혀쪽매로 마감한 것이다.
플로링 블록	플로링 보드를 3~5장씩 붙여서 길이와 나비가 길게 4면을 제혀쪽매로 만든 정사각형 블록이다.
파키트리 보드	경질목판을 9~15[mm], 나비 16[mm], 길이는 나비의 3~5배로 한 것이다.
파키트리 패널	두께 15[mm]의 파키트리 보드를 4매씩 조립하여 만든 24[cm] 각판이다.
파키트리 블록	파키트리 보드를 3~5장씩 조합하여 18[cm]이나 30[cm] 각판으로 만들어 방습처리한 것이다.

080

다음 중 목재의 건조법이 아닌 것은?

① 주입건조법　　② 공기건조법
③ 증기건조법　　④ 송풍건조법

해설
주입건조법은 목재의 보존법이다.

관련개념 **목재의 건조방법**
목재의 건조법에는 자연건조법과 인공건조법이 있다.

- 자연건조법
  - 공기건조법: 지상에서 50[cm] 이상 높이로 # 또는 V자형으로 쌓아 건조한다.
  - 침수법: 통나무로 2주 이상 물속에 담가서 목재 내 공기, 수액 중의 가용성 성분을 물과 치환 후 공기 중에서 2~3주 간 건조한다.
- 인공건조법
  - 자비법: 끓는 열탕 속에 목재를 넣고 쪄서 수액을 추출한다.
  - 열기건조법: 밀폐된 실내에 목재를 넣고 열기를 불어 건조한다.
  - 증기건조법: 수증기를 이용하여 수액을 추출한다.
  - 훈연법: 열기법의 열기 대신 짚, 생나무, 톱밥 등을 태워서 그 연기를 건조실 내에 도입한다.

건설안전기술

081

다음 (　) 안에 알맞은 내용을 고른 것은?

> 표준관입시험은 보링공을 이용하여 로드의 선단에 표준관입 시험용 sampler을 단 것을 무게 (㉠)의 쇠뭉치로 76[cm] 높이에서 자유 낙하하여 관입깊이 (㉡)에 해당하는 필요한 타격횟수 N값을 측정하는 시험을 말한다.

① ㉠: 63.5[kg]　㉡: 30[cm]
② ㉠: 53.5[kg]　㉡: 30[cm]
③ ㉠: 63.5[kg]　㉡: 40[cm]
④ ㉠: 53.5[kg]　㉡: 40[cm]

해설 **표준관입시험**
중량 63.5[kg] 해머를 76[cm]에서 낙하하여 30[cm] 길이의 샘플러를 관입하는 데 필요한 타격횟수를 측정하여 지반의 강도를 측정하는 시험으로 사질토지반에 주로 적용된다.

관련개념 **지반 상태에 따른 표준관입시험 타격횟수**

모래 지반		점토 지반	
N값	상대밀도	N값	상대밀도
0~4	매우 느슨	0~2	매우 연약
4~10	느슨	2~4	연약
10~30	보통	4~8	보통
30~50	조밀	8~15	견고
50 이상	매우 조밀	15~30	매우 견고

| 정답 | 079 ④　080 ①　081 ①

082

가설통로를 설치하는 경우 준수해야 할 기준으로 옳지 않은 것은?

① 경사는 30° 이하로 할 것
② 경사가 25°를 초과하는 경우에는 미끄러지지 아니하는 구조로 할 것
③ 건설공사에 사용하는 높이 8[m] 이상인 비계다리에는 7[m] 이내마다 계단참을 설치할 것
④ 수직갱에 가설된 통로의 길이가 15[m] 이상인 때에는 10[m] 이내마다 계단참을 설치할 것

해설 **가설통로 설치 시 준수사항**

- 견고한 구조로 할 것
- 경사는 30° 이하로 할 것. 다만, 계단을 설치하거나 높이 2[m] 미만의 가설통로로서 튼튼한 손잡이를 설치한 경우에는 그러하지 아니하다.
- 경사가 15°를 초과하는 경우에는 미끄러지지 아니하는 구조로 할 것
- 추락할 위험이 있는 장소에는 안전난간을 설치할 것. 다만, 작업상 부득이한 경우에는 필요한 부분만 임시로 해체할 수 있다.
- 수직갱에 가설된 통로의 길이가 15[m] 이상인 경우에는 10[m] 이내마다 계단참을 설치할 것
- 건설공사에 사용하는 높이 8[m] 이상인 비계다리에는 7[m] 이내마다 계단참을 설치할 것

083

구축하고자 하는 지하구조물이 인접구조물보다 깊은 위치에 근접하여 건설할 경우에 주변지반과 인접건축물 기초의 침하에 대한 우려 때문에 실시하는 기초보강공법은?

① H-말뚝 토류판공법 ② S.C.W공법
③ 지하연속벽공법 ④ 언더피닝공법

해설 **언더피닝공법**

기존건물 가까이에 건축공사를 할 때 기존(인접)건물의 지반과 기초를 보강하는 공법이다.

084

화물의 하중을 직접 지지하는 경우 양중기의 와이어로프에 대한 최대허용하중은? (단, 1줄걸이 기준)

① 최대허용하중 $= \frac{\text{절단하중}}{2}$

② 최대허용하중 $= \frac{\text{절단하중}}{3}$

③ 최대허용하중 $= \frac{\text{절단하중}}{4}$

④ 최대허용하중 $= \frac{\text{절단하중}}{5}$

해설

화물의 하중을 직접 지지하는 달기와이어로프의 안전계수는 5 이상이므로

최대허용하중 $= \frac{\text{절단하중}}{\text{안전계수}} = \frac{\text{절단하중}}{5}$

085

건립 중 강풍에 의한 측압 등 외압에 대한 내력이 설계에 고려되었는지 확인하여야 할 철골구조물이 아닌 것은?

① 구조물의 폭과 높이의 비가 1:4 이상인 구조물
② 이음부가 현장용접인 구조물
③ 높이 10[m] 이상의 구조물
④ 단면구조에 현저한 차이가 있는 구조물

해설 **외압에 대한 내력이 설계에 고려되었는지 확인하여야 하는 철골구조물**

- 높이 20[m] 이상의 구조물
- 구조물의 폭과 높이의 비가 1 : 4 이상인 구조물
- 단면구조에 현저한 차이가 있는 구조물
- 연면적당 철골량이 50[kg/m^2] 이하인 구조물
- 기둥이 타이플레이트형인 구조물
- 이음부가 현장용접인 구조물

| 정답 | 082 ② 083 ④ 084 ④ 085 ③

086

강관비계 조립 시 준수사항으로 옳지 않은 것은?

① 비계기둥에는 미끄러지거나 침하하는 것을 방지하기 위하여 밑받침철물을 사용하거나 깔판·받침목 등을 사용하여 밑둥잡이를 설치하는 등의 조치를 할 것
② 강관의 접속부 또는 교차부는 적합한 부속철물을 사용하여 접속하거나 단단히 묶을 것
③ 교차가새의 설치를 금하고 한 방향 가새로 설치할 것
④ 가공전로에 근접하여 비계를 설치하는 경우에는 가공전로를 이설하거나 가공전로에 절연용 방호구를 장착하는 등 가공전로와의 접촉을 방지하기 위한 조치를 할 것

해설 **강관비계 조립 시 준수사항**
- 비계기둥에는 미끄러지거나 침하하는 것을 방지하기 위하여 밑받침철물을 사용하거나 깔판·받침목 등을 사용하여 밑둥잡이를 설치하는 등의 조치를 할 것
- 강관의 접속부 또는 교차부는 적합한 부속철물을 사용하여 접속하거나 단단히 묶을 것
- 교차가새로 보강할 것
- 외줄비계·쌍줄비계 또는 돌출비계에 대해서는 벽이음 및 버팀을 설치할 것
- 가공전로에 근접하여 비계를 설치하는 경우에는 가공전로를 이설하거나 가공전로에 절연용 방호구를 장착하는 등 가공전로와의 접촉을 방지하기 위한 조치를 할 것

087

안전난간의 설치 장소가 아닌 것은?

① 흙막이 지보공의 상부 ② 중량물 취급 개구부
③ 작업대 ④ 리프트 입구

해설
리프트 입구에는 낙하물에 의한 재해를 예방하기 위한 설비를 설치하여야 한다.

088

토공 작업 시 굴착과 싣기를 동시에 할 수 있는 토공장비가 아닌 것은?

① 모터 그레이더(Motor grader)
② 파워 셔블(Power shovel)
③ 백호우(Back hoe)
④ 트랙터 셔블(Tractor shovel)

해설 **모터 그레이더**
땅을 파거나 바위 등을 뚫는 굴착, 흙을 쌓는 성토, 땅을 고르게 다듬는 정지 등의 작업을 위한 건설기계로서 토사, 자갈 등을 펴거나 고르는 데 주로 이용되고 도로, 활주로, 제방 등 토목공사에 주로 사용된다.

089

화물운반하역 작업 중 걸이작업에 관한 설명으로 옳지 않은 것은?

① 와이어로프 등은 크레인의 후크 중심에 걸어야 한다.
② 인양 물체의 안정을 위하여 2줄 걸이 이상을 사용하여야 한다.
③ 매다는 각도는 60° 이상으로 하여야 한다.
④ 근로자를 매달린 물체 위에 탑승시키지 않아야 한다.

해설
걸이작업 시 매다는 각도는 60° 이내로 하여야 한다.

| 정답 | 086 ③ 087 ④ 088 ① 089 ③

090

작업 중이던 미장공이 상부에서 떨어지는 공구에 의해 상해를 입었다면 어느 부분에 대한 결함이 있었겠는가?

① 작업대 설치 ② 작업방법
③ 낙하물 방지시설 설치 ④ 비계설치

해설
떨어지는 낙하물에 의해 상해를 입었을 경우 낙하물 방지시설의 결함에 의한 재해로 낙하방지용 시설물 설치 상태 등을 점검하여야 한다.

091

타워크레인을 와이어로프로 지지하는 경우에 준수해야 할 사항으로 옳지 않은 것은?

① 와이어로프를 고정하기 위한 전용 지지프레임을 사용할 것
② 와이어로프 설치각도는 수평면에서 60° 이상으로 하되, 지지점은 4개소 미만으로 할 것
③ 와이어로프와 그 고정부위는 충분한 강도와 장력을 갖도록 설치할 것
④ 와이어로프가 가공전선에 근접하지 않도록 할 것

해설 **타워크레인을 와이어로프로 지지할 때 준수사항**
- 와이어로프를 고정하기 위한 전용 지지프레임을 사용할 것
- 와이어로프 설치각도는 수평면에서 60° 이내로 하되, 지지점은 4개소 이상으로 하고, 같은 각도로 설치할 것
- 와이어로프와 그 고정부위는 충분한 강도와 장력을 갖도록 설치하고, 와이어로프를 클립·샤클(Shackle) 등의 고정기구를 사용하여 견고하게 고정시켜 풀리지 않도록 하며, 사용 중에는 충분한 강도와 장력을 유지하도록 할 것
- 와이어로프가 가공전선에 근접하지 않도록 할 것

092

화물자동차에서 짐을 싣는 작업 또는 내리는 작업을 할 때 바닥과 짐 윗면과의 높이가 최소 얼마 이상일 때 승강설비를 설치하여야 하는가?

① 5[m] ② 4[m]
③ 3[m] ④ 2[m]

해설
바닥으로부터 짐 윗면까지의 높이가 2[m] 이상인 화물자동차에 짐을 싣는 작업 또는 내리는 작업을 하는 경우에는 근로자의 추가 위험을 방지하기 위하여 해당 작업에 종사하는 근로자가 바닥과 적재함의 짐 윗면 간을 안전하게 오르내리기 위한 설비를 설치하여야 한다.

093

사면보호공법 중 구조물에 의한 보호공법에 해당되지 않는 것은?

① 현장타설 콘크리트 격자공 ② 식생구멍공
③ 블럭공 ④ 돌쌓기공

해설 **식생구멍공**
식물을 생육시켜 그 뿌리로 사면의 표층토를 고정하여 빗물에 의한 침식, 동상, 이완 등을 방지하고, 녹화에 의한 경관조성을 목적으로 하는 사면보호공법이다.

관련개념 **사면보호공법의 종류**
- 뿜어붙이기공: 콘크리트나 시멘트 모르타르를 뿜어 붙인다.
- 블록공: 비탈면에 블록을 덮는다.
- 돌쌓기공: 돌의 형태를 활용하여 자립구조를 형성한다.
- 배수공: 지반의 강도에 영향을 주는 물을 제거한다.
- 표층안정공법: 약액 또는 시멘트를 지반에 그라우팅하여 교반한다.

| 정답 | 090 ③ 091 ② 092 ④ 093 ②

2021년 4회

094

다음은 말비계를 조립하여 사용하는 경우에 관한 준수사항이다. (　　) 안에 들어갈 내용으로 옳은 것은?

> – 지주부재와 수평면의 기울기를 (A)° 이하로 하고 지주부재와 지주부재 사이를 고정시키는 보조부재를 설치할 것
> – 말비계의 높이가 2[m]를 초과하는 경우에는 작업발판의 폭을 (B)[cm] 이상으로 할 것

① A: 75, B: 30　　② A: 75, B: 40
③ A: 85, B: 30　　④ A: 85, B: 40

해설 말비계 사용 시 준수사항

- 지주부재의 하단에는 미끄럼방지장치를 하고, 근로자가 양측 끝부분에 올라서서 작업하지 않도록 할 것
- 지주부재와 수평면의 기울기를 75° 이하로 하고, 지주부재와 지주부재 사이를 고정시키는 보조부재를 설치할 것
- 말비계의 높이가 2[m]를 초과하는 경우에는 작업발판의 폭을 40[cm] 이상으로 할 것

095

토사 붕괴의 외적 원인으로 볼 수 없는 것은?

① 사면, 법면의 경사 증가
② 절토 및 성토높이의 증가
③ 토사의 강도저하
④ 공사에 의한 진동 및 반복 하중의 증가

해설 토석붕괴의 원인

구분	원인
외적 원인	• 사면, 법면의 경사 및 기울기의 증가 • 절토 및 성토 높이의 증가 • 공사에 의한 진동 및 반복 하중의 증가 • 지표수 및 지하수의 침투에 의한 토사 중량의 증가 • 지진, 차량, 구조물의 하중작용 • 토사 및 암석의 혼합층 두께
내적 원인	• 절토 사면의 토질·암질 • 성토 사면의 토질구성 및 분포 • 토석의 강도 저하

096

부두·안벽 등 하역작업을 하는 장소에서 부두 또는 안벽의 선을 따라 통로를 설치하는 경우에 그 폭을 최소 얼마 이상으로 하여야 하는가?

① 90[cm]　　② 100[cm]
③ 100[cm]　　④ 150[cm]

해설 하역작업장의 조치기준

- 작업장 및 통로의 위험한 부분에는 안전하게 작업할 수 있는 조명을 유지할 것
- 부두 또는 안벽의 선을 따라 통로를 설치하는 경우에는 폭을 90[cm] 이상으로 할 것
- 육상에서의 통로 및 작업장소로서 다리 또는 선거 갑문을 넘는 보도 등의 위험한 부분에는 안전난간 또는 울타리 등을 설치할 것

097

철골공사 시 구조물의 건립 후에 가설부재나 부품을 부착하는 것은 고소작업 등 위험한 작업이 수반됨에 따라 사전안전성 확보를 위해 미리 공작도에 반영하여야 하는 항목이 있는데 이에 해당하지 않는 것은?

① 주변 고압전주　　② 외부 비계받이
③ 기둥 승강용 트랩　　④ 방망 설치용 부재

해설 철골공사 시 공작도 포함사항

- 외부 비계받이 및 화물승강설비용 브라켓
- 기둥 승강용 트랩
- 구명줄 설치용 고리
- 건립에 필요한 와이어 걸이용 고리
- 난간 설치용 부재
- 기둥 및 보 중앙의 안전대 설치용 고리
- 방망 설치용 부재
- 비계 연결용 부재
- 방호선반 설치용 부재
- 양중기 설치용 보강재

| 정답 | 094 ② 095 ③ 096 ① 097 ①

098

유해위험방지계획서 제출 시 첨부서류가 아닌 것은?

① 공사현장의 주변 현황 및 주변과의 관계를 나타내는 도면
② 공사 개요서
③ 전체 공정표
④ 작업인부의 배치를 나타내는 도면 및 서류

해설 건설공사 유해위험방지계획서 제출 시 첨부서류

- 공사 개요서
- 공사현장의 주변 현황 및 주변과의 관계를 나타내는 도면(매설물 현황 포함)
- 전체 공정표
- 산업안전보건관리비 사용계획서
- 안전관리 조직표
- 재해 발생 위험 시 연락 및 대피방법

099

지반의 종류가 다음과 같을 때 굴착면의 기울기 기준으로 옳은 것은?

지반의 종류: 경암

① 1 : 1.8　　② 1 : 0.5
③ 1 : 1.0　　④ 1 : 1.2

해설 굴착면의 기울기 기준

지반의 종류	기울기
모래	1 : 1.8
연암 및 풍화암	1 : 1.0
경암	1 : 0.5
그 밖의 흙	1 : 1.2

100

시스템비계를 사용하여 비계를 구성하는 경우의 준수사항으로 옳지 않은 것은?

① 수직재 · 수평재 · 가새재를 견고하게 연결하는 구조가 되도록 할 것
② 비계 밑단의 수직재와 받침철물은 밀착되도록 설치하고, 수직재와 받침철물의 연결부의 겹침길이는 받침철물 전체길이의 4분의 1이상이 되도록 할 것
③ 수평재는 수직재와 직각으로 설치하여야 하며, 체결 후 흔들림이 없도록 견고하게 설치할 것
④ 수직재와 수직재의 연결철물은 이탈되지 않도록 견고한 구조로 할 것

해설 시스템 비계의 구조

- 수직재 · 수평재 · 가새재를 견고하게 연결하는 구조가 되도록 할 것
- 비계 밑단의 수직재와 받침철물은 밀착되도록 설치하고, 수직재와 받침철물의 연결부의 겹침길이는 받침철물 전체길이의 $\frac{1}{3}$ 이상이 되도록 할 것
- 수평재는 수직재와 직각으로 설치하여야 하며, 체결 후 흔들림이 없도록 견고하게 설치할 것
- 수직재와 수직재의 연결철물은 이탈되지 않도록 견고한 구조로 할 것
- 벽 연결재의 설치간격은 제조사가 정한 기준에 따라 설치할 것

| 정답 | 098 ④　099 ②　100 ②

2020년 1,2회 | 기출문제

자동 채점

산업안전관리론

001

심리검사의 특징 중 "검사의 관리를 위한 조건과 절차의 일관성과 통일성"을 의미하는 것은?

① 규준 ② 표준화
③ 객관성 ④ 신뢰성

해설

표준화는 검사의 실시부터 채점과 해석에 이르기까지 과정 및 절차가 단일화되어서 검사자의 주관적 의도 및 해석이 개입될 수 없어야 한다는 개념이다.

002

산업재해의 발생 유형으로 볼 수 없는 것은?

① 지그재그형 ② 집중형
③ 연쇄형 ④ 복합형

해설 산업재해 발생형태

집중형 (단순자극형)	• 상호자극에 의해 순간적으로 재해가 발생하는 형태이다. • 재해발생 장소 및 그 시기에 일시적으로 요인이 집중된다.
연쇄형	• 하나의 사고 요인이 또 다른 요인을 발생시키면서 재해가 발생하는 형태이다. • 단순연쇄형, 복합연쇄형이 있다.
복합형	집중형과 연쇄형이 복합적으로 구성되어 재해가 발생하는 형태이다.

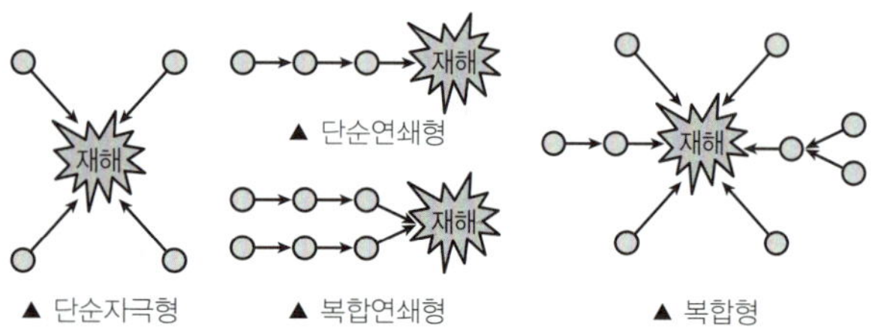

▲ 단순자극형 ▲ 단순연쇄형 ▲ 복합연쇄형 ▲ 복합형

003

산업재해 예방의 4원칙 중 "재해발생에는 반드시 원인이 있다."라는 원칙은?

① 대책선정의 원칙 ② 원인계기의 원칙
③ 손실우연의 원칙 ④ 예방가능의 원칙

해설 재해예방의 4원칙

손실우연의 원칙	사고에 의해서 생기는 상해의 종류 및 정도는 우연적이라는 원칙
예방가능의 원칙	재해는 원칙적으로 예방이 가능하다는 원칙
원인계기의 원칙 (원인연계의 원칙)	재해의 발생은 직접원인으로만 일어나는 것이 아니라 간접원인이 연계되어 일어난다는 원칙
대책선정의 원칙	원인의 정확한 분석에 의해 가장 타당한 재해예방 대책이 선정되어야 한다는 원칙

004

기계·기구 또는 설비의 신설, 변경 또는 고장 수리 등 부정기적인 점검을 말하며, 기술적 책임자가 시행하는 점검은?

① 정기점검 ② 수시점검
③ 특별점검 ④ 임시점검

해설 안전점검의 종류

일상(수시)점검	매일 일의 시작이나 종료 시 또는 작업 중에 계속해서 실시하는 점검
정기(계획)점검	주기적으로 일정한 시설이나 물건, 기계 등에 대하여 점검하는 방법
특별점검	신설, 변경 내지는 고장 수리 등을 할 경우에 행하는 부정기 점검
임시점검	이상징후 예견 시 임시로 실시하는 점검

| 정답 | 001 ② 002 ① 003 ② 004 ③

005

산업안전보건법령상 근로자 안전보건교육 중 채용 시의 교육 및 작업내용 변경 시의 교육사항으로 옳은 것은?

① 물질안전보건자료에 관한 사항
② 건강증진 및 질병 예방에 관한 사항
③ 유해·위험 작업환경 관리에 관한 사항
④ 표준안전 작업방법 및 지도 요령에 관한 사항

해설

②는 근로자 정기교육, ③은 근로자 및 관리감독자의 정기교육, ④는 관리자의 정기교육, 채용 시 및 작업내용 변경 시 교육내용이다.

관련개념 **근로자 채용 시 교육 및 작업내용 변경 시 교육내용**

- 산업안전 및 사고 예방에 관한 사항
- 산업보건 및 직업병 예방에 관한 사항
- 위험성 평가에 관한 사항
- 산업안전보건법령 및 산업재해보상보험 제도에 관한 사항
- 직무스트레스 예방 및 관리에 관한 사항
- 직장 내 괴롭힘, 고객의 폭언 등으로 인한 건강장해 예방 및 관리에 관한 사항
- 기계·기구의 위험성과 작업의 순서 및 동선에 관한 사항
- 작업 개시 전 점검에 관한 사항
- 정리정돈 및 청소에 관한 사항
- 사고 발생 시 긴급조치에 관한 사항
- 물질안전보건자료에 관한 사항

006

위험예지훈련 기초 4라운드(4R)에서 라운드별 내용이 바르게 연결된 것은?

① 1라운드: 현상파악　　② 2라운드: 대책수립
③ 3라운드: 목표설정　　④ 4라운드: 본질추구

해설 **위험예지훈련 4라운드**

1라운드	현상파악	위험요인을 식별하는 단계
2라운드	본질추구	위험요인·문제점 발견 및 위험의 포인트를 결정하고 지적 확인하는 단계
3라운드	대책수립	위험요인을 극복하기 위한 대안 제시 단계
4라운드	목표설정	행동목표를 설정하는 단계

007

상시 근로자수가 75명인 사업장에서 1일 8시간씩 연간 320일을 작업하는 동안에 4건의 재해가 발생하였다면 이 사업장의 도수율은 약 얼마인가?

① 17.68　　② 19.67
③ 20.83　　④ 22.83

해설

$$\text{도수율} = \frac{\text{재해건수}}{\text{연 근로시간 수}} \times 1{,}000{,}000$$

$$= \frac{4}{75\times(8\times320)} \times 1{,}000{,}000 = 20.83$$

관련개념 **도수율, 빈도율(FR; Frequency Rate of Injury)**

연 근로시간 합계 100만 시간당 재해발생건수이다.

$$\text{도수율} = \frac{\text{재해건수}}{\text{연 근로시간 수}} \times 1{,}000{,}000$$

| 정답 | 005 ①　006 ①　007 ③

008

OJT(On the Job Training) 교육의 장점과 가장 거리가 먼 것은?

① 훈련에만 전념할 수 있다.
② 직장의 실정에 맞게 실제적 훈련이 가능하다.
③ 개개인의 업무능력에 적합하고 자세한 교육이 가능하다.
④ 교육을 통하여 상사와 부하간의 의사소통과 신뢰감이 깊게 된다.

해설 OJT(On the Job Training)

구분	내용
장점	• 개개인에게 적절한 지도훈련이 가능하다. • 직장의 실정에 맞게 실제적 훈련이 가능하다. • 교육을 통한 훈련효과에 의해 상호 신뢰 및 이해도가 높아진다. • 대상자의 개인별 능력에 따라 훈련의 진도를 조정하기 쉽다. • 교육효과가 업무에 신속히 반영된다. • 훈련에 필요한 업무의 계속성이 끊어지지 않는다. • 동기부여가 쉽다.
단점	• 다수의 대상을 한 번에 통일적인 내용 및 수준으로 교육시킬 수 없다. • 전문적인 지식 및 기능을 교육하기 힘들다. • 업무와 교육이 병행되므로 훈련에만 전념할 수 없다.

관련개념 Off JT(Off the Job Training)

구분	내용
장점	• 업무와 훈련이 동시에 진행되지 않으므로 훈련에만 전념하게 된다. • 외부의 우수한 전문가를 강사로 활용할 수 있다. • 다수의 근로자를 대상으로 일괄적, 조직적, 체계적인 훈련이 가능하다. • 교재, 시설 등을 효과적으로 이용할 수 있다. • 교육생 간 혹은 타 직장의 근로자와 지식이나 경험을 교류할 수 있다.
단점	• 개인의 안전지도 방법으로는 부적당하다. • 교육으로 인해 업무가 중단되는 손실이 발생한다.

009

일반적으로 사업장에서 안전관리조직을 구성할 때 고려할 사항과 가장 거리가 먼 것은?

① 조직 구성원의 책임과 권한을 명확하게 한다.
② 회사의 특성과 규모에 부합되게 조직되어야 한다.
③ 생산조직과는 동떨어진 독특한 조직이 되도록 하여 효율성을 높인다.
④ 조직의 기능이 충분히 발휘될 수 있는 제도적 체계가 갖추어져야 한다.

해설

안전관리조직은 생산조직과 연관성을 갖추도록 구성하여야 효율을 극대화 할 수 있다.

010

다음 중 매슬로우(Maslow)가 제창한 인간의 욕구 5단계 이론을 단계별로 옳게 나열한 것은?

① 생리적 욕구 → 안전 욕구→ 사회적 욕구 → 존경의 욕구 → 자아실현의 욕구
② 안전 욕구 → 생리적 욕구 → 사회적 욕구 → 존경의 욕구 → 자아실현의 욕구
③ 사회적 욕구 → 생리적 욕구 → 안전 욕구 → 존경의 욕구 → 자아실현의 욕구
④ 사회적 욕구 → 안전 욕구 → 생리적 욕구 → 존경의 욕구 → 자아실현의 욕구

해설 **매슬로우(Maslow)의 욕구이론**

• 인간의 욕구는 생리적 욕구 → 안전의 욕구 → 사회적 욕구 → 존경(인정)의 욕구 → 자아실현의 욕구 순으로 발생한다.
• 인간의 가장 기본적인 욕구에서 시작하여 상위 욕구로 올라가면서 자신의 욕구를 체계적으로 충족시킨다.

| 정답 | 008 ① 009 ③ 010 ①

011

보호구 안전인증 고시에 따른 안전화의 정의 중 ( ) 안에 알맞은 것은?

> 경작업용 안전화란 (㉠)[mm]의 낙하높이에서 시험했을 때 충격과 (㉡ ±0.1)[kN]의 압축하중에서 시험했을 때 압박에 대하여 보호해 줄 수 있는 선심을 부착하여, 착용자를 보호하기 위한 안전화를 말한다.

① ㉠: 500, ㉡: 10.0　② ㉠: 250, ㉡: 10.0
③ ㉠: 500, ㉡: 4.4　④ ㉠: 250, ㉡: 4.4

해설 안전화의 종류

중작업용 안전화	1,000[mm]의 낙하높이에서 시험했을 때 충격과 (15.0±0.1)[kN]의 압축하중에서 시험했을 때 압박에 대하여 보호해 줄 수 있는 선심을 부착하여, 착용자를 보호하기 위한 안전화
보통작업용 안전화	500[mm]의 낙하높이에서 시험했을 때 충격과 (10.0±0.1)[kN]의 압축하중에서 시험했을 때 압박에 대하여 보호해 줄 수 있는 선심을 부착하여, 착용자를 보호하기 위한 안전화
경작업용 안전화	250[mm]의 낙하높이에서 시험했을 때 충격과 (4.4±0.1)[kN]의 압축하중에서 시험했을 때 압박에 대하여 보호해 줄 수 있는 선심을 부착하여, 착용자를 보호하기 위한 안전화

012

조직이 리더에게 부여하는 권한으로 볼 수 없는 것은?

① 보상적 권한　② 강압적 권한
③ 합법적 권한　④ 위임된 권한

해설 리더십 권한

• 조직이 리더에게 부여한 권한

합법적 권한	군대, 정부기관 등 합법적 권력이 가지는 권한
강압적 권한	부하의 처벌, 봉급의 인상 거부 등 강압적인 힘을 갖는 권한
보상적 권한	승진, 봉급 인상 등 역할에 대한 보상을 부여하는 권한

• 지도자 자신에 의해 자발적으로 생성되는 권한

위임된 권한	부하 직원들이 상사를 존경하여 함께 일하고자 할 때 상사에게 부여되는 권한, 혹은 지도자 자신이 자신에게 부여한 권한
전문성의 권한	전문적 지식을 가진 리더를 부하들이 스스로 따르는 것으로 지도자 자신의 능력에 의해 생성되는 권한

013

테크니컬 스킬즈(Technical Skills)에 관한 설명으로 옳은 것은?

① 모럴(morale)을 앙양시키는 능력
② 인간을 사물에게 적응시키는 능력
③ 사물을 인간에게 유리하게 처리하는 능력
④ 인간과 인간의 의사소통을 원활히 처리하는 능력

해설 인간관계 관리방식

구분	설명
테크니컬 스킬즈(Technical Skills)	사물을 인간에게 유리하게 처리하는 능력
소셜 스킬즈(Social Skills)	인간과 인간의 원활한 의사소통을 처리하고 모럴(Morale)을 앙양하는 능력

014

산업안전보건법령상 특별교육대상 작업별 교육 작업 기준으로 틀린 것은?

① 전압이 75[V] 이상인 정전 및 활선작업
② 굴착면의 높이가 2[m] 이상이 되는 암석의 굴착작업
③ 동력에 의하여 작동되는 프레스기계를 3대 이상 보유한 사업장에서 해당 기계로 하는 작업
④ 1톤 미만의 크레인 또는 호이스트를 5대 이상 보유한 사업장에서 해당 기계로 하는 작업

해설

동력에 의하여 작동되는 프레스기계를 5대 이상 보유한 사업장에서 해당 기계로 하는 작업이 산업안전보건법령상 특별교육대상 작업에 해당한다.

| 정답 | 011 ④　012 ④　013 ③　014 ③

015

재해의 원인 분석법 중 사고의 유형, 기인물 등 분류항목을 큰 순서대로 도표화하여 문제나 목표의 이해가 편리한 것은?

① 관리도(control chart)
② 파레토도(pareto diagram)
③ 클로즈분석(close analysis)
④ 특성요인도(cause-reason diagram)

해설 **통계에 의한 재해원인 분석방법**

파레토도	사고의 유형, 기인물 등 분류항목을 큰 순서대로 도표화하는 방법
특성요인도	특성과 요인관계를 도표로 하여 어골상으로 세분하는 방법
크로스도	2개 이상의 문제 관계를 분석하는 데 사용하는 것으로, 데이터를 집계하고 표로 표시하여 요인별 결과 내역을 교차한 크로스 그림을 작성하여 분석하는 방법
관리도	재해 발생 건수 등의 추이를 파악하여 목표 관리를 행하는 데 필요한 월별 재해 발생수를 그래프화하여 관리선을 설정·관리하는 방법

016

기억의 과정 중 과거의 학습경험을 통해서 학습된 행동이 현재와 미래에 지속되는 것을 무엇이라 하는가?

① 기명(memorizing) ② 파지(retention)
③ 재생(recall) ④ 재인(recognition)

해설 **기억과정**

기억은 기명 → 파지 → 재생 → 재인의 과정을 거친다.

- 기명: 사물, 현상, 정보 등이 간직되는 것이다.
- 파지: 사물, 현상, 정보 등이 현재와 미래에 지속되는 것이다.
- 재생: 보존된 인상이 다시 기억으로 떠오르는 것이다.
- 재인: 과거에 경험하였던 것과 비슷한 상태에 부딪혔을 때 떠오르는 것이다.

017

주의의 특성으로 볼 수 없는 것은?

① 변동성 ② 선택성
③ 방향성 ④ 통합성

해설 **주의(Attention)의 특징**

- 선택성: 여러 종류의 자극 중 특정한 것을 선택하여 주의가 집중된다.
- 방향성: 한 지점에 주의를 집중하면 다른 곳의 주의가 약해진다.
- 변동성: 주의가 유지되지 않고 일정한 주기로 부주의하게 된다.

018

교육의 3요소 중 교육의 주체에 해당하는 것은?

① 강사 ② 교재
③ 수강자 ④ 교육방법

해설 **교육의 3요소**

- 주체: 강사(교사)
- 객체: 교육생(학생, 교육 대상자)
- 매개체: 교육자료, 교재 등

| 정답 | 015 ② 016 ② 017 ④ 018 ①

019

하인리히 재해 발생 5단계 중 3단계에 해당하는 것은?

① 불안전한 행동 또는 불안전한 상태
② 사회적 환경 및 유전적 요소
③ 관리의 부재
④ 사고

해설 **하인리히의 도미노 이론(사고발생의 연쇄성)**

재해가 발생하기 전 여러 단계의 사건이 순차적으로 발생한다는 이론으로 다음과 같이 전개된다.

- 1단계: 사회적 환경과 유전적 요소(선천적 결함)
- 2단계: 개인적 결함
- 3단계: 불안전 상태 및 불안전 행동
- 4단계: 사고
- 5단계: 재해

020

산업안전보건법령상 안전보건표지의 종류와 형태 중 그림과 같은 경고표지는? (단, 바탕은 무색, 기본모형은 빨간색, 그림은 검은색이다.)

① 부식성물질경고　② 폭발성물질경고
③ 산화성물질경고　④ 인화성물질경고

해설

인화성물질경고	산화성물질경고	폭발성물질경고	급성독성물질경고	부식성물질경고

인간공학 및 시스템안전공학

021

가청 주파수 내에서 사람의 귀가 가장 민감하게 반응하는 주파수 대역은?

① 20~20,000[Hz]　② 50~15,000[Hz]
③ 100~10,000[Hz]　④ 500~3,000[Hz]

해설

사람의 청력은 20~20,000[Hz]의 주파수 대역을 인식하며 이중에서도 500~3,000[Hz]의 주파수 대역을 가장 민감하게 인식하는데, 이는 인간의 목소리, 음악, 기계 소리 등 일상생활에서 흔히 듣는 소리의 주파수가 대략 500~3,000[Hz] 사이에 위치하기 때문이다.

022

결함수분석법에서 일정 조합 안에 포함되는 기본사상들이 동시에 발생할 때 반드시 목표사상을 발생시키는 조합을 무엇이라 하는가?

① Cut Set　② Decision Tree
③ Path Set　④ 불대수

해설 **컷셋(Cut Sets)**

시스템 고장(목표사상)을 유발시키는 기본사상들의 집합이다. 즉, 시스템이 고장나기 위해서는 컷셋에 포함된 모든 기본사상이 동시에 발생하여야 한다.

관련개념

- DT(Decision Tree): 시스템의 신뢰도를 나타내는 모델로 성공사상은 위쪽에, 실패사상은 아래쪽에 표시한다.
- 패스셋(Path Sets): 고장이 일어나지 않는 기본사상들의 집합이다.
- 불대수(Boolean Algebra): 논리 연산을 수학적으로 표현하고 대수적 시스템으로 0과 1의 이진 값만을 사용하여 연산을 수행한다.

| 정답 | 019 ①　020 ④　021 ④　022 ①

2020년 1,2회

023

FTA에 사용되는 기호 중 다음 기호에 해당하는 것은?

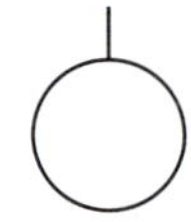

① 생략사상　　② 부정사상
③ 결함사상　　④ 기본사상

해설
문제의 기호는 기본사상을 나타내며, 기본사상은 더 이상 전개할 수 없는 사건·사고(재해의 원인)를 의미한다.

024

다음은 1/100초 동안 발생한 3개의 음파를 나타낸 것이다. 음의 세기가 가장 큰 음과 가장 높은 음은 무엇인가?

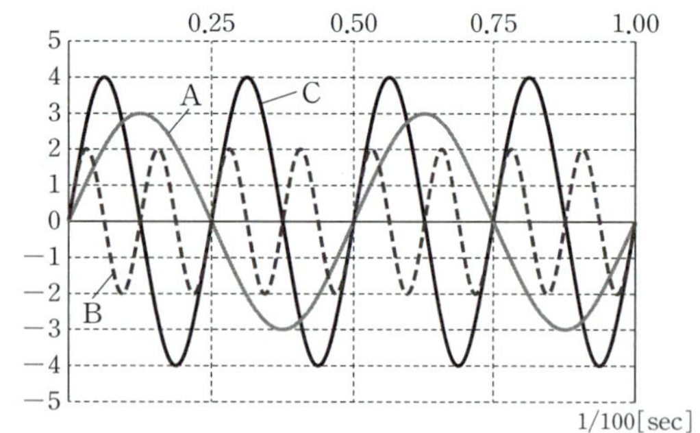

① 가장 큰 음의 세기: A, 가장 높은 음: B
② 가장 큰 음의 세기: C, 가장 높은 음: B
③ 가장 큰 음의 세기: C, 가장 높은 음: A
④ 가장 큰 음의 세기: B, 가장 높은 음: C

해설
- 음의 세기: 파동의 진폭으로 결정되며, 진폭의 높낮이가 클수록 음의 세기가 크다. → C
- 음의 높낮이: 파동의 주파수로 결정되며, 파장이 짧을수록 높은 음이다. → B

025

통제표시비(C/D비)를 설계할 때의 고려할 사항으로 가장 거리가 먼 것은?

① 공차　　② 운동성
③ 조작시간　　④ 계기의 크기

해설
운동성은 조종장치의 움직임과 관련된 사항으로 통제표시비의 설계와는 관련이 없다.

관련개념 **통제표시비 설계 시 고려사항**
- 계기의 크기
- 공차
- 목측거리(목시거리)
- 조작시간
- 방향성

026

건강한 남성이 8시간 동안 특정 작업을 실시하고, 분당 산소소비량이 1.1[L/min]으로 나타났다면 8시간 총 작업시간에 포함될 휴식시간은 약 몇 분인가? (단, Murrell의 방법을 적용하며, 휴식 중 에너지소비율은 1.5[kcal/min]이다.)

① 30분　　② 54분
③ 60분　　④ 75분

해설
- 작업 시 분당 에너지소비량
  산소 1[L]당 에너지소비량은 5[kcal/L], 분당 산소소비량은 1.1[L/min]이므로 분당 에너지소비량은 1.1×5=5.5[kcal/min]이다.
- 작업시간 8시간에 포함되어야 할 휴식시간 산출

$$\text{휴식시간}(R) = \text{작업시간} \times \frac{E-5}{E-1.5} = (60\times8)\times\frac{5.5-5}{5.5-1.5} = 60\text{분}$$

이때, E: 작업 시 평균 에너지 소비량[kcal/min]
5: 작업 시 평균 에너지 소비량 상한[kcal/min]
1.5: 안정 시 에너지 소비량[kcal/min]

| 정답 | 023 ④　024 ②　025 ②　026 ③

027

작업자가 100개의 부품을 육안검사하여 20개의 불량품을 발견하였다. 실제 불량품이 40개라면 인간에러(human error)확률은 약 얼마인가?

① 0.2 ② 0.3
③ 0.4 ④ 0.5

해설 **인간실수확률(HEP; Human Error Probability)**

$$HEP = \frac{\text{인간실수의 수}}{\text{전체 기회 수}} = \frac{40-20}{100} = 0.2$$

028

반복되는 사건이 많이 있는 경우, FTA의 최소 컷셋과 관련이 없는 것은?

① Fussel Algorithm
② Boolean Algorithm
③ Monte Carlo Algorithm
④ Limnios & Ziani Algorithm

해설

Monte Carlo Algorithm은 최소한의 컷셋을 구하기 위해 충분한 반복 횟수가 필요하기 때문에 반복되는 사건이 많이 있는 경우 효율적이지 않은 알고리즘이다.

관련개념 **최소 컷셋을 구하는 알고리즘의 종류**

Fussel Algorithm	순환 탐색을 사용하여 최소 컷셋을 구하는 알고리즘
Boolean Algorithm	불대수를 사용하여 최소 컷셋을 구하는 알고리즘
Monte Carlo Algorithm	확률적 근사법을 사용하여 최소 컷셋을 구하는 알고리즘
Limnios & Ziani Algorithm	선형계획법을 사용하여 최소 컷셋을 구하는 알고리즘

029

인간공학적 수공구의 설계에 관한 설명으로 옳은 것은?

① 수공구 사용 시 무게 균형이 유지되도록 설계한다.
② 손잡이 크기를 수공구 크기에 맞추어 설계한다.
③ 힘을 요하는 수공구의 손잡이는 직경을 60[mm] 이상으로 한다.
④ 정밀 작업용 수공구의 손잡이는 직경을 5[mm] 이하로 한다.

해설 **수공구의 설계원칙**

- 손목은 곧게 유지되도록 설계한다.
- 손잡이는 접촉면을 가능한 한 크게 한다.
- 반복적인 손가락 동작을 피하도록 설계한다.
- 조직에 가해지는 압력을 피하도록 설계한다.
- 정밀 작업용 수공구의 손잡이는 직경 5~12[mm]가 적당하다.
- 공구의 무게를 줄이고 사용 시 무게 균형이 유지되도록 한다.
- 힘을 요하는 수공구의 손잡이는 직경 50~60[mm]가 적당하다.
- 일반적으로 손잡이의 길이는 95[%] 남성의 손 폭을 기준으로 한다.
- 동력공구 손잡이는 두 손가락 이상으로 작동하도록 한다.

030

글자의 설계 요소 중 검은 바탕에 쓰인 흰 글자가 번져 보이는 현상과 가장 관련 있는 것은?

① 획폭비 ② 글자체
③ 종이 크기 ④ 글자 두께

해설

검은 바탕에 쓰인 흰 글자는 주위의 검은 배경으로 번져 보이는 광삼현상이 발생한다. 이는 문자나 숫자의 높이에 대한 획 굵기의 비율인 획폭비와 관련 있다.

| 정답 | 027 ① 028 ③ 029 ① 030 ①

031

휴먼에러(Human Error)의 분류 중 필요한 임무나 절차의 순서착오로 인하여 발생하는 오류는?

① Omission Error ② Sequential Error
③ Commission Error ④ Extraneous Error

해설 **휴먼에러(Human Error)의 분류**

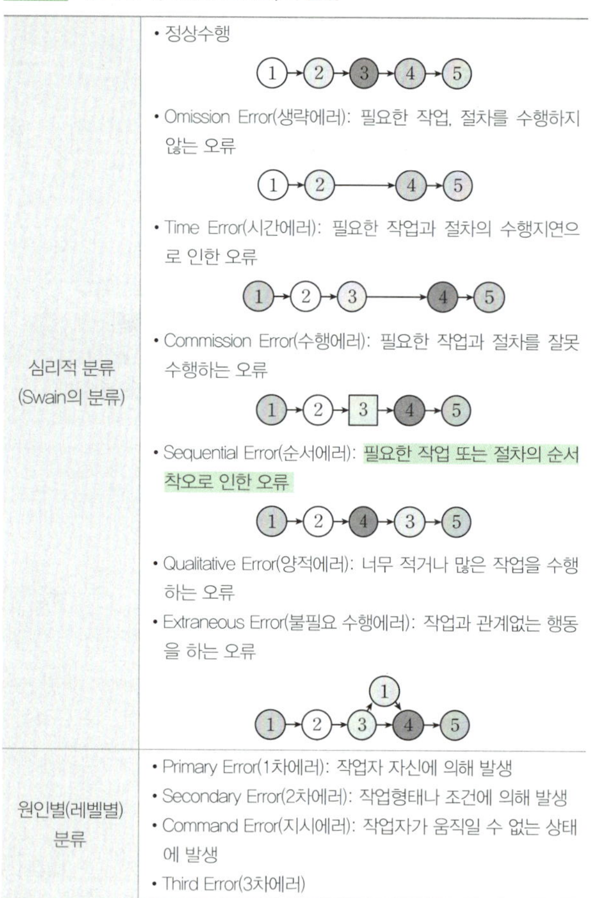

심리적 분류 (Swain의 분류)	• 정상수행 ①→②→③→④→⑤ • Omission Error(생략에러): 필요한 작업, 절차를 수행하지 않는 오류 ①→②——→④→⑤ • Time Error(시간에러): 필요한 작업과 절차의 수행지연으로 인한 오류 ①→②→③——→④→⑤ • Commission Error(수행에러): 필요한 작업과 절차를 잘못 수행하는 오류 ①→②→3→④→⑤ • Sequential Error(순서에러): 필요한 작업 또는 절차의 순서착오로 인한 오류 ①→②→④→③→⑤ • Qualitative Error(양적에러): 너무 적거나 많은 작업을 수행하는 오류 • Extraneous Error(불필요 수행에러): 작업과 관계없는 행동을 하는 오류 ①→②→③→④→⑤ (①)
원인별(레벨별) 분류	• Primary Error(1차에러): 작업자 자신에 의해 발생 • Secondary Error(2차에러): 작업형태나 조건에 의해 발생 • Command Error(지시에러): 작업자가 움직일 수 없는 상태에 발생 • Third Error(3차에러)

032

모든 시스템 안전 프로그램 중 최초 단계의 분석으로 시스템 내의 위험요소가 어떤 상태에 있는지를 정성적으로 평가하는 방법은?

① CA ② FHA
③ PHA ④ FMEA

해설 **예비위험분석(PHA; Preliminary Hazard Analysis)**

시스템 내의 위험요소가 얼마나 위험상태에 있는가를 평가하는 시스템 안전 프로그램에서 최초단계(시스템 구상단계)의 분석 방식(정성적)이다.

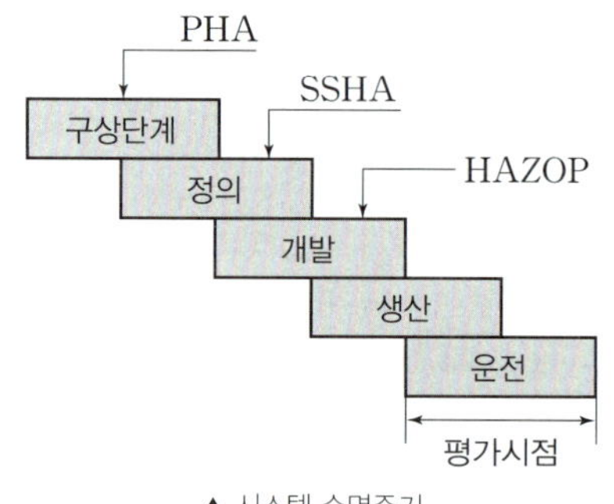

▲ 시스템 수명주기

033

시스템의 성능 저하가 인원의 부상이나 시스템 전체에 중대한 손해를 입히지 않고 제어가 가능한 상태의 위험강도는?

① 범주Ⅰ : 파국적 ② 범주Ⅱ : 위기적
③ 범주Ⅲ : 한계적 ④ 범주Ⅳ : 무시

해설 **위험도 기준(MIL-STD-882B)에 따른 심각도 분류**

구분	설명
범주Ⅰ 파국	인원의 사망 또는 중상, 완전한 시스템의 손상 발생
범주Ⅱ 중대(위기)	인원의 상해 또는 주요 시스템의 생존을 위해 즉시 시정조치 필요
범주Ⅲ 한계	시스템의 성능저하나 인원의 상해, 시스템의 중대한 손상 없이 배제 또는 제거 가능
범주Ⅳ 무시 가능	인원의 손상이나 시스템의 성능 기능에 손상이 일어나지 않음

| 정답 | 031 ② 032 ③ 033 ③

034

공간 배치의 원칙에 해당되지 않는 것은?

① 중요성의 원칙 ② 다양성의 원칙
③ 사용빈도의 원칙 ④ 기능별 배치의 원칙

해설

다양성의 원칙은 공간의 다양성(기능, 규모, 분위기 등)을 추구하는 원칙으로 공간배치의 원칙에 해당되지 않는다.

관련개념 **부품배치의 원칙(공간배치의 원칙)**

중요성의 원칙	작업장에서 가장 중요한 구성요소(작업물품)를 작업자의 손이 닿기 쉬운 곳에 배치하는 원칙으로 작업자의 안전과 효율성을 높인다.
사용빈도의 원칙	작업자가 자주 사용하는 구성요소를 작업자의 손이 닿기 쉬운 곳에 배치하는 원칙으로 작업자의 작업시간을 단축시킨다. 예 자주 사용하는 드라이버를 손에 닿기 쉬운 곳에 배치한다.
기능별 배치(기능성)의 원칙	구성요소(작업물품)를 기능별로 분류하여 배치하는 원칙이다. 예 기능이 비슷한 가위와 칼을 묶고, 펜과 연필을 묶어서 기능별로 분류하여 사용한다.
사용순서의 원칙	사용순서에 맞게 순차적으로 부품을 배치하는 원칙으로 시간의 효율성을 높이고 착오를 최소화할 수 있다.

035

인간–기계 시스템에서 기계와 비교한 인간의 장점으로 볼 수 없는 것은? (단, 인공지능과 관련된 사항은 제외한다.)

① 완전히 새로운 해결책을 찾아낸다.
② 여러 개의 프로그램된 활동을 동시에 수행한다.
③ 다양한 경험을 토대로 하여 의사결정을 한다.
④ 상황에 따라 변화하는 복잡한 자극 형태를 식별한다.

해설

인간이 기계를 능가하는 기능

- 관찰을 통해서 일반화하여 귀납적으로 추리한다.
- 원칙을 적용하여 다양한 문제를 해결할 수 있다.
- 완전히 새로운 해결책을 도출할 수 있다.
- 주위의 예기치 못한 사건들을 감지하고 처리하는 임기응변 능력이 있다.
- 상황에 따라 변하는 복잡한 자극 형태를 식별할 수 있다.
- 다양한 경험을 토대로 하여 의사결정을 한다.

현존하는 기계가 인간을 능가하는 기능

- 자극을 연역적으로 추리한다.
- 암호화된 정보를 신속하게 처리하고, 대량으로 보관한다.
- 인간의 정상적인 감지범위 밖에 있는 자극을 감지한다.
- 명시된 절차에 따라 신속하고, 정량적인 정보처리가 가능하다.
- 과부하 시에도 효율적으로 작동한다.

036

건구온도 38[℃], 습구온도 32[℃]일 때의 Oxford지수는 몇 [℃]인가?

① 30.2 ② 32.9
③ 35.3 ④ 37.1

해설

Oxford지수 = 0.85×습구온도+0.15×건구온도
=0.85×32+0.15×38=32.9[℃]

관련개념 **Oxford지수**

열 스트레스 정도를 예측하며, 습구온도와 건구온도의 가중 평균치를 나타내는 지수이다.

WD = 0.85WB + 0.15DB
(WD: Oxford지수, WB: 습구온도, DB: 건구온도)

| 정답 | 034 ② 035 ② 036 ②

037

점광원(point source)에서 표면에 비추는 조도[lux]의 크기를 나타내는 식으로 옳은 것은? (단, *D*는 광원으로부터의 거리를 말한다.)

① $\frac{광속[fc]}{D^2[m^2]}$　　② $\frac{광속[lm]}{D[m]}$

③ $\frac{광속[lm]}{D^2[m^2]}$　　④ $\frac{광속[fL]}{D[m]}$

해설

조도는 광원으로부터의 거리의 제곱(D^2)에 반비례하며, 광속에 비례한다.

$조도[lux] = \frac{광속[lm]}{D^2[m^2]}$

참고로 [fc]는 조도의 단위이다.

관련개념 **조도**

- 거리의 제곱에 반비례하고, 광속에 비례한다.
- 조도는 어떤 물체나 대상면에 도달하는 빛의 양을 말한다.
- 반사체의 반사율과는 상관없이 일정한 값을 가진다.

038

화학공장(석유화학사업장 등)에서 가동문제를 파악하는 데 널리 사용되며, 위험요소를 예측하고, 새로운 공정에 대한 가동문제를 예측하는 데 사용되는 위험성평가 방법은?

① SHA　　② EVP

③ CCFA　　④ HAZOP

해설 **위험성 및 운전성검토(HAZOP; Hazard and Operability Study)**

장비에 잠재된 위험이나 기능저하 등의 영향을 평가하기 위해서 공정이나 설계도 등에 체계적인 검토를 행하는 기법이다.

이 기법은 특히 화학공정에서 가동문제를 파악하고, 안전성을 높이기 위해 사용된다.

039

인터페이스 설계 시 고려해야 하는 인간과 기계와의 조화성에 해당되지 않는 것은?

① 지적 조화성　　② 신체적 조화성

③ 감성적 조화성　　④ 심미적 조화성

해설

심미적 조화성은 아름다운 디자인과 관련된 조화성으로 사용자의 만족도를 높이는 데 기여할 수 있지만 인터페이스 사용성이나 효율성에는 직접적인 영향을 미치지 않는다.

관련개념 **인터페이스 설계 시 고려하여야 하는 인간–기계 조화성 3가지**

- 신체적 조화성
- 지적(인지적) 조화성
- 감성적 조화성

040

다음 중 설비보전관리에서 설비이력카드, MTBF분석표, 고장원인대책표와 관련이 깊은 관리는?

① 보전기록관리　　② 보전자재관리

③ 보전작업관리　　④ 예방보전관리

해설 **보전기록관리**

신뢰성과 보전성 개선을 목적으로 하는 관리로서 설비이력카드, MTBF 분석표, 고장원인대책표가 대표적인 보전기록자료이다.

관련개념 **보전기록자료**

구분	설명
설비이력카드	설비의 상태, 보수 이력, 교체 내역 등을 기록하는 자료
MTBF 분석표	평균 고장 간격(Mean Time Between Failures)을 분석하여 설비의 신뢰성을 높이는 데 쓰이는 자료
고장원인대책표	고장의 원인과 이를 해결하기 위한 대책을 기록한 자료

| 정답 | 037 ③　038 ④　039 ④　040 ①

건설시공학

041

벽체로 둘러싸인 구조물에 적합하고 일정한 속도로 거푸집을 상승시키면서 연속하여 콘크리트를 타설하며 마감작업이 동시에 진행되는 거푸집공법은?

① 플라잉 폼　　② 터널 폼
③ 슬라이딩 폼　　④ 유로 폼

해설 **슬라이딩 폼(Sliding Form, Slip Form)**

수평적 또는 수직적으로 반복된 구조물을 시공이음 없이 균일한 형상으로 시공하기 위하여 거푸집을 연속적으로 이동시키면서 콘크리트를 타설하여 시공하는 것이다.

관련개념

플라잉 폼(Flying Form, Table Form)	• 거푸집, 멍에, 장선 등을 일체로 제작하여 수평, 수직 이동이 가능하고, 전용성 및 시공정밀도가 우수하며, 외력에 대한 안전성이 크다. • 바닥 거푸집의 설치, 해체, 인양 및 재설치 과정을 장비를 이용해 시공하기 때문에 인건비를 낮출 수 있다.
터널 폼(Tunnel Form, Steel Form)	벽식 철근콘크리트구조를 시공할 경우 벽과 바닥의 콘크리트 타설을 한 번에 가능하게 하기 위하여 벽체용 거푸집과 슬래브 거푸집을 일체로 제작하여 한 번에 설치하고 해체할 수 있도록 한 거푸집이다.
유로 폼(Euro Form, Panel Form)	• 가장 초보적인 단계의 시스템 거푸집으로서 모듈화된 패널을 사용한다. • 경량 형강과 합판을 사용하여 벽판이나 바닥판용 거푸집을 제작한 것으로 현장에서 못을 쓰지 않고 간단히 조립할 수 있다. • 건물의 평면형상이 규격화되어 표준형태의 거푸집을 변형시키지 않고 조립함으로써 현장제작에 소요되는 인력을 줄여 생산성을 향상시키고 자재의 전용횟수를 증대시키는 목적으로 사용된다.

042

기초공사의 지정공사 중 얕은 지정공법이 아닌 것은?

① 모래지정　　② 잡석지정
③ 나무말뚝 지정　　④ 밑창콘크리트 지정

해설 **지정공사의 종류**

깊은 지정	나무말뚝 지정, 말뚝지정, 우물통식 지정
얕은 지정	모래지정, 자갈지정, 밑창콘크리트 지정, 긴 주춧돌 지정

043

철근의 이음방식이 아닌 것은?

① 용접 이음　　② 겹침 이음
③ 갈고리이음　　④ 기계적 이음

해설 **철근이음의 종류**

종류	설명
용접 이음	철근의 접합부를 전기, 가스, 화학반응 등의 에너지를 이용하여 녹여 접합한다.
겹침 이음	소정의 철근 길이만큼 겹쳐서 이음한다.
기계적 이음	커플러 등을 이용하여 연결하는 것으로 나사식(커플러) 이음, 슬리브 압착 이음, 슬리브 충진 이음 등이 있다.
가스 압접 이음	주로 기둥철근에서 수직으로 가스의 화염을 이용하여 압력을 가하여 접한다.

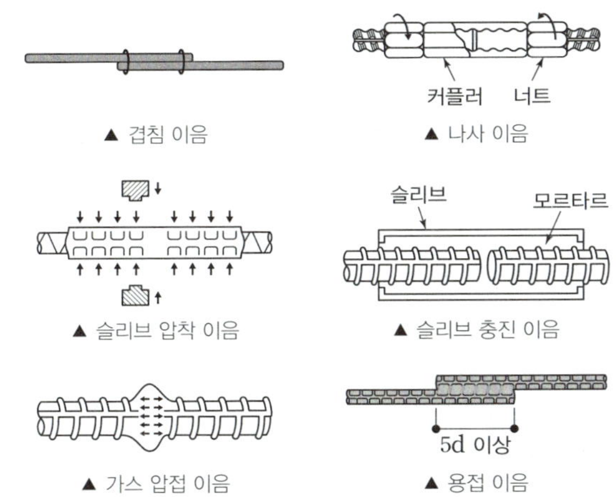

▲ 겹침 이음　▲ 나사 이음
▲ 슬리브 압착 이음　▲ 슬리브 충진 이음
▲ 가스 압접 이음　▲ 용접 이음

044

토공사용 기계장비 중 기계가 서있는 위치보다 높은 곳의 굴착에 적합한 기계장비는?

① 백호우　　② 드래그라인
③ 클램쉘　　④ 파워셔블

해설

• 장비보다 높은 지면의 굴착에 적합한 기계: 파워셔블
• 장비보다 낮은 지면의 굴착에 적합한 기계: 백호우, 클램쉘, 드래그라인, 불도저

| 정답 | 041 ③　042 ③　043 ③　044 ④

045

철근보관 및 취급에 관한 설명으로 옳지 않은 것은?

① 철근고임대 및 간격재는 습기방지를 위하여 직사일광을 받는 곳에 저장한다.
② 철근저장은 물이 고이지 않고 배수가 잘되는 곳에 이루어져야 한다.
③ 철근저장 시 철근의 종별, 규격별, 길이별로 적재한다.
④ 저장장소가 바닷가 해안 근처일 경우에는 창고 속에 보관하도록 한다.

해설
철근고임대, 간격재 등은 모르타르 제품, 콘크리트 제품, 강 제품, 플라스틱 제품, 세라믹 제품 등을 사용하여 직사광선을 피할 수 있는 곳에 저장하여야 한다.

046

철골공사에서 산소아세틸렌 불꽃을 이용하여 강재의 표면에 흠을 따내는 방법은?

① Gas Gouging ② Blow Hole
③ Flux ④ Weaving

해설 가스 가우징(Gas Gouging)
예열 불꽃을 이용하여 국부적으로 홈을 파는 작업으로 균열 수정 등 좁은 홈을 파는 데 적합하다.

관련개념
- 블로우홀(Blow Hole): 금속이 녹아들 때 생기는 작은 틈이나 기포가 발생하는 것이다.
- 플럭스(Flux): 자동용접 시 용접봉의 피복재 역할로 쓰이는 분말상의 재료를 말한다.
- 위빙(Weaving): 서로 엇갈리게 지그재그로 용접봉을 움직이며 용접하는 방법을 말한다.

047

철골공사에서 철골세우기 계획을 수립할 때 철골제작공장과 협의해야 할 사항이 아닌 것은?

① 철골세우기 검사 일정 확인 ② 반입 시간의 확인
③ 반입 부재수의 확인 ④ 부재 반입의 순서

해설
철골세우기 공정에 맞춰 제작 → 반입 → 조립되어야 하므로 현장 반입 시 철골제작공장과 협의사항은 아래와 같다.
- 반입 자재의 형상, 치수, 중량 등에 따른 제작
- 조립 순서에 의한 반입의 순서, 시간

048

기성콘크리트 말뚝에 관한 설명으로 옳지 않은 것은?

① 공장에서 미리 만들어진 말뚝을 구입하여 사용하는 방식이다.
② 말뚝간격은 2.5d 이상 또는 750[mm] 중 큰 값을 택한다.
③ 말뚝이음 부위에 대한 신뢰성이 매우 우수하다.
④ 시공과정 상의 항타로 인하여 자재균열의 우려가 높다.

해설
기성콘크리트 말뚝의 말뚝이음 부위는 별도의 보강 없이 말뚝을 맞물리게 하여 시공한다. 따라서, 말뚝이음 부위에 대한 신뢰성이 우수하다고 보기 어렵다.

| 정답 | 045 ① 046 ① 047 ① 048 ③

049

수밀 콘크리트 공사에 관한 설명으로 옳지 않은 것은?

① 배합은 콘크리트의 소요의 품질이 얻어지는 범위 내에서 단위수량 및 물-결합재비는 되도록 작게 하고, 단위 굵은 골재량은 되도록 크게 한다.
② 소요 슬럼프는 되도록 크게 하되, 210[mm]를 넘지 않도록 한다.
③ 연속 타설 시간간격은 외기 온도가 25[℃] 이하일 경우에는 2시간을 넘어서는 안 된다.
④ 타설과 관련하여 연직 시공 이음에는 지수판 등 물의 통과 흐름을 차단할 수 있는 방수처리재 등의 재료 및 도구를 사용하는 것을 원칙으로 한다.

해설 **수밀 콘크리트**

투수, 투습에 의해 구조물의 안전성, 내구성, 기능성, 유지관리 및 외관 등의 영향을 받는 저수조, 수영장, 지하실 등 압력수가 작용하는 구조물에서 특히, 수밀성을 필요로 하는 구조물에 사용하는 콘크리트이다.
콘크리트의 소요 슬럼프는 되도록 작게 하여 180[mm]를 넘지 않도록 하며, 콘크리트 타설이 용이할 때에는 120[mm] 이하로 한다.

050

거푸집 제거작업 시 주의사항 중 옳지 않은 것은?

① 진동, 충격을 주지 않고 콘크리트가 손상되지 않도록 순서에 맞게 제거한다.
② 지주를 바꾸어 세울 동안에는 상부의 작업을 제한하여 집중하중을 받는 부분의 지주는 그대로 둔다.
③ 제거한 거푸집은 재사용을 할 수 있도록 적당한 장소에 정리하여 둔다.
④ 구조물의 손상을 고려하여 제거 시 찢어져 남은 거푸집 쪽널은 그대로 두고 미장공사를 한다.

해설

거푸집 해체 시 거푸집쪽널을 그대로 두면 추후 낙하로 인한 재해 위험이 있다.

051

공정별 검사항목 중 용접 전 검사에 해당되지 않는 것은?

① 트임새모양 ② 비파괴검사
③ 모아대기법 ④ 용접자세의 적부

해설

비파괴검사는 용접작업 후에 시행하여야 하는 검사이다.

관련개념 **용접부의 검사항목**

- 용접착수 전 검사: 모아대기법, 트임새모양, 자세의 적부, 구속법
- 용접완료 후 검사: 외관검사, 초음파탐상시험, 방사선투과검사, 침투탐상시험, 자기분말탐상시험 등의 비파괴검사

052

철골 내화피복공사 중 멤브레인공법에 사용되는 재료는?

① 경량 콘크리트 ② 철망 모르타르
③ 뿜칠 플라스터 ④ 암면 흡음판

해설 **철골 내화피복공법의 종류**

도장공법		내화도료 도포
습식 공법	타설공법	강재 주위에 콘크리트, 경량 콘크리트를 타설한다.
	조적공법	블록, 벽돌 등을 쌓는다.
	미장공법	단열 모르타르, 펄라이트 등을 시공한다.
	뿜칠공법	암면과 시멘트 등을 혼합·뿜칠한다.
건식 공법	성형판붙임공법	PC판, ALC판, 무기섬유 강화 석고보드 등을 부착한다.
	멤브레인공법	암면 흡음판을 철골에 부착한다.
합성공법	이종재료 적층	바탕에는 석면성형판, 상부에는 질석 플라스터로 마무리한다.
	이질재료 접합	외부는 PC판, 내부는 규산칼슘판으로 마감한다.

| 정답 | 049 ② 050 ④ 051 ② 052 ④

053

콘크리트용 혼화재 중 포졸란을 사용한 콘크리트의 효과로 옳지 않은 것은?

① 워커빌리티가 좋아지고 블리딩 및 재료 분리가 감소된다.
② 수밀성이 크다.
③ 조기강도는 매우 크나 장기강도의 증진은 낮다.
④ 해수 등에 화학적 저항이 크다.

해설 **포졸란 반응에 따른 효과**
- 조기강도는 감소하지만 장기강도가 증가한다.
- 수화열이 감소한다.
- 재료분리 및 블리딩이 감소한다.

관련개념 **포졸란 반응**
수화물이 입자 사이의 틈(공극)을 메우므로 모세관 공극이 감소하여 콘크리트의 조직을 치밀하게 한다.

054

콘크리트의 측압에 관한 설명으로 옳지 않은 것은?

① 콘크리트 타설 속도가 빠를수록 측압이 크다.
② 콘크리트의 비중이 클수록 측압이 크다.
③ 콘크리트의 온도가 높을수록 측압이 작다.
④ 진동기를 사용하여 다질수록 측압이 작다.

해설
진동기로 다질수록 콘크리트가 밀실해지므로 측압이 커진다.

관련개념 **콘크리트 측압이 커지는 요인**
- 거푸집 부재의 단면이 큰 경우
- 거푸집의 수밀성이 큰 경우
- 거푸집의 강성이 큰 경우
- 거푸집의 표면이 평활할 경우
- 콘크리트가 묽은 경우
- 철골이나 철근량이 적은 경우
- 외기온도가 낮은 경우
- 타설속도가 빠른 경우
- 콘크리트의 다짐이 좋은 경우
- 콘크리트의 슬럼프가 큰 경우
- 콘크리트의 비중이 큰 경우
- 습도가 높은 경우
- 벽 두께가 두꺼운 경우

055

도급계약서에 첨부하지 않아도 되는 서류는?

① 설계도면 ② 공사시방서
③ 시공계획서 ④ 현장설명서

해설
도급계약서에 첨부하여야 하는 서류는 설계도면, 공사시방서, 현장설명서, 공사비내역서 등이 있다.
시공계획서는 도급계약서에 첨부하여야 하는 서류가 아니다.

056

시방서에 관한 설명으로 옳지 않은 것은?

① 설계도면과 공사시방서에 상이점이 있을 때는 주로 설계도면이 우선한다.
② 시방서 작성 시에는 공사 전반에 걸쳐 시공 순서에 맞게 빠짐없이 기재한다.
③ 성능시방서란 목적하는 결과, 성능의 판정기준, 이를 판별할 수 있는 방법을 규정한 시방서이다.
④ 시방서에는 사용재료의 시험검사방법, 시공의 일반사항 및 주의사항, 시공정밀도, 성능의 규정 및 지시 등을 기술한다.

해설
도면과 시방서에 상이점이 있을 때에는 시방서 먼저 적용한다.

관련개념 **시방서의 종류**
- 안내시방서: 공사시방서를 작성할 때 지침이나 참고가 되는 시방서
- 일반시방서: 비기술적인 사항을 표기한 시방서
- 공사시방서: 특정공사를 위하여 작성된 시방서를 말하는 것으로, 실시 설계도면과 더불어 공사의 내용을 보여주는 시방서
- 표준시방서: 국토교통부가 제정한 공사 전반의 제반 규정에 대하여 작성된 시방서
- 특기시방서: 표준시방서 이외의 특기사항에 대하여 작성한 시방서

| 정답 | 053 ③ 054 ④ 055 ③ 056 ①

057

건설공사의 공사비 절감요소 중에서 집중분석하여야 할 부분과 거리가 먼 것은?

① 단가가 높은 공종
② 지하공사 등의 어려움이 많은 공종
③ 공사비 금액이 큰 공종
④ 공사실적이 많은 공종

해설
공사실적이 많은 공종은 이미 검증된 공종이므로 공사비를 절감할 수 있는 요소가 적다.

058

한중콘크리트에 관한 설명으로 옳지 않은 것은?

① 골재가 동결되어 있거나 골재에 빙설이 혼입되어 있는 골재는 그대로 사용할 수 없다.
② 재료를 가열할 경우, 시멘트를 직접 가열하는 것으로 하며, 물 또는 골재는 어떠한 경우라도 직접 가열할 수 없다.
③ 한중콘크리트에는 공기연행콘크리트를 사용하는 것을 원칙으로 한다.
④ 단위수량은 초기동해를 적게 하기 위하여 소요의 워커빌리티를 유지할 수 있는 범위 내에서 되도록 적게 정하여야 한다.

해설
한중콘크리트의 재료를 가열할 경우 물 또는 골재를 가열하는 것으로 하며, 시멘트는 어떠한 경우라도 직접 가열할 수 없다.

관련개념 **한중콘크리트**
한중콘크리트는 일평균기온 4[℃] 이하의 동결위험이 있는 기간 내에 시공하는 콘크리트 시공법이다. 보통 이어붓기 후 28일 간의 예상평균기온이 약 3[℃] 이하인 경우에 적용하며, 초기 양생기간 내에 약 50[kg/cm²] 정도의 강도가 얻어진다.

059

Earth Anchor 시공에서 앵커의 스트랜드는 어디에 정착되는가?

① Angle Bracket
② Packer
③ Sheath
④ Anchor Head

해설
어스앵커공법의 스트랜드는 지반 속에 매설된 앵커체에서부터 앵커헤드까지 연결되며, 앵커헤드에 정착됨으로써 구조물에 힘을 전달한다.

060

그림과 같은 독립기초의 흙파기량을 옳게 산출한 것은?

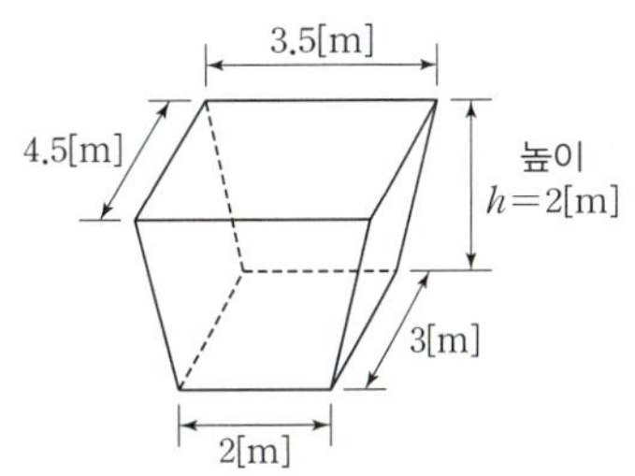

① 19.5[m³]
② 21.0[m³]
③ 23.7[m³]
④ 25.4[m³]

해설 **독립기초 터파기 공식**

$$터파기량=\frac{h}{6}\{(2a+a')b+(2a'+a)b'\}$$

$$=\frac{2}{6}\{(2\times4.5+3)\times3.5+(2\times3+4.5)\times2\}=21.0[m^3]$$

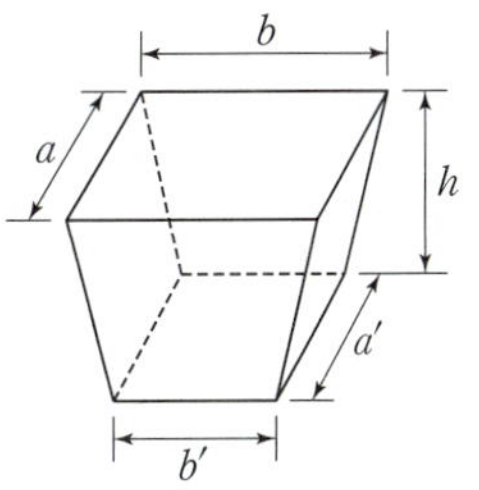

| 정답 | 057 ④ 058 ② 059 ④ 060 ②

건설재료학

061

점토제품 제조에 관한 설명으로 옳지 않은 것은?

① 원료조합에는 필요한 경우 제점제를 첨가한다.
② 반죽과정에서는 수분이나 경도를 균질하게 한다.
③ 숙성과정에서는 반죽덩어리를 되도록 크게 뭉쳐둔다.
④ 성형은 건식, 반건식, 습식 등으로 구분한다.

해설
반죽덩어리를 크게 뭉치면 숙성되기 어려우므로 잘게 뭉쳐두어야 한다.

관련개념 **숙성과정 및 숙성의 목적**
- 숙성과정: 반죽덩어리를 작게 하여 공기와 수분을 충분히 흡수시키는 과정이다.
- 숙성의 목적: 점토입자의 분산, 공기 제거, 균질화, 성형성 향상을 목적으로 한다.

062

목재의 수용성 방부제 중 방부효과는 좋으나 목질부를 약화시켜 전기전도율이 증가되고 비내구성인 것은?

① 황산동 1[%] 용액 ② 염화아연 4[%] 용액
③ 크레오소트 오일 ④ 염화제2수은 1[%] 용액

해설 **염화아연 4[%] 용액**
수용성 방부제로 방부효과는 좋으나 목질부를 약화시키고 전기전도율이 증가되며 비내구성이다.

관련개념 **목재 방부제의 종류**

구분	설명
황산동 1[%] 용액	방부성은 좋으나, 철재를 부식시키고 인체에 유해하다.
크레오소트유 (Creosote Oil)	• 대표적인 유성 방부제 중 하나로, 방부성이 우수하고 공급이 풍부하여 가격이 저렴하다. • 화기 외에는 취급상의 위험이 없으며 철재의 부식이 적고 처리제의 강도가 감소하지 않는 장점이 있으나 칠하면 침출되기 쉽고 악취가 심하여 실내에서는 사용할 수 없다. • 흑갈색으로 미관상 좋지 못하다.
염화제2수은 1[%] 용액	방부효과는 우수하나 철재에 부식성이 있고 인체에 유해하다.

063

유리면에 부식액의 방호막을 붙이고 이 막을 모양에 맞게 오려낸 후 그 부분에 유리부식액을 발라 소요 모양으로 만들어 장식용으로 사용하는 유리는?

① 샌드 블라스트 유리 ② 에칭 유리
③ 매직 유리 ④ 스팬드럴 유리

해설 **에칭 유리**
파라핀, 동물기름, 콜타르 등을 혼합 용해시켜 유리 위에 도포하여 건조시킨 후 날카로운 칼날 등을 이용해 그림을 새겨내고 그 위에 유리 부식약품으로 흔히 쓰이는 불화수소산을 부어 일정한 시간경과 후 유리가 녹아난 상태를 얻어 그 이면에서 입체감을 느낄 수 있는 가공유리이다.

관련개념 **가공유리의 종류**

구분	설명
샌드 블라스트 유리	강한 압축공기로 토출된 모래를 유리에 분사하여 가공한 유리이다.
매직 유리	유리 표면에 반사성 금속피막을 얇게 입힌 유리로, 밝은 쪽에서는 거울효과로 빛이 반사되고 어두운 쪽에서만 밝은 면을 볼 수 있다.
스팬드럴 유리	거대한 천장, 고층 건물의 바닥 슬래브 모서리처럼 불투명한 구역의 건축 요소를 위해 판유리의 한쪽 면에 세라믹질의 도료를 코팅한 후 고온에서 융착, 반강화시킨 불투명한 색유리로 미려한 금속성을 가진다.

| 정답 | 061 ③ 062 ② 063 ②

064

목재 및 기타 식물의 섬유질소편에 합성수지접착제를 도포하여 가열, 압착성형한 판상제품은?

① 파티클 보드 ② 시멘트목질판
③ 집성목재 ④ 합판

해설 **파티클 보드**

원목으로 목재를 생산하고 남은 폐잔재를 부수어 작은 조각으로 만들고, 접착제를 섞어 고온·고압으로 압착시켜 만든 가공재이다.

관련개념 **목재 가공품**

섬유판	목재, 짚 등의 각종 식물섬유를 판자 모양으로 접착, 제판한 인공재료
코르크판	코르크나무의 껍질에서 채취한 재료와 톱밥, 접착제 등을 혼합, 열압하여 만든 것
집성목재	• 대재를 집성, 접착하여 기둥, 아치, 트러스트 등의 구조재료로 사용하는 것 • 판의 섬유방향을 거의 평행으로 접착시킴

065

용이하게 거푸집에 충전시킬 수 있으며 거푸집을 제거하면 서서히 형태가 변화하나, 재료가 분리되지 않아 굳지 않는 콘크리트의 성질은 무엇인가?

① 워커빌리티 ② 컨시스턴시
③ 플라스티시티 ④ 피니셔빌리티

해설 **굳지 않은 콘크리트의 성질**

워커빌리티 (Workability)	반죽질기에 따른 작업의 난이도 정도 및 재료분리에 저항하는 정도를 나타내는 굳지 않은 콘크리트의 성질
펌퍼빌리티 (Pumpability)	펌프에 의해 운반을 실시하는 경우 콘크리트의 압송성
플라스티시티 (Plasticity)	거푸집에 쉽게 다져 넣을 수 있고, 거푸집을 제거하면 천천히 변하는 굳지 않은 콘크리트의 성질
컨시스턴시 (Consistency)	주로 수량의 다소에 의한 부드러운 정도를 나타냄. 콘크리트를 타설할 때의 유동성에 영향을 미치고 일반적으로 슬럼프의 값으로 측정
피니셔빌리티 (Finishability)	굵은 골재의 최대치수, 잔골재율, 잔골재의 입도 등에 의한 마무리의 용역도를 나타냄

066

다음 중 점토 제품이 아닌 것은?

① 테라조 ② 테라코타
③ 타일 ④ 내화벽돌

해설 **테라조(Terrazzo)**

대리석의 쇄석을 종석으로 하여 백색 포틀랜드시멘트에 안료를 섞어 된비빔하여 콘크리트판의 편면에 치어 부은 후 바이브레이터로 다져 성형한 다음 경화한 후에 가공·연마하여 대리석처럼 미려한 광택을 갖도록 마감한 인조석을 총칭한다.

관련개념 **테라코타**

'구운 흙'을 뜻하며, 낮은 온도에서 구운 양질의 찰흙제로 된 그릇이나 작은 조소를 총칭한다. 보통 유약을 사용하지 않는다.

067

콘크리트 혼화제 중 AE제를 사용하는 목적과 가장 거리가 먼 것은?

① 동결 융해에 대한 저항성 개선
② 단위수량 감소
③ 워커빌리티 향상
④ 철근과의 부착강도 증대

해설

AE(Air-Entraining)제를 사용하면 기포가 발생하여 콘크리트 속에 연행공기를 만들어 내구성과 동결, 융해에 대한 저항을 강화시킨다. 반면, 철근과의 부착강도는 저하되므로 주의가 요구된다.

| 정답 | 064 ① 065 ③ 066 ① 067 ④

068

KS F 2527에 규정된 콘크리트용 부순 굵은 골재의 물리적 성질을 알기 위한 실험항목 중 흡수율의 기준으로 옳은 것은?

① 1[%] 이하 ② 3[%] 이하
③ 5[%] 이하 ④ 10[%] 이하

해설
콘크리트용 부순 굵은 골재의 흡수율 기준은 3[%] 이하이다.

관련개념 **콘크리트용 부순 굵은 골재의 기준**

구분	기준
절대건조밀도	2.5[g/cm³] 이상
안정성	12[%] 이하
마모율	40[%] 이하
흡수율	3.0[%] 이하

069

건축물에 통상 사용되는 도료 중 내후성, 내알칼리성, 내산성 및 내수성이 가장 좋은 것은?

① 에나멜 페인트 ② 페놀수지 바니시
③ 알루미늄 페인트 ④ 에폭시수지 도료

해설
에폭시수지 도료는 에폭시수지를 용제에 용해시켜 만든 것으로, 도막의 경도가 높고 내산성, 내알칼리성, 내마모성이 크다.

관련개념 **도료의 종류**

구분	설명
에나멜 페인트	유성니스에 안료를 혼합한 도료로 색이 선명하고 광택이 좋다.
페놀수지 바니시	페놀수지와 건성유를 주원료로 만든 것으로, 내산성, 내수성, 내열성이 있다.
알루미늄 페인트	알루미늄 박편을 미세한 가루로 만들어 안료로 사용한 유성 페인트로, 광선, 열선 차단 효과가 있다.

070

콘크리트 타설 중 발생되는 재료분리에 대한 대책으로 가장 알맞은 것은?

① 굵은골재의 최대치수를 크게 한다.
② 바이브레이터로 최대한 진동을 가한다.
③ 단위수량을 크게 한다.
④ AE제나 플라이애시 등을 사용한다.

해설
AE제, 플라이애시 등의 혼화재료를 사용하면 콘크리트의 응집성을 증가시켜 분리를 막는 데 효과적이다.

071

콘크리트 바닥강화재의 사용목적과 가장 거리가 먼 것은?

① 내마모성 증진 ② 내화학성 증진
③ 분진방지성 증진 ④ 내화성 증진

해설 **콘크리트 바닥강화재**
콘크리트 표면에 깊숙이 침투하여 콘크리트의 수용성 성분과 화학적으로 반응한 결과로 단단한 결정체를 형성시킨다.
콘크리트 바닥강화재를 사용하면 내화학성, 내마모성, 내수성이 커지고 먼지 발생을 방지하나, 내화성이 증진되지는 않는다.

072

구리에 관한 설명으로 옳지 않은 것은?

① 상온에서 연성, 전성이 풍부하다.
② 열 및 전기전도율이 크다.
③ 암모니아와 같은 약알칼리에 강하다.
④ 황동은 구리와 아연을 주체로 한 합금이다.

해설
구리는 알칼리에 약하므로 시멘트, 콘크리트, 암모니아에 접하는 경우 빨리 부식한다.

관련개념 **구리 합금의 종류**

구분	설명
황동	구리＋아연의 합금
청동	구리＋주석의 합금

| 정답 | 068 ② 069 ④ 070 ④ 071 ④ 072 ③

073

다음 중 플라스틱(plastic)의 장점으로 옳지 않은 것은?

① 전기절연성이 양호하다.
② 가공성이 우수하다.
③ 비강도가 콘크리트에 비해 크다.
④ 경도 및 내마모성이 강하다.

해설 **플라스틱의 장단점**

장점	단점
• 비교적 저온에서 가공, 성형 편리 • 내수성, 내투습성 양호, 전기절연성 우수 • 산, 알칼리, 염류, 가스 등에 저항성과 부식성 우수 • 금속, 목재, 유리 등 다른 재료와의 접착력 우수	• 강도, 탄성계수가 작아 구조용 재료로 부적합 • 열에 의한 신축과 팽창이 큼 • 내후성이 약함 • 내마모성 및 표면경도가 작음

074

다음 중 화성암에 속하는 석재는?

① 부석　　② 사암
③ 석회석　　④ 사문암

해설 **부석**

화산이 폭발할 때 나오는 분출물 중 하나로, 현무암질 마그마로 인해 생성된다.

관련개념 **화성암**

마그마가 식어서 형성된 암석이다.

075

지하실 방수공사에 사용되며, 아스팔트 펠트, 아스팔트 루핑 방수재료의 원료로 사용되는 것은?

① 스트레이트 아스팔트　　② 블로운 아스팔트
③ 아스팔트 컴파운드　　④ 아스팔트 프라이머

해설 **스트레이트(Straight) 아스팔트**

아스팔트 성분을 가능한 한 분해하거나 변화하지 않도록 만든 아스팔트이다. 아스팔트 루핑의 바탕재에 침투시키기도 하고, 드물게는 지하실 방수에 사용하기도 한다.

관련개념 **아스팔트 방수 공사 재료**

아스팔트 펠트	• 섬유 원지에 스트레이트 아스팔트를 침투시킨 것 • 아스팔트방수 중간층재, 지붕, 미장, 바탕의 방습, 마룻바닥 방습, 방습 포장재, 차광과 차열, 전기 절연용으로 사용
아스팔트 루핑	• 아스팔트 펠트 뒷면에 블로운 아스팔트를 도포하고 표면의 접착을 막기 위해 활석, 운모, 석회석, 규조토 등의 가루를 뿌려 붙인 것 • 흡수성, 투수성이 작고 유연하며 내후성, 내산성, 내열성이 큼 • 건축물, 상하수도, 지하철, 터널 등의 아스팔트 방수층의 주된 재료로 쓰이는 것 외에 지붕용 또는 상품이나 기계 등의 방수 및 피복용으로도 사용
아스팔트 프라이머	• 컷백 아스팔트의 한 종류로서 아스팔트와 휘발성 용제를 반씩 혼합하여 묽게 한 것 • 콘크리트 등의 모체에 침투가 용이하여 콘크리트와 아스팔트가 부착이 잘 되므로 콘크리트 바탕에 아스팔트를 붙일 때 사용
아스팔트 컴파운드	• 블로운 아스팔트에 광물섬유, 동·식물섬유, 광물질 가루섬유 등을 혼입하여 신축성을 증대시킨 것 • 방수재, 내산재, 전기절연재 등으로 사용

076

내열성이 매우 우수하며 물을 튀기는 발수성을 가지고 있어서 방수재료는 물론 개스킷, 패킹, 전기절연재, 기타 성형품의 원료로 이용되는 합성수지는?

① 멜라민 수지　　② 페놀 수지
③ 실리콘 수지　　④ 폴리에틸렌 수지

해설 **실리콘 수지**

고온 저항으로 내열성, 전기절연성, 내화학성이 우수하여 극한의 환경에서도 안정성을 유지한다.

| 정답 | 073 ④　074 ①　075 ①　076 ③

077

금속재료의 부식을 방지하는 방법이 아닌 것은?

① 이종 금속을 인접 또는 접촉시켜 사용하지 말 것
② 균질한 것을 선택하고 사용 시 큰 변형을 주지 말 것
③ 큰 변형을 준 것은 풀림(Annealing)하지 않고 사용할 것
④ 표면을 평활하고 깨끗이 하며, 가능한 한 건조 상태로 유지할 것

해설 **금속부식대책(표면방식법)**

- 수분과 습기에 접촉하지 않게 한다.
- 표면을 청결하게 하고 기름칠하여 녹이 발생하지 않게 한다.
- 서로 다른 금속은 접촉하지 않도록 한다.
- 불균질한 철재는 풀림을 통해 균질화하여 사용하도록 한다.

078

고온소성의 무수석고를 특별한 화학처리를 한 것으로 경화 후 아주 단단해지며 킨즈 시멘트라고도 하는 것은?

① 돌로마이터 플라스터 ② 스탁코
③ 순석고 플라스터 ④ 경석고 플라스터

해설 **경석고 플라스터(킨즈 시멘트)**

무수석고($CaSO_4$)에 백반 등의 촉진제를 배합한 것으로 혼합석고 플라스터보다 경도가 높다.

관련개념

- 돌로마이트 플라스터: 마그네시아 석회에 모래, 여물을 섞어 반죽한 바름벽 재료로 일반석회보다 비중과 강도가 크며 점성이 높아 가소성이 좋으므로 해초풀을 넣지 않아도 잘 발라진다. 풀을 넣지 않아 냄새, 곰팡이가 없고 변색될 염려도 없다.
- 스타코(Stucco): 다량의 가용성 규산과 알루미나를 함유하는 소성물에 소석회, 기타 광물질을 적당히 배합하여 만든 시멘트계 플라스터로서 초벌용(1급)과 정벌용(2급)이 있다.
- 순석고 플라스터: 소석고의 일종으로, 결정수가 3[%] 정도 포함된 것이다.

079

다음 재료 중 건물 외벽에 사용하기 적합하지 않은 것은?

① 유성페인트 ② 바니쉬
③ 에나멜페인트 ④ 합성수지 에멀션페인트

해설

바니쉬(니스)는 칠한 뒤에 건조하면 투명막이 형성되는 도료로서 주로 무늬가 있는 원목가구나 합판 등으로 만들어진 제작물에 적합하다.

080

투사광선의 방향을 변화시키거나 집중 또는 확산시킬 목적으로 만든 이형 유리제품으로 주로 지하실 또는 지붕 등의 채광용으로 사용되는 것은?

① 프리즘 유리 ② 복층 유리
③ 망입 유리 ④ 강화 유리

해설 **프리즘 유리**

투사광선의 방향을 변화시키거나 집중 또는 확산시킬 목적으로 제작한 것으로 지하철이나 지붕의 채광용으로 쓰인다.

관련개념

복층 유리	2장의 판유리에 스페이서를 사용하여 간격을 일정하게 유지시켜 주고, 유리 사이에 건조공기를 넣은 후 밀봉 접착하여 제작한 것으로 단열성을 확보한다.
망입 유리	• 롤러법(압착성형)으로 제판할 때 유리에 철망을 넣은 것이다. • 방화문 외에 위험물을 취급하는 건축물의 창, 베란다 등 파괴되어 낙하할 우려가 있는 장소 및 진동에 의해 파손되기 쉬운 장소 등에 사용된다.
강화 유리	판유리를 강화로에서 약 700[℃]까지 가열시킨 후 양면에 공기를 일정하게 불어 균일하게 급랭시켜 제조한 것으로 표면을 급랭시키면 판유리 표면에 압축층이 형성되어 파괴강도가 증가된다.

| 정답 | 077 ③ 078 ④ 079 ② 080 ①

건설안전기술

081

가설통로 설치 시 경사가 몇 도를 초과하면 미끄러지지 않는 구조로 설치하여야 하는가?

① 15°　② 20°
③ 25°　④ 30°

해설 **가설통로 설치 시 준수사항**

- 견고한 구조로 할 것
- 경사는 30° 이하로 할 것. 다만, 계단을 설치하거나 높이 2[m] 미만의 가설통로로서 튼튼한 손잡이를 설치한 경우에는 그러하지 아니하다.
- 경사가 15°를 초과하는 경우에는 미끄러지지 아니하는 구조로 할 것
- 추락할 위험이 있는 장소에는 안전난간을 설치할 것. 다만, 작업상 부득이한 경우에는 필요한 부분만 임시로 해체할 수 있다.
- 수직갱에 가설된 통로의 길이가 15[m] 이상인 경우에는 10[m] 이내마다 계단참을 설치할 것
- 건설공사에 사용하는 높이 8[m] 이상인 비계다리에는 7[m] 이내마다 계단참을 설치할 것

082

콘크리트용 거푸집의 재료에 해당되지 않는 것은?

① 철재　② 목재
③ 석면　④ 경금속

해설
석면은 인체에 유해한 1급 발암물질로, 거푸집을 포함한 실내외 건축재료로 사용이 불가하다.

083

건설현장에서의 PC(Precast Concrete) 조립 시 안전대책으로 옳지 않은 것은?

① 달아 올린 부재의 아래에서 정확한 상황을 파악하고 전달하여 작업한다.
② 운전자는 부재를 달아 올린 채 운전대를 이탈해서는 안 된다.
③ 신호는 사전 정해진 방법에 의해서만 실시한다.
④ 크레인 사용 시 PC판의 중량을 고려하여 아웃트리거를 사용한다.

해설
달아 올린 부재 직하부에는 작업자 등이 출입하여서는 아니 된다.

084

건설현장에서 사용하는 공구 중 토공용이 아닌 것은?

① 착암기　② 포장 파괴기
③ 연마기　④ 점토 굴착기

해설
연마기는 표면에 거칠거나 단단한 재료를 부착하여 금속, 암석, 플라스틱 등의 재료를 부드럽게 가공하기 위한 공구이다.

관련개념
- 착암기: 컴프레서(압축공기) 등을 이용하여 암석에 구멍을 뚫기 위한 공구이다.
- 포장 파괴기: 도로면의 재포장 등을 위해 아스팔트 또는 콘크리트 도로면을 파쇄하는 공구이다.
- 점토 굴착기: 공기해머에 날을 부착하여 단단한 점토를 굴착하는 공구이다.

| 정답 | 081 ① 082 ③ 083 ① 084 ③

085

운반작업 중 요통을 일으키는 인자와 가장 거리가 먼 것은?

① 물건의 중량　② 작업 자세
③ 작업 시간　④ 물건의 표면마감 종류

해설

물건의 표면마감 종류는 요통발생 인자와 무관하다.

관련개념 **요통을 유발하는 주된 원인**

- 부적절한 자세
- 과도한 중량물의 무게
- 반복적인 작업

086

철근 콘크리트 공사에서 거푸집동바리의 해체시기를 결정하는 요인으로 가장 거리가 먼 것은?

① 시방서 상의 거푸집 존치기간의 경과
② 콘크리트 강도시험 결과
③ 동절기일 경우 적산온도
④ 후속공정의 착수시기

해설

후속공정의 착수시기는 거푸집동바리의 해체시기를 결정하는 요인이 아니며, 충분히 양생되지 않은 거푸집동바리의 무리한 해체는 구조물 붕괴의 원인이 된다.

관련개념 **거푸집동바리 해체 시 검토사항**

- 콘크리트 강도시험의 결과
- 양생기한의 일정 경과
- 공사시방서에서 정하고 있는 거푸집 존치기한

087

산업안전보건관리비 중 안전시설비의 항목에서 사용할 수 있는 항목에 해당하는 것은?

① 외부인 출입금지, 공사장 경계표시를 위한 가설울타리
② 작업발판
③ 절토부 및 성토부 등의 토사유실 방지를 위한 설비
④ 사다리 전도방지장치

해설

기존 사다리에 전도방지를 위한 추가적인 부착물을 설치하여 근로자의 안전을 확보하였을 경우 산업안전보건관리비로 사용이 가능하나, ①, ②, ③의 경우 공사용 시설물로 산업안전보건관리비 사용이 불가하다.

※「건설업 산업안전보건관리비 계상 및 사용기준」이 개정됨에 따라 '안전관리비의 항목별 사용 불가내역'은 삭제되었습니다.

088

다음 그림은 풍화암에서 토사붕괴를 예방하기 위한 기울기를 나타낸 것이다. X의 값은?

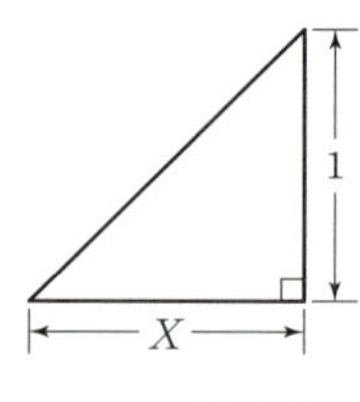

① 1.5　② 1.0
③ 0.8　④ 0.5

해설 **굴착면의 기울기 기준**

지반의 종류	기울기
모래	1 : 1.8
연암 및 풍화암	1 : 1.0
경암	1 : 0.5
그 밖의 흙	1 : 1.2

| 정답 | 085 ④　086 ④　087 ④　088 ②

089

건설현장에서 계단을 설치하는 경우 계단의 높이가 최소 몇 미터 이상일 때 계단의 개방된 측면에 안전난간을 설치하여야 하는가?

① 0.8[m] ② 1.0[m]
③ 1.2[m] ④ 1.5[m]

해설 **가설계단 설치기준**

강도	• 계단 및 계단참을 설치하는 경우에는 500[kg/m^2] 이상의 하중에 견딜 수 있는 강도를 가진 구조로 설치할 것 • 안전율은 4 이상으로 할 것 • 계단 및 승강구 바닥을 구멍이 있는 재료로 만드는 경우 렌치나 그 밖의 공구 등이 낙하할 위험이 없는 구조로 할 것
폭	• 계단을 설치하는 경우 그 폭은 1[m] 이상으로 할 것 • 계단에 손잡이 외의 다른 물건 등을 설치하거나 쌓아 두어서는 아니할 것
계단참	3[m]를 초과하는 계단에는 높이 3[m] 이내마다 진행방향으로 길이 1.2[m] 이상의 계단참을 설치할 것
천장의 높이	계단을 설치하는 경우 바닥면으로부터 높이 2[m] 이내의 공간에 장애물이 없도록 할 것
난간	높이 1[m] 이상인 계단의 개방된 측면에 안전난간을 설치할 것

090

공사종류 및 규모별 산업안전보건관리비 계상기준표에서 공사종류의 명칭에 해당되지 않는 것은?

① 건축공사 ② 일반건설공사
③ 중건설공사 ④ 특수건설공사

해설 **공사종류 및 규모별 산업안전보건관리비 계상기준표**

구분 / 공사 종류	대상액 5억 원 미만	대상액 5억 원 이상 50억 원 미만		대상액 50억 원 이상	보건관리자 선임대상 건설공사
		비율	기초액		
건축공사	3.11[%]	2.28[%]	4,325,000원	2.37[%]	2.64[%]
토목공사	3.15[%]	2.53[%]	3,300,000원	2.60[%]	2.73[%]
중건설공사	3.64[%]	3.05[%]	2,975,000원	3.11[%]	3.39[%]
특수건설공사	2.07[%]	1.59[%]	2,450,000원	1.64[%]	1.78[%]

091

포화도 80[%], 함수비 28[%], 흙 입자의 비중 2.7일 때 공극비를 구하면?

① 0.940 ② 0.945
③ 0.950 ④ 0.955

해설

$$\text{공극비} = \frac{\text{흙의 비중} \times \text{함수비}}{\text{포화도}} = \frac{2.7 \times 28}{80} = 0.945$$

관련개념

포화도	간극 속 물의 용적비
함수비	흙 입자의 중량에 대한 물의 중량비
공극비	흙 입자의 용적에 대한 간극의 용적비

| 정답 | 089 ② 090 ② 091 ②

092

크레인의 운전실을 통하는 통로의 끝과 건설물 등의 벽체와의 간격은 최대 얼마 이하로 하여야 하는가?

① 0.3[m]　　② 0.4[m]
③ 0.5[m]　　④ 0.6[m]

해설 건설물 등의 벽체와 통로의 간격
사업주는 다음의 간격을 0.3[m] 이하로 하여야 한다.
- 크레인의 운전실 또는 운전대를 통하는 통로의 끝과 건설물 등의 벽체의 간격
- 크레인 거더(Girder)의 통로 끝과 크레인 거더의 간격
- 크레인 거더의 통로로 통하는 통로의 끝과 건설물 등의 벽체의 간격

093

물체가 떨어지거나 날아올 위험 또는 근로자가 추락할 위험이 있는 작업 시 착용하여야 할 보호구는?

① 보안경　　② 안전모
③ 방열복　　④ 방한복

해설 산업안전보건기준에 관한 규칙 제32조(보호구의 지급 등)
- 물체가 떨어지거나 날아올 위험 또는 근로자가 추락할 위험이 있는 작업: 안전모
- 높이 또는 깊이 2[m] 이상의 추락할 위험이 있는 장소에서 하는 작업: 안전대
- 물체의 낙하·충격, 물체에의 끼임, 감전 또는 정전기의 대전에 의한 위험이 있는 작업: 안전화
- 물체가 흩날릴 위험이 있는 작업: 보안경
- 용접 시 불꽃이나 물체가 흩날릴 위험이 있는 작업: 보안면
- 감전의 위험이 있는 작업: 절연용 보호구
- 고열에 의한 화상 등의 위험이 있는 작업: 방열복

094

콘크리트 타설작업을 하는 경우에 준수해야 할 사항으로 옳지 않은 것은?

① 콘크리트를 타설하는 경우에는 편심을 유발하여 한쪽 부분부터 밀실하게 타설되도록 유도할 것
② 당일의 작업을 시작하기 전에 해당 작업에 관한 거푸집 및 동바리의 변형·변위 및 지반의 침하 유무 등을 점검하고 이상이 있으면 보수할 것
③ 작업 중에는 감시자를 배치하는 등의 방법으로 거푸집 및 동바리의 변형·변위 및 침하 유무 등을 확인하여야 하며, 이상이 있으면 작업을 중지하고 근로자를 대피시킬 것
④ 설계도서 상의 콘크리트 양생기간을 준수하여 거푸집 및 동바리를 해체할 것

해설 콘크리트 타설작업 시 준수사항
- 당일의 작업을 시작하기 전에 해당 작업에 관한 거푸집 및 동바리의 변형·변위 및 지반의 침하 유무 등을 점검하고 이상이 있으면 보수할 것
- 작업 중에는 감시자를 배치하는 등의 방법으로 거푸집 및 동바리의 변형·변위 및 침하 유무 등을 확인하여야 하며, 이상이 있으면 작업을 중지하고 근로자를 대피시킬 것
- 콘크리트 타설작업 시 거푸집 붕괴의 위험이 발생할 우려가 있으면 충분한 보강조치를 할 것
- 설계도서 상의 콘크리트 양생기간을 준수하여 거푸집 및 동바리를 해체할 것
- 콘크리트를 타설하는 경우에는 편심이 발생하지 않도록 골고루 분산하여 타설할 것

| 정답 | 092 ①　093 ②　094 ①

095

지반의 사면파괴 유형 중 유한사면의 종류가 아닌 것은?

① 사면 내 파괴 ② 사면 선단 파괴
③ 사면 저부 파괴 ④ 직립 사면 파괴

해설 사면파괴의 형태

- 사면 천단부(선단) 파괴
- 사면 중심부(내) 파괴
- 사면 하단부(저부) 파괴

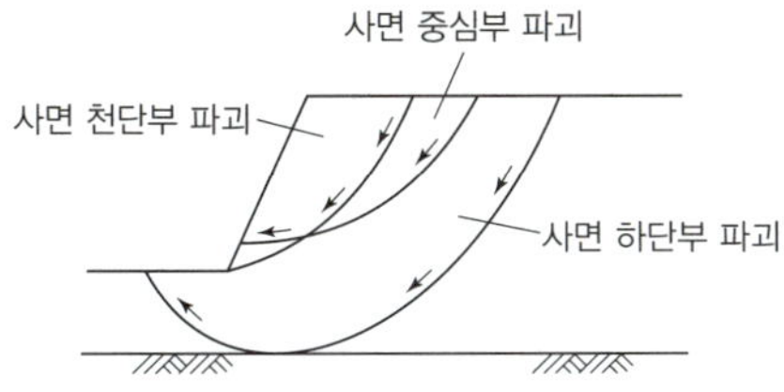

096

부두 등의 하역작업장에서 부두 또는 안벽의 선을 따라 설치하는 통로의 최소폭 기준은?

① 30[cm] 이상 ② 50[cm] 이상
③ 70[cm] 이상 ④ 90[cm] 이상

해설 하역작업장의 조치기준

- 작업장 및 통로의 위험한 부분에는 안전하게 작업할 수 있는 조명을 유지할 것
- 부두 또는 안벽의 선을 따라 통로를 설치하는 경우에는 폭을 90[cm] 이상으로 할 것
- 육상에서의 통로 및 작업장소로서 다리 또는 선거 갑문을 넘는 보도 등의 위험한 부분에는 안전난간 또는 울타리 등을 설치할 것

097

옹벽 축조를 위한 굴착작업에 관한 설명으로 옳지 않은 것은?

① 수평 방향으로 연속적으로 시공한다.
② 하나의 구간을 굴착하면 방치하지 말고 기초 및 본체구조물 축조를 마무리 한다.
③ 절취경사면에 전석, 낙석의 우려가 있고 혹은 장기간 방치할 경우에는 숏크리트, 록볼트, 캔버스 및 모르타르 등으로 방호한다.
④ 작업위치의 좌우에 만일의 경우에 대비한 대피통로를 확보하여 둔다.

해설

옹벽 축조 시 옹벽 형태에 따라 기초부터 벽체까지 하나의 형태로 시공하며, 수평 방향으로 연속적인 시공을 하여서는 아니 된다.

098

다음 터널 공법 중 전단면 기계 굴착에 의한 공법에 속하는 것은?

① ASSM(American Steel Supported Method)
② NATM(New Austrian Tunneling Method)
③ TBM(Tunnel Boring Machine)
④ 개착식 공법

해설 TBM(Tunnel Boring Machine)공법

터널 단면 크기의 대형 회전체를 전면에 부착하여 굴착기를 땅속에서 수평으로 회전시켜 암반을 압력으로 파쇄시키는 터널굴착 공법이다.

관련개념 굴착공법의 종류

공법	설명
ASSM (American Steel Supported Method)	터널 굴착과 동시에 강지보재를 설치하여 터널에 작용하는 하중을 지지시키는 재래식 굴착 방법이다.
NATM (New Austrian Tunneling Method)	암반 자체를 주요 지보재로 활용하여 터널을 굴진하는 공법으로 가장 대중적인 터널굴착 방법이다.
개착식 공법	지표면에서 설계 바닥까지 굴착 후 구조물을 축조한 후 되메움 하는 작업으로 지표면을 원상태로 복구하는 공법이다.

| 정답 | 095 ④ 096 ④ 097 ① 098 ③

099

이동식 비계 작업 시 주의사항으로 옳지 않은 것은?

① 비계의 최상부에서 작업을 하는 경우에는 안전난간을 설치한다.
② 이동 시 작업지휘자가 이동식 비계에 탑승하여 이동하며 안전여부를 확인하여야 한다.
③ 비계를 이동시키고자 할 때는 바닥의 구멍이나 머리 위의 장애물을 사전에 점검한다.
④ 작업발판은 항상 수평을 유지하고 작업발판 위에서 안전난간을 딛고 작업을 하거나 받침대 또는 사다리를 사용하여 작업하지 않도록 한다.

해설

근로자가 탑승한 상태에서 이동식 비계를 이동시키지 않아야 한다.

관련개념 **이동식 비계 작업 시 준수사항**

- 이동식비계의 바퀴에는 뜻밖의 갑작스러운 이동 또는 전도를 방지하기 위하여 브레이크·쐐기 등으로 바퀴를 고정시킨 다음 비계의 일부를 견고한 시설물에 고정하거나 아웃트리거를 설치하는 등 필요한 조치를 할 것
- 승강용사다리는 견고하게 설치할 것
- 비계의 최상부에서 작업을 하는 경우에는 안전난간을 설치할 것
- 작업발판은 항상 수평을 유지하고 작업발판 위에서 안전난간을 딛고 작업을 하거나 받침대 또는 사다리를 사용하여 작업하지 않도록 할 것
- 작업발판의 최대적재하중은 250[kg]을 초과하지 않도록 할 것

100

가설구조물의 특징이 아닌 것은?

① 연결재가 적은 구조로 되기 쉽다.
② 부재결합이 불완전 할 수 있다.
③ 영구적인 구조설계의 개념이 확실하게 적용된다.
④ 단면에 결함이 있기 쉽다.

해설 **가설구조물의 특징**

- 각각의 부재는 결합이 간단하나, 불완전한 결합이다.
- 임시구조물의 특성상 조립의 정밀도가 낮다.
- 구조계산에 따른 기준을 시공 중 무시할 수 있다.
- 취급이 용이하여 부재가 손상되거나 결함이 발생할 수 있으며, 결함이 있는 부재를 사용하기 쉽다.

| 정답 | 099 ② 100 ③

2020년 3회 기출문제

자동 채점

산업안전관리론

001

인간관계의 메커니즘 중 다른 사람의 행동 양식이나 태도를 투입시키거나, 다른 사람 가운데서 자기와 비슷한 것을 발견한 것을 무엇이라고 하는가?

① 투사(Projection) ② 모방(Imitation)
③ 암시(Suggestion) ④ 동일화(Identification)

해설 **인간관계 메커니즘**

모방	남의 행동이나 판단을 표본으로 하여 그것과 같거나 그것에 가까운 행동 또는 판단을 취하려는 행위
투사	자신의 불만을 해소하기 위해 남에게 뒤집어 씌우는 행위
암시	다른 사람의 판단이나 행동을 무비판적으로 받아들이는 행위
동일화	다른 사람의 행동 양식이나 태도를 자신에게 투입하거나 다른 사람에게서 자신의 행동양식이나 태도와 비슷한 것을 발견하는 행위

002

안전교육계획 수립 시 고려하여야 할 사항과 관계가 가장 먼 것은?

① 필요한 정보를 수집한다.
② 현장의 의견을 충분히 반영한다.
③ 법 규정에 의한 교육에 한정한다.
④ 안전교육 시행 체계와의 관련을 고려한다.

해설

안전보건교육은 현장의 의견을 충분히 반영하여 법령에 의한 교육으로 그치지 않아야 한다.

관련개념 **안전보건교육 계획 수립 시 포함사항**

- 교육의 목표
- 교육의 종류 및 대상
- 교육과목 및 내용
- 교육장소 및 방법
- 교육기간 및 시간
- 교육담당자 및 강사
- 교육관련 예산

003

리더십(leadership)의 특성에 대한 설명으로 옳은 것은?

① 지휘형태는 민주적이다.
② 권한여부는 위에서 위임된다.
③ 구성원과의 관계는 지배적 구조이다.
④ 권한근거는 법적 또는 공식적으로 부여된다.

해설 **리더십과 헤드십**

구분	리더십	헤드십
권한형태	선출된 리더	임명된 헤드
권한근거	개인능력	법적&공식적
지휘형태	민주주의적	권위주의적
권한귀속	집단목표	공식화된 규정

004

알더퍼의 ERG(Existence Relation Growth) 이론에서 생리적 욕구, 물리적 측면의 안전욕구 등 저차원적 욕구에 해당하는 것은?

① 관계욕구 ② 성장욕구
③ 존재욕구 ④ 사회적욕구

해설 **알더퍼(Alderfer)의 ERG 이론**

- E(Existence, 존재욕구): 생리적 욕구나 안전의 욕구와 같이 인간이 자신의 존재를 확보하는 데 필요한 욕구로서 급여, 부가급, 육체적 작업에 대한 욕구 그리고 물질적 욕구가 포함된다.
- R(Relatedness, 관계욕구): 개인이 주변사람들(가족, 감독자, 동료작업자, 하위자, 친구 등)과 상호작용을 통하여 만족을 추구하고 싶어하는 욕구로서 매슬로우 욕구위계 중 사회적 욕구에 속한다.
- G(Growth, 성장욕구): 매슬로우의 존경(인정)의 욕구와 자아실현의 욕구를 포함하는 것으로서 개인의 잠재력 개발과 관련되는 욕구이다. ERG 이론에 따르면 경영자가 종업원의 고차원 욕구를 충족시켜야 하는 것은 동기부여를 위해서만이 아니라 발생할 수 있는 직·간접비용을 절감한다는 차원에서도 중요하다.

| 정답 | 001 ④ 002 ③ 003 ① 004 ③

005

재해 원인을 통상적으로 직접원인과 간접원인으로 나눌 때 직접원인에 해당되는 것은?

① 기술적 원인　② 물적 원인
③ 교육적 원인　④ 관리적 원인

해설
재해의 직접원인은 불안전한 행동(인적 원인)과 불안전한 상태(물적 원인)이다.

관련개념 **재해발생의 간접원인**

기초원인	• 관리적 원인 • 학교교육적 원인	• 사회적 원인 • 역사적 원인
2차 원인	• 기술적 원인 • 안전교육적 원인	• 신체적 원인 • 정신적 원인

006

기능(기술)교육의 진행방법 중 하버드 학파의 5단계 교수법의 순서로 옳은 것은?

① 준비 → 연합 → 교시 → 응용 → 총괄
② 준비 → 교시 → 연합 → 총괄 → 응용
③ 준비 → 총괄 → 연합 → 응용 → 교시
④ 준비 → 응용 → 총괄 → 교시 → 연합

해설 **하버드 학파의 5단계 교수법**
• 1단계: 준비(Preperation)
• 2단계: 교시(Presentation)
• 3단계: 연합(Association)
• 4단계: 총괄(Generalization)
• 5단계: 응용(Application)

007

산업안전보건법령상 안전모의 시험성능기준 항목이 아닌 것은?

① 난연성　② 인장성
③ 내관통성　④ 충격흡수성

해설 **안전모의 시험성능기준**

항목	시험성능기준
내관통성	AE, ABE종 안전모는 관통거리가 9.5[mm] 이하이고, AB종 안전모는 관통거리가 11.1[mm] 이하이어야 한다.
충격흡수성	최고전달충격력이 4,450[N]를 초과해서는 안 되며, 모체와 착장체의 기능이 상실되지 않아야 한다.
내전압성	AE, ABE종 안전모는 교류 20[kV]에서 1분간 절연파괴 없이 견뎌야 하고, 이때 누설되는 충전전류는 10[mA] 이하이어야 한다.
내수성	AE, ABE종 안전모는 질량증가율이 1[%] 미만이어야 한다.
난연성	모체가 불꽃을 내며 5초 이상 연소되지 않아야 한다.
턱끈풀림	150[N] 이상 250[N] 이하에서 턱끈이 풀려야 한다.

008

위험예지훈련 4라운드 기법의 진행방법에 있어 문제점 발견 및 중요 문제를 결정하는 단계는?

① 대책수립 단계　② 현상파악 단계
③ 본질추구 단계　④ 행동목표설정 단계

해설 **위험예지훈련 4라운드**

1라운드	현상파악	위험요인을 식별하는 단계
2라운드	본질추구	위험요인·문제점 발견 및 위험의 포인트를 결정하고 지적 확인하는 단계
3라운드	대책수립	위험요인을 극복하기 위한 대안 제시 단계
4라운드	목표설정	행동목표를 설정하는 단계

| 정답 | 005 ② 006 ② 007 ② 008 ③

009

태풍, 지진 등의 천재지변이 발생한 경우나 이상상태 발생 시 기능상 이상 유·무에 대한 안전점검의 종류는?

① 일상점검 ② 정기점검
③ 수시점검 ④ 특별점검

해설 안전점검의 종류

일상(수시)점검	매일 일의 시작이나 종료 시 또는 작업 중에 계속해서 실시하는 점검
정기(계획)점검	주기적으로 일정한 시설이나 물건, 기계 등에 대하여 점검하는 방법
특별점검	신설, 변경 내지는 고장수리 등을 할 경우에 행하는 부정기 점검
임시점검	이상징후 예견 시 임시로 실시하는 점검

010

재해예방의 4원칙에 해당하는 내용이 아닌 것은?

① 예방가능의 원칙 ② 원인계기의 원칙
③ 손실우연의 원칙 ④ 사고조사의 원칙

해설 재해예방의 4원칙

손실우연의 원칙	사고에 의해서 생기는 상해의 종류 및 정도는 우연적이라는 원칙
예방가능의 원칙	재해는 원칙적으로 예방이 가능하다는 원칙
원인계기의 원칙 (원인연계의 원칙)	재해의 발생은 직접원인으로만 일어나는 것이 아니라 간접원인이 연계되어 일어난다는 원칙
대책선정의 원칙	원인의 정확한 분석에 의해 가장 타당한 재해예방 대책이 선정되어야 한다는 원칙

011

학습 성취에 직접적인 영향을 미치는 요인과 가장 거리가 먼 것은?

① 적성 ② 준비도
③ 개인차 ④ 동기유발

해설

적성은 개인의 지능과 관심거리 등을 의미하는 간접영향 요인이며, 동기유발, 준비도, 개인차는 학습에 직접적인 영향을 미치는 요인에 해당한다.

012

산업안전보건법령상 근로자 안전보건교육 대상과 교육기간으로 옳은 것은?

① 정기교육인 경우: 사무직 종사근로자 – 매반기 6시간 이상
② 정기교육인 경우: 관리감독자 지위에 있는 사람 – 연간 10시간 이상
③ 채용 시 교육인 경우: 일용근로자 – 4시간 이상
④ 작업내용 변경 시 교육인 경우: 일용근로자를 제외한 근로자 – 1시간 이상

해설 근로자 안전보건교육 교육과정별 교육시간

<table>
<tr><th>교육과정</th><th colspan="2">교육대상</th><th>교육시간</th></tr>
<tr><td rowspan="3">정기교육</td><td colspan="2">사무직 종사 근로자</td><td>매반기 6시간 이상</td></tr>
<tr><td rowspan="2">그 밖의 근로자</td><td>판매업무에 직접 종사하는 근로자</td><td>매반기 6시간 이상</td></tr>
<tr><td>판매업무에 직접 종사하는 근로자 외의 근로자</td><td>매반기 12시간 이상</td></tr>
<tr><td rowspan="3">채용 시 교육</td><td colspan="2">일용근로자 및 근로계약기간이 1주일 이하인 기간제근로자</td><td>1시간 이상</td></tr>
<tr><td colspan="2">근로계약기간이 1주일 초과 1개월 이하인 기간제근로자</td><td>4시간 이상</td></tr>
<tr><td colspan="2">그 밖의 근로자</td><td>8시간 이상</td></tr>
<tr><td rowspan="2">작업내용 변경 시 교육</td><td colspan="2">일용근로자 및 근로계약기간이 1주일 이하인 기간제근로자</td><td>1시간 이상</td></tr>
<tr><td colspan="2">그 밖의 근로자</td><td>2시간 이상</td></tr>
<tr><td rowspan="4">특별교육</td><td colspan="2">일용근로자 및 근로계약기간이 1주일 이하인 기간제근로자 (타워크레인 신호작업 종사자 제외)</td><td>2시간 이상</td></tr>
<tr><td colspan="2">타워크레인 신호작업에 종사하는 일용근로자 및 근로계약기간이 1주일 이하인 기간제근로자</td><td>8시간 이상</td></tr>
<tr><td colspan="2" rowspan="2">그 밖의 근로자</td><td>16시간 이상</td></tr>
<tr><td>단기간 또는 간헐적 작업인 경우 2시간 이상</td></tr>
<tr><td>건설업 기초안전·보건교육</td><td colspan="2">건설 일용근로자</td><td>4시간 이상</td></tr>
</table>

| 정답 | 009 ④ 010 ④ 011 ① 012 ①

013

산업안전보건법령상 안전보건표지의 종류 중 인화성물질에 관한 표지에 해당하는 것은?

① 금지표지 ② 경고표지
③ 지시표지 ④ 안내표지

해설 **경고표지**

인화성물질경고	산화성물질경고	폭발성물질경고	급성독성물질경고	부식성물질경고

014

인지과정 착오의 요인이 아닌 것은?

① 정서 불안정 ② 감각차단현상
③ 작업자의 기능미숙 ④ 생리·심리적 능력의 한계

해설 **착오의 원인별 분류**

판단과정의 착오	• 능력부족 • 정보부족 • 자기합리화
인지과정의 착오	• 생리적·심리적 능력의 부족 • 감각차단현상 • 정서 불안정 • 정보량 저장의 한계
조작과정의 착오	• 작업경험부족 • 기술부족 • 잘못된 정보

015

상황성 누발자의 재해유발원인과 거리가 먼 것은?

① 작업의 어려움 ② 기계설비의 결함
③ 심신의 근심 ④ 주의력의 산만

해설

주의력의 산만은 소질성 누발자의 재해유발원인이다.

관련개념 **상황성 누발자의 재해유발원인**

- 작업이 어려운 경우
- 기계설비에 결함이 있는 경우
- 심신에 근심이 있는 경우
- 환경 상 주의력의 집중이 곤란한 경우

016

안전관리조직의 형태 중 라인-스태프형에 대한 설명으로 틀린 것은?

① 대규모 사업장(1,000명 이상)에 효율적이다.
② 안전과 생산업무가 분리될 우려가 없기 때문에 균형을 유지할 수 있다.
③ 모든 안전관리 업무를 생산라인을 통하여 직선적으로 이루어지도록 편성된 조직이다.
④ 안전업무를 전문적으로 담당하는 스태프 및 생산라인의 각 계층에도 겸임 또는 전임의 안전담당자를 둔다.

해설

③은 라인형 조직의 특징이다.

관련개념 **라인-스태프(Line-Staff)형 조직의 특징**

- 명령계통과 조언의 권고적 참여가 혼동되기 쉽다.
- 안전보건업무를 전담하는 스태프를 두고 생산라인의 부서의 장으로 하여금 안전보건을 담당하게 한다. (안전보건대책은 스태프에서 수립 → 라인을 통하여 실천)
- 라인에는 생산과 안전에 관한 책임과 권한이 동시에 부여된다. (안전보건업무와 생산 업무의 균형 유지)
- 근로자 1,000명 이상의 대규모 사업장에 적합하다.
- 안전과 생산이 유리될 우려가 없어 운용이 적절하면 이상적인 조직이다.

| 정답 | 013 ② 014 ③ 015 ④ 016 ③

017

O.J.T(On the Job Traning)의 특징 중 틀린 것은?

① 훈련과 업무의 계속성이 끊어지지 않는다.
② 직장과 실정에 맞게 실제적 훈련이 가능하다.
③ 훈련의 효과가 곧 업무에 나타나며, 훈련의 개선이 용이하다.
④ 다수의 근로자들에게 조직적 훈련이 가능하다.

해설

④는 Off JT의 특징이다.

관련개념 **OJT(On the Job Training)의 특징**

구분	내용
장점	• 개개인에게 적절한 지도훈련이 가능하다. • 직장의 실정에 맞게 실제적 훈련이 가능하다. • 교육을 통한 훈련효과에 의해 상호 신뢰 및 이해도가 높아진다. • 대상자의 개인별 능력에 따라 훈련의 진도를 조정하기 쉽다. • 교육효과가 업무에 신속히 반영된다. • 훈련에 필요한 업무의 계속성이 끊어지지 않는다. • 동기부여가 쉽다.
단점	• 다수의 대상을 한 번에 통일적인 내용 및 수준으로 교육시킬 수 없다. • 전문적인 지식 및 기능을 교육하기 힘들다. • 업무와 교육이 병행되므로 훈련에만 전념할 수 없다.

018

재해의 원인과 결과를 연계하여 상호 관계를 파악하기 위해 도표화하는 분석방법은?

① 관리도　　② 파레토도
③ 특성요인도　　④ 크로스분류도

해설 **통계에 의한 재해원인 분석방법**

구분	내용
파레토도	사고의 유형, 기인물 등 분류항목을 큰 순서대로 도표화하는 방법
특성요인도	특성과 요인관계를 도표로 하여 어골상으로 세분하는 방법
크로스도	2개 이상의 문제 관계를 분석하는 데 사용하는 것으로, 데이터를 집계하고 표로 표시하여 요인별 결과 내역을 교차한 크로스 그림을 작성하여 분석하는 방법
관리도	재해 발생 건수 등의 추이를 파악하여 목표 관리를 행하는 데 필요한 월별 재해 발생수를 그래프화하여 관리선을 설정·관리하는 방법

019

연간 근로자수가 300명인 A공장에서 지난 1년간 1명의 재해자(신체장해등급: 1급)가 발생하였다면 이 공장의 강도율은? (단, 근로자 1인당 1일 8시간씩 연간 300일을 근무하였다.)

① 4.27　　② 6.42
③ 10.05　　④ 10.42

해설

$$\text{강도율} = \frac{\text{총 요양 근로손실일수}}{\text{연 근로시간 수}} \times 1{,}000$$

$$= \frac{7{,}500}{300 \times (8 \times 300)} \times 1{,}000 = 10.42$$

※ 신체장해등급 1급은 1건당 7,500일로 근로손실일수를 산정한다.

020

무재해 운동의 이념 가운데 직장의 위험 요인을 행동하기 전에 예지하여 발견, 파악, 해결하는 것을 의미하는 것은?

① 무의 원칙　　② 선취의 원칙
③ 참가의 원칙　　④ 인간 존중의 원칙

해설 **무재해운동의 3원칙**

구분	내용
무의 원칙	잠재위험요인을 사전에 발견, 파악, 제거함으로써 근원적으로 산업재해를 없애는 것(사망, 휴업재해만 없으면 된다는 소극적 사고가 아니라 불휴재해는 물론 잠재 위험요인이 없어야 한다는 적극적인 자세)
선취(해결)의 원칙	궁극적인 목표인 무재해·무질병을 실현하기 위해 모든 잠재 위험 요인을 행동하기 전에 발견, 파악, 제거함으로써 재해의 발생을 사전에 예방하거나 방지하는 것
(전원)참가의 원칙	잠재적 위험요인을 제거하기 위해 노사 전원이 참가하여 각자의 입장에서 적극적으로 스스로의 책무를 수행함과 동시에 문제해결 운동을 실천하는 것

| 정답 | 017 ④　018 ③　019 ④　020 ②

인간공학 및 시스템안전공학

021

다음 형상 암호화 조종장치 중 이산 멈춤 위치용 조종장치는?

①
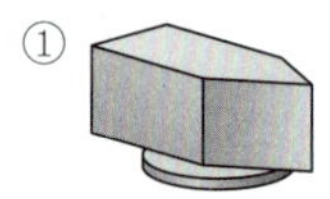
②

③
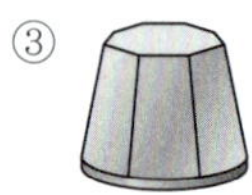
④
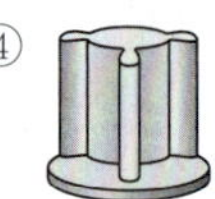

해설

이산 멈춤 위치용 조종장치는 특정 위치에 멈추도록 하는 기능을 가지고 있어야 한다. ①은 특정 위치를 지칭하는 형상이라서 이산 멈춤 위치용 조종장치로 적합하다.

②, ③은 다회전용 조종장치, ④는 단회전용 조종장치로 적합하다.

022

작업기억(Working Memory)과 관련된 설명으로 옳지 않은 것은?

① 오랜 기간 정보를 기억하는 것이다.
② 작업기억 내의 정보는 시간이 흐름에 따라 쇠퇴할 수 있다.
③ 작업기억의 정보는 일반적으로 시각, 음성, 의미 코드의 3가지로 코드화된다.
④ 리허설(Rehearsal)은 정보를 작업기억 내에 유지하는 유일한 방법이다.

해설

작업기억(Working Memory)은 정보를 일시적으로 유지하며 처리하는 것으로 판단, 이해, 학습 등 각종 인지적 과정을 계획하고, 수행하는 기억은 15~30초 정도 단기적으로만 유지가 되며, 정보는 시간에 흐름에 따라서 쇠퇴하고 망각된다.

023

다음 중 육체적 활동에 대한 생리학적 측정방법과 가장 거리가 먼 것은?

① EMG ② EEG
③ 심박수 ④ 에너지소비량

해설

EEG(Electroencephalogram)는 뇌파검사로 정신부하에 관한 생리적 측정치이다.

관련개념 **육체적 활동에 대한 생리학적 측정방법**

- EMG(Electromyography, 근전도)
- ECG(Electrocardiogram, 심전도)
- 산소소비량 등

024

주물공장 A작업자의 작업지속시간과 휴식시간을 열압박지수(HSI)를 활용하여 계산하니 각각 45분, 15분이었다. A작업자의 1일 작업량(TW)은 얼마인가? (단, 휴식시간은 포함하지 않으며, 1일 근무시간은 8시간이다.)

① 4.5시간 ② 5시간
③ 5.5시간 ④ 6시간

해설

작업지속시간이 45분, 휴식시간이 15분이므로 한 번의 작업과 휴식의 주기(사이클)는 45분+15분=60분=1시간이다. 하루 근무시간인 8시간 동안 A작업자가 일할 수 있는 사이클의 수는 8사이클이다. 각 사이클에서 작업시간은 45분이므로 8사이클 동안 작업한 총 시간은 45×8=360분=6시간이다.

025

신뢰도가 0.4인 부품 5개가 병렬결합 모델로 구성된 제품이 있을 때 이 제품의 신뢰도는?

① 0.90 ② 0.91
③ 0.92 ④ 0.93

해설

신뢰도 $= 1-(1-0.4)^5 = 0.92$

관련개념 **신뢰도가 R_1, R_2인 부품의 시스템 신뢰도**

- 직렬로 연결되어 있을 때: $R_1 \times R_2$
- 병렬로 연결되어 있을 때: $1-(1-R_1)\times(1-R_2)$

| 정답 | 021 ① 022 ① 023 ② 024 ④ 025 ③

026

한국산업표준상 결함나무분석(FTA) 시 다음과 같이 사용되는 사상기호가 나타내는 사상은?

① 공사상　　② 기본사상
③ 통상사상　　④ 심층분석사상

해설
대각선으로 줄이 그어져 있는 사상으로 사상(event)이 없는 공(空)사상을 나타낸다.

027

작업자의 작업공간과 관련된 내용으로 옳지 않은 것은?

① 서서 작업하는 작업공간에서 발바닥을 높이면 뻗침길이가 늘어난다.
② 서서 작업하는 작업공간에서 신체의 균형에 제한을 받으면 뻗침길이가 늘어난다.
③ 앉아서 작업하는 작업공간은 동적 팔뻗침에 의해 포락면(reach envelope)의 한계가 결정된다.
④ 앉아서 작업하는 작업공간에서 기능적 팔뻗침에 영향을 주는 제약이 적을수록 뻗침 길이가 늘어난다.

해설
서서 작업하는 작업공간에서 신체의 균형이 불안정하면 뻗침길이가 줄어든다. 신체의 균형이 불안정하면 신체는 균형을 유지하기 위해 근육의 긴장이 증가하고, 근육긴장이 증가하면 근육의 유연성이 감소하기 때문에 뻗침길이가 줄어든다.

028

FTA에 의한 재해사례 연구의 순서를 올바르게 나열한 것은?

A. 목표사상 선정	B. FT도 작성
C. 사상마다 재해원인 규명	D. 개선계획 작성

① A → B → C → D　　② A → C → B → D
③ B → C → A → D　　④ B → A → C → D

해설 **FTA에 의한 재해사례 연구순서 4단계**
- 제1단계: TOP 사상(목표사상)의 선정
- 제2단계: 사상의 재해원인 규명
- 제3단계: FT도 작성
- 제4단계: 개선계획 작성

029

표시값의 변화 방향이나 변화 속도를 나타내어 전반적인 추이의 변화를 관측할 필요가 있는 경우에 가장 적합한 표시장치 유형은?

① 계수형(Digital)　　② 묘사형(Descriptive)
③ 동목형(Moving Scale)　　④ 동침형(Moving Pointer)

해설 **시각적 표시장치**

유형	설명
계수형 (Digital)	정확한 수치로 표시되는 방식 예 디지털 시계
묘사형 (Descriptive)	텍스트, 그래픽, 기호, 색상 등을 활용하여 표시 예 도로 표지판, 지하철 노선도
동목형 (Moving Scale)	지침이 고정되고 눈금이 움직이는 방식 표시하고자 하는 값의 범위가 클 때 비교적 작은 눈금에 모두 표시 가능함
동침형 (Moving Pointer)	눈금이 고정되고 지침이 움직이는 방식 지침이 변화 방향과 변화율의 지표로 작용함

| 정답 | 026 ① 027 ② 028 ② 029 ④

030

반복되는 사건이 많이 있는 경우에 FTA의 최소 컷셋을 구하는 알고리즘이 아닌 것은?

① Fussel Algorithm
② Boolean Algorithm
③ Monte Carlo Algorithm
④ Limnios & Ziani Algorithm

해설
Monte Carlo Algorithm은 최소한의 컷셋을 구하기 위해 충분한 반복 횟수가 필요하기 때문에 반복되는 사건이 많이 있는 경우 효율적이지 않은 알고리즘이다.

관련개념 **최소 컷셋을 구하는 알고리즘의 종류**

Fussel Algorithm	순환 탐색을 사용하여 최소 컷셋을 구하는 알고리즘
Boolean Algorithm	불대수를 사용하여 최소 컷셋을 구하는 알고리즘
Monte Carlo Algorithm	확률적 근사법을 사용하여 최소 컷셋을 구하는 알고리즘
Limnios & Ziani Algorithm	선형계획법을 사용하여 최소 컷셋을 구하는 알고리즘

031

인간-기계 시스템을 설계하기 위해 고려해야 할 사항과 거리가 먼 것은?

① 시스템 설계 시 동작 경제의 원칙이 만족되도록 고려한다.
② 인간과 기계가 모두 복수인 경우, 종합적인 효과보다 기계를 우선적으로 고려한다.
③ 대상이 되는 시스템이 위치할 환경 조건이 인간에 대한 한계치를 만족하는가의 여부를 조사한다.
④ 인간이 수행해야 할 조작이 연속적인가 불연속적인가를 알아보기 위해 특성조사를 실시한다.

해설
인간과 기계가 모두 복수인 경우, 종합적인 효과보다 사람을 우선적으로 고려하여야 한다.

032

조작자 한 사람의 신뢰도가 0.9일 때 요원을 중복하여 2인 1조가 되어 작업을 진행하는 공정이 있다. 작업 기간 중 항상 요원 지원을 한다면 이 조의 인간 신뢰도는?

① 0.93 ② 0.94
③ 0.96 ④ 0.99

해설
2인 1조로 작업을 진행하는 경우 한 사람이 실수를 하면 다른 사람이 이를 확인하여 대처할 수 있기 때문에 인간 신뢰도가 단독 작업자의 인간 신뢰도보다 높아진다.
인간 신뢰도 $=1-$인간오류확률$=1-(1-0.9)^2=0.99$

033

사용자의 잘못된 조작 또는 실수로 인해 기계의 고장이 발생하지 않도록 설계하는 방법은?

① FMEA ② HAZOP
③ Fail Safe ④ Fool Proof

해설 **Fool Proof**
사용자가 실수나 오류를 범하더라도 시스템이 문제없이 작동하도록 설계된 시스템이다.

관련개념 **Fail Safe**
시스템이 실패하거나 고장날 경우 안전한 상태로 전환되는 설계를 의미한다.

034

산업안전보건법령상 정밀작업 시 갖추어져야 할 작업면의 조도기준은? (단, 갱내 작업장과 감광재료를 취급하는 작업장은 제외한다.)

① 75[lux] 이상 ② 150[lux] 이상
③ 300[lux] 이상 ④ 750[lux] 이상

해설 **산업안전보건법령상 작업장의 조도기준**
- 초정밀작업: 750[lux] 이상
- 정밀작업: 300[lux] 이상
- 보통작업: 150[lux] 이상
- 그 밖의 작업: 75[lux] 이상

| 정답 | 030 ③ 031 ② 032 ④ 033 ④ 034 ③

035

조종장치의 촉각적 암호화를 위하여 고려하는 특성으로 볼 수 없는 것은?

① 형상　② 무게
③ 크기　④ 표면 촉감

해설
촉각적 암호화는 조종장치의 형상, 크기, 표면 촉감 등을 이용하여 조종자에게만 알 수 있는 코드를 만드는 방식이며 조종장치의 무게는 이에 해당되지 않는다.

036

환경요소의 조합에 의해서 부과되는 스트레스나 노출로 인해서 개인에 유발되는 긴장(Strain)을 나타내는 환경요소 복합지수가 아닌 것은?

① 카타온도(Kata Temperature)
② Oxford 지수(Wet−Dry Index)
③ 실효온도(Effective Temperature)
④ 열 스트레스 지수(Heat Stress Index)

해설 **카타온도(Kata Temperature)**
카타온도계를 사용하여 실내 기류를 파악하고 온열 환경 영향 평가를 하는 지수이다.
카타온도는 환경요소 복합지수로 보기 힘든데, 그 이유는 주로 공기의 냉각 효과 측정과 기류와 온도 변화에 중점을 두기 때문이다.

037

다수의 표시장치(디스플레이)를 수평으로 배열할 경우 해당 제어장치를 각각의 표시장치 아래에 배치하면 좋아지는 양립성의 종류는?

① 공간 양립성　② 운동 양립성
③ 개념 양립성　④ 양식 양립성

해설
공간 양립성은 자극과 반응의 공간적 배열이 일치하는 것을 의미한다.

관련개념 **양립성의 종류**

개념 양립성	코드나 심벌의 의미가 인간이 갖고 있는 개념과 일치하는 것
운동 양립성	조종기를 조작하거나 디스플레이 상의 정보가 움직일 때 반응 결과가 인간의 기대와 일치하는 것
공간 양립성	표시장치나 조종장치에서 물리적 형태나 공간적 배치가 인간의 기대와 일치하는 것

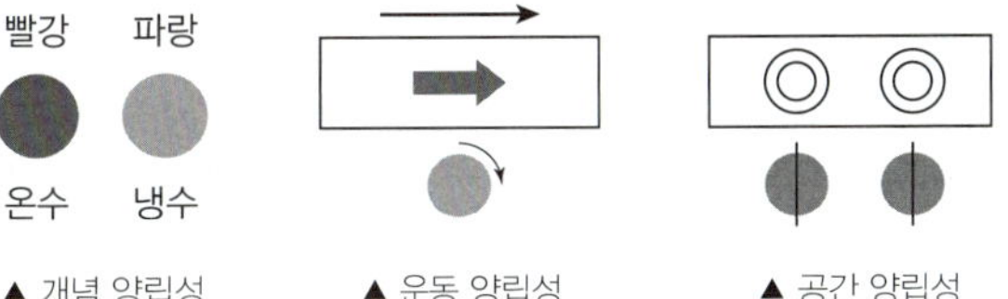

▲ 개념 양립성　▲ 운동 양립성　▲ 공간 양립성

038

활동의 내용마다 "우·양·가·불가"로 평가하고 이 평가내용을 합하여 다시 종합적으로 정규화하여 평가하는 안전성 평가기법은?

① 평점척도법　② 쌍대비교법
③ 계층적 기법　④ 일관성 검정법

해설

평점척도법	활동의 내용마다 "우·양·가·불가"와 같은 척도로 평가하고, 이 평가내용을 합하여 다시 종합적으로 정규화하여 평가하는 안전성 평가기법
쌍대비교법	두 가지 항목을 비교하여 어느 쪽이 더 우수한가를 평가하는 안전성 평가기법
계층적 기법	활동을 하위요소로 나누어 단계적으로 평가하는 안전성 평가기법
일관성 검정법	평가자의 평가결과가 일관성 있는지를 검정하는 안전성 평가기법

| 정답 | 035 ② 036 ① 037 ① 038 ①

039

MIL-STD-882E에서 분류한 심각도(Severity) 카테고리 범주에 해당하지 않는 것은?

① 재앙수준(Catastrophic)
② 임계수준(Critical)
③ 경계수준(Precautionary)
④ 무시가능수준(Negligible)

해설 MIL-STD-882E에서 정의한 심각도 카테고리

재앙수준(Catastrophic)	시스템의 고장이나 사고가 심각한 인명 피해나 대규모 재난을 초래할 수 있는 경우
임계수준(Critical)	시스템 고장이나 사고가 중요하지만 치명적인 결과를 초래하지 않는 경우
한계수준(Marginal)	시스템 고장이 경미한 결과를 초래하고 여전히 문제를 일으킬 수 있는 경우
무시가능수준(Negligible)	시스템 고장이 거의 영향을 미치지 않거나 무시할 수 있을 정도로 미미한 경우

관련개념 MIL-STD-882E

군사 시스템의 안전을 관리하기 위한 표준으로 시스템 위험을 평가하고 분류하는 데 사용된다.

040

시스템 수명주기 단계 중 이전 단계들에서 발생되었던 사고 또는 사건으로부터 축적된 자료에 대해 실증을 통한 문제를 규명하고 이를 최소화하기 위한 조치를 마련하는 단계는?

① 구상단계 ② 정의단계
③ 생산단계 ④ 운전단계

해설

① 구상단계: 시스템의 필요성과 목표를 결정하는 단계
② 정의단계: 시스템의 기능과 성능을 구체화하는 단계
③ 생산단계: 시스템을 개발하고 제조하는 단계
④ 운전단계: 시스템을 운영하고 유지하는 단계

건설시공학

041

공종별 시공계획서에 기재되어야 할 사항으로 거리가 먼 것은?

① 작업일정 ② 투입인원수
③ 품질관리기준 ④ 하자보수계획서

해설

하자보수계획서는 공사 진행 후 발생된 하자에 대한 보수 계획이다.

관련개념 공종별 시공계획서

해당 공종(토공사, 철근공사, 거푸집 공사 등)을 이행하는 데 필요한 계획서로 공사 착수에 앞서, 조직(인원), 공정(일정), 품질관리, 안전관리, 환경관리 등 시공과 관련된 계획을 수립한다.

042

모래 채취나 수중의 흙을 퍼 올리는 데 가장 적합한 기계장비는?

① 불도저 ② 드래그 라인
③ 롤러 ④ 스크레이퍼

해설 드래그 라인

지반면보다 낮은 곳이나 연약한 지반의 깊은 굴착, 토사를 긁어모으는 작업 등에 쓰인다.

관련개념

- 불도저: 흙을 밀고 모아 지면을 고르게 한다.
- 롤러: 고르게 편 지면을 단단하게 다진다.
- 스크레이퍼: 자주식 또는 피견인식에 의해 흙, 모래의 굴착, 절토 및 운반 작업에 사용된다.

| 정답 | 039 ③ 040 ④ 041 ④ 042 ②

043

다음 중 벽체전용 시스템 거푸집에 해당되지 않는 것은?

① 갱 폼　　② 클라이밍 폼
③ 슬립 폼　　④ 테이블 폼

해설

벽체전용 시스템 거푸집	수평, 수직이동이 가능한 균일한 형상(갱 폼, 클라이밍 폼, 슬립 폼 등)
슬래브 전용 폼	플라잉 폼(테이블 폼), 워플 폼 등
벽체 및 슬래브	터널 폼

044

용접작업에서 용접봉을 용접방향에 대하여 서로 엇갈리게 움직여서 용가금속을 용착시키는 운봉방법은?

① 단속용접　　② 개선
③ 위빙　　④ 레그

해설 **위빙**

서로 엇갈리게 지그재그로 용접봉을 움직이며 용접하는 방법을 말한다.

관련개념

- 단속용접: 용접을 일정길이마다 끊어, 공간을 두고 다시 용접하는 방법으로 전체를 용접할 필요가 없고, 입열에 의한 변형량을 줄일 수 있다.
- 개선: 용접면을 확대시키기 위해 모재에 홈을 만드는 방법이다.
- 레그: 필렛 용접의 "다리" 부분을 말한다.

045

기성콘크리트 말뚝을 타설할 때 그 중심간격의 기준으로 옳은 것은?

① 말뚝머리지름의 1.5배 이상 또한 750[mm] 이상
② 말뚝머리지름의 1.5배 이상 또한 1,000[mm] 이상
③ 말뚝머리지름의 2.5배 이상 또한 750[mm] 이상
④ 말뚝머리지름의 2.5배 이상 또한 1,000[mm] 이상

해설 **말뚝의 중심간격(다음 중 큰 값으로 결정)**

나무말뚝	• 말뚝머리직경의 2.5배 이상 • 600[mm] 이상
기성콘크리트 말뚝	• 말뚝머리지름의 2.5배 이상 • 750[mm] 이상
강재말뚝	• 말뚝머리직경 또는 폭의 2.5배(폐단강단말뚝: 2.5배) 이상 • 750[mm] 이상
현장타설 콘크리트말뚝	• 말뚝머리직경의 2.5배 이상 • 말뚝머리직경에 1,000[mm]를 더한 값 이상

046

철근단면을 맞대고 산소-아세틸렌염으로 가열하여 적열상태에서 부풀려 가압, 접합하는 철근이음방식은?

① 나사방식이음　　② 겹침이음
③ 가스압접이음　　④ 충전식이음

해설 **가스압접이음**

2개의 철근 단부를 맞대어 놓고 산소-아세틸렌가스 불꽃으로 약 1,300[℃]로 가열하여 압접하는 방식이다.

관련개념

- 나사방식이음: 철근을 나사와 같이 이음 커플러에 돌려 끼워 이음하는 방식이다.
- 겹침이음: 철근의 일정길이를 겹쳐 철선으로 연결하는 방식이다.
- 충전식이음: 두 철근 사이에 약간 헐거운 강관(슬리브)을 끼운 후 강관 내 충전재료를 채워넣어 이음하는 방식이다. 예 모르타르충전이음

| 정답 | 043 ④　044 ③　045 ③　046 ③

047

콘크리트의 건조수축을 크게 하는 요인에 해당되지 않는 것은?

① 분말도가 큰 시멘트 사용
② 흡수량이 많은 골재를 사용할 때
③ 부재의 단면치수가 클 때
④ 온도가 높을 경우, 습도가 낮을 경우

해설 **콘크리트의 건조수축에 영향을 주는 요인**

- 시멘트량이 많을수록 건조수축이 크다.
- 분말도가 높을수록 건조수축이 크다.
- 단위수량이 많을수록 건조수축이 크다.
- 골재의 최대 치수가 클수록, 골재의 강성이 클수록, 골재량이 많을수록 건조수축은 작아진다.
- 철근량이 많을수록 건조수축이 작다.
- 온도가 높을수록 건조수축이 크다.
- 부재의 치수가 클수록 건조수축이 작다.

048

지하수가 많은 지반을 탈수하여 건조한 지반으로 개량하기 위한 공법에 해당하지 않는 것은?

① 생석회말뚝(Chemico pile) 공법
② 페이퍼드레인(Paper drain) 공법
③ 잭파일(Jacked pile) 공법
④ 샌드드레인(Sand drain) 공법

해설 **잭파일(Jacked pile) 공법**

기존 구조물의 자중을 이용하여 강관을 설계하중까지 유압잭을 통해 압입하고 파일내부를 시멘트 밀크 그라우팅으로 충진하는 공법이다.

관련개념 **탈수공법**

생석회말뚝 공법	생석회를 지반에 설치하고, 발열작용을 이용하여 지하수를 탈수하는 공법이다.
페이퍼드레인 공법	인공배수재를 지반에 압입하고, 인공배수재를 통해 지반을 탈수하는 공법이다.
샌드드레인 공법	모래를 지반에 압입하고, 모래를 따라 지하수가 지상으로 올라오게 하여 탈수하는 공법이다. (점성토에 적용)
웰포인트 공법	사질토의 경우 지하수를 끌어올려 탈수하는 공법이다.

049

건설현장에 설치되는 자동식 세륜시설 중 측면살수시설에 관한 설명으로 옳지 않은 것은?

① 측면살수시설의 슬러지는 컨베이어에 의한 자동배출이 가능한 시설을 설치하여야 한다.
② 측면살수시설의 살수길이는 수송차량 전장의 1.5배 이상이어야 한다.
③ 측면살수시설은 수송차량의 바퀴부터 적재함 하단부 높이까지 살수할 수 있어야 한다.
④ 용수공급은 기 개발된 지하수를 이용하고, 우수 또는 공사용수의 활용을 금한다.

해설 **세륜시설**

건설현장을 드나드는 차량 바퀴의 먼지, 토사 등을 씻는 시설이다.
용수공급은 우수를 모아서 사용함과 공사용수를 활용함을 원칙으로 하되, 단지 내 지하수로 전환이 가능한 지구는 기 개발된 지하수를 활용하고 부존 지하수량이 부족한 지구는 상수도를 이용하며 용수는 자체순환식으로 이용하여야 한다.

050

보기는 지하연속벽(Slurry wall)공법의 시공내용이다. 그 순서를 옳게 나열한 것은?

A. 트레미관을 통한 콘크리트 타설
B. 굴착
C. 철근망의 조립 및 삽입
D. Guide wall 설치
E. End pipe 설치

① A → B → C → E → D ② D → B → E → C → A
③ B → D → E → C → A ④ B → D → C → E → A

해설 **지하연속벽공법**

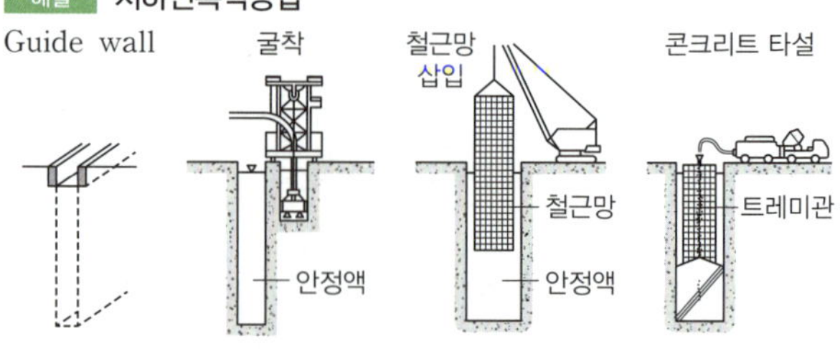

| 정답 | 047 ③ 048 ③ 049 ④ 050 ②

051

알루미늄거푸집에 관한 설명으로 옳지 않은 것은?

① 거푸집 해체 시 소음이 매우 적다.
② 패널과 패널 간 연결부위의 품질이 우수하다.
③ 기존 재래식 공법과 비교하여 건축폐기물을 억제하는 효과가 있다.
④ 패널의 무게를 경량화하여 안전하게 작업이 가능하다.

해설

알루미늄거푸집은 해체 시 소음이 큰 편이다.

052

철골 세우기 장비의 종류 중 이동식 세우기 장비에 해당하는 것은?

① 크롤러크레인 ② 가이데릭
③ 스티프레그데릭 ④ 타워크레인

해설 **철골세우기용 건설기계**

- 크레인: 타워크레인, 지브크레인
- 이동식 크레인: 휠크레인, 트럭크레인, 크롤러크레인
- 데릭: 삼각데릭(스티프레그데릭), 진폴데릭, 가이데릭

053

철골부재의 용접 접합 시 발생되는 용접결함의 종류가 아닌 것은?

① 엔드탭 ② 언더컷
③ 블로우홀 ④ 오버랩

해설 **엔드탭**

블로우홀, 크레이터 등의 용접결함이 생기기 쉬운 용접 비드의 시작과 끝 지점에 용접을 하기 위해 모재 양단에 용접접합하여 부착하는 보조 강판이다.

관련개념 **용접결함의 종류**

슬래그 섞임	모재와 용접봉의 피복재 심선이 변하여 생긴 회분이 용착금속 내에 섞이는 것으로 과소전류, 운봉조작 불량 등이 발생원인이다.
언더컷(Under Cut)	모재가 녹아서 용착금속이 채워지지 않고 홈으로 남게 된 부분으로 원인은 과대전류 또는 부적당한 용접봉 사용이다.
오버랩(Overlap)	용접금속과 모재가 융합되지 않고 겹쳐지는 것으로 원인은 약한 전류이다.
블로우홀 (기공, Blow Hole)	금속이 녹아들 때 생기는 작은 틈이나 기포가 발생하는 것으로 모재에 가스(황)잔류, 아크길이 및 전류 부적당의 원인으로 발생한다.
크랙(균열, Crack)	용접 후 냉각 시에 생기는 균열을 말하며, 과대전류 및 모재불량의 원인으로 발생한다.
피트(Pit)	용접부에 생기는 녹이나 미세한 흠이다.
크레이터(Crater)	아크용접 시 끝부분이 항아리 모양으로 파이는 현상으로 과대전류 및 부적합한 운봉의 원인으로 발생한다.
용입불량	용입길이가 충분하지 않은 것으로 과소전류, 운봉속도의 부적당 등이 발생원인이다.

| 정답 | 051 ① 052 ① 053 ①

054

철골조건물의 연면적이 5,000[m²]일 때 이 건물 철골재의 무게산출량은? (단, 단위면적당 강재사용량은 0.1~0.15 [ton/m²]이다.)

① 30~40[ton] ② 100~250[ton]
③ 300~400[ton] ④ 500~750[ton]

해설

철골조건물의 무게산출량 = 연면적×단위면적당 강재사용량
= 5,000×(0.1~0.15) = 500~750[ton]

055

수밀콘크리트의 배합에 관한 설명으로 옳지 않은 것은?

① 배합은 콘크리트의 소요의 품질이 얻어지는 범위 내에서 단위수량 및 물-결합재비는 되도록 크게 하고, 단위 굵은 골재량은 되도록 작게 한다.
② 콘크리트의 소요 슬럼프는 되도록 작게 하여 180[mm]를 넘지 않도록 하며, 콘크리트 타설이 용이할 때에는 120[mm] 이하로 한다.
③ 콘크리트의 워커빌리티를 개선시키기 위해 공기연행제, 공기연행감수제 또는 고성능공기연행감수제를 사용하는 경우라도 공기량은 4[%] 이하가 되게 한다.
④ 물-결합재비는 50[%] 이하를 표준으로 한다.

해설 **수밀콘크리트 (Watertight Concrete)**

수밀콘크리트는 자체 밀도가 높고 흡수성이 작아서 방수성을 높이기 위하여 사용한다.

- 물-시멘트비는 50[%] 이하로 하고 된비빔, 진동다짐을 원칙으로 한다.
- 표면활성제인 AE제 또는 감수제를 사용한다.
- 투수의 원인인 시멘트 페이스트량을 적게 하고 굵은 골재량도 적게 한다.
- 3분 이상 혼합하고 슬럼프값은 18[cm] 이하(보통 15[cm] 이하)로 한다.
- 콘크리트 이음은 가급적 피한다.
- 시공 후 2주 이상 습윤상태를 유지하여 건조균열을 방지한다.
- 골재는 둥글고 양호한 것을 사용한다.
- 혼화제를 사용하며, 이때 공기량은 4[%] 정도 이하가 되게 한다.
- 배합은 콘크리트의 소요품질이 얻어지는 범위 내에서 단위 굵은 골재량을 가급적 크게 한다.
- 배합은 콘크리트의 소요품질이 얻어지는 범위 내에서 단위수량 및 물-시멘트비를 가급적 작게 한다.

056

철근이음의 종류에 따른 검사시기와 횟수의 기준으로 옳지 않은 것은?

① 가스압접 이음 시 외관검사는 전체개소에 대해 시행한다.
② 가스압접 이음 시 초음파탐사검사는 1검사 로트마다 30개소 발취한다.
③ 기계적 이음의 외관검사는 전체개소에 대해 시행한다.
④ 용접이음의 인장시험은 700개소마다 시행한다.

해설 **용접이음의 검사**

종류	항목	시기·횟수
용접이음	외관검사	모든 이음부위마다
	용접부의 결함	1검사 로트마다 30개
	인장시험	1검사 로트마다 3개

※ 1검사 로트는 200개소 정도를 표준으로 한다.

057

건축주가 시공회사의 신용, 자산, 공사경력, 보유기술 등을 고려하여 그 공사에 가장 적격한 단일 업체에게 입찰시키는 방법은?

① 공개경쟁입찰 ② 특명입찰
③ 사전자격심사 ④ 대안입찰

해설 **공사입찰방식**

공개경쟁입찰	신문, 관보, 게시판 등에 입찰규정, 공사의 종류, 입찰자의 자격 등을 공고하여 널리 입찰자를 모집하는 방식
특명입찰	해당 공사에 가장 적합한 도급자를 1인만 선정하여 입찰하는 방식
사전자격심사	입찰에 참여하고자 하는 업체들에 대해 사전에 경영 상태, 시공경험, 기술능력, 신인도 등을 종합적으로 평가하여 입찰 참가 자격을 부여하는 제도
대안입찰	원안입찰과 함께 따로 입찰자의 의사에 따라 대안이 허용된 공사의 입찰방식

| 정답 | 054 ④ 055 ① 056 ④ 057 ②

058

공동도급에 관한 설명으로 옳지 않은 것은?

① 각 회사의 소요자금이 경감되므로 소자본으로 대규모 공사를 수급할 수 있다.
② 각 회사가 위험을 분산하여 부담하게 된다.
③ 상호기술의 확충을 통해 기술축적의 기회를 얻을 수 있다.
④ 신기술, 신공법의 적용이 불리하다.

해설 **공동도급(Joint Venture Contract)의 장단점**

장점	단점
• 시공의 확실성 보장 • 위험의 분산 • 공사도급 경쟁완화 • 자본력과 신용도 증대 • 기술확충, 경험의 증대로 우량시공 가능	• 이해충돌, 책임회피 우려 • 현장관리 및 업무혼란 우려 • 단일회사 도급보다 비용증가 가능성 • 하자책임 불분명 • 경영방식 차이에 따른 능률저하

059

한중 콘크리트의 시공에 관한 설명으로 옳지 않은 것은?

① 하루의 평균기온이 4[℃] 이하가 예상되는 조건일 때는 콘크리트가 동결할 염려가 있으므로 한중 콘크리트로 시공하여야 한다.
② 기상조건이 가혹한 경우나 부재 두께가 얇을 경우에는 타설할 때의 콘크리트의 최저온도는 10[℃] 정도를 확보하여야 한다.
③ 콘크리트를 타설할 마무리된 지반이 이미 동결되어 있는 경우에는 녹이지 않고 즉시 콘크리트를 타설하여야 한다.
④ 타설이 끝난 콘크리트는 양생을 시작할 때까지 콘크리트 표면의 온도가 급랭할 가능성이 있으므로, 콘크리트를 타설한 후 즉시 시트나 적당한 재료로 표면을 덮는다.

해설

콘크리트를 타설할 마무리된 지반이 이미 동결되어 있는 경우 먼저 지반을 녹인 후 콘크리트를 타설하여야 한다. 이때 콘크리트면은 주위를 둘러막고, 최소 2일 이상은 0[℃]를 유지하고, 5[℃] 이상으로 채난 보온한다.

060

기초하부의 먹매김을 용이하게 하기 위하여 60[mm] 정도의 두께로 강도가 낮은 콘크리트를 타설하여 만든 것은?

① 밑창콘크리트　② 매스콘크리트
③ 제자리콘크리트　④ 잡석지정

해설 **밑창콘크리트**

기초저면에 잡석지정을 한 후 50~60[mm]의 콘크리트를 타설하는 것으로 기초 등의 공사를 위해 먹매김을 하거나 철근 및 거푸집 공사를 하기 위해 시공한다.

관련개념

• 매스콘크리트(Mass Concrete): 일반적인 콘크리트와 달리 매우 큰 부피를 가지는 콘크리트로써 주로 댐, 다리 기초, 터널 등 거대한 구조물에 사용된다.
  매스콘크리트는 큰 부피로 인해 양생 중 발생하는 열이 잘 빠져나가지 못하고 수축균열이 발생할 가능성이 높다.
• 잡석지정: 기초를 설치하기 전에 다듬지 않은 돌을 바닥에 까는 것을 말한다.

| 정답 | 058 ④　059 ③　060 ①

건설재료학

061

건축공사의 일반창유리로 사용되는 것은?

① 석영유리 ② 붕규산유리
③ 칼라석회유리 ④ 소다석회유리

해설 **소다석회유리**

생산되는 유리 중 가장 일반적인 형태로 판유리, 창유리, 유리병 및 일반용기, 식기류 등 광범위한 용도로 사용한다.

관련개념 **유리의 종류**

구분	내용
석영유리	• 불순물 없이 순수한 이산화규소(SiO_2)만으로 이루어진 유리이다. • 화학약품을 다루는 도구에 사용한다.
붕규산유리	• 실리카와 삼산화붕소로 만들어진 유리이다. • 온도가 변해도 쉽게 깨지지 않는다. • 실험실, 고급 레스토랑 유리그릇, 건축, 핵폐기물 저장 등에 사용한다.
칼라석회유리	• 제작 시 사전에 안료를 넣어 색상을 연출한 유리이다. • 자외선을 차단하고 다양한 색상을 유도하는 인테리어 효과가 있다.

062

건물의 바닥 충격음을 저감시키는 방법에 관한 설명으로 옳지 않은 것은?

① 완충재를 바닥 공간 사이에 넣는다.
② 부드러운 표면마감재를 사용하여 충격력을 작게 한다.
③ 바닥을 띄우는 이중바닥으로 한다.
④ 바닥슬래브의 중량을 작게 한다.

해설

충격음 저감을 위해 바닥슬래브의 중량을 크게 하여야 한다.

관련개념 **바닥 충격음 저감대책**

• 뜬 바닥(Floating Floor) 공법: 완충재를 설치하여 충격에너지를 최소화한다.
• 중량 고강성 바닥 공법: 바닥의 두께와 밀도를 증가시킨다.
• 표면 완충공법: 유연한 마감재로 충격음을 완화시킨다.
• 차음이 되도록 이중 천장을 설치한다.

063

목재의 함수율에 관한 설명으로 옳지 않은 것은?

① 목재의 함유수분 중 자유수는 목재의 중량에는 영향을 끼치지만 목재의 물리적 성질과는 관계가 없다.
② 침엽수의 경우 심재의 함수율은 항상 변재의 함수율보다 크다.
③ 섬유포화상태의 함수율은 30[%] 정도이다.
④ 기건상태란 목재가 통상 대기의 온도, 습도와 평형된 수분을 함유한 상태를 말하며, 이때의 함수율은 15[%] 정도이다.

해설

심재의 함수율은 변재의 함수율보다 작다.

관련개념 **목재의 심재와 변재**

구분	내용
심재	• 목재 단면의 수심과 가까운 중앙부이다. • 수심과 변재 사이의 재료이다. • 세포가 죽어서 고화되고 수지, 색소, 광물질 등이 고결되어 목재의 강도가 크게 되고, 수분이 적고 단단하여 잘 부패되지 않는다. • 암갈색으로 진하게 착색된다.
변재	• 보통 백태라고 하며 목재 단면의 수심에서 볼 때 수피 쪽에 가까운 재료이다. • 양분을 저장하는 역할을 하므로 수액이 많이 포함되어 있고 유연하며 대부분의 세포가 살아있다. • 수분이 많아 부패, 변형의 우려가 크고 강도가 작아 목재로서의 가치가 심재보다 못하다.

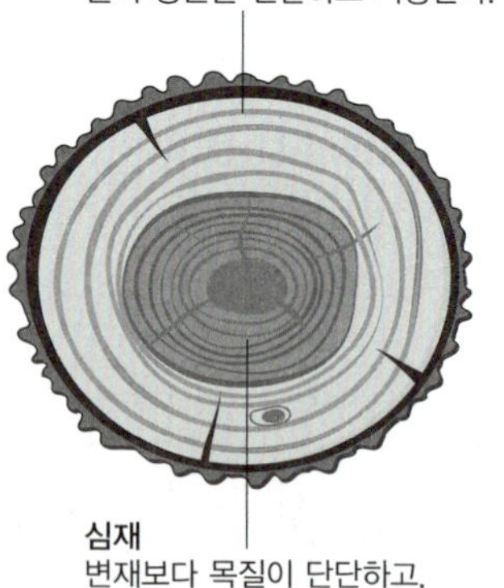
변재
심재보다 목질이 성기고 연하며,
물과 양분을 전달하고 저장한다.
심재
변재보다 목질이 단단하고,
나무의 줄기를 지탱한다.

| 정답 | 061 ④ 062 ④ 063 ②

064

KS F 2503(굵은 골재의 밀도 및 흡수율 시험방법)에 따른 흡수율 산정식은 다음과 같다. 여기에서 A가 의미하는 것은?

$$Q=\frac{B-A}{A}\times 100[\%]$$

① 절대건조상태 시료의 질량[g]
② 표면건조포화상태 시료의 질량[g]
③ 시료의 수중질량[g]
④ 기건상태시료의 질량[g]

해설 골재의 흡수율

수분이 전혀 없는 골재가 수분을 흡수할 수 있는 수분량의 비이다.

$$\text{흡수율}=\frac{\text{표면건조포화상태 질량}-\text{절대건조상태 질량}}{\text{절대건조상태 질량}}\times 100[\%]$$

065

KS F 4052에 따라 방수공사용 아스팔트는 사용용도에 따라 4종류로 분류된다. 이 중, 감온성이 낮은 것으로서 주로 일반지역의 노출지붕 또는 기온이 비교적 높은 지역의 지붕에 사용하는 것은?

① 1종(침입도 지수 3 이상)
② 2종(침입도 지수 4 이상)
③ 3종(침입도 지수 5 이상)
④ 4종(침입도 지수 6 이상)

해설 방수공사용 아스팔트 품질

구분	연화점	침입도 지수	용도
1종	85[℃] 이상	3 이상	• 보통의 감온성 • 비교적 연질 • 실내 및 지하구조 부분에 사용
2종	90[℃] 이상	4 이상	• 비교적 낮은 감온성 • 일반지역의 경사가 느린 보행용 지붕에 사용
3종	100[℃] 이상	5 이상	• 감온성이 낮은 편 • 일반지역의 노출지붕 또는 기온이 비교적 높은 지역의 지붕에 사용
4종	95[℃] 이상	6 이상	• 감온성이 아주 낮은 편 • 비교적 연질 • 일반지역 외 주로 한랭지역의 지붕, 기타부분에 사용

066

콘크리트의 건조수축 현상에 관한 설명으로 옳지 않은 것은?

① 단위 시멘트량이 작을수록 커진다.
② 단위수량이 클수록 커진다.
③ 골재가 경질이면 작아진다.
④ 부재치수가 크면 작아진다.

해설 콘크리트의 건조수축에 영향을 주는 요인

- 시멘트량이 많을수록 건조수축이 크다.
- 분말도가 높을수록 건조수축이 크다.
- 단위수량이 많을수록 건조수축이 크다.
- 골재의 최대 치수가 클수록, 골재의 강성이 클수록, 골재량이 많을수록 건조수축은 작아진다.
- 철근량이 많을수록 건조수축이 작다.
- 온도가 높을수록 건조수축이 크다.
- 부재의 치수가 클수록 건조수축이 작다.

067

용제 또는 유제상태의 방수제를 바탕면에 여러 번 칠하여 방수막을 형성하는 방수법은?

① 아스팔트 루핑 방수　　② 도막방수
③ 시멘트 방수　　④ 시트방수

해설 방수공법

구분	설명
아스팔트 루핑 방수	아스팔트와 아스팔트 루핑을 적층하여 방수층을 만드는 공법
도막방수	합성 고분자 방수제를 붓, 롤러, 스프레이 등으로 여러 번 도포하여 도막을 형성하는 공법
시멘트 방수	방수제(액상, 분말)와 물, 시멘트를 혼합하여 바탕면에 덧바름으로써 방수하는 공법
시트방수	합성수지, 고무, 플라스틱, 아스팔트 등을 원료로 하여 적층 성형한 얇은 시트를 접착하여 방수하는 공법

| 정답 | 064 ① 065 ③ 066 ① 067 ②

2020년 3회

068

콘크리트의 워커빌리티 측정법에 해당되지 않는 것은?

① 슬럼프시험　② 다짐계수시험
③ 비비시험　④ 오토클레이브 팽창도 시험

해설
오토클레이브 팽창도 시험은 시멘트의 안정성 시험이다.

관련개념 **콘크리트의 워커빌리티 시험방법**
- 슬럼프시험(Slump Test)
- 흐름시험(Flow Test)
- 구관입시험(Kelly Ball Test)
- Vee–Bee시험
- 리몰딩시험(Remolding Test)
- 다짐계수 측정시험(Compacting Factor Test)
- 일리바렌시험(Iribarren Test)

069

단열재의 선정조건으로 옳지 않은 것은?

① 흡수율이 낮을 것　② 비중이 클 것
③ 열전도율이 낮을 것　④ 내화성이 좋을 것

해설
비중이 크면 열전도율이 커 단열재로 적합하지 않다.

관련개념 **단열재의 선정조건**
- 열전도율이 낮을 것
- 내화성이 있을 것
- 흡수율이 낮을 것
- 통기성이 작을 것
- 비중이 작고 시공성이 좋을 것
- 내부식성이 좋을 것
- 유독가스가 발생되지 않을 것
- 강도가 있을 것
- 균질한 품질이고 가격이 저렴할 것

070

비철금속에 관한 설명으로 옳지 않은 것은?

① 청동은 동과 주석의 합금으로 건축장식철물 또는 미술공예재료에 사용된다.
② 황동은 동과 아연의 합금으로 산에는 침식되기 쉬우나 알칼리나 암모니아에는 침식되지 않는다.
③ 알루미늄은 광선 및 열의 반사율이 높지만 연질이기 때문에 손상되기 쉽다.
④ 납은 비중이 크고 전성, 연성이 풍부하다.

해설
황동(Brass)은 동(구리)과 아연(30~40[%])의 합금이다.
구리는 알칼리에 약하므로 시멘트, 콘크리트에 접하는 경우에는 빨리 부식하고, 암모니아에 부식하므로 화장실 주변과 같은 장소에서의 사용은 피하여야 한다.

071

건축용 소성 점토벽돌의 색채에 영향을 주는 주요한 요인이 아닌 것은?

① 철화합물　② 망간화합물
③ 소성온도　④ 산화나트륨

해설
산화나트륨은 점토벽돌의 색채보다는 용융 온도를 낮추는 역할을 한다.

관련개념 **점토벽돌의 색채에 영향을 주는 요인**

요인	설명
철화합물	산화철이 포함된 경우 붉은색 계열의 벽돌이 만들어진다.
망간화합물	망간 성분은 벽돌의 색을 진하게 만들며, 주로 갈색이나 흑갈색 계열의 색상을 띠게 한다.
소성온도	낮은 온도에서는 붉은색 계열이 강하게 나타나며, 온도가 상승할수록 색이 어두워진다.

| 정답 | 068 ④　069 ②　070 ②　071 ④

072

다음 중 실(seal)재가 아닌 것은?

① 코킹재　　② 퍼티
③ 트래버틴　　④ 개스킷

해설 **트래버틴(Travertin) 공법**

대리석의 일종으로 석질이 불균질하고 다공질이며, 황갈색의 반문, 아치가 있어 주로 특수 실내 장식재로 사용된다. 이탈리아에서 우수한 품질의 재료가 생산된다.

073

돌붙임공법 중에서 석재를 미리 붙여놓고 콘크리트를 타설하여 일체화시키는 방법은?

① 조적공법　　② 앵커긴결공법
③ GPC공법　　④ 강재트러스 지지공법

해설 **GPC(Granite veneer Precast Concrete)공법**

화강석 뒷면에 철근을 조립한 후 콘크리트를 타설하여 일체화시키는 방법이다.

관련개념

구분	건식공법	습식공법	GPC공법
장점	• 저층, 고층 모두 적합 • 공기단축 • 백화현상 없음 • 건물 자중 감소	• 시공용이 • 공사비 저렴 • 소형건물에 적합 • 얇은 두께의 석재 시공 가능	• 적은 재료손실 • 건식 공법에 비해 얇은 석재 시공 가능 • 백화, 얼룩질 없음
단점	• 부재비가 많이 소요 • 고가의 재료가공 비용 • 석재 특성에 따라 채택불가 • 줄눈코킹에 의한 오염 발생	• 백화현상 우려 • 건물 자중 증대 • 공기소요(지연) • 동절기 공사 불가 • 대형건물에 부적합	• 공기소요 • 건물 중량 증대 • 소규모 공사 부적합 • 부분 보수 곤란
종류	• 앵커식 • 트러스트식 • 핀 연결식	• 전체 모르타르 주입 • 부분 모르타르 주입	건물 경량화에 따른 사양화 추세

074

콘크리트의 배합 설계 시 굵은 골재의 절대용적이 500[cm³], 잔골재의 절대용적이 300[cm³]라 할 때 잔골재율[%]은?

① 37.5[%]　　② 40.0[%]
③ 52.5[%]　　④ 60.0[%]

해설

$$잔골재율 = \frac{잔골재량의\ 절대용적}{전체골재량의\ 절대용적} \times 100$$

$$= \frac{300}{500+300} \times 100 = 37.5[\%]$$

075

열가소성 수지가 아닌 것은?

① 염화비닐 수지　　② 초산비닐 수지
③ 요소 수지　　④ 폴리스티렌 수지

해설 **열가소성 수지와 열경화성 수지**

열가소성 수지	열경화성 수지
염화비닐 수지	페놀 수지
초산비닐 수지	요소 수지
ABS 수지	멜라민 수지
아크릴 수지	알키드 수지
불소 수지	우레탄 수지
폴리아미드 수지	에폭시 수지
폴리프로필렌 수지	실리콘 수지
폴리스티렌 수지	푸란 수지
폴리에틸렌 수지	불포화 폴리에스테르 수지

관련개념 **열가소성 수지와 열경화성 수지**

구분	내용
열가소성 수지	• 가열하면 가소성이 되고, 상온으로 되면 원상태로 돌아가는 수지 • 성형한 것도 다시 가열하면 다른 형태로 만들 수 있는 합성수지로 주로 중합(polymerization)에 의해 만들어진 고분자화합물
열경화성 수지	• 가열하면 가소성을 나타내지만, 한번 경화한 것은 다시 가열해도 연화되지 않는 수지 • 주로 축합(condensation)에 의해 만들어진 고분자화합물

| 정답 | 072 ③　073 ③　074 ①　075 ③

076

미장재료에 관한 설명으로 옳지 않은 것은?

① 회반죽벽은 습기가 많은 장소에서 시공이 곤란하다.
② 시멘트 모르타르는 물과 화학반응하여 경화되는 수경성 재료이다.
③ 돌로마이트 플라스터는 마그네시아 석회에 모래, 여물을 섞어 반죽한 바름벽 재료를 말한다.
④ 석고 플라스터는 공기 중의 탄산가스를 흡수하여 경화한다.

해설

석고 플라스터는 수경성 재료로 습기에 민감하다.

077

회반죽 바름의 주원료가 아닌 것은?

① 소석회　　② 점토
③ 모래　　④ 해초풀

해설 **회반죽의 바름 특성**

- 소석회를 주원료로 모래, 여물, 해초풀을 혼합하여 사용한다.
- 여물은 건조수축에 의한 균열을 방지하기 위해 사용한다.
- 해초풀은 점성력, 부착력을 증대한다.
- 해초풀을 끓인 다음 1일 이상 방치하게 될 때에는 표면에 소량의 석회를 뿌려서 부패를 방지하며, 사용 시에는 표층부분을 제거한 후 사용한다.

078

일반적으로 철, 크롬, 망간 등의 산화물을 혼합하여 제조한 것으로 염색품의 색이 바래는 것을 방지하고 채광을 요구하는 진열장 등에 이용되는 유리는?

① 자외선흡수유리　　② 망입유리
③ 복층유리　　④ 유리블록

해설 **자외선흡수유리**

세륨(Cerium), 티타늄(Titanium), 바나듐(Vanadium)을 함유시킨 담청색의 투명유리로 자외선 화학작용을 피해야 할 곳, 의류의 진열창, 식품, 약품창고의 창유리 등으로 사용한다.

관련개념 **유리의 종류**

종류	특징
망입유리	유리 내부에 금속철망(철, 놋쇠, 알루미늄)을 봉입하고 압축 성형한 유리로, 방범용 및 방화용으로 방화문 등에 사용한다.
강화유리	판유리를 강화로에서 약 700[℃]까지 가열시킨 후 양면에 공기를 일정하게 불어 균일하게 급랭시켜 제조한다. 표면을 급랭시키면 판유리 표면에 압축층이 형성되는데, 파괴강도가 3~5배 정도 커지고 파손 시 파편이 작아 부상이 감소한다.
복층유리	2장의 판유리에 스페이서를 사용하여 간격을 일정하게 유지시켜 주고, 유리 사이에 건조공기를 넣은 후 밀봉 접착하여 단열성을 확보한 유리이다.

| 정답 | 076 ④　077 ②　078 ①

079

내약품성, 내마모성이 우수하여 화학공장의 방수층을 겸한 바닥 마무리재로 가장 적합한 것은?

① 합성고분자 방수 ② 무기질 침투방수
③ 아스팔트 방수 ④ 에폭시 도막방수

해설 **에폭시 도막방수**
- 내약품성: 황산 등 화학약품에 대한 저항성이 높다.(연구실, 화학공장 등)
- 내마모성: 차량 진출입이 많은 곳(주차장, 물류창고, 공장 등)에 주로 쓰인다.
- 강도가 우수하고, 인테리어 활용도가 높다.
- 자외선 및 기후변화에 취약하다.(열과 추위에 약하다.)
- 탄성이 없다.

관련개념 **무기질 침투방수**
- 구조체에 유기질계, 무기질계 침투액을 뿌려 콘크리트 공극에 미세공극을 막아주는 방식의 방수공법이다.
- 햇빛과 균열에 약하다.

080

목재의 건조에 관한 설명으로 옳지 않은 것은?

① 대기건조 시 통풍이 잘되게 세워 놓거나, 일정 간격으로 쌓아올려 건조시킨다.
② 마구리부분은 급격히 건조되면 갈라지기 쉬우므로 페인트 등으로 도장한다.
③ 인공건조법으로 건조 시 기간은 통상 약 5~6주 정도이다.
④ 고주파건조법은 고주파 에너지를 열에너지로 변화시켜 발열현상을 이용하여 건조한다.

해설
인공건조법은 열기, 증기, 훈연 등을 이용하여 건조시간이 1~3시간 정도이다.

관련개념 **인공건조법**
- 자비법: 끓는 열탕 속에 목재를 넣고 쪄서 수액을 추출한다.
- 열기 건조법: 밀폐된 실내에 목재를 넣고 열기를 불어 건조한다.
- 증기건조법: 수증기를 이용하여 수액을 추출한다.
- 훈연법: 열기법의 열기 대신 짚, 생나무, 톱밥 등을 태워서 그 연기를 건조실 내에 도입한다.

건설안전기술

081

동바리로 사용하는 파이프 서포트에 관한 설치 기준으로 옳지 않은 것은?

① 파이프 서포트를 3개 이상 이어서 사용하지 않도록 할 것
② 파이프 서포트를 이어서 사용하는 경우에는 4개 이상의 볼트 또는 전용철물을 사용하여 이을 것
③ 높이가 3.5[m]를 초과하는 경우에는 높이 2[m] 이내마다 수평연결재를 2개 방향으로 만들고 수평연결재의 변위를 방지할 것
④ 파이프 서포트 사이에 교차가새를 설치하여 수평력에 대하여 보강 조치할 것

해설
교차가새는 동바리로 사용하는 강관틀에서 강관틀과 강관틀 사이에 설치하는 것이다.

관련개념 **동바리로 사용하는 파이프 서포트 조립 시 준수사항**
- 파이프 서포트를 3개 이상 이어서 사용하지 않도록 할 것
- 파이프 서포트를 이어서 사용하는 경우에는 4개 이상의 볼트 또는 전용철물을 사용하여 이을 것
- 높이가 3.5[m]를 초과하는 경우에는 높이 2[m] 이내마다 수평연결재를 2개 방향으로 만들고 수평연결재의 변위를 방지할 것

082

리프트(Lift)의 방호장치에 해당하지 않는 것은?

① 권과방지장치 ② 비상정지장치
③ 과부하방지장치 ④ 자동경보장치

해설
리프트는 산업안전보건법령상 양중기에 해당하며, 보기 중 양중기의 방호장치가 아닌 것은 자동경보장치이다.

관련개념 **양중기의 방호장치**
- 과부하방지장치
- 권과방지장치
- 비상정지장치
- 제동장치

| 정답 | 079 ④ 080 ③ 081 ④ 082 ④

083

블레이드의 길이가 길고 낮으며 블레이드의 좌우를 전후 25~30° 각도로 회전시킬 수 있어 흙을 측면으로 보낼 수 있는 도저는?

① 레이크 도저 ② 스트레이트 도저
③ 앵글 도저 ④ 틸트 도저

해설 도저의 종류

스트레이트 도저 (Straight dozer)	트랙터 앞쪽에 블레이드를 90°로 설치하여 상하로 조정하며 흙을 깎고 밀어내는 형식의 도저
앵글 도저 (Angle dozer)	블레이드를 좌우 20°~30° 정도로 각을 세울 수 있어 토사를 한쪽 방향으로 밀어내는 형식의 도저
틸트 도저 (Tilt dozer)	수평면을 기준으로 블레이드를 좌우로 15[cm] 정도 기울일 수 있어 V형 측구 등을 굴착하는 도저
레이크 도저 (Rake dozer)	블레이드 대신 갈퀴 형식의 레이크를 부착하여 흙 속의 나무뿌리나 잡목 등을 제거하는 도저
힌지 도저 (Hinge dozer)	앵글도저보다 각을 크게 하여 제설, 제토작업에 적합한 도저

084

작업발판 및 통로의 끝이나 개구부로서 근로자가 추락할 위험이 있는 장소에서의 방호 조치로 옳지 않은 것은?

① 안전난간 설치 ② 와이어로프 설치
③ 울타리 설치 ④ 수직형 추락방망 설치

해설 개구부 등의 방호 조치

사업주는 작업발판 및 통로의 끝이나 개구부로서 근로자가 추락할 위험이 있는 장소에는 안전난간, 울타리, 수직형 추락방망 또는 덮개 등의 방호 조치를 충분한 강도를 가진 구조로 튼튼하게 설치하여야 하며, 덮개를 설치하는 경우에는 뒤집히거나 떨어지지 않도록 설치하여야 한다.

085

건물외부에 낙하물 방지망을 설치할 경우 벽면으로부터 돌출되는 거리의 기준은?

① 1[m] 이상 ② 1.5[m] 이상
③ 1.8[m] 이상 ④ 2[m] 이상

해설 낙하물 방지망 또는 방호선반의 설치 시 준수사항

- 높이 10[m] 이내마다 설치하고, 내민 길이는 벽면으로부터 2[m] 이상으로 할 것
- 수평면과의 각도는 20° 이상 30° 이하를 유지할 것

086

다음은 비계를 조립하여 사용하는 경우 작업발판 설치에 관한 기준이다. ( ) 안에 들어갈 내용으로 옳은 것은?

> 사업주는 비계(달비계, 달대비계 및 말비계는 제외한다)의 높이가 ( ) 이상인 작업장소에 다음의 기준에 맞는 작업발판을 설치하여야 한다.
> 1. 발판재료는 작업할 때의 하중을 견딜 수 있도록 견고한 것으로 할 것
> 2. 작업발판의 폭은 40[cm] 이상으로 하고, 발판재료 간의 틈은 3[cm] 이하로 할 것

① 1[m] ② 2[m]
③ 3[m] ④ 4[m]

해설 작업발판의 구조(비계의 높이가 2[m] 이상인 작업장소)

- 발판재료는 작업할 때의 하중을 견딜 수 있도록 견고한 것으로 할 것
- 작업발판의 폭은 40[cm] 이상으로 하고, 발판재료 간의 틈은 3[cm] 이하로 할 것
- 선박 및 보트 건조작업의 경우 선박블록 또는 엔진실 등의 좁은 작업공간에 작업발판을 설치하기 위하여 필요하면 작업발판의 폭을 30[cm] 이상으로 할 수 있고, 걸침비계의 경우 강관기둥 때문에 발판재료 간의 틈을 3[cm] 이하로 유지하기 곤란하면 5[cm] 이하로 할 수 있다.
- 추락의 위험이 있는 장소에는 안전난간을 설치할 것. 다만, 추락위험 방지 조치를 한 경우에는 그러하지 아니하다.
- 작업발판의 지지물은 하중에 의하여 파괴될 우려가 없는 것을 사용할 것
- 작업발판재료는 뒤집히거나 떨어지지 않도록 둘 이상의 지지물에 연결하거나 고정시킬 것
- 작업발판을 작업에 따라 이동시킬 경우에는 위험 방지에 필요한 조치를 할 것

| 정답 | 083 ③ 084 ② 085 ④ 086 ②

087

신축공사 현장에서 강관으로 외부비계를 설치할 때 비계기둥의 최고 높이가 45[m]라면 관련 법령에 따라 비계기둥을 2개의 강관으로 보강하여야 하는 높이는 지상으로부터 얼마까지인가?

① 14[m] ② 20[m]
③ 25[m] ④ 31[m]

해설

강관비계 설치 시 비계기둥의 제일 윗부분으로부터 31[m] 되는 지점 밑부분의 비계기둥은 2개의 강관으로 보강하여야 하므로 45−31=14[m] 지점 밑부분은 2개 이상의 강관으로 보강하여야 한다.

관련개념 **강관비계의 구조**

- 비계기둥의 간격은 띠장 방향에서는 1.85[m] 이하, 장선 방향에서는 1.5[m] 이하로 할 것
- 띠장 간격은 2[m] 이하로 할 것
- 비계기둥의 제일 윗부분으로부터 31[m] 되는 지점 밑부분의 비계기둥은 2개의 강관으로 묶어 세울 것
- 비계기둥 간의 적재하중은 400[kg]을 초과하지 않도록 할 것

088

산업안전보건법령에 따른 크레인을 사용하여 작업을 하는 때 작업시작 전 점검사항에 해당되지 않는 것은?

① 권과방지장치·브레이크·클러치 및 운전장치의 기능
② 주행로의 상측 및 트롤리(trolley)가 횡행하는 레일의 상태
③ 원동기 및 풀리(pulley) 기능의 이상 유무
④ 와이어로프가 통하고 있는 곳의 상태

해설

③은 컨베이어에 대한 작업시작 전 점검사항이다.

089

유해위험방지계획서 제출대상 공사의 규모 기준으로 옳지 않은 것은?

① 최대 지간길이가 50[m] 이상인 교량 건설 등 공사
② 다목적댐, 발전용댐 및 저수용량 2천만 톤 이상의 용수 전용 댐의 건설 등 공사
③ 깊이 12[m] 이상인 굴착공사
④ 터널 건설 등의 공사

해설 **유해위험방지계획서 제출 대상 건설공사**

- 다음의 어느 하나에 해당하는 건축물 또는 시설 등의 건설·개조 또는 해체(건설 등) 공사
  - 지상높이가 31[m] 이상인 건축물 또는 인공구조물
  - 연면적 30,000[m^2] 이상인 건축물
  - 연면적 5,000[m^2] 이상의 문화 및 집회시설(전시장 및 동물원·식물원 제외), 판매시설, 운수시설(고속철도의 역사 및 집배송시설 제외), 종교시설, 의료시설 중 종합병원, 숙박시설 중 관광숙박시설, 지하도상가, 냉동·냉장 창고시설
- 연면적 5,000[m^2] 이상인 냉동·냉장 창고시설의 설비공사 및 단열공사
- 최대 지간길이가 50[m] 이상인 다리의 건설 등 공사
- 터널의 건설 등 공사
- 다목적댐, 발전용댐, 저수용량 2천만 톤 이상의 용수 전용 댐 및 지방상수도 전용 댐의 건설 등 공사
- 깊이 10[m] 이상인 굴착공사

090

부두·안벽 등 하역작업을 하는 장소에서 부두 또는 안벽의 선을 따라 통로를 설치하는 경우 그 폭을 최소 얼마 이상으로 하여야 하는가?

① 60[cm] ② 90[cm]
③ 120[cm] ④ 150[cm]

해설 **하역작업장의 조치기준**

- 작업장 및 통로의 위험한 부분에는 안전하게 작업할 수 있는 조명을 유지할 것
- 부두 또는 안벽의 선을 따라 통로를 설치하는 경우에는 폭을 90[cm] 이상으로 할 것
- 육상에서의 통로 및 작업장소로서 다리 또는 선거 갑문을 넘는 보도 등의 위험한 부분에는 안전난간 또는 울타리 등을 설치할 것

| 정답 | 087 ① 088 ③ 089 ③ 090 ②

091

다음과 같은 조건에서 추락 시 로프의 지지점에서 최하단까지의 거리 h를 구하면 얼마인가?

- 로프 길이 150[cm]
- 로프 신율 30[%]
- 근로자 신장 170[cm]

① 2.8[m] ② 3.0[m]
③ 3.2[m] ④ 3.4[m]

해설

최하사점(h) = 로프 길이 + (로프 길이 × 로프 신율) + 작업자 키의 $\frac{1}{2}$

= 1.5 + (1.5 × 0.3) + 0.85 = 2.8[m]

092

콘크리트를 타설할 때 거푸집에 작용하는 콘크리트 측압에 영향을 미치는 요인과 가장 거리가 먼 것은?

① 콘크리트 타설속도 ② 콘크리트 타설높이
③ 콘크리트의 강도 ④ 기온

해설 **콘크리트 측압이 커지는 요인**

- 거푸집 부재의 단면이 큰 경우
- 거푸집의 수밀성이 큰 경우
- 거푸집의 강성이 큰 경우
- 거푸집의 표면이 평활할 경우
- 콘크리트가 묽은 경우
- 철골이나 철근량이 적은 경우
- 외기온도가 낮은 경우
- 타설속도가 빠른 경우
- 콘크리트의 다짐이 좋은 경우
- 콘크리트의 슬럼프가 큰 경우
- 콘크리트의 비중이 큰 경우
- 습도가 높은 경우
- 벽 두께가 두꺼운 경우

※ 콘크리트의 타설높이가 높아질수록 측압이 커지다가 일정 높이에 도달하면 오히려 감소한다.

093

흙막이 지보공을 설치하였을 때 붕괴 등의 위험방지를 위하여 정기적으로 점검하고, 이상 발견 시 즉시 보수하여야 하는 사항이 아닌 것은?

① 침하의 정도
② 버팀대의 긴압의 정도
③ 지형 · 지질 및 지층상태
④ 부재의 손상 · 변형 · 변위 및 탈락의 유무와 상태

해설 **흙막이 지보공 설치 시 점검사항**

- 부재의 손상 · 변형 · 부식 · 변위 및 탈락의 유무와 상태
- 버팀대의 긴압의 정도
- 부재의 접속부 · 부착부 및 교차부의 상태
- 침하의 정도

094

철근콘크리트 현장타설 공법과 비교한 PC(Precast Concrete) 공법의 장점으로 볼 수 없는 것은?

① 기후의 영향을 받지 않아 동절기 시공이 가능하고, 공기를 단축할 수 있다.
② 현장작업이 감소되고, 생산성이 향상되어 인력절감이 가능하다.
③ 공사비가 매우 저렴하다.
④ 공장 제작이므로 콘크리트 양생 시 최적조건에 의한 양질의 제품생산이 가능하다.

해설

대량생산으로 공사비 절감요인이 있을 수 있으나 여건에 따라 공사비가 증가하는 경우도 발생한다.

관련개념 **PC(Precast Concrete)공법의 장단점**

구분	내용
장점	• 공장생산으로 일정품질 확보 • 공사기간 단축 • 대량생산으로 원가 절감 • 기후의 영향을 받지 않음(동절기 시공 가능)
단점	• 대형부재의 운반 어려움 • 이동 중 파손 우려 • 접합부의 품질 저하

| 정답 | 091 ① 092 ③ 093 ③ 094 ③

095

항타기 및 항발기를 조립하는 경우 점검하여야 할 사항이 아닌 것은?

① 과부하장치 및 제동장치의 이상 유무
② 권상장치의 브레이크 및 쐐기장치 기능의 이상 유무
③ 본체 연결부의 풀림 또는 손상의 유무
④ 권상기의 설치상태의 이상 유무

해설 **항타기 및 항발기 조립 시 점검사항**

- 본체 연결부의 풀림 또는 손상의 유무
- 권상용 와이어로프·드럼 및 도르래의 부착상태 이상 유무
- 권상장치의 브레이크 및 쐐기장치 기능의 이상 유무
- 권상기의 설치상태의 이상 유무
- 리더(Leader)의 버팀 방법 및 고정상태의 이상 유무
- 본체·부속장치 및 부속품의 강도가 적합한지 여부
- 본체·부속장치 및 부속품에 심한 손상·마모·변형 또는 부식이 있는지 여부

096

강관을 사용하여 비계를 구성하는 경우의 준수사항으로 옳지 않은 것은?

① 비계기둥의 간격은 띠장 방향에서는 1.85[m] 이하로 할 것
② 비계기둥의 간격은 장선(長線) 방향에서는 1.0[m] 이하로 할 것
③ 띠장 간격은 2.0[m] 이하로 할 것
④ 비계기둥 간의 적재하중은 400[kg]을 초과하지 않도록 할 것

해설 **강관비계의 구조**

- 비계기둥의 간격은 띠장 방향에서는 1.85[m] 이하, 장선 방향에서는 1.5[m] 이하로 할 것
- 띠장 간격은 2[m] 이하로 할 것
- 비계기둥의 제일 윗부분으로부터 31[m] 되는 지점 밑부분의 비계기둥은 2개의 강관으로 묶어 세울 것
- 비계기둥 간의 적재하중은 400[kg]을 초과하지 않도록 할 것

097

다음은 산업안전보건법령에 따른 승강설비의 설치에 관한 내용이다. ( ) 안에 들어갈 내용으로 옳은 것은?

> 사업주는 높이 또는 깊이가 ( )를 초과하는 장소에서 작업하는 경우 해당 작업에 종사하는 근로자가 안전하게 승강하기 위한 건설용 리프트 등의 설비를 설치하여야 한다. 다만, 승강설비를 설치하는 것이 작업의 성질상 곤란한 경우에는 그러하지 아니하다.

① 2[m]　　② 3[m]
③ 4[m]　　④ 5[m]

해설 **승강설비의 설치**

사업주는 높이 또는 깊이가 2[m]를 초과하는 장소에서 작업하는 경우 근로자가 안전하게 승강하기 위한 건설용 리프트 등의 설비를 설치하여야 한다.

098

산업안전보건관리비의 사용 항목에 해당하지 않는 것은?

① 안전시설비 등
② 개인보호구 구입비 등
③ 접대비 등
④ 사업장의 안전보건진단비 등

해설

접대비는 산업안전보건관리비로 사용할 수 없다.

관련개념 **산업안전보건관리비 항목별 사용내역**

- 안전관리자·보건관리자의 임금 등
- 안전시설비 등
- 보호구 등
- 안전보건진단비 등
- 안전보건교육비 등
- 근로자 건강장해예방비 등
- 건설재해예방전문지도기관의 지도에 대한 대가로 자기공사자가 지급하는 비용
- 본사 전담조직에 소속된 근로자의 임금 및 업무수행 출장비 전액(총액의 5[%] 이내)
- 산업안전보건위원회 또는 노사협의체에서 사용하기로 결정한 사항을 이행하기 위한 비용(총액의 15[%] 이내)

| 정답 | 095 ①　096 ②　097 ①　098 ③

2020년 3회

099

건설공사 유해위험방지계획서 제출 시 공통적으로 제출하여야 할 첨부서류가 아닌 것은?

① 공사개요서
② 전체 공정표
③ 산업안전보건관리비 사용계획서
④ 가설도로계획서

해설 **건설공사 유해위험방지계획서 제출 시 첨부서류**

- 공사개요서
- 공사현장의 주변 현황 및 주변과의 관계를 나타내는 도면(매설물 현황 포함)
- 전체 공정표
- 산업안전보건관리비 사용계획서
- 안전관리 조직표
- 재해 발생 위험 시 연락 및 대피방법

100

히빙(heaving) 현상이 가장 쉽게 발생하는 토질지반은?

① 연약한 점토지반 ② 연약한 사질토지반
③ 견고한 점토지반 ④ 견고한 사질토지반

해설 **히빙(Heaving) 현상**

연약한 점토지반의 굴착이 진행됨에 따라 흙막이벽 뒤쪽 흙의 중량이 굴착부 바닥의 지지력 이상이 되면 흙막이벽 근입 부분의 지반 이동이 발생하여 굴착부 저면이 솟아오르는 현상을 말한다.

관련개념 **히빙 현상의 원인과 예방대책**

구분	내용
원인	• 흙막이 배면부와 굴착면의 토압차 • 굴착지반의 강성 부족 • 흙막이 배면부 과하중 • 흙막이 말뚝의 심도 부족
예방대책	• 흙막이벽의 말뚝 깊이를 설계지반까지 시공 • 굴착부 상부 하중 제거 • 소단굴착 시공 • 흙막이 배면토압 경감조치 • 지하수위 저하 • 그라우팅 등 보강공법 시행 • 굴착 주변에 웰포인트 공법 병행 • 굴착부 저면에 인공중력 가중 • 지반 개량(흙의 전단강도 높이기)

| 정답 | 099 ④ 100 ①

2020년 4회 CBT 복원문제

자동 채점

산업안전관리론

001

1년간 연근로시간이 240,000시간인 사업장에서 4건의 휴업재해가 발생하여 100일의 휴업일수를 기록했다. 이 사업장의 강도율은 약 얼마인가? (단, 근로자 1인당 연간근로일수는 300일이다.)

① 0.34　② 34
③ 0.75　④ 0.075

해설

$$강도율 = \frac{총\ 요양\ 근로손실일수}{연근로시간\ 수} \times 1{,}000$$

$$= \frac{100 \times \frac{300}{365}}{240{,}000} \times 1{,}000 = 0.34$$

※ 휴업일수가 발생한 경우 휴업일수 $\times \frac{연\ 근로일수}{365}$로 근로손실일수를 산정한다.

002

다음 중 재해손실비용에 있어 직접손실비용에 해당하지 않는 것은?

① 요양급여　② 직업재활급여
③ 상병보상연금　④ 생산중단 손실비용

해설

생산중단 손실비용은 간접손실비용에 해당된다.

관련개념 **직접손실비용과 간접손실비용**

직접비 (법적으로 지급되는 산재보상비)		간접비 (직접비를 제외한 모든 비용)	
• 요양급여	• 휴업급여	• 인적손실	• 물적손실
• 장해급여	• 간병급여	• 생산손실	• 임금손실
• 유족급여	• 상병보상연금	• 시간손실	• 기타손실 등
• 장례비	• 직업재활급여		

003

다음 중 산업안전보건법령상 자율안전확인대상 기계·기구에 해당하지 않는 것은?

① 연삭기　② 곤돌라
③ 컨베이어　④ 산업용 로봇

해설

곤돌라는 안전인증대상 기계 등에 해당한다.

관련개념 **자율안전확인대상 기계 등**

구분	내용
기계 또는 설비	• 연삭기 또는 연마기(휴대형 제외) • 산업용 로봇 • 혼합기 • 파쇄기 또는 분쇄기 • 식품가공용 기계(파쇄·절단·혼합·제면기만 해당) • 컨베이어 • 자동차정비용 리프트 • 공작기계(선반, 드릴기, 평삭·형삭기, 밀링만 해당) • 고정형 목재가공용 기계(둥근톱, 대패, 루타기, 띠톱, 모떼기 기계만 해당) • 인쇄기
방호장치	• 아세틸렌 용접장치용 또는 가스집합 용접장치용 안전기 • 교류 아크용접기용 자동전격방지기 • 롤러기 급정지장치 • 연삭기 덮개 • 목재 가공용 둥근톱 반발예방장치와 날접촉예방장치 • 동력식 수동대패용 칼날접촉방지장치
보호구	• 안전모(추락 및 감전 위험방지용 안전모 제외) • 보안경(차광 및 비산물 위험방지용 보안경 제외) • 보안면(용접용 보안면 제외)

| 정답 | 001 ① 002 ④ 003 ②

004

다음 중 산업안전보건법령상 안전·보건표지의 종류에서 안내표지에 해당하지 않는 것은?

① 들것　　② 녹십자표지
③ 비상용기구　　④ 귀마개착용

해설
귀마개착용 표지는 지시표지에 해당한다.

관련개념 **안내표지**

녹십자표지　응급구호표지　들것

세안장치　비상용기구　비상구

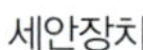

005

시설물의 안전관리에 관한 특별법에 따라 관리주체는 시설물의 안전 및 유지관리계획을 소관 시설물별로 매년 수립·시행하여야 하는데 이때 안전 및 유지관리계획에 반드시 포함되어야 하는 사항으로 볼 수 없는 것은?

① 긴급상황 발생 시 조치체계에 관한 사항
② 보수, 보강 등 유지관리 및 그에 필요한 비용에 관한 사항
③ 보호구 및 방호장치의 적용 기준에 관한 사항
④ 안전점검 또는 정밀안전진단의 실시에 관한 사항

해설 **시설물의 안전 및 유지관리계획의 포함사항**

- 시설물의 적정한 안전과 유지관리를 위한 조직, 인원 및 장비의 확보에 관한 사항
- 긴급상황 발생 시 조치체계에 관한 사항
- 시설물의 설계, 시공, 감리 및 유지관리 등에 관련된 설계도서의 수집 및 보존에 관한 사항
- 안전점검 또는 정밀안전진단의 실시에 관한 사항
- 보수, 보강 등 유지관리 및 그에 필요한 비용에 관한 사항

006

다음은 재해발생에 관한 이론이다. 각각의 재해발생 이론의 단계를 잘못 나열한 것은?

① Heinrich 이론: 사회적 환경 및 유전적 요소 → 개인적 결함 → 불안전한 행동 및 불안전한 상태 → 사고 → 재해
② Bird 이론: 제어(관리)의 부족 → 기본원인(기원) → 직접원인(징후) → 접촉(사고) → 재해(손실)
③ Adams 이론: 기초원인 → 작전적 에러 → 전술적 에러 → 사고 → 재해
④ Weaver 이론: 유전과 환경 → 인간의 결함 → 불안전한 행동과 상태 → 사고 → 재해(상해)

해설 **Adams 재해연쇄이론**
관리구조 결함 → 작전적 에러 → 전술적 에러 → 사고 → 상해, 손해

007

다음 중 점검시기에 따른 안전점검의 종류에 해당하지 않는 것은?

① 정기점검　　② 수시점검
③ 임시점검　　④ 특수점검

해설
특수점검은 점검시기에 따른 안전점검의 종류에 해당되지 않는다.

관련개념 **점검시기에 따른 안전점검의 종류**

일상(수시)점검	매일 일의 시작이나 종료 시 또는 작업 중에 계속해서 실시하는 점검
정기(계획)점검	주기적으로 일정한 시설이나 물건, 기계 등에 대하여 점검하는 방법
특별점검	신설, 변경 내지는 고장수리 등을 할 경우에 행하는 부정기 점검
임시점검	이상징후 예견 시 임시로 실시하는 점검

| 정답 | 004 ④　005 ③　006 ③　007 ④

008

다음 중 보호구 안전인증 고시에서 규정하고 있는 안전화의 구분으로 옳지 않은 것은?

① 고무제안전화　　② 정전기안전화
③ 화학물질용 안전화　　④ 내진용 안전화

해설

보호구 안전인증 고시에 내진용 안전화는 규정되어 있지 않다.

009

산업안전보건법에 따라 공정안전보고서에 포함되어야 하는 사항 중 공정안전자료의 세부내용에 해당하는 것은?

① 공정위험성 평가서
② 안전운전지침서
③ 건물·설비의 배치도
④ 도급업체 안전관리계획

해설 **공정안전보고서 중 공정안전자료의 세부내용**

- 취급·저장하고 있거나 취급·저장하려는 유해·위험물질의 종류 및 수량
- 유해·위험물질에 대한 물질안전보건자료
- 유해하거나 위험한 설비의 목록 및 사양
- 유해하거나 위험한 설비의 운전방법을 알 수 있는 공정도면
- 각종 건물·설비의 배치도
- 폭발위험장소 구분도 및 전기단선도
- 위험설비의 안전설계·제작 및 설치 관련 지침서

관련개념 **공정안전보고서의 포함사항**

- 공정안전자료
- 공정위험성 평가서
- 안전운전계획
- 비상조치계획
- 그 밖에 공정상의 안전과 관련하여 고용노동부장관이 필요하다고 인정하여 고시하는 사항

010

다음 중 하인리히의 사고예방대책 기본원리 5단계에 있어 "시정방법의 선정" 바로 이전 단계에서 행하여지는 사항은?

① 분석·평가　　② 안전관리 조직
③ 현상파악　　④ 시정책 적용

해설 **하인리히의 사고예방대책 기본원리 5단계**

단계별 과정		내용
제1단계	조직	• 경영층의 참여 • 안전관리자의 임명 • 안전의 라인 및 스태프 조직 구성 • 안전활동 방침 및 계획 수립 • 조직을 통한 안전활동
제2단계	사실의 발견	• 사고 및 안전활동 기록 검토 • 작업분석 • 안전점검 및 안전진단 • 사고조사 • 안전회의 및 토의 • 근로자의 제안 및 여론조사 • 관찰 및 보고서의 연구 등을 통하여 불안전 요소 발견
제3단계	분석·평가	• 사고보고서 및 현장조사 • 사고기록 및 인적·물적 조건의 분석 • 작업공정분석 • 교육훈련분석 등을 통하여 사고의 직접원인 및 간접원인을 규명
제4단계	시정책의 선정	• 기술적 개선 • 인사조정 • 교육훈련의 개선 • 안전행정의 개선 • 규정 및 수칙 작업표준제도의 개선 • 확인 및 통제체제 개선
제5단계	시정책의 적용	• 기술적(engineering) 대책 • 교육적(education) 대책 • 독려적(enforcement) 대책

| 정답 | 008 ④　009 ③　010 ①

011

다음 중 일반적인 재해조사 항목과 가장 거리가 먼 것은?

① 사고의 형태 ② 피해자 가족사항
③ 기인물 및 가해물 ④ 불안전한 행동 및 상태

해설

일반적인 재해조사 시 사고의 형태, 기인물 및 가해물, 불안전한 행동 및 상태(직접원인)를 파악하여야 한다.

012

근로자가 25[kg]의 제품을 운반하던 중에 발에 떨어져 신체장해등급 14급의 재해를 당하였다. 재해의 발생형태, 기인물, 가해물을 모두 올바르게 나타낸 것은?

① 기인물: 발, 가해물: 제품, 재해발생형태: 낙하
② 기인물: 발, 가해물: 발, 재해발생형태: 추락
③ 기인물: 제품, 가해물: 제품, 재해발생형태: 낙하
④ 기인물: 제품, 가해물: 발, 재해발생형태: 낙하

해설

재해발생의 주 원인(기인물)과 직접적인 피해를 준 물체(가해물) 모두 제품이다.

재해발생형태는 물체의 떨어짐(낙하)이다.

관련개념 **기인물과 가해물**

- 기인물: 재해발생의 주 원인이며 재해를 가져오게 한 근원이 되는 기계, 장치, 물질 또는 환경 등(불안전한 상태)
- 가해물: 직접 사람에게 접촉하여 피해를 주는 기계, 장치, 물질 또는 환경 등

013

다음 중 위험예지훈련의 4라운드 기법에서 문제점을 발견하고 중요 문제를 결정하는 단계는?

① 현상파악 ② 본질추구
③ 목표달성 ④ 대책수립

해설 **위험예지훈련 4라운드**

1라운드	현상파악	위험요인을 식별하는 단계
2라운드	본질추구	위험요인 · 문제점 발견 및 위험의 포인트를 결정하고 지적 확인하는 단계
3라운드	대책수립	위험요인을 극복하기 위한 대안 제시 단계
4라운드	목표설정	행동목표를 설정하는 단계

014

다음 중 산업안전보건법령상 안전보건개선계획에 관한 설명으로 틀린 것은?

① 지방고용노동관서의 장은 안전보건개선계획서의 작성 여부를 검토하여 그 결과를 사업주에게 통보하여야 한다.
② 지방고용노동관서의 장은 안전보건개선계획의 작성 여부 검토 결과에 따라 필요하다고 인정하면 해당 계획서의 보완을 명할 수 있다.
③ 안전보건개선계획서에는 시설, 안전보건관리체제, 안전보건교육, 산업재해 예방 및 작업환경의 개선을 위하여 필요한 사항이 포함되어야 한다.
④ 안전보건개선계획의 수립 · 시행 명령을 받은 사업주는 고용노동부장관이 정하는 바에 따라 안전보건개선계획서를 작성하여 그 명령을 받은 날부터 30일 이내에 관할 지방고용노동관서의 장에게 제출하여야 한다.

해설

안전보건개선계획서를 제출하여야 하는 사업주는 안전보건개선계획서 수립 · 시행 명령을 받은 날부터 60일 이내에 관할 지방고용노동관서의 장에게 해당 계획서를 제출(전자문서로 제출하는 것 포함)하여야 한다.

| 정답 | 011 ② 012 ③ 013 ② 014 ④

015

다음 중 재해사례연구의 진행단계를 올바르게 나열한 것은?

① 재해 상황의 파악 → 사실의 확인 → 문제점의 발견 → 문제점의 결정 → 대책의 수립
② 사실의 확인 → 재해 상황의 파악 → 문제점의 발견 → 문제점의 결정 → 대책의 수립
③ 문제점의 발견 → 재해 상황의 파악 → 사실의 확인 → 문제점의 결정 → 대책의 수립
④ 문제점의 발견 → 문제점의 결정 → 재해 상황의 파악 → 사실의 확인 → 대책의 수립

해설 **재해사례 연구순서**

- 전제조건: 재해 상황의 파악
- 제1단계: 사실의 확인
- 제2단계: 문제점 발견
- 제3단계: 근본적 문제점 결정
- 제4단계: 대책수립

016

다음 중 산업안전보건법에서 정의하고 있는 "산업재해"의 내용으로 옳은 것은?

① 노무를 제공하는 사람이 업무에 관계되는 건설물·설비·원재료·가스·증기·분진 등에 의하거나 작업 또는 그 밖의 업무로 인하여 사망 또는 부상하거나 질병에 걸리는 것을 말한다.
② 물질 또는 타인과 접촉하였거나 각종의 물체 및 작업조건에 노출 또는 사람의 작업행동으로 인하여 사람이 부상하거나 사망이 수반되는 것을 말한다.
③ 근로자가 산업 활동의 정상적인 업무 진행을 방해하거나 또는 방해를 유발하는 부상 또는 질병이 발생하는 것을 말한다.
④ 근로자가 산업현장에서 결함이 있는 작업조건 및 부적성의 작업방법에 의해 초래되는 계획되지 않은 사건이 일어나는 것을 말한다.

해설 **산업안전보건법령상 산업재해의 정의**

노무를 제공하는 사람이 업무에 관계되는 건설물·설비·원재료·가스·증기·분진 등에 의하거나 작업 또는 그 밖의 업무로 인하여 사망 또는 부상하거나 질병에 걸리는 것을 말한다.

017

다음 중 TBM 활동의 5단계 추진법을 가장 올바른 순서대로 나열한 것은?

① 도입 – 위험예지훈련 – 작업지시 – 점검정비 – 확인
② 도입 – 점검정비 – 작업지시 – 위험예지훈련 – 확인
③ 도입 – 확인 – 위험예지훈련 – 작업지시 – 점검정비
④ 도입 – 작업지시 – 위험예지훈련 – 점검정비 – 확인

해설 **TBM 5단계 진행순서**

1단계	도입	직장체조, 상호인사, 목표제창
2단계	점검정비	건강, 복장, 공구, 보호구, 안전장치, 사용기기 등 점검정비
3단계	작업지시	당일 작업에 대한 설명 및 지시를 받고 복창하여 확인
4단계	위험예측	당일 작업의 위험을 예측하고 대책 토의, 원 포인트 위험예지훈련
5단계	확인	대책을 수립하고 팀의 목표 확인, 원포인트 지적 확인, 터치 앤 콜

관련개념 **TBM(Tool Box Meeting) 위험예지훈련**

현장에서 그때그때 주어진 상황에 적용하여 실시하는 위험예지활동으로 단시간 적응훈련이다.

018

A 사업장에서는 산업재해로 인한 인적·물적 손실을 줄이기 위하여 안전행동 실천운동(5C 운동)을 실시하고자 한다. 다음 중 5C 운동에 해당하지 않는 것은?

① Control ② Correctness
③ Cleaning ④ Checking

해설 **5C 운동(안전행동 실천운동)**

- 복장단정(Correctness)
- 청소청결(Cleaning)
- 전심전력(Concentration)
- 정리정돈(Clearance)
- 점검확인(Checking)

| 정답 | 015 ① 016 ① 017 ② 018 ①

2020년 4회

019

다음 중 산업안전보건법령상 산업안전보건위원회 심의 · 의결사항으로 볼 수 없는 것은?

① 산업재해 예방계획의 수립에 관한 사항
② 근로자의 건강진단 등 건강관리에 관한 사항
③ 재해자에 관한 치료 및 재해보상에 관한 사항
④ 안전보건관리규정의 작성 및 변경에 관한 사항

해설 **산업안전보건위원회의 심의 · 의결사항**

- 사업장의 산업재해 예방계획의 수립에 관한 사항
- 안전보건관리규정의 작성 및 변경에 관한 사항
- 안전보건교육에 관한 사항
- 작업환경측정 등 작업환경의 점검 및 개선에 관한 사항
- 근로자의 건강진단 등 건강관리에 관한 사항
- 산업재해에 관한 통계의 기록 및 유지에 관한 사항
- 중대재해의 원인 조사 및 재발 방지대책 수립에 관한 사항
- 유해하거나 위험한 기계 · 기구 · 설비를 도입한 경우 안전 및 보건 관련 조치에 관한 사항
- 그 밖에 해당 사업장 근로자의 안전 및 보건을 유지 · 증진시키기 위하여 필요한 사항

020

안전관리조직 중 Line-staff 조직의 단점에 해당되는 것은?

① 안전정보가 불충분하다.
② 생산부문은 안전에 대한 책임과 권한이 없다.
③ 명령계통과 조언, 권고적 참여가 혼동되기 쉽다.
④ 생산부문에 협력하여 안전명령을 전달, 실시하여 안전과 생산을 별도로 취급하기 쉽다.

해설 **라인 · 스태프형 조직의 단점**

- 라인과 스태프 간에 협조가 안될 경우 업무의 원활한 추진이 불가하다.
- 스태프의 기능이 너무 강하면 권한의 남용으로 라인에 간섭할 수 있다.
  → 라인의 권한 약화 = 라인의 유명무실
- 명령계통과 조언, 권고적 참여가 혼돈될 수 있다.

관련개념 **라인 · 스태프형 조직의 특징**

- 라인형과 스태프형의 장점을 절충한 이상적인 조직이다.
- 안전보건업무를 전담하는 스태프를 두고 생산라인의 부서의 장으로 하여금 안전보건을 담당하게 한다. (안전보건대책: 스태프에서 수립 · 라인을 통하여 실천)
- 라인에는 생산과 안전에 관한 책임과 권한이 동시에 부여된다. (안전보건업무와 생산 업무의 균형 유지)
- 근로자 1,000명 이상의 대규모 사업장에 적합하다.
- 우리나라 산업안전보건법상의 조직형태이다.
- 안전과 생산이 유리될 우려가 없어 운용이 적절하면 이상적인 조직이다.

| 정답 | 019 ③ 020 ③

인간공학 및 시스템안전공학

021

조도가 400[lux]인 위치에 놓인 흰색 종이 위에 짙은 회색의 글자가 쓰여져 있다. 종이의 반사율 80[%]이고, 글자의 반사율은 40[%]라 할 때 종이와 글자의 대비는 얼마인가?

① −100[%] ② −50[%]
③ 50[%] ④ 100[%]

해설

- 배경(종이)의 반사된 빛의 밝기 = $400 \times 0.8 = 320$[lux]
- 글자의 반사된 빛의 밝기 = $400 \times 0.4 = 160$[lux]
- 대비 = $\frac{\text{글자의 밝기}}{\text{배경의 밝기}} \times 100 = \frac{160}{320} \times 100 = 50$[%]

022

Chapanis의 위험분석에서 발생이 불가능한(Impossible) 경우의 위험발생률은?

① 10^{-2}/day ② 10^{-4}/day
③ 10^{-6}/day ④ 10^{-8}/day

해설 **차파니스의 위험평점척도법**

빈도	평점	확률 및 내용
자주	6	$>10^{-2}$/day, 때때로 일어남
보통	5	$>10^{-3}$/day, 한 항목의 수명 중 수회 일어남
가끔	4	$>10^{-4}$/day, 한 항목의 수명 중 드물게 일어남
거의 발생하지 않는	3	$>10^{-5}$/day, 그리 일어날 것 같지 않음
극히 발생할 것 같지 않는	2	$>10^{-6}$/day, 발생확률이 0에 가까움
전혀 발생하지 않는	1	$>10^{-8}$/day, 물리적으로 발생 불가능

023

다음 통제용 조종장치의 형태 중 그 성격이 다른 것은?

① 노브(Knob)
② 푸시 버튼(Push Button)
③ 토글 스위치(Toggle Switch)
④ 로터리 선택 스위치(Rotary Select Switch)

해설

푸시 버튼, 토글 스위치, 로터리 선택 스위치는 누르거나 켜고 끄는 형태의 조종장치로 한번의 조작을 통해 상태를 전환한다. 이에 반해 노브는 회전형 조작 장치로 연속적인 값을 조정하는 데 사용된다.

관련개념 **통제용 조종장치**

노브 (Knob)	회전형 조작 장치로 연속적인 값을 조정하는 데 사용되며 원형 손잡이를 돌려서 조작하는 형태이다. 볼륨이나 밝기 조절에 사용한다.
푸시 버튼 (Push Button)	버튼을 눌러서 상태를 전환하는 장치로 보통 순간적인 작동을 위해 사용된다. 알람, 경보 등이 이에 해당된다.
토글 스위치 (Toggle Switch)	스위치를 위아래로 조작하여 두 가지 상태(켜짐/꺼짐) 사이를 전환하는 장치이며 순간적인 조작을 통해 상태를 변경한다.
로터리 선택 스위치 (Rotary Select Switch)	회전하는 방식으로 여러 상태 중 하나를 선택하는 장치이다. 방송채널 선택이나 온도 조절 등에 활용된다.

024

음의 세기인 데시벨([dB])을 측정할 때 기준 음압의 주파수는?

① 10[Hz] ② 100[Hz]
③ 1,000[Hz] ④ 10,000[Hz]

해설

데시벨([dB])은 음압수준을 측정하는 단위로 보통 1,000[Hz]에서 기준 음압을 사용하여 계산한다. 이는 인간의 청각이 가장 민감한 주파수 대역에 해당한다.

| 정답 | 021 ③ 022 ④ 023 ① 024 ③

025

다음 중 결함수분석법(FTA)에 관한 설명으로 틀린 것은?

① 최초 Watson이 군용으로 고안하였다.
② 미니멀 패스셋(Minimal path sets)을 구하기 위해서는 미니멀 컷셋(Minimal Cut sets)의 쌍대성을 이용한다.
③ 정상사상의 발생확률을 구한 다음 FT도를 작성한다.
④ AND 게이트의 확률 계산은 각 입력사상의 곱으로 한다.

해설

FTA는 FT도를 먼저 작성하고, 그 후 각 사건들의 발생확률을 계산하여야 한다.

관련개념 **결함수분석법(FTA)**

FTA는 보통 시스템의 장애나 결함을 분석하는 방법으로 시스템의 비정상적인 상태를 정의하고, 그에 따른 고장 확률을 계산한다. 즉, 정상동작상태의 확률을 구하는 것이 아니라 시스템 고장 또는 이상상태가 발생할 확률을 구하는 것이 목적이다.

026

다음 중 인간-기계 시스템에서 기계에 비교한 인간의 장점과 가장 거리가 먼 것은?

① 완전히 새로운 해결책을 찾아낸다.
② 여러 개의 프로그램된 활동을 동시에 수행한다.
③ 다양한 경험을 토대로 하여 의사결정을 한다.
④ 상황에 따라 변화하는 복잡한 자극 형태를 식별한다.

해설

②는 기계의 장점이다.

관련개념 **인간-기계 시스템의 기능별 종류 및 예시**

구분	인간의 기능	기계의 기능
감각기능	시각, 청각, 촉각, 후각, 미각	기계적 감지장치, 전기적 감지장치, 화학적 감지장치
정보저장기능	기억	메모리 장치, 데이터베이스 장치
정보처리 및 결정기능	인지, 사고, 추론	프로그램의 알고리즘
행동기능	근육	모터, 엑추에이터 등의 장치

027

다음 중 공간배치의 원칙에 해당되지 않는 것은?

① 중요성의 원칙 ② 다양성의 원칙
③ 기능별 배치의 원칙 ④ 사용빈도의 원칙

해설

다양성의 원칙은 공간의 다양성(기능, 규모, 분위기 등)을 추구하는 원칙으로 공간배치의 원칙에 해당되지 않는다.

관련개념 **부품배치의 원칙(공간배치의 원칙)**

중요성의 원칙	작업장에서 가장 중요한 구성요소(작업물품)를 작업자의 손이 닿기 쉬운 곳에 배치하는 원칙으로 작업자의 안전과 효율성을 높인다.
사용빈도의 원칙	작업자가 자주 사용하는 구성요소를 작업자의 손이 닿기 쉬운 곳에 배치하는 원칙으로 작업자의 작업시간을 단축시킨다. 예 자주 사용하는 드라이버를 손에 닿기 쉬운 곳에 배치한다.
기능별 배치(기능성)의 원칙	구성요소(작업물품)를 기능별로 분류하여 배치하는 원칙이다. 예 기능이 비슷한 가위와 칼을 묶고, 펜과 연필을 묶어서 기능별로 분류하여 사용한다.
사용순서의 원칙	사용순서에 맞게 순차적으로 부품을 배치하는 원칙으로 시간의 효율성을 높이고 착오를 최소화할 수 있다.

028

창문을 통해 들어오는 직사 휘광을 처리하는 방법으로 가장 거리가 먼 것은?

① 창문을 높이 단다.
② 간접 조명 수준을 높인다.
③ 차양이나 발(blind)을 사용한다.
④ 옥외 창 위에 드리우개(overhang)를 설치한다.

해설

간접 조명 수준을 높이는 것은 실내의 조명 수준을 높이는 것으로 창문을 통해 들어오는 직사 휘광을 처리하는 방법과는 거리가 멀다.

| 정답 | 025 ③ 026 ② 027 ② 028 ②

029

다음 중 신호의 강도, 진동수에 의한 신호의 상대 식별 등 물리적 자극의 변화여부를 감지할 수 있는 최소의 자극 범위를 의미하는 것은?

① Chunking
② Stimulus Range
③ SDT(Signal Detection Theory)
④ JND(Just Noticeable Difference)

해설 JND(Just Noticeable Difference)
물리적 자극 변화를 감지할 수 있는 최소한의 자극 범위이며, "최소 감지 차이" 또는 "최소 변화"를 의미한다.

관련개념
- Chunking: 정보 처리에서 관련된 정보를 묶어서 기억하기 쉽게 만드는 방법이다.
- Stimulus Range: 일반적으로 자극의 범위나 스펙트럼을 의미한다.
- SDT(Signal Detection Theory, 신호탐지이론): 신호와 잡음(Noise) 속에서 신호를 감지하는 과정을 설명하는 이론이다.

030

다음 중 형상 암호화된 조종장치에서 "이산 멈춤 위치용" 조종장치로 가장 적절한 것은?

① 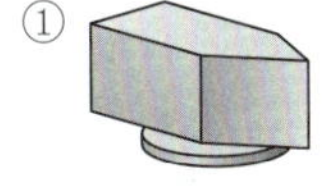
② 
③ 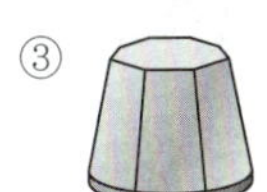
④ 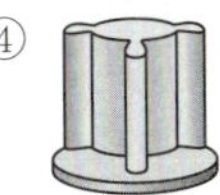

해설
이산 멈춤 위치용 조종장치는 특정 위치에 멈추도록 하는 기능을 가지고 있어야 한다. ①은 특정 위치를 지칭하는 형상이라서 이산 멈춤 위치용 조종장치로 적합하다.
②, ③은 다회전용 조종장치, ④는 단회전용 조종장치로 적합하다.

031

다음 중 보전용 자재에 관한 설명으로 가장 적절하지 않은 것은?

① 소비속도가 느려 순환사용이 불가능하므로 폐기시켜야 한다.
② 휴지손실이 적은 자재는 원자재나 부품의 형태로 재고를 유지한다.
③ 열화상태를 경향검사로 예측이 가능한 품목은 적시 발주법을 적용한다.
④ 보전의 기술수준, 관리수준이 재고량을 좌우한다.

해설
보전용 자재는 소비속도가 느리지만 필요 시 사용할 수 있도록 저장하는 것이 일반적이다.

032

그림의 부품 A, B, C로 구성된 시스템의 신뢰도는? (단, 부품 A의 신뢰도는 0.85, 부품 B와 C의 신뢰도는 각각 0.90이다.)

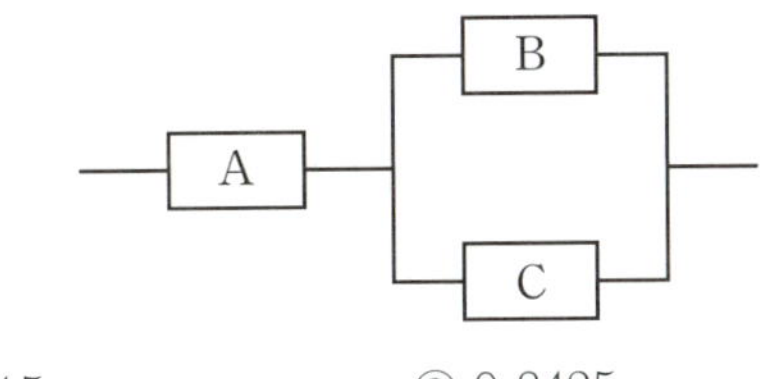

① 0.8415
② 0.8425
③ 0.8515
④ 0.8525

해설
신뢰도 $= 0.85 \times (1-(1-0.9)\times(1-0.9)) = 0.8415$

관련개념 신뢰도가 R_1, R_2인 부품의 시스템 신뢰도
- 직렬로 연결되어 있을 때: $R_1 \times R_2$
- 병렬로 연결되어 있을 때: $1-(1-R_1)\times(1-R_2)$

| 정답 | 029 ④ 030 ① 031 ① 032 ①

2020년 4회

033

인간 오류의 분류에 있어 원인에 의한 분류 중 필요한 물건, 정보, 에너지 등의 공급이 없는 것처럼 작업자가 움직이려 해도 움직일 수 없어서 발생하는 오류는?

① Primary Error　　② Secondary Error
③ Command Error　　④ Omission Error

해설 **휴먼에러(Human Error)의 분류**

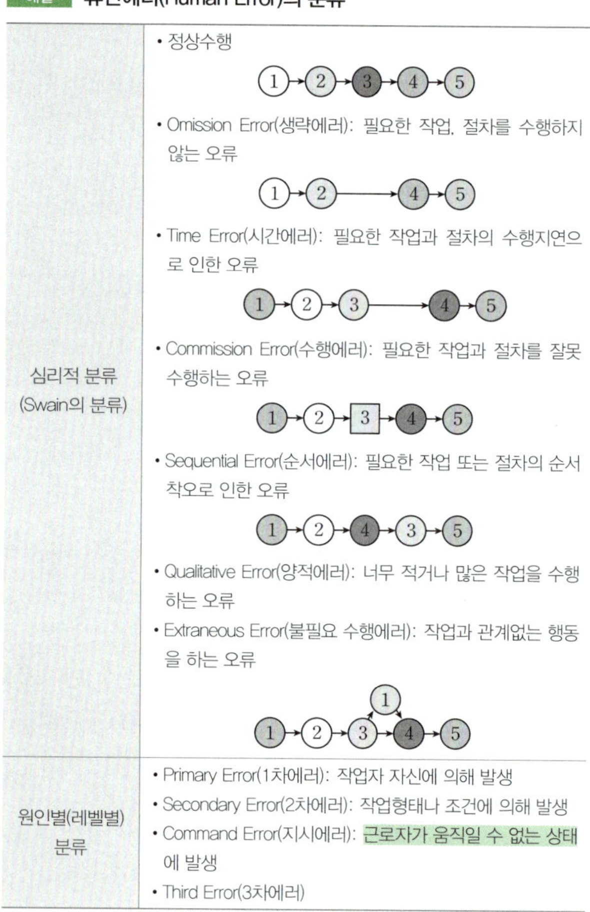

구분	내용
심리적 분류 (Swain의 분류)	• 정상수행 • Omission Error(생략에러): 필요한 작업, 절차를 수행하지 않는 오류 • Time Error(시간에러): 필요한 작업과 절차의 수행지연으로 인한 오류 • Commission Error(수행에러): 필요한 작업과 절차를 잘못 수행하는 오류 • Sequential Error(순서에러): 필요한 작업 또는 절차의 순서 착오로 인한 오류 • Qualitative Error(양적에러): 너무 적거나 많은 작업을 수행하는 오류 • Extraneous Error(불필요 수행에러): 작업과 관계없는 행동을 하는 오류
원인별(레벨별) 분류	• Primary Error(1차에러): 작업자 자신에 의해 발생 • Secondary Error(2차에러): 작업형태나 조건에 의해 발생 • Command Error(지시에러): 근로자가 움직일 수 없는 상태에 발생 • Third Error(3차에러)

034

사고의 발단이 되는 초기 사상이 발생할 경우 그 영향이 시스템에서 어떤 결과(정상 또는 고장)로 진전해 가는지를 나뭇가지가 갈라지는 형태로 분석하는 방법은?

① FTA　　② PHA
③ FHA　　④ ETA

해설 **사건수 분석(ETA; Event Tree Analysis)**

작업자를 포함하는 시스템의 각 구성요소의 초기사건을 시작으로 하여 이로부터 발생되는 최종 결과를 귀납적인 접근방법으로 평가하는 정성, 정량적 위험성평가 기법으로 나뭇가지 형태로 분석하는 방법이다. 이 기법은 '고장이 어떻게 발생하여, 발생할 확률이 얼마인가.'하는 정보를 제공한다.

관련개념 **시스템 분석 기법의 종류**

기법	내용
고장형태와 영향분석법(FMEA; Failure Mode and Effect Analysis)	고장을 형태별로 분석하여 그 영향을 검토하는 정성적, 귀납적 분석방법
예비위험분석(PHA; Preliminary Hazard Analysis)	최초단계 분석으로 시스템 내의 위험요소가 어느 정도의 위험상태에 있는지를 평가하는 방법(정성적)으로 시스템이 설계될 때 위험 요소를 빠르게 식별하고 우선순위를 매기기 위한 분석 방법
결함위험분석(FHA; Fault Hazard Analysis)	기능적 위험분석으로 시스템의 기능적 요구사항과 그 기능이 고장날 경우의 영향을 분석하는 기법
인간과오율 추정법(THERP; Technique for Human Error Rate Prediction)	인간의 실수를 정량적으로 평가하는 것이며 인간의 과오(실수)에 기인한 사고원인 분석 기법으로 100만 운전시간당 과오수를 기본 과오율로 평가
결함수분석(FTA; Fault Tree Analysis)	정량적, 연역적 분석방법으로 기계, 설비 또는 인간-기계 시스템의 고장이나 재해의 발생요인을 FT도(트리) 형태로 분석하는 방법
치명도 분석, 위험도 분석(CA; Criticality Analysis)	높은 위험도를 가진 요소나 고장의 형태에 따른 분석법으로 고장을 정량적으로 분석하는 기법
위험 및 운용성 분석(HAZOP; Hazard and Oprerability Analysis)	장비에 대해 잠재된 위험이나 기능 저하 등 영향을 평가하기 위하여 공정이나 설계도 등에 체계적인 검토를 행하는 것

| 정답 | 033 ③　034 ④

035

시스템 수명주기에서 예비위험분석을 적용하는 단계는?

① 구상단계 ② 개발단계
③ 생산단계 ④ 운전단계

해설 **예비위험분석(PHA; Preliminary Hazard Analysis)**

시스템 내의 위험요소가 얼마나 위험상태에 있는가를 평가하는 시스템 안전 프로그램에서 최초단계(시스템 구상단계)의 분석 방식(정성적)이다.

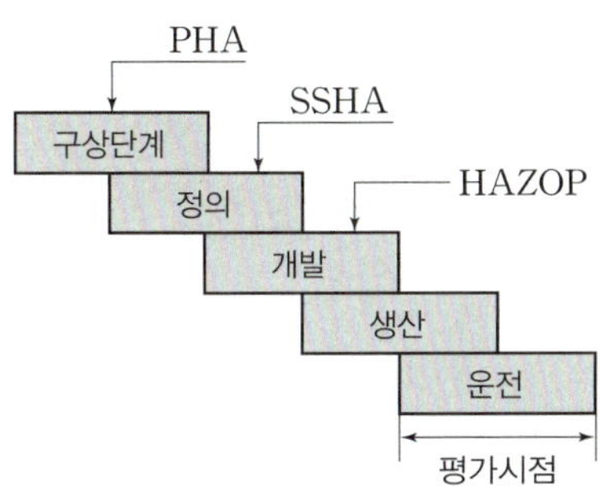

▲ 시스템 수명주기

관련개념 **시스템 수명주기**

단계	설명
구상단계	시스템의 필요성과 목표를 결정하는 단계
정의단계	시스템의 기능과 성능을 구체화하는 단계
개발단계	시스템이 구체적으로 설계되고, 기술적인 세부 사항이 결정되는 단계
생산단계	시스템을 개발하고 제조하는 단계
운전단계	시스템을 운영하고 유지하는 단계

036

FT도에서 정상사상 A의 발생확률은? (단, 사상 B_1의 발생확률은 0.3이고, B_2의 발생확률은 0.2이다.)

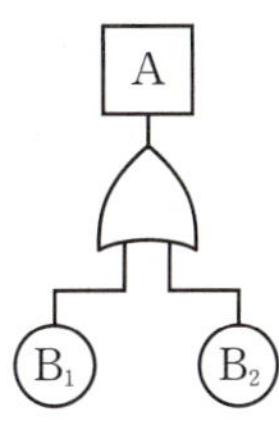

① 0.06 ② 0.44
③ 0.56 ④ 0.94

해설

A는 B_1, B_2의 OR 게이트이므로

A의 발생확률 $= 1-(1-B_1)\times(1-B_2) = 1-(1-0.3)\times(1-0.2) = 0.44$

037

건강한 남성이 8시간 동안 특정 작업을 실시하고, 산소소비량이 1.2[L/분]으로 나타났으면 8시간 총 작업시간에 포함되어야 할 최소 휴식시간은? (단, 남성의 권장 평균 에너지 소비량은 5[kcal/분], 안정 시 에너지 소비량은 1.5[kcal/분]으로 가정한다.)

① 107분 ② 117분
③ 127분 ④ 137분

해설

- 작업 시 분당 에너지소비량
  산소 1[L]당 에너지소비량은 5[kcal/L], 분당 산소소비량은 1.2[L/분]이므로 분당 에너지소비량은 1.2×5=6[kcal/분]이다.
- 작업시간 8시간에 포함되어야 할 휴식시간 산출
  $$휴식시간(R) = 작업시간\times\frac{E-5}{E-1.5} = (60\times8)\times\frac{6-5}{6-1.5} = 107분$$
  이때, E: 작업 시 평균 에너지 소비량[kcal/분]
  5: 작업 시 평균 에너지 소비량 상한[kcal/분]
  1.5: 안정 시 에너지 소비량[kcal/분]

| 정답 | 035 ① 036 ② 037 ①

038

표시 값의 변화 방향이나 변화 속도를 관찰할 필요가 있는 경우에 가장 적합한 표시장치는?

① 동목형 표시장치　② 계수형 표시장치
③ 묘사형 표시장치　④ 동침형 표시장치

해설 시각적 표시장치

계수형 (Digital)	정확한 수치로 표시되는 방식 예 디지털 시계
묘사형 (Descriptive)	텍스트, 그래픽, 기호, 색상 등을 활용하여 표시 예 도로 표지판, 지하철 노선도
동목형 (Moving Scale)	지침이 고정되고 눈금이 움직이는 방식 표시하고자 하는 값의 범위가 클 때 비교적 작은 눈금에 모두 표시 가능함
동침형 (Moving Pointer)	눈금이 고정되고 지침이 움직이는 방식 지침 변화 방향과 변화율 지표로 작용함

039

FTA의 논리게이트 중에서 3개 이상의 입력사상 중 2개가 일어나면 출력이 나오는 것은?

① 억제 게이트　② 조합 AND 게이트
③ 배타적 OR 게이트　④ 우선적 AND 게이트

해설 조합 AND 게이트

3개의 입력현상 중 임의의 시간에 2개의 입력사상이 발생할 경우 출력이 생기는 게이트이다.

관련개념

① 억제 게이트: 입력이 발생하여 조건을 만족하면 출력이 발생한다.
③ 배타적 OR 게이트: 2개 또는 그 이상의 입력이 동시에 존재하는 경우에는 출력이 발생하지 않는다.
④ 우선적 AND 게이트: 입력사상 중 어떤 사상이 다른 사상보다 앞서 일어났을 때 출력이 발생한다.

040

설비보전 방식의 유형 중 궁극적으로는 설비의 설계, 제작 단계에서 보전 활동이 불필요한 체계를 목표로 하는 것은?

① 개량보전(Corrective Maintenance)
② 예방보전(Preventive Maintenance)
③ 사후보전(Break-down Maintenance)
④ 보전예방(Maintenance Prevention)

해설 설비보전의 종류

종류	개념
개량보전 (Corrective Maintenance)	고장을 방지하기 위해 기존 설계나 부품을 개선하는 데 중점을 둠
예방보전 (Preventive Maintenance)	고장 전에 미리 점검하고 유지보수하는 데 중점을 둠
사후보전 (Break-down Maintenance)	고장이 발생한 후 신속하게 복구하는 데 중점을 둠
보전예방 (Maintenance Prevention)	장비나 시스템의 설계 단계에서부터 유지보수를 최소화하는 데 중점을 둠

| 정답 | 038 ④　039 ②　040 ④

건설시공학

041

공동도급(Joint Venture)의 장점이 아닌 것은?

① 융자력 증대 ② 책임소재 명확
③ 위험 분산 ④ 기술력 확충

해설
공동도급은 모든 책임이 한 개의 회사에 있는 것이 아니라, 공동도급 전체 회사에게 있으므로 책임소재가 불명확하다.

관련개념 **공동도급(Joint Venture Contract)의 장단점**

장점	단점
• 시공의 확실성 보장 • 위험의 분산 • 공사도급 경쟁완화 • 자본력과 신용도 증대 • 기술확충, 경험의 증대로 우량시공 가능	• 이해충돌, 책임회피 우려 • 현장관리 및 업무혼란 우려 • 단일회사 도급보다 비용증가 가능성 • 하자책임 불분명 • 경영방식 차이에 따른 능률저하

042

철근의 피복두께를 계획할 때 고려사항 중 옳지 않은 것은?

① 이음의 편의성 ② 내화성
③ 내구성 ④ 콘크리트의 유동성

해설 **피복두께 확보의 목적**
- 철근의 부식방지를 통한 구조물의 내구성 확보(물과 이산화탄소의 침투 방지)
- 골재의 유동성 확보
- 철근과 콘크리트의 부착강도 확보
- 화재 시 내화성 확보

관련개념 **철근의 피복**
- 철근콘크리트 구조에서 철근은 부착력, 내화력 및 내구력을 확보하기 위해 일정한 두께의 콘크리트로 피복하여야 한다.
- 철근은 화재 시 열을 받으면 인장강도가 대폭 저하하게 되며, 콘크리트도 장기간 지나면 콘크리트의 알칼리성이 중성화되어 철근을 부식시킨다.

043

강관말뚝지정의 특징에 해당되지 않는 것은?

① 강한 타격에도 견디며 다져진 중간지층의 관통도 가능하다.
② 지지력이 크고 이음이 안전하고 강하므로 장척말뚝에 적당하다.
③ 상부구조와의 결합이 용이하다.
④ 길이조절이 어려우나 재료비가 저렴한 장점이 있다.

해설 **강재말뚝**
- 길이의 조절이 용이하고, 경량이기 때문에 운반취급이 간단하다.
- 상부구조와의 결합이 용이하고, 현장접합도 가능하다.
- 재료비가 고가이다.
- 부식에 의한 내구성 저하가 우려된다.
- 강한 타격에도 견디며, 다져진 중간지층의 관통도 가능하다.
- 지지력이 크고, 이음이 안전하고 강하므로 장척말뚝에 적당하다.
- 타설할 때 중심간격은 말뚝머리 지름의 2.0배 이상, 70[cm] 이상으로 한다.

044

다음 보기에서 일반적인 철근의 조립순서로 옳은 것은?

A. 계단철근 B. 기둥철근 C. 벽철근
D. 보철근 E. 바닥철근

① A－B－C－D－E ② B－C－D－E－A
③ A－B－C－E－D ④ B－C－A－D－E

해설 **철근의 조립순서**
철근조립 및 배근순서는 대체로 거푸집 조립순서에 따라 행하여진다.
기초철근 → 기둥철근 → 벽철근 → 보철근 → 바닥(슬래브)철근 → 계단철근

| 정답 | 041 ② 042 ① 043 ④ 044 ②

045

한중 콘크리트 공사에 콘크리트의 물-결합재비는 원칙적으로 얼마 이하이어야 하는가?

① 50[%] ② 55[%]
③ 60[%] ④ 65[%]

해설

한중콘크리트의 물결합비는 60[%] 이하로 하여 동결을 방지하여야 한다.

관련개념 **한중콘크리트**

한중콘크리트는 일평균기온 4[℃] 이하의 동결위험이 있는 기간 내에 시공하는 콘크리트 시공법이다. 보통 이어붓기 후 28일 간의 예상평균기온이 약 3[℃] 이하의 경우에 적용하며, 초기 양생기간 내에 약 50[kg/cm^2] 정도의 강도가 얻어지도록 한다.

계획배합 및 부어넣기 시 유의할 사항은 다음과 같다.

- 물-시멘트비는 60[%] 이하로 한다.
- 물의 사용량은 적게 하고, AE제 또는 AE감수제 등의 표면활성제를 사용한다.
- 콘크리트면은 주위를 둘러막고, 최소 2일 이상은 0[℃]를 유지하고, 5[℃] 이상으로 채난보온한다.
- 가열한 재료를 사용하는 경우, 시멘트 투입 직전 믹서 내의 골재와 물의 온도가 40[℃]를 넘어서는 안 된다.(믹서투입순서: 골재 → 물 → 시멘트)
- 부어넣기 할 때의 콘크리트 온도는 10~20[℃]가 되도록 한다.
- 재료 가열온도는 60[℃] 이하로 하고 골재는 직접 불에 닿지 않도록 주의하여야 한다. (단, 시멘트는 절대로 가열해서는 안 된다.)
- 조강시멘트, 알루미나시멘트를 사용한다.

046

철근가공에 관한 설명으로 옳지 않은 것은?

① 대지의 여유가 없어도 정밀도 확보를 위해 현장가공을 우선적으로 고려한다.
② 철근 가공은 현장가공과 공장가공으로 나눌 수 있다.
③ 공장가공은 현장가공에 비해 절단손실을 줄일 수 있다.
④ 공장가공은 현장가공보다 운반비가 높은 경우가 많다.

해설

현장이 좁아 철근의 보관과 가공을 할 수 없을 땐 공장가공을 우선적으로 고려한다.

047

혼화재(混化材)에 관한 설명으로 옳지 않은 것은?

① 시멘트량의 1[%] 정도 이하로 배합설계에서 그 자체의 용적을 무시한다.
② 종류로는 플라이애시, 고로슬래그, 실리카흄 등이 있다.
③ 포졸란 반응이 있는 것은 플라이애시, 고로슬래그, 규산백토 등이 있다.
④ 인공산으로는 플라이애시, 고로슬래그, 소성점토 등이 있다.

해설

①은 혼화제에 대한 설명이다.

관련개념 **혼화재와 혼화제**

- 혼화재: 사용량이 시멘트 무게의 5[%] 정도 이상의 것
  - 플라이애시, 실리카흄, 고로슬래그·규산질 미분말, 고강도형 혼화재, 증량재
- 혼화제: 사용량이 시멘트 무게의 1[%] 정도 이하의 것
  - AE제(공기연행제), 감수제, 유동화제, 급결제, 지연제, 방수제, 방청제

048

거푸집 공사에서 거푸집 검사 시 받침기둥(지주의 안전하중) 검사와 가장 거리가 먼 것은?

① 서포트의 수직 여부 및 간격
② 폼타이 등 조임철물의 재질
③ 서포트의 편심, 처짐 및 나사의 느슨함 정도
④ 수평연결대 설치 여부

해설

폼타이는 내외측 폼을 연결해주는 재료로 콘크리트를 부어 넣을 때 기둥과 보거푸집이 벌어지는 것을 막기 위한 부속재료이므로 받침기둥 검사와는 거리가 멀다.

| 정답 | 045 ③ 046 ① 047 ① 048 ②

049

지반보다 6[m]정도 깊은 경질지반의 기초파기에 가장 적합한 굴착기계는?

① Drag line ② Tractor shovel
③ Back hoe ④ Power shovel

해설 **굴착용 기계**

구분	굴착기계	특징	토질
셔블계	파워셔블	• 지반면보다 높은 곳의 굴착, 쇄석, 옮겨쌓기, 토사의 처리 등에 널리 쓰인다. • 굴착깊이: 3[m] 정도	굳은 점토, 암석, 토사
	드래그셔블 (백호우)	• 지반면보다 낮은 곳의 굴착, 지하층 및 기초굴착, 토목공사나 수중굴착 등에 쓰인다. • 도로건설 작업 중 경사측면 굴착에 쓰인다. • 파는 힘이 강력하여 경질지반 굴착에 적합하다. • 굴착깊이: 5~8[m] 정도	자갈, 암석이 섞인 토사, 굳은 지반
	드래그라인	• 지반면보다 낮은 곳의 굴착, 연약한 지반의 깊은 굴착 등에 쓰인다. • 굴착깊이: 8[m] 정도	암석, 암석이 섞인 토사, 연약한 지반
	클램쉘	• 좁은 곳의 수직굴착, 자갈 등의 적재, 연약한 지반이나 수중굴착 등에 쓰인다. • 굴착깊이: 보통 8[m], 최대 18[m] 정도	자갈, 암석, 연약한 지반
트랙터계	불도저	• 직선 송토작업, 단단한 지반과 암석작업 등에 널리 쓰인다. 배토판은 상하로만 움직인다. • 운반거리: 최대 100[m], 적정 50~60[m]	암석, 굳은 지반

050

연약한 점성토 지반을 굴착할 때 주로 발생하며 흙막이 바깥에 있는 흙이 안으로 밀려들어와 흙막이가 파괴되는 현상은?

① 파이핑(Piping) ② 보일링(Boiling)
③ 히빙(Heaving) ④ 캠버(Camber)

해설 **히빙(Heaving)**

연약한 점토지반의 굴착이 진행됨에 따라 흙막이벽 뒤쪽 흙의 중량이 굴착부 바닥의 지지력 이상이 되면 흙막이벽 근입 부분의 지반 이동이 발생하여 굴착부 저면이 솟아오르는 현상을 말한다.

관련개념

- 보일링(Boiling): 지하수위가 높은 사질토지반 굴착 시 굴착부와 지하수위 차가 있을 경우, 수두차에 의하여 침투압이 생겨 흙막이벽 근입부분을 침식하는 동시에, 모래가 액상화되어 솟아오르는 현상으로 흙막이벽의 근입부가 지지력을 상실하여 흙막이공의 붕괴를 초래한다.
- 파이핑(Piping): 흙막이배면의 틈, 균열 등으로 수두차에 의해 파이프형태의 수로가 형성되면서 지하수가 배출되는 현상이다.

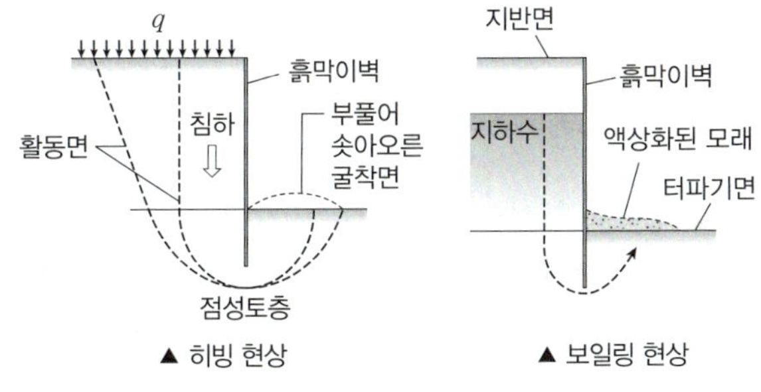

▲ 히빙 현상 ▲ 보일링 현상

| 정답 | 049 ③ 050 ③

2020년 4회

051

콘크리트에 사용하는 AE제의 특징이 아닌 것은?

① 내구성, 수밀성 증대　　② 블리딩 현상 증가
③ 단위수량 감소　　④ 건조수축 감소

해설 **AE제의 사용목적**

- 내동해성(동결융해 저항성) 증가
- 시공연도(Workability)의 증진
- 내구성, 수밀성 증대
- 응결시간의 조절
- 단위수량 감소효과(AE제, AE감수제 병용 시 10~15[%] 감소효과 기대)
- 재료분리 저항성 및 블리딩(Bleeding) 현상 감소
- 수밀성 개선(쇄석콘크리트 사용 시 더욱 효과적임)

052

거푸집 공사 중 콘크리트의 측압에 관한 설명으로 옳지 않은 것은?

① 치어붓기 속도가 빠를수록 측압이 크다.
② 묽은 콘크리트일수록 측압이 작다.
③ 거푸집의 수평단면이 작을수록 측압이 작다.
④ 철골 또는 철근량이 많을수록 측압은 작아진다.

해설 **콘크리트 측압이 커지는 요인**

- 거푸집 부재의 단면이 큰 경우
- 거푸집의 수밀성이 큰 경우
- 거푸집의 강성이 큰 경우
- 거푸집의 표면이 평활할 경우
- 콘크리트가 묽은 경우
- 철골이나 철근량이 적은 경우
- 외기온도가 낮은 경우
- 타설속도가 빠른 경우
- 콘크리트의 다짐이 좋은 경우
- 콘크리트의 슬럼프가 큰 경우
- 콘크리트의 비중이 큰 경우
- 습도가 높은 경우
- 벽 두께가 두꺼운 경우

053

네트워크 공정표의 구성요소 중 부주공정(Semi-Critical Path)에 관한 설명으로 옳지 않은 것은?

① 여유시간이 상대적으로 적은 공정을 의미한다.
② 공정이 부분적 또는 불연속적으로 발생한다.
③ 공기단축 시 관리대상에서는 제외된다.
④ 주공정화 할 가능성이 많은 공정이다.

해설 **네트워크 공정표의 공기단축**

부주공정은 주공정(Critical Path)과 비교하여 여유시간이 상대적으로 적지만 완전히 없는 것은 아니다. 따라서 주공정이 변경될 경우 부주공정이 주공정이 될 가능성이 높으며, 일정 조정 시 중요한 관리대상이 된다.

054

철근콘크리트공사에서의 철근이음에 관한 설명으로 옳지 않은 것은?

① 철근의 이음위치는 되도록 응력이 큰 곳을 피한다.
② 일반적으로 이음을 할 때는 한 곳에서 철근 수의 반 이상을 이어야 한다.
③ 철근이음에는 겹침이음, 용접이음, 기계적이음 등이 있다.
④ 철근이음은 힘의 전달이 연속적이고, 응력집중 등 부작용이 생기지 않아야 한다.

해설 **철근의 이음위치**

- 철근의 이음은 한 곳에서 철근 수의 반 이상을 이어서는 안 된다.
- 철근의 이음위치는 인장력이 큰 곳은 피한다.
- 기둥의 주근이음은 기둥높이의 $\frac{2}{3}$ 이내, 보통 $\frac{1}{3}$ 지점에 이음을 둔다.
- 인접한 주근의 이음새 간격은 1.5d 또는 2.5[cm] 이상으로 한다.
- 이음이 한 곳에 집중되지 않도록 이음위치를 엇갈리게 분산시킨다.
- 보의 주근이음에서 하부근은 단부에, 상부근은 중앙에, 굽힘근은 굽힘부에 이음위치를 둔다.

| 정답 | 051 ② 052 ② 053 ③ 054 ②

055

공사계약서 내용에 포함되어야 할 내용과 가장 거리가 먼 것은?

① 공사내용(공사명, 공사장소)
② 재해방지대책
③ 도급금액 및 지불방법
④ 천재지변 및 그 외의 불가항력에 의한 손해부담

해설

재해방지대책은 시공계획 수립 시 포함되어야 할 사항이다.

관련개념 **공사계약서 작성내용**

- 공사내용(도면, 시방서 첨부)
- 착공시기 및 완공시기, 검사, 인도시기
- 도급금액, 지불시기 및 지불방법
- 시공 중 제3자가 입은 손해부담 사항
- 천재지변에 따른 손해부담
- 설계변경 및 공사중지 시의 도급액 변경 및 손해부담
- 물가변동에 따른 도급액 변경
- 계약에 관한 분쟁의 해결방법
- 계약자의 이행지연, 이행지연에 따른 이자, 기타 손해에 관한 사항
- 하자보수에 관한 사항

056

L.W(Labiles Wasserglass)공법에 관한 설명으로 옳지 않은 것은?

① 물유리용액과 시멘트 현탁액을 혼합하면 규산수화물을 생성하여 겔(gel)화하는 특성을 이용한 공법이다.
② 지반강화와 차수목적을 얻기 위한 약액주입공법의 일종이다.
③ 미세공극의 지반에서도 그 효과가 확실하여 널리 쓰인다.
④ 배합비 조절로 겔타임 조절이 가능하다.

해설

L.W공법은 자갈층, 모래층에 전면침투가 가능하나, 0.6[mm] 이하의 세사층에는 주입이 곤란하다.

057

철골공사에 관한 설명으로 옳지 않은 것은?

① 현장용접 시 기온과 관계없이 부재를 예열하지 않는다.
② 세우기 장비는 철골구조의 형태 및 총중량을 고려한다.
③ 철골 세우기는 가조립 후 변형 바로잡기를 한다.
④ 가조립 시 최소 2개 이상 가볼트 조임한다.

해설

철골용접 변형량을 예방하기 위해 모재에 미리 열을 가하여 예열을 실시하여야 하는데, 모재의 표면온도가 0[℃] 이하일 경우 적어도 20[℃] 이상 예열하여야 한다.

관련개념 **예열조건**

- 강재의 밀시트에서 계산한 탄소당량이 0.44[%]를 초과할 때
- 모재의 표면온도가 0[℃] 이하일 때
- 경도가 370 초과일 때

058

건축생산 조직에 관한 설명으로 옳은 것은?

① CM은 시공자가 직접 공사의 타당성조사, 설계, 시공, 사용 등을 포함하는 건설공사 전 과정을 조정하는 것이다.
② EC화는 종래의 단순한 시공업과 비교하여 건설사업 전반에 걸쳐 종합, 기획, 관리하는 업무 영역의 확대를 말한다.
③ 발주자와 직접공사계약을 하는 업자를 하도급자라고 한다.
④ 감리자란 시공자의 위탁을 받아 공사의 시공과정을 검사·승인하는 자를 말한다.

해설

① CM(Construction Management) 방식(건설사업관리방식)은 건설의 전 과정에서 프로젝트를 보다 효율적이고 경제적으로 수행하기 위하여 각 부분의 전문가들로 구성하여 통합된 관리기술(기획, 설계, 시공, 유지관리)을 건축주에게 서비스하는 방식을 말한다.
③ 발주자와 직접공사계약을 하는 자는 도급자이다.
④ 감리자는 발주자의 위탁을 받아 공사와 시공과정을 관리하는 자를 말한다.

| 정답 | 055 ② 056 ③ 057 ① 058 ②

059

내화피복의 공법과 재료와의 연결이 옳지 않은 것은?

① 타설공법 – 콘크리트, 경량콘크리트
② 조적공법 – 콘크리트, 경량콘크리트 블록, 돌, 벽돌
③ 미장공법 – 뿜칠 플라스터, 알루미나 계열 모르타르
④ 뿜칠공법 – 뿜칠 암면, 습식 뿜칠 암면, 뿜칠 모르타르

해설 철골 내화피복 공법의 종류

도장공법		내화도료 도포
습식 공법	타설공법	강재 주위에 콘크리트, 경량콘크리트를 타설한다.
	조적공법	블록, 벽돌 등을 쌓는다.
	미장공법	단열 모르타르, 펄라이트 등을 시공한다.
	뿜칠공법	암면과 시멘트 등을 혼합·뿜칠한다.
건식 공법	성형판붙임공법	PC판, ALC판, 무기섬유 강화 석고보드 등을 부착한다.
	멤브레인공법	암면 흡음판을 철골에 부착한다.
합성공법	이종재료 적층	바탕에는 석면성형판, 상부에는 질석 플라스터로 마무리한다.
	이질재료 접합	외부는 PC판, 내부는 규산칼슘판으로 마감한다.

060

콘크리트 배합시 시멘트 15포대(600[kg])가 소요되고 물시멘트비가 60[%]일 때 필요한 물의 중량[kg]은?

① 360[kg] ② 480[kg]
③ 520[kg] ④ 640[kg]

해설

$$물시멘트비(W/C) = \frac{물의\ 중량}{시멘트의\ 중량} \times 100이므로$$

$$물의\ 중량 = \frac{물시멘트비 \times 시멘트의\ 중량}{100} = \frac{60 \times 600}{100} = 360[kg]$$

건설재료학

061

석재를 성인에 의해 분류하면 크게 화성암, 수성암, 변성암으로 대별하는데, 다음 중 수성암에 속하는 것은?

① 사문암 ② 대리암
③ 현무암 ④ 응회암

해설

사문암과 대리암은 변성암이고, 현무암은 화성암이다.

관련개념 수성암(水成岩, Sedimentary Rock)

성층암 또는 퇴적암이라고도 하며 지표에 노출된 암석, 화산 분출물 등 쇄석 또는 수중에 용해된 암석성분이 물, 바람 등 환경변화에 의해 지중, 바다, 하천, 호수 밑이나 지표에 침전, 퇴적한 후 압력이나 온도의 작용을 받아서 고화한 것이다. 수성암 가운데는 응회암과 같이 그 조직 및 성분이 화성암과 닮은 것도 있으나 화성암과 다른 점은 성인이 2차적이고 층상을 이루고 있는 것이 많은 점이다.

응회암	• 화산재, 화산모래, 화산자갈 등이 굳어진 것이다. • 다공질이며, 내화성이 있는 경량골재로, 특수장식재로 쓰인다.
사암	• 사립이 산화철, 규산물질, 탄산석회, 점토 등의 교착제와 같이 압력을 받아 경화한 것이다. • 외벽재, 경구조용재 등으로 쓰인다.
혈암	• 점토가 불완전하게 응고되어 판상조직이며 내수성이 있다. • 연마하면 광택이 나고, 산과 염기에 약하며 내마모성이 부족하고, 풍화되기 쉽다. • 강우량이 많은 지역의 옥외용으로 적합하지 않으며 실내 장식재, 부석, 비석, 숫돌, 벼룻돌 등으로 쓰인다.
석회암	• 탄산칼슘 성분으로 이루어져 있으며 백색, 회색을 띤다. • 시멘트의 원료로 쓰인다.

| 정답 | 059 ③ 060 ① 061 ④

062

금성성형 가공제품 중 천장, 벽 등의 모르타르바름 바탕용으로 사용되는 것은?

① 인서트　② 메탈라스
③ 와이어 클리퍼　④ 와이어로프

해설

메탈라스는 얇은 철판에 금(Line)을 내어서 당겨 늘인 철망으로 벽, 천장 등에 붙여 모르타르의 부착을 용이하게 하고, 균열 등을 작게 한다.

관련개념

- 인서트: 콘크리트 구조물에 미리 삽입되어 후속 공정에서 고정 지점으로 활용되는 금속 지지물이다.
- 와이어 클리퍼: 와이어로프 등을 체결하는 공구이다.

063

플라스틱의 특성에 관한 설명으로 옳지 않은 것은?

① 전기절연성이 양호하다.
② 내열성 및 내후성이 강하다.
③ 착색이 자유롭고 높은 투명성을 가질 수 있다.
④ 내약품성이 있고 접착성이 우수하다.

해설

플라스틱은 열에 약하고, 외기 환경(특히 자외선)에 따라 손상이 일어난다.

관련개념 **플라스틱 제품의 특징**

- 강도가 비교적 크다.
- 전기절연성이 우수하다.
- 열에 약하다.
- 성형하기 쉬워 대량생산이 가능하다.
- 산, 알칼리, 기름 등에 강하다.
- 내구성이 좋다.

064

어떤 재료의 초기 탄성변형량이 2.0[cm]이고, 크리프(Creep) 변형량이 4.0[cm]라면 이 재료의 크리프 계수는 얼마인가?

① 0.5　② 1.0
③ 2.0　④ 4.0

해설

$$\text{크리프 계수} = \frac{\text{크리프변형량}}{\text{탄성변형량}} = \frac{4.0}{2.0} = 2.0$$

관련개념 **크리프(Creep)**

일정한 하중이 지속적으로 가해질 때, 시간이 지남에 따라 재료가 변형되는 현상이다.

065

목제 제품 중 합판에 관한 설명으로 옳지 않은 것은?

① 방향에 따른 강도차가 작다.
② 곡면가공을 하여도 균열이 생기지 않는다.
③ 여러 가지 아름다운 무늬를 얻을 수 있다.
④ 함수율 변화에 의한 신축변형이 크다.

해설 **합판의 특성**

- 강도: 교착이 잘된 것은 원목보다 강하고 균열, 찢어짐, 변형 등에 대한 저항이 크다.
- 안정도: 함수율 변화에 의한 신축변형이 적고 방향성이 없으며, 두께에 비해 강도도 크다.
- 못박기: 보통판에 비해 못의 보지력(保持力)이 크다.
- 경제성: 비교적 작은 직경의 모재에서도 넓은 판을 얻을 수 있으며 곡면가공을 하여도 균열이 생기지 않고 무늬도 일정하다.

관련개념 **합판의 이점**

- 방향에 따른 강도의 차, 팽창수축이 적고 불규칙한 변형이 일어나지 않는다.
- 열, 음향의 전도율이 낮다.
- 내수성, 내습성이 크다.
- 못, 나무못에 접합이 간단하다.
- 같은 원목에서 많은 정목판, 목리판을 제작할 수 있고 매우 저렴한 값으로 외관이 아름다운 판자를 얻을 수 있다.
- 3×6 척, 4×8 척 등으로 규격되어 있어 사용상 편리하다.

| 정답 | 062 ②　063 ②　064 ③　065 ④

2020년 4회

066

콘크리트의 압축강도에 영향을 주는 요인에 관한 설명으로 옳지 않은 것은?

① 양생온도가 높을수록 콘크리트의 초기강도는 낮아진다.
② 일반적으로 물-시멘트비가 같으면 시멘트의 강도가 큰 경우 압축강도가 크다.
③ 동일한 재료를 사용하였을 경우에 물-시멘트비가 작을수록 압축강도가 크다.
④ 습윤양생을 실시하게 되면 일반적으로 압축강도는 증진된다.

해설
양생온도가 높으면 수화열이 발생하여 초기강도가 높아진다.

067

고온소성의 무수석고를 특별히 화학처리한 것으로 킨즈 시멘트라고도 하는 것은?

① 혼합석고 플라스터　② 보드용석고 플라스터
③ 경석고 플라스터　④ 돌로마이트 플라스터

해설 **경석고 플라스터(킨즈 시멘트)**
무수석고($CaSO_4$)에 백반 등의 촉진제를 배합한 것으로 혼합석고 플라스터보다 경도가 높다.

관련개념
- 혼합석고 플라스터: 천연석고의 원석을 소성한 소석고에 소석회와 돌로마이트를 혼합한 것이다.
- 보드용석고 플라스터: 혼합석고 플라스터에 석고분을 많게 하여 접착력, 강도를 크게 한 것으로 석고보드의 바탕을 바를 때 많이 사용한다.
- 돌로마이트 플라스터: 마그네시아 석회에 모래, 여물을 섞어 반죽한 바름벽 재료로 일반석회보다 비중과 강도가 크며 점성이 높아 가소성이 좋으므로 해초풀을 넣지 않아도 잘 발라진다. 풀을 넣지 않아 냄새, 곰팡이가 없고 변색될 염려도 없다.

068

초기강도가 아주 크고 초기 수화발열이 커서 긴급공사나 동절기 공사에 가장 적합한 시멘트는?

① 알루미나 시멘트　② 보통포틀랜드 시멘트
③ 고로시멘트　④ 실리카 시멘트

해설
알루미나 시멘트는 초조강성으로 24시간 내에 보통포틀랜드 시멘트의 28일 강도를 나타내는 것으로 초기강도와 수화열이 커서 동절기 공사에 적합하다.

관련개념 **혼합시멘트**
- 고로슬래그시멘트: 포틀랜드 시멘트와 슬래그를 적당량 배합한 것으로 보통포틀랜드 시멘트에 비해 응결이 늦고, 비중이 작으며, 조기강도가 낮으나 화학적 저항성, 수밀성이 크고, 발열량이 적어 균열이 적다. 해수의 작용을 받는 곳, 하수로 공사에 쓰인다.
- 플라이애시 시멘트: 플라이애시를 혼합한 것으로 수화열이 적고, 조기강도는 낮으나 장기강도는 높다. 또한 콘크리트 시공연도가 좋고, 수밀성이 크고, 단위수량을 감소시킬 수 있어 댐공사 등에 사용된다.
- 실리카 시멘트: 응결경화가 늦고 수화열이 작으며 조기강도가 작으나 장기강도는 크다. 또한 화학작용에 대한 저항성이 크며, 수밀성이 좋다.

069

다음 단열재료 중 가장 높은 온도에서 사용할 수 있는 것은?

① 세라믹 파이버　② 암면
③ 석면　④ 글라스울

해설 **단열재료의 사용가능 최고온도**
- 세라믹 파이버: 1,260~1,430[℃]
- 규산 칼슘판: 650~1,000[℃]
- 펄라이트판: 800[℃]
- 암면: 600[℃]
- 석면: 550[℃]
- 글라스울: 300~400[℃]

| 정답 | 066 ①　067 ③　068 ①　069 ①

070

수분 상승으로 인하여 콘크리트의 표면에 떠올라 얇은 피막으로 되어 침적한 물질은?

① 레이턴스　　② 폴리머
③ 마그네시아　　④ 포졸란

해설 레이턴스(Laitance)
콘크리트 타설 과정에서 물과 시멘트 입자가 혼합되어 표면에 떠오르는 약한 층이다. 보통 타설 후 경화 과정에서 발생하며, 콘크리트의 표면 품질과 구조적 성능에 영향을 미칠 수 있으므로 제거 및 관리가 필요하다.

관련개념
- 폴리머(Polymer): 분자량이 낮은 분자인 모노머(단위체)가 공유결합으로 많이 연결되어 이루어진 높은 분자량의 거대분자를 말한다.
- 포졸란(Pozzolan): 실리카질 또는 실리카질과 알루미나질의 미분말로서 그 자체에는 수경성이 없으나 미분상의 것은 물이 있는 곳에서 시멘트가 수화할 때 생기는 수산화칼슘과 상온에서 서서히 화합하여 불용성의 화합물을 만든다.

071

다음 중 천연석에 해당되지 않는 것은?

① 트래버틴　　② 대리석
③ 화강석　　④ 테라조

해설 테라조(Terrazzo)
대리석의 쇄석을 종석으로 하여 백색 포틀랜드시멘트에 안료를 섞어 된비빔하여 콘크리트판의 편면에 치어 부은 후 바이브레이터로 다져 성형한 다음 경화된 후에 가공·연마하여 대리석과 같이 미려한 광택을 갖도록 마감한 인조석을 총칭한다.

관련개념 트래버틴(Travertin)
대리석의 일종으로 석질이 불균질하고 다공질이며, 황갈색의 반문, 아치가 있어 주로 특수 실내 장식재로 사용되며 이탈리아에서 우수한 품질의 재료가 생산된다.

072

콘크리트의 건조수축에 관한 설명으로 옳지 않은 것은?

① 시멘트의 제조성분에 따라 수축량이 다르다.
② 골재의 성질에 따라 수축량이 다르다.
③ 시멘트량의 다소에 따라 수축량이 다르다.
④ 된비빔일수록 수축량이 많다.

해설 콘크리트의 건조수축에 영향을 주는 요인
- 시멘트량이 많을수록 건조수축이 크다.
- 분말도가 높을수록 건조수축이 크다.
- 단위수량이 많을수록 건조수축이 크다.
- 골재의 최대 치수가 클수록, 골재의 강성이 클수록, 골재량이 많을수록 건조수축은 작아진다.
- 철근량이 많을수록 건조수축이 작다.
- 온도가 높을수록 건조수축이 크다.
- 부재의 치수가 클수록 수축이 작아진다.
- 된비빔일수록 건조수축이 작다.

073

시멘트의 분말도에 관한 설명으로 옳지 않은 것은?

① 분말도가 클수록 수화반응이 촉진된다.
② 분말도가 클수록 초기강도는 작으나 장기강도는 크다.
③ 분말도가 클수록 시멘트 분말이 미세하다.
④ 분말도가 너무 크면 풍화되기 쉽다.

해설 시멘트의 분말도
- 분말도가 클수록 비표면적이 커서 물에 접촉하는 면적이 크므로 수화작용이 빨라서 콘크리트의 초기강도가 높고 그 후의 강도 증진도 크며 골재와의 접착력도 크므로 내구적인 콘크리트를 만드는 데 적당하다.
- 분말도가 너무 크면 풍화되기 쉽다.
- 화학성분이 같을 때 조기강도를 증진하기 위해선 분말도에 의존할 수밖에 없다.
- 분말도가 너무 큰 시멘트는 블리딩(Bleeding)이 적고, 워커빌리티가 좋으나 수축이 커질 염려가 있고, 발열량이 많아 콘크리트에 균열이 발생하기 쉬우며 수밀성, 내구성의 면에서도 좋지 못하다.

| 정답 | 070 ①　071 ④　072 ④　073 ②

074

골재의 함수상태에 따른 질량이 다음과 같을 경우 표면수율은?

- 절대건조상태: 490[g]
- 표면건조상태: 500[g]
- 습윤상태: 550[g]

① 2[%]
② 3[%]
③ 10[%]
④ 15[%]

해설

$$표면수율 = \frac{습윤상태\ 질량 - 표면건조내부포화상태\ 질량}{표면건조내부포화상태\ 질량} \times 100$$

$$= \frac{550-500}{500} \times 100 = 10[\%]$$

관련개념 **골재의 함수상태**

구분	설명
함수량 (Water Content)	골재입자 안팎에 들어 있는 모든 물의 양(Total Water Content)이다.
흡수량 (Absorption)	노건조상태에서 표면건조포화상태로 되기까지의 흡수된 물의 양이다.
유효흡수량 (Effective Absorption)	공기 중 건조상태에서 골재의 입자가 표면건조포화상태로 되기까지의 흡수된 물의 양이다.
표면수량 (Surface Moisture)	골재입자의 표면에 묻어 있는 물의 양으로 일반적으로 골재중량의 1[%] 이하이다.

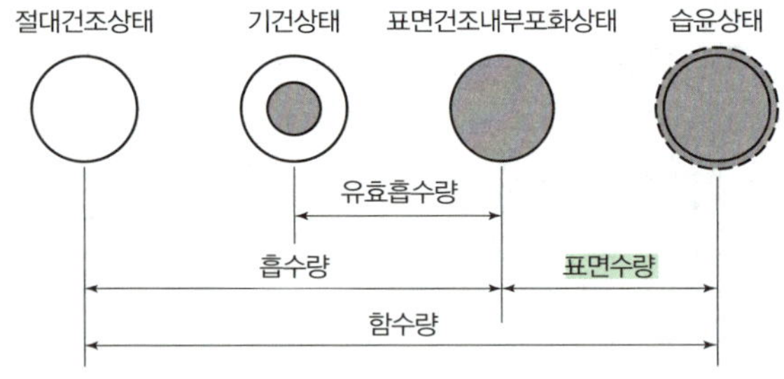

075

점토벽돌 1종의 압축강도는 최소 얼마 이상인가?

① 17.85[MPa]
② 19.53[MPa]
③ 20.59[MPa]
④ 24.50[MPa]

해설 **점토벽돌의 품질**

품질	종류	
	1종	2종
흡수율[%]	10.0 이하	15.0 이하
압축강도[MPa]	24.50 이상	14.70 이상

076

굳지 않은 콘크리트의 성질을 나타낸 용어에 관한 설명으로 옳지 않은 것은?

① 컨시스턴시(Consistency) – 콘크리트에 사용되는 물의 양에 의한 콘크리트 반죽의 질기
② 워커빌리티(Workability) – 콘크리트의 부어넣기 작업 시의 작업 난이도 및 재료분리에 대한 저항성
③ 피니셔빌리티(Finishability) – 굵은골재의 최대치수, 잔골재율, 잔골재의 입도 등에 따른 마무리 작업의 난이도
④ 플라스티시티(Plasticity) – 콘크리트를 펌핑하여 부어넣는 위치까지 이동시킬 때의 펌핑성

해설 **굳지 않은 콘크리트의 성질**

용어	설명
워커빌리티 (Workability)	반죽질기에 따른 작업의 난이도 정도 및 재료분리에 저항하는 정도를 나타내는 굳지 않은 콘크리트의 성질
펌퍼빌리티 (Pumpability)	펌프에 의해 운반을 실시하는 경우 콘크리트의 압송성
플라스티시티 (Plasticity)	거푸집에 쉽게 다져 넣을 수 있고, 거푸집을 제거하면 천천히 변하는 굳지 않은 콘크리트의 성질
컨시스턴시 (Consistency)	주로 수량의 다소에 의한 부드러운 정도를 나타냄. 콘크리트를 타설할 때의 유동성에 영향을 미치고 일반적으로 슬럼프 값으로 측정
피니셔빌리티 (Finishability)	굵은 골재의 최대치수, 잔골재율, 잔골재의 입도 등에 의한 마무리의 용역도를 나타냄

| 정답 | 074 ③ 075 ④ 076 ④

077

다음 중 골재로 사용할 수 없는 것은?

① 락울(rock wool)
② 질석(vermiculite)
③ 펄라이트(perlite)
④ 화산자갈(volcanic gravel)

해설

락울은 골재로 사용할 수 없다.
질석, 펄라이트, 화산자갈 등은 내화품질 골재로 사용할 수 있다.

078

대리석의 성질과 용도에 관한 설명으로 옳은 것은?

① 석질이 치밀하고, 판석으로서 지붕 외벽 등에 사용되며 비석, 숫돌로도 이용된다.
② 조적재, 기초석재 등으로 주로 쓰인다.
③ 내화도는 높으나 조잡하여 경량골재, 내화재 등에 사용한다.
④ 열, 산에는 약하지만 외관이 미려하므로 장식용으로 사용된다.

해설

① 대리석은 옥외용으로 부적합하며, 벼루, 숫돌, 기와, 구들장 등의 재료가 되는 것은 점판암이다.
② 구조재(기초석, 조적석재, 석축재)로 쓰이는 것은 응회암이다. 응회암 중 색깔이 좋은 것은 실내외 장식재로도 사용된다.
③ 다공질이며 가벼워 경량골재, 내화재로 사용되는 것은 응회암이다.

079

풍화된 시멘트를 사용했을 경우에 관한 설명으로 옳지 않은 것은?

① 응결이 늦어진다. ② 수화열이 증가한다.
③ 비중이 작아진다. ④ 강도가 감소된다.

해설 **풍화된 시멘트의 성질**

- 밀도가 작아진다.
- 수화열이 감소한다.
- 응결이 늦어진다.(이상응결을 일으킨다.)
- 강도발현이 늦어지고, 초기강도, 압축강도가 작다.
- 블리딩이 증가하고, 건조수축 및 균열이 크다.
- 강열감량(풍화를 나타내는 척도)이 커진다.

관련개념 **시멘트의 풍화**

시멘트를 공기 중에 방치하거나 통기성이 있는 곳에 장기저장 시 공기 중의 수분이나 이산화탄소와 반응하여 굳어지면서 품질이 저하된다.

080

다음 중 무기질 단열재에 해당하는 것은?

① 발포폴리스티렌 보온재 ② 셀룰로즈 보온재
③ 규산칼슘판 ④ 경질폴리우레탄폼

해설 **무기질 단열재와 유기질 단열재**

구분	내용
무기질 단열재	규조토, 유리면, 암면, 세라믹파이퍼, 펄라이트판, 석면, 탄산마그네슘분말, 마그네시아 분말, 규산칼슘, 펄라이트, 경량기포 콘크리트 등
유기질 단열재	셀룰로즈섬유판, 연질섬유판, 폴리스틸렌, 경질우레탄폼, 펠트, 거품고무, 탄화코르크, 면, 발포합성수지질 등

| 정답 | 077 ① 078 ④ 079 ② 080 ③

건설안전기술

081

단관비계를 조립하는 경우 벽이음 및 버팀을 설치할 때의 수평방향 조립간격 기준으로 옳은 것은?

① 3[m] ② 5[m]
③ 6[m] ④ 8[m]

해설 **강관비계의 조립간격**

강관비계의 종류	조립간격[m]	
	수직방향	수평방향
단관비계	5	5
틀비계(높이 5[m] 미만인 것 제외)	6	8

082

연약 점토지반 개량에 있어 적합하지 않은 공법은?

① 샌드드레인(Sand drain) 공법
② 생석회 말뚝(Chemico pile) 공법
③ 페이퍼드레인(Paper drain) 공법
④ 바이브로 플로테이션(Vibro flotation) 공법

해설
바이브로 플로테이션 공법은 사질지반에 적합하다.

관련개념 **연약 점토지반 개량 공법**

- 생석회 말뚝 공법
- 페이퍼드레인 공법
- 샌드드레인 공법
- 폭파 치환공법
- 압밀(재하)공법
- 여성토 공법

083

슬레이트, 선라이트 등 강도가 약한 재료를 덮은 지붕 위에서의 작업 중 추락하거나 넘어질 위험방지를 위하여 필요한 발판의 폭 기준은?

① 10[cm] 이상 ② 20[cm] 이상
③ 30[cm] 이상 ④ 40[cm] 이상

해설
근로자가 지붕 위에서 작업할 때에 추락하거나 넘어질 위험이 있는 경우 안전난간 설치, 채광창에 덮개 설치, 강도가 약한 재료로 덮은 지붕에는 폭 30[cm] 이상의 발판을 설치하여야 한다.

084

유해위험방지계획서를 제출해야 될 대상 공사의 기준으로 옳은 것은?

① 최대 지간길이가 50[m] 이상인 교량 건설 등 공사
② 다목적댐, 발전용댐 및 저수용량 1천만 톤 이상의 용수 전용 댐, 지방상수도 전용 댐 등의 건설 등 공사
③ 깊이가 9[m] 이상인 굴착공사
④ 연면적 2,000[m^2] 이상의 냉동·냉장 창고시설의 설비공사 및 단열공사

해설 **유해위험방지계획서 제출 대상 건설공사**

- 다음의 어느 하나에 해당하는 건축물 또는 시설 등의 건설·개조 또는 해체(건설 등) 공사
  - 지상높이가 31[m] 이상인 건축물 또는 인공구조물
  - 연면적 30,000[m^2] 이상인 건축물
  - 연면적 5,000[m^2] 이상의 문화 및 집회시설(전시장 및 동물원·식물원 제외), 판매시설, 운수시설(고속철도의 역사 및 집배송시설 제외), 종교시설, 의료시설 중 종합병원, 숙박시설 중 관광숙박시설, 지하도상가, 냉동·냉장 창고시설
- 연면적 5,000[m^2] 이상인 냉동·냉장 창고시설의 설비공사 및 단열공사
- 최대 지간길이가 50[m] 이상인 다리의 건설 등 공사
- 터널의 건설 등 공사
- 다목적댐, 발전용댐, 저수용량 2천만 톤 이상의 용수 전용 댐 및 지방상수도 전용 댐의 건설 등 공사
- 깊이 10[m] 이상인 굴착공사

| 정답 | 081 ② 082 ④ 083 ③ 084 ①

085

공사진척에 따른 공정률이 다음과 같을 때 산업안전보건관리비 사용기준으로 옳은 것은? (단, 공정률은 기성공정률을 기준으로 한다.)

공정률: 70[%] 이상 90[%] 미만

① 50[%] 이상 ② 60[%] 이상
③ 70[%] 이상 ④ 80[%] 이상

해설 **공사진척에 따른 산업안전보건관리비 사용기준**

공정률	사용기준
50[%] 이상 70[%] 미만	50[%] 이상
70[%] 이상 90[%] 미만	70[%] 이상
90[%] 이상	90[%] 이상

086

항만하역작업에서의 선박승강설비 설치기준으로 옳지 않은 것은?

① 200톤급 이상의 선박에서 하역작업을 하는 경우에 근로자들이 안전하게 오르내릴 수 있는 현문(舷門) 사다리를 설치하여야 한다.
② 현문 사다리는 견고한 재료로 제작된 것으로 너비는 55[cm] 이상이어야 한다.
③ 현문 사다리의 양측에는 82[cm] 이상의 높이로 울타리를 설치하여야 한다.
④ 현문 사다리는 근로자의 통행에만 사용하여야 하며, 화물용 발판 또는 화물용 보판으로 사용하도록 해서는 아니 된다.

해설 **선박승강설비의 설치**

- 사업주는 300톤급 이상의 선박에서 하역작업을 하는 경우에 근로자들이 안전하게 오르내릴 수 있는 현문 사다리를 설치하여야 하며, 이 사다리 밑에 안전망을 설치하여야 한다.
- 현문 사다리는 견고한 재료로 제작된 것으로 너비는 55[cm] 이상이어야 하고, 양측에 82[cm] 이상의 높이로 울타리를 설치하여야 하며, 바닥은 미끄러지지 않도록 적합한 재질로 처리되어야 한다.
- 현문 사다리는 근로자의 통행에만 사용하여야 하며, 화물용 발판 또는 화물용 보판으로 사용하도록 해서는 아니 된다.

087

차량계 하역운반기계, 차량계 건설기계의 안전조치사항 중 옳지 않은 것은?

① 최대제한속도가 시속 10[km]를 초과하는 차량계 건설기계를 사용하여 작업을 하는 경우 미리 작업장소의 지형 및 지반상태 등에 적합한 제한속도를 정하고, 운전자로 하여금 준수하도록 할 것
② 차량계 건설기계의 운전자가 운전위치를 이탈하는 경우 해당 운전자로 하여금 포크 및 버킷 등의 하역장치를 가장 높은 위치에 두도록 할 것
③ 차량계 하역운반기계 등에 화물을 적재하는 경우 하중이 한쪽으로 치우치지 않도록 적재할 것
④ 차량계 건설기계를 사용하여 작업을 하는 경우 승차석이 아닌 위치에 근로자를 탑승시키지 말 것

해설

차량계 하역운반기계 등, 차량계 건설기계의 운전자가 운전위치를 이탈하는 경우 포크, 버킷, 디퍼 등의 장치를 가장 낮은 위치 또는 지면에 내려놓아야 한다.

2020년 4회

088

건설현장에서 사용되는 작업발판 일체형 거푸집의 종류에 해당되지 않는 것은?

① 갱 폼(Gang Form)
② 슬립 폼(Slip Form)
③ 클라이밍 폼(Climbing Form)
④ 테이블 폼(Table Form)

해설 **작업발판 일체형 거푸집**

- 갱 폼(Gang Form)
- 슬립 폼(Slip Form)
- 클라이밍 폼(Climbing Form)
- 터널 라이닝 폼(Tunnel Lining Form)
- 그 밖에 거푸집과 작업발판이 일체로 제작된 거푸집 등

관련개념 **테이블 폼(Table Form)**

바닥 슬래브의 콘크리트를 타설하기 위한 거푸집으로서 거푸집널, 장선, 멍에, 서포트를 하나로 제작하여 크레인으로 수평 및 수직 이동이 가능하다.

| 정답 | 085 ③ 086 ① 087 ② 088 ④

089

토질시험 중 액체 상태의 흙이 건조되어 가면서 액성, 소성, 반고체, 고체 상태의 경계선과 관련된 시험의 명칭은?

① 아터버그 한계시험　② 압밀 시험
③ 삼축압축시험　④ 투수시험

해설 아터버그 한계시험

함수비의 변화에 따라 토질의 액성, 소성, 반고체, 고체 상태의 경계를 파악하는 함수비 시험을 말한다.

090

사업의 종류가 건설업이고, 공사금액이 850억 원일 경우 산업안전보건법령에 따른 안전관리자를 최소 몇 명 이상 두어야 하는가? (단, 상시근로자는 600명으로 가정한다.)

① 1명 이상　② 2명 이상
③ 3명 이상　④ 4명 이상

해설 안전관리자를 두어야 할 사업의 종류 및 규모

사업의 종류	상시근로자 수 또는 공사금액	안전관리자의 수
토사석 광업 식료품 제조업, 음료 제조업 목재 및 나무제품 제조업(가구 제외)	50명 이상 500명 미만	1명 이상
펄프, 종이 및 종이제품 제조업 코크스, 연탄 및 석유정제품 제조업 발전업 운수 및 창고업	500명 이상	2명 이상
농업, 임업 및 어업 전기, 가스, 증기 및 공기조절 공급업	50명 이상 1,000명 미만	1명 이상
방송업 우편 및 통신업	1,000명 이상	2명 이상
건설업	50억 원 이상 800억 원 미만	1명 이상
	800억 원 이상 1,500억 원 미만	2명 이상
	1,500억 원 이상 2,200억 원 미만	3명 이상
	2,200억 원 이상 3,000억 원 미만	4명 이상

091

흙막이 지보공을 설치하였을 때에 정기적으로 점검하고 이상을 발견하면 즉시 보수하여야 하는 사항과 거리가 먼 것은?

① 부재의 손상·변형·부식·변위 및 탈락의 유무와 상태
② 부재의 접속부·부착부 및 교차부의 상태
③ 침하의 정도
④ 설계상 부재의 경제성 검토

해설 흙막이 지보공 설치 시 점검사항

- 부재의 손상·변형·부식·변위 및 탈락의 유무와 상태
- 버팀대의 긴압의 정도
- 부재의 접속부·부착부 및 교차부의 상태
- 침하의 정도

092

이동식 크레인을 사용하여 작업을 할 때 작업시작 전 점검사항이 아닌 것은?

① 주행로의 상측 및 트롤리(trolley)가 횡행하는 레일의 상태
② 권과방지장치나 그 밖의 경보장치의 기능
③ 브레이크·클러치 및 조정장치의 기능
④ 와이어로프가 통하고 있는 곳 및 작업장소의 지반상태

해설

①은 크레인에 대하여 작업시작 전 점검사항이다.

093

건설업 산업안전보건관리비 중 안전시설비로 사용할 수 없는 것은?

① 안전통로
② 비계에 추가 설치하는 추락방지용 안전난간
③ 사다리 전도방지장치
④ 통로의 낙하물 방호 선반

해설

안전통로는 작업을 위한 근로자의 이동동선상 필요한 공사용 시설물로 산업안전보건관리비로 집행이 불가하다.

※ 「건설업 산업안전보건관리비 계상 및 사용기준」이 개정됨에 따라 '안전관리비의 항목별 사용 불가내역'은 삭제되었습니다.

| 정답 | 089 ①　090 ②　091 ④　092 ①　093 ①

094

거푸집에 작용하는 하중 중에서 연직하중이 아닌 것은?

① 거푸집의 자중　　② 콘크리트 측압
③ 가설설비의 충격하중　　④ 작업원의 작업하중

해설
콘크리트 측압은 횡방향 하중이다.

관련개념 **거푸집 및 동바리 구조검토 시 고려하여야 할 하중**

구분	내용
연직하중	• 거푸집, 지보공(동바리), 콘크리트, 철근, 작업원, 타설용 기계기구, 가설설비 등의 중량 및 충격하중 • 연직하중=고정하중+작업하중 =(콘크리트 무게+거푸집 무게) +(충격하중+작업하중)
횡하중	작업할 때의 진동, 충격, 시공오차 등에 기인되는 횡방향 하중 이외의 풍압, 유수압, 지진 등
콘크리트 측압	굳지않은 콘크리트의 측압
특수하중	시공 중에 예상되는 특수한 하중(콘크리트 편심하중 등)

095

불도저의 종류 중 다음에서 설명하는 불도저의 명칭은?

> 블레이드의 길이가 길고 낮으며 블레이드의 좌우를 전후로 25~30°로 회전시킬 수 있어 흙을 측면으로 보낼 수 있다.

① 틸트 도저　　② 스트레이트 도저
③ 앵글 도저　　④ 레이크 도저

해설 **도저의 종류**

구분	내용
스트레이트 도저 (Straight dozer)	트랙터 앞쪽에 블레이드를 90°로 설치하여 상하로 조정하며 흙을 깎고 밀어내는 형식의 도저
앵글 도저 (Angle dozer)	블레이드를 좌우 20°~30° 정도로 각을 세울 수 있어 토사를 한쪽 방향으로 밀어내는 형식의 도저
틸트 도저 (Tilt dozer)	수평면을 기준으로 블레이드를 좌우로 15[cm] 정도 기울일 수 있어 V형 측구 등을 굴착하는 도저
레이크 도저 (Rake dozer)	블레이드 대신 갈퀴 형식의 레이크를 부착하여 흙 속의 나무뿌리나 잡목 등을 제거하는 도저
힌지 도저 (Hinge dozer)	앵글도저보다 각을 크게 하여 제설, 제토작업에 적합한 도저

096

갱내에 설치한 사다리식 통로에 권상장치가 설치된 경우 권상장치와 근로자의 접촉에 의한 위험이 있는 장소에 설치해야 하는 것은?

① 판자벽　　② 울
③ 건널다리　　④ 덮개

해설
사업주는 갱내에 설치한 통로 또는 사다리식 통로에 권상장치가 설치된 경우 권상장치와 근로자의 접촉에 의한 위험이 있는 장소에 판자벽이나 그 밖의 위험방지를 위한 격벽을 설치하여야 한다.

097

강관틀비계를 조립하여 사용하는 경우 준수해야 할 기준으로 옳지 않은 것은?

① 비계기둥의 밑둥에는 밑받침철물을 사용하여야 하며 밑받침에 고저차(高低差)가 있는 경우에는 조절형 밑받침철물을 사용하여 각각의 강관틀비계가 항상 수평 및 수직을 유지하도록 할 것
② 높이가 20[m]를 초과하거나 중량물의 적재를 수반하는 작업을 할 경우에는 주틀 간의 간격을 1.8[m] 이하로 할 것
③ 주틀 간의 교차 가새를 설치하고 최상층 및 5층 이내마다 수평재를 설치할 것
④ 수직방향으로 5[m], 수평방향으로 5[m] 이내마다 벽이음을 할 것

해설 **강관틀비계 조립·사용 시 준수사항**

- 비계기둥의 밑둥에는 밑받침철물을 사용하여야 하며 밑받침에 고저차가 있는 경우에는 조절형 밑받침철물을 사용하여 각각의 강관틀비계가 항상 수평 및 수직을 유지하도록 할 것
- 높이가 20[m]를 초과하거나 중량물의 적재를 수반하는 작업을 할 경우에는 주틀 간의 간격을 1.8[m] 이하로 할 것
- 주틀 간에 교차 가새를 설치하고 최상층 및 5층 이내마다 수평재를 설치할 것
- 수직방향으로 6[m], 수평방향으로 8[m] 이내마다 벽이음을 할 것
- 길이가 띠장 방향으로 4[m] 이하이고 높이가 10[m]를 초과하는 경우에는 10[m] 이내마다 띠장 방향으로 버팀기둥을 설치할 것

| 정답 | 094 ② 095 ③ 096 ① 097 ④

098

콘크리트 타설작업을 하는 경우 안전대책으로 옳지 않은 것은?

① 당일의 작업을 시작하기 전에 해당 작업에 관한 거푸집 및 동바리의 변형·변위 및 지반의 침하 유무 등을 점검하고 이상이 있으면 보수할 것
② 작업 중에는 감시자를 배치하는 등의 방법으로 거푸집 및 동바리의 변형·변위 및 침하 유무 등을 확인하여야 하고, 이상이 있으면 작업을 중지하고 근로자를 대피시킬 것
③ 설계도서 상의 콘크리트 양생기간을 준수하여 거푸집 및 동바리를 해체할 것
④ 슬래브의 경우 한쪽부터 순차적으로 콘크리트를 타설하는 등 편심을 유발하여 빠른 시간 내 타설이 완료되도록 할 것

해설 콘크리트 타설작업 시 준수사항
- 당일의 작업을 시작하기 전에 해당 작업에 관한 거푸집 및 동바리의 변형·변위 및 지반의 침하 유무 등을 점검하고 이상이 있으면 보수할 것
- 작업 중에는 감시자를 배치하는 등의 방법으로 거푸집 및 동바리의 변형·변위 및 침하 유무 등을 확인하여야 하며, 이상이 있으면 작업을 중지하고 근로자를 대피시킬 것
- 콘크리트 타설작업 시 거푸집 붕괴의 위험이 발생할 우려가 있으면 충분한 보강조치를 할 것
- 설계도서 상의 콘크리트 양생기간을 준수하여 거푸집 및 동바리를 해체할 것
- 콘크리트를 타설하는 경우에는 편심이 발생하지 않도록 골고루 분산하여 타설할 것

099

달기 체인(Chain)의 폐기 대상이 아닌 것은?

① 균열, 흠이 있는 것
② 뒤틀림 등 변형이 현저한 것
③ 전장이 원래 길이의 5[%]를 초과하여 늘어난 것
④ 링(Ring)의 단면지름의 감소가 원래 지름의 5[%] 정도 마모된 것

해설 운반하역 표준안전 작업지침에서 규정하는 체인의 폐기기준
- 링의 단면지름의 감소가 원래 지름의 10[%]를 초과하여 마모된 것
- 균열, 흠이 있는 것
- 접합부가 이탈될 염려가 있는 것
- 전장이 원래 길이의 5[%]를 초과하여 늘어난 것
- 뒤틀림 등 변형이 현저한 것

100

물체가 떨어지거나 날아올 위험을 방지하기 위한 낙하물 방지망 또는 방호선반을 설치할 때 수평면과의 적정한 각도는?

① 10° ~ 20°　　② 20° ~ 30°
③ 30° ~ 40°　　④ 40° ~ 45°

해설 낙하물 방지망 또는 방호선반의 설치 시 준수사항
- 높이 10[m] 이내마다 설치하고, 내민 길이는 벽면으로부터 2[m] 이상으로 할 것
- 수평면과의 각도는 20° 이상 30° 이하를 유지할 것

| 정답 | 098 ④　099 ④　100 ②

2019년 1회 기출문제

자동 채점

산업안전관리론

001

제조업자는 제조물의 결함으로 인하여 생명·신체 또는 재산에 손해를 입은 자에게 그 손해를 배상하여야 하는데 이를 무엇이라 하는가? (단, 당해 제조물에 대해서만 발생한 손해는 제외한다.)

① 입증 책임 ② 담보 책임
③ 연대 책임 ④ 제조물 책임

해설 제조물 책임
제조물의 결함으로 인하여 생명·신체 또는 재산에 손해를 입은 자에게 그 손해를 배상하고, 결함 제품 사용 등으로 인해 피해를 입은 소비자의 손해를 배상해 주는 피해구제 제도이다.

관련개념

입증 책임	소송에서 자기에게 유리한 사실을 주장하기 위하여 법원을 설득할 만한 증거를 제출하는 책임
담보 책임	민법에서 매매 계약의 당사자가 급부한 목적물이나 권리에 흠이 있을 경우에 부담하는 손해 배상과 그 밖의 책임
연대 책임	당사자만이 아니라 같은 집단 내에 다른 사람들까지도 함께 책임을 지는 것

002

재해예방의 4원칙에 해당하지 않는 것은?

① 예방가능의 원칙 ② 손실우연의 원칙
③ 원인계기의 원칙 ④ 선취해결의 원칙

해설 재해예방의 4원칙

손실우연의 원칙	사고에 의해서 생기는 상해의 종류 및 정도는 우연적이라는 원칙
예방가능의 원칙	재해는 원칙적으로 예방이 가능하다는 원칙
원인계기의 원칙 (원인연계의 원칙)	재해의 발생은 직접원인으로만 일어나는 것이 아니라 간접원인이 연계되어 일어난다는 원칙
대책선정의 원칙	원인의 정확한 분석에 의해 가장 타당한 재해예방 대책이 선정되어야 한다는 원칙

003

누전차단장치 등과 같은 안전장치를 정해진 순서에 따라 작동 시키고 동작상황의 양부를 확인하는 점검은?

① 외관점검 ② 작동점검
③ 기술점검 ④ 종합점검

해설 작동점검
누전차단장치 등과 같은 안전장치를 정해진 순서에 따라 작동시키고 동작상황의 양부를 확인하는 점검으로 기기 등에 의한 점검확인이 어려울 때 실제 작동을 점검하는 것을 말한다.

관련개념

외관점검	기기의 외관상 문제가 있는지 확인하는 점검방법
종합점검	외관점검, 작동점검 등을 포함한 제반 기기의 구성 전반에 기준이 적합한지 종합적으로 점검하는 방법

004

재해사례연구에 관한 설명으로 틀린 것은?

① 재해사례연구는 주관적이며 정확성이 있어야 한다.
② 문제점과 재해요인의 분석은 과학적이고, 신뢰성이 있어야 한다.
③ 재해사례를 과제로 하여 그 사고와 배경을 체계적으로 파악한다.
④ 재해요인을 규명하여 분석하고 그에 대한 대책을 세운다.

해설
재해사례연구를 할 때에는 객관적인 자료에 근거하여 실시하여야 한다.

| 정답 | 001 ④ 002 ④ 003 ② 004 ①

005

모랄 서베이(Morale Survey)의 효용이 아닌 것은?

① 조직 또는 구성원의 성과를 비교·분석한다.
② 종업원의 정화(Catharsis) 작용을 촉진시킨다.
③ 경영관리를 개선하는 데에 대한 자료를 얻는다.
④ 근로자의 심리 또는 욕구를 파악하여 불만을 해소하고, 노동의욕을 높인다.

해설 **모랄 서베이(Morale Survey, 근로의욕 조사)**

근로자의 감정과 기분을 과학적으로 고려하고 이에 따라 경영의 관리활동을 개선하려는 데 목적이 있다.

통계에 의한 방법	사고 상해율, 생산성 등을 분석하여 파악하는 방법
사례연구(Case Study)법	관리상의 여러 가지 제도에 나타나는 사례에 대해 연구함으로써 현상을 파악하는 방법
관찰법	종업원의 근무 실태를 계속 관찰함으로써 문제점을 찾아내는 방법
실험연구법	실험그룹과 통제그룹으로 나누고 정황, 자극을 주어 태도 변화를 조사하는 방법
태도조사	질문지법, 면접법, 집단토의법, 투사법 등에 의해 의견을 조사하는 방법

006

산업안전보건법령상 특별안전보건교육의 대상 작업에 해당하지 않는 것은?

① 석면해체·제거작업
② 밀폐된 장소에서 하는 용접작업
③ 화학설비 취급품의 검수·확인 작업
④ 2[m] 이상의 콘크리트 인공구조물의 해체

해설

화학설비 중 반응기, 교반기·추출기의 사용 및 세척작업이 특별안전보건교육 대상 작업에 해당된다.

007

안전교육의 3단계에서 생활지도, 작업동작지도 등을 통한 안전의 습관화를 위한 교육은?

① 지식교육　② 기능교육
③ 태도교육　④ 인성교육

해설 **태도교육(안전교육의 제3단계)**

- 생활지도, 작업동작지도 등을 통한 안전의 습관화를 위한 교육이다.
- 안전한 방법을 알고는 있으나 시행하지 않는 사람에게 직장규율, 안전규율 등을 익히게 한다.

008

주의(Attention)의 특징 중 여러 종류의 자극을 자각할 때, 소수의 특정한 것에 한하여 주의가 집중되는 것은?

① 선택성　② 방향성
③ 변동성　④ 검출성

해설 **주의(Attention)의 특징**

- 선택성: 여러 종류의 자극 중 특정한 것을 선택하여 주의가 집중된다.
- 방향성: 한 지점에 주의를 집중하면 다른 곳의 주의가 약해진다.
- 변동성: 주의가 유지되지 않고 일정한 주기로 부주의하게 된다.

| 정답 | 005 ①　006 ③　007 ③　008 ①

009

재해발생 형태별 분류 중 물건이 주체가 되어 사람이 상해를 입는 경우에 해당되는 것은?

① 추락 ② 전도
③ 충돌 ④ 낙하·비래

해설 **낙하·비래(맞음)**

구조물 또는 기계 등으로부터 고정되어 있던 물체가 고정부로부터 이탈하거나 기계, 설비로부터 분리되어 사람에게 상해를 입히는 경우를 말한다.

010

위험예지훈련 중 TBM(Tool Box Meeting)에 관한 설명으로 틀린 것은?

① 작업 장소에서 원형의 형태를 만들어 실시한다.
② 통상 작업시작 전·후 10분 정도의 시간으로 미팅한다.
③ 토의는 다수인(30인)이 함께 수행한다.
④ 근로자 모두가 말하고 스스로 생각하고 "이렇게 하자"라고 합의한 내용이 되어야 한다.

해설

TBM(Tool Box Meeting)은 작업단위별(10인 이하 소수) 위험예지훈련을 수행하는 것이 효과적이다.

관련개념 **TBM(Tool Box Meeting) 위험예지훈련**

현장에서 그때그때 주어진 상황에 적용하여 실시하는 위험예지활동으로 단시간 적응훈련이다.

011

인간의 적응기제(適應機制)에 포함되지 않는 것은?

① 갈등(conflict) ② 억압(repression)
③ 공격(aggression) ④ 합리화(rationalization)

해설

갈등은 적응기제가 발생하는 원인에 해당된다.

관련개념 **적응기제**

신체적 욕구나 성격적 욕구가 외적·내적 원인에 의해 저지되어 욕구불만의 상태에서 불쾌와 불만족이 높아지고 긴장되어 이 긴장을 해소하려는 기제이다. 적응기제의 종류에는 방어기제, 도피기제, 공격기제 등이 있다.

012

산업안전보건법상 직업병 유소견자가 발생하거나 다수 발생할 우려가 있는 경우에 실시하는 건강진단은?

① 특별건강진단 ② 일반건강진단
③ 임시건강진단 ④ 채용 시 건강진단

해설 **산업안전보건법령에 명시된 건강진단의 종류**

구분	설명
일반건강진단	상시 사용하는 근로자의 건강관리를 위하여 실시
배치건강진단	특수건강진단대상업무에 종사할 근로자의 배치 예정 업무에 대한 적합성 평가를 위하여 실시
특수건강진단	유해인자에 노출되는 업무에 종사하는 근로자의 건강관리를 위하여 실시
	특수건강진단 또는 임시건강진단 실시 결과 직업병 소견을 판정받거나, 해당 유해인자에 대한 건강진단이 필요하다는 의사의 소견이 있는 근로자에 대하여 실시
수시건강진단	유해인자로 인한 것이라고 의심되는 건강장해 증상을 보이거나 의학적 소견이 있는 근로자에 대하여 실시
임시건강진단	같은 유해인자에 노출되는 근로자들에게 유사한 질병의 증상이 발생한 근로자에 대하여 실시

| 정답 | 009 ④ 010 ③ 011 ① 012 ③

2019년 1회

013

객관적인 위험을 자기 나름대로 판정해서 의지결정을 하고 행동에 옮기는 인간의 심리특성은?

① 세이프 테이킹(safe taking)
② 액션 테이킹(action taking)
③ 리스크 테이킹(risk taking)
④ 휴먼 테이킹(human taking)

해설 **리스크 테이킹(Risk Taking)**
객관적인 위험을 자기 나름대로 판정해서 의지결정을 하고 행동에 옮기는 인간의 심리특성으로 안전태도가 불량한 사람한테 높은 빈도를 보인다.

014

방독마스크의 정화통 색상으로 틀린 것은?

① 유기화합물용-갈색
② 할로겐용-회색
③ 황화수소용-회색
④ 암모니아용-노란색

해설 **정화통 외부 측면의 표시색**

유기화합물용	갈색
할로겐용, 황화수소용, 시안화수소용	회색
아황산용	노란색
암모니아용	녹색
복합용 및 겸용	• 복합용: 해당가스 색 모두 표시(2층 분리) • 겸용: 백색과 해당가스 색 모두 표시(2층 분리)

015

하인리히의 재해구성비율에 따라 경상사고가 87건 발생하였다면 무상해사고는 몇 건이 발생하였겠는가?

① 300건
② 600건
③ 900건
④ 1,200건

해설 **하인리히의 법칙(1:29:300의 법칙)**
330건의 사고가 발생한다면 그 중에 중상해가 1건, 경상해가 29건, 무상해사고가 300건 발생한다는 법칙이다.
경상해가 87건 발생하였으므로 무상해사고는 $300\times\frac{87}{29}=900$건 발생한다.

016

다음 중 스트레스(Stress)에 관한 설명으로 가장 적절한 것은?

① 스트레스는 나쁜 일에서만 발생한다.
② 스트레스는 부정적인 측면만 가지고 있다.
③ 스트레스는 직무몰입과 생산성 감소의 직접적인 원인이 된다.
④ 스트레스는 상황에 직면하는 기회가 많을수록 스트레스 발생 가능성은 낮아진다.

해설 **스트레스의 특징**
- 스트레스를 받게 되면 감각기관과 신경이 예민해진다.
- 일정한 스트레스는 수행성과를 향상시키고, 과도한 스트레스는 수행성과에 악영향을 끼칠 수 있다.
- 스트레스는 환경의 요구가 지나쳐 개인의 능력한계를 벗어날 때 발생한다.
- 스트레스 요인에는 소음, 진동, 열 등과 같은 환경영향뿐만 아니라 개인적인 심리적 요인들도 포함된다.

| 정답 | 013 ③ 014 ④ 015 ③ 016 ③

017

산업안전보건법상 안전보건표지에서 기본모형의 색상이 빨강이 아닌 것은?

① 산화성물질경고　② 화기금지
③ 탑승금지　④ 고온경고

해설
'고온경고'의 바탕은 노란색, 기본모형, 관련 부호 및 그림은 검은색이다.

관련개념 **안전보건표지의 색도기준 및 용도**

색채	색도기준	용도	사용 예
빨간색	7.5R 4/14	금지	정지신호, 소화설비 및 그 장소, 유해행위의 금지
		경고	화학물질 취급장소에서의 유해·위험 경고
노란색	5Y 8.5/12	경고	화학물질 취급장소에서의 유해·위험 경고 이외의 위험경고, 주의표지 또는 기계방호물
파란색	2.5PB 4/10	지시	특정 행위의 지시 및 사실의 고지
녹색	2.5G 4/10	안내	비상구 및 피난소, 사람 또는 차량의 통행표지
흰색	N9.5		파란색 또는 녹색에 대한 보조색
검은색	N0.5		문자 및 빨간색 또는 노란색에 대한 보조색

018

안전을 위한 동기부여로 틀린 것은?

① 기능을 숙달시킨다.
② 경쟁과 협동을 유도한다.
③ 상벌제도를 합리적으로 시행한다.
④ 안전목표를 명확히 설정하여 주지시킨다.

해설 **안전에 대한 동기유발 방법**
- 안전의 근본이념을 인식시킨다.
- 상과 벌을 준다.
- 동기유발의 최적수준을 유지한다.
- 목표를 설정하고 호기심을 자극한다.
- 경쟁과 협동을 유발시킨다.

019

하버드 학파의 5단계 교수법에 해당되지 않는 것은?

① 교시(Presentation)　② 연합(Association)
③ 추론(Reasoning)　④ 총괄(Generalization)

해설 **하버드 학파의 5단계 교수법**
- 1단계: 준비(Preperation)
- 2단계: 교시(Presentation)
- 3단계: 연합(Association)
- 4단계: 총괄(Generalization)
- 5단계: 응용(Application)

020

OJT(On the Job Training)의 특징이 아닌 것은?

① 훈련에 필요한 업무의 계속성이 끊어지지 않는다.
② 교육효과가 업무에 신속히 반영된다.
③ 다수의 근로자들을 대상으로 동시에 조직적 훈련이 가능하다.
④ 개개인에게 적절한 지도훈련이 가능하다.

해설 **OJT(On the Job Training)**

구분	내용
장점	• 개개인에게 적절한 지도훈련이 가능하다. • 직장의 실정에 맞게 실제적 훈련이 가능하다. • 교육을 통한 훈련효과에 의해 상호 신뢰 및 이해도가 높아진다. • 대상자의 개인별 능력에 따라 훈련의 진도를 조정하기 쉽다. • 교육효과가 업무에 신속히 반영된다. • 훈련에 필요한 업무의 계속성이 끊어지지 않는다. • 동기부여가 쉽다.
단점	• 다수의 대상을 한 번에 통일적인 내용 및 수준으로 교육시킬 수 없다. • 전문적인 지식 및 기능을 교육하기 힘들다. • 업무와 교육이 병행되므로 훈련에만 전념할 수 없다.

관련개념 **Off JT(Off the Job Training)**

구분	내용
장점	• 업무와 훈련이 동시에 진행되지 않으므로 훈련에만 전념하게 된다. • 외부의 우수한 전문가를 강사로 활용할 수 있다. • 다수의 근로자를 대상으로 일괄적, 조직적, 체계적인 훈련이 가능하다. • 교재, 시설 등을 효과적으로 이용할 수 있다. • 교육생 간 혹은 타 직장의 근로자와 지식이나 경험을 교류할 수 있다.
단점	• 개인의 안전지도 방법으로는 부적당하다. • 교육으로 인해 업무가 중단되는 손실이 발생한다.

| 정답 | 017 ④　018 ①　019 ③　020 ③

2019년 1회

인간공학 및 시스템안전공학

021

다음 그림 중 형상 암호화된 조종장치에서 단회전용 조종장치로 가장 적절한 것은?

①
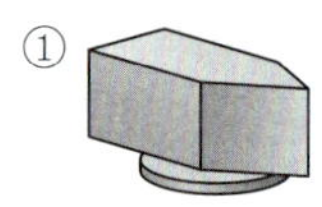

②

③
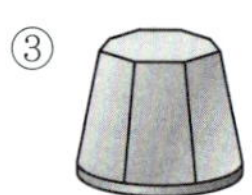

④
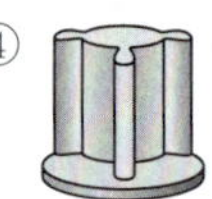

해설

④은 단순하게 만들어진 회전 버튼으로 회전 방향이나 속도를 선택할 필요 없이 간단하게 조종할 수 있어서 단회전용으로 적합하나 다른 보기의 장치들은 회전 방향이나 속도를 선택하여야 하거나 다른 복잡한 기능들이 추가되어 있어 단회전용 조종장치로는 적합하지 않다.

관련개념 **형상 암호화된 조종장치**

구분	단회전용	다회전용	이산멈춤용
조작 방식	한 번의 회전(360도 이하)으로 동작 완료	여러 번 회전하여야 동작 완료	연속적인 동작이 아니라 특정한 단계에서 멈추도록 설계
장점	빠르고 직관적인 조작 가능	세밀하고 정밀한 조작 가능	정밀한 위치 조정 가능
단점	정밀 조작이 어려울 수 있음	빠른 조작이 어려울 수 있음	연속적인 단계의 조정 불가

022

위험조정을 위해 필요한 기술은 조직형태에 따라 다양하며 4가지로 분류하였을 때 이에 속하지 않는 것은?

① 전가(Transfer)　② 보류(Retention)
③ 계속(Continuation)　④ 감축(Reduction)

해설

위험을 그대로 계속 유지하는 것은 위험조정 기술이 아니다.

관련개념 **위험조정 기술 4가지**

- 회피(Avoidance)
- 경감, 감축(Reduction)
- 보류(Retention)
- 전가(Transfer)

023

FT도에 사용되는 기호 중 입력신호가 생긴 후, 일정시간이 지속된 후에 출력이 생기는 것을 나타내는 것은?

① OR 게이트　② 위험 지속 기호
③ 억제 게이트　④ 배타적 OR 게이트

해설

명칭	설명
OR 게이트	입력신호 중 하나 이상이 발생하면 출력이 발생(논리합)
위험 지속 기호	입력신호가 발생한 후 일정시간이 지속된 후에 출력이 발생
억제 게이트	입력이 발생하기 전 특정 조건을 만족하면 출력이 발생
배타적 OR 게이트	입력신호의 개수가 홀수일 때 출력이 발생

024

전통적인 인간-기계(Man-Machine) 체계의 대표적 유형과 거리가 먼 것은?

① 수동체계　② 기계화 체계
③ 자동체계　④ 인공지능 체계

해설

전통적인 인간-기계(Man-Machine) 체계는 인간이 기계를 조작하거나, 기계가 인간의 지시에 따라 작업을 수행하는 체계이므로 인간의 개입이 필요한 체계이다. 인공지능 체계는 인간의 개입이 없는 유형이므로 전통적인 인간-기계 체계와는 관계 없다.

관련개념 **인간-기계 체계의 종류**

구분	설명
수동체계	인간의 힘이나 기술에 의해 작동되는 체계로 인간이 기계를 조작하는 방식으로 작동된다. 예 망치 등 수공구
기계화 체계	인간의 노동력을 기계로 대체한 체계로 기계가 인간의 지시에 따라 작업을 수행하는 방식으로 작동된다. 예 자동차
자동체계	인간의 개입 없이 스스로 작업을 수행하는 체계로 인간이 설계하고 제작한 기계가 작업을 수행하는 방식으로 작동된다. 예 자동로봇(끄고 키는 것은 사람이 컨트롤)

| 정답 | 021 ④　022 ③　023 ②　024 ④

025

암호체계 사용상의 일반적인 지침에 해당하지 않는 것은?

① 암호의 검출성 ② 부호의 양립성
③ 암호의 표준화 ④ 암호의 단일 차원화

해설

암호체계는 여러 차원의 복잡한 보호를 제공하여야 하며, '단일 차원화'라는 개념은 보안성을 떨어뜨릴 수 있으므로 일반적인 지침에 해당하지 않는다.

관련개념 **암호체계 사용 시 고려사항**

암호의 검출성	암호화된 데이터가 암호화되었음을 인식할 수 있도록 해야 한다.
부호의 양립성	암호화 방식이 기존 시스템 및 다른 암호 시스템과 호환될 수 있어야 한다.
암호의 표준화	보안성과 일관성을 위해 국제적으로 인정된 암호화 표준을 따라야 한다.
암호의 다차원화	두 가지 이상의 암호를 조합하면 정보전달이 촉진된다.

026

인간-기계 시스템에 대한 평가에서 평가 척도나 기준(criteria)으로서 관심의 대상이 되는 변수는?

① 독립변수 ② 종속변수
③ 확률변수 ④ 통제변수

해설 **종속변수**

독립변수의 변화에 따라 달라지는 변수로 인간-기계 시스템의 성능을 평가할 때 중요하게 다뤄진다. 예를 들어 작업 성능, 오류율, 반응시간 등이 종속변수로 사용된다.

관련개념

독립변수	실험 조건을 변화시키는 변수
확률변수	실험 결과의 불확실성을 나타내는 변수
통제변수	실험 결과에 영향을 미칠 수 있어서 일정하게 유지시키는 변수

027

인간-기계 시스템에서의 신뢰도 유지 방안으로 가장 거리가 먼 것은?

① lock system ② fail-safe system
③ fool-proof system ④ risk assessment system

해설

Risk Assessment System은 사전에 위험을 예측하고 평가하여 사고를 예방하는 방식으로 작동하므로 인간-기계 시스템에서의 신뢰도 유지 방안과는 가장 거리가 멀다.

028

작업장에서 구성요소를 배치하는 인간공학적 원칙과 가장 거리가 먼 것은?

① 중요도의 원칙 ② 선입선출의 원칙
③ 기능성의 원칙 ④ 사용빈도의 원칙

해설

선입선출의 원칙은 가장 먼저 입고된 물건이 가장 먼저 출고되는 것을 말하며 창고나 물류센터에서 물건을 보관하는 데 사용하는 원칙이다. 따라서 작업장에서 구성요소를 배치하는 것과는 관련 없다.

관련개념 **구성요소를 배치하는 인간공학적 원칙**

중요도의 원칙	작업장에서 가장 중요한 구성요소(작업 물품)를 작업자의 손이 닿기 쉬운 곳에 배치하는 원칙이다. 이는 작업자의 안전과 효율성을 높이기 위함이다.
기능성의 원칙	구성요소를 기능별로 분류하여 배치하는 원칙이다. 이는 작업자의 작업을 편리하게 하기 위함이다. 예 기능이 비슷한 가위와 칼을 묶고, 펜과 연필을 묶어서 분류
사용빈도의 원칙	작업자가 자주 사용하는 구성요소를 작업자의 손이 닿기 쉬운 곳에 배치하는 원칙이다. 이는 작업자의 작업시간을 단축하기 위함이다. 예 자주 사용하는 드라이버를 손에 닿기 쉬운 곳에 배치

| 정답 | 025 ④ 026 ② 027 ④ 028 ②

029

어떤 결함수의 쌍대결함수를 구하고, 컷셋을 찾아내어 결함(사고)을 예방할 수 있는 최소의 조합을 의미하는 것은?

① 최대 컷셋 ② 최소 컷셋
③ 최대 패스셋 ④ 최소 패스셋

해설 **최소 패스셋(Minimal Path Set)**
시스템의 기능을 살리는 데 필요한 최소한의 집합으로, 시스템의 신뢰도를 나타내며 쌍대결함수의 최소 컷셋과 같다.

030

통제표시비(control/display ratio)를 설계할 때 고려하는 요소에 관한 설명으로 틀린 것은?

① 통제표시비가 낮다는 것은 민감한 장치라는 것을 의미한다.
② 목시거리가 길면 길수록 조절의 정확도는 떨어진다.
③ 짧은 주행 시간 내에 공차의 인정범위를 초과하지 않는 계기를 마련한다.
④ 계기의 조절시간이 짧게 소요되도록 계기의 크기(size)는 항상 작게 설계한다.

해설
계기의 크기를 작게 설계한다고 해서 조절시간이 짧아지지는 않는다. 오히려 너무 작은 계기는 사용자의 조작이 어려워지고, 반응 시간에도 영향을 미칠 수 있으므로 계기의 설계는 조절시간과 사용 편의성을 고려하여 균형을 맞추어야 한다.

031

광원으로부터의 직사 휘광을 줄이기 위한 방법으로 적절하지 않은 것은?

① 휘광원 주위를 어둡게 한다.
② 가리개, 갓, 차양 등을 사용한다.
③ 광원을 시선에서 멀리 위치시킨다.
④ 광원의 수는 늘리고 휘도는 줄인다.

해설
직사 휘광을 줄이기 위해서는 광원의 빛이 시선에 직접 들어오는 것을 막는 것이 중요한데, 휘광원 주위를 어둡게 하면 시선이 휘광에 더 집중되므로 적절하지 않은 방법이다.

032

다음 FTA 그림에서 a, b, c의 부품고장율이 각각 0.01일 때, 최소 컷셋(minimal cut sets)과 신뢰도로 옳은 것은?

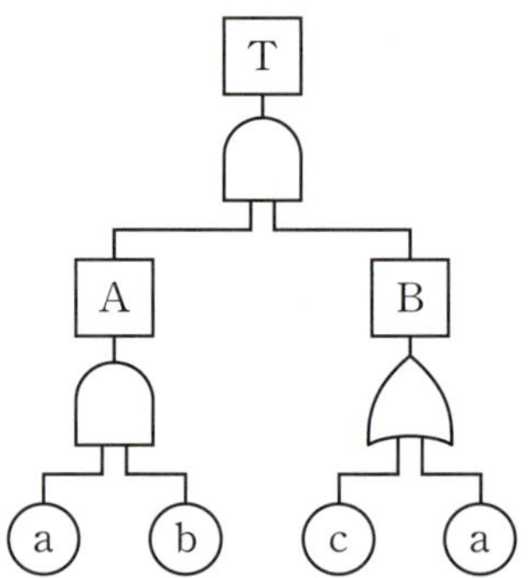

① {a, b}, R(t) = 99.99[%]
② {a, b, c}, R(t) = 98.99[%]
③ {a, b}, R(t) = 96.99[%]
④ {a, b, c}, R(t) = 97.99[%]

해설
$$T = A \cdot B = (a,\ b) \cdot \begin{pmatrix} c \\ a \end{pmatrix} = \begin{matrix} (a,\ b,\ c) \\ (a,\ b) \end{matrix}$$
컷셋은 (a, b, c), (a, b)이므로 최소 컷셋은 (a, b)이다.
따라서 a와 b가 모두 고장나면 정상사상 T가 발생하므로
T의 고장발생확률 = 0.01 × 0.01 = 0.0001
신뢰도 = 1 − 고장발생확률 = 1 − 0.0001 = 0.9999 = 99.99[%]

| 정답 | 029 ④ 030 ④ 031 ① 032 ①

033

동전던지기에서 앞면이 나올 확률 P(앞)=0.6이고, 뒷면이 나올 확률 P(뒤)=0.4일 때, 앞면과 뒷면이 나올 사건의 정보량을 각각 맞게 나타낸 것은?

① 앞면: 0.10[bit], 뒷면: 1.00[bit]
② 앞면: 0.74[bit], 뒷면: 1.32[bit]
③ 앞면: 0.32[bit], 뒷면: 0.74[bit]
④ 앞면: 2.00[bit], 뒷면: 1.00[bit]

해설

- 앞면의 정보량 I(앞) $= -\log_2 0.6 = 0.74$[bit]
- 뒷면의 정보량 I(뒤) $= -\log_2 0.4 = 1.32$[bit]

관련개념 **정보량(Information Content)**

정보량 $I(x) = -\log_2 P(x)$

034

다음의 설명에서 ( ) 안의 내용을 맞게 나열한 것은?

> 40[phon]은 (㉠)[sone]을 나타내며, 이는 (㉡)[dB]의 (㉢)[Hz] 순음의 크기를 나타낸다.

① ㉠: 1, ㉡: 40, ㉢: 1,000
② ㉠: 1, ㉡: 32, ㉢: 1,000
③ ㉠: 2, ㉡: 40, ㉢: 2,000
④ ㉠: 2, ㉡: 32, ㉢: 2,000

해설

1[sone]은 1,000[Hz]에서 40[dB]의 소리를 기준으로 정의된다. 40[phon]은 1[sone]를 나타내며, 이는 40[dB], 1,000[Hz] 순음의 크기를 나타낸다.

관련개념 **phon과 sone**

- phon: 소리의 주관적 강도를 나타내는 단위로, 특정 주파수에서의 소리의 강도를 나타낸다.
- sone: 사람의 청각에 의해 느껴지는 소리의 상대적인 강도를 나타낸다.

035

자동차나 항공기의 앞유리 혹은 차양판 등에 정보를 중첩 투사하는 표시장치는?

① CRT ② LCD
③ HUD ④ LED

해설 **HUD(Head-Up Display)**

운전자가 도로를 주시하면서 중요한 정보를 투사할 수 있도록 앞유리나 차양판에 화면을 표시하는 시스템이다.

관련개념

- CRT(Cathode Ray Tube): CRT는 오래된 디스플레이 기술로 텔레비전이나 컴퓨터 모니터에서 사용되었지만 HUD와 같은 중첩 투사 시스템에는 사용되지 않는다.
- LCD(Liquid Crystal Display): LCD는 평면 디스플레이 기술로 HUD처럼 투사되는 디스플레이 방식과는 다르다.
- LED(Light Emitting Diode): LED는 전자 디스플레이 기술의 일부로 다양한 표시장치에서 사용되지만 HUD의 기술적 특성과는 다르다.

036

체내에서 유기물을 합성하거나 분해하는 데는 반드시 에너지의 전환이 뒤따른다. 이것을 무엇이라 하는가?

① 에너지 변환 ② 에너지 합성
③ 에너지 대사 ④ 에너지 소비

해설 **에너지 대사(Metabolism)**

체내에서 일어나는 일련의 화학반응으로 음식물의 분해와 소화, 영양소의 흡수, 에너지의 생성, 노폐물의 배출 등 다양한 과정을 포함한다.

관련개념

- 에너지 변환: 에너지의 형태를 바꾼다.
- 에너지 합성: 에너지를 사용하여 새로운 물질을 만든다.
- 에너지 소비: 에너지를 사용하여 일을 수행한다.

| 정답 | 033 ② 034 ① 035 ③ 036 ③

037

신뢰성과 보전성을 효과적으로 개선하기 위해 작성하는 보전기록자료로서 가장 거리가 먼 것은?

① 자재관리표 ② MTBF 분석표
③ 설비이력카드 ④ 고장원인대책표

해설
자재관리표는 신뢰성과 보전성을 개선하기 위한 보전기록자료보다는 자재의 흐름을 관리하는 자료에 더 가깝다.

관련개념 **보전기록자료**

구분	설명
설비이력카드	설비의 상태, 보수 이력, 교체 내역 등을 기록하는 자료
MTBF 분석표	평균 고장 간격(Mean Time Between Failures)을 분석하여 설비의 신뢰성을 높이는 데 쓰이는 자료
고장원인대책표	고장의 원인과 이를 해결하기 위한 대책을 기록한 자료

038

다음 중 연마작업장의 가장 소극적인 소음대책은?

① 음향 처리제를 사용할 것
② 방음 보호 용구를 착용할 것
③ 덮개를 씌우거나 창문을 닫을 것
④ 소음원으로부터 적절하게 배치할 것

해설
방음 보호 용구의 착용은 소음원으로부터 소음 발생을 줄이지 않고 개인적으로 보호하는 방식으로, 가장 소극적인 소음대책에 해당한다.

039

일반적인 수공구의 설계원칙으로 볼 수 없는 것은?

① 손목을 곧게 유지한다.
② 반복적인 손가락 동작을 피한다.
③ 사용이 용이한 검지만 주로 사용한다.
④ 손잡이는 접촉면적을 가능하면 크게 한다.

해설
사용이 용이하다고 해서 검지만 주로 사용하도록 설계하면 힘과 근육부하가 분배가 되지 않아 근골격계 질환이 발생할 수 있다.

관련개념 **일반적인 수공구의 설계원칙**

- 손목은 곧게 유지되도록 설계한다.
- 손잡이는 접촉면을 가능하면 크게 한다.
- 반복적인 손가락 동작을 피하도록 설계한다.
- 조직에 가해지는 압력을 피하도록 설계한다.
- 정밀 작업용 수공구의 손잡이는 직경 5~12[mm]가 적당하다.
- 공구의 무게를 줄이고 사용 시 무게 균형이 유지되도록 한다.
- 힘을 요하는 수공구의 손잡이는 직경 50~60[mm]가 적당하다.
- 일반적으로 손잡이의 길이는 95[%] 남성의 손 폭을 기준으로 한다.
- 동력공구 손잡이는 두 손가락 이상으로 작동하도록 한다.

040

화학설비의 안전성 평가 과정에서 제3단계인 정량적 평가 항목에 해당되는 것은?

① 목록 ② 공정계통도
③ 화학설비용량 ④ 건조물의 도면

해설 **화학설비의 안전성 평가 과정**

단계	항목	설명
1단계	목록 작성	설비와 관련된 안전 요소들의 목록을 작성하여, 평가하여야 할 주요 항목들을 정의한다.
2단계	공정계통도 작성	공정이 어떻게 이루어지는지에 대한 공정흐름도(PFD)와 공정계통도(P&ID) 등을 작성하여 시스템의 전반적인 구성을 이해한다.
3단계	정량적 평가	설비의 안전성에 대한 수치적 평가가 이루어지는 단계로 화학설비용량과 같은 구체적인 수치들을 이용해 평가한다. 이 과정에서 시스템의 용량(화학설비용량), 압력, 온도, 유량 등 다양한 물리적 특성들이 고려된다.
4단계	건조물의 도면	건축적인 부분이나 설비의 배치도를 나타내는 도면을 통해 물리적 배치와 설계가 안전성에 미치는 영향을 평가한다.

| 정답 | 037 ① 038 ② 039 ③ 040 ③

건설시공학

041

경량골재콘크리트 공사에 관한 사항으로 옳지 않은 것은?

① 슬럼프 값은 180[mm] 이하로 한다.
② 경량골재는 배합 전 완전히 건조시켜야 한다.
③ 경량골재 콘크리트는 공기연행 콘크리트로 하는 것을 원칙으로 한다.
④ 물-결합재비의 최대값은 60[%]로 한다.

해설

경량골재는 충분히 살수하여 표면건조, 내부포수상태에서 사용한다.
경량골재는 일반골재에 비하여 물을 흡수하기 쉬우므로 이를 건조한 상태로 사용하면 비비기, 운반, 타설 중에 품질변동의 위험이 있다.

042

벽과 바닥의 콘크리트 타설을 한 번에 가능하도록 벽체용 거푸집과 슬래브 거푸집을 일체로 제작하여 한번에 설치하고 해체할 수 있도록 한 시스템거푸집은?

① 갱폼 ② 클라이밍폼
③ 슬립폼 ④ 터널폼

해설

갱폼(Gang Form)	거푸집을 사용할 때마다 작은 부재의 조립, 분해를 반복하지 않고 대형화, 단순화하여 한번에 설치하고 해체할 수 있도록 한 거푸집
클라이밍폼(Climbing Form)	거푸집과 벽체 마감공사를 위한 비계틀을 일체로 제작한 거푸집
슬라이딩폼(Sliding Form, Slip Form)	수평적 또는 수직적으로 반복된 구조물을 시공이음이 없이 균일한 형상으로 시공하기 위하여 거푸집을 연속적으로 이동시키면서 콘크리트를 타설하여 시공하는 것
터널폼(Tunnel Form, Steel Form)	벽식 철근콘크리트구조를 시공할 경우 벽과 바닥의 콘크리트 타설을 한번에 가능하게 하기 위하여 벽체용 거푸집과 슬래브 거푸집을 일체로 제작하여 한 번에 설치하고 해체할 수 있도록 한 거푸집

043

기존 건물에 근접하여 구조물을 구축할 때 기존 건물의 균열 및 파괴를 방지할 목적으로 지하에 실시하는 보강공법은?

① BH(Boring Hole)
② 베노토(Benoto) 공법
③ 언더피닝(Under Pinning) 공법
④ 심초공법

해설 **언더피닝(Under Pinning) 공법**

기존 구조물의 기초하부를 보강하거나, 인접하여 구조물을 증축 또는 구축하는 경우 기존 구조물을 보호하거나 구조물 하부를 보강하여 지지력 등을 증대하는 공법으로 다음과 같은 종류가 있다.

- 2중 널말뚝 공법
- 피트 또는 웰공법
- 약액주입법
- 현장 콘크리트말뚝공법
- 강재말뚝공법
- 케이슨공법
- 말뚝 또는 웰의 압입공법

관련개념

- Boring Hole: 주로 시추공을 의미한다.
- 베노토 공법: 현장 타설 말뚝 공법으로 해머 그랩을 사용하여 굴착하는 부분 전체에 케이싱 튜브(외관)를 박고, 내부에 콘크리트를 채워 공벽붕괴를 방지하는 공법이다.
- 심초공법: 현장 타설 말뚝 공법을 위한 인력 터파기를 말한다.

| 정답 | 041 ② 042 ④ 043 ③

044

철골조에서 판보(plate girder)의 보강재에 해당되지 않는 것은?

① 커버 플레이트 ② 윙 플레이트
③ 필러 플레이트 ④ 스티프너

해설 윙 플레이트

철골주각부에 부착되는 강판으로 사이드 앵글을 거쳐서 또는 직접 용접에 의해 베이스 플레이트 기둥으로부터의 응력을 전달한다.

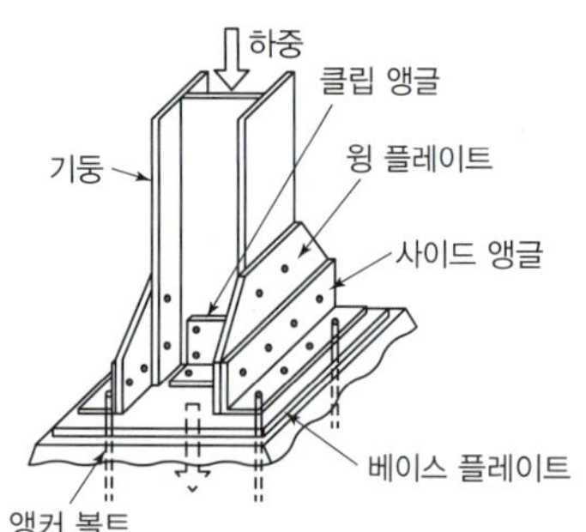

045

다음 중 가장 깊은 기초지정은?

① 우물통식 지정 ② 긴 주춧돌 지정
③ 잡석 지정 ④ 자갈지정

해설 지정공사의 종류

깊은 지정	나무말뚝 지정, 말뚝지정, 우물통식 지정
얕은 지정	모래지정, 자갈지정, 밑창콘크리트 지정, 긴 주춧돌 지정

046

시공계획 시 우선 고려하지 않아도 되는 것은?

① 상세 공정표의 작성
② 노무, 기계, 재료 등의 조달, 사용 계획에 따르는 수송 계획 수립
③ 현장관리 조직과 인사계획 수립
④ 시공도의 작성

해설

시공도는 건설공사 시공단계에서 작성한다.

관련개념 시공계획서 포함사항

- 현장조직표
- 공사 세부공정표
- 주요공정의 시공절차 및 방법
- 시공일정
- 주요장비 동원계획
- 주요자재 및 인력투입계획
- 주요 설비사양 및 반입계획
- 품질관리대책
- 안전대책 및 환경대책 등
- 지장물 처리계획과 교통처리 대책

| 정답 | 044 ② 045 ① 046 ④

047

다음과 같은 조건에서 콘크리트의 압축강도를 시험하지 않을 경우 거푸집널의 해체시기로 옳은 것은? (단, 기초, 보, 기둥 및 벽의 측면)

- 조강포틀랜드시멘트 사용
- 평균기온 20[℃] 이상

① 2일　② 3일
③ 4일　④ 6일

해설 **콘크리트의 압축강도를 시험하지 않을 경우 거푸집널의 해체시기(기초, 보, 기둥 및 벽의 측면)**

시멘트의 종류 / 평균기온	조강 포틀랜드 시멘트	보통포틀랜드시멘트 고로슬래그시멘트 (1종) 포틀랜드포졸란시멘트 (1종) 플라이애시시멘트 (1종)	고로슬래그시멘트 (2종) 포틀랜드포졸란시멘트 (2종) 플라이애시시멘트 (2종)
20[℃] 이상	2일	4일	5일
20[℃] 미만 10[℃] 이상	3일	6일	8일

048

철골공사와 직접적으로 관련된 용어가 아닌 것은?

① 토크렌치　② 너트 회전법
③ 적산온도　④ 스터드 볼트

해설 **적산온도**

콘크리트 타설 후 양생될 때까지의 온도누계의 합을 적산온도라 한다. 한중 콘크리트의 강도발현을 비빈 후 양생온도와 경과 시간의 곱으로 적분한 함숫값이며, 양생온도가 달라져도 그 적산온도가 같으면 콘크리트 강도는 비슷하다고 판단할 수 있다.

049

철근의 이음을 검사할 때 가스압접이음의 검사항목이 아닌 것은?

① 이음위치　② 이음길이
③ 외관검사　④ 인장시험

해설 **철근이음의 검사**

종류	항목	시험·검사방법	시기·횟수	판정기준
겹침이음	위치	육안 관찰 및 자에 의한 측정	가공 및 조립 때	철근상세도와 일치할 것
	이음길이			사용목적을 달성하기 위해 정한 별도의 것
가스압접 이음	위치	외관 관찰, 필요에 따라 자, 버니어캘리퍼스 등에 의한 측정	전체 개소	철근상세도와 일치할 것
	외관검사			사용목적을 달성하기 위해 정한 별도의 것
	초음파탐사 검사	KS B 0839	1검사 로트마다 30개	사용목적을 달성하기 위해 정한 별도의 것
	인장시험	KS B 0554	1검사 로트마다 3개	설계기준항복강도의 125[%]

050

콘크리트 타설작업에 있어 진동 다짐을 하는 목적으로 옳은 것은?

① 콘크리트 점도를 증진시켜 준다.
② 시멘트를 절약시킨다.
③ 콘크리트의 동결을 방지하고 경화를 촉진시킨다.
④ 콘크리트의 거푸집 구석구석까지 충전시킨다.

해설 **콘크리트의 다짐**

철근, 매설물과 콘크리트를 밀착시키고, 기포를 방지하며 균질한 콘크리트를 만들기 위하여 다지기를 한다.

| 정답 | 047 ① 048 ③ 049 ② 050 ④

051

공사에 필요한 특기시방서에 기재하지 않아도 되는 사항은?

① 인도 시 검사 및 인도시기 ② 각 부위별 시공방법
③ 각 부위별 사용재료 ④ 사용재료의 품질

해설

인도 시 검사 및 인도시기는 특기시방서에 기재할 필요가 없다.

관련개념 **특기시방서**

공사의 특징에 따라 표준시방서의 적용범위 및 표준시방서에는 없는 사항과 표준시방서에서 특기시방하도록 되어 있는 사항 등을 규정한 시방서로서 공사시방서의 일부이다.

052

전체공사의 진척이 원활하며 공사의 시공 및 책임한계가 명확하여 공사관리가 쉽고 하도급의 선택이 용이한 도급제도는?

① 공정별 분할도급 ② 일식도급
③ 단가도급 ④ 공구별 분할도급

해설

구분	설명
공정별 분할도급	공사의 각 과정별로 나누어서 도급을 주는 방식으로 예산배정상 구분될 때 편리하다. • 부분·분할 발주 가능 • 후속공사 연체 우려 • 도급인 교체 곤란
일식도급	공사의 전체를 한 사람의 도급인에게 도급을 주는 공사로 가장 일반적인 방식이다. 일식도급인은 공사를 적당히 분할하여 각각 전문의 하도급자(Sub Contractor)로 하여금 시공하게 하여 전체 공사의 진행상황을 감독한다.
단가도급	노무단가, 재료단가 또는 노무 및 재료를 합한 단가를 체적 또는 면적단가만으로 결정하여 공사를 도급 주는 방식으로 긴급공사 및 단순공사에 주로 채택된다.
공구별 분할도급	대규모 공사에서 지역별로 분리 발주하는 방식으로, 각 공구마다 일식도급체제로 운영된다. • 도급업자의 기회균등 • 시공기술 향상, 높은 성과 기대 • 지하철공사, 고속도로공사 및 대규모 아파트 단지공사에 채택 시 효과적임

053

지반조사 방법 중 보링에 관한 설명으로 옳지 않은 것은?

① 보링은 지질이나 지층의 상태를 깊은 곳까지도 정확하게 확인할 수 있다.
② 회전식 보링은 불교란 시료 채취, 암석 채취 등에 많이 쓰인다.
③ 충격식 보링은 토사를 분쇄하지 않고 연속적으로 채취할 수 있으므로 가장 정확한 방법이다.
④ 수세식 보링은 30[m]까지의 연질층에 주로 쓰인다.

해설 **충격식 보링(Percussion Boring)**

와이어로프 끝에 비트(Bit)를 달아 60~70[cm] 정도 움직여 구멍 밑에 낙하충격을 주어 파쇄된 토사를 베일러(Bailer)로 퍼내어 지층상태를 판단하는 방법이다.

관련개념 **보링의 종류**

종류	설명
오거 보링 (Auger Boring)	나선형으로 된 송곳(Auger)을 인력으로 지중에 박아 지층을 알아보는 방법이다.
수세식 보링 (Wash Boring)	선단에 충격을 주어 이중관을 박고 물(Wash)을 뿜어내어 흙과 같이 배출하는 방법이다.
회전식 보링 (Rotary Type Boring)	비트(Bit)를 약 40~150[rpm]의 속도로 회전시키고, 펌프를 이용하여 흙을 지상으로 퍼내 지층상태를 판단하는 것으로 보링 중 가장 정확한 방법이다.

054

다음 철근 배근의 오류 중에서 구조적으로 가장 위험한 것은?

① 보늑근의 겹침 ② 기둥주근의 겹침
③ 보 하부 주근의 처짐 ④ 기둥대근의 겹침

해설

보의 하부는 콘크리트의 인장응력을 받는 부분으로 구조상 철근이 그 응력을 담당하고 있어 주근의 처짐은 구조물의 균열발생 및 붕괴의 위험을 야기한다.
참고로 철근의 겹침은 구조적으로 문제가 없다.(철근의 겹침이음)

| 정답 | 051 ① 052 ② 053 ③ 054 ③

055

다음 용어에 대한 정의로 옳지 않은 것은?

① 함수비 = $\frac{\text{물의 무게}}{\text{토립자의 무게(건조중량)}} \times 100[\%]$

② 간극비 = $\frac{\text{간극의 부피}}{\text{토립자의 부피}} \times 100[\%]$

③ 포화도 = $\frac{\text{물의 부피}}{\text{간극의 부피}} \times 100[\%]$

④ 간극률 = $\frac{\text{물의 부피}}{\text{전체의 부피}} \times 100[\%]$

해설 **간극률의 정의**

간극률 = $\frac{\text{간극의 부피}}{\text{흙전체의 부피}} \times 100[\%]$

056

고력볼트 접합에서 축부가 굵게 되어 있어 볼트 구멍에 빈틈이 남지 않도록 고안된 볼트는?

① TC볼트　② PI볼트
③ 그립볼트　④ 지압형 고장력볼트

해설 **지압형 고장력볼트**

볼트가 구멍 벽면과 직접 맞닿아 하중을 전달하는 방식으로, 볼트 축이 상대적으로 두꺼우나 볼트 구멍과의 빈틈을 최소화시킬 수 있다.

관련개념

TS볼트

볼트 끝부분에 절단형 꼬리 부위가 있어서 지정된 축력이 가해지면 꼬리 부분이 자동으로 절단된다.

PI볼트

볼트 머리 부분에 와셔가 내장되어 있어서 조임 정도를 쉽게 확인할 수 있도록 설계되었다.

057

토공사 기계에 관한 설명으로 옳지 않은 것은?

① 파워셔블(power shovel)은 위치한 지면보다 높은 곳의 굴착에 유리하다.

② 드래그셔블(drag shovel)은 대형 기초굴착에서 협소한 장소의 줄기초파기, 배수관 매설공사 등에 다양하게 사용된다.

③ 클램쉘(clam shell)은 연한 지반에는 사용이 가능하나 경질층에는 부적당하다.

④ 드래그라인(drag line)은 배토판을 부착시켜 정지작업에 사용된다.

해설

드래그라인은 지반면보다 낮은 곳의 굴착, 토사를 긁어모음, 연약한 지반의 깊은 곳 굴착 등에 쓰인다.

058

철골작업에서 사용되는 철골세우기용 기계로 옳은 것은?

① 진폴(Gin Pole)

② 앵글 도저(Angle Dozer)

③ 모터 그레이더(Motor Grader)

④ 캐리올 스크레이퍼(Carryall Scraper)

해설 **세우기용 기계(양중기)**

타워크레인(Tower Crane)	고층건물의 시공에 적당하며, 작업능률은 데릭의 2배정도이다. 각 부재가 무겁고 이동일수가 많은 건물에 유리하다.
트럭크레인(Truck Crane)	트럭에 래티스로 조립한 붐(Boom)을 가진 크레인으로 이동이 용이하고 작업능률이 높다.
가이데릭(Guy Derrick)	붐의 회전범위는 360°이며, 일반적인 용량은 5~10[ton] 정도이다.
스티프레그데릭(Stiff Leg Derrick)	가이데릭에 비해 수평이동이 가능하므로 층수가 낮은 긴 평면의 건물에 유리하고, 붐의 회전범위는 270°이다.
진폴(Gin Pole)	옥탑 등의 돌출부에 사용되며 소규모 철골공사에 사용된다.
크롤러크레인(Crawler Crane)	트럭의 주행부가 무한궤도로 되어 있는 것으로, 각 부재가 무겁고 이동일수가 많은 건물에 유리하다.

| 정답 | 055 ④　056 ④　057 ④　058 ①

2019년 1회

059

시공과정상 불가피하게 콘크리트를 이어치기할 때 서로 일체화 되지 않아 발생하는 시공불량 이음부를 무엇이라고 하는가?

① 컨스트럭션 조인트(Construction Joint)
② 콜드 조인트(Cold Joint)
③ 컨트롤 조인트(Control Joint)
④ 익스팬션 조인트(Expansion Joint)

해설 **콜드 조인트(Cold Joint)**
계획하지 않은 시공여건에 의해 발생된 조인트(이음부)를 말한다.

관련개념 **이음의 종류**

이음 종류	정의
시공이음 (Construction Joint)	공사 계획상 경화된 콘크리트에 새로 콘크리트를 타설할 경우 발생하는 이음부이다.
신축이음 (Expansion Joint)	온도변화에 따른 팽창, 수축 또는 부동침하, 진동 등에 의해 균열이 예상되는 위치에 설치하는 이음부로 단면을 분리시킨다.
수축줄눈(조절줄눈) (Contraction Joint, Control Joint, Dummy Joint)	건조수축으로 인한 균열을 전체 벽면 중의 일정한 곳에만 일어나도록 유도하는 이음부로 단면결손 부위를 둔다.
슬라이딩 조인트 (Sliding Joint)	슬래브나 보가 단순지지방식이고, 직각방향에서의 하중이 예상될 때 미끄러질 수 있게 하는 이음부이다.
슬립 조인트 (Slip Joint)	조적벽과 RC 슬래브에 설치하여 상호 간 자유롭게 움직이도록 하는 이음부이다.
지연 줄눈 (Delay Joint)	장스팬 시공 시 수축대를 설치하고, 초기수축 발생 후 타설하는 이음부이다.

060

굳지 않은 콘크리트가 거푸집에 미치는 측압에 관한 설명으로 옳지 않은 것은?

① 묽은비빔 콘크리트가 측압은 크다.
② 온도가 높을수록 측압은 크다.
③ 콘크리트의 타설 속도가 빠를수록 측압은 크다.
④ 측압은 굳지 않은 콘크리트의 높이가 높을수록 커지는 것이나, 어느 일정한 높이에 이르면 측압의 증대는 없다.

해설
온도가 높으면 수분이 빨리 증발되므로 양생속도에 따라 측압이 작아진다.

관련개념 **콘크리트 측압이 커지는 요인**

- 거푸집 부재의 단면이 큰 경우
- 거푸집의 수밀성이 큰 경우
- 거푸집의 강성이 큰 경우
- 거푸집의 표면이 평활할 경우
- 콘크리트가 묽은 경우
- 철골이나 철근량이 적은 경우
- 외기온도가 낮은 경우
- 타설속도가 빠른 경우
- 콘크리트의 다짐이 좋은 경우
- 콘크리트의 슬럼프가 큰 경우
- 콘크리트의 비중이 큰 경우
- 습도가 높은 경우
- 벽 두께가 두꺼운 경우

| 정답 | 059 ② 060 ②

건설재료학

061

목재와 철강재 양쪽 모두에 사용할 수 있는 도료가 아닌 것은?

① 래커에나멜 ② 유성페인트

③ 에나멜페인트 ④ 광명단

해설

광명단은 강재의 녹방지를 위해 사용하는 것으로 철골용 또는 배관용으로 사용된다.

062

미장재료의 분류에서 물과 화학반응하여 경화하는 수경성 재료가 아닌 것은?

① 순석고 플라스터 ② 경석고 플라스터

③ 혼합석고 플라스터 ④ 돌로마이트 플라스터

해설 **미장재 분류**

- 기경성
  - 진흙질
    - 진흙질 – 진흙(모래), 짚여물의 물반죽
    - 새벽 – 새벽흙, 모래, 마분여물의 물반죽
  - 석회질
    - 회반죽 – 소석회(모래), 여물, 해초를 반죽
    - 회사벽 – 핀강회(모래), 여물의 물반죽
    - 돌로마이트 플라스터 – 돌로마이트 석회, 모래, 여물의 물반죽
- 수경성
  - 석고질
    - 석고 플라스터
      - 순석고 플라스터
      - 배합석고 플라스터
    - 무수(경)석고 플라스터 – 무수석고, 모래, 여물의 물반죽
  - 시멘트질(모르타르) – 시멘트, 모래(안료, 돌가루)의 물반죽
  - 테라조 현장바름(인조석바름)

063

유리를 600[℃] 이상의 연화점까지 가열한 후 특수한 장치로 균등히 공기를 내뿜어 급랭시킨 것으로 강하고, 또한 파괴되어도 세립상으로 되는 유리는?

① 에칭유리 ② 망입유리

③ 강화유리 ④ 복층유리

해설 **강화유리**

판유리를 강화로에서 약 700[℃]까지 가열시킨 후 양면에 공기를 일정하게 불어 균일하게 급랭시켜 제조한 것으로 표면을 급랭시키면 판유리 표면에 압축층이 형성되어 파괴강도가 증가된다.

관련개념 **유리의 종류**

에칭유리	유리 위에 파라핀, 동물기름, 콜타르 등을 혼합·용해시켜 유리 위에 도포하여 건조시킨 후 날카로운 칼날 등을 이용해 그림을 새겨내고 그 위에 유리 부식약품으로 흔히 쓰이는 불화수소산을 부어 유리가 녹아난 상태를 얻어 그 이면에서 입체감을 느낄 수 있는 가공유리이다.
망입유리	유리 내부에 금속철망(철, 놋쇠, 알루미늄)을 봉입하고 압축성형한 유리로, 방범용 및 방화용으로 방화문 등에 사용한다.
복층유리	2장의 판유리에 스페이서를 사용하여 간격을 일정하게 유지시켜 주고, 유리 사이에 건조공기를 넣은 후 밀봉 접착하여 제작한다.

064

다음 중 천연 접착제로 볼 수 없는 것은?

① 전분 ② 아교

③ 멜라민수지 ④ 카세인

해설

멜라민수지는 합성수지(열경화성)이다.

관련개념 **천연 접착제**

- 동물성: 아교, 알부민, 카세인풀 등
- 식물성: 콩풀, 전분, 녹말풀, 해초풀, 옻풀, 아마인유 등

| 정답 | 061 ④ 062 ④ 063 ③ 064 ③

065

알루미늄과 그 합금 재료의 일반적인 성질에 관한 설명으로 옳지 않은 것은?

① 산, 알칼리에 강하다.
② 내화성이 작다.
③ 열·전기전도성이 크다.
④ 비중이 철의 약 1/3이다.

해설

알루미늄과 그 합금 재료는 산, 알칼리에 약하다.

관련개념 **알루미늄의 성질**

- 반사율이 커서 반사경, 조명기구 등에 사용된다.
- 열, 전기전도성이 크다.
- 열전도성이 커서 주방용기 등의 재료로 쓰인다.
- 전성과 연성이 풍부하여 가공이 쉽다.
- 매우 가늘고 얇게 가공할 수 있다.(알루미늄 은박지, 캔)
- 해수 중에서 부식하기 쉽고, 무기산류인 희염산, 황산, 인산, 질산 등에는 상당히 빠르게 침식된다.
- 특히 알칼리에는 일반적으로 약한데, 이는 알루미나 피막이 용해되기 때문이다.

066

잔골재를 각 상태에서 계량한 결과 그 무게가 다음과 같을 때 이 골재의 유효흡수율은?

- 절건상태: 2,000[g]
- 기건상태: 2,066[g]
- 표면건조 내부 포화상태: 2,124[g]
- 습윤상태: 2,152[g]

① 1.32[%] ② 2.81[%]
③ 6.20[%] ④ 7.60[%]

해설 **유효흡수량(Effective Absorption)**

공기 중 건조상태에서 골재의 입자가 표면건조 포화상태로 되기까지의 흡수된 물의 양을 말한다.

$$\text{유효흡수량} = \frac{\text{표면건조 포화상태 중량} - \text{기건상태 중량}}{\text{기건상태 중량}} \times 100$$

$$= \frac{2{,}124 - 2{,}066}{2{,}066} \times 100 = 2.81[\%]$$

067

건축재료의 화학적 조성에 의한 분류에서 유기재료에 속하지 않는 것은?

① 목재 ② 아스팔트
③ 플라스틱 ④ 시멘트

해설 **유기재료와 무기재료**

구분	내용
유기재료	목재, 섬유, 역청 재료, 플라스틱 등
무기재료	• 금속재료: 철금속, 비철금속 • 비금속재료: 석재, 점토제품, 시멘트, 콘크리트, 유리, 석회 등

관련개념 **유기물과 무기물**

구분	내용
유기물	• 동, 식물 등의 생명체를 이루고 있는 물질로 탄소(C)를 포함하는 물질 • 가열하면 연기를 발생시키며 검게 타버리는 물질
무기물	• 생활기능이 없는 물질로 탄소(C)를 포함하지 않은 물질 • 가열해도 타지 않고 특별한 변화가 없다.

※ 예외: 탄소를 포함하나 무기물인 경우
이산화탄소(CO_2), 탄산(H_2CO_3), 시안화물(시안화칼륨(KCN)), 탄산염(탄산나트륨(Na_2CO_3))

068

목재 가공품 중 판재와 각재를 접착하여 만든 것으로 보, 기둥, 아치, 트러스 등의 구조부재로 사용되는 것은?

① 파키트 패널 ② 집성목재
③ 파티클 보드 ④ 석고 보드

해설 **집성목재(Glue-Laminated Timber)**

큰 목재를 얻기 위해서는 긴 세월이 요구되고 결점이 없는 큰 목재를 얻기란 거의 불가능하므로 접착제와 접착기술로 각 재를 집성하여 결점을 분산시켜 대재를 집성, 접착하여 기둥, 아치, 트러스트 등의 구조재료로 사용한다.

관련개념 **목재 가공품**

구분	내용
파티클 보드	원목으로 목재를 생산하고 남은 폐잔재를 부수어 작은 조각으로 만들고, 접착제를 섞어 고온 고압으로 압착시켜 만든 가공재
파키트리 패널	파키트리 보드를 4매씩 조합하여 만든 것으로 아름답고 마모성이 우수한 마루재
석고 보드	소석고를 주원료로 하여 톱밥, 섬유, 펄라이트 등을 혼합하고, 경우에 따라 발포제를 첨가한 후 물로 반죽하여 두 장의 시트 사이에 부어서 만든 판상재료

| 정답 | 065 ① 066 ② 067 ④ 068 ②

069

유기천연섬유 또는 석면섬유를 결합한 원지에 연질의 스트레이트 아스팔트를 침투시킨 것으로 아스팔트방수 중간층재로 사용되는 것은?

① 아스팔트 펠트 ② 아스팔트 컴파운드
③ 아스팔트 프라이머 ④ 아스팔트 루핑

해설 **아스팔트방수 공사 재료**

아스팔트 펠트	• 섬유 원지에 스트레이트 아스팔트를 침투시킨 것 • 아스팔트방수 중간층재, 지붕, 미장, 바탕의 방습, 마룻바닥 방습, 방습 포장재, 차광과 차열, 전기 절연용으로 사용
아스팔트 루핑	• 아스팔트 펠트 뒷면에 블로운 아스팔트를 도포하고 표면의 접착을 막기 위해 활석, 운모, 석회석, 규조토 등의 가루를 뿌려 붙인 것 • 흡수성, 투수성이 작고 유연하며 내후성, 내산성, 내열성이 큼 • 건축물, 상하수도, 지하철, 터널 등의 아스팔트 방수층의 주된 재료로 쓰이는 것 외에 지붕용 또는 상품이나 기계 등의 방수 및 피복용으로도 사용
아스팔트 프라이머	• 컷백 아스팔트의 한 종류로서 아스팔트와 휘발성 용제를 반씩 혼합하여 묽게 한 것 • 콘크리트 등의 모체에 침투가 용이하여 콘크리트와 아스팔트가 부착이 잘 되므로 콘크리트 바탕에 아스팔트를 붙일 때 사용
아스팔트 컴파운드	• 블로운 아스팔트에 광물섬유, 동·식물섬유, 광물질 가루섬유 등을 혼입하여 신축성을 증대시킨 것 • 방수재, 내산재, 전기절연재 등으로 사용

070

다음 시멘트 조정화합물 중 수화속도가 느리고 수화열도 작게 해주는 성분은?

① 규산 3칼슘 ② 규산 2칼슘
③ 알루민산 3칼슘 ④ 알루민산 4칼슘

해설 **시멘트 화합물의 특성**

규산 3칼슘 (C3S, $3CaO-SiO_2$)	수화열이 C2S에 비해 비교적 크며, 조기강도가 크다.
규산 2칼슘 (C2S, $2CaO-SiO_2$)	수화열이 작아 강도발현은 늦지만 장기강도와 화학적 저항성이 우수하다.
알루민산 3칼슘 (C3A, $3CaO-Al_2O_3$)	수화속도가 매우 빠르고, 발열량과 수축이 크다.
알루민산철 4칼슘 (C4AF, $4CaO-Al_2O_3-Fe_2O_3$)	수화열과 수축이 적으며, 강도증진에 큰 효과는 없으나 화학저항성이 양호하다.

071

미장공사에서 코너비드가 사용되는 곳은?

① 계단손잡이 ② 기둥의 모서리
③ 거푸집 가장자리 ④ 화장실 칸막이

해설

코너비드는 기둥이나 모서리를 보호하기 위해 밀착시켜 붙이는 철물이다.

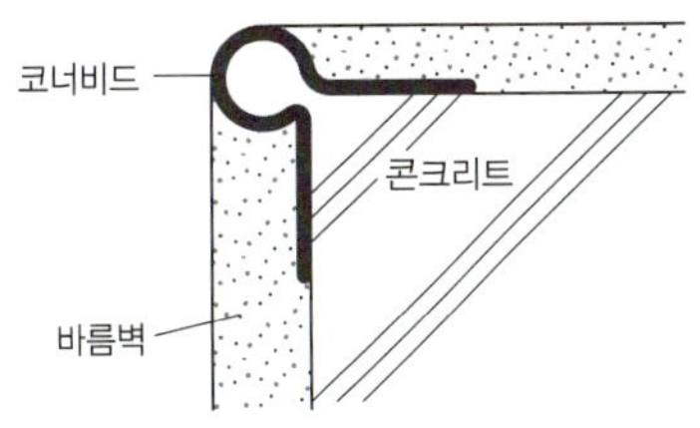

072

물–시멘트 비 65[%]로 콘크리트 1[m³]를 만드는 데 필요한 물의 양으로 적당한 것은? (단, 콘크리트 1[m³]당 필요한 시멘트는 8포대이며, 1포대는 40[kg]이다.)

① $0.1[m^3]$ ② $0.2[m^3]$
③ $0.3[m^3]$ ④ $0.4[m^3]$

해설

$$물시멘트비(W/C) = \frac{물의\ 중량}{시멘트의\ 중량} \times 100이므로$$

$$물의\ 중량 = \frac{물시멘트비 \times 시멘트의\ 중량}{100} = \frac{65 \times (40 \times 8)}{100} = 208[kg]$$

물의 밀도는 1,000[kg/m³]이므로, 따라서 콘크리트 1[m³]를 만드는 데 필요한 물의 양은 $\frac{208}{1,000} = 0.2[m^3]$이다.

| 정답 | 069 ① 070 ② 071 ② 072 ②

073

표면에 여러 가지 직물무늬 모양이 나타나게 만든 타일로서 무늬, 형상 또는 색상이 다양하여 주로 내장타일로 쓰이는 것은?

① 폴리싱타일 ② 태피스트리타일
③ 논슬립타일 ④ 모자이크타일

해설 **태피스트리(Tapestry) 타일**
마치 직물 작품처럼 여러 가지 문양, 모양으로 만들어진 타일로 형상 또는 색상이 다양하여 주로 내장타일로 쓰인다.

관련개념
- 폴리싱타일: 유광 특성을 가지고 있어 광택이 있다.
- 논슬립타일: 표면을 요철과 거친 느낌으로 미끄러지지 않게 만든 타일이다.

074

콘크리트의 워커빌리티에 영향을 주는 인자에 관한 설명으로 옳지 않은 것은?

① 단위수량이 많을수록 콘크리트의 컨시스턴시는 커진다.
② 일반적으로 부배합의 경우는 빈배합의 경우보다 콘크리트의 플라스티서티가 증가하므로 워커빌리티가 좋다고 할 수 있다.
③ AE제나 감수제에 의해 콘크리트 중에 연행된 미세한 공기는 볼베어링 작용을 통해 콘크리트의 워커빌리티를 개선한다.
④ 둥근형상의 강자갈의 경우보다 편평하고 세장한 입형의 골재를 사용할 경우 워커빌리티가 개선된다.

해설
편평하고 세장한(가늘고 긴) 입형의 골재는 워커빌리티를 감소시킨다.

075

점토 제품에 관한 설명으로 옳지 않은 것은?

① 점토의 주요 구성 성분은 알루미나, 규산이다.
② 점토입자가 미세할수록 가소성이 좋으며 가소성이 너무 크면 샤모트 등을 혼합 사용한다.
③ 점토제품의 소성온도는 도기질의 경우 1,230~1,460[℃] 정도이며, 자기질은 이보다 현저히 낮다.
④ 소성온도는 점토의 성분이나 제품에 따라 다르며, 온도 측정은 제게르 콘(Seger cone)으로 한다.

해설 **점토제품의 종류**

종류	소성온도[℃]	흡수율[%]	재료	비고
토기	790~1,000	20 이상	기와, 벽돌, 토관	최저급 원료(전답토)
도기	1,100~1,230	10	타일, 테라코타, 위생도기	다공질로 흡수성 유약 사용, 두드리면 탁음
석기	1,160~1,350	3~10	마루, 타일, 클링커 타일	유약 대신 식염유 사용
자기	1,230~1,460	0~1	자기질 타일, 모자이크 타일, 위생도기	양질의 도토 또는 장석분을 원료로 함

076

접착제를 사용할 때의 주의사항으로 옳지 않은 것은?

① 피착제의 표면은 가능한 한 습기가 없는 건조상태로 한다.
② 용제, 희석제를 사용할 경우 과도하게 희석시키지 않도록 한다.
③ 용제성의 접착제는 도포 후 용제가 휘발한 적당한 시간에 접착시킨다.
④ 접착처리 후 일정한 시간 내에는 가능한 한 압축을 피해야 한다.

해설
접착제 사용 시 일정한 시간까지 압축시켜야 한다.

| 정답 | 073 ② 074 ④ 075 ③ 076 ④

077

목재의 역학적 성질에 관한 설명으로 옳지 않은 것은?

① 섬유 평행방향의 휨 강도와 전단강도는 거의 같다.
② 강도와 탄성은 가력방향과 섬유방향과의 관계에 따라 현저한 차이가 있다.
③ 섬유에 평행방향의 인장강도는 압축강도보다 크다.
④ 목재의 강도는 일반적으로 비중에 비례한다.

해설

목재의 강도는 수종, 산지, 벌목시기, 함수율(건조도), 비중, 결점의 유무, 응력방향 등에 따라 다르다. 일반적으로 섬유방향에 평행하게 힘을 가한 것이 가장 크고, 이와 직각인 것이 가장 작다.

관련개념 **목재의 강도**

- 비중: 비중이 크면 일반적으로 강도가 커진다.
- 함수율: 건조된 목재일수록 강도는 크고 반대로 함수율이 클수록 강도는 작다.
- 발육상태: 목재의 산지와 입지조건 등에 따른 발육상태에 따라 강도가 변한다.
- 재질의 결함유무: 목재의 조직상 결점, 옹이, 불량건조, 균이나 해충의 영향 등에 의해 강도는 변한다.
- 응력의 방향과 종류: 목재는 섬유방향에 따라 강도나 탄성계수가 다르다.

078

단열재의 특성과 관련된 전열의 3요소와 거리가 먼 것은?

① 전도　② 대류
③ 복사　④ 결로

해설 **단열재의 특성과 관련된 전열의 3요소**

구분	내용
전도	분자의 열진동으로 열이 전해지는 현상
대류	분자가 열을 가진 상태에서 이동하는 현상
복사	물체의 표면에서부터 광파와 같은 성질의 파장이 주위로 전파되는 현상

079

비철금속 중 동(銅)에 관한 설명으로 옳지 않은 것은?

① 맑은 물에는 침식되나 해수에는 침식되지 않는다.
② 전·연성이 좋아 가공하기 쉬운 편이다.
③ 철강보다 내식성 우수하다.
④ 건축재료로는 아연 또는 주석 등을 활용한 합금을 주로 사용한다.

해설 **동(Cu)의 특성**

- 상온의 건조 공기 중에서는 변하지 않으나 가열하면 표면이 산화하여 암적색으로 되며, 적열 시에는 흑색의 Cu_2O를 발생시킨다.
- 습기나 탄산가스 및 해수 등의 작용을 받으면 광택을 잃고 녹청이 생기나, 내부의 침식은 적다.
- 대기 중이나 흙 속에서는 철보다 내식성이 있다. 그러나 알칼리에 약하므로 시멘트, 콘크리트에 접하는 경우에는 빨리 부식하고, 암모니아에 부식하므로 화장실 주변과 같이 암모니아가 있는 장소에서의 사용은 피하여야 한다.
- 초산, 농황산에는 녹기 쉬우나 염산에는 강하다.

080

화성암의 일종으로 내구성 및 강도가 크고 외관이 수려하며, 절리의 거리가 비교적 커서 대재를 얻을 수 있으나, 함유광물의 열팽창계수가 달라 내화성이 약한 석재는?

① 안산암　② 사암
③ 화강암　④ 응회암

해설

화강암은 500~600[℃] 정도에서 석영분의 팽창으로 붕괴되므로 화강암과 대리석, 석회석 등은 내화적으로 불리하다.
내화성은 공극률이 클수록 크고 조성 결정형이 클수록 작아 안산암, 사암, 응회암 등은 1,000[℃] 이하의 고온에 의한 영향을 거의 받지 않는다.

| 정답 | 077 ① 078 ④ 079 ① 080 ③

건설안전기술

081

산업안전보건관리비 중 안전시설비 등의 항목에서 사용가능한 내역은?

① 외부인 출입금지, 공사장 경계표시를 위한 가설울타리
② 비계 · 통로 · 계단에 추가 설치하는 추락방지용 안전난간
③ 절토부 및 성토부 등의 토사유실 방지를 위한 설비
④ 공사 목적물의 품질 확보 또는 건설장비 자체의 운행 감시, 공사 진척상황 확인, 방범 등의 목적을 가진 CCTV 등 감시용 장비

해설

비계, 통로, 계단 등 공사성 가시설물의 산업안전보건관리비 사용은 불가하나 해당 시설에 안전난간, 낙하물 방지를 위한 발끝막이판, 근로자 전도 예방을 위한 미끄럼방지조치 등의 안전조치를 한 경우 산업안전보건관리비로 사용이 가능하다.

※ 「건설업 산업안전보건관리비 계상 및 사용기준」이 개정됨에 따라 '안전관리비의 항목별 사용 불가내역'은 삭제되었습니다.

082

콘크리트 타설용 거푸집에 작용하는 외력 중 연직방향 하중이 아닌 것은?

① 고정하중　　② 충격하중
③ 작업하중　　④ 풍하중

해설

풍하중은 횡방향으로 작용하는 하중이다.

관련개념 **거푸집 및 동바리 구조검토 시 고려해야 할 하중**

구분	내용
연직하중	• 거푸집, 지보공(동바리), 콘크리트, 철근, 작업원, 타설용 기계기구, 가설설비 등의 중량 및 충격하중 • 연직하중 = 고정하중 + 작업하중 = (콘크리트 무게 + 거푸집 무게) + (충격하중 + 작업하중)
횡하중	작업할 때의 진동, 충격, 시공오차 등에 기인되는 횡방향 하중 이외의 풍압, 유수압, 지진 등
콘크리트 측압	굳지않은 콘크리트의 측압
특수하중	시공 중에 예상되는 특수한 하중(콘크리트 편심하중 등)

083

유해위험방지계획서를 제출해야 하는 공사의 기준으로 옳지 않은 것은 ?

① 최대 지간길이 30[m] 이상인 교량 건설 등 공사
② 깊이 10[m] 이상인 굴착공사
③ 터널 건설 등의 공사
④ 다목적댐, 발전용댐 및 저수용량 2천만 톤 이상의 용수 전용 댐, 지방상수도 전용 댐 건설 등의 공사

해설 **유해위험방지계획서 제출 대상 건설공사**

• 다음의 어느 하나에 해당하는 건축물 또는 시설 등의 건설 · 개조 또는 해체(건설 등) 공사
  – 지상높이가 31[m] 이상인 건축물 또는 인공구조물
  – 연면적 30,000[m^2] 이상인 건축물
  – 연면적 5,000[m^2] 이상의 문화 및 집회시설(전시장 및 동물원 · 식물원 제외), 판매시설, 운수시설(고속철도의 역사 및 집배송시설 제외), 종교시설, 의료시설 중 종합병원, 숙박시설 중 관광숙박시설, 지하도상가, 냉동 · 냉장 창고시설
• 연면적 5,000[m^2] 이상인 냉동 · 냉장 창고시설의 설비공사 및 단열공사
• 최대 지간길이가 50[m] 이상인 다리의 건설 등 공사
• 터널의 건설 등 공사
• 다목적댐, 발전용댐, 저수용량 2천만 톤 이상의 용수 전용 댐 및 지방상수도 전용 댐의 건설 등 공사
• 깊이 10[m] 이상인 굴착공사

084

철골공사에서 용접작업을 실시함에 있어 전격예방을 위한 안전조치 중 옳지 않은 것은?

① 전격방지를 위해 자동전격방지기를 설치한다.
② 우천, 강설시에는 야외작업을 중단한다.
③ 개로전압이 낮은 교류 용접기는 사용하지 않는다.
④ 절연 홀더(Holder)를 사용한다.

해설

개로전압이란 대기 중 무부하전압을 말하므로 개로전압이 높은 용접기 사용 시 감전재해 가능성이 증가한다.

| 정답 | 081 ② 082 ④ 083 ① 084 ③

085

흙막이 가시설의 버팀대(Strut)의 변형을 측정하는 계측기에 해당하는 것은?

① Water level meter　② Strain gauge
③ Piezometer　④ Load cell

해설 흙막이 가시설 계측기의 종류

구분	목적
지표침하계	흙막이벽 배면에 설치하여 지표면의 침하량 측정
지중경사계	흙막이벽 배면에 설치하여 인접지반의 수평 변위량 측정
하중계	스트러트 및 어스앵커에 설치하여 축하중 측정, 부재의 안정성 여부 판단
간극수압계	굴착 및 성토에 의한 간극수압의 변화 측정
변형률계	스트러트, 띠장 등에 부착하여 굴착 시 구조물의 변형률 측정
지하수위계	굴착에 따른 지하수위의 변동 측정
지중침하계	토류벽 배면에 설치하여 지층의 침하상태 파악, 보강 대상과 범위의 침하량 예측

※ Water level meter는 지하수위계, Strain gauge는 변형률계, Piezometer는 간극수압계, Load cell은 하중계이다.

086

흙막이 지보공을 설치하였을 때 정기적으로 점검하고 이상을 발견하면 즉시 보수하여야 하는 사항으로 거리가 먼 것은?

① 부재의 손상, 변형, 부식, 변위 및 탈락의 유무와 상태
② 부재의 접속부, 부착부 및 교차부의 상태
③ 침하의 정도
④ 발판의 지지 상태

해설 흙막이 지보공 설치 시 점검사항

- 부재의 손상·변형·부식·변위 및 탈락의 유무와 상태
- 버팀대의 긴압의 정도
- 부재의 접속부·부착부 및 교차부의 상태
- 침하의 정도

087

유한사면에서 사면 기울기가 비교적 완만한 점성토에서 주로 발생되는 사면파괴의 형태는?

① 저부파괴　② 사면선단파괴
③ 사면내파괴　④ 국부전단파괴

해설 사면파괴의 형태

- 사면 천단부(선단) 파괴
- 사면 중심부(내) 파괴
- 사면 하단부(저부) 파괴

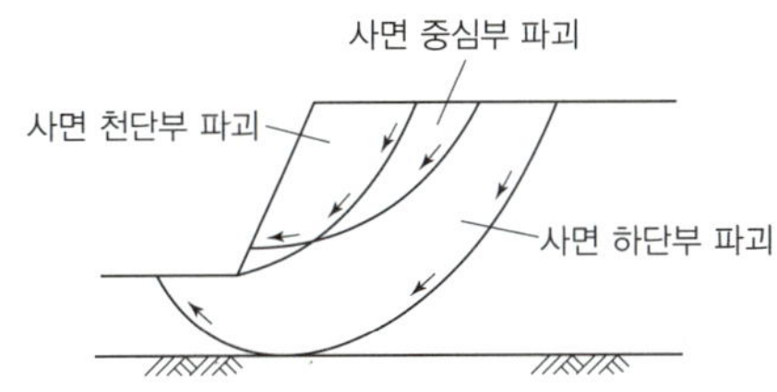

088

말비계를 조립하여 사용하는 경우의 준수사항으로 옳지 않은 것은?

① 지주부재의 하단에는 미끄럼 방지장치를 할 것
② 지주부재와 수평면과의 기울기는 85° 이하로 할 것
③ 말비계의 높이가 2[m]를 초과할 경우에는 작업발판의 폭을 40[cm] 이상으로 할 것
④ 지주부재와 지주부재 사이를 고정시키는 보조부재를 설치할 것

해설 말비계 사용 시 준수사항

- 지주부재의 하단에는 미끄럼방지장치를 하고, 근로자가 양측 끝부분에 올라서서 작업하지 않도록 할 것
- 지주부재와 수평면의 기울기를 75° 이하로 하고, 지주부재와 지주부재 사이를 고정시키는 보조부재를 설치할 것
- 말비계의 높이가 2[m]를 초과하는 경우에는 작업발판의 폭을 40[cm] 이상으로 할 것

| 정답 | 085 ②　086 ④　087 ①　088 ②

2019년 1회

089

사다리식 통로 등을 설치하는 경우 준수해야 할 기준으로 옳지 않은 것은?

① 접이식 사다리 기둥은 사용 시 접혀지거나 펼쳐지지 않도록 철물 등을 사용하여 견고하게 조치할 것
② 발판과 벽과의 사이는 25[cm] 이상의 간격을 유지할 것
③ 폭은 30[cm] 이상으로 할 것
④ 사다리식 통로의 길이가 10[m] 이상인 경우에는 5[m] 이내마다 계단참을 설치할 것

해설 **사다리식 통로 설치 시 준수사항**

- 견고한 구조로 할 것
- 심한 손상·부식 등이 없는 재료를 사용할 것
- 발판의 간격은 일정하게 할 것
- 발판과 벽과의 사이는 15[cm] 이상의 간격을 유지할 것
- 폭은 30[cm] 이상으로 할 것
- 사다리가 넘어지거나 미끄러지는 것을 방지하기 위한 조치를 할 것
- 사다리의 상단은 걸쳐놓은 지점으로부터 60[cm] 이상 올라가도록 할 것
- 사다리식 통로의 길이가 10[m] 이상인 경우에는 5[m] 이내마다 계단참을 설치할 것
- 사다리식 통로의 기울기는 75° 이하로 할 것. 다만, 고정식 사다리식 통로의 기울기는 90° 이하로 하고, 그 높이가 7[m] 이상인 경우에는 다음의 구분에 따른 조치를 할 것
  - 등받이울이 있어도 근로자 이동에 지장이 없는 경우: 바닥으로부터 높이가 2.5[m] 되는 지점부터 등받이울을 설치할 것
  - 등받이울이 있으면 근로자가 이동이 곤란한 경우: 한국산업표준에서 정하는 기준에 적합한 개인용 추락 방지 시스템을 설치하고 근로자로 하여금 한국산업표준에서 정하는 기준에 적합한 전신안전대를 사용하도록 할 것
- 접이식 사다리 기둥은 사용 시 접혀지거나 펼쳐지지 않도록 철물 등을 사용하여 견고하게 조치할 것

090

지반조사의 방법 중 지반을 강관으로 천공하고 토사를 채취 후 여러 가지 시험을 시행하여 지반의 토질 분포, 흙의 층상과 구성 등을 알 수 있는 것은?

① 보링　　② 표준관입시험
③ 베인 테스트　　④ 평판재하시험

해설

보링이란 지층에 구멍을 뚫어 시료를 채취하여 분석하는 지반조사 방식을 말한다.

관련개념

표준관입시험	중량 63.5[kg] 해머를 76[cm]에서 낙하하여 30[cm] 길이의 샘플러를 관입하는 데 필요한 타격횟수를 측정하여 지반의 강도를 측정하는 시험
베인 테스트	연약한 점토지반의 점착력을 판별하기 위해 실시하는 시험
평판재하시험	침하판을 바닥에 놓고 하중을 가하여 기초지반의 지지력에 대한 계수를 측정하는 시험

091

추락방호망의 달기로프를 지지점에 부착할 때 지지점의 간격이 1.5[m]인 경우 지지점의 강도는 최소 얼마 이상이어야 하는가?

① 200[kg]　　② 300[kg]
③ 400[kg]　　④ 500[kg]

해설 **연속 지지점의 강도**

인장강도 $F = 200B = 200 \times 1.5 = 300$[kg] 이상
여기서, B: 지지점의 간격[m]

| 정답 | 089 ② 090 ① 091 ②

092

철골작업을 중지하여야 하는 제한기준에 해당되지 않는 것은?

① 풍속이 초당 10[m] 이상인 경우
② 강우량이 시간당 1[mm] 이상인 경우
③ 강설량이 시간당 1[cm] 이상인 경우
④ 소음이 65[dB] 이상인 경우

해설

철골작업을 중지하여야 하는 제한기준 중 소음에 대한 기준은 없다.

관련개념 **철골작업 중지기준**

- 풍속이 초당 10[m] 이상인 경우
- 강우량이 시간당 1[mm] 이상인 경우
- 강설량이 시간당 1[cm] 이상인 경우

093

화물을 적재하는 경우에 준수하여야 하는 사항으로 옳지 않은 것은?

① 침하 우려가 없는 튼튼한 기반 위에 적재할 것
② 건물의 칸막이나 벽 등이 화물의 압력에 견딜 만큼의 강도를 지니지 아니한 경우에는 칸막이나 벽에 기대어 적재하지 않도록 할 것
③ 불안정할 정도로 높이 쌓아 올리지 말 것
④ 편하중이 발생하도록 쌓아 적재 효율을 높일 것

해설 **화물 적재 시 준수사항**

- 침하 우려가 없는 튼튼한 기반 위에 적재할 것
- 건물의 칸막이나 벽 등이 화물의 압력에 견딜 만큼의 강도를 지니지 아니한 경우에는 칸막이나 벽에 기대어 적재하지 않도록 할 것
- 불안정할 정도로 높이 쌓아 올리지 말 것
- 하중이 한쪽으로 치우치지 않도록 쌓을 것

094

강관틀비계의 높이가 20[m]를 초과하는 경우 주틀 간의 간격은 최대 얼마 이하로 사용해야 하는가?

① 1.0[m] ② 1.5[m]
③ 1.8[m] ④ 2.0[m]

해설 **강관틀비계 조립 시 준수사항**

- 비계기둥의 밑둥에는 밑받침철물을 사용하여야 하며 밑받침에 고저차가 있는 경우에는 조절형 밑받침철물을 사용하여 각각의 강관틀비계가 항상 수평 및 수직을 유지하도록 할 것
- 높이가 20[m]를 초과하거나 중량물의 적재를 수반하는 작업을 할 경우에는 주틀 간의 간격을 1.8[m] 이하로 할 것
- 주틀 간에 교차 가새를 설치하고 최상층 및 5층 이내마다 수평재를 설치할 것
- 수직방향으로 6[m], 수평방향으로 8[m] 이내마다 벽이음을 할 것
- 길이가 띠장 방향으로 4[m] 이하이고 높이가 10[m]를 초과하는 경우에는 10[m] 이내마다 띠장 방향으로 버팀기둥을 설치할 것

| 정답 | 092 ④ 093 ④ 094 ③

095

타워크레인의 운전작업을 중지하여야 하는 순간풍속기준으로 옳은 것은?

① 초당 10[m] 초과 ② 초당 12[m] 초과
③ 초당 15[m] 초과 ④ 초당 20[m] 초과

해설 **악천후 시 순간풍속에 따른 안전조치**

순간풍속	시기	조치사항
10[m/s] 초과	–	타워크레인의 설치·수리·점검 또는 해체 작업 중지
15[m/s] 초과	–	타워크레인의 운전작업 중지
30[m/s] 초과	바람이 불어올 우려가 있는 경우	옥외 주행 크레인의 이탈방지장치 작동 등 이탈방지 조치
	바람이 불거나 중진 이상 진도의 지진	옥외 양중기의 이상 점검
35[m/s] 초과	바람이 불어올 우려가 있는 경우	• 건설용 리프트의 받침수 증가 등 붕괴방지 조치 • 옥외용 승강기의 받침수 증가 등 무너짐방지 조치

096

추락방지용 방망을 구성하는 그물코의 모양과 크기로 옳은 것은?

① 원형 또는 사각으로서 그 크기는 10[cm] 이하이어야 한다.
② 원형 또는 사각으로서 그 크기는 20[cm] 이하이어야 한다.
③ 사각 또는 마름모로서 그 크기는 10[cm] 이하이어야 한다.
④ 사각 또는 마름모로서 그 크기는 20[cm] 이하이어야 한다.

해설 **방망의 구조**

- 소재: 합성섬유 또는 그 이상의 물리적 성질을 갖는 것이어야 한다.
- 그물코: 사각 또는 마름모로서 그 크기는 10[cm] 이하이어야 한다.
- 방망의 종류: 매듭방망으로서 매듭은 원칙적으로 단매듭을 한다.
- 테두리로프와 방망의 재봉: 테두리로프는 각 그물코를 관통시키고 서로 중복됨이 없이 재봉사로 결속한다.

097

핸드 브레이커 취급 시 안전에 관한 유의사항으로 옳지 않은 것은?

① 기본적으로 현장 정리가 잘되어 있어야 한다.
② 작업 자세는 항상 하향 45° 방향으로 유지하여야 한다.
③ 작업 전 기계에 대한 점검을 철저히 한다.
④ 호스의 교차 및 꼬임여부를 점검하여야 한다.

해설

해체공사 시 핸드 브레이커 작업은 끌의 부러짐을 예방하기 위하여 하향 수직방향의 자세로 작업하여야 한다.

098

중량물의 취급작업 시 근로자의 위험을 방지하기 위하여 사전에 작성하여야 하는 작업계획서 내용에 해당되지 않는 것은?

① 추락위험을 예방할 수 있는 안전대책
② 낙하위험을 예방할 수 있는 안전대책
③ 전도위험을 예방할 수 있는 안전대책
④ 침수위험을 예방할 수 있는 안전대책

해설 **중량물의 취급작업 시 작업계획서 내용**

- 추락위험을 예방할 수 있는 안전대책
- 낙하위험을 예방할 수 있는 안전대책
- 전도위험을 예방할 수 있는 안전대책
- 협착위험을 예방할 수 있는 안전대책
- 붕괴위험을 예방할 수 있는 안전대책

| 정답 | 095 ③ 096 ③ 097 ② 098 ④

099

가설통로를 설치하는 경우 준수해야 할 기준으로 옳지 않은 것은?

① 경사는 45° 이하로 할 것
② 경사가 15°를 초과하는 경우에는 미끄러지지 아니하는 구조로 할 것
③ 추락할 위험이 있는 장소에는 안전난간을 설치할 것
④ 수직갱에 가설된 통로의 길이가 15[m] 이상인 경우에는 10[m] 이내마다 계단참을 설치할 것

해설 **가설통로 설치 시 준수사항**

- 견고한 구조로 할 것
- 경사는 30° 이하로 할 것. 다만, 계단을 설치하거나 높이 2[m] 미만의 가설통로로서 튼튼한 손잡이를 설치한 경우에는 그러하지 아니하다.
- 경사가 15°를 초과하는 경우에는 미끄러지지 아니하는 구조로 할 것
- 추락할 위험이 있는 장소에는 안전난간을 설치할 것. 다만, 작업상 부득이한 경우에는 필요한 부분만 임시로 해체할 수 있다.
- 수직갱에 가설된 통로의 길이가 15[m] 이상인 경우에는 10[m] 이내마다 계단참을 설치할 것
- 건설공사에 사용하는 높이 8[m] 이상인 비계다리에는 7[m] 이내마다 계단참을 설치할 것

100

굴착이 곤란한 경우 발파가 어려운 암석의 파쇄굴착 또는 암석제거에 적합한 장비는?

① 리퍼 ② 스크레이퍼
③ 롤러 ④ 드래그라인

해설

리퍼는 갈고리 모양의 부착물을 유압기계 등에 부착하여 단단한 흙이나 암석 등을 파내는 형태의 장비이다.

관련개념

스크레이퍼	굴착, 싣기, 운반, 흙깔기작업 등 동시수행이 가능한 차량계 건설기계
롤러	진동 또는 장비의 자중에 의해 지반을 다질 때 사용하는 다짐기계
드래그라인	지반이 연약하거나 작업반경이 클 경우 사용하는 토공기계로 주로 긁는 작업에 사용

| 정답 | 099 ① 100 ①

2019년 1회

2019년 2회 | 기출문제

자동 채점

산업안전관리론

001

매슬로우(Maslow)의 욕구단계 이론 중 제2단계의 욕구에 해당하는 것은?

① 사회적 욕구 ② 안전에 대한 욕구
③ 자아실현의 욕구 ④ 존경과 긍지에 대한 욕구

해설 매슬로우(Maslow)의 욕구이론
- 인간의 욕구는 생리적 욕구 → 안전의 욕구 → 사회적 욕구 → 존경(인정)의 욕구 → 자아실현의 욕구 순으로 발생한다.
- 인간은 가장 기본적인 욕구에서 시작하여 상위 욕구로 올라가면서 자신의 욕구를 체계적으로 충족시킨다.

002

French와 Raven이 제시한 리더가 가지고 있는 세력의 유형이 아닌 것은?

① 전문세력(expert power)
② 보상세력(reward power)
③ 위임세력(entrust power)
④ 합법세력(legitimate power)

해설 French와 Raven의 리더 세력 유형

구분	설명
보상	상대가 원하는 것을 줄 수 있는 능력
처벌	상대가 싫어하는 것을 강제할 수 있는 능력
합법	합법성을 부여받은 사람
참조	상대가 리더를 좋아하거나, 매력을 느끼거나 존경하는 것
전문	어떤 영역에 전문성이 있는 사람
정보	어떤 영역의 전문가가 아니더라도 특정 정보를 그 사람만 갖고 있는 경우

003

특성에 따른 안전교육의 3단계에 포함되지 않는 것은?

① 태도교육 ② 지식교육
③ 직무교육 ④ 기능교육

해설 안전보건교육의 각 단계별 교육방법
- 1단계: 지식교육(시청각 교육)
- 2단계: 기능교육(현장실습 교육)
- 3단계: 태도교육(안전작업 동작지도)

004

다음 중 무재해운동의 기본이념 3원칙에 포함되지 않는 것은?

① 무의 원칙 ② 선취의 원칙
③ 참가의 원칙 ④ 라인화의 원칙

해설 무재해운동의 3원칙

무의 원칙	잠재위험요인을 사전에 발견, 파악, 제거함으로써 근원적으로 산업재해를 없애는 것(사망, 휴업재해만 없으면 된다는 소극적 사고가 아니라 불휴재해는 물론 잠재 위험요인이 없어야 한다는 적극적인 자세)
선취(해결)의 원칙	궁극적인 목표인 무재해·무질병을 실현하기 위해 모든 잠재위험요인을 행동하기 전에 발견, 파악, 제거함으로써 재해의 발생을 사전에 예방하거나 방지하는 것
(전원)참가의 원칙	잠재적 위험요인을 제거하기 위해 노사 전원이 참가하여 각자의 입장에서 적극적으로 스스로의 책무를 수행함과 동시에 문제해결 운동을 실천하는 것

| 정답 | 001 ② 002 ③ 003 ③ 004 ④

005

산업안전보건법령상 안전검사대상 유해·위험 기계의 종류에 포함되지 않는 것은?

① 전단기　② 리프트
③ 곤돌라　④ 교류아크용접기

해설 **안전검사대상 유해·위험 기계·기구·설비**

- 프레스
- 전단기
- 크레인(정격 하중이 2톤 미만인 것 제외)
- 리프트
- 압력용기
- 곤돌라
- 국소 배기장치(이동식 제외)
- 원심기(산업용만 해당)
- 롤러기(밀폐형 구조 제외)
- 사출성형기(형 체결력 294[kN] 미만은 제외)
- 고소작업대(화물자동차 또는 특수자동차에 탑재한 고소작업대로 한정)
- 컨베이어
- 산업용 로봇

006

산업안전보건법령상 다음 그림에 해당하는 안전보건표지의 종류로 옳은 것은?

① 부식성물질경고　② 산화성물질경고
③ 인화성물질경고　④ 폭발성물질경고

해설 **경고표지**

인화성물질경고	산화성물질경고	폭발성물질경고	급성독성물질경고	부식성물질경고

007

하인리히의 재해발생 원인 도미노 이론에서 사고의 직접원인으로 옳은 것은?

① 통제의 부족　② 관리구조의 부적절
③ 불안전한 행동과 상태　④ 유전과 환경적 영향

해설

하인리히의 도미노 이론에서 3단계인 '불안전한 행동과 상태'는 재해의 직접원인으로 제거하면 사고와 재해로 이어지지 않는다.

관련개념 **하인리히의 도미노 이론(사고발생의 연쇄성)**

재해가 발생하기 전 여러 단계의 사건이 순차적으로 발생한다는 이론으로 다음과 같이 전개된다.

- 1단계: 사회적 환경과 유전적 요소(선천적 결함)
- 2단계: 개인적 결함
- 3단계: 불안전 상태 및 불안전 행동
- 4단계: 사고
- 5단계: 재해

008

산업안전보건법령상 특별안전보건교육 대상 작업별 교육내용 중 밀폐공간에서의 작업 시 교육내용에 포함되지 않는 것은? (단, 그 밖에 안전·보건관리에 필요한 사항은 제외한다.)

① 산소농도 측정 및 작업환경에 관한 사항
② 유해물질이 인체에 미치는 영향
③ 보호구 착용 및 보호 장비 사용에 관한 사항
④ 사고 시의 응급처치 및 비상시 구출에 관한 사항

해설 **밀폐공간에서의 작업 시 특별안전보건교육내용**

- 산소농도 측정 및 작업환경에 관한 사항
- 사고 시의 응급처치 및 비상시 구출에 관한 사항
- 보호구 착용 및 보호 장비 사용에 관한 사항
- 작업내용·안전작업방법 및 절차에 관한 사항
- 장비·설비 및 시설 등의 안전점검에 관한 사항
- 그 밖의 안전·보건관리에 필요한 사항

| 정답 | 005 ④　006 ③　007 ③　008 ②

009

산업안전보건법령상 상시근로자수의 산출내역에 따라 연간 국내공사 실적액이 50억 원이고 건설업 월평균임금이 250만 원이며, 노무비율은 0.06인 사업장의 상시근로자수는?

① 10인 ② 30인
③ 33인 ④ 75인

해설

$$상시근로자수 = \frac{연간\ 국내공사\ 실적액 \times 노무비율}{건설업\ 월평균임금 \times 12}$$
$$= \frac{50억 \times 0.06}{250만 \times 12} = 10인$$

010

안전지식교육 실시 4단계에서 지식을 실제의 상황에 맞추어 문제를 해결해보고 그 수법을 이해시키는 단계로 옳은 것은?

① 도입 ② 제시
③ 적용 ④ 확인

해설 **안전교육 실시(진행) 4단계**

단계		내용
1단계	도입	• 학습의 목적 및 취지와 배경 설명 • 관심과 흥미를 갖도록 동기 부여
2단계	제시	• 교육 체계와 중점 내용 제시 • 주요 단계의 설명 및 시범 • 시청각 교재의 적극적 활용
3단계	적용	• 교육내용에 대한 활용 및 응용 • 사례연구, 재해 사례 등을 발표 • 교육내용 복습
4단계	확인	• 교육 이해도 확인 • 시험 또는 과제 부과 • 향후 피교육자의 실천 사항 명시

011

주의의 수준에서 중간 수준에 포함되지 않는 것은?

① 다른 곳에 주의를 기울이고 있을 때
② 가시시야 내 부분
③ 수면 중
④ 일상과 같은 조건일 경우

해설

주의의 중간 수준이란 집중한 상태는 아니지만 시각적인 판단이 가능한 상태를 의미하므로, 수면 중의 무의식 상태를 중간 수준으로 보기는 어렵다.

012

다음 중 작업표준의 구비조건으로 옳지 않은 것은?

① 작업의 실정에 적합할 것
② 생산성과 품질의 특성에 적합할 것
③ 표현은 추상적으로 나타낼 것
④ 다른 규정 등에 위배되지 않을 것

해설 **작업표준의 구비조건**

• 이상 발생 시 조치기준을 정할 것
• 생산성과 품질의 특성에 부합할 것
• 작업 실정에 적절할 것
• 다른 규정에 위배되지 않을 것
• 실행방안은 구체적일 것

| 정답 | 009 ① 010 ③ 011 ③ 012 ③

013

다음 중 산업재해 통계에 관한 설명으로 적절하지 않은 것은?

① 산업재해 통계는 구체적으로 표시되어야 한다.
② 산업재해 통계는 안전 활동을 추진하기 위한 기초자료이다.
③ 산업재해 통계만을 기반으로 해당 사업장의 안전수준을 추측한다.
④ 산업재해 통계의 목적은 기업에서 발생한 산업재해에 대하여 효과적인 대책을 강구하기 위함이다.

해설

산업재해 통계만을 기준으로 사업장의 안전수준을 추측해서는 안 된다.

014

다음 중 안전태도교육의 원칙으로 적절하지 않은 것은?

① 청취 위주의 대화를 한다.
② 이해하고 납득한다.
③ 항상 모범을 보인다.
④ 지적과 처벌 위주로 한다.

해설 **태도교육의 단계**

- 1단계: 청취한다.
- 2단계: 이해·납득시킨다.
- 3단계: 모범(시범)을 보인다.
- 4단계: 권장(평가)한다.
- 5단계: 칭찬 또는 벌을 준다.

관련개념 **태도교육(안전교육의 제3단계)**

- 생활지도, 작업동작지도 등을 통한 안전의 습관화를 위한 교육이다.
- 안전한 방법을 알고는 있으나 시행하지 않는 사람에게 직장규율, 안전규율 등을 익히게 한다.

015

다음 중 산업심리의 5대 요소에 해당하지 않는 것은?

① 적성　　② 감정
③ 기질　　④ 동기

해설 **산업안전심리의 5요소**

동기(Motive)	감각에 의한 자극에서 일어난 사고의 결과로서 사람의 마음을 움직이는 원동력이 된다.
기질(Temper)	감정적인 경향이나 반응과 관계되는 성격의 한 측면이다.
감정(Emotion)	어떤 행동을 할 때 생기는 주관적인 동요를 뜻한다.
습성(Habits)	일정한 생활양식으로 본능, 학습, 조건반사 등에 따라 형성된다.
습관(Custom)	성장과정을 통해 개인에게 형성된 특성 등이 무의식 중에 나타나는 규칙적인 행동이다.

016

다음 중 위험예지훈련 4라운드의 순서가 올바르게 나열된 것은?

① 현상파악 → 본질추구 → 대책수립 → 목표설정
② 현상파악 → 대책수립 → 본질추구 → 목표설정
③ 현상파악 → 본질추구 → 목표설정 → 대책수립
④ 현상파악 → 목표설정 → 본질추구 → 대책수립

해설 **위험예지훈련 4라운드**

1라운드	현상파악	위험요인을 식별하는 단계
2라운드	본질추구	위험요인·문제점 발견 및 위험의 포인트를 결정하고 지적 확인하는 단계
3라운드	대책수립	위험요인을 극복하기 위한 대안 제시 단계
4라운드	목표설정	행동목표를 설정하는 단계

| 정답 | 013 ③　014 ④　015 ①　016 ①

017

산업안전보건법령상 안전모의 종류(기호) 중 사용 구분에서 "물체의 낙하 또는 비래 및 추락에 의한 위험을 방지 또는 경감하고, 머리부위 감전에 의한 위험을 방지하기 위한 것"으로 옳은 것은?

① A ② AB
③ AE ④ ABE

해설 **안전모의 종류**

종류(기호)	사용구분
AB	물체의 낙하 또는 비래 및 추락에 의한 위험을 방지 또는 경감시키기 위한 것
AE	물체의 낙하 또는 비래에 의한 위험을 방지 또는 경감하고, 머리부위 감전에 의한 위험을 방지하기 위한 것
ABE	물체의 낙하 또는 비래 및 추락에 의한 위험을 방지 또는 경감하고, 머리부위 감전에 의한 위험을 방지하기 위한 것

018

레윈(Lewin)은 인간행동과 인간의 조건 및 환경조건의 관계를 다음과 같이 표시하였다. 이 때 'f'의 의미는?

$$B=f(P \cdot E)$$

① 행동 ② 조명
③ 지능 ④ 함수

해설 **레윈(Lewin, K.)의 법칙**

인간의 행동은 개인과 환경의 상호 함수관계에 있다는 법칙이다.

$B=f(P \cdot E)$

- B(Behavior): 인간의 행동
- f(Function): 동기부여를 포함한 함수
- P(Person): 개체(연령, 지능, 경험 등)
- E(Environment): 환경(인간관계, 작업환경 등)

019

적응기제(Adjustment Mechanism)의 유형에서 "동일화(Identification)"의 사례에 해당하는 것은?

① 운동시합에서 진 선수가 컨디션이 좋지 않았다고 한다.
② 결혼에 실패한 사람이 고아들에게 정열을 쏟고 있다.
③ 아버지의 성공을 자신의 성공인 것처럼 자랑하며 거만한 태도를 보인다.
④ 동생이 태어난 후 초등학교에 입학한 큰 아이가 손가락을 빨기 시작했다.

해설 **인간관계 메커니즘**

구분	내용
모방(Imitation)	남의 행동이나 판단을 표본으로 하여 그것과 같거나 그것에 가까운 행동 또는 판단을 취하려는 행위
투사(Projection)	자신의 불만을 해소하기 위해 남에게 뒤집어 씌우는 행위
암시(Suggestion)	다른 사람의 판단이나 행동을 무비판적으로 받아들이는 행위
동일화(Identification)	다른 사람의 행동 양식이나 태도를 자신에게 투입하거나 다른 사람에게서 자신의 행동양식이나 태도와 비슷한 것을 발견하는 행위

020

산업안전보건법령상 산업재해조사표에 기록되어야 할 내용으로 옳지 않은 것은?

① 사업장 정보 ② 재해정보
③ 재해발생 개요 및 원인 ④ 안전교육 계획

해설 **산업재해조사표 기록 내용**

- 사업장 정보: 사업개시번호, 사업자등록번호, 사업장명, 근로자 수, 업종, 발주자, 공사종류, 공정률, 공사금액 등
- 재해정보: 성명, 주민등록번호, 성별, 휴대전화, 주소, 고용형태, 근무형태, 상해종류, 상해부위, 휴업예상일수 등
- 재해발생 개요 및 원인: 발생일시, 발생장소, 재해관련 작업유형, 재해발생 당시 상황, 재해발생 원인
- 재발방지계획
- 근로자대표 또는 재해자 서명

| 정답 | 017 ④ 018 ④ 019 ③ 020 ④

인간공학 및 시스템안전공학

021

인간오류의 분류 중 원인에 의한 분류의 하나로, 작업자 자신으로부터 발생하는 에러로 옳은 것은?

① Command Error ② Secondary Error
③ Primary Error ④ Third Error

해설 휴먼에러(Human Error)의 분류

분류	내용
심리적 분류 (Swain의 분류)	• 정상수행 ①→②→③→④→⑤ • Omission Error(생략에러): 필요한 작업, 절차를 수행하지 않는 오류 ①→②——④→⑤ • Time Error(시간에러): 필요한 작업과 절차의 수행지연으로 인한 오류 ①→②→③——④→⑤ • Commission Error(수행에러): 필요한 작업과 절차를 잘못 수행하는 오류 ①→②→[3]→④→⑤ • Sequential Error(순서에러): 필요한 작업 또는 절차의 순서착오로 인한 오류 ①→②→④→③→⑤ • Qualitative Error(양적에러): 너무 적거나 많은 작업을 수행하는 오류 • Extraneous Error(불필요 수행에러): 작업과 관계없는 행동을 하는 오류 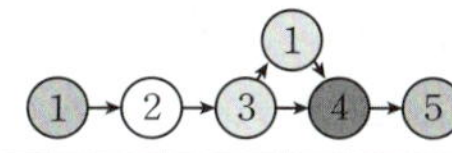
원인별(레벨별) 분류	• Primary Error(1차에러): 작업자 자신에 의해 발생 • Secondary Error(2차에러): 작업형태나 조건에 의해 발생 • Command Error(지시에러): 근로자가 움직일 수 없는 상태에 발생 • Third Error(3차에러)

022

정보를 전송하기 위해 청각적 표시장치를 이용하는 것이 바람직한 경우로 적합한 것은?

① 전언이 복잡한 경우
② 전언이 이후에 재참조되는 경우
③ 전언이 공간적인 사건을 다루는 경우
④ 전언이 즉각적인 행동을 요구하는 경우

해설 청각적 표시장치와 시각적 표시장치 사용비교

청각적 표시장치	시각적 표시장치
전언이 간단하다.	전언이 복잡하다.
전언이 짧다.	전언이 길다.
전언이 후에 재참조 되지 않는다.	전언이 후에 재참조 된다.
전언이 시간적 사상을 다룬다.	전언이 공간적인 위치를 다룬다.
전언이 즉각적인 행동을 요구한다(긴급할 때).	전언이 즉각적인 행동을 요구하지 않는다.
수신장소가 너무 밝거나 암조응 유지 필요 시	수신장소가 너무 시끄러울 때
직무상 수신자가 자주 움직일 때	직무상 수신자가 한곳에 머무를 때
수신자의 시각계통이 과부하 상태일 때	수신자의 청각계통이 과부하 상태일 때

023

조종장치를 통한 인간의 통제 아래 기계가 동력원을 제공하는 시스템의 형태로 옳은 것은?

① 기계화 시스템 ② 수동 시스템
③ 자동화 시스템 ④ 컴퓨터 시스템

해설 인간-기계 시스템(체계)

구분	내용
수동 체계	자신의 신체적인 힘을 동력원으로 사용하여 작업을 통제하는 인간 사용자와 결합(수공구 또는 그 밖의 보조물 사용)
기계화 체계 (반자동 체계)	운전자가 조종장치를 사용하여 통제하며 동력은 기계가 제공
자동화 체계	기계가 감지, 정보처리, 의사결정 등 행동을 포함한 모든 임무를 수행하고 인간은 감시, 프로그래밍, 정비유지 등의 기능을 수행

| 정답 | 021 ③ 022 ④ 023 ①

024

고장형태 및 영향분석(FMEA; Failure Mode and Effect Analyis)에서 치명도 해석을 포함시킨 분석 방법으로 옳은 것은?

① CA　　② ETA
③ FMETA　　④ FMECA

해설
FMECA는 FMEA에 치명도(Criticality)를 추가한 분석 방법이다.

관련개념 **시스템 분석 기법의 종류**

고장형태와 영향분석법 (FMEA; Failure Mode and Effect Analysis)	고장을 형태별로 분석하여 그 영향을 검토하는 정성적, 귀납적 분석방법
예비위험분석(PHA; Preliminary Hazard Analysis)	최초단계 분석으로 시스템 내의 위험요소가 어느 정도의 위험상태에 있는지를 평가하는 방법으로 정성적 평가방법
결함위험분석(FHA; Fault Hazard Analysis)	서브시스템의 해석에 사용되는 기법
인간과오율 추정법 (THERP; Technique for Human Error Rate Prediction)	인간의 실수를 정량적으로 평가하는 것이며 인간의 과오(실수)에 기인한 사고원인 분석 기법으로 100만 운전시간당 과오수를 기본 과오율로 평가
결함수분석(FTA; Falut Tree Analysis)	정량적, 연역적 분석방법으로 기계, 설비 또는 인간-기계 시스템의 고장이나 재해의 발생요인을 FT도에 의하여 분석
치명도 분석, 위험도 분석 (CA; Criticality Analysis)	높은 위험도를 가진 요소나 고장의 형태에 따른 분석법으로 고장을 정량적으로 분석하는 기법
위험 및 운용성 분석 (HAZOP; Hazard and Operability Analysis)	장비에 대해 잠재된 위험이나 기능 저하 등 영향을 평가하기 위하여 공정이나 설계도 등에 체계적인 검토를 행하는 것

025

음의 강약을 나타내는 기본 단위는?

① [dB]　　② [point]
③ [hertz]　　④ [diopter]

해설
[dB](데시벨)은 음의 크기를 측정하는 단위이다.

관련개념
- [point]: 인쇄 및 타이포그래피에서 글자 크기를 나타내는 단위이다.
- [Hz](헤르츠): 주파수를 나타내는 단위로 주로 소리의 높낮이를 표현할 때 사용된다.
- [diopter]: 렌즈의 굴절력을 나타내는 단위이다.

026

FTA에서 모든 기본사상이 일어났을 때 톱(top)사상을 일으키는 기본사상의 집합을 무엇이라 하는가?

① 컷셋(Cut Set)
② 최소 컷셋(Minimal Cut Set)
③ 패스셋(Path Set)
④ 최소 패스셋(Minimal Path Set)

해설 **컷셋(Cut Sets)**
시스템 고장을 유발시키는 기본사상들의 집합이다. 즉, 시스템이 고장나기 위해서는 컷셋에 포함된 모든 기본사상이 동시에 발생하여야 한다.

관련개념
- 최소 컷셋: 시스템에 고장을 일으킬 수 있는 가장 작은 기본사상들의 집합을 의미한다. 즉, 시스템 고장이 발생할 수 있는 최소한의 결함의 조합이다.(위험성)
- 패스셋: 고장이 일어나지 않는 기본사상들의 집합이다.
- 최소 패스셋: 시스템이 정상적으로 작동하기 위해 필요한 최소한의 기본사상의 집합이다. 즉, 시스템이 정상적으로 작동하기 위해서는 최소 패스셋에 포함된 모든 기본사상이 정상적으로 작동하여야 한다.(신뢰성)

027

일반적으로 인체에 가해지는 온·습도 및 기류 등의 외적변수를 종합적으로 평가하는 데에는 "불쾌지수"라는 지표가 이용된다. 불쾌지수의 계산식이 다음과 같은 경우, 건구온도와 습구온도의 단위로 옳은 것은?

불쾌지수＝0.72×(건구온도+습구온도)+40.6

① 실효온도　　② 화씨온도
③ 절대온도　　④ 섭씨온도

해설 **불쾌지수 공식**

섭씨[℃]	0.72×(건구온도[℃]+습구온도[℃])+40.6[℃]
화씨[℉]	0.4×(건구온도[℉]+습구온도[℉])+15[℉]

| 정답 | 024 ④　025 ①　026 ①　027 ④

028

레버를 10° 움직이면 표시장치는 1[cm] 이동하는 조종장치가 있다. 레버의 길이가 20[cm]라고 하면 이 조종장치의 통제표시비(C/D비)는 약 얼마인가?

① 1.27　　② 2.38
③ 3.49　　④ 4.51

해설

$$통제표시비(C/D비) = \frac{2\pi \times 20 \times \frac{10}{360}}{1} = 3.49$$

관련개념 **통제표시비(C/D비, C/R비)**

$$통제표시비 = \frac{제어장치의\ 변위량}{표시장치의\ 변위량}$$
$$= \frac{2\pi \times 레버의\ 길이 \times \frac{움직인\ 각도}{360}}{표시장치의\ 변위량}$$

029

작업장 내부의 추천반사율이 가장 낮아야 하는 곳은?

① 벽　　② 천장
③ 바닥　　④ 가구

해설

작업장 내부에서 추천반사율이 가장 낮은 곳은 바닥이다.
반사율은 빛이 반사되는 정도를 의미하며, 시각적 편안함과 효율성에 중요한 영향을 미친다.

관련개념 **반사율(눈부심)을 최소화하기 위한 옥내 추천 반사율**

- 천장: 80~90[%]
- 창문, 벽: 40~60[%]
- 가구, 사용기기, 책상: 25~40[%]
- 바닥: 20~40[%]

030

서서 하는 작업의 작업대 높이에 대한 설명으로 옳지 않은 것은?

① 정밀작업의 경우 팔꿈치 높이보다 약간 높게 한다.
② 경작업의 경우 팔꿈치 높이보다 약간 낮게 한다.
③ 중작업의 경우 경작업의 작업대 높이보다 약간 낮게 한다.
④ 작업대의 높이는 기준을 지켜야 하므로 높낮이가 조절되어서는 안 된다.

해설

작업대 높이는 인체에 맞게 높낮이가 조절되어야 신체에 무리 없이 근골격계 질환을 예방할 수 있다.

031

다음의 FT도에서 몇 개의 미니멀 패스셋(Minimal Path sets)이 존재하는가?

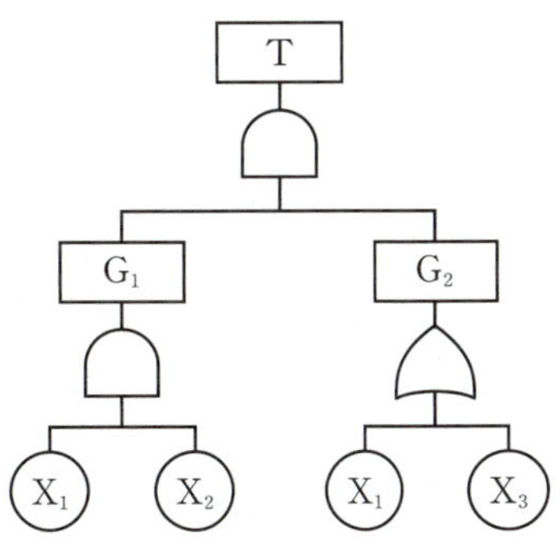

① 1개　　② 2개
③ 3개　　④ 4개

해설

미니멀 패스셋을 구하기 위해서는 AND 게이트는 OR 게이트로, OR 게이트는 AND 게이트로 바꾸어 미니멀 컷셋을 구한다.

$$T = \begin{pmatrix} G_1 \\ G_2 \end{pmatrix} = \begin{pmatrix} X_1 \\ X_2 \\ X_1 X_3 \end{pmatrix}$$

따라서 문제의 FT도에서 패스셋은 (X_1), (X_2), $(X_1\ X_3)$이고, 미니멀 패스셋은 (X_1), (X_2)로 2개이다.

| 정답 | 028 ③　029 ③　030 ④　031 ②

032

인간의 정보처리 기능 중 그 용량이 7개 내외로 작아 순간적 망각 등 인적 오류의 원인이 되는 것은?

① 지각 ② 작업기억
③ 주의력 ④ 감각보관

해설 **작업기억**

인간의 정보처리 기능 중 하나로 현재 진행 중인 작업에 필요한 정보를 일시적으로 저장하고 처리하는 역할을 한다.

관련개념

- 지각: 자극을 받아들이고 해석하는 과정이다.
- 주의력: 정보에 집중하는 능력이다.
- 감각보관: 감각정보를 아주 짧은 시간 동안 저장하는 기능이다.

033

위팔은 자연스럽게 수직으로 늘어뜨린 채 아래팔만을 편하게 뻗어 작업할 수 있는 범위는?

① 정상작업역 ② 최대작업역
③ 최소작업역 ④ 작업포락면

해설 **작업공간**

구분	설명
정상작업영역	윗팔을 자연스럽게 늘어뜨린 채 아래팔만으로 닿을 수 있는 영역을 말한다.
최대작업영역	작업자의 손과 팔이 닿을 수 있는 최대 영역을 말한다.
최소작업영역	작업자가 작업을 수행하기 위해 필요한 최소한의 영역을 말한다.
작업공간 포락면	작업자의 머리, 어깨, 팔, 손, 다리의 윤곽을 따라 그린 면이며 작업자의 실제 작업영역을 말한다.

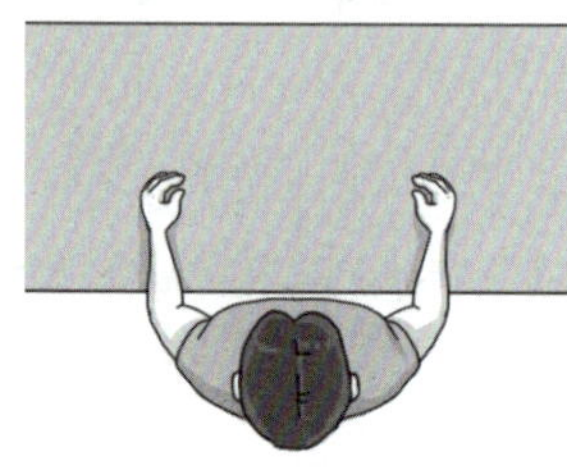
▲ 정상작업영역

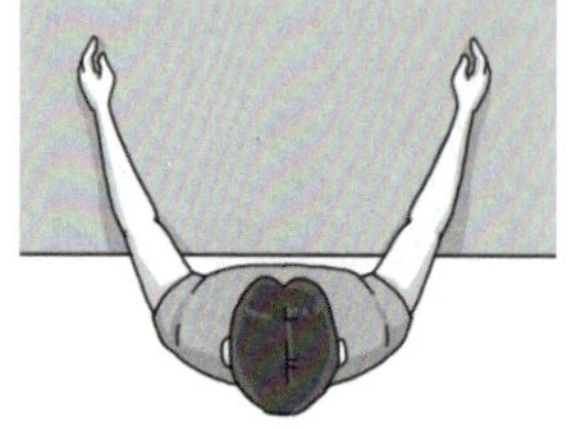
▲ 최대작업영역

034

그림과 같은 시스템의 신뢰도로 옳은 것은? (단, 그림의 숫자는 각 부품의 신뢰도이다.)

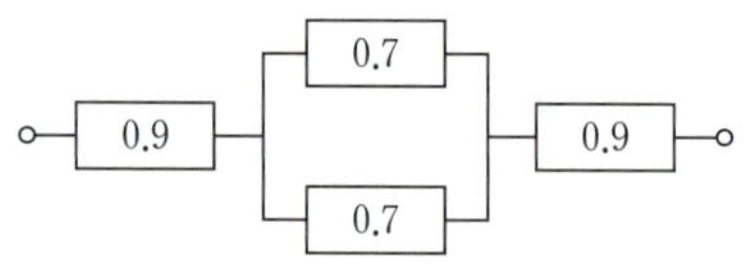

① 0.6261 ② 0.7371
③ 0.8481 ④ 0.9591

해설

신뢰도 $= 0.9\times(1-(1-0.7)\times(1-0.7))\times0.9=0.7371$

관련개념 **신뢰도가 R_1, R_2인 부품의 시스템 신뢰도**

- 직렬로 연결되어 있을 때: $R_1\times R_2$
- 병렬로 연결되어 있을 때: $1-(1-R_1)\times(1-R_2)$

| 정답 | 032 ② 033 ① 034 ②

035

FT도에 사용되는 논리기호 중 AND 게이트에 해당하는 것은?

① 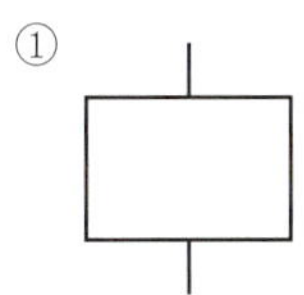

② 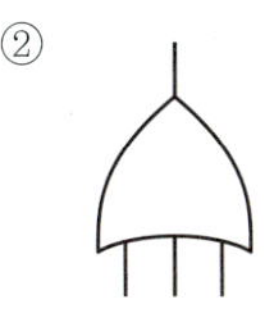

③ 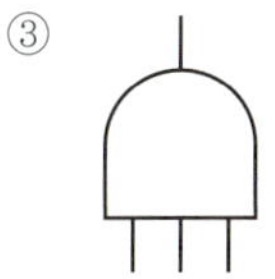

④ 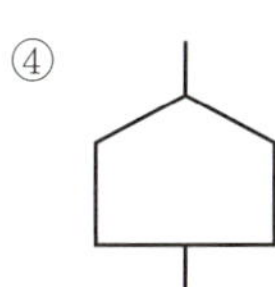

해설 **논리기호 및 사상기호**

기호	명칭	설명
	기본사상	더 이상 전개할 수 없는 사건·사고(재해의 원인)
	생략사상	관리정보가 미비하여 계속될 수 없는 특정 초기사상
	통상사상	발생이 예상되는 사상
	결함사상	한 개 이상의 입력에 의해 발생된 고장사상
	전이기호	다른 게이트와의 연결
	억제 게이트	입력이 발생하기 전 특정 조건을 만족하면 출력이 발생
	OR 게이트	입력신호 중 하나 이상이 발생하면 출력이 발생(논리합)
	AND 게이트	입력신호가 모두 발생하면 출력이 발생(논리곱)

036

인간의 시각특성을 설명한 것으로 옳은 것은?

① 적응은 수정체의 두께가 얇아져 근거리의 물체를 볼 수 있게 되는 것이다.
② 시야는 수정체의 두께 조절로 이루어진다.
③ 망막은 카메라의 렌즈에 해당된다.
④ 암조응에 걸리는 시간은 명조응보다 길다.

해설

암조응에 걸리는 시간은 30분 정도이고, 명조응에 걸리는 시간은 약 5분 이내이다.

관련개념 **암조응과 명조응**

구분	설명
암조응	어두운 환경에서 시각적 감각이 적응하는 과정 예 어두운 동굴에 들어갈 때
명조응	밝은 환경에서 시각적 감각이 적응하는 과정 예 어두운 박물관에서 햇빛이 내리쬐는 밖으로 나갈 때

037

체계 설계 과정의 주요 단계 중 가장 먼저 실시되어야 하는 것은?

① 기본설계　② 계면설계
③ 체계의 정의　④ 목표 및 성능 명세 결정

해설 **인간-기계 시스템의 설계과정**

1단계	시스템의 목표와 성능 명세 결정	목적 및 존재 이유에 대한 결정
2단계	시스템의 정의	목표 달성을 위해 필요한 기능의 결정
3단계	기본설계	기능의 할당, 작업설계, 인간성능 요건 명세, 직무분석
4단계	인터페이스 설계	작업공간, 화면설계, 표시 및 조종장치
5단계	촉진물(보조물) 설계	성능보조자료, 훈련도구 등 보조물 설계
6단계	시험 및 평가	시스템 개발과 관련된 평가와 인간적인 요소 평가

| 정답 | 035 ③　036 ④　037 ④

038

예비위험분석(PHA)에 대한 설명으로 옳은 것은?

① 관련된 과거 안전점검결과의 조사에 적절하다.
② 안전관련법규 조항의 준수를 위한 조사방법이다.
③ 시스템 고유의 위험성을 파악하고 예상되는 재해의 위험 수준을 결정한다.
④ 초기 단계에서 시스템 내의 위험요소가 어떠한 위험상태에 있는가를 정성적으로 평가하는 것이다.

해설 **예비위험분석(PHA; Preliminary Hazard Analysis)**
시스템 내의 위험요소가 얼마나 위험상태에 있는가를 평가하는 시스템 안전 프로그램에서 최초단계(시스템 구상단계)의 분석 방식(정성적)이다.

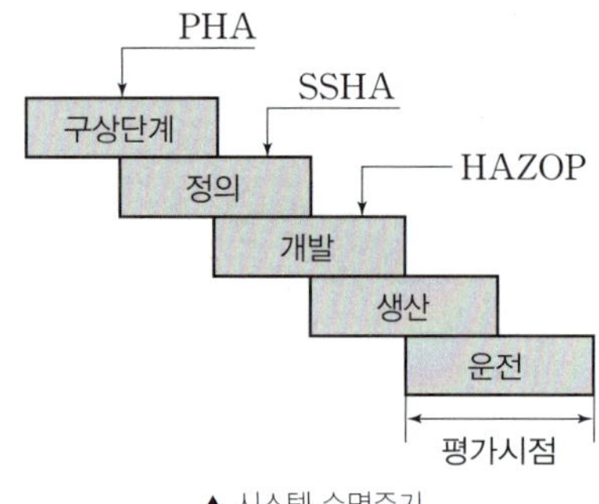

▲ 시스템 수명주기

039

다음 중 생리적 스트레스를 전기적으로 측정하는 방법으로 옳지 않은 것은?

① 뇌전도(EEG) ② 근전도(EMG)
③ 전기 피부 반응(GSR) ④ 안구 반응(EOG)

해설
안전도(EOG)는 각막과 망막 간 전위를 측정하는 기술로써, 안과 진단과 눈의 움직임을 기록할 때 주로 사용된다.

관련개념

구분	설명
뇌전도(EEG)	전극을 통해 뇌의 전기적 활동을 기록하는 전기생리학적 측정 방법이다.
근전도(EMG)	근육의 전기적 활동을 기록하여 근육질환과 말초신경 질환을 진단하고 측정한다.
전기 피부 반응(GSR)	피부 전도 반응을 측정하는 방법으로 생리학적 반응을 나타낸다.

040

신뢰성과 보전성 개선을 목적으로 하는 효과적인 보전기록자료에 해당하지 않는 것은?

① 설비이력카드 ② 자재관리표
③ MTBF 분석표 ④ 고장원인대책표

해설
자재관리표는 신뢰성과 보전성을 개선하기 위한 보전기록자료보다는 자재의 흐름을 관리하는 자료에 더 가깝다.

관련개념 **보전기록자료**

구분	설명
설비이력카드	설비의 상태, 보수 이력, 교체 내역 등을 기록하는 자료
MTBF 분석표	평균 고장 간격(Mean Time Between Failures)을 분석하여 설비의 신뢰성을 높이는 데 쓰이는 자료
고장원인대책표	고장의 원인과 이를 해결하기 위한 대책을 기록한 자료

| 정답 | 038 ④ 039 ④ 040 ②

건설시공학

041

강구조물 제작 시 마킹(금긋기)에 관한 설명으로 옳지 않은 것은?

① 강판 절단이나 형강 절단 등 외형 절단을 선행하는 부재는 미리 부재 모양별로 마킹 기준을 정해야 한다.
② 마킹검사는 띠철이나 형판 또는 자동가공기(CNC)를 사용하여 정확히 마킹되었는가를 확인한다.
③ 주요 부재의 강판에 마킹할 때에는 펀치(punch) 등을 사용한다.
④ 마킹 시 용접열에 의한 수축 여유를 고려하여 최종 교정, 다듬질 후 정확한 치수를 확보할 수 있도록 조치해야 한다.

해설 **마킹(금긋기)**
- 강판 위에 주요 부재를 마킹할 때에는 주된 응력의 방향과 압연 방향을 일치시켜야 한다.
- 마킹을 할 때에는 구조물이 완성된 후에 구조물의 부재로서 남을 곳에는 원칙적으로 강판에 상처를 내어서는 안 된다. 특히, 고강도강 및 휨 가공하는 연강의 표면에는 펀치, 정 등에 의한 흔적을 남겨서는 안 된다. 다만, 절단, 구멍뚫기, 용접 등으로 제거되는 경우에는 무방하다.
- 주요 부재의 강판에 마킹할 때에는 펀치(punch) 등을 사용하지 않아야 한다.
- 마킹 시 용접열에 의한 수축 여유를 고려하여 최종 교정, 다듬질 후 정확한 치수를 확보할 수 있도록 조치하여야 한다.

042

당해 공사의 특수한 조건에 따라 표준시방서에 대하여 추가, 변경, 삭제를 규정하는 시방서는?

① 특기시방서 ② 안내시방서
③ 자료시방서 ④ 성능시방서

해설 **특기시방서**
공사의 특징에 따라 표준시방서의 적용범위 및 표준시방서에는 없는 사항과 표준시방서에서 특기시방하도록 되어 있는 사항 등을 규정한 시방서로서 공사시방서의 일부이다.

관련개념 **안내시방서**
공사시방서를 작성할 때 지침이나 참고가 되는 시방서이다.

043

철근콘크리트공사에서 거푸집의 상호 간 간격을 유지하는 데 사용하는 것은?

① 폼 데크(Form Deck)
② 세퍼레이터(Separator)
③ 스페이서(Spacer)
④ 파이프 서포트(Pipe Support)

해설 **세퍼레이터(격리재, Separator)**
거푸집 상호 간의 간격을 유지하고, 측벽두께를 유지하기 위한 부속재료이다.

관련개념
- 폼 데크(Form Deck): 합판 거푸집 동바리 대신 사용하는 골 형식의 거푸집이다.
- 스페이서(Spacer, 간격재): 거푸집과 철근의 간격을 유지하기 위한 부속재료이다.
- 파이프 서포트(Pipe Support): 수직으로 받쳐주는 거푸집 동바리이다.

044

굴착, 상차, 운반, 정지작업 등을 할 수 있는 기계로, 대량의 토사를 고속으로 운반하는 데 적당한 기계는?

① 불도저 ② 앵글도저
③ 로더 ④ 캐리올 스크레이퍼

해설 **캐리올 스크레이퍼**
도저보다 운반거리가 길고 앞바퀴와 뒷바퀴 사이에 짐을 싣는 박스를 갖고 있어 굴착·적하(積荷)·운반·살포(撒布)·흙다짐 등 일련의 작업을 동시에 할 수 있다.

관련개념
- 불도저: 흙을 밀고 모아 지면을 고르게 한다.
- 앵글도저: 블레이드를 좌우로 20°~30° 정도로 각을 세울 수 있어 토사를 한쪽 방향으로 밀어내는 형식의 도저이다.
- 로더: 흙을 덮거나 토사를 트럭 등에 적재할 때 사용한다.

| 정답 | 041 ③ 042 ① 043 ② 044 ④

045

사질지반에서 지하수를 강제로 뽑아내어 지하수위를 낮추어 서 기초공사를 하는 공법은?

① 케이슨 공법　　② 웰포인트 공법
③ 샌드드레인 공법　　④ 레이먼드파일 공법

해설
① 케이슨 공법: 기초공법
③ 샌드드레인 공법: 압밀공법
④ 레이먼드파일 공법: 말뚝 관입공법

관련개념 **배수공법의 구분**
- 중력배수공법: 표면배수공법
- 강제배수공법: 웰포인트(Well Point) 공법, 진공 Deep Well 공법, 전기침투공법

046

철근콘크리트구조에서 철근이음 시 유의사항으로 옳지 않은 것은?

① 동일한 곳에 철근 수의 반 이상을 이어야 한다.
② 이음의 위치는 응력이 큰 곳을 피하고 엇갈리게 잇는다.
③ 주근의 이음은 인장력이 가장 작은 곳에 두어야 한다.
④ 큰 보의 경우 하부주근의 이음 위치는 보 경간의 양단부이다.

해설 **철근의 이음 위치**
- 한 곳에서 철근 수의 반 이상을 이어서는 안 된다.
- 철근의 이음위치는 인장력이 큰 곳은 피한다.
- 기둥의 주근이음은 기둥높이의 $\frac{2}{3}$ 이내, 보통 $\frac{1}{3}$ 지점에 이음을 둔다.
- 인접한 주근의 이음새 간격은 1.5d 또는 2.5[cm] 이상으로 한다.
- 보의 주근이음에서는 하부근은 단부에, 상부근은 중앙에, 굽힘근은 굽힘부에 이음위치를 둔다.

047

굴착토사와 안정액 및 공수 내의 혼합물을 드릴파이프 내부를 통해 강제로 역순환시켜 지상으로 배출하는 공법으로 다음과 같은 특징이 있는 현장타설 콘크리트 말뚝공법은?

- 점토, 실트층 등에 적용한다.
- 시공심도는 통상 30~70[m]까지로 한다.
- 시공직경은 0.9~3[m] 정도까지로 한다.

① 어스드릴공법　　② 리버스서큘레이션공법
③ 뉴메틱케이슨공법　　④ 심초공법

해설 **리버스서큘레이션공법(RCD)**
역순환공법으로 굴착구멍 내에 지하수위보다 2[m] 이상 높게 물을 채워 굴착벽면에 2[ton/m^2] 이상의 정수압에 의해 벽면붕괴를 방지하며 굴착한 후 형성시킨 말뚝을 이용한 공법이다.

관련개념

구분	설명
어스드릴공법	회전식 드릴링 버켓을 이용하여 지반을 굴착하고 철근망을 삽입하여 콘크리트를 타설하는 공법이다. 표층부에 가이드파이프를 설치하고 공벽유지는 벤토나이트 용액을 이용한다.
뉴메틱케이슨공법	케이슨 하부에 작업실을 두어 작업실 내에 공기를 주입하여 물을 배출시키고 인력 또는 기계에 의해 토사를 굴착, 배출하면서 지지층 까지 도달하는 공법이다.
심초공법	인력으로 굴착하는 공법으로 이로 인해 기계장비를 놓을 넓은 공간은 없다.

| 정답 | 045 ② 046 ① 047 ②

048

KCS에 따른 철근 가공 및 이음 기준에 관한 내용으로 옳지 않은 것은?

① 철근은 상온에서 가공하는 것을 원칙으로 한다.
② 철근상세도에 철근의 구부리는 내면 반지름이 표시되어 있지 않은 때에는 콘크리트구조 설계기준에 규정된 구부림의 최소 내면 반지름 이상으로 철근을 구부려야 한다.
③ D32 이하의 철근은 겹침이음을 할 수 없다.
④ 장래의 이음에 대비하여 구조물로부터 노출시켜 놓은 철근은 손상이나 부식이 생기지 않도록 보호하여야 한다.

해설

D35를 초과하는 철근은 겹침이음을 할 수 없다. 다만, 서로 다른 크기의 철근을 압축부에서 겹침이음하는 경우 D35 이하의 철근과 D35를 초과하는 철근은 겹침이음 할 수 있다.

049

토공사에서 사면의 안정성 검토에 직접적으로 관계가 없는 것은?

① 흙의 입도 ② 사면의 경사
③ 흙의 단위체적 중량 ④ 흙의 내부마찰각

해설 **흙의 입도**

흙입자의 입경별 함유율 분포를 입도라 하며, 이 분포상태는 전체 흙 중량에 대한 입경별 중량 백분율로 나타낸다.
흙의 입도를 알면 그 흙이 사질토인지 점성토인지 등의 흙의 공학적 분류가 가능하게 되지만 사면의 안정성과는 관련이 없다.

관련개념 **사면의 안정성에 영향을 미치는 요인**

- 사면의 경사와 높이 등의 형상
- 흙의 내부마찰각
- 흙의 단위중량
- 점착력

050

철골공사의 철골부재 용접에서 용접결함이 아닌 것은?

① 언더컷(Under Cut) ② 오버랩(Overlap)
③ 블로우홀(Blow Hole) ④ 루트(Root)

해설 **루트(Root)**

용접결함 개선 홈 이음부 밑에 충분한 용입을 주기 위한 사이의 간격이다.

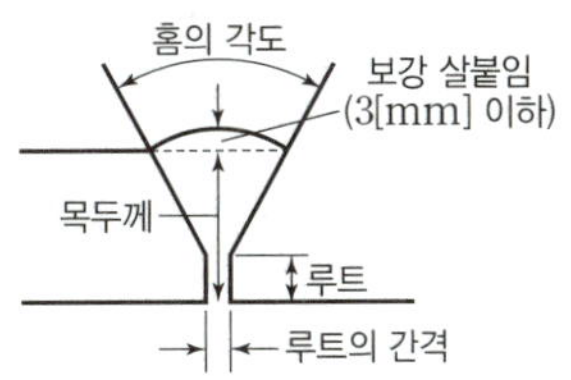

관련개념 **용접결함의 종류**

슬래그 섞임	모재와 용접봉의 피복재 심선이 변하여 생긴 회분이 용착금속 내에 섞이는 것으로 과소전류, 운봉조작 불량 등이 발생원인이다.
언더컷(Under Cut)	모재가 녹아서 용착금속이 채워지지 않고 홈으로 남게 된 부분으로 원인은 과대전류 또는 부적당한 용접봉 사용이다.
오버랩(Overlap)	용접금속과 모재가 융합되지 않고 겹쳐지는 것으로 원인은 약한 전류이다.
블로우홀(기공, Blow Hole)	금속이 녹아들 때 생기는 작은 틈이나 기포가 발생하는 것으로 모재에 가스(황)잔류, 아크길이 및 전류 부적당의 원인으로 발생한다.
크랙(균열, Crack)	용접 후 냉각 시에 생기는 균열을 말하며, 과대전류 및 모재불량의 원인으로 발생한다.
피트(Pit)	용접부에 생기는 녹이나 미세한 흠이다.
크레이터(Crater)	아크용접 시 끝부분이 항아리 모양으로 파이는 현상으로 과대전류 및 부적합한 운봉의 원인으로 발생한다.
용입불량	용입길이가 충분하지 않은 것으로 과소전류, 운봉속도의 부적당 등이 발생원인이다.

| 정답 | 048 ③ 049 ① 050 ④

051

지상에서 일정 두께의 폭과 길이로 대지를 굴착하고 지반 안정액으로 공벽의 붕괴를 방지하면서 철근콘크리트벽을 만들어 이를 가설 흙막이벽 또는 본 구조물의 옹벽으로 사용하는 공법은?

① 슬러리월 공법　② 어스앵커 공법
③ 엄지말뚝 공법　④ 시트파일 공법

해설 **슬러리월(지하연속벽)공법**
안정액을 사용하여 소요단면을 사전 굴착한 후 철근망을 넣어 콘크리트를 타설, 지하구조물을 연속적으로 형성하는 공법이다.

관련개념
- 어스앵커 공법: 어스드릴로 흙막이벽을 뚫고 그 속에 철근이나 PC 강선을 넣은 후, 여기에 모르타르로 그라우팅(Grouting)하여 경화시킨 뒤 흙막이벽을 수평력에 저항시키는 공법이다.
- 엄지말뚝 공법: 엄지말뚝+토류판 또는 엄지말뚝+토류벽(콘크리트)을 설치하는 공법이다.
- 시트파일 공법: 시트파일의 이음부를 물리게 하여 바이브로 해머, 워터젯 등으로 지중에 타입하여 연속된 흙막이벽체를 형성한다. 주로 연약한 실트질 지반이나 사질토에 적용하는 공법이다.

052

독립기초에서 지중보의 역할에 관한 설명으로 옳은 것은?

① 흙의 허용 지내력도를 크게 한다.
② 주각을 서로 연결시켜 고정상태로 하여 부동침하를 방지한다.
③ 지반을 압밀하여 지반강도를 증가시킨다.
④ 콘크리트의 압축강도를 크게 한다.

해설 **독립기초의 지중보**
독립기초는 개별적으로 하중을 지지하기 때문에 지반 상태가 균일하지 않거나 하중이 불균등하게 작용하면 기초별로 침하량이 달라지는 부동침하가 발생할 수 있다.
지중보는 개별 독립기초(주각)를 서로 연결하여 일체화된 구조로 만들어 침하 차이를 줄이고, 부동침하로 인한 구조물의 균열이나 기울어짐을 방지한다.

053

계획과 실제의 작업상황을 지속적으로 측정하여 최종 사업비용과 공정을 예측하는 기법은?

① CAD　② EVMS
③ PMIS　④ WBS

해설 **획득가치관리시스템(EVMS; Earned Value Management System)**
비용, 일정, 기술 측면의 목표와 기준을 설정하고 이에 대한 실제 성과를 분석 및 측정하는 관리 체계이다.

관련개념
- CAD(Computer Aided Design, 컴퓨터지원설계): 컴퓨터를 이용하여 도면을 만드는 설계 프로그램이다.
- PMIS(Project Management Information System): 사업 전반의 수행 조직을 관리, 운영하고 경영 계획 및 전략을 수립할 수 있도록 관련 정보를 신속, 정확하게 경영인에게 전달하여 합리적 경영을 유도하는 프로젝트별 경영정보체계이다.
- WBS(Work Breakdown Structure): 작업을 나누어 효율적으로 진행, 관리하기 위한 가장 기초문서로 프로젝트에 필요한 모든 작업을 분해하여 작업단위별 소요시간, 진척률 등을 산정하는 데 사용한다.

054

데크플레이트에 관한 설명으로 옳지 않은 것은?

① 합판 거푸집에 비해 중량이 큰 편이다.
② 별도의 동바리가 필요하지 않다.
③ 철근트러스형은 내화피복이 불필요하다.
④ 시공환경이 깨끗하고 안전사고 위험이 적다.

해설
슬래브 구간에 맞게 공장에서 제작하여 설치하는 공법으로 거푸집 및 동바리가 필요 없어 합판 거푸집에 비해 중량이 작은 편이다.

관련개념 **데크플레이트(Deck Plate)**
- 철근 사용량을 약 20[%] 정도 줄일 수 있어서 중량이 감소된다.
- 거푸집 조립, 해체, 정리, 반출 등이 없어 현장이 깨끗하다.
- 내화 데크, 중공 데크, 층간소음 방지 데크, 단열 데크, 복합 슬래브 데크, 탈형 데크 등이 있다.

| 정답 | 051 ①　052 ②　053 ②　054 ①

055

슬라이딩 폼에 관한 설명으로 옳지 않은 것은?

① 내·외부 비계발판을 따로 준비해야 하므로 공기가 지연될 수 있다.
② 활동(滑動) 거푸집이라고도 하며 사일로 설치에 사용할 수 있다.
③ 요크로 서서히 끌어 올리며 콘크리트를 부어 넣는다.
④ 구조물의 일체성확보에 유효하다.

해설 슬라이딩 폼(Sliding Form, Slip Form)

- 수평적 또는 수직적으로 반복된 구조물을 시공이음 없이 균일한 형상으로 시공하기 위하여 거푸집을 연속적으로 이동시키면서 콘크리트를 타설하여 시공하는 것이다.
- 주로 사일로(Silo), 전단벽 건물, 유틸리티 코어 등에 사용된다.
- 특징
  - 복잡한 내·외부 비계 가설이 필요 없다.
  - 공기가 $\frac{1}{3}$ 정도 단축된다.
  - 구조체가 일체로 될 수 있다.
  - 요크(York)로 벽 거푸집을 상향 이동시킨다.
  - 거푸집 조립, 제거에 소요되는 노력이 절약된다.

056

자연시료의 압축강도가 6[MPa]이고, 이긴시료의 압축강도가 4[MPa]이라면 예민비는 얼마인가?

① −2　　② 0.67
③ 1.5　　④ 2

해설 예민비

흙의 함수율을 변화시키지 않고 이기면 약해지는 성질이 있는데 그 정도를 나타낸 수치이다.

$$예민비 = \frac{자연시료의\ 압축강도}{이긴시료의\ 압축강도} = \frac{6}{4} = 1.5$$

057

주문받은 건설업자가 대상계획의 기업·금융, 토지조달, 설계, 시공, 기계·기구 설치 등 주문자가 필요로 하는 모든 것을 조달하여 주문자에게 인도하는 도급계약 방식은?

① 공동도급　　② 실비정산 보수가산도급
③ 턴키(turn-key)도급　　④ 일식도급

해설 도급방식

구분	특징
공동도급	규모가 클 경우 2개 이상의 회사가 임의로 결합, 연대책임으로 공사를 하고, 공사완료 후 해산하는 방식이다.
단가도급	노무단가, 재료단가 또는 노무 및 재료를 합한 단가를 체적 또는 면적단가만으로 결정하여 공사를 도급 주는 방식으로 긴급공사 및 단순공사에 주로 채택된다.
분할도급	도급공사에서 분할하여 직접 전문업자에게 도급을 주는 방식이다.
실비정산 보수가산식도급	건축주, 시공자, 건축사 3자 입회 하에 공사에 필요한 실비 또는 이에 대한 보수를 미리 협의하여 정하고, 이를 시공자에게 지불하는 제도이다. 설계도와 시방서가 명확하지 않거나 설계는 명확하지만 공사비 총액을 산출하기 곤란할 때 채택된다.
일식도급	공사의 전체를 한 사람의 도급자에게 주는 방식이다.
정액도급	공사비 총액을 일정한 금액으로 정하여 계약을 체결하는 도급방식이다.
턴키도급	건축을 위해 필요한 모든 요소를 포괄적으로 계약하는 방식으로 건설업자가 금융, 토지조달, 설계, 시공, 시운전, 기계·기구설치까지 조달해 주는 것으로 일괄수주 방식이라고도 한다.

058

콘크리트 배합설계 시 강도에 가장 큰 영향을 미치는 요소는?

① 모래와 자갈의 비율　　② 물과 시멘트의 비율
③ 시멘트와 모래의 비율　　④ 시멘트와 자갈의 비율

해설

물-시멘트비는 콘크리트 강도에 영향을 미치는 가장 큰 요인이다.

| 정답 | 055 ①　056 ③　057 ③　058 ②

059

콘크리트 보양방법 중 초기강도가 크게 발휘되어 거푸집을 가장 빨리 제거할 수 있는 방법은?

① 살수보양 ② 수중보양
③ 피막보양 ④ 증기보양

해설 **증기보양(증기양생)**
단시간에 소요강도를 만들기 위하여 고온, 고압의 증기에 노출시키는 보양법이다. 단시간에 보양되므로 거푸집을 가장 빨리 제거할 수 있다.

관련개념

구분	설명
피막보양	비닐제로 피복하여 자체 수분의 증발을 막는 보양법이다.
습윤보양 (수중, 살수보양)	충분하게 살수하고 방수지를 덮어서 보양하는 가장 보편적인 보양법이다.

060

철골 용접 관련 용어 중 스패터(Spatter)에 관한 설명으로 옳은 것은?

① 전단절단에서 생기는 뒤꺾임 현상
② 수동 가스절단에서 절단선이 곧지 못하여 생기는 잘록한 자국의 흔적
③ 철골용접에서 용접부의 상부를 덮는 불순물
④ 철골용접 중 튀어나오는 슬래그 및 금속입자

해설 **스패터(Spatter)**
용접 중 접촉 불량 등의 이유로 용접봉 등의 용융금속이 모재에 튀어 붙은 작은 덩어리이다.

건설재료학

061

진주석 또는 흑요석 등을 900~1,200[℃]로 소성한 후에 분쇄하여 소성팽창하면 만들어지는 작은 입자에 접착제 및 무기질 섬유를 균등하게 혼합하여 성형한 제품은?

① 규조토 보온재 ② 규산칼슘 보온재
③ 질석 보온재 ④ 펄라이트 보온재

해설 **펄라이트**
- 진주암(Perlite), 흑요석(Obsidian) 등을 분쇄하여 입상으로 된 것을 소성팽창시킨 경골재이다.
- 보온, 방음, 결로방지 등의 목적으로 시멘트와 배합하여 콘크리트 블록류, 모르타르, 콘크리트판, 벽돌 등을 제조하는 데 사용되며 질석과 사용 용도가 거의 비슷하다.

관련개념 **보온재의 종류**

구분	설명
규조토 보온재	• 규조토로 구성된 미세하고 다공질의 보온재이다. • 경량성이고 흡수재, 보온재, 여과재로 사용된다.
질석 보온재	• 알루미늄, 마그네슘, 철, 수산화규산염으로 구성된 다공질의 보온재이다. • 흡수력과 불연성이 좋으며 단열재, 방음재, 보온재, 결로방지용으로 사용된다.
규산칼슘 보온재	• 규산질 분말과 석회분말을 주원료로 하고 오토클레이브 처리 후 보강섬유를 첨가한 보온재이다. • 내열성, 단열성, 내수성이 우수하고 가볍다.

| 정답 | 059 ④ 060 ④ 061 ④

062

중용열 포틀랜드시멘트에 관한 설명으로 옳지 않은 것은?

① 수화열이 작고 수화속도가 비교적 느리다.
② C3A가 많으므로 내황산염성이 작다.
③ 건조수축이 작다.
④ 건축용 매스콘크리트에 사용된다.

해설

중용열 포틀랜드시멘트는 수화열을 작게 하기 위해 C3A를 적게 하여 단기강도는 작으나 장기강도가 크다. 또한 내황산염성이 크다.

관련개념 중용열 포틀랜드시멘트

- 수화열을 작게 한 시멘트로 단기강도는 작으나 장기강도가 크다.
- 건조수축이 작고, 내산성·내황산염성이 크다.
- 댐, 방사선 차폐용, 지하 구조물용, 도로 포장용, 서중 콘크리트용으로 사용한다.

063

바닥 바름재료 백시멘트와 안료를 사용하며 종석으로 화강암, 대리석 등을 사용하고 갈기로 마감을 하는 것은?

① 리신 바름　　② 인조석 바름
③ 라프코트　　④ 테라조 바름

해설 테라조(Terrazzo)

대리석의 쇄석을 종석으로 하여 백색 포틀랜드시멘트에 안료를 섞어 된비빔하여 콘크리트판의 편면에 치어 부은 후 바이브레이터로 다져 성형한 다음 경화된 후에 가공·연마하여 대리석과 같이 미려한 광택을 갖도록 마감한 인조석을 총칭한다.

관련개념 리신 바름(Lysine Coat)

돌로마이트에 화강석 부스러기, 모래, 안료 등을 섞어 정벌바름하고 충분히 굳지 않은 상태에서 표면에 거친 솔을 이용하여 거칠게 마무리짓는 바름 방법이다.

064

골재의 함수상태 사이의 관계를 옳게 나타낸 것은?

① 유효흡수량 = 표건상태 – 기건상태
② 흡수량 = 습윤상태 – 표건상태
③ 전함수량 = 습윤상태 – 기건상태
④ 표면수량 = 기건상태 – 절건상태

해설 골재의 함수상태

구분	설명
함수량 (Water Content)	골재입자 안팎에 들어 있는 모든 물의 양(Total Water Content)이다.
흡수량 (Absorption)	노건조상태에서 표면건조포화상태로 되기까지의 흡수된 물의 양이다.
유효흡수량 (Effective Absorption)	공기 중 건조상태에서 골재의 입자가 표면건조포화상태로 되기까지의 흡수된 물의 양이다.
표면수량 (Surface Moisture)	골재입자의 표면에 묻어 있는 물의 양으로 일반적으로 골재중량의 1[%] 이하이다.

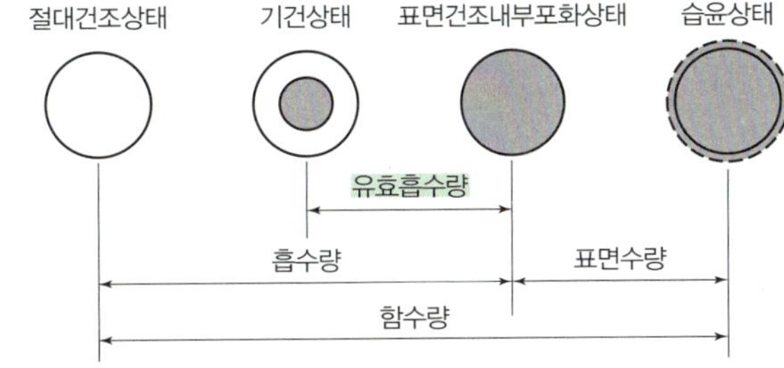

065

다음 중 흡음재료로 보기 어려운 것은?

① 연질우레아폼　　② 석고보드
③ 테라조　　④ 연질섬유판

해설

테라조는 인조 석재의 일종으로 흡음재료로 보기 어렵다.

| 정답 | 062 ② 063 ④ 064 ① 065 ③

066

콘크리트용 골재의 입도에 관한 설명으로 옳지 않은 것은?

① 입도란 골재의 작고 큰 입자의 혼합된 정도를 말한다.
② 입도가 적당하지 않은 골재를 사용할 경우에는 콘크리트의 재료분리가 발생하기 쉽다.
③ 골재의 입도를 표시하는 방법으로 조립률이 있다.
④ 골재의 입도는 블레인 시험으로 구한다.

해설
블레인 시험은 공기투과장치를 사용하여 시멘트의 분말도를 측정하는 시험이다.

067

블로운 아스팔트를 용제에 녹인 것으로 액상이며, 아스팔트 방수의 바탕 처리재로 이용되는 것은?

① 아스팔트 펠트 ② 콜타르
③ 아스팔트 프라이머 ④ 피치

해설 **아스팔트 프라이머**
컷백 아스팔트의 한 종류로서 아스팔트와 휘발성 용제를 반씩 혼합하여 묽게 한 것으로 콘크리트 등의 모체에 침투가 용이하여 콘크리트와 아스팔트가 부착이 잘 되므로 콘크리트 바탕에 아스팔트를 붙일 때 사용한다.

관련개념
- 타르(Tar): 아스팔트와 비슷한 색깔과 성질을 가지고 있으나, 아스팔트에 비해서 점성, 연성, 광택이 작다. 녹막이 도료 및 방부재, 펠트 침투재, 도로포장 등에 사용한다.
- 피치(Pitch): 타르를 다시 가열·증류시켜 경·중질 유분만 취한 잔류물이다. 전연성이 없는 고체이거나 점성이 있는 반고체로써 비중이 크고 유리탄소가 많으며 연화점과 인화점이 높다. 외관상 아스팔트와 비슷하나 단면에 광택이 작다.

068

단열재에 관한 설명으로 옳지 않은 것은?

① 열전도율이 낮은 것일수록 단열효과가 좋다.
② 열관류율이 높은 재료는 단열성이 낮다.
③ 같은 두께인 경우 경량재료인 편이 단열효과가 나쁘다.
④ 단열재는 보통 다공질의 재료가 많다.

해설
같은 두께인 경우 경량일 때 단열효과가 더 좋다.

관련개념 **단열재의 선정조건**
- 열전도율이 낮을 것
- 내화성이 있을 것
- 흡수율이 낮을 것
- 통기성이 작을 것
- 비중이 작고 시공성이 좋을 것
- 내부식성이 좋을 것
- 유독가스가 발생되지 않을 것
- 어느 정도의 강도가 있을 것
- 균질한 품질이고 가격이 저렴할 것

069

화강암이 열을 받았을 때 파괴되는 가장 주된 원인은?

① 화학성분의 열분해
② 조직의 용융
③ 조암광물의 종류에 따른 열팽창계수의 차이
④ 온도상승에 따른 압축강도 저하

해설
화강암은 여러 광물이 혼합된 암석이므로, 가열하면 각 광물의 열팽창계수의 차이로 내응력이 발생하여 쉽게 파괴된다.

| 정답 | 066 ④ 067 ③ 068 ③ 069 ③

070

점토소성제품의 흡수성이 큰 것부터 순서대로 옳게 나열한 것은?

① 토기 > 도기 > 석기 > 자기
② 토기 > 도기 > 자기 > 석기
③ 도기 > 토기 > 석기 > 자기
④ 도기 > 토기 > 자기 > 석기

해설 **점토제품의 종류**

종류	소성온도[℃]	흡수율[%]	재료	비고
토기	790~1,000	20 이상	기와, 벽돌, 토관	최저급 원료(전답토)
도기	1,100~1,230	10	타일, 테라코타, 위생도기	다공질로 흡수성 유약 사용, 두드리면 탁음
석기	1,160~1,350	3~10	마루, 타일, 클링커 타일	유약 대신 식염유 사용
자기	1,230~1,460	0~1	자기질 타일, 모자이크 타일, 위생도기	양질의 도토 또는 장석분을 원료로 함

071

콘크리트에 사용하는 혼화제 중 AE제의 특징으로 옳지 않은 것은?

① 워커빌리티를 개선시킨다.
② 블리딩을 감소시킨다.
③ 마모에 대한 저항성을 증대시킨다.
④ 압축강도를 증가시킨다.

해설

AE 콘크리트는 동일 물-시멘트비의 경우 공기량 증가 시 압축강도가 저하된다.

관련개념 **AE제의 특징**

- 내구성 개선: 동결융해저항성, 화학적 침식, 물리적 마모에 대한 저항성 개선
- 워커빌리티 개선: 볼베어링 역할로 워커빌리티 개선, 블리딩 감소, 재료분리 감소
- 단위수량 감소
- 수밀성 개선

072

목재의 함수율에 관한 설명으로 옳지 않은 것은?

① 함수율이 30[%] 이상에서는 함수율의 증감에 따라 강도의 변화가 심하다.
② 기건재의 함수율은 15[%] 정도이다.
③ 목재의 진비중은 일반적으로 1.54 정도이다.
④ 목재의 함수율 30[%] 정도를 섬유포화점이라 한다.

해설

목재의 강도는 섬유포화점(함수율 30[%] 정도) 이상에서 변화가 없지만, 섬유포화점 이하에서는 선형적으로 반비례한다.

관련개념 **목재의 함수율과 섬유포화점의 관계**

섬유포화점을 경계로 하여 목재의 역학적 성질에 현저한 차이가 있다. 섬유포화점 이상에서는 변화가 없지만 섬유포화점 이하에서는 함수율의 감소에 따라 강도가 증대하고 인성이 감소한다.

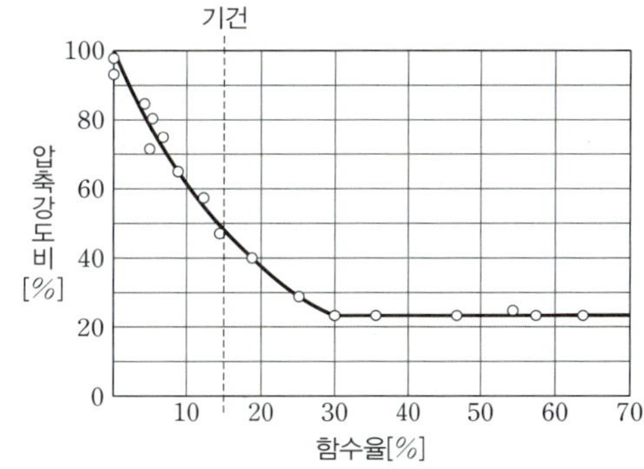

▲ 목재의 함수율에 따른 압축강도비

| 정답 | 070 ① 071 ④ 072 ①

073

불림하거나 담금질한 강을 다시 200~600[℃]로 가열한 후에 공기 중에서 냉각하는 처리를 말하며, 내부응력을 제거하며 연성과 인성을 크게 하기 위해 실시하는 것은?

① 뜨임질　② 압출
③ 중합　④ 단조

해설 강의 열처리 방법

강을 가열한 후 다시 냉각시키면 내부 결정의 변화에 의하여 원강과 다른 성상을 나타내게 되는데 이를 열처리라고 한다.

불림(소준)	강을 800~1,000[℃]로 가열하여 그 온도에서 수십 분간 보존한 후에 공기 중에서 서서히 냉각하면 조직이 정상화되고 부서지기 쉬운 것이 강하게 된다.
풀림(소둔)	불림의 경우와 같이 가열한 후 이것을 노 속에서 서서히 냉각하면 인장강도는 저하하나 균질하고 연질의 것으로 된다.
담금질(소입)	풀림 때처럼 서서히 냉각하는 대신에 냉수, 온수 또는 기름에 적시어 급랭시키면 늘음(신율)이 감소하고, 잘 깨어지는 취성이 증가하나 강도 및 경도가 증대하여 마모가 적게 된다.
뜨임(소태)	담금질한 강은 부서지기 쉬워서 사용에 부적당한 경우가 많다. 이것을 다시 200~600[℃]로 가열하여 수십 분 후 공기 중에서 냉각하면 취성(취도)이 현저하게 작아진다.

074

탄소함유량이 많은 것부터 순서대로 옳게 나열한 것은?

① 연철 > 탄소강 > 주철
② 연철 > 주철 > 탄소강
③ 탄소강 > 주철 >연철
④ 주철 > 탄소강 > 연철

해설 탄소함유량에 따른 철의 분류

구분	연철	탄소강	주철
함유량[%]	0.03 이하	0.03~1.70	1.70 이상

075

그물유리라고도 하며 주로 방화 및 방재용으로 사용하는 유리는?

① 강화유리　② 망입유리
③ 복층유리　④ 열선반사유리

해설 망입유리

유리 내부에 금속철망(철, 놋쇠, 알루미늄)을 봉입하고 압축 성형한 유리로, 방범용 및 방화용으로 방화문 등에 사용한다.

관련개념 유리의 종류

종류	특징
강화유리	판유리를 강화로에서 약 700[℃]까지 가열시킨 후 양면에 공기를 일정하게 불어 균일하게 급랭시켜 제조한다. 표면을 급랭시키면 판유리 표면에 압축층이 형성되는데, 파괴강도가 3~5배 정도 커지고 파손 시 파편이 작아 부상이 감소한다.
복층유리	2장의 판유리에 스페이서를 사용하여 간격을 일정하게 유지시켜 주고, 유리 사이에 건조공기를 넣은 후 밀봉 접착하여 단열성을 확보한다.
열선반사유리	플로트 판유리의 표면에 반사율이 높은 금속산화물막을 코팅한 것으로 태양 반사에너지의 40~60[%] 정도를 투과하기 때문에 냉방부하를 경감시킨다.

076

금속면의 보호와 부식방지를 목적으로 사용하는 방청도료와 가장 거리가 먼 것은?

① 광명단조합페인트　② 알루미늄 도료
③ 에칭프라이머　④ 캐슈수지 도료

해설

캐슈수지 도료는 목재 또는 강재의 상도용 도료(도면 가장 바깥에 칠하는 도장면 도료)이다.

| 정답 | 073 ①　074 ④　075 ②　076 ④

077

기본 점성이 크며 내수성, 내약품성, 전기 절연성이 우수하고 금속, 플라스틱, 도자기, 유리, 콘크리트 등의 접합에 사용되는 만능형 접착제는?

① 아크릴수지 접착제 ② 페놀수지 접착제
③ 에폭시수지 접착제 ④ 멜라민수지 접착제

해설 **수지 접착제**

멜라민수지 접착제	• 내열성, 내수성, 접착성이 우수하다. • 목재, 합판 등의 접착에 사용하며, 요소수지와 멜라민수지를 혼합한 내수합판 제조에도 사용한다.
에폭시수지 접착제	• 접착력이 강하고, 내수성, 내산성, 내알칼리성, 내용제성, 내한성, 내열성이 크다. • 유리, 목재, 천, 콘크리트 및 항공기 기계부품 등의 금속 접착제로 쓰인다.
페놀수지 접착제	• 내수합판을 만드는 데 사용한다. • 접착력, 내수성, 내용제성, 내한성이 크나, 금속이나 유리 접착에는 부적당하다.
아크릴수지 접착제	• 차아 구리 레이트와 과산화물을 주성분으로 한다. • 금속접착이 우수하고, 자동차 등 기계, 전기·전자분야에 많이 사용된다.

078

열선흡수유리의 특징에 관한 설명으로 옳지 않은 것은?

① 여름철 냉방부하를 감소시킨다.
② 자외선에 의한 상품 등의 변색을 방지한다.
③ 유리의 온도 상승이 매우 적어 실내의 기온에 별로 영향을 받지 않는다.
④ 채광을 요구하는 진열장에 이용된다.

해설

열선흡수유리는 태양에너지를 흡수하기 때문에 유리 자체의 온도가 상승, 하강함으로써 실내 기온과 영향을 주고받는다.

079

내화벽돌은 최소 얼마 이상의 내화도를 가진 것을 의미하는가?

① SK 26 ② SK 28
③ SK 30 ④ SK 32

해설

SK(Seger–Kegel) 번호는 점토제품의 소성온도를 표시하는 번호의 하나로, 번호에 따라 종류와 용도가 구별된다. 이때 SK 번호가 높을수록 고온에 견디는 강도가 크다.
내화벽돌은 최소 SK 26(1,580[℃]) 이상의 내화도를 만족하는 성능이어야 한다.

080

합판에 관한 설명으로 옳은 것은?

① 곡면 가공이 어렵다.
② 함수율의 변화에 따른 신축변형이 적다.
③ 2매 이상의 박판을 짝수배로 겹쳐 만든 것이다.
④ 합판 제조 시 목재의 손실이 많다.

해설 **합판의 특성**

- 강도: 교착이 잘된 것은 원목보다 강하고 균열, 찢어짐, 변형 등에 대한 저항이 크다.
- 안정도: 함수율 변화에 의한 신축변형이 적고 방향성이 없으며, 두께에 비해 강도도 크다.
- 못박기: 보통판에 비해 못의 보지력(保持力)이 크다.
- 경제성: 비교적 작은 직경의 모재에서도 넓은 판을 얻을 수 있으며 곡면 가공을 하여도 균열이 생기지 않고 무늬도 일정하다.

관련개념 **합판의 이점**

- 방향에 따른 강도의 차, 팽창수축이 적고 불규칙한 변형이 일어나지 않는다.
- 열, 음향의 전도율이 낮다.
- 내수성, 내습성이 크다.
- 못, 나무못에 접합이 간단하다.
- 같은 원목에서 많은 정목판, 목리판을 제작할 수 있고 매우 저렴한 값으로 외관이 아름다운 판자를 얻을 수 있다.
- 3×6 척, 4×8 척 등으로 규격되어 있어 사용상 편리하다.

| 정답 | 077 ③ 078 ③ 079 ① 080 ②

건설안전기술

081

추락방지용 방망 그물코의 모양 및 크기의 기준으로 옳은 것은?

① 원형 또는 사각으로서 그 크기는 5[cm] 이하이어야 한다.
② 원형 또는 사각으로서 그 크기는 10[cm] 이하이어야 한다.
③ 사각 또는 마름모로서 그 크기는 5[cm] 이하이어야 한다.
④ 사각 또는 마름모로서 그 크기는 10[cm] 이하이어야 한다.

해설 **방망의 구조**

- 소재: 합성섬유 또는 그 이상의 물리적 성질을 갖는 것이어야 한다.
- 그물코: 사각 또는 마름모로서 그 크기는 10[cm] 이하이어야 한다.
- 방망의 종류: 매듭방망으로서 매듭은 원칙적으로 단매듭을 한다.
- 테두리로프와 방망의 재봉: 테두리로프는 각 그물코를 관통시키고 서로 중복됨이 없이 재봉사로 결속한다.

082

철근콘크리트 공사 시 활용되는 거푸집의 필요조건이 아닌 것은?

① 콘크리트의 하중에 대해 뒤틀림이 없는 강도를 갖출 것
② 콘크리트 내 수분 등에 대한 물빠짐이 원활한 구조를 갖출 것
③ 최소한의 재료로 여러 번 사용할 수 있는 전용성을 가질 것
④ 거푸집은 조립·해체·운반이 용이하도록 할 것

해설

거푸집은 부어넣은 콘트리트가 일정기간 충분한 양생이 진행될 수 있도록 수분이나 모르타르 등의 누출을 방지하기 위한 수밀성을 가져야 한다.

관련개념 **거푸집의 필요조건**

- 조립, 해체, 운반이 용이할 것
- 최소한의 재료로 여러 번 사용할 수 있는 형상과 크기일 것
- 수분이나 모르타르 등의 누출을 방지할 수 있는 수밀성을 확보할 것
- 콘크리트의 자중 및 부어넣기를 할 때 충격과 작업하중에 견디고 변형을 일으키지 않을 강도를 가질 것

083

콘크리트를 타설할 때 안전상 유의하여야 할 사항으로 옳지 않은 것은?

① 콘크리트를 치는 도중에는 거푸집, 지보공 등의 이상 유무를 확인한다.
② 진동기 사용 시 지나친 진동은 거푸집 도괴의 원인이 될 수 있으므로 적절히 사용해야 한다.
③ 최상부의 슬래브는 되도록 이어붓기를 하고 여러 번에 나누어 콘크리트를 타설한다.
④ 타워에 연결되어 있는 슈트의 접속이 확실한지 확인한다.

해설

최상부 슬래브 콘크리트 타설의 경우 이어붓기를 최소화하여 전체를 골고루 타설하여야 한다.

관련개념 **콘크리트 타설 시 유의사항**

- 타설속도는 표준시방서에서 정한 속도를 유지할 것
- 슈트, 호퍼, 펌프배관, 버킷 등으로 타설 시 높이를 낮게 유지할 것
- 콘크리트 타설 중 거푸집, 동바리 등의 이상 유무를 확인할 것
- 콘크리트는 한 곳만 치우쳐서 부어 넣으면 거푸집 전체가 기울어져서 변형되거나 밀리므로 집중타설이 되지 않도록 골고루 타설할 것
- 충분한 다짐을 실시할 것
- 슬래브 타설 시 연속타설, 전체 타설할 것
- 슬래브는 먼 곳부터 가까운 곳으로 타설할 것
- 보는 양쪽 끝부터 중앙으로 타설할 것

084

연약지반을 굴착할 때, 흙막이벽 뒷쪽 흙의 중량이 바닥의 지지력보다 커지면, 굴착저면에서 흙이 부풀어 오르는 현상은?

① 슬라이딩(Sliding) ② 보일링(Boiling)
③ 파이핑(Piping) ④ 히빙(Heaving)

해설 **히빙(Heaving) 현상**

연약한 점토지반의 굴착이 진행됨에 따라 흙막이벽 뒤쪽 흙의 중량이 굴착부 바닥의 지지력 이상이 되면 흙막이벽 근입 부분의 지반 이동이 발생하여 굴착부 저면이 솟아오르는 현상을 말한다.

| 정답 | 081 ④ 082 ② 083 ③ 084 ④

085

말비계를 조립하여 사용하는 경우에 준수해야 하는 사항으로 옳지 않은 것은?

① 지주부재의 하단에는 미끄럼 방지장치를 한다.
② 근로자는 양측 끝부분에 올라서서 작업하도록 한다.
③ 지주부재와 수평면의 기울기를 75° 이하로 한다.
④ 말비계의 높이가 2[m]를 초과하는 경우에는 작업발판의 폭을 40[cm] 이상으로 한다.

해설 **말비계 사용 시 준수사항**

- 지주부재의 하단에는 미끄럼 방지장치를 하고, 근로자가 양측 끝부분에 올라서서 작업하지 않도록 할 것
- 지주부재와 수평면의 기울기를 75° 이하로 하고, 지주부재와 지주부재 사이를 고정시키는 보조부재를 설치할 것
- 말비계의 높이가 2[m]를 초과하는 경우에는 작업발판의 폭을 40[cm] 이상으로 할 것

086

철근콘크리트 슬래브에 발생하는 응력에 대한 설명으로 옳지 않은 것은?

① 전단력은 일반적으로 단부보다 중앙부에서 크게 작용한다.
② 중앙부 하부에는 인장응력이 발생한다.
③ 단부 하부에는 압축응력이 발생한다.
④ 휨응력은 일반적으로 슬래브의 중앙부에서 크게 작용한다.

해설

콘크리트 슬래브에서 발생하는 주요 응력은 중앙 하부의 인장응력, 단부 하부의 압축응력이다.

휨응력은 슬래브 중앙부에서 크게 작용하고, 전단력은 중앙부보다 단부에서 크게 작용한다.

087

슬레이트, 선라이트 등 강도가 약한 재료로 덮은 지붕 위에서 작업을 할 때에 근로자가 추락하거나 넘어질 위험이 있는 경우 설치해야 하는 발판의 폭 기준은?

① 10[cm] 이상　　② 20[cm] 이상
③ 25[cm] 이상　　④ 30[cm] 이상

해설

근로자가 지붕 위에서 작업할 때에 추락하거나 넘어질 위험이 있는 경우 안전난간 설치, 채광창에 덮개 설치, 강도가 약한 재료로 덮은 지붕에는 폭 30[cm] 이상의 발판을 설치하여야 한다.

088

가설구조물이 갖추어야 할 구비요건과 가장 거리가 먼 것은?

① 영구성　　② 경제성
③ 작업성　　④ 안전성

해설

가설구조물은 결합이 간단해야 하고, 작업이 끝난 후에 분해가 쉬워야 한다.

관련개념 **가설구조물의 특징**

- 각각의 부재는 결합이 간단하나, 불안전한 결합이다.
- 임시구조물의 특성상 조립의 정밀도가 낮다.
- 구조계산에 따른 기준을 시공 중 무시할 수 있다.
- 취급이 용이하여 부재가 손상되거나 결함이 발생할 수 있으며, 결함이 있는 부재를 사용하기 쉽다.

| 정답 | 085 ② 086 ① 087 ④ 088 ①

2019년 2회

089

굴착면 붕괴의 원인과 가장 거리가 먼 것은?

① 사면경사의 증가 ② 성토 높이의 감소
③ 공사에 의한 진동하중의 증가 ④ 굴착높이의 증가

해설 **토석붕괴의 원인**

구분	원인
외적 원인	• 사면, 법면의 경사 및 기울기의 증가 • 절토 및 성토 높이의 증가 • 공사에 의한 진동 및 반복 하중의 증가 • 지표수 및 지하수의 침투에 의한 토사 중량의 증가 • 지진, 차량, 구조물의 하중작용 • 토사 및 암석의 혼합층 두께
내적 원인	• 절토 사면의 토질·암질 • 성토 사면의 토질구성 및 분포 • 토석의 강도 저하

090

다음 중 유해위험방지계획서 작성 및 제출 대상에 해당되는 공사는?

① 지상높이가 20[m]인 건축물의 해체 공사
② 깊이 9.5[m]인 굴착공사
③ 최대 지간길이가 50[m]인 교량건설공사
④ 저수용량 1천만 톤인 용수 전용 댐

해설 **유해위험방지계획서 제출 대상 건설공사**

• 다음의 어느 하나에 해당하는 건축물 또는 시설 등의 건설·개조 또는 해체(건설 등) 공사
 – 지상높이가 31[m] 이상인 건축물 또는 인공구조물
 – 연면적 30,000[m^2] 이상인 건축물
 – 연면적 5,000[m^2] 이상의 문화 및 집회시설(전시장 및 동물원·식물원 제외), 판매시설, 운수시설(고속철도의 역사 및 집배송시설 제외), 종교시설, 의료시설 중 종합병원, 숙박시설 중 관광숙박시설, 지하도상가, 냉동·냉장 창고시설
• 연면적 5,000[m^2] 이상인 냉동·냉장 창고시설의 설비공사 및 단열공사
• 최대 지간길이가 50[m] 이상인 다리의 건설 등 공사
• 터널의 건설 등 공사
• 다목적댐, 발전용댐, 저수용량 2천만 톤 이상의 용수 전용 댐 및 지방상수도 전용 댐의 건설 등 공사
• 깊이 10[m] 이상인 굴착공사

091

산업안전보건관리비에 관한 설명으로 옳지 않은 것은?

① 발주자는 도급인이 산업안전보건관리비를 다른 목적으로 사용한 금액에 대해서는 계약금액에서 감액조정할 수 있다.
② 발주자는 도급인이 산업안전보건관리비를 사용하지 아니한 금액에 대하여는 반환을 요구할 수 있다.
③ 자기공사자는 원가계산에 의한 예정가격 작성 시 산업안전보건관리비를 계상한다.
④ 발주자는 설계변경 등으로 대상액의 변동이 있는 경우 공사 완료 후 정산하여야 한다.

해설

발주자 또는 자기공사자는 설계변경 등으로 대상액의 변동이 있는 경우 지체 없이 산업안전보건보건관리비를 조정 계상하여야 한다.

092

정기안전점검 결과 건설공사의 물리적·기능적 결함 등이 발견되어 보수·보강 등의 조치를 하기 위하여 필요한 경우에 실시하는 것은?

① 자체안전점검 ② 정밀안전점검
③ 상시안전점검 ④ 품질관리점검

해설

정기안점점검 결과 건설공사의 물리적·기능적 결함 등이 발견되어 보수·보강 등의 조치를 위하여 필요한 경우에는 정밀안전점검을 하여야 한다.

| 정답 | 089 ② 090 ③ 091 ④ 092 ②

093

무한궤도식 장비와 타이어식(차륜식) 장비의 차이점에 관한 설명으로 옳은 것은?

① 무한궤도식은 기동성이 좋다.
② 타이어식은 승차감과 주행성이 좋다.
③ 무한궤도식은 경사지반에서의 작업에 부적당하다.
④ 타이어식은 땅을 다지는 데 효과적이다.

해설

타이어식은 주행속도가 빠르고 기동성이 우수하여 운전자의 승차감과 주행성 확보가 용이하다.
무한궤도식은 견인력이 크고 등판각도가 우수하여 경사지 및 험난한 장소에서의 작업이 우수하다.

094

사다리식 통로 등을 설치하는 경우 발판과 벽과의 사이는 최소 얼마 이상의 간격을 유지하여야 하는가?

① 10[cm] 이상　　② 15[cm] 이상
③ 20[cm] 이상　　④ 25[cm] 이상

해설 **사다리식 통로 설치 시 준수사항**

- 견고한 구조로 할 것
- 심한 손상·부식 등이 없는 재료를 사용할 것
- 발판의 간격은 일정하게 할 것
- 발판과 벽과의 사이는 15[cm] 이상의 간격을 유지할 것
- 폭은 30[cm] 이상으로 할 것
- 사다리가 넘어지거나 미끄러지는 것을 방지하기 위한 조치를 할 것
- 사다리의 상단은 걸쳐놓은 지점으로부터 60[cm] 이상 올라가도록 할 것
- 사다리식 통로의 길이가 10[m] 이상인 경우에는 5[m] 이내마다 계단참을 설치할 것
- 사다리식 통로의 기울기는 75° 이하로 할 것. 다만, 고정식 사다리식 통로의 기울기는 90° 이하로 하고, 그 높이가 7[m] 이상인 경우에는 다음의 구분에 따른 조치를 할 것
  - 등받이울이 있어도 근로자 이동에 지장이 없는 경우: 바닥으로부터 높이가 2.5[m] 되는 지점부터 등받이울을 설치할 것
  - 등받이울이 있으면 근로자가 이동이 곤란한 경우: 한국산업표준에서 정하는 기준에 적합한 개인용 추락 방지 시스템을 설치하고 근로자로 하여금 한국산업표준에서 정하는 기준에 적합한 전신안전대를 사용하도록 할 것
- 접이식 사다리 기둥은 사용 시 접혀지거나 펼쳐지지 않도록 철물 등을 사용하여 견고하게 조치할 것

095

공사현장에서 낙하물방지망 또는 방호선반을 설치할 때 설치높이 및 벽면으로부터 내민 길이 기준으로 옳은 것은?

① 설치높이: 10[m] 이내마다, 내민 길이 2[m] 이상
② 설치높이: 15[m] 이내마다, 내민 길이 2[m] 이상
③ 설치높이: 10[m] 이내마다, 내민 길이 3[m] 이상
④ 설치높이: 15[m] 이내마다, 내민 길이 3[m] 이상

해설 **낙하물 방지망 또는 방호선반의 설치 시 준수사항**

- 높이 10[m] 이내마다 설치하고, 내민 길이는 벽면으로부터 2[m] 이상으로 할 것
- 수평면과의 각도는 20° 이상 30° 이하를 유지할 것

096

시스템 비계를 사용하여 비계를 구성하는 경우에 준수하여야 할 사항으로 옳지 않은 것은?

① 수직재와 수직재의 연결철물은 이탈되지 않도록 견고한 구조로 할 것
② 수직재·수평재·가새재를 견고하게 연결하는 구조가 되도록 할 것
③ 수직재와 받침철물의 연결부 겹침길이는 받침철물 전체길이의 4분의 1 이상이 되도록 할 것
④ 수평재는 수직재와 직각으로 설치하여야 하며, 체결 후 흔들림이 없도록 견고하게 설치할 것

해설 **시스템 비계의 구조**

- 수직재·수평재·가새재를 견고하게 연결하는 구조가 되도록 할 것
- 비계 밑단의 수직재와 받침철물은 밀착되도록 설치하고, 수직재와 받침철물의 연결부의 겹침길이는 받침철물 전체길이의 $\frac{1}{3}$ 이상이 되도록 할 것
- 수평재는 수직재와 직각으로 설치하여야 하며, 체결 후 흔들림이 없도록 견고하게 설치할 것
- 수직재와 수직재의 연결철물은 이탈되지 않도록 견고한 구조로 할 것
- 벽 연결재의 설치간격은 제조사가 정한 기준에 따라 설치할 것

| 정답 | 093 ② 094 ② 095 ① 096 ③

097

산업안전보건기준에 관한 규칙에 따른 토사굴착 시 굴착면의 기울기 기준으로 옳지 않은 것은?

① 모래 – 1 : 1.8
② 그 밖의 흙 – 1 : 1.2
③ 연암 – 1 : 1.0
④ 풍화암 – 1 : 0.5

해설 **굴착면의 기울기 기준**

지반의 종류	기울기
모래	1 : 1.8
연암 및 풍화암	1 : 1.0
경암	1 : 0.5
그 밖의 흙	1 : 1.2

098

가설통로를 설치하는 경우 준수하여야 할 기준으로 옳지 않은 것은?

① 견고한 구조로 할 것
② 경사는 30° 이하로 할 것
③ 경사가 30°를 초과하는 경우에는 미끄러지지 아니하는 구조로 할 것
④ 수직갱에 가설된 통로의 길이가 15[m] 이상인 경우에는 10[m] 이내마다 계단참을 설치할 것

해설 **가설통로 설치 시 준수사항**

- 견고한 구조로 할 것
- 경사는 30° 이하로 할 것. 다만, 계단을 설치하거나 높이 2[m] 미만의 가설통로로서 튼튼한 손잡이를 설치한 경우에는 그러하지 아니하다.
- 경사가 15°를 초과하는 경우에는 미끄러지지 아니하는 구조로 할 것
- 추락할 위험이 있는 장소에는 안전난간을 설치할 것. 다만, 작업상 부득이한 경우에는 필요한 부분만 임시로 해체할 수 있다.
- 수직갱에 가설된 통로의 길이가 15[m] 이상인 경우에는 10[m] 이내마다 계단참을 설치할 것
- 건설공사에 사용하는 높이 8[m] 이상인 비계다리에는 7[m] 이내마다 계단참을 설치할 것

099

근로자가 추락하거나 넘어질 위험이 있는 장소에서 추락방호망의 설치기준으로 옳지 않은 것은?

① 망의 처짐은 짧은 변 길이의 10[%] 이상이 되도록 할 것
② 추락방호망은 수평으로 설치할 것
③ 건축물 등의 바깥쪽으로 설치하는 경우 추락방호망의 내민 길이는 벽면으로부터 3[m] 이상 되도록 할 것
④ 추락방호망의 설치위치는 가능하면 작업면으로부터 가까운 지점에 설치하여야 하며, 작업면으로부터 망의 설치지점까지의 수직거리는 10[m]를 초과하지 아니할 것

해설 **추락방호망 설치기준**

- 추락방호망의 설치위치는 가능하면 작업면으로부터 가까운 지점에 설치하여야 하며, 작업면으로부터 망의 설치지점까지의 수직거리는 10[m]를 초과하지 아니할 것
- 추락방호망은 수평으로 설치하고, 망의 처짐은 짧은 변 길이의 12[%] 이상이 되도록 할 것
- 건축물 등의 바깥쪽으로 설치하는 경우 추락방호망의 내민 길이는 벽면으로부터 3[m] 이상 되도록 할 것

100

차량계 하역운반기계에 화물을 적재할 때의 준수사항과 거리가 먼 것은?

① 하중이 한쪽으로 치우치지 않도록 적재할 것
② 구내운반차 또는 화물자동차의 경우 화물의 붕괴 또는 낙하에 의한 위험을 방지하기 위하여 화물에 로프를 거는 등 필요한 조치를 할 것
③ 운전자의 시야를 가리지 않도록 화물을 적재할 것
④ 제동장치 및 조정장치 기능의 이상 유무를 점검할 것

해설 **차량계 하역운반기계 등에 화물 적재 시 준수사항**

- 하중이 한쪽으로 치우치지 않도록 적재할 것
- 구내운반차 또는 화물자동차의 경우 화물의 붕괴 또는 낙하에 의한 위험을 방지하기 위하여 화물에 로프를 거는 등 필요한 조치를 할 것
- 운전자의 시야를 가리지 않도록 화물을 적재할 것
- 최대적재량을 초과하지 아니할 것

| 정답 | 097 ④ 098 ③ 099 ① 100 ④

2019년 4회 기출문제

자동 채점

산업안전관리론

001

무재해운동의 근본이념으로 가장 적절한 것은?

① 인간존중의 이념　② 이윤추구의 이념
③ 고용증진의 이념　④ 복리증진의 이념

해설 **안전관리의 근본이념**

- 인간존중(안전제일 이념)
- 바람직한 노사관계 형성 기여
- 재해로 인한 손실 및 상해 예방
- 생산성 및 품질 향상
- 기업의 이미지 제고 및 사회 인식의 변화
- 기업의 경제적 손실 예방(재해로 인한 재산 및 인적 손실 예방)

002

산업재해의 분류 방법에 해당하지 않는 것은?

① 통계적 분류　② 상해 종류에 의한 분류
③ 관리적 분류　④ 재해 형태별 분류

해설 **산업재해 분류 방법**

분류	내용
통계적 분류	사망, 중경상, 경상 등
상해 종류에 의한 분류	골절, 동상, 부종, 찔림, 타박상, 절단, 중독, 찰과상 등
상해 정도별 분류 (ILO 기준)	사망, 영구 노동 불능, 영구 부분 노동 불능, 일시 전 노동 불능, 일부 부분 노동 불능, 응급상해
재해 형태별 분류	떨어짐, 끼임, 넘어짐, 날아옴 등

003

안전교육의 순서가 옳게 나열된 것은?

① 준비–제시–적용–확인　② 준비–확인–제시–적용
③ 제시–준비–확인–적용　④ 제시–준비–적용–확인

해설 **안전교육 실시(진행) 4단계**

단계		내용
1단계	도입	• 학습의 목적 및 취지와 배경 설명 • 관심과 흥미를 갖도록 동기 부여
2단계	제시	• 교육 체계와 중점 내용 제시 • 주요 단계의 설명 및 시범 • 시청각 교재의 적극적 활용
3단계	적용	• 교육내용에 대한 활용 및 응용 • 사례연구, 재해 사례 등을 발표 • 교육내용 복습
4단계	확인	• 교육 이해도 확인 • 시험 또는 과제 부과 • 향후 피교육자의 실천 사항 명시

004

팀워크에 기초하여 위험요인을 작업시작 전에 발견, 파악하고 그에 따른 대책을 강구하는 위험예지훈련에 해당하지 않는 것은?

① 감수성 훈련　② 집중력 훈련
③ 즉흥적 훈련　④ 문제해결 훈련

해설 **위험예지훈련**

직장 내 위험에 대한 개별적, 동시다발적인 훈련으로 참석자의 공감을 통해 공통의 목표를 조기에 달성하고, 이를 통해 감수성, 집중력, 문제해결 능력을 높이는 목적이 있다.

| 정답 | 001 ① 002 ③ 003 ① 004 ③

005

산업안전보건법령상 산업재해의 정의로 옳은 것은?

① 고의성 없는 행동이나 조건이 선행되어 인명의 손실을 가져올 수 있는 사건
② 안전사고의 결과로 일어난 인명피해 및 재산손실
③ 노무를 제공하는 사람이 업무에 관계되는 설비 등에 의하여 사망 또는 부상하거나 질병에 걸리는 것
④ 통제를 벗어난 에너지의 광란으로 인하여 입은 인명과 재산의 피해 현상

해설 **산업안전보건법령상 산업재해의 정의**
노무를 제공하는 사람이 업무에 관계되는 건설물·설비·원재료·가스·증기·분진 등에 의하거나 작업 또는 그 밖의 업무로 인하여 사망 또는 부상하거나 질병에 걸리는 것을 말한다.

006

다음 중 적성배치 시 작업자의 특성과 가장 관계가 적은 것은?

① 연령　② 작업조건
③ 태도　④ 업무경력

해설 **작업의 특성에 따른 적성배치 시 고려사항**
• 환경적 요인: 작업조건, 작업의 종류, 환경조건, 작업기간 등
• 개인적 요인: 연령, 태도, 업무능력 또는 경력, 자격, 체력 등

007

파블로프(Pavlov)의 조건반사설에 의한 학습이론의 원리에 해당되지 않는 것은?

① 일관성의 원리　② 시간의 원리
③ 강도의 원리　④ 준비성의 원리

해설 **조건반사설에 의한 학습이론의 원리**
• 일관성의 원리　• 시간의 원리
• 강도의 원리　• 계속성의 원리

관련개념 **파블로브(Pavlov)의 조건반사설**
동물에게 자극을 계속 주면 반응이 나타나면서 새로운 행동이 발달되는데, 인간의 행동 역시 자극에 대한 반응을 통해 학습된다는 이론이다.

008

교육훈련의 평가방법에 해당하지 않는 것은?

① 관찰법　② 모의법
③ 면접법　④ 테스트법

해설
모의법이란 실제 실행이 불가한 상황에 대해 유사 환경을 조성하여 행하는 교육방법을 말한다.

관련개념 **교육훈련 평가방법**
• 관찰법
• 문답법
• 테스트법
• 자료 분석법
• 상호간 평가(제3자 평가)

| 정답 | 005 ③　006 ②　007 ④　008 ②

009

산업안전보건법령상 안전모의 성능시험 항목 6가지 중 내관통성시험, 충격흡수성시험, 내전압성시험, 내수성시험 외의 나머지 2가지 성능시험 항목으로 옳은 것은?

① 난연성시험, 턱끈풀림시험
② 내한성시험, 내압박성시험
③ 내답발성시험, 내식성시험
④ 내산성시험, 난연성시험

해설 안전모의 시험성능기준

항목	시험성능기준
내관통성	AE, ABE종 안전모는 관통거리가 9.5[mm] 이하이고, AB종 안전모는 관통거리가 11.1[mm] 이하이어야 한다.
충격흡수성	최고전달충격력이 4,450[N]를 초과해서는 안 되며, 모체와 착장체의 기능이 상실되지 않아야 한다.
내전압성	AE, ABE종 안전모는 교류 20[kV]에서 1분간 절연파괴 없이 견뎌야 하고, 이때 누설되는 충전전류는 10[mA] 이하이어야 한다.
내수성	AE, ABE종 안전모는 질량증가율이 1[%] 미만이어야 한다.
난연성	모체가 불꽃을 내며 5초 이상 연소되지 않아야 한다.
턱끈풀림	150[N] 이상 250[N] 이하에서 턱끈이 풀려야 한다.

010

직장에서의 부적응 유형 중 자기주장이 강하고 대인관계가 빈약하며, 사소한 일에 있어서도 타인이 자신을 제외했다고 여겨 악의를 나타내는 특징을 가진 유형은?

① 망상인격
② 분열인격
③ 무력인격
④ 강박인격

해설

문제는 망상인격에 대한 설명이다.

관련개념

분열인격	대인관계결핍으로 자폐적인 행동을 하고 인간관계를 거부하는 형태의 인격유형
무력인격	매사 무기력감을 호소하고 만성적으로 비관적인 형태의 인격유형
강박인격	매사 철저하고 완벽을 지향하며 원칙을 지키려는 형태의 인격유형

011

개인과 상황변수에 대한 리더십의 특징으로 옳은 것은? (단, 비교대상은 헤드십(Headship)으로 한다.)

① 권한행사: 임명된 리더
② 권한근거: 법적·공식적
③ 지휘형태: 권위주의적
④ 권한귀속: 집단목표에 기여한 공로인정

해설 리더십과 헤드십

구분	리더십	헤드십
권한형태	선출된 리더	임명된 헤드
권한근거	개인능력	법적&공식적
지휘형태	민주주의적	권위주의적
권한귀속	집단목표	공식화된 규정

2019년 4회

012

자체검사의 종류 중 검사대상에 의한 분류에 포함되지 않는 것은?

① 형식검사
② 규격검사
③ 기능검사
④ 육안검사

해설 자체검사의 종류

- 검사대상에 의한 자체검사: 형식검사, 규격검사, 기능검사
- 검사방법에 의한 자체검사: 육안검사, 계기검사, 직접시험검사

| 정답 | 009 ① 010 ① 011 ④ 012 ④

013

상해의 종류별 분류에 해당하지 않는 것은?

① 골절　② 중독
③ 동상　④ 감전

해설 상해의 분류

분류	세부내용
골절	뼈가 부러진 상해
동상	저온물 접촉으로 인한 상해
부종	국부의 혈액순환의 이상으로 몸이 퉁퉁 부어오르는 상해
자상(찔림)	칼날 등 날카로운 물건에 찔린 상해
타박상(삐임)	타박·충돌·추락 등으로 피부표면보다는 피하조직 또는 근육부를 다친 상해
절단	신체부위가 절단된 상해
중독, 질식	음식·약물·가스 등에 의해 중독이나 질식한 상해
찰과상	스치거나 문질러서 피부표면이 벗겨진 상해
창상(베임)	창, 칼 등에 베인 상해
화상	화재 또는 고온물 접촉으로 인한 상해
뇌진탕	머리를 세게 맞았을 때 장해로 일어난 상해
익사	물 등 액체에 의해 질식한 상해
피부병	직업과 연관되어 발생 또는 악화되는 피부질환
청력장해	청력이 감퇴 또는 난청이 된 상해
시력장해	시력이 감퇴 또는 실명된 상해

014

기억과정 중 다음의 내용이 설명하는 것은?

> 과거에 경험하였던 것과 비슷한 상태에 부딪혔을 때 과거의 경험이 떠오르는 것

① 재생　② 기명
③ 파지　④ 재인

해설 기억과정

기억은 기명 → 파지 → 재생 → 재인의 과정을 거친다.

- 기명: 사물, 현상, 정보 등이 간직되는 것이다.
- 파지: 사물, 현상, 정보 등이 현재와 미래에 지속되는 것이다.
- 재생: 보존된 인상이 다시 기억으로 떠오르는 것이다.
- 재인: 과거에 경험하였던 것과 비슷한 상태에 부딪혔을 때 떠오르는 것이다.

015

알더퍼(Alderfer)의 ERG이론에 해당하지 않는 것은?

① 생존욕구　② 관계욕구
③ 안전욕구　④ 성장욕구

해설 알더퍼(Alderfer)의 ERG 이론

- E(Existence, 존재욕구): 생리적 욕구나 안전의 욕구와 같이 인간이 자신의 존재를 확보하는 데 필요한 욕구로서 급여, 부가급, 육체적 작업에 대한 욕구 그리고 물질적 욕구가 포함된다.
- R(Relatedness, 관계욕구): 개인이 주변사람들(가족, 감독자, 동료작업자, 하위자, 친구 등)과 상호작용을 통하여 만족을 추구하고 싶어하는 욕구로서 매슬로우 욕구위계 중 사회적 욕구에 속한다.
- G(Growth, 성장욕구): 매슬로우의 존경(인정)의 욕구와 자아실현의 욕구를 포함하는 것으로서 개인의 잠재력 개발과 관련되는 욕구이다. ERG 이론에 따르면 경영자가 종업원의 고차원 욕구를 충족시켜야 하는 것은 동기부여를 위해서만이 아니라 발생할 수 있는 직·간접비용을 절감하는 차원에서도 중요하다.

016

1,000명 이상의 대규모 기업의 효율적이며 안전스태프가 안전에 관한 업무를 수행하고, 라인의 관리감독자에게도 안전에 관한 책임과 권한이 부여되는 조직의 형태는?

① 라인 방식　② 스태프 방식
③ 라인-스태프 방식　④ 인간-기계 방식

해설 라인-스태프(Line-Staff)형 조직의 특징

- 명령계통과 조언의 권고적 참여가 혼동되기 쉽다.
- 안전보건업무를 전담하는 스태프를 두고 생산라인의 부서의 장으로 하여금 안전보건을 담당하게 한다. (안전보건대책은 스태프에서 수립 → 라인을 통하여 실천)
- 라인에는 생산과 안전에 관한 책임과 권한이 동시에 부여된다. (안전보건업무와 생산 업무의 균형 유지)
- 근로자 1,000명 이상의 대규모 사업장에 적합하다.
- 안전과 생산이 유리될 우려가 없어 운용이 적절하면 이상적인 조직이다.

| 정답 | 013 ④　014 ④　015 ③　016 ③

017

안전·보건교육 계획수립에 반드시 포함하여야 할 사항이 아닌 것은?

① 교육 지도안　② 교육의 목표 및 목적
③ 교육장소 및 방법　④ 교육의 종류 및 대상

해설 **안전·보건교육 계획수립 시 포함사항**

- 교육의 목표
- 교육의 종류 및 대상
- 교육과목 및 내용
- 교육장소 및 방법
- 교육기간 및 시간
- 교육담당자 및 강사
- 교육관련 예산

018

근로자가 360명인 사업장에서 1년 동안 사고로 인한 근로손실일수가 210일이었다. 강도율은 약 얼마인가? (단, 근로자 1일 8시간씩 연간 300일을 근무하였다.)

① 0.20　② 0.22
③ 0.24　④ 0.26

해설

$$강도율 = \frac{총\ 요양\ 근로손실일수}{연\ 근로시간\ 수} \times 1{,}000$$

$$= \frac{210}{360 \times (8 \times 300)} \times 1{,}000 = 0.24$$

관련개념 **강도율(SR; Severity Rate of injury)**

근로시간 합계 1,000시간당 재해로 인한 근로손실일수이다.

$$강도율 = \frac{총\ 요양\ 근로손실일수}{연\ 근로시간\ 수} \times 1{,}000$$

019

산업안전보건법령상 일용근로자의 안전보건교육 과정별 교육시간 기준으로 틀린 것은? (단, 도매업과 숙박 및 음식점업 사업장의 경우는 제외한다.)

① 채용 시의 교육: 1시간 이상
② 작업내용 변경 시의 교육: 2시간 이상
③ 건설업 기초안전 보건교육(건설일용근로자): 4시간 이상
④ 특별교육: 2시간 이상(흙막이 지보공의 보강 또는 동바리를 설치하거나 해체하는 작업에 종사하는 일용근로자)

해설 **근로자 안전보건교육 교육과정별 교육시간**

교육과정	교육대상		교육시간
정기교육	사무직 종사 근로자		매반기 6시간 이상
	그 밖의 근로자	판매업무에 직접 종사하는 근로자	매반기 6시간 이상
		판매업무에 직접 종사하는 근로자 외의 근로자	매반기 12시간 이상
채용 시 교육	일용근로자 및 근로계약기간이 1주일 이하인 기간제근로자		1시간 이상
	근로계약기간이 1주일 초과 1개월 이하인 기간제근로자		4시간 이상
	그 밖의 근로자		8시간 이상
작업내용 변경 시 교육	일용근로자 및 근로계약기간이 1주일 이하인 기간제근로자		1시간 이상
	그 밖의 근로자		2시간 이상
특별교육	일용근로자 및 근로계약기간이 1주일 이하인 기간제근로자(타워크레인 신호작업 종사자 제외)		2시간 이상
	타워크레인 신호작업에 종사하는 일용근로자 및 근로계약기간이 1주일 이하인 기간제근로자		8시간 이상
	그 밖의 근로자		16시간 이상
			단기간 또는 간헐적 작업인 경우 2시간 이상
건설업 기초안전·보건교육	건설 일용근로자		4시간 이상

| 정답 | 017 ① 018 ③ 019 ②

2019년 4회

020

산업안전보건법령상 안전보건표지의 종류에 관한 설명으로 옳은 것은?

① '위험장소'는 경고표지로서 바탕은 노란색, 기본모형은 검은색, 그림은 흰색으로 한다.
② '출입금지'는 금지표지로서 바탕은 흰색, 기본모형은 빨간색, 그림은 검은색으로 한다.
③ '녹십자표지'는 안내표지로서 바탕은 흰색, 기본모형과 관련 부호는 녹색, 그림은 검은색으로 한다.
④ '안전모착용'은 경고표지로서 바탕은 파란색, 관련 그림은 검은색으로 한다.

해설 **안전보건표지의 종류별 색채**

분류	색채
금지표지	바탕은 흰색, 기본모형은 빨간색, 관련 부호 및 그림은 검은색
경고표지	바탕은 노란색, 기본모형, 관련 부호 및 그림은 검은색. 다만, 인화성물질 경고, 산화성물질 경고, 폭발성물질 경고, 급성독성물질 경고, 부식성물질 경고 및 발암성·변이원성·생식독성·전신독성·호흡기 과민성물질 경고의 경우 바탕은 무색, 기본모형은 빨간색(검은색도 가능)
지시표지	바탕은 파란색, 관련 그림은 흰색
안내표지	바탕은 흰색, 기본모형 및 관련 부호는 녹색 또는 바탕은 녹색, 관련 부호 및 그림은 흰색
출입금지표지	바탕은 흰색, 글자는 흑색. 다만, '○○○제조/사용/보관 중', '석면취급/해체 중', '발암물질 취급 중' 글자는 적색

※ '출입금지' 표지는 금지표지이다.

인간공학 및 시스템안전공학

021

다음의 데이터를 이용하여 MTBF를 구하면 약 얼마인가?

가동시간	정지시간
t_1 = 2.7시간	t_a = 0.1시간
t_2 = 1.8시간	t_b = 0.2시간
t_3 = 1.5시간	t_c = 0.3시간
t_4 = 2.3시간	t_d = 0.4시간
부하시간 = 8시간	

① 1.8[시간/회] ② 2.1[시간/회]
③ 2.8[시간/회] ④ 3.1[시간/회]

해설

MTBF(Mean Time Between Failures)는 장비나 제품이 고장나는 평균고장간격을 의미한다.

$$\text{MTBF} = \frac{\text{작동시간}}{\text{고장횟수}} = \frac{2.7+1.8+1.5+2.3}{4} = 2.1[\text{시간/회}]$$

022

입식작업을 위한 작업대의 높이를 결정하는 데 있어 고려하여야 할 사항과 가장 관계가 적은 것은?

① 작업의 빈도 ② 작업자의 신장
③ 작업물의 크기 ④ 작업물의 무게

해설

작업의 빈도는 작업자의 피로도를 결정하는 요인이며, 높이를 결정하는 요인은 아니다.

관련개념 **작업대의 높이 결정 시 고려사항**

- 작업자의 신장
- 작업물의 크기
- 작업물의 무게
- 작업의 종류
- 작업자의 건강 상태
- 작업장의 환경

| 정답 | 020 ② 021 ② 022 ①

023

FTA(Fault Tree Analysis)에 의한 재해사례 연구순서 중 3단계에 해당하는 것은?

① FT도의 작성
② 개선계획의 작성
③ 톱 사상의 선정
④ 사상의 재해 원인의 규명

해설 **FTA에 의한 재해사례 연구순서 4단계**

- 제1단계: TOP 사상(목표 사상) 선정
- 제2단계: 사상의 재해 원인 규명
- 제3단계: FT도 작성
- 제4단계: 개선계획 작성

024

실내의 빛을 효과적으로 배분하고 이용하기 위하여 실내면의 반사율을 결정해야 한다. 다음 중 반사율이 가장 높아야 하는 곳은?

① 벽
② 바닥
③ 가구 및 책상
④ 천장

해설

- 천장: 80~90[%]
- 창문, 벽: 40~60[%]
- 가구, 사용기기, 책상: 25~40[%]
- 바닥: 20~40[%]

025

급작스러운 큰 소음으로 인하여 생기는 생리적 변화가 아닌 것은?

① 혈압 상승
② 근육이완
③ 동공팽창
④ 심장박동수 증가

해설 **급작스러운 소음에 의한 신체 방어기전**

- 혈압 상승
- 근육긴장
- 동공팽창
- 심장박동수 증가
- 호흡수 증가

026

인간-기계시스템 설계의 주요 단계를 6단계로 구분하였을 때 3단계인 기본설계에 해당하지 않는 것은?

① 직무분석
② 기능의 할당
③ 보조물의 설계 결정
④ 인간성능 요건 명세 결정

해설 **인간-기계 시스템의 설계과정**

1단계	시스템의 목표와 성능 명세 결정	목적 및 존재 이유에 대한 결정
2단계	시스템의 정의	목표 달성을 위해 필요한 기능의 결정
3단계	기본설계	기능의 할당, 작업설계, 인간성능 요건 명세, 직무분석
4단계	인터페이스 설계	작업공간, 화면설계, 표시 및 조종장치
5단계	촉진물(보조물) 설계	성능보조자료, 훈련도구 등 보조물 설계
6단계	시험 및 평가	시스템 개발과 관련된 평가와 인간적인 요소 평가

| 정답 | 023 ① 024 ④ 025 ② 026 ③

2019년 4회

027

인간과 기계의 능력에 대한 실용성 한계에 관한 설명으로 틀린 것은?

① 기능의 수행이 유일한 기준은 아니다.
② 상대적인 비교는 항상 변하기 마련이다.
③ 일반적인 인간과 기계의 비교가 항상 적용된다.
④ 최선의 성능을 마련하는 것이 항상 중요한 것은 아니다.

해설
인간과 기계는 서로 다른 능력과 한계를 가지고 있기 때문에 일반적인 인간과 기계의 비교가 항상 적용될 수는 없다. 기계는 반복적인 작업에 뛰어나고 인간은 창의적인 작업에 뛰어나기 때문에 어떤 작업은 인간이 더 효율적이고 어떤 작업은 기계가 더 효율적일 수 있으므로 인간-기계 비교가 항상 적용되지는 않는다.

028

다음의 위험관리 단계를 순서대로 나열한 것으로 맞는 것은?

㉠ 위험의 분석	㉡ 위험의 파악
㉢ 위험의 처리	㉣ 위험의 평가

① ㉠ → ㉡ → ㉣ → ㉢　② ㉡ → ㉠ → ㉣ → ㉢
③ ㉠ → ㉢ → ㉡ → ㉣　④ ㉡ → ㉢ → ㉠ → ㉣

해설
위험관리 단계는 계획(위험의 파악) → 식별(위험의 분석) → 평가(위험의 평가) → 대응(위험의 처리)의 순으로 진행된다.

029

산업안전을 목적으로 ERDA(미국 에너지연구개발청)에서 개발된 시스템안전 프로그램으로 관리, 설계, 생산, 보전 등의 넓은 범위의 안전성을 검토하기 위한 기법은?

① FTA　② MORT
③ FHA　④ FMEA

해설 MORT(Management Oversight and Risk Tree)
ERDA에서 개발한 시스템안전 프로그램으로 관리, 설계, 생산, 보전 등의 넓은 범위의 안전성을 검토하기 위한 기법이다.

관련개념 **시스템 분석 기법의 종류**

고장형태와 영향분석법 (FMEA; Failure Mode and Effect Analysis)	고장을 형태별로 분석하여 그 영향을 검토하는 정성적, 귀납적 분석방법
예비위험분석 (PHA; Preliminary Hazard Analysis)	최초단계 분석으로 시스템 내의 위험요소가 어느 정도의 위험상태에 있는지를 평가하는 방법으로 정성적 평가방법
결함위험분석 (FHA; Fault Hazard Analysis)	기능적 위험분석으로 시스템의 기능적 요구사항과 그 기능이 고장날 경우의 영향을 분석하는 기법
인간과오율 추정법 (THERP; Technique for Human Error Rate Prediction)	인간의 실수를 정량적으로 평가하는 것이며 인간의 과오(실수)에 기인한 사고원인 분석 기법으로 100만 운전시간당 과오수를 기본 과오율로 평가
결함수분석 (FTA; Falut Tree Analysis)	정량적, 연역적 분석방법으로 기계, 설비 또는 인간-기계 시스템의 고장이나 재해의 발생요인을 FT도에 의하여 분석
치명도 분석, 위험도 분석 (CA; Criticality Analysis)	높은 위험도를 가진 요소나 고장의 형태에 따른 분석법으로 고장을 정량적으로 분석하는 기법
위험 및 운용성 분석 (HAZOP; Hazard and Operability Analysis)	장비에 대해 잠재된 위험이나 기능 저하 등 영향을 평가하기 위하여 공정이나 설계도 등에 체계적인 검토를 행하는 것

| 정답 | 027 ③　028 ②　029 ②

030

조종장치의 저항 중 갑작스러운 속도의 변화를 막고 부드러운 제어 동작을 유지하게 해주는 저항은?

① 점성저항 ② 관성저항
③ 마찰저항 ④ 탄성저항

해설 **저항의 종류**

점성저항	유체의 흐름에 저항하는 힘
관성저항	물체의 운동 상태를 유지하려는 성질
마찰저항	두 물체가 서로 접촉하여 움직일 때 발생하는 저항
탄성저항	물체가 변형된 후 원래의 상태로 돌아오려는 성질

031

작업자가 평균 1,000시간 작업을 수행하면서 4회의 실수를 한다면, 이 사람이 10시간 근무했을 경우의 신뢰도는 약 얼마인가?

① 0.018 ② 0.04
③ 0.67 ④ 0.96

해설

인간오류확률 $= \frac{4}{1,000} = 0.004$이므로

신뢰도 = 1−인간오류확률 = 1−0.004 = 0.996

시간당 0.996의 신뢰도의 시스템에서 10시간 동안의 신뢰도는 $0.996^{10} = 0.96$이다.

032

이동전화의 설계에서 사용성 개선을 위해 사용자의 인지적 특성이 가장 많이 고려되어야 하는 사용자 인터페이스 요소는?

① 버튼의 크기 ② 전화기의 색깔
③ 버튼의 간격 ④ 한글 입력 방식

해설

한글 입력 방식은 이동전화의 사용성에 가장 직접적인 영향을 미치는 요소이며, 문자나 SNS 등 텍스트를 입력할 때 한글 입력 방식이 불편하면 사용자의 만족도가 크게 저하된다. 그래서 이동전화의 설계에서는 사용자의 한글 입력 편의성을 최대한 고려하여야 한다.

예전 이동전화의 한글입력은 '천지인' 입력방식이었지만 그에 불편함을 느껴 요즘은 '키보드 자판배열 입력방식'으로 변화시킨 것이 대표적으로 인지적 특성을 고려한 설계이다.

033

시스템 안전(System safety)에 관한 설명으로 맞는 것은?

① 과학적, 공학적 원리를 적용하여 시스템의 생산성 극대화
② 사고나 질병으로부터 자기 자신 또는 타인을 안전하게 호신하는 것
③ 시스템 구성 요인의 효율적 활용으로 시스템 전체의 효율성 증가
④ 정해진 제약 조건하에서 시스템이 받는 상해나 손상을 최소화하는 것

해설

정해진 제약 조건하에서 시스템이 받는 상해나 손상을 최소화하는 것은 시스템 안전의 핵심 개념이다.

①, ②, ③은 시스템 전체의 효율성 증가와 관련된 내용이다.

| 정답 | 030 ① 031 ④ 032 ④ 033 ④

034

시각적 표시장치와 비교하여 청각적 표시장치를 사용하기 적당한 경우는?

① 메시지가 짧다.
② 메시지가 복잡하다.
③ 한 자리에서 일을 한다.
④ 메시지가 공간적 위치를 다룬다.

해설 **청각적 표시장치와 시각적 표시장치 사용비교**

청각적 표시장치	시각적 표시장치
전언이 간단하다.	전언이 복잡하다.
전언이 짧다.	전언이 길다.
전언이 후에 재참조 되지 않는다.	전언이 후에 재참조 된다.
전언이 시간적 사상을 다룬다.	전언이 공간적인 위치를 다룬다.
전언이 즉각적인 행동을 요구한다(긴급할 때).	전언이 즉각적인 행동을 요구하지 않는다.
수신장소가 너무 밝거나 암조응 유지 필요 시	수신장소가 너무 시끄러울 때
직무상 수신자가 자주 움직일 때	직무상 수신자가 한곳에 머무를 때
수신자의 시각계통이 과부하 상태일 때	수신자의 청각계통이 과부하 상태일 때

035

FTA에서 사용되는 논리기호 중 기본사상은?

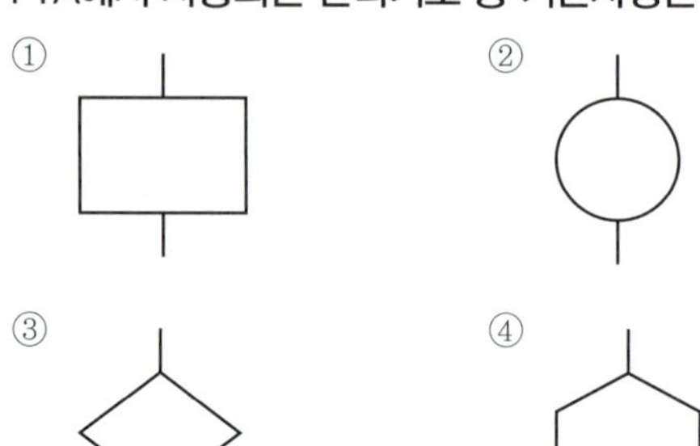

①　②　③　④

해설 **논리기호 및 사상기호**

기호	명칭	설명
○	기본사상	더 이상 전개할 수 없는 사건·사고(재해의 원인)
◇	생략사상	관리정보가 미비하여 계속될 수 없는 특정 초기사상
⌂	통상사상	발생이 예상되는 사상
□	결함사상	한 개 이상의 입력에 의해 발생된 고장사상
△	전이기호	다른 게이트와의 연결
⬡	억제 게이트	입력이 발생하기 전 특정 조건을 만족하면 출력이 발생
	OR 게이트	입력신호 중 하나 이상이 발생하면 출력이 발생(논리합)
	AND 게이트	입력신호가 모두 발생하면 출력이 발생(논리곱)

| 정답 | 034 ① 035 ②

036

근골격계 질환을 예방하기 위한 관리적 대책으로 맞는 것은?

① 작업공간 배치 ② 작업재료 변경
③ 작업순환 배치 ④ 작업공구 설계

해설

근골격계 질환은 반복적인 동작 및 힘의 사용, 부자연스러운 작업 자세 등으로 인해 발생할 수 있는데, 이를 없애기 위해서는 작업을 순환하여 근육이 쉬게 하여야 한다.

037

안전색채와 표시사항이 맞게 연결된 것은?

① 녹색–안내표시 ② 노란색–금지표시
③ 빨간색–지시표시 ④ 회색–지시표시

해설 **안전보건표지의 색도기준 및 용도**

색채	색도기준	용도	사용 예
빨간색	7.5R 4/14	금지	정지신호, 소화설비 및 그 장소, 유해행위의 금지
		경고	화학물질 취급장소에서의 유해·위험 경고
노란색	5Y 8.5/12	경고	화학물질 취급장소에서의 유해·위험 경고 이외의 위험경고, 주의표지 또는 기계방호물
파란색	2.5PB 4/10	지시	특정 행위의 지시 및 사실의 고지
녹색	2.5G 4/10	안내	비상구 및 피난소, 사람 또는 차량의 통행표지
흰색	N9.5		파란색 또는 녹색에 대한 보조색
검은색	N0.5		문자 및 빨간색 또는 노란색에 대한 보조색

038

다음과 같은 시험 결과는 어느 실험에 의한 것인가?

> 조명강도를 높인 결과 작업자들의 생산성이 향상되었고, 그 후 다시 조명강도를 낮추어도 생산성의 변화는 거의 없었다. 이는 작업자들이 받게 된 주의 및 관심에 대한 반응에 기인한 것으로, 이것은 인간관계가 작업 및 작업 공간 설계에 큰 영향을 미친다는 것을 암시한다.

① Birds 실험 ② Compes 실험
③ Hawthorne 실험 ④ Heinrich 실험

해설 **호손(Hawthorne) 실험**

하버드 대학교의 심리학자 메이요(George Elton Mayo)와 경영학자인 프리츠 뢰슬리스버거(Fritz Roethlisberger)를 중심으로 1924~1932년에 4차례에 걸쳐 미국의 Western Electric Company(웨스턴 전기회사)에서 진행된 일련의 심리학적 실험연구이다. 조명실험, 계전기 조립 작업장 실험, 면접연구, 배전기 작업장 실험 등을 통해 직원들의 생산성과 작업 환경이 상호작용하는 방식에 대하여 연구 실험을 하였다.

039

작업종료 후에도 체내에 쌓인 젖산을 제거하기 위하여 추가로 요구되는 산소량을 무엇이라고 하는가?

① ATP ② 에너지대사율
③ 산소부채 ④ 산소최대섭취능

해설 **산소부채**

작업 후 휴식수준과 비교하여 추가로 더 요구되는 산소량으로 작업 종료 후 체내에 쌓인 젖산을 제거하기 위해 추가로 요구되는 것이다.

관련개념

- ATP(Adenosine Triphosphate): 세포에서 에너지를 제공하는 분자로 에너지원으로 사용되는 물질이다.
- 에너지대사율: 시간당 소비되는 에너지양을 말한다.
- 산소최대섭취능(VO_2max): 개인이 섭취할 수 있는 최대 산소량을 의미한다.

| 정답 | 036 ③ 037 ① 038 ③ 039 ③

040

다음의 FT도에서 최소 컷셋으로 맞는 것은?

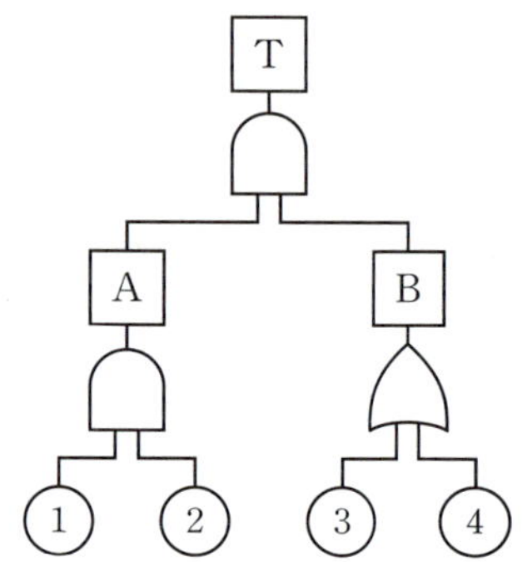

① {1,2,3,4}　　② {1,2,3}, {1,2,4}
③ {1,3,4}, {2,3,4}　　④ {1,3}, {1,4}, {2,3}, {2,4}

해설

$T = A \cdot B = (1\ 2)\begin{pmatrix}3\\4\end{pmatrix} = \begin{matrix}(1\ 2\ 3)\\(1\ 2\ 4)\end{matrix}$

컷셋은 (1 2 3), (1 2 4)이므로 최소 컷셋은 (1 2 3), (1 2 4)이다.

건설시공학

041

대형봉상진동기를 진동과 워터젯에 의해 소정의 깊이까지 삽입하고 모래를 진동시켜 지반을 다지는 연약지반 개량공법은?

① 고결안정공법　　② 인공동결공법
③ 전기화학공법　　④ Vibro Flotation공법

해설 **바이브로 플로테이션공법**

사질지반에 대형진동기(바이브로 플로트)를 이용하는 공법으로 그 선단에 설치된 노즐을 통해 물을 분사하면서 소정의 땅속 깊이까지 관입시키고, 모래를 진동시켜 다짐한다.

관련개념

고결안정공법	지반의 공극수를 고결시키는 공법
인공동결공법	지반에 프레온가스 등을 주입하여 공극수 등을 동결시키는 공법
전기화학공법	물을 전기분해하여 지반을 고결시키는 공법

042

철골세우기용 기계가 아닌 것은?

① 드래그라인　　② 가이데릭
③ 타워크레인　　④ 트럭크레인

해설

드래그라인은 셔블계 굴착기의 일종으로 기계보다 낮은 지반을 굴착할 때 사용한다.

관련개념 **철골세우기용 건설기계**

- 크레인: 타워크레인, 지브크레인
- 이동식 크레인: 휠크레인, 트럭크레인, 크롤러크레인
- 데릭: 삼각데릭(스티프레그데릭), 진폴데릭, 가이데릭

| 정답 | 040 ② 041 ④ 042 ①

043

타워크레인 등의 시공장비에 의해 한번에 설치하고 탈형만 하므로 사용할 때마다 부재의 조립 및 분해를 반복하지 않아 평면상 상하부 동일단면의 벽식 구조인 아파트 건축물에 적용효과가 큰 대형 벽체거푸집은?

① 갱 폼(Gang Form)
② 유로 폼(Euro Form)
③ 트래블링 폼(Traveling Form)
④ 슬라이딩 폼(Sliding Form)

해설 갱 폼(Gang Form)

- 거푸집을 사용할 때마다 작은 부재의 조립, 분해를 반복하지 않고 대형화, 단순화하여 한번에 설치하고 해체한다.
- 갱 폼은 주로 콘도미니엄, 병원, 사무소 같은 벽식 구조 건물에 사용된다.
- 옹벽이나 외벽의 두꺼운 벽체 및 피어기초 등에 사용한다.

관련개념

유로 폼 (Euro Form, Panel Form)	• 가장 초보적인 단계의 시스템 거푸집으로서 모듈화된 패널을 사용한다. • 경량 형강과 합판을 사용하여 벽판이나 바닥판용 거푸집을 제작한 것으로 현장에서 못을 쓰지 않고 간단히 조립할 수 있다. • 건물의 평면형상이 규격화되어 표준형태의 거푸집을 변형시키지 않고 조립함으로써 현장제작에 소요되는 인력을 줄여 생산성을 향상시키고 자재의 전용횟수를 증대시키는 목적으로 사용되는 거푸집이다.
트래블링 폼 (Traveling Form)	• 동바리, 멍에, 장선 등을 일체로 유니트화한 대형, 수평이동 거푸집이다. • 터널, 교량, 지하철, 옹벽 등 토목구조물에 주로 사용된다.
슬라이딩 폼 (Sliding Form, Slip Form)	• 수평적 또는 수직적으로 반복된 구조물을 시공이음이 없이 균일한 형상으로 시공하기 위하여 거푸집을 연속적으로 이동시키면서 콘크리트를 타설하여 시공하는 것이다. • 주로 사일로(Silo), 전단벽 건물, 유틸리티 코어 등에 사용된다.

044

강말뚝(H형강, 강관말뚝)에 관한 설명으로 옳지 않은 것은?

① 깊은 지지층까지 도달시킬 수 있다.
② 휨강성이 크고 수평하중과 충격력에 대한 저항이 크다.
③ 부식에 대한 내구성이 뛰어나다.
④ 재질이 균일하고 절단과 이음이 쉽다.

해설 강관말뚝의 특징

- 부식에 의해 내구성이 저하된다.
- 길이 조절이 쉽고, 경량이기 때문에 운반 및 취급이 용이하다.
- 상부 구조와 결합이 용이하고, 현장 접합이 가능하다.
- 재료비가 고가이다.
- 강한 타격에 잘 견디고, 다져진 중간 지층의 관통도 가능하다.

045

구조물의 시공과정에서 발생하는 구조물의 팽창 또는 수축과 관련된 하중으로, 신축량이 큰 장경간, 연도, 원자력발전소 등을 설계할 때나 또는 일교차가 큰 지역의 구조물에 고려해야 하는 하중은?

① 시공하중 ② 충격 및 진동하중
③ 온도하중 ④ 이동하중

해설

외기온도와 관련된 하중은 온도하중이다.

| 정답 | 043 ① 044 ③ 045 ③

046

건설공사에서 래머(Rammer)의 용도는?

① 철근절단 ② 철근절곡
③ 잡석다짐 ④ 토사적재

해설
래머(Rammer)는 토양 다짐기로 진동을 이용하여 좁은 곳, 구석 등을 다지는 데 사용한다.
철근절단기는 철근을 절단하는 데 사용하고, 철근절곡은 밴딩기, 토사적재는 굴착기(백호우), 로우더 등을 사용한다.

047

강구조공사 시 볼트의 현장시공에 관한 설명으로 옳지 않은 것은?

① 볼트 조임 작업 전에 마찰접합면의 녹, 밀스케일 등은 마찰력 확보를 위하여 제거하지 않는다.
② 마찰내력을 저감시킬 수 있는 틈이 있는 경우에는 끼움판을 삽입해야 한다.
③ 현장조임은 1차 조임, 마킹, 2차 조임(본조임), 육안검사의 순으로 한다.
④ 1군의 볼트조임은 중앙부에서 가장자리의 순으로 한다.

해설 **건축물 강구조공사 고장력 볼트 접합 및 연결 – 마찰면의 준비**
- 접합부의 마찰면은 밀착성 유지에 주의하고, 모재접합부분의 변형, 뒤틀림, 구부러짐, 모재 및 이음판의 거스러미 등이 있는 경우에는 마찰면이 손상되지 않도록 교정한다. 또한, 마찰면에 도료, 기름, 오물 등이 없도록 청소하여 제거하여야 한다.
- 마찰면의 덧판은 녹, 흑피, 도료 등을 숏블라스트로 제거하여 미끄럼계수가 0.5 이상이 확보되도록 한다.

048

콘크리트의 탄산화에 관한 설명으로 옳지 않은 것은?

① 일반적으로 경량콘크리트는 탄산화의 속도가 매우 느리다.
② 경화한 콘크리트의 수산화석회가 공기 중의 탄산가스의 영향을 받아 탄산석회로 변화하는 현상을 말한다.
③ 콘크리트의 탄산화에 의해 강재표면의 보호피막이 파괴되어 철근의 녹이 발생하고, 궁극적으로 피복 콘크리트를 파괴한다.
④ 조강 포틀랜드시멘트를 사용하면 탄산화를 늦출 수 있다.

해설
일반적으로 혼합시멘트의 혼합비율이 높은 것과 경량콘크리트는 중성화(탄산화) 속도가 빠르다.

관련개념 **중성화 속도**
- 물-시멘트비가 작은 콘크리트일수록 중성화 속도가 늦다.
- 온도가 낮을수록, 습도가 높을수록, 탄산가스의 농도가 작을수록 중성화 속도가 늦다.
- 중성화의 깊이는 시멘트의 품질, 골재의 품질 등에 의해 영향을 받는다.
- 경량골재, 혼합시멘트(플라이애시, 포졸란, 고로슬래그 시멘트 등)는 중성화가 빠르다.

| 정답 | 046 ③ 047 ① 048 ①

049

턴키도급(Turn-Key Base Contract)의 특징이 아닌 것은?

① 공기, 품질 등의 결함이 생길 때 발주자는 계약자에게 쉽게 책임을 추궁할 수 있다.
② 설계와 시공이 일괄로 진행된다.
③ 공사비의 절감과 공기단축이 가능하다.
④ 공사기간 중 신공법, 신기술의 적용이 불가하다.

해설

설계와 시공을 포괄하므로 기술개발이 촉진되고 공법의 연구개발이 활발해진다.

관련개념 **턴키(Turn-Key)도급**

건축을 위해 필요한 모든 요소를 포괄적으로 계약하는 방식으로 건설업자가 금융, 토지조달, 설계, 시공, 시운전, 기계·기구 설치까지 조달해주는 것으로 일괄수주 방식이라고도 한다.

장점	단점
• 공사비 절감과 공기단축 가능 • 설계와 시공의 의사소통 확실 • 기술개발 촉진 및 공법의 연구개발 활발 • 책임시공으로 책임한계 명확 • 도급자의 전문지식 및 공사경험을 설계단계부터 반영 가능	• 우수한 설계의도 반영 곤란 • 공사비 사전파악 곤란 • 건축주 의도 반영 곤란 • 대규모회사 유리, 중소업체 불리 • 최저가낙찰제인 경우 공사 품질저하 우려 • 입찰 시 비용 과다소요

050

강구조물에 실시하는 녹막이 도장에서 도장하는 작업 중이거나 도료의 건조기간 중 도장하는 장소의 환경 및 기상조건이 좋지 않아 공사감독자가 승인할 때까지 도장이 금지되는 상황이 아닌 것은?

① 주위의 기온이 5[℃] 미만일 때
② 상대습도가 85[%] 이하일 때
③ 안개가 끼었을 때
④ 눈 또는 비가 올 때

해설 **도장작업의 금지**

- 상대습도 85[%] 이상에서는 도장작업을 금지한다.
- 강설우, 강풍, 통풍, 흙먼지 등에 따라 도장의 오염, 들뜸, 먼지부착이 우려될 때에는 도장작업을 금지한다.
- 동절기에는 도장종류별 건조시간까지 5[℃] 이상을 유지하고, 도장면이 0[℃] 이하가 되지 않도록 작업장의 환경을 조성한다.

051

콘크리트 공사 시 거푸집 측압의 증가 요인에 관한 설명으로 옳지 않은 것은?

① 콘크리트의 타설 속도가 빠를수록 증가한다.
② 콘크리트의 슬럼프가 클수록 증가한다.
③ 콘크리트에 대한 다짐이 적을수록 증가한다.
④ 콘크리트의 경화속도가 늦을수록 증가한다.

해설 **콘크리트 측압이 커지는 요인**

- 거푸집 부재의 단면이 큰 경우
- 거푸집의 수밀성이 큰 경우
- 거푸집의 강성이 큰 경우
- 거푸집의 표면이 평활할 경우
- 콘크리트가 묽은 경우
- 철골이나 철근량이 적은 경우
- 외기온도가 낮은 경우
- 타설속도가 빠른 경우
- 콘크리트의 다짐이 좋은 경우
- 콘크리트의 슬럼프가 큰 경우
- 콘크리트의 비중이 큰 경우
- 습도가 높은 경우
- 벽 두께가 두꺼운 경우

052

콘크리트를 타설하는 펌프차에서 사용하는 압송장치의 구조방식과 가장 거리가 먼 것은?

① 압축공기의 압력에 의한 방식
② 피스톤으로 압송하는 방식
③ 튜브 속의 콘크리트를 짜내는 방식
④ 물의 압력으로 압송하는 방식

해설 **콘크리트펌프차 압송장치의 구조방식**

피스톤식	피스톤의 왕복운동을 이용하여 쏘아 보내는 방식
공압식	압축공기의 압력을 이용하는 방식
스퀴즈식	마주보는 철제의 롤러가 콘크리트가 들어간 고무관을 쥐어 짜는 방식

| 정답 | 049 ④ 050 ② 051 ③ 052 ④

053

경쟁입찰에서 예정가격 이하의 최저가격으로 입찰한 자 순으로 당해계약 이행능력을 심사하여 낙찰자를 선정하는 방식은?

① 제한적 평균가 낙찰제 ② 적격심사제
③ 최적격 낙찰제 ④ 부찰제

해설 **낙찰자 선정방식**

총액입찰	입찰서에 입찰 총액을 기재한 서류를 제출하는 입찰방법으로 낙찰된 회사는 착공계와 함께 입찰내역서를 제출한다.
내역입찰	입찰 시 입찰서와 입찰금액의 산출내역서를 함께 제출하는 입찰방법으로 발주기관에서 미리 제공한 물량내역서에 입찰자가 단가와 금액을 기재해 제출한다. 입찰서 금액과 산출내역서의 총계 금액이 일치하지 않으면 무효처리된다.
최저가 낙찰제	가장 최저가를 제시한 낙찰자를 선정하는 제도이다. 입찰 경쟁이 가능해 예산절감을 기대할 수 있지만 부실공사의 우려가 있다.
제한적 최저가 낙찰제	예정가격 이하로 입찰한 업체 사이에서 일정비율 이상 입찰한 입찰자 중 최저가격으로 입찰한 자를 낙찰자로 결정하는 방법이다.
적격심사 낙찰제	입찰에서 가장 낮은 가격으로 입찰한 업체부터 공사수행능력, 기술능력, 입찰가격을 종합심사해 일정 점수 이상을 얻으면 낙찰자로 결정하는 방법이다. 최저가 낙찰제의 폐단을 막기 위한 방법으로 시행되었다.
부찰제(제한적 평균 낙찰제)	입찰자들의 투찰금액을 평균하여 가장 근접하게 투찰한 자를 낙찰자로 선정하는 방법이다.

054

고장력볼트접합에 관한 설명으로 옳지 않은 것은?

① 현장에서의 시공설비가 간편하다.
② 접합부재 상호 간의 마찰력에 의하여 응력이 전달된다.
③ 불량개소의 수정이 용이하지 않다.
④ 작업 시 화재의 위험이 적다.

해설 **고장력볼트접합**

볼트를 조여서 생기는 인장력, 즉 접합재 상호 간에 발생하는 마찰력으로 접합하는 방식이다.

- 담금질 설비가 필요 없다.
- 재해의 위험성이 작다.
- 노동력이 절감된다.
- 소음이 작다.
- 불량개소의 수정이 쉽다.
- 공기가 단축된다.

055

공사 또는 제품의 품질상태가 만족한 상태에 있는가의 여부를 판단하는 데 가장 적합한 품질관리 기법은?

① 특성요인도 ② 히스토그램
③ 파레토그램 ④ 체크시트

해설

히스토그램은 데이터의 분포를 통해 특정 범위에 데이터가 몰려있는 경우에 품질상태가 만족한 상태에 있는가를 판단할 수 있다.

관련개념 **품질관리(TQC)의 7대 도구**

구분	내용
파레토도 (영향도)	불량품, 고장, 결점 등의 발생건수를 원인과 현상별로 분류하고, 문제의 크기 순서로 나열하여 그 크기를 막대그래프로 표기하며, 크기를 순차적으로 누적하여 절선그래프로 나타낸 것
특성요인도 (원인결과도)	결과에 대하여 원인이 어떻게 관계하고 있는지 한눈에 알아 볼 수 있도록 작성한 생선뼈 모양의 그림
히스토그램 (분포도)	무게, 강도, 길이 등과 같이 계량치의 데이터가 어떠한 분포를 나타내고 있는지를 판단하기 위하여 작성하는 기둥그래프
산점도 (분포도)	대응되는 2개의 짝으로 된 데이터를 그래프 용지 위에 점으로 나타낸 것
체크시트 (집중도)	계수치의 데이터가 분류 항목 중 어디에 집중되어 있는가를 알아보기 쉽게 표로 나타낸 것
관리도	한눈에 파악되도록 꺾은선이나 막대를 이용하여 나타낸 것
층별	집단을 구성하고 있는 데이터를 특성에 따라 부분집단으로 나누는 것

056

철근공사 작업 시 유의사항으로 옳지 않은 것은?

① 철근공사 착공 전 구조도면과 구조계산서를 대조하는 확인작업 수행
② 도면오류를 파악한 후 정정을 요구하거나 철근상세도를 구조평면도에 표시하여 승인 후 시공
③ 품질이 규격값 이하인 철근의 사용배제
④ 구부러진 철근은 다시 펴는 가공작업을 거친 후 재사용

해설

구부러진 철근을 다시 펴는 작업을 하면 홈이나 갈라짐이 발생하거나 부러질 수 있다.

| 정답 | 053 ② 054 ③ 055 ② 056 ④

057

H-Pile 토류판 공법이라고도 하며 비교적 시공이 용이하나, 지하수위가 높고 투수성이 큰 지반에서는 차수공법을 병행해야 하고, 연약한 지층에서는 히빙현상이 생길 우려가 있는 것은?

① 지하연속벽공법　② 시트파일공법
③ 엄지말뚝공법　④ 주열벽공법

해설

엄지말뚝공법은 지하수위가 높은 지반에서 굴착면이 붕괴되어 시공이 곤란하고, 지반보강 및 차수법이 병행되어야 한다.

장점	단점
• 공사비가 저렴하게 소요된다. • 설치가 용이하다. • 사용자재의 취득이 용이하다. • 엄지말뚝을 회수할 수 있다.	• 가로널이 부식되어 침하의 우려가 있다. • 뒤넣기 등에 인력소모가 많다. • 지하수량이 많은 지반, 히빙 우려가 있는 지반에는 부적합하다.

관련개념

- 지하연속벽공법: 지하수 분출이 많은 곳 등 지반조건에 관계없이 시공이 가능하다.
- 주열벽공법: 차수효과 및 지반보강이 확실하고, 인접지반에 영향이 거의 없다.
- 시트파일공법: 차수성이 우수하여 주변지반의 변위가 적다.

058

철근콘크리트 공사 시 철근의 정착위치로 옳지 않은 것은?

① 벽철근은 기둥, 보 또는 바닥판에 정착한다.
② 바닥철근은 기둥에 정착한다.
③ 큰 보의 주근은 기둥에, 작은 보의 주근은 큰 보에 정착한다.
④ 기둥의 주근은 기초에 정착한다.

해설 **철근의 정착위치**

- 기둥의 주근은 기초에 정착한다.
- 큰 보의 주근은 기둥에 정착한다.
- 직교하는 단부 보의 밑에 기둥이 없을 때는 보 상호 간에 정착한다.
- 작은 보의 주근은 큰 보에 정착한다.
- 바닥철근은 보 또는 벽체에 정착한다.
- 지중보 철근은 기초 또는 기둥에 정착한다.
- 벽철근은 보, 기둥, 바닥판 또는 기초에 정착한다.

059

용접 시 나타나는 결함에 관한 설명으로 옳지 않은 것은?

① 위핑홀(weeping hole): 용접 후 냉각 시 용접부위에 공기가 포함되어 공극이 발생되는 것
② 오버랩(overlap): 용접금속과 모재가 융합되지 않고 겹쳐지는 것
③ 언더컷(undercut): 모재가 녹아 용착금속이 채워지지 않고 홈으로 남게 된 부분
④ 슬래그(slag)감싸기: 용접봉의 피복재 심선과 모재가 변하여 생긴 회분이 용착금속 내에 혼입된 것

해설

위핑(weeping)은 '눈물을 흘리는, 우는, 스며(배어)나오는' 등의 뜻으로 위핑홀(Weeping hole)은 외부 차장벽 아래쪽에 만드는 배수 구멍이다.

관련개념 **용접결함의 종류**

구분	내용
슬래그 섞임	모재와 용접봉의 피복재 심선이 변하여 생긴 회분이 용착금속 내에 섞이는 것으로 과소전류, 운봉조작 불량 등이 발생원인이다.
언더컷(Under Cut)	모재가 녹아서 용착금속이 채워지지 않고 홈으로 남게 된 부분으로 원인은 과대전류 또는 부적당한 용접봉 사용이다.
오버랩(Overlap)	용접금속과 모재가 융합되지 않고 겹쳐지는 것으로 원인은 약한 전류이다.
블로우홀 (기공, Blow Hole)	금속이 녹아들 때 생기는 작은 틈이나 기포가 발생하는 것으로 모재에 가스(황)잔류, 아크길이 및 전류 부적당의 원인으로 발생한다.
크랙(균열, Crack)	용접 후 냉각 시에 생기는 균열을 말하며, 과대전류 및 모재불량의 원인으로 발생한다.
피트(Pit)	용접부에 생기는 녹이나 미세한 흠이다.
크레이터(Crater)	아크용접 시 끝부분이 항아리 모양으로 파이는 현상으로 과대전류 및 부적합한 운봉의 원인으로 발생한다.
용입불량	용입길이가 충분하지 않은 것으로 과소전류, 운봉속도의 부적당 등이 발생원인이다.

| 정답 | 057 ③　058 ②　059 ①

060

도급제도 중 긴급 공사일 경우에 가장 적합한 것은?

① 단가도급 계약제도　　② 분할도급 계약제도
③ 일식도급 계약제도　　④ 정액도급 계약제도

해설 **도급방식**

구분	특징
공동도급	규모가 클 경우 2개 이상의 회사가 임의로 결합, 연대책임으로 공사를 하고, 공사완료 후 해산하는 방식이다.
단가도급	노무단가, 재료단가 또는 노무 및 재료를 합한 단가를 체적 또는 면적단가만으로 결정하여 공사를 도급 주는 방식으로 긴급공사 및 단순공사에 주로 채택된다.
분할도급	도급공사에서 분할하여 직접 전문업자에게 도급을 주는 방식이다.
실비정산 보수가산식도급	건축주, 시공자, 건축사 3자 입회 하에 공사에 필요한 실비 또는 이에 대한 보수를 미리 협의하여 정하고, 이를 시공자에게 지불하는 제도이다. 설계도와 시방서가 명확하지 않거나 설계는 명확하지만 공사비 총액을 산출하기 곤란할 때 채택된다.
일식도급	공사의 전체를 한 사람의 도급자에게 주는 방식이다.
정액도급	공사비 총액을 일정한 금액으로 정하여 계약을 체결하는 도급방식이다.
턴키도급	건축을 위해 필요한 모든 요소를 포괄적으로 계약하는 방식으로 건설업자가 금융, 토지조달, 설계, 시공, 시운전, 기계·기구설치까지 조달해 주는 것으로 일괄수주 방식이라고도 한다.

건설재료학

061

미장재료인 회반죽을 혼합할 때 소석회와 함께 사용되는 것은?

① 카세인　　② 아교
③ 목섬유　　④ 해초풀

해설 **회반죽의 바름 특성**

- 소석회를 주원료로 모래, 여물, 해초풀을 혼합하여 사용한다.
- 여물은 건조수축에 의한 균열을 방지하기 위해 사용한다.
- 해초풀은 점성력, 부착력을 증대한다.
- 해초풀을 끓인 다음 1일 이상 방치하게 될 때에는 표면에 소량의 석회를 뿌려서 부패를 방지하며, 사용 시에는 표층부분을 제거한 후 사용한다.

062

내화벽돌에 관한 설명으로 옳은 것은?

① 내화점토를 원료로 하여 소성한 벽돌로서, 내화도는 600~800[℃]의 범위이다.
② 표준형(보통형)벽돌의 크기는 250×120×60[mm]이다.
③ 내화벽돌의 종류에 따라 내화 모르타르도 반드시 그와 동질의 것을 사용하여야 한다.
④ 내화도는 일반벽돌과 동등하며 고온에서보다 저온에서 경화가 잘 이루어진다.

해설

내화벽돌의 축조 시 접합재로 사용되는 내화물은 일반적으로 내화벽돌과 동질인 것을 사용한다.

관련개념 **내화벽돌**

- 높은 온도에서 용해하거나 변형이 일어나지 않는 무기재료로 된 벽돌로, 내화도, 열충격성과 강도가 크다.
- 내화벽돌의 주원료는 규사, 납석, 흑연, 고알루미나, 돌로마이트 등이 있다.
- 보일러·용광로·유리용해로·시멘트소성가마·가열로·비철금속제련로 등 높은 온도의 열처리장소에 사용된다.
- 내화온도는 1,500~2,000[℃]이다.

| 정답 | 060 ① 061 ④ 062 ③

063

골재의 수량과 관련된 설명으로 옳지 않은 것은?

① 흡수량: 습윤상태의 골재 내외에 함유하는 전수량
② 표면수량: 습윤상태의 골재표면의 수량
③ 유효흡수량: 흡수량과 기건상태의 골재 내에 함유된 수량의 차
④ 절건상태: 일정 질량이 될 때까지 110[℃] 이하의 온도로 가열 건조한 상태

해설 **골재의 흡수량(Absorption)**

절대건조상태에서 표면건조내부포화상태로 되기까지 흡수된 물의 양을 말한다.

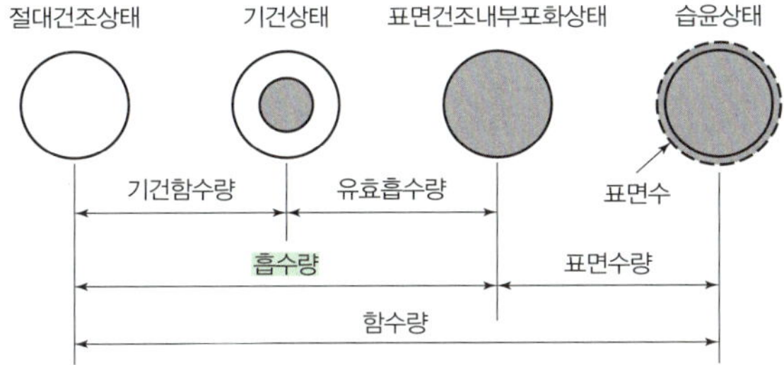

064

중용열 포틀랜드시멘트의 일반적인 특징 중 옳지 않은 것은?

① 수화발열량이 적다. ② 초기강도가 크다.
③ 건조수축이 적다. ④ 내구성이 우수하다.

해설

중용열 포틀랜드시멘트의 조기강도는 작으나, 장기강도는 크다.

관련개념 **중용열 포틀랜드시멘트**

- 수화열을 작게 한 시멘트로 단기강도는 작으나 장기강도가 크다.
- 건조수축이 작고, 내산성·내황산염성이 크다.
- 댐, 방사선 차폐용, 지하 구조물용, 도로 포장용, 서중 콘크리트용으로 사용한다.

065

다음 시멘트 중 조기강도가 가장 큰 시멘트는?

① 보통 포틀랜드시멘트 ② 고로 시멘트
③ 알루미나 시멘트 ④ 실리카 시멘트

해설

알루미나 시멘트는 초조강성으로 재령 24시간만에 보통 포틀랜드시멘트의 28일 강도를 나타낸다.

관련개념

- 보통 포틀랜드시멘트: 일반적인 시멘트로서 보편적인 성질을 구비하고 있다.
- 고로 시멘트: 포틀랜드시멘트 클링커와 슬래그에 적당량의 석고를 가하여 분말로 한 것이다.
- 알루미나 시멘트: 석회석과 알루미나 원광인 보크사이트를 거의 같은 양으로 혼합하여 전기로 등으로 용융 소성·급랭시켜 분쇄한 것이다.

066

목재 건조방법 중 인공건조법이 아닌 것은?

① 증기건조법 ② 수침법
③ 훈연건조법 ④ 진공건조법

해설 **목재의 건조방법**

목재의 건조법에는 자연건조법과 인공건조법이 있다.

- 자연건조법
  - 공기건조법: 지상에서 50[cm] 이상 높이로 # 또는 V 자형으로 쌓아 건조한다.
  - 침수법(수침법): 통나무로 2주 이상 보통 3~4주 물속에 담가서 목재 내 공기, 수액 중의 가용성 성분을 물과 치환 후 공기 중에서 2~3주 간 건조한다.
- 인공건조법
  - 자비법: 끓는 열탕 속에 목재를 넣고 쪄서 수액을 추출한다.
  - 열기건조법: 밀폐된 실내에 목재를 넣고 열기를 불어 건조한다.
  - 증기건조법: 수증기를 이용하여 수액을 추출한다.
  - 훈연법: 열기법의 열기 대신 짚, 생나무, 톱밥 등을 태워서 그 연기로 건조한다.

| 정답 | 063 ① 064 ② 065 ③ 066 ②

067

시멘트가 시간의 경과에 따라 조직이 굳어져 최종강도에 이르기까지 강도가 서서히 커지는 상태를 무엇이라고 하는가?

① 중성화 ② 풍화
③ 응결 ④ 경화

해설 **응결과 경화**

시멘트에 적당량의 물을 가하면 시멘트풀의 상태가 되는데, 시간이 경과함에 따라 차츰 유동성을 잃고 고결한다. 이 작용을 시멘트 수화작용이라 하고, 이 수화작용에 의해서 고결된 상태를 응결이라 한다. 응결을 마친 고결체는 시간이 지남에 따라 더욱 치밀해지고 강도는 증진되는데 이를 경화라 한다.

관련개념

- 중성화: 경화된 콘크리트는 표면으로부터 공기 중 이산화탄소의 작용을 받아 서서히 수산화칼슘이 탄산칼슘으로 변한다.
  $Ca(OH)_2 + CO_2 \rightarrow CaCO_3 + H_2O$
  이 반응은 콘크리트를 축소시키고, 중성화가 진행되어 철근 위치까지 물이나 공기가 침투하면 철근은 산화철이 되어 녹이 생긴다. 이로 인해 철근 부피가 팽창하여 균열이 발생하고 콘크리트는 파괴된다.
- 풍화: 시멘트는 저장 중에 공기 중의 수분을 흡수하여 경미한 수화작용을 일으키고 그 결과 생긴 수산화칼슘이 공기 중의 이산화탄소와 결합하여 탄산칼슘을 만들고 이로 인해 굳어지게 되는 작용이다. 시멘트의 종류, 저장 방법에 관계되며 시멘트가 신선할수록, 분말도가 높을수록 풍화가 잘 일어난다.

068

다음 유리 중 현장에서 절단 가공할 수 없는 것은?

① 망입유리 ② 강화유리
③ 소다석회유리 ④ 무늬유리

해설

강화유리는 현장에서 가공 시 파괴된다.

관련개념 **강화유리**

판유리를 강화로에서 약 700[℃]까지 가열시킨 후 양면에 공기를 일정하게 불어 균일하게 급랭시켜 제조한다.
표면을 급랭시키면 판유리 표면에 압축층이 형성되는데, 파괴강도가 3~5배 정도 커지고 파손 시 파편이 작아 부상이 감소한다.

069

비철금속에 관한 설명으로 옳은 것은?

① 알루미늄은 융점이 높기 때문에 용해주조도는 좋지 않으나 내화성이 우수하다.
② 황동은 동과 주석 또는 기타의 원소를 가하여 합금한 것으로, 청동과 비교하여 주조성이 우수하다.
③ 니켈은 아황산가스가 있는 공기에서는 부식되지 않지만 수중에서는 색이 변한다.
④ 납은 내식성이 우수하고 방사선의 투과도가 낮아 건축에서 방사선 차폐용 벽체에 이용된다.

해설

① 알루미늄은 용융점이 640~660[℃]로 낮은 편으로 내화성이 우수하지 않다.
② 황동(Brass)은 동과 아연(30~40[%])의 합금으로 동과 주석의 합금은 청동이다.
③ 니켈은 공기 중에서 변하지 않고, 산화반응을 일으키지 않아 도금, 합금 등을 통해 동전의 재료로 사용된다.

070

다음 미장재료 중 균열 발생이 가장 적은 것은?

① 회반죽 ② 시멘트 모르타르
③ 경석고 플라스터 ④ 돌로마이트 플라스터

해설 **미장재료**

- 회반죽: 소석회에 여물, 모래, 해초풀을 넣어 반죽한 것으로 여물은 수축 시 균열 발생을 방지한다.
- 시멘트 모르타르: 포틀랜드시멘트와 가는 모래를 혼합하여 물로 반죽한 것이다.
- 경석고 플라스터: 여물을 혼합할 필요가 없고 수축 시 균열 발생이 거의 없어 욕실, 주방에 주로 쓰인다.
- 돌로마이트 플라스터: 회반죽에 비해 응결이 빠르며, 건조수축이 커서 균열의 우려가 있다. 밑바름두께와 그 건조도의 영향이 크며, 물에 약한 결점이 있다.

| 정답 | 067 ④ 068 ② 069 ④ 070 ③

071

내열성, 내한성이 우수한 열경화성 수지로 60~260[℃]의 범위에서는 안정하고 탄성이 있으며 내후성 및 내화학성이 우수한 것은?

① 폴리에틸렌 수지 ② 염화비닐 수지
③ 아크릴 수지 ④ 실리콘 수지

해설 **실리콘 수지**

고온 저항으로 내열성, 전기절연성, 내화학성이 우수하여 극한의 환경에서도 안정성을 유지한다.

072

열적외선을 반사하는 은소재 도막으로 코팅하여 방사율과 열관류율을 낮추고 가시광선 투과율을 높인 유리는?

① 스팬드럴유리 ② 배강도유리
③ 로이유리 ④ 에칭유리

해설 **로이(Low-E)유리**

유리창의 단열 성능을 향상시키기 위하여 유리의 표면에 단열에 강한 금속 재질을 코팅시켜서 단열 성능을 끌어올린 에너지 절약형 유리이다.

관련개념

- 스팬드럴유리
  - 판유리의 한쪽 면에 세라믹질의 도료를 코팅한 다음 고온에서 융착, 반강화시킨 불투명한 색유리로 미려한 금속성을 가진다.
  - 코팅 처리 후 강화되기 때문에 일반 유리에 비해 내구성이 뛰어나고 일반 유리보다 몇 배의 강도를 가진다. 제조 후 절단 가공할 수 없으므로 정확한 주문이 필요하다.
  - 강화처리를 해도 모서리가 중앙보다 약하므로 단단한 이물질이 닿지 않도록 주의하여야 한다.
- 배강도유리
  - 일반 유리를 연화점(600[℃]) 이하로 가열한 후 찬 공기로 강화유리보다 서서히 냉각하여 제조한다.
  - 일반 유리보다 강도가 2~3배 정도 높고 파손 시 유리 이탈 위험이 적어 고층부를 비롯한 외부에서 쓰이며 일반 주택 아파트 건물에서 가장 많이 쓰인다.

073

방사선 차폐용 콘크리트 제작에 사용되는 골재로서 적합하지 않은 것은?

① 흑요석 ② 적철광
③ 중정석 ④ 자철광

해설

방사선 차폐용 콘크리트 제작에는 중량골재(자철광, 중정석, 갈철광 등)를 사용하여야 한다.

흑요석은 단단하고 경도가 크나 날카롭게 쪼개져 방사선 차폐용 콘크리트 골재로 적합하지 않다.

074

경화제를 필요로 하는 접착제로서 그 양의 다소에 따라 접착력이 좌우되며 내산, 내알칼리, 내수성이 뛰어나고 금속 접착에 특히 좋은 것은?

① 멜라민수지 접착제 ② 페놀수지 접착제
③ 에폭시수지 접착제 ④ 푸란수지 접착제

해설 **수지 접착제**

멜라민수지 접착제	• 내열성, 내수성, 접착성이 우수하다. • 목재, 합판 등의 접착에 사용하며, 요소수지와 멜라민수지를 혼합한 내수합판 제조에도 사용한다.
페놀수지 접착제	• 내수합판을 만드는 데 사용한다. • 접착력, 내수성, 내용제성, 내한성이 크나, 금속이나 유리 접착에는 부적당하다.
에폭시수지 접착제	• 접착력이 강하고, 내수성, 내산성, 내알칼리성, 내용제성, 내한성, 내열성이 크다. • 유리, 목재, 천, 콘크리트 및 항공기 기계부품 등의 금속 접착제로 쓰인다.
푸란수지 접착제	• 화학공장의 벽돌, 타일 등을 붙이기 위한 유일한 접착제이다. • 접착력 우수하고, 내산성, 내알칼리성이 좋다.

| 정답 | 071 ④ 072 ③ 073 ① 074 ③

075

한중콘크리트의 계획배합 시 물결합재비는 원칙적으로 얼마 이하로 하여야 하는가?

① 50[%] ② 55[%]
③ 60[%] ④ 65[%]

해설
한중콘크리트의 물결합비는 60[%] 이하로 하여야 하는데, 물 사용량을 제한하여 동결을 방지하여야 한다.

관련개념 **한중콘크리트**
한중콘크리트는 일평균기온 4[℃] 이하의 동결위험이 있는 기간 내에 시공하는 콘크리트 시공법이다. 보통 이어붓기 후 28일 간의 예상평균기온이 약 3[℃] 이하의 경우에 적용하며, 초기 양생기간 내에 약 50[kg/cm^2] 정도의 강도가 얻어지도록 한다.
계획배합 및 부어넣기 시 유의할 사항은 다음과 같다.
- 물-시멘트비는 60[%] 이하로 한다.
- 물의 사용량은 적게 하고, AE제 또는 AE감수제 등의 표면활성제를 사용한다.
- 콘크리트면은 주위를 둘러막고, 최소 2일 이상은 0[℃]를 유지하고, 5[℃] 이상으로 채난보온한다.
- 가열한 재료를 사용하는 경우, 시멘트 투입 직전 믹서 내의 골재와 물의 온도가 40[℃]를 넘어서는 안 된다.(믹서투입순서: 골재 → 물 → 시멘트)
- 부어넣기 할 때의 콘크리트 온도는 10~20[℃]가 되도록 한다.
- 재료 가열온도는 60[℃] 이하로 하고 골재는 직접 불에 닿지 않도록 주의하여야 한다. (단, 시멘트는 절대로 가열해서는 안 된다.)
- 조강시멘트, 알루미나시멘트를 사용한다.

076

목재의 가공제품인 MDF에 관한 설명으로 옳지 않은 것은?

① 샌드위치 판넬이나 파티클 보드 등 다른 보드류 제품에 비해 매우 경량이다.
② 습기에 약한 결점이 있다.
③ 다른 보드류에 비하여 곡면가공이 용이한 편이다.
④ 가공성 및 접착성이 우수하다.

해설
MDF(Medium-Density Fiberboard, 중밀도 섬유판)는 샌드위치 판넬 등보다 무겁다.

077

금속의 부식 방지대책으로 옳지 않은 것은?

① 가능한 한 두 종의 서로 다른 금속은 틈이 생기지 않도록 밀착시켜서 사용한다.
② 균질한 것을 선택하고 사용할 때 큰 변형을 주지 않도록 주의한다.
③ 표면을 평활, 청결하게 하고 가능한 한 건조상태를 유지하며 부분적인 녹은 빨리 제거한다.
④ 큰 변형을 준 것은 가능한 한 풀림하여 사용한다.

해설 **금속부식대책(표면방식법)**
- 수분과 습기에 접촉하지 않게 한다.
- 표면을 청결하게 하고 기름칠하여 녹이 발생하지 않게 한다.
- 서로 다른 금속은 접촉하지 않도록 한다.
- 불균질한 철재는 풀림을 통해 균질화하여 사용하도록 한다.

| 정답 | 075 ③ 076 ① 077 ①

078

두꺼운 아스팔트 루핑을 4각형 또는 6각형 등으로 절단하여 경사지붕재로 사용되는 것은?

① 아스팔트 싱글　　② 망상 루핑
③ 아스팔트 시트　　④ 석면 아스팔트 펠트

해설 아스팔트 지붕 재료

아스팔트 싱글	아스팔트 루핑을 사각형 또는 육각형으로 제작하여 여러 장을 기와처럼 설치하여 지붕에 사용한다.
망상 루핑	아스팔트 보호층의 보강재로 사용한다.
아스팔트 시트	콘크리트 구조물, 건축물의 방수재료로 사용한다.
석면 아스팔트 펠트	• 석면 성분의 원지를 이용한 것으로 내식성, 내화성이 우수하고 흡수율이 낮고, 신축성이 작아 지붕의 방수재료로 사용한다. • 아스팔트보다 접착력이 우수하다.

079

집성목재에 관한 설명으로 옳지 않은 것은?

① 옹이, 균열 등의 각종 결점을 제거하거나 이를 적당히 분산시켜 만든 균질한 조직의 인공목재이다.
② 보, 기둥, 아치, 트러스 등의 구조재료로 사용할 수 있다.
③ 직경이 작은 목재들을 접착하여 장대재로 활용할 수 있다.
④ 소재를 약제처리 후 집성 접착하므로 양산이 어려우며, 건조균열 및 변형 등을 피할 수 없다.

해설 집성목재(Glue-Laminated Timber)

큰 목재를 얻기 위해서는 긴 세월이 요구되고 결점이 없는 큰 목재를 얻기란 거의 불가능하므로 접착제와 접착 기술로, 각 재를 집성하여 결점을 분산시켜 대재를 집성, 접착하여 기둥, 아치, 트러스트 등의 구조재료로 사용한다.

080

퍼티, 코킹, 실런트 등의 총칭으로서 건축물의 프리패브 공법, 커튼월 공법 등의 공장 생산화가 추진되면서 주목받기 시작한 재료는?

① 아스팔트　　② 실링재
③ 셀프 레벨링재　　④ FRP 보강재

해설 실링재(코킹재)

틈새, 접합부에 채워 수밀성, 기밀성 등이 확보되도록 사용되는 재료로 어느 정도 강도, 강성 및 탄성을 가지고, 각 부재를 고정시켜 건축물의 내구성을 증진시키는 목적으로 사용한다.

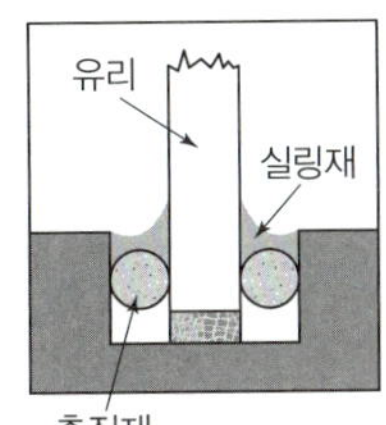

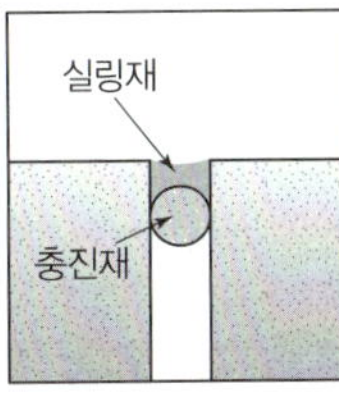

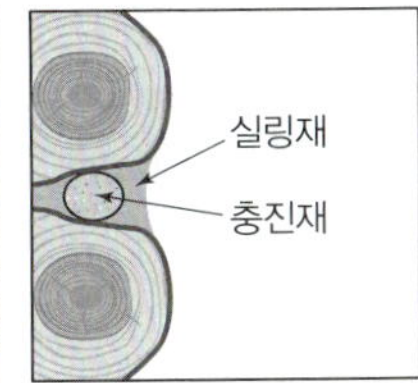

| 정답 | 078 ① 079 ④ 080 ②

건설안전기술

081

철골작업을 중지하여야 하는 강우량 기준으로 옳은 것은?

① 시간당 1[mm] 이상인 경우
② 시간당 3[mm] 이상인 경우
③ 시간당 5[mm] 이상인 경우
④ 시간당 1[cm] 이상인 경우

해설 철골작업 중지기준
- 풍속이 초당 10[m] 이상인 경우
- 강우량이 시간당 1[mm] 이상인 경우
- 강설량이 시간당 1[cm] 이상인 경우

082

건설공사현장에서 재해방지를 위한 주의사항으로 옳지 않은 것은?

① 야간작업을 할 때나 어두운 곳에서 작업할 때 채광 및 조명설비는 작업에 지장이 있더라도 물건을 식별할 수 있을 정도의 조도만을 확보, 유지하면 된다.
② 불안전한 가설물이 있나 확인하고 특히 작업발판, 안전난간 등의 안전을 점검한다.
③ 과격한 노동으로 심히 피로한 노무자는 휴식을 취하게 하여 피로회복 후 작업을 시킨다.
④ 작업장을 잘 정돈하여 안전사고 요인을 최소화한다.

해설
근로자 작업 시 특히, 야간작업의 경우 눈부심을 최소화하여 안전한 작업을 위한 적정 조도를 확보하여야 한다.

083

이동식비계를 조립하여 작업을 하는 경우에 준수해야 할 사항과 거리가 먼 것은?

① 비계의 최상부에서 작업을 하는 경우에는 안전난간을 설치할 것
② 작업발판의 최대적재하중은 250[kg]을 초과하지 않도록 할 것
③ 승강용사다리는 견고하게 설치할 것
④ 지주부재와 수평면과의 기울기를 75° 이하로 하고, 지주부재와 지주부재 사이를 고정시키는 보조부재를 설치할 것

해설
④는 말비계를 조립하여 사용하는 경우 준수사항이다.

관련개념 이동식비계 작업 시 준수사항
- 이동식비계의 바퀴에는 뜻밖의 갑작스러운 이동 또는 전도를 방지하기 위하여 브레이크·쐐기 등으로 바퀴를 고정시킨 다음 비계의 일부를 견고한 시설물에 고정하거나 아웃트리거를 설치하는 등 필요한 조치를 할 것
- 승강용사다리는 견고하게 설치할 것
- 비계의 최상부에서 작업을 하는 경우에는 안전난간을 설치할 것
- 작업발판은 항상 수평을 유지하고 작업발판 위에서 안전난간을 딛고 작업을 하거나 받침대 또는 사다리를 사용하여 작업하지 않도록 할 것
- 작업발판의 최대적재하중은 250[kg]을 초과하지 않도록 할 것

084

부두·안벽 등 하역작업을 하는 장소에 대하여 부두 또는 안벽의 선을 따라 통로를 설치할 때 통로의 최소 폭 기준은?

① 70[cm] 이상　② 80[cm] 이상
③ 90[cm] 이상　④ 100[cm] 이상

해설 하역작업장의 조치기준
- 작업장 및 통로의 위험한 부분에는 안전하게 작업할 수 있는 조명을 유지할 것
- 부두 또는 안벽의 선을 따라 통로를 설치하는 경우에는 폭을 90[cm] 이상으로 할 것
- 육상에서의 통로 및 작업장소로서 다리 또는 선거 갑문을 넘는 보도 등의 위험한 부분에는 안전난간 또는 울타리 등을 설치할 것

| 정답 | 081 ① 082 ① 083 ④ 084 ③

085

비계의 수평재의 최대 휨모멘트가 $50,000 \times 10^2$[N·mm], 수평재의 단면 계수가 5×10^6[mm³]일 때 휨응력(σ)은 얼마인가?

① 0.5[MPa] ② 1[MPa]
③ 2[MPa] ④ 2.5[MPa]

해설

휨모멘트 $= 50,000 \times 10^2$[N·mm] $= 5 \times 10^3$[N·m]
단면 계수 $= 5 \times 10^6$[mm³] $= 5 \times 10^{-3}$[m³]이므로

$$\text{휨 응력}(\sigma) = \frac{M(\text{휨모멘트})}{Z(\text{단면 계수})} = \frac{5 \times 10^3}{5 \times 10^{-3}} = 10^6[\text{N/m}^2] = 1[\text{MPa}]$$

086

추락재해방지를 위한 방망의 그물코의 크기는 최대 얼마 이하이어야 하는가?

① 5[cm] ② 7[cm]
③ 10[cm] ④ 15[cm]

해설 **방망의 구조**

- 소재: 합성섬유 또는 그 이상의 물리적 성질을 갖는 것이어야 한다.
- 그물코: 사각 또는 마름모로서 그 크기는 10[cm] 이하이어야 한다.
- 방망의 종류: 매듭방망으로서 매듭은 원칙적으로 단매듭을 한다.
- 테두리로프와 방망의 재봉: 테두리로프는 각 그물코를 관통시키고 서로 중복됨이 없이 재봉사로 결속한다.

087

철근가공작업에서 가스절단을 할 때의 유의사항으로 옳지 않은 것은?

① 가스절단 작업 시 호스는 겹치거나 구부러지거나 밟히지 않도록 한다.
② 호스, 전선 등은 작업효율을 위하여 다른 작업장을 거치는 곡선상의 배선이어야 한다.
③ 작업장에서 가연성 물질에 인접하여 용접 작업할 때에는 소화기를 비치하여야 한다.
④ 가스절단 작업 중에는 보호구를 착용하여야 한다.

해설

호스, 전선 등은 작업효율을 위하여 다른 작업장을 거치지 않는 직선상의 배선이어야 한다.

088

토석붕괴의 요인 중 외적 요인이 아닌 것은?

① 토석의 강도저하
② 사면, 법면의 경사 및 기울기의 증가
③ 절토 및 성토 높이의 증가
④ 공사에 의한 진동 및 반복하중의 증가

해설 **토석붕괴의 원인**

구분	원인
외적 원인	• 사면, 법면의 경사 및 기울기의 증가 • 절토 및 성토 높이의 증가 • 공사에 의한 진동 및 반복 하중의 증가 • 지표수 및 지하수의 침투에 의한 토사 중량의 증가 • 지진, 차량, 구조물의 하중작용 • 토사 및 암석의 혼합층 두께
내적 원인	• 절토 사면의 토질·암질 • 성토 사면의 토질구성 및 분포 • 토석의 강도 저하

| 정답 | 085 ② 086 ③ 087 ② 088 ①

089

다음 중 유해위험방지계획서 제출 시 첨부해야 하는 서류와 가장 거리가 먼 것은?

① 건축물 각 층의 평면도
② 기계, 설비의 배치도면
③ 원재료 및 제품의 취급, 제조 등의 작업방법의 개요
④ 비상조치계획서

해설
비상조치계획은 공정안전보고서의 포함사항이다.

관련개념 **제조업 유해위험방지계획서 제출 시 첨부서류**
- 건축물 각 층의 평면도
- 기계·설비의 개요를 나타내는 서류
- 기계·설비의 배치도면
- 원재료 및 제품의 취급, 제조 등의 작업방법의 개요
- 그 밖에 고용노동부장관이 정하는 도면 및 서류

090

인력에 의한 하물 운반 시 준수사항으로 옳지 않은 것은?

① 수평거리 운반을 원칙으로 한다.
② 운반 시의 시선은 진행방향을 향하고 뒷걸음 운반을 하여서는 아니 된다.
③ 쌓여 있는 하물을 운반할 때에는 중간 또는 하부에서 뽑아내어서는 아니 된다.
④ 어깨 높이보다 낮은 위치에서 하물을 들고 운반하여서는 아니 된다.

해설 **인력 운반하역 시 준수사항**
- 하물의 운반은 수평거리 운반을 원칙으로 하며, 여러 번 들어 움직이거나 중계 운반, 반복운반을 하여서는 아니 된다.
- 운반 시의 시선은 진행방향을 향하고 뒷걸음 운반을 하여서는 아니 된다.
- 어깨 높이보다 높은 위치에서 하물을 들고 운반하여서는 아니 된다.
- 쌓여 있는 하물을 운반할 때에는 중간 또는 하부에서 뽑아내어서는 아니 된다.

091

거푸집 공사 관련 재료의 선정 시 고려사항으로 옳지 않은 것은?

① 목재거푸집: 흠집 및 옹이가 많은 거푸집과 합판은 사용을 금지한다.
② 강재거푸집: 형상이 찌그러진 것은 교정한 후에 사용한다.
③ 지보공재: 변형, 부식이 없는 것을 사용한다.
④ 연결재: 연결부위의 다양한 형상에 적응 가능한 소철선을 사용한다.

해설
거푸집 연결재 사용 시 치수가 정확하여야 하며 강도는 거푸집재료 이상이어야 하고, 소철선(소둔선) 사용 시 하중에 저항하는 인장력이 불명확하므로 가급적 사용하여서는 아니 된다.

| 정답 | 089 ④ 090 ④ 091 ④

092

사다리식 통로의 설치기준으로 옳지 않은 것은?

① 발판과 벽과의 사이는 15[cm] 이상의 간격을 유지할 것
② 사다리의 상단은 걸쳐놓은 지점으로부터 40[cm] 이상 올라가도록 할 것
③ 폭은 30[cm] 이상으로 할 것
④ 사다리식 통로의 기울기는 75° 이하로 할 것

해설 사다리식 통로 설치 시 준수사항

- 견고한 구조로 할 것
- 심한 손상·부식 등이 없는 재료를 사용할 것
- 발판의 간격은 일정하게 할 것
- 발판과 벽과의 사이는 15[cm] 이상의 간격을 유지할 것
- 폭은 30[cm] 이상으로 할 것
- 사다리가 넘어지거나 미끄러지는 것을 방지하기 위한 조치를 할 것
- 사다리의 상단은 걸쳐놓은 지점으로부터 60[cm] 이상 올라가도록 할 것
- 사다리식 통로의 길이가 10[m] 이상인 경우에는 5[m] 이내마다 계단참을 설치할 것
- 사다리식 통로의 기울기는 75° 이하로 할 것. 다만, 고정식 사다리식 통로의 기울기는 90° 이하로 하고, 그 높이가 7[m] 이상인 경우에는 다음의 구분에 따른 조치를 할 것
  - 등받이울이 있어도 근로자 이동에 지장이 없는 경우: 바닥으로부터 높이가 2.5[m] 되는 지점부터 등받이울을 설치할 것
  - 등받이울이 있으면 근로자가 이동이 곤란한 경우: 한국산업표준에서 정하는 기준에 적합한 개인용 추락 방지 시스템을 설치하고 근로자로 하여금 한국산업표준에서 정하는 기준에 적합한 전신안전대를 사용하도록 할 것
- 접이식 사다리 기둥은 사용 시 접혀지거나 펼쳐지지 않도록 철물 등을 사용하여 견고하게 조치할 것

093

공사금액이 80억 원인 건축공사의 산업안전보건관리비 계상을 위한 요율로 올바른 것은?

① 2.60[%] ② 2.37[%]
③ 3.11[%] ④ 1.64[%]

해설 산업안전보건관리비 계상기준표

구분 / 공사 종류	5억 원 미만 [%]	5억 원 이상 50억 원 미만		50억 원 이상 [%]	보건관리자 선임대상 [%]
		적용 비율[%]	기초액 [원]		
건축공사	3.11	2.28	4,325,000	2.37	2.64
토목공사	3.15	2.53	3,300,000	2.60	2.73
중건설공사	3.64	3.05	2,975,000	3.11	3.39
특수건설공사	2.07	1.59	2,450,000	1.64	1.78

094

가열에 사용되는 가스 등의 용기를 취급하는 경우에 준수하여야 할 사항으로 옳지 않은 것은?

① 밸브의 개폐는 최대한 빨리 할 것
② 전도의 위험이 없도록 할 것
③ 용기의 온도를 40[℃] 이하로 유지할 것
④ 운반하는 경우에는 캡을 씌울 것

해설 가스 등의 용기 취급 시 준수사항

- 용기의 온도를 40[℃] 이하로 유지할 것
- 전도의 위험이 없도록 할 것
- 충격을 가하지 않도록 할 것
- 운반하는 경우에는 캡을 씌울 것
- 사용하는 경우에는 용기의 마개에 부착되어 있는 유류 및 먼지를 제거할 것
- 밸브의 개폐는 서서히 할 것
- 사용 전 또는 사용 중인 용기와 그 밖의 용기를 명확히 구별하여 보관할 것
- 용해아세틸렌의 용기는 세워둘 것
- 용기의 부식·마모 또는 변형상태를 점검한 후 사용할 것

| 정답 | 092 ② 093 ② 094 ①

095

흙의 휴식각에 관한 설명으로 옳지 않은 것은?

① 흙의 마찰력으로 사면과 수평면이 이루는 각도를 말한다.
② 흙의 종류 및 함수량 등에 따라 다르다.
③ 흙파기의 경사각은 휴식각의 1/2로 한다.
④ 안식각이라고도 한다.

해설 **흙의 안식각**

흙의 흘러내림이 자연적으로 정지될 때 흙의 수평면과 경사면이 이루는 각도를 말한다.

- 터파기 경사각은 안식각의 2배 정도로 한다.
- 부착력, 마찰력, 응집력에 의하여 생기고 밀실도, 함수량에 따라 다르다.
- 습윤상태의 안식각

지반	진흙	일반흙	모래
안식각	20~35°	25~45°	30~45°

096

다음은 가설통로를 설치하는 경우 준수하여야 할 사항이다. ( ) 안에 들어갈 내용으로 옳은 것은?

> 수직갱에 가설된 통로의 길이가 (A) 이상인 경우에는 (B) 이내마다 계단참을 설치할 것

① A: 8[m], B: 10[m]　② A: 8[m], B: 7[m]
③ A: 15[m], B: 10[m]　④ A: 15[m], B: 7[m]

해설 **가설통로 설치 시 준수사항**

- 견고한 구조로 할 것
- 경사는 30° 이하로 할 것. 다만, 계단을 설치하거나 높이 2[m] 미만의 가설통로로서 튼튼한 손잡이를 설치한 경우에는 그러하지 아니하다.
- 경사가 15°를 초과하는 경우에는 미끄러지지 아니하는 구조로 할 것
- 추락할 위험이 있는 장소에는 안전난간을 설치할 것. 다만, 작업상 부득이한 경우에는 필요한 부분만 임시로 해체할 수 있다.
- 수직갱에 가설된 통로의 길이가 15[m] 이상인 경우에는 10[m] 이내마다 계단참을 설치할 것
- 건설공사에 사용하는 높이 8[m] 이상인 비계다리에는 7[m] 이내마다 계단참을 설치할 것

097

건설업 산업안전보건관리비의 사용항목으로 가장 거리가 먼 것은?

① 안전시설비 등　② 사업장의 안전진단비 등
③ 근로자의 건강관리비 등　④ 본사 일반관리비 등

해설

일반관리비는 산업안전보건관리비용으로 사용이 불가하다.

관련개념 **산업안전보건관리비 항목별 사용내역**

- 안전관리자·보건관리자의 임금 등
- 안전시설비 등
- 보호구 등
- 안전보건진단비 등
- 안전보건교육비 등
- 근로자 건강장해예방비 등 등
- 건설재해예방전문지도기관의 지도에 대한 대가로 자기공사자가 지급하는 비용
- 본사 전담조직에 소속된 근로자의 임금 및 업무수행 출장비 전액(총액의 5[%] 이내)
- 산업안전보건위원회 또는 노사협의체 등에서 사용하기로 결정한 사항을 이행하기 위한 비용(총액의 15[%] 이내)

| 정답 | 095 ③　096 ③　097 ④

098

다음 그림의 형태 중 클램쉘(Clamshell)장비에 해당하는 것은?

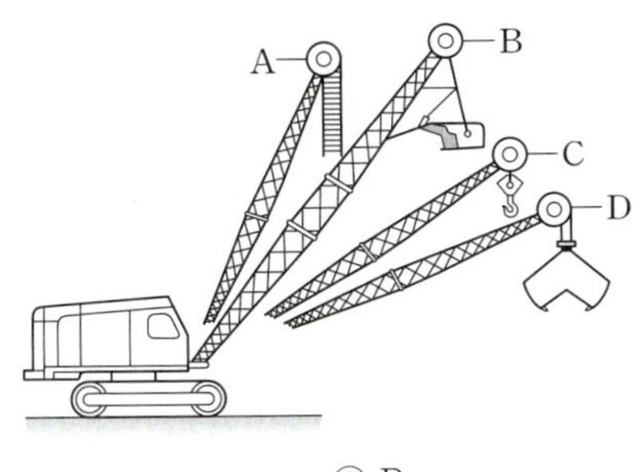

① A　　② B
③ C　　④ D

해설 굴착용 기계

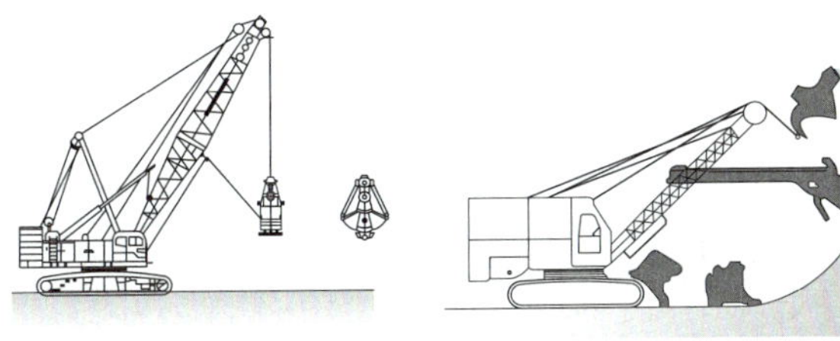

클램쉘　　파워셔블

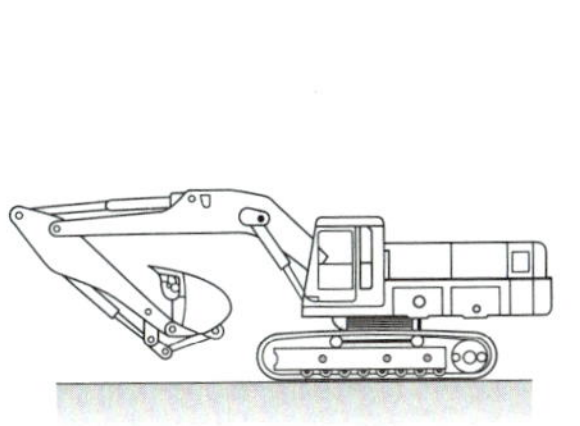

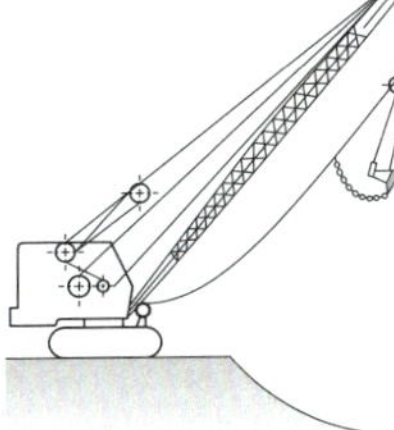

드래그셔블　　드래그라인

099

다음 중 거푸집동바리 설계 시 고려하여야 할 연직방향 하중에 해당하지 않는 것은?

① 적설하중　　② 풍하중
③ 충격하중　　④ 작업하중

해설

풍하중은 횡방향 하중이다.

관련개념 거푸집 및 동바리 구조검토 시 고려하여야 할 하중

구분	내용
연직하중	• 거푸집, 지보공(동바리), 콘크리트, 철근, 작업원, 타설용 기계기구, 가설설비 등의 중량 및 충격하중 • 연직하중 = 고정하중 + 작업하중 = (콘크리트 무게 + 거푸집 무게) + (충격하중 + 작업하중)
횡하중	작업할 때의 진동, 충격, 시공오차 등에 기인되는 횡방향 하중 이외의 풍압, 유수압, 지진 등
콘크리트 측압	굳지않은 콘크리트의 측압
특수하중	시공 중에 예상되는 특수한 하중(콘크리트 편심하중 등)

100

건설현장에서 가설 계단 및 계단참을 설치하는 경우 안전율은 최소 얼마 이상으로 하여야 하는가?

① 3　　② 4
③ 5　　④ 6

해설

계단 및 계단참을 설치하는 경우 500[kg/m^2] 이상의 하중에 견딜 수 있는 강도를 가진 구조로 설치하여야 하며, 안전율은 4 이상으로 하여야 한다.

| 정답 | 098 ④　099 ②　100 ②

삶의 순간순간이
아름다운 마무리이며
새로운 시작이어야 한다.

– 법정 스님

2026 에듀윌 건설안전산업기사 필기 한권끝장

발 행 일	2025년 10월 30일 초판
편 저 자	김충민, 최석훈, 권윤아
펴 낸 이	양형남
개발책임	목진재
개 발	장윤정
펴 낸 곳	(주)에듀윌
I S B N	979-11-360-3979-8
등록번호	제25100-2002-000052호
주 소	08378 서울특별시 구로구 디지털로34길 55 코오롱싸이언스밸리 2차 3층

www.eduwill.net

대표전화 1600-6700

여러분의 작은 소리
에듀윌은 크게 듣겠습니다.

본 교재에 대한 여러분의 목소리를 들려주세요.
공부하시면서 어려웠던 점, 궁금한 점,
칭찬하고 싶은 점, 개선할 점, 어떤 것이라도 좋습니다.

에듀윌은 여러분께서 나누어 주신 의견을
통해 끊임없이 발전하고 있습니다.

에듀윌 도서몰 book.eduwill.net

- 부가학습자료 및 정오표: 에듀윌 도서몰 → 도서자료실
- 교재 문의: 에듀윌 도서몰 → 문의하기 → 교재(내용, 출간) / 주문 및 배송